第十五届
中国高温合金年会论文集

中国金属学会高温材料分会　主编

北　京
冶　金　工　业　出　版　社
2023

图书在版编目(CIP)数据

第十五届中国高温合金年会论文集/中国金属学会高温材料分会主编.—北京：冶金工业出版社，2023.9（2023.11 重印）
ISBN 978-7-5024-9617-3

Ⅰ.①第… Ⅱ.①中… Ⅲ.①耐热合金—文集 Ⅳ.①TG132.3-53

中国国家版本馆 CIP 数据核字(2023)第 157584 号

第十五届中国高温合金年会论文集

出版发行 冶金工业出版社　**电　话** (010)64027926
地　址 北京市东城区嵩祝院北巷 39 号　**邮　编** 100009
网　址 www.mip1953.com　**电子信箱** service@mip1953.com

责任编辑 高 娜 美术编辑 吕欣童 版式设计 郑小利
责任校对 王永欣 责任印制 禹 蕊
北京富资园科技发展有限公司印刷
2023 年 9 月第 1 版，2023 年 11 月第 2 次印刷
889mm×1194mm 1/16；43 印张；1234 千字；672 页
定价 295.00 元

投稿电话 (010)64027932 投稿信箱 tougao@cnmip.com.cn
营销中心电话 (010)64044283
冶金工业出版社天猫旗舰店 yjgycbs.tmall.com
(本书如有印装质量问题，本社营销中心负责退换)

第十五届中国高温合金年会论文集
编审委员会

前　　言

中国高温合金年会由中国金属学会高温材料分会主办，每四年举办一次，是我国高温合金领域高等院校、研究院所、生产企业、应用单位开展学术研讨、技术交流的重要平台。第十五届中国高温合金年会将于2023年9月20~22日在辽宁沈阳举行。本届年会的主题是“传承、发展、协同、创新”，将积极弘扬中国高温合金科技工作者的光荣传统，并通过广泛深入的学术交流和技术研讨，协作推动我国高温合金材料的创新发展和产品质量及应用水平的全面提升。

本届年会得到了科研院所、高校、企业和用户单位及科技工作者的大力支持，共收到论文200余篇，经年会学术委员会专家认真审阅，遴选出136篇收录于本论文集中。这些论文展现了近年来中国高温合金在新品种研制、新工艺开发、质量控制技术等方面研究和实践的新进展，反映了高温合金科研、生产及应用领域的成绩和突破。

近年来，随着我国相关需求的快速增长，高温合金科研和生产事业迎来了新的发展机遇，为高温合金工作者带来了改革创新、展现聪明才智的大好时机。本论文集作为广大高温合金同仁共同努力的结晶，将进一步助力高温合金行业自立自强和快速发展！

中国金属学会高温材料分会

2023年4月30日

目　　录

变形高温合金

铸造高温合金

粉末高温合金

新型合金与前沿技术

变形高温合金

GH4151合金ϕ300mm均质细晶棒材制备技术

谢兴飞[1,2,3*]，吕少敏[1,2,3]，曲敬龙[1,2,3]，杜金辉[1,2,3]，师俊东[4]，李维[5]

（1. 钢铁研究总院高温材料研究所，北京，100081；
2. 北京钢研高纳科技股份有限公司，北京，100081；
3. 四川钢研高纳锻造有限责任公司，四川 德阳，618030；
4. 中国航发沈阳发动机研究所，辽宁 沈阳，110015；
5. 中国航发湖南动力机械研究所，湖南 株洲，412002）

摘　要： GH4151合金中时效强化元素Al、Ti和Nb的总含量（质量分数）高达10%，固溶强化元素Cr、Co、Mo、W的总含量高达36%，标准热处理后γ′相含量高达54%，可用来制备800℃条件下长期使用的涡轮盘、环形件、叶片、紧固件等各类关键耐高温材料。GH4151铸锭在冶炼凝固过程中极易产生枝晶偏析，并形成（γ+γ′）共晶相、Laves相和η相等多种有害相。同时，GH4151合金热变形过程中易开裂，并产生混晶组织。通过GH4151合金铸锭均匀化热处理、锻造开坯工艺制备ϕ300mm棒材，棒材组织均匀，平均晶粒度达到8级。

关键词： 均匀化；GH4151；锻造开坯；棒材；EPMA

GH4151合金中时效强化元素Al、Ti和Nb质量分数的总含量高达10%，固溶强化元素Cr、Co、Mo、W的总含量高达36%，标准热处理后γ′相含量高达54%，可用来制备800℃条件下长期使用的涡轮盘、环形件、叶片、紧固件等各类关键耐高温材料[1~3]。GH4151铸锭在冶炼凝固过程中极易产生枝晶偏析，进而形成共晶相、Laves相、η相等有害组织，不仅可以诱发铸锭冷裂，而且能够降低铸锭热变形能力，在后续棒材锻造开坯中形成混晶组织，甚至导致棒材开裂。本文通过优化GH4151合金铸锭均匀化热处理及棒材锻造开坯工艺，制备出均匀细晶棒材，棒材平均晶粒度达到8级，为后续盘锻件制备提供合格坯料。

1　试验材料及方法

试验用GH4151合金主要成分（质量分数,%）为：C 0.042、Cr 11.2、Mo 4.2、W 2.6、Co 14.8、Fe 0.05、Nb 3.45、Al 3.85、Ti 2.87、P 0.006、S 0.0008、Ni余量。利用真空感应熔炼、保护气氛电渣重熔和真空自耗重熔制备GH4151合金ϕ508mm铸锭，经过多阶段均匀化处理后，进行锻造开坯完成ϕ300mm棒材制备。利用电子探针（EPMA）分析合金元素分布特点，利用光学显微镜观察棒材金相组织，利用力学试验机测试棒材拉伸性能。

2　试验结果及分析

2.1　铸锭冶炼及均匀化

图1显示了GH4151合金原始铸锭心部电子探针（EPMA）分析结果，表1显示了GH4151合金原始铸锭元素检测结果，结果表明三联冶炼铸锭中Al、Ti、Nb等元素偏析在枝晶间位置，Cr、Mo、W、Co等元素偏析在枝晶干位置，同时形成共晶相、Laves相、η相等有害相及MC碳化物。通过多阶段均匀化试验，确定了合理的均匀化制度，成功消除了元素偏析与共晶相、Laves相、η相等有害相。图2显示了均匀化后GH4151铸锭的EPMA分析结果。表2显示了GH4151合金铸锭均匀化后元素检测结果。

* 作者：谢兴飞，高级工程师，E-mail：xie_xingfei@163.com

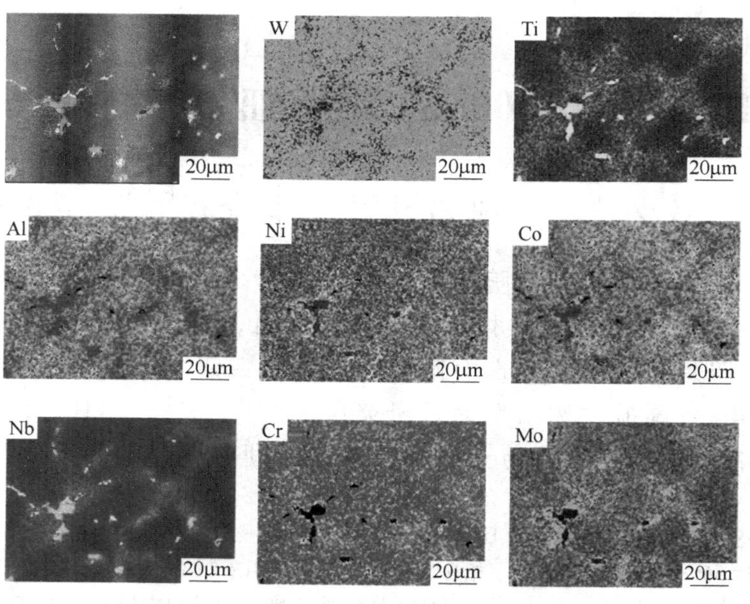

图 1 GH4151 合金原始铸锭电子探针分析结果

表 1 GH4151 合金原始铸锭元素检测结果 （质量分数,%）

序号	Al	Mo	Cr	Nb	Ti	W	Ni	Co
1	2. 528	5. 496	14. 598	2. 941	2. 696	2. 167	49. 831	17. 961
2	3. 669	3. 727	11. 429	2. 6	3. 244	3. 118	58. 813	14. 163
3	4. 194	3. 032	8. 556	3. 746	3. 92	2. 424	61. 153	13. 258
4	4. 351	3. 213	9. 424	2. 778	3. 41	2. 112	61. 183	13. 634
5	3. 154	4. 248	13. 204	1. 435	1. 898	2. 748	53. 091	17. 462
6	4. 069	3. 241	8. 507	4. 365	3. 989	1. 483	58. 889	14. 129
7	3. 036	4. 686	13. 935	2. 121	2. 261	2. 376	51. 592	16. 373
8	2. 94	4. 48	14. 508	1. 757	2. 132	3. 286	52. 832	16. 98
枝晶干	3. 0654	4. 5274	13. 5348	2. 1708	2. 4462	2. 739	53. 2318	16. 5878
枝晶间	4. 204667	3. 162	8. 829	3. 629667	3. 773	2. 006333	60. 40833	13. 67367
偏析系数	1. 371654	0. 698414	0. 652318	1. 672041	1. 542392	0. 732506	1. 134817	0. 824321

表 2 GH4151 合金铸锭均匀化后元素检测结果 （质量分数,%）

序号	Ni	Ti	W	Al	Co	Cr	Mo	Nb
1	56. 1850	2. 8867	2. 9579	3. 3374	15. 5739	11. 3349	4. 3832	2. 9014
2	56. 7234	2. 9901	2. 7242	3. 3344	15. 3243	11. 2343	4. 4492	2. 8892
3	54. 4957	3. 1835	2. 6756	3. 2426	15. 1872	11. 1548	4. 4289	4. 3486
4	55. 6042	2. 8237	3. 1355	3. 2839	15. 8034	11. 7408	4. 4441	2. 7672
5	56. 3810	2. 9385	2. 7226	3. 3766	15. 4519	11. 2941	4. 3881	3. 0465
6	56. 7170	2. 8891	2. 8329	3. 3283	15. 5813	11. 2888	4. 3288	2. 7847
7	56. 7647	2. 9416	2. 8429	3. 3478	15. 5261	11. 2884	4. 4084	2. 9114
8	56. 2578	2. 8976	2. 8726	3. 3151	15. 4193	11. 3979	4. 4198	2. 9335
平均	56. 1411	2. 9439	2. 8455	3. 3208	15. 4834	11. 3418	4. 4063	3. 0728
极差	2. 2690	0. 3598	0. 4599	0. 1340	0. 6162	0. 5860	0. 1204	1. 5814

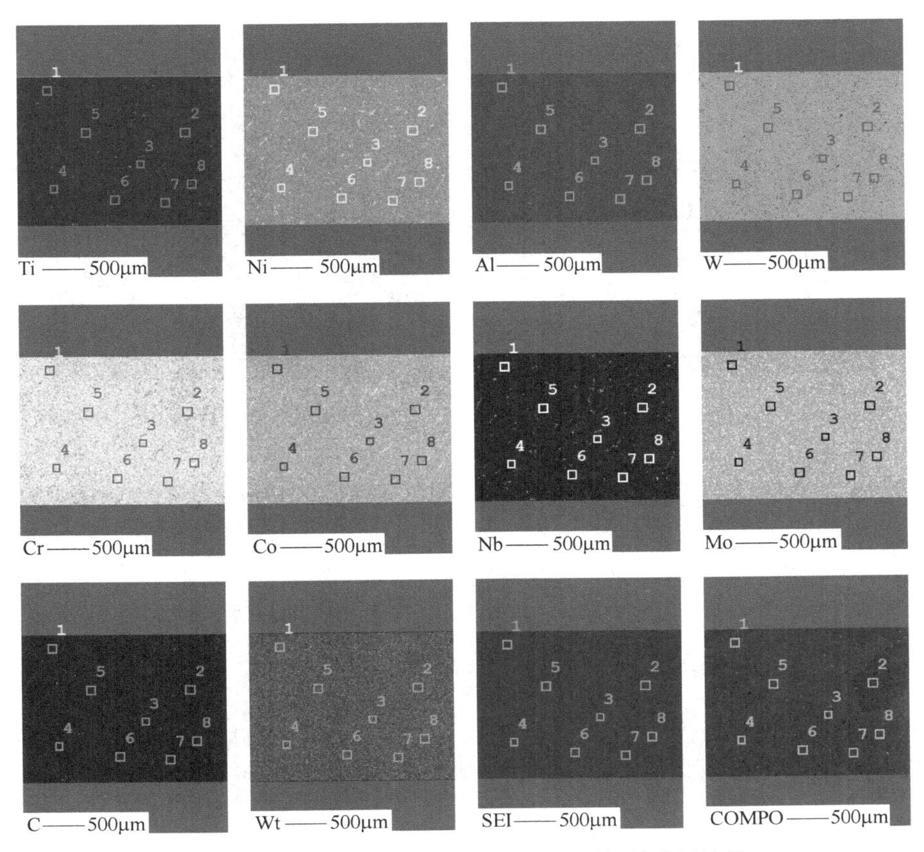

图 2 GH4151 合金铸锭均匀化后的电子探针分析结果

2.2 棒材锻造开坯

通过热压缩模拟试验和有限元模拟，确定了 GH4151 合金棒材锻造开坯工艺参数范围，并利用快锻机完成 ϕ300mm 棒材开坯工艺试制。分别在整支棒材头部和尾部切取低倍试片，经过打磨、抛光、腐蚀后进行低倍组织检验，低倍组织显示棒材无冶金缺陷，如图 3 所示。经过 1120℃ 固溶处理 4h 后，再经过 850℃+760℃ 两步时效热处理 24h 后，棒材等轴晶组织分布均匀，平均晶粒度达到 8 级，如图 4 所示。

2.3 棒材拉伸性能评估

GH4151 合金棒材经过 1120℃ 固溶处理 4h 后，再经过 850℃+760℃ 两步时效热处理 24h 后，进行室温、750℃及 800℃拉伸性能测试，结果如表 3～表 5 所示。经过三联冶炼、均匀化、锻造开坯、热处理后的棒材表现出良好的拉伸性能，其中，800℃ 拉伸抗拉强度可以达到 1000MPa 以上水平。

表 3 GH4151 合金棒材室温拉伸性能

抗拉强度 R_m/MPa	屈服强度 $R_{p0.2}$/MPa	断后伸长率 A/%	断面收缩率 Z/%
1588	1186	13.5	15
1579	1157	15	16

表 4 GH4151 合金棒材 750℃拉伸性能

抗拉强度 R_m/MPa	屈服强度 $R_{p0.2}$/MPa	断后伸长率 A/%	断面收缩率 Z/%
1210	1040	17.5	16.5
1200	1030	15.5	15

表 5 GH4151 合金棒材 800℃拉伸性能

抗拉强度 R_m/MPa	屈服强度 $R_{p0.2}$/MPa	断后伸长率 A/%	断面收缩率 Z/%
1090	955	12.5	14.5
1080	940	8.5	11

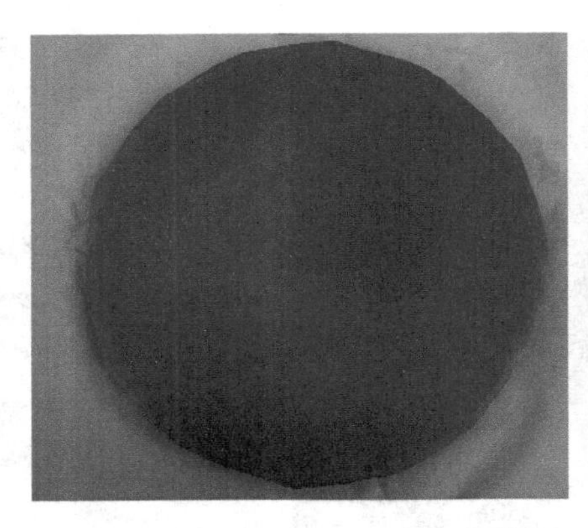
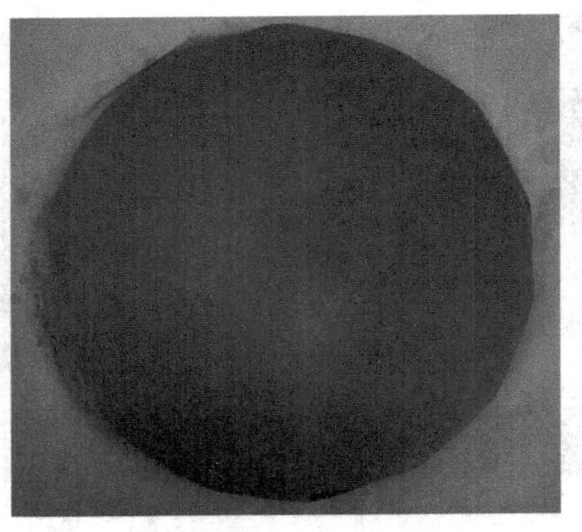

图 3　GH4151 合金 ϕ300mm 棒材头部和尾部低倍片

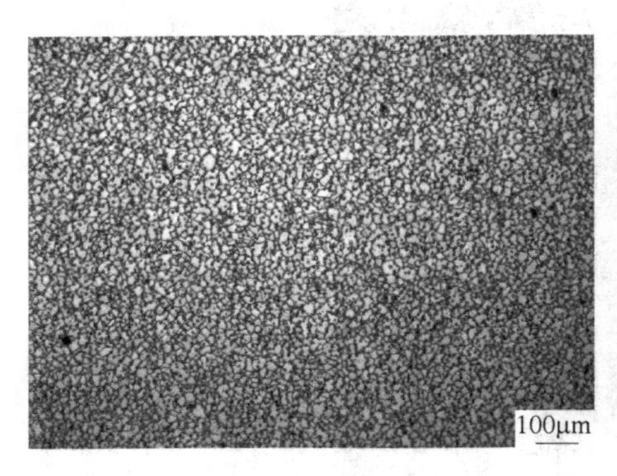

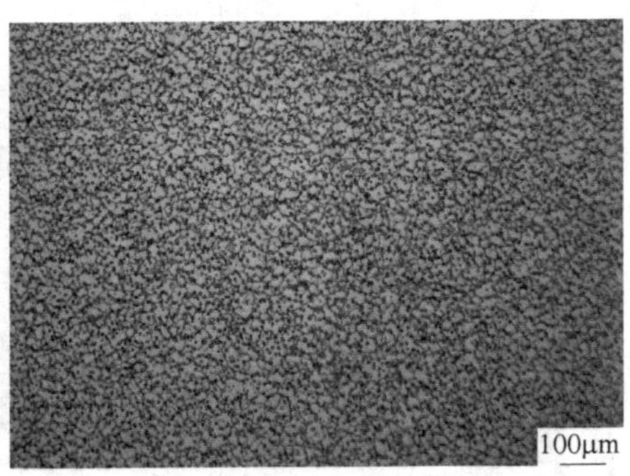

图 4　GH4151 合金 ϕ300mm 棒材晶粒组织

3　结论

（1）GH4151 合金铸锭中 Al、Ti、Nb 等元素偏析在枝晶间位置，Cr、Mo、W、Co 等元素偏析在枝晶干位置，同时形成共晶相、Laves 相、η 相等有害相及 MC 碳化物。通过多阶段均匀化热处理，成功消除了元素偏析与共晶相、Laves 相、η 相等有害相。

（2）利用快锻机成功制备出 GH4151 合金 ϕ300mm 均质棒材，经过固溶时效处理后棒材的平均晶粒度达到 8 级，同时，棒材具有良好的拉伸性能。

参考文献

［1］吕少敏．GH4151 合金高温变形行为及组织与性能控制研究［D］. 北京：北京科技大学，2020.

［2］徐志强，杨树峰，赵朋，等．镍基高温合金 GH4151 的偏析及相析出行为［J］．钢铁研究学报，2022，34（6）：588~595.

［3］李育升，宋珂阳，于凯，等．热处理工艺对 GH4151 合金冲击性能的影响［J］．材料热处理学报，2023，44（4）：102~111.

电渣重熔过程高温合金中非金属夹杂物的转变

高小勇[1]，张立峰[2*]

（1. 燕山大学机械工程学院，河北 秦皇岛，066004；
2. 北方工业大学机械与材料工程学院，北京，100114）

摘　要：通过夹杂物自动分析仪和场发射扫描电镜系统研究了电渣重熔过程 GH4169 高温合金中非金属夹杂物的转变。电渣重熔前，自耗电极中夹杂物为 MgO（含量（质量分数）平均值为 98.72%），同时含有微量的 Al_2O_3 和 CaO，部分夹杂物被 TiN 析出相包裹；夹杂物数量密度为 18.75mm^{-2}，平均尺寸和最大尺寸分别为 1.96μm 和 12.02μm。电渣重熔时，由于合金液与熔渣的高温化学反应，夹杂物的成分发生了很大变化：MgO 含量平均值降低至 58.28%；Al_2O_3 含量增加，其平均值从 0.72%增加到 39.02%；CaO 含量平均值从 0.57%增加到 2.70%；夹杂物数量密度增加至 26.45mm^{-2}，平均尺寸和最大尺寸分别降低至 1.70μm 和 8.65μm；部分夹杂物被 TiN 析出相包裹。最后对电渣重熔过程夹杂物的转变机理进行了解释。

关键词：高温合金；电渣重熔；非金属夹杂物；化学反应

高温合金是航空航天、航海、核能、国防装备等高技术领域不可替代的关键高温材料，其冶金质量对航空发动机等设备的可靠性和安全寿命具有决定性作用。非金属夹杂物是高温合金中的一种有害相，对高温合金的机械性能特别是高温疲劳性能的危害较大[1,2]。非金属夹杂物是在冶炼过程中产生的。电渣重熔是高温合金冶炼的主要精炼工艺之一，对提高致密度、细化晶粒和组织、减小夹杂物的尺寸和数量以及促进其均匀分布、提高使役性能等起着关键作用[3~5]。本研究对 GH4169 高温合金中夹杂物在电渣重熔过程的转变机理进行了分析，为高温合金的纯净化冶炼和夹杂物控制提供指导。

1　试验材料及方法

本试验采用国内某特殊钢厂生产的 GH4169 高温合金铸锭，化学成分如表 1 所示。电极采用真空感应熔炼方法制备，直径为 440mm。电渣重熔在气氛保护下进行，采用的渣料组成为（质量分数,%）：$50CaF_2$-$22Al_2O_3$-20CaO-5MgO-$3TiO_2$。电渣重熔时的二次电压为 41～44V，二次电流为 6.3～7.3kA。电渣锭直径为 530mm。在自耗电极和电渣锭的不同部位（表层、心部和中心 *R*/2 处）取样进行夹杂物分析，并进行合并统计。每个金相试样的观察面积为 10mm×10mm。采用带有夹杂物自动分析仪的场发射扫描电镜对夹杂物特征（成分、尺寸和数量等）进行自动分析。

表 1　GH4169 高温合金的化学成分

（质量分数,%）

C	Cr	Nb	Mo	Al	Ti	Fe	Ni
0.04	18.0	5.3	3.0	0.55	1.0	18.0	其余

2　试验结果及分析

2.1　夹杂物形貌和成分变化

自耗电极和电渣锭中夹杂物的形貌和元素分布分别如图 1 和图 2 所示。自耗电极中夹杂物为 MgO 型，存在较大尺寸的夹杂物。电渣锭中夹杂物为 MgO-Al_2O_3-CaO 型。将夹杂物的成分和尺寸投影在 MgO-Al_2O_3-CaO 等温三元相图上，结果如图 3 所示。在自耗电极中，夹杂物主要成分为 MgO，其平均含量高达 98.72%，此外含有微量的 Al_2O_3 和 CaO。原因是真空感应熔炼炉采用的坩埚

* 作者：张立峰，教授，联系电话：13911868419，E-mail：zhanglifeng@ncut.edu.cn

材质为 Al_2O_3-MgO。其中 Al_2O_3 含量为 84.1%，MgO 含量为 15.0%，其余为不可避免的杂质。由于 MgO 夹杂物的尺寸较小（约为 2μm），因此认为 MgO 夹杂物属于内生夹杂物，是坩埚壁与合金液反应的产物。经过电渣重熔，夹杂物成分发生剧烈变化，MgO 平均含量降低至 58.28%；Al_2O_3 含量剧烈增加，其平均值从 0.72% 增加到 39.02%；CaO 含量也发生增加，平均值从 0.57% 增加到 2.70%。这是因为电渣重熔是在 1750～1900℃的高温下进行的[6, 7]，合金液和熔渣发生物理化学反应的热力学和动力学条件都很充足。

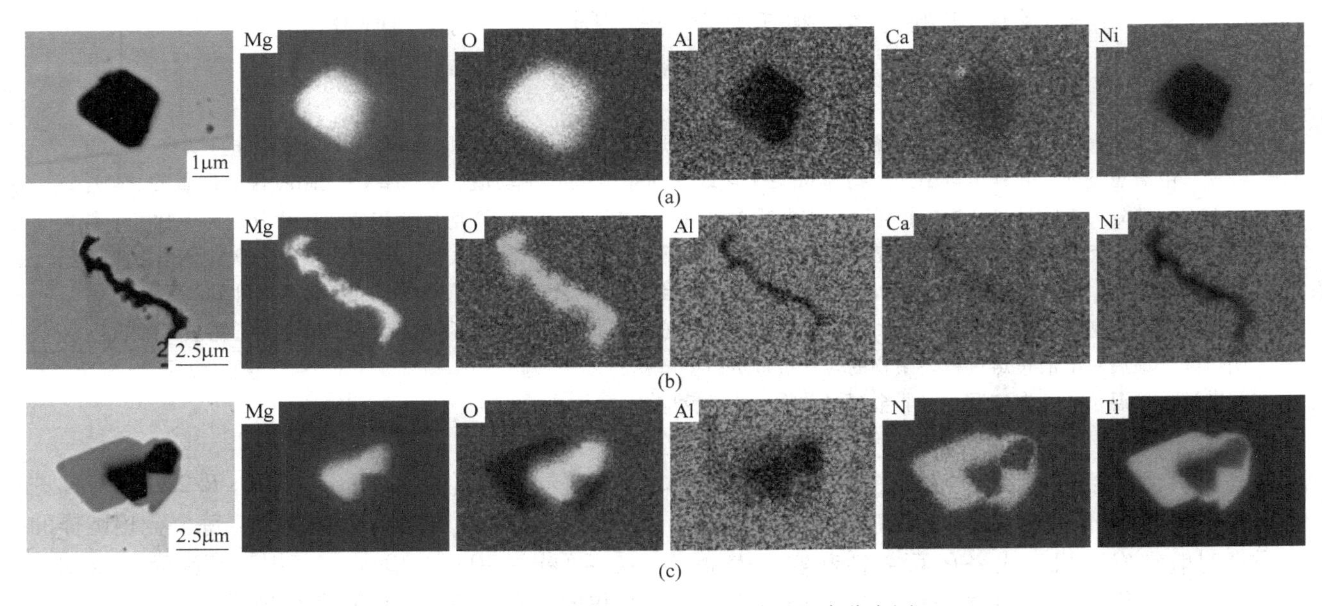

(a)

(b)

(c)

图 1　自耗电极中典型夹杂物形貌和元素分布图

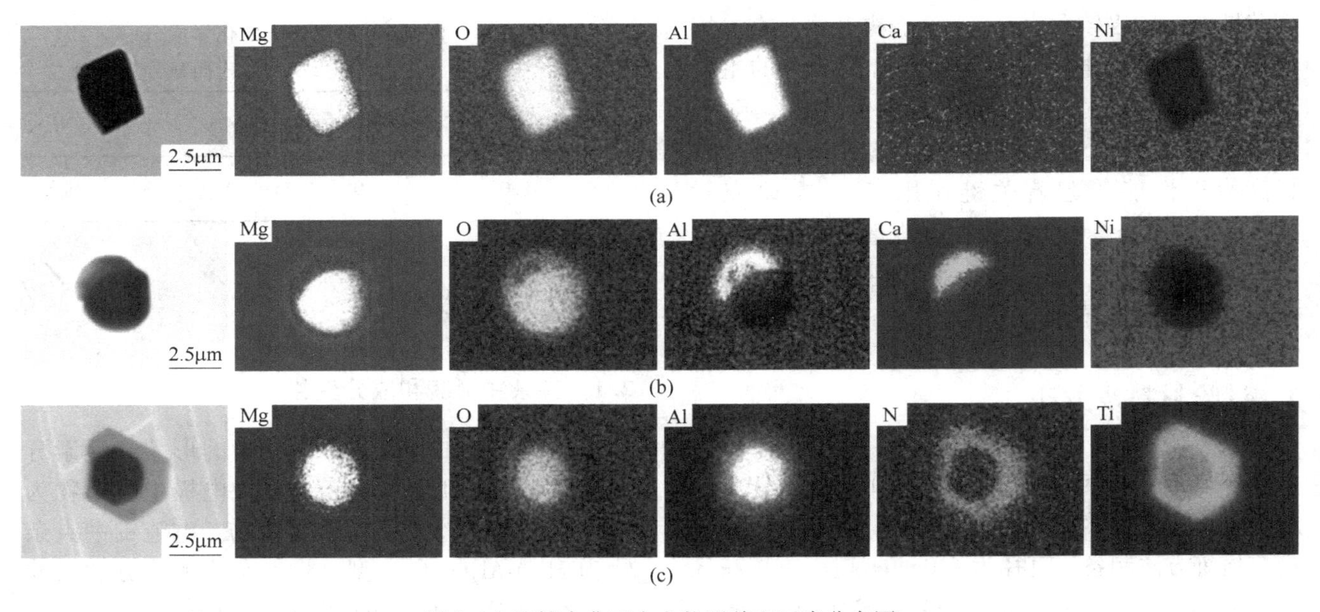

(a)

(b)

(c)

图 2　电渣锭中典型夹杂物形貌和元素分布图

2.2　夹杂物尺寸和数量变化

对电渣重熔前后夹杂物的尺寸进行对比，结果如图 4 所示。自耗电极中夹杂物的平均尺寸和最大尺寸分别为 1.96μm 和 12.02μm。电渣锭中夹杂物的平均尺寸和最大尺寸分别为 1.70μm 和 8.65μm。可以看出，电渣重熔后夹杂物的平均尺寸和最大尺寸均发生减小。而且，尺寸大于 5μm

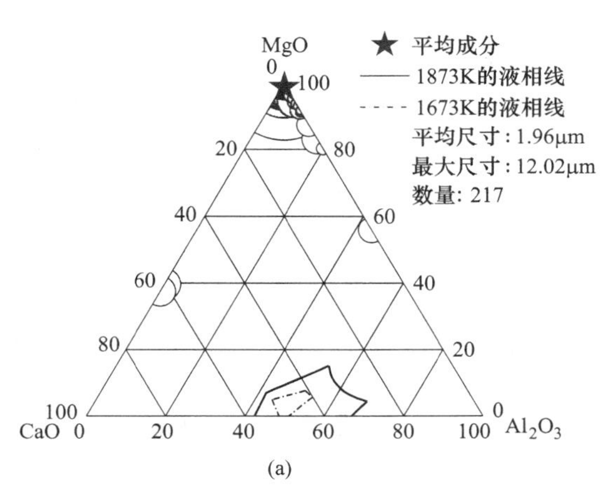

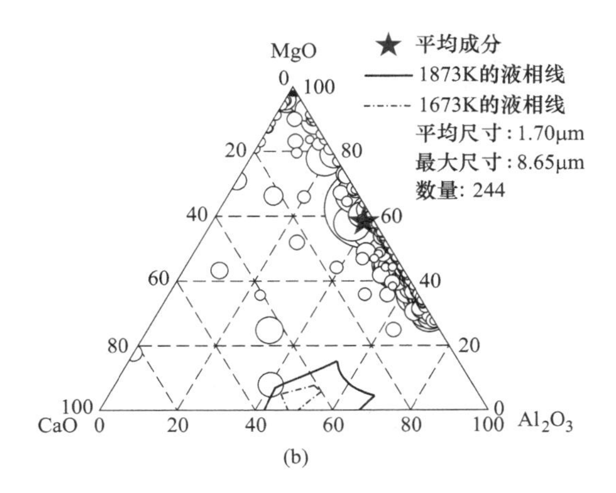

图 3　夹杂物成分分布

（a）自耗电极；（b）电渣锭

夹杂物在自耗电极和电渣锭中的百分比分别为 3.2%和 1.2%。这证明了电渣重熔在去除大尺寸夹杂物方面的优越性。

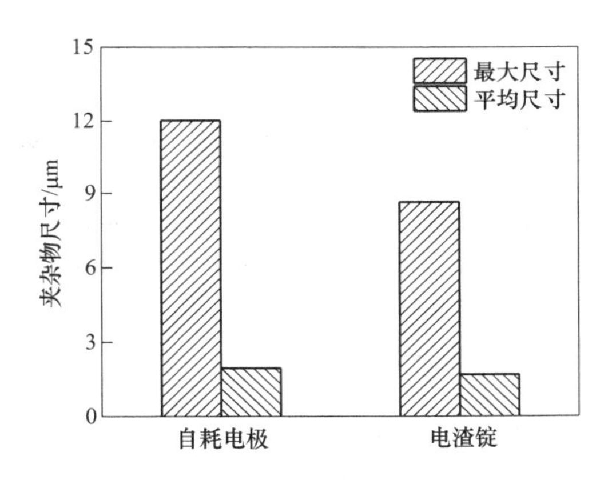

图 4　夹杂物尺寸变化

电渣重熔前后夹杂物的数量密度和面积分数变化如图 5 所示。自耗电极和电渣锭中夹杂物数量密度分别为 18.75mm^{-2}和 26.45mm^{-2}。自耗电极和电渣锭中夹杂物面积分数分别为 23.51×10^{-4}%和 25.66×10^{-4}%。可以看出，电渣重熔后夹杂物的数量密度增加了 41%，夹杂物的面积分数仅增加了 9.1%。电渣重熔尽管能够有效去除大尺寸夹杂物，但是很难完全去除电极中的所有夹杂物[8]。电渣重熔合金中仍存在较多小尺寸夹杂物[8, 9]。电渣重熔后夹杂物数量密度增加的原因主要是渣-金反应产生的细小弥散夹杂物增多。图 6 为电渣重熔前后 O、N 和 Mg 元素的含量变化。电渣重熔后发生了增氧和增氮，Mg 含量降低。

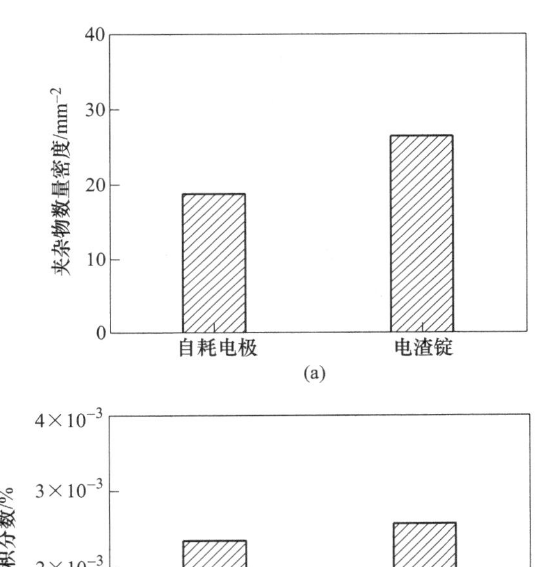

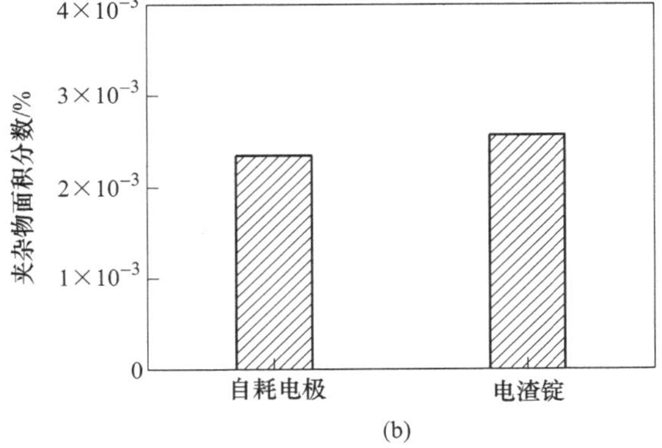

图 5　夹杂物数量密度和面积分数变化

（a）数量密度；（b）面积分数

3　结论

（1）电渣重熔前，GH4169 高温合金中夹杂物主要成分为 MgO（含量平均值为 98.72%），同时含有微量的 Al_2O_3 和 CaO。电渣重熔后，夹杂物成分发生剧烈变化，MgO 含量平均值降低至

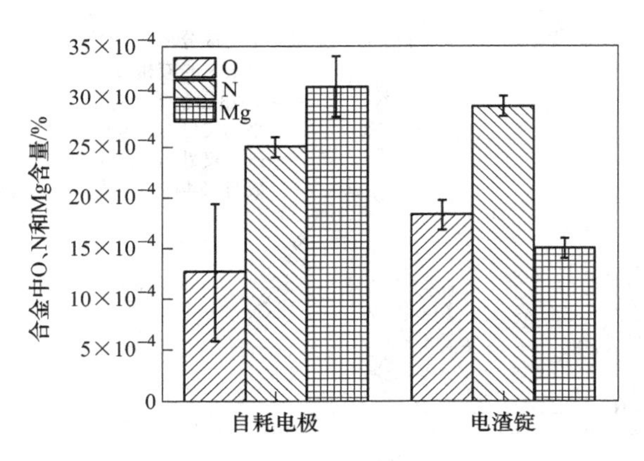

图 6 氧、氮和镁元素含量变化

58.28%；Al_2O_3 含量平均值从 0.72% 增加到 39.02%；CaO 含量平均值从 0.57% 增加到 2.70%。

（2）电渣重熔前，GH4169 合金中夹杂物数量密度为 18.75mm^{-2}，电渣重熔后夹杂物数量密度增加至 26.45mm^{-2}。原因主要是渣-金反应产生的细小弥散夹杂物增多。

（3）电渣重熔前，GH4169 合金中夹杂物平均尺寸和最大尺寸分别为 1.96μm 和 12.02μm。电渣重熔后夹杂物平均尺寸和最大尺寸分别减小至 1.70μm 和 8.65μm。尺寸大于 5μm 夹杂物在自耗电极和电渣锭中的占比分别为 3.2% 和 1.2%。说明电渣重熔能够去除大尺寸夹杂物。

参考文献

[1] Miao G L, Yang X G, Shi D Q. Competing fatigue failure behaviors of Ni-based superalloy FGH96 at elevated temperature [J]. Materials Science and Engineering: A, 2016, 668: 66~72.

[2] Texier D, Cormier J, Villechaise P, et al. Crack initiation sensitivity of wrought direct aged alloy 718 in the very high cycle fatigue regime: the role of non-metallic inclusions [J]. Materials Science and Engineering: A, 2016, 678: 122~136.

[3] Yang J G, Park J H. Distribution behavior of aluminum and titanium between nickel-based alloys and molten slags in the electro slag remelting (ESR) process [J]. Metallurgical and Materials Transactions B, 2017, 48 (4): 2147~2156.

[4] Chen X C, Shi C B, Guo H J, et al. Investigation of oxide inclusions and primary carbonitrides in Inconel 718 superalloy refined through electroslag remelting process [J]. Metallurgical and Materials Transactions B, 2012, 43 (6): 1596~1607.

[5] Boštjan A, Bojan P, Jaka B. Electroslag remelting: A process overview [J]. Materiali in tehnologije, 2016, 50 (6): 971~979.

[6] 王洋，高国才．电渣冶金工艺特点及应用［J］．冶金设备，2010，特刊（1）：54~56.

[7] 徐万里，耿茂鹏，饶磊．电渣熔铸中渣池热电场的试验和模拟研究［J］．铸造，2008，57（9）：920~923.

[8] Li S J, Cheng G G, Miao Z Q, et al. Evolution of oxide inclusions in G20CrNi2Mo carburized bearing steel during industrial electroslag remelting [J]. ISIJ International, 2018, 58 (10): 1781~1790.

[9] Liu Y, Zhang Z, Li G Q, et al. Evolution of desulfurization and characterization of inclusions in dual alloy ingot processed by electroslag remelting [J]. Steel Research International, 2017, 88 (11): 1700058.

La 元素对钴基高温合金组织性能的影响研究

王福[1]，贾丹[2*]，裴丙红[1]，孙文儒[2]，何云华[1]

（1. 攀钢集团江油长城特殊钢有限公司，四川 江油，621700；
2. 中科院金属研究所，辽宁 沈阳，110819）

摘　要：研究了不同 La 含量对 GH5188 合金的显微组织及力学性能的影响。结果表明，La 可细化晶粒并扩大铸锭心部等轴晶区面积。当 La 含量由 0.011%提高至 0.21%时，等轴晶区晶粒尺寸由 1.3mm 减小至 0.89mm。La 富集在凝固前沿，造成成分过冷抑制晶粒长大，同时改变碳化物的析出行为。随着 La 含量的增加，碳化物析出形态由共晶状向块状转变，且析出数量呈先减少后增加的变化趋势；La 对析出相数量的影响是导致热轧态和固溶态 0.011%La 合金相较于 0.034%La 合金晶粒尺寸小的主要原因。La 可显著改善 GH5188 合金的持久寿命，与固溶过程中 La 抑制 Co 和 Cr 的扩散，使晶界保留细小颗粒状 $M_{23}C_6$ 碳化物提高晶界强度有关。当 La 的添加量高于 0.09%，锻造易开裂。

关键词：GH5188 合金；La；显微组织；力学性能

GH5188 合金是 Co-Ni-Cr 基固溶强化型变形高温合金，通过析出碳化物进行弥散强化。由于具有良好的高温强度、抗热腐蚀性能和抗热疲劳性能等综合性能，国外已用于制造燃气涡轮和导弹的燃烧室、尾喷管以及核能工业中的热交换器等零部件，国内部分航空发动机选用该合金制作燃烧室火焰筒、导向叶片等高温部件[1,2]。

微量稀土元素 La 加入 GH5188 合金中可以提高氧化膜的致密性，显著改善合金的抗高温氧化性能。但是，过高的 La 含量将导致富 La 脆性相的析出，降低 GH5188 合金的热加工性能。目前，GH5188 合金中 La 的成分控制范围较宽（0.030%～0.120%），为了获得最优的高温力学性能和抗氧化性能，有必要对 La 含量的控制进行优化。关于 La 对高温合金抗氧化性的影响规律和作用机理已有报道[3]，而 La 对合金组织及力学性能的影响主要集中在钢和镁铝等合金[4,5]，其对高温合金相析出行为及其力学性能的研究较少。本文研究了不同 La 添加量对 GH5188 合金显微组织和力学性能的影响规律，可为实际生产中 GH5188 合金性能改善和质量稳定提供理论基础。

1　试验材料及方法

采用真空感应炉冶炼 0La 的 GH5188 合金母合金，分析成分如表 1 所示。将母合金重熔成 4 个子合金锭，加入不同含量 La，其分析质量分数分别为 0.011%、0.034%、0.090%、0.21%。采用线切割沿不同 La 含量子合金铸锭同一高度切取铸态分析试片，剩余铸锭经过均匀化、锻造开坯和热轧得到直径为 ϕ13mm 的轧棒，再经 1180℃×1h 固溶处理后进行力学性能测试。铸态、轧态和固溶态样品经研磨、抛磨和化学腐蚀后观察其金相组织，其中铸态腐蚀试剂：150g Cu_2SO_4 + 500mL HCl + 35mL H_2SO_4；轧态和固溶态腐蚀剂：100mL HCl+(5～10)滴 H_2O_2。利用 JEOL JSM-5800 扫描电镜（SEM）观察合金的显微组织。

表 1　GH5188 母合金化学成分

（质量分数,%）

母合金	C	W	Cr	Ni	Co
0La	0.094	14.67	22.1	21.2	余量

* 作者：贾丹，女，博士，E-mail：djia@imr.ac.cn

2 试验结果及分析

2.1 La 对铸态组织的影响

图 1 为不同 La 含量 GH5188 合金的铸态组织。由图可知，随着 La 含量的增加，铸态枝晶组织发生较大变化。当 La 含量（0.011%）较低时，铸锭从边缘到心部由三个区域组成：激冷细晶区、粗大柱状晶区、中心数量较少的粗等轴晶区。其中，心部等轴晶区的晶粒尺寸约为 1.3mm；当 La 含量为 0.21%时，枝晶组织全部转变为等轴晶组织，从边缘到心部晶粒尺寸逐渐增大，心部晶粒尺寸约为 0.89mm。结果表明，La 抑制柱状晶粒的生长，细化晶粒。

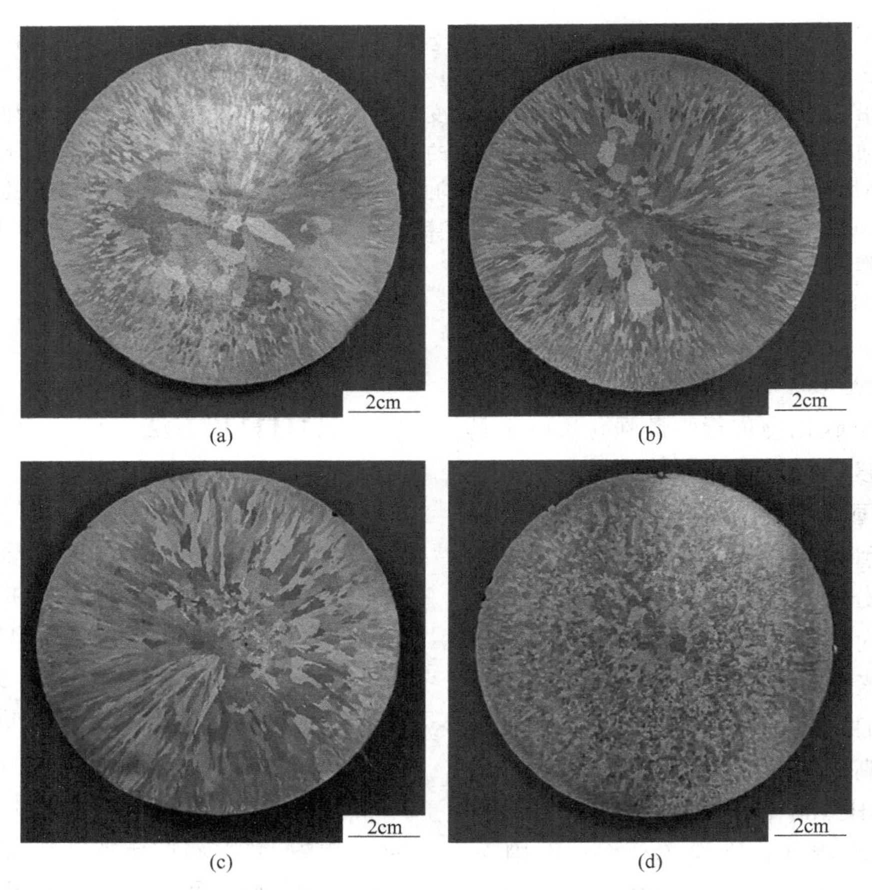

(a) (b) (c) (d)

图 1 不同 La 含量 GH5188 合金铸态组织

（a）0.011%La；（b）0.034%La；（c）0.09%La；（d）0.21%La

GH5188 合金铸态组织中的析出相主要为共晶状 M6C 和 M23C6 的碳化物[6]。图 2 为不同 La 含量 GH5188 合金枝晶间析出相的形貌。可知，La 会改变共晶状析出相的形貌。随着 La 含量的增加，析出相由共晶状向块状转变，且析出相尺寸逐渐减小。图 3 为 La 对 GH5188 合金共晶相体积分数的影响。随着 La 含量的增加，共晶相的体积分数呈先减少后增加的变化趋势。表明 La 含量的增加同时改变 GH5188 合金析出相的形貌与析出数量。

在扫描电子显微镜下观察到 0.09%La 合金中块状析出相内部存在衬度较亮的不规则白亮相，如图 4（a）所示。由图 4（b）ESD 结果可知，不规则白亮相主要富 La 和 O，为富 La 的氧化物 La_2O_3。合金在凝固过程中，高熔点的稀土氧化物在一定条件下可作为初始奥氏体相异质形核的核心，从而细化凝固组织[7]。当稀土加入量过高，形成的稀土氧化物尺寸增大，且具有较高的硬度，与基体间结合力降低，易导致后续变形过程中裂纹萌生与扩展，降低锻件的成材率。

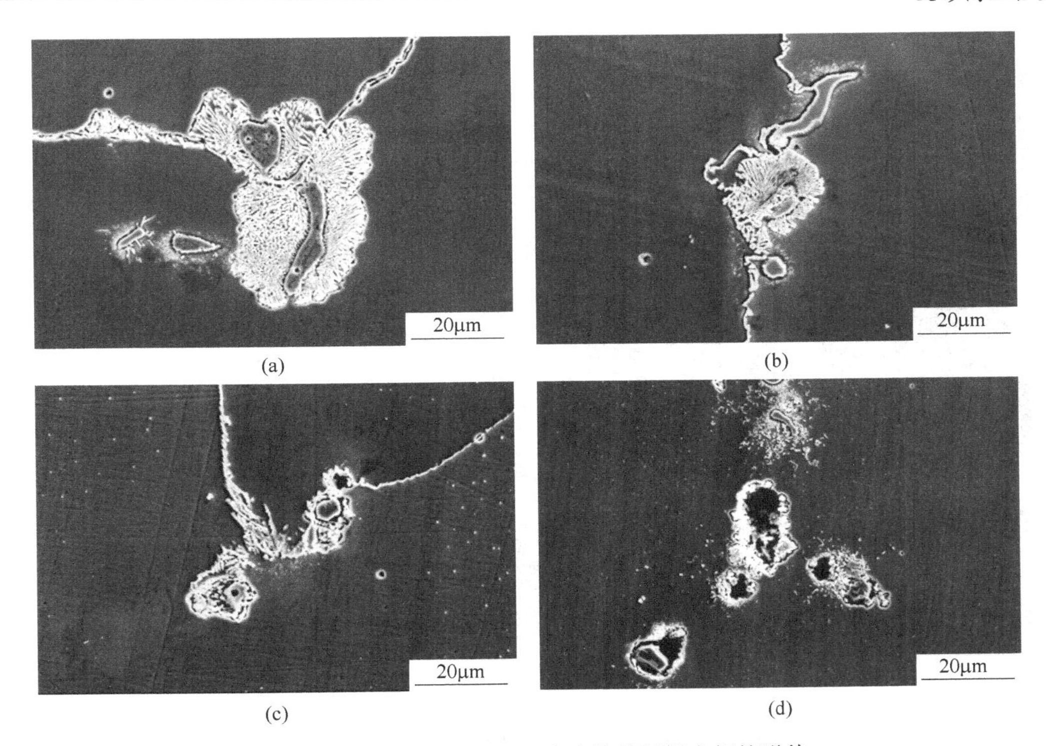

图 2 不同 La 含量 GH5188 合金枝晶间析出相的形貌

（a）0.011%La；（b）0.034%La；（c）0.09%La；（d）0.21%La

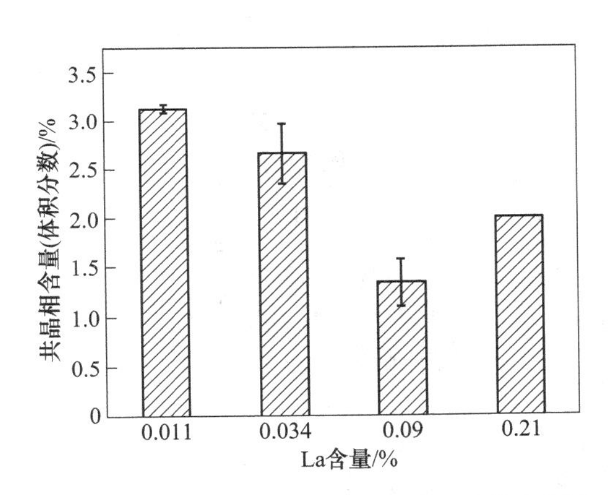

图 3 La 对 GH5188 合金共晶相体积分数的影响

图 5 为 0.034%La 合金共晶相中 La、W 和 Cr 的线扫描分析结果。由图可知，在 0.034%La 合金中 La、W 和 Cr 均富集于共晶相中，表明 La 对 GH5188 合金铸态组织的影响主要归因于其对合金凝固过程的作用。La 含量较低时，GH5188 合金的凝固初期的形核数量较少，凝固前沿的成分过冷较小，枝晶能够充分长大。各枝晶间相互生长连接的机会相对较低，剩余液相可以相互联通，有利于共晶碳化物的生长。因此，低 La 合金的枝晶间距较大，且共晶碳化物的尺寸也较大。当 La 含量较高时，La 会在凝固前沿富集，造成成分过冷并阻碍晶粒的生长。同时，剩余液相被分割成大量封闭孤立的细小液岛，限制了共晶碳化物的长大[8]。

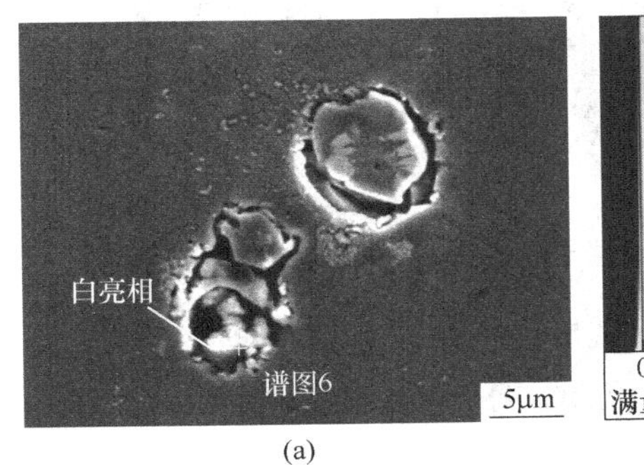

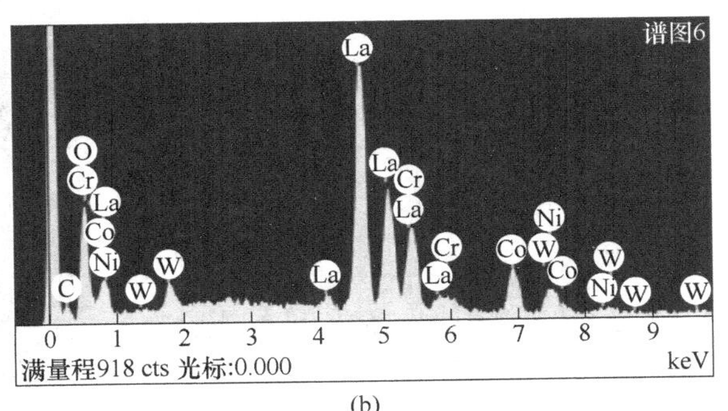

图 4 0.09%La 合金中块状相的 SEM 图像及 EDS 分析

（a）0.09%La SEM 图像；（b）EDS 谱图

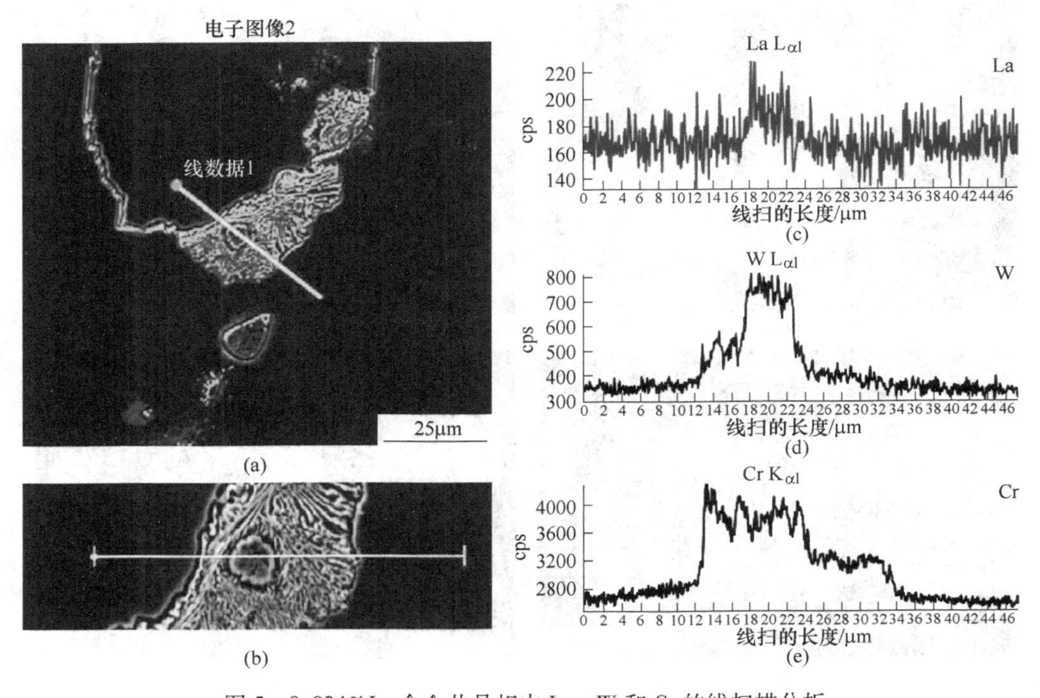

图 5 0.034%La 合金共晶相中 La、W 和 Cr 的线扫描分析

(a) EDS 沿线数据 1；(b) 线数据 1 的放大图；(c) La 元素线扫描分析；(d) W 元素线扫描分析；(e) Cr 元素线扫描分析

2.2 La 对热轧态及固溶态组织的影响

图 6 为 0.011%La 和 0.034%La 合金热轧态组织。0.09%La 和 0.21%La 两个成分子合金因锻造开坯过程中开裂，未进行后续热轧。由图 5 可知，经过热变形后 0.011%La 和 0.034%La 合金为组织

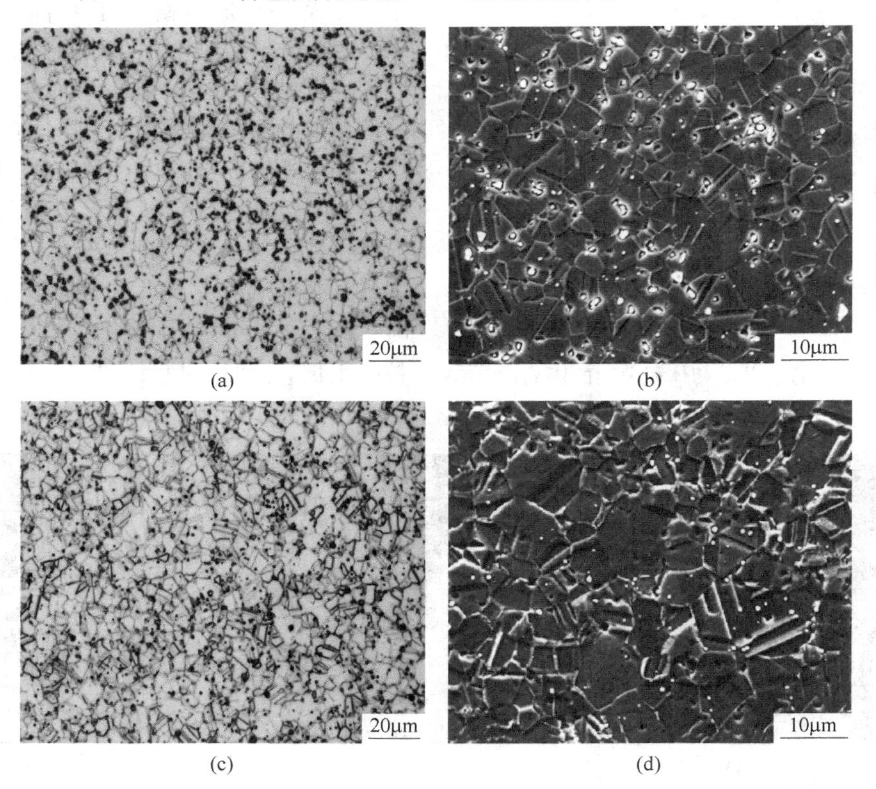

图 6 不同 La 含量 GH5188 合金热轧态组织及析出相的形貌

(a) 0.011%La；(b) 0.034%La；(c) 0.011%La；(d) 0.034%La

均匀的动态再结晶组织。其中，0.011%La 合金热轧态的晶粒尺寸约为 5.74μm，0.034%La 合金热轧态的晶粒尺寸约为 6.29μm，0.011%La 合金热轧后晶粒尺寸较 0.034%La 合金略小一些。两个合金热轧后析出相均呈尺寸较小的块状或颗粒状沿晶界析出，晶内零星析出。其中，0.011%La 合金热轧态析出相的析出尺寸较 0.034%La 合金热轧态尺寸略大一些。两个合金晶粒尺寸和析出相的差别主要与对应成分合金铸态 0.011%La 合金析出相数量和尺寸较 0.034%La 合金多，并在后续热轧过程中遗传到变形组织中。由表 2 可知，0.011%La 合金和 0.034%La 合金析出相主要为富 W 的块状或颗粒状 M6C 碳化物。

表 2　0.011%La 合金和 0.034%La 合金析出相的成分

（质量分数,%）

合金	C	W	Cr	Ni	Co
0.011%La	6.80	50.95	12.56	5.33	14.14
0.034%La	5.57	50.55	12.46	4.87	12.86

图 7 为不同 La 含量 GH5188 合金在 1180℃固溶 1h 后的显微组织。由图可知，经过 1180℃固溶 1h 后，两个 La 成分的 GH5188 合金的晶粒均发生明显长大，但 0.011%La 合金和 0.034%La 的晶粒大小分别为 195.46mm 和 233.55mm，低 La 子合金的晶粒尺寸略小一些。两个合金晶粒尺寸的差异主要与热轧后 0.011%La 合金析出相数量较多，可有效抑制固溶过程中晶界的迁移速率，阻碍晶粒的长大。另外，固溶过程中两个合金的析出相均发生显著回溶。固溶处理后 0.011%La 合金晶界仅有零星分布的细小颗粒状碳化物，而 0.034%La 合金的析出相略多一些，沿晶界呈连续和非连续链状析出。对 0.034%La 合金的晶界元素分布进行了线扫描，如图 7（e）所示。0.034%La 合金的晶界主要富 Co 和 Cr 元素，并含有少量 Ni 和 W，确定该相为 M23C6 型碳化物。该结果表明，固溶过程中偏聚于晶界处的 La 元素可抑制 GH5188 合金 Co 和 Cr 元素的扩散。

(a)

(b)

(c)

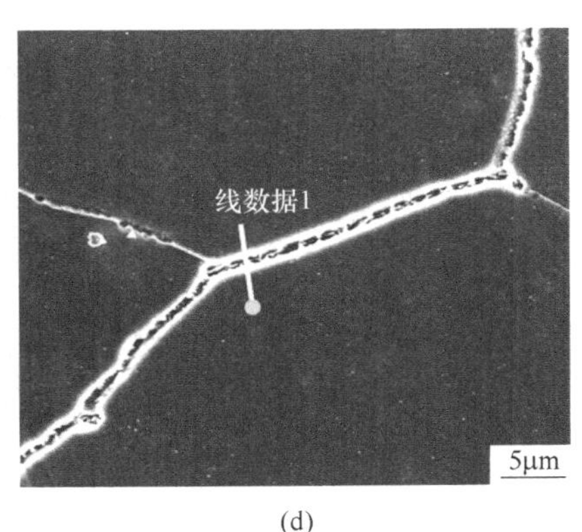

(d)

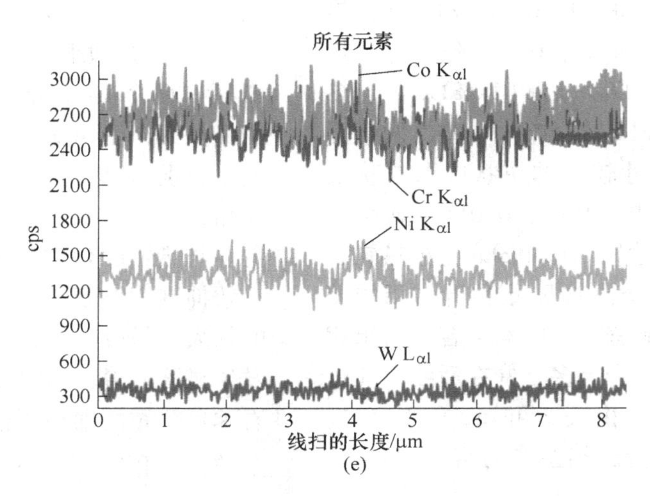

图 7 不同 La 含量 GH5188 合金在 1180℃固溶 1h 后的显微组织

(a)，(b) 0.011%La；(c)，(d) 0.034%La；(e) 0.034%La，铬、钴、镍元素线扫描

2.3 La 对持久性能的影响

图 8 为两种 La 含量 GH5188 合金在 1180℃固溶 1h 后 927℃/83MPa 持久性能。由图可知，0.011%La 合金的持久寿命为 143h，0.034%La 合金的持久寿命为 202h，两个合金的持久伸长率相差不大，表明 La 元素可延长 GH5188 合金的持久寿命。La 对 GH5188 合金持久寿命的影响与 La 抑制 Co 和 Cr 元素的扩散，使合金经过 1180℃固溶 1h 后晶界仍存在少量连续或非连续析出的颗粒状相，对晶界具有钉扎作用，可有效阻碍持久裂纹的萌生与扩展，进而提高持久寿命。

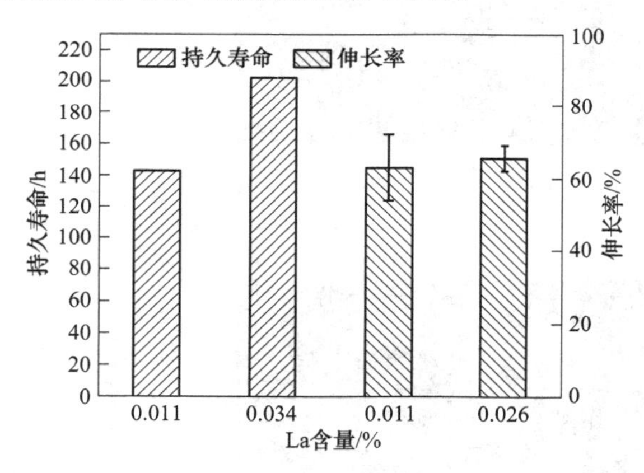

图 8 两种 La 含量 GH5188 合金在 1180℃固溶 1h 后 927℃/83MPa 持久性能

3 结论

（1）La 可细化 GH5188 合金的铸态组织，并改变碳化物的析出行为。随着 La 含量增加析出相数量呈先减少后增加的变化趋势，析出形态由共晶状向块状转变。当 La 含量高于 0.09%后，易造成锻造开裂，降低锻件的成材率。

（2）热轧后 0.011%La 合金和 0.034%La 合金的析出相均为颗粒状 M6C 碳化物。0.011%La 合金较 0.034%La 合金的析出相数量多是两个合金热轧态和固溶态晶粒尺寸差异的主要原因。

（3）La 可有效抑制晶界 Co 和 Cr 元素的扩散，使固溶处理后晶界仍存在连续或半连续颗粒状 M23C6 碳化物提高晶界强度，改善合金的持久寿命。

参考文献

[1] 吴云书，计昌淦，钱友荣，等．现代工程合金［M］．北京：国防工业出版社，1983：155.

[2] Kurt P Rohrbach. 高温合金的发展与选择［J］．宇航材料工艺，2007（1）：61~62.

[3] 陈石富，马惠萍，鞠泉，等．稀土元素 La 对 GH230 合金 1000℃抗氧化性能的影响［J］．钢铁研究学报，2009，21（11）：45~50.

[4] 乐泰和，陈梦茹，王金辉，等．La 和 Ce 含量对挤压态 AE44-2 镁合金组织与力学性能的影响［J］．中国有色金属学报，2021，31（6）：1463~1472.

[5] 刘笛，宋艳青，张鑫，等．La 对 75Cr1 锯片用钢热轧板组织和力学性能的影响［J］．热加工工艺，2021，50（4）：51~53.

[6] 高亚伟，董建新，姚志浩，等．GH5188 高温合金组织

特征及冷热加工过程组织演变［J］. 稀有金属材料与工程，2017，46（10）：2922~2928.
［7］计云萍. 镧铈细化钢液凝固初生相δ铁素体的作用及机理［D］. 上海：上海大学，2018：7.
［8］宋雨来. 稀土改性AZ91镁合金组织和腐蚀性能［D］. 长春：吉林大学，2006：46~47.

高强度高塑性 GH4099 合金板材制备与力学性能研究

岑凯强*，程华东，陈伟，粟硕，周江波，韦家向，陈国胜

（四川六合特种金属材料股份有限公司技术中心，四川 江油，621701）

摘　要：GH4099 合金航空、航天用板材常用技术条件 900℃ 性能：$\sigma_b \geqslant 400$MPa，$\sigma_{p0.2} \geqslant 295$MPa，$\delta_5 \geqslant 15$，$\psi \geqslant 30$；随着我国航空、航天事业的不断发展，对材料的要求也显著提高。某航天用板材技术条件要求高强度高塑性，其 900℃ 性能如下：$\sigma_b \geqslant 425$MPa，$\sigma_{p0.2} \geqslant 370$MPa，$\delta_5 \geqslant 30$，$\psi \geqslant 40$，其高温屈服强度比常规热轧板材要求高出 75MPa，其高温塑性值也是常规热轧板材的 2 倍。通过成分优化、锻造轧制工艺以及热处理工艺的研究生产出了满足高强度高塑性要求的材料。

关键词：高强度；高塑性；成分优化；锻轧工艺优化；热处理工艺优化

GH99（俄牌号 ЭИ693）是 Ni-Cr 基沉淀硬化型变形高温合金，长期使用温度达 900℃，短时最高使用温度可达 1000℃。合金具有较高的热强性、组织稳定，并具有满意的冷热加工成形和焊接工艺性能。主要产品形式为环形件、轧棒和板材，适合于制造航空航天发动机燃烧室和加力燃烧室等高温焊接结构件。随着我国航空、航天事业的不断发展，对于材料的要求也愈发提高，某航天用中厚热轧板材技术条件要求高强度高塑性，其 900℃ 性能如下：$\sigma_b \geqslant 425$MPa，$\sigma_{p0.2} \geqslant 370$MPa，$\delta_5 \geqslant 30$，$\psi \geqslant 40$，其高温屈服强度比常规热轧板材要求高出 75MPa，其高温塑性值也是常规热轧板材的 2 倍。

对于此高强度、高塑性热轧中厚板，我们通过成分优化、锻轧工艺以及热处理工艺的研究生产出了满足要求的材料。

1　试验方法

1.1　试验料制备

通过真空感应+真空自耗的方式冶炼多批次不同成分的钢锭，再经 60MN 快锻机降温锻造开坯得到组织均匀的轧坯，后续再经轧机轧制 δ55 厚板材，轧制过程严格控制开锻温度、轧制道次以及每道次变形量从而保证终锻温度≥950℃，从而得到组织均匀的板材。

1.2　试验设计

1.2.1　最佳成分控制试验方案

分别在不同 Al、Ti 成分的板材上各取两个试样在标准规定热处理制度下同时进行热处理，并将热处理后的晶粒度控制在 4 级左右，再进行高温拉伸试验，Al、Ti 成分控制见表 1，其余主体成分按标准中限控制。

表 1　最佳 Al、Ti 成分控制试验

批次	热处理制度	晶粒度等级	Al+Ti
1	固溶：1100℃×2h	4 级	3.2~3.3
2	空冷；时效		3.5~3.6
3	820℃×12h 空冷		3.75~3.8

在研究最佳 Al、Ti 控制提高强度的同时还应考虑到从成分控制方面提高合金的塑性。而 S 偏析于晶界或相界，形成低熔点 Ni-Ni_3S_2 的共晶（635℃），共晶组织在晶界分布要降低晶界强度，并使晶界和相界弱化，成为裂纹产生和扩展的通道[1]，严重影响材料的高温力学性能，如图 1 所示[1]。因此，我们将 S 含量均控制在 1×10^{-3}% 以下，同时加入微量元素 Mg 进行微合金化，降低 S 的有害作用。因此在最佳 Al、Ti 成分下，分别研究了不同 $w(\mathrm{Mg})/w(\mathrm{S})$ 对合金高温性能的影响，如表 2 所示分别研究 $w(\mathrm{Mg})/w(\mathrm{S})$ 从 0.2~1.2 塑性的变化规律。

* 作者：岑凯强，联系电话：18781665863，E-mail：840710790@qq.com

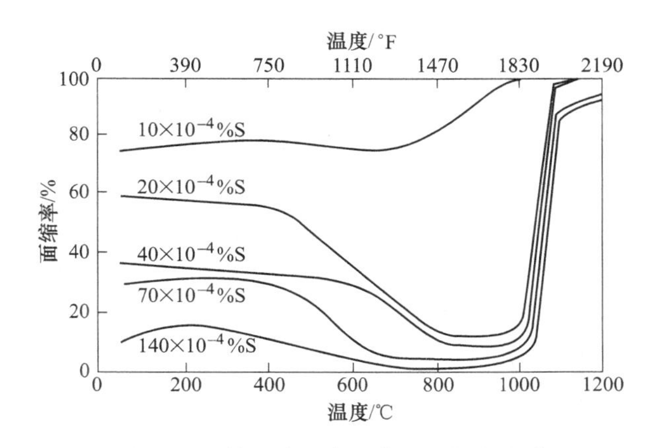

图 1　S 对镍基高温合金高温塑性的影响

表 2　Mg、S 比对高温塑性影响实验

批次	1	2	3	4	5	6
w(Mg)/w(S)	0.212	0.405	0.605	0.798	1.015	1.198

1.2.2　最佳晶粒度等级试样方案

在最佳成分控制的试验基础上选择前两组试验的最佳结果，在板材切取多组高温拉伸试样并在标准热处理制度下固溶、时效，使热处理后的试样晶粒度分别控制在 2 级、3 级、4 级、5 级、6 级，再进行高温拉伸试验，分别研究了不同晶粒度对高温性能的影响。

1.2.3　最佳热处理制度试验方案

GH99 合金 γ′相析出温度范围为 720～950℃，析出峰值在 800～850℃[2]。故为满足标准高强度的要求，我们根据标准选取了 800～820℃ 作为时效温度进行试验，在最佳 Al、Ti 含量和 w(Mg)/w(S) 控制下的板材上分别取样保证其热处理后晶粒度等级控制在 5 级，分别进行热处理试验，热处理制度按 (1080～1120℃)×2h 固溶，(800～820℃)×12h 时效，验证不同固溶、时效温度对 900℃ 高温性能的影响，见表 3 和表 4。

表 3　时效温度对高温性能的影响实验

批次	1	2	3
时效温度/℃	800	810	820

表 4　固溶温度对高温性能的影响实验

批次	固溶温度/℃
1	1080
2	1100
3	1120

2　试验结果及讨论

2.1　不同成分对高温拉伸试验结果的影响

在不同 Al、Ti 含量的三个批次板材上切取高温拉伸试样，经标准热处理制度处理且确保处理后晶粒度为 4 级，进行高温拉伸试验，试验结果如图 2 所示。

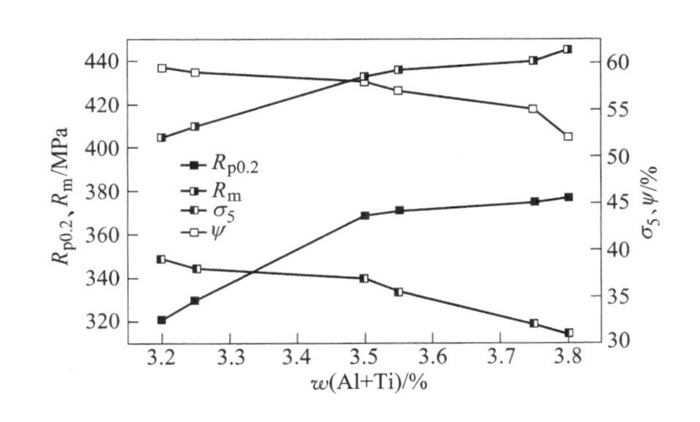

图 2　不同 Al、Ti 含量之和对 900℃ 高温性能的影响

根据以上试验结果可以得出在同一热处理状态和同一晶粒度下，Al、Ti 成分按上线控制可以得到较好的高温拉伸结果；γ′[Ni_3(Al,Ti)]相作为主要强化相，γ′相的含量决定其力学性能的水平[3]。因此 Al、Ti 含量的提高对高温强度的提高有显著作用，但随着强度的提高其塑性指标相对会有所降低，因此需对材料的晶界强化元素以及板材晶粒度进行研究，以期达到在提高强度的前提下，其塑性指标也能满足要求。

为提高高温塑性，在合金中加入微量元素 Mg，并研究了 w(Mg)/w(S) 对合金高温塑性的影响。Mg 可以净化晶界与 S 等有害杂质形成高熔点化合物，Mg 偏聚在晶界降低晶界能和相界能，改善和细化晶界碳化物及其他晶界析出相的形态，从而改善合金蠕变性能和高温塑性[1]。

在最佳 Al、Ti 含量控制的基础上研究不同 w(Mg)/w(S) 对高温塑性的影响，如图 3 所示，GH4099 合金 900℃ 拉伸断后伸长率随 w(Mg)/w(S)数值的增大而升高。

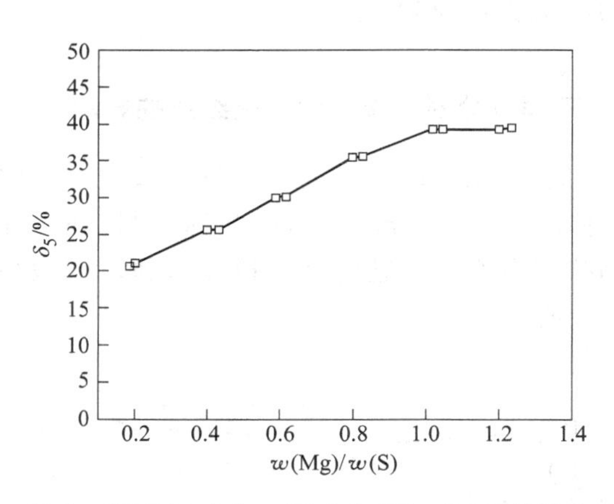

图 3 GH4099 合金 $w(\mathrm{Mg})/w(\mathrm{S})$ 对 900℃拉伸断后伸长率的影响

分别选取 $w(\mathrm{Mg})/w(\mathrm{S})$ 为 0.2、0.4、0.8、1.0 的拉伸试样进行断口扫描其电镜扫描结果如图 4 所示，图 4（a）所示 $w(\mathrm{Mg})/w(\mathrm{S})$ 为 1.0 的 900℃拉伸断口可见大量韧窝，韧窝深度较深，韧窝表面还伴有大量的浅韧窝，韧性断裂特征明显，高温塑性好。如图 4（b）所示，$w(\mathrm{Mg})/w(\mathrm{S})$ 为 0.8 的 900℃拉伸断口可见大量韧窝，部分韧窝内还有小韧窝存在，表现出韧性断裂特征，高温塑性较好。如图 4（c）所示，$w(\mathrm{Mg})/w(\mathrm{S})$ 为 0.4 的 900℃拉伸断口表现为沿晶断裂特征，沿晶断面上分布着浅韧窝，晶粒尺寸与标准固溶温度下的相当。断面分布有大量二次裂纹，部分区域呈现解理断面，高温塑性较差。如图 4（d）所示，$w(\mathrm{Mg})/w(\mathrm{S})$ 为 0.2 的 900℃拉伸断口具有“冰糖块”形貌，表现出明显的沿晶断裂特征，高温塑性差。

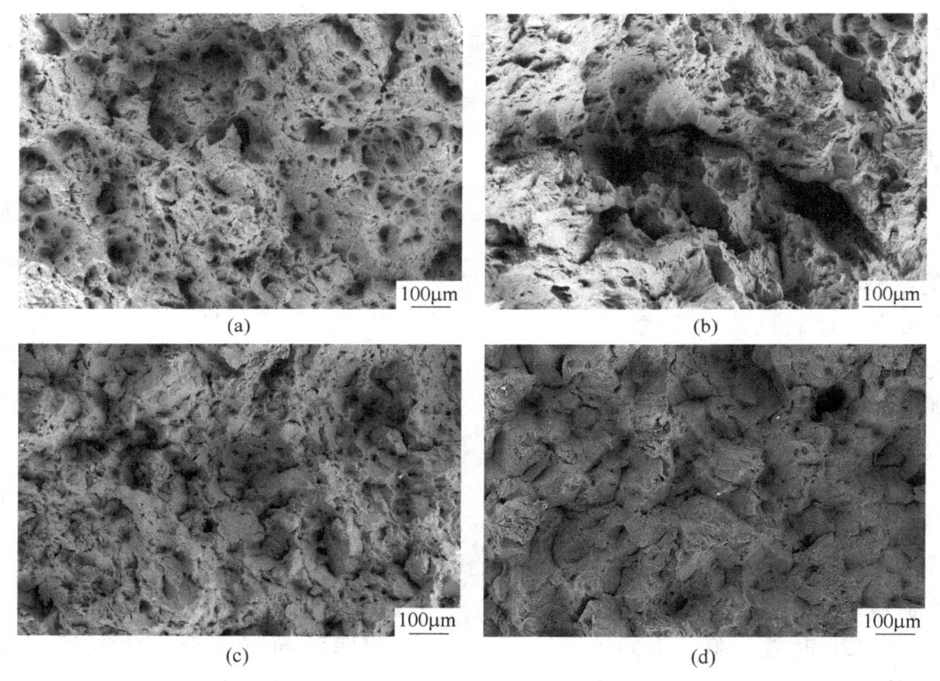

图 4 不同 $w(\mathrm{Mg})/w(\mathrm{S})$ 900℃拉伸断口形貌

（a）$w(\mathrm{Mg})/w(\mathrm{S})=1.0$；（b）$w(\mathrm{Mg})/w(\mathrm{S})=0.8$；（c）$w(\mathrm{Mg})/w(\mathrm{S})=0.4$；（d）$w(\mathrm{Mg})/w(\mathrm{S})=0.2$

2.2 不同晶粒度等级对高温拉伸试验结果的影响

选取 2.1 节试验得到的最佳 Al、Ti 含量和 $w(\mathrm{Mg})/w(\mathrm{S})$ 的板材，按标准热处理制度处理，从中选取不同晶粒度等级的试样进行高温拉伸试验，实验结果如图 5 所示。

根据以上实验结果得出，在最佳 Al、Ti 含量和 $w(\mathrm{Mg})/w(\mathrm{S})$ 控制下和经标准热处理制度处理后，随着晶粒度等级的提高材料的强度和塑性均有所提高，在晶粒度 5 级左右性能最佳。高 Al、Ti 成分和 820℃时效的情况下将析出大量的 γ'相，从而使高温拉伸强度提高，但在提高强度的情况下对其塑性也有一定的影响。晶界变形量可占到总变形的 40%～50%。晶粒越细，晶界就越多，产生的形变量就越大。另一方面，晶粒越细，晶界区就比较曲折，形成了类似弯曲晶界的晶界区，可

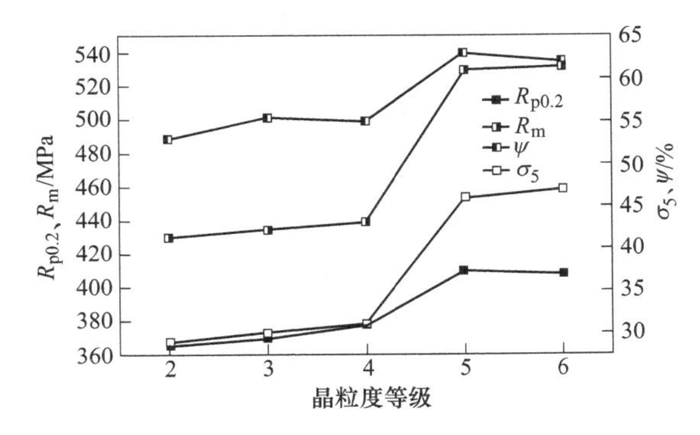

图 5　不同晶粒度等级对应的高温拉伸结果

以延缓持久裂纹的扩散速度，从而使合金得到较大的变形量，塑性得到提高[3]，因此我们将热处理后的晶粒度控制在 5 级左右合金塑性也得到提高。

2.3　不同热处理制度对高温拉伸的影响

选取 Al、Ti 之和控制在 3.8 的板材经不同热处理制度处理且选取热处理后试样晶粒度为 5 级的进行高温拉伸试验，试验结果如图 6 所示。

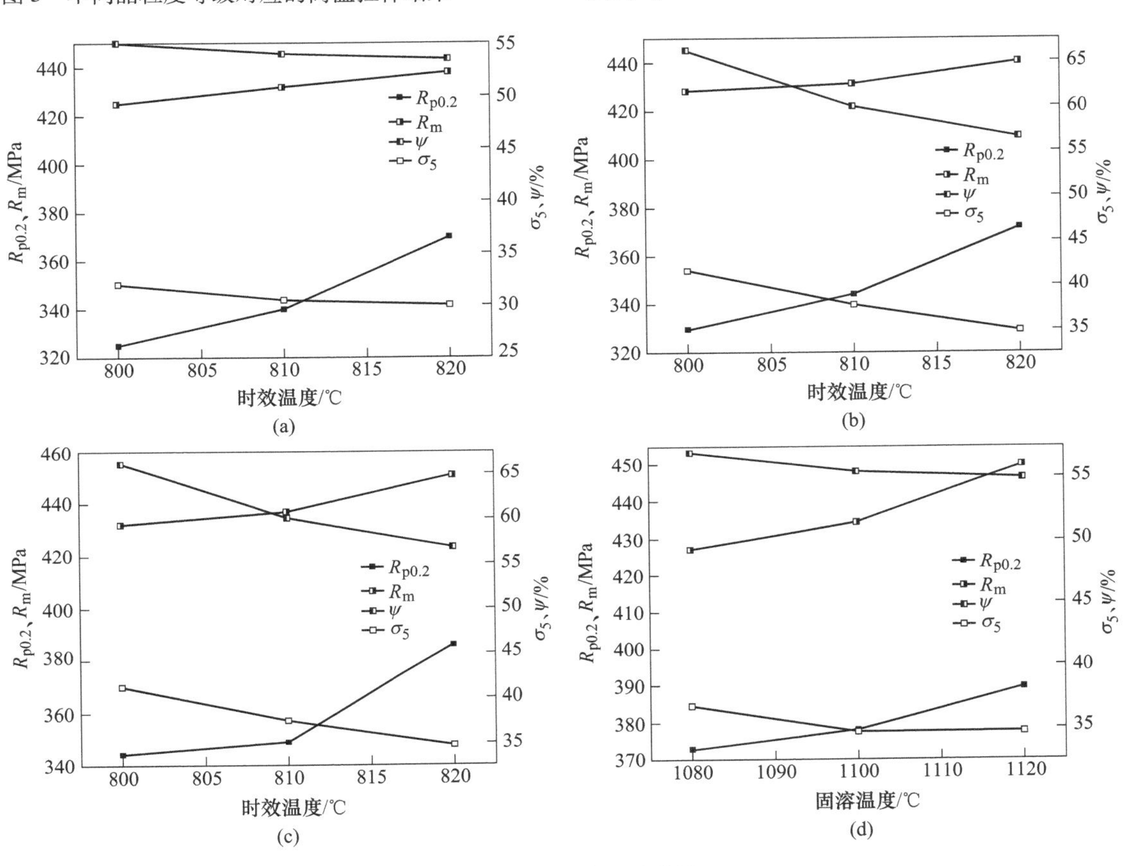

图 6　高温拉伸试验结果

（a）1080℃固溶后不同温度时效对 900℃高温性能的影响；（b）1100℃固溶后不同温度时效对 900℃高温性能的影响；（c）1120℃固溶后不同温度时效对 900℃高温性能的影响；（d）不同温度固溶后在 820℃时效对 900℃高温性能的影响

根据以上试验结果可以得出，在同一成分控制、同一固溶温度下随着时效温度的提高合金强度不断提高，但合金塑性指标有所下降；合金经不同温度固溶后在 820℃时效，随着合金固溶温度提高合金强度提高，塑性降低。因此为得到满足高强度指标的合金材料，选择最佳热处理制度为：1120℃固溶+820℃时效。

高温强度之所以随固溶温度提高而提高，是因为随着固溶温度升高 γ′不断溶解，在 1120℃固溶时基本使 γ′相完全溶解，再经 820℃时效，820℃左右为该合金 γ′相的析出峰，因此在此温度下 γ′相大量析出且未出现长大。故在此温度下热处理将使材料的力学性能达到最大值。

3　结论

（1）Al、Ti 含量对 GH99 合金的强度影响较为显著，Al、Ti 含量控制在 3.75~3.8 对材料强度指标有明显的提高；

（2）S含量控制在0.001以下，$w(Mg)/w(S)$控制在1.0左右，对GH4099合金的高温塑性有所提高；

（3）固溶温度1120℃，时效温度820℃为该标准要求的板材的最佳热处理制度，此热处理温度下能得到满足标准强度要求的板材；

（4）Al、Ti之和控制在3.75～3.8，$w(Mg)/w(S)$控制在1.0，热处理制度按固溶1120℃，时效820℃，晶粒度等级为5级时可以得到满足标准（$\sigma_b \geqslant 425MPa$，$\sigma_{p0.2} \geqslant 370MPa$，$\delta_5 \geqslant 30$，$\psi \geqslant 40$）的板材且各项数据富余量较大。

参考文献

［1］郭建亭．高温合金材料学［M］．北京：科学出版社，2008.

［2］杨坍森，魏育环，等．不同Al含量γ′相的反相畴界能及其对GH99镍基合金强度的贡献［J］．金属学报，1986（6）：29～35.

［3］王怀柳．改善GH99合金板材力学性能的研究［J］．特钢技术，2006（1）：30～34.

GH4141 合金元素偏析规律及均匀化研究

郭啸东[1*]，信瑞山[1]，张昭[1]，冯旭[2]，刘斌[1]，刘华松[1]，裴丙红[2]

（1. 鞍钢集团北京研究院有限公司，北京，102211；
2. 攀钢集团江油长城特殊钢有限公司，四川 江油，617067）

摘　要：对 GH4141 合金真空感应+真空自耗制备的铸锭进行了解剖取样，通过电子探针显微分析（EPMA）分析了铸态组织的元素偏析规律，通过扫描电镜及能谱仪（EDS）分析了高温均匀化工艺对铸锭元素偏析及析出相的影响，通过热压缩实验分析了均匀化工艺对热变形行为的影响。研究结果表明：Ti 和 Mo 为正偏析元素，Al、Co、Cr、Fe 为负偏析元素，偏析程度：Ti >Mo >Fe >Co，Al >Cr；1170℃进行均匀化 50h 后，Ti 和 Mo 元素的残余偏析系数小于 0.2，组织中的碳化物明显减少，形貌变圆润，随着温度和保温时间升高，碳化物无法完全回熔；随均匀化保温时间提升，热变形过程中的整体变形抗力呈现降低趋势。

关键词：GH4141；偏析规律；均匀化；热变形

GH4141 合金是一种 Ni 基沉淀硬化型变形高温合金，与美国牌号 René41 相近，在 650～900℃有良好的性能，可用于制作航空发动机用涡轮盘、导向叶片、涡轮转子、导向器、紧固件和高温弹簧等[1]。该合金中包含较高含量的 Cr、Mo、Co、Ti、Al 合金元素，非常高的合金化程度使得其在热加工过程中变形抗力大，塑性较差，适合热变形加工的温度窗口窄[2]。梁艳等[3]等对 GH4141 的热加工工艺进行了研究，认为该合金在 1000～1150℃有良好的加工塑性。而在实际生产中，较高的合金化程度使 GH4141 铸锭中的元素偏析较为严重，加上大量的脆性相析出聚集，使得该合金的热变形塑性进一步降低，因此 GH4141 的均匀化对于该合金的热加工过程及产品的组织均匀性都格外重要。向雪梅[4]等研究了 GH4975 合金均匀化对热变形性能的影响，认为在均匀化后由于合金中元素偏析、共晶、强化相和一次碳化物发生综合协调作用，使合金热变形能力明显提高。对于 GH4141 合金来说目前发表的研究并不多，内容主要包括热加工工艺研究[3,5]，热处理及组织性能调控研究[6,7]等，而对于该合金铸锭的元素偏析规律及均匀化过程中合金元素偏析程度变化和析出相演变仍有待进一步研究。本文对 GH4141 合金真空感应+真空自耗制备的铸锭进行了解剖取样，通过电子探针显微分析（EPMA）、扫描电镜（SEM）、能谱仪（EDS）、Gleeble 热模拟实验机等手段对该合金的元素偏析规律、高温均匀化工艺对铸锭成分偏析、析出相演变及热变形性能的影响进行了研究，为制定铸锭均匀化工艺提供理论基础。

1　试验材料及方法

试验原料为通过真空感应+真空自耗双联冶炼工艺得到的 150kg 铸锭，合金化学成分如表 1 所示。均匀化试验前，对铸锭进行了解剖及低倍侵蚀；对铸锭不同位置进行取样并进行金相分析，金相试样经过机械打磨、抛光后，使用 100mL 乙醇+100mL HCl+5g $CuCl_2$ 腐蚀剂进行腐蚀，制备好的试样使用光学显微镜和 SEM 进行观察拍摄，使用 EDS 进行元素含量分析；使用 EPMA 进行微观偏析表征；使用箱式炉对试样进行均匀化热处理，温度为 1150℃、1170℃、1190℃、1210℃，保温时间为 5h、10h、20h、50h、70h；使用 Gleeble-3800 热模拟试验机对均匀化后的试样进行热压缩试验，试样尺寸为 ϕ8mm×12mm 圆柱，试验参数为温度 1120℃，变形量 30%，应变速率-0.1s^{-1}。

* 作者：郭啸东，硕士，联系电话：15148954973，E-mail：xd.guo1995@hotmail.com

表 1 GH4141 合金化学成分

元素	Ni	C	Cr	Mo	Al	Ti	Co	Fe	B	Zr
含量（质量分数）/%	50.31	0.091	20.07	10.19	1.51	3.42	11.62	2.65	0.0055	0.012

2 试验结果及讨论

2.1 铸态组织偏析规律

如图 1（a）所示，从低倍腐蚀结果可以看到，边缘和 1/2 半径处呈现明显的枝晶状组织，中心位置呈现出等轴晶状组织。通过光学显微镜下的观察，不同位置均可看到明显的枝晶形貌，如图 1（b）所示，析出的碳化物呈现出沿晶链状和离散型岛状，且多分布在枝晶间区域。

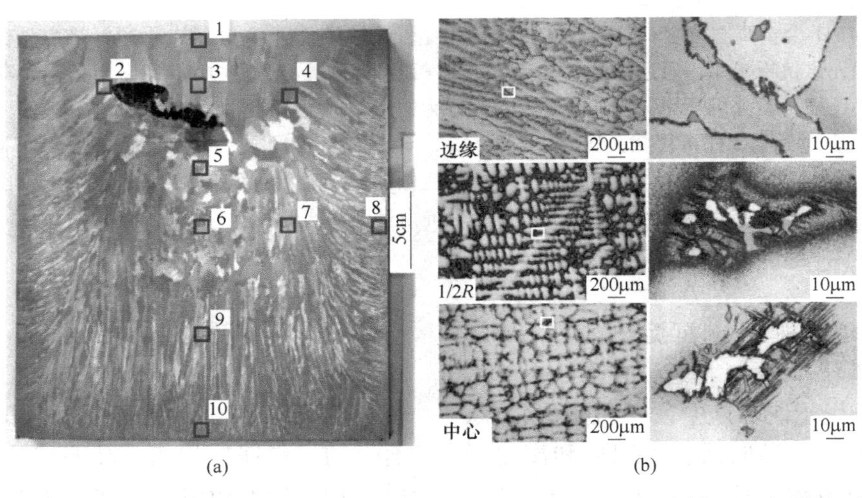

图 1 GH4141 合金锭铸态组织纵向低倍形貌及取样位置（a）和不同位置组织形貌（b）

铸锭在凝固过程中产生的枝晶干及枝晶间的成分不均匀称作枝晶偏析，当某一元素在枝晶间的浓度大于枝晶干的浓度时，称之为正偏析元素，反之则称之为负偏析元素。由于铸锭从边缘到心部冷速逐渐降低，导致心部枝晶偏析更加严重[4]，因此选取图 1（a）中位置 5 和位置 6 处样品进行了 EPMA 检测，面扫描结果如图 2 所示，可以得知，其中 Ti、Mo 为正偏析元素，Co、Cr、Fe、Al 为负偏析元素。

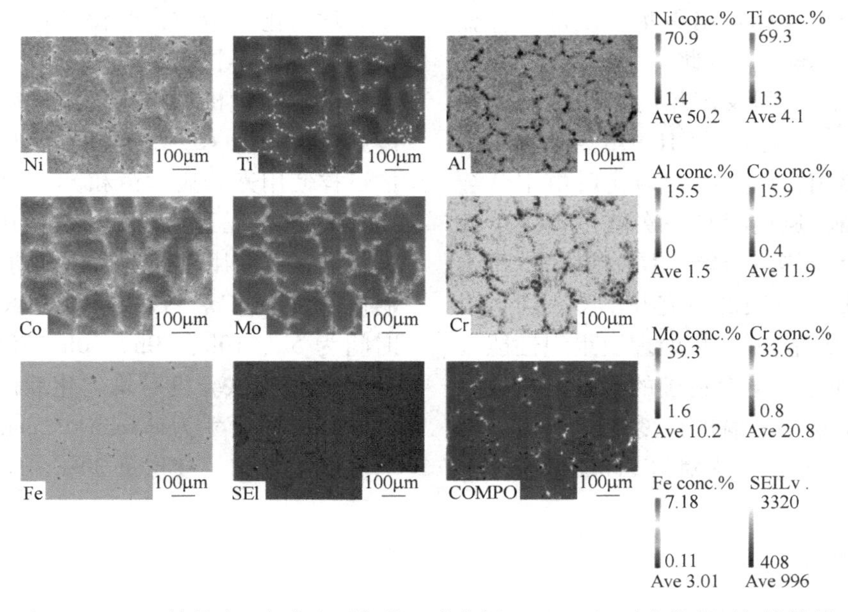

图 2 GH4141 铸锭中心部位电子探针显微分析（EMPA）元素分布面扫描结果

元素枝晶偏析的程度大小可以用枝晶偏析度（S_e）衡量：$S_e=(C_{max}-C_{min})/C_0$，其中 C_{max} 为某组元在偏析区内的最高浓度，C_{min} 为某组元在偏析区内的最低浓度，C_0 为某组元的原始平均浓度。根据上述公式，选取 EPMA 得到的偏析区域内各元素在不同位置的含量进行计算，得到各元素的偏析度结果在表 2 中列出，可以看出各元素的偏析程度由高到低为：Ti>Mo>Fe>Co，Al>Cr。

表 2 GH4141 铸锭中心位置不同元素偏析度

元素		Ti	Al	Mo	Co	Cr	Fe
S_e	位置 5	0.4200	0.0428	0.2000	0.0786	0.0374	0.1640
	位置 6	0.3029	0.0736	0.2314	0.0570	0.0316	0.1457

2.2 均匀化过程中的组织演变

如图 3（a）（c）所示，在 1150℃和 1170℃进行均匀化处理后，随着均匀化时间的延长，枝晶痕迹逐渐消失，均匀化 50h 后枝晶痕迹明显减少，均匀化 70h 后基本观察不到枝晶痕迹。对于 1190℃和 1210℃均匀化处理的试样可以观察到同样的现象。均匀化过程中析出相的形态变化如图 3（b）（d）所示，可见不同保温时间下的碳化物在晶界附近的形貌。从图中可见在 1150℃均匀化 5~10h，碳化物均未发生回溶，碳化物形貌棱角明显；将保温时间逐渐延长，碳化物发生局部的回溶现象，保温时间在 50h 和 70h 时，碳化物形貌呈圆形；在整个均匀化过程中，碳化物平均尺寸和数量虽随着保温时间的延长有所减小，但碳化物在均匀化过程中无法完全回溶。对比不同温度的实验结果，相比 1150℃，在 1170℃温度下 5~50h 在晶界处析出的碳化物数量和尺寸明显降低，20h 后碳化物形貌变圆润。1190℃与 1210℃均匀化过程中的碳化物演变过程与 1170℃均匀化过程差异不大，而值得注意的是，均匀化温度不宜过高，过高的温度可能导致低熔点共晶相在高温下熔化[8]，从而降低塑性。

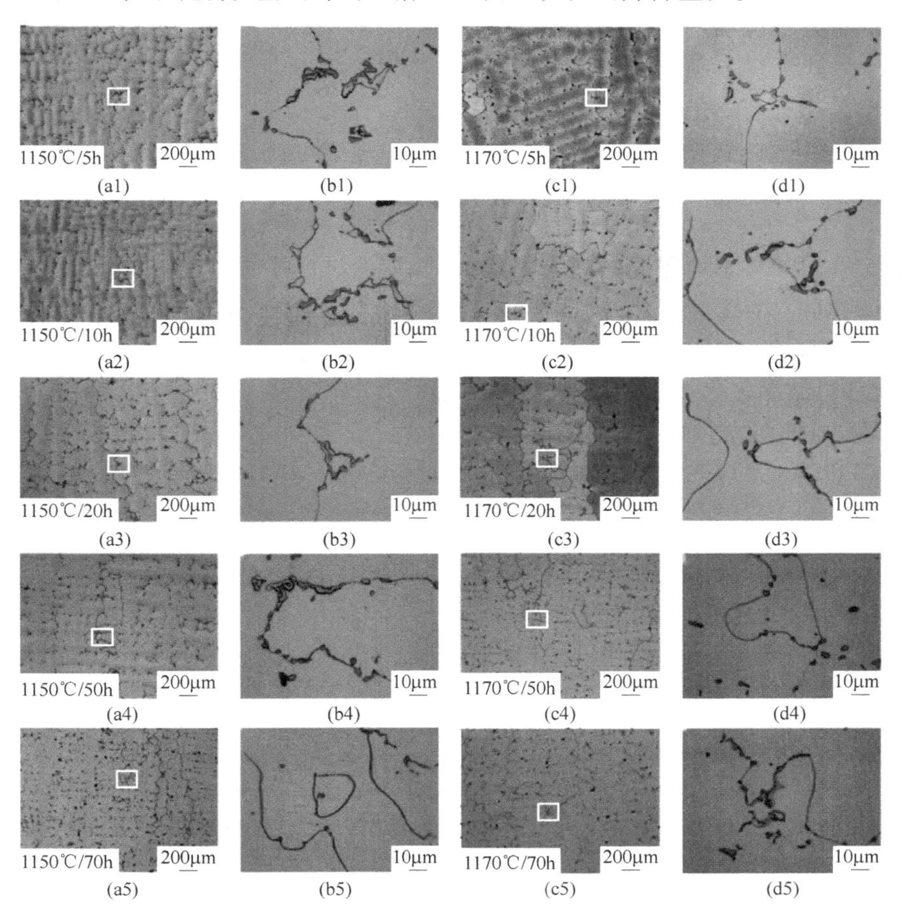

图 3 1150℃及 1170℃保温 5h、10h、20h、50h、70h 后的组织及碳化物形貌

GH4141合金铸锭中Ti和Mo为主要偏析元素，通过EDS检测得到的偏析系数K分别为1.39和1.20（如表3所示），其余元素的偏析系数不大于1.0。因此本研究评价不同均匀化方案的方法为采用EDS检测Ti和Mo元素偏析情况，并计算残余偏析系数δ，即均匀化后溶质元素浓度差（$C_{max}-C_{min}$）/铸态组织中溶质元素浓度差（$C_{0,max}-C_{0,min}$），工业上一般认为$\delta<0.2$时认为偏析消除。如表4所示，在4种温度下，保温50h时，Ti和Mo元素均可达到小于0.2的残余偏析系数。

表3 铸锭中心位置不同元素偏析系数 *K*

元素	Ti	Al	Mo	Co	Cr	Fe
偏析系数*K*	1.39	0.94	1.20	0.97	1.00	0.94

表4 4种温度下保温5h、10h、20h、50h、70h后Ti、Mo元素残余偏析系数δ

温度	Ti					Mo				
	5h	10h	20h	50h	70h	5h	10h	20h	50h	70h
1150℃	0.42	0.52	0.39	0.10	0.16	0.60	0.17	0.70	0.09	0.20
1170℃	0.52	0.13	0.18	0.15	0.19	0.69	0.08	0.44	0.14	0.15
1190℃	0.23	0.42	0.19	0.12	—	0.27	0.58	0.26	0.20	—
1210℃	0.49	0.35	0.70	0.11	—	0.94	0.54	0.44	0.07	—

2.3 均匀化处理后热变形行为

为了研究均匀化处理对GH4141合金热变形性能的影响以及进一步评价基于材料特征演变规律获得的均匀化控制工艺，对不同制度均匀化热处理试样进行了热压缩试验。部分压缩后试样的宏观形貌如图4所示，表面均未出现开裂现象。

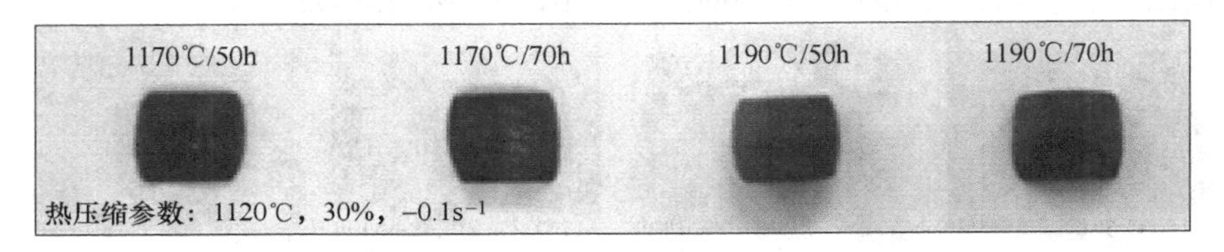

图4 1170℃和1190℃保温50h和70h后在1120℃压缩30%的GH4141试样形态

图5为1170℃和1190℃不同保温时间均匀化后的GH4141合金的真应力-真应变曲线，可知不同均匀化程度的GH4141合金试样在压缩过程中先后发生了加工硬化和再结晶软化作用。将保温50h和70h的曲线与保温10h的曲线对比可以看出，在加工硬化阶段，1170℃和1190℃均匀化50h和70h后试样峰值应力均低于均匀化10h试样。在再结晶软化阶段，均匀化10h试样由于均匀化程度不高，因此变形抗力也相对较高。综合分析可以发现，均匀化热处理有助于降低GH4141合金的热变形抗力。

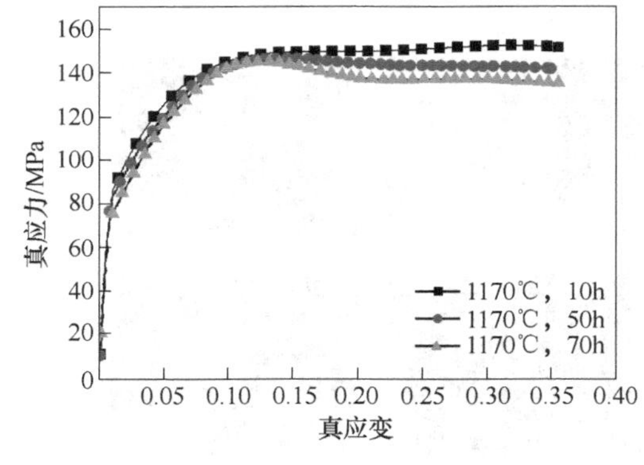

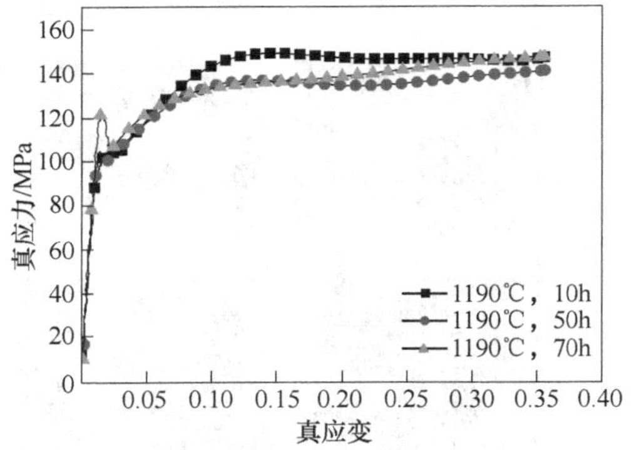

图5 1170℃和1190℃保温10h、50h、70h后的GH4141合金在1120℃、压缩量30%、应变速率0.1s^{-1}热变形的真应力-真应变曲线

3 结论

（1）GH4141 合金铸锭存在枝晶偏析，其中 Ti、Mo 为正偏析元素，Al、Co、Cr、Fe 为负偏析元素，偏析程度由大到小为：Ti >Mo >Fe >Co，Al >Cr。

（2）较为合理的均匀化处理方案为 1170℃保温 50h，该制度下碳化物数量明显减少，且边缘形貌变圆润。主要偏析元素 Ti 和 Mo 残余偏析系数小于 0.2，且在变形过程中变形抗力水平较低，有利于后续锻造开坯。

参考文献

[1] 中国金属学会高温材料分会．高温合金手册［M］．北京：中国标准出版社，2012.

[2] 郭建亭．高温合金材料学［M］．北京：科学出版社，2010.

[3] 梁艳，马超，李春颜．GH141 高温合金的热加工工艺［J］．金属热处理，2012，37（10）：105~107.

[4] 向雪梅，江河，董建新，等．难变形高温合金 GH4975 的铸态组织及均匀化［J］．金属学报，2020，56（7）：988~996.

[5] 谢永富，李玉凤，苏春民．GH141 镍基高温合金环形件生产工艺优化［J］．兵器装备工程学报，2017，38（7）：168~170.

[6] 胡向东，朱帅，甄小辉，等．GH141 高温合金矩形环件热处理工艺研究［J］．热加工工艺，2019（14）：146~149.

[7] 于慧臣，谢世殊，吕俊英，等．GH141 合金的显微组织控制［J］．材料工程，2003（5）：7~10.

[8] 毕中南，曲敬龙，杜金辉，等．新型难变形高温合金 Эк151 的偏析行为及均匀化工艺研究［J］．钢铁研究学报，2011（S2）：263~266.

浅析 C276(N10276)电渣锭表面质量的控制

冯亮*，白宪超，王海江，杨松，孙常亮，冯涛

（抚顺特殊钢股份有限公司第三炼钢厂，辽宁 抚顺，113000）

摘　要：通过生产实践和试验，合适的电渣重熔渣系熔点应低于合金熔点 100~150℃；通过试验研究提出高温耐蚀合金 C276(N10276) 在电渣重熔过程中提高表面质量的控制措施：使用三元渣系（CaF_2 ∶ Al_2O_3 ∶ CaO = 58%~65% ∶ 15%~22% ∶ 15%~22%），同时调整渣量、电极埋弧深度、冶炼功率、熔速、渣阻等工艺参数，使电渣钢锭表面质量得到有效的提高。

关键词：高温合金；电渣重熔；渣系；C276(N10276)；工艺参数；表面质量

高温耐蚀合金 C276(N10276) 属于低 C、低 Si、高 Mo 合金，化学成分如表 1 所示。该合金是一种具有良好的高温力学性能的镍基合金，主要应用于化工和石油化工领域，例如在与含氯有机化合物接触的部件和催化体系中，应用率很高。

表 1　C276(N10276) 合金化学成分　（质量分数,%）

C	Mn	Si	S	P	Cr	Mo	Co	Fe	W	V	Ni
≤ 0.01	≤ 1.00	≤ 0.08	≤ 0.03	≤ 0.04	14.50~16.50	15.00~17.00	≤ 2.50	4.00~7.00	3.00~4.50	≤ 0.35	余

由于该合金材料特性，在电渣重熔过程中易出现波纹状表面、腰带等缺陷，从而影响电渣锭锻造效果；本文将通过合理的选择渣系、优化工艺参数等措施，使该合金表面得到一定改善。

1　试验条件

高温耐蚀合金 C276(N10276) 合金通常采用电炉+保护气氛电渣重熔工艺进行冶炼。试验材料为电炉冶炼的规格为 ϕ330mm 铸锭（作为电渣重熔电极），采用 6t 保护气氛电渣炉重熔成 ϕ460mm 电渣锭。

此次试验主要考察两项内容：

（1）采用三元渣系（CaF_2 ∶ Al_2O_3 ∶ CaO = 58%~65% ∶ 15%~22% ∶ 15%~22%），按照常规电渣工艺重熔参数，观察电渣锭表面。

（2）采用三元渣系（CaF_2 ∶ Al_2O_3 ∶ CaO = 58%~65% ∶ 15%~22% ∶ 15%~22%），在常规电渣工艺参数的基础上适当提高渣量、熔速和渣阻，观察电渣锭表面。

2　主要研究结果与讨论

2.1　渣系选择

由于 C276(N10276) 合金熔点为 1325~1370℃，为了满足渣系熔点低于合金熔点 100~150℃这一控制目标，本研究以常用的 CaF_2-Al_2O_3-CaO 渣系为基[1]，根据相图选择渣系组成为 CaF_2 ∶ Al_2O_3 ∶ CaO = 58%~65% ∶ 15%~22% ∶ 15%~22%，如图 1 所示。

2.2　试验一：常规电渣工艺参数冶炼

采用常规低熔速、低渣阻、正常渣量电渣工艺参数冶炼，钢锭表面存在波纹状和腰带等缺陷，如图 2 所示。

根据电渣锭表面情况进行分析，偏低的熔速和渣阻造成输入功率不足，渣温偏低，渣池流动

* 作者：冯亮，中级工程师，联系电话：15841346659，E-mail：15841346659@163.com

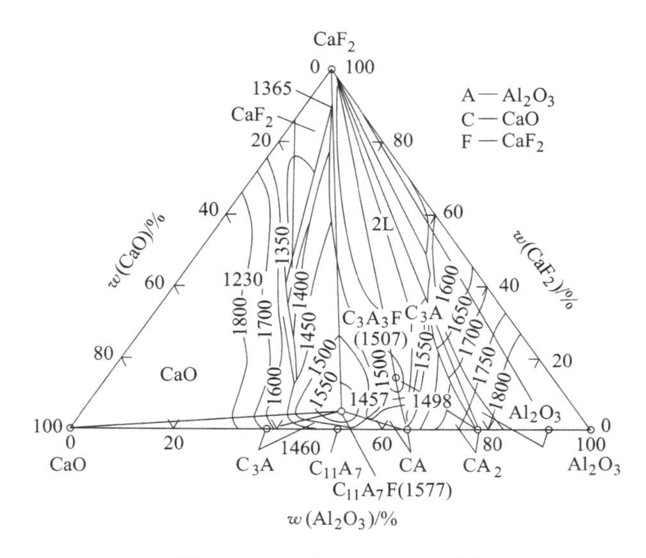

图 1　CaF_2-Al_2O_3-CaO 系相图

图 2　常规电渣工艺钢锭表面

性差，钢渣分离效果差，渣壳较厚，停炉后发现渣冒较薄，过程渣损量较大，导致钢锭表面有波纹状和腰带等缺陷。

2.3　试验二：调整工艺参数试验

在渣系不变的前提下，适当提高熔速、渣阻和渣量进行电渣重熔，表面质量如图 3 所示。

图 3　调整工艺后钢锭表面

熔化速度是电渣重熔工艺的重要参数，是影响电渣重熔钢锭直径间距的重要因素，同时也是反应输入功率的一个表征量，合理选择熔速能够保证钢锭良好的结晶质量和表面质量。实际生产中确定最佳熔速要考虑诸多因素，前人在统计大量生产数据的基础之上，认为合理的熔化速度与结晶器直径和熔池深度有以下的关系：

$$\mathrm{VESR} = a_0 \cdot D^{1.23}$$ [2]

式中，VESR 为熔化速度，kg/h；a_0 为系数（与熔池深度有关）；D 为结晶器直径，mm。

根据电渣重熔工艺的实施情况进行统计分析，目前电极的熔化速度大致为：0.6~0.8D [3]。

适当提高渣阻，可以减少电极埋入渣池深度，增加热影响区覆盖范围，提高渣池的温度和流动性，加大钢水-液渣-渣壳三相区的温度场梯度，有利于钢渣分离和形成较薄的渣壳，对改善凝固条件有利，从而提高钢锭表面质量[4]。

渣层厚度小，在渣阻设定条件不变时，会使极间距减小，熔池加深，不利于枝晶的轴向生长。通过适当增加渣量可以补充渣损和增加渣层厚度，配合渣阻设定值调整可以增加极间距，有利于熔池浅平化，并得到理想的结晶组织。但过厚的渣层会造成功率需求增加、渣池温度不均匀等问题，反而会恶化重熔钢锭质量，一般渣层厚度略大于 70mm 为宜[5]。

3　结论

（1）采用三元渣系（CaF_2 : Al_2O_3 : CaO = 58%~65% : 15%~22% : 15%~22%），按照常规电渣工艺参数冶炼，钢锭表面有波纹状和腰带等缺陷。

（2）采用三元渣系（CaF_2 : Al_2O_3 : CaO = 58%~65% : 15%~22% : 15%~22%），在常规电渣工艺参数的基础上适当提高渣量、熔速和渣阻，可以提高钢锭表面质量。

参考文献

［1］姜周华．电渣冶金的物理化学及传输现象［M］．沈阳：东北大学出版社，2000.

［2］吴远飞，姜周华．电渣重熔过程中电极熔速的确定［J］．材料与冶金学报，2002，1（2）：115~119.

[3] 彭龙生，刘春泉，周浩，等．电渣重熔新技术的研究现状及发展趋势［Z］．材料导报，2022，S1.
[4] 李正邦．电渣冶金的理论与实践［M］．北京：冶金工业出版社，2010.
[5] 董艳伍．电渣重熔过程凝固数学模型及新渣系研究［D］．沈阳：东北大学，2008.

冷轧工艺对 GH2907 合金板材组织与性能的影响

张鹏[1,2*]，王磊[2]，韩魁[1]，邹善仁[1]，陈璐珂[3]

（1. 抚顺特殊钢股份有限公司技术中心，辽宁 抚顺，113001；
2. 东北大学材料科学与工程学院，辽宁 沈阳，110819；
3. 中国航发沈阳黎明航空发动机有限公司，辽宁 沈阳，110862）

摘　要：以综合变形量和轧制道次为关键影响参数，研究了冷轧工艺对 GH2907 合金板材组织和性能的影响。试验结果表明，在综合变形量相同条件下，合金板材的组织均匀性和和 540℃抗拉强度和延伸率与轧制道次存在正相关性，而室温屈服强度、抗拉强度呈逆相关性，轧制道次增加，综合性能更优。

关键词：冷轧；道次；GH2907；力学性能

GH2907 合金是铁基低膨胀合金，合金在 15～400℃时具有较低的热膨胀系数，7.6～8.1mm，650℃以下长期服役环境具有结构稳定、强度高的特点[1]。GH2907 合金板材多用于封严部件，可保证发动机连接处的密接性。GH2907 合金板材制备需经过冶炼、均匀化、锻造、退火、轧制、成品热处理等多个工序过程，每道工序对板材最终的组织和力学性能都存在着一定的影响。目前对 GH2907 合金热加工工艺影响研究较多，而冷加工工艺对 GH2907 合金织和性能的影响的研究比较少。本文针对 GH2907 合金板材冷轧工艺开展试验，摸索了冷轧工艺对合金板材组织和性能的影响规律。

1　试验材料与方法

材料选用抚钢真空感应熔炼加真空电弧重熔工艺生产 GH2907 合金钢锭经锻造、轧制生产 δ1.4mm 板材，化学成分见表 1。

表 1　GH2907 合金化学成分　（质量分数，%）

C	Si	S	P	Ni	Co	Nb	Al	Ti	Cr
0.021	0.33	0.001	0.007	38.16	14.02	4.9	0.06	1.69	0.07

此次试验采用 δ 2.3mm 荒板冷轧至 δ1.4mm 成品，综合变形量均为 39.13%，设计两种轧制工艺为方案Ⅰ：20 道次，方案Ⅱ：12 道次，过程中不进行中间热处理。在轧制厚度为 1.82mm、1.5mm、1.4mm 时分别取金相及力学性能试样，比较两种轧制工艺在相同变形量条件下，不同轧制道次分配对力学性能和组织形态的影响。对应的道次如表 2 所示。

表 2　轧制道次与取样厚度对应关系

方案	厚　度		
	1.82mm	1.5mm	1.4mm
方案Ⅰ	1～8 道	9～16 道	17～20 道

续表 2

方案	厚　度		
	1.82mm	1.5mm	1.4mm
方案Ⅱ	1～4 道	5～10 道	11～12 道
变形量	20.87%	34.78%	39.13%

2　结果与分析

冷轧板材生产包含热轧、退火、冷轧、固溶、碱酸洗、矫直等工序，根据材料特性不同，冷轧供已和固溶处理对板材的成品性能影响程度存在差异，本次试验主要研究冷轧道次对 GH2907 合金板材性能与组织的影响。

* 作者：张鹏，高级工程师，联系电话：13470574642，E-mail：zhangpeng0126@sina.com

2.1 力学性能分析

在板材厚度由 2.3mm 冷轧至 1.4mm 过程中，根据试验方案Ⅰ和方案Ⅱ的设定，分别在综合变形量为 20.87%、34.78%、39.13%时取样，检测两种冷轧工艺对板材硬度的影响，结果如图 1 所示。

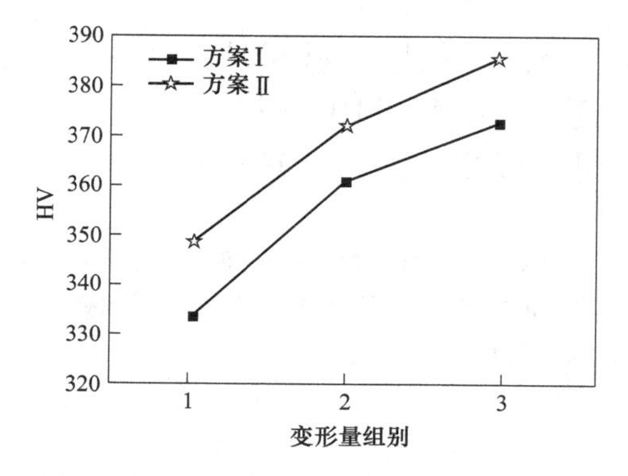

图 1 不同冷轧工艺下板材硬态的硬度

从图 1 可看出两种轧制方案都有相同的规律即随着综合变形量的增加，轧制态硬度随之升高。总变形量相同时，方案Ⅱ的硬度值高于方案Ⅰ的硬度值。具体解析为轧制总变形量为 20.87%时，方案Ⅰ的硬度最大值达到 333HV，方案Ⅱ的硬度值达到 348HV；总变形量达到 39.13%时，方案Ⅰ硬度最大值达到 373HV，方案Ⅱ的硬度值达到 386HV。整体结果符合加工硬化效应规律[2]。在工程上往往利用退火工序改善加工硬化的影响，降低板材硬度。

两种轧制工艺不同阶段取得的试样经试验室固溶+时效热处理后均得到稳定的奥氏体组织，分别进行室温和 540℃的拉伸性能测试，测试结果见图 2。

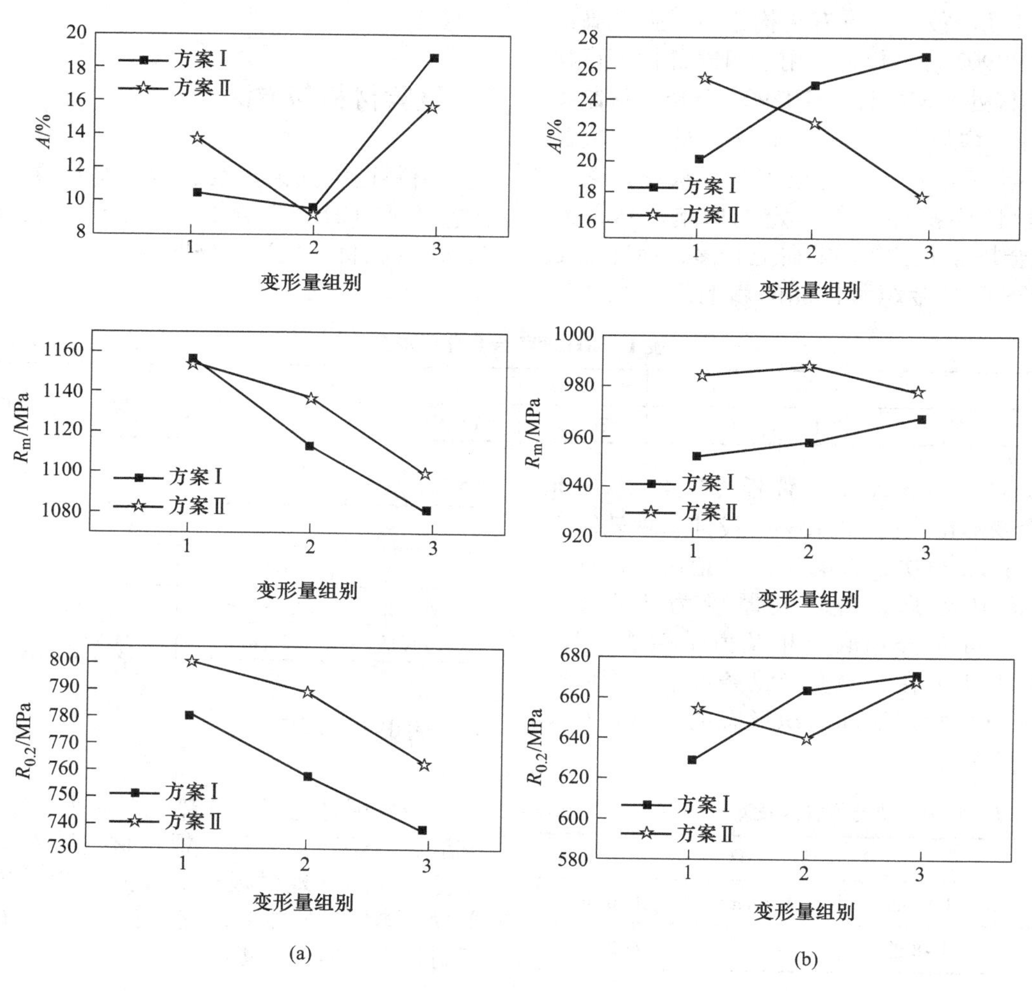

图 2 不同轧制方案的拉伸性能

（a）室温拉伸性能；（b）540℃拉伸性能

从图2（a）室温拉伸性能结果看出随着变形量的增加，两组方案的强度值均下降趋势，而且方案Ⅰ低于方案Ⅱ，主要是降低轧制道次增加了单道次变形量，加工硬化效果更显著。伸长率在综合变形量为34.78%时出现拐点，伸长率则是方案Ⅰ高于方案Ⅱ。综合看为板材的后续加工提供了便利条件。

图2（b）显示了板材在540℃拉伸性能。选择540℃作为测试温度源于其使用工况温度。试验了板材试样经过标准热处理（固溶加时效）后进行540℃的拉伸[1]，从图2（b）中看出，两种方案在强度方面有缓慢上升的趋势，但是伸长率存在两种不同变化趋势。详细说明看两方案性能走势：方案Ⅰ的屈服强度、抗拉强度、伸长率都有随变形量增加而升高的趋势，但是方案Ⅱ存在着波动。两方案对比看出屈服强度，方案Ⅰ较方案Ⅱ具有较好的水平，当总变形量达到39.13%，屈服强度接近670MPa。抗拉强度方面对比发现，方案Ⅰ的抗拉强度整体上低于方案Ⅱ，总变形量为34.78%，方案Ⅱ数值接近980MPa。伸长率趋势明显，方案Ⅰ随变形量增加而增加，方案Ⅱ随变形量增加而降低，当总变形量达到39.13%，方案Ⅰ数值27.5%，方案Ⅱ数值17%，相差近10%。

2.2 组织分析

冷轧态的显微组织不易显现，试样经过标准热处理后进行制样、腐蚀和金相检测。分别选择了两个方案下相同变形量的试样，两组6个样本，显微组织如图3所示。

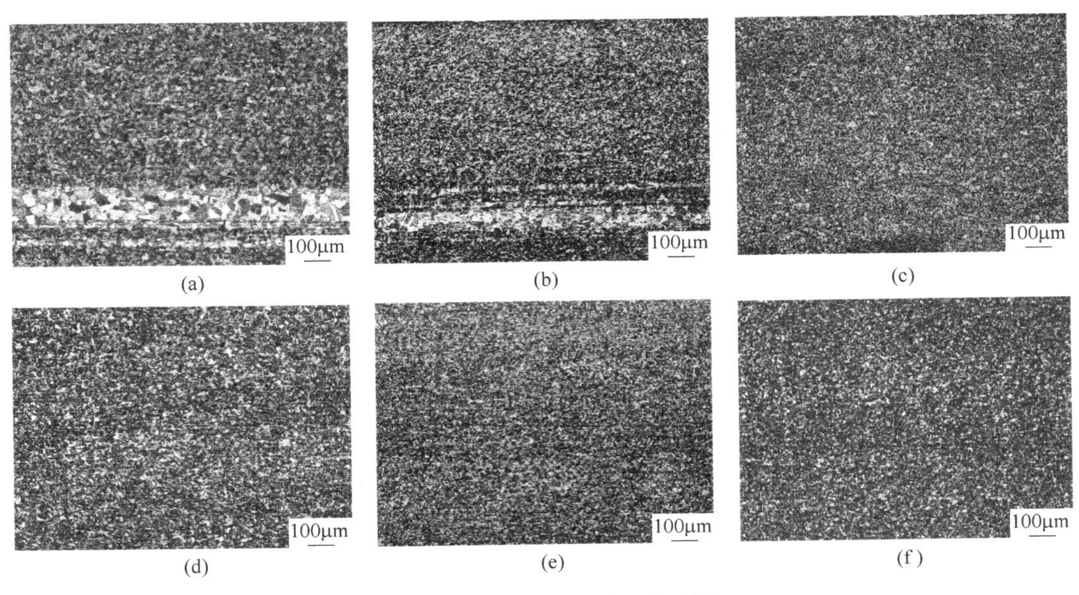

图3 两种轧制方案显微组织形貌

（a）方案Ⅰ，变形量20.87%；（b）方案Ⅰ，变形量34.78%；（c）方案Ⅰ，变形量39.13%；（d）方案Ⅱ，变形量20.87%；（e）方案Ⅱ，变形量34.78%；（f）方案Ⅱ，变形量39.13%

对不同制度的拉伸试样检验其组织变化，可看出板材的晶粒度级别达到8~10级，晶粒为等轴晶，可看出变形均匀度适中。按方案Ⅰ轧制，晶粒组织基本细小，但是单道次变形量小，出现了临界变形组织[3,4]，即单侧出现晶粒条带组织，当增大变形量至34.78%时，条带组织开始细化，当增大至39.13%时，条带组织消失，晶粒均匀在9~10级。方案Ⅱ显示的晶粒较大，随着变形量的增加有所细化，碳化物分布弥散与晶粒度均匀混合，当变形量达到39.13%时，晶粒均匀在6~8级。

3 结论

（1）两种轧制方案都会提高板材的力学性能，方案Ⅱ即少道次轧制会造成严重的表面硬化现象，这种问题或影响二次加工。

（2）方案Ⅰ即多道次轧制的室温拉伸和540℃拉伸性具有较好的数值表现，由于方案Ⅱ轧制，该方案可满足为后续使用提供良好的状态。

（3）方案Ⅰ即多道次轧制所显示的晶粒组织均匀，但在过程中呈现单道次变形量小，而产生条带形貌，增加变形量后条带组织消失，晶粒均匀在8~10级；方案Ⅱ即少道次轧制的晶粒度级别和碳化物尺寸略大，晶粒均匀在6~8级。

参考文献

[1] 张绍雄. 中国航空材料手册 第2卷 变形高温合金 铸造高温合金［M］. 北京：清华大学出版社，2001：175~185.

[2] 王廷博，齐克敏. 金属塑性加工学［M］北京：冶金工业出版社，2000：290~294.

[3] 刘瑛，邓波，陈淦生，等. 析出相在GH2907低膨胀合金中的作用［J］. 材料工程，1997（1）：27.

[4] 郭婧，姚志浩，董建新，等. 高温合金中晶粒异常长大及临界变形量研究进展［J］. 世界钢铁，2011（4）：38~45.

变形对 GH738 合金冷拉棒材晶粒长大行为的影响

李凤艳[1*]，杨玉军[1]，胥国华[2]，于腾[1]，侯少林[1]，侯志文[1]，丑英玉[1]，
杨亮[1]，牛伟[3]，李如[1]

（1. 抚顺特殊钢股份有限公司技术中心，辽宁 抚顺，113001；
2. 北京钢研高纳科技股份有限公司，北京，100081；
3. 抚顺特殊钢股份有限公司中心试验室，辽宁 抚顺，113001）

摘　要：研究了经不同变形量冷拉加工后 GH738 合金棒材的晶粒尺寸长大规律，并计算了该合金在不同冷拉变形量下晶粒长大的激活能，系统分析了冷拉变形量对 GH738 合金晶粒长大行为的影响。研究结果表明：GH738 合金经过大变形冷拉加工后，晶粒沿拉制方向产生塑性延伸变形，变形程度随变形量增加而增大；经过 30%冷拉大变形棒材经 1020~1050℃固溶处理晶粒长大激活能为 371kJ/mol，晶粒大小容易控制到实际服役状态下理想的尺寸（45.2~65.0μm）。

关键词：GH738 合金；变形量；晶粒；激活能

GH738 是 Ni-Cr-Co 基沉淀硬化型变形高温合金，使用温度最高可达到 815℃，在 760~870℃具有较高的屈服强度和抗疲劳性能[1]，适用于制作涡轮盘、工作叶片、高温紧固件、火焰筒、轴和涡轮机匣等零件[2]。随着航空航天事业突飞猛进的发展，该合金冷拉棒材大量生产紧固件，冷变形强化被大量应用于生产实践中，同时对冷拉棒材的稳定性要求提高，对其晶粒组织均匀性要求提高。目前国内 GH738 标准要求均是 8%~12%的冷拉变形量，小变形后棒材中心到边缘应力状态不同导致固溶处理后晶粒长大不均匀，晶粒组织控制难度大。

GH738 合金由 γ 基体、γ′相、$M_{23}C_6$ 型碳化物、少量 Ti(CN) 和 TiN[3]等组成。冷加工产生的塑性变形不仅能改变材料形状、尺寸，同时还会改变其晶粒组织结构，从而改变合金的力学性能。本文研究了变形对 GH738 合金冷拉棒材晶粒长大行为的影响，对该合金的优化生产和实际应用具有指导意义。

1　试样制备及试验方法

本研究所用的 GH738 合金采用真空感应冶炼（ϕ430mm 电极）+真空自耗重熔（ϕ508mm 真空自耗锭），其化学成分如表 1 所示。真空自耗锭经高温扩散处理+锻造开坯后，再轧制成 ϕ17mm 圆钢，并经退火后磨光成 ϕ15mm 冷拉棒坯。分别按照 15%、30%和 45%变形量进行冷拉变形，冷拉变形后分别在 1020℃、1030℃、1040℃、1050℃、1060℃、1070℃和 1080℃ 保温 1h，稳定化处理为 845℃保温 4h/空冷+时效处理 760℃保温 16h/空冷。经热处理后的试样用 2%的硫酸铜溶液腐蚀，利用 Olympus Gx51 型光学显微镜观察金相组织变化。用 FEI Talos F200X 透射电镜进行分析。

表 1　GH738 合金的化学成分　（质量分数,%）

钢种	C	Cr	Mo	Ti	Al	Co	Zr	B
GH738	0.02~0.10	18.00~21.00	3.50~5.00	2.75~3.25	1.20~1.60	12.00~15.00	0.02~0.08	0.003~0.010

2　实验结果与讨论

2.1　冷拉变形对晶粒的影响

图 1 为原始组织、冷拉变形后组织金相照片。冷拉变形前原始组织为细小均匀的等轴晶粒，平均晶粒尺寸 15.9μm，有少许孪晶见图 1（a）。图 1（b）和图 1（c）金相组织表明：经过冷拉变形后，材料的晶粒沿变形方向产生明显的塑性延伸变形，晶粒的延伸程度随变形量增加而增大。经

* 作者：李凤艳，高级工程师，联系电话：15941328346，E-mail：lifengyan2001@163.com

过45%冷拉变形量的晶粒变形最为严重，晶粒取向发生变化[2]，原有的晶粒形貌很难分辨，而且经过45%冷拉变形后棒材表面出现划伤及微裂纹，达到冷拉变形上限。而变形量为15%和30%冷拉棒材表面良好且各项指标检验合格，但变形量为30%的棒材组织均匀性相对更佳。

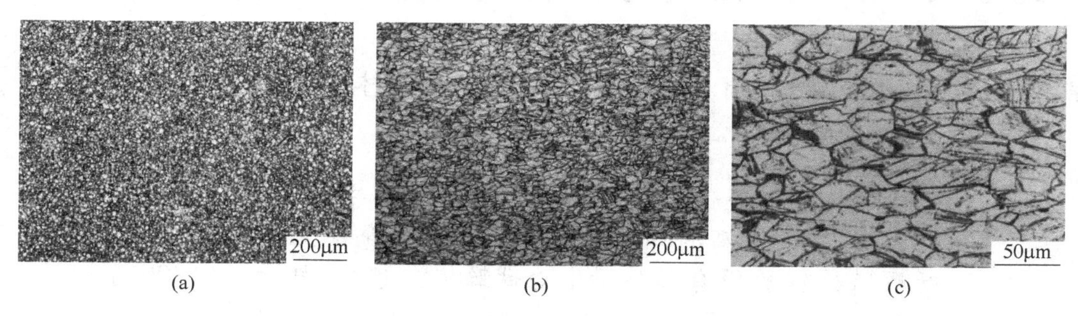

图1 冷拉变形前后晶粒高倍组织图片

（a）原始晶粒；（b）30%冷拉变形后100倍；（c）30%冷拉变形后500倍

GH738合金基体为面心立方结构，层错能较低，在发生冷变形时伴随着加工硬化效应，在应变量较小时主要表现为位错的增殖和滑移，随着变形量的增加，位错不断增殖、交织、缠结、塞积见图2，导致位错运动阻力上升，直至运动受阻。合金变形初期，变形抗力增加的幅度较大，而在后期变形量进一步增大时，形变硬化发生的同时还伴随着孪生效应的介入，位错塞积群前的高度应力集中会在孪生效应的作用下得到释放[4]。大变形冷拔材通过固溶处理消除应力并得到实际服役状态下理想的晶粒尺寸。标准变形冷拔材由于冷拔后位错不均匀，固溶处理后晶粒长大不均匀。

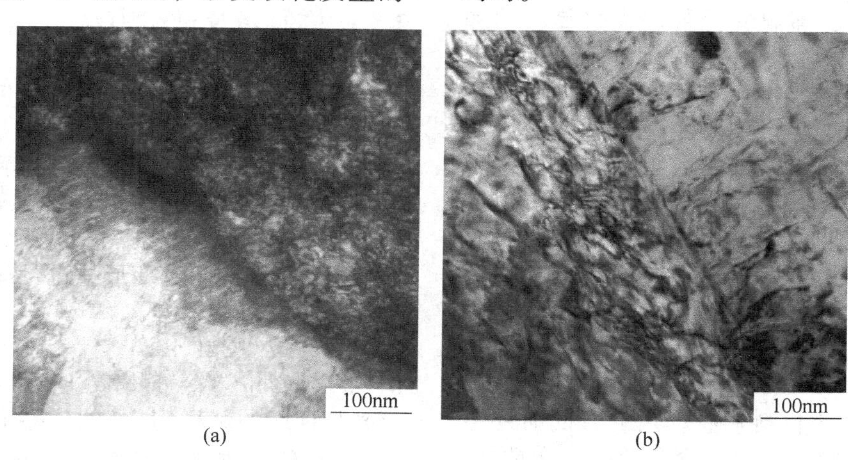

图2 30%和标准10%冷拉变形后透射电镜观察位错变化

（a）30%冷拉大变形；（b）标准10%冷拉变形

2.2 固溶过程晶粒长大规律

冷变形后的GH738合金在内部存在很大的形变储能，需经热处理促使其完成回复及再结晶，降低强度，恢复塑性[5]，改善其冷加工性能。为保证产品满足使用要求，需要控制其晶粒尺寸。

通过Hillert模型研究固溶过中晶粒长大模型，在限定相同保温时间的条件下，晶粒尺寸与固溶温度符合Hillert模型公式[6,7]。

$$D^2 - D_0^2 = At\exp[-Q/(RT)] \qquad (1)$$

式中，D为对应固溶温度下晶粒尺寸；D_0为原始晶粒尺寸；A为常数；t为时间；Q为晶粒长大激活能，kJ/mol；R为气体常数，8.314 J/(mol·K)。

将方程（1）两端同时取对数，即

$$\ln(D^2 - D_0^2) = \ln At - Q\cdot(1/RT) \qquad (2)$$

由公式可知$\ln(D^2 - D_0^2)$与$-(1/RT)$成正比关系，根据不同固溶温度及对应晶粒度分别计算$\ln(D^2 - D_0^2)$与$-(1/RT)$，将二者的数据进行线性拟合，如图 3 所示。

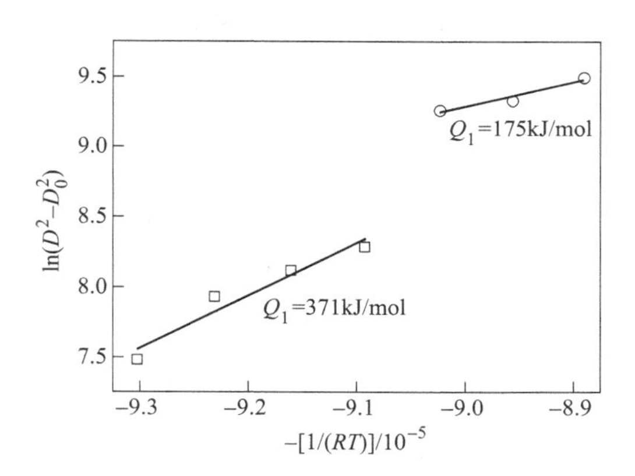

图 3　合金的晶粒尺寸 $\ln(D^2-D_0^2)$ 与 $-[1/(RT)]$ 的关系

相同保温时间，随着固溶温度的升高静态再结晶过程快速完成，晶粒尺寸逐渐增大。根据 2.1 所述，最佳的冷拉变形量为 30%，重点观察此变形量条件下的组织变化。由于大变形冷拉后 GH738 合金中具有较高的储能，再结晶速度很快，不同的固溶温度晶粒长大的趋势符合图 3 的表述，晶粒组织变化见图 4。

根据 Hillert 模型公式得出 30% 冷拉变形后的 GH738 棒材，在 1020～1050℃ 固溶处理后晶粒长大激活能为 371kJ/mol，晶粒长大速率缓慢可控制为理想的晶粒尺寸（45.2～65.0μm）；但在 1060～1080℃ 晶粒长大激活能为 175kJ/mol，晶粒尺寸长大速率急剧增加，不易控制，1080℃ 固溶处理的晶粒尺寸已达到 200.0μm。

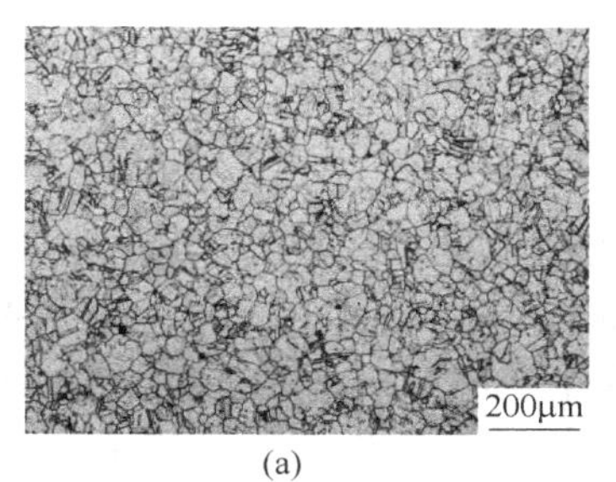

(a)

(b)

(c)

图 4　30% 冷拉变形后经固溶处理的高倍组织图片

（a）1030℃ 固溶后 40μm；（b）1050℃ 固溶后 65μm；（c）1080℃ 固溶后 90μm

3　结论

（1）GH738 合金经过冷拉大变形改善了小变形棒材固溶处理后晶粒组织不均匀问题，对指导生产具有重要的实际意义。

（2）GH738 合金经过大变形冷拉后，晶粒沿着拉制方向产生明显的塑性变形，晶粒呈现扁长形貌，晶粒的拉长程度随变形量增加而增大。

（3）GH738 合金 30% 冷拉变形后，1020～1050℃ 保温 1h 固溶处理后晶粒长大激活能为 371kJ/mol，晶粒大小容易控制到实际服役状态下理想的尺寸（45.2～65.0μm）。

参考文献

[1] 师昌绪，仲增墉．中国高温合金手册［M］北京：中国质检出版社，2012：876～890.

[2] 董建新．高温合金 GH738 及应用［M］．北京：冶金工业出版社，2014：1～38.

[3] 黄乾尧，李汉康．高温合金［M］．北京：冶金工业出版社，2000：67～69.

[4] 费豪文．物理冶金学基础［M］．卢光熙，赵子伟，译．上海：上海科学技术出版社，1980：86～129.

[5] 余永宁．金属学原理［M］．北京：冶金工业出版社，2003：169～214.

[6] Luton M J, Sellars C M. Dynamic recrystallization in Nickel and nickel-iron alloys during high temperature deformation［J］. Acta Met, 1969, 17 (8): 1033～1043.

[7] Sakai T, Jonas J J. Flow stress and substructural change during transient dynamic recrystallization of nickel［J］. Acta Met, 1984, 2 (7): 659～665.

新型难变形高温合金 GH4151 棒材热挤压制备技术

贾崇林[1*]，潘星宇[1,2]，籍志勇[1,2]，杜红强[3]，朱林[3]，韩宾[3]，李鑫旭[4]

（1. 北京航空材料研究院先进高温结构材料重点实验室，北京，100094；
2. 北京航空航天大学材料科学与工程学院，北京，100191；
3. 青海中钛青锻装备制造有限公司，青海 海东，810699；
4. 北京航空材料研究院股份有限公司高温合金熔铸事业部，北京，100094）

摘 要： 挤压技术在变形高温合金产品及制件制备中应用越来越广泛。采用热挤压技术制备复杂合金化、高强度、难变形高温合金棒材是变形高温合金热加工开坯技术的发展趋势。综述了对新型难变形高温合金 GH4151 铸锭热挤压开坯制备棒材技术的最新研究进展，重点阐述了 GH4151 合金铸锭均匀化组织对挤压成形的关联影响、挤压成形技术关键、挤压棒材组织特征和力学性能，并归纳指出了热挤压工艺技术是实现复杂合金化难变形高温合金均质细晶棒材成形制备的工业化生产有效途径和方式。

关键词： GH4151 合金；热挤压；细晶组织；γ′相；力学性能

GH4151 合金是国内近年来开发的一种耐 800℃的新型镍基高温合金，可以用于制作先进航空发动机涡轮盘。然而，该合金属于复杂合金化、高强度、难变形高温合金，热加工工艺窗口窄，热形变抗力大，传统锻造开坯极其困难[1]。采用热挤压技术制备复杂合金化、高强度、难变形高温合金棒材是变形高温合金热加工开坯技术的发展新方向。本文介绍了北京航空材料研究院近年来关于 GH4151 合金热挤压制备棒材技术的研究进展，目的是为促进我国难变形高温合金热挤压开坯技术的发展提供技术支撑。

1 试验材料及方法

试验用 GH4151 合金主要化学成分（质量分数,%）为：C 0.06，Co 15.0，Cr 11.0，W 3.0，Mo 4.5，Al 3.8，Ti 2.8，Nb 3.4，Ni 余。在国内万吨挤压机上，进行 GH4151 合金热挤压工艺试验，获得大规格挤压棒材，在典型部位进行取样分析。试样磨抛后，采用 $CuCl_2$ 溶液化学腐蚀，或 CrO_3 溶液电解腐蚀。使用 Leica DM4000M 型光学显微镜和 Zeiss Sigma 300 型扫描电子显微镜分析微观组织，采用 FEI Tecnai G^2 F20 型透射电镜分析变形组织。力学试样加工为 ϕ12mm × 71mm 拉伸试样和 ϕ12mm × 66mm 持久试样，分别按照标准 HB5143、HB5150 进行室温拉伸性能测试与高温持久性能测试，并与典型涡轮盘高温合金性能进行对比分析。

2 试验结果及分析

图 1 是 GH4151 合金的铸态组织。光学显微镜下，能观察到典型的树枝晶形貌，见图 1（a）。合金凝固组织中的析出相主要包括碳化物 MC 相、γ′相、（γ+γ′）共晶相、Laves 相、η 相等，分别见图 1（b）、图 1（c）。合金中的 MC 碳化物呈不规则大块状，硬而脆，其弹性模量高于基体 γ，热加工变形与基体 γ 不协调，影响合金热变形塑性。γ′相是合金中的主要强化相，对应的 γ′相体积分数高达 52%，这导致合金的再结晶温度和 γ′相的全溶温度较高，使得合金热挤压工艺窗口变窄。此外，Laves 相、（γ+γ′）共晶相、η 相存在时，容易在这类相与基体结合处产生热裂纹，破坏合金的热挤压加工性能。必须通过后续的高温扩散均匀化处理，消除 Laves 等相，降低和消除这类相对合金热加工性能和力学性能的影响。

* 作者：贾崇林，高级工程师，联系电话：62498236，E-mail：biamjcl@163. com

(a)

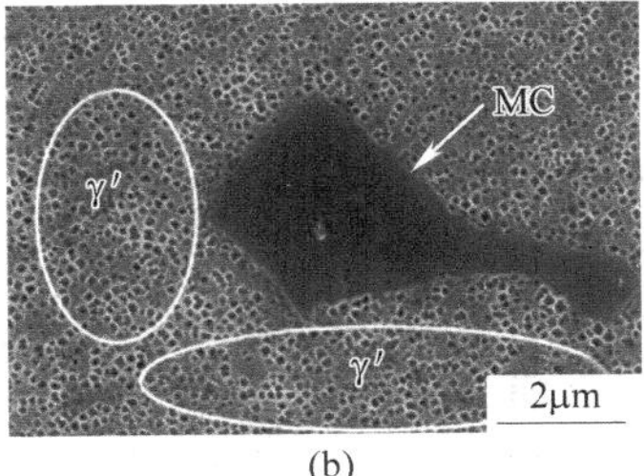

(b)

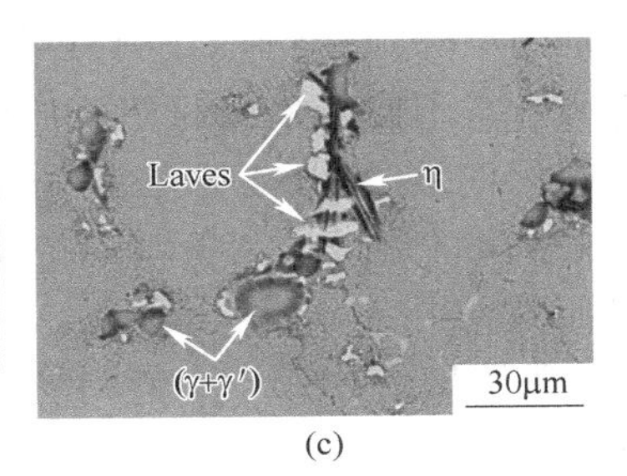

(c)

图 1　GH4151 合金铸态组织

采用 Simufact Forming 有限元软件对 GH4151 合金铸锭的热挤压过程进行了数值模拟，研究了热挤压变形过程中合金坯料的流动充填规律和热力学量场的变化规律，研究了热挤压过程中合金坯料外部包套的不锈钢金属流动充填规律，研究了不同锭型挤压力载荷分布特征并预测了各锭型所需要的最大挤压力。此外，通过对挤压模具预热过程的热载分析，预测模具所能承受的最大温度梯度及模具各部位的热应力分布。数值模拟表明，GH4151 合金热挤压过程锭坯温度分布均匀，沿挤压方向和锭坯截面方向变形均匀，这为获得具有均质细晶组织的棒材提供了良好的工艺条件，体现了热挤压工艺的优越性。图 2 是 GH4151 合金铸锭采用立式挤压方式，下压 75%时的模拟结果。总之，通过数值模拟，可以为合理确定挤压温度、挤压比、挤压速率等工艺参数提供理论依据。

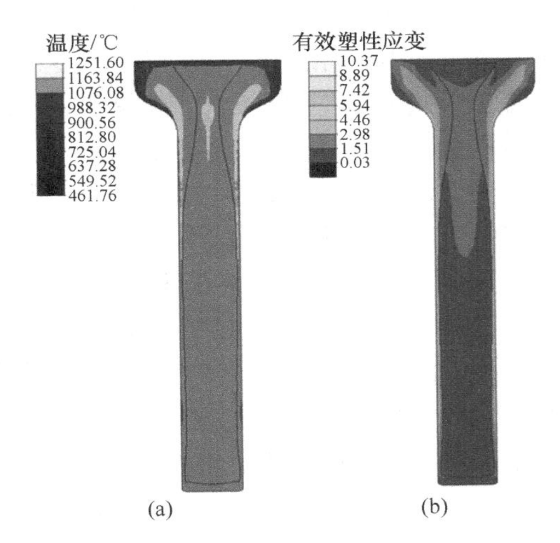

(a)　(b)

图 2　下压 75%的温度场（a）和应变场（b）

GH4151 作为复杂合金化、高强度的沉淀强化型合金，其热挤压开坯目标的实现需要在铸锭合理的高温扩散均匀化退火基础上进行。必须指出，铸锭热挤压开坯效果、棒材细晶组织获得程度与 GH4151 合金均匀化退火组织息息相关，均匀化退火组织制约棒材组织。控制均匀化退火组织，实现均匀化锭与热挤压棒之间的合理组织传递是 GH4151 合金细晶棒材制备技术的关键一环。控制均匀化退火组织的重要思想是控制 γ′相颗粒组织。通过对 GH4151 合金各相的溶解变化规律研究，确定了合金铸锭较优的均匀化退火工艺，借此控制并获得了具有凝聚、粗化、不规则、呈多样形貌特征的 γ′相组织，并保持 γ′相颗粒间距适当，图 3（a）是 GH4151 合金均匀化后的 γ′相形貌。此时的 γ′相与基体 γ 之间不再存在共格关系，热变形过程共格应变强化消失，在这种情况下，变形力基本上决定于位错在两个 γ′颗粒间的弯曲绕过所对应的临界应力，而不是切割 γ′颗粒所需的最低应力。γ′相的粗化使绕过机制的临界应力下降[2]。图 3（b）是 GH4151 合金热挤压过程中位错弯曲绕过 γ′相颗粒的 TEM 图片。此种情形下，合金热变形抗力大大降低，工艺塑性得以提高。通过研究，实现了 GH4151 合金铸锭均匀化后具有这种 γ′相分布特征的组织，降低了挤压的单位压力，允许变形程度的增加，并在随后的热挤压变形中形成超细的晶粒。

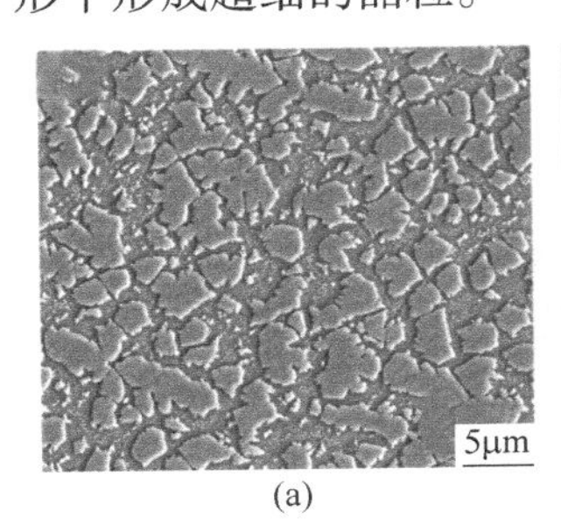

(a)

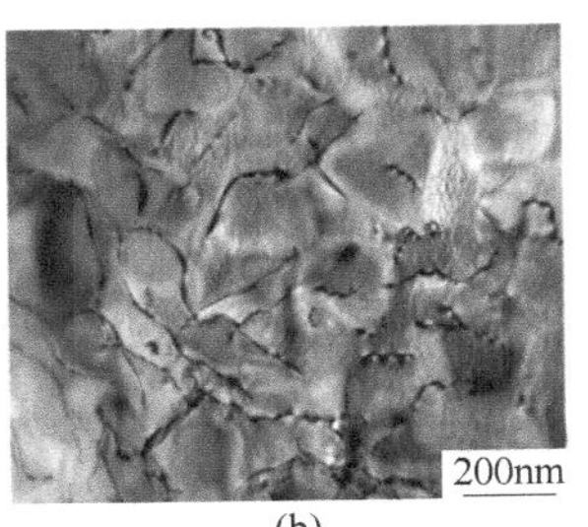

(b)

图 3　GH4151 合金均匀化后的典型 γ′相组织（a）及挤压过程位错与 γ′相的交互作用（b）

对均匀化退火后的 GH4151 合金铸锭，按照制定的挤压工艺方案，在国内大吨位挤压机上进行了多批次热挤压试验，成功制备出 ϕ60mm×(500～800)mm 系列规格、ϕ200mm×(1200～2000)mm 系列规格的挤压棒材。图 4 是 GH4151 合金部分挤压棒材实物照片。不同规格棒材热挤压制备过程的挤压力-行程曲线变化规律基本一致，图 5 是 ϕ200mm 规格棒材热挤压制备时的挤压力-行程曲线。热挤压过程可分为 3 个阶段：填充挤压阶段（Ⅰ），在挤压力作用下，坯料金属充满挤压筒，载荷随行程逐渐增加至突破力；稳定挤压阶段（Ⅱ），坯料稳定地流动出加工带，挤压载荷基本平稳；终了挤压阶段（Ⅲ），载荷逐渐下降。试验表明，在热挤压过程，GH4151 合金 ϕ60mm 棒材挤压时的突破力约为 1300t，ϕ200mm 棒材挤压时的突破力约为 8500t。针对 GH4151 合金不同规格棒材，目前国内的大型热挤压设备均能提供和满足最大挤压载荷的需求，这为 GH4151 合金挤压棒材的工业化批量生产创造了有利条件。

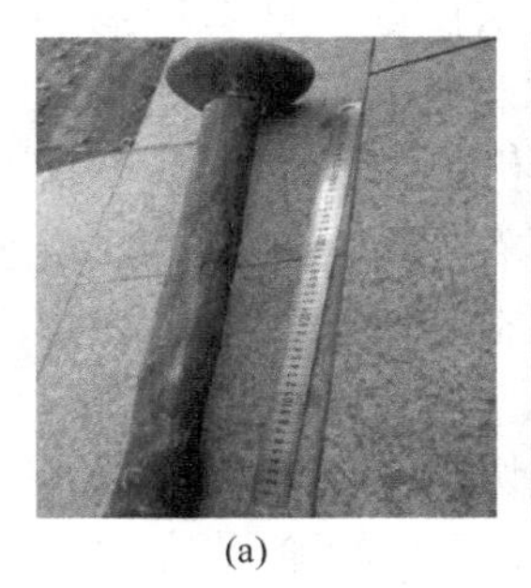

(a)

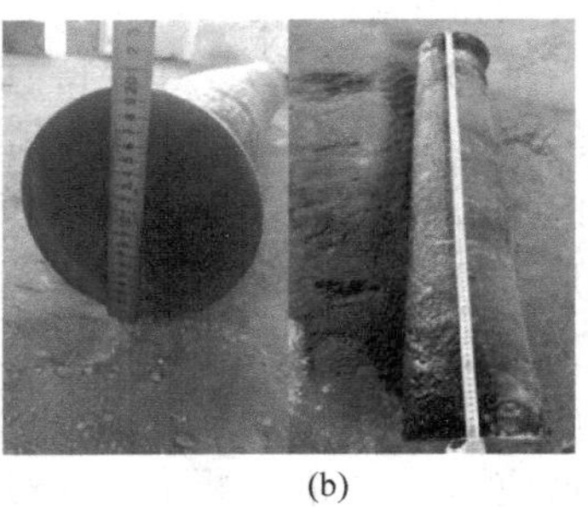

(b)

图 4 GH4151 合金 ϕ60mm（a）、ϕ200mm（b）挤压棒材实物

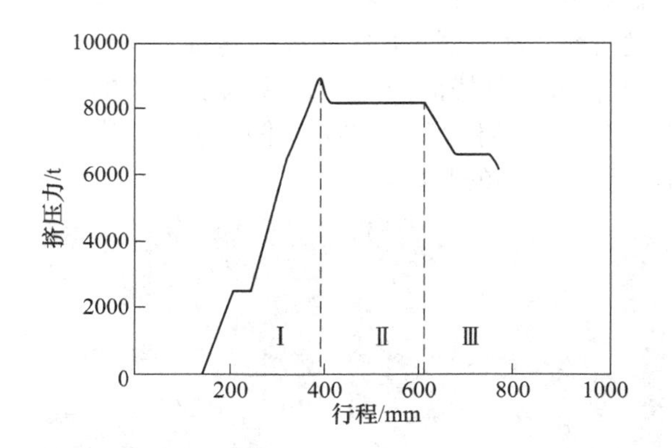

图 5 ϕ200mm 规格棒材热挤压过程挤压力-行程曲线

GH4151 合金热挤压后的棒材整体获得了超细、均匀的晶粒组织，图 6 是 GH4151 合金 ϕ200mm 规格挤压棒材典型晶粒组织。由图 6 可以看出，热挤压制备的棒材以细小的晶粒组织为主，少数为尺寸较大的狭长变形晶粒。GH4151 合金热挤压棒材不同部位平均晶粒尺寸为 7.9μm，棒材平均晶粒度为 ASTM 11 级。GH4151 合金热挤压棒材头、中、尾不同部位晶粒形貌和尺寸差别不大，因此，热挤压开坯工艺不仅使难变形高温合金 GH4151 棒材晶粒细化，还可以使棒材各部位晶粒组织趋于均匀化。热挤压后的棒材整体获得了非常细小的晶粒组织，表明经过热挤压成形后，合金发生了较大的塑性变形，合金在热挤压变形过程发生了动态再结晶，动态再结晶是晶粒细化的直接原因。热挤压变形是一种三向约束的塑性变形，在挤压变形过程中，通过剪切变形能够有效地破碎原始铸态枝晶组织，使其发生较大的塑性变形，同时挤压过程伴随着动态再结晶的发生，从而得到了细小的晶粒组织。

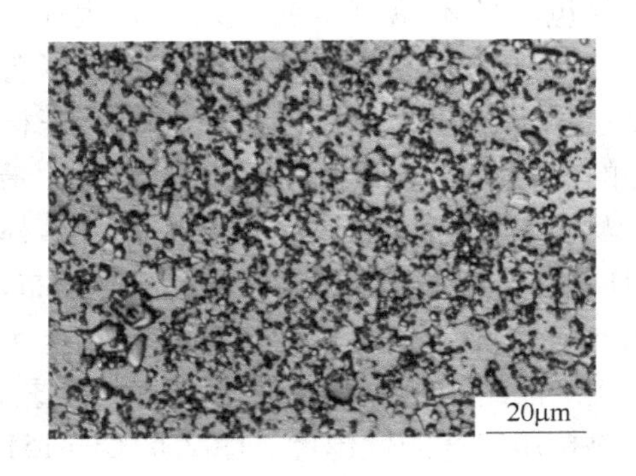

图 6 GH4151 合金 ϕ200mm 挤压棒材典型晶粒组织

图 7 是热挤压制备的 GH4151 合金 ϕ200mm 规格棒材的典型 γ′相组织。从图 7 可见，尺寸较大的一次 γ′相（初始 γ′相）颗粒分布在晶界（见图 7（a）箭头所指处），呈条块状、大块状，一次 γ′相尺寸范围为 1.0~5.0μm。由于合金晶界上分布着尺寸较大、形状不规则的一次 γ′相，说明虽然挤压过程由于塑性变形功及摩擦生热使得温度有一定升高，但是挤压温度始终处于 γ′相固溶线温度以下，晶界上未溶解的一次 γ′相颗粒对晶界具有钉扎作用，能够阻碍高温变形下晶界的迁移和晶粒的长大，借此形成了 γ′+γ 双相细晶组织（图 7（a）），且一次 γ′相在显微组织中分布相对均匀。此外，合金晶内弥散分布着大量立方形的二次 γ′相颗粒（图 7（b）箭头所指），二次 γ′相颗粒尺寸为 150~250nm，另外，在合金晶内分布着少量的球粒状的三次 γ′相颗粒（图 7（b）箭头所指处），三次 γ′相颗粒尺寸小于 100nm。顺便指出，晶内的二次 γ′相颗粒和更为细小的三次 γ′相颗粒主要是在挤压之后的棒材冷却过程中析出的。

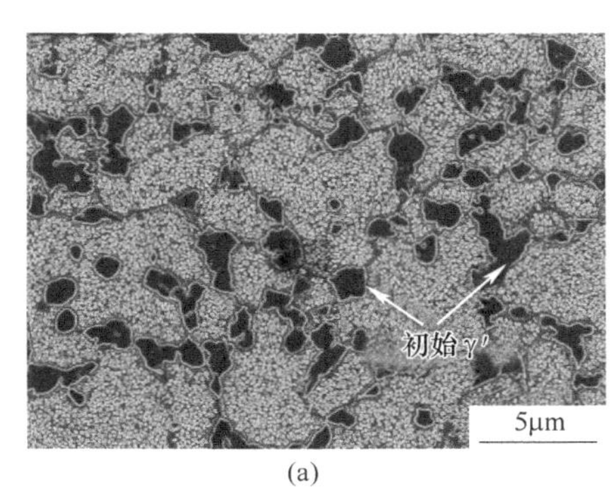

(a)

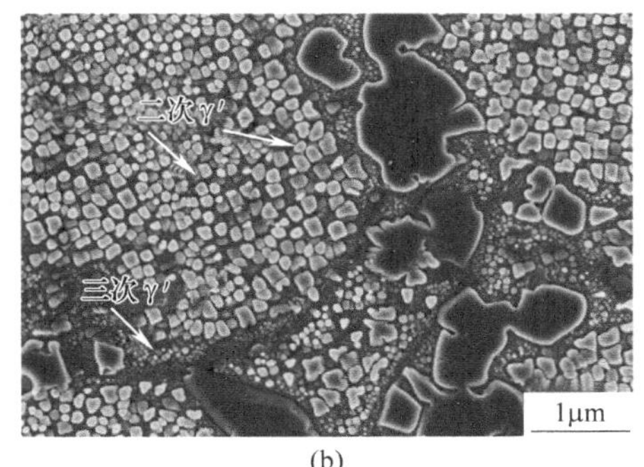

(b)

图 7 GH4151 合金 ϕ200mm 挤压棒材典型 γ′相组织形貌

图 8 是热处理后 GH4151 合金的晶粒组织及 γ′相组织。由图 8（a）可见，热处理后，合金具有均匀细小的等轴晶组织，晶粒尺寸相对挤压态略有增大。这是由于在热处理过程中，晶界上的部分一次 γ′相溶解，对晶界的钉扎作用减弱，由此导致晶界在热激活能的作用下更容易迁移，从而使晶粒发生长大。此外，热处理后，晶粒内部的二次 γ′相充分析出，呈立方状或近球状，见图 8（b）。二次 γ′相是 GH4151 合金的主要强化相，热处理后细小而密集的二次 γ′相有利于提升合金的室温以及高温强度。

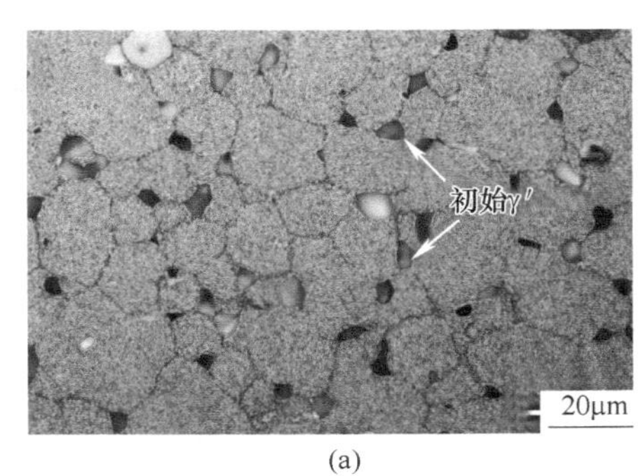

(a)

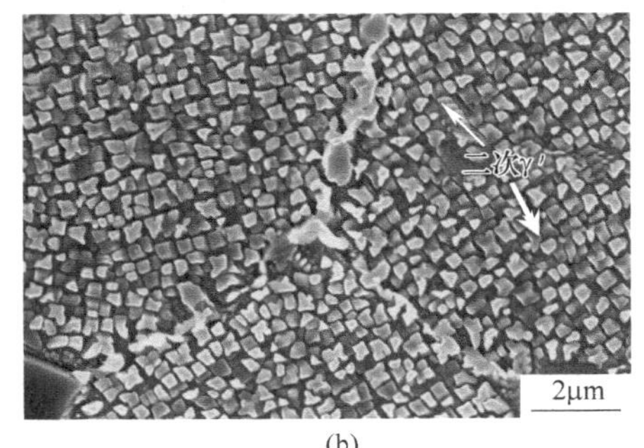

(b)

图 8 GH4151 合金热处理态晶粒组织（a）及 γ′相组织形貌（b）

对 GH4151 合金挤压棒材力学性能进行了评价。经热处理之后的规格为 ϕ200mm 的 GH4151 挤压棒材力学性能与国外涡轮盘用典型高温合金材料的力学性能见图 9。由图 9 可见，GH4151 合金具有很高的室温拉伸强度，其室温拉伸强度（抗拉强度 R_m、屈服强度 $R_{p0.2}$）高于第二代粉末高温合金 René 88DT、ЭП741НП 的拉伸强度，而其屈服强度不仅高于 René 88DT、ЭП741НП 的屈服强度，也高于 Alloy10 和 N18 合金的屈服强度，GH4151 合金的室温强度与第三代粉末高温合金 LSHR 的相当[3]。在热强性能方面，GH4151 合金的高温持久性能明显高于 René 88DT、Alloy10、N18 合金，见图 10。与 LSHR 合金相比，GH4151 合金的持久性能也具有明显的优势（图 10）[3]。综上所述，采用热挤压开坯工艺制备的 GH4151 合金棒材不仅具有均匀、超细的晶粒组织，还具有良好的力学性能。

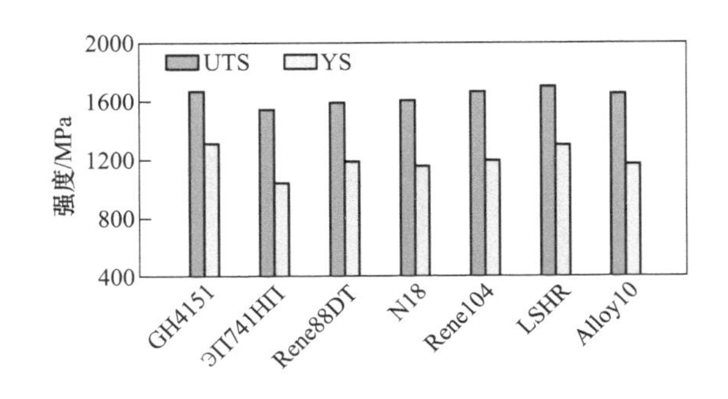

图 9 GH4151 合金与典型涡轮盘合金室温拉伸性能对比

已开展的试验证明，对于 γ′相含量大于 50% 的 GH4151 难变形高温合金，采用热挤压开坯工艺

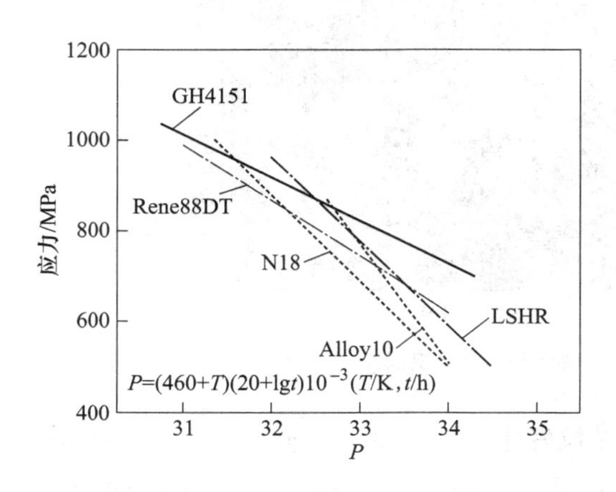

图 10　GH4151 合金与典型涡轮盘合金持久性能 Larson-Miller 曲线

路线，是实现这类合金细晶棒材成形制备并且材料组织和性能能够得到有效控制的工业化生产手段和方式，并且热挤压开坯技术能够极大地提高生产效率和成材率。

3　结论

采用热挤压开坯工艺，成功制备了 GH4151 合金 ϕ200mm 规格挤压棒材。GH4151 合金挤压棒材具有均匀、超细的晶粒组织，平均晶粒度达到 ASTM 11 级，并具有多尺度分布特征的 γ' 相形貌组织，挤压棒材兼具良好的室温拉伸性能与优异的高温性能。研究表明，热挤压开坯技术是难变形高温合金形性一体化得以实现的一条可行的工业化生产工艺途径。

参考文献

[1] 贾崇林，吕少敏，田丰，等．难变形高温合金 GH4151 盘锻件锻造工艺研究［C］//中国金属学会高温材料分会．第十四届中国高温合金年会论文集．北京：冶金工业出版社，2019：102.

[2] 郭建亭．高温合金材料学［M］．北京：科学出版社，2008.

[3] ЛОМБЕРЕ Б С，ОЕСЕПЯН С В，БАКРАДЗЕ М М. Авиационные Материалы и Технологии［J］. 2010，2（15）：3.

高温合金在真空电弧重熔过程中产生的冶金缺陷形成机制及控制技术

于腾*，杨玉军，张玉春，侯志文，李凤艳，刘宁，
王骁楠，李连鹏，孟天宇，李如

（抚顺特殊钢股份有限公司技术中心，辽宁 抚顺，113001）

摘　要：真空电弧重熔过程中，由于电弧失稳导致锭冠、格架、翻边、非金属漂浮物、挥发沉积物、喷溅物和电极缩孔掉块等落入熔池，在糊状区来不及熔化而形成白斑。偏弧和过长的电弧是白斑缺陷形成的主要原因，稳定的漫散电弧和合适的弧长可以避免白斑缺陷的形成。合理的电极直径尺寸可以有效控制锭冠的脱落，降低白斑缺陷的形成概率。通过降低熔速、提高冷却强度等工艺措施可以缩短局部凝固时间、降低熔池深度，能够最大限度地降低黑斑的形成概率。然而，受外界因素导致的熔速波动是造成凝固前沿热溶质扰动形成黑斑缺陷的关键原因。

关键词：黑斑；白斑；高温合金；真空电弧重熔

真空电弧重熔（vacuum arc remelting，VAR）是在真空下利用直流电弧产生的热量将电极熔化的工艺。对于高温合金，真空电弧重熔通常是最后一步冶炼工艺[1]。采用真空电弧重熔工艺冶炼的材料通常应用于航空发动机的转动和承力部件。高温合金在真空电弧重熔过程中常见的冶金缺陷主要有黑斑和白斑，其中黑斑可以通过成品材的低倍检验进行控制[2]，白斑仍然存在无法完全识别的情况。高温合金冶金缺陷的产生对于材料的后期加工和与服役存在不同的影响，甚至某些缺陷会对零部件产生致命的风险[3]。因此，本文对高温合金在真空电弧重熔过程中产生的冶金缺陷的形成机制进行了系统分析，并且提出了控制技术。

1　白斑缺陷的类型及形成原因

1.1　白斑缺陷的类型

白斑缺陷可分为离散型、枝晶型和凝固型，其类型划分取决于尺寸、化学成分、晶粒尺寸以及氧化物/氮化物团簇存在与否等因素。在高应力零件中，离散型和树枝型白斑可能是有害的。凝固型白斑通常与非金属团簇无关，对力学性能几乎没有影响。白斑缺陷也可分为干净白斑和脏白斑，凝固型白斑属于干净白斑，即本体未来得及熔化的金属所形成；离散型和枝晶型白斑属于脏白斑，即无法熔化的非金属漂浮物、锭冠、喷溅物和掉块等所形成的非金属夹杂物团簇。

虽然超声波探伤可以发现由于夹杂物团簇导致内部裂纹而形成的缺陷[4]，但超声波探伤并不能完全识别夹杂物团簇缺陷。高温合金夹杂物团簇形成的内部裂纹长度只有 0.8~2mm，甚至仅有 0.4mm，此种脏白斑缺陷主要由铝镁氧化物和碳氮化物的聚集所形成（图 1（a））。如果团簇的夹杂物在热加工变形过程未发生开裂，超声波探伤将无法识别该类缺陷，对于材料的后期加工和与服役存在致命的风险（图 1（b））。

1.2　白斑缺陷的形成原因

真空电弧重熔过程中白斑形成的本质原因是电弧出现失稳，导致锭冠、格架、翻边、非金属漂浮物、挥发沉积物、喷溅物和电极缩孔掉块等落入熔池，在糊状区来不及熔化而形成白斑。稳定的漫散电弧和合适的弧长可以避免白斑缺陷的形成，对提高真空电弧重熔铸锭的冶金质量起着至关重要的作用。

* 作者：于腾，高级工程师，博士，联系电话：024-56689161-3742，E-mail：yuteng0318@163.com
资助项目：大型飞机材料研制与应用研究项目（JPPT-KF2019-8-1）和国家重点研发计划（2022YFB3705101）

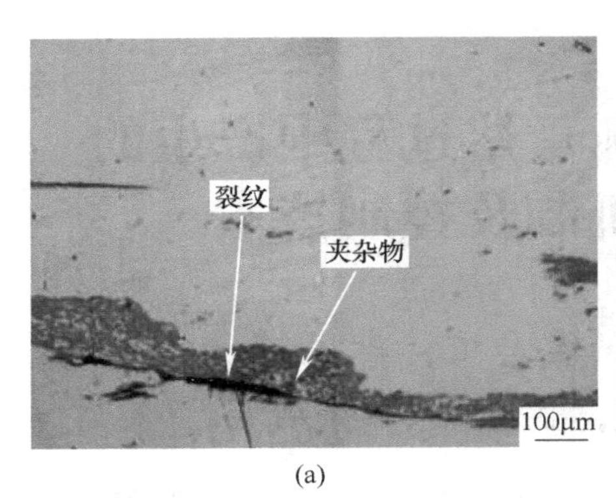

(a)

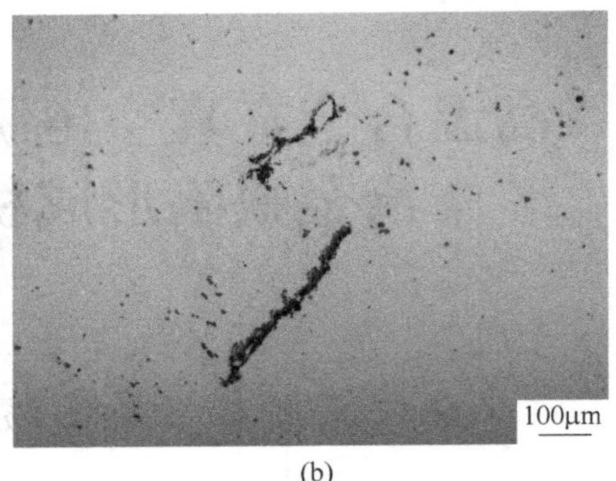

(b)

图 1 GH4169 合金棒材夹杂物团簇（棒材纵向）
（a）有裂纹；（b）无裂纹

国外已经进行了大量的理论研究和实践揭示白斑的来源，并通过工艺控制尽量减少白斑在高温合金中的出现[5~7]。普遍认为，白斑与真空电弧重熔（VAR）过程的固有特性有关，离散型和枝晶型白斑（掉落型）来源可能是电极的凸环（翻边）、锭冠、格架和缩孔落入熔池后未能完全熔化所致。凝固型白斑是由于在熔池和凝固铸锭之间的界面处发生热扰动造成，液流冲击导致枝晶倒伏形成封闭通道。白斑的位置、成分、凝固组织和纯洁度等特征是确定白斑形成机制的重要线索。具体的形成方式和落入熔池的路径如图 2 所示。

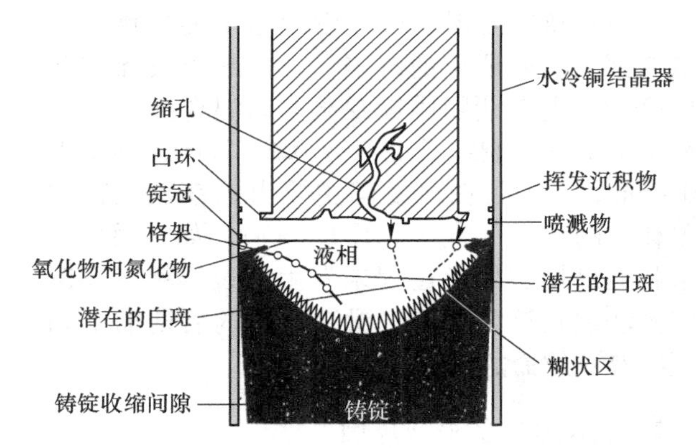

图 2 白斑形成的方式及落入熔池的方式和路径

1.3 白斑缺陷的控制

1.3.1 弧光稳定性对白斑缺陷控制的影响

Zanner 等的研究发现[8]，在真空电弧重熔 IN718 合金的金属熔池中投入 5g 非金属浮渣后（ϕ413mm 电极熔炼 ϕ518mm 锭，冶炼电流 6.5kA），真空电弧发生收缩，偏向一侧，出现了偏弧现象，并且偏聚的弧光在熔池中运动。偏弧会使熔池的温度场和流场发生变化，出现低温区和流场死区，导致熔池中掉落的非金属漂浮物、锭冠、喷溅物和掉块等不能完全熔化，并被流场死区捕获，形成白斑缺陷。从熔炼中断的电极端部情况可以判断真空电弧熔炼出现偏弧现象后，电极端部的熔滴分布也随之发生变化（图 3（a））。熔池的整体形态将发生巨大变化，熔池的中心将严重偏离结晶器中心轴线（图 3（b））。另外，弧长过长导致弧光稳定性变差，弧光不能保持稳定的漫散弧状态进行冶炼，锭冠和熔池喷溅物将被失稳的弧光扫落形成白斑缺陷。

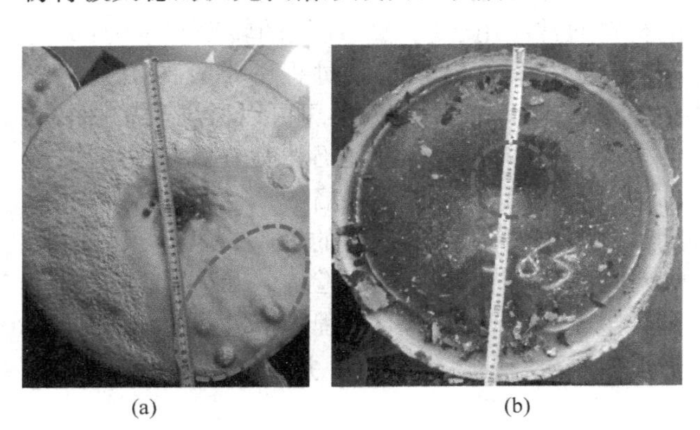

(a) (b)

图 3 GH4169 合金真空电弧重熔中断熔炼的电极端部和铸锭充填端部
（a）电极端部；（b）铸锭充填端

本研究针对稳定电弧和不稳定电弧对金属熔池内夹杂物分布轨迹进行了模拟对比（图 4）。稳定电弧条件下（图 4（a），I=4800A），真空自耗过程中金属熔池内夹杂物（50μm）轨迹分布与失稳电弧条件下（图 4（b），I=4000A）的轨迹分布存在较大差异。稳定电弧条件下，大部分夹杂物在流向自由表面，夹杂物停留时间约为 90s；而失稳电弧条件下，部分夹杂物在近铸锭 1/2R（半径）和 R 之间的金属熔池内形成漩涡，夹杂物停留时间约为40s，均不利于夹杂物上浮去除，导致白斑缺陷出现的概率大大增加[8]。

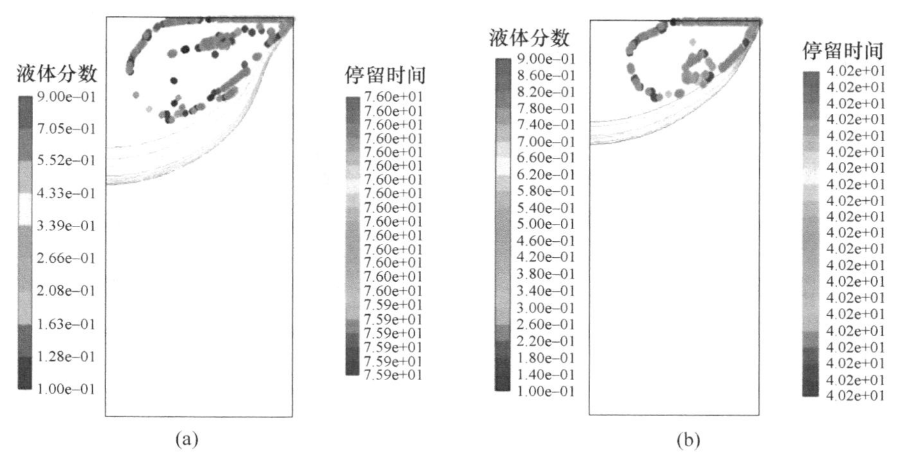

图4 真空电弧重熔GH4169合金熔池内夹杂物分布轨迹（ϕ406mm锭型）

（a）稳定电弧；（b）失稳电弧

真空电弧重熔过程中，稳定的电弧是熔炼的是关键所在。采用稳定的漫散电弧冶炼，可以获得冶金质量稳定的合金铸锭，避免白斑缺陷出现。稳定的漫散弧只有通过合理的熔炼参数设定和电极质量（电极纯净度、内裂和表裂等因素）才能确保获得短弧熔炼过程。一般而言，短路电压间距8~15mm为短弧，短路电压间距15~25mm为中弧，短路电压间距大于25mm为长弧。如若弧长过长，弧光稳定性变差，不能保持稳定的漫散弧状态，锭冠和熔池喷溅物将被失稳的弧光扫落，形成白斑缺陷（图5）。图5中虚线所圈范围内GH4169合金的白斑缺陷很难辨认（喷溅物扫落），缺陷与基体的衬度极为相像。然而其化学成分相差甚远，缺陷位置（谱图1和谱图2）富镍，贫铬、铁、铌和钼（表1）。

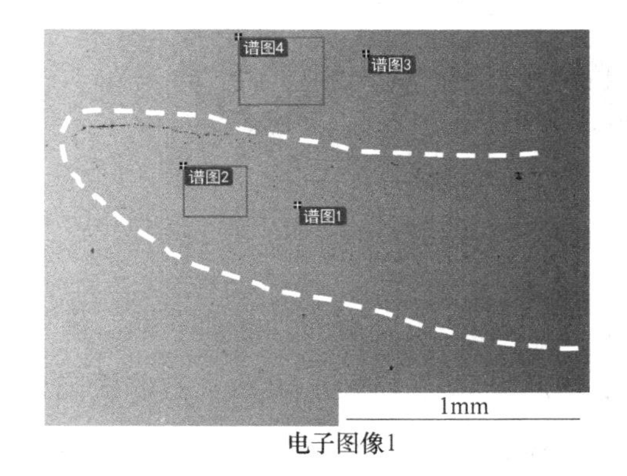

图5 喷溅物落入GH4169合金VAR熔池中形成白斑缺陷

表1 GH4169合金白斑缺陷与基体的化学成分对比

（质量分数,%）

谱图	C	Ti	Cr	Fe	Ni	Nb	Mo
谱图1	9.78	0.25	3.53	2.15	82.31	1.20	0.78
谱图2	9.47	0.22	3.01	2.38	82.56	1.91	0.44
谱图3	7.13	0.71	17.01	17.07	50.01	5.08	2.98
谱图4	6.83	1.08	17.48	16.84	49.29	5.71	2.76

1.3.2 电极直径与锭型的匹配对白斑缺陷控制的影响

真空电弧重熔过程中，落入熔池的锭冠存在不能完全熔化的风险，未完全熔化的锭冠一旦被糊状区捕捉，将会形成典型“耳蜗”状的离散型白斑（图6）。因此，锭冠的贴合力直接会影响到铸锭的冶金质量，贴合力不强将导致白斑出现的概率增加。本研究通过计算机模拟软件建立了包

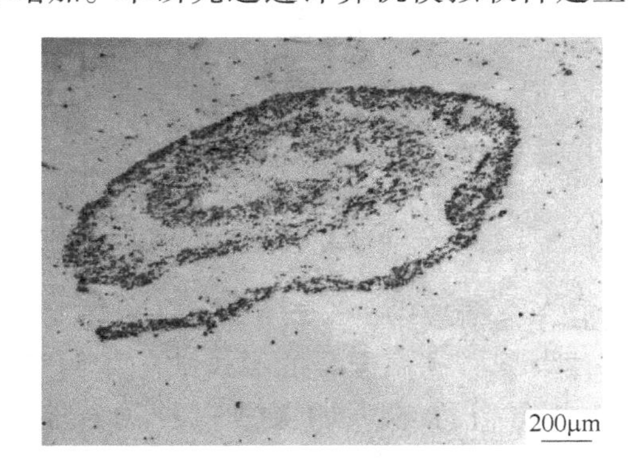

图6 锭冠落入GH4698合金VAR熔池中形成白斑缺陷

含真空电弧重熔电极、电弧、铸锭以及锭冠的二维轴对称数学模型，模拟出真空电弧重熔电极直径与锭冠贴合力的关系（图7）。模拟结果表明，锭冠内周向磁感应强度与轴向向上的电流共同产生了沿径向向内的电磁力，真空电弧重熔电极直径越大，锭冠受到向熔池方向的电磁力越大，锭冠掉落的概率也越大。电磁力推动锭冠脱离结晶器内壁并使其发生倒伏和折断，最终锭冠落入金属熔池。未完全熔化的锭冠极易被结晶前沿的糊状区捕捉，从而形成白斑缺陷。

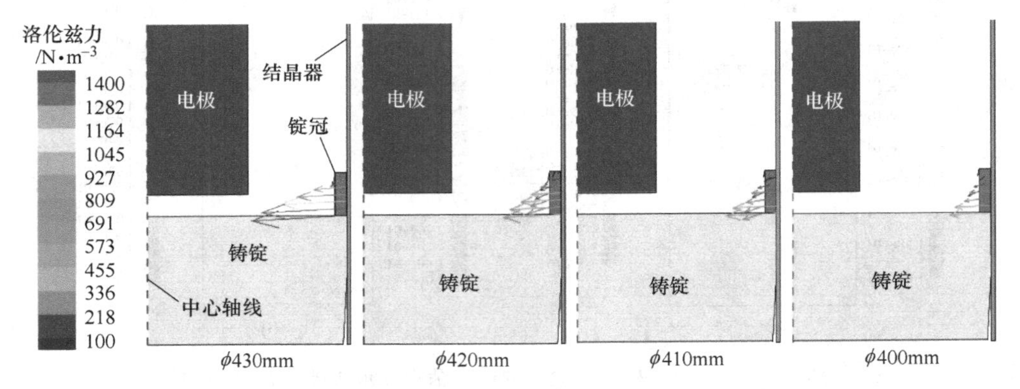

图7　真空电弧重熔电极直径与锭冠贴合力的关系

2　黑斑缺陷的类型及形成原因

2.1　黑斑缺陷类型

黑斑缺陷按照其形貌和行业内的俗称分为两类，一种为径向黑斑（radial freckle），即行业内俗称的黑斑；另一种为轴向黑斑（vertical freckle），即行业内俗称的点状偏析，也称点偏。通过降低熔速、提高冷却强度等工艺措施可以缩短局部凝固时间、降低熔池深度，能够最大限度地降低黑斑缺陷的形成概率[9]。然而，真空电弧重熔过程中受外界因素导致熔速波动是造成凝固前沿热溶质扰动形成黑斑缺陷的关键原因。

2.2　黑斑缺陷的形成原因

在凝固过程中，两相区内枝晶生长时，部分溶质元素（Nb、Ti、C 等）排入枝晶间的残余熔体内，在重力的作用下，富溶质元素的熔体与正常熔体之间由于密度的差异而产生流动。当熔化速度快、熔池较深、凝固速度相对较低时，富 Nb、Ti、C 的溶体呈一通道流动，在凝固前沿往前推进时，富 Nb、Ti、C 的熔体凝固后形成径向黑斑（radial freckles，图 8），即行业内俗称的黑斑[10]。

图8　黑斑缺陷形成的过程

高温合金领域中，点状偏析缺陷属于黑斑缺陷的一种[11,12]。高温合金的黑斑缺陷按照其形貌和行业内的俗称分为两类，一种为径向黑斑（radial freckle），即行业内俗称的黑斑（图 9（a）~（c））。另一种为轴向黑斑（vertical freckle），即行业内俗称的点状偏析，也称点偏。高温合金点偏低倍形貌可见（图 9（d）），点偏缺陷以散点状分布于棒材低倍之上，点偏缺陷严重棒材的轴向呈通道状（图 9（e）和（f））。

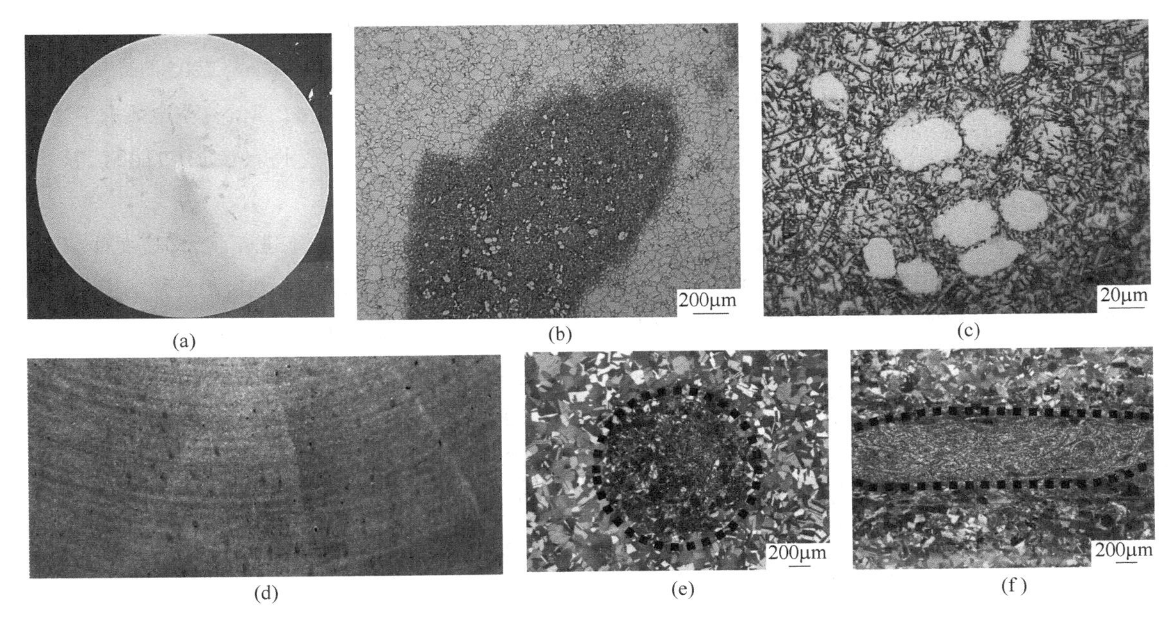

图9 高温合金锻棒黑斑形貌

(a)~(c)GH4169黑斑；(d)~(f)GH4065A点偏

高温合金点偏是热溶质元素扩散对流诱发的，富Ti、Mo、Nb元素的熔体在凝固后形成通道偏析。因此，点偏化学成分的变化使其凝固行为、热变形规律、第二相特征等与基体相比均会发生明显的变化。点偏的存在会导致高温合金的塑性大幅降低，大量的脆性第二相易成为裂纹源或促进裂纹扩展，对于涡轮盘等关键热端转动部件是不能允许的。

2.3 黑斑缺陷的控制

一般而言，通过降低熔速、提高冷却强度等工艺措施来缩短局部凝固时间、降低熔池深度，能够最大限度地降低点状偏析的形成概率，往往实际生产中也是如此进行控制的。然而，VAR过程受外界因素导致熔速波动才是点偏形成的关键原因。熔池扰动导致热溶质发生扰动，凝固前沿的热溶质平衡状态遭到破坏，形成通道型偏析。三联冶炼工艺采用ESR制备自耗电极，消除VIM铸造电极中的缩孔、微裂纹等缺陷，改善VAR过程的工艺稳定性，避免凝固前沿热溶质的扰动，可有效降低点偏的形成概率[13]。

另外，通常难变形高温合金的γ′相含量达到40%以上，γ′相在VAR过程中的时效析出会形成组织应力，应力足够大也将扰动热溶质诱发点偏缺陷形成。因此，需要开展更为严格的三联冶炼工艺控制，采取熔速优化、电极应力释放、改进铸锭冷却条件（氦气冷却）等措施，最大限度降低点偏的形成概率。

3 结论

（1）白斑缺陷可分为离散型、枝晶型和凝固型。由于电弧失稳导致锭冠、格架、翻边、非金属漂浮物、挥发沉积物、喷溅物和电极缩孔掉块等落入熔池，在糊状区来不及熔化而形成白斑。稳定的真空电弧、合适的弧长和合理的电极直径等因素均是控制白斑缺陷产生的关键。

（2）黑斑缺陷可分为径向黑斑和轴向黑斑两类。外界因素导致熔速波动是造成凝固前沿热溶质扰动形成黑斑的关键原因。需要开展更为严格的三联冶炼工艺控制，采取熔速优化、电极应力释放、改进铸锭冷却条件（氦气冷却）等措施，最大限度降黑斑缺陷的形成概率。

参考文献

［1］于润康．全自动称重真空自耗电弧炉研制［J］．真空，2004，41（4）：117.

［2］代朋超，魏志刚，王资兴，等．一种镍基高温合金黑斑缺陷的组织分析及形成机理研究［J］．宝钢技术，2014，5：49.

［3］谭海兵，黄烁，王静，等．白斑缺陷对GH4586合金组织和力学性能的影响［J］．金属学报，2020，

56（10）：1411.

[4] Yu K O, Domingue J A. Control of solidification structure in VAR and ESR processed alloy 718 ingot [C] // International Symposium on alloy 718 Metallurgy and Applications. Pittsburgh: The minerals, metals & Materials Society, 1989: 41.

[5] Patel A D, Minisandram R S, Evans D G. Modeling of vacuum arc remelting of alloy 718 ingots [C] // Superalloys 2004. India: The Materials Information Society, 2004: 917.

[6] Erdeljac G, Henein H, Mitchell A. Dissolution of white spot material in inconel 718 [J]. Met. Trans. B., 1985, 6B: 51.

[7] Wang X, Barratt M D, Ward R M, Jacobs M H. The effect of VAR process parameters on white spot formation in Alloy 718 [C] // The International Symposium on Liquid Metal Processing and Casting. France: The Materials Information Society, 2003: 99.

[8] Zanner F, Williamson R, Erdmann R. On the origin of defects in VAR ingots [C] // International Symposium on Liquid Metal Processing and Casting. Santa Fe: The Materials Information Society, 2005: 13.

[9] 于腾，杨玉军，宋彬，等．真空电弧重熔过程中白斑缺陷的成因分析 [J]．金属功能材料，2022，29（2）：28.

[10] 张麦仓，曹国鑫，董建新．冷却速度对 GH4169 合金凝固过程微观偏析及糊状区稳定性的影响 [J]．中国有色金属学报，2013，23（11）：3108.

[11] 黄彦奕，张麦仓，董建新．GH4169 合金凝固重熔过程的缺陷特征研究 [J]．钢铁研究学报，2011，23（增刊 2）：142.

[12] 董建新，张麦仓，曾燕屏．Inconel 706 合金宏观偏析“黑斑”的形成特征及组织行为 [J]．稀有金属材料与工程，2006，35（2）：176.

[13] 于腾，宋彬，黄烁，等．新型难变形 GH4065A 合金的异常组织控制 [C] // 第十四届中国高温合金年会论文集．北京：冶金工业出版社，2019：68.

涡轮盘用 GH4065 合金蠕变变形机制和断裂行为研究

籍志勇[1,2]，贾崇林[1*]，潘星宇[1,2]，李鑫旭[3]，叶俊青[4]，邱春雷[2*]

（1. 中国航发北京航空材料研究院先进高温结构材料重点实验室，北京，100095；
2. 北京航空航天大学材料科学与工程学院，北京，100191；
3. 北京航空材料研究院股份有限公司高温合金熔铸事业部，北京，100094；
4. 中航工业贵州安大航空锻造有限公司，贵州 安顺，561054）

摘　要：通过研究涡轮盘用变形高温合金 GH4065 在 650～700℃，700～900MPa 条件下的蠕变性能，揭示了 GH4065 合金蠕变变形机制和断裂行为。合金蠕变寿命随着蠕变温度和应力的增加而缩短，其中在 650℃/850MPa 和 700℃/800MPa 下合金的蠕变寿命分别为 1112.58h 和 79.58h。蠕变温度为 650℃和 680℃时，层错和微孪晶为主导变形机制。当蠕变温度升高到 700℃时，多种变形机制被激活，部分位错绕过 γ′相形成位错环。研究发现，微孔洞主要在晶界、γ′相与基体的界面处以及碳化物与基体的界面处产生，孔洞的聚集是合金的主要断裂失效机制。

关键词：GH4065 合金；蠕变性能；变形机制；断裂行为

镍基高温合金作为一种可以在高温和高应力条件下长时工作的金属材料，在航空航天以及核电领域具有广泛的应用[1~3]。为了提高航空发动机推重比，同时减小二氧化碳、二氧化氮排放量，高温合金需要在更高的温度下服役，航空发动机涡轮盘长期工作温度已经达到 750℃[4]。为了满足先进高性能航空发动机对材料高温性能的要求，在粉末高温合金 René88DT 的基础上，基于损伤容限原则，研制了承温能力达 750℃的变形高温合金 GH4065。GH4065 合金是一种沉淀强化型高温合金，其 Al+Ti+Nb 质量比超过 6.5%，γ′相的含量超过 40%，具有优异的综合力学性能和高温组织稳定性[5,6]。

在高温高压环境下服役的材料，蠕变断裂是重要的失效形式，高温合金热端部件的服役寿命也与蠕变性能相关，研究高温合金的蠕变性能对确保热端部件的安全服役具有重要的意义[7,8]。但有关 GH4065 合金的蠕变变形机制和断裂行为还未见报道，鉴于此，本文研究了 GH4065 合金在 650～700℃，700～900MPa 下的蠕变性能，以探究该合金在高温下蠕变的变形机制和断裂行为，为该合金盘锻件安全服役提供数据支撑。

1　试验材料及方法

GH4065 合金首先经过真空感应熔炼（VIM）、电渣重熔（ESR）和真空自耗电弧熔炼（VAR）熔炼制备合金铸锭，经过高温均匀化退火之后采用快锻机开坯制备棒材，最终经过等温模锻制备涡轮盘，GH4065 合金化学成分（质量分数）为 Co 12.98%，Cr 16.01%，Mo 4.03%，W 4.01%，Fe 1.01%，Al 2.12%，Ti 3.75%，Nb 0.7%，C 0.011%，Ni 余量。本实验所用蠕变试样在涡轮盘轮缘部位沿弦向取样。蠕变测试之前经过相同热处理制度进行处理，固溶热处理温度为 1080℃，保温 1.5h，油冷，然后在 760℃下保温 16h，空冷。热处理后的试样加工为光滑蠕变试样，蠕变试样标距长度为 25mm，直径为 5mm。蠕变试样的测试条件如表 1 所示，试样加载前均在测试温度保温 1h，蠕变测试按照 GB/T 2039—2012 进行。

* 作者：贾崇林，高级工程师，联系电话：010-62498236，E-mail：biamjcl@163.com
邱春雷，教授，联系电话：13681530656，E-mail：chunlei_qiu@buaa.edu.cn

表 1　GH4065 合金蠕变试样测试条件

编号	CT1	CT2	CT3	CT4	CT5	CT6	CT7	CT8
温度/℃	650	650	680	680	680	700	700	700
应力/MPa	850	900	800	850	900	700	750	800

热处理后的试样经过机械打磨抛光，用成分为 100mL 盐酸+100mL 甲醇+50g 氯化铜溶液腐蚀 10～15s，然后在 Leica DM4000M 设备上进行金相观察。用成分为 150mL 磷酸+100mL 硫酸+15g 三氧化铬溶液电化学腐蚀，腐蚀电压为 3.5～4V，电流为 0.05～0.1A，腐蚀时间 5～10s，经过电化学腐蚀的试样在 Zeiss Sigma 300 扫描显微镜对 γ′相形貌进行观察，利用扫描显微镜对断裂样品的断口形貌进行观察，利用 FEI Tecnai F20 型透射电子显微镜观察蠕变断口附近位错形貌。

2　试验结果及分析

2.1　热处理后合金组织

经过热处理之后合金以等轴晶为主，晶粒尺寸为 5.32μm（图 1（a）），块状的一次 γ′相钉扎在晶界，平均直径为 1.85μm，面积分数为 10.63%（图 1（b）），一次 γ′相主要控制晶粒的大小。晶内分布着大量细小的二次 γ′相，平均直径为 19.55nm，面积分数为 59.45%（图 1（c）），细小的二次 γ′相是合金中主要的强化相。

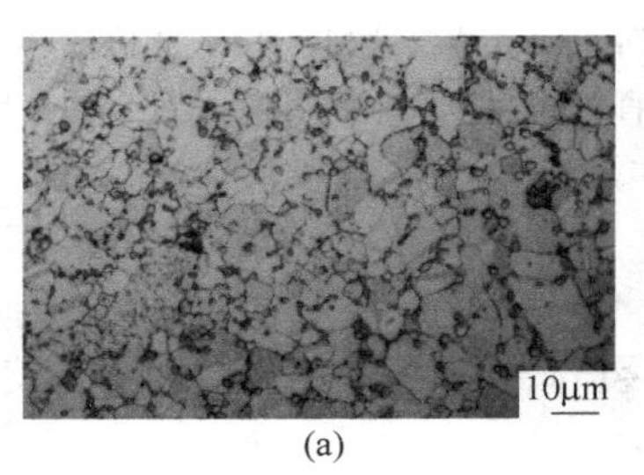

(a)

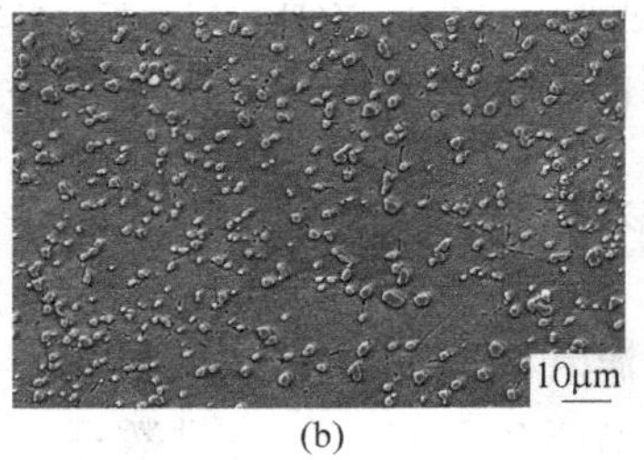

(b)

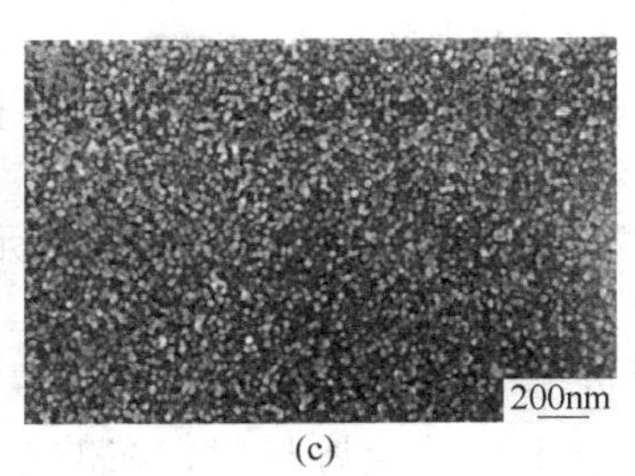

(c)

图 1　GH4065 合金热处理后晶粒组织和 γ′组织形貌

2.2　蠕变性能

GH4065 合金的蠕变曲线如图 2 所示，蠕变曲线分为三个阶段，分别为初期蠕变、稳态蠕变和加速蠕变阶段。其中初期蠕变时间最短，在三个测试温度下初期蠕变阶段差别较小，且时间均小于 2h，之后由于加工硬化和回复软化相互作用，导致蠕变速率基本维持在一定水平保持不变，加速蠕变阶段蠕变速率迅速增加。GH4065 合金的蠕变性能表现出较强的温度和应力的相关性。在同一温度下，GH4065 合金的蠕变寿命随着应力的增加而缩短，在 650℃/850MPa 下蠕变持续时间达到了 1112.58h，当应力增加 50MPa 时，蠕变寿命下降到 954.83h，降幅为 14%；在同一应力下，随着温度的升高，蠕变寿命也随之降低，应力为 850MPa 时，蠕变寿命由 650℃ 时的 1112.58h 降低为 680℃ 时的 201.67h，测试温度增加 30℃ 导致蠕变寿命下降 81.87%，由此可见，GH4065 合金的蠕变性能对蠕变温度更为敏感。

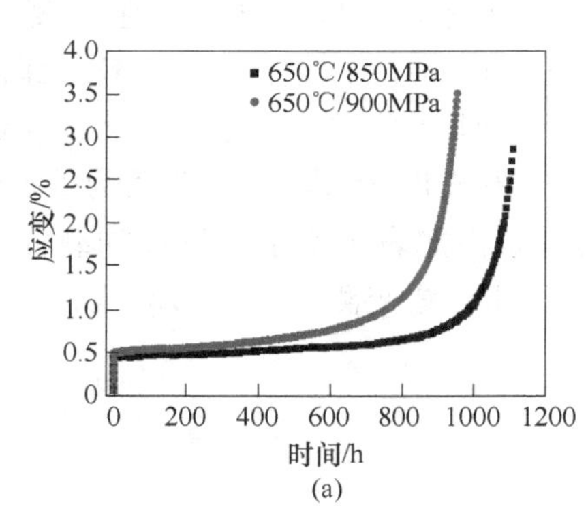

(a)

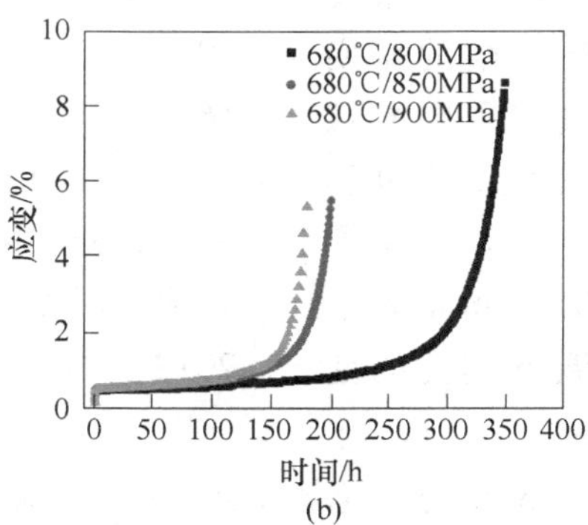

(b)

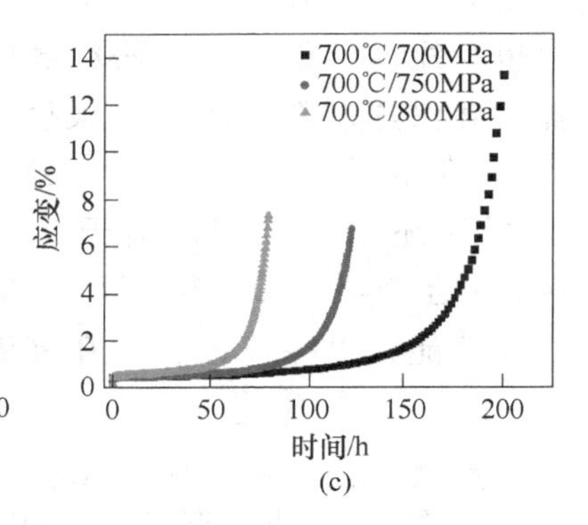

(c)

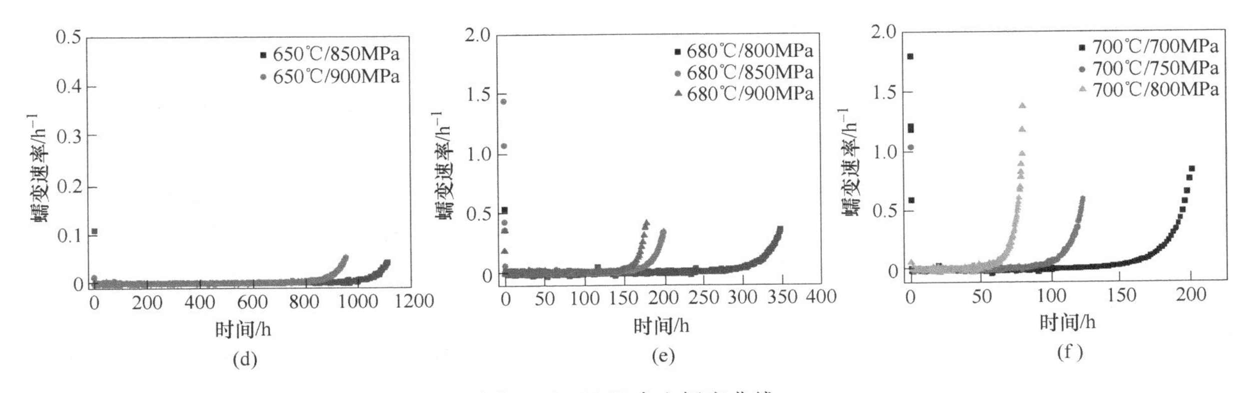

图 2 GH4065 合金蠕变曲线

(a), (d) 650℃; (b), (e) 680℃; (c), (f) 700℃

2.3 蠕变变形机制

对断裂后试样的变形机制进行分析如图 3 所示，GH4065 合金在 650℃/850MPa 下合金以层错为主要变形机制，从图 3（a）中可以看到大量互相平行的层错贯穿整个晶粒，层错同时切过基体 γ 和 γ′相。当应力增加到 900MPa 时蠕变机制变成孪晶为主导（图 3（b）），合金内产生大量孪晶。当温度升高到 680℃时，在应力为 800MPa 时，在合金中发现了大量互相平行的孪晶，同时在孪晶周围还存在高密度的位错。在 680℃/850MPa、680℃/900MPa 以及 700℃/700MPa 的测试条件下均是以孪晶为主导的变形机制。在 700℃/750MPa 和 700℃/800MPa 时，除了孪晶还发现了大量的位错环，如图 3（g）和（h）中白色箭头所示。位错在较软的基体中产生，之后位错在基体中滑移，在 γ/γ′界面，位错运动受阻，随着应变的增加，位错以绕过 γ′相的方式通过 γ′相，形成位错环。

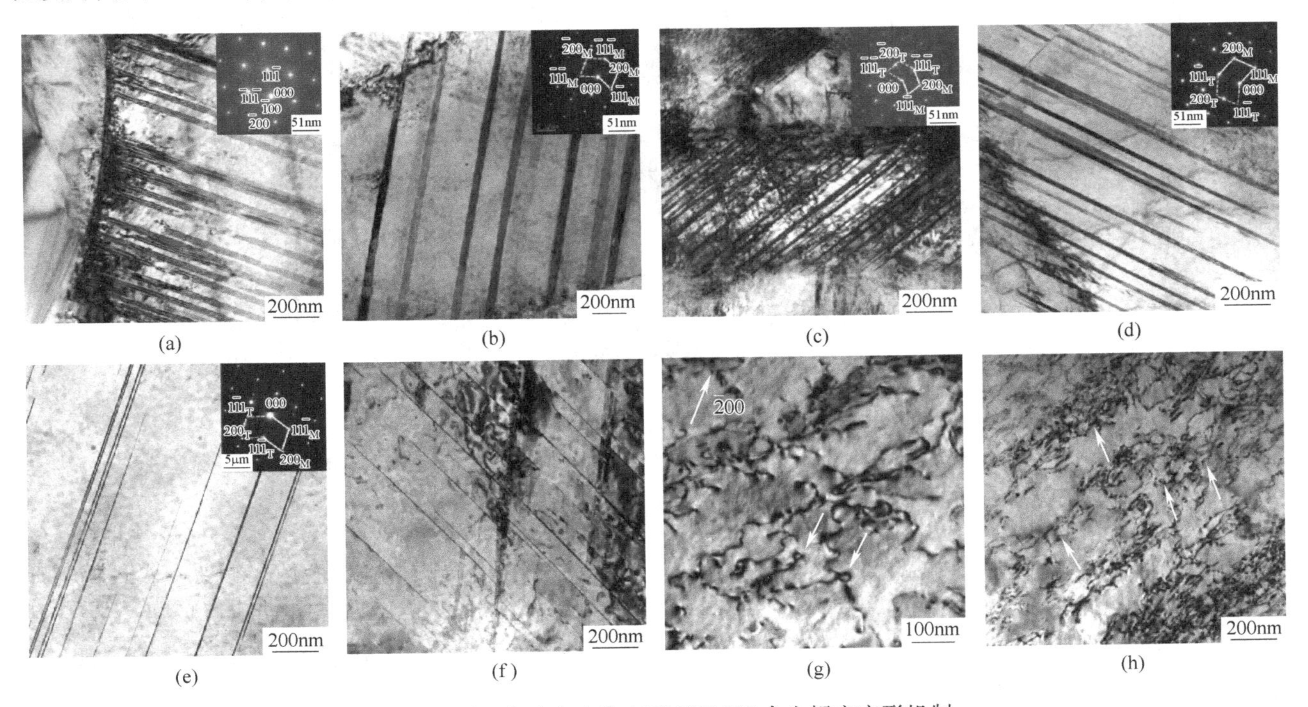

图 3 不同温度及应力状态下 GH4065 合金蠕变变形机制

(a) 650℃/850MPa; (b) 650℃/900MPa; (c) 680℃/800MPa; (d) 680℃/850MPa; (e) 680℃/900MPa; (f) 700℃/700MPa; (g) 700℃/750MPa; (h) 700℃/800MPa

相比于位错环，层错所需临界剪切应力小，因此层错更容易产生[9]。同时，层错可作为孪晶的形核中心[10]，这也是在样品中可以看到大量孪晶的原因。当蠕变温度升高时，合金中的各种变形机制更容易开动，所以在700℃合金中位错环的数量逐渐增多。稳态蠕变速率与温度和应力之间的关系可以用下式进行描述：

$$\varepsilon_{m} = A(\sigma - \sigma_{p})^{n}\exp\left(-\frac{Q}{kT}\right) \quad (1)$$

式中，ε_{m} 为最小蠕变速率；A 为常数；σ 为蠕变应力；n 为应力指数；Q 为蠕变激活能；k 为玻耳兹曼常数；T 为蠕变温度；σ_{p} 为与合金组织有关的蠕变阻力。从式（1）可以看出，升高温度加速了蠕变速率，降低了蠕变寿命。

2.4 蠕变断口形貌

对断裂样品的断口进行观察如图4所示，断口均分为裂纹源、扩展区和剪切唇三个部分，不同温度和应力下断口宏观形貌并没有明显差异，断口没有明显的缩颈现象。在裂纹源处，断口呈现冰糖状，同时可以看到一些大尺寸的二次裂纹沿晶界扩展。在扩展区存在大量的韧窝，碳化物处存在二次裂纹，并且可以看到在扩展区存在微孔，微孔聚集是一种重要的断裂机制。

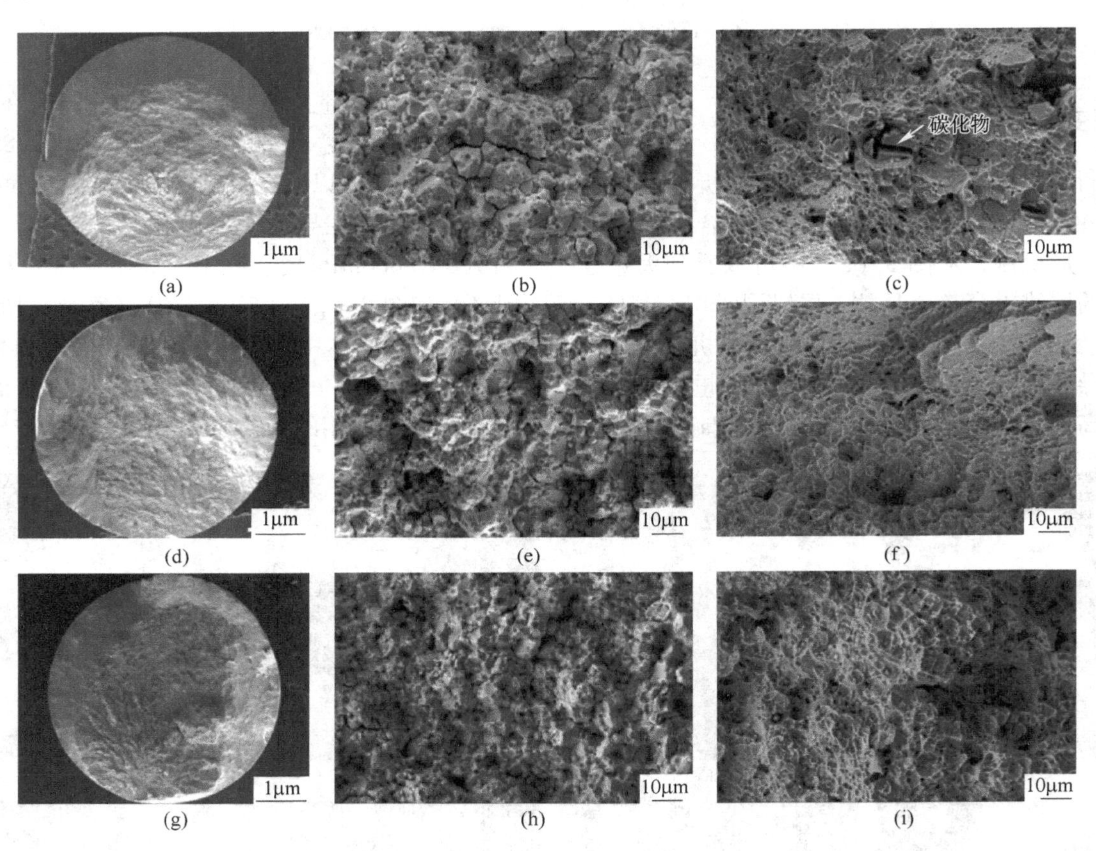

图4 GH4065合金在不同温度和应力下蠕变测试断口形貌

(a)~(c) 650℃/850MPa；(d)~(f) 680℃/800MPa；(g)~(i) 700℃/700MPa

3 结论

（1）GH4065合金具有优异的高温蠕变性能，蠕变温度和应力对合金的蠕变性能具有显著的影响，蠕变寿命随着蠕变温度和应力的提高而缩短，其中在650℃/850MPa时蠕变持续时间为1112.58h，在700℃/800MPa时蠕变寿命为79.58h。

（2）在蠕变温度和应力较低时，合金以层错和孪晶变形机制为主导，在较高的蠕变温度时，多种变形机制被激活，合金中位错环数量增多。

（3）在高温下，蠕变孔洞在晶界、γ′相与基体以及碳化物与基体界面处萌生，蠕变孔洞聚集扩展成为裂纹源，是引起合金断裂的主要因素。

参考文献

[1] Pollock T M, Tin S. Nickel-based superalloys for advanced turbine engines: Chemistry, microstructure, and properties [J]. Journal of Propulsion and Power, 2006, 22: 361~374.

[2] Osada T, Nagashima N, Gu Y F, et al. Factors contributing to the strength of a polycrystalline nickel-cobalt base superalloy [J]. Scripta Materialia, 2011, 64: 892~895.

[3] Yin B, Xie G, Jiang X W, et al. Microstructural Instability of an Experimental Nickel-Based Single-Crystal Superalloy [J]. Acta Metallurgica Sinica (English Latters), 2020, 33: 1433~1441.

[4] Christofidou K A, Hardy M C, Li H Y, et al. On the Effect of Nb on the Microstructure and Properties of Next Generation Polycrystalline Powder Metallurgy Ni-Based Superalloys [J]. Metallurgical and Materials Transactions A, 2018, 49A: 3896~3907.

[5] Lv S M, Jia C L, He X B, et al. Effect of Preannealing on Microstructural Evolution and Tensile Properties of a Novel Nickel-Based Superalloy [J]. Advanced Engineering Materials, 2020 22 (6): 2000134.

[6] Lv S M, Jia C L, He X B, et al. Hot Deformation Characteristics and Dynamic Recrystallization Mechanisms of a Novel Nickel-Based Superalloy [J]. Advanced Engineering Materials, 2020 22 (12): 2000622.

[7] Wisniewski A, Beddoes J. Influence of grain-boundary morphology on creep of a wrought Ni-base superalloy [J]. Materials Science and Engineering A, 2009, 510~511: 266~272.

[8] Xu L, Sun C Q, Cui C Y, et al. Effects of microstructure on the creep properties of a new Ni-Co base superalloy [J]. Materials Science and Engineering A, 2016, 678 (15): 110~115.

[9] Liu F, Wang Z X, Tan L M, et al. Creep behaviors of fine-grained Ni-base powder metallurgy superalloys at elevated temperatures [J]. Journal of Alloys and Compounds, 2021 867 (25): 158865.

[10] Liu X D, Fan J K, Cao K, et al. Creep anisotropy behavior, deformation mechanism, and its efficient suppression method in Inconel 625 superalloy [J]. Journal of Materials Science & Technology, 2023, 133: 58~76.

固溶温度对小规格 GH4169 合金热轧棒材组织和性能的影响

侯少林*，于腾，李凤艳，杨玉军，丑英玉，
王骁楠，齐超，李如，刘春宇，王宇

（抚顺特殊钢股份有限公司技术中心，辽宁 抚顺，113001）

摘　要：主要研究在 960~1120℃温度区间，采用不同温度固溶处理对小规格 GH4169 合金热轧棒材微观组织、室温力学性能和高温力学性能的影响规律。研究结果表明：1000℃×1h 固溶处理时，短棒状 δ 相（Ni_3Nb）优先在交界处溶解断开成呈链状，晶界 δ 相对晶粒长大的抑制作用减弱，晶粒由原始的 5.46μm 长大到 28.53μm，继续提高固溶温度，基体中 δ 相含量将大量减少直至完全溶解。在 960~1120℃温度区间固溶处理，固溶态和固溶+时效态的室温硬度均随固溶温度升高逐渐降低，但 980℃固溶处理硬度值最高为 HBW 448；室温拉伸强度和 650℃高温拉伸强度随固溶温度升高逐渐降低，室温拉伸塑性逐渐提高。

关键词：GH4169 合金；固溶；拉伸强度；硬度

时效沉淀强化型 GH4169 高温合金具备高温强度；良好的抗氧化性和抗腐蚀性能；优异的抗疲劳性能、断裂韧性、良好的弹塑性等综合性能。使用温度不高于 650℃可以长期稳定工作的高温合金，并且具有良好的冷热加工性能被加工成各种复杂零件，广泛应用在航空航天、核电、石油石化领域的关键结构部件[1~3]。GH4169 合金由基体 γ(Ni-Fe-Cr)、亚稳态辅助强化相 γ'-$Ni_3(AlTiNb)$、主要强化相 $\gamma''(Ni_3Nb)$、稳定强化相 $\delta(Ni_3Nb)$ 及碳氮化物构成[4]。δ 相含量、形貌和分布对合金性能有重要影响，晶界析出适量的 δ 相可以控制热加工过程中晶界迁移，起到抑制晶粒长大的钉扎作用，以获得细晶组织的材料。合金经锻制、轧制变形及其后续热处理工艺参数对 δ 相的控制同样至关重要，工艺控制不当，将造成材料基体组织粗大，强化相析出数量、分布及形貌得不到最佳匹配，影响材料使用强度和高温缺口敏感性等力学性能。本文主要对不同热处理工艺的显微组织、δ 相的形貌及分布的研究，研究不同热处理工艺对合金的晶粒度及不同组织状态下力学性能的变化趋势。

1　试样制备及试验方法

试验 GH4169 合金 φ20mm 热轧棒材的冶炼工艺为：真空感应冶炼（φ340mm 电极）+真空自耗重熔（φ406mm 自耗锭），其化学成分见表 1。自耗锭经均匀化扩散退火，钢锭再加热至 1100℃，经快锻机+径锻机联合锻制成 φ120mm 中间棒坯，中间棒坯再加热至 1130℃，采用半连续式轧机轧制成 φ20mm 棒材，开轧温度为 1080℃，终轧测温 970℃空冷至室温温度，原始晶粒为 10 级。在 φ20mm 棒材上切取试样进行相关试验研究。试验内容为：切取 φ20mm×20mm 金相试样、φ20mm×10mm 硬度试样、φ20mm×70mm 力学性能试样，试样经 960℃、980℃、1000℃、1020℃、1040℃、1060℃、1080℃、1100℃、1120℃温度下各保温 1h 固溶处理，再经 HB 6702—93 标准中常用的 720℃×8h 以 50℃/h 炉冷到 620℃×8h（标准时效制度），空冷进行时效处理。金相试样经砂纸磨光后抛光，用含有 2%的硫酸铜腐蚀液腐蚀 10min，采用 LEICA DMi8 型光学显微镜观察不同热处理制度下微观组织变化。硬度试样经砂纸磨光后抛光，用 UH3001 型布氏硬度仪器，采用 HBW 5mm/750 压头标定不同热处理工艺下的布氏硬度，每个硬度试样取 6 个点，去除第一点余 5 点取平均值。室温拉伸试验、650℃拉伸试验和持久试验均加工成 φ5mm 标距为 25mm 标准试样，用 GWLSQ-150 型号拉伸试验机标定室温拉伸性能（执行标准

* 作者：侯少林，工程师，联系电话：13842308603，E-mail：512002423@qq.com

GB/T 228.1—2010）和 650℃高温拉伸性能（执行标准 GB/T 4338—2006）性能结果。

表 1 GH4169 合金的化学成分

（质量分数,%）

钢种	C	Cr	Mo	Ti	Al	Ni	Nb	B
GH4169	0.02~0.08	18.0~21.0	2.8~3.3	0.75~1.15	0.3~0.7	50.0~55.0	4.75~5.50	≤0.006

2 试验结果与分析讨论

图 1（a）~（d）分别为 ϕ20mm 热轧棒高倍试样经 980℃×1h（图 1（a））、1000℃×1h（图 1（b））、1020℃×1h（图 1（c））、1060℃×1h（图 1（d））固溶+标准时效处理，在 1000 倍下的微观组织形貌。图 1（a）试样经 980℃固溶时效处理的晶粒组织细小均匀，短棒状和颗粒状 δ 相沿晶界处均匀析出。图 1（b）试样经 1000℃固溶时效处理后短棒状 δ 相已大量溶解于基体，导致 δ 相对晶界钉扎的作用减弱，晶界迁移晶粒长大，晶内同时存在贯穿整个晶粒的孪晶面，1000℃为 δ 相的临界溶解温度[5]，但 1h 保温时间较短，部分晶界 δ 相溶解不完全，晶界迁移的速度较慢，此时晶粒的晶界边缘呈现不规则的锯齿状。图 1（c）试样经 1020℃固溶时效处理，晶界 δ 相已充分溶解，晶界迁移速度加快，晶粒在很短时间长大成等轴晶粒，但在晶粒内部，仍旧可见由未完全溶解的颗粒状 δ 相描绘出的原始晶粒形貌。固溶温度提高至 1060℃时，见图 1（d），晶界短棒状和颗粒状 δ 相已完全溶解于基体，晶粒迅速长大。

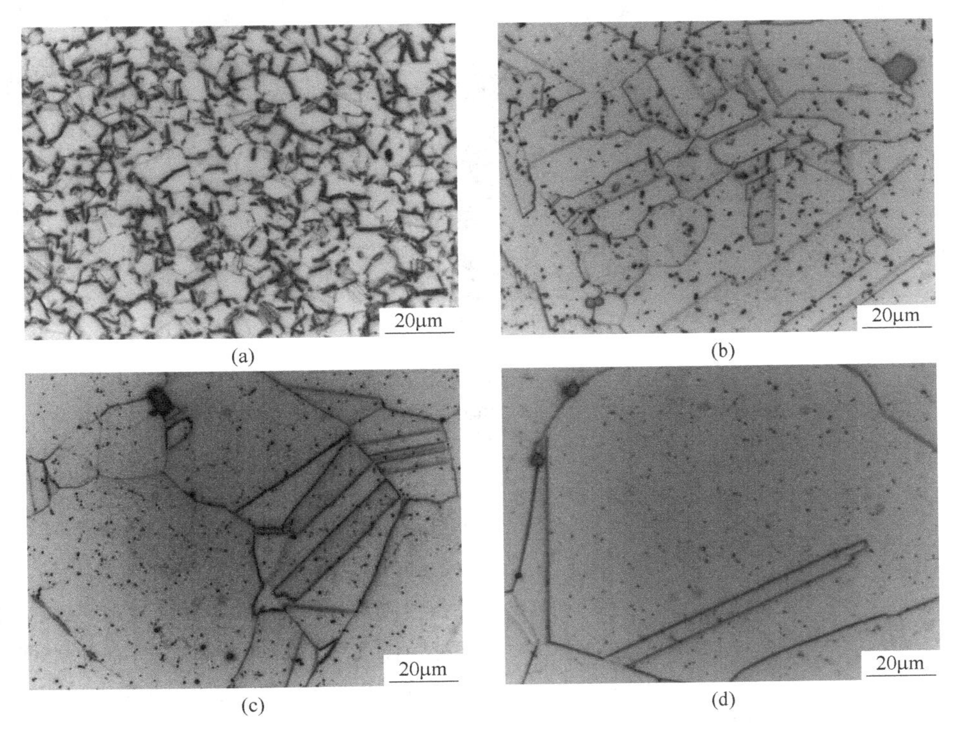

图 1 不同固溶温度 δ 相的组织形貌

（a）980℃；（b）1000℃；（c）1020℃；（d）1060℃

2.1 不同固溶温度下微观组织演变

图 2 为 960~1120℃温度区间，每间隔 20℃固溶+720℃×8h 以 50℃/h 炉冷至 620℃×8h，空冷时效处理的微观组织形貌。由图 1 可知，固溶温度对小圆热轧材显微组织有明显影响。从图 3 可见，固溶温度不高于 980℃时，奥氏体基体晶粒基本无变化，960℃固溶处理平均晶粒尺寸为 5.46μm，980℃固溶处理平均晶粒尺寸为 5.64μm。在 1000℃固溶处理时，固溶温度已高于 δ 相溶解温度，此时 1000℃为 δ 相开始溶解的临界温度，保温 1h 时间较短，晶界阻碍晶粒长大的析出相减少，奥氏体基体晶粒开始长大。固溶温度高于 1020℃，随着固溶温度升高 δ 相溶解速率明显加

快，晶界 δ 相含量下降趋势明显，由图 2 可见，相同保温 1h 情况下，固溶温度升高后晶粒尺寸由 960℃的 5.46μm 长大至 1120℃的 236.34μm，晶粒尺寸提高了 43.28 倍。

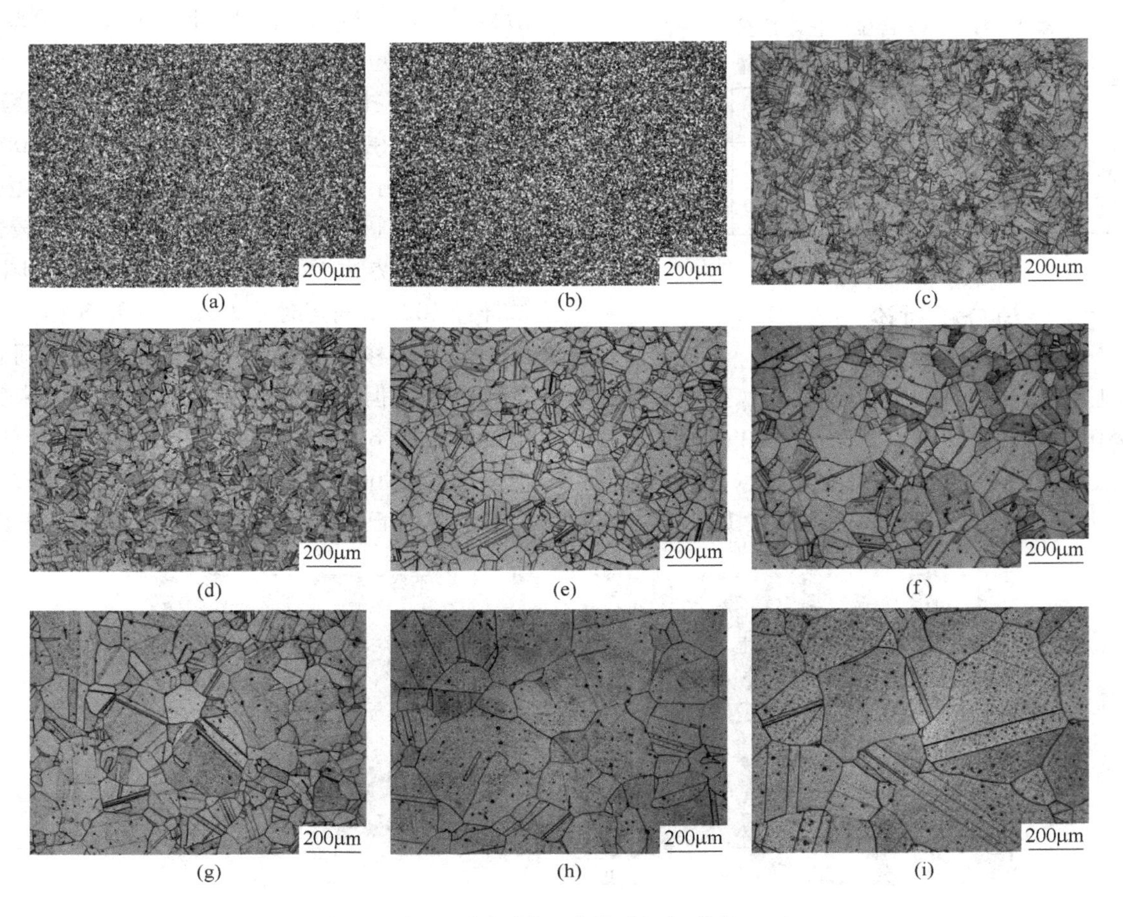

图 2　不同固溶温度微观组织形貌

(a) 960℃；(b) 980℃；(c) 1000℃；(d) 1020℃；(e) 1040℃；(f) 1060℃；(g) 1080℃；(h) 1100℃；(i) 1120℃

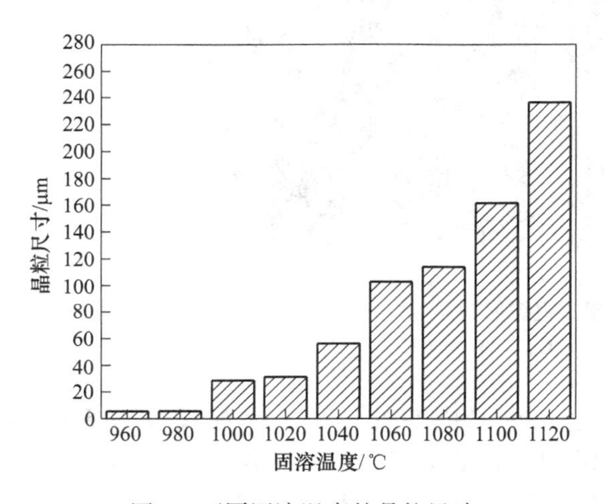

图 3　不同固溶温度的晶粒尺寸

2.2　不同固溶温度对室温硬度的影响

图 4 为不同固溶温度 GH4169 合金的硬度变化曲线趋势图，可以看出，固溶温度对合金固溶态室温硬度和固溶+时效态室温硬度均有明显影响。固溶温度不高于 980℃，固溶态硬度和固溶+时效态的硬度变化不明显，固溶温度高于 980℃，固溶态硬度和固溶+时效态硬度随温度升高逐渐降低。对照图 1（b）经 1000℃固溶处理时，晶界处 δ 相大量溶解于基体，此时硬度由 247HB 大幅度降低至 185HB。只经固溶处理试样基体中的 γ′、γ″强化相的含量大幅度减少，随固溶温度升高 δ 相大量回溶，两方面因素导致硬度值降低。据文献资料介绍：γ″强化相的析出的温度为 595～870℃，峰值析出温度为 732～760℃，溶解温度为 870～930℃[5]。固溶试样经第一段 720℃×8h 时效处理，奥氏体基体中析出大量 γ″强化相，使得硬度大幅度提高，再经 620℃×8h 第二段时效处理时，由于第一段时效析出大量 γ″相消耗基体中过多的强化元素，导致硬度提高幅度较小。

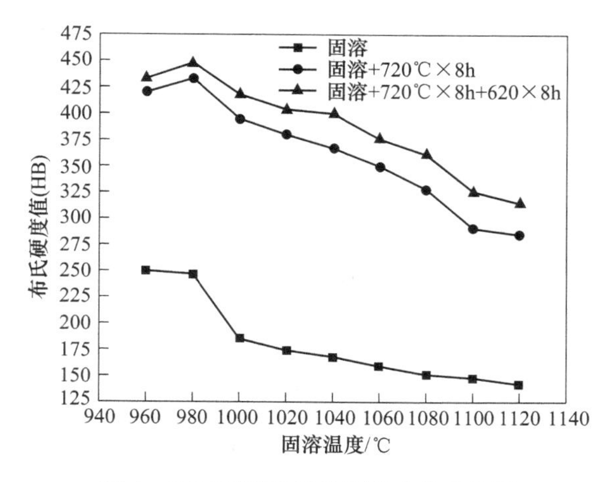

图 4 不同固溶温度的硬度变化趋势图

2.3 不同固溶温度对性能的影响

从图 5 不同固溶温度对 GH4169 合金室温拉伸强度及 650℃拉伸强度影响的趋势图可见，室温拉伸的屈服强度和抗拉强度随固溶温度升高先提高后逐渐降低，1000℃固溶为室温拉伸强度的峰值，此时屈服强度为 1336MPa，抗拉强度为 1504MPa，屈强比为 0.89。650℃拉伸屈服强度与抗拉强度随固溶温度升高有同样的变化趋势，650℃拉伸强度随固溶温度升高先提高后逐渐降低，1000℃固溶为 650℃ 拉伸强度的峰值，此时屈服强度为 1066MPa，抗拉强度为 1220MPa，屈强比为 0.87。从图 6 固溶温度对室温拉伸塑性影响显著，材料在室温单轴向拉伸应变过程中，主要机制为位错的滑移，位错数量随着变形量增加不断增殖，结合图 1 分析，固溶温度高于 980℃时，随固溶温度升高基体中 δ 相开始逐渐溶解，短棒状 δ 相熔断成颗粒状，基体中 δ 相的总含量逐渐减少，最后

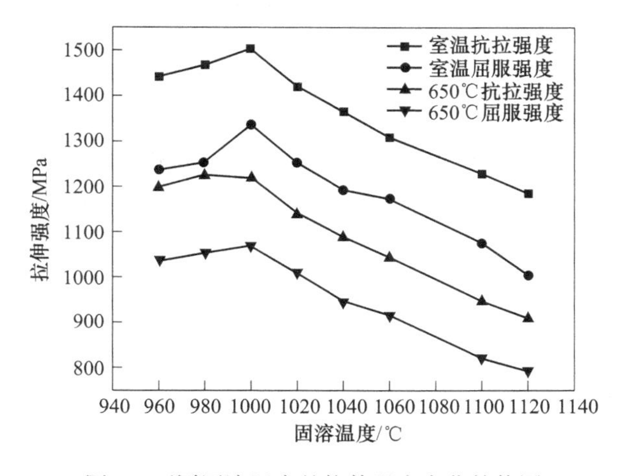

图 5 不同固溶温度的拉伸强度变化趋势图

完全溶解，位错滑移阻力逐渐减小，位错滑移更容易切过球状 δ 相或更小尺寸析出相，表现出室温拉伸塑性逐渐提高。

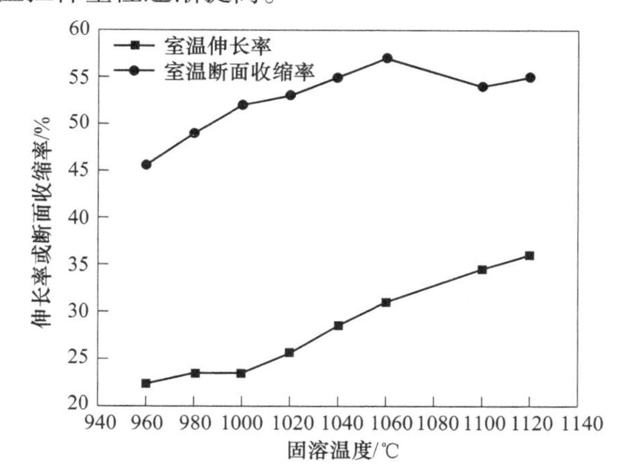

图 6 不同固溶温度的室温拉伸塑性变化趋势图

2.4 分析与讨论

据有关文献介绍，δ 相的析出温度为 780~980℃，温度高于 980℃时开始溶解，完全溶解温度为 1038℃[6,7]。从图 1~图 3 固溶温度对合金晶粒尺寸的影响可以得出，温度高于 δ 相溶解温度下保温，温度越高 δ 相的溶解速率越快，晶内和晶界处 δ 相尺寸减小时对晶粒长大的抑制作用减弱[8]，晶粒尺寸随固溶温度升高快速增大。从图 1（b）可见，在 1000℃×1h 固溶处时，由于稍高于 δ 相 980℃固溶线温度，晶界上短棒状 δ 相沿长轴方向优先开始溶解断开，短棒状 δ 相沿长轴方向上存在较多曲率半径较小的自身缺陷[9]，自身缺陷处的溶解速率较高是短棒状 δ 相溶断成颗粒状的主要原因，1000 倍下呈现出由颗粒状 δ 相的链状组织，图 1（c）中依然可见由未完全溶解的链状 δ 相描绘出的原始细晶组织形貌。

图 4 结合图 2、图 3 可见，合金的固溶态室温硬度和固溶+时效态室温硬度均逐渐降低，固溶温度高于 980℃时，合金硬度的降幅和晶粒尺寸变化明显大于固溶温度小于 980℃时合金硬度的降幅和晶粒尺寸的增幅。根据细晶强化理论符合 Hall-Petch 关系[10]，在常温下的细晶粒金属组织比粗晶粒金属组织应该有更高的强度、硬度、塑性。图 1 可见 δ 相随固溶温度升高逐渐溶解，对晶界钉扎的抑制作用减弱，晶粒尺寸逐渐增大，导致合金的硬度降低。据文献资料介绍：γ″(Ni_3Nb) 强化相的析出的温度为 595~870℃，峰值析出温度为

732~760℃，溶解温度为 870~930℃[11]。GH4169 合金组织构成中 γ″(Ni_3Nb) 是其主要强化相，标准时效（720℃×8h 以 50℃/h 炉冷到 620℃×8h，空冷）制度中，第一段 720℃×8h 时效处理基体中析出大量 γ″相导致硬度大幅度提高，第二段 620℃×8h 时效处理为补充时效，基体中析出少量细小的亚稳态 γ′-Ni_3(AlTiNb) 相导致硬度稍加提高如图 4 所示。从图 5、图 6 可见，显微组织随固溶温度升高发生变化的同时，组织改变对金属材料的强度和塑性也产生影响。固溶温度不高于 1000℃时，随固溶温度增加少量 δ 相回溶于基体，回溶的 δ 相在第一段时效过程中以 γ″(Ni_3Nb) 强化相重新析出，使基体中 γ″(Ni_3Nb) 含量小幅度增加，拉伸强度随固溶温度升高稍有增加如图 5 所示。图 5 结合图 2 可见，温度在 1020℃以上高于 δ 相 980℃的初溶温度，晶内和晶界处的 δ 相随固溶温度升高回溶数量大幅度提高，晶界 δ 相数量大幅度减少对晶粒长大抑制作用急剧降低，晶粒尺寸快速长大，晶粒尺寸增加导致晶界面积减少，晶粒粗化后晶界处的碳氮化物和 δ 相对位错滑移阻力减弱，拉伸强度随固溶温度升高而逐渐降低。晶内和晶界处 δ 相大量回溶使位错滑移过程中的阻力减小，位错在晶界和晶内滑移更容易协调变形，室温拉伸塑性随固溶温度升高逐渐提高。

3 结论

（1）在 1000℃×1h 固溶处理时，短棒状 δ 相（Ni_3Nb）优先在交界处溶解断开成呈链状分布，晶界处 δ 相对晶粒长大的抑制作用减弱，晶粒由原始的 5.46μm 长大到 28.53μm，晶粒尺寸增大 5.22 倍，随着固溶处理温度继续提高，基体中 δ 相含量大量减少直至完全溶解，晶粒快速长大。

（2）在 960~1120℃温度区间固溶处理，固溶温度对 GH4169 合金室温硬度影响显著，固溶态和固溶+时效态室温硬度均随固溶温度升高逐渐降低，但 980℃ 固溶处理时硬度出现峰值为 448HBW。720℃×8h 时效处理基体中析出大量 γ″相，硬度大幅度提高，而 620℃×8h 低温时效处理起到补充时效硬化的作用。

（3）GH4169 合金室温拉伸强度和 650℃拉伸强度与固溶温度存在线性关系，室温拉伸的屈服强度和抗拉强度均随固溶温度升高逐渐降低，室温拉伸的塑性随固溶温度升高逐渐提高；650℃拉伸的屈服强度和抗拉强度同样随固溶温度升高逐渐降低。

参考文献

[1] 黄乾尧，李汉康．高温合金［M］. 北京：机械工业出版社，2000.

[2] 杜金辉，吕旭东，邓群，等．GH4169 合金研制进展［J］. 中国材料进展，2012，31（12）：12~15.

[3] 张尊礼，史凤岭，张凡云，等．热处理制度对 GH4169 冷轧叶片组织性能的影响［J］. 材料科学与工艺，2013，21（4）：26~31.

[4] Desvallées Y，Bouzidi M，Boi F，et al. Superalloys718，625，706 and Various erivatives［C］. Warrendale，PA：TMS，1994：281.

[5] 王岩，林琳，邵文柱，等．固溶处理对 GH4169 合金组织与性能的影响［J］. 材料热处理学报，2007，26.

[6] 杨超．GH4169 合金 δ 相析出溶解及高温变形行为研究［D］. 哈尔滨：哈尔滨工业大学，2007.

[7] 蔡大勇，张伟红，刘文昌，等．Inconel 718 合金 δ 相的溶解动力学［J］. 中国有色金属学报，2006，16（8）：1349~1354.

[8] Zhang J M，Gao Z Y，Zhuang J Y，et al. Modeling of grain size in superalloy IN718 during hot deformation［J］. Journal of Materials Processing Technology，1999，88（1~3）：244~250.

[9] Cai D Y，Zhang W H，Nie P L，et al. Dissolution kinetics and behavior of δ phase in Inconel718［J］. Transactions of Nonferrous Metals Society of China，2003，13（6）：1338~1341.

[10] 毛卫民，赵新兵．金属的再结晶与晶粒长大［M］. 北京：冶金工业出版社，1994.

[11] 王岩，林琳，邵文柱，等．固溶处理对 GH4169 合金组织与性能的影响［J］. 材料热处理学报，2007，28（增刊）：176~179.

高温合金中钛元素分析准确性研究

瞿晓刚*

（抚顺特殊钢股份有限公司中心试验室，辽宁 抚顺，113000）

摘 要：传统的化学分析方法为二安替比林甲烷光度法测定钛，利用化学反应和它的计量关系来确定被测组分含量的分析方法，分析结果准确。在标准样品定值分析及关键性样品校对分析的需要使用传统化学分析方法，但检测范围不能满足需求，建立了企业内部分析方法以满足需求。此分析方法检测范围0.01%～5.00%，分析范围广泛，方法易于操作，分析结果准确。

关键词：高温合金；钛；二安替比林甲烷光度法

1 背景

高温合金中钛元素的分析方法包括传统的化学分析方法和ICP-AES法测定钛。ICP-AES法有HB 20241.7—2016（检测上限7.50%）和ASTME 2594—2020（检测上限6.00%）。传统的化学分析方法为二安替比林甲烷光度法测定钛，现有GB/T 223.17—89（检测上限2.40%）和HB 5220.18—2008（检测上限3.00%），传统的化学分析方法是利用化学反应和它的计量关系来确定被测组分和含量的分析方法，分析结果准确。在标准样品定值分析及关键性样品校对分析的需要使用传统化学分析方法，但检测范围不能满足需求，建立了此分析方法以满足需求。通过此研究对此分析方法的准确性、重现性和再现性进行了确定，保证分析过程准确可控。试样经硫酸溶解后，在盐酸介质中钛与二安替比林甲烷（DAPM）显色剂生成黄色配合物，适宜波长测定。三价铁、钨、铌等共存元素均有干扰，但加抗坏血酸后，铁还原成二价不影响测定。铌、钽、钨用柠檬酸铵或草酸铵络合而消除影响，钽和铌量大于1.5mg时，在工作曲线中加入相同钽铌量以抵消干扰。钛浓度在很大范围内都遵从朗伯比耳定律，而且二安替比林甲烷方法具有选择性高，操作简便的特点，适用于各种钢中钛的测定。

2 实验部分

选择了4个水平的标准样品（含量大于2.40%），由10人共同试验结果，对分析方法的准确性、重现性和再现性进行了全面分析研究。使用二安替比林甲烷光度法测定钛，分析天平为日本岛津（AUW120D），分光光度计为上海元析（722），所用仪器及器皿均经检定合格。分析过程中满足GB/T 7729—2021要求，数字修约按GB/T 8170执行。使用格拉布斯（Grubbs）法进行异常值检验，确定分析方法的准确性，最终确定各含量范围的重现性和再现性。

2.1 仪器

（1）分析天平（感量0.01mg），AUW120D；

（2）分光光度计，722；

（3）烧杯，150mL、250mL；

（4）容量瓶，容积50mL、100mL、200mL；

（5）移液管，容积5mL、10mL。

2.2 试剂

除非另有说明，在分析过程中应使用确认为优级纯的试剂和二次蒸馏水或相当纯度的水。试验中所需要的标准溶液使用国家标准物质（标准溶液）。

（1）高纯铁，纯度99.99%；

*作者：瞿晓刚，高级工程师，联系电话：13364230668

（2）纯镍，纯度 99.99%；

（3）盐酸，ρ 约 1.19g/mL；

（4）硝酸，ρ 约 1.42g/mL；

（5）硫酸，ρ 约 1.84g/mL，1+1；

（6）磷酸，ρ 约 1.69g/mL；

（7）Ti 标准溶液，1000μg/mL，500μg/mL，100μg/mL；

（8）硫磷混合酸：1+1；

（9）盐酸：ρ 约 1.19g/mL ，1+1；

（10）二安替比林甲烷溶液：50g/L，称 50g 二安替比林甲烷，溶解于含硫酸（试剂（5））50mL，盐酸（试剂（3））10mL，用水稀释至 100mL，摇匀；

（11）抗坏血酸：100g/L，现用现配；

（12）曲线底液：磷酸 5mL+硫酸（1+1）10mL，用水稀释至 100mL。

2.3 试料量及稀释体积

根据含量，按表 1 称取试料，精确至 0.0001g。

表 1 试料称量

含量/%	试料量/g	稀释体积/mL	分取体积/mL
0.01~0.10	0.50	100	10.00
>0.10~1.00	0.25	100	10.00
>1.00~3.00	0.10	100	5.00
>3.00~5.00	0.10	100	5.00

2.4 试液的制备

称取 0.10~0.50g（精确至 0.0001g）试料样品置于 150mL 锥形烧杯中，加入适宜比例的硝酸（试剂（4））和盐酸（试剂（3））混合酸 10~20mL，低温加热至样品全部溶解，取下，加入硫磷混酸（试剂（8））10mL，继续加热至冒烟硫磷烟，取下并滴加硝酸（试剂（4））约 5mL 破坏碳化物，反复进行 2~3 次，至碳化物破坏完全，继续加热至产生硫磷混酸烟 1~2min，取冷却至室温。加入蒸馏水 50mL，加热溶解盐类，取下冷却至室温。使用检定合格的 100mL 或 200mL 容量瓶，用蒸馏水稀释至 100mL 或 200mL，摇匀，备用[1]。

2.5 试液的显色

分取试液两份，分别放入 100mL 容量瓶中，一份显色溶液，一份空白溶液。

显色溶液：10%抗坏血酸液 10mL 放置 5min 后，加 1∶1 盐酸 10mL，5%二安替比林甲烷溶液 15mL，放置 30min 后用水稀至标线振匀。

空白溶液：除不加二安替比林甲烷溶液外其他均同显色溶液操作。

2.6 分析曲线的制作

移取于试样量体积相同的底液 6 份，置于 100mL 容量瓶中，依次加入 0.00mL，1.00mL，2.00mL，3.00mL，4.00mL，5.00mL，6.00mL 钛标准溶液（500μg/mL），以下按照 2.5 节进行操作，以不加钛及二安替比林甲烷溶液的那份溶液为参比，测量吸光度（工作曲线系列除零溶液外另不少于五点）。

2.7 分析结果计算

以吸光度为纵坐标，相应的钛量为横坐标，绘制成工作曲线，在曲线上查得结果，曲线线性应不小于 0.999。

2.8 分析数据处理

分析数据经正态性检测、异常值检测全部符合，均可参与计算。分析结果 RSD<3.00%，同时满足《高温合金化学成分光谱分析方法　第 7 部分：电感耦合等离子体原子发射光谱测定铝、钴、铜、铁、锰、钼、钛含量》（HB 20241.7—2016）允许误差要求，此方法重现性和再现性较好，见表 2 分析结果。

表 2 分析结果

编号	钢种	标准值/%	重现性/%	再现性/%	HB 20241.7—2016（ICP）允许差/%
A2-2	GH33	2.74	2.74、2.73、2.72、2.72、2.75、2.74、2.72、2.75、2.75、2.74	2.72、2.73、2.73、2.72、2.75、2.74、2.72、2.72、2.75、2.76	0.10
A26	GH141	3.30	3.31、3.29、3.27、3.27、3.30、3.31、3.30、3.28、3.28、3.32	3.31、3.29、3.27、3.27、3.30、3.34、3.34、3.28、3.28、3.30	0.15

续表 2

编号	钢种	标准值/%	重现性/%	再现性/%	HB 20241.7—2016（ICP）允许差/%
A37	GH118	3.94	3.95、3.95、3.90、3.94、3.92、3.93、3.90、3.90、3.90、3.90	3.96、3.94、3.93、3.92、3.92、3.93、3.89、3.88、3.89、3.88	0.15
A25	6号合金	4.38	4.32、4.33、4.35、4.37、4.35、4.33、4.36、4.37、4.38、4.41	4.35、4.36、4.38、4.41、4.35、4.42、4.43、4.35、4.41、4.39	0.20

3 结论

此方法检测上限可有由 2.40%拓展到 5.00%，更适用于高温合金中钛元素的检测。样品用适宜比例的盐酸硝酸混合酸溶解，或在 1.2~3.6mol/L 盐酸介质中，以抗坏血酸还原铁和钒，消除铁和钒的干扰，钨使用柠檬酸配合，钼使用标准加入法消除，钛与二安替比林甲烷生成黄色配合物，用适当波长处测定其吸光度，将样品中钛含量控制在 250μg/mL 以下，吸光度控制在 0.200~0.700 之间，重现性和再现性良好（见表 3），分析结果准确。

表 3 方法的重现性与再现性[2]

钛的质量分数/%	重现性/%	再现性/%
>2.40~3.00	0.04	0.05
>3.00~3.50	0.05	0.06
>3.50~4.00	0.06	0.08
>4.00~5.00	0.08	0.09

参考文献

[1] 冶金工业信息标准研究院．GB/T 1467 冶金产品化学分析方法标准的总则及一般规定［S］．北京：中国标准出版社，2008.

[2] 中国标准化研究院．GB/T 8170 数值修约规则与极限数值的表示和判定［S］．北京：中国标准出版社，2009.

径锻工艺对 GH1139 合金锻造棒材组织的影响

韩魁*，张鹏，王艾竹，才巨峰，王桐，佟峪

（抚顺特殊钢股份有限公司，辽宁 抚顺，113001）

摘　要：通过研究不同径锻工艺对 GH1139 合金锻造棒材最终组织的影响，筛选出 GH1139 合金最佳径锻机最佳生产工艺，实现了合金棒材组织均匀，消除超声波检测杂波的目的。

关键词：GH1139 合金；径锻工艺；组织

GH1139 合金是一种 Fe-Cr-Ni 基固溶强化型变形高温合金，合金中通过加入铬、氮和锰元素进行固溶强化和稳定奥氏体组织，添加少量的 B 强化晶界。该合金具有良好的抗氧化性能和热加工性，主要应用于化学、机器制造和其他一些工业部门[1,2]。受合金本身特性的影响，锻材的探伤杂波水平一直较高。本文通过对不同径锻工艺生产的 GH1139 合金棒材的组织分析，得出最佳的 GH1139 合金径锻生产工艺。

1　试验材料和方法

试验工艺路线为非真空感应炉浇注电极，电渣重熔成锭，经快锻机开坯，再经径锻机锻造成材。合金的化学成分如表 1 所示。

表 1　GH1139 合金化学成分

（质量分数，%）

元素	C	Mn	S	P	Cr	Ni	N	Fe
含量	0.066	6.34	0.001	0.009	24.68	15.86	0.373	余

试验所用钢锭是 GH1139 合金非真空感应炉浇注的电极，后经电渣炉重熔成电渣锭，经 3150t 快锻机和 1800t 径锻机联合生产 ϕ150mm 圆棒材。

径向锻造过程工艺参数多，若工艺参数设置不当，锻件会产生各种缺陷，如扭曲、表面凹凸不平、心部裂纹、超声波探伤检测杂波超标等。本文主要研究径向锻造压下量及加工道次对 GH1139 合金锻棒组织的影响。径锻加热温度 1130℃，制造方法如表 2 所示，分别在不同工艺下的 ϕ150mm 圆 GH1139 合金棒材的边缘、$R/2$ 处和中心切取 15mm × 15mm × 15mm 试样，采用 AXTOVERT 40 MAT 型光学显微镜分别观察锻后成品的边缘至心部的晶粒组织。

表 2　锻造工艺

锻造工艺	径锻道次	单道次最大变形量/%	总变形量/%
1	3	20	48.75
2	4	20	
3	5	20	
4	4	15	
5	4	25	
6	4	30	

2　试验结果与讨论

GH1139 合金受钢种特性影响，锻材超声波检测易杂波超标，杂波超标主要是大晶粒组织造成的。

径向锻造是专门加工实心长轴类零件或空心长轴类零件的边旋转边送进的锻造方法，其具有锻造效率高、变形温降小、锭料或坯料表面变形充分、可实现全截面细晶锻造等特点。但径向锻造中由于工件变形常集中于表层而不易深入心部，心部塑性变形程度的大小对开坯时心部锻实以及通过动态再结晶实现全截面细晶化有重要的意义。

2.1　热处理对晶粒度的影响

通过对 GH1139 合金进行热处理试验，观察固

*作者：韩魁，工程师，联系电话：15842332465，E-mail：274799834@qq.com

溶温度对晶粒度的影响。图 1 所示是棒材平均晶粒度随固溶温度的变化情况：900℃ 处理时，合金尚未再结晶；950℃ 处理时，合金开始再结晶；1000℃ 处理时，晶粒急剧长大；随着固溶温度的提高，晶粒一直长大。而动态再结晶温度受变形温度及变形速度等因素的影响，往往比静态再结晶温度低。

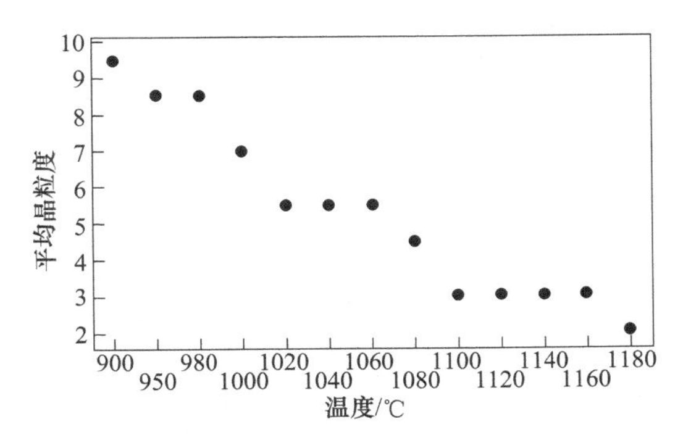

图 1 晶粒组织随固溶温度的变化

2.2 不同工艺的锻态晶粒组织情况对比

图 2~图 7 示出了不同工艺锻造的棒材纵向不同位置的晶粒组织。由图可以看出，工艺 1、2、4 生产的棒材纵向上边缘、R/2、中心组织较为均匀，晶粒度在 6 级左右。工艺 3 生产的棒材纵向上边缘、R/2 存在混晶组织，拉长晶粒明显，因为随着锻造的进行，料温逐渐降低，坯料变形抗力增大，边缘至 R/2 处晶粒的动态再结晶不充分，容易产生拉长晶。工艺 5、6 生产的棒材纵向中心存在混晶组织，因 GH1139 合金动态再结晶温度较低，锻造变形量较大，心部的变形热积聚，温度升高，而造成心部局部粗晶。

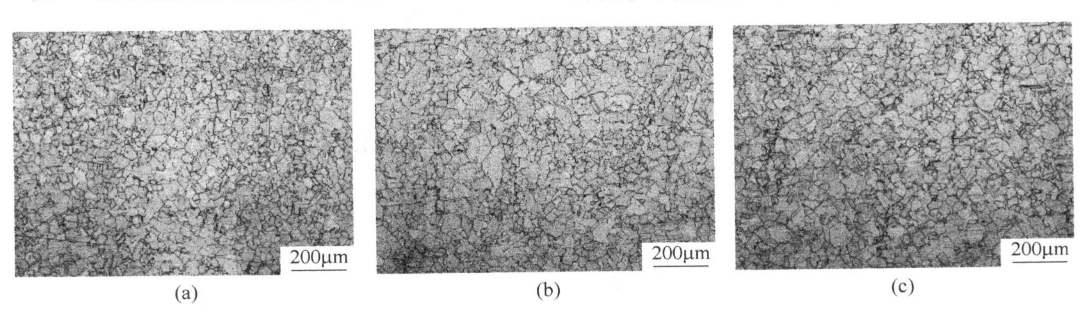

(a) (b) (c)

图 2 工艺（1）锻后材取锻态显微组织

（a）边缘；（b）R/2；（c）中心

(a) (b) (c)

图 3 工艺（2）锻后材取锻态显微组织

（a）边缘；（b）R/2；（c）中心

(a) (b) (c)

图 4 工艺（3）锻后材取锻态显微组织

（a）边缘；（b）R/2；（c）中心

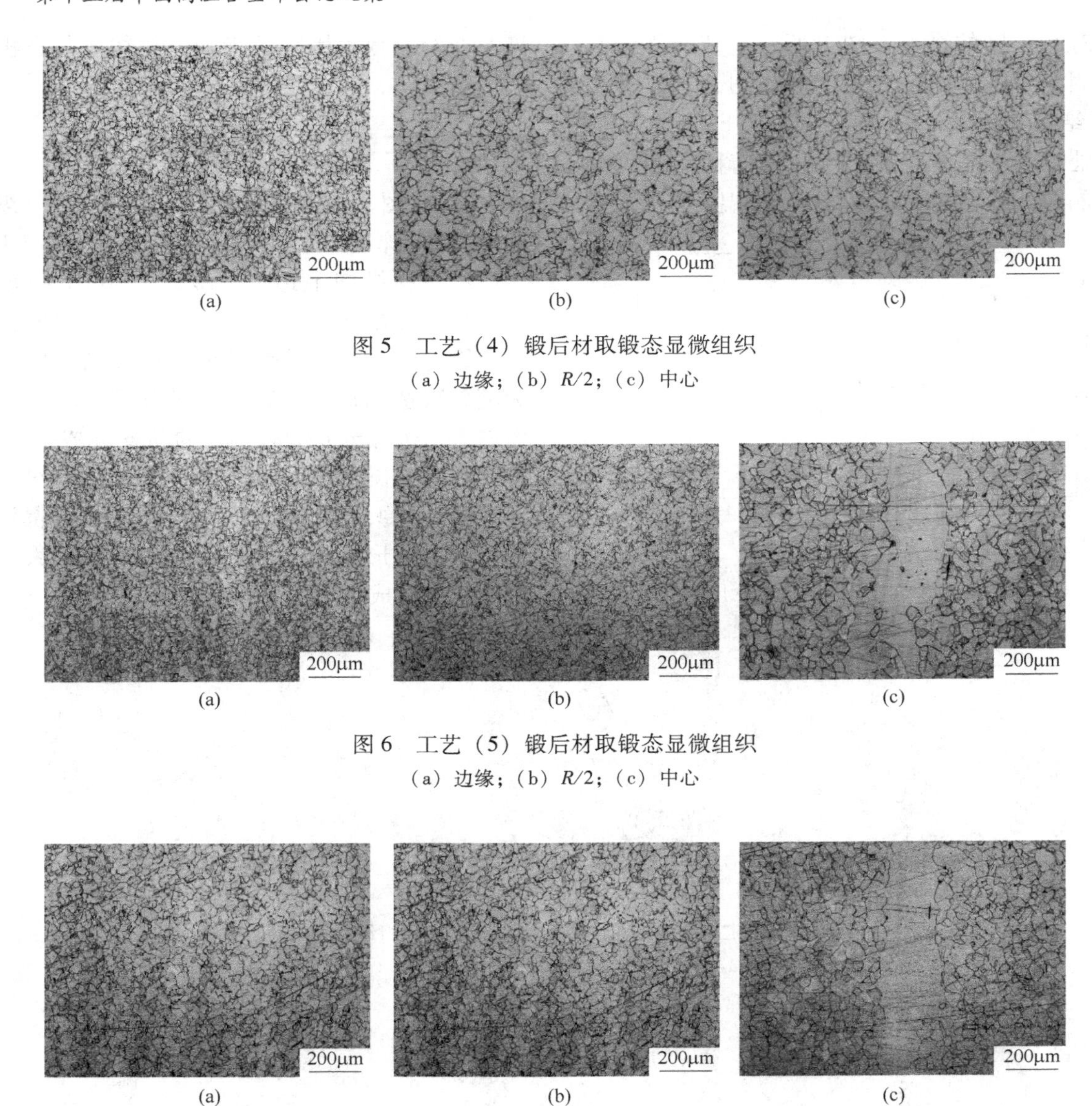

图 5　工艺（4）锻后材取锻态显微组织

（a）边缘；（b）$R/2$；（c）中心

图 6　工艺（5）锻后材取锻态显微组织

（a）边缘；（b）$R/2$；（c）中心

图 7　工艺（6）锻后材取锻态显微组织

（a）边缘；（b）$R/2$；（c）中心

3　结论

通过对 GH1139 合金径锻工艺参数 ϕ150mm 锻棒不同部位的微观组织影响的研究：径锻道次不超过 4，单道次最大变形量不超过 20%，可保证 GH1139 合金锻棒从边缘到中心的组织均匀。

参考文献

[1] 中国金属学会高温材料分会．中国高温合金手册（上卷）[M]．北京：中国标准出版社，2012：54.

[2] 张萩浪．ЭИ835 奥氏体热强钢电渣重熔的作用和效果 [J]．特钢技术，2018（4）：1~4.

GH4169合金动态再结晶对δ相断裂溶解行为的影响

温东旭[1,2]，颜佩智[1]，丁琦峰[1]，杨晓利[4]，徐福泽[5]，李建军[1,3]*

（1. 华中科技大学材料科学与工程学院材料成形与模具技术国家重点实验室，湖北 武汉，430074；
2. 绵阳大器科技有限公司，四川 绵阳，621000；
3. 湖北黄石模具产业技术研究院，湖北 黄石，435007；
4. 大冶特殊钢有限公司，湖北 黄石，435001；
5. 深圳市万泽中南研究院有限公司，广东 深圳，518000）

摘　要：通过热压缩实验和微观组织表征，研究了时效GH4169合金的微观组织演变和动态再结晶对δ相断裂溶解行为的影响。应变速率和应变显著影响动态再结晶行为，动态再结晶程度随着应变的增大或应变速率的减小而增大。动态再结晶促进了δ相的断裂行为，一方面，动态再结晶晶粒向断裂的δ相生长并挤压δ相，促进了δ相的断裂；另一方面，在高密度位错区转变为动态再结晶晶粒的过程中，δ相受到亚晶和动态再结晶晶粒旋转的扭转力，加速了δ相的断裂。δ相和基体的界面处的位错可以作为Nb原子的扩散通道，加速Nb原子的扩散，促进δ相的溶解。

关键词：GH4169合金；微观组织演变；δ相；断裂行为；溶解机制

GH4169合金由于其优异的高温强度和耐腐蚀性广泛地应用于航空和航天领域，主要用于制造航空发动机和涡轮盘的关键的热端零部件[1]。GH4169的主要强化包括γ′相（$Ni_3(Al,Ti)$）、γ″（Ni_3Nb）相和δ（Ni_3Nb）相。其中，δ相为平衡相，由亚稳态γ″相转化而来。在热变形过程中，第二相粒子的含量、形态和分布显著地影响镍基高温合金的流变行为和机械性能；同时，合金的热变形行为会对第二相粒子的析出、断裂和溶解等演变行为产生影响[2]。因此，深入地理解镍基高温合金的热变形行为与第二相粒子之间的交互作用对设计和优化镍基高温合金热成形工艺具有重要意义[3]。本研究对热压缩过程中GH4169合金的微观组织演变进行了表征，分析和讨论了动态再结晶对δ相的断裂行为的促进作用，并且研究了δ相的溶解行为。

1　实验材料及方法

实验用GH4169合金的化学成分如表1所示。采用电火花设备从锻态GH4169饼坯中切出直径为8mm、高度为12mm的圆柱形试样。首先，将试样在1050℃下固溶处理45min，以消除锻态混晶组织，获得均匀的初始组织。随后，将固溶处理后的试样在900℃下时效处理12h。试样固溶处理和时效处理完成后分别进行水淬冷却。在Gleeble-3500热模拟试验机上进行热压缩试验，变形温度为960℃，应变速率为0.001s^{-1}和1s^{-1}，应变为0.5和1。在进行热模拟压缩实验时，先将试样以10℃/s的升温速度加热至960℃，保温5min，确保试样温度分布均匀。热模拟压缩实验完成后，立即对试样进行水淬处理，以保留微观组织状态。热处理和热压缩的流程如图1所示。采用电火花设备沿着压缩轴将试样切开，对横截面进行研磨和机械抛光，采用饱和草酸溶液进行电解腐蚀，电压为10V，电流为1.5~3A，腐蚀时间为5~30s。使用KEYENCE VHX-1000C金相显微镜、FEI Quanta650扫描电镜和FEI Talos F200X透射电镜对试样进行组织观察，使用PANalytical B. V. x'pert3 powder X射线衍射仪对试样进行相成分分析。

表1　实验用GH4169合金的化学成分

（质量分数,%）

元素	Ni	Fe	Cr	Nb	Mo	Ti	Al	Co	C
含量	52.82	18.35	18.96	5.23	3.01	1.00	0.59	0.01	0.03

*作者：李建军，教授，联系电话：13886013138，E-mail：jianjun@hust.edu.cn

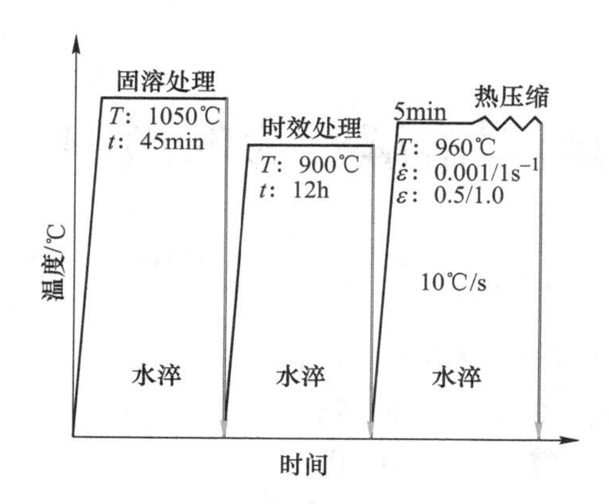

图1　热处理和热压缩流程图

2　实验结果及分析

2.1　热处理试样的组织分析

图2为固溶处理和时效处理后的GH4169合金的微观组织。从图2（a）中可以看出固溶处理后，微观组织主要为均匀的等轴状晶粒，采用线截法统计平均晶粒尺寸为76μm。从图2（b）中可以发现时效处理后的晶粒为等轴状，晶粒尺寸没有显著变化。经时效处理后，针状δ相在晶粒内部和晶界处析出，许多δ相贯穿整个晶粒。

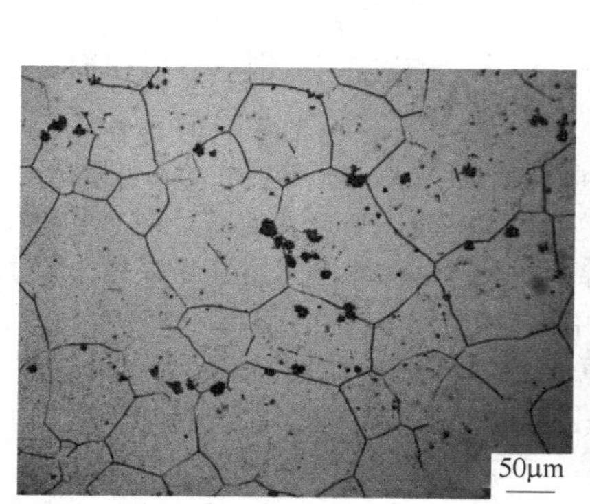

(a)

(b)

图2　热处理后的组织

（a）固溶处理后；（b）时效处理后

2.2　热压缩试样的微观组织分析

图3为在不同压缩条件下变形的时效GH4169合金试样的金相图片和SEM图片。如图3（a）所示，在应变速率为0.001s^{-1}、应变为0.5的条件下，晶粒主要为变形粗大晶粒和分布在初始晶界处的动态再结晶晶粒。随着应变增大到1，如图3（c）所示，动态再结晶晶粒成为基体的主要部分，初始的粗大晶粒基本消失。这是因为随着应变的增大，变形储能增加，位错运动和晶界迁移加速，促进了动态再结晶的发展[4]。从图3（e）中可以看出，当应变速率增加至1s^{-1}，变形的初始晶界处出现大量的细小的动态再结晶晶粒。这是由于在较高的应变速率下，晶界迁移的时间较短，动态再结晶晶粒难以长大。

从图3（b）中，可以看出在应变速率为0.001s^{-1}、应变为0.5的条件下，长针状δ相开始发生断裂，转变为短棒状δ相。如图3（d）所示，当应变增加至1时，δ相断裂的程度进一步增大，出现了球状δ相，并且δ相含量由于溶解而显著降低。从图3（f）中，可以观察到在应变速率增加到1s^{-1}时，大部分δ相的形貌保持长针状，断裂发生较少。此外，在图3（b）和（d）中可以观察到大量动态再结晶晶粒沿着发生断裂和溶解的δ相分布。产生这一现象的原因将会在下文中进行解释。

图4为在应变速率为0.001s^{-1}、应变为0.5的压缩条件下变形的时效GH4169合金的TEM图片。在图中可以观察到大量位错聚集在基体和δ相内部，δ相周围出现亚结构和动态再结晶晶粒。在变形的过程中，由于δ相阻碍了位错运动，并且基体中的位错不能绕过δ相，大量的位错堆积在δ相周围。位错发生增殖，形成了沿着δ相的高密度位错区，随后，高密度位错区转变为亚结构。δ相内外的位错聚集现象加剧了δ相的局部应力集中[5]。当局部应力超过δ相的强度极限时，δ相发生断裂。

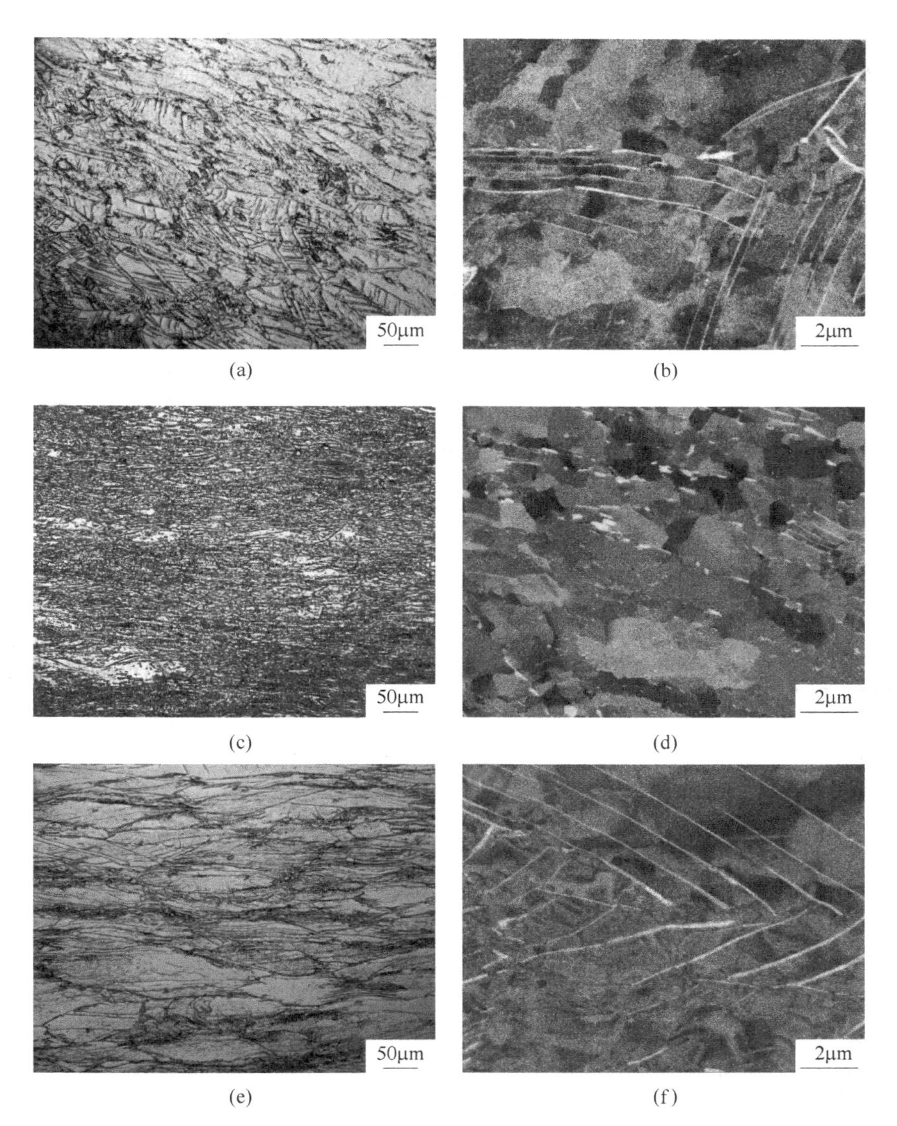

图 3　在不同压缩条件下变形的时效 GH4169 合金试样微观组织图像

(a)，(d) $\dot{\varepsilon}=0.001s^{-1}$，$\varepsilon=0.5$；(b)，(e) $\dot{\varepsilon}=0.001s^{-1}$，$\varepsilon=1$；(c)，(f) $\dot{\varepsilon}=1s^{-1}$，$\varepsilon=1$

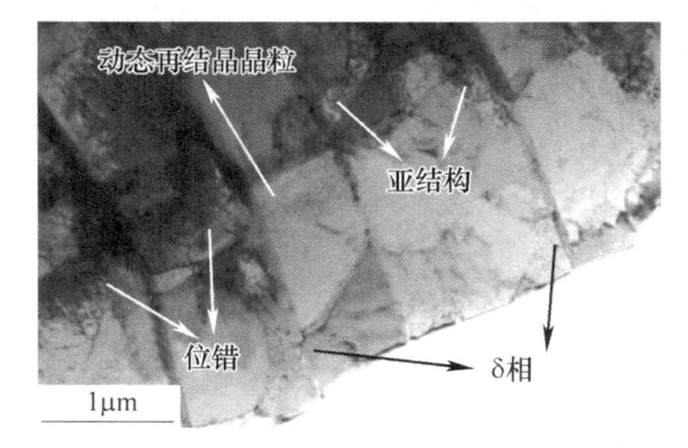

图 4　在应变速率为 $0.001s^{-1}$，应变为 0.5 的压缩条件下变形的时效 GH4169 合金的 TEM 图像

位错聚集现象使 δ 相的局部位错密度首先达到动态再结晶的临界值，因此 δ 相成为动态再结晶晶粒的优先形核位点[6]。随着 δ 相附近动态再结晶晶粒的形核和长大，大量位错湮灭，导致 δ 相局部位错密度下降。由于位错密度差为晶界迁移提供了驱动力[7]，并且断裂的 δ 相周围位错密度高，动态再结晶晶粒逐渐向断裂的 δ 相处长大。在长大过程中，动态再结晶晶粒不断挤压 δ 相，进一步促进了 δ 相的断裂。

此外，δ 相周围的高密度位错区促进了位错胞的生成。位错胞首先发展为亚晶，亚晶通过渐进旋转和结合，逐渐演化成为动态再结晶晶粒。在压缩变形过程中，不同取向的晶粒的旋转方向、旋转速度和旋转角度各不相同。亚晶和动态再结晶晶粒发生旋转，对周围的 δ 相产生扭转力。因此，δ 相的断裂被进一步促进。

2.3　δ 相的溶解行为

图 5 为在不同条件下处理的时效 GH4169 合金的 XRD 图谱。从图中可以明显地观察到 δ 相、γ 相和 NbC 相的衍射峰。由于 γ′和 γ″相含量较低，并且 γ″相最强的衍射峰（112）与 γ 相的衍射峰（111）重合，难以分辨出单独的 γ′和 γ″相衍射峰[8]。因此，在 XRD 分析中，认为时效处理的 GH4169 合金的主要组成相为 δ 相、γ 相和 NbC 相。

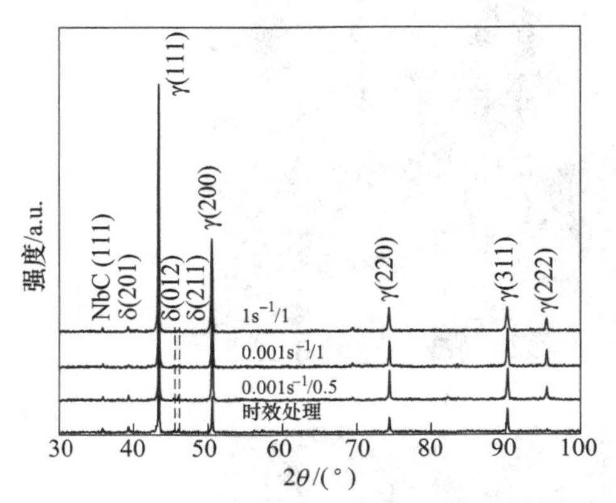

图 5　不同条件下处理的时效 GH4169 合金的 XRD 图谱

本实验采用 X 射线衍射定量相分析法测定 δ 相的含量[9]。将时效处理的、未经压缩的试样的 δ 相含量作为 δ 相的初始含量，δ 相的初始含量与 δ 相的剩余含量之差作为 δ 相的溶解量，δ 相的溶解量与 δ 相的初始含量之比作为 δ 相的溶解程度。计算结果如表 2 所示。

表 2　δ 相含量计算结果

应变速率/s^{-1}	应变	δ 相的初始含量/%	δ 相的剩余含量/%	δ 相的溶解量/%	δ 相的溶解程度/%
0.001	0.5	18.51	8.62	9.89	53.43
0.001	1	18.51	5.96	12.55	67.80
1	1	18.51	13.15	5.36	28.96

从表中计算结果可以看出，在应变速率为 $0.001s^{-1}$、应变为 0.5 的条件下，δ 相的溶解程度为 53.43%。当应变增加至 1 时，δ 相的溶解程度为 67.80%。当应变速率增加到 $1s^{-1}$时，δ 相的溶解程度为 28.96%。显然，在高应变速率下，δ 相的溶解程度大大降低。

为了进一步研究 δ 相的溶解行为，对应变速率为 $0.001s^{-1}$，应变为 1 的压缩条件下变形的时效 GH4169 合金试样进行了 TEM 测试。图 6（a）为发生断裂和溶解的 δ 相的 TEM 明场像。δ 相发生断裂和溶解，形貌由初始的长针状转化为短棒状。图 6（b）为 δ 相与基体的界面处的电子衍射图像和高分辨 TEM 图像。经过标定，δ 相和基体的晶体取向关系为：$[102]_{\delta}//[011]_{\gamma}$，$(010)_{\delta}//(11\bar{1})_{\gamma}$。δ 相和基体的晶面间距分别测定为 0.423nm 和 0.202nm，分别对应于 $(010)_{\delta}$ 晶面和 $(111)_{\gamma}$ 晶面。从图中可以观察到在 δ 相和基体的界面处存在多余的半原子面，这一现象表明在界面处存在刃型位错。通常情况下，Nb 原子在基体中扩散缓慢[10]。然而，δ 相和基体的界面处的刃型位错可以作为 Nb 原子的扩散通道，加速 Nb 原子的扩散，从而促进 δ 相的溶解。

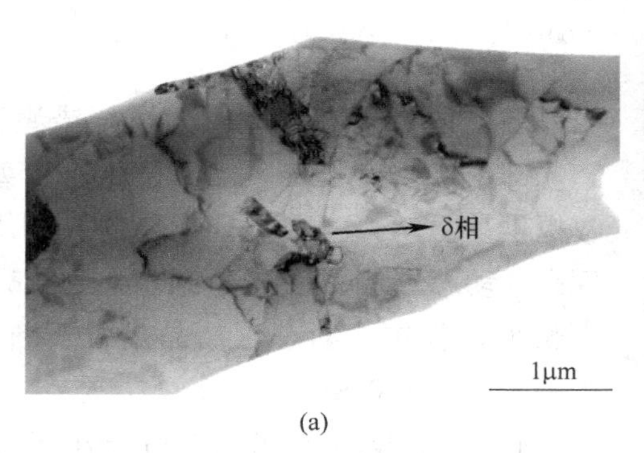

(a)　(b)

图 6　在应变速率为 $0.001s^{-1}$，应变为 1 的压缩条件下变形的时效 GH4169 合金的 TEM 图像

（a）发生断裂和溶解的 δ 相；（b）δ 相与基体界面处的 SAED 和 HRTEM 图像

3　结论

（1）应变速率和应变显著影响动态再结晶行为。动态再结晶程度随着应变的增大或应变速率的减小而增大。

（2）动态再结晶对 δ 相断裂行为的促进作用体现在两方面。一方面，动态再结晶晶粒向断裂

的 δ 相生长并挤压 δ 相，促进了 δ 相的断裂；另一方面，在高密度位错区转变为动态再结晶晶粒的过程中，δ 相受到亚晶和动态再结晶晶粒旋转的扭转力，加速了 δ 相的断裂。

（3）δ 相和基体的界面处的刃型位错可以作为 Nb 原子的扩散通道，加速 Nb 原子的扩散，从而促进 δ 相的溶解。

参考文献

[1] Gribbin S, Ghorbanpour S, Ferreri N C, et al. Role of grain structure, grain boundaries, crystallographic texture, precipitates, and porosity on fatigue behavior of Inconel 718 at room and elevated temperatures [J]. Materials Characterization, 2019, 151: 445~456.

[2] Xue H, Zhao J Q, Liu Y K, et al. δ-phase precipitation regularity of cold-rolled fine-grained GH4169 alloy plate and its effect on mechanical properties [J]. Transactions of Nonferrous Metals Society of China, 2020, 30 (12): 3287~3295.

[3] Kirman I, Warrington D H. The precipitation of Ni_3Nb phases in a Ni-Fe-Cr-Nb alloy [J]. Metallurgical and Materials Transactions B, 1970, 1 (10): 2667~2675.

[4] Lin Y C, He D G, Chen M S, et al. EBSD analysis of evolution of dynamic recrystallization grains and delta phasein a nickel-based superalloy during hot compressive deformation [J]. Materials and Design, 2016, 97: 13~24.

[5] He D G, Lin Y C, Jiang X Y, et al. Dissolution mechanisms and kinetics of δ phase in an aged Ni-based superalloy in hot deformation process [J]. Materials and Design, 2018, 156: 262~271.

[6] Sakai T, Belyakov A, Kaibyshev R, et al. Dynamic and post-dynamic recrystallization under hot, cold and severe plastic deformation conditions [J]. Progress in Materials Science, 2014, 60: 130~207.

[7] Huang K, Loge R E. A review of dynamic recrystallization phenomena in metallic materials [J]. Materials and Design, 2016, 111: 548~574.

[8] Cai D Y, Liu W C, Li R B, et al. On the accuracy of the X-ray diffraction quantitative phases analysis method in Inconel 718 [J]. Journal of Materials Science, 2004, 39 (2): 719~721.

[9] Liu W C, Xiao F R, Yao M, et al. Quantitative phase analysis of Inconel 718 by X-ray diffraction [J]. Journal of Materials Science Letters, 1997, 16 (9): 769~771.

[10] Karunaratne M S A, Reed R C. Interdiffusion of niobium and molybdenum in nickel between 900-1300 degrees C [C]//6th International Conference on Diffusion in Materials, Cracow, 2004.

轧制及热处理工艺对 GH4145 合金棒材组织的影响

李飞扬[1*]，战东平[2]，张鹏[1]，杨玉军[1]，王艾竹[1]，郭京[1]

（1. 抚顺特殊钢股份有限公司技术中心，辽宁 抚顺，113001；
2. 东北大学材料科学与工程学院，辽宁 沈阳，110819）

摘　要：通过研究经三种轧制工艺制备的 GH4145 合金棒材分别经 980℃、1020℃和 1060℃固溶处理后组织的变化情况，探讨最终热轧工艺及固溶工艺对最终型材组织的影响。研究发现采用高温小变形和中温中度变形制备的型材经三个固溶温度处理后，存在不同程度的混晶现象，而采用低温大变形制备的型材在三个固溶温度条件下均可获得理想的组织形貌。

关键词：GH4145；轧制；固溶处理；组织

GH4145 合金，国外牌号为 UNS N07750，是一种 Ni-Cr 基沉淀硬化型变形高温合金，主要以 γ′相为时效沉淀强化相，使用温度在 800℃以下[1]。合金具有良好的耐腐蚀、抗氧化性能、良好的抗蠕变性能以及较好的抗松弛性能[2]。主要用于制造航空发动机的环形件、结构件和螺栓等零件，也用于制作波形弹簧、螺旋压簧、弹簧卡圈和密封圈等[3]。为保证合金在使用过程中具有优良且稳定的性能，要求合金具有均匀的组织结构。本文主要论述采用不同的轧制工艺生产的棒材，经不同的热处理制度处理后，棒材组织形貌的变化情况。

1　工艺试验

合金采用真空感应炉+电渣冶炼的钢锭，合金成分见表 1。

表 1　合金元素含量

（质量分数,%）

元素	C	Mn	Si	S	P	Cr	Al
含量	≤ 0.08	≤ 1.00	≤ 0.50	≤ 0.01	≤ 0.015	14.00~17.00	0.40~1.00
元素	Ti	Nb	Fe	Co	Cu	Ni	
含量	0.70~1.20	5.00~9.00	≤ 1.00	≤ 0.50	余	2.25~2.75	

钢锭经精快锻联合开坯生产成棒材坯料，然后经横列式轧机采用不同加热温度和变形量轧制成相同规格的棒材，具体轧制工艺见表 2。轧制后的棒材，分别进行 980℃、1020℃、1060℃固溶处理。

表 2　合金轧制工艺

工艺试验	加热温度/℃	单火次变形量/%	终轧温度/℃
试验 1	1180	36	990
试验 2	1160	48	965
试验 3	1140	65	930

2　结果及讨论

2.1　检验结果

按试验 1 方案生产的棒材，经 980℃及 1020℃温度固溶处理后，晶粒基本不长，而经 1060℃固溶处理后，晶粒长大出现两极分化局面，一部分晶粒出现异常长大现象，晶粒度级别可达到 0 级或 00 级水平，而另一部分晶粒几乎不长大，具体见图 1。按试验 2 方案生产的棒材，分别经 980℃、1020℃、1060℃固溶处理后，晶粒沿轧制加工方向存在粗细晶条带分布，随着固溶温度的升高，条带状细晶逐渐减少，具体见图 2。按试验 3 方案生产的棒材，分别经 980℃、1020℃及 1060℃固溶处理后，晶粒长大均匀，未发现有异常长大晶粒及细晶条带问题，具体见图 3。

* 作者：李飞扬，男，高级工程师，联系电话：18642351878，E-mail：lfy-518@163.com

(a) (b) (c)

图 1 按试验 1 方案轧制的棒材经不同温度固溶处理后金相形貌

（a）980℃处理；（b）1020℃处理；（c）1060℃处理

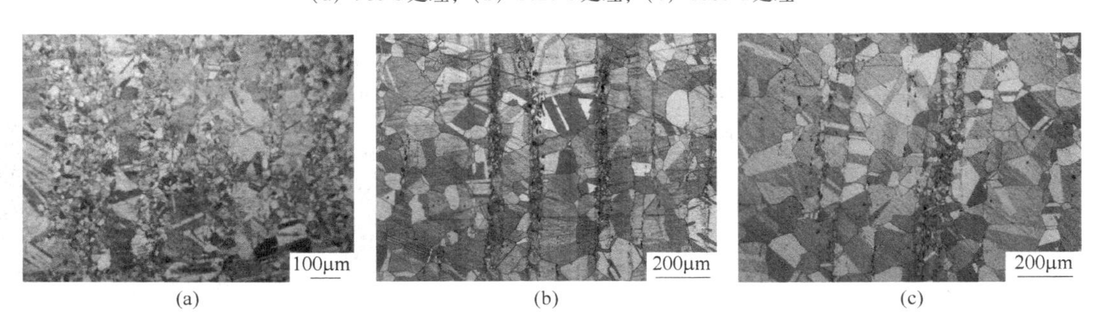

(a) (b) (c)

图 2 按试验 2 方案轧制的棒材经不同温度固溶处理后金相形貌

（a）980℃处理；（b）1020℃处理；（c）1060℃处理

(a) (b) (c)

图 3 按试验 3 方案轧制的棒材经不同温度固溶处理后晶粒金相形貌

（a）980℃处理；（b）1020℃处理；（c）1060℃处理

2.2 产生原因机理分析及讨论

2.2.1 电镜分析

为查找组织不均匀机理，选取不同试验状态下的试样进行电镜分析，具体结果如下：

按试验 1 方案轧制的棒材，分别选取轧制状态、1020℃固溶处理态和 1060℃固溶处理态（粗晶区），进行电镜分析，如图 4 所示。

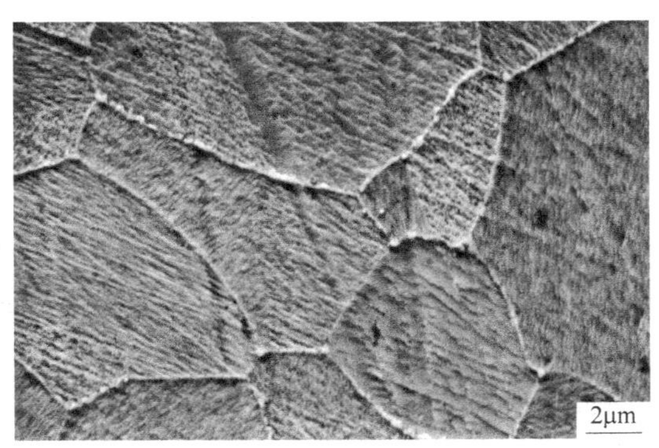

(a)

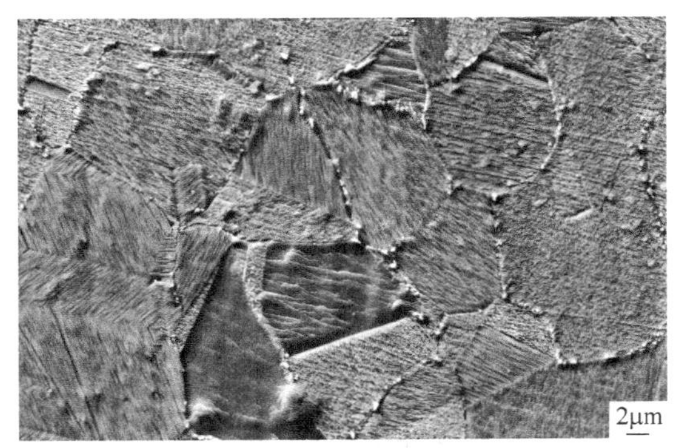

(b)

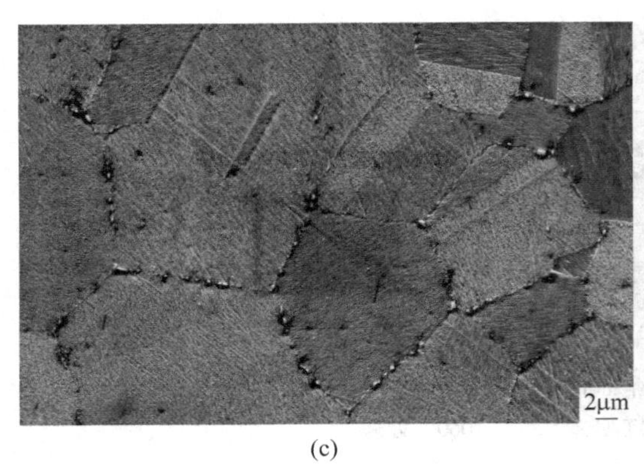

(c)

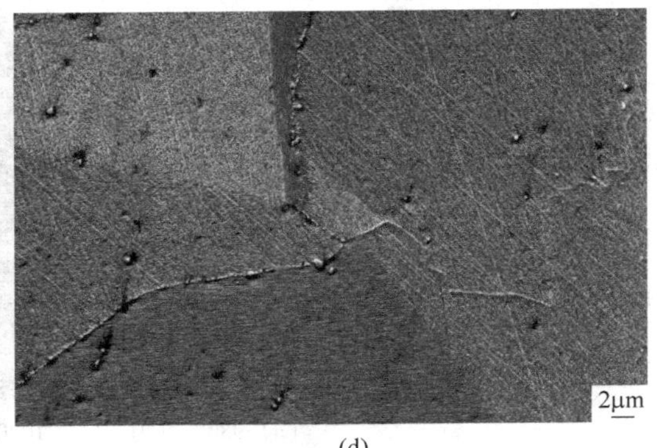

(d)

图 4　试验 1 方案轧制棒材电镜照片形貌

（a）轧制状态；（b）1020℃处理；（c）1060℃处理（细晶区）；（d）1060℃处理（粗晶区）

从图 4 可以看出，由试验 1 方案轧制的棒材，碳化物多集中在晶界成颗粒状分布，随着固溶温度的升高，晶界处碳化物逐渐回溶，数量逐渐减少。由于不同区域晶界处碳化物回溶速度和回溶数量存在不均衡现象，固溶处理后棒材存在严重混晶问题。

按试验 2 方案轧制的棒材，选用 1020℃ 固溶处理试样进行电镜分析，如图 5 所示。

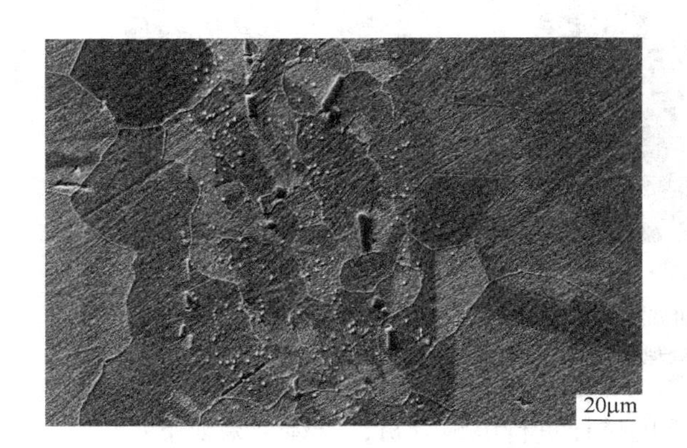

图 5　试验 2 方案轧制棒材电镜照片形貌

(a)

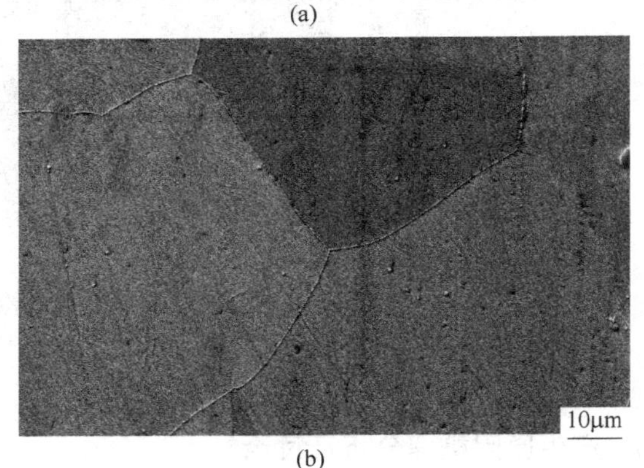

(b)

图 6　试验 3 方案轧制棒材电镜照片形貌

（a）轧制状态；（b）1020℃固溶处理

从图 5 可以看出，此轧制工艺下，碳化物延轧制方向呈条带状分布，晶粒大小与碳化物分布成一定对应关系，在碳化物分布密集区，晶粒偏细小，在碳化物分布较少区域，晶粒相对粗大。

按试验 3 方案轧制的棒材，分别选用轧制状态和 1020℃ 固溶处理状态试样进行电镜分析，结果见图 6。

从图 6 可以看出，经试验 3 方案轧制的棒材，无论是轧制状态，还是固溶处理后，碳化物分布和晶粒大小都较均匀。

2.2.2　产生原因机理分析讨论

针对 GH4145 合金成分特点，在凝固或加工过程中，主要会析出 MC 型和 $M_{23}C_6$ 型碳化物、γ′相和 ETA 相。试验 1 方案，采用 1180℃ 加热，在保温过程中，可以使绝大部分 $M_{23}C_6$ 型二次碳化物回溶，然后在轧制冷却过程中，碳化物沿晶界析出。由于轧制变形量偏小，产生的形变储存能小且不均[4]，在一定温度下固溶处理时，沿晶界析出的碳化物剧烈的抑制再结晶，晶粒不长大。随着固溶温度的升高，部分区域晶界碳化物开始回熔，由于不同区域晶界碳化物回熔数量及形变储存能存在差异，导致不同区域晶粒长大不均，存在严重混晶问题。试验2方案，由于加热温度相对较低，碳化物回熔相对较少，另由于单火次变形量仍偏小，不足以改变钢锭微观偏析问题，碳化物沿轧制方向存在不均匀分布现象。碳化物分布较集中区域，由于碳化物的钉扎作用较强，晶粒长大困难，而碳化物分布较少的区域，由于碳化物钉扎作用相对较弱，晶粒长大较明显，导致合金固溶处理后，存在粗细晶条带问题。试样3方案，加热温度相对较低，单火次轧制变形量大，产生的形变储存能大且均匀，位错密度相对较大，再结晶激活能相对较低[5]。当固溶处理时，晶粒可以快速形核，均匀长大，最终可以形成晶粒均匀的固溶态组织。

3 结论

（1）采用高温小变形量轧制的合金棒材，由于析出物沿晶界析出，钉扎作用较强，1020℃以下固溶处理，晶粒度组织基本不长大，而经1060℃固溶处理后，随着晶界析出物的回熔，钉扎作用减弱，晶粒度组织存在混晶现象。

（2）采用中温中度变形轧制的合金棒材，碳化物沿轧制方向存在不均匀分布现象，经980℃、1020℃及1060℃固溶处理后，晶粒度存在粗细晶条带问题。

（3）采用低温大变形轧制的合金棒材，产生的形变储存能大且均匀，经980℃、1020℃及1060℃固溶处理后，晶粒可以快速形核，均匀长大，可以得到晶粒均匀的固溶态组织。

参考文献

[1] 郭建廷，等．高温合金材料学［M］．北京：科学出版社，2010.

[2] 李春胜，黄德彬，等．金属材料手册［M］．北京：化学工业出版社，2004.

[3] 袁晓玲，等．中国航空材料手册［M］．北京：中国标准出版社，2001.

[4] 翟封祥，尹志华，等．材料成形工艺基础［M］．哈尔滨：哈尔滨工业大学出版社，2003.

[5] 张小平，秦建平，等．轧制理论［M］．北京：冶金工业出版社，2006.

GH4169G 变形镍基高温合金白斑缺陷研究

刘芳[1*]，秦卫东[2]，王庆增[3]，杨树林[4]，孙文儒[1,5]

（1. 中国科学院金属研究所，辽宁 沈阳，110016；
2. 陕西宏远航空锻造有限公司，陕西 咸阳，713801；
3. 宝武特种冶金有限公司，上海，201900；
4. 中航工业沈阳黎明航空发动机（集团）有限责任公司，辽宁 沈阳 110043；
5. 松山湖材料实验室，广东 东莞，523808）

摘　要： 白斑是高温合金铸态组织一种宏观缺陷。白斑来源于合金以外的非金属夹杂物，形成于凝固过程中。在宏观形貌上，白斑在铸态及变形态组织中表现特征基本相同，Nb 含量低于正常组织区，且无碳化物及 δ 相。对白斑组织观察表明，在开坯锻造后的棒料组织中白斑区呈等轴晶，晶粒组织较正常组织区呈平直状；经过等温模锻成盘件后，晶粒组织变化明显，呈粗大的拉长晶或项链晶。通过 EBSD 对白斑组织在棒料及盘锻件变形过程中的变化情况进行分析，对组织差别进行探讨。夹杂物在不同的变形阶段中形貌和尺寸变化不大。白斑区显微硬度较正常组织区明显低。

关键词： GH4169G 合金；白斑组织；EBSD；再结晶

变形镍基高温合金在我国应用已超过 60 年，由于其综合性能及质量可靠性高，工艺性能容易实现，生产效率高，和生产成本低方面的优势，应用范围广泛，尤其在航空航天应用领域，具有不可替代性[1~3]。决定合金性能的是合金的化学成分及它们的组织结构，多年来科研工作者在变形合金熔炼方面做了大量的研究工作，在国外，变形合金盘材的生产明确规定采用真空电弧熔炼（VIM）+电渣重熔（ESR）+真空自耗重熔（VAR）三联冶炼工艺[4,5]，三联冶炼工艺在我国应用得还不够成熟，有时会出现冶金缺陷[4,6~8]。

白斑是合金熔炼过程中出现的一种宏观低倍缺陷[9,10]，所谓白斑就是在腐蚀后，与正常组织区相比呈明显的亮白色，这是白斑区贫强化相形成元素造成的[11]。根据其形状、特点和形成原因，可分为分离状白斑、树枝状白斑和凝固白斑。分离状白斑与基体有明显的边界，通常在棒料横断面的 1/2*R* 至中心处能够发现，其尺寸相当于或大于基体晶粒度，Nb、Al、Ti 等元素的严重贫化[8]。分离状白斑又分为脏白斑和干净白斑，脏白斑有氧化物、氮化物和/或碳化物夹杂物团。对白斑的形成开展了大量的研究工作[5,6,9~13]，普遍接受的观点认为白斑的成因与电弧重熔工艺（VAR）有关，并且对各种白斑的形成机理已做了深入的研究。白斑缺陷会引起化学成分和组织的不连续性，通常比基体合金更软，或与基体之间形成界面，会对合金性能产生影响，研究表明对拉伸强度及疲劳性能有不利影响[6,9,10]。

白斑在合金凝固过程中形成，以往的研究工作主要集中在对白斑缺陷的组织形态及形成机理的研究，对白斑缺陷在变形过程中的组织变化规律及影响因素报告较少。本研究工作以应用最广泛的 GH4169 改进型合金 GH4169G 为研究对象，该合金为我国自主研发，中温性能优异，已应用在发动机整体叶盘等多个领域[14~16]。通过研究合金中白斑缺陷出现的位置，以及在不同的变形过程中晶粒组织变化，揭示白斑组织发生动态再结晶规律及动态再结晶的影响因素，研究工作可以进一步证实白斑形成机理，对提高目前我国变形高温合金制备技术有理论意义，同时对生产过程控制该类型缺陷的产生提供方法和依据。

* 作者：刘芳，女，1973 年生，副研究员，博士，E-mail：fangliu@imr.ac.cn

1 实验方法

实验合金为某锻造厂提供的带有白斑缺陷的GH4169G合金盘材，其主要化学成分（质量分数,%）为：Cr 18.72，C 0.04，Mo 3.10，Al 0.59，Ti 1.00，Fe 18.88，B 0.008，P 0.021，Ni 余量。试样经 SiC 砂纸机械研磨，金刚石抛光膏抛光后，用化学腐蚀剂 5g $CuSO_4$+100mL HCl + C_2H_5OH 腐蚀，得到白斑腐蚀态组织。

采用 Axio Observer Z1 光学金相显微镜（OM）对腐蚀态及抛光态组织进行观察，选用 JSM-6301F 扫描电镜（SEM）观察高倍组织，将基体及夹杂物成分用型号 Shimadzu Seisakusho 1610 电子探针做定量及半定量分析。所有 EBSD 样品先机械抛光，然后采用 10% $HClO_4$+ 90% C_2H_5OH 溶液在室温下进行 20V + 30s 电化学抛光，选用 MERLIN Compact 扫描电镜进行 EBSD 微观结构分析，扫描步长为 2.5μm，使用 Channel 5 软件计算了 IPF 图和 KAM 图。显微硬度测量在 FV-700 分析仪上进行，载荷是 200g，保持时间 5s。

2 实验结果

图 1（a）及（b）为白斑横纵向的低倍组织 OM 像。可以看出在横向及纵向截面，白斑形貌特点相同，白斑区呈光亮的白色，与正常组织有明显的分界。在横向截面，白斑长度方向上约 10mm，宽度方向上约 2mm。在纵向截面，白斑长度方向上大于 7mm，宽度方向上接近 2mm；且在纵向白斑区，夹杂物肉眼可见，呈长条纤维状，长约 450μm，宽约 50μm。白斑区为未完全再结晶的混晶组织，扁长的拉长晶混合部分等轴晶粒，局部区域呈现项链晶，等轴晶粒尺寸 15μm，如图 1（c）所示；较正常组织区（见图 1（d））晶粒尺寸大 4μm。白斑区析出相很少，未见 δ 相及 MC 型碳化物析出，如图 1（e）所示。

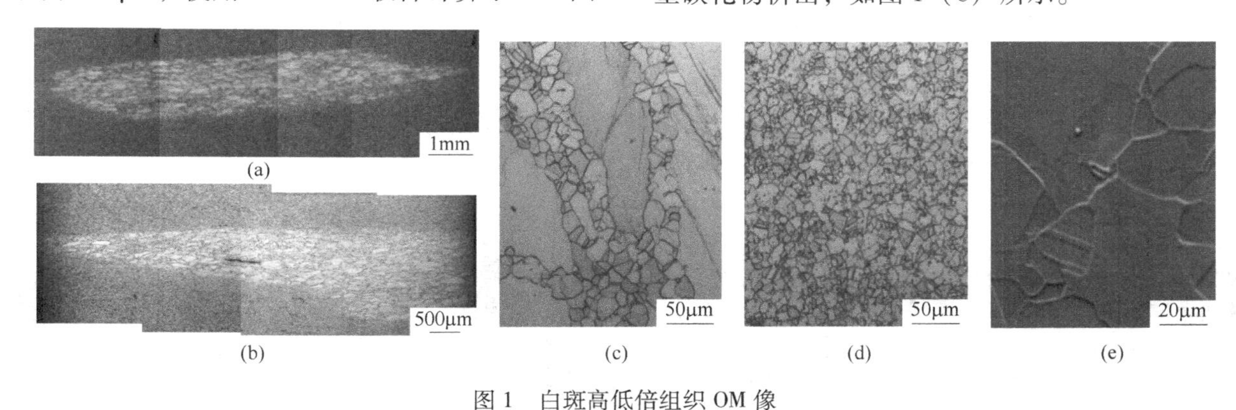

图 1 白斑高低倍组织 OM 像

（a）横向；（b）纵向；（c），（d）图（a）白斑区组织；（e）图（a）正常区组织

表 1 为利用 EPMA 定量分析测定的白斑区与正常组织区域的主元素成分。结果表明 GH4169G 合金白斑区 Al、Ti、Nb 和 Mo 为负偏析元素，Cr 和 Fe 为正偏析元素，Ni 为不偏析元素。

白斑缺陷区与正常组织区强化相形貌如图 2 所示。观察表明，与正常组织区相比，白斑区析出的强化相 γ″尺寸略大，正常区 γ″相更细密。

表 1 GH4169G 合金白斑缺陷 EPMA 元素定量分析

合金元素	Al	Ti	Nb	Cr	Fe	Ni	Mo
白斑区	0.45	0.90	3.79	20.48	18.91	52.40	2.69
基体	0.47	1.01	4.310	19.66	18.21	52.61	2.75
白斑区与基体含量比	0.96	0.89	0.88	1.04	1.04	1.00	0.98

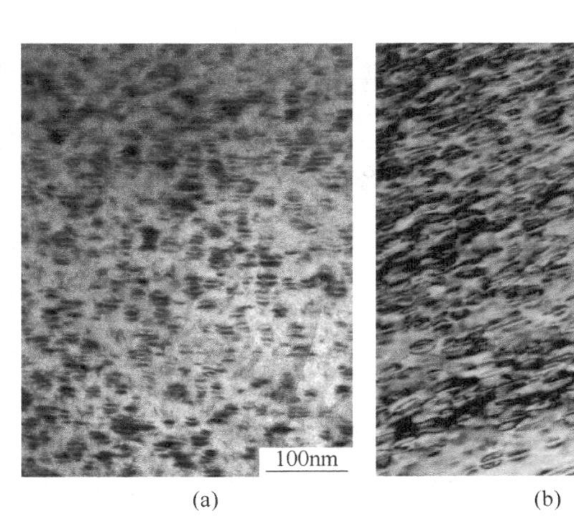

图 2 白斑区和正常区强化相 TEM 像

（a）正常组织区；（b）白斑区

图3为合金白斑区夹杂物形貌，有两种类型的夹杂物，一种分散析出，抛光态及腐蚀态形貌分别见图3（a）和（b）。另一种是聚集析出的纤维状组织，抛光态及腐蚀态形貌分别见3（c）和（d）。可以看出，纤维状的夹杂物均分布在小的等轴晶处，分散态的也主要是分布在小的等轴晶处，但在大的拉长晶粒处也有部分存在。扫描电镜下观察夹杂物主要分布在等轴晶区，且聚集存在的夹杂物有明显不同的组织形貌，有颗粒状的灰色粒子，有较大的黑色的块状，如图3（e）~（g）所示。

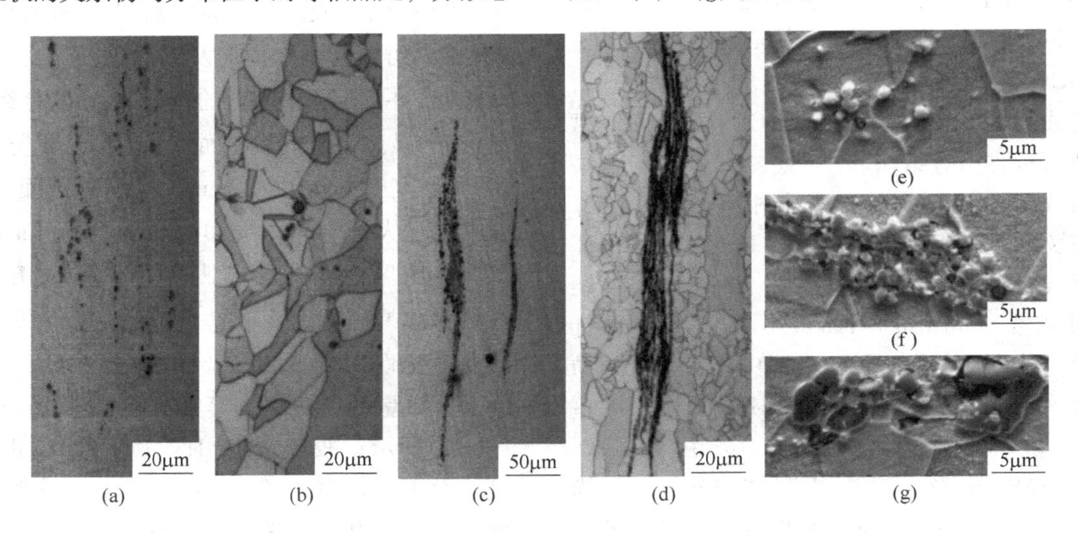

图3 GH4169G合金白斑区夹杂物形态抛光态（a)(c)、腐蚀态（b)(d）和SEM像（e)~(g)
（a)，(b)，(e）分立析出；(c)，(d)，(f)，(g）聚集析出

图4为合金白斑区夹杂物元素分布电子探针扫描结果，可以看出，夹杂物中含大量的氧化物，包括氧化铝、氧化镁和氧化钙，还含有大量的氮化钛。

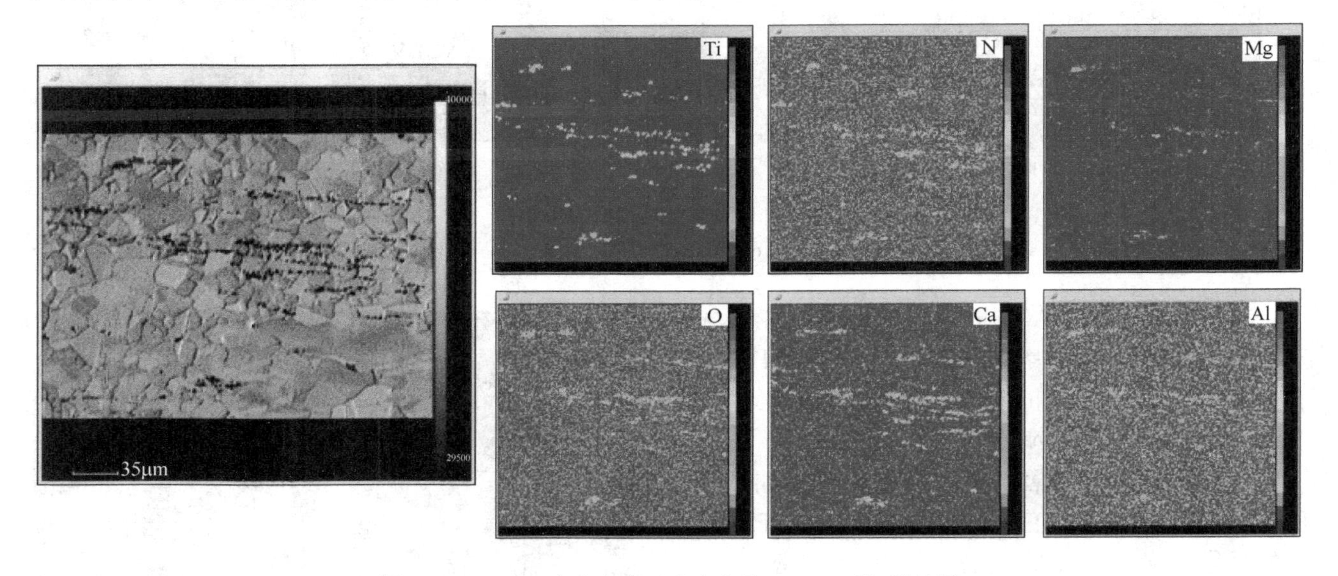

图4 GH4169G合金白斑区中夹杂物EPMA面扫描结果

带缺陷的锻件试样在970℃固溶1h，再经720℃保温8h后，55℃/h炉冷到620℃保温8h后，空冷，打点位置及相应的硬度值如图5所示。合金经固溶时效处理后，正常组织区显微硬度值在449.7~459.8之间，白斑缺陷区显微硬度值在387.6~438.6之间，缺陷区显微硬度平均值低于正常组织区，接近10%。

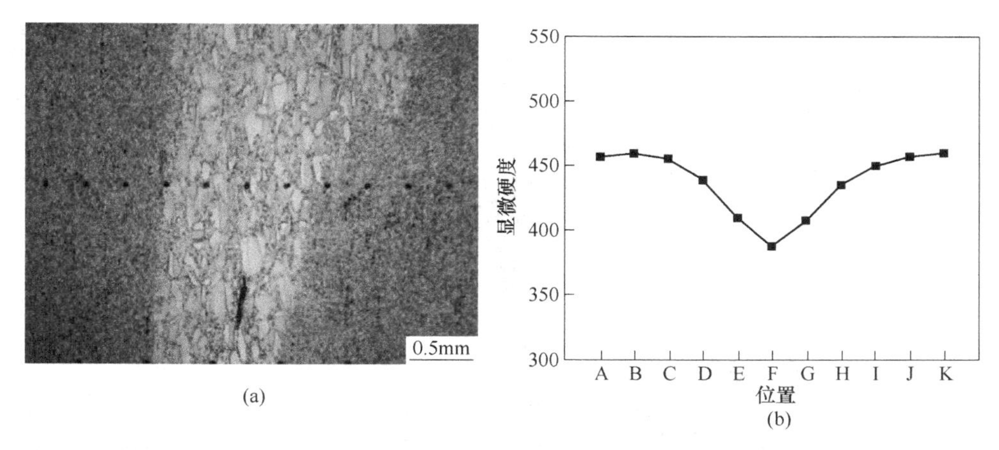

图5 GH4169G 合金正常组织区及白斑区显微硬度测试位置及显微硬度曲线

(a) 打点位置；(b) 硬度曲线

3 分析讨论

如图1（a）及（b）所示，所观察宏观缺陷为典型的白斑组织[12]，本实验所观察试样来自GH4169G合金等温模锻盘件，为合金铸锭经开坯锻造后，再模锻后组织。白斑区元素测试结果与以往研究结果一致[9]，如表1所示，白斑区Al、Ti、Nb和Mo为负偏析元素，Cr和Fe为正偏析元素，Ni为不偏析元素，表明白斑的来源相同，元素含量不受变形过程影响。白斑区Al、Ti、Nb元素含量偏低，使得主强化相γ″相数量略少，如图2所示，从而造成硬度偏低。

白斑区晶粒组织为混晶组织，该组织以扁长的拉长晶粒为主，混合小部分等轴晶粒，局部区域呈现项链晶，如图1（c）所示，白斑区周围的正常组织区平均晶粒度10级，见图1（d）。为了更好地说明白斑区晶粒组织在变形过程中形成机制，从盘锻件的坯料，也就是合金棒料组织入手，对两种变形态组织中已检测到的白斑组织对比观察。棒料中白斑组织区同盘锻件中白斑组织区宏观形态相同，即在肉眼或光学显微镜下观察呈白亮色，这是由于无论是棒料还是盘锻件，白斑组织本身是同一缺陷。棒料中无论白斑区还是正常组织区，晶粒均呈等轴晶，如图6（a）所示，不同的是正常组织区晶粒主要呈圆形，如图6（b）所示，白斑区晶粒大多呈平直的多边形，且晶粒大小不均匀，如图6（c）所示。In718合金的晶粒组织受变形过程中变形参数影响，同时也与δ相析出相关，无论是白斑区，还是正常组织区，棒料的晶粒均呈等轴晶，这是由于棒料开坯锻造加热温度高，而晶粒组织主要受变形温度控制，变形温度高，储存的能量能够形成完全动态再结晶组织。具有缺陷的棒料缺陷区晶粒尺寸与正常组织区相比有所差别，这与局部析出的δ相相关，缺陷区平均的Nb含量低，δ相总体数量会少，局部区域Nb含量分布不均匀，形成的δ相数量会不同，对晶界的钉扎作用强弱不同，析出较少，甚至无δ相析出的部位晶粒尺寸就会相对较大。取棒料正常晶粒组织区与缺陷区试样做EBSD分析，结果分别如图6（d）(h）及图6（e）(i）所示，缺陷区晶界附近位错密度高，表明缺陷区虽然完成了再结晶，但能量依旧很高，形成平直晶界。对于盘锻件白斑区的晶粒组织，由于坯料白斑区晶粒度尺寸就有所差别，δ相析出少，锻造加热过程中晶粒尺寸长得更大，在后续锻造中，再结晶形核所需要的能量不够，仅在高能量的三叉晶界区形成少量的再结晶，大部分为未再结晶的原始晶粒[17,18]，EBSD分析结果如图6（f）(j）及图6(g)(k）所示。

白斑区未见碳化物及δ相析出，如图1（e）所示。无碳化物析出是由于白斑区贫C和Nb元素的结果[10]。研究表明IN718系合金中δ相的形核激活能与基体中Nb的扩散激活能相当，δ相析出直接受基体中Nb含量影响[19]，白斑区Nb含量低是δ相析出数量偏少的根本原因。

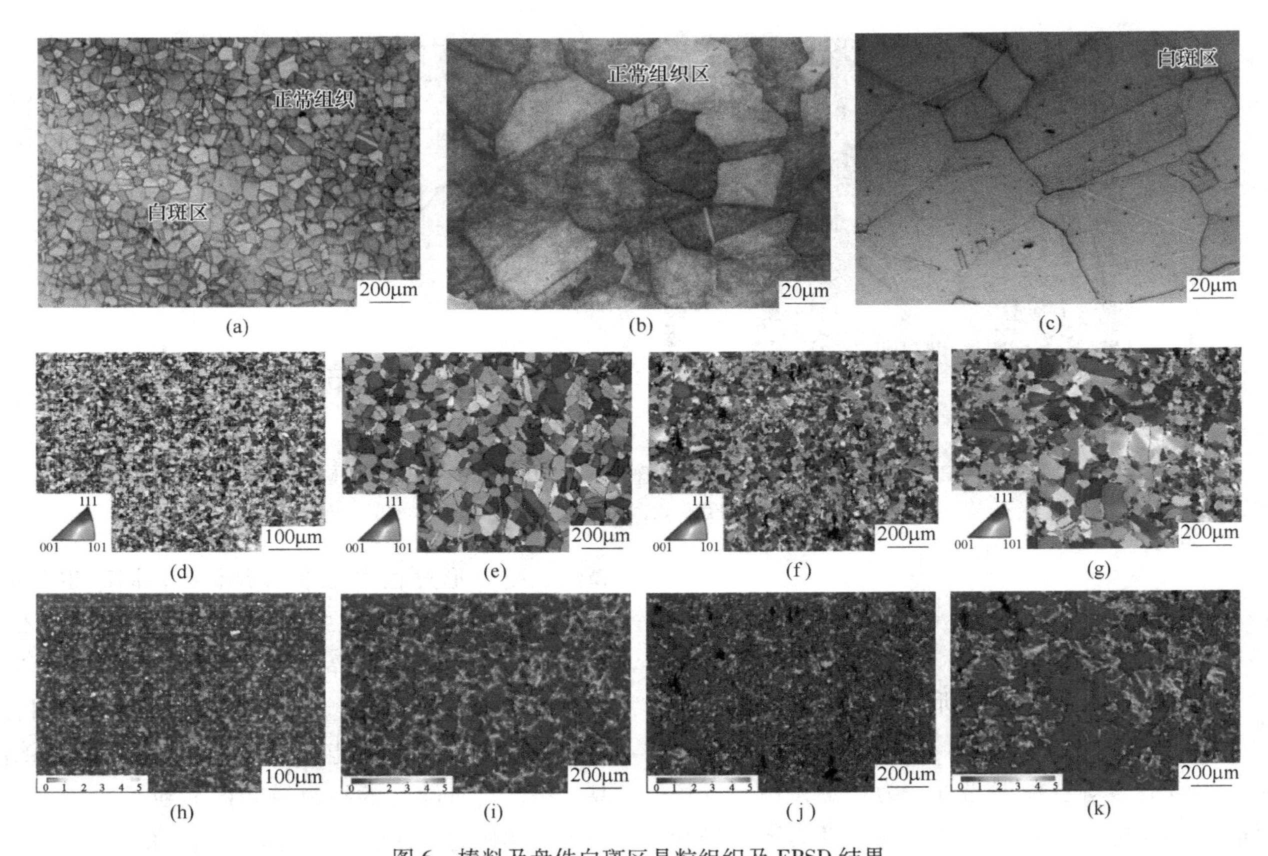

图 6　棒料及盘件白斑区晶粒组织及 EBSD 结果

（a）棒料白斑区组织形貌；（b）图（a）中正常组织区晶粒组织；（c）图（a）中白斑区晶粒组织；
IPF 图与 KAM 图：（d），（h）棒料正常组织区；（e），（i）棒料白斑组织区；（f），（j）盘件正常组织区；（g），（k）盘件白斑组织区

如图 3（b）及（d）所示，白斑区中分散及聚集析出的夹杂物分布在细小的等轴晶区，合金中杂质使开始再结晶温度升高，不溶杂质具有抑制甚至阻止晶粒长大的作用，在热变形中，铸锭中不溶解的杂质粒子及外来杂质粒子会随着塑性变形过程中的金属流动在组织中而形成纤维状，组织纤维线或流线的粒子在任何再结晶过程均不会消除。

4　结论

（1）白斑区 Al、Ti、Nb 元素含量偏低，使得主强化相 γ″相数量略少，从而造成硬度偏低；δ 相及碳化物无析出，也是元素贫化的结果。

（2）盘锻件及棒料中白斑区晶粒组织呈现不同的组织形态，棒料缺陷区虽然完成了动态再结晶，但能量依旧很高，形成平直晶界。由于坯料白斑区晶粒度尺寸就有所差别，δ 相析出少，锻造加热过程中晶粒尺寸长得更大；在后续锻造中，再结晶形核所需要的能量不够，仅在高能量的三叉晶界区形成少量的再结晶晶粒组织，大部分为未再结晶的原始晶粒。

（3）夹杂物在不同的变形过程中形貌和尺寸变化不大。

参考文献

[1] 师昌绪，仲增墉．中国高温合金四十年［J］．金属学报，1997，33：1.

[2] 张北江 赵光普 张文云，等．高性能涡轮盘材料 GH4065 及其先进制备技术研究［J］．金属学报，2015，51：1227.

[3] 杜金辉，赵光普，邓群，等．中国变形高温合金研制进展［J］．航空材料学报，2016，36：27.

[4] 张北江，黄烁，张文云，等．变形高温合金盘材及其制备技术研究进展［J］．金属学报，2019，55：9.

[5] Siddall R J. Comparison of the Attributes of VIM+ESR and VAR alloy 718 ［C］//Superallovs 1991. Warrendale，PA：TMS，1991：29.

[6] 仲增墉，庄景云．变形高温合金生产工艺中几个重要问题的研究和进展［J］．钢铁研究学报，2003，

15（7）：1.

[7] 刘巧沐，黄顺洲，陈玉龙，等. GH4169G 合金零件异常腐蚀区缺陷分析［J］. 燃气涡轮试验研究，2019，32（1）：52.

[8] Wang Z X，Huang S，Zhang B J，et al. Study on freckle of a high-alloyed GH4065 nickel base wrought superalloy［J］. Acta Metall. Sin.，2019，55（3）：417.

[9] Bourguignon S，Martin P，Honnorat Y. Segregation of defects in wrought alloy 718 management of industrial safeguards［C］//Superallovs 1991. Warrendale，PA：TMS，1991：193.

[10] Jackman L A，Maurer G E，Widge S. New Knowledge about "White Spots" in Superalloys［J］. Advanced Material and Processes，1993，5：18.

[11] Jackman L A，Maurer G E，Widge S. "White spots" in superalloys［C］//Superallovs 1994. Warrendale，PA：TMS，1994：18.

[12] Vall D，Avyle J A，Brooks J A，et al. Reducing Defects in Remelting Processing for high performance alloys［J］. JOM，1998，5：22.

[13] 何方成，唐贞曾，李家伟，等. GH169 合金制件中黑斑和白斑偏析的超声检验［J］. 材料工程，1996，（10）：3.

[14] 孙文儒，陈国胜，罗恒军，等. 工业生产 GH4169G 合金棒材和盘锻件的组织性能［J］. 钢铁研究学报，2011，23（S2）：201.

[15] 王庆增，陈国胜，孙文儒. 航空涡轮盘用 GH4169G 合金研制［J］. 宝钢技术，2013，（2）：37.

[16] 郑渠英，陈仲强，于兴福，等. 固溶处理对 GH4169G 合金蠕变的影响［J］. 材料研究学报，2013，27（4）：444~448.

[17] Dong X W，Lin Y C，Zhou Y. A new dynamic recrystallization kinetics model for a Nb containing Ni-Fe-Cr-base superalloy considering influences of initial δ phase［J］. Vacuum. 141. 2017，316~327.

[18] Zhang F X，Liu D，Yang Y H，et al. Investigation on the influences of δ phase on the dynamic recrystallization of Inconel 718 through a mondified cellular automaton model［J］. Journal of Alloys and Compounds，2020（830）：154590.

[19] Azarbarmas M，Aghaie-Khafri M，Cabrera J M，et al. Dynamic recrystallization mechanisms and twining evolution during hot deformation of Inconel 718［J］. Mater. Sci. Eng. A，2016（678）：137~152.

“孪晶+γ′相”复合结构强化的新型镍基变形高温合金高温力学性能研究

王涛[1,2]，王兴茂[1,2,3]，高钰璧[1,2]，孔维俊[1,2]，丁雨田[1,2*]，
甘斌[3]，毕中南[3]，杜金辉[3]

（1. 兰州理工大学省部共建有色金属先进加工与再利用国家重点实验室，甘肃 兰州，730050；
2. 兰州理工大学材料科学与工程学院，甘肃 兰州，730050；
3. 钢铁研究总院高温合金新材料北京市重点实验室，北京，100081）

摘　要：基于界面调控的理念，通过轧制处理+退火处理+时效处理的方法在一种新型沉淀强化型镍基变形高温合金中构筑了“孪晶+γ′相”复合结构，并结合 EBSD、SEM 和 TEM 技术观察和分析了合金的显微组织，研究了合金在 760℃的力学性能和强化机理。结果表明：“孪晶+γ′相”复合结构强化的新型镍基变形高温合金具有优异的高温力学性能；且通过预轧制及后续热处理有利于拉伸过程中变形孪晶的形成，从而导致合金的高温强度和塑性协同提高，实现高温强度-塑性协同。

关键词：新型镍基变形高温合金；轧制；热处理；“孪晶+γ′相”复合结构；高温力学性能

目前，高性能镍基变形高温合金的高温强度和承温能力的提升主要依靠合金化强化来实现。然而，大量合金元素的加入使得合金强度提高的同时出现变形抗力大、工艺塑性差、热加工窗口窄等问题[1]，使得合金面临强度-塑/韧性倒置的现状，严重影响合金的生产效率和质量。

随着材料素化理念的提出[2]，研究人员发现通过调控界面和微结构可以有效改善镍基变形高温合金强度-塑/韧性倒置的问题。值得注意的是，孪晶强化作为一种新型强化方式能够达到显著提升材料的屈服强度而不严重牺牲其塑性的目的。这主要归因于塑性变形过程中孪晶界与位错之间特殊的交互作用。本文通过不同的轧制热处理工艺在少合金化、低层错能的一种新型镍基变形高温合金中调控“孪晶+γ′相”结构，并采用 SEM 和 EBSD 技术研究孪晶和 γ′相的演变规律，探讨合金在 760℃的高温力学性能，并结合 TEM 技术研究“孪晶+γ′相”结构相关作用机理，为实现高性能镍基变形高温合金高温强塑性匹配提供一种新的策略。

1　试验材料及方法

试验合金采用真空感应熔炼+电渣重熔双联工艺铸造成锭，铸锭经均匀化处理后锻造成 ϕ150mm 的棒材，其化学成分（质量分数,%）为：51.48Ni-16.5Cr-19.5Co-5.0W-2.5Al-2.5Ti-2.5Nb-0.02C。待棒材经 1080℃保温 2h 水冷至室温的固溶处理（ST）后，切取板材试样在双辊冷轧机上分别进行变形量为 0%、30%、45%、70%和 80%的轧制处理（CR），随后进行 1120℃/15min/WC 的退火处理（AT）和 650℃/24h/AC+760℃/16h/AC 的双级时效处理（DA），以获得“孪晶+γ′相”复合结构。

2　试验结果及分析

2.1　固溶态组织

图 1 显示了新型镍基变形高温合金经 1080℃保温 2h 水冷至室温固溶处理后的显微组织状态。

* 作者：丁雨田，教授，联系电话：13893243521，E-mail：dingyt@lut.edu.com

可以看出，其组织由均匀的等轴晶组织和退火孪晶组织组成，且γ′相呈少量的粗大的球形分布在γ基体上。经统计，合金平均晶粒尺寸为27.15μm，固溶处理后残留的γ′相平均尺寸为198.9nm。

(a)

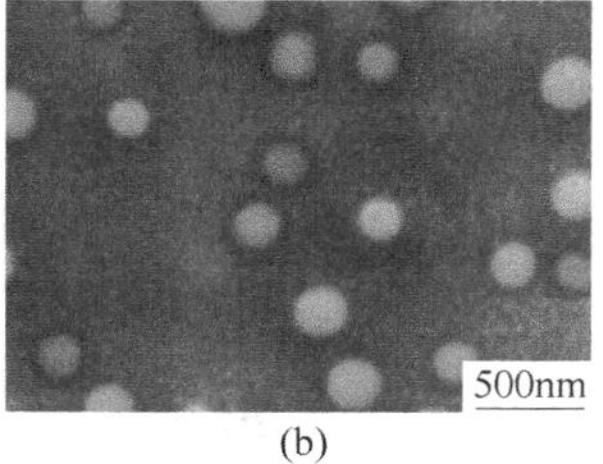

(b)

图1 新型镍基变形高温合金固溶态后的微观组织
(a) IPF; (b) γ′相图

2.2 微观组织演变

图2显示了不同状态新型镍基变形高温合金的IPF图。可以看出，当轧制压下量较小时（$\varepsilon \leq 45\%$），晶粒沿着轧制方向被拉长，呈扁平状分布。当轧制压下量超过70%时，晶粒形状逐渐从扁平状变为纤维状，晶粒的变形均匀性逐渐变好。

图3显示了不同状态新型镍基变形高温合金的KAM分布图。图中，不同的颜色代表了局部取向差的大小。颜色越靠近蓝色表示局部取向差越小，也代表几何必须位错最低的区域；相反，颜色越靠近红色则代表局部取向差越大，也表示几何必须位错越高的区域。由图可知，ST试样的KAM图为均匀的蓝色分布，这也表示ST试样具有低的几何必须位错。然而，随着冷轧变形量（ε）不断增大，蓝色区域逐渐被绿色区域所覆盖，并由晶界处的不均匀分布转变为晶内的均匀分布，这也表示几何必须位错的分布由晶界处集中分布向晶内均匀分布转变。而几何必须位错密度GND（ρ^{GND}）可以通过应变梯度来计算[3,4]，其关系如式（1）所示：

$$\rho^{\mathrm{GND}} = \frac{2KAM_{\mathrm{av}}}{\mu b} \tag{1}$$

式中，KAM_{av}为所选区域的平均KAM值；μ为单位长度（100nm）；b为Burger矢量的长度（0.253nm）。经计算，随冷轧变形量的增大，GND（ρ^{GND}）依次为$0.254\times10^{15}\ \mathrm{m}^{-2}$、$1.847\times10^{15}\ \mathrm{m}^{-2}$、$1.339\times10^{15}\ \mathrm{m}^{-2}$、$2.339\times10^{15}\mathrm{m}^{-2}$和$3.023\times10^{15}\mathrm{m}^{-2}$。可见，随着冷轧变形量（$\varepsilon$）从0%增大到80%，合金中几何必须位错不断增大。

(a)

(b)

(c)

(d)

(e)

图2 不同条件下新型镍基变形高温合金的IPF图
(a) ST; (b) CR-30%; (c) CR-45%; (d) CR-70%; (e) CR-80%

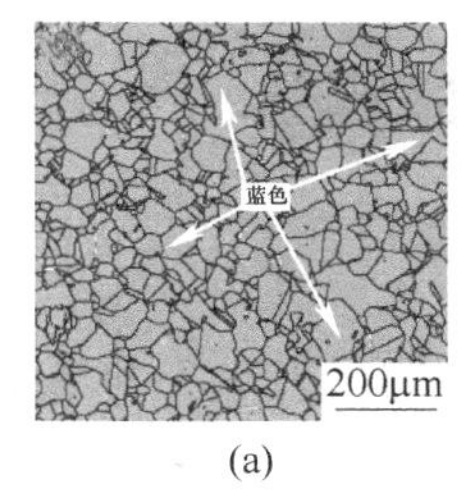

(a)

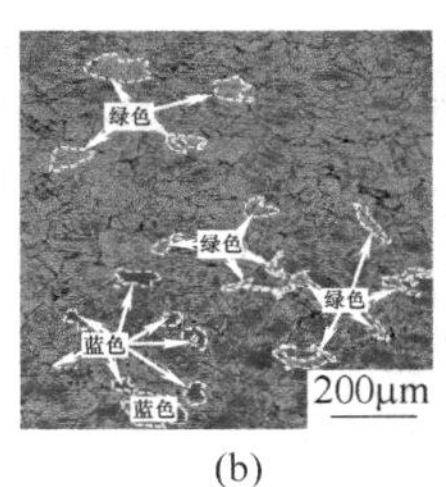

(b)

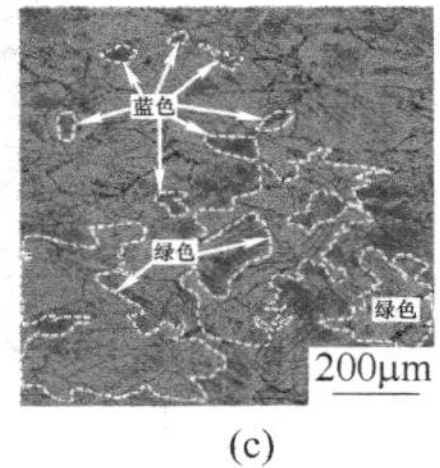

(c)

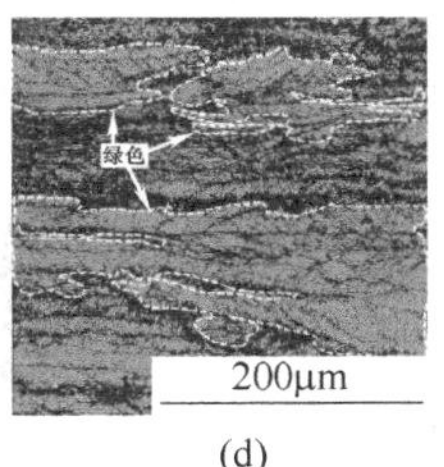

(d)

(e)

图3 不同条件下新型镍基变形高温合金的KAM分布图
(a) ST; (b) CR-30%; (c) CR-45%; (d) CR-70%; (e) CR-80%

图4显示了轧制态合金经相同制度的退火处理（1120℃/15h/WC）和时效处理（650℃/24h/AC+760℃/16h/AC）后的晶界类型分布和退火孪晶含量与晶粒尺寸演变图。由图4（a）~（f）可知，时效态合金组织由均匀的等轴晶和大量的退火孪晶组成。同时，随着冷轧变形量（ε）从0%增大到80%，相应的时效态合金中退火孪晶含量呈先减小后增大的趋势，且退火孪晶主要包括大

量贯穿整个晶粒（B型）、一端终止于晶内（C型）和晶界交角处（A型），以及少量孤立在晶粒内的“孤岛”型退火孪晶。图4（f）显示了退火孪晶含量与晶粒尺寸演变图。其中，包含孪晶的平均晶粒尺寸用 d_{eff} 表示，不包含孪晶的平均晶粒尺寸用 d 表示，可见退火孪晶具有细化晶粒的效果。

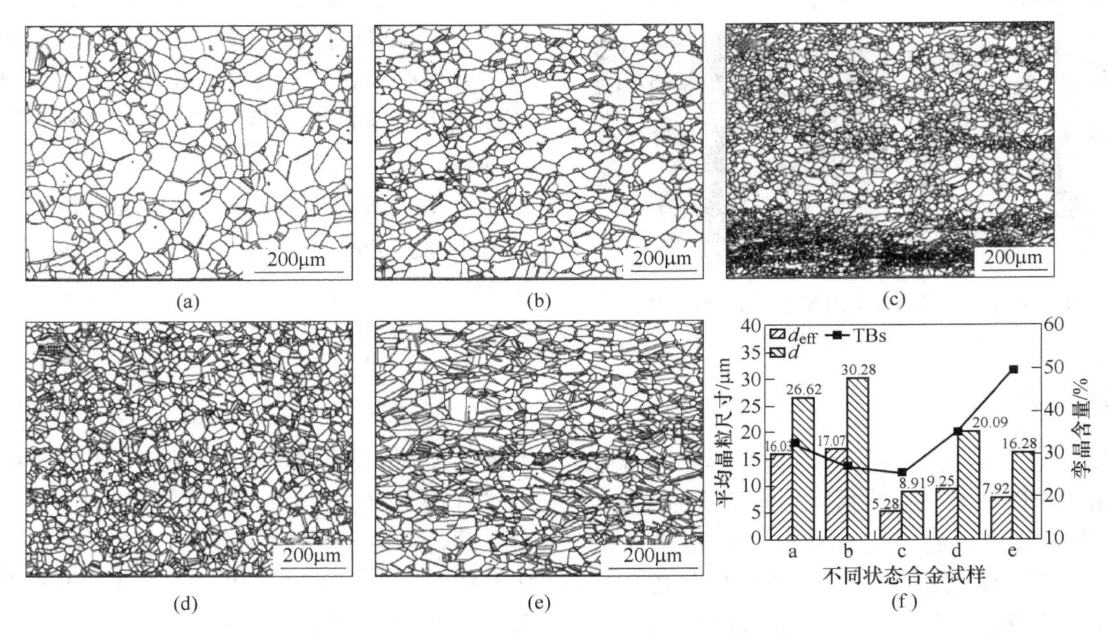

图4　不同条件下新型镍基变形高温合金的晶界类型分布及其含量与晶粒尺寸演变图
（a）ST-AT-DA；（b）CR-30%-AT-DA；（c）CR-45%-AT-DA；（d）CR-70%-AT-DA；
（e）CR-80%-AT-DA；（f）含量与晶粒尺寸演变图

图5显示了轧制态合金经相同制度的退火处理（1120℃/15h/WC）和时效处理（650℃/24h/AC+760℃/16h/AC）后γ′相的形貌及平均尺寸演变图。从图5（a）~（f）可以观察到，时效处理后析出细小均匀的γ′相弥散分布在γ基体上。

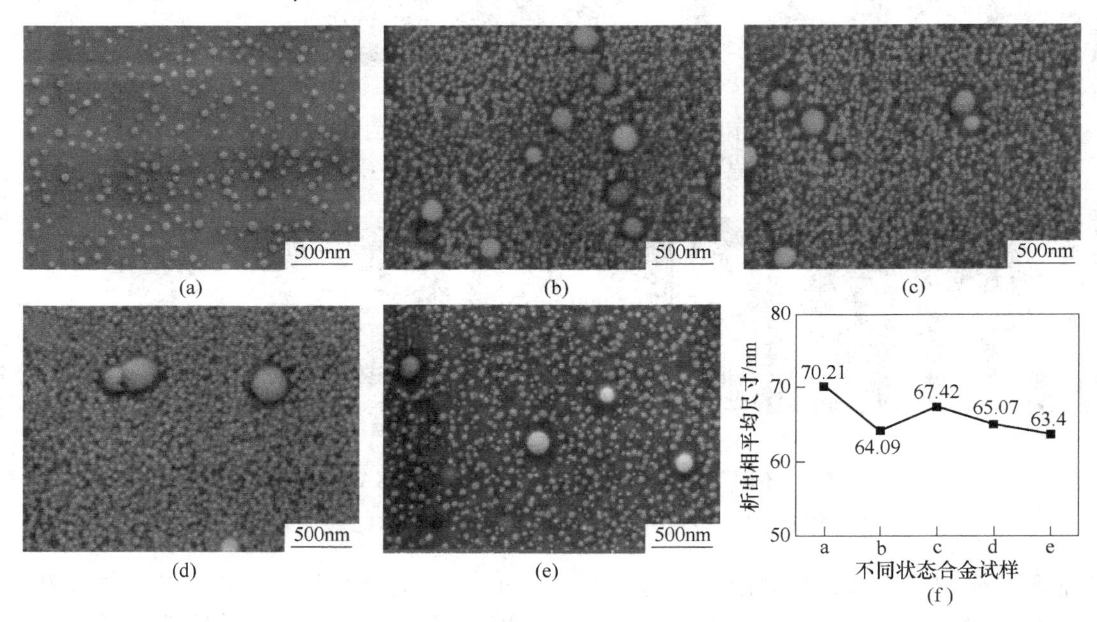

图5　不同条件下新型镍基变形高温合金中的γ′相形貌及平均尺寸演变图
（a）ST-AT-DA；（b）CR-30%-AT-DA；（c）CR-45%-AT-DA；（d）CR-70%-AT-DA；
（e）CR-80%-AT-DA；（f）平均尺寸演变图

2.3 “孪晶+γ′相”复合结构对新型镍基变形高温合金高温（760℃）拉伸性能的影响

图 6 是不同条件下新型镍基变形高温合金在 760℃的高温拉伸曲线及其屈服强度的演变规律图。可以观察到，具有“孪晶+γ′相”复合结构的镍基变形高温合金在 760℃拉伸时表现出优异的高温力学性能。与固溶态合金相比，轧制变形量 $\varepsilon=0\%$ 相应的时效态合金高温屈服强度从 733MPa 提高到 933MPa，塑性无明显的变化；当轧制变形量 $\varepsilon>0\%$ 时，相应的时效态合金高温屈服强度提高的同时伴随有塑性的明显提高。并且当轧制变形量 $\varepsilon=45\%$ 时，合金的高温屈服强度和塑性均具有最大值，合金实现高温强塑性的协同提高。此时，合金屈服强度（σ_y）达到 1220MPa，极限抗拉强度（σ_{uts}）达到 1272MPa，同时保持有 13.44%的塑性。

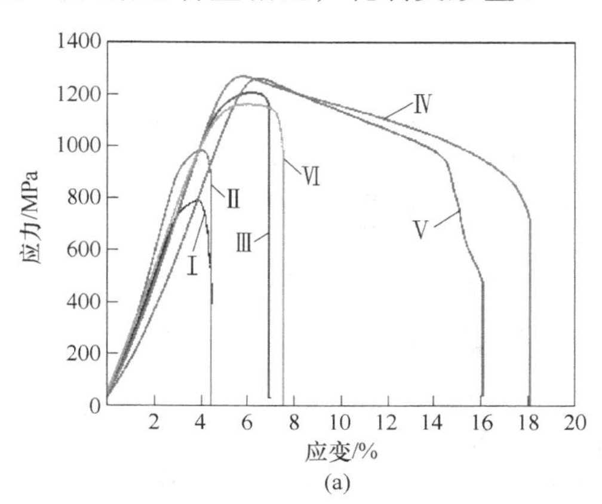

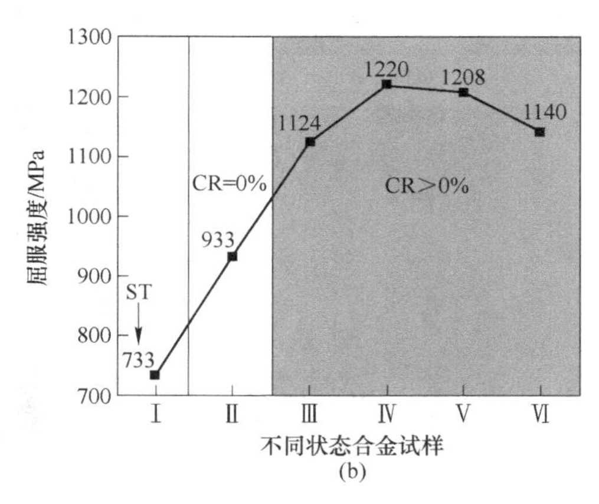

图 6　不同条件下新型镍基变形高温合金在 760℃的拉伸性能（a）及其屈服强度演变（b）图
Ⅰ—ST；Ⅱ—ST-AT-DA；Ⅲ—CR-30%-AT-DA；
Ⅳ—CR-45%-AT-DA；Ⅴ—CR-70%-AT-DA；Ⅵ—CR-80%-AT-DA

2.4 分析与讨论

固溶态镍基变形高温合金经轧制处理后晶内组织会发生变化，产生亚结构和形变孪晶等形变组织，促使位错运动阻力增加。当冷变形组织在 1120℃进行退火处理时，变形组织发生回复再结晶，晶粒通过晶界的迁移而长大，在晶界迁移时，由于原子密排面（111）面的堆垛顺序发生偶然错排，致使合金中出现一共格的孪晶界，当孪晶界迁移时就形成了退火孪晶[5]。而孪晶界是低能稳定的界面，其界面能约为普通大角度界面能的 1/10，故而具有低迁移率。因此，退火态合金中的退火孪晶界经过 650℃/24h/AC+760℃/16h/AC 的时效处理后具有良好的热稳定性。此外，时效处理后合金中析出大量纳米尺度的球状 γ′相弥散分布在 γ 基体上，形成“孪晶+γ′相”复合结构，提高了合金的高温力学性能。这归因于：（1）合金中细小的再结晶晶粒和孪晶界增加了晶界长度有效阻碍位错移动，从而提高合金的强度；（2）时效态合金中大量的 γ′相可以有效钉扎位错以阻碍位错的运动，同时，γ′相的边界也可以有效地作为位错运动的屏障，从而增强强度；（3）合金中孪晶引入的新界面减少了位错平均自由程[6]，使得孪晶界和位错的相互作用更加频繁[7]。

为了进一步探究“孪晶+γ′相”复合结构强化的镍基变形高温合金优异高温力学性能的来源，结合 TEM 技术对高温拉伸后的 ST-AT-DA 试样和 ST-CR-45%-AT-DA 试样进行微观组织分析。图 7 给出了 ST-AT-DA 试样拉伸后的微观组织，可以看出，退火孪晶界处以及 γ/γ′界面处存在位错塞积，如图 7（a）~（d）所示。这说明孪晶界和 γ′相能够阻碍位错运动，从而产生强化作用。结合图 7（d）(e）可知，位错切入大尺寸 γ′相形成孤立层错，而且连续层错贯穿 γ′相和 γ 基体。图 8 给出了 ST-CR-45%-AT-DA 试样拉伸后的微观组织。可以看出大尺寸 γ′相中形成孤立层错以及变形孪晶贯穿 γ′相和 γ 基体，如图 8（a)(b）所示。而且孪晶界附近富集位错，即孪晶界阻碍位错运动，如图 8（c）~（f）所示。从图 8（d)(e）可知，变形孪晶与连续层错共存且互相平行。因此，与 ST-AT-DA 试样相比，ST-CR-45%-AT-DA 试样高强度的来源可归因于高密度 γ′相、连续层错、退火孪晶和变形孪晶的形成并对可动位错的有效阻碍作用。高塑性的来源是孪晶在塑性变形过程中吸纳位错。

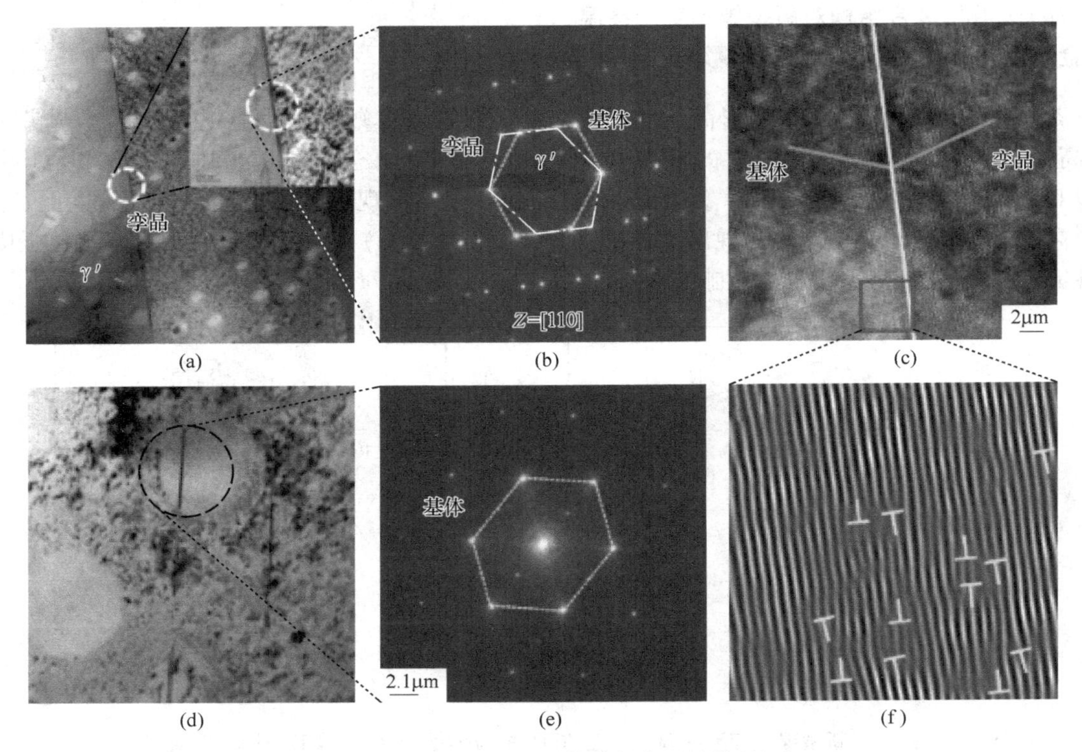

图 7　ST-AT-DA 试样 760℃拉伸性能后的微观组织

（a）退火孪晶形态的 TEM 图像；（b）图（a）中的 SAED 图案；（c）退火孪晶界的 HRTEM 图像；（d）孤立层错的 TEM 图像；（e）图（d）中的 SAED 图案；（f）图（c）中晶界形态的局部放大 FFT 图，其中位错用“T”标记

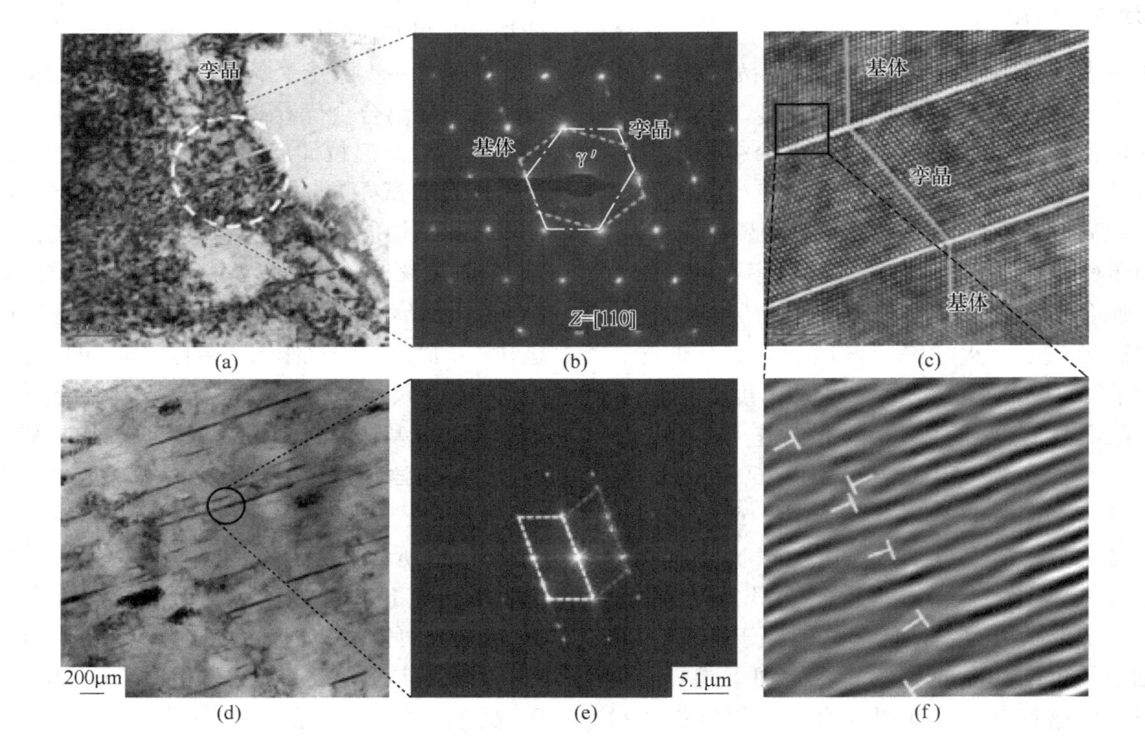

图 8　ST-CR-45%-AT-DA 试样 760℃拉伸性能后的微观组织

（a）变形孪晶形态的 TEM 图像；（b）图（a）中的 SAED 图案；（c）退火孪晶界的 HRTEM 图像；（d）变形孪晶形态的 TEM 图像；（e）图（d）中的 SAED 图案；（f）图（c）中晶界形态的局部放大 FFT 图，其中位错用“T”标记

3 结论

（1）沉淀强化型镍基变形高温合金中，可以通过轧制处理+退火处理+时效处理引入“孪晶+γ′相”复合结构。

（2）“孪晶+γ′相”复合结构强化的镍基变形高温合金具有优异的高温力学性能。

（3）通过预轧制及后续热处理有利于拉伸过程中变形孪晶的形成，从而导致合金的高温强度和塑性协同提高，实现强度-塑性协同。

参考文献

[1] Li Weiguo, Ma Jianzuo, Kou Haibo, et al. Modeling the effect of temperature on the yield strength of precipitation strengthening Ni-base superalloys [J]. International Journal of Plasticity, 2019, 116: 143~158.

[2] 杨乐，李秀艳，卢柯．材料素化：概念、原理及应用[J]. 金属学报，2017，53（11）：1413~1417.

[3] Gao H, Huang Y, Nix W D, et al. Mechanism-based strain gradient plasticity—I. Theory [J]. Journal of the Mechanics and Physics of Solids, 1999, 47 (5): 1239~1263.

[4] Kubin L P, Mortensen A. Geometrically necessary dislocations and strain-gradient plasticity: a few critical issues [J]. Scripta Materialia, 2003, 48 (2): 119~125.

[5] 夏爽，李慧，周邦新，等．金属材料中退火孪晶的控制及利用——晶界工程研究 [J]. 自然杂志，2010，32（2）：94~100.

[6] Beladi H, Timokhina I B, Estrin Y, et al. Orientation dependence of twinning and strain hardening behaviour of a high manganese twinning induced plasticity steel with polycrystalline structure [J]. Acta Materialia, 2011, 59 (20): 7787~7799.

[7] 韩基鸿，张洋，马亚玺，等．纳米孪晶强化合金制备技术与力学性能研究进展 [J]. 材料导报，2022，36（24）：117~130.

真空自耗电极尺寸对锭冠受电磁力作用的研究

侯志文[1*]，杨玉军[1]，于腾[1]，王骁楠[1]，董艳伍[2]，姜周华[2]，刘福斌[2]

（1. 抚顺特殊钢股份有限公司技术中心，辽宁 抚顺，113001；
2. 东北大学冶金学院，辽宁 沈阳，110819）

摘　要：本研究通过建立包含真空自耗电极、电弧、铸锭以及锭冠的二维轴对称数学模型，研究白斑前驱体锭冠的脱落机理以及真空自耗电极尺寸对其脱落的影响。模拟结果表明，锭冠的脱落机理为：锭冠内周向磁感应强度（沿纸面向内）与轴向向上的电流共同产生了沿径向向内的电磁力，该电磁力推动锭冠脱离结晶器内壁并使其发生倒伏和折断，最终锭冠进入金属熔池，未完全熔化的锭冠极易被结晶前沿的糊状区捕捉，从而形成白斑缺陷。使用相同尺寸的结晶器，真空自耗电极直径越大，径向电磁力越强，锭冠掉落的概率越大。

关键词：真空自耗炉；锭冠；电磁力；白斑

真空自耗重熔具备强脱气（N_2 和 O_2）和定向凝固的功能，广泛应用于制备高温合金、钛合金和钢等高附加值合金。白斑是高温合金在真空自耗重熔过程形成的主要冶金缺陷，白斑的形成会影响到高温合金零部件的服役寿命和可靠性[1]，控制白斑的形成对高温合金零部件服役的安全性和可靠性起着至关重要的作用。A. Soller 发现真空自耗过程中锭冠、格架和凸环都可能成为白斑的来源[2]。图 1 的锭冠形貌与铸锭的白斑形貌的相似性，证实了脱落的锭冠是白斑形成的原因之一。众多学者研究了电极直径轴向均匀性[3]、电弧运动方式[4,5]、熔速[6]、自耗电极焊缝及裂纹[3]对白斑形成的影响。国外研究[7]结果表明：流经锭冠的电流占总电流的 30%~45%，锭冠将受到自感磁场和流经电流共同作用产生的电磁力，但锭冠的受力尚未有深入分析。Karimi-sibaki. E 通过数值模拟真空自耗冶炼过程多物理场分析了外磁场对金属熔池深度的影响[8]。因此，本文应用有限体积软件计算真空自耗冶炼过程中锭冠受力情况并分析自耗电极直径对锭冠径向电磁力及锭冠掉落的影响。

(a)　　(b)

图 1　锭冠的形貌（a）与铸锭内白斑形貌（b）

1　真空自耗重熔数值模型

图 2 为真空自耗重熔模型示意图，该模型主要包括自耗电极、锭冠、结晶器和铸锭。真空自耗重熔过程包括电场、磁场、流场和温度场，锭冠为固体，因此仅对真空自耗重熔过程的电磁场进行分析，涉及电场方程见式（1）~式（6）。

* 作者：侯志文，联系电话：15242303206，E-mail：707864162@qq. com

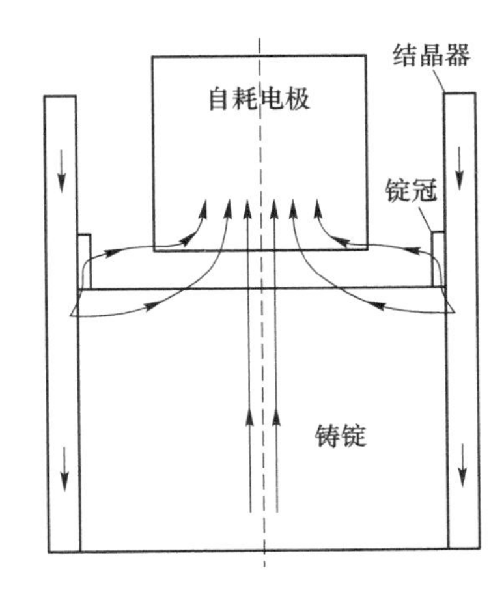

图 2 真空自耗重熔模型示意图

欧姆定律：$\boldsymbol{J}(l,t)=\sigma \boldsymbol{E}$ (1)

安培环路定律：$\nabla\times \boldsymbol{H}=\boldsymbol{J}(l,t)$ (2)

电场环路定律：$\nabla\times \boldsymbol{E}=-\dfrac{\partial \boldsymbol{B}}{\partial t}$ (3)

磁场高斯定律：$\nabla\cdot \boldsymbol{B}=0$ (4)

磁矢势方程：$\nabla\times \boldsymbol{A}=\boldsymbol{B}$ (5)

库仑规范[9]：$\nabla\cdot \boldsymbol{A}=0$ (6)

洛伦兹定律：$\boldsymbol{F}=\boldsymbol{J}\times \boldsymbol{B}$ (7)

通过自定义函数（user defined functions）设定边界条件，应用标量方程（user defined scalars）计算电势方程和磁矢势方程以求解电磁场。

自耗重熔工艺参数和模型尺寸如表 1 所示，结晶器直径为 508mm，自耗电极与金属熔池顶部的间距为 10mm，总电流为 6000A。为研究真空自耗电极尺寸对锭冠受力及掉落的影响，case 1 至 case 4 的自耗电极直径从 430mm 依次降低至 400mm。

表 1 自耗重熔模型尺寸及工艺参数

工艺	case 1	case 2	case 3	case 4
自耗电极直径 /mm	430	420	410	400
结晶器直径 /mm	508	508	508	508
电弧间隙/mm	10	10	10	10
总电流 /A	6000	6000	6000	6000

2 数值模拟结果

为简化描述，以自耗电极直径为 430mm 的 case 1 数值仿真结果进行介绍。

自耗工艺的电流分布如图 3（a）所示，通过结晶器壁进入自耗电极的电流路径分为三条：(1) 结晶器壁→铸锭底部→铸锭→电弧→自耗电极；(2) 结晶器壁→铸锭侧壁接触区域→铸锭→电弧→自耗电极；(3) 结晶器壁→铸锭侧壁接触区域→锭冠→电弧→自耗电极。

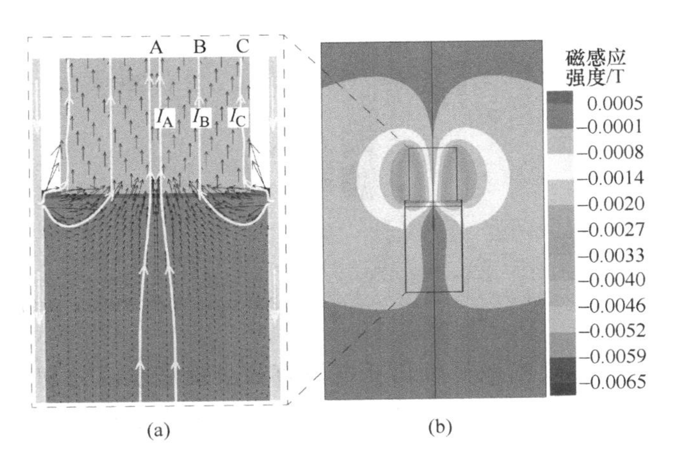

图 3 真空自耗冶炼多物理场

（a）电流分布；

（b）磁感应强度（轴线右侧垂直纸面向内，左侧向外）

自耗工艺体系内的电流产生的磁感应强度是由磁矢势法计算得出，自耗电极底部区域的磁感应强度较大，如图 3（b）所示。轴线右侧锭冠内的磁感应强度垂直纸面向内，轴线左侧锭冠内的磁感应强度垂直纸面向外。对轴线右侧进行分析，在径向上，从轴线至自耗电极表面磁感应强度（大小）逐渐增加，沿径向远离自耗电极表面，磁感应强度逐渐降低。自耗电极表面的磁感应强度分布规律与安培环路定律基本一致，证实了模拟结果的准确性。

由图 4（a）可知，锭冠内电流沿轴向向上流动，轴向向上的电流与垂直面向内的磁感应强度在锭冠内共同作用产生沿径向向内的电磁力，如图 4（b）所示。自耗电极的直径为 430mm 时，锭冠内的电流密度高达 $2.41\times10^5 A/m^2$，电磁力值的最大值超过 $1500N/m^3$，该电磁力推动锭冠脱离结晶器内壁并使其发生倒伏和折断，最终锭冠进入金属熔池，未完全熔化的锭冠极易被结晶前沿的糊状区捕捉，从而形成白斑缺陷，较大的径向电磁力增大了锭冠掉落的概率。

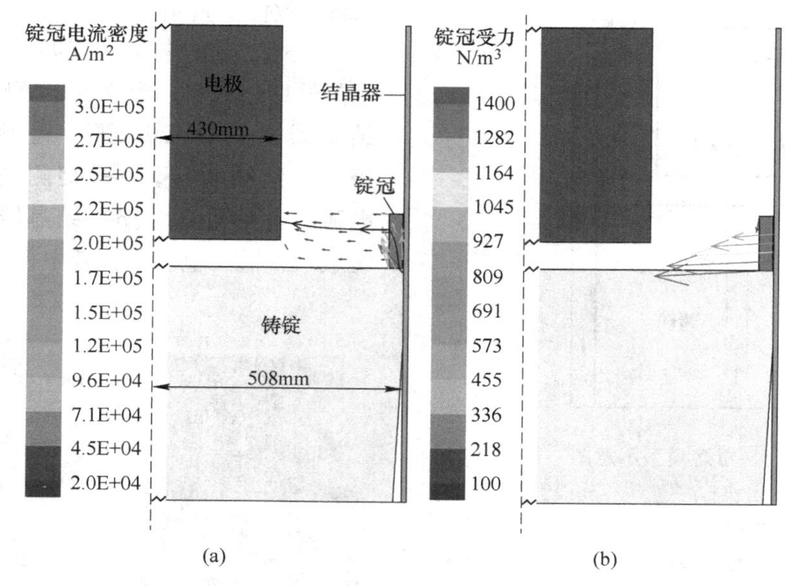

图 4 自耗电极直径 430mm 时锭冠的电流密度（a）和电磁力（b）

为清晰地显示自耗电极直径对锭冠电磁力和锭冠掉落的影响，将锭冠电磁力的最大值进行提取分析如图 5 所示。电极尺寸由 430mm 降低至 400mm 后，铸锭内电流密度的降低使径向电磁力降低至 477N/m^3。降低自耗电极尺寸有助于减小径向电磁力，有助于抑制锭冠倒伏和折断的发生，降低锭冠的掉落概率，从而减少了由锭冠掉落导致的白斑缺陷。自耗电极尺寸由 430mm 降低至 420mm 时，锭冠内径向电磁力降幅大；继续降低电极尺寸，该电磁力降幅较为平缓，高温合金的生产结果证实降低自耗电极尺寸有助于降低白斑发生的概率。大幅减少自耗电极会使填充比减小，电弧覆盖金属熔池液面占比减少，热量集中，熔池深度增加，增加元素偏析。因此自耗电极的尺寸应在 410~420mm 范围内。

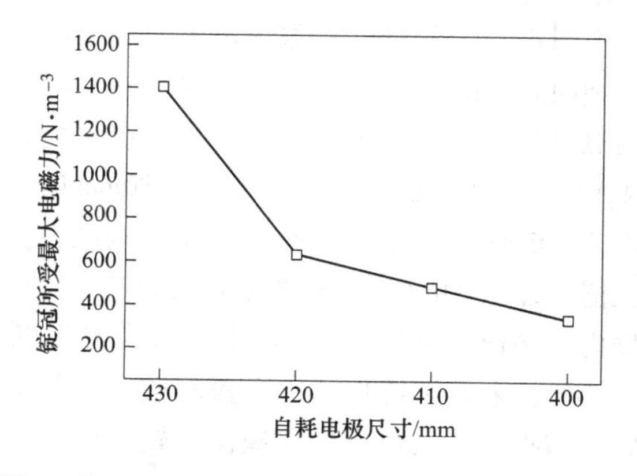

图 5 锭冠所受电磁力最大值随自耗电极尺寸的变化

3 结论

通过建立包含真空自耗电极、电弧、铸锭、锭冠和结晶器的真空自耗重熔的数值模型，揭示了锭冠的掉落机理，阐明了自耗电极尺寸对锭冠受力及掉落的影响。

（1）模拟结果表明掉落机理为：锭冠内沿轴向向上的电流与沿纸面向内的磁感应强度共同作用产生了径向向内的电磁力，该电磁力推动锭冠脱离结晶器内壁并使其发生倒伏和折断，最终锭冠进入金属熔池，未完全熔化的锭冠极易被结晶前沿的糊状区捕捉，从而形成白斑缺陷。

（2）当自耗电极尺寸为 430mm 时，锭冠径向向内的电磁力超过 1500N/m^3。降低自耗电极尺寸，有助于降低锭冠内径向向内的电磁力，从而抑制锭冠的倒伏和折断，减少白斑的形成概率。综合电极尺寸对铸锭凝固质量的应影响，电极尺寸应控制在 410~420mm。

参考文献

[1] 于腾，杨玉军，宋彬，等. 真空电弧重熔过程中白斑缺陷的成因分析［J］. 金属功能材料，2022，29（2）：28~33.

[2] Soller A，Jardy A，Larue R，et al. Behaviour of Discrete White Spot Precursors in a VAR Liquid Pool［C］// LMPC，2005，187~196.

[3] Robert M. Aikin Jr. and Philip K, et al. The Interaction of Melt Control Strategy and Electrode Discontinuities in Vacuum Arc Remelting [C]//LMPC, Santa, Fe, 2005, 212~215.

[4] Zanner F, Williamson R, Erdmann R, et al. On the Origin of Defects in VAR Ingots [C]//LMPC, 2005, 197~211.

[5] Ward R M, Daniel B, Siddall R J, et al. Ensemble Arc Motion and Solidification During the Vacuum Arc Remelting of a Nickel-based Superalloy [C]//LMPC, 2015, 178~185.

[6] Hans S, Ryberon S, Poisson H, et al. Industrial Applications of VAR Modelling for Special Steels and Nickel-base Superalloys [C]//LMPC, 2015, 181~186.

[7] Risacher A, Chapelle P, Jardy A, et al. Electric current partition during vacuum arc remelting of steel: An experimental study [J]. Journal of Materials Processing Technology, 2013, 213 (2): 291~299.

[8] Karimi-sibaki E, Kharicha A, Abdi M, et al. A Numerical Study on the Influence of an Axial Magnetic Field (AMF) on Vacuum Arc Remelting (VAR) Process [J]. MMTB, 2021, 52B, 3354~3362.

[9] Song H, Ida N. An eddy current constraint formulation for 3D electromagnetic field calculations [J]. IEEE Transactions on Magnetics, 1991, 27 (5): 4012~4015.

GH4169合金锻造盘件微观条带组织成因分析

信昕[1*]，李昌永[2]，梅飞强[3]，刘芳[1]，徐忻垚[4]，赵兴东[2]，谭志刚[2]，孙文儒[1]

（1. 中国科学院金属研究所高温结构材料研究部，辽宁 沈阳，110016；
2. 中国航发沈阳黎明航空发动机有限责任公司，辽宁 沈阳，110043；
3. 空装驻沈阳地区第二军事代表室，辽宁 沈阳，110043；
4. 西北工业大学伦敦玛丽女王大学工程学院，陕西 西安，710072）

摘 要：对GH4169合金锻造盘件金相试样在化学腐蚀后出现的微观条带组织进行了研究，结果发现微观条带组织由深色条形区域和浅色条形区域相间分布形成，深色区域晶粒尺寸略细于浅色区域，δ相析出的数量也略多于浅色区域。有条带试样经1040℃×40min固溶处理后，晶粒发生长大，δ相完全溶解，条带组织消除；再经过910℃×4h热处理后，δ相大量析出，出现条带组织，深色区域δ相析出数量和Nb元素含量都高于浅色区域。上述研究结果表明GH4169合金锻造盘件中的微观条带组织成因为Nb元素的微区偏析。

关键词：GH4169合金；锻造盘件；微观条带；δ相；元素偏析

GH4169合金是一种Ni-Cr-Fe基的时效型变形高温合金，由于具有良好的力学性能、热加工性能和抗腐蚀性能，被广泛应用于航空发动机的涡轮盘等重要的热端转动部件中，该合金也是目前世界上用量最大的变形高温合金[1~5]。近年来，在一些GH4169合金锻造盘件上陆续发现了微观条带组织，这种组织在低倍检测时很难被发现，高倍组织观察也极不易被发现，仅制备成金相样品经腐蚀后在金相显微镜下低倍25倍左右才能隐约被观测到，其成因不明确。针对这一问题，本文对GH4169合金锻造盘件中的条带组织进行了分析，探寻了条带组织形成的原因。

1 试验材料及方法

试验用试样取自GH4169合金锻造盘件，该盘件为三联冶炼的ϕ250mm大棒材采用直接时效工艺制备成，盘件主要元素成分如表1所示。锻造盘件经过直接时效热处理后，在辐板、轮缘、轮毂等部位的7个位置采用线切割切取15mm×15mm×15mm的金相样品，对所取样品对应的盘件径轴面进行磨制、抛光后，采用5g氯化铜+100mL酒精+100mL水的混合腐蚀液进行化学腐蚀，在光学显微镜25倍镜头下进行观察，判断各个位置是否存在条带组织。

针对未出现条带组织和存在条带组织的样品进行了热处理，首先对试样进行了1040℃×40min固溶处理，消除此前组织中的δ相，并观察条带组织是否消除，之后在固溶处理基础上再进行910℃×4h处理，使得δ相大量析出，通过δ相分布情况分析其是否存在Nb元素偏析情况。通过光学显微镜对试样的组织进行了观察，采用扫描电镜能谱分析对不同区域的元素进行了微区成分分析。

表1 试验合金化学成分

（质量分数,%）

元素	C	Cr	Mo	Nb	Ti	Al	Ni	Fe
含量	0.024	17.91	3.04	5.42	1.05	0.51	53.9	余量

2 试验结果及分析

对从盘锻件切取的不同部位金相样品进行了25倍组织观察，在7个样品中的2个样品观察到了条带组织。有条带组织试样光学显微镜25倍下观察可见相间分布的深色和浅色条状区域

*作者：信昕，副研究员，联系电话：024-23971325，E-mail：xxin@imr.ac.cn

(图 1 (a))。放大至 500 倍下观察，深色区域和浅色区域的晶粒都为等轴晶，再结晶状态良好，浅色区域的晶粒尺寸略粗于深色区域。δ 相呈短棒和颗粒状析出，浅色区域 δ 相数量略少于深色区域（图 1 (b))。无条带组织试样在 25 倍光学显微镜下观察无深浅条带（图 1 (c))，放大倍数至 500 倍晶粒尺寸都较为均匀，δ 相呈短棒和颗粒状析出，各个区域未见差异（图 1 (d))。由此可见，显微条带的形成主要是由于晶粒尺寸和 δ 相析出的差异造成。

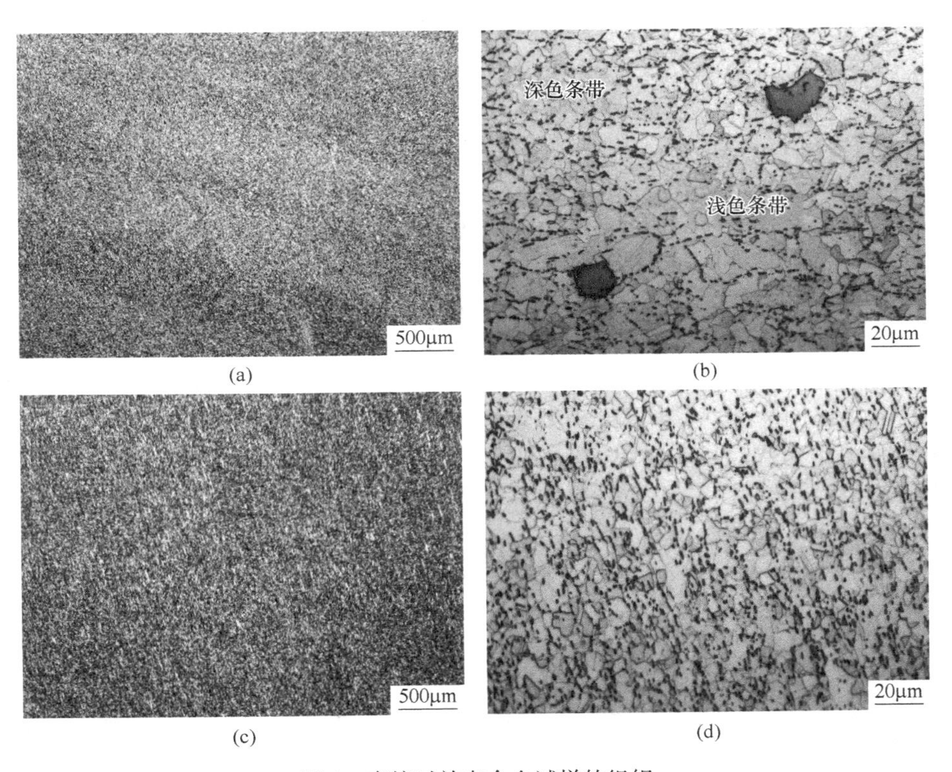

图 1 直接时效态合金试样的组织

(a),(b) 条带组织试样；(c),(d) 无条带组织试样

此前的研究在锻造的 GH4169 合金锻造叶片中发现了宏观黑色腐蚀条带组织，经研究发现黑色条带位置 δ 相大量析出并聚集，经分析主要与 Nb 元素的偏析和锻造大变形有关[6]。由此推断本研究中的微观条带组织应该也与元素的偏析及变形行为有关，为验证上述推断，将有条带组织试样和无条带组织试样进行 1040℃×40min 处理，以溶解 δ 相并消除热变形应力[4]。经过高温固溶处理后的试样组织如图 2 所示，无条带试样和有条带试样在光学显微镜 25 倍观察下都未观察到条带组织，放大倍数后可见 δ 相完全溶解，由于失去晶界 δ 相的钉扎作用，晶粒发生明显长大，晶粒尺寸由初始态的 11～12 级长大至 7～8 级。

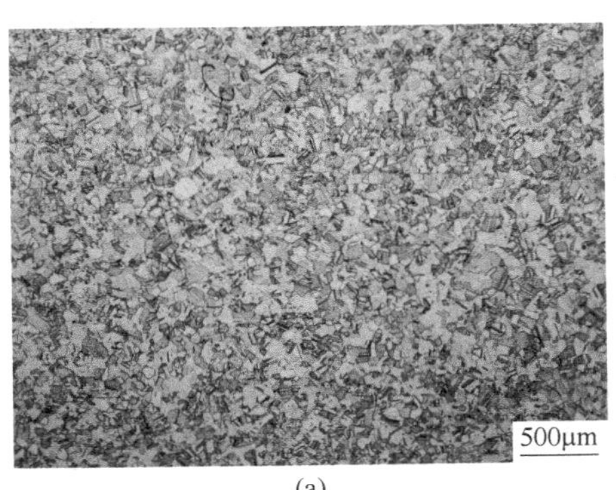

(a)

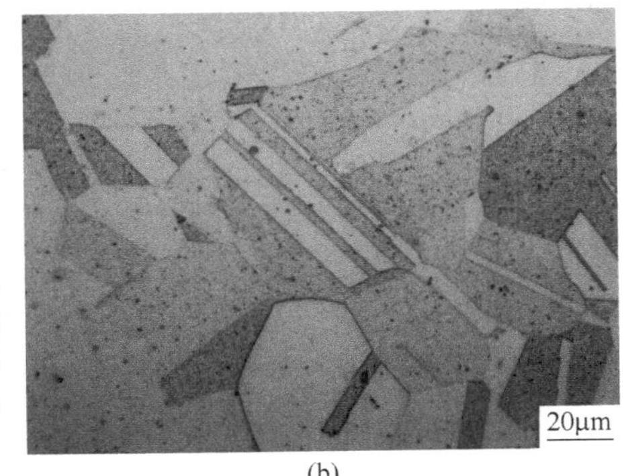

(b)

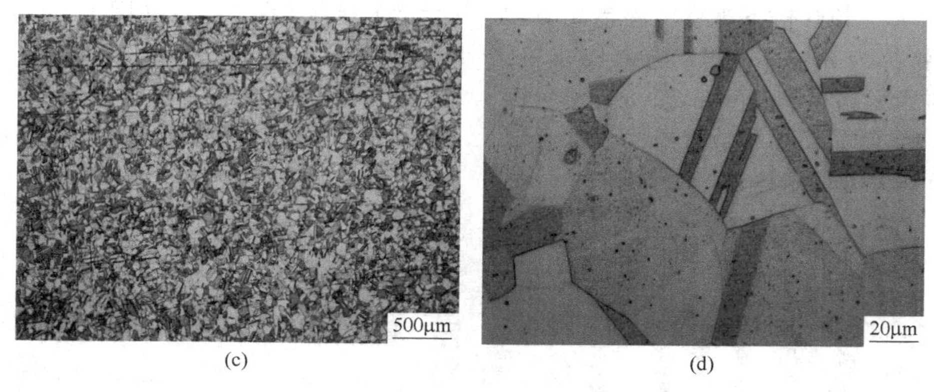

图 2　1040℃×40min 热处理后的试样组织

(a)，(b) 条带组织试样；(c)，(d) 无条带组织试样

之后将高温固溶后的试样进行 910℃×4h 保温热处理，910℃在 δ 相析出峰温度附近[3,4]，通过在此温度下保温可使得 δ 相大量析出。由于 δ 相富含 Nb 元素，因此 δ 相析出的差异可表征各个区域 Nb 元素的分布差异。经过 910℃×4h 保温处理后的试样组织如图 3 所示，无条带组织试样保温处理后仍未观察到条带组织，放大倍数可见大量 δ 相析出，δ 相分布均匀，说明 Nb 元素分布较为均匀。有条带组织试样经保温处理后再次出现条带组织，放大倍数后可见深色条状区域有大量 δ 相析出，浅色条状区域几乎无 δ 相析出。

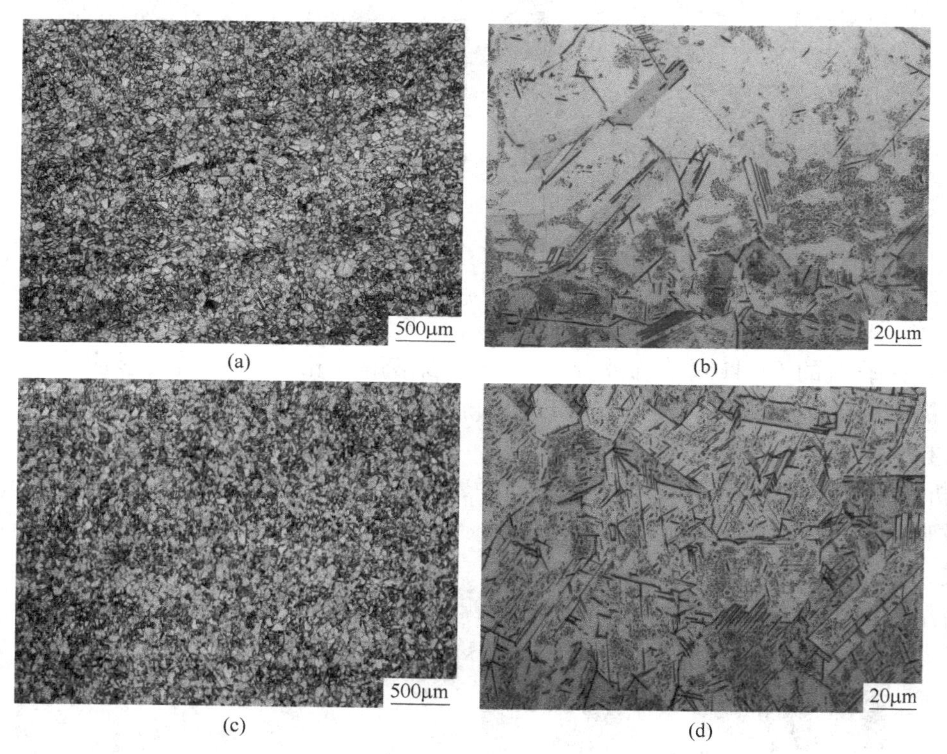

图 3　1040℃×40min+910℃×4h 热处理后的试样组织

(a)，(b) 条带组织试样；(c)，(d) 无条带组织试样

通过能谱分析对有条带组织试样的深色区域和浅色区域进行了微区成分分析，同时也随机对无条带组织试样的不同区域进行了微区成分分析，结果如表 2 所示。无条带试样随机分析的各个微区 Nb 含量差异不大，偏析系数 K（检测到的最高 Nb 含量与最低 Nb 含量的比值）为 1.02，不存在明显的微区偏析。有条带试样深色区域 Nb 含量明显高于浅色区域，偏析系数 K 为 1.18，存在轻微

的偏析。上述结果表明在本研究中的锻造盘件微观条带组织主要是由微区的 Nb 偏析造成的。

表 2 能谱微区成分分析结果

（质量分数,%）

试样	分析位置	Al	Ti	Cr	Fe	Ni	Nb	Mo
有条带组织试样	浅色区域	0.47	1.07	17.58	16.80	50.70	5.46	2.90
	深色区域	0.47	1.08	17.02	16.39	50.12	6.36	3.06
无条带组织试样	区域 1	0.53	0.99	17.62	17.09	50.06	5.54	3.03
	区域 2	0.46	1.09	17.41	16.87	49.93	5.69	2.96
	区域 3	0.46	1.01	17.64	17.13	50.11	5.60	2.93

GH4169 合金中的 Nb 含量较高，为强偏析元素，且高温扩散速率较慢[7]。后续的高温长时均匀化处理虽然可以基本消除 Nb 偏析，但当局部区域在冶炼凝固过程中 Nb 元素偏析较为严重时，仍可存在微区的小幅度偏析。这种微区偏析在后续的热加工和热处理中都很难消除，遗传至盘件中，使得盘件局部区域出现微观条带组织。因此要有效消除条带组织，应主要以优化均匀化制度为主，适当提高高温扩散热处理阶段的保温温度和保温时长，以促进 Nb 元素的进一步扩散，消除微观偏析。目前并无证据显示这种微观条带组织对性能造成明显的恶化，其对性能的影响仍需进一步的研究。

3 结论

（1）GH4169 合金锻造盘件化学腐蚀后形成的微观条带组织由深色条形区域和浅色条形区域相间分布形成，深色区域晶粒尺寸略细于浅色区域，δ 相析出的数量略多于浅色区域。

（2）有条带试样经 1040℃×40min 固溶处理后，晶粒发生长大，δ 相完全溶解，条带组织消除；再经过 910℃×4h 热处理后，δ 相大量析出，再次出现条带组织，深色区域 δ 相析出数量和 Nb 元素含量都高于浅色区域。上述结果表明，GH4169 合金锻造盘件中的微观条带组织成因为 Nb 元素的微区偏析。

参考文献

[1] Zhang Yiting, Lan Liangyun, et al. Effect of precipitated phases on the mechanical properties and fracture mechanisms of Inconel 718 alloy [J]. Materials science & engineering A, 2023, 864, 144598, on-line.

[2] 庄景云，杜金辉，等．变形高温合金 GH4169 [M]. 北京：冶金工业出版社，2006.

[3] 王建国，刘东，等．GH4169 合金晶界 δ 相析出的动力学分析 [J]. 稀有金属材料与工程，2019，48（4）：1148.

[4] 刘永长，郭倩颖，等．Inconel 718 高温合金中析出相演变研究进展 [J]. 金属学报，2016，52（10）：1259.

[5] Xu Xiaoyan, Ma Xiangdong, Wang Hong, et al. Characterization of residual stresses and microstructural features in an Inconel 718 forged compressor disc [J]. Trans. Nonferrous Met. Soc. China, 2019, 29: 569.

[6] 田成刚，徐瑶，王妙全，等．GH4169 合金锻造叶片腐蚀条带研究 [J]. 热加工工艺，2022，51（21）：网络发表．

[7] 宋洪伟．磷对 IN718 合金组织演化和力学性能的影响 [D]. 沈阳：中国科学院金属研究所，1999.

碳对 Ni-Cr-W-Mo 合金组织及性能的影响

侯智鹏[1*]，鞠泉[2]，赵欣[1]，曹秀丽[1]，吴静[1]，田沛玉[1]，马天军[1]

（1. 宝武特种冶金有限公司技术中心，上海，200940；
2. 钢铁研究总院，北京，100081）

摘　要：采用真空感应+电渣重熔工艺冶炼、经锻造和热挤压制备了含碳量为 0.04%、0.08%及 0.12%、外径为 320mm、内径为 280mm 的 Ni-Cr-W-Mo 合金管。对合金管进行了 1160~1250℃保温 20min 固溶热处理后水冷，研究含碳量对其显微组织及力学性能的影响。试验结果表明：合金管原始晶粒细小且晶内存在大量孪晶，碳化物弥散分布；经相同温度固溶热处理后，随着碳含量的提高，晶粒尺寸逐渐减小；碳含量相同的条件下，随着固溶温度的提高，晶粒均发生长大；该合金中碳化物类型主要为 M_6C 及 $M_{23}C_6$ 型碳化物，弥散分布于晶内及晶界；随着碳含量的提高，其碳化物数量提高。合金管经 1220℃×20min 固溶热处理后水冷，随着碳含量的增加，该合金管的室温强度呈现先降低后增加趋势，室温拉伸断后伸长率呈降低趋势；927℃、80MPa 条件下持久时间及断后伸长率呈现先升高后降低趋势。

关键词：碳含量；Ni-Cr-W-Mo 合金；显微组织；力学性能

Ni-Cr-W-Mo 合金一种固溶强化型镍基变形高温合金，该合金添加较高含量的碳元素，也是一种碳化物强化的镍基变形高温合金[1~3]。该合金具有优异的高温强度、优良的抗氧化性能以及优良的长期组织热稳定性，合金中添加微量镧元素[4]，其长时氧化环境中使用温度可高达 1150℃。同时，该合金具有优良的成型和焊接性能，可以在某温度下保持加热一段时间后进行热加工锻、轧、挤压成型。由于其具有良好的延展性，因此该合金也很容易通过冷加工成型。经过热加工或冷加工的产品经固溶或退火处理后，其组织状态可快速回复再结晶，可得到性能优良的产品或零部件。同时，该合金可以通过钨极气体电弧、气体金属电弧、电阻焊等多种技术进行焊接，可焊接性能良好。

该合金主要应用于航空发动机、地面燃气轮机、石油化工工业及工业加热领域中的一些零部件[5]，经查阅相关资料，针对该合金管材含碳量对其显微组织和力学性能的报道鲜为人知。本文主要介绍了 Ni-Cr-W-Mo 合金管材在不同含碳量条件下，其显微组织及力学性能随碳含量差异的变化趋势。

1　试验材料及方法

试验用材料采用真空感应炉进行一次熔炼，浇注电极规格为 ϕ290mm，并经电渣炉重熔成为 3 种碳元素含量的 ϕ370/400×1400mm 电渣锭，其电渣重熔冶炼代号分别为 1 号、2 号、3 号，各编号化学成分如表 1 所示。

表 1　Ni-Cr-W-Mo 合金管材化学成分

（质量分数，%）

代号	C	Mn	Si	S	P	Ni	Cr	W
1 号	0.04	0.75	0.55	0.001	0.003	余量	22.00	14.00
2 号	0.08	0.74	0.56	0.001	0.003	余量	22.00	14.00
3 号	0.12	0.75	0.55	0.001	0.003	余量	22.00	14.00
代号	Mo	Co	Al	Ti	La	Cu	B	Fe
1 号	0.80	0.50	0.25	0.01	0.030	0.01	0.005	0.15
2 号	0.81	0.50	0.25	0.01	0.029	0.01	0.005	0.14
3 号	0.80	0.50	0.25	0.01	0.031	0.01	0.004	0.15

* 作者：侯智鹏，主任研究员（产品研发），联系电话：13040648369，E-mail：houzhipeng@baosteel.com

电渣锭经室式炉随炉升温至某温度后保温一定时间，采用 2000t 快锻机经多火次拔长，锻造成 ϕ200mm 管坯，终锻温度≥900℃；通过挤压机热挤压，制成内径 ϕ280mm、外径 ϕ320mm、壁厚 δ4mm 管材。合金管平头尾后，从两端部切取高倍试样及纵向力学性能试样，经一定固溶温度处理后进行室温拉伸及高温持久性能的测试；采用光学显微镜和扫描电镜观察其高倍组织。

2 试验结果

2.1 碳含量对晶粒度的影响

1 号、2 号、3 号合金的碳含量依次为 0.04%、0.08%、0.12%，1~3 号成分合金管晶粒度分别为 7 级、9 级、9 级，如图 1 所示，原始态晶粒整体均匀细小，并且晶内存在大量孪晶，同时碳化物分布较均匀。

(a)

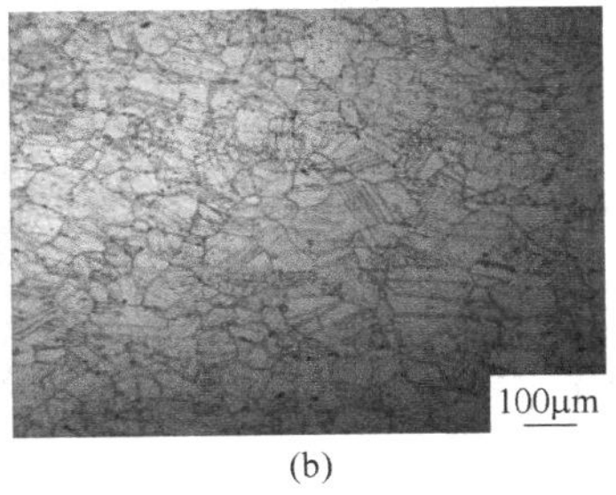

(b)

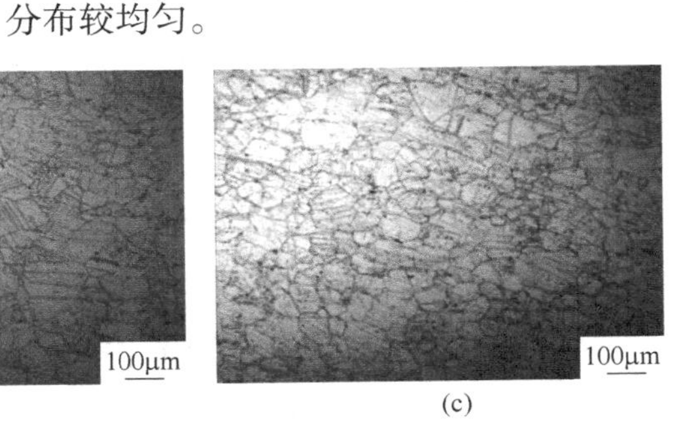

(c)

图 1 1、2、3 号合金管的晶粒度

(a) 1 号；(b) 2 号；(c) 3 号

针对以上三种碳含量的合金管进行固溶热处理，观察其晶粒度随固溶温度变化趋势。选取 1160~1250℃每间隔 10℃进行固溶热处理，时间为 20min，然后进行水冷，观察其晶粒度。固溶处理后，1~3 号合金管晶粒度均随着固溶温度的升高而逐渐长大，晶粒度等级逐渐降低；同时，在相同温度及时间的热处理状态下，随着碳含量的增加，晶粒度等级也逐渐增大。试验表明，含碳量对合金管固溶处理后的晶粒尺寸有明显影响，晶粒度等级变化随固溶温度变化趋势如图 2 所示。

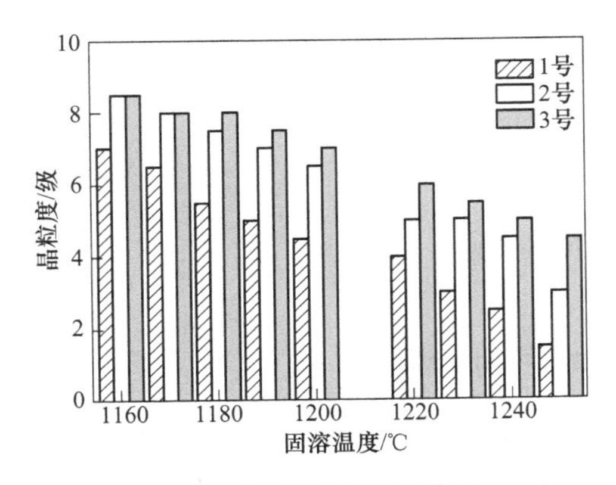

图 2 不同温度固溶处理的合金管的晶粒度

2.2 碳含量对显微组织的影响

图 3 所示为 1 号、2 号、3 号合金管经 1180℃×20min 固溶热处理后水冷，观察其显微组织；含碳量为 0.04%、0.08%、0.12%原始态试样经固溶处理后，其晶粒度等级分别为 4.0~4.5，4.5~5.5，6.0~6.5 级，正如 2.1 节中图 2 所示。

由图 3 可见，随着碳含量的提高，合金中碳化物数量逐步增加，固溶处理态的晶粒尺寸变小；同时碳化物主要弥散分布于晶粒内部，少量分布于晶界。

经扫描电镜能谱分析，Ni-Cr-W-Mo 合金中碳化物类型主要为富含 W、Cr 元素的 M_6C 及 $M_{23}C_6$ 型碳化物，其中白色碳化物为富 W 碳化物，但碳化物中同时含有相当含量的 Cr 元素，灰色碳化物为富 Cr 的碳化物，同时该碳化物中 W 含量也很高，如图 4 所示。不同碳含量的三种合金中除碳化物数量有区别外，其碳化物类型并无区别。

随着碳含量的提高，其碳化物数量增加，相应的相同体积的高倍视场中，其碳化物体积分数也相应增加。经统计，1 号、2 号、3 号成分合金的碳化物体积比大约为：0.57% ：1.58% ：3.35%＝1 ：3 ：6，表明随着碳含量的增加，碳化物含量提高。

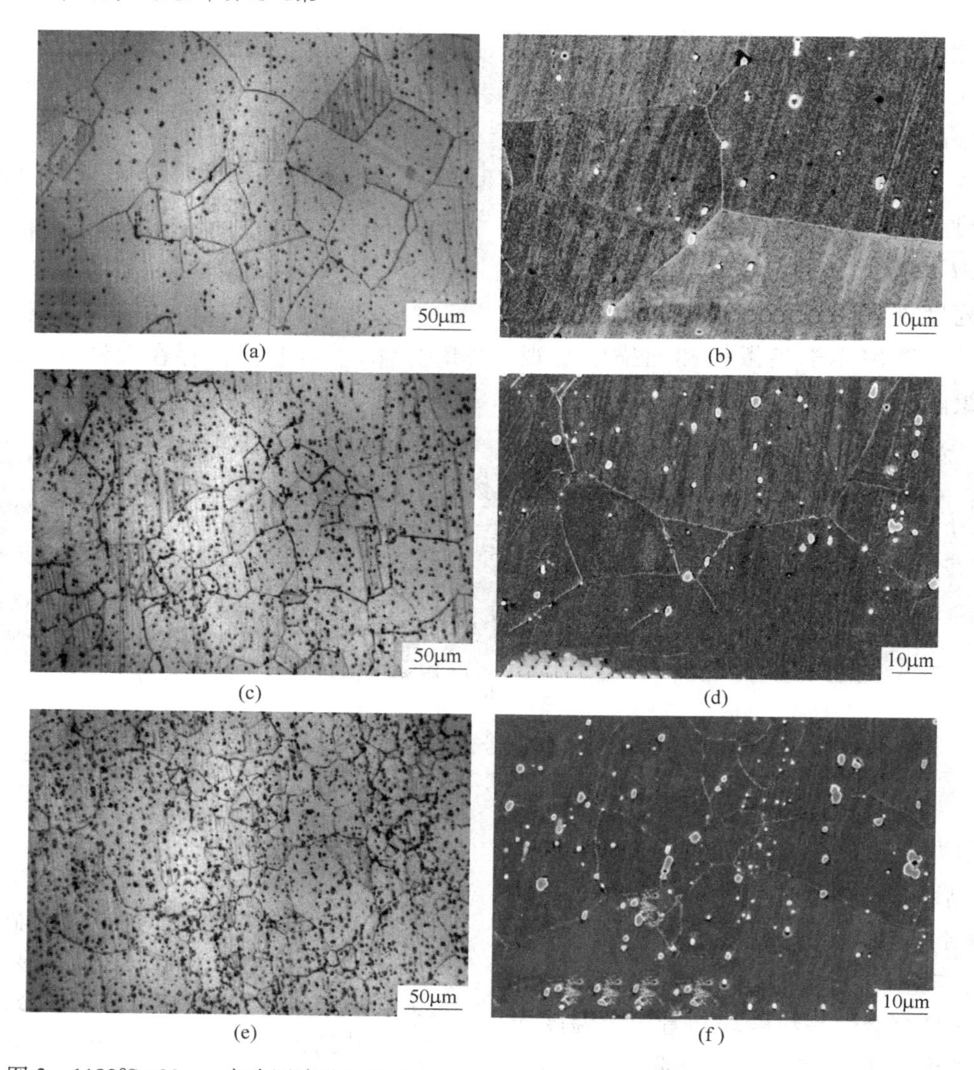

图 3　1180℃×20min 水冷固溶处理的 1 号（a）、2 号（c）、3 号（e）合金管的光学显微图和 1 号（b）、2 号（d）、3 号（f）合金管的扫描电子显微图片

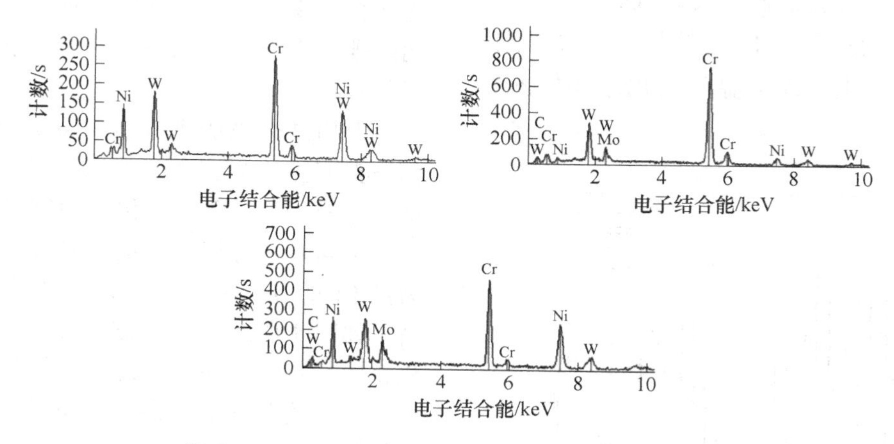

图 4　Ni-Cr-W-Mo 合金管中的碳化物及其能谱分析

2.3　碳含量对力学性能的影响

将含碳量不同的 1 号、2 号、3 号合金经 1220℃×20min 固溶处理后水冷，合金的室温拉伸性能、927℃、80MPa 条件下持久性能如图 5 所示。

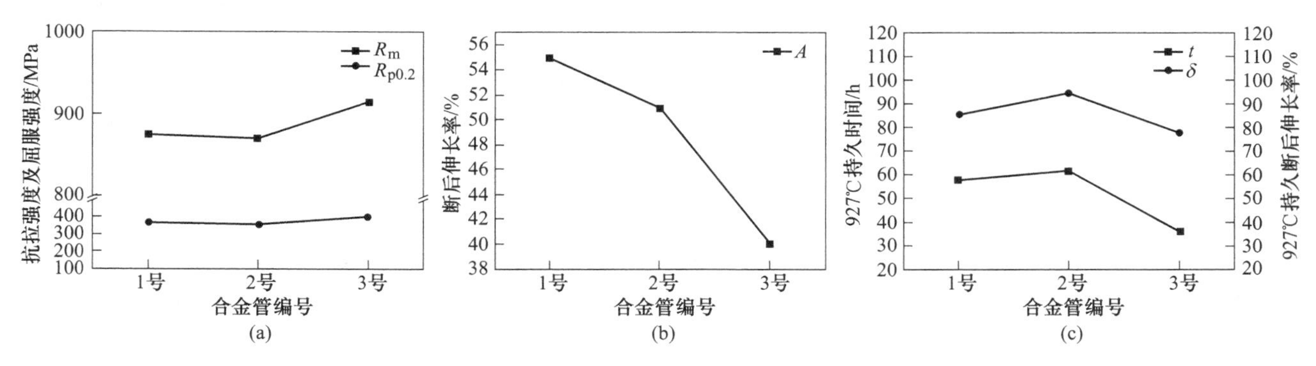

图 5 固溶处理后合金管的室温拉伸性能（a)(b）和高温持久性能（c）随含碳量的变化

由试验结果可知：随着碳含量的增加，Ni-Cr-W-Mo 合金管试样固溶处理后的室温抗拉强度、屈服强度先降低后增加，其中含碳量为 0.12%的 3 号合金成分试样的室温抗拉强度、屈服强度分别达到 915MPa、415MPa；碳含量为 0.04%、0.08%的 1 号及 2 号试样室温拉伸差别不大，同时其伸长率差值也不大，但是 3 号合金的室温拉伸伸长率要明显小于 1 号、2 号合金试样的。

随着碳含量的增加，1 号、2 号、3 号成分合金在 927℃、80MPa 条件下，持久时间先呈现增加趋势，但随着碳含量的继续添加，持久寿命呈现显著降低趋势；同时 927℃、80MPa 条件下三种碳含量的合金管断后伸长率呈现与持久寿命变化相同趋势。

3 分析讨论

随着合金管含碳量的增加，碳化物析出量增加，从而阻碍晶粒长大，因此 1 号、2 号、3 号合金管试样，经相同温度固溶热处理后，其晶粒尺寸依次减小。

随着碳含量的增加，碳化物的数量增加，Ni-Cr-W-Mo 合金基体中的 W、Cr 等固溶强化元素含量减少，当碳含量从 0.04%增加至 0.08%时，合金的室温屈服强度和室温抗拉强度呈现降低趋势，但由于析出的碳化物同样可以一定程度地提高强度，因此其强度呈降低趋势偏缓。当碳含量增加至 0.12%（3 号），Ni-Cr-W-Mo 合金管中的碳化物的数量较 1 号、2 号合金管的碳化物有大幅度增加，经相同温度固溶处理后，由于合金基体及晶界析出碳化物的钉扎作用，导致 3 号合金管晶粒尺寸最小，晶界数量最多，并且 3 号合金管室温抗拉强度、屈服强度分别达到 915MPa、415MPa，远远高于 1 号（0.04%C)、2 号（0.08%C）成分合金的室温强度。

根据持久强度理论，合金组织晶粒尺寸、第二相、固溶强化元素含量均影响合金持久强度。当含碳量从 0.04%增加至 0.08%时，合金基体上碳化物析出增加，同样晶界碳化物数量也逐渐增加，晶界碳化物数量的增加有利于降低晶界裂纹扩展速率，起到晶界强化的作用，因此可以提高合金的持久性能。由上所述，1 号、2 号合金管的持久寿命依次增加；但是随着碳含量的继续添加，碳化物数量急剧增加，阻碍晶粒长大，导致合金的晶粒尺寸急剧减小，经过高温-应力耦合作用，随着时间的延长，加速了合金组织的蠕变扩散速率，即降低高温持久寿命；同时碳化物析出数量的急剧增加也导致合金基体中固溶强化元素的急剧降低，这样固溶效果的下降也直接导致合金持久寿命缩短。

4 结论

（1）Ni-Cr-W-Mo 合金管原始晶粒细小且晶内存在大量孪晶，碳化物弥散分布；经相同温度固溶热处理后，随着碳含量的提高，晶粒尺寸逐渐减小；碳含量相同的条件下，随着固溶温度的提高，晶粒均发生长大。

（2）该合金中碳化物类型主要为 M_6C 及 $M_{23}C_6$ 型碳化物，弥散分布于晶内及晶界；随着碳含量的提高，其碳化物数量提高。

（3）合金管经 1220℃×20min 固溶热处理后水

冷，随着碳含量的增加，室温强度呈现先降低后增加趋势，室温拉伸断后伸长率呈降低趋势；927℃、80MPa 条件下持久时间及断后伸长率呈现先升高后降低趋势。

参考文献

[1] Lu Y L，Liaw P K，Wang G Y，et al. Fracture modes of HAYNES 230alloy during fatigue-crack-growth at room and elevated temperatures [J]. Materials Science and Engineering，2005，397：122～131.

[2] Lu Y L，Brooks C R，Chen L J，et al. A technique for the removal of oxides from the fracture surfaces of HAYNES 230 alloy [J]. Materials Characterization，2005，54：149～155.

[3] Liu Y，Hu R，Li J S. Characterization of hot deformation behavior of Haynes 230 by using processing maps [J]. Journal of Materials Processing Technology，2009，209：4020～4026.

[4] Hsiao-Ming Tung，James F Stubbins. Incipient oxidation kinetics andresidual stress of the oxide scale grown on Haynes 230 at high temperatures [J]. Materials Science and Engineering A，2012 (538)：1～6.

[5] 侯智鹏，张姝，张鹏，等. 新型 Cr-Co-Mo-Ni 合金的高温蠕变损伤 [J]. 钢铁研究学报，2019，31 (7)：683～688.

GH738细晶棒材快锻工艺及其组织与性能

陈伟[1*]，周江波[1]，岑凯强[1]，沈海军[2]，侯为学[3]

（1. 四川六合特种金属材料股份有限公司，四川 绵阳，621700；
2. 江苏集萃先进金属材料研究所，江苏 苏州，215500；
3. 北京钢研高纳科技股份有限公司，北京，100081）

摘　要：以VIM+ESR+VAR冶炼工艺制备的钢锭为材料，采用快锻机组进行锻造成型，对不同变形量、不同始锻温度等工艺参数进行试验，发现采用能完成动态再结晶且原始晶粒尺寸较小的最低温度进行加热，采用适当的单火次、单道次变形量，结合八角锻造方式，可以有效地控制锻棒心部内升温，细化晶粒，提升组织均匀性，得到从中心到*R*/2均为6.5~7.5级的均匀等轴细晶。同时采用软包套、控制快速转移时间、多重工装预热等措施，并考虑亚动态再结晶因素，可得到从*R*/2到黑皮表面均为5~6级的细晶组织。合金棒材从心部到边缘各部位具有良好的低温、高温综合性能。

关键词：细晶组织；快锻工艺

国内某航空航天发动机用涡轮盘，采用镍基GH738高温合金，目前该型号发动机年需求量大，涡轮盘制备需求迫切，为实现国内该关键材料自主保障，需要研发该高温合金的均质细晶棒材制备等关键技术。本文介绍了通过锻造工艺的研究，最终实现了采用快锻机组对该高温合金ϕ140~250mm的均质细晶棒材制备。

1　实验材料及方法

本试验材料采用VIM（真空感应熔炼）+ESR(电渣重熔)+VAR(真空自耗重熔)制备的镍基GH738高温合金钢锭，经均匀化处理后锻造成ϕ180mm棒料，材料具体成分见表1。采用60MN快锻机进行锻造成材，锻造成型后在棒材两端取横向试样，使用光学显微镜对腐蚀后的纵向组织进行分析。

表1　优质GH738合金化学成分（质量分数,%）

元素	Cr	Mo	Co	Al	Ti	C	Ni
含量	19.76	4.50	13.35	1.40	3.08	0.04	余量

2　试验结果与分析

2.1　八角锻造对截面均匀性的改善

GH738合金采用八角锻造可以有效改善截面组织均匀性。试验选用两支相同的坯料，分别采用开方锻造与八角锻造，控制保温温度与时长、变形量、变形速率一致，并分析横向低倍与纵向高倍组织，结果如图1与图2所示。可以发现，采用开方锻，因为每火次的变形死区大，造成组织存在面方向与对角方向上的明显差异，见图1中的a和b；采用八角锻造，单火次变形死区小，截面组织均匀，见图2中的c和d。

开方锻造工艺：三火次拔长到方+一火次拔长到圆。

八角锻造工艺：三火次拔长到八角+一火次拔长到圆。

2.2　控制变形量对心部晶粒度的改善

锻造中内部应变分布因位置而异，且在中心部的应变最大。伴随着压下量的增加中心部都会产生非常高的应变集中[1]。本次试验研究了道次

*作者：陈伟，联系电话：17683277647，E-mail：1293194752@qq.com

不同压加量对心部组织的影响，控制单火次相同变形量、相同应变速率，结果见图3与图4。结果发现较低的单道次变形量可以有效减少心部晶粒度长大的尺寸。

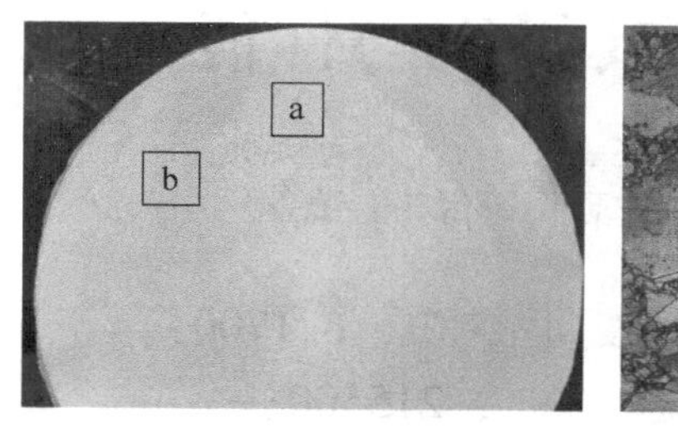

a

b

图1　开方锻造工艺所得晶粒组织

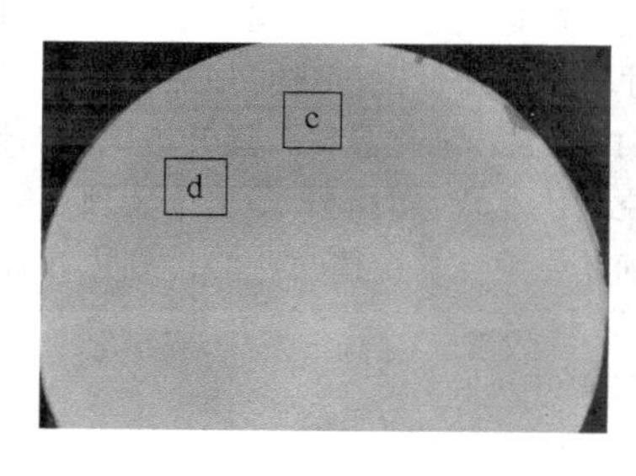

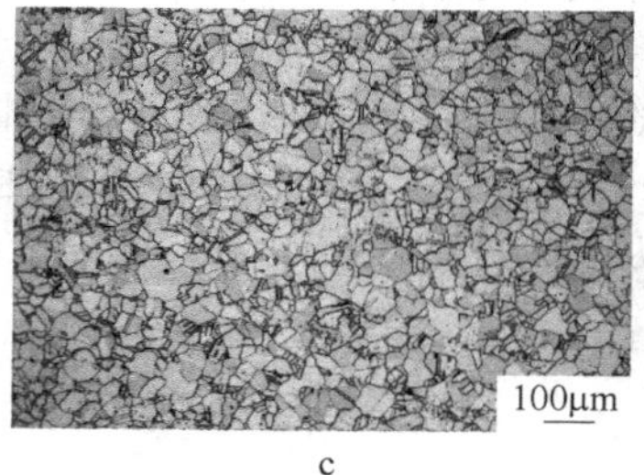

c

d

图2　八角锻造工艺所得晶粒组织

(a)

(b)

(c)

(d)

图3　不同道次变形量对应棒材心部晶粒组织

（a）道次变形2.25n；（b）道次变形1.75n；（c）道次变形1.25n；（d）道次变形n

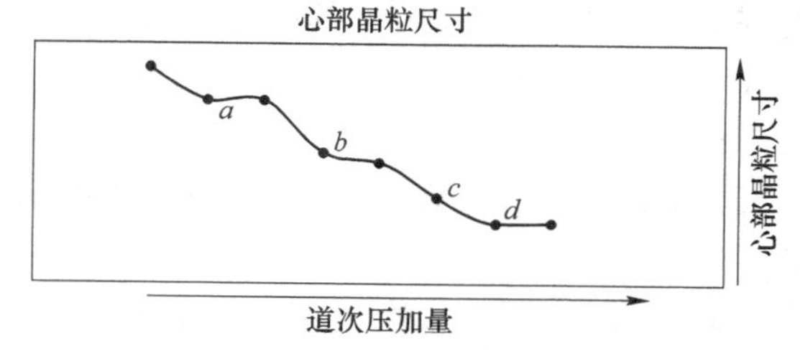

图4　不同道次变形量与棒材心部晶粒尺寸关系

2.3　始锻温度对生产过程中再结晶的影响

较低的终锻温度不利于GH738合金动态再结晶的发生，从组织上表现为再结晶程度较低，从流变曲线上表现为变形抗力明显升高。热变形过程中，终锻温度过低所导致的不充分再结晶组织，在后续热处理过程中易发展为混晶组织，影响合金的组织均匀性[2]。

实验采用经过1160℃开坯的锻造坯料250mm八角，在60MN快锻压机上进行。坯料在加热炉中升温到设定温度，并保温足够长的时间使之内外温度均匀，然后出炉锻造。始锻温度分别为（x+60）℃、（x+40）℃、（x+60）℃与（x+20）℃二火次、（x+40）℃与x℃二火次，共计四个方案。锻造成形棒材后，检测其晶粒组织，所得结果见图5，图5均为距离边缘黑皮6mm处的金相组织。

结果表明，采用（x+60）℃与（x+40）℃相比，边缘再结晶比例大幅提高，再结晶尺寸更大，数量更多。而（x+40）℃所得结果，仅粗晶边缘有少量再结晶细晶。

（x+60）℃与（x+20）℃二火次工艺方案，在

第一火次大量晶粒再结晶的基础上，采用（x+20）℃回炉保温，可以触发原始粗晶的亚动态再结晶，再配合一定的变形量，让原始残留的粗晶，重新形核长大，成为数个新的晶粒，有效降低粗晶尺寸。（x+40）℃与x℃二火次工艺方案则因为原始残余粗晶占比大，且x℃回炉无法使亚动态再结晶延续，故而第二火次即使施加应变，也无法使原始粗晶再结晶，反而是粗晶晶界处再结晶的细晶比例提高，形成项链状混晶，进一步提高了晶粒度极差。

(a)

(b)

(c)

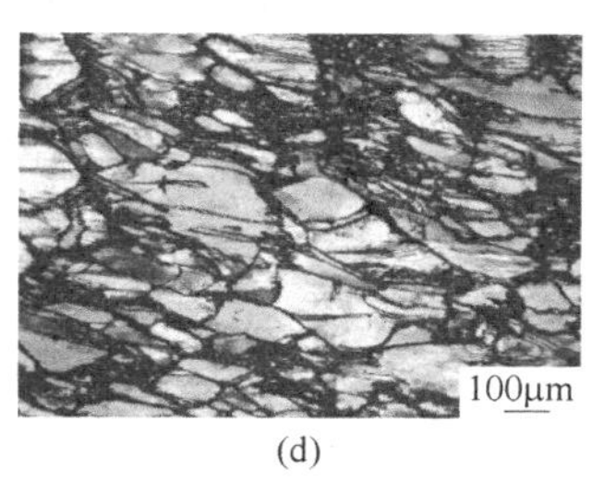

(d)

图5 不同始锻温度所得棒材边缘组织

（a）（x+60）℃；（b）（x+40）℃；（c）（x+60）℃与（x+20）℃；（d）（x+40）℃与x℃

2.4 采用保温措施对表面组织的影响

由于高温合金有较低的导热系数在模锻过程中锻件的温降往往集中在表面，表面温度强烈降低[3]。由图5的（a）（b）可以看到，棒材表面因为锻造过程中温度降低，再结晶不能完全完成，温度越低，再结晶比例越少，残留粗晶越多。故而本次试验选用两支棒材，一支专用保温措施即使用石棉软包套、控制快速转移时间、多重工装预热等措施来提高锻造过程中表面温度降低，一支采用常规保温措施。对两支料同一火次的终锻温度进行测量，发现前者温度要高于后者，达30~50℃，见图6、图7。对两者的成品组织进行检测，所得结果见图8，试验表明，使用常规保温措施，所得棒材表面为混晶组织，而使用专用保温措施，有效改善表面组织，配合合适的锻造加热工艺，可以得到R/2—黑皮表面均为5~6.5级等轴晶粒。

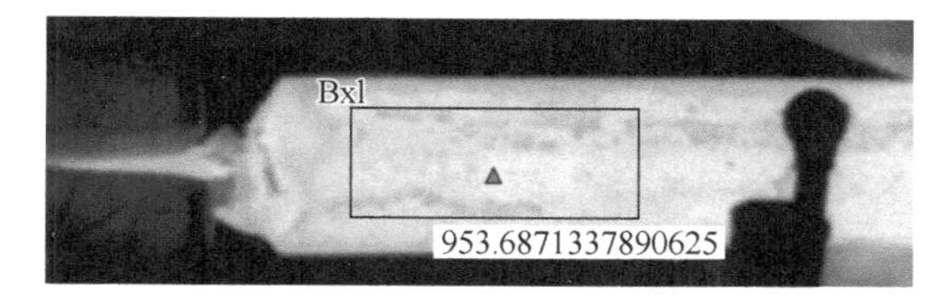

图6 专用保温措施某火次温度

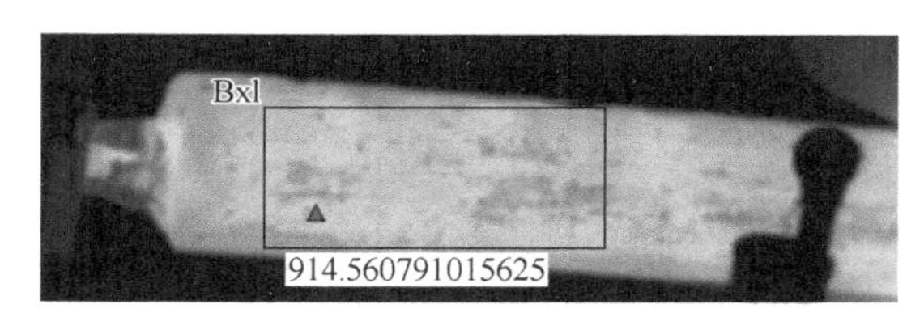

图7 常规保温措施某火次温度

(a)

(b)

(c)

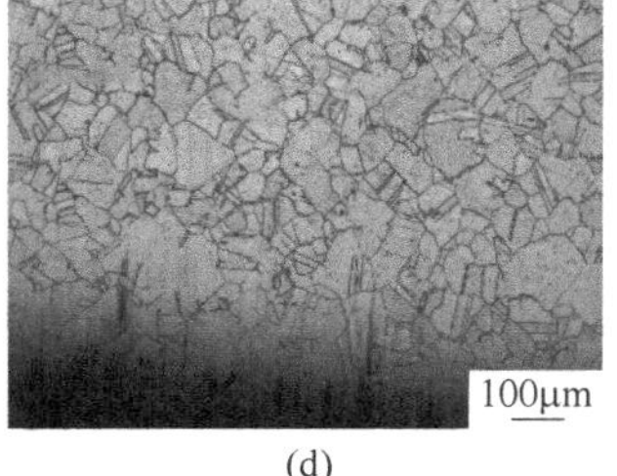

(d)

图8 不同保温措施锻棒组织图

（a）常规保温措施半径处组织；（b）常规保温措施边缘处组织；

（c）专用保温措施半径处组织；（d）专用保温措施边缘处组织

2.5 主要性能数据

综合采用合适的道次变形量、合适的始锻温度、合适的保温措施得到棒材组织如图8（c）（d）所示，其棒材的力学性能见表2，可见合金棒材从心部到边缘各部位具有良好的低温、高温综合性能。

表 2　棒材横向力学性能

序号	塑性延伸强度/MPa	断后伸长率/%	高温屈服强度/MPa	高温伸长率/%	联合持久断裂时间/h	联合持久断后伸长率/%
1	993	25.5	889	18	98	21.5
2	1012	24	898	19	78.4	14
3	1002	24.5	895	20	71.13	12.5
4	1026	19	898	20.5	71.5	28.5

3　结论

(1) 采用八角锻造可以改善截面组织的发现性差异。

(2) 结果发现较低的单道次变形量可以有效减少心部晶粒度长大的尺寸。

(3) 过低的始锻温度，会使边缘难以再结晶，且已再结晶部分晶粒细小，截面组织极差过大；采用合适的始锻温度，可以得到尺寸合适的均匀晶粒组织。

(4) 综合控制单道次变形量、始锻温度、专用保温措施可以得到棒材内部与表面均匀的晶粒组织，且各项性能优良。

参考文献

[1] 岩本隆志，小野信市，岩馆忠雄，等．锻造条件和内部应变分布的关系［J］．大型铸锻件，1989 (2)：55~61.

[2] 江河，李姚军，刘其源，等．终锻温度对 GH738 高温合金热变形行为的影响［J］．稀有金属材料与工程，2021，50 (7)：2552~2556.

[3] 曾苏民，米世枢．复合包套模锻新工艺研究［J］．铝加工，1995 (6)：26~32.

固溶温度对 GH4099 合金锻棒微观组织的影响行为

于森[1,2]，王资兴[1*]，王国栋[1]，沈海军[1]

（1. 江苏集萃先进金属材料研究所有限公司，江苏 苏州，215558；
2. 江苏大学材料科学与工程学院，江苏 镇江，212013）

摘　要：研究了 GH4099 合金在不同温度固溶处理过程中的组织演变和力学性能变化规律。结果表明，晶粒长大受析出相状态影响，固溶温度低于 γ′相回溶温度时，晶粒尺寸未发生明显变化，固溶温度介于 γ′相和 $M_{23}C_6$ 碳化物回溶温度时，晶粒出现异常长大，晶界具有较大的迁移速率，在标准固溶温度范围内，晶粒长大有限；不同温度固溶时，硬度值受残余冷变形、析出相状态和晶粒度影响，波动较大；此外，1080℃固溶时，GH4099 合金具有 Goss 织构和 Copper 织构演变倾向，择优取向与 α 和 β 空间取向线呈现相关性。

关键词：GH4099 合金；固溶处理；微观组织；晶粒长大；取向密度函数

GH4099 合金是 Ni-Cr 基沉淀硬化型变形高温合金，因其具有良好的热强性和组织稳定性，广泛应用于航空、航天、燃机等承力结构部件，而固溶温度对该合金的组织和性能影响非常关键[1,2]。目前针对 GH4099 合金的报道多集中于热轧棒、热轧板[3~5]，针对较大规格锻棒的成型和热处理工艺的报道鲜有看到。本文通过研究不同温度固溶处理后 GH4099 合金的微观组织演变和硬度变化规律，为合金的冷热加工及热处理工艺提供试验基础。

1　试验材料及方案

试验用 GH4099 合金主要成分（质量分数,%）为：Cr 18.60，Co 6.98，W 6.05，Mo 3.75，Al 2.23，Ti 1.33，C 0.059，B 0.0049，Ni 余量。采用真空感应+自耗重熔工艺冶炼的 ϕ406mm 钢锭锻造开坯，锻制成 ϕ200mm 棒材。利用 OM、SEM、电子背散射衍射（EBSD）以及维氏硬度计等表征手段，研究了不同温度固溶处理（(840～1200℃)×1h）后的微观组织变化规律和力学性能。试样用 120 号、600 号和 1200 号砂纸打磨后抛光，并使用 Zeiss 光学显微镜拍摄微观组织并进行分析。EBSD 试样腐蚀采用 10% $HClO_4$ 酒精溶液电解抛光（电压 15V，时间 15s），电解抛光后放在盛有酒精的烧杯内超声清洗 10min。

2　试验结果与讨论

2.1　固溶温度对晶粒尺寸的影响

图 1 为不同温度固溶 1h 下的金相组织。可见，随着固溶温度的升高，锻态组织中细小均匀的晶粒有不同程度的长大。在 980℃固溶后，明显的回复现象，晶内出现大量退火孪晶，此外晶粒之间衬度有明显的变化，碳化物条带未见明显变化，碳化物条带处的细晶带晶粒有略微长大的倾向，同时，980℃也是该成分下 γ′ 相的理论溶解温度，γ′ 相对位错运动的阻碍作用减弱，晶粒内形成亚晶等亚结构，晶粒取向发生明显变化（图 1（e））；在 1040℃固溶后，碳化物条带之间晶粒有部分长大倾向，晶粒级差增大，组织均匀性变差，细晶带晶粒有所长大（图 1（g））；在 1060℃固溶后，碳化物条带间晶粒长大显著，个别晶粒与周围晶粒的晶粒尺寸差距较大，异常长大现象显著。碳化物条带中部分二次析出相出现回溶，条带变细。此外，晶界上析出相也有溶解现象，晶界碳化物等析出相对晶界迁移的阻碍作用减弱，因此出现个别异常晶粒（图 1（h））；在 1080～1120℃固溶后，细晶带和条带间的晶粒均明显长大，细晶与粗晶之间仍有级差。晶界析出相和碳化物条带中的二次碳化物大量溶解，金相中较大

*作者：王资兴，博士，正高级工程师，联系电话：13761760029，E-mail：zixingw88@163.com

尺寸的 Ti(C,N) 颗粒未发现有明显变化（图 1(i)(j)）；在高于 1160℃固溶时，晶粒显著长大，晶界平直化推进，晶界析出相和碳化物条带中二次碳化物基本完全溶解（图 1(k)(l)）。

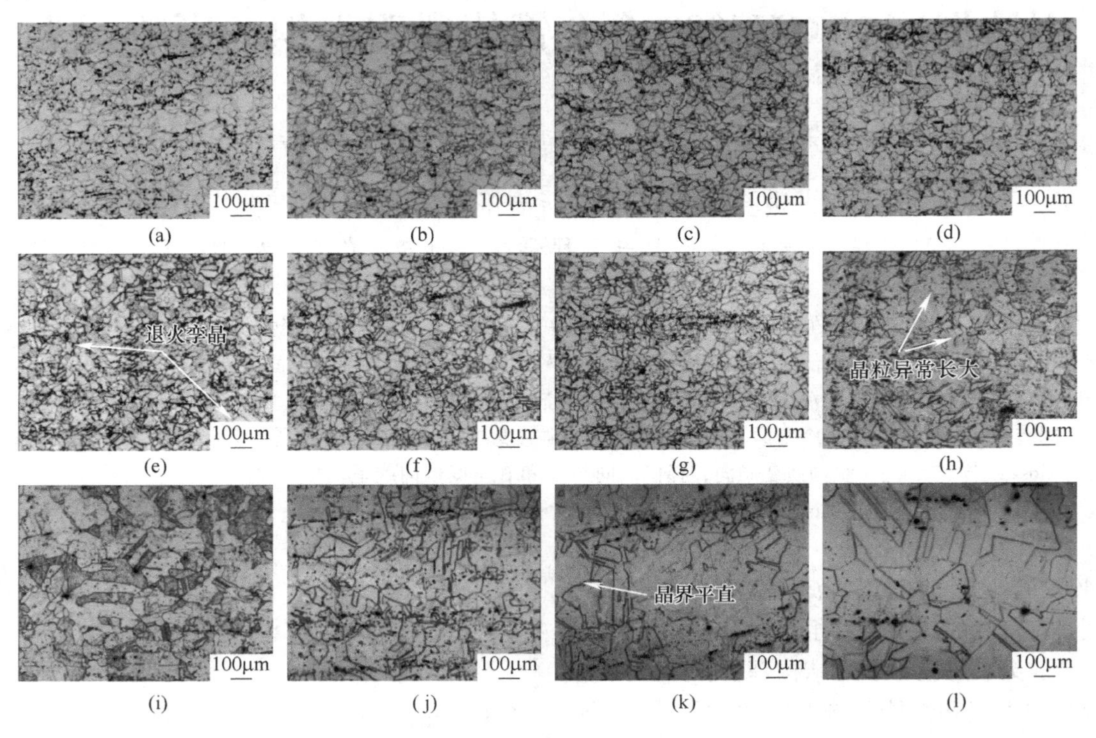

图 1　不同温度固溶 1h 后的金相组织

(a) 锻态；(b) 900℃；(c) 930℃；(d) 960℃；(e) 980℃；(f) 1020℃；(g) 1040℃；(h) 1060℃；(i) 1080℃；(j) 1120℃；(k) 1160℃；(l) 1200℃

2.2　固溶温度对晶粒取向密度的影响

表 1 列出了试验合金固溶后的最大密度取向和密度值。可见，随着固溶温度的升高，$f(g)$ 逐渐增大，反映了晶粒长大过程中晶格重组的进程。{203}<010>取向和{131}<323>取向分布于 Goss 织构{011}<100>和 Copper 织构{112}<111>范围内，表明在不同温度固溶处理后，G 织构和 C 织构的组分含量呈现不均匀性，晶粒取向多分布于 α 和 β 取向线附近。

表 1　不同温度固溶后取向密度最大值处的欧拉角、密勒指数、织构强度及修正晶向旋转

全欧拉角	{HKL} <UVW>	$f(g)_{max}$	晶向旋转
85,25,5	{012} <021>	2.98	3.0°/[$\bar{4}$14]
32,45,0	{110} <112>	2.78	3.0°/[10$\bar{1}$]
52,42,55	{324} <021>	5.95	9.3°/[$\bar{2}$33]
2,36,90	{203} <010>	11.5	2.8°/[3$\bar{3}\bar{2}$]
42,70,19	{131} <323>	15.2	2.2°/[3$\bar{6}\bar{2}$]

图 2 为不同温度固溶处理后在取向空间中 α 取向线上的取向分布。在 α 取向线上织构组分演变规律为 Goss 织构{110}<001>~Brass 织构{110}<112>~Goss 织构{110}<001>，可见 {110} 面在不同固溶温度下的演变，与 α 取向线上织构组分的演变具有相关性[6]。出现异常长大现象时，G 织构组分含量明显上升，表明 GH4099 合金经锻制后在固溶处理时，{110}<001>取向倾向明显，这也与晶粒异常长大的组织状态一致，<001>取向常以块状孪晶的形式存在。此外，在 1080℃固溶时，

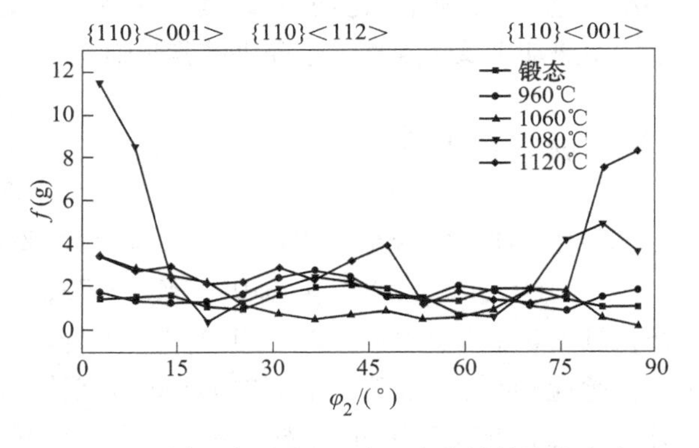

图 2　不同温度固溶 1h 后 α 取向线的取向密度

一般会出现G织构和C织构，这也说明固溶处理晶粒长大时产生的择优取向与取向空间的α和β取向线呈现相关性。

2.3 固溶温度对硬度值的影响

不同温度固溶1h后的硬度示于图3。可见，不同固溶处理后硬度的变化曲线可分为4个阶段。其中，阶段①在较低的温度下固溶，实际上是时效处理。硬度值由两个方面的影响因素共同决定：一方面热处理过程中残余应力得到释放，硬度值有所下降；另一方面析出相的析出产生时效沉淀强化，抵消掉部分应力释放引起的硬度下降，该温度下时效强化程度起到主导作用。阶段②不同部位的硬度值下降程度有所不同，整体呈现连续下降特征。在该温度下，残余应力得到消除，材料发生回复现象，硬度值下降。此外，硬度值下降幅度一定程度上反映了材料内部残余应力的多少。阶段③各部位的硬度值大幅度下降，原因如下：一是残余应力进一步消除；二是该温度为γ′析出相的回溶温度，析出相不断回溶，沉淀强化效果降低。阶段④硬度值变化先剧烈后平缓，并有波动趋势，这与晶粒的不均匀长大有关。该温度范围内，二次碳化物回溶，晶粒迅速长大，硬度值急剧下降。随着温度的升高，晶粒长大有限，晶粒度变化对硬度值起决定性作用。

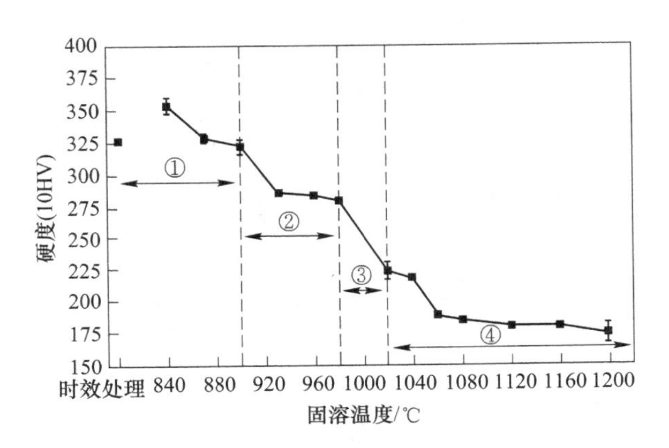

图3 不同温度固溶1h后的硬度值

3 结论

（1）固溶过程中晶粒长大受残余冷变形和析出相状态影响。980℃固溶时，γ′相溶解，晶粒发生静态回复；1060℃固溶时，晶界碳化物开始回溶，晶粒发生部分长大。当固溶温度大于1080℃时，晶粒尺寸快速长大。

（2）GH4099合金的择优取向较弱，取向密度函数系统地反映了在固溶处理过程中晶粒长大与取向密度的关系，晶粒发生异常长大时取向密度显著改变。在1080℃固溶时，一般会出现{110}<001>Goss织构和{112}<111>Copper织构，固溶处理晶粒长大时产生的择优取向与取向空间的α和β取向线呈现相关性。

（3）固溶处理中硬度值变化受三个因素的影响，在较低的温度下固溶时，残余冷变形对合金硬度影响占主要地位；在大于980℃固溶时，硬度值下降受析出相溶解和冷变形两种因素影响；在晶粒长大阶段，硬度值变化主要受晶粒尺寸的影响。

参考文献

[1] 杨�森，魏育环，于万众，等．时效热处理温度对GH99镍基合金的γ′行为和力学性能的影响［J］．钢铁，1986（10）：49~53.

[2] 魏育环，杨栻森，于万众，等．GH99镍基合金长期时效后的组织和性能变化［J］．钢铁研究学报，1988（4）：33~40.

[3] 张弘斌．GH99高温合金高温变形行为及组织演化规律研究［D］．哈尔滨：哈尔滨工业大学，2015.

[4] 秦升学，王艳，张弘斌，等．固溶处理对GH99合金组织的影响［J］．金属热处理，2020，45（8）：173~178.

[5] 秦升学，赵蕊蕊，张弘斌，等．时效热处理对GH99中强化相γ′相的影响［J］．材料热处理学报，2017，38（2）：55~60.

[6] Wang M J，SUN C Y，M. W. Fu，et al. Microstructure and microtexture evolution of dynamic recrystallization during hot deformation of a nickel-based superalloy［J］. Materials & Design，2020，188：108429.

高温合金 GH80A 电渣重熔过程控氮的研究

李博*，朱振强，曹秀丽

（宝武特种冶金有限公司，上海，200940）

摘　要：通过对真空感应+电渣重熔的高温合金电渣锭 GH80A，在锻造过程因棒材内部开裂引起的探伤不合格甚至报废的质量问题查找原因并分析，改进电极质量，改进电渣工序准备过程及冶炼过程操作，降低电渣重熔过程由于电极落块或电渣凝固过程碳氮化物或氮化物偏聚产生的冶金缺陷，降低锻造过程棒材开裂的风险。

关键词：高温合金 GH80A；开裂；氮化物偏聚

1　生产情况及问题产生

宝武特种冶金有限公司采用真空感应炉、保护气氛电渣炉冶炼，锻造厂锻制棒材。

针对我公司 GH80A 高温合金棒材内部开裂引起整支或部分棒材报废，对生产工艺及流程（真空感应电极冶炼、电渣重熔过程及棒材锻造过程）进行梳理，对棒材开裂部位进行取样分析，确定产生原因。

2　缺陷产生原因和分析

2.1　缺陷试样高倍分析

在棒材裂纹处取试样 1 号、2 号进行高倍分析，高倍金相照片见图 1 及图 2。从高倍试样可见，每只试样的裂纹两侧都存在大量的析出相。

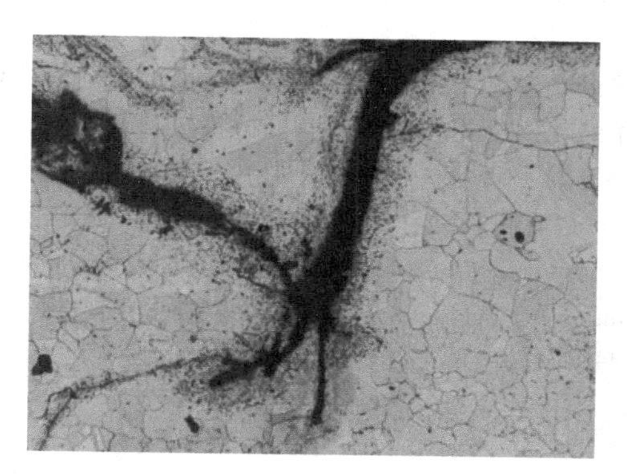

图 1　1 号试样高倍照片

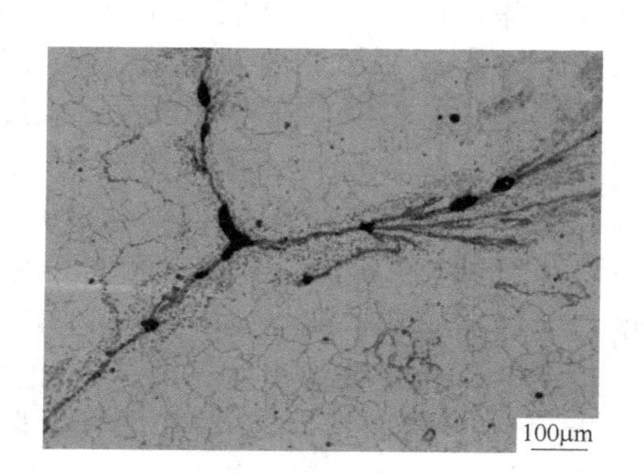

图 2　2 号试样高倍照片

2.2　缺陷试样电镜分析

1 号、2 号试样通过扫描电镜来确定析出相的类型，见图 3 及图 4，析出相主要是 Ti（C，N）、Al_2O_3 等。

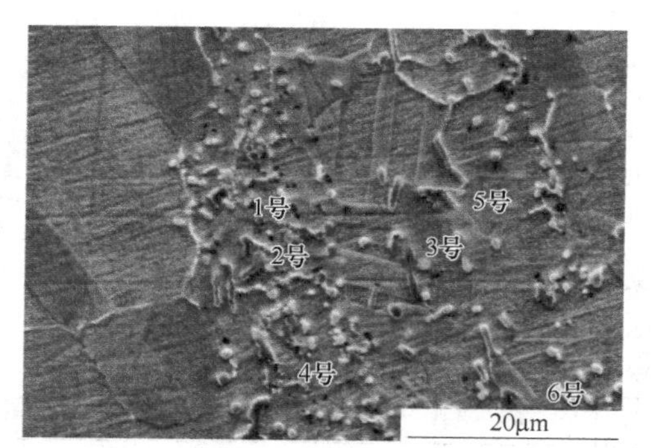

位置	C	N	Al	Ti	Cr	Ni	总计
1 号	4.81	15.22	0.27	53.55	12.00	14.16	100.00
2 号	9.78	7.25	0.27	62.40	6.46	13.82	100.00
3 号	2.76	14.06	1.04	25.49	13.41	43.24	100.00
4 号	3.41	14.96	0.40	50.88	8.20	22.15	100.00
5 号	2.81	17.11	0.42	56.14	7.81	15.71	100.00
6 号	1.51	16.56	0.27	59.46	7.69	14.51	100.00

图 3　1 号试样电镜分析

* 作者：李博，工程师，联系电话：13761470259，E-mail：740233@baosteel.com

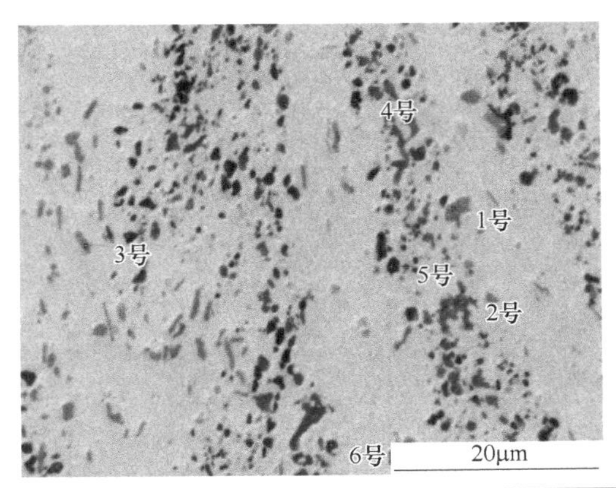

位置	C	N	O	Al	Ti	Cr	Ni	总计
1号	12.47	3.05			75.02	5.08	4.38	100.00
2号	0.97	13.04			39.22	21.65	25.13	100.00
3号	-0.03	17.00			57.94	7.66	17.43	100.00
4号	1.60		37.79	39.26	0.12	6.31	14.90	100.00
5号	1.56		36.69	36.78	0.81	7.08	17.07	100.00
6号	1.26		32.13	32.30	0.74	10.19	23.38	100.00

图4　2号试样电镜分析

2.3　棒材裂纹处取样分析小结

通过棒材高倍及扫描电镜分析发现锻棒裂纹边缘均存在大量的析出相，析出相主要成分为Ti(C,N)、TiN等，因此确定电渣锭中氮化物聚集析出是导致棒材开裂的主要原因[1]。

此次出现氮化物偏聚的电渣锭使用的浇注电极头部相对平整，对于此类电极，电极头部缩孔不切除直接进行电渣重熔；而且此次氮化物聚集情况比较严重部位出现在钢锭尾部，GH80A采用电极缩孔端起弧的方式进行电渣重熔，钢锭尾部对应的正好是电极头部缩孔位置。推测电极头部缩孔处大量夹杂物在电渣冶炼过程中没有完全上浮，在钢锭冷却过程中形成偏聚，最终导致棒材开裂[2,3]。

3　电极头部分析

为了确定具体原因，对近期真空感应冶炼电极头部缩孔处切割下来的试样分析，分析不同部位夹杂物情况。

图5为近期冶炼的电极头部缩孔位置纵向截面图，从宏观可见电极头部处不仅缩孔比较大，而且存在像3号试样附近的条状凝固组织，这类组织在冶炼过程中存在极大整块掉落的可能性。

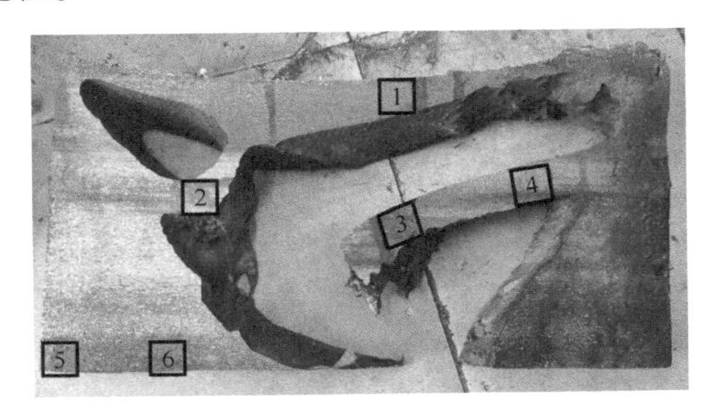

图5　电极头部缩孔位置纵向截面图

3.1　试样高倍分析

在电极头部处取高倍试样进行夹杂物分析，取样位置见图5。1号试样在电极最顶端，2号、3号、4号试样距顶端约50mm，5号、6号距顶端约120mm。

图6~图8为试样1号、3号、5号试样的高倍照片。从图中可见，切除的电极头部试样中存在大量的夹杂物，但从上到下夹杂物数量逐渐减少。钢锭冶炼时若不切除电极头部，大量的夹杂物会被带入钢液中。

边缘

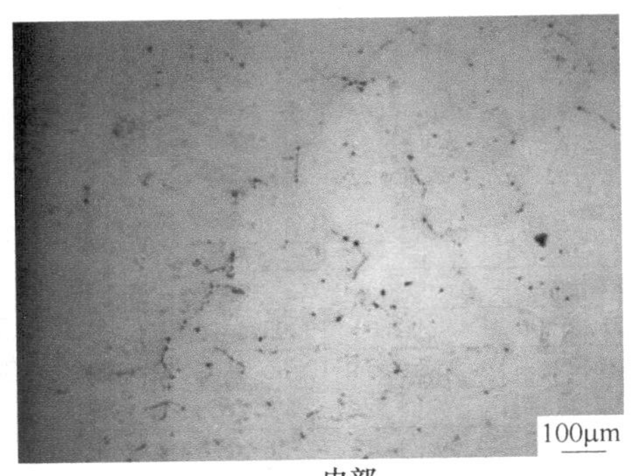

内部

图6　1号试样晶相照片

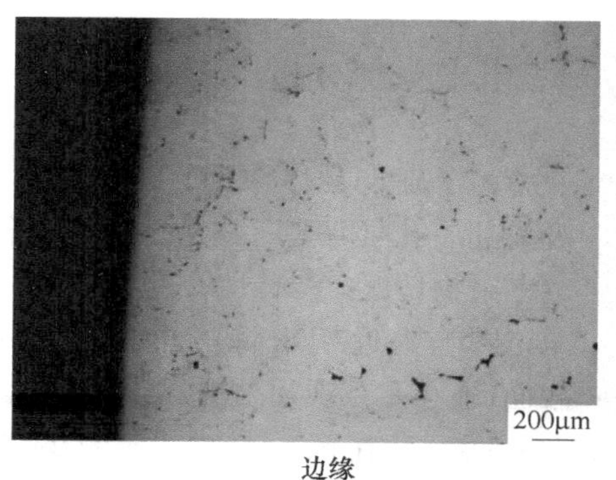

边缘

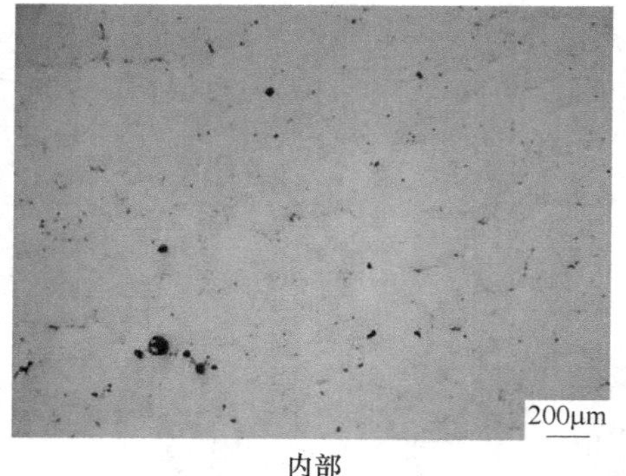

内部

图 7　3 号试样晶相照片

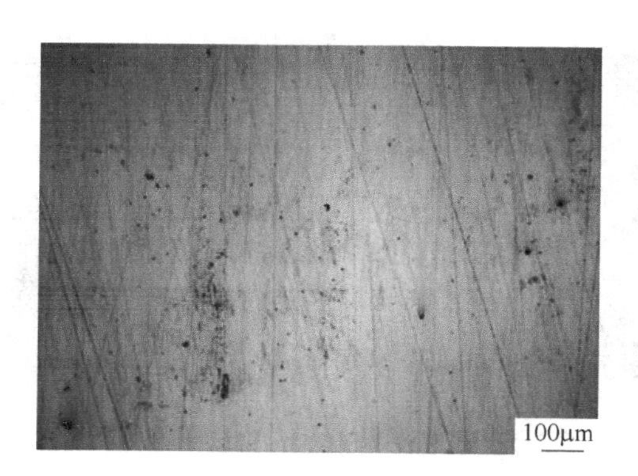

图 8　5 号试样晶相照片

3.2　试样电镜分析

根据高倍检测结果，对夹杂物较多的 1 号和 3 号试样进行了扫描电镜分析，定性分析夹杂物类别。从图 9 及图 10 分析结果可见，1 号试样中主要存在为氧化物夹杂，3 号试样中存在氧化物及氮化物夹杂。

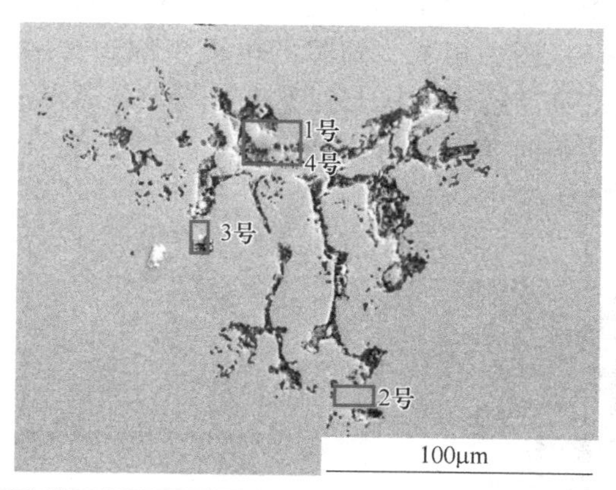

位置	C	O	Mg	Al	Ti	Cr	Ni	总计
1 号		8.71	5.96		2.81	18.03	64.50	100.00
2 号		13.58	22.72	1.35	3.06	13.83	45.46	100.00
3 号	39.00	22.97	11.83			5.87	20.32	100.00
4 号	17.09	17.38		0.99	1.85	11.26	51.43	100.00
最大值	39.00	22.97	22.72	1.35	3.06	18.03	64.50	
最小值	17.09	8.71	5.96	0.99	1.85	5.87	20.32	

图 9　1 号试样电镜分析结果

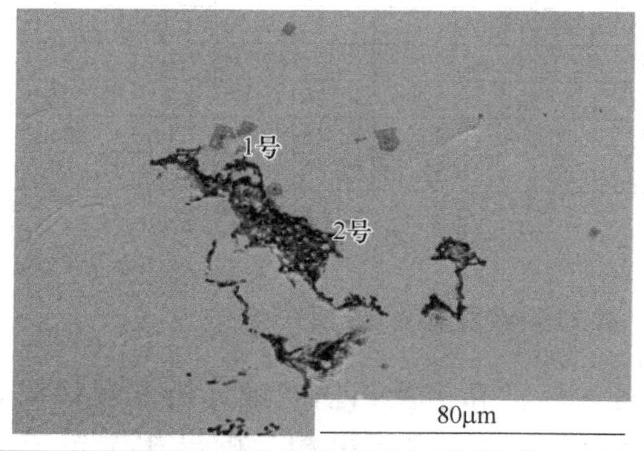

位置	C	N	O	Mg	Ti	Cr	Ni	总计
1 号		22.84			72.98	2.10	2.07	100.00
2 号	9.01		28.96	46.99	2.75	3.38	8.91	100.00
最大值	9.01	22.84	28.96	46.99	72.98	3.38	8.91	
最小值	9.01	22.84	28.96	46.99	2.75	2.10	2.07	

图 10　3 号试样电镜分析结果

3.3　电极头部分析小结

因电极采用不加帽口浇注，因此缩孔比较深，而且表面形貌也比较复杂，在电渣重熔过程中，缩孔端朝下冶炼，缩孔封闭而且有凹陷，会造成电渣重熔过程会有整块金属掉落风险。在电渣重熔初期，熔池刚刚形成，温度较低，掉落的金属无法立刻熔化，会整块掉入熔池中。脱落过程中从渣池中穿过会夹带渣料。同时根据缩孔处的分析可以看出，掉落物中氧化物、碳化物数量较多，同时又有渣料混合在一起，表面会成为碳化物或碳化物的形核点，而 GH80A 合金又是高 Al、Ti 合金，在掉块金属熔化过程中表面会形成大量的碳化物和氮化物，在钢水中会形成类似冷钢或类似“结鱼”现象，这种大块或者分解成小块的冷钢或“结鱼”由于含有大量的夹杂物以及孔洞，熔点高且比重比钢水低，浮在熔池表面，渣层下面，随着熔炼过程会缓慢熔化或分解，最后在钢锭尾部到中部之间，形成间歇性的碳化物、氮化物的局部偏聚，导致锻造过程开裂。同时若电渣重熔气氛保护不充分，含氮量较高，冷却效果不佳，更易促进氮化物形成[4]。

另外，缩孔内形状复杂，每炉的形状会有区别，掉落过程也不尽相同，对钢锭冶金质量的影响也不尽相同，因此不同炉号的锻造开裂影响程度也会有差别[5]。

4 结论

针对以上分析，感应电极冒口端的形貌特点决定了未切除冶炼过程一定会有大块的金属掉块，导致电渣重熔过程冶金质量波动风险提高；电渣重熔过程冷却效果和保护气氛对减少氮化物形成和偏聚有至关重要作用。因此提出以下改进措施：

（1）感应电极帽口端必须切除冒口 50～100mm，减少电极头部掉块的风险。

（2）电渣重熔前准备工作，确定炉座密封情况，确保密封效果，防止增氮。

（3）改进电渣重熔保护气氛。通电前，使用皮管从结晶器底部充氩，控制充氩时间，满足结晶器内部形成氩气保护气氛，减少空气存在的可能性，避免电渣重熔过程中空气与钢液接触形成大量碳氮化物或氮化物。

（4）结晶器冷却效果改进。对结晶器水冷铜内壁定期进行清洗，保证电渣重熔过程冷却效果，减少碳氮化物或氮化物偏聚。

参考文献

[1] 傅杰，等．特种冶金［M］．北京：冶金工业出版社，1982.

[2] 姜周华．电渣冶金的物理化学及传输现象［M］．沈阳：东北大学出版社，2000.

[3] 姜周华，姜兴渭．电渣重熔过程传热特性的实验研究［M］．沈阳：东北工学院学报，1988.

[4] 李正邦．电渣冶金的理论与实践［M］．北京：冶金工业出版社，2010.

[5] 李正邦．电渣炉原理与工艺［M］．北京：高新技术应用出版社，1996.

GH4169 高温合金超高纯净化冶炼工艺研究

蒋世川[1*]，张健[1]，周扬[1]，李靖[1]，裴丙红[2]，韩福[2]，何云华[2]，王小川[2]，赵斌[2]

（1. 成都先进金属材料产业技术研究院股份有限公司特钢技术研究所，四川 成都，610303；
2. 攀钢集团江油长城特殊钢有限公司科技发展部，四川 江油，621704）

摘　要：通过实验室三联冶炼试验平台，系统研究了 GH4169 合金三联冶炼过程氧、氮、硫及残余有害元素去除规律，实验室制备了超高纯净度三联冶炼 GH4169 合金铸锭。研究结果表明：采用长熔化期时间、中低温高真空长时精炼可以深度脱氧和脱氮，而精炼温度过高，钢液会发生增氧现象；Pb、Bi、Zn、Tl、Ag、Te 等微量有害元素在 VIM 过程脱除迅速，而 As、Sn 基本不挥发，Cu、Se、Sb 挥发速度较慢；最佳 VIM 冶炼工艺条件下，可实现氧含量 $2.2\times10^{-4}\%$，氮含量 $8.6\times10^{-4}\%$，硫含量 $6.3\times10^{-4}\%$的超纯净化冶炼水平；通过优化三联冶炼，可到达氧含量 $2\times10^{-4}\%$，氮含量 $9\times10^{-4}\%$，硫含量 $2\times10^{-4}\%$的超高纯净度控制水平。

关键词：GH4169；真空感应冶炼；三联冶炼工艺；气体元素；残余有害元素

GH4169 合金是我国现役和在研武器型号中用量最大、用途最广、产品种类与规格最全的高温合金[1]。航空发动机涡轮盘用 GH4169 合金对氧、氮、硫及残余有害元素纯净度控制水平要求非常高，与进口料相比存在差距[2]。近年来，真空感应+电渣重熔+真空自耗的三联冶炼工艺已发展成为高温合金高纯净化冶炼方法，其关键在于控制真空冶炼过程脱氧、脱氮以及电渣过程脱硫的问题，受到国内外广泛研究[3~6]。然而，有关真空感应冶炼工艺参数对纯净度的影响尚未有系统研究，超纯净三联冶炼工艺未见报道。本文基于实验室三联冶炼平台，系统研究了 GH4169 合金三联冶炼过程氧、氮、硫及微量有害元素去除规律，为超高纯净 GH4169 合金制备工艺提供了思路和依据。

1　试验方法

以 GH4169 合金为研究对象，采用实验室 150kg 级 VIM+ESR+VAR 三联冶炼平台进行工艺试验，合金化学成分见表 1。熔炼用坩埚采用电熔镁砂整体成形并经高温烧结而成，熔炼用原料选用纯金属料。VIM 冶炼工艺试验采用不同熔化时间、精炼温度（1500℃、1550℃、1600℃）、精炼时间（30min、60min、90min）和真空度（<0.1Pa、<5Pa）进行，再经 ESR、VAR 三联冶炼。在 VIM 冶炼过程及铸锭、VIM+ESR 铸锭和 VIM+ESR+VAR 铸锭等进行取样，采用 ONH836 氧氮氢分析仪、CS-844 红外碳硫仪和 Astrum 辉光放电质谱仪进行氧、氮、硫和微量有害元素检测。

表 1　GH4169 合金主要化学成分

（质量分数,%）

元素	C	Ni	Cr	Nb	Mo	Al	Ti	Fe
含量	0.02	54	18.0	5.30	3.0	0.5	1.0	余量

2　结果与讨论

2.1　VIM 冶炼工艺对脱氧、脱氮的影响规律

图 1 为不同熔化时间对 VIM 冶炼过程脱氧、脱氮的影响。已有资料表明，熔化期钢液温度较低，溶解的氧在真空条件下易与炉料中的碳反应，生成一 CO 气泡，并携带氮往钢液面扩散并去除，是真空感应熔炼过程脱气效果最好的阶段，溶清时氧脱除率一般可以达到 40%~80%[7]。经过纯净度检测和计算，合金原材料带入的总氧含量为 $219\times10^{-4}\%$、总氮含量为 $25\times10^{-4}\%$、总硫含量为 $9.3\times10^{-4}\%$。从图 1 中可以看出，熔化期时间显著影响熔化过程的脱氧和脱氮效果，随着熔化时间由

* 作者：蒋世川，高级工程师，主要从事特种冶炼工艺技术研究、高温合金产品开发及应用研究，联系电话：13688454261，E-mail：jsc8410@163.con

100min 延长到约 210min，可将钢液中的氧含量脱除到（11~15）$\times10^{-4}\%$、氮含量脱除到$<15\times10^{-4}\%$。通过延长熔化期时间，氧脱除率可以达到 91.5%~95.5%，氮脱除率可以达到 38.4%~42.8%。

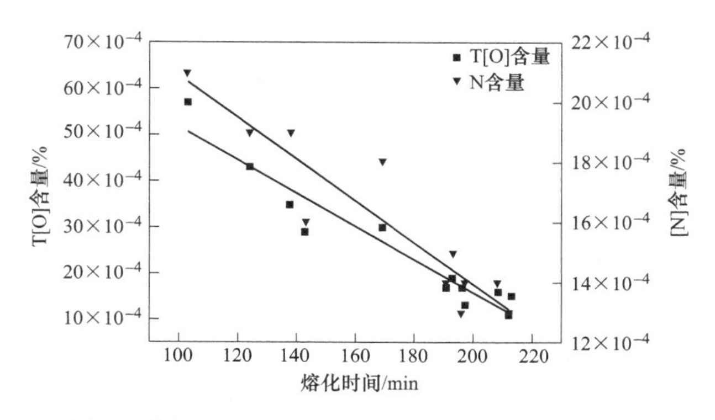

图 1 熔化时间对 VIM 冶炼过程脱氧和脱氮的影响

图 2 为精炼温度、精炼时间和精炼期真空度对 VIM 冶炼脱氧和脱氮的影响。从图 2 可见，熔化期可以脱除大量的氧和氮，加 Nb 后会导致钢液氧、氮含量增加；在合金化阶段加入 Al、Ti 和 Ni-Mg 后可以深度脱氧，但对氮的脱除影响不大。从图 2（a）和图 2（d）可见，合金在精炼期可以进一步脱除钢液中的氮，但精炼温度为 T 或更高时，会造成精炼期增氧，当温度为 1500℃时，精炼期则不会增氧。从图 2（b）和图 2（e）可知，采用 1500℃低温长时精炼可以在精炼期进一步脱氧和脱氮。图 2（c）和图 2（f）表明真空度越高精炼期增氧越严重，而高真空则有利于进一步脱氮。图 2 所示的试验结果表明，在精炼温度为 1500℃、真空度<0.1Pa 的低温高真空条件下精炼 90min，能够将钢液中的氧含量降低到 $2.2\times10^{-4}\%$、氮含量降低到 $8.6\times10^{-4}\%$，达到高纯化冶炼控制水平。

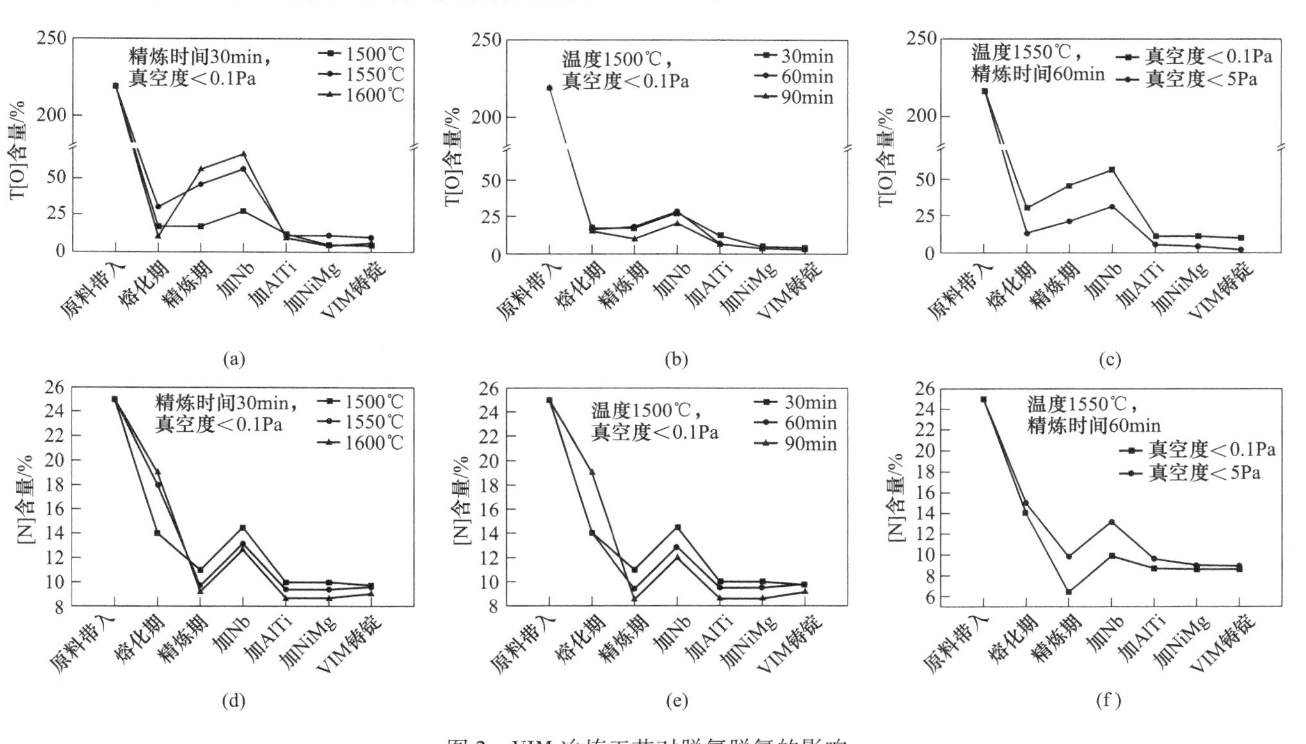

图 2 VIM 冶炼工艺对脱氧脱氮的影响

（a），（d）精炼温度；（b），（e）精炼时间；（c），（f）真空度

2.2 真空冶炼过程微量有害元素脱除规律

通过高温高真空挥发是脱除微量有害元素的最佳方法。表 2 给出了经过 VIM 和 VAR 冶炼后铸锭 11 种微量有害元素含量及脱除情况。从表 2 中可知，VIM 冶炼过程微量有害元素的脱除效率最高，主要原因是真空感应冶炼时，电磁搅拌作用促进了传质过程和扩散过程，钢液面上空，气体不断被真空泵排至炉外，不会在液面上空形成蒸汽层而降低元素挥发效率，为有害元素挥发去除创造了良好的热力学和动力学条件。经过 VIM 冶炼后 Pb+Ag+Bi+Se+Te+Tl+Sb+As+Zn 平均脱除率 79.6%、Sn+Cu 平均脱除率 49.6%，微量有害元素含量达到 $w(\mathrm{Pb+Ag+Bi+Se+Te+Tl+Sb+As+Zn})<8\times10^{-4}\%$，$w(\mathrm{Sn+Cu})<15\times10^{-4}\%$的水平。

表 2　真空冶炼工艺对微量有害元素脱除的影响

Pb+Ag+Bi+Se+Te+Tl+Sb+As+Zn	1 号	2 号	3 号	4 号	平均脱除率/%
原料带入	$32.237\times10^{-4}\%$	$32.237\times10^{-4}\%$	$32.237\times10^{-4}\%$	$32.237\times10^{-4}\%$	
VIM 铸锭	$6.36\times10^{-4}\%$	$6.5\times10^{-4}\%$	$6.31\times10^{-4}\%$	$7.16\times10^{-4}\%$	79.6
VAR 铸锭	$5.73\times10^{-4}\%$	$5.74\times10^{-4}\%$	$5.89\times10^{-4}\%$	$5.25\times10^{-4}\%$	13.7
Sn+Cu	1 号	2 号	3 号	4 号	平均脱除率/%
原料带入	$27.97\times10^{-4}\%$	$27.97\times10^{-4}\%$	$27.97\times10^{-4}\%$	$27.97\times10^{-4}\%$	
VIM 铸锭	$13.84\times10^{-4}\%$	$14.79\times10^{-4}\%$	$13.82\times10^{-4}\%$	$13.92\times10^{-4}\%$	49.6
VAR 铸锭	$12.76\times10^{-4}\%$	$13.73\times10^{-4}\%$	$13.66\times10^{-4}\%$	$11.71\times10^{-4}\%$	8

图 3 为冶炼过程微量有害元素脱除情况和脱除率。从图中可以看出，在冶炼 GH4169 合金时 As、Sn 几乎不挥发；Cu、Se、Sb 随着冶炼的进行，不断地挥发去除，但挥发速度慢；其余 Zn、Pb、Tl、Ag、Te、Bi 等微量有害元素能迅速挥发去除，Pb、Zn 等带入量分别为 $12.03\times10^{-4}\%$ 和 $10.96\times10^{-4}\%$的有害元素，在熔化期能够迅速挥发除去，在精炼期更进一步地挥发去除，最终 VIM 铸锭含量达到$<0.1\times10^{-4}\%$，其余 Tl、Ag、Te、Bi 等带入量极微的有害元素经过熔化期后基本可挥发去除至$<0.1\times10^{-4}\%$。

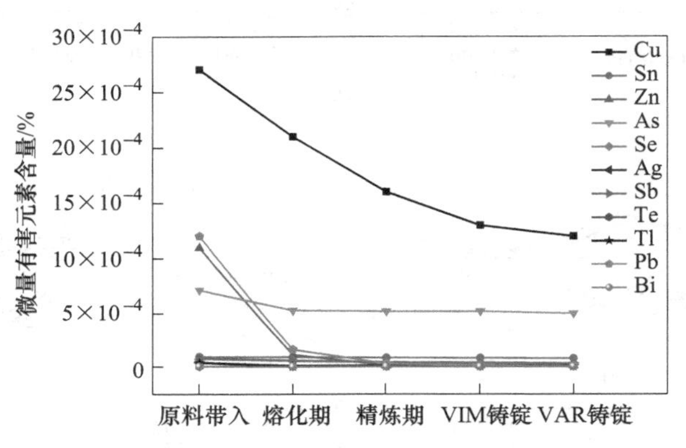

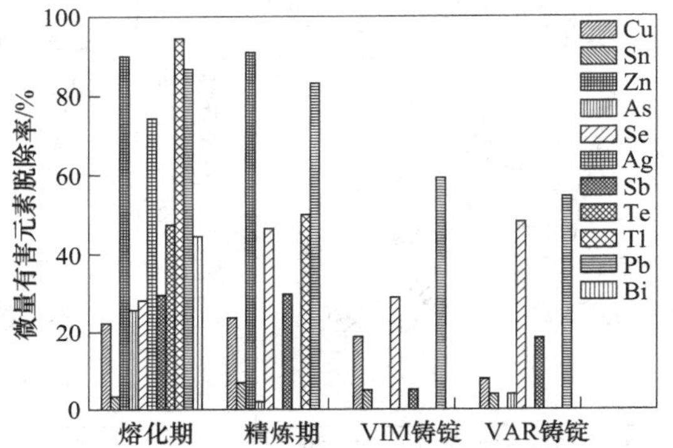

图 3　冶炼过程微量有害元素脱除情况和脱除率

2.3　VIM+ESR+VAR 三联冶炼过程氧、氮、硫变化规律

GH4169 合金 VIM+ESR+VAR 三联工艺冶炼过程氧、氮和硫脱除规律见表 3。从表中可以看出，主要的氧、氮脱除过程是在 VIM 真空感应熔炼阶段，原料经过 VIM 冶炼后 VIM 铸锭可达到氧：$(2.2\sim4.2)\times10^{-4}\%$，氮：$(8.6\sim9.6)\times10^{-4}\%$，氧平均脱除率 98.6%、氮平均脱除率 63%；电渣过程有一个明显的增氧过程，自耗重熔过程氧平均脱除率 49.5%，氮基本不变。硫的脱除过程主要是在 ESR 重熔阶段，电渣过程采用高碱性渣、高反应温度、反应界面大的渣系[7]，脱硫的产物是气体，能及时脱离反应区，从而保证了反应总是向脱硫反应进行，使得电渣过程中硫平均脱除率达到 52.7%；本次研究发现 VIM 和 VAR 冶炼过程分别有 19.3% 和 27.2% 的脱硫率，与 J. Alexander[8]、S. L. Cockcroft[9] 等研究结果相同，主要是加入了 Mg 等碱金属元素形成的含硫夹杂物被坩埚壁吸附或者重熔过程被排挤到自耗铸锭表面而去除。VAR 铸锭氧：$(2\sim5)\times10^{-4}\%$；氮：$(8\sim12)\times10^{-4}\%$；硫：$(2\sim3.7)\times10^{-4}\%$，纯净度指标与国外特级产品要求相当，见图 4。

表 3　三联冶炼过程氧、氮、硫变化情况

氧	1 号	2 号	3 号	4 号	平均脱除率/%
原料带入	$219\times10^{-4}\%$	$219\times10^{-4}\%$	$219\times10^{-4}\%$	$219\times10^{-4}\%$	
VIM 铸锭	$4.2\times10^{-4}\%$	$3\times10^{-4}\%$	$2.2\times10^{-4}\%$	$2.7\times10^{-4}\%$	98.6
ESR 铸锭	$5\times10^{-4}\%$	$6\times10^{-4}\%$	$5\times10^{-4}\%$	$9\times10^{-4}\%$	−119.9
VAR 铸锭	$3.6\times10^{-4}\%$	$2.2\times10^{-4}\%$	$2\times10^{-4}\%$	$4.8\times10^{-4}\%$	49.5

续表 3

氧	1号	2号	3号	4号	平均脱除率/%
原料带入	25×10^{-4}%	25×10^{-4}%	25×10^{-4}%	25×10^{-4}%	
VIM 铸锭	9.3×10^{-4}%	9.6×10^{-4}%	8.6×10^{-4}%	9.5×10^{-4}%	63
ESR 铸锭	11×10^{-4}%	12×10^{-4}%	9×10^{-4}%	9×10^{-4}%	−10.7
VAR 铸锭	11×10^{-4}%	12×10^{-4}%	9×10^{-4}%	8×10^{-4}%	2.7
硫	1号	2号	3号	4号	平均脱除率/%
原料带入	9.3×10^{-4}%	9.3×10^{-4}%	9.3×10^{-4}%	9.3×10^{-4}%	
VIM 铸锭	7×10^{-4}%	7.8×10^{-4}%	7.4×10^{-4}%	7.2×10^{-4}%	19.3
ESR 铸锭	3.5×10^{-4}%	3.9×10^{-4}%	3.8×10^{-4}%	3×10^{-4}%	52.7
VAR 铸锭	3×10^{-4}%	3.1×10^{-4}%	2×10^{-4}%	2.2×10^{-4}%	27.2

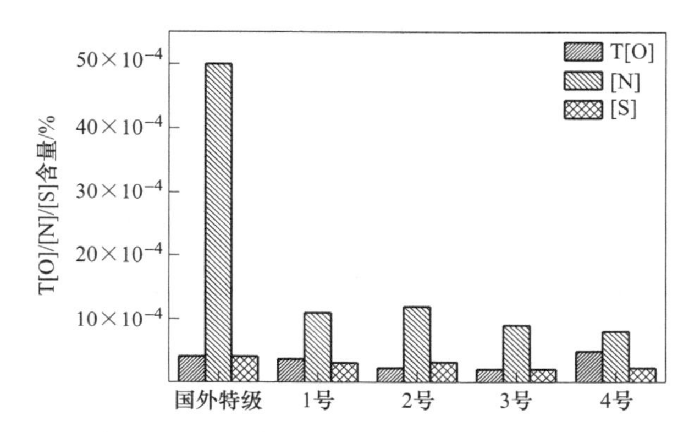

图 4 GH4169 合金纯净度与国外特级产品对比

3 结论

（1）VIM 冶炼是实现 GH4169 合金氧、氮脱除最重要的环节，采用长熔化期、中低温高真空长时精炼可以深度脱氧和脱氮，不同冶炼条件下氧脱除率高达 91.5%～95.5%，氮脱除率高达 38.4%～42.8%；精炼温度和真空度越高，精炼过程增氧越严重；硫的脱除过程主要是在 ESR 重熔，电渣过程中硫平均脱除率达到 52.7%。

（2）VIM 冶炼过程残余有害元素的脱除效率高，而真空自耗过程脱除较少。VIM 冶炼过程 As、Sn 几乎不挥发，Cu、Se、Sb 挥发速度慢，其余 Zn、Pb、Tl、Ag、Te、Bi 等微量有害元素能迅速挥发去除；经过 VIM 冶炼后 Pb+Ag+Bi+Se+Te+Tl+Sb+As+Zn 平均脱除率 79.6%、Sn+Cu 平均脱除率 49.6%。

（3）最佳 VIM 冶炼工艺条件下，可实现 GH4169 合金 VIM 铸锭达到氧含量 2.2×10^{-4}%，氮含量 8.6×10^{-4}%，硫含量 6.3×10^{-4}%的超纯净化冶炼水平。通过三联冶炼工艺合理控制，可实现自耗锭氧：$(2\sim5)\times10^{-4}$%、氮：$(8\sim12)\times10^{-4}$%、硫：$(2\sim3.7)\times10^{-4}$%、残余元素[Pb+Ag+Bi+Se+Te+Tl+Sb+As+Zn]$<6\times10^{-4}$%、[Sn+Cu]$<14\times10^{-4}$%的超高纯净化冶炼，纯净度指标与国外特级产品要求相当。

参考文献

[1] 杜金辉，吕旭东，邓群，等．GH4169 合金研制进展[J]．中国材料进展，2012，31（12）：12~20.

[2] 张勇，李鑫旭，韦康，等．三联熔炼 GH4169 合金大规格铸锭与棒材元素偏析行为[J]．金属学报，2020，56（8）：1123~1132.

[3] 倩云李．中国高温合金 GH4169 研究现状及发展趋势[J]．工程技术与管理，2017，1（3）：268~269.

[4] 张勇，李佩桓，贾崇林，等．变形高温合金纯净熔炼设备及工艺研究进展[J]．材料导报，2018，32（9）：1496~1506.

[5] 陈国胜，刘丰军，王庆增，等．GH4169 合金 VIM+PESR+VAR 三联冶炼工艺及其冶金质量[J]．宝钢技术，2012（1）：6~10.

[6] 王治政，周奠华，金鑫，等．采用 VIM+ VAR+ ESR 三联工艺冶炼 GH4169 合金的试验研究[J]．钢铁研究学报，2003（z1）：338~343.

[7] 郭建亭．高温合金材料学[M]．北京：科学出版社，2008.

[8] Alexander J. Optimizing deoxidation and desulphurization during vacuum induction melting of alloy 718 [J]. Materials Science and Technology, 1985, 1 (2): 167~170.

[9] Cockcroft S L, Degawa T, Mitchell A, et al. Inclusion Precipitation in Superalloys [J]. Superalloys, 1992: 577~586.

GH4151高温合金凝固行为研究

陈玥[1,2,3*]，吕少敏[1,2,3]，谢兴飞[1,2,3]，毕中南[1,2,3]，曲敬龙[1,2,3]，杜金辉[1,2,3]

（1. 钢铁研究总院高温材料研究所，北京，100081；
2. 北京钢研高纳科技股份有限公司，北京，100081；
3. 四川钢研高纳锻造有限责任公司，四川 德阳，610095）

摘　要：通过一系列凝固试验，研究了镍基高温合金GH4151的凝固行为。结合DSC与高温水淬实验得出合金的凝固行为与相形成机理。在10℃/min的冷速下，GH4151合金的凝固过程中析出相析出顺序如下：液相→L+γ+MC（1290℃），L→L+Laves（1190℃），L→L+η（1170℃），L→L+γ/γ′（1150℃）。使用Avrami方程对实验曲线进行拟合，得到凝固过程中残余液相体积分数（f_L）与温度的关系。

关键词：高温合金；GH4151；凝固行为；相析出规律

镍基高温合金具有优异的高温力学性能和组织稳定性，是一种先进的结构材料，广泛应用于现役航空发动机中的涡轮盘和叶片，也是石油、火电、核电等领域重要装备制造的核心材料[1,2]。为满足航空发动机不断提高涡轮前温度的需求，需要寻找承温能力更高的高温结构材料。GH4151合金改型自俄系合金ЭК151合金，是一种典型的γ′相沉淀强化型镍基高温合金，其工作温度能够达到750~800℃[3]。由于GH4151合金同时具有优秀的综合性能和较高的工作温度，在我国高推重比发动机中也有着良好的应用前景。

GH4151合金的合金化程度高，其中固溶强化元素（Co，Cr，W，Mo）的添加量达到约35%，沉淀强化元素（Al，Ti，Nb）的添加量达到约10%，其中Nb元素的添加量达到了3.4%[4]。高合金化必然导致GH4151合金凝固过程中极易产生偏析，从而导致枝晶间析出低熔点有害相[5]。

作为一种新型高温合金，GH4151在国内研究较少，本文通过研究合金凝固过程中的凝固行为与析出相演变规律，为铸锭的均匀化处理提供了实验基础。

1　试验材料及方法

1.1　试验材料

试验采用三联冶炼工艺（VIM+ESR+VAR）制备的GH4151合金ϕ508mm铸锭，合金化学成分如表1所示。

表1　镍基高温合金GH4151成分

（质量分数,%）

C	Co	Cr	W	Mo	Al	Ti	Nb	Ni
0.067	15.05	11.10	3.21	4.53	3.79	2.65	3.08	余量

1.2　试验方法

在铸锭$R/2$处取ϕ3mm×1mm试样进行DSC实验（设备型号STA-449C）以确定合金凝固过程中的相变温度。样品在DSC试验机中升温至1400℃后，以10℃/min的速率降温至室温，得到DSC降温曲线。

在铸锭$R/2$处取10mm×10mm×10mm试样进行重熔实验。将试样加热至1400℃熔化，保温10min，以10℃/min冷速分别冷却至1350~1100℃，立即水冷，每隔10℃一个温度区间。

使用标准样品制备技术对样品进行研磨、机械抛光和化学腐蚀（30g $CuCl_2$+200mL盐酸+300mL酒精），观察样品的微观形貌。使用GX71图像分析仪（OM）观察试样中残余液相体积分数与枝晶形貌。并通过ImageJ软件计算残余液相体积分数，得出残余液相体积与水冷温度关系，拟合曲线。通过分析不同温度下凝固试样中残余液

* 作者：陈玥，研究生，E-mail：13261372045@163.com

相体积分数与微观组织演变规律，研究 GH4151 合金的凝固行为。

使用标准样品制备技术对样品进行研磨、机械抛光、电解抛光（甲醇+硫酸溶液，20V，DC）与电解腐蚀（170mL H_3PO_4+10mL H_2SO_4+15g CrO_3，5V，DC），观察样品的析出相。使用SUPRA55 场发射扫描电子显微镜（FESEM-EDS），观察枝晶间析出相形貌与元素组成和元素偏析情况。

2 试验结果与讨论

2.1 合金铸态组织

使用 JMatPro 软件及内置的 Ni 基合金数据库计算得到 GH4151 合金平衡相图，如图 1 所示。由相图可以看出，合金的平衡析出相复杂，主要为

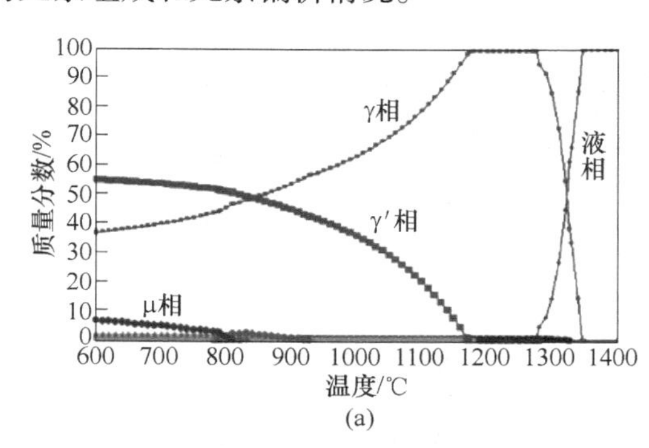

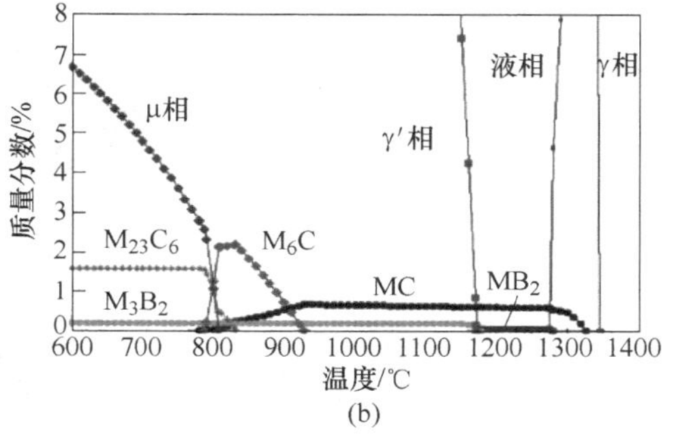

图 1 使用 JMatPro 软件计算的 GH4151 合金相图（a）及图（a）的局部放大图（b）

γ′相、MC 碳化物相、M_6C 碳化物相、$M_{23}C_6$ 碳化物相、μ 相、MB_2 硼化物相和 M_3B_2 相。合金初熔点约在 1280℃，终熔点约在 1350℃。由于热力学计算的为平衡相图，故 Laves 相、η 相、γ/γ′共晶相等非平衡相[6]可能会在合金的非平衡凝固过程中逐渐析出。

2.2 凝固过程析出相的演变

将样品以 10℃/min 的速率加热至 1400℃（高于液相线温度），保温 10min，在以 10min/min 的温度冷却至室温，对应的 DSC 曲线如图 2 所示。合金在 1350~1340℃间开始凝固，在 1339℃时达到峰值。参考以往报道，认为 1268℃峰为 MC 碳化物析出峰，1163℃峰为 γ′相析出峰，1173℃峰可能为枝晶间析出相的析出峰。对不同温度凝固试样进行组织观察以确定 10℃/min 冷速下各相析出起始温度与 1173℃峰对应析出相。

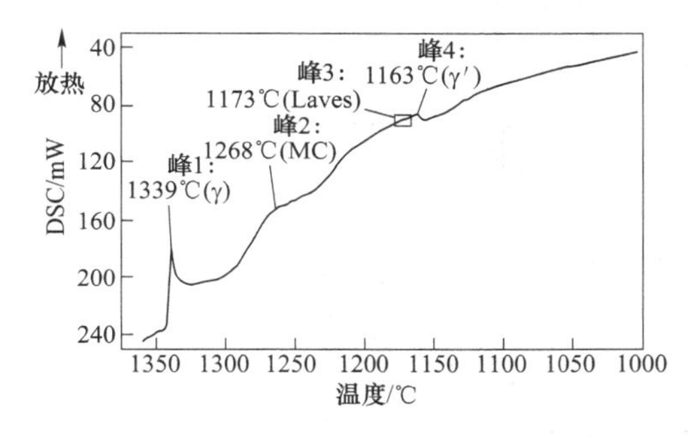

图 2 GH4151 合金 DSC 曲线

使用扫描电子显微镜（SEM+EDS）对不同温度淬火的凝固试样进行观察，并借助能谱仪相元素组成。如图 3 所示，1290℃淬火试样中，试样中仅有亮色块状析出相存在。根据能谱扫描分析结果可以看出，亮色块状相中富集 Nb、W、Ti、C 元素，贫 Ni、Co、Al 元素，推断为 MC 碳化物相。随着淬火温度降低，其余析出相逐渐析出[7]。

降温至 1190℃后，试样枝晶间区域出现大片灰色文字状相，随温度的降低形貌特征逐渐清晰，尺寸增大。使用能谱扫描此析出相的元素组成，如图 4 所示。根据能谱扫描结果可以看出，灰色文字状相中富集 Cr、Mo、Nb 元素，贫 Ti、Al、Ni 元素。在凝固过程中，合金中过量的 Cr、Mo、Nb 等元素促进了 TCP 相的生成。高温合金中常见的 TCP 相有 Laves 相、η 相、μ 相等。根据形貌特征，推测灰色文字状析出相为 Laves 相[8]。

淬火温度降至 1170℃后，Laves 相中间出现灰色条状相，如图 5 所示。可以观察到灰色条状相富集 Ni、Nb、Mo、Ti、Al 元素，但 Nb、Mo 元素富集程度小于 Laves 相，贫 Cr 元素，推测为 η 相。由于 Laves 相富集 Cr、Mo、Nb 元素，贫 Ti、Al、Ni 元素，故在凝固过程中，Laves 相向外排出 Ti、Al、Ni 元素，消耗 Nb、Mo 元素。使得 Laves 相周围 Ti、Al、Ni 元素浓度上升，Nb、Mo 元素含量下降，达到 η 相形成浓度，促进了 η 相在 Laves 相周围生成。

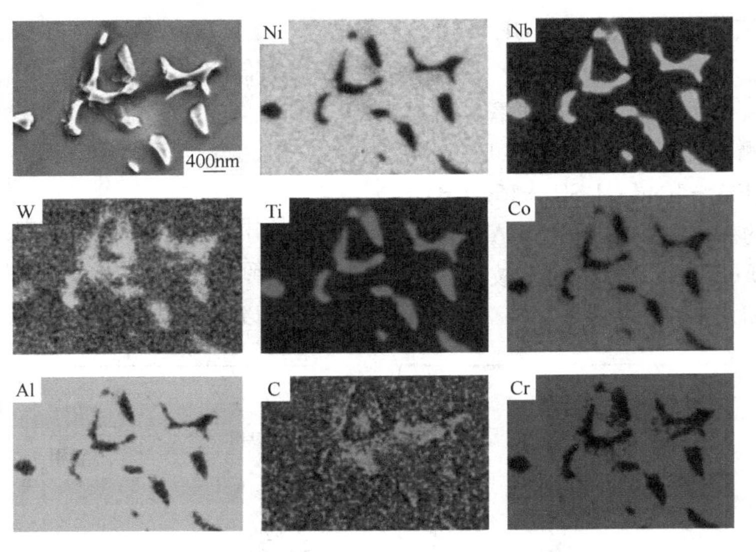

图 3　亮色块状析出相 SEM 图像以及能谱扫描结果

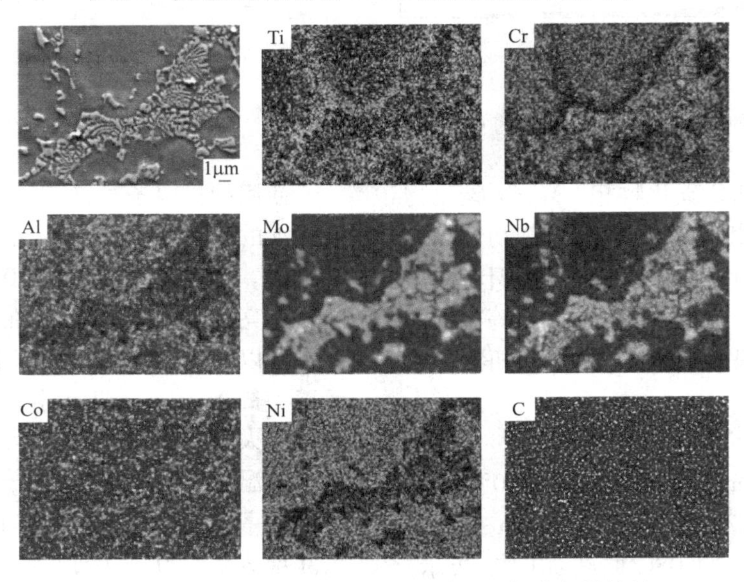

图 4　灰色文字状析出相 SEM 图像以及能谱扫描结果

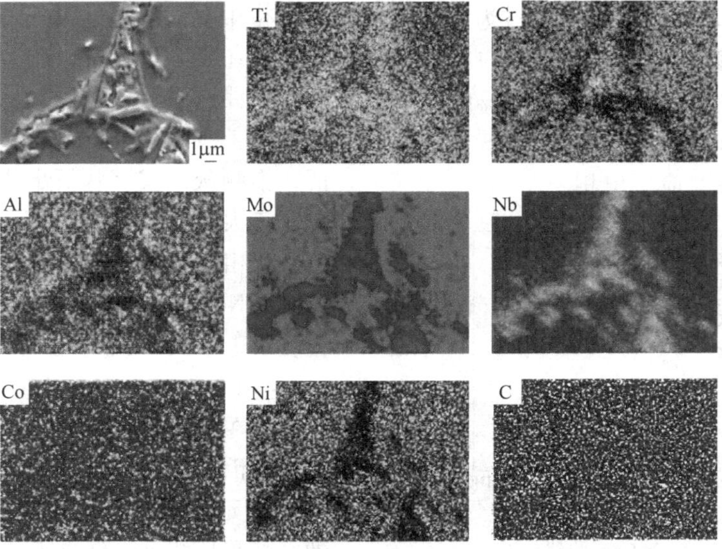

图 5　灰色条状析出相 SEM 图像以及能谱扫描结果

降温至 1150℃ 后，Laves 相周围出现葵花状相，如图 6 所示。葵花状相中 Al、Ti、Ni 元素富集，贫 Cr 元素，推测为 γ/γ′共晶相。γ/γ′共晶相在 Laves 相旁边析出，这可能是由于 Laves 相析出过程中，周围 Ti、Al、Ni 元素浓度上升，Nb、Mo 元素含量下降，达到共晶形成元素成分要求。在图 6 中同时能看到 γ′相，可以推断 γ/γ′共晶相与 γ′相析出温度相近。

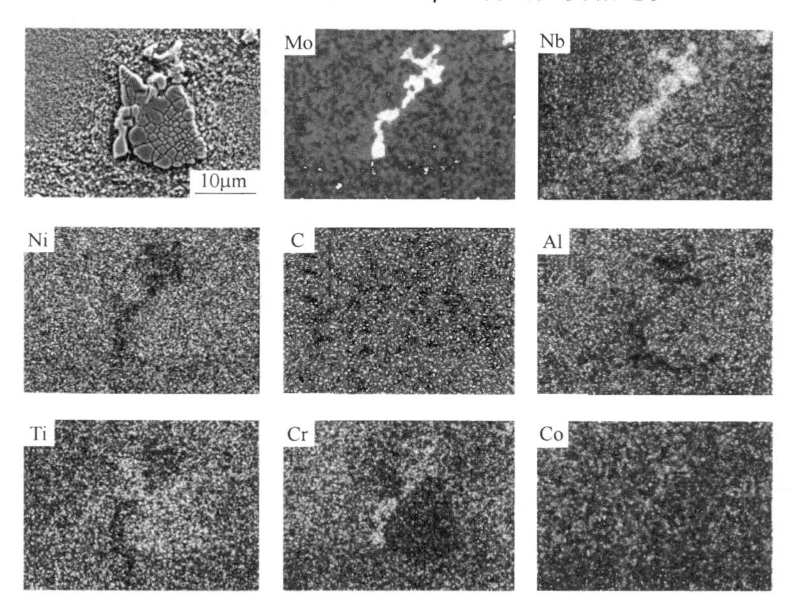

图 6　葵花状析出相 SEM 图像以及能谱扫描结果

2.3　合金凝固行为

使用光学显微镜（OM）观察不同温度淬火样品的微观组织，如图 7 所示，可以看到在 1330℃ 下，试样为全液相组织，1320℃ 下出现枝晶组织。认为合金的初始凝固点在 1330～1320℃ 之间。因此，本实验认为，GH4151 合金的凝固过程中析出相析出顺序如下：液相→L+γ（1320℃），L→L+MC（1290℃），L→L+Laves（1190℃），L→L+η（1170℃），L→L+γ/γ′（1150℃）。

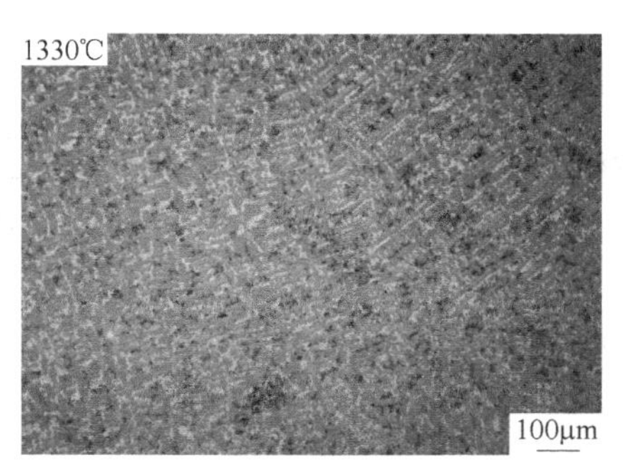

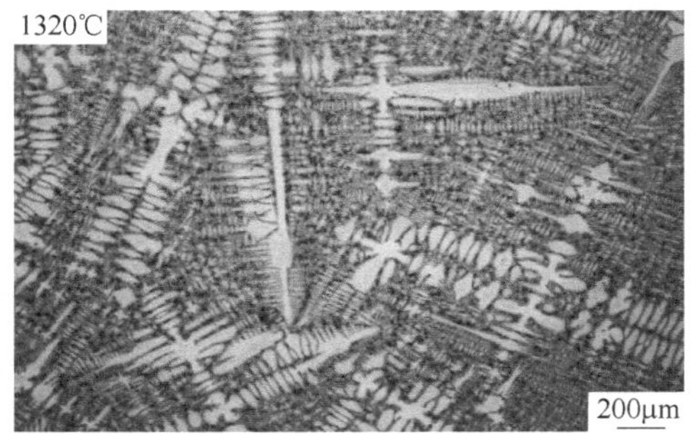

图 7　GH4151 合金凝固组织

本文使用 ImageJ 软件计算不同温度淬火试样对应的残余液相体积分数，得出其与凝固温度之间的关系。使用 Avrami 方程[9] 对实验曲线进行拟合，结果如图 8 所示。残余液相体积分数（f_L）与凝固温度（T）的函数为：$f_L=1-\exp[-3.813\times10^{-4}\times(T-1270)^{2.18}]$。

由图 8 可以看出，L→γ 凝固过程孕育期很短，这是由于凝固冷速快，液体过冷度大所导致的。在 1320℃ 到 1290℃ 之间 γ 枝晶快速生长。而后当残余液相变少，低熔点相形成元素在枝晶间聚集，凝固进入最后阶段。枝晶间析出相大量析出，γ 基体生长几乎停止。根据拟合结果，合金在 1270℃ 后 γ 基体生长几乎停止。

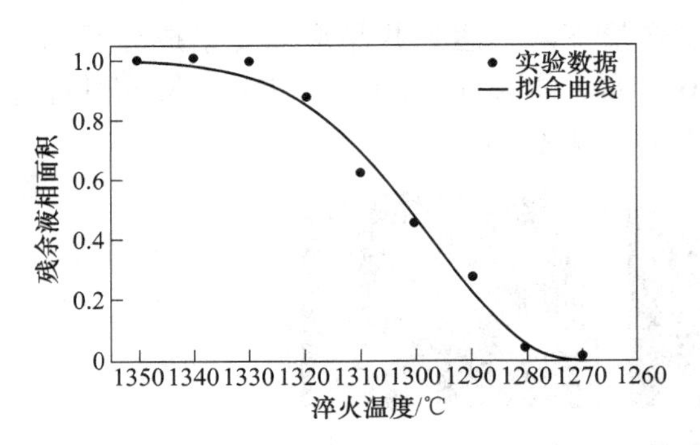

图 8　残余液相体积分数与凝固温度关系

3　结论

本文使用重熔凝固的方法，保存样品不同温度下的凝固组织，以研究 GH4151 合金凝固过程中枝晶间析出相和残余液相在凝固过程中的变化规律，得到如下结论：

（1）合金的平衡析出相复杂，主要为 γ′相、MC 碳化物相、M_6C 碳化物相、$M_{23}C_6$ 碳化物相、μ 相、MB_2 硼化物相和 M_3B_2 硼化物相。凝固过程中在枝晶间析出的 Laves 相、η 相、γ/γ′共晶相为非平衡相。

（2）在 10℃/min 的冷速下，GH4151 合金的凝固过程中析出相析出顺序如下：液相→L+γ+MC，L→L+Laves（1310℃），L→L+η（1260℃），L→L+γ/γ′（1150℃）。

（3）得到凝固过程中残余液相体积分数（f_L）与温度的关系：$f_L = 1 - \exp[-3.06\times10^{-10}\times(T-1100)^{4.04}]$。

（4）在 10℃/min 的冷速下，凝固孕育期很短合金在 1320℃到 1290℃之间快速凝固，在 1270℃后 γ 基体生长几乎停止。

参考文献

[1] 杜金辉，吕旭东，董建新，等．国内变形高温合金研制进展［J］．金属学报，2019，55：1115~1132.

[2] 杜金辉，赵光普，邓群，等．中国变形高温合金研制进展［J］．航空材料学报，2016，36（3）：27~39.

[3] 谭远过．新型难变形高温合金 3K151 的凝固偏析及高温变形行为研究［D］．合肥：中国科学技术大学，2019.

[4] 吕少敏．GH4151 合金高温变形行为及组织与性能控制研究［D］．北京：北京科技大学，2020.

[5] Jia Z，Wel B，Jia C，et al. The mechanism of crack generation and propagation in the new casting alloy GH4151 during cogging［J］. The International Journal of Advanced Manufacturing Technology，2021，116（7~8）：2455~2465.

[6] 毕中南，曲敬龙，杜金辉，等．新型难变形高温合金 эк151 的组织特征及平衡析出相热力学计算［J］．稀有金属材料与工程，2013，42（5）：919~924.

[7] Liu K，Wang J，Yang Y，et al. Effect of cooling rate on carbides in directionally solidified nickel-based single crystal superalloy：X-ray tomography and U-net CNN quantification［J］. Journal of Alloys and Compounds，2021，883.

[8] Li X X，Jia C L，ZHANG Y，et al. Cracking mechanism in as-cast GH4151 superalloy ingot with high γ′；phase content［J］. Transactions of Nonferrous Metals Society of China，2020，30（10）：2697~2708.

[9] 缪竹骏．IN718 系列高温合金凝固偏析及均匀化处理工艺研究［D］．上海：上海交通大学，2011.

GH4169 合金铸锭二次枝晶间距及元素偏析变化规律研究

王迪*，安腾，谷雨，段方震，杜金辉，曲敬龙

（北京钢研高纳科技股份有限公司变形合金工程中心，北京，100081）

摘　要：GH4169 合金铸锭的组织均匀性和成分一致性水平是影响合金冶金质量的重要因素。通过对 GH4169 合金铸锭进行全尺寸组织表征和元素分析，研究了铸锭不同位置处二次枝晶间距和元素分布的变化规律。结果显示：头尾方向上，铸锭自头部至尾部其二次枝晶间距首先由（65±5）μm 增加至（85.6±3）μm 后缓慢增加至（100.2±5）μm 并趋于稳定，熔炼末期进一步上升至（120±5）μm 后逐渐降低，元素偏析则呈现先升高后趋于稳定最后再次升高的变化趋势，其中 Nb 元素偏析系数由 2.00 增长至 2.13 后进一步增加至 2.24；水平方向上铸锭自中心至边缘，二次枝晶间距和偏析系数均成逐渐降低的趋势，其中二次枝晶间距由中心位置处的 100.2±5μm 降低至边缘位置处的 78.3±5μm，Nb 元素偏析系数则从 2.36 下降至 2.06。

关键词：GH4169 合金；VAR 铸锭；二次枝晶间距；元素偏析

GH4169 合金是我国 650℃下用骨干高温合金，被广泛用作航空发动机中涡轮盘、环件、叶片、机匣等核心部件的关键材料。随着航空发动机不断提高推重比和可靠性，合金的组织均匀性和成分一致性已经成为限制发动机性能提高的重要因素。众多学者已经通过调整均匀化温度、时间等手段提升 GH4169 合金铸锭的均匀性[1~4]，但关于工业铸锭中原始偏析分布规律的研究鲜有报道。冶金企业多依靠经验作为调整均匀化制度的标准，这不利于工业生产的稳定控制。因此，本文以三联冶炼工艺制备的 GH4169 合金 ϕ508mm 铸锭为研究对象，观察并统计铸锭不同位置处二次枝晶间距大小、元素偏析程度等信息，分析二者的演变规律，为后续 GH4169 高温合金均匀化制度的优化提供理论依据和参考。

1　试验材料及方法

试验用铸锭来源于国内某冶金企业采用真空感应熔炼+电渣重熔+真空电弧重熔（VIM+ESR+VAR）工艺制备的 ϕ508mm 铸锭，真空电弧重熔过程中熔化速率控制在 3.5kg/min，铸锭化学成分见表 1。对铸锭进行纵切处理，表面经研磨、机械抛光后分别沿铸锭中心区域自头部至尾部进行纵向取样，沿铸锭中部位置自中心至边缘进行横向取样，试样尺寸为 20mm×20mm×20mm，铸锭形貌及具体取样方案如图 1 所示。试样进行磨抛及腐蚀处理后，分别利用金相显微镜与 Image Pro plus 软件对试样中二次枝晶间距的尺寸信息进行整理。为获取准确的二次枝晶间距信息，将每个试样均分成 4 个区域，各区域分别选取不同视场进行统计与分析。同时借助电子探针设备表征不同试样中各元素的偏析演变规律。

表 1　GH4169 高温合金的化学成分（质量分数,%）

元素	Ni	Cr	Nb	Mo	Ti	Al	Co	C	Fe
含量	53.63	17.99	5.43	3.00	1.02	0.60	<0.010	0.029	余量

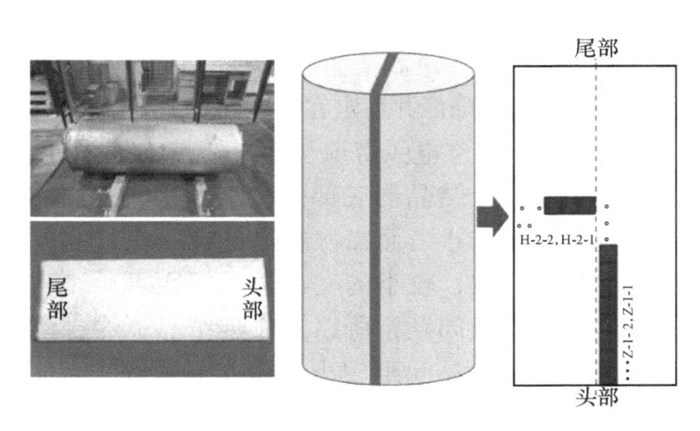

图 1　GH4169 合金铸锭取样方案

*作者：王迪，工程师，联系电话：13552099688，E-mail：g20188273@163.com

2 试验结果及分析

2.1 铸锭头部至尾部二次枝晶间距演变

图 2 为 GH4169 合金铸锭纵向不同位置处的典型组织。由图 2 可知，GH4169 合金在凝固过程中，二次枝晶间距在一次枝晶上分叉长大，其中枝晶干在金相显微镜下呈白色，枝晶间呈黑色，同时枝晶间存在着块状的 Laves 相。

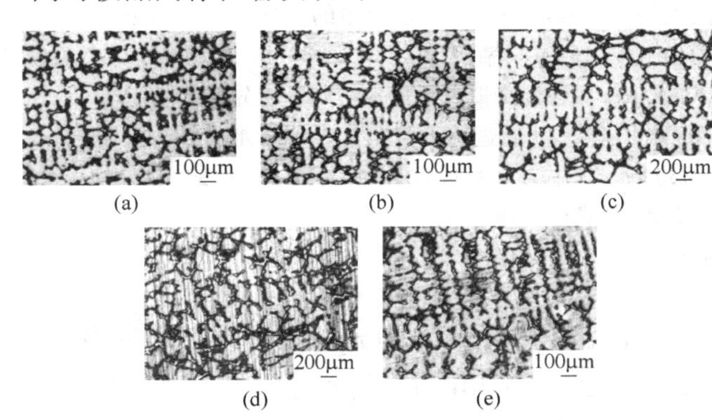

(a) (b) (c) (d) (e)

图 2 GH4169 合金铸锭纵向不同位置二次枝晶间距形貌
（a）铸锭头部；（b）铸锭 1/4 高度；（c）铸锭中部；
（d）铸锭 3/4 高度；（e）铸锭尾部

图 3 为铸锭中心区域头部至尾部的二次枝晶间距分布情况。分析图 3 可知，铸锭整体二次枝晶间距演变大致可以分为 4 个阶段。第一阶段为熔炼初始阶段，铸锭头部的二次枝晶间距较小，数值在 60~70μm 之间。随着取样位置逐渐上移，二次枝晶间距先急剧增加至（85.6±3）μm，后逐步增加至（100.2±5）μm。第二阶段对应稳定熔炼阶段，此时二次枝晶间距较为稳定，受试样所处位置的影响较小。第三阶段为熔炼补缩阶段，二次枝晶间距整体呈增加趋势，最高值为（120±5）μm，此后二次枝晶间距逐步降低并稳定在（60.6±3）μm。

原因在于真空电弧熔炼初期（铸锭头部），熔池刚刚建立，受结晶器底部强冷却作用，铸锭的一次枝晶间距较小，而二次枝晶是在一次枝晶基础之上分叉长大，较小的一次枝晶间距可以获得更小的二次枝晶间距，所以在靠近结晶器底部附近铸锭的二次枝晶间距较小。随着金属熔池高度的提升，底部结晶器的冷却强度下降，导致铸锭的二次枝晶间距随着一次枝晶间距的增大而增大[5]。进入稳定熔炼阶段之后，其凝固铸锭的热量传递主要依靠结晶器侧壁，此时金属熔池的形

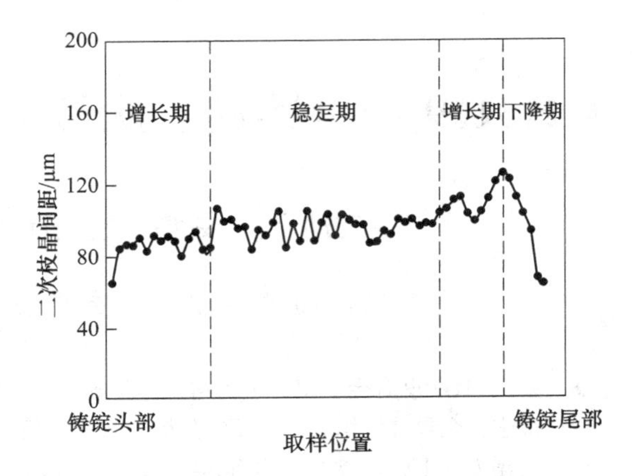

图 3 GH4169 合金铸锭二次枝晶演变规律（纵向）

貌与平均深度均趋于稳态[6]，熔池内的温度场与流场分布合理，因此铸锭内的二次枝晶间距在一定范围内稳定波动。在真空电弧熔炼后期，受金属熔池的导热及下部铸锭凝固过程中释放的凝固潜热影响，此时熔池传递的热量大于其散失的热量，导致中心处的二次枝晶间距整体呈增大的趋势[7]。在铸锭随炉冷却期间，由于铸锭顶端没有新的热量导入，且炉内一直处在抽真空状态，致使铸锭顶端有部分热量散失，结合结晶器侧壁冷却，导致铸锭尾部中心二次枝晶间距逐渐缩小。

2.2 铸锭头部至尾部元素偏析演变

分别选取铸锭头部、1/4 高度、铸锭中部、3/4 高度和铸锭尾部 5 处位置的中心区域试样进行电子探针测试，借此分析铸锭头部至尾部的元素偏析演变规律。图 4 为不同位置处各元素的偏析演变情况，可以看出 Nb、Ti、Mo 等易偏析元素，自铸锭头部至尾部，偏析系数呈先增加后趋于稳定最后再次增加的变化趋势。其余元素的偏析系数无明显变化，受试样位置的影响较小。进一步分析图 4 可知，Nb 元素是 GH4169 合金中偏析最严重的元素，随冶炼过程的进行，Nb 元素偏析系数首先从 2.00 缓慢增加至 2.13±0.02，然后在该范围内稳定波动，受熔炼过程的影响较小，当熔炼进行至后期时，偏析系数进一步增加至 2.24 左右。

主要原因在于铸锭头部位置熔池刚刚建立，主要受结晶器底部强冷却影响，合金液中的元素无充足时间扩散，因此枝晶间和枝晶干的元素含量差异较小，偏析系数处于较低水平。稳定熔炼阶段，熔炼参数无明显波动，熔池平稳，此时 Nb

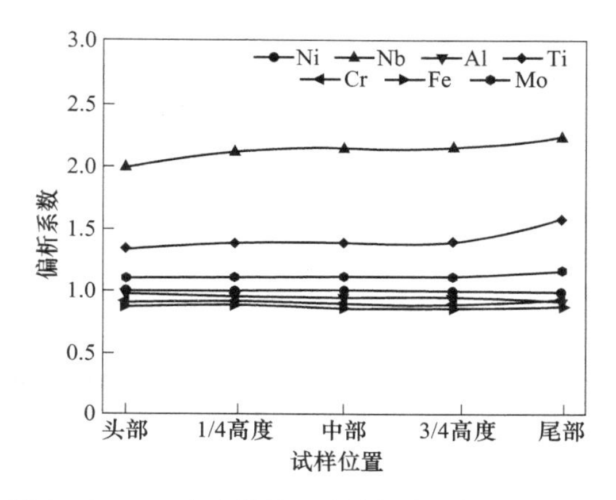

图 4 GH4169 合金铸锭元素偏析演变规律（纵向）

元素在熔池内扩散的热力学和动力学条件趋于稳定，偏析系数稳定在一定范围内。熔炼后期受铸锭凝固潜热影响，熔池凝固时间增加，Nb 元素大量富集在残余液相中，造成偏析系数增大[8,9]。

借助 JMatPro 热力学软件计算了 GH4169 合金中不同元素随温度降低在液相中的分布情况，如图 5 所示，可以看出随着温度的降低，残留在液相中的 Nb 元素由初始阶段的 5.45% 增加至 15.62%，过高含量的 Nb 元素富集在枝晶间，造成了铸锭尾部偏析系数的上升。

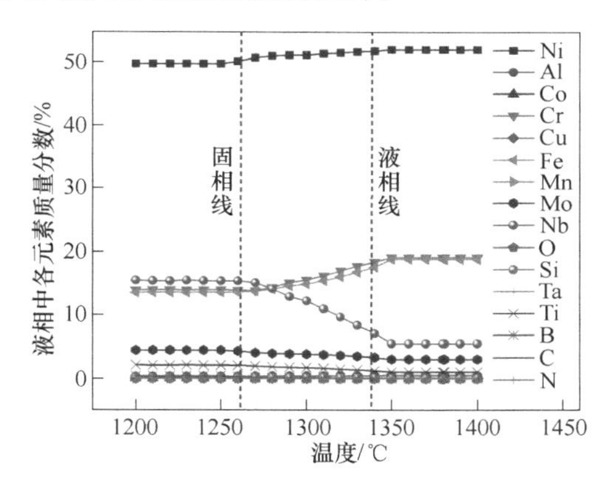

图 5 残余液相中各元素质量分数变化

2.3 铸锭中心至边缘二次枝晶间距演变

分析了铸锭中部位置处二次枝晶间距变化情况，结果如图 6 所示。由图 6 可知，随着试样位置逐渐靠近结晶器侧壁边缘，二次枝晶间距由中心位置的（100.2±5）μm 降低至 $R/2$ 位置处的（88.34±4）μm 后进一步降低至边缘位置处的（78.3±5）μm，整体呈逐渐减小的趋势。

铸锭中部处于稳定熔炼阶段，此时金属熔池

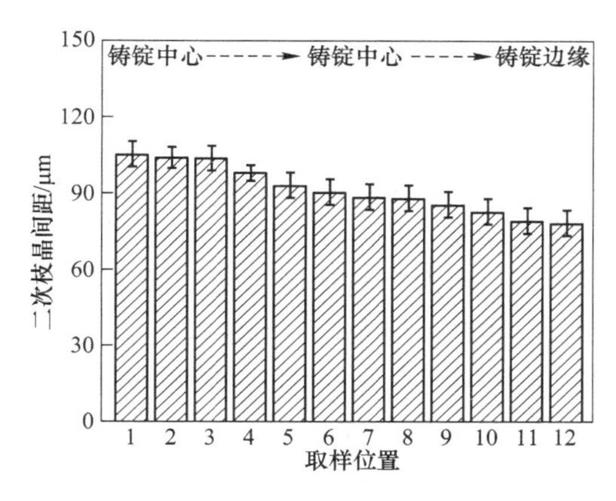

图 6 GH4169 合金铸锭二次枝晶演变规律（横向）

的形貌与平均深度均趋于稳态，结晶器底部对凝固铸锭的冷却作用被结晶器侧壁所取代。由于铸锭中心位置处远离结晶器侧壁，冷却效果较弱，同时上方电极不断熔化输入热量，下方铸锭凝固过程中也释放出凝固潜热传导至熔池中，多种因素相互耦合作用下导致铸锭中心的二次枝晶间距最大。而铸锭边缘靠近结晶器侧壁，冷却强度最大，促进了一次枝晶和二次枝晶的生成，同时周围合金液传导的热量对边缘处二次枝晶间距所造成的影响较小，造成二次枝晶间距较低。

2.4 铸锭中心至边缘元素偏析演变

如图 7 所示，合金元素在铸锭水平方向上的变化趋势与二次枝晶间距演变规律相似，受结晶器侧壁冷却效果影响，随试样位置逐渐远离铸锭中心，各元素的偏析系数均有所降低，特别是以 Nb 元素和 Ti 元素为代表的强偏析元素，变化趋势更为明显。其中 Nb 元素自中心至边缘偏析系数由 2.36 降低至 2.06，Ti 元素则由 1.75 降低至 1.41。

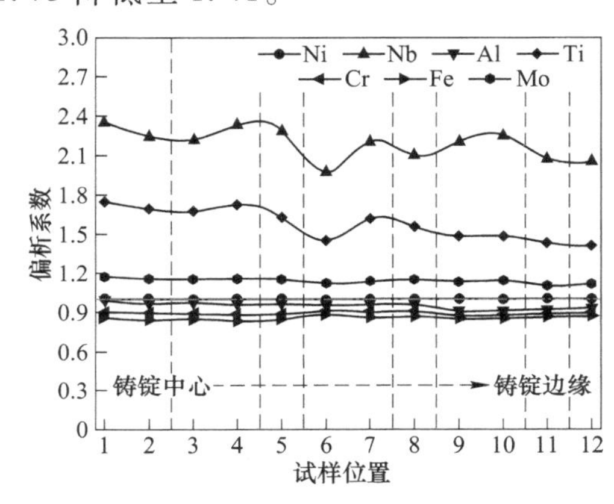

图 7 GH4169 合金铸锭元素偏析演变规律（横向）

3 结论

（1）GH4169 合金 ϕ508mm 铸锭自头部至尾部二次枝晶间距受冷却方式影响整体呈先升高，稳定一段距离后再次升高最后急剧降低的变化规律，稳定阶段二次枝晶间距为（100.2±5）μm；

（2）GH4169 合金 ϕ508mm 铸锭自头部至尾部元素偏析变化规律为先升高后趋于稳定，在尾部再次升高，偏析最严重的 Nb 元素在三个阶段的偏析系数分别为 2.00、2.13 和 2.24；

（3）GH4169 合金 ϕ508mm 铸锭自中心至边缘二次枝晶间距和元素偏析系数均成逐渐降低的趋势，二次枝晶间距和 Nb 元素偏析系数分别由中心位置处的（100.2±5）μm、2.36 分别降低至边缘位置处的（78.3±5）μm 和 2.06。

参考文献

[1] Zhou W, Chen X, Wang Y, et al. Microstructural Evolution of Wrought-Nickel-Based Superalloy GH4169 [J]. Metals, 2022, 12 (11): 1936.

[2] Chen S, He Z, Xiao J, et al. Modified heat treatment and related microstructure-mechanical property evolution of arc melting additively manufactured GH4169 Ni-based superalloy [J]. Journal of Alloys and Compounds, 2023, 947: 169449.

[3] Lu X D, Du J H, Deng Q. High temperature structure stability of GH4169 superalloy [J]. Materials Science and Engineering: A, 2013, 559: 623~628.

[4] Sohrabi M J, Mirzadeh H. Estimation of homogenisation time for superalloys based on a new diffusional model [J]. Materials Science and Technology, 2020, 36 (3): 380~384.

[5] Du J H, Lu X D, Deng Q, et al. Progress in the Research and Manufacture of GH4169 Alloy [J]. Journal of Iron and Steel Research, International, 2015 22 (8): 657~663.

[6] Cui J, Li B, Liu Z, et al. Comparative investigation on ingot evolution and product quality under different arc distributions during vacuum arc remelting process [J]. Journal of Materials Research and Technology, 2022, 18: 3991~4006.

[7] Patel A D, Murty Y V. Effect of Cooling Rate on Microstructural Development in Alloy 718 [C]// Superalloys, 2001.

[8] 张勇，李鑫旭，韦康，等．三联熔炼 GH4169 合金大规格铸锭与棒材元素偏析行为 [J]. 金属学报，2020 56 (8): 1123~1132.

[9] 刘艳梅，孙文儒，陈国胜，等．GH4169 合金凝固过程中 Nb 偏析的计算 [J]. 有色冶金设计与研究，2017, 38 (6): 54~56.

高温合金铸态组织的变形“尺寸效应”及其对开坯工艺研究的影响

刘华松[1*]，张昭[1]，郭啸东[1]，信瑞山[1]，冯旭[2]，裴丙红[2]

（1. 鞍钢集团北京研究院有限公司钒钛研究院分院，北京，102200；
2. 攀钢集团江油长城特殊钢有限公司高温合金研究室，四川 绵阳，621000）

摘　要： 变形高温合金在开坯时需要关注再结晶与裂纹情况。通过对比变形后的组织状态，讨论了试样尺寸对铸态高温合金变形行为的影响。结果表明，小尺寸试样变形后外观极不规则，内部应变与再结晶区域集中于试样中部或对角线位置；而在相似条件下，大尺寸试样则保持规则外观，内部应变与再结晶情况分布均匀。两者差异来源于粗大的铸态晶粒在径向不受周围晶粒限制时产生的变形集中，由此导致的不均匀变形随试样尺寸的减小而增大。在此机制下，小尺寸试样无法反映大尺寸试样以及铸锭在热变形时的组织与裂纹情况，其结果对开坯工艺的参考价值应当有限。

关键词： 高温合金；铸态组织；热变形；晶粒尺寸；再结晶

高温合金在开坯前往往需要长时间的高温均匀化，以消除枝晶偏析、改善碳化物等铸态组织特征[1,2]。均匀化完成后，枝晶偏析与共晶相可得到控制，但铸锭中残留的MC相及粗大的铸态晶粒仍导致在快锻开坯时易因温度不当诱发裂纹。采用Gleeble试验机进行热变形实验是揭示高温合金材料塑性与再结晶规律、获取合理变形工艺的常用方法[3~6]。但实验表明，铸态高温合金在热压缩实验时会发生宏观尺度上的变形失稳现象，即试样呈现出严重的不规则变形，而这种现象在实际生产中却未有观察。这对该实验条件能否反映铸态组织的变形行为提出了疑问。因此，明确小尺寸试样变形实验的有效性，对开坯工艺研究具有意义。

1　研究方法

本文以某难变形镍基高温合金为研究对象，主要成分为0.06C-20Cr-10Mo-10Co-2Al-3Ti。实验材料为VIM-VAR双联冶炼的ϕ250mm铸锭，经1170℃×50h均匀化处理。试样取自铸锭半径1/2位置，包括$\phi 8\times 12mm^3$、50mm×50mm×25mm两种规格，分别称为“小尺寸试样”与“大尺寸试样”。其中，前者采用Gleeble-3800在温度1020~1150℃、应变率0.01~1s^{-1}条件下进行常规热压缩实验；后者通过二辊轧机进行变形，加热与开轧温度为1050~1150℃，总压下量为50%，分3道次变形。为降低试样温降，在道次间进行回炉升温。轧辊转速设置为2~3m/min，根据轧辊半径100mm估算，试样在厚度方向上变形速率为0~0.2s^{-1}。

试样在变形结束后沿厚度方向切开，使用Kalling试剂进行腐蚀，采用光学显微镜表征试样内部组织与裂纹情况，并通过EBSD表征试样内部应变分布状态。对热压缩实验得到的真应力-真应变数据，通过Prasad方法回归得到热加工图[7]。

2　实验结果

2.1　试样外观

图1为变形后的试样俯视外观。可以看到，小尺寸试样在完成压缩后并非圆鼓形，而是存在较多的不规则凸起；而在相似的条件下，大尺寸试样形状相对规整，仅在边部存在一定的凸起，其形状、尺寸与小尺寸试样近似，如图1（c）所示。

*作者：刘华松，工程师，联系电话：15201456071，E-mail：liuhuasong_ustb@163.com

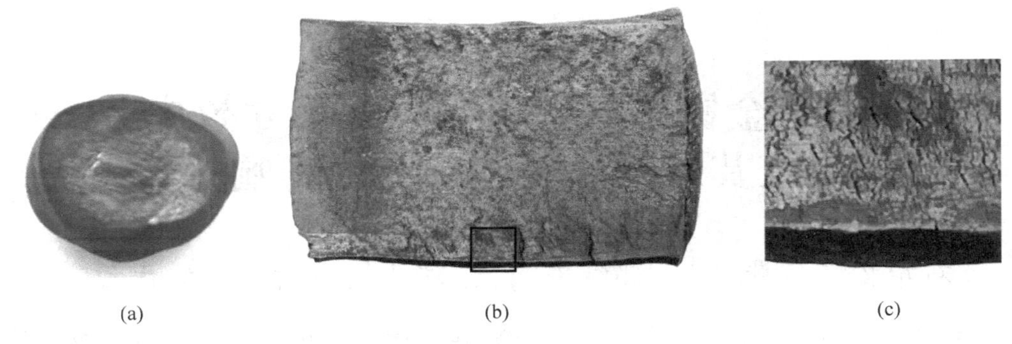

图 1　变形后的试样外观

(a) 小尺寸试样-1100℃、$0.1s^{-1}$；(b) 大尺寸试样-1100℃；(c) 图 (b) 中放大区域、尺寸与图 (a) 相似

2.2　组织状态

为了反映再结晶组织的分布特征，两种尺寸下试样在贯穿厚度方向上的组织照片如图 2 所示。可以清晰地看到，小尺寸试样在变形后的晶粒分布极不均匀：以 1150℃、$0.1s^{-1}$ 条件为例，如图 2 (c) 所示，再结晶区域主要存在于试样中心的狭窄位置，宽度仅为厚度方向的三分之一；且当变形条件不同时，再结晶晶粒的分布特征会发生明显改变，但总体上集中于试样中部或对角线位置。而在大尺寸试样中，厚度方向上组织特征基本一致，与相似制度下的小尺寸试样形成鲜明对比。其中，随着变形温度降低，大尺寸试样中的再结晶程度逐渐减小，在 1050℃ 变形时基本不发生再结晶，并开始出现晶间裂纹和绝热剪切带，如图 2 (d) 所示。

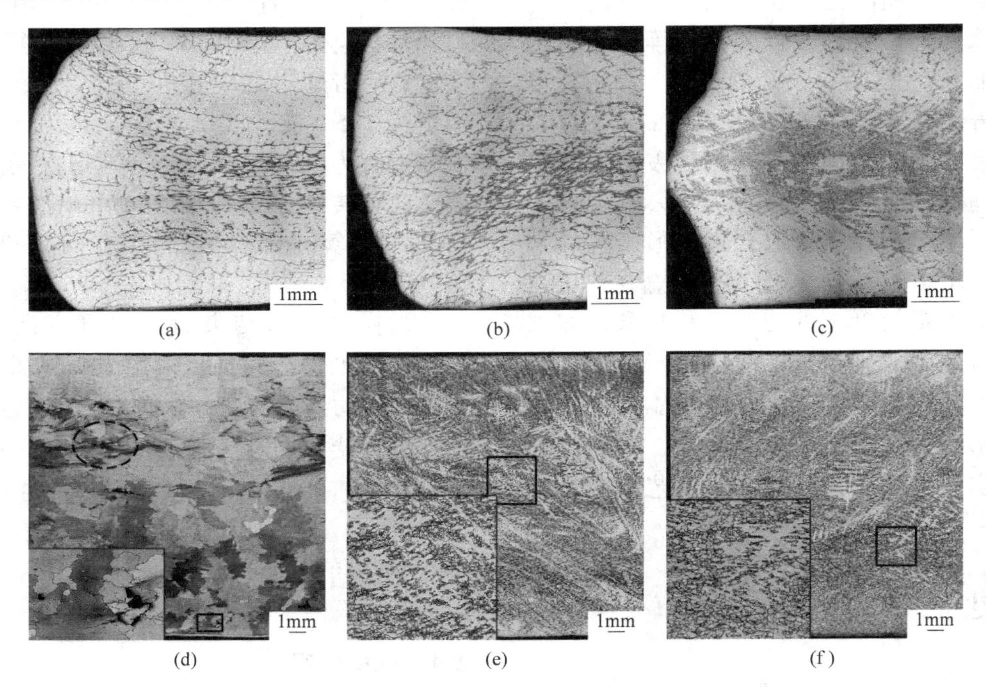

图 2　变形后试样纵截面晶粒分布

(a) 小尺寸试样-1050℃、$0.1s^{-1}$；(b) 小尺寸试样-1100℃、$0.1s^{-1}$；(c) 小尺寸试样-1150℃、$0.1s^{-1}$；(d) 大尺寸试样-1050℃；(e) 大尺寸试样-1100℃；(f) 大尺寸试样-1150℃

2.3　应变分布

依据图 2 中的再结晶分布可以推论，小尺寸试样内发生了不均匀的变形，大尺寸试样则与之相反。依据 EBSD 得到的 KAM 图，图 3 进一步给出了两种尺寸试样中心区域的应变分布。其中，为了方便表达，图 3 (b) 进行了图像的反相处理。可以看到，即便是在试样中心区域，小尺寸试样中应变仍集中在部分区域，部分晶粒内甚至未检测到应变；而在大尺寸试样中，相邻晶粒内

应变分布基本相似，表现为部分再结晶组织。

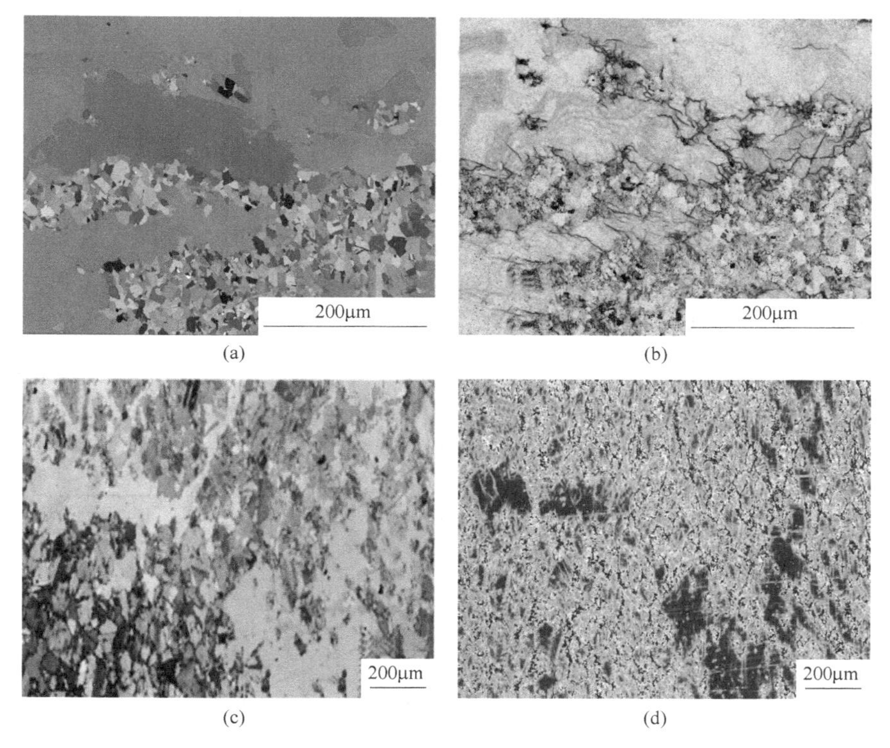

图 3　1150℃变形后试样内部晶粒与 KAM（Kernel average misorientation）图

（a）小尺寸试样-晶粒图；（b）小尺寸试样-KAM 图；（c）大尺寸试样-晶粒图；（d）大尺寸试样-KAM 图

2.4　热加工图

热加工图常用来表达金属材料变形条件对组织的影响，包含功率耗散图与失稳图两部分。随着功率耗散因子与失稳因子的增加，材料在变形时的再结晶比例与裂纹形成倾向应当增大。根据小尺寸试样的应力-应变数据得到的热加工图如图 4（a）所示，其中叠加了试样中检测到裂纹的实验制度。图 4（b）则给出了试样中心区域再结晶分数随能量耗散因子的变化情况。可以看到，在小尺寸试样中，试样中心区域的再结晶比例以及开裂情况均无法与热加工图相对应，即该热加工图无法表现材料在变形时的组织情况。此外，需要指出的是，对于不同的应变值，所得到的热加工图差异明显，也反映出小尺寸试样在变形过程中的不稳定。

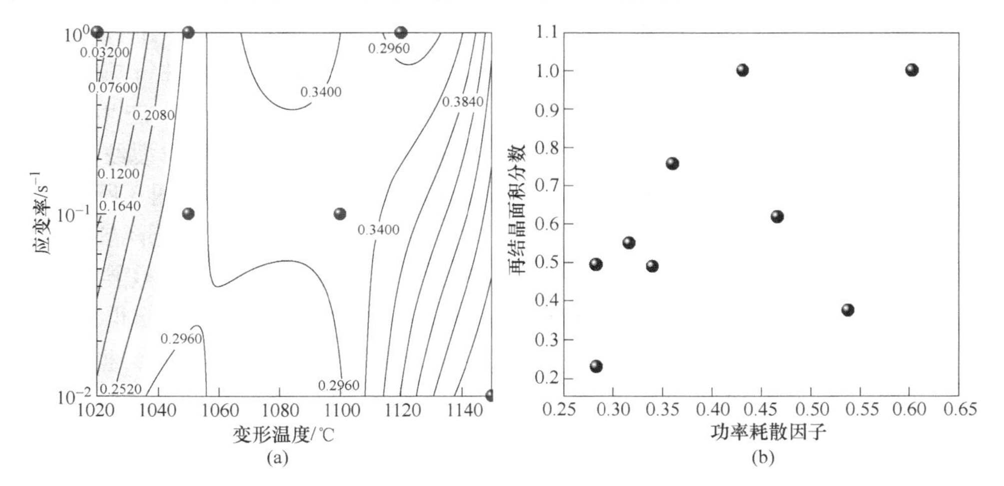

图 4　小尺寸试样组织状态与热加工图对应情况

（a）热加工图与裂纹；（b）中心区域再结晶面积分数与功率耗散因子

3 分析与讨论

3.1 小尺寸试样的不均匀变形机理

在外力作用下，不同取向的晶粒间变形必须相互协调，不能各自独立变形。其过程可以描述为，取向最有利的晶粒位错源首先开动，产生的位错滑移到晶界并在晶界前塞积，当塞积顶端产生的应力集中达到相邻晶粒位错源开动的临界应力时变形扩展，产生屈服[8]。在镍基合金的铸锭中部区域，铸态晶粒尺寸可达到数毫米以上，这就使得小尺寸试样中的少数晶粒无法通过相互协调实现变形的均匀。该机制如图5所示：在施加应力时，试样中某些晶粒的滑移方向与应力方向更匹配，因此优先发生变形；当这些晶粒位于试样内部时，受到周围晶粒的制约，在发生一定程度的形变后引发周围晶粒变形，如图5（a）中A晶粒所示；然而，当优先变形晶粒位于试样边部时，其在径向上失去限制，可在外加应力下沿滑移方向大幅度变形，如图5（a）中B晶粒所示。也就是说，内部晶粒间变形较为均匀，而边部晶粒容易在自由方向上发生较大变形。

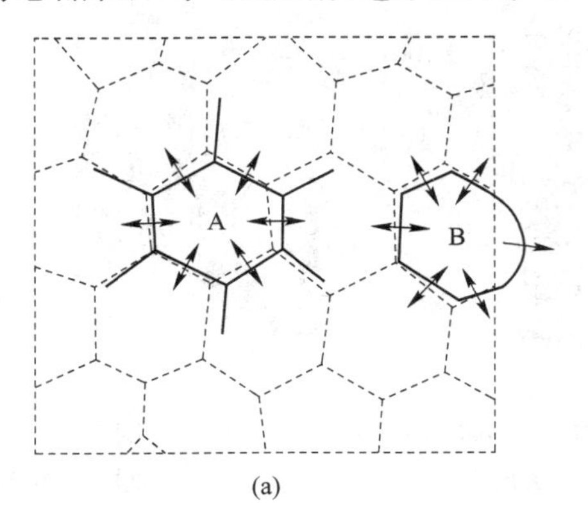

(a)

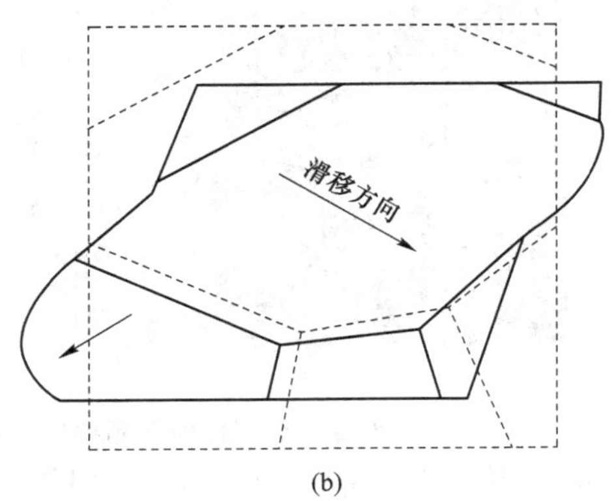

(b)

图5 多晶试样中晶粒变形示意图
（a）内部晶粒与边部晶粒变形；（b）试样尺寸接近晶粒尺寸时的变形特征

当晶粒尺寸远小于试样时，这类在边部的优先晶粒受到除了自由边界的其他方向上约束，因此只能在自由方向上发生较大程度变形，形成"凸起"，见图1中的试样边部特征。在Sachtleber等人通过晶体塑性模型得出的晶粒间应变分配中[9]，也说明了这一现象。而当晶粒尺寸与试样尺寸接近时，这种机制的影响将更为显著。首先，边部的优先变形晶粒能够引起更明显的凸起特征；其次，当优先变形晶粒横向贯穿试样时，其在径向上彻底失去限制，因此形变将几乎集中于这些晶粒中而无法传递到其他晶粒，如图5（b）所示。在此机制的作用下，小尺寸试样在变形后可能产生外观不规则或整体沿某角度滑移变形等结果，且不同试样间因初始晶粒尺寸与取向的不同会存在差异，与实验结果一致。

分析可知，影响试样变形均匀性的主要因素为边部晶粒。值得一提的是，这些晶粒要产生显著影响，其滑移方向需要满足两个要求：（1）接近应力方向从而优先变形；（2）接近径向从而无限制变形。因而可以推论，边部晶粒的滑移方向与应力成45°时最有利于产生试样的变形不均。这在实验中得到了证实，即小尺寸试样往往沿对角线方向发生滑移变形。

3.2 小尺寸试样变形对开坯工艺的有效性

根据上述分析，由于镍基高温合金铸态晶粒粗大，采用小尺寸试样进行热变形实验时，变形容易集中在部分晶粒中，产生显著的变形不均。这会导致试样内再结晶与裂纹、剪切带等组织特征不均匀分布，如图2、图3所示。由于这种不均匀的变形分配与初始晶粒形态、取向有关，不同试样间应变集中情况存在差异，导致难以确定材料实际发生的变形状态。使得即使只考虑试样中心区域并放大变形量与变形速率，也很难将实验条件与真实的材料变形情况联系起来，这也是图4中热加工图无法反映组织状态的原因。针对开坯工艺，热变形实验旨在明确温度、变形量等条件对铸锭组织再结晶与裂纹的影响。由于小尺寸试样无法通过实验条件得到试样中材料发生的实际变形条件，其结果对开坯工艺的参考应当意义有限。相应地，采用较大尺寸试样或者在晶粒较小位置取样可以抑制这一现象的发生，在下一步将由此方法开展开坯温度的研究工作。值得说明的是，这一“晶粒”与“试样”间的变形尺寸效应普遍存在于多晶材料中，因此对粗大晶粒状态下金属材料的变形工艺均需注意。例如，在铸态TC21钛合金热变形研究中[10]，也发现了类似的实验现象。

4 结论

（1）小尺寸铸态高温合金试样内存在严重的不均匀变形，再结晶区域集中于试样中心或对角线，且热加工图也无法反映组织与裂纹情况；而大尺寸试样内组织与应变分布均匀。

（2）该差异来源于粗大的铸态晶粒在径向不受周围晶粒限制时产生的变形集中，由此导致的不均匀变形程度随试样尺寸的减小而增大。

（3）由于小尺寸试样内部变形集中状态难以确定，其结果对开坯工艺的参考应当有限。

参考文献

[1] 肖东平，周扬，付建辉，等. GH141合金的凝固偏析特性及均匀化处理［J］. 金属热处理，2022，47（5）：141~147.

[2] Rettig R，Ritter N C，Muller F，et al. Optimization of the homogenization heat treatment of nickel-based superalloys based on phase-field simulations：Numerical methods and experimental validation［J］. Metallurgical and Materials Transactions A，2015，46：5842~5855.

[3] 肖东平. 均匀化处理对GH141高温合金热变形行为的影响［J］. 材料热处理学报，2022，43（4）：107~115.

[4] 向雪梅，江河，董建新，等. 难变形高温合金GH4975的铸态组织及均匀化［J］. 金属学报，2020，56（7）：988~996.

[5] 税烺. 变形高温合金GH4065A的铸态组织及均匀化研究［J］. 钢铁钒钛，2021，42（4）：131~137.

[6] Hosseini S A，Madar K Z，Abbasi S M. Effect of homogenization heat treatments on the cast structure and tensile properties of nickel-base superalloy ATI 718Plus in the presence of boron and zirconium additions［J］. Materials Science and Engineering A，2017，689：103~114.

[7] 姚志浩，董建新，张麦仓，等. GH738高温合金热加工行为［J］. 稀有金属材料与工程，2013，42（6）：1199~1204.

[8] 郭建亭. 高温合金材料学（上册）［M］. 北京：科学出版社，2008.

[9] Sachtleber M，Zhao Z，Raabe D. Experimental investigation of plastic grain interaction［J］. Materials Scienceand Engineering A，2002，336：81~87.

[10] Zhu Y，Zeng W，Feng F，et al. Characterization of hot deformation behavior of as-cast TC21 titanium alloy using processing map［J］. Materials Science and Engineering A，2021，528（3）：1757~1763.

GH4698 固溶热处理中晶粒尺寸和碳化物的演化规律研究

孙佳路*，韩光炜，王天一

（钢铁研究总院北京钢研高纳科技股份有限公司，北京，100081）

摘　要： 利用光学显微镜、扫描电子显微镜和能谱分析仪等手段，分析了紧固件用 GH4698 合金小规格棒材热轧态和固溶态组织，研究了固溶热处理过程的晶粒长大行为和碳化物演变规律。研究发现，GH4698 合金热轧棒材的组织均匀。在固溶热处理过程中，随固溶时间延长，2h 后晶粒开始出现不均匀分布，个别晶粒迅速长大，发生二次再结晶而出现异常粗晶，个别晶粒达到 00 级。固溶热处理使热轧态粗大 $M_{23}C_6$ 型碳化物逐渐变小而回溶，3h 后基本稳定。

关键词： GH4698 合金；微观组织；晶粒长大；碳化物

GH4698 合金是在 550~800℃ 温度服役的镍基时效强化高温合金[2]，主要通过加入 Al、Ti、Mo、Nb 等元素强化。该合金具有优秀的综合性能，在航空发动机中主要用于涡轮盘、导流片、压气机盘和承力环等构件。

固溶态 GH4698 合金 γ 基体上分布的主要是 MC 型碳化物和 M_5B_4 硼化物。时效热处理后析出弥散的 γ′相和 $M_{23}C_6$ 型碳化物[3]。热轧态 GH4698 合金固溶热处理过程发生再结晶驱动力是变形储能，变形大的区域变形储能高，易形核，晶粒较小；变形小的区域存在储能梯度差，易发生不均匀的晶粒长大。晶粒长大的驱动力是存在变形储能梯度和总晶界能的降低。发生再结晶后的保温过程中，为了使总界面能降低，少数的大晶粒会吞并周围小晶粒从而发生不均匀长大[4]，直到合金的内部组织逐渐趋于一种较稳定的状态。碳化物会阻止晶粒长大，变形储能和碳化物分布的不均匀会直接影响固溶热处理发生异常晶粒长大。

1　试验材料及方法

试验所用 GH4698 合金热轧棒材规格分别为 ϕ14.5mm、ϕ11mm 及 ϕ9mm。合金采取真空感应+真空自耗重熔工艺制备，其化学成分见表 1。

表 1　GH4698 合金的化学成分　（质量分数，%）

元素	C	Si	Mn	S	P	Mg	Cr	Ni	Ti	Al	Mo
含量	0.052	0.05	0.02	0.001	0.005	0.008	14.56	余量	2.60	1.60	3.04
元素	Nb	Fe	Pb	B	Zr	Ce	Sb	Sn	Bi	As	
含量	2.07	0.09	0.0002	0.003	0.04	0.0001	0.0010	0.0006	0.00003	0.0005	

在三种规格的热轧棒材上分别取样进行组织分析，并在 1110℃ 进行 10min~5h 不同时间的固溶热处理，固溶热处理后空冷。

对热轧态和固溶态的试样机械抛光和侵蚀后，通过 GX71 图像分析仪和 JSM-6480LV 扫描电子显微镜，对热轧态和固溶态试样进行观察，分析其组织与碳化物等析出相，并通过元素能谱分析仪检测不同区域及其析出相的化学成分。腐蚀液配比是 1.5g 硫酸铜+20mL 乙醇+20mL 盐酸。

2　试验结果及分析

2.1　GH4698 轧态组织观察

图 1 示出 ϕ11mm 热轧棒材的轧态组织。图中轧态组织的晶粒是等轴晶，晶粒分布均匀且细小，

* 作者：孙佳路，联系电话：18813089507，E-mail：2017210999@mail.hfut.edu.cn

无低倍粗晶，晶粒度评级在10级左右。表2示出合金组织中碳化物的元素成分。

图1（c）轧态组织中，晶粒内和晶界上分布着呈块状且棱角分明的一次碳化物，结合表2中的成分分析，这种碳化物富Nb、富Ti，在晶界上分布的大小不一且数量众多的碳化物，是二次碳化物 $M_{23}C_6$ 和硼化物 M_5B_4[1]。

(a) (b) (c)

图1 GH4698合金轧态组织

（a）金相组织图；（b）二次电子像；（c）碳化物形貌

表2 GH4698合金轧态组织中碳化物元素成分分析

（质量分数，%）

碳化物	Ti-K	Cr-K	Ni-K	Mo-L
pt1	2.87	14.18	76.31	2.39
pt2	3.32	14.48	79.22	
pt3	2.78	15.17	77.62	2.08

2.2 GH4698合金固溶处理前后的显微组织

图2是GH4698合金不同规格热轧棒在1110℃下固溶后空冷得到的显微组织图。与图1热轧态组织相比较，晶粒发生了明显的长大，晶粒度评级在4级左右，晶粒大小不一，分布不均匀。组织中出现有ASTM-00级异常长大的晶粒。

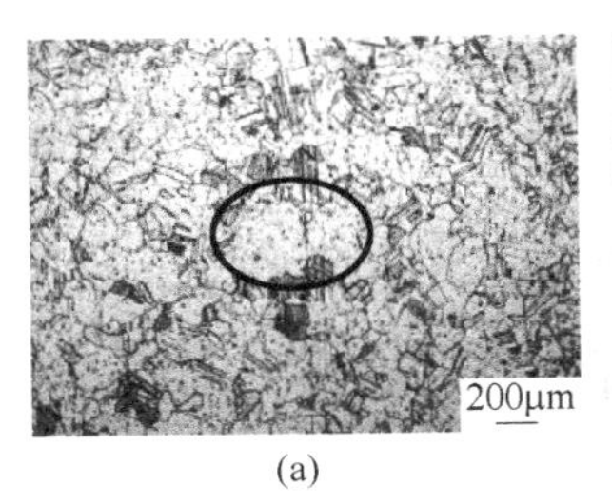

(a)

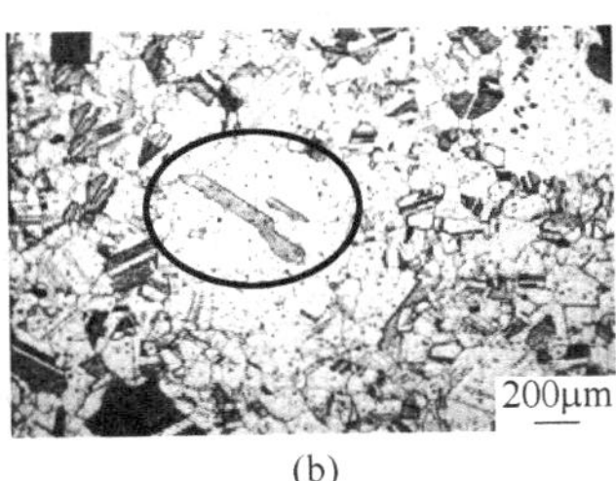

(b)

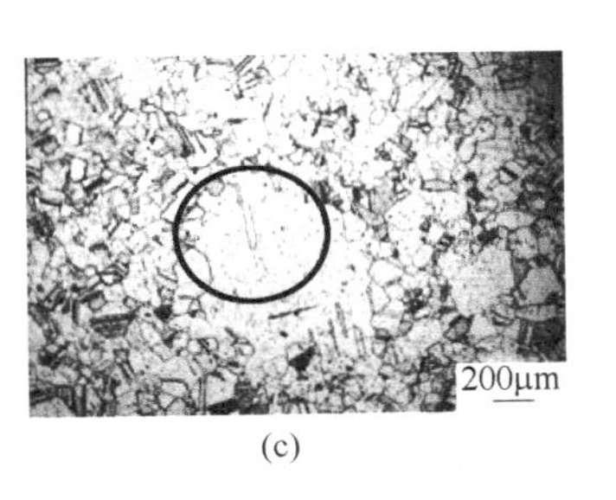

(c)

图2 GH4698合金热轧棒固溶后异常晶粒长大金相显微组织图

（a）ϕ14.5mm；（b）ϕ11mm；（c）ϕ9mm

2.3 GH4698合金轧棒在1110℃下固溶不同时间后的显微组织及晶粒度对比

图3是对不同规格热轧棒，分别进行不同时间段的固溶处理后的微观组织图。可以看出，规格ϕ9mm和ϕ11mm棒材固溶10min后已完全再结晶，规格ϕ14.5mm的棒材固溶1h后发生完全再结晶。固溶处理1h内，组织中的晶粒均匀长大；固溶处理2h后，组织中出现了尺寸相对明显较大的晶粒。

这种尺寸相对较大的粗晶周围分布有许多尺寸细小的晶粒。晶粒尺寸分布不均匀，在后续的保温过程中，大晶粒的边界更易向着小晶粒的方向移动[4]，“吞吃”小晶粒，最终造成组织中出现异常长大的晶粒。

表3示出利用粒径分布软件Nano Measurer测量的，不同规格棒材，经过不同固溶时间后，组织中晶粒的最大粒径尺寸和平均粒径尺寸。

根据表3中所示数据，ϕ14.5mm的棒材试样，随着固溶时间的增加，组织中的平均晶粒尺寸从32.53μm最大增加到80.61μm；部分晶粒尺寸远大于平均晶粒尺寸，最大晶粒尺寸从87.11μm增加到195.93μm；ϕ9mm的棒材试样，平均晶粒尺寸从42.56μm最大增加到80.03μm，最大晶粒尺寸从99.84μm增加到241.75μm；ϕ11mm的棒材试样，平均晶粒尺寸从63.51μm最大增加到86.28μm，

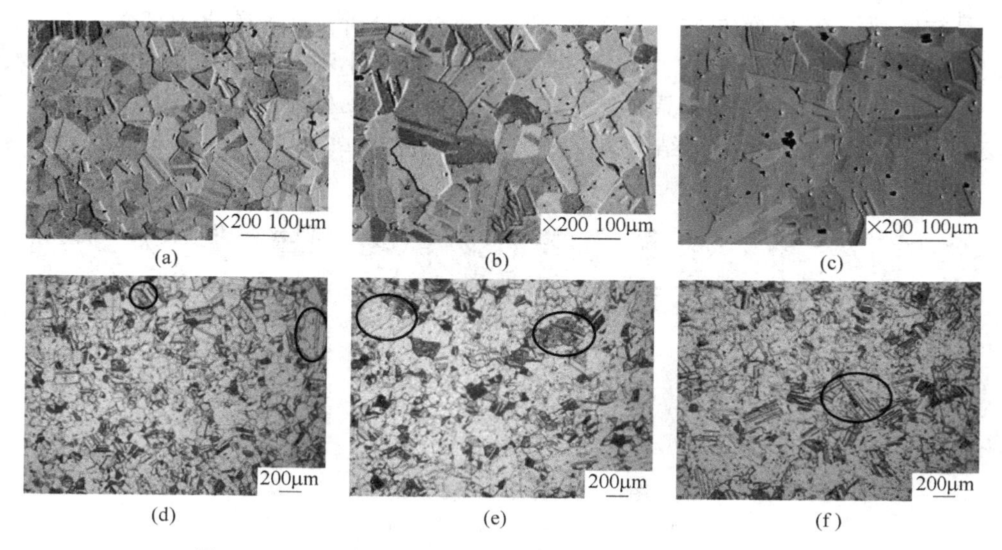

图 3 GH4698 合金热轧棒在 1110℃下固溶处理后的组织图

（a）ϕ9mm 10min；（b）ϕ11mm 10min；（c）ϕ14. 5mm 1h；（d）ϕ9mm 2h；（e）ϕ11mm 2h；（f）ϕ14. 5mm 2h

最大晶粒尺寸从 156. 51μm 增加到 168. 24μm。三种规格棒材组织中晶粒具有相似的生长趋势。

图 4 示出不同规格热轧棒材试样，随固溶时间增加，晶粒尺寸的变化趋势。可以看出，ϕ14. 5mm 的棒材试样，在固溶过程中，最先发生异常晶粒长大；ϕ9mm 的棒材试样，在固溶较长时间后（5h），出现的异常晶粒尺寸最大。不同规格棒材的平均晶粒尺寸都经历了一个逐渐增长，且增长速度逐渐放缓的过程。

表 3 GH4698 合金不同规格棒材试样固溶处理过程中晶粒尺寸随时间变化表

时间	ϕ14. 5mm/μm		ϕ11mm/μm		ϕ9mm/μm	
	最大尺寸	平均尺寸	最大尺寸	平均尺寸	最大尺寸	平均尺寸
10min	87. 11	32. 53	148. 76	68. 62	99. 84	46. 95
20min	132. 47	40. 24	156. 51	66. 61	107. 56	42. 56
30min	159. 79	54. 82	168. 24	63. 51	158. 31	54. 58
1h	169. 46	80. 17	160. 11	84. 47	138. 19	67. 67
2h	173. 78	81. 77	163. 57	78. 90	160. 59	79. 11
3h	203. 01	101. 57	161. 28	86. 28	181. 38	80. 03
4h	188. 71	80. 61	143. 49	69. 00	158. 61	69. 81
5h	195. 93	78. 25	144. 13	70. 11	241. 75	76. 16

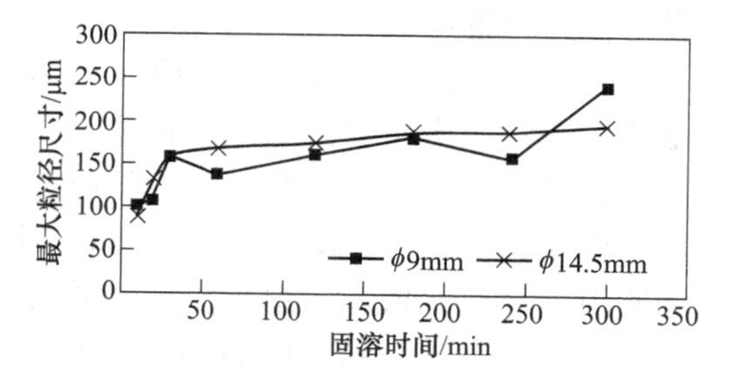

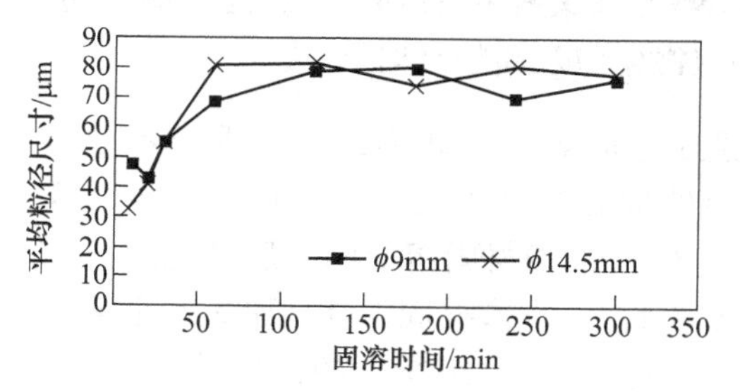

图 4 GH4698 合金不同规格棒材试样固溶处理过程中晶粒尺寸随时间变化图

2. 4 GH4698 合金固溶过程中碳化物回溶规律

图 5 是 ϕ11mm 合金轧棒在 1110℃下固溶处理后显微组织的背散射电子扫描图。与图 1 所示轧态组织中的碳化物相比较，固溶态组织中的碳化物随固溶时间增加，尺寸减小，数量减少，发生

回溶现象。

图 6 及表 4 示出固溶组织中碳化物的能谱分析结果。能够看到，固溶态组织中存在孔洞，通过能谱分析，孔洞中的析出相的成分包含有 C、Ti、Cr、Ni 等元素，可得固溶过程中部分 $M_{23}C_6$ 型碳化物发生了回溶。并且孔洞的成分检测中还发现有氧元素，说明在固溶过程中，碳化物周围基体发生了氧化反应并脱落[3]。由此可得，孔洞应当是碳化物的回溶和氧化物的脱落共同导致的。组织中分布在晶界上的碳化物回溶，会减弱其带来的钉扎作用，有利于晶界的迁移，对晶粒长大产生影响[5]。

图 5 示出，固溶 1h 后，试样组织中存在大量的 $M_{23}C_6$ 型碳化物未回溶，氧化脱落形成的孔洞较少，分布更加集中；固溶 3h 后，晶粒内的碳化物优先回溶，残留的碳化物更多地分布在晶界上，组织中氧化脱落形成的孔洞数量变多，分布也更加分散。此时 $M_{23}C_6$ 型碳化物的含量和分布已达到稳定状态，不再出现非常明显的改变。三种不同规格的棒材组织中碳化物具有相似的变化。

(a)

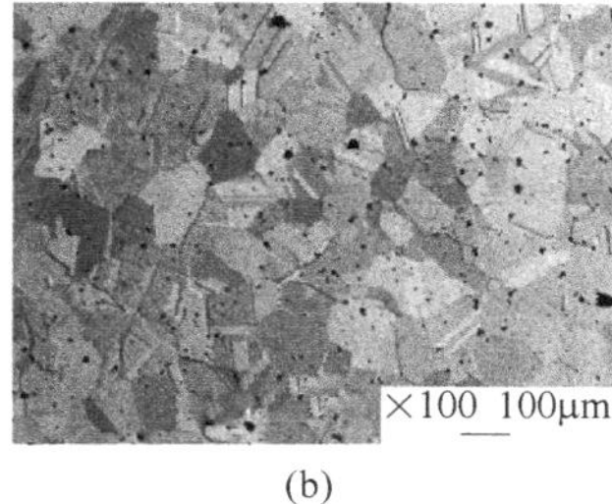

(b)

(c)

图 5 GH4698 合金轧棒固溶后扫描电镜碳化物组织背散射图

（a）ϕ11mm 1h；（b）ϕ11mm 2h；（c）ϕ11mm 3h

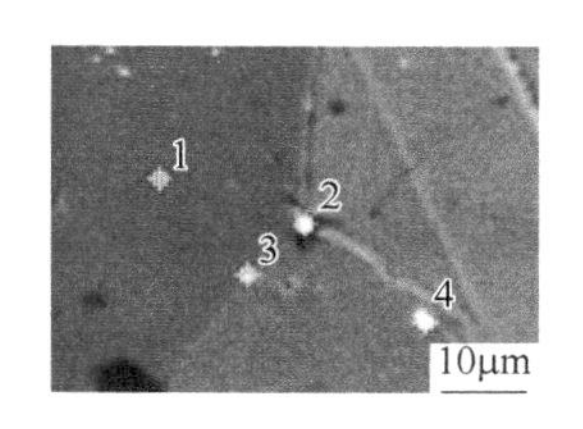

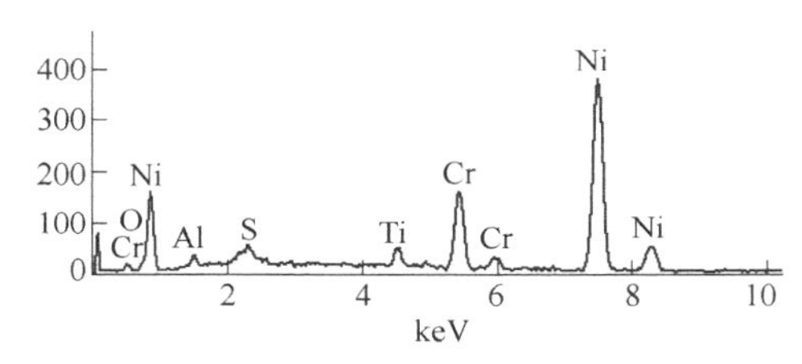

图 6 ϕ11mm 合金轧棒固溶后组织二次电子扫描图及析出相能谱分析

表 4 GH4698 合金 ϕ11mm 轧棒固溶组织中碳化物元素成分分析 （质量分数，%）

碳化物	O-K	Ti-K	Cr-K	Ni-K
pt1	0.37	2.38	15.33	79.98
pt2	0.41	2.24	15.46	79.97
pt4	0.11	2.81	15.62	79.97

3 结论

（1）GH4698 合金热轧棒材组织均匀，平均晶粒度为 8~10 级。轧态组织的晶粒是等轴晶，晶粒分布均匀且细小。

（2）随固溶时间延长，晶粒开始出现不均匀，个别晶粒迅速长大，固溶处理 1h 内，棒材组织中的晶粒均匀长大；固溶处理 2h 后，组织中出现了尺寸相对明显较大的晶粒。

（3）虽然固溶后的棒材平均晶粒度为 4 级左右，但在较短固溶保温时间内（≤3h）出现尺寸明显较大的晶粒，且在粗晶周围分布有许多尺寸细小的晶粒。这样不均匀的晶粒尺寸分布在后续的保温过程中，大晶粒的边界更易向着小晶粒的方向移动，“吞吃”小晶粒，即较粗的晶粒发生二次再结晶，出现异常晶粒长大，个别晶粒尺寸甚至达到 00 级。最终造成组织的异常晶粒长大。

（4）在固溶处理过程中，$M_{23}C_6$ 型碳化物会发生回溶的现象。碳化物回溶，部分碳化物氧化脱落，合金组织中会有孔洞出现。在较短时间的固溶处理后（≤3h），碳化物含量和分布达到一定的稳定状态，不再出现非常明显的改变。

参考文献

[1] Yang Wangyue, Zhang Jishan, Chen Guoliang, et al.

Relationship between Grain Size and Fatigue-Creep Interaction Behavior of Superalloy GH698 [J]. Met. Sci. Technol，1989 (5)：19~25.

[2] 王炳林. ХН73МБТЮ (ЭИ698) 合金介绍 [J]. 航空材料，1985 (1)：35~37.

[3] 李凤艳，王志刚，吴贵林，等. 小尺寸GH698合金轧制棒材组织和性能的控制研究 [J]. 物理测试，2014 (32)：1~3.

[4] 郭淑玲. 热加工历程对GH4698显微组织的影响 [D]. 河北：燕山大学，2020.

[5] 肖东平，周扬，付建辉，等. GH141合金的凝固偏析特性及均匀化处理 [J]. 金属热处理，2022 (47)：141~147.

750~800℃下长期氧化/热疲劳/蠕变对GH4738合金高温磨损性能的影响

牛耀鹏[1]，伟乐斯[1]，那木日[1]，吕浩然[1]，曲敬龙[2]，新巴雅尔[1*]

（1. 内蒙古工业大学材料科学与工程学院，内蒙古 呼和浩特，010051；
2. 北京钢研高纳科技股份有限公司，北京，100081）

摘　要：以GH4738合金为研究对象，设计750~800℃下长期服役-高温损伤的交互、交替加速模拟试验，研究高温下GH4738合金在长期氧化、热疲劳、蠕变后的高温冲蚀磨损行为。结果表明，高温氧化初始阶段，表面未形成氧化层，冲蚀磨损行为受基体硬度变化影响。随着氧化层的平均厚度、致密性、连续性增加，基体得到保护。随着氧化时间增长，氧化层出现开裂、分层的现象，降低了抗冲蚀磨损性能。当氧化时间接近800h时，由于上氧化层脱落，致密性较高的下氧化层物对高温冲蚀起到了抵抗作用。热疲劳时裂纹在试样表面逐渐萌生并在表面与内部同时沿晶界扩展，晶间结合力下降，同时表面形成的氧化层逐渐开裂，不再有效地抵抗冲蚀，开始沿着裂纹大面积脱落，抗冲蚀磨损性能降低。高温蠕变后的试样中，γ′相长大，并产生形变孪晶，晶界结合性下降，降低了材料抵抗冲蚀磨损的性能，同时高温蠕变产生位错塞积而引起应力集中，造成蠕变裂纹的萌生，降低了冲击抗力，使高温冲蚀磨损加剧。

关键词：GH4738合金；高温氧化；热疲劳；高温蠕变；高温冲蚀磨损

GH4738是以γ′相沉淀强化的变形镍基高温合金，具有优异的高温强度以及抗氧化，抗热疲劳等性能优势，还有着良好的强韧匹配性[1~3]。GH4738合金广泛应用于航空航天业的零部件制备，例如，航空发动机用机匣、涡轮盘、叶片、紧固件等[4~6]。作为航空发动机热端部件时，镍基高温合金工作温度可达650℃，这时材料部件会发生高温氧化、疲劳、蠕变等损伤行为，同时压缩吸入的空气携带微小颗粒（例如飞尘、砂粒等）作为冲击物对部件造成冲蚀磨损行为[7,8]。因此，对于高温合金损伤机理的理论性研究成为重点方向。

目前国内外对高温合金的高温氧化、疲劳、蠕变、冲蚀等方面的单一研究较多。高温氧化性能方面，研究人员通过设置不同温度下的氧化试验，探究不同合金形成氧化膜成分以及基体元素在氧化时的扩散机制[9,10]。疲劳性能研究方面，徐静[11]等研究了GH536高温合金热疲劳的损伤机理，研究表明裂纹由晶粒内萌生并沿晶界扩展，随着峰值温度的不断提高损伤不断加剧。徐超[12]等研究了高温合金GH4738在不同温度下疲劳裂纹扩展，研究表明随着温度的升高裂纹扩展速率加快，并且发现由于在高温下氧原子首先与晶界处的元素发生氧化形成脆生相使得晶界的强度降低，材料的抗疲劳性能变差。高温蠕变性能研究方面，国内外学者对高温合金蠕变温度[13,14]，以及第二相变化机制对蠕变性能的影响[15]研究较多。

高温冲蚀磨损是GH4738合金在长期服役环境下主要的损伤形式，有时仅用肉眼就可观察到材料表面发生的变形，这对于材料部件的安全运行存在巨大威胁[12]。国外学者对于冲蚀磨损已提出基础理论体系[16]，并且研究了在不同温度下不同合金的冲蚀磨损行为[17]。近几年也有国内学者采用数值模拟与实验相结合方式研究高温合金的冲蚀磨损行为，并在应力、应变、温度分布方面进行深度分析[18]。而在实际服役条件下，高温合金不仅在高温环境下长时间服役，也会在低温环境下停放，因此会受到高温氧化、热疲劳、蠕变与高温冲蚀磨损的循环交替作用[19,20]。虽然近几年对于腐蚀-疲劳、氧化-腐蚀等双因素交互研究[21,22]

* 作者：新巴雅尔，教授，博士生导师，联系电话：0471-6575752，E-mail：shinbayaer@imut.edu.cn

逐渐增多，但是其他多因素交互、交替的研究还是比较缺乏。因此，本文试验以 GH4738 合金为研究对象，基于长期服役下的航空发动机热端部件（压气机、涡轮转子）的实际服役工况，设计了高温氧化及蠕变与高温冲蚀损伤的交互、交替加速模拟试验，结合各类表征及性能测试，探究长期高温氧化、热疲劳、蠕变-高温冲蚀对 GH4738 合金的损伤机理，意在为实际损伤评估提供理论支撑。

1 试验材料与方法

1.1 试验材料

经真空感应熔炼+电渣重熔+真空自耗重熔的三联工艺冶金制备出 GH4738 合金，合金标准热处理状态的组织由 γ 基体、Ti(C、N)、$M_{23}C_6$ 碳化物和 γ′[Ni_3(Al、Ti)]相组成，化学成分见表 1。

表 1 试验用 GH4738 高温合金化学成分 （质量分数，%）

元素	C	Cr	Mo	Ti	Al	W	Cu	Zr	B	Co	Fe	Mg	Ni
含量	0.037	19.06	4.26	3.04	1.45	4.26	0.1	0.055	0.055	13.10	1.43	0.0006	余量

配备 3g 氯化铜+20mL 浓盐酸+30mL 酒精腐蚀液，腐蚀 GH4738 试样后的组织 OM 及 SEM 图如图 1（a）（b）所示。图 1（c）为试样组织中 γ′相 SEM 图。

(a)

(b)

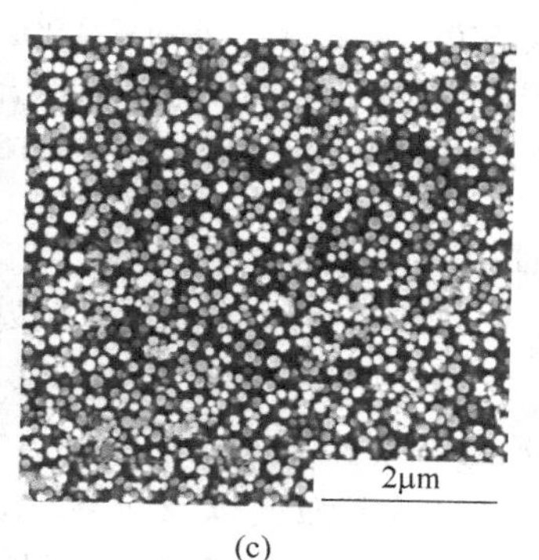

(c)

图 1 GH4738 试样的微观组织
（a）OM 图；（b）SEM 图；（c）γ′相 SEM 图

1.2 试验方法

（1）高温氧化-冲蚀磨损试验。在 750℃ 下，以高温氧化 50h+炉冷 4h 为一个循环，连续循环 1~20 次。对每个阶段的高温氧化试样进行了高温冲蚀磨损试验。高温冲蚀磨损试验参数：温度为 750℃，冲蚀角度为 90°，冲蚀时间为 20s，冲蚀颗粒速度为 80m/s，冲蚀粒子为煅烧三氧化二铝，平均粒径为 0.7mm，摩氏硬度为 9.5。随后对所有试样进行微观组织观察和性能表征。为了研究对比样品的冲蚀磨损性能，引入冲蚀磨损速率[7]的概念计算磨损量。

（2）高温蠕变-冲蚀磨损试验。在 560MPa、750℃ 下进行标准高温蠕变实验，总试验时长 23h，试样变形率为 2%。高温蠕变后的试样进行高温冲蚀磨损试验（磨损试验条件与高温氧化-冲蚀磨损试验条件一致）。随后对所有试样进行微观组织观察和性能表征。

（3）高温热疲劳-冲蚀磨损试验。高温合金在 800℃ 时热疲劳的寿命明显大于其他温度下的寿命[9]，为了准确地表征热疲劳-冲蚀磨损行为，同时贴合长期复杂服役环境，将热疲劳的实验温度提高到 800℃。将电阻炉升温到 800℃，将试样放入电阻炉中 10min、取出后放入水中 2min。25℃—800℃—25℃ 为一个热循环，对热循环 0、50、100、150、200 次的试样进行观察，分析其热疲劳损伤情况。随后对试样进行温度为 800℃ 的高温冲蚀磨损试验（其他磨损试验条件与高温氧化-冲蚀磨损试验条件一致）。

2 讨论与分析

2.1 高温氧化行为分析

图 2 为高温氧化不同阶段的氧化层表面 SEM 图像以及其 XRD 图谱。在高温氧化初始阶段，氧

化行为依赖于元素扩散机制，试样表面元素富集，Al_2O_3、Cr_2O_3、NiO、TiO_2 等氧化物逐渐生成，如图 2（a）所示。高温氧化 150h 时，氧化层出现块状氧化物，EDS 分析为 TiO_2，此时氧化层的连续性、致密性较低。350h 时，由于 Cr_2O_3 具有较强的包覆性，在生长过程中会逐渐将其他氧化物包裹并在试样表面形成连续且致密的保护性氧化层。同时由于不同的氧化物之间热膨胀系数不同，使得氧化层表面开始出现褶皱现象。氧化时间到 550h 时，氧化物颗粒尺寸逐渐变大，出现尺寸较大的簇团状氧化物 TiO_2，而 Ti 元素的氧化也会使得氧化层剩下的 Cr_2O_3 和 NiO 开始发生融合转变，Ni 原子取代了 Cr_2O_3 中的 Cr 原子生成了新氧化物 $NiCr_2O_4$，EDS 分析也佐证了形貌为尖晶石形状氧化物为 $NiCr_2O_4$。650h 时，氧化物 $NiCr_2O_4$ 增多且开始发生融合和长大的现象，同时由于氧化物尺寸持续增加且热膨胀系数的不同，表面氧化层发生开裂、断层，裂纹处遍布丛状氧化物。此阶段虽然氧化层的平均厚度有所增加，但其致密性变差。800h 时，发生分层的上层氧化层脱落，露出致密性较好的下层氧化层。随着氧化时间增长到 1000h 时，试样氧化层整体开裂，呈现网状结构，此阶段试样的氧化层无新的氧化物生成，如图 2（a）所示。

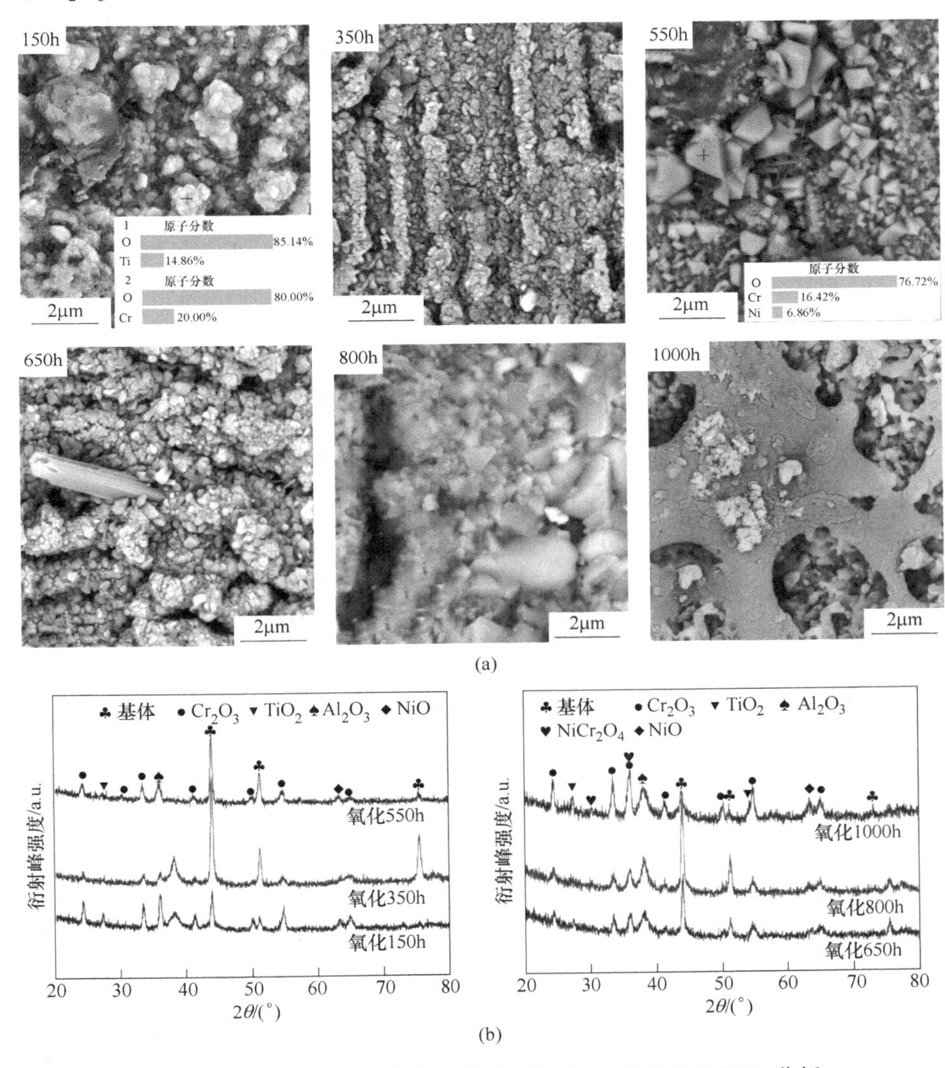

图 2　高温氧化不同阶段的氧化层 SEM 图与其 EDS 及 XRD 分析

（a）150h、350h、550h、650h、800h、1000h 时氧化层 SEM/EDS 图；（b）150h、350h、550h、650h、750h、1000h XRD 图

2.2　高温氧化+高温冲蚀行为分析

高温氧化期间基体硬度变化曲线如图 3（a）所示，原始试样的硬度约为 392.0HV，50～150h 试样的硬度下降了 16.9%，硬度为 325.6HV，到 200h，硬度上升了 11.5%。200～650h 时，硬度呈

下降趋势。650～1000h 区间内，硬度平均在 300HV 左右平稳波动。

图 3（b）为长期高温氧化试样的高温冲蚀率曲线，试样的初始冲蚀率为 0.0447cm³/kg，高温氧化 50～150h 阶段，试样的冲蚀率持续上升 0.0597cm³/kg，在氧化 200h 时又发生回落，到 350h 时有了小幅度的上升。发现这个阶段的高温冲蚀率变化趋势与硬度变化趋势反向吻合，通过与高温氧化初期的氧化行为结合分析，此时氧化层的平均厚度小，致密性、连续性差，对高温冲蚀的抵抗作用可忽略不计。因此，高温冲蚀主要受到了基体硬度变化的影响。

在高温氧化 350～750h 阶段，高温冲蚀率平均在 0.0605cm³/kg 平稳波动。而氧化 800h 时，试样的冲蚀率出现快速下降趋势，直至在氧化 950h 时冲蚀率下降至 0.0460cm³/kg。在 950～1000h 阶段，冲蚀率增加到 0.0574cm³/kg。其原因不能单纯从硬度变化无法解释。

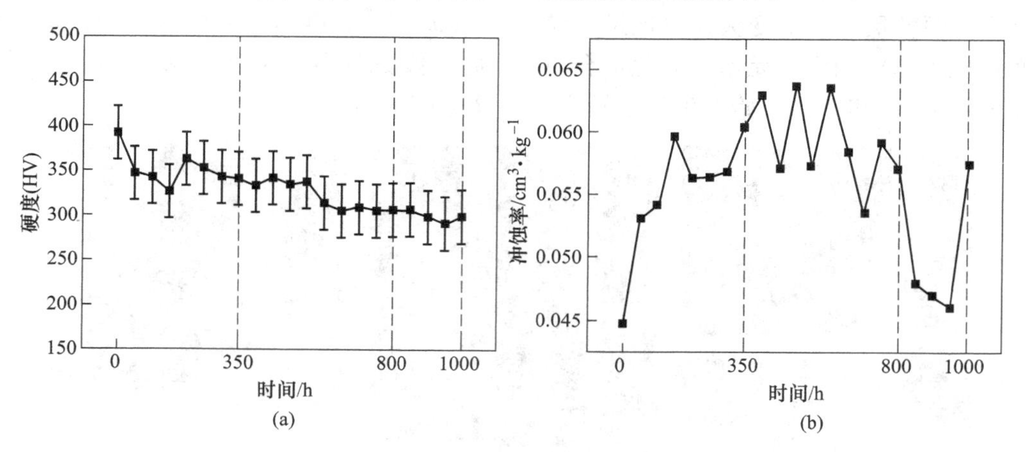

图 3　长期高温氧化试样硬度曲线及高温冲蚀率曲线

（a）维氏硬度曲线；（b）冲蚀率曲线

图 4 为不同阶段高温氧化后试样冲蚀表面微观形貌图。观察到氧化 150h 试样经过高温冲蚀后的微观形貌表现为尺寸较大的切削形貌和低塑性断面，磨损类型较为单一，损伤形式与原始试样类似。此时的氧化物含量很低，大部分冲蚀粒子对试样表面直接进行冲蚀。因此当表面试样表面

图 4　不同阶段高温氧化后试样冲蚀表面微观形貌

（a）150h；（b）350h；（c）550h；（d）650h；（e）800h；（f）1000h

硬度下降，导致抗冲蚀性能下降。高温氧化 350h 试样，随着氧化层逐渐覆盖试样表面，冲蚀坑开始出现大量的冲蚀颗粒镶嵌的现象，这时冲蚀坑的形貌犁沟挤压的塑性变形（图 4（c））。随着高温氧化时间延长，基体硬度逐渐下降，氧化层发生分层现象，上层氧化层对冲蚀的抵抗作用微弱，下层氧化物与基体结合性好，对冲蚀粒子抵抗作用较强，冲蚀坑存在犁沟挤压的塑性变形形貌（图 4（d））。因此，这一阶段，冲蚀率产生波动。高温氧化 800h 试样的高温冲蚀形貌以凿坑为主，混合了部分切削的塑性变形，且高温冲蚀率持续下降。这是由于分层后上氧化层完全脱落，露出的氧化层与基体结合良好，对高温冲蚀起到了一定的阻碍作用，减少了冲蚀粒子动能，所以试样的塑性变形程度很大而造成的试样去除很少，表现为冲蚀率下降。在高温氧化 1000h 时，试样的氧化层开裂程度加剧，对冲蚀粒子的抵抗作用减小，高速冲蚀粒子直接作用在试样表面，使得试样表面形成了尺寸不一的切削磨损，加上基体硬度更低，使得高温试样去除率增加和变粗糙，高温冲蚀率大幅增加。

2.3 高温热疲劳行为分析

图 5（a）为热疲劳循环不同次数下表面裂纹微观形貌图，为了方便观察，通过图像处理软件将裂纹进行染色。观察到热循环 30 次（30 cycles，以下简称 30c）时在表面出现了众多裂纹源，在热循环 50c 时裂纹在长度方向上进行扩展同时也伴随着裂纹的萌生。热循环 100c 时裂纹有明显的沿晶扩展的趋势，同时各个裂纹逐渐链接。随着热疲劳热循环进行 150c、200c 时，在热应力作用下，裂纹快速扩展，宽度逐渐变宽，直至表面裂纹包裹整个晶粒。这时，裂纹只能在宽度方向上进行扩展。图 5（b）为不同循环次数下 γ′相图，可以看出在原始试样时第二相呈现出规则且均匀大小的球形。当热疲劳循环 100c 时第二相有明显的长大并且 γ′相之间间隙变大，之后随着循环次数增加，第二相的尺寸基本不再增长。

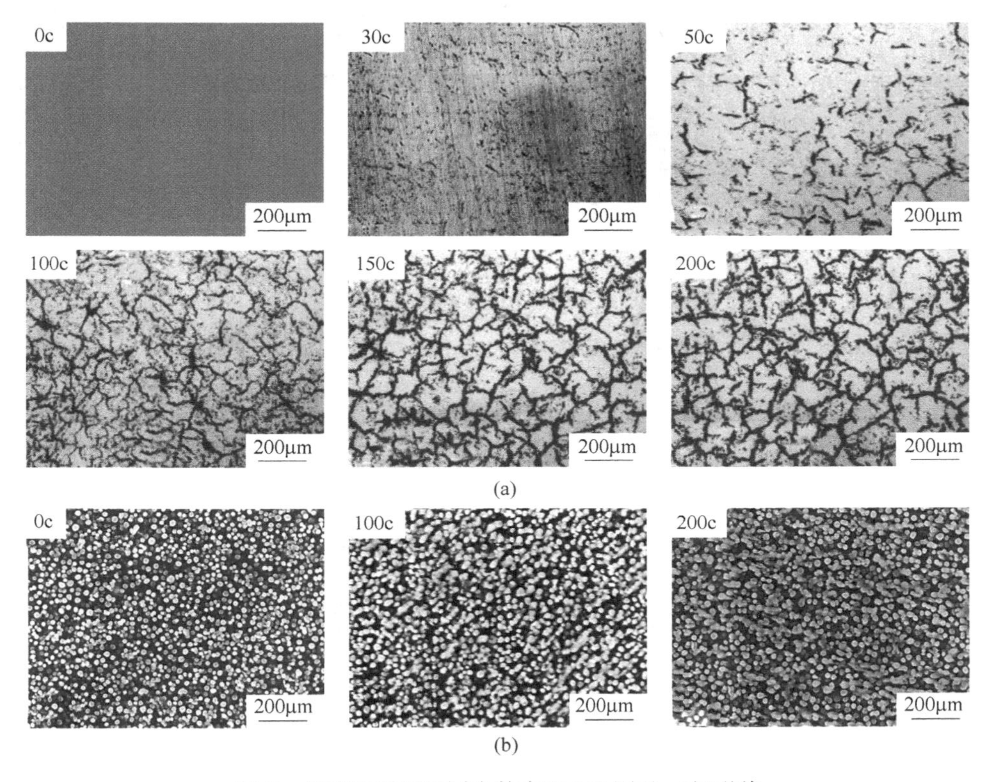

图 5 热疲劳循环不同次数表面 OM 图及 γ′相形貌

（a）热疲劳不同循环次数表面 OM 形貌；（b）热疲劳不同循环次数 γ′相形貌

图 6 不同循环次数热疲劳截面裂纹形貌 EDS 分析与试样表面 XRD 分析。在图 6（a）截面 SEM 形貌图表明裂纹深度随着循环次数的增加不断加深，并且也在深度方向沿晶扩展。从截面 EDS 面扫图中可以看出随着循环增加，在深度方向的裂纹缝隙中形成的 Cr、Al、Ti 氧化物（主要为

Al_2O_3、TiO_2、Cr_2O_3，如图6（b）XRD结果所示）在晶界处偏聚越加明显，使得晶界强度降低，晶界开裂，而一旦产生裂纹O元素又会快速的进入裂纹，并且沿着深度方向上不断氧化，最终裂纹会包裹整个晶粒。

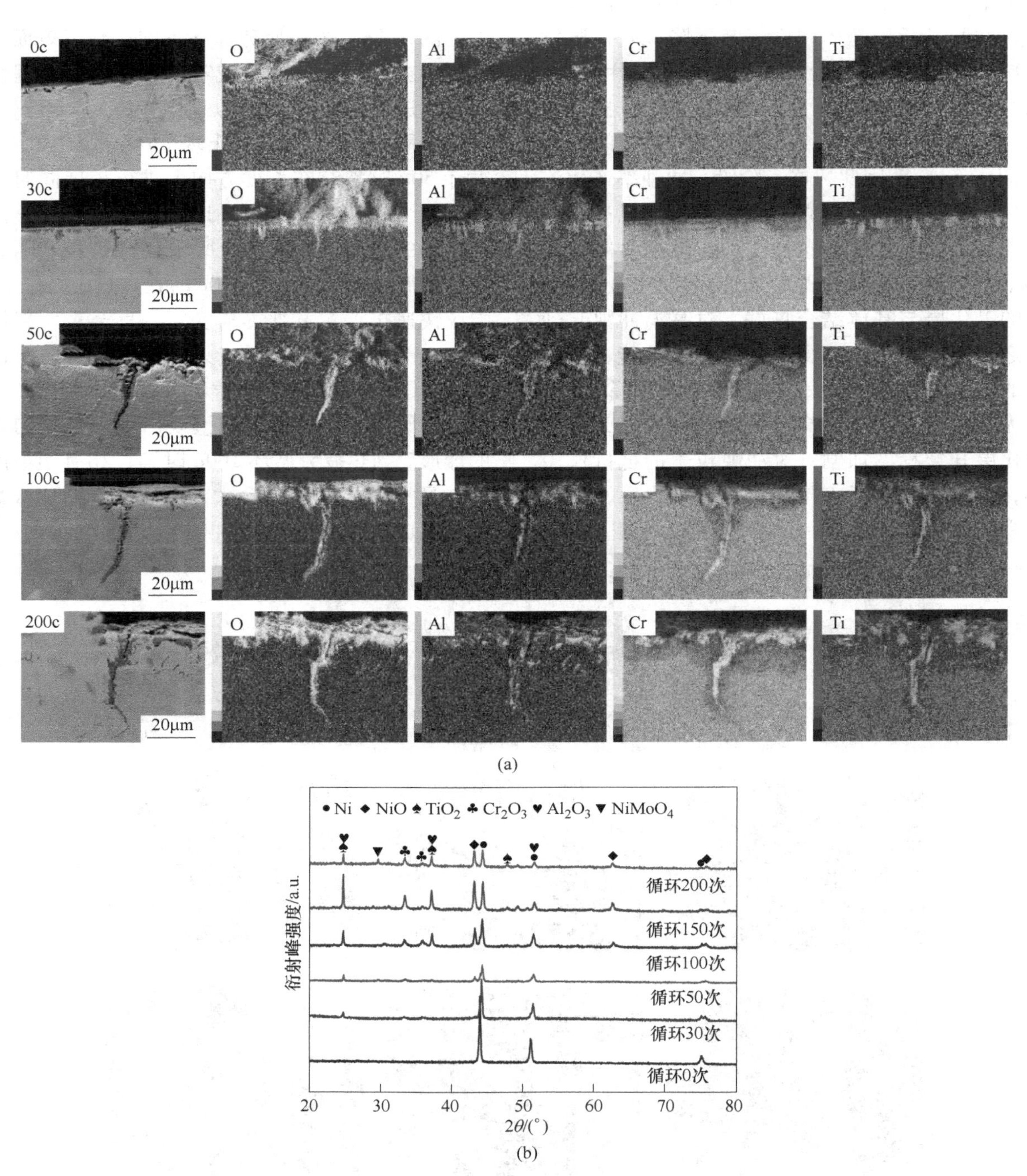

图6　不同循环次数截面裂纹形貌EDS分析与试样XRD分析

（a）截面形貌及EDS；（b）试样表面XRD分析

2.4　高温热疲劳+高温冲蚀行为分析

图7表示热疲劳不同循环次数下硬度变化曲线与高温冲蚀率变化曲线，随着循环次数增加硬度逐步上升，对比原始硬度，200c试样硬度提高9.6%左右。而随着循环次数增加，试样的冲蚀率增加，表明材料抗冲蚀磨损性能不断下降，并未随硬度增加而增加的常规现象。

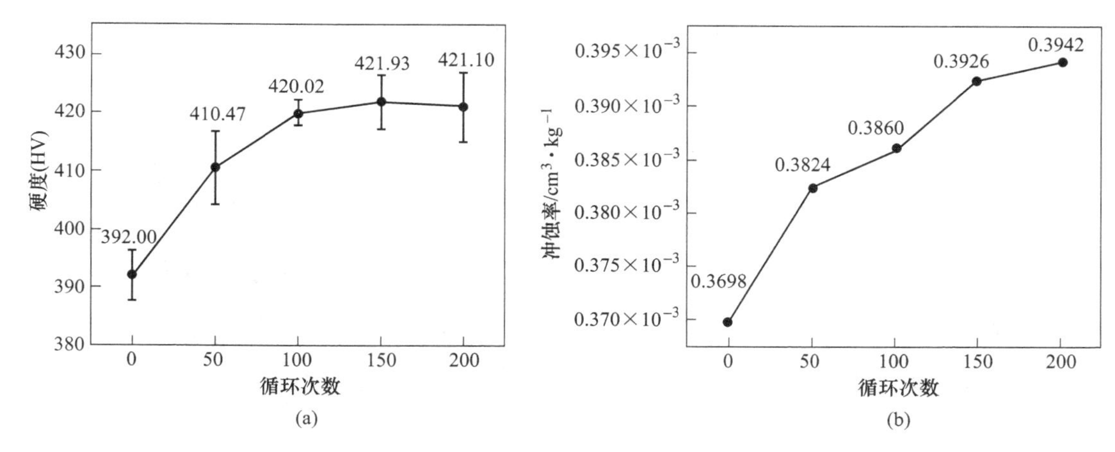

图 7　热疲劳循环不同次数维氏硬度与冲蚀率

（a）维氏硬度曲线；（b）冲蚀率曲线

图 8 为不同循环次数下热疲劳+高温冲蚀后试样微观表面形貌对比图，观察到 0～30c 试样发现冲蚀磨损坑表面呈现粗糙且塑性变形的状态，而当循环次数 50～100c 试样时，切削造成棱角分明的凹坑，试样表面无法有效抵抗冲蚀粒子，冲蚀率持续增加。200c 试样冲蚀形貌以变形磨损为主，冲蚀坑表面略微平整，证明了冲蚀磨损过程表面有大面积脱落的现象，抗冲蚀磨损性能降低。

热疲劳使硬度得到提升，而冲蚀率却呈现出升高的趋势的原因可归结为，热疲劳出现的氧化层中含有不同类别的氧化物，氧化物之间的热膨胀系数不同，随着冷热交替次数的增加，氧化层逐渐开裂，加上裂纹在横截面与纵截面处同时沿晶界扩展，使得晶间结合力下降，表面与基体结合性变差，无法有效地抵抗动能较大的冲蚀粒子，开始出现沿着裂纹大面积脱落现象，降低了试样的抗冲蚀磨损性能。

2.5　高温蠕变行为分析

从高温蠕变前微观组织金相与 γ′相（图 1），可以看出原始试样的孪晶等亚晶界较少且晶粒取向不定。而高温蠕变后（图 9（a）和（b））的微观组织金相与 γ′相表明试样的孪晶等亚晶界数量明显增多，晶粒取向一致。这是由于高温下试样的内部能量较高，并且原子处于不稳定状态，在晶界处的原子很容易产生扩散运动，以至于在外力的作用下晶界产生滑移，使晶粒被拉长，晶粒取向与加载力方向趋于一致。同时由于塑性变形使晶粒形状发生改变，产生大量孪晶。也可以看出高温蠕变后的 γ′相尺寸略有长大，并且分布变

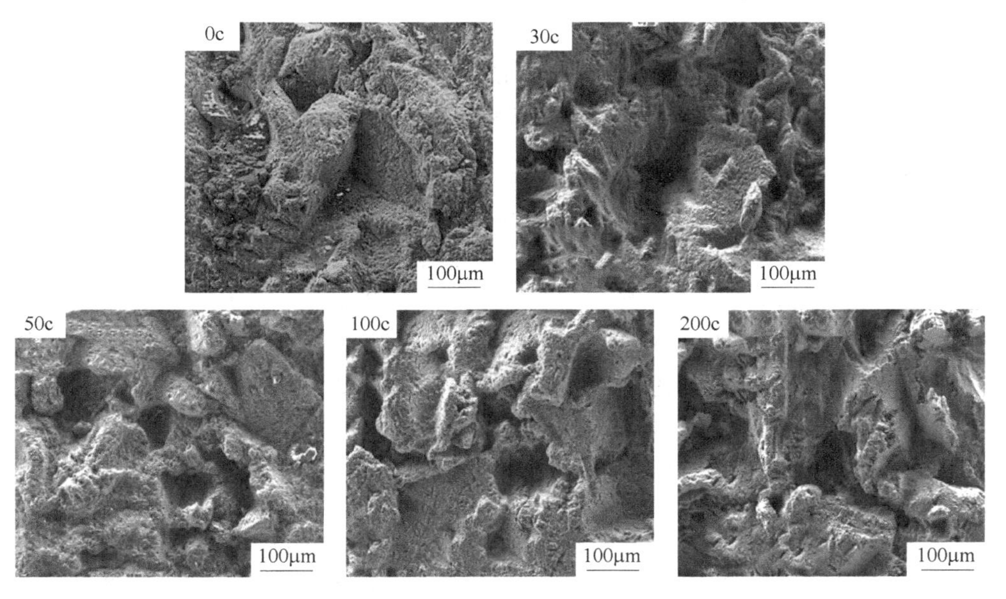

图 8　热疲劳循环不同次数表微观形貌

得稀疏。蠕变后还可以观察到晶界腐蚀（图9（c）），这将使晶粒间的结合性下降。由此可以判断材料硬度下降。

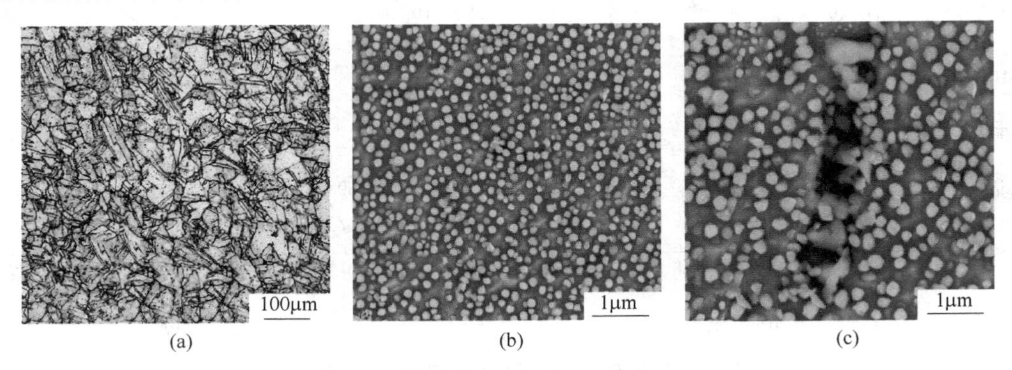

图 9　试样蠕变后金相与 γ′相 SEM 图

（a）微观组织金相；（b）微观组织 γ′相；（c）晶界腐蚀

2.6　高温蠕变+高温冲蚀行为分析

图 10 为高温蠕变前后试样维氏硬度与冲蚀率。试样原始硬度约为 392HV，蠕变后试样的硬度约为 352HV，相比于原始试样下降了 10.2%。

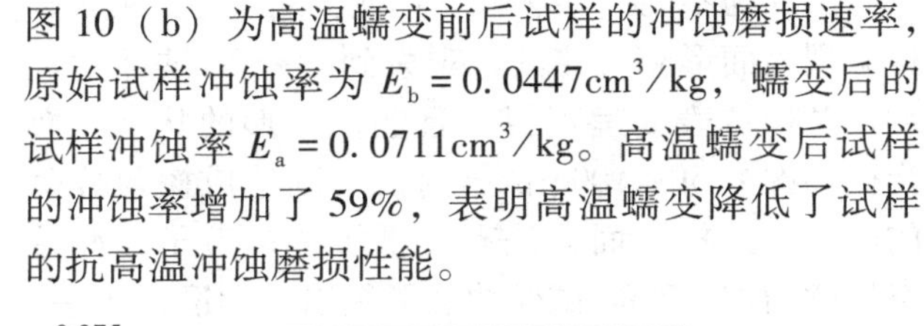
图 10（b）为高温蠕变前后试样的冲蚀磨损速率，原始试样冲蚀率为 $E_b = 0.0447\text{cm}^3/\text{kg}$，蠕变后的试样冲蚀率 $E_a = 0.0711\text{cm}^3/\text{kg}$。高温蠕变后试样的冲蚀率增加了 59%，表明高温蠕变降低了试样的抗高温冲蚀磨损性能。

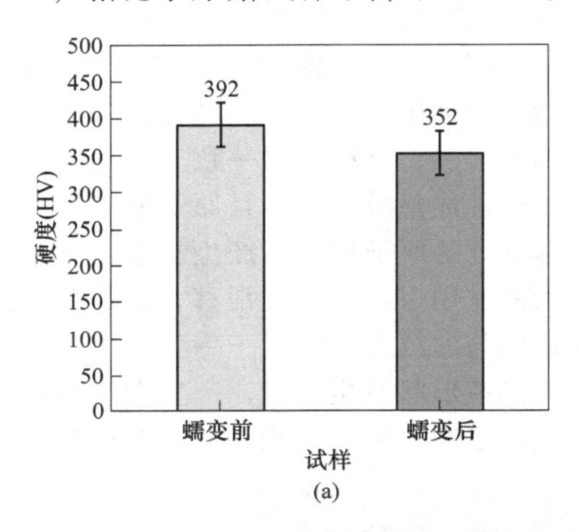

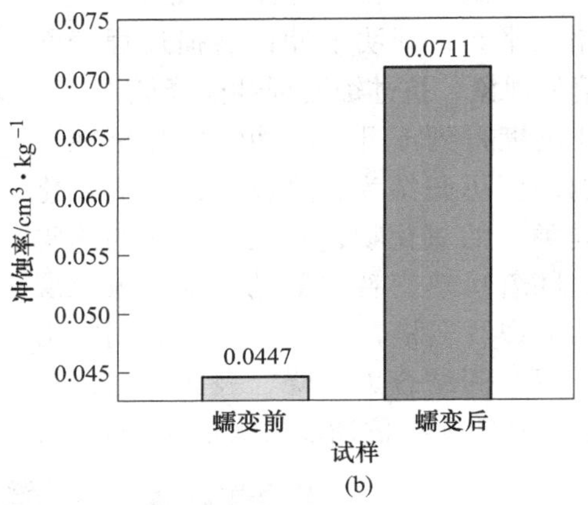

图 10　高温蠕变前后试样维氏硬度与冲蚀率

（a）维氏硬度；（b）冲蚀率

为了进一步阐述蠕变与高温冲蚀共同作用下的损伤机理，同时观测了高温蠕变前后冲蚀坑的表面微观形貌（图 11(a)(b)）及试样次表面位错进行 TEM 表征（图 11(c)(d)）。对比发现蠕变前的试样冲蚀表面大多是尺寸较大的凹坑与长的犁沟，而蠕变后除了尺寸大的凹坑之外还有相对较多、尺寸较小的犁沟，并伴有翻唇破坏的现象，同时冲蚀坑深度明显加深。因此蠕变后高温冲蚀的损伤机制是变形磨损、犁沟、翻唇破裂脱落。由于硬度的降低，使材料受到冲击时嵌入的颗粒移动容易，使将材料去除，导致呈现出短的犁沟。由于蠕变后凹陷深度变大，并伴随切向力的作用，致使犁沟短而多，从而材料的损伤增加，材料抗高温冲蚀磨损性能降低。同时，如图 11（c）所示，高温蠕变后试样存在较多取向一致的位错线，切割 γ′相并且在内部堆积。这些位错的存在为之后高温冲蚀磨损冲击作用下产生的塑性变形与材料的去除提供了条件。如图 11（d）所示，发现蠕变+冲蚀后位错量明显增多，大量的位错在第二相边缘堆积，存在位错的纠缠与 Orowan 绕过第二相机制。从图 11（c）（d）插图中可以看出冲蚀磨损后 γ′相内部的位错更加密集。而高温蠕变后的试样中存在的位错在温度与冲击力的作用下开始移动，γ'相内部的位错由于本身较硬不能切过所以在内部通过形变不断产生位错并不断在内部向前移动使内部的位错更加紧密。另一部分由于γ'相的阻碍作用不能切割γ'相通过 Orowan 绕过机制向前移动在γ'相周围产生位错环。蠕变过程中由于产生了塑性变形会产生大量的位错并且使γ'相长大使单位面积内γ'相数目减少、晶粒取向趋于一致、晶界结合能力下降从而降低了材料的硬度，同时使得塑性变形与材料去除变得容易。因而高温冲蚀磨损时表现出较低的抗高温冲蚀磨损性能。

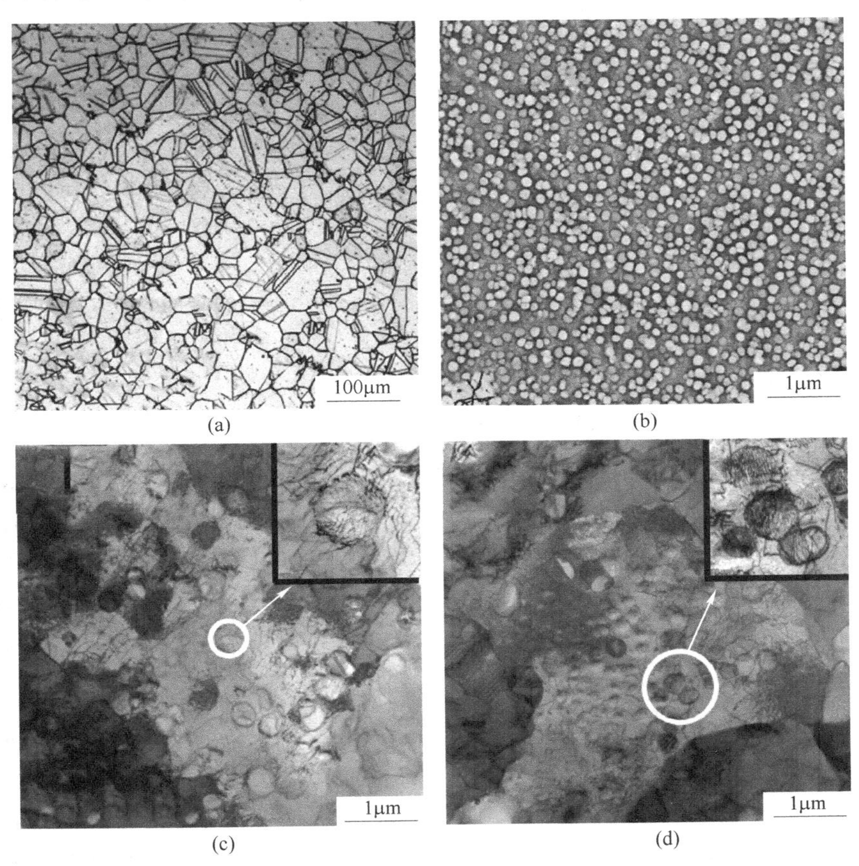

图 11 GH4738 蠕变前后冲蚀表面微观形貌及次表面 TEM 图

（a）冲蚀前表面；（b）冲蚀后表面；（c）冲蚀前次表面；（d）冲蚀后次表面

3 结论

本论文中，以 GH4738 合金为研究对象，分析高温下 GH4738 合金在长期氧化、热疲劳、蠕变后的高温冲蚀磨损行为。得到以下结论：

（1）高温氧化初始，表面未形成氧化层，冲蚀磨损行为受基体硬度变化影响。随着氧化层的平均厚度、致密性、连续性增加，基体得到保护。随着氧化时间增长，氧化层出现开裂，分层的现象，降低了抗冲蚀磨损性能。高温氧化后期，致密性较高的下氧化层物对高温冲蚀起到了抵抗作用。

（2）热疲劳的裂纹沿着晶粒扩展，随着冷热交替次数的增加，氧化层开裂，并在冲蚀颗粒作用下出现沿着裂纹大面积脱落现象。而且随着循环次数增加，裂纹在横截面与纵截面处同时沿晶扩展，使得晶间结合力下降，降低了试样的抗冲蚀磨损性能。

（3）蠕变过程中产生大量的位错并且使γ'相长大使单位面积内γ'相数目减少、晶粒取向趋于一致、晶界结合能力下降从而降低了材料的硬度，同时使得塑性变形与材料去除变得容易。因而高温冲蚀磨损时表现出较低的抗高温冲蚀磨损性能。

参考文献

[1] V Siva Kumar G. Kelekanjeri, Rosario A. Gerhardt, Characterization of microstructural fluctuations in Waspaloy exposed to 760℃ for times up to 2500h [J]. Electrochimica Acta, 2006, 51 (8): 1873~1880.

[2] 曲敬龙，毕中南，唐超，等，航空发动机用优质GH4738合金盘锻件研制进展 [C] //第十三届中国高温合金年会摘要文集，湖北，2015.

[3] 董建新，高温合金 GH4738 及应用 [M]. 北京：冶金工业出版社，2014.

[4] 李林翰，董建新 . GH4738 合金涡轮盘锻造过程的集成式模拟及应用 [J]. 金属学报，2014, 50 (7): 821~831.

[5] 姚志浩，董建新 . 超大型烟气轮机 ϕ1450mm 涡轮盘用GH4738 合金成分优化设计研究 [C] //第十三届中国高温合金年会论文集，湖北，2015.

[6] 吕晶晶，宋金贵，魏明霞 . GH4738 合金冷拉棒材表面裂纹缺陷分析 [J]. 金属热处理，2019, 44 (8): 243~245.

[7] Shimizu K, Xinba Y, Araya S. Solid particle erosion and mechanical properties of stainless steels at elevated temperature [J] . Wear, 2011, 271 (9 ~ 10): 1357~1364.

[8] Zhang Y, Shimizu K, Yaer X, et al. Erosive wear performance of heat treated multi-component cast iron containing Cr, V, Mn and Ni eroded by alumina spheres at elevated temperatures [J]. Wear, 2017, 390 ~ 391: 135~145.

[9] Jue Wang, Hao Xue, Ying Wang. Oxidation behavior of Ni-based superalloy GH738 in static air between 800 and 1000℃ [J]. Rare Metals, 2021, 40 (3): 616~625.

[10] Nnaji R N, Bodude M A, Osoba L O, et al. Study on high-temperature oxidation kinetics of Haynes 282 and Inconel 718 nickel-based superalloys [J]. The International Journal of Advanced Manufacturing Technology, 2020, 106: 1149~1160.

[11] 陈静，石多奇，苗国磊，等 . 镍基高温合金 GH536 的热疲劳行为 [J]. 航空动力学报，2017, 32 (6): 1381~1387.

[12] 徐超 . 晶界氧化对 GH4738 高温合金疲劳裂纹扩展的作用 [J] . Physics of Metals and Metallography, 2017, 53 (11): 1453~1460.

[13] Grimmert A, Pachnek F, Wiederkehr P, Temperature modeling of creep-feed grinding processes for nickel-based superalloys with variable heat flux distribution [J]. CIRP Journal of Manufacturing Science and Technology, 2023 (41): 477~489.

[14] Xiao G, Jiang J, Wang Y, et al. High temperature creep behavior of thixoformed nickel-based superalloy parts [J]. Materials Science and Engineering: A, 2021 (814): 141~216.

[15] Wang H, Liu D, Wang J, et al. Role of size and amount of γ'phase on creep properties of Waspaloy [J]. Materials Characterization, 2021, 181: 111498.

[16] J G A. BITTER. A study of erosion phenomena Part I [J]. Wear, 1963 (6) 5~21.

[17] Chinnadurai S, Bahadur S. High-temperature erosion of Haynes and Waspaloy: effect of temperature and erosion mechanisms [J]. Wear, 1995, 186 (part-P1): 299~305.

[18] 新巴雅尔，文波，曲敬龙，等 . 先进变形高温合金的固体颗粒冲蚀磨损的实验分析与数值模拟 [J]. 稀有金属，2019, 43 (9): 911~919.

[19] Li X, Zhang D, Liu Z, et al. Materials science: Share corrosion data [J]. Nature, 2015, 527 (7579): 441~442.

[20] Duan C, Chen X, Li R, The numerical simulation of fatigue crack propagation in Inconel 718 alloy at different temperatures [J]. Aerospace Systems, 2020, 3 (2): 87~95.

[21] 宋迎东，凌晨，张磊成，等 . 航空发动机和燃气轮机热端部件热腐蚀-疲劳研究进展 [J]. 南京航空航天大学学报，2022, 54 (5): 771~788.

[22] Zhang Z, Hou H, Zhang Y, et al. Effect of calcium addition on the microstructure, mechanical properties, and corrosion behavior of AZ61-Nd alloy [J]. Advanced Composites and Hybrid Materials, 2023, 6 (1): 50.

激光冲击强化对 IN718 合金显微组织及疲劳性能的影响

徐玮[1,2]，王磊[1,2*]，刘杨[1,2]，宋秀[1,2]，杨开粤[1,2]

（1. 东北大学材料各向异性与织构教育部重点实验室，辽宁 沈阳，110819；
2. 东北大学材料科学与工程学院，辽宁 沈阳，110819）

摘　要：航空发动机涡轮转子领域对于涡轮盘用高温合金的高温抗疲劳性能要求不断提高。激光冲击强化及温度辅助激光冲击强化是提高金属材料的抗疲劳性能的有效强化技术。针对 IN718 合金进行了激光冲击强化及温度辅助激光冲击强化，研究了合金在处理前后表层显微组织演化和疲劳性能的变化。结果表明，经过表面强化过后 IN718 合金表面晶粒产生细化，同时也提高表面的显微硬度和残余应力，进而强化过后的 IN718 合金室温和高温疲劳强度都得到了提高，其中温度辅助激光冲击强化对疲劳性能的提高更明显。

关键词：IN718 合金；激光冲击强化；强化层；显微组织；疲劳性能

IN718 合金是以 $Ni_3Nb(\gamma'')$ 和 $Ni_3(Al,Ti)(\gamma')$ 为强化相的镍铬铁基变形高温合金，具有良好的高温性能，被用于航空发动机的制造[1,2]。航空发动机长期在高温高压及循环载荷的条件下工作，容易出现疲劳破坏。激光冲击强化（Laser Shot Peening，LSP）是一种提高各种金属合金抗疲劳性能的表面强化技术，并且发展了温度辅助激光冲击强化（Warm Laser Shock Processing，WLSP）等耦合场激光冲击强化技术[3~6]。本研究利用 LSP 和 WLSP 对 IN718 合金进行处理，研究并分析了 IN718 合金显微组织及疲劳性能的影响。

1　试验材料与方法

使用的试验材料为 IN718 合金，成分（质量分数,%）为 C 0.058，Cr 19.25，Al 0.44，Ti 1.10，Mo 2.98，Nb + Ta 4.93，Co 0.135，Ni 52.50，Fe 余量。原始状态为双真空冶炼，热轧成 4 mm 厚的板材，最后进行标准热处理：1020℃×1h 空冷、720℃×8h、620℃×8h 空冷。

将 IN718 合金进行正反两面的 LSP 和 WLSP 强化处理，本研究所使用的 LSP/WLSP 处理设备为 Nd：YAG 纳秒脉冲激光器。LSP 处理选用的参数：激光脉冲宽度 15ns；光斑直径 2.5mm；激光能量 7J；激光能量密度 9.55GW/cm^2；搭接率 60%；吸收层材料为 0.13mm 黑色聚氯乙烯胶带；约束层材料为 2mm 水膜。WLSP 的辅助温度为 300℃，选用 0.10mm 高纯铝箔作为吸收层，2mm 石英玻璃作为约束层，其他参数与 LSP 相同。将合金处理过后，再加工成板状疲劳试样，随后将试样打磨抛光。疲劳试验在岛津 EHF-UM200 型电子液压伺服疲劳试验机上完成，应力比 $R=0.1$、应变波形为正弦波、选定载荷为 700MPa，试验温度分别为室温和 600℃，对应的疲劳试验频率分别为 $f=30$Hz 和 $f=10$Hz。并使用倒置金相显微镜、JEM-2100F 型场发射透射电镜和 JSM-7001F 型扫描电子显微镜表征显微组织及断口形貌。

2　试验结果与分析

2.1　不同强化处理合金的表面晶粒演变

激光冲击强化使合金表面的晶粒得到细化。图 1 为不同表面强化处理合金的金相组织形貌图，可以观察到未处理合金表面由粗大的等轴晶组成，平均尺寸为 156.41μm；LSP 合金表面晶粒平均尺寸为 34.67μm，WLSP 合金表面晶粒尺寸为 24.65μm。经 LSP/WLSP 处理后，由于合金表层位错的堆积与重排使得合金表面晶粒发生了明显

---

* 作者：王磊，教授，联系电话：024-83681685，E-mail：wanglei@mail.neu.edu.cn

资助项目：国家自然科学基金项目（U170825，51571052）；航空发动机与燃气轮机重大专项（2017-VI-0002-0071）

细化，WLSP 处理时，合金的流动应力降低，因此合金表面产生更加剧烈的塑性变形，其晶粒细化程度最高。

(a)

(b)

(c)

图 1　IN718 合金激光冲击前后的金相组织

（a）LSP 合金；（b）WLSP 合金；（c）未处理合金

2.2　IN718 残余应力与显微硬度

图 2 比较了不同表面强化处理合金截面显微硬度变化。其中未处理合金表面硬度为 372HV；LSP 处理合金表面硬度为 426HV，与未处理合金相比，提高了 14.5%；WLSP 处理合金表面硬度为 454HV，与 LSP 处理合金相比，提高了 6.6%。在深度方向上，未处理合金的硬度曲线较为平稳，LSP 的影响深度约为 800μm，而 WLSP 的影响深度约为 1000μm。结果表明，经 WLSP/LSP 处理合金表面的显微硬度均得到改善，且形成了一定深度的硬化层；WLSP 合金的表面硬度提高的最为显著，影响深度更深。

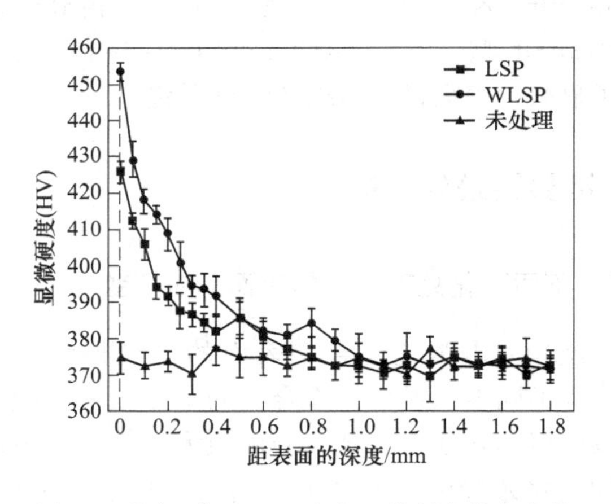

图 2　不同工艺 IN718 合金显微硬度分布曲线

通过图 3 可以观察到不同处理方式的合金的表面残余应力明显不同。未处理合金表面残余压应力为-268.26MPa，LSP 处理合金引入的表面残余压应力为-584.76MPa，WLSP 合金表面残余压应力为-714.14MPa。

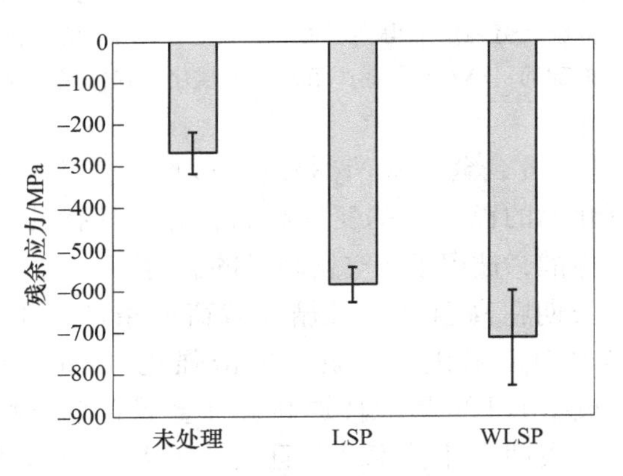

图 3　不同表面强化处理合金的表面残余应力分布

2.3　IN718 强化相的改变

IN718 合金在不同处理方式下的强化相 TEM 暗场像分布如图 4 所示，与未处理合金相比，经 LSP/WLSP 处理合金表面的 γ″相的尺寸呈减小趋势，其二维形貌均为椭圆形。对不同状态的 IN718 合金中的 γ″的平均尺寸及体积分数进行统计。发现未处理合金中 γ″相尺寸最大，经 LSP 处理，合金中 γ″相尺寸明显变小，所占体积分数略有增加；与 LSP 相比，WLSP 处理合金中的 γ″相的尺寸更小，所占体积分数增加；且 γ″相尺寸在长轴方向上改变较多，在短轴方向改变较少。

2.4　疲劳性能

图 5（a）为不同处理方式合金室温疲劳试验的 S-N 曲线。在高应力幅水平条件下，合金的疲劳寿命未见明显提高，而随着应力幅水平的降低，LSP/WLSP 处理对合金疲劳强度的提升效果逐渐增加，此时在相同应力水平条件下，合金的疲劳

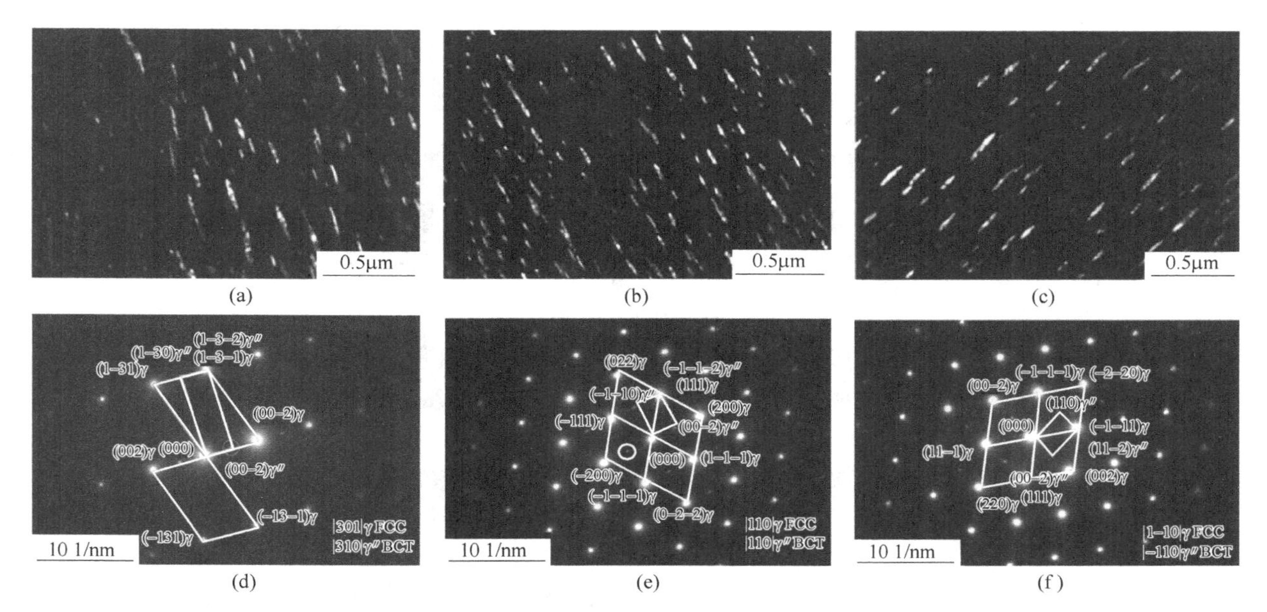

图 4 IN718 合金 γ″相的 TEM 暗场像图及衍射图
（a），（d）未处理合金；（b），（e）LSP；（c），（f）WLSP

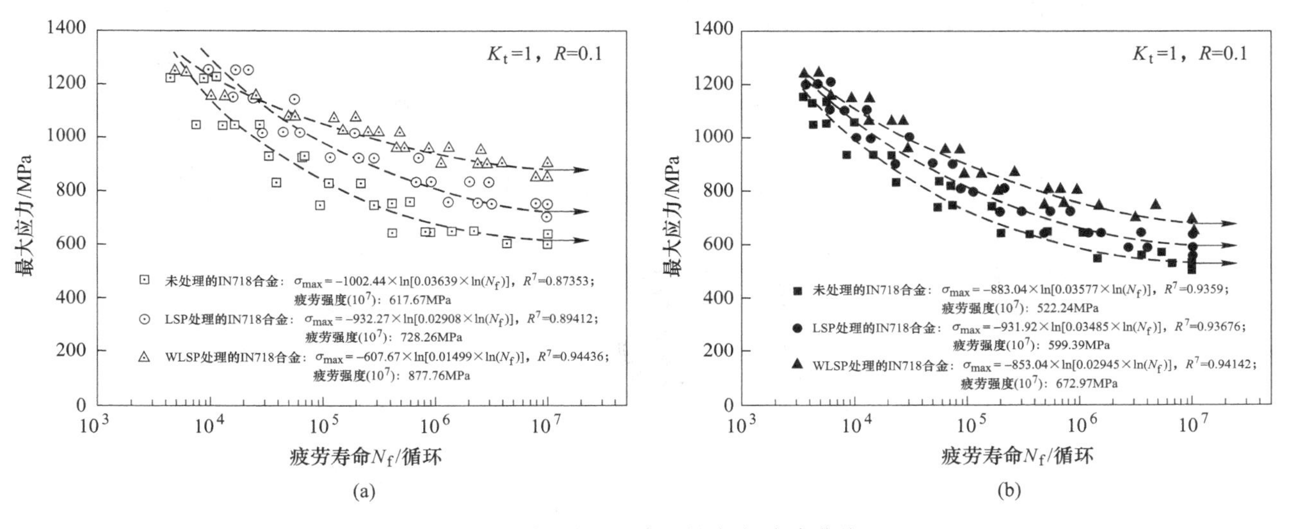

图 5 不同强化处理合金的应力-寿命曲线
（a）常温；（b）600℃

寿命得到明显的提高。将 1×10^7 循环周次下合金所受的最大交变应力定为疲劳强度。未处理合金的疲劳强度为 617.67MPa；LSP 处理后合金的疲劳强度为 728.26MPa，提高了 17.9%；WLSP 处理合金的疲劳强度为 877.76MPa，提高了 42.1%。由此可见，经两种激光表面冲击强化处理后，合金的疲劳强度都有明显的提高，经 WLSP 处理后合金的疲劳强度提高更为显著。从图 5（b）可以看出，与常温疲劳相比，在 600℃疲劳条件下，未处理、LSP、WLSP 合金的疲劳强度均有所降低，未处理合金的疲劳强度为 522.24MPa；LSP 处理合金的疲劳强度为 599.39MPa；WLSP 处理合金的疲劳强度为 672.97MPa。LSP 处理对 IN718 合金的疲劳强度的提高效果不明显，其表面强化效果已经明显减弱，而 WLSP 处理仍能提高合金的疲劳强度，对合金疲劳性能的改善仍有明显的积极作用。

2.5 断口形貌

图 6 为不同表面强化合金的室温疲劳宏观断口形貌。图 7 为不同表面强化合金的裂纹源区。观察断口形貌图可发现，IN718 合金的疲劳断裂属于韧性断裂。同时可以看出在相同应力幅等级的

条件下，未处理 IN718 合金的疲劳裂纹在样品表面萌生，并向截面心部方向扩展，而 LSP/WLSP 合金的疲劳裂纹萌生位置在硬化层与基体的交界处。在合金的裂纹源区可以看见突出于裂纹扩展平面的大量疲劳挤出和微解理撕裂棱。

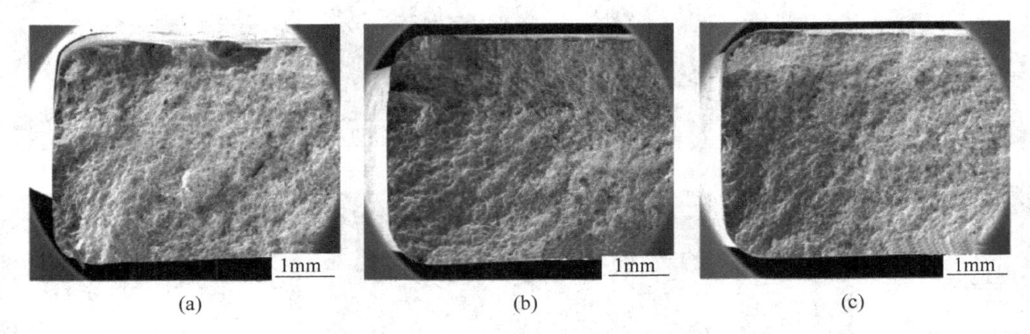

图 6　中等应力幅（950MPa）条件下不同表面强化合金的室温疲劳宏观断口形貌

（a）未处理合金；（b）LSP；（c）WLSP

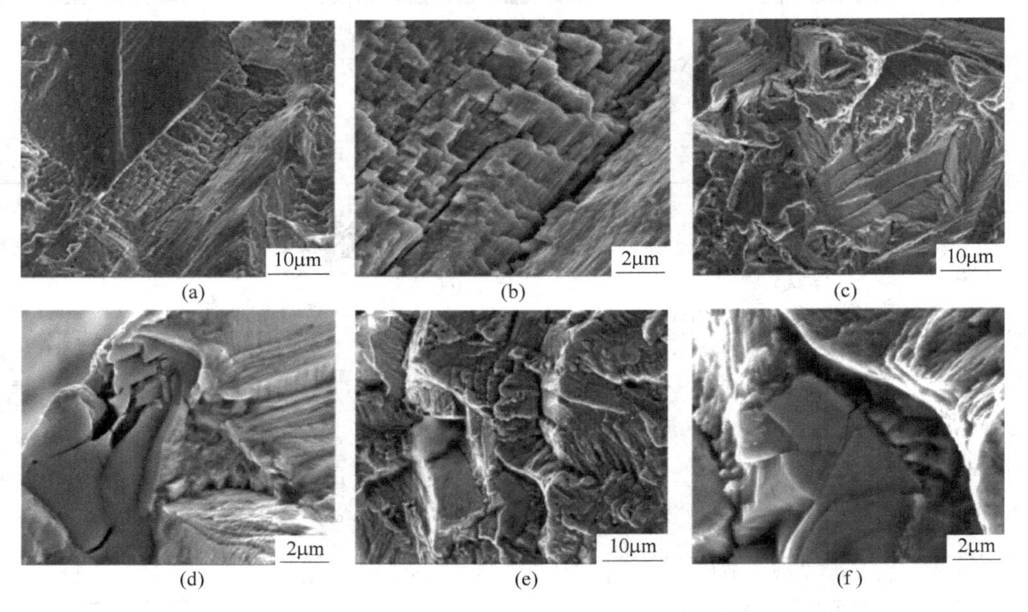

图 7　中等应力幅（950MPa）条件下不同表面强化合金的裂纹源区

（a），（b）未处理合金；（c），（d）LSP；（e），（f）WLSP

相同应力幅等级（950MPa）条件下，未处理、LSP 及 WLSP 的 IN718 合金疲劳裂纹均与表面、次表面的 Nb(C,N) 相存在明显相关性，即块状 Nb(C,N) 相因应力集中而发生碎裂，裂纹在 Nb(C,N) 相上萌生，在循环载荷下微裂纹进入周围晶粒进而萌生垂直于加载方向的疲劳裂纹源。与未处理 IN718 合金相比，LSP/WLSP 处理 IN718 合金疲劳裂纹源区，因晶体取向差异而产生的裂纹萌生路径起伏更为显著，这与 LSP、WLSP 处理合金表面晶粒细化作用有关。同时，LSP、WLSP 处理合金近表面块状 Nb(C,N) 相中的微裂纹进入基体后的联通过程受到明显的阻碍，说明 LSP/WLSP 处理后合金表层除晶粒细化的积极作用以外，表面残余压应力、较高的位错密度、强化相与位错的交互作用对疲劳裂纹的萌生起到了明显的阻碍作用。

图 8 为不同表面强化合金的疲劳裂纹扩展区。可以观察到在相同应力幅等级条件下，与未处理 IN718 合金相比，LSP 和 WLSP 处理的 IN718 合金疲劳辉纹间距呈减小趋势。因此，LSP/WLSP 处理后，合金的疲劳裂纹扩展速率较慢，而 WLSP 处理合金疲劳裂纹扩展速率相对更慢。由此可见，在相同应力幅等级条件下 LSP、WLSP 合金的疲劳裂纹扩展过程在强化层受到明显阻碍。同时，未

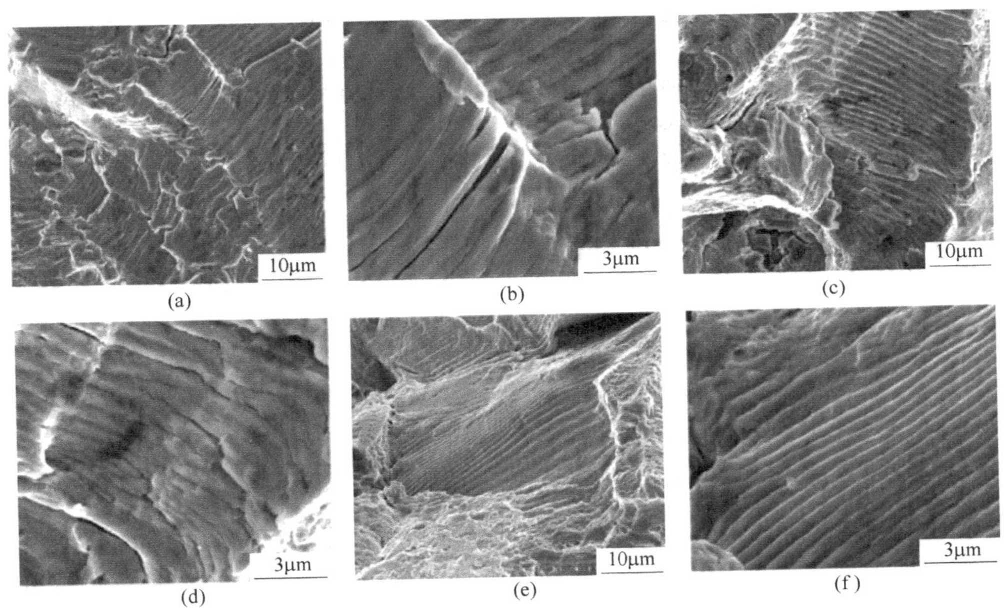

图 8 中等应力幅（950MPa）条件下不同表面强化合金的疲劳裂纹扩展区
(a)，(b) 未处理合金；(c)，(d) LSP；(e)，(f) WLSP

处理的 IN718 合金疲劳辉纹间存在明显的二次裂纹，LSP/WLSP 处理在一定程度上抑制了二次裂纹的产生，提高了合金的疲劳强度。

2.6 抗疲劳机理分析

经 WLSP/LSP 处理，合金表面产生一定幅值的残余压应力，可以有效抵消一部分工作应力，改善合金表面状态，推迟疲劳裂纹在材料表层的萌生和扩展，提高材料的疲劳强度。随着深度的增加，残余压应力逐渐降低，因此，合金内部拉应力大于表面拉应力，裂纹易在合金内部萌生[7]。

另一方面 WLSP/LSP 处理使表面发生高应变速率的塑性变形，提高了合金表面的位错密度，得到更细小体积分数更大的 γ''相，位错与强化相形成复合结构，大幅度提高了合金表层的强度和硬度，增大合金的塑性抗变形能力，且高位错密度可以提高循环滑移的阻力，阻止疲劳裂纹的萌生，同时也可以阻碍裂纹的扩展，减小裂纹扩展速率。

3 结论

(1) 经表面强化处理，合金表面的显微硬度和残余应力均得到提高。经处理的合金表面发生高应变速率的塑性变形，表面晶粒细化、γ''相的尺寸减小体积分数增大。

(2) 在高应力幅条件下，表面处理对合金室温疲劳寿命的提升效果不显著。随应力水平的降低，表面处理对合金室温疲劳性能的提升效果逐渐增加。在 600℃ 高温条件下，经过 LSP、WLSP 表面处理的合金疲劳强度均有所下降，而 WLSP 处理合金的微观结构的高温稳定性较好，能够保持比较理想的疲劳性能。

参考文献

[1] Kulawik K, Buffat P A, Kruk A, et al. Imaging and characterization of γ' and γ'' nanoparticles in Inconel 718 by EDX elemental mapping and FIB-SEM tomography [J]. Materials Characterization, 2015, 100: 74~80.

[2] 赵新宝，谷月峰，鲁金涛，等. GH4169 合金的研究新进展 [J]. 稀有金属材料与工程，2015，44 (3)：768~774.

[3] Zhang C, Dong Y, Ye C. Recent Developments and Novel Applications of Laser Shock Peening: A Review [J]. Advanced Engineering Materials, 2021, 23 (7): 1~24.

[4] Zhou J Z, Meng X K, Huang S, et al. Effects of warm laser peening at elevated temperature on the low-cycle fatigue behavior of Ti6Al4V alloy [J]. Materials Science and Engineering: A, 2015, 643: 86~95.

[5] Sun J, Su A, Wang T, et al. Effect of laser shock processing with post-machining and deep cryogenic treatment on fatigue life of GH4169 super alloy [J].

International Journal of Fatigue，2019，119：261~267.

[6] Tang Y，Ge M，Zhang Y，et al. Improvement of Fatigue Life of GH3039 Superalloy by Laser Shock Peening [J]. Materials，2020，13（17）：3849~3863.

[7] 汪军，李民，汪静雪，等．激光冲击强化对 304 不锈钢疲劳寿命的影响［J］. 中国激光，2019，46（1）：100~107.

大断面收缩率 GH4169 合金叶片楔横轧制坯工艺

刘家旭，甘洪岩，师明杰，程明*，张士宏

（中国科学院金属研究所师昌绪先进材料创新中心，辽宁 沈阳，110016）

摘 要：介绍了一种航空发动机 GH4169 合金叶片楔横轧制坯工艺。采用高精度板式楔横轧机成形哑铃形轧件，变形过程中轧件最大断面收缩率约为 85%。板式楔横轧具有近净成形的优点，但大断面收缩率轧件心部很容易出现裂纹缺陷，严重影响轧件质量。应用 DEFORM-3D 软件模拟轧制温度对轧件损伤的影响规律，确定最佳轧制温度为 1000℃。获得应力三轴度 η 变化曲线，发现轧件心部裂纹是孔洞聚集型裂纹为主导、剪切裂纹为辅的混合型裂纹。选用具有不同初始组织特征的两种 GH4169 合金锻棒，一种为正常组织形态，另一种在晶界上有 Laves 相析出。在优选的轧制温度下分别进行两种棒料的轧制，对比分析轧件显微组织。相比于正常组织的棒料，晶界上有析出 Laves 相的棒料在轧制过程中更易出现心部缺陷。其产生机理为：楔横轧变形使轧件发生大断面收缩率的塑性变形并处于复杂应力状态，基体与碳化物之间变形难以协调，容易形成微孔洞。微孔洞沿晶界 Laves 相快速增殖、扩展为微裂纹，导致心部缺陷的产生。

关键词：GH4169 合金；板式楔横轧；轧制温度；Laves 相

楔横轧技术多用于轴类件的成形。其中单动板式楔横轧成形方法，是将预热的坯料置于固定的下模具前端下料槽，上模具水平运动，楔入坯料之后带动其在上下模具之间旋转成形，获得所需外形的轧件。该工艺具有高精度、高效率、高材料利用率、低噪声等优点，广泛应用于轴类件成品生产以及实现坯料体积分配、作为下一道加工工序的预制坯。

楔横轧具有局部变形、设备载荷小的特点，工艺研究逐渐拓展到难变形金属领域。目前主要的研究工作集中于利用合金材料模型，通过有限元软件模拟来探索工艺参数对轧件质量的影响，优化工艺参数[1,2]。高温合金楔横轧的研究多集中于 GH4169 合金。朱德彪等[3]模拟了工艺参数对 GH4169 合金轴类件力能参数的影响，证明了工艺可行性。甘洪岩等[4,5]对比了不同断面收缩率轧件表层和心部的组织特征，提出表层与心部具有不同的动态再结晶机制，认为增大轧件的断面收缩率可获得细小均匀的组织。GH4169 合金服役环境恶劣，要求构件组织均匀稳定，在轧件组织均匀性方面也有一些研究报道。张宁等[1,6]对楔横轧不同阶段微观组织演变进行研究，考察了工艺参数对轧件径向组织均匀性的影响，认为断面收缩率超过 61%轧件即能被轧透。Xia 等[7]模拟了工艺参数对轧件组织均匀性的影响，通过设计正交试验获得了能够加工出组织均匀轧件的优选参数。

大断面收缩率（一般超过 70%）GH4169 合金楔横轧加工的工艺暂无研究报道。本文将结合模拟与实验，确定此类轧件成形的优化轧制温度以及出现心部缺陷的情况。选用具有不同初始组织形貌的 GH4169 合金材料，探索晶界析出相对轧件心部缺陷产生的影响。

1 实验材料及方法

实验采用的是商用 GH4169 合金圆棒料，化学成分见表 1。选取两种不同初始组织特征的材料。一种为 γ 基体和 NbC 颗粒组成的等轴晶组织，记作坯料 A；另一种初始组织在晶界析出有一定量的不明相成分，记作坯料 B。两种棒料初始组织如图 1 所示。轧制成形后，坯料 A 记作轧件 A，坯料 B 记作轧件 B。

* 作者：程明，正高级工程师，联系电话：86-24-83970196，E-mail：mcheng@imr. ac. cn

资助项目：2022 年辽宁省国际科技合作计划项目，编号 2022JH2/10700006

表 1 GH4169 合金化学成分 （质量分数，%）

元素	Ni	Cr	C	Nb	Mo	Ti	Al	Co	Mn	Si	Fe
含量	51.26	19.21	0.069	5.11	3.00	0.93	0.55	0.08	0.11	0.20	余量

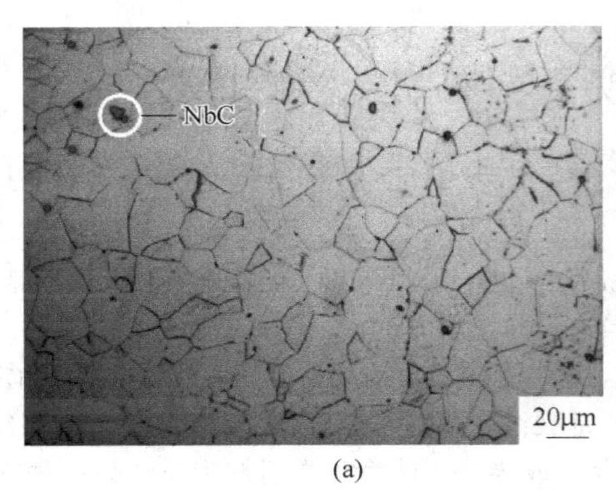

(a)

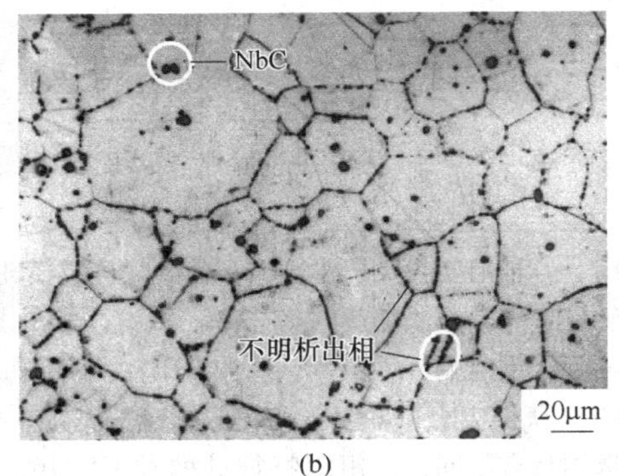

(b)

图 1 初始锻棒组织形貌

（a）坯料 A；（b）坯料 B

1.1 模拟

采用 DEFORM-3D 有限元模拟软件分析 950～1020℃温度范围内轧制温度对轧件损伤情况的影响。模拟选用 Oyane 损伤模型，有研究表明此模型能准确预测楔横轧轧件的心部缺陷[8]，表达式为：

$$f = \int_0^{\varepsilon} (1 + A\eta) \mathrm{d}\varepsilon \tag{1}$$

式中，ε 为等效塑性应变；A 为材料系数，取 0.424；η 为应力三轴度。有限元模型如图 2 所示，主体由上模具、下模具和坯料组成。模拟参数见表 2。

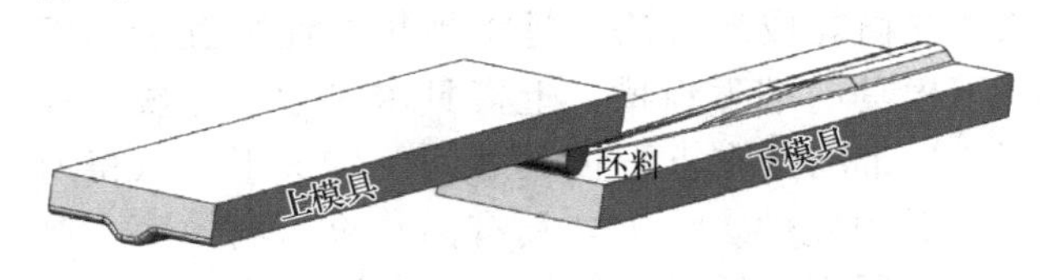

图 2 有限元模型

表 2 模拟参数

轧制速度 /mm · s^{-1}	坯料温度/℃	模具初始温度 /℃	热交换系数 /W · (m^2 · K)$^{-1}$	对流系数 /W · (m^2 · K)$^{-1}$	摩擦系数	坯料网格数
400	950/970/1000/1020	20	11	0.02	1.5	80000

1.2 实验

GH4169 合金板式楔横轧实验在自主研制的 IM500 板式楔横轧机[9]上进行。上下模具成形角 α 为 35°，展宽角 β 为 2.5°，轧制速度为 400mm/s。坯料 A 的轧制实验温度与模拟温度一致。对比分析模拟与实验结果后，采用优化的轧制温度进行坯料 B 的轧制，探究晶界析出相对轧件心部缺陷的作用。轧件经线切割、机械磨抛、化学腐蚀（腐蚀液为 HCl∶H_2O_2 = 1∶1）处理后，使用体式显微镜、光学显微镜（OM）、扫描电镜（SEM）、能谱分析（EDS）等测试方法对微观组织进行观察与表征。轧件线切割取样位置与组织观测位置如图 3 所示。

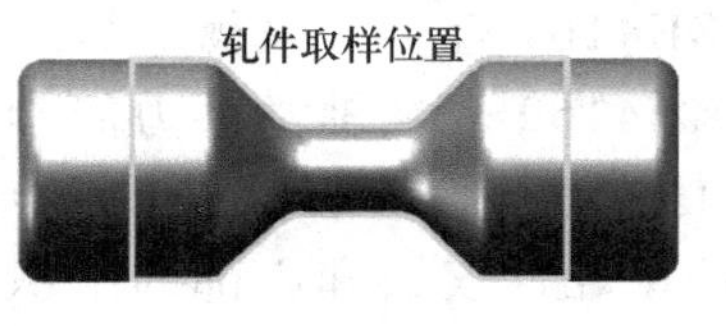

图 3 轧件取样位置及组织观测位置

2 结果与分析

2.1 模拟结果

不同轧制温度下轧件的损伤云图如图 4 所示。

温度由950℃到1020℃，轧件心部损伤区域先减小后增大，轧制温度在970～1000℃心部损伤值较小。图4中标示的是损伤云图中损伤值的最大值。结果表明，大断面收缩率GH4169合金轧件合理的轧制工艺温度区间为970～1000℃。

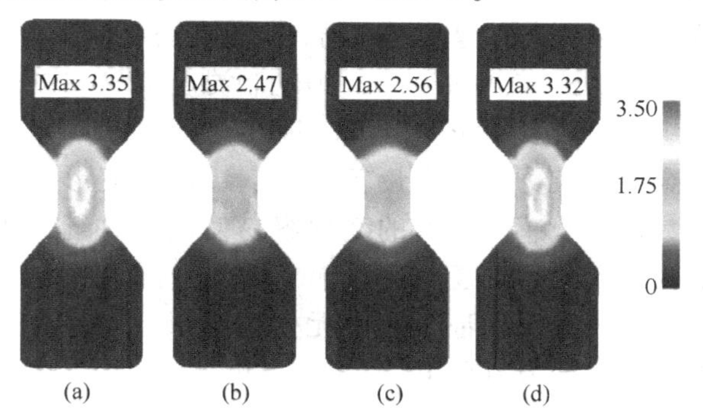

图4 不同轧制温度下轧件中心截面损伤云图

（a）轧制温度950℃；（b）轧制温度970℃；

（c）轧制温度1000℃；（d）轧制温度1020℃

图5为不同轧制温度下轧件心部应力状态的变化曲线，据此来分析轧件心部损伤产生的机理。图5（a）为不同轧制温度下的等效应力变化曲线，随着轧制的进行，等效应力呈现先增大后减小的趋势，温度越高等效应力越小。图5（b）为不同轧制温度下平均应力的变化曲线。平均应力随着轧制的进行呈现出"减小-增大-减小"的趋势，其中轧制温度950℃和1020℃轧件的平均应力变化较为平稳，而轧制温度970℃和1000℃轧件的平均应力变化则表现出周期性波动。图5（c）为不同轧制温度下剪切应力的变化曲线，其变化趋势与等效应力曲线变化趋势相似；图5（d）为不同轧制温度下轴向应力变化曲线，其变化趋势与平均应力曲线变化趋势类似。单一的应力值变化不能解释温度变化对轧件心部损伤的影响。

应力三轴度η为平均应力σ_m与等效应力σ_e的比值，可用来表征材料的失效模式。在$\eta<-1/3$时，材料不会产生裂纹；$-1/3\leqslant\eta<0$，裂纹形式为剪切裂纹；$0\leqslant\eta<1/3$，裂纹为剪切裂纹与孔洞聚集型裂纹的混合型；$\eta\geqslant1/3$，裂纹为孔洞聚集型裂纹。不同温度下η值变化曲线如图6所示。图6（a）为整个轧制过程中η的变化曲线。不同轧制温度的曲线经过短时的波动后趋于平稳。为了更好比较不同轧制温度下η的变化曲线，特别是在平稳阶段的区别，选取图6（a）中0.5～1.8s的η值如图6（b）所示。轧制温度为950℃和1020℃的η明显高于轧制温度为970℃和1000℃的η，且不同轧制温度的η大部分处于0～1/3之间。根据以上结果，轧制温度对轧件心部损伤的影响可以通过η的变化来反映。轧件心部裂纹是轧件经楔横轧变形产生的复杂应力与大塑性变形共同作用下形成的以孔洞聚集型裂纹为主、剪切裂纹为辅的混合型裂纹。

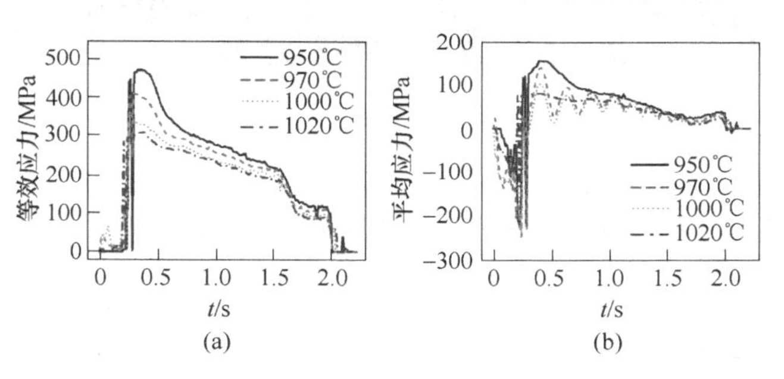

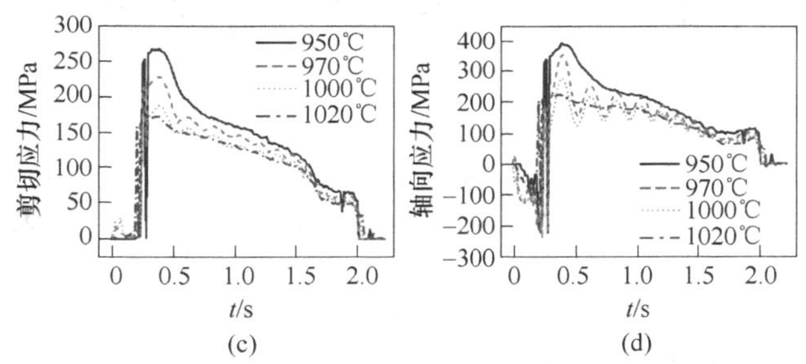

图5 轧制温度对应力状态的影响

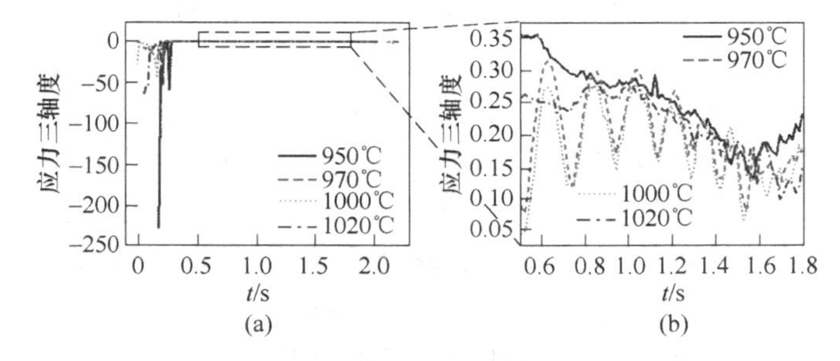

图6 轧制温度对应力三轴度的影响

2.2 实验结果

2.2.1 模拟结果验证

为验证模拟的准确性，在模拟温度下对坯料A开展楔横轧轧制实验。图7为轧件心部显微组织。

图7（a）为轧制温度950℃的轧件组织。心部出现微裂纹。此处的微裂纹处于半形成半扩展状态。在一些大的第二相颗粒周围也出现了微孔

洞。图 7（e）为微裂纹的高倍放大图。可以看到基体组织之间被较深的裂纹隔开。在大塑性变形下，脆硬 NbC 颗粒与基体变形不协调，易出现微孔洞。楔横轧变形过程中轧件受到复杂交变载荷和大塑性变形共同作用，从而导致微孔洞增值、扩展继而形成微裂纹。此外，基体组织与 NbC 颗粒的热膨胀系数不同，在轧件冷却过程中第二相颗粒周围也容易出现微孔洞。

图 7（b）为轧制温度 970℃ 的轧件组织。图中出现一条长且浅的剥落坑。较大的第二相颗粒周围仍然出现了一些微孔洞。在研磨抛光过程中，一些细小的碳化物与基体结合不牢固。尤其在研磨过程中，细小碎化的第二相剥离基体表面形成浅层剥落坑。从图 7（f）可以看出，基体上的剥落坑很浅。通过剥落坑的形貌，可以判断出它是由第二相剥落产生的。这种仅出现浅的剥落坑和微孔洞而无微裂纹产生的轧件能够满足生产要求。

图 7（c）、图 7（g）为轧制温度 1000℃ 的轧件组织。在磨抛处理过程中第二相颗粒与基体之间未发生剥离，但其周围仍有少量孔洞出现。

图 7（d）、图 7（h）为轧制温度 1020℃ 的轧件组织。较多的裂纹区域出现在视野中。GH4169 合金变形抗力大、温度窗口窄、组织对变形工艺参数极其敏感。温度的变化容易使微裂纹继续扩展为较大的裂纹区。

上述分析印证了有限元模拟结果，轧件合理的轧制温度为 1000℃。

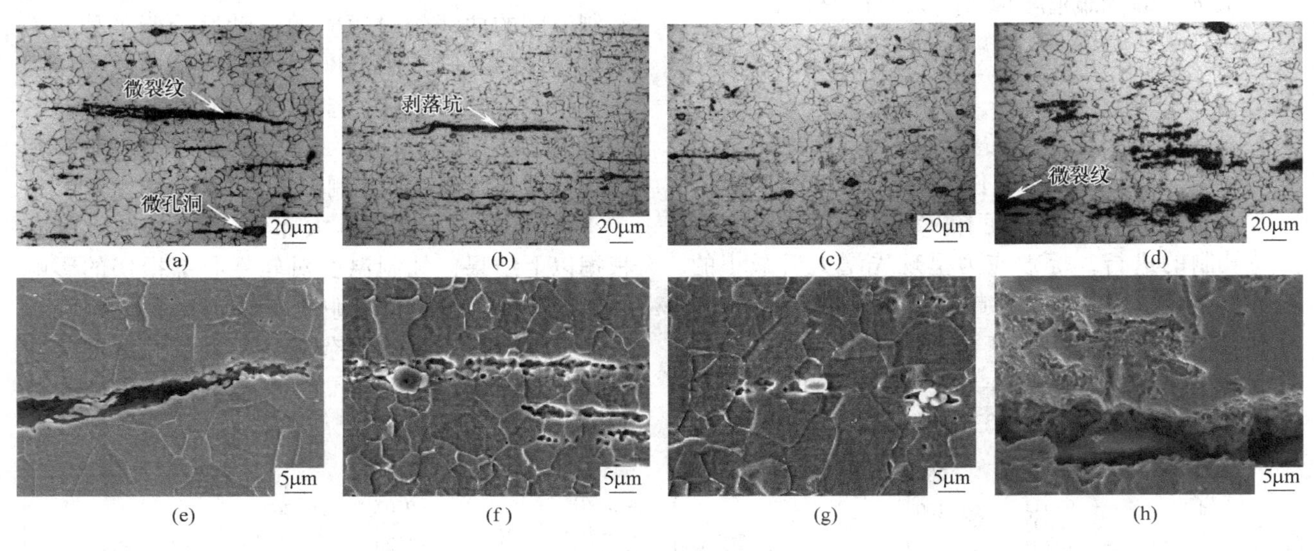

图 7　轧件心部显微组织

（a）轧制温度 950℃，OM；（b）轧制温度 970℃，OM；（c）轧制温度 1000℃，OM；（d）轧制温度 1020℃，OM；
（e）轧制温度 950℃，SEM；（f）轧制温度 970℃，SEM；（g）轧制温度 1000℃，SEM；（h）轧制温度 1020℃，SEM

2.2.2　晶界析出相对轧件质量的影响

图 8（a）为坯料 B 的显微组织。晶界有较多的析出相。在图 8（b）所示位置进行能谱分析以统计各元素平均原子百分比，确定相成分。结果如图 8（c）所示。析出相中除了具有 Ni、Fe、Cr 基体元素外，Nb、Mo 元素含量明显偏高，符合 Laves 相（$(Fe,Ni)_2(Nb、Cr、Mo、Ti)$）化学组成。

大断面收缩率 GH4169 合金轧件的优选轧制温度为 1000℃。在此温度下对坯料 B 进行楔横轧实验，探究晶界析出 Laves 相对轧件质量的影响。图 9 为轧件 B 心部与表层的显微组织及其心部裂纹的演化机理。

图 9（a）为轧件 B 心部显微组织。可以看到裂纹扩展的过程。裂纹源为轧件变形时 NbC 颗粒周围出现的微孔洞，微孔洞沿脆性 Laves 相扩展形成微裂纹。图中左下方小图为裂纹的宏观形态，可以看到在轧件的心部存在明显的宏观缺陷。

图 9（b）为轧件 B 表层显微组织，轧件表面在变形过程中发生大的塑性变形，晶粒发生动态再结晶，Laves 相不再存在于晶界，Laves 相附近会发生晶格畸变，在晶格畸变能作用下 Laves 相聚集在一起呈链状分布于晶内与晶界。

图 9（c）为轧件 B 心部裂纹演化的过程。图

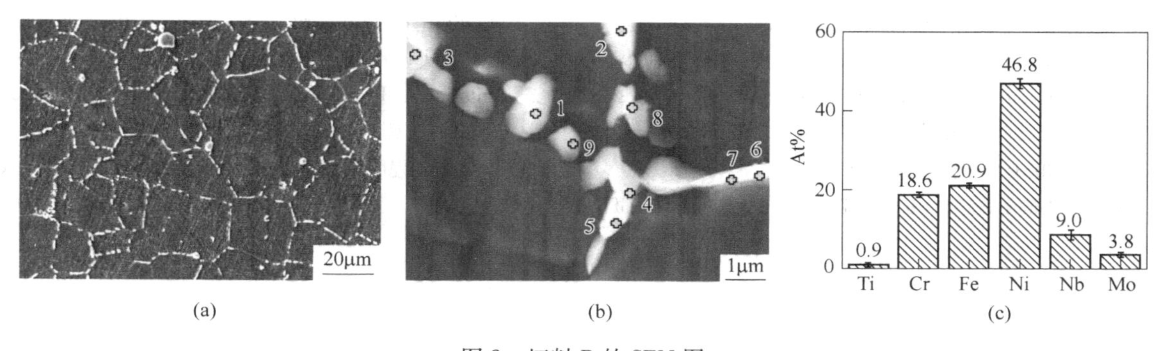

(a) (b) (c)

图 8 坯料 B 的 SEM 图

(a) 坯料 B；(b) EDS 打点位置；(c) 析出相成分

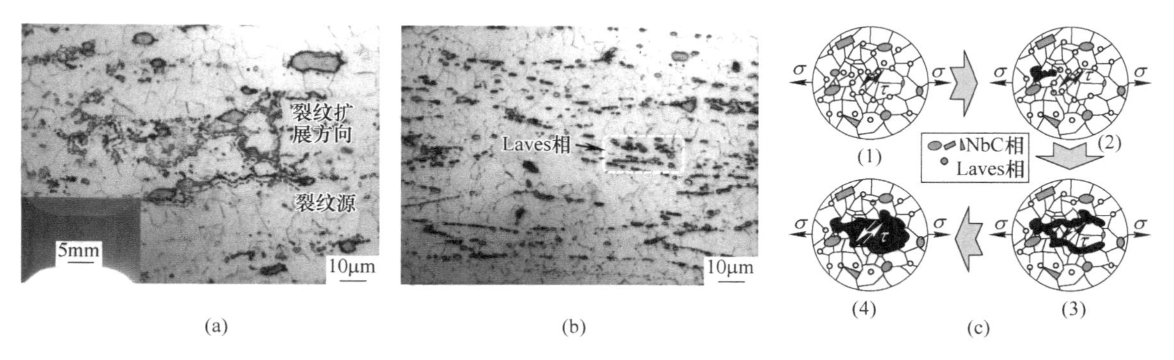

(a) (b) (c)

图 9 轧件 B 心部显微组织（a），轧件 B 表层显微组织（b）及轧件 B 心部裂纹演化机理（c）

9（c）中（1）为轧件初始状态。图 9（c）中（2）为脆硬的 NbC 颗粒在经历大的塑性变形时与基体变形不协调，导致 NbC 颗粒周围出现微孔洞，即裂纹源。图 9（c）中（3）中脆硬的 Laves 相在基体塑性变形下依靠晶格畸变能呈链状聚集，微孔洞在楔横轧产生的复杂应力作用下增殖、扩展形成微裂纹。当微裂纹延展至 Laves 相时，裂纹沿链状 Laves 相迅速扩展，即裂纹扩展阶段。图 9（c）中（4）显示沿 Laves 相扩展的两条裂纹聚集在一起，在剪切应力与轴向拉应力的共同作用下，临近基体发生脱离撕裂，形成宏观裂纹。

3 结论

（1）结合模拟软件 DEFORM-3D 和楔横轧实验结果，大断面收缩率 GH4169 合金的最佳轧制温度为 1000℃。

（2）根据 Oyane 损伤模型预测轧件心部损伤以及应力变化情况，大断面收缩率 GH4169 合金轧件心部裂纹的产生是以孔洞聚集型裂纹为主导、剪切裂纹为辅的混合型裂纹。

（3）对比两种不同初始显微组织的 GH4169 合金轧件，晶界有 Laves 相析出的坯料在轧制过程中脆硬的 Laves 相会加速裂纹扩展，轧件心部更容易出现宏观裂纹缺陷。

参考文献

[1] Zhang N，Wang B，Lin J. Effect of cross wedge rolling on the microstructure of GH4169 alloy [J]. International Journal of Minerals，Metallurgy，and Materials，2012（19）：836~842.

[2] Yuan J，Chen X，Zhao Z，et al. Numerical and experimental study on microstructure evolution of Ti-6Al-4V alloy shaft preform in cross-wedge rolling process [J]. The International Journal of Advanced Manufacturing Technology，2022（119）：3785~3801.

[3] 朱德彪 . 工艺参数对楔横轧 GH4169 合金轴类件力能参数的影响 [J]. 塑性工程学报，2018（25）：52~59.

[4] 甘洪岩 . GH4169 合金楔横轧加工过程中动态再结晶及织构演变 [J]. 材料工程，2020（48）：114~122 .

[5] 甘洪岩 . GH4169 合金楔横轧微观组织演变及动态再结晶机制 [J]. 稀有金属材料与工程，2019（48）：3556~3562.

[6] 张宁 . 楔横轧不同变形阶段的微观组织演变分析

[J]. 塑性工程学报，2012（19）：16~20.

[7] Xia Y，Shu X，Zhu D，et al. Effect of process parameters on microscopic uniformity of cross wedge rolling of GH4169 alloy shaft [J]. Journal of Manufacturing Processes，2021（66）：145~152.

[8] Pater Z，Tomczak J，Bulzak T，et al. Assessment of ductile fracture criteria with respect to their application in the modeling of cross wedge rolling [J]. Journal of Materials Processing Technology，2020（278）：116501~116511.

[9] 师明杰，程明. 面向难变形材料精密成形的板式楔横轧机研究 [J]. 中国机械工程，2021（33）：209~216.

硼对 GH4698 合金力学性能和组织的影响

丑英玉*，杨玉军，李凤艳，侯少林，李连鹏，李如

（抚顺特殊钢股份有限公司技术中心，辽宁 抚顺，113001）

摘　要：通过对比不同硼含量的 GH4698 合金，利用金相显微镜和扫描电镜观察 GH4698 合金的析出相形貌及测试力学性能。结果表明：硼不影响 GH4698 合金的晶粒尺寸和 γ′相数量，硼元素的增加影响晶界处析出相的数量和形貌。当硼含量为 0.006%时，能够显著提高在 650℃，720MPa 下的持久寿命。

关键词：GH4698 合金；硼含量；力学性能

GH4698 合金是在 GH4033 基础上，提高 Al 和 Ti 的含量，并加入 Mo 和 Nb 进行强化的一种镍基合金，在 500～800℃范围内具有高的持久强度和良好的综合性能。该合金广泛应用于制造燃气轮机的涡轮盘、压气机盘、导流片、承力环等重要承力零件。该合金经标准热处理后组织由 γ 基体、两种尺寸的球形 γ′相、MC、$M_{23}C_6$ 和 M_5B_4 组成，性能水平主要取决于 γ′强化相中 Al、Ti、Nb 的成分，也取决于 γ′相的分布、形态和尺寸大小[1~3]。碳化物种类和分布以及微量元素 B、Mg 等也是影响合金性能水平的重要因素。秦鹤勇等[4]发现涡轮盘轮毂处的大尺寸片状碳化物显著影响 GH4698 合金的性能，张济山等[5]研究了微量元素 Mg 对 GH698 合金的蠕变和疲劳性能的影响。本文通过研究两种不同硼含量的 GH4698 合金的性能和组织对比，为后续 GH4698 合金生产和标准制定提供数据支持。

1　试验材料及方法

试验合金采用真空感应炉冶炼两种硼含量的 GH4698 合金，经真空电弧炉重熔 ϕ508mm 钢锭，化学成分见表 1。A 合金和 B 合金采用相同的均匀化退火工艺，相同的锻造工艺生产 ϕ100mm 棒材。将锻制后的棒材切取 100mm 长经 1100℃×8h 空冷，1000℃×4h 空冷，750℃×16h 空冷后进行室温拉伸，650℃，720MPa 高温持久试验，并利用金相显微镜、扫描电镜观察析出相形貌。

表 1　合金化学成分　　（质量分数，%）

合金	C	S	B	Cr	Al	Ti	Mo	Nb	Mg	Fe	Ni
A	0.05	0.001	0.001	14.01	1.70	2.70	3.0	2.15	0.003	0.52	余量
B	0.05	0.001	0.006	14.00	1.70	2.70	3.0	2.15	0.003	0.55	余量

2　试验结果及讨论

2.1　不同硼含量对 GH4698 合金力学性能影响

图 1 为不同硼含量对 GH4698 合金力学性能的对比，从图 1（a）中可以看出，A、B 两种合金室温下抗拉强度相差不大，A 合金比 B 合金的屈服强度高了 20MPa，A 合金的延伸率和断面收缩率均比 B 合金低。从图 1（b）中可以看出，A 合金与 B 合金在 650℃、720MPa 下持久时间相差较大，B 合金持久时间相当于 A 合金持久时间的 10 倍。

2.2　不同硼含量对 GH4698 合金组织影响

A 合金与 B 合金经热处理后观察显微组织照片如图 2 所示。从图 2（a）和图 2（d）中可以看出，合金 A 与合金 B 晶粒尺寸相差不大，但是合金 B 的晶界上游有更多的细小析出相。从图 2（b）和图 2（e）可以看出，GH4698 合金经标

* 作者：丑英玉，高级工程师，联系电话：024-56678195，E-mail：gwhj1-jszx@fs-ss. com

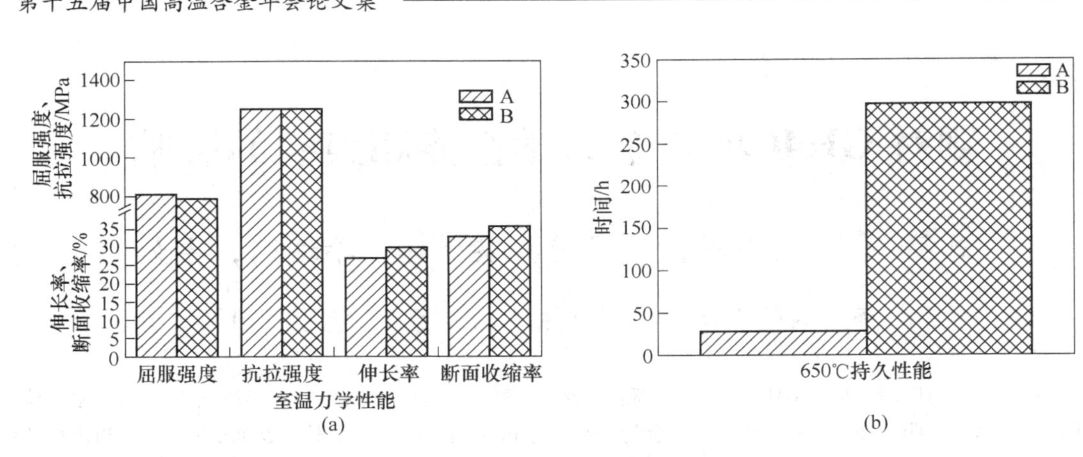

图 1 不同硼含量对力学性能的影响

（a）室温力学性能；（b）650℃持久性能

准热处理后为两种大小尺寸不同的γ′相和沿晶界的析出相，A 合金的大的γ′相尺寸相比 B 合金的大γ′相尺寸小，A 合金晶界上的析出相分布排列相对稀疏，B 合金晶界上大的析出相分布排列相对密集且尺寸小。图 2（c）和图 2（f）为两种合金半定量电子探针扫描硼元素分析，从图中可以看出，硼元素主要分布于晶界，A 合金与 B 合金相比晶界上的硼元素含量低，GH4698 合金晶界上的硼化物为 M_5B_4[1~3]。

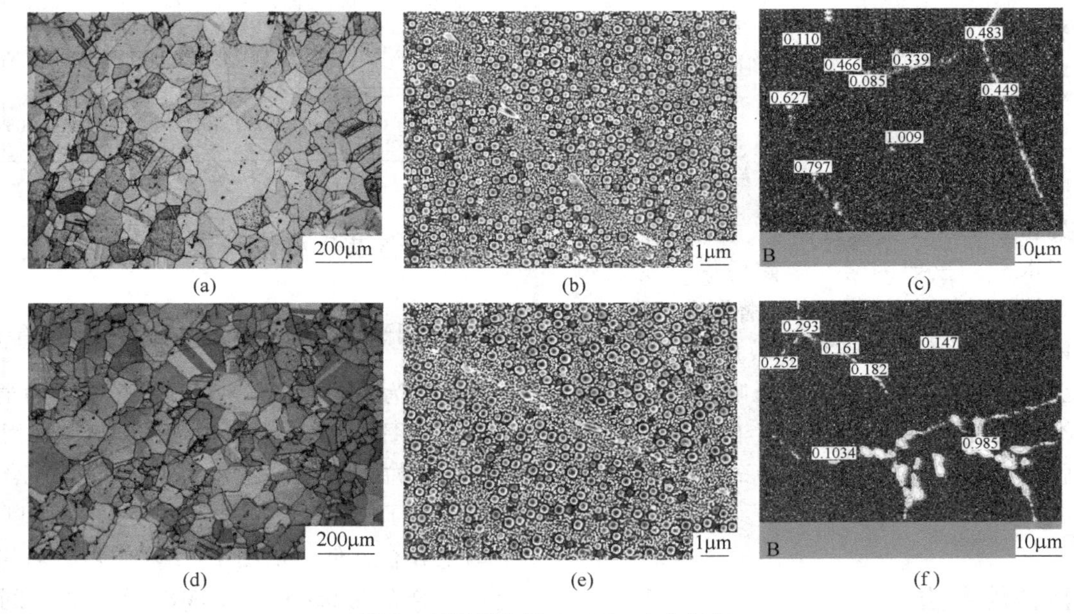

图 2 不同硼含量 GH4698 合金组织

（a）A 合金金相照片；（b）A 合金 SEM；（c）A 合金电子探针分析硼元素；
（d）B 合金金相照片；（e）B 合金 SEM；（f）B 合金电子探针分析硼元素

2.3 分析与讨论

由试验结果可知，A 合金与 B 合金的室温抗拉强度和屈服强度相差不大，从表 1 中可以看出两种合金的 Al、Ti、Nb 成分相同，析出γ′相的总数相同，所以 A 合金和 B 合金的抗拉强度相差不大。A 合金屈服强度比 B 合金高了 20MPa，由图 2 可知 A 合金γ′相数量比 B 合金中的γ′相尺寸小，且数量偏多。说明主要强化相小γ′相的数量直接影响 GH4698 合金的屈服强度。

A 合金与 B 合金在 650℃、720MPa 应力下持久寿命相差显著，这是由于合金中硼元素含量不同导致的。关于硼元素对 Ni 基变形高温合金持久性能的具体作用机制，目前尚无定论，不过可以肯定的是硼元素的作用与某种晶界效应有关。Mclean 与 Strang[6] 认为：微量元素只有通过局部富集才可能对高温合金的力学性能产生明显影响。硼是一种偏聚于晶界的有效微量元素，硼原子偏聚于晶界区域，形成间隙式固溶体，填充了晶界空位，减少了晶界的缺陷，增加晶界原子间结合力，同时也析出少量的颗粒硼化物。GH4698 合金的硼化物是 M_5B_4 型[1~3]。B 合金中由于 M_5B_4 颗粒弥散析出于晶界，改善了合金晶界状态，提高了 GH4698 合金的持久寿命。

3 结论

（1）硼含量不影响 GH4698 合金的晶粒尺寸和 γ' 相数量，硼元素的增加影响晶界处析出相的数量和形貌。

（2）硼含量不影响室温性能，但是可以显著提高 650℃下的持久性能，硼含量提高 3 倍，持久寿命可以提高 10 倍。

参考文献

[1] 中国金属学会高温材料分会编．中国高温合金手册［M］．北京：中国标准出版社，2012：833~846.

[2] 北京钢铁研究总院．GH698 合金试验报告．1986.

[3] 抚顺钢厂．钢铁研究总院．GH698 合金全面性能技术报告．1983.

[4] 秦鹤勇．碳化物对 GH4698 合金涡轮盘性能不均匀性的影响［J］．材料与冶金学报，2005，4（3）：225~228.

[5] 张济山，杨王玥，陈国良，等．微量元素 Mg 对 GH698 高温合金蠕变疲劳及其交互作用的影响和机制的研究［J］．北京钢铁学院学报，1986，1：33~44.

[6] McLean M，Strang A. Effects of trace elements on mechanical properties of superalloys［J］. Metals Technology，1984，11（1）：454~464.

GH4738合金单/多道次热压缩晶粒组织演变研究

韩屹章[1]，樊夏平[1]，曲敬龙[2,3]，杨成斌[2]，陈淑英[1]，孟范超[1*]

（1. 烟台大学精准材料高等研究院，山东 烟台，264005；
2. 北京钢研高纳科技股份有限公司，北京，100081；
3. 四川钢研高纳锻造有限责任公司，四川 德阳，618099）

摘　要：利用有限元模拟，优化了一种具有较宽广等效应变分布和较均匀等效应变速率分布的GH4738双圆锥台试样，减少了等效应变速率波动对精确研究热变形工艺与晶粒组织关系的影响。利用该双圆锥台试样，开展了变形温度为1000~1160℃、应变速率为2~14s^{-1}、工程应变为30%~70%条件下的热压缩实验，从而高通量地研究了GH4738合金的晶粒组织演变规律。进而，选取了适宜的热变形条件，利用圆柱试样研究了GH4738合金在单/多道次热压缩中的晶粒组织。结果表明：该合金在变形温度1040~1080℃、应变速率14s^{-1}、工程应变50%时平均晶粒尺寸较小且晶粒组织较为均匀。晶界凸起是GH4738合金再结晶形核的重要机制。随着应变量的增大，再结晶晶粒首先萌生于晶界凸起处，随之沿晶界蔓延并布满晶界，进而向晶界两侧蔓延生长。归因于多道次变形中每道次变形量小，且停锻温度低于单道次变形，多道次变形晶粒尺寸和均匀度均差于单道次变形。为GH4738的热加工工艺设计及其晶粒组织演变提供了参考。

关键词：GH4738合金；热压缩；晶粒组织；多道次；有限元模拟

现代航空发动机的高温和复杂应力工况对环形锻件的高温力学性能提出了更加严苛的要求。目前，具有较高服役温度的GH4738合金已被广泛研究用于涡轮机匣材料[1,2]。然而环锻件制造工艺复杂，且GH4738合金晶粒组织对热加工参数极为敏感、组织遗传性强[3]，导致环件中出现明显的混晶问题，影响锻件力学性能。然而，学者们对GH4738合金在单/多道次环轧后晶粒尺寸和均匀度的结论不尽相同[4,5]。因此，有必要对GH4738合金在单/多道次变形下的晶粒组织演变规律进行研究。本文通过优化一种双圆锥台试样的设计，高通量地研究了GH4738合金在热压缩变形过程中的晶粒组织演变规律，并基于实验结果，选择了一种适宜的热压缩条件，对单/多道次热压缩对晶粒组织的影响进行了探索。研究成果有益于GH4738热加工工艺的设计及对其晶粒组织演变规律的理解。

1　实验材料及方法

利用双圆锥台试样高通量地研究热变形工艺与晶粒组织关系。目前，对双圆锥台试样的设计多关注设备吨位和等效应变的分布范围，往往忽视了试样中不均匀等效应变速率对晶粒组织演变的影响。针对该问题，本文优化了双圆锥台试样。首先通过Deform有限元分析，模拟并计算了试样沿半径方向五个特征点R_0-$R_{0.8}$（图1（a））的等效应变速率在压缩时间区间上的平均标准偏差$\langle SD\rangle$，其中，$\langle SD\rangle$定义为[6]：

$$\langle SD\rangle=\left(\sum_{j=1}^{n} SD_j\right)/n \tag{1}$$

式中，n为特征点的个数，此处为5。SD为每个特征点在压缩时间区间内等效应变速率的标准偏差，定义为：

$$SD=\sqrt{\left[\sum_{i=1}^{N}(\dot{\varepsilon}_i-\langle\dot{\varepsilon}\rangle^2)\right]/(N-1)} \tag{2}$$

式中，N为整个压缩时间区间内模拟计算输出的

* 作者：孟范超，副教授，联系电话：0535-6902637，E-mali：mengfanchao@ytu. edu. cn
资助项目：国家重点研发计划（2021YFB3700404）

压缩步数；$\dot{\varepsilon}_i$ 为在每一个压缩步下的等效应变速率；$\langle \dot{\varepsilon} \rangle$ 为所有压缩步的 $\dot{\varepsilon}_i$ 的平均值。

双圆锥台几何优化分为两步，首先通过 Deform 模拟 T = 1000℃、0.27mm/s 压下速率、ε_e = 50% 压下量的热压缩变形，优化出 R_2/R_1 和 H_2/H_1 的值如图 1（a）所示，使得<SD>最小并且 5 个点间等效应变的最大差值>1.0。随后，固定 H_1 值为 6.8mm，通过 Deform 实验设计（design of experiment，DOE）功能中的拉丁超立方算法在 $0.5R_1-1.5R_1$ 的范围内选择 50 个样本，并计算<SD>。最后，选择具有最小<SD>值并且等效应变最大差值>1.0 的试样几何。优化后试样的尺寸为 H_2 = 1.02mm（保证可机加工）、R_1 = 5.11mm、R_2 = 2.56mm。优化后试样等效应变和等效应变速率场如图 1（b）（c）所示，沿试样径向等效应变范围约为 0.0674～1.35，并且等效应变速率从试样中心点沿径向方向的分布也较为均匀。

实验材料为 GH4738 合金，采用真空感应熔炼加电渣真熔加真空自耗重熔三联冶炼工艺制备，主要化学成分质量分数为 C = 0.04%、Cr = 19.44%、Co = 13.74%、Ti = 3.04%、Al = 1.50%、Mo = 4.40%、Ni 余量。将双圆锥台按照图 1（a）尺寸加工完成后，利用 Gleeble 热模拟试验机进行热压缩实验。采用的变形温度为 T = 1000℃、1040℃、1080℃、1120℃、1160℃，$\dot{\varepsilon}$ = $2s^{-1}$、$14s^{-1}$，ε_e = 30%、50%、70%。试样压缩后用电火花切割机沿轴线切成两半。取一半试样进行打磨和机械抛光后，采用 3∶20∶30 的氯化铜、盐酸、酒精进行化学腐蚀。使用金相显微镜对试样沿径向从中心到边缘所有特征位置的晶粒进行微观组织观察，并用 ImageJ 软件进行平均晶粒尺寸的统计。

对直径×高为 8mm ×12mm 的圆柱形试样进行 T = 1000～1160℃、$\dot{\varepsilon}$ = 2～$26s^{-1}$、ε_e = 50% 条件下的热压缩实验，获得流变应力曲线。经摩擦和温度修正后，获得 GH4738 合金的本构方程：

$$\dot{\varepsilon} = 1.69781E + 20[\sinh(0.002352873\sigma)]^{4.3732} e^{-510414.4/RT} \quad (3)$$

将本构方程代入 Deform 中，用于双圆锥台试样的优化。此外，利用圆柱试样开展单/多道次实验。单道次压缩实验条件为 T = 1120℃、$\dot{\varepsilon}$ = $14s^{-1}$、ε_e = 60%，压后气冷。多道次分为二和三道次，ε_e 分别为 30% 和 20%，道次间气冷，并随炉原位加热。其他工艺条件和单道次相同。同时，采用 Deform 模拟了圆柱试样在单/多道次变形过程中的晶粒尺寸和温度场。

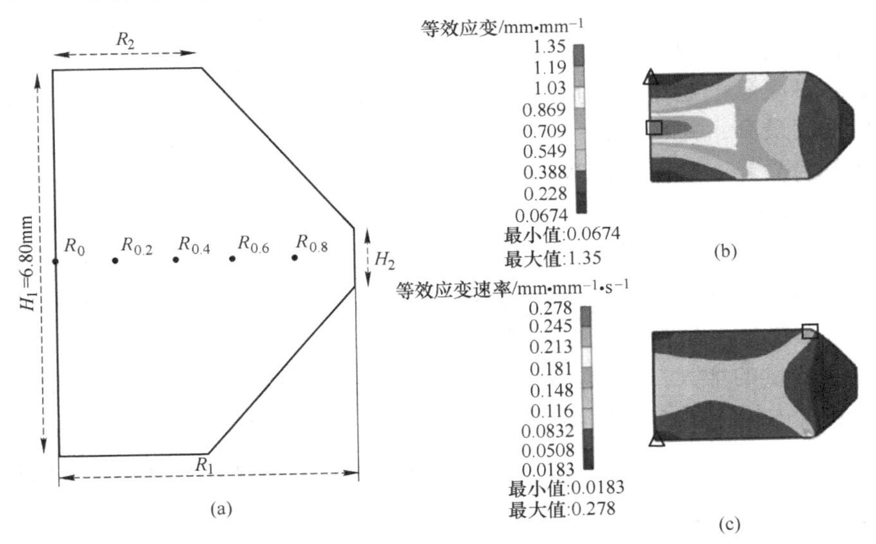

图 1　双圆锥台几何（a）和优化后双圆锥台的等效应变和等效应变速率场（b）（c）

2　实验结果及分析

2.1　GH4738 合金动态再结晶行为

双圆锥台试样从中心到边缘具有梯度等效应变分布，因此，可用于高通量研究变形量与晶粒组织的关系。图 2（a）～（d）和图 2（e）～（h）分别为 T = 1000℃ 和 1160℃、$\dot{\varepsilon}$ = $14s^{-1}$、ε_e = 50% 变形条件下试样从中心到边缘的晶粒组织。由图 2（a）可见，双圆锥台边缘位置因为应变量小，只观测到晶界凸起，但是并无再结晶晶粒的产生；

在靠近样品中心位置，如图 2（b）所示，出现了一些再结晶晶粒，且这些晶粒大部分沿着原始晶界呈项链状连续分布，还有一部分以碳化物为中心分布，如图 2（c）所示；在样品中心位置，如图 2（d）所示，因其应变量最大，再结晶晶粒的数量明显增多。在较高变形温度下如图 2（e）~（h）所示，晶粒从中心到边缘晶粒尺寸差距不大，并且晶粒组织也比较均匀。

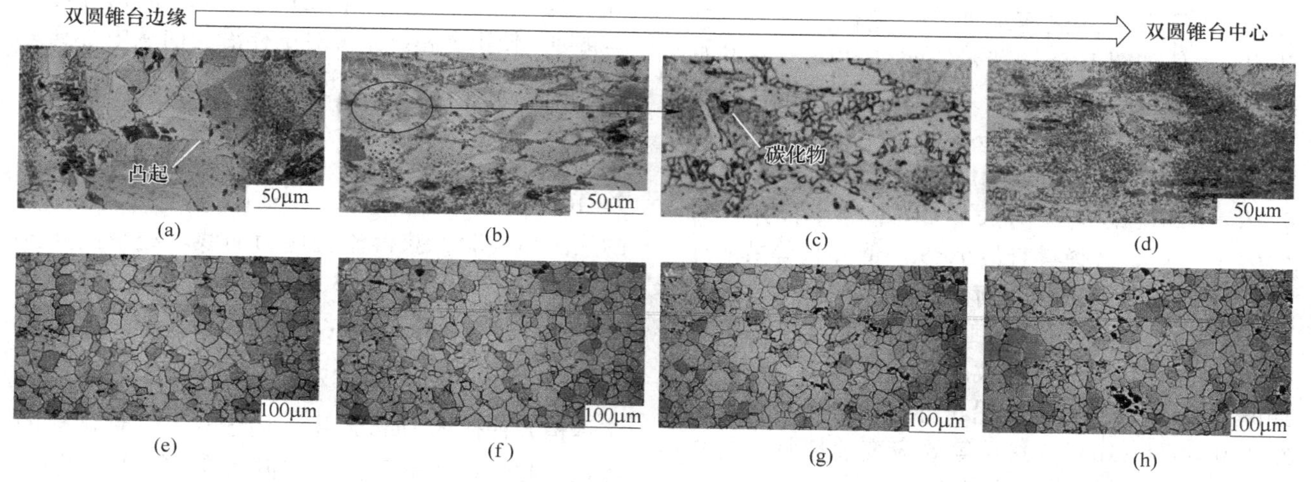

图 2 双圆锥台在 $T=1000℃$、$\dot{\varepsilon}=14s^{-1}$、$\varepsilon_e=50\%$（a）~（d）和 $T=1160℃$、$\dot{\varepsilon}=14s^{-1}$、$\varepsilon_e=50\%$（e）~（h）热压缩条件下从边缘到中心的晶粒组织

对不同变形条件下样品晶粒组织演变的综合分析发现，GH4738 合金再结晶过程首先是原始晶界发生凸起，伴随再结晶晶粒在凸起上产生。因此，晶界凸起可被认为是出现再结晶晶粒的标志。随着应变量的增大，再结晶晶粒逐渐增多，再结晶晶粒出现沿原始晶界蔓延的趋势。在应变量最大的区域，再结晶程度最高，并且在这一区域再结晶晶粒已经布满原始晶界，进而向晶界两侧蔓延生长。再结晶的形核机制可以归结为：（1）在再结晶过程中，晶界凸起是再结晶形核的重要机制[7,8]。在应变量小的区域，在原始晶界上会发生少量凸起，在这些凸起之处，孕育着再结晶晶粒的核心。（2）随着应变量的增大，原始晶界被越来越多的再结晶核心所占据，再结晶核心萌发为再结晶晶粒。

2.2 GH4738 合金晶粒变化规律

图 3 为不同压缩条件下，双圆锥台从中心到边缘晶粒尺寸的变化规律。如图 3（a）所示，试样中心位置晶粒尺寸最小。随着距中心位置的增大，晶粒尺寸逐渐增大。在所有的变形条件中，$T=1040℃$ 和 $1080℃$、$\dot{\varepsilon}=14s^{-1}$、$\varepsilon_e=50\%$ 的晶粒尺寸最小并且均匀性较好。图 3（b）绘制了试样所有位置的平均晶粒尺寸及标准偏差，可以发现，$T=1040℃$、$\dot{\varepsilon}=14s^{-1}$、$\varepsilon_e=50\%$ 和 $T=1080℃$、$\dot{\varepsilon}=14s^{-1}$、$\varepsilon_e=50\%$ 这两种条件下的平均晶粒尺寸比较细小，组织比较均匀，其次是 $T=1120℃$、$\dot{\varepsilon}=14s^{-1}$、$\varepsilon_e=70\%$ 和 $T=1120℃$、$\dot{\varepsilon}=14s^{-1}$、$\varepsilon_e=50\%$。上述四种条件下的平均晶粒尺寸在 17.5~25.8μm，标准偏差在 3.0~4.9μm。特别是 $T=1040℃$ 和 $1080℃$、$\dot{\varepsilon}=14s^{-1}$、$\varepsilon_e=50\%$ 为较优的变形条件。根据刘等[4]的研究，GH4738 合金的成形工艺参数为 $T=1120\sim1140℃$、$\dot{\varepsilon}=5\sim20s^{-1}$、$\varepsilon_e=40\%\sim60\%$ 之间。本文发现的最优变形温度低于刘等[4]的研究，但关于变形速率和下压量的结论基本一致。

进一步分析了温度、应变速率、下压量对晶粒组织的影响。在应变速率和下压量一定时（$\dot{\varepsilon}=14s^{-1}$、$\varepsilon_e=50\%$），随着变形温度的提高（$T=1040℃$、$1080℃$、$1120℃$、$1160℃$），试样中各特征点的晶粒尺寸逐渐增大；在 1160℃，各位置动态再结晶程度继续增加，动态再结晶晶粒逐渐增大，且各位置点平均晶粒尺寸分布较为均匀，晶粒出现长大现象。在温度和下压量一定时（$T=1120℃$、$\varepsilon_e=50\%$），随着应变速率的提高（$\dot{\varepsilon}=2s^{-1}$ 提高到 $14s^{-1}$），变形后晶粒尺寸从（28.4±6.7）μm 减小到（25.8±4.3）μm，即应变速率提高到 $14s^{-1}$ 时，晶粒更加细小且均匀。在温度和应变速率一定时（$T=1120℃$、$\dot{\varepsilon}=14s^{-1}$），随着下压量的增加（$\varepsilon_e=30\%$、$50\%$、$70\%$），平均晶粒尺寸和标准偏差均呈现逐渐减小趋势，即在此范围内，下压量越大，晶粒越细小和均匀。

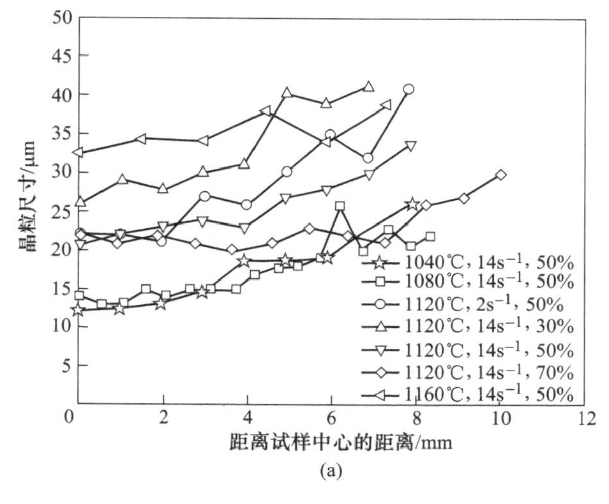

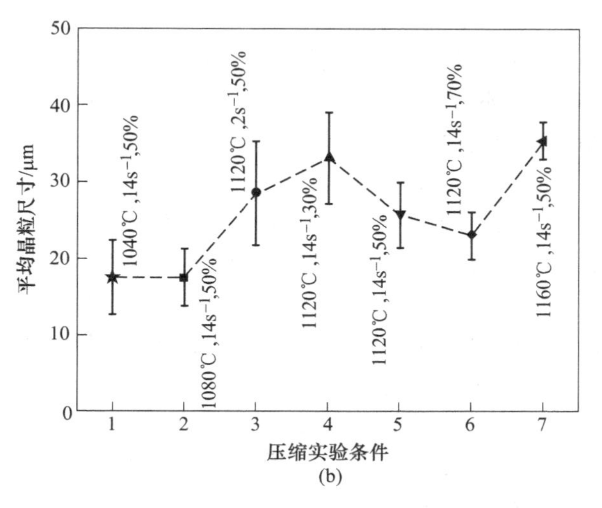

图 3　双圆锥台试样在不同热压缩条件下（a）沿径向从中心到边缘位置的晶粒尺寸和（b）平均晶粒尺寸和标准偏差

2.3　单/多道次对晶粒的影响

图 4（a）为单/多道次压缩条件下，圆柱形试样从中心到边缘位置分别由实验测量和有限元模拟得到的平均晶粒尺寸统计图。从图中可以看出，实验和有限元模拟得到的平均晶粒尺寸均为道次越多，晶粒尺寸越大，并且总体上来看，晶粒均匀性也有所变差。一、二、三道次的平均晶粒和标准偏差分别为（19.7±2.6）μm、(24.5±3.9）μm、(30.5±3.0）μm。这与刘等[4]的研究结果一致，即相较于 GH4738 合金的二火环轧，一火环轧的晶粒组织更加细小和均匀。图 4（b）为样品中心径向边缘位置实验和模拟的终锻温度，可以发现，由于一道次锻造变形量大，停锻温度高，再结晶比较充分。而二道次、三道次甚至更多道次锻造的锻件，不仅每道次锻造变形量小，而且每次锻造完周转过程温降多，停锻温度相较于一道次锻造温度低，再结晶不充分。

此外，图 4（a）中实验和模拟所获得的晶粒尺寸存在一定差别，特别是三道次结果间存在 3~8μm 的晶粒尺寸差别。经过分析，可归因于实验和模拟温度的影响。由于一/二道次实验热电偶测温和模拟温度接近，所以二者间的结果相差不大。但是，三道次实验测得的温度比模拟温度低约 8℃，可能导致了实验和模拟晶粒尺寸差距较大。

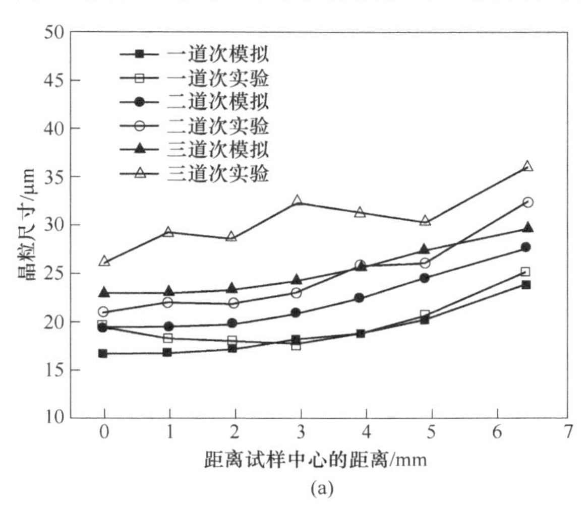

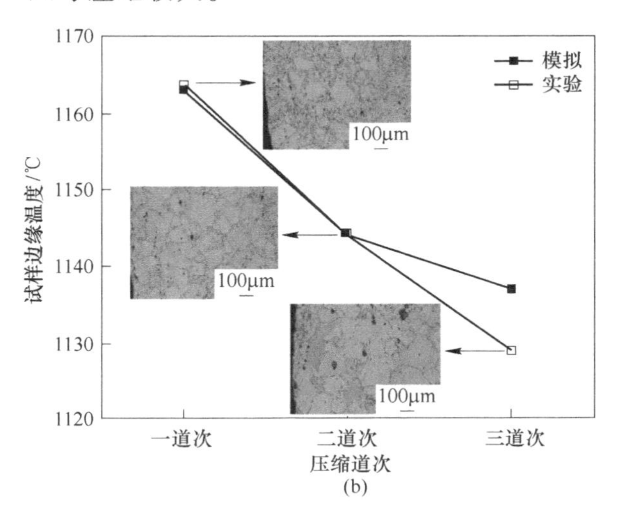

图 4　圆柱试样在不同道次下实验和模拟的（a）沿径向从中心到边缘位置的晶粒尺寸和（b）试样中心径向边缘位置的温度（小图为边缘位置的晶粒组织）

3 结论

(1) GH4738 合金比较适宜的热加工条件为：T=1040~1080℃、$\dot{\varepsilon}$ =14s^{-1}、ε_e=50%。在此变形条件下，合金试样的晶粒较细小并且均匀，平均晶粒尺寸为 17.5μm，标准偏差为 3.8~4.9μm。

(2) 晶界凸起是 GH4738 合金再结晶形核的重要机制。再结晶过程首先是原始晶界发生凸起，伴随再结晶晶粒在凸起上产生。随着应变量的增大，再结晶晶粒沿原始晶界蔓延，进而布满原始晶界，并向晶界两侧蔓延生长。

(3) 由于多道次变形的道次变形量小，且停锻温度低于一道次变形，多道次变形再结晶程度低于一道次，导致晶粒尺寸和均匀度差于一道次变形。推断一火环轧可能更有利于 GH4738 在环轧过程中对晶粒组织的控制。

参考文献

[1] 江河，何方有，许亮，等. 高温合金环形件环轧工艺研究进展 [J]. 稀有金属材料与工程，2021 (50): 1860~1866.

[2] 王丹，刘智，王建国，等. GH4738 高温合金异形环件组织与性能研究 [J]. 锻压技术，2020 (45): 128~132.

[3] Ganshu Shen, Semiatin S L, Rajiv Shivpuri. Modeling microstructural development during the forging of waspaloy [J]. Metall. Mater. Trans. A, 1995 (26A): 1795~1803.

[4] 刘信祖. GH4738 合金环形件高温环轧成形工艺研究 [D]. 哈尔滨：哈尔滨工业大学，2017.

[5] Yang Hu, Dong Liu, Xinglin Zhu, et al. Effect of rolling passes on thermal parameters and microstructure evolution via ring-rolling process of GH4738 superalloy [J]. Int. J. Adv. Manuf. Technol., 2018 (96): 1165~1174.

[6] Matheus Brozovic Gariglio, Nathalie Bozzolo, Daniel Pino Munõz. An optimized geometry of double-cone compression test samples for a better control of strain rate [J]. Metall. Mater. Trans. A, 2021 (52), 4125~4136.

[7] Blaz L, Sakai T, Jonas J J. Effect of initial grain size on dynamic recrystallization of copper [J]. Met. Sci., 1983 (17), 609~616.

[8] McQueen H J, Bergerson S. Dynamic recrystallization of copper during hot torsion [J]. Met. Sci., 2013 (6), 25~29.

充填比对 Hastelloy X 合金电渣重熔冶金质量的影响

张佳维*，王树财，杨玉军，刘作妍，赵越

（抚顺特殊钢股份有限公司技术中心，辽宁 抚顺，113001）

摘 要：通过选用不同充填比方案电渣重熔 ϕ480mm 尺寸的 Hastelloy X 合金电渣锭，对电渣锭的冶金质量、冶金成本等进行了比对分析。结果表明，三种方案所制备的 Haselloy X 合金低倍组织、纯净度及力学性能水平相当，而且提高充填比对改善电渣锭表面质量，降低气体含量和提高电渣重熔钢锭综合成材率更有利。说明单支臂恒熔速电渣炉大充填比的锻造生产工艺合理性，可以满足 Hastelloy X 棒材的稳定生产。

关键词：电渣炉；充填比；冶金质量；成材率

Hastelloy X 是由美国哈氏合金国际公司所生产的系列商业牌号合金之一，具有良好的抗氧化性、耐腐蚀性，以及冷、热加工成形性能和焊接性能；其在900℃以下有中等的持久强度和蠕变强度，短时工作温度可达到1080℃，主要用于制造航空发动机燃烧室内壁和机匣等高温部件[1]。近年来随着我国航空航天装备设计规格的变化，Hastelloy X 使用量日趋增加，成品规格日渐增大。从研制至今，抚顺特殊钢股份有限公司（简称抚顺特钢）始终采用传统交换支臂电渣炉生产 Hastelloy X，从产品质量提升、降低电极交换产生的质量隐患等方面考虑，抚顺特钢批量引进了单支臂恒熔速电渣炉，相比交换支臂电渣炉具有熔炼功率与熔化速度双控，底座三向导电，水温监控等特点。本文通过分析不同充填比对 Hastelloy X 电渣重熔钢锭质量的影响，完善相关生产工艺参数，提高重熔电渣钢成材率，减少能源消耗。

1 试验材料和方法

试验所用电渣重熔母合金电极棒均采用“非真空感应炉+LF+VOD”工艺冶炼，经过合金化、吹氧、脱气、提纯、模铸等工序，分别浇铸三种不同直径尺寸的电极棒。电极棒的化学成分为 C 0.070%、Mn 0.48%、Si 0.28%、Cr 22.20%、Mo 9.70%、W 0.72%、Al 0.22%、Ti 0.04%、Co 1.80%、B 0.0047%，电渣重熔渣系均采用690-1渣系。重熔的钢锭经锻造生产成 ϕ150mm 棒材。试样热处理制度为1175℃×30min 空冷。

后续分析所用试验材料为棒材头尾上切取并加工成的标准试样（相当于钢锭头尾）。试验方案和对应的冶炼工艺见表1。

表1 试验方案

方案	炉型	电极数量/支	重熔钢锭直径/mm	钢锭质量/t	充填比
A	交换支臂电渣炉	2	ϕ480	1.90	0.52
B	单支臂恒熔速电渣炉	1	ϕ480	1.60	0.69
C	单支臂恒熔速电渣炉	1	ϕ480	2.15	0.75

2 试验结果及分析

2.1 钢锭表面质量

电渣重熔完成后，钢锭表面状态如图1所示。从试验结果看出，方案A采用交换支臂电渣炉生产的钢锭交换电极位置存在明显“渣沟”。这是由于电极在交换过程中电流间断和电极重新进入渣池，导致渣池温度骤然降低，电极熔化速度出现明显波动，影响渣皮的连续性和均匀性，易出现“渣沟”类表面缺陷。而方案B及方案C，采用单支臂恒熔速电渣炉熔炼单支电极则有效避免了此问题。单支臂恒熔速电渣炉通过配置合理的电参数并对电极端部预热，熔炼过程中热量分布稳定，渣皮厚度分布均匀，钢锭表面质量较好且光滑、

* 作者：张佳维，工程师，联系电话：13842340235，E-mail：fugangzjw@126.com

无缺陷。试验方案 C 采用大填充比重熔，电极尾部的状态由锥形曲面转化为平面；大填充比条件下，电渣液面热辐射折损减轻，在渣池内向电极导热比率大大增加，再加上渣池电流分布和温度分布的均匀化，有利于表面质量和结晶质量的改善。

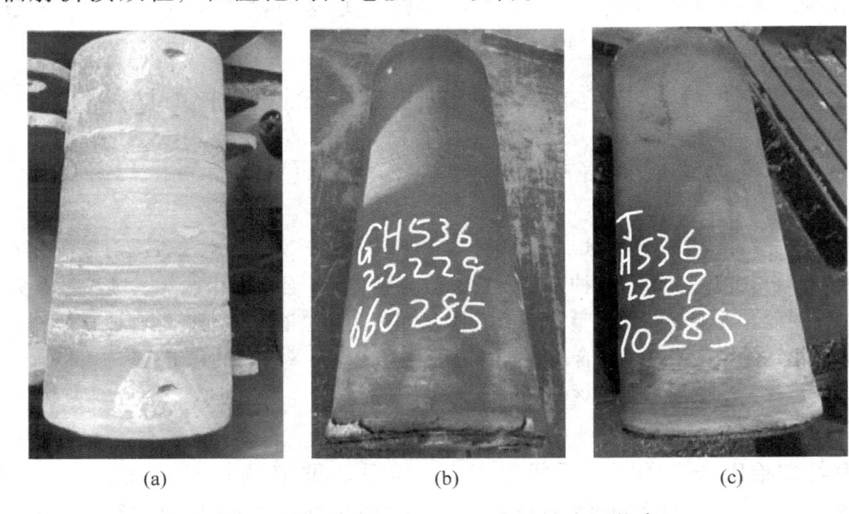

(a) (b) (c)

图 1 Hastelloy X ϕ480mm 电渣锭表面状态

（a）方案 A 钢锭表面；（b）方案 B 钢锭表面；（c）方案 C 钢锭表面

2.2 低倍组织

对三种方案进行低倍组织检测，结果如图 2 所示，说明单支臂电渣炉冶金组织均匀，扩大充填比后低倍组织依然良好。

在同锭型和相应的生产工艺下，大填充比的电渣重熔过程，熔滴从单点滴落变为多点滴落，熔滴落点分散，熔滴在结晶器内分布面积大，熔池加热面温度更加均匀化，熔池趋于稳定，从而有助于提升产品质量。

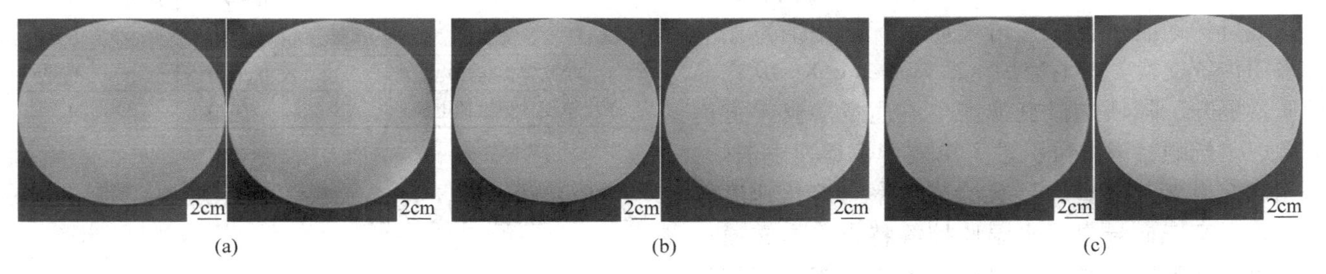

(a) (b) (c)

图 2 Hastelloy X ϕ150mm 棒材横向低倍组织

（a）方案 A 棒材头尾；（b）方案 B 棒材头尾；（c）方案 C 棒材头尾

2.3 易烧损元素及气体元素控制

合金易烧损元素含量及气体含量见表 2。电渣氧含量与电极原始氧含量有关，高氧含量电极重熔，电渣过程是一个降氧净化过程[2]。从表 2 可看出，采用电渣炉冶炼氧含量均有所降低，其中 B 方案和 C 方案分别较 A 方案头尾平均氧含量降低 $6\times10^{-4}\%$、$8\times10^{-4}\%$，其余化学成分稳定。

在大气条件下的电渣重熔过程中，交换支臂电渣炉为两支电极，与空气中的氧接触反应生成氧化铁皮时间长；电极棒表层氧化明显，随着两支电极先后进入渣池，造成渣池内氧化性升高，从而交换支臂电渣锭氧含量比单支臂电渣锭高。提高充填比可以获得氧含量更低的电渣锭，这是因为在结晶器平均横截面积不变的情况下，提高充填比就是增大电极横截面积与侧面积之比，也就是减少电极表面生成氧化铁的量[3]。电极与结晶器的渣面也随充填比的增加而降低，从空气中散布到渣池中的氧也减小，因此增加充填比可以降低电渣锭中的氧含量。进入渣池中的氧降低，钢中的 C、Si、Al 等元素烧损量也将降低。

表 2 易烧损元素含量及气体含量

方案	位置	C	Mn	Si	Al	Ti	B	O	N
		0.05~0.15	≤1.00	≤1.00	≤0.50	≤0.15	≤0.010	—	—
母电极	—	0.070	0.48	0.28	0.22	0.04	0.0047	0.0032	0.023
A	头	0.072	0.46	0.24	0.13	0.03	0.0045	0.0021	0.026
A	尾	0.065	0.45	0.21	0.16	0.02	0.0038	0.0025	0.029
B	头	0.069	0.50	0.26	0.17	0.03	0.0048	0.0016	0.020
B	尾	0.073	0.47	0.28	0.18	0.01	0.0042	0.0018	0.024
C	头	0.075	0.48	0.29	0.20	0.03	0.0046	0.0014	0.027
C	尾	0.072	0.44	0.30	0.20	0.01	0.0050	0.0016	0.025

2.4 夹杂物分布

钢中夹杂物级别的结果见表 3。结果表明重熔工艺的变化并没有对合金组织及夹杂物水平造成大的影响，进一步说明方案 C 的可行性。

表 3 夹杂物级别 （级）

方案	位置	A		B		C		D	
		粗	细	粗	细	粗	细	粗	细
A	头	0	0.5	0	0.5	0	0	0	1.0
A	尾	0	0.5	0	0.5	0	0	0	1.0
B	头	0	0.5	0	0.5	0	0	0	1.0
B	尾	0	0.5	0	0.5	0	0	0	1.0
C	头	0	0.5	0	0.5	0	0	0	1.0
C	尾	0	0.5	0	0.5	0	0	0	1.0

2.5 力学性能

Hastelloy X 材料技术标准中仅要求检验室温拉伸、高温持久、硬度，对试样进行测试，测试结果见表 4。

表 4 力学性能

方案	位置	室拉			高温持久				硬度 HBW
		R_m/MPa	$R_{p0.2}$/MPa	δ_5/%	试验温度/℃	σ_0/MPa	t_u/h	δ_5/%	
		≥690	≥275	≥30			≥24	≥10	≤241
A	头	731	318	46	815	105	73.5	40	173
A	尾	724	326	52			72	42	170
B	头	735	323	49			71.5	45	162
B	尾	739	312	53.5			89.5	45	166
C	头	732	331	49.5			85	37	178
C	尾	723	328	56			89.6	40	169

由表 4 可知，三种方案冶炼的 ϕ480mm 电渣锭锻造生产的 Hastelloy X ϕ150mm 成品棒材纵向的力学性能水平一致，均高于标准要求。更说明采用单支臂恒熔速电渣炉大充填比生产 ϕ480mm 电渣锭精快锻联合锻造工艺的合理性，其可以满足 Hastelloy X 棒材的稳定生产。

2.6 冶金成本

试验说明，相同生产工艺前提下，填充比由 0.52 增加到 0.69 和 0.75，吨钢电耗依次为 1514.3kWh/t、 1197.6kWh/t、 1121.8kWh/t，见表 5，可见大填充比降低电渣重熔电耗非常显著。电渣重熔采用大填充比，由于电渣液面热辐射损失降低，反而向电极棒的传热比率提高，在较大程度上可提高熔融速率[4]。由此可知，大充填比能够保障钢锭冶金产品质量的同时增加冶炼效率，从而减短冶炼时间并大大降低了能耗。

三种试验方案成材率分别为 70.4%、68.5%、73.6%。生产实际表明，在锻造成品棒材锭头、锭尾的切除百分比相同的情况下，随着锭重的增加，成材率随之提高。

表 5　3 种电渣重熔方案对应的电耗情况

方案	冶炼电压/V	冶炼电流/A	电耗/kW · h · t^{-1}
A	58	7500	1514.3
B	42	7600	1197.6
C	42	7600	1121.8

3　结论

（1）使用单支臂恒熔速电渣炉熔炼单支电极，可有效避免交换支臂电渣炉生产钢锭的“渣沟”现象；增大填充比，渣面热辐射损失降低，渣池内电流和温度分布更加均匀化，有助于表面质量和产品品质的提升。

（2）单支臂电渣炉较交换支臂电渣炉，电极与结晶器的相交渣面随充填比的增加而降低，从空气中散布到渣池中的氧也减小，从大气中传递到金属熔池中的氧也减少，钢中的 C、Si、Al 等元素烧损量也将减低。

（3）不同电渣工艺对 Hastelloy X 夹杂物级别、力学性能影响不大，均符合标准要求。说明单支臂恒熔速电渣炉大充填比的锻造生产工艺合理性，可以满足 Hastelloy X 棒材的稳定生产。

（4）相同生产工艺前提下，大充填比能够保障钢锭冶金产品质量的同时增加冶炼效率，从而减短冶炼时间并大大降低了能耗；且随着锭重的增加，成材率随之提高。

参考文献

［1］侯慧鹏，梁永朝，何艳丽，等．选区激光熔化 Hastelloy-X 合金组织演变及拉伸性能［J］. 上海：中国激光杂志社，2007：0202007-1.

［2］耿鑫，姜周华，刘福斌，等．电渣重熔过程中氧含量的控制[J]. 材料与冶金学报，2009（8）：16.

［3］李鑫．填充比对无缝钢管用电渣锭质量的影响［J］. 四川冶金，2016（4）：20.

［4］杨勇，汤智涛．电渣重熔大充填比降低电耗的试验研究［A］. 铸造，2006（8）：832.

应变速率对 GH4169 合金激光焊接头拉伸变形行为的影响

杨思远，王磊*，刘杨，宋秀，王瑞雪

（东北大学材料各向异性与织构教育部重点实验室
东北大学材料科学与工程学院，辽宁 沈阳，110819）

摘 要：针对 GH4169 多晶高温合金进行激光拼接焊接，研究焊接接头组织、硬度分布，揭示变形温度对优化工艺下的光纤连续激光焊接接头拉伸性能及变形行为的影响规律；并对接头在高温、高应变速率下的变形及断裂行为机制进行探究。室温及高温条件下，随应变速率升高，GH4169 合金母材及接头的强度均明显上升。母材的塑性随应变速率的升高而下降，而接头的塑性则随应变速率的升高而缓慢升高。相同应变速率下，GH4169 合金接头的强度均高于母材，而塑性均比母材低。随应变速率升高，GH4169 合金激光焊接接头的断裂位置均向焊缝熔合区中心靠近。接头的高温塑性变形过程主要受各个区域组织的塑性协调行为和塑性应变的分配而决定，因此接头不同位置组织的高温应变速率敏感性差异，是决定焊接接头整体变形及失效行为主要因素。

关键词：GH4169 合金；光纤激光焊接；应变速率；变形行为

GH4169 合金主要应用于航空发动机的盘轴、机匣、叶片等关键零部件中，其中均大量采用了焊接结构[1~3]。实际服役过程中，高温合金焊接结构经常受到高温及动态载荷的耦合作用，往往会造成零件的变形及断裂，导致航空发动机严重损坏，造成重大经济损失[4]。本文通过光纤激光焊接 GH4169 合金，对热处理态接头进行不同应变速率下的拉伸试验，探究室温及高温下应变速率对接头拉伸性能及变形行为的影响。

1 试验材料及方法

所用材料为 3mm 厚热轧态的 GH4169 合金，GH4169 母材化学成分（质量分数,%）为：C 0.03，Mn 0.011，Si 0.002，P 0.002，Cr 19.17，Al 0.52，Ti 1.03，Mo 2.96，Fe 18.65，Nb 5.05，B 0.003，Ni 余量。采用高功率光纤激光器 IPG YLS-6000，主要参数为：波长 1070nm、额定输出功率为 6000W 及调制频率为 5KHz 等。焊接时选用氩气（Ar）作为保护气体，气体流量为 20L/min，纤丝直径为 0.2mm。使用 MTS810 试验系统以检测不同应变速率下以及在高温下的变形行为。焊接接头为固溶态进行焊接，焊接后直接对试样进行直接时效处理。具体参数见表 1。

表 1 GH4169 合金光纤激光焊接接头的热处理工艺

热处理工艺	热处理温度/℃	热处理时间/h	冷却方式
固溶	1020±10	1	AC
一级时效	720±5	8	AC
二级时效	620±5	8	AC

利用光学显微镜（OM）分别对 GH4169 合金母材和焊接接头材料进行不同状态的金相组织观察和分析。利用扫描电镜观察分析 GH4169 合金焊接接头横截面形貌组织的变化。对不同状态下的拉伸试样进行了扫描观察，为了探究应变速率（10^{-3}~$0.93s^{-1}$）对热处理状态下的母材及焊接接头拉伸性能的影响，分别进行了室温及 650℃ 下的拉伸试验，扫描观察拉伸试样横截面不同区域的塑性变形，以及试样断裂情况。

* 作者：王磊，教授，联系电话：024-84681685，E-mail：wanglei@mail.neu.edu.cn

资助项目：国家自然科学基金项目（U1708253，51571052）；航空发动机与燃气轮机重大专项（2017-VI0002-0071）

2 试验结果及分析

2.1 应变速率对 GH4169 合金母材及接头拉伸性能的影响

2.1.1 GH4169 合金母材及接头的应力-应变曲线

图 1 为室温及高温不同应变速率下 GH4169 合金母材及接头拉伸变形的应力-应变曲线。由图 1（a）可知，室温不同应变速率下 GH4169 合金母材及接头在不同的拉伸变形阶段存在明显的变化。在应力-应变曲线的弹性变形阶段，随着应变速率的升高，弹性模量均未见明显变化。应变速率对 GH4169 合金母材及接头拉伸过程中塑性变形阶段的影响非常明显。随着应变速率的升高，GH4169 合金接头的强度及塑性均呈现上升趋势。母材的强度随应变速率的升高而上升，而塑性则随应变速率的升高而下降。随着应变速率的升高，GH4169 合金母材及接头均表现出明显的应变速率敏感性。

由图 1（b）可知，高温不同应变速率条件下，GH4169 合金母材及接头均产生了弹性变形阶段和塑性变形阶段。在弹性变形阶段，GH4169 合金母材及接头的弹性模量均未见明显的变化。在塑性变形阶段，随着应变速率的升高，GH4169 合金母材及接头的强度均明显上升。母材的塑性随应变速率的升高而下降，而接头的塑性则随应变速率的升高而缓慢升高。同时，相同应变速率条件下，接头的屈服强度和抗拉强度均高于母材，而塑性则较母材低。

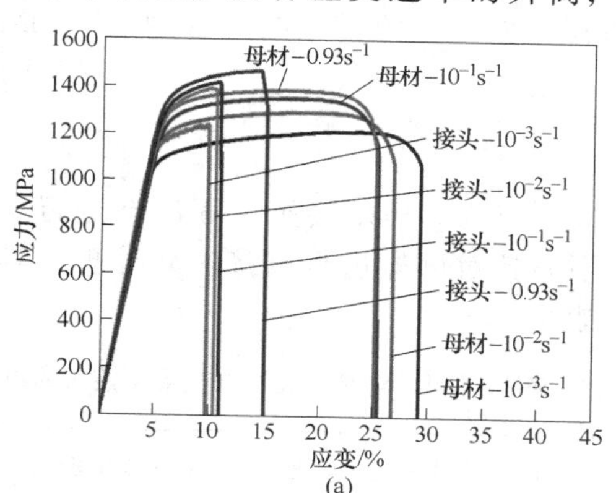

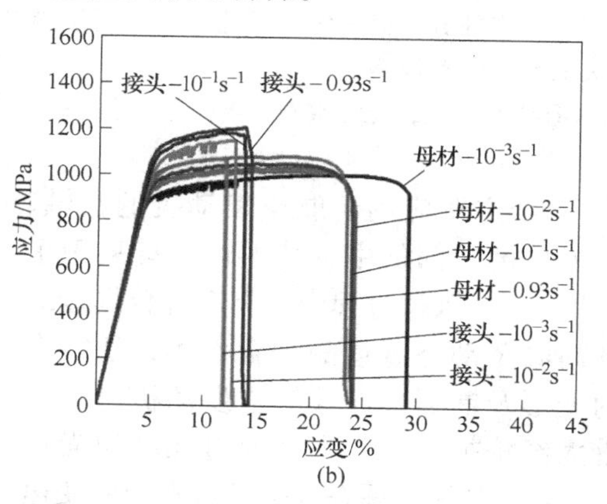

图 1 不同应变速率下 GH4169 合金母材及接头应力-应变曲线对比图

（a）室温；（b）650℃

2.1.2 GH4169 合金母材及接头拉伸力学性能随应变速率的变化

图 2 为室温及高温条件下，GH4169 合金母材及光纤激光焊接接头强度随应变速率的变化。由图 2 可知，相同应变速率下 GH4169 合金接头的强度均比母材的高。随着应变速率的升高，GH4169 合金母材及接头的屈服强度及抗拉强度均呈现明显上升的趋势。

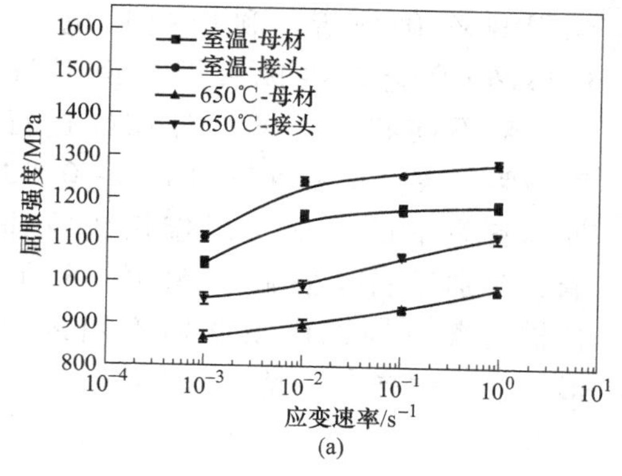

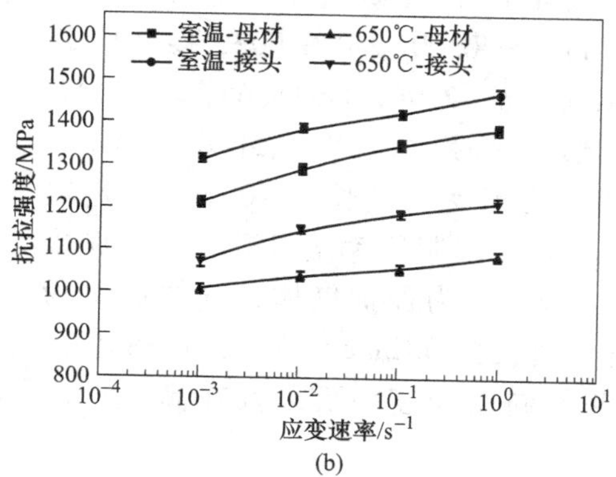

图 2 不同应变速率下 GH4169 合金母材及接头强度变化曲线

（a）屈服强度；（b）抗拉强度

图3为室温及高温条件下，GH4169合金母材及光纤激光焊接接头塑性随应变速率的变化。由图3可知，随着应变速率的升高，GH4169合金母材及接头的塑性变化趋势不同。GH4169合金母材的延伸率随应变速率的升高呈下降趋势；而接头的延伸率则随应变速率的升高而上升。同时，相同应变速率下，接头的塑性均低于母材。

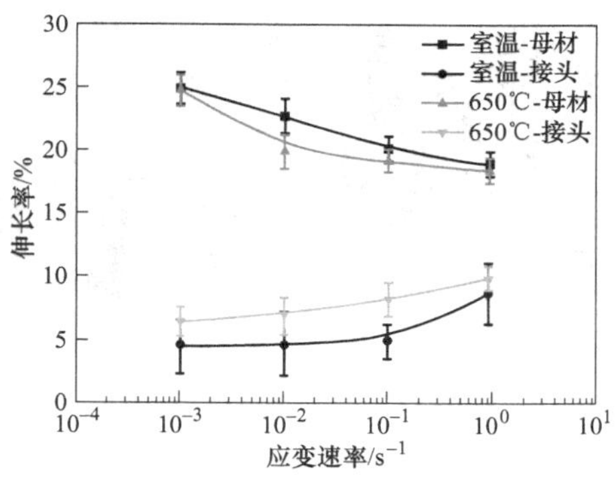

图3 不同应变速率下GH4169合金母材及接头伸长率变化曲线

2.2 应变速率对GH4169合金母材及接头变形行为的影响

2.2.1 室温下GH4169合金接头拉伸变形的应变速率敏感性机制

图4为室温条件下，GH4169合金母材侧面拉伸变形形貌随应变速率的变化。由图4可知，GH4169合金母材侧面在不同应变速率下均出现了明显的滑移带现象。说明室温条件下，随着应变速率的升高，GH4169合金母材的塑性变形方式均为位错滑移变形。同时，在较低应变速率（$10^{-3}s^{-1}$）下进行滑移时，GH4169合金母材侧面的滑移带数量较多，且非常明显。随着应变速率的升高，GH4169合金母材侧面的滑移带数量逐渐减少。说明室温条件下，随着应变速率的升高，GH4169合金母材的塑性变形能力不同。

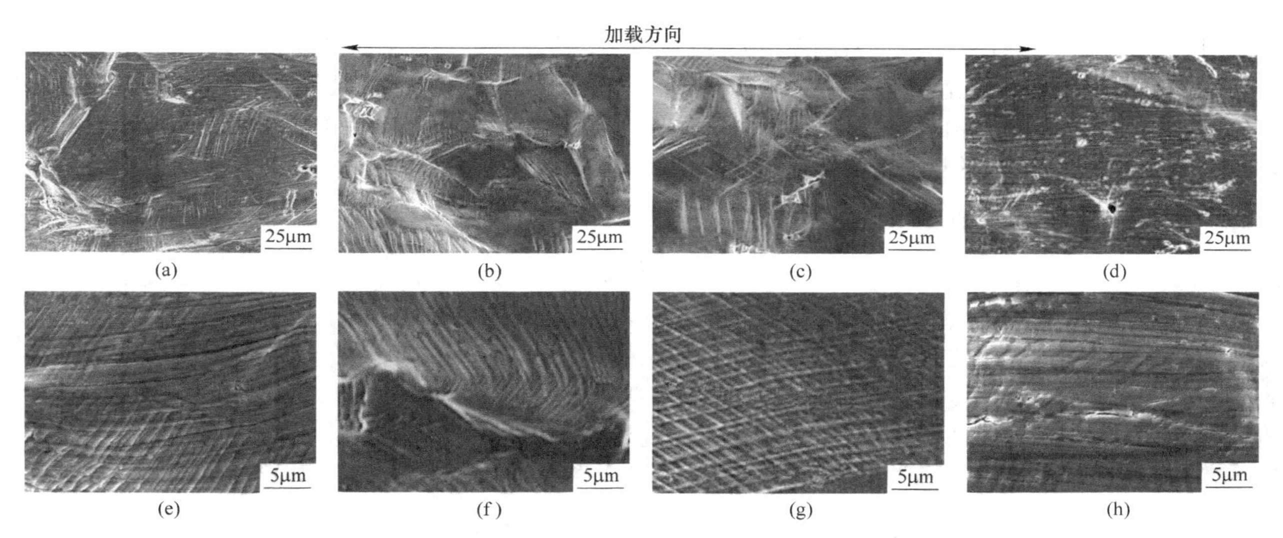

图4 室温不同应变速率条件下GH4169合金母材侧面拉伸变形形貌图
(a)，(e) $10^{-3}s^{-1}$；(b)，(f) $10^{-2}s^{-1}$；(c)，(g) $10^{-1}s^{-1}$；(d)，(h) $0.93s^{-1}$

从图5可以看出，随着应变速率的升高，GH4169合金接头侧面拉伸变形形貌为位错滑移带现象，故室温下GH4169合金光纤激光焊接接头在不同应变速率下的塑性变形方式为位错滑移变形。

结合图2和图3可知，在较低的应变速率（$<10^{-2}s^{-1}$）条件下，接头的强度、塑性均较低。主要是由于低应变速率下，接头的塑性变形主要集中在热影响区和母材区，而熔合区的塑性变形程度较弱，焊接接头各区域的塑性协调能力较差，故低应变速率下接头的强度、塑性均较低。随着应变速率的升高，GH4169合金激光焊接接头强度及塑性均呈上升趋势。主要是由于随着应变速率的升高，焊接接头熔合区的应变速率敏感性增强，接头熔合区可开动的滑移系数量明显增多，各个区域组织的塑性变形能力协调能力增强，使得接头的塑性呈现上升趋势。但是，随着应变速率的升高，使得接头塑性变形的时间变短，位错运动受阻来不及得到充分释放，进而使得流变应力增加，导致接头强度随应变速率的升高而上升。

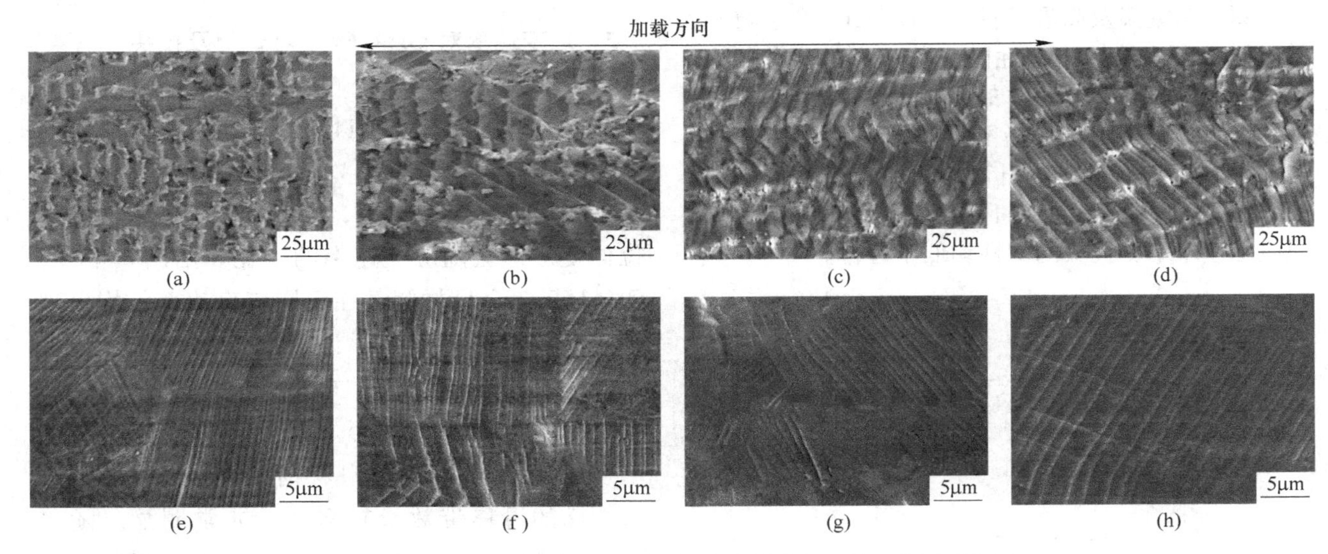

图 5　室温不同应变速率下 GH4169 合金接头侧面拉伸变形形貌图

(a)，(e) $10^{-3}s^{-1}$；(b)，(f) $10^{-2}s^{-1}$；(c)，(g) $10^{-1}s^{-1}$；(d)，(h) $0.93s^{-1}$

2.2.2　高温下 GH4169 合金接头拉伸变形的应变速率敏感性机制

图 6 为高温下 GH4169 合金母材侧面拉伸变形形貌随应变速率的变化。由图 6 可知，在较低应变速率（$10^{-3}s^{-1}$）下进行滑移时，GH4169 合金母材侧面既有位错滑移形成的滑移带又有沿晶界滑动形成的沿晶裂纹。随着应变速率的升高，GH4169 合金母材侧面的滑移带数量逐渐增加，而沿晶开裂的程度逐渐减轻。当应变速率升高到 $0.93s^{-1}$时，GH4169 合金母材侧面仅有滑移带，且滑移现象非常明显。这说明，高温条件下，随着应变速率的升高，GH4169 合金母材的塑性变形机制发生了明显的改变。

图 7 为高温条件下，GH4169 合金光纤激光焊接接头侧面拉伸变形形貌随应变速率的变化。由图 7 可知，当应变速率（$10^{-3}s^{-1}$）较低时，焊接接头各区域既有滑移带又有沿晶裂纹。母材区沿晶开裂现象较焊缝熔合区严重，说明高温低应变速率下，接头的塑性变形主要集中在热影响区和母材区。随着应变速率升高，焊接接头熔合区及母材区滑移带数量逐渐增多。当应变速率增加到 $0.93s^{-1}$时，接头侧面各个区域的滑移带数量相差

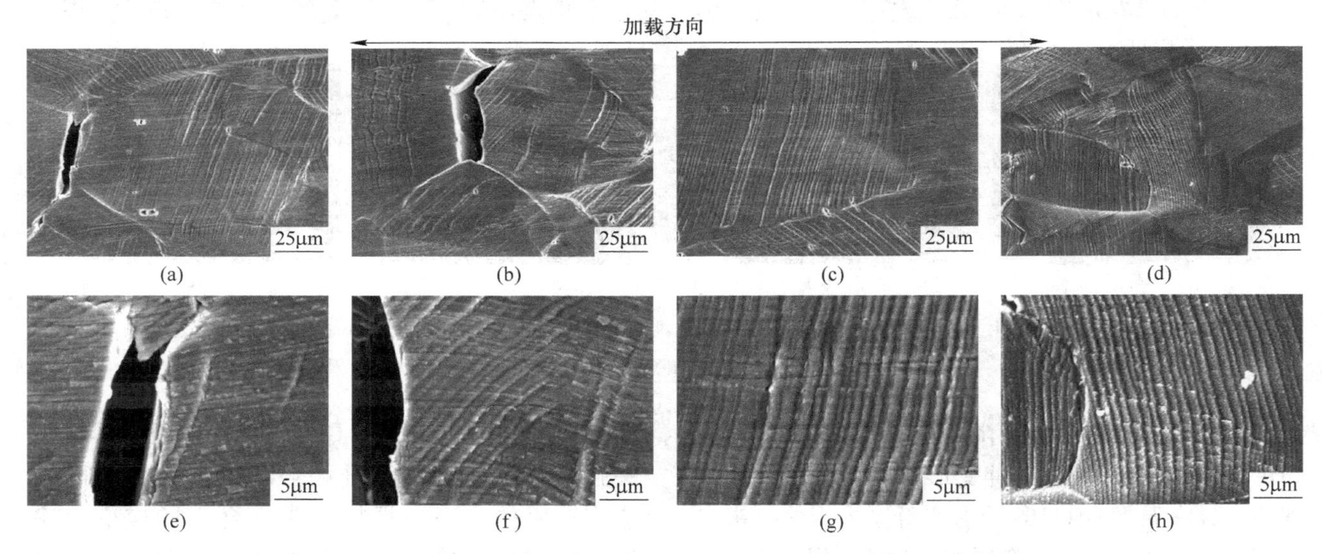

图 6　高温不同应变速率下 GH4169 合金母材侧面拉伸变形形貌图

(a)，(e) $10^{-3}s^{-1}$；(b)，(f) $10^{-2}s^{-1}$；(c)，(g) $10^{-1}s^{-1}$；(d)，(h) $0.93s^{-1}$

不大。

结合图2和图3可知，随着应变速率的升高，接头的强度及塑性均呈上升趋势。主要由于高温下，随着应变速率的升高，接头的变形方式发生了改变。同时，当应变速率较低时，焊接接头的塑性变形主要集中在热影响区和母材区，而熔合区的塑性变形程度较弱，焊接接头各区域的塑性协调能力较差，故高温低应变速率下，接头的强度、塑性均较低。随着应变速率的升高，焊接接头熔合区的应变速率敏感性增强，接头熔合区可开动的滑移系数量明显增多，各个区域组织的塑性变形协调能力增强，使得接头的塑性呈现上升趋势。但是，随着应变速率的升高，使得接头塑性变形的时间变短，位错运动受阻来不及得到充分的释放，进而使得流变应力增加，导致接头强度随应变速率的升高而上升。

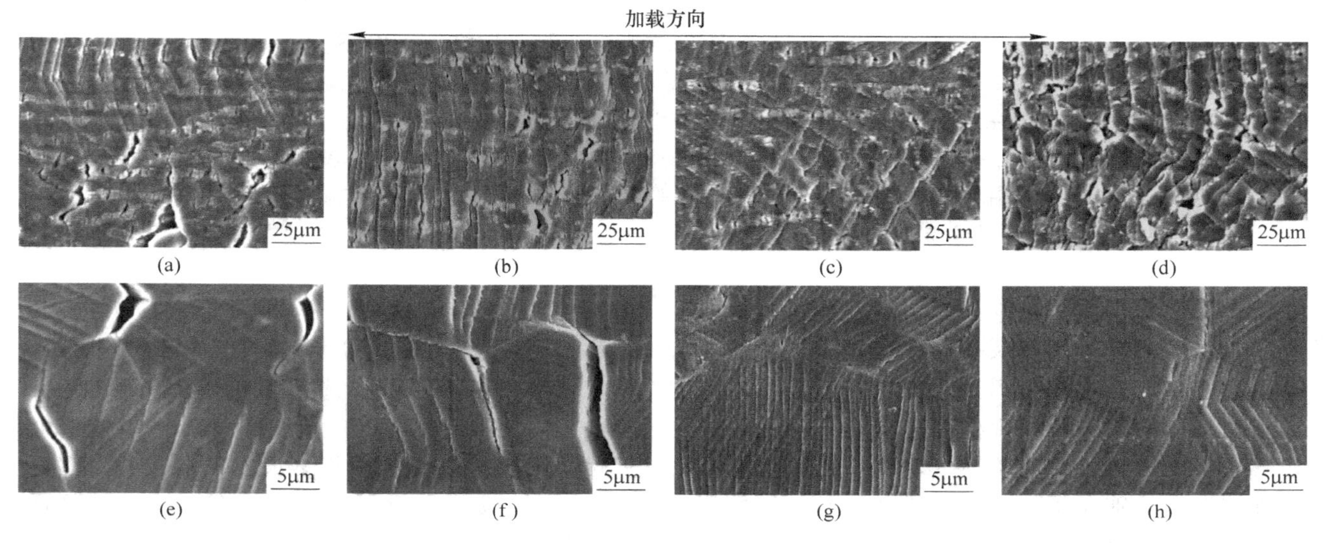

图7 高温不同应变速率下GH4169合金接头侧面拉伸变形形貌图

(a)，(e) $10^{-3}s^{-1}$；(b)，(f) $10^{-2}s^{-1}$；(c)，(g) $10^{-1}s^{-1}$；(d)，(h) $0.93s^{-1}$

3 结论

（1）室温及高温下，随应变速率升高，GH4169合金母材及接头的强度均呈上升趋势。母材的延伸率随应变速率的升高而下降，接头的延伸率则随应变速率的升高而上升。相同应变速率下接头的强度均高于母材，而塑性则低于母材。在不同应变速率条件下，接头断裂位置均发生在焊缝熔合区靠近熔合线附近。

（2）室温条件下，随应变速率升高，GH4169合金母材及接头的塑性变形方式均为位错滑移变形。高温条件下，随着应变速率的升高，GH4169合金母材及接头的变形方式由位错滑移和晶界滑动共同作用的塑性变形方式变为单一的位错滑移变形。这主要与晶粒尺寸、晶间取向及第二相分布等因素有关。

参考文献

[1] Neng Y E, Cheng M, Zhang S H, et al. Effect of δ phase on mechanical properties of GH4169 alloy at room temperature [J]. 钢铁研究学报（英文版），2015，22（8）：752~756.

[2] 龚伟怀，陈玉华，吕榛，等. 0.2mm厚GH4169薄片激光微焊接接头的组织性能［J］. 中国激光，2011，38（6）：124~128.

[3] Peng G, Zhang K F, Zhang B G, et al. Microstructures and high temperature mechanical properties of electron beam welded Inconel 718 superalloy thick plate [J]. Transactions of Nonferrous Metals Society of China, 2011, 21（31）：s315~s322.

[4] Cao X, Rivaux B, Jahazi M, et al. Effect of pre and post weld heat treatment on metallurgical and tensile properties of Inconel 718 alloy butt joints welded using 4kW Nd：YAG laser [J]. Journal of Materials Science, 2009, 44（17）：4557~4571.

一种超大尺寸镍基变形高温合金钢锭的研制

李连鹏[1*]，黄烁[2]，王冲[2]，沈中敏[2]，丑英玉[1]，
张玉春[1]，赵光普[2]，杨玉军[1]，于腾[1]，杨亮[1]，白宪超[1]

（1. 抚顺特殊钢股份有限公司技术中心，辽宁 抚顺，113001；
2. 北京钢研高纳科技股份有限公司，北京，100081）

摘　要：为了满足 GH706 合金超大尺寸涡轮盘的生产要求，系统地研究了 GH706 合金超大钢锭的冶炼工艺。通过真空感应熔炼（VIM）+保护气氛电渣重熔（PESR）+真空自耗重熔（VAR）三联冶炼工艺成功制备出 ϕ1050mm 自耗锭，并采用反复镦粗和拔长工艺锻造出组织均匀且无黑斑、白斑等冶金缺陷的 ϕ950mm 棒材。

关键词：GH706 合金；三联冶炼；组织；冶金缺陷

大尺寸高温合金涡轮盘作为重型燃机热端核心部件之一，其制备技术长期以来被少数西方发达国家所垄断。随着我国对燃气轮机数量和功率需求的快速增长，对大规格高温合金产品的需求也日趋紧迫。制造大功率燃气轮机所需高温合金盘件的技术基础在于高品质铸锭的冶炼，需解决大锭型易产生热裂纹、元素烧损、可加工性差、枝晶偏析加剧、组织性能均匀性难控制等问题，尤其需对大规格铸锭的元素凝固偏析及其他冶金缺陷控制进行深入研究。

GH706 是 Fe-Ni-Cr 基沉淀硬化型变形高温合金，在 600℃具有较高的强度，在较宽的温度及介质范围内具有良好的抗氧化、耐腐蚀的能力，因其加工性能优异、成本低廉等特点被广泛应用[1,2]。抚顺特殊钢股份有限公司与北京钢研高纳科技股份有限公司等单位合作共同完成了 GH706 合金超大尺寸钢锭三联冶炼的制备，通过进行技术攻关，成功解决了宏观成分偏析、热裂纹等多个技术难点，对高温合金大规格型材突破具有较大的技术和经济意义。

1　试验材料和试验方法

GH706 合金传统冶炼工艺为真空感应熔炼+真空自耗重熔双联冶炼，自耗锭型为 ϕ508mm。本文所研究的自耗锭型扩大至 ϕ1050mm，采用真空感应炉浇铸 ϕ810mm 电极，电极进行去应力退火，减小开裂风险。选择 30t 保护气氛电渣炉进行重熔，锭型为 ϕ1100mm，选用瓦克五元渣系。为提高电极质量避免在真空自耗重熔中出现熔速波动，通过快锻机对电渣锭进行多火次锻制，并对锻后电极进行切除头、尾及表面车光等工序，选择适中的熔化速度重熔成 ϕ1050mm 自耗锭。自耗锭经过高温扩散退火后，在快锻机上多火次镦粗、拔长，最终在得到的棒材上检验低倍组织。

2　试验结果与讨论

2.1　真空感应锭浇铸和凝固过程的数值模拟

随着电极尺寸增加到 ϕ810mm，电极在熔铸过程中容易产生较大的温度梯度，形成更大的热应力，应力过大易造成钢锭开裂。针对此问题，进行了 ϕ810mm 真空感应锭浇铸和凝固过程的数值模拟结果，如图 1 所示。可见，GH706 合金钢液向钢锭模内浇铸，浇铸初始钢液大部分尚未凝固，固相含量较少，主要分布在钢锭模底部。在随后的冷却过程中钢液由外侧向内侧逐渐凝固，此过程产生明显的温度梯度，同时钢液凝固还造成钢锭顶部出现补缩，在钢锭的中部和下部产生一定的热应力，带来一定的热裂风险。因此，需要选择合适的熔炼

＊作者：李连鹏，高级工程师，联系电话：024-56678195，E-mail：gwhj1-jszx@fs-ss. com
资助项目：国家重点研发计划（2022YFB3705101）

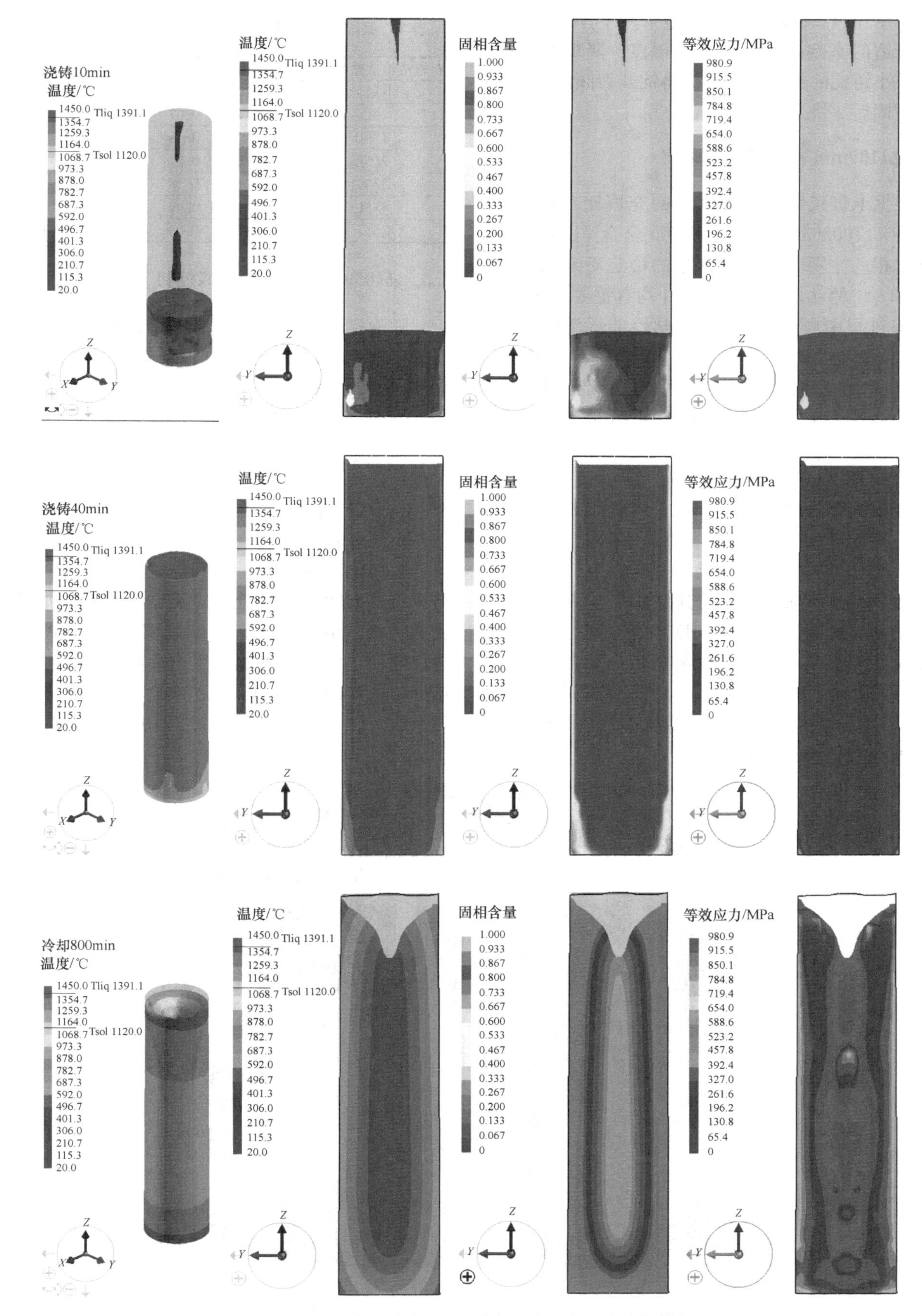

图 1　GH706 合金感应过程温度场、凝固场和应力场模拟

工艺来避免裂纹的产生，主要包括两个方面：（1）选择合适的真空感应熔炼浇铸温度，降低铸锭偏析，减小铸锭的热应力，减少铸锭开裂倾向。（2）钢锭凝固后尽快退火。

2.2 ϕ1100mm 电渣锭元素烧损

根据电极尺寸及相应匹配的充填比，电渣熔炼制备 ϕ1100mm 电渣锭。GH706 合金 Al 和 Ti 作为强化相的主要元素，其含量的稳定对形成强化相 γ′和 γ″ 的含量、形貌和尺寸均有重要作用[3]。在冶炼过程中由于 Al 和 Ti 化学性能活泼极易与渣中氧化物 TiO_2 反应造成其烧损，特别对 ϕ1000mm 以上的大型电渣锭，更易造成 Al 和 Ti 烧损，引起电渣锭头尾 Al 和 Ti 含量产生较大波动，这也是限制铁镍基高温合金钢锭大型化的一大难题[4]。

抚顺特殊钢股份有限公司选择氩气作为保护气氛，可以在气密罩内积蓄并形成一定的压力，防止大气对金属电极和渣池的氧化，利于电渣锭头尾化学成分的均匀性，尤其是减小了 Al、Ti 等易氧化元素的偏差。根据 GH706 合金成分特点选用瓦克五元渣系。表 1 为在电渣锭高向各位置取样进行成分检测的结果统计，Al、Ti 元素的含量均满足技术指标要求，且其波动范围较小。ϕ1100mm 电渣锭如图 2（a）所示。

表 1 保护气氛电渣锭部分元素含量（质量分数,%）

距电渣锭底垫端位置	C	Si	Al	Ti
电极棒	0.012	0.07	0.27	1.76
0L	0.011	0.07	0.22	1.70
1/5L	0.010	0.08	0.24	1.73
2/5L	0.010	0.07	0.25	1.75
3/5L	0.011	0.08	0.24	1.77
4/5L	0.010	0.09	0.24	1.75
L	0.010	0.08	0.25	1.78

2.3 ϕ1050mm 自耗锭熔炼控制

随着自耗锭型的扩大，白斑、黑斑等缺陷出现的概率也逐渐增加，这也是限制大尺寸棒材及锻件研制的关键问题[5]。GH706 合金富含形成黑斑的 Nb、Ti 元素，在真空自耗时需炼制成 ϕ1050mm 锭型，如何避免黑斑及白斑的产生是一大难题。抚顺特殊钢股份有限公司与北京钢研高纳科技股份有限公司等单位通过数值模拟对真空自耗重熔过程进行仿真探究，研讨了熔炼过程中熔速、熔滴、真空度、弧间隙、电弧电流、电弧电压、真空度及钢锭冷却等关键参数对重熔锭质量的影响。结果表明，冶炼制度的选择要合适，熔炼速度过大或过小，产生冶金缺陷的风险概率增加，尤其是熔滴与熔化速率作为主要控制参数，对重熔产生至关重要的影响。ϕ1050mm 自耗锭如图 2（b）所示。

(a)

(b)

图 2 ϕ1100mm 电渣锭和 ϕ1050mm 自耗锭表面

（a）ϕ1100mm 电渣锭；（b）ϕ1050mm 自耗锭

3 大尺寸棒材低倍测试

ϕ1050mm 自耗锭经过扩散退火和总锻比达到5.0以上的多火次镦拔，最终锻制成 ϕ950mm 以上棒材，从棒材横向切取试片进行高倍、低倍组织检验，如图3所示。结果表明，大尺寸棒材内部未发现任何黑斑、白斑等冶金缺陷，无锻造裂纹，组织均匀，满足技术指标要求。

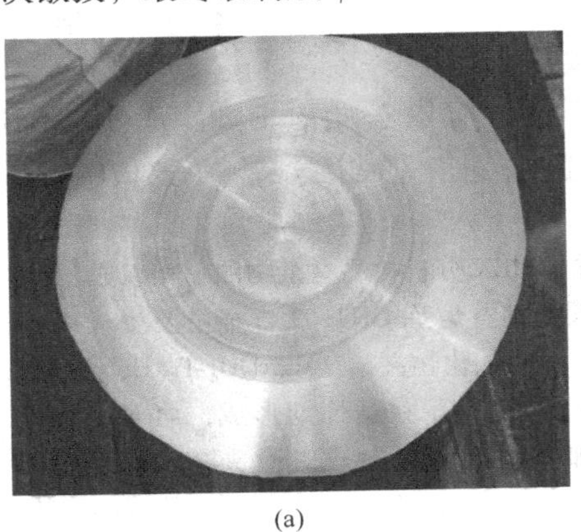
(a)

(b)

图3 GH706 合金 ϕ950mm 棒材高倍、低倍组织
（a）低倍组织；（b）高倍组织

4 结论

（1）真空感应冶炼通过控制浇铸温度及电极退火制度，得到表面无裂纹、夹渣等缺陷电极。

（2）电渣炉冶炼采用氩气气氛保护、五元渣系，可有效降低 Al、Ti 元素烧损。

（3）真空自耗炉选择适宜的熔炼速度、熔滴等参数，锻后棒材未发现任何黑斑、白斑等冶金缺陷，无锻造裂纹，低倍组织均匀，GH706 合金 ϕ1050mm 自耗锭成功研制。

参考文献

［1］中国航空材料手册编辑委员会，中国航空材料手册［M］．北京：中国标准出版社，2002.

［2］龙正东．国外 Inconel706 合金的研究进展［J］．材料导报，1995（5）：14~19.

［3］黄烁，王磊．GH4706 合金的动态再结晶与晶粒控制［J］．材料研究学报，2014：363~370.

［4］沈中敏，郭靖．GH4706 大尺寸电渣锭铝钛烧损控制的热力学模型［J］．钢铁研究学报，2021，33（9）：901~910.

［5］邹武装．真空自耗电弧炉控制系统设计及实现［J］．现代电子技术，2011：192~193.

GH4169 高温合金真空感应铸锭的夹杂物形成机理研究

李靖[1*]，蒋世川[1]，周扬[1]，裴丙红[2]，唐平梅[1]，张健[1]，何云华[2]

（1. 成都先进金属材料产业技术研究院股份有限公司，四川 成都，610000；
2. 攀钢集团江油长城特殊钢有限公司，四川 江油，621704）

摘　要：采用真空感应炉对 GH4169 合金进行冶炼，通过 ASPEX 分析检测夹杂物的物相组成、尺寸形貌及数量分布，研究了夹杂物的形成机理及控制方法。结果表明：真空熔炼 GH4169 合金主要生成以下类型夹杂物：Al_2O_3、$MgAl_2O_4$、MgO 和 SiO_2 氧化物夹杂，TiS 和 Ti(C，N) 钛化物夹杂，$MgAl_2O_4$-Ti(C,N) 和 $MgAl_2O_4$-Ti(C,N)-NbC 多层复合夹杂物；Al_2O_3 主要由 Cr 原材料带入，$MgAl_2O_4$ 在精炼期形成，加 Nb、Ti 合金化后形成 $MgAl_2O_4$-Ti(C,N)-NbC 和 $MgAl_2O_4$-Ti(C,N)复合夹杂，加 Mg 合金化后生成 MgO 夹杂。精炼期坩埚分解可使合金熔体 Al_2O_3 和 $MgAl_2O_4$ 夹杂含量剧增；大颗粒 Ti(C,N)以细小 $MgAl_2O_4$ 夹杂物为形核核心，其外可外沿生长 NbC，从而形成三层 $MgAl_2O_4$-Ti(C,N)-NbC 复合夹杂物。

关键词：GH4169 合金；真空感应熔炼；夹杂物；形成机理

GH4169 合金是 650℃以下屈服强度最高、使用量最大、应用最广泛的高温合金[1]。作为航空发动机涡轮盘、叶片等关键材料，合金在高温、高应力条件下长期服役，对其质量要求极为苛刻。夹杂物可以劣化高温合金性能，并对长期服役安全造成巨大威胁[2,3]。目前，部分学者对高温合金中夹杂物的类型和分布规律进行了一定的研究，但对夹杂物的形成机理研究还很少[4~6]。真空感应冶炼是高温合金夹杂物产生的重要工序，原材料、坩埚耐材、冶炼工艺等都对夹杂物的形成具有重要影响。本文对 GH4169 合金真空感应冶炼过程及铸锭的夹杂物进行了系统研究，阐明了不同类型夹杂物的形成机理，为 GH4169 合金真空感应冶炼过程夹杂物控制提供了依据。

1　试验材料与方法

利用实验室 150kg 级真空感应炉对 GH4169 进行熔炼试验，在不同冶炼时期进行取样，试样经打磨、清洗等处理后，采用 SEM、EDS、ASPEX 等分析方法，对试样中夹杂物的类型、尺寸、形貌、成分和数量等进行分析，本研究 ASPEX 检测时，圈定区域面积为 $30mm^2$，统计尺寸>1μm 的夹杂物，设定好分析参数后进行自动检测。合金的主要化学成分见表 1。

表 1　GH4169 高温合金的化学成分（质量分数,%）

元素	Ni	Cr	Mo	Nb	Al	Ti	Mg	C	Fe
含量	53.1	18	3	5.2	0.6	1.0	≤0.05	≤0.06	余量

2　结果与讨论

2.1　夹杂物类型及形貌特征

图 1 所示 GH4169 感应锭中典型非金属夹杂物形貌，感应锭中主要有 3 类夹杂物：单层氧化物夹杂、单层钛化物夹杂和多层复合夹杂物。其中，氧化物夹杂包含：Al_2O_3、$MgAl_2O_4$、MgO 和 SiO_2；钛化物夹杂包含：TiS 和 Ti(C,N)；复合夹杂物包含：双层复合夹杂物 $MgAl_2O_4$-Ti(C,N)和三层复合夹杂物 $MgAl_2O_4$-Ti(C,N)-NbC。Al_2O_3 在 BSD 条件下为三角形等菱角尖锐的夹杂物，$MgAl_2O_4$、MgO 和 SiO_2 均近似球形夹杂物，区别在于 $MgAl_2O_4$ 和 MgO 在 BSD 条件下呈现深黑色，而 SiO_2 呈现浅灰色。TiS 夹杂的形貌呈黑色长条形，Ti(C,N)为灰色方形。$MgAl_2O_4$-Ti(C,N)夹杂物以黑色 $MgAl_2O_4$ 夹杂作为形核核心，灰色 Ti(C,N)夹杂外沿生长形成双层复合夹杂物，如图 2 所示。

*作者：李靖，硕士；E-mail：lj19801239530@163.com

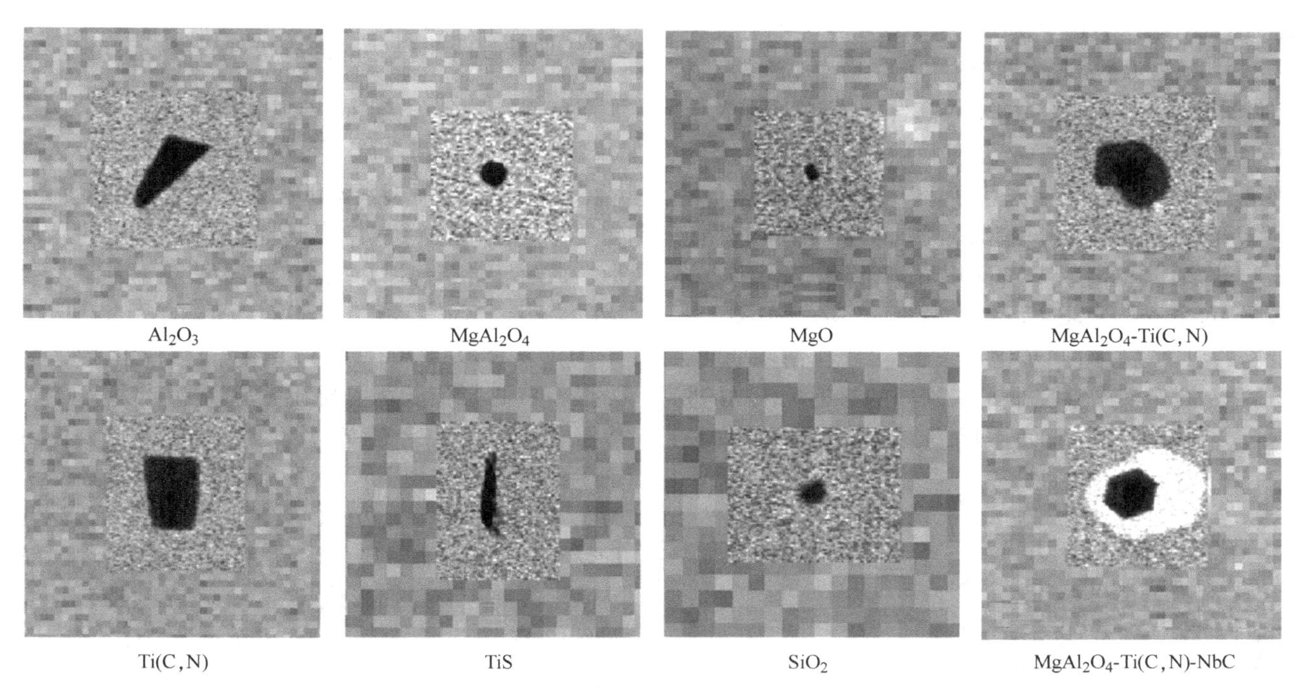

图 1　GH4169 合金感应锭中非金属夹杂物形貌

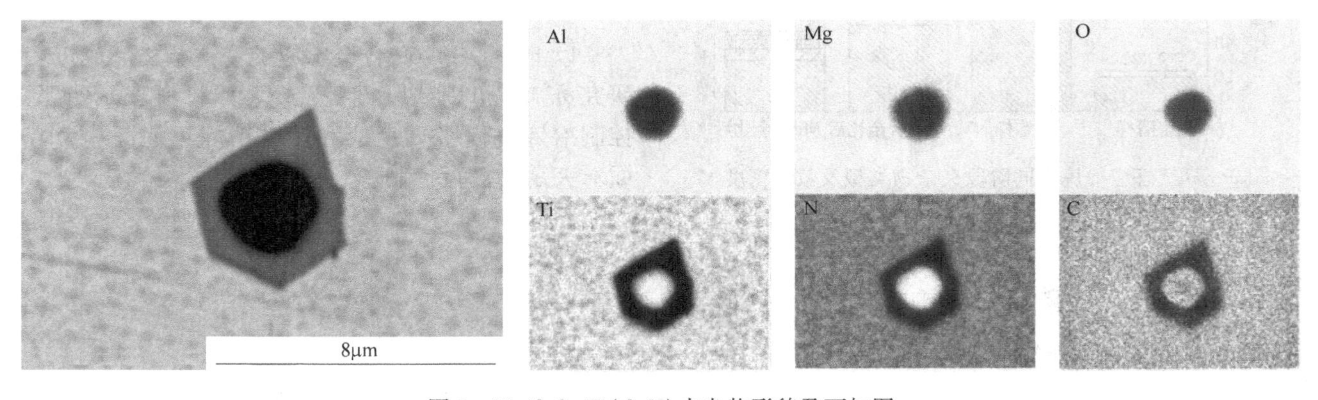

图 2　$MgAl_2O_4$-Ti(C,N)夹杂物形貌及面扫图

2.2　真空感应冶炼过程夹杂物的演变规律

图 3 展示了真空感应冶炼过程夹杂物变化情况。随冶炼过程的进行，夹杂物的数量密度先增加后减少，夹杂物数量密度在精炼结束后达到峰值。熔清样中夹杂物数量密度 23.22 个/mm^2，主要夹杂物类型是 Al_2O_3。精炼结束后数量密度剧增到 155.81 个/mm^2，精炼期产生的 $MgAl_2O_4$ 夹杂占比 12%，主要夹杂物类型还是 Al_2O_3；在精炼期高温高真空条件下，Al 活泼元素还原 MgO 坩埚，产物为溶解 Mg 和 Al_2O_3，导致 Al_2O_3 夹杂物数量密度剧增，见式（1），部分 Al_2O_3 与坩埚中的 MgO 反应，生成 $MgAl_2O_4$，见式（2）[7]。

$$3MgO(s) + 2[Al] = Al_2O_3(s) + 3[Mg] \tag{1}$$

$$Al_2O_3(s) + MgO(s) = MgAl_2O_4(s) \tag{2}$$

合金液中加入 Nb、Al、Ti 微合金化后，夹杂物数量密度由 155.81 个/mm^2 降低到 79.6 个/mm^2，这是由于熔池中流场和夹杂物运动特点，使夹杂物发生相互碰撞、聚集、长大，使夹杂上浮于液态金属表面或附着于坩埚壁进行去除，从而使合金液中夹杂物数量减少[8]。加入微量合金元素 Mg 后，由于夹杂物的上浮去除，合金液中夹杂物数量进一步减少，出钢前合金液中夹杂物数量密度 47.1 个/

mm^2。Al_2O_3 作为真空感应熔炼阶段最主要的夹杂物类型，其来源主要分为三个方面。（1）国产铬原材料纯净度低，导致原料中带入高含量 Al 单质和大量 Al_2O_3 夹杂，当合金为液态时，由 Al、O 元素组成的氧化物夹杂率先析出，形成 Al_2O_3 夹杂物；（2）在精炼阶段，由于高温高真空且电磁搅拌作用，Al 活泼元素可对 MgO 坩埚进行还原，产物为溶解 Mg 和粘附在坩埚内壁的 Al_2O_3，导致 Al_2O_3 夹杂物的数量密度进一步增加[7]；（3）在精炼期间，GH4169 合金液中存在少量未除净的氧，加入 Al 进行合金化时，铝与氧发生反应，Al_2O_3 形核聚集长大，生成 Al_2O_3 夹杂物。

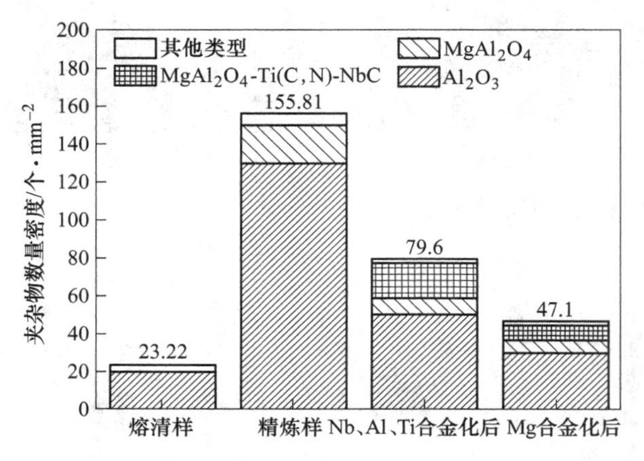

图 3 真空感应冶炼不同阶段夹杂物类型及数量密度

2.3 典型复合夹杂物的形成机理研究

GH4169 合金感应锭中三层复合夹杂物 $MgAl_2O_4$-Ti(C,N)-NbC 形成机理如图 4 所示，高熔点夹杂物 $MgAl_2O_4$（2000～2200℃）的硬度大，化学稳定性好，通常作为其他类型夹杂物的异质形核核心[9]，$MgAl_2O_4$ 夹杂外层包裹有一层 Ti(C,N) 夹杂；TiN（1400～1450℃）的熔点低于 $MgAl_2O_4$（2000～2200℃），TiN 优先以氧化物夹杂为形核核心析出长大，降低了 TiN 析出所需的过冷度，所以 TiN 会在 $MgAl_2O_4$ 表面聚集长大；由于 TiC 和 TiN 均为 NaCl 型结构，其晶格常数分别为 0.4241nm、0.4329nm，又能以任意比例互溶，TiC 会在 TiN 表面聚集，致使两者在长大过程中较易固溶在一起，从而形成 Ti(C,N) 夹杂物，且无明显形核核心区域[10]。在凝固过程中，NbC 以 $MgAl_2O_4$-Ti(C,N) 夹杂作为异质形核核心析出，最后形成 $MgAl_2O_4$-Ti(C,N)-NbC 三层复合夹杂物。

2.4 真空感应冶炼过程夹杂物控制

以上对 GH4169 合金感应锭中夹杂物形成机理研究可知，可以从原材料选择、原材料表面处理、控制冶炼过程 C-O 反应和控制精炼工艺等 4 个方面对夹杂物进行控制。

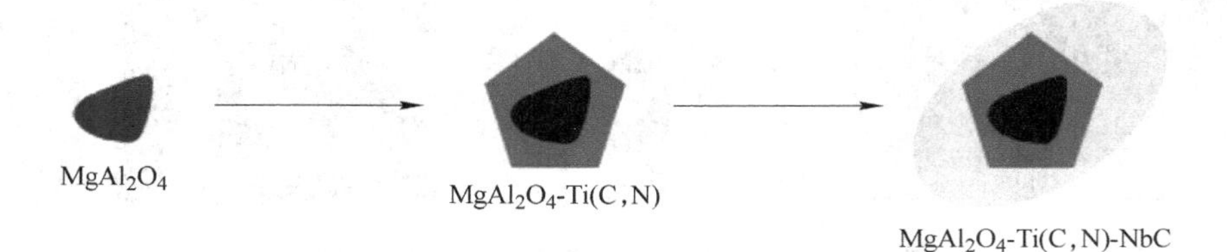

图 4 $MgAl_2O_4$-Ti(C,N)-NbC 复合夹杂物演变示意图

（1）国产金属 Cr 产品质量较差，O 含量在 $90\sim2530\times10^{-4}\%$，平均 $1282\times10^{-4}\%$；N 含量在 $20\sim270\times10^{-4}\%$，平均 $76\times10^{-4}\%$；因此，金属 Cr 作为 GH4169 合金冶炼用主要原料，为提高冶金质量减少 Al_2O_3 夹杂物的带入，应选择高纯金属 Cr 进行冶炼。（2）原材料表面氧化物、油污、杂质等是高温合金中气体和夹杂物的来源之一，严重影响合金质量，原料经过滚磨处理，表面氧化膜被清理干净，可以有效提高表面纯净度。（3）从控制合金产品质量考虑，原料建议经过表面处理后使用。（4）真空感应冶炼过程中，利用真空 C 脱 O 以及真空脱 N，可以避免 Al、Ti 脱氧脱氮形成大量夹杂物的问题。因此，应合理设计 C 脱 O、脱氮工艺条件，尽量降低 Al、Ti 合金化前 O 含量水平，避免 Al_2O_3 在精炼期大量产生。此外，精炼期高温高真空条件下，坩埚分解是增加氧化物夹杂的重要原因；因此，需要合理设定精炼期温度、真空度和精炼时间，减缓 Al 对 MgO 坩埚的还原侵蚀，尽可能减少夹杂物的产生。

3 结论

（1）GH4169 真空感应锭中夹杂物类型主要有：Al_2O_3、$MgAl_2O_4$、MgO 和 SiO_2 氧化物夹杂，

TiS 和 Ti(C,N)钛化物夹杂，$MgAl_2O_4$-Ti(C,N)和 $MgAl_2O_4$-Ti(C,N)-NbC 多层复合夹杂物。

（2）精炼期坩埚分解可使合金熔体 Al_2O_3 夹杂物和 $MgAl_2O_4$ 夹杂物大幅增加；适当降低精炼期温度、真空度和精炼时间，减缓坩埚侵蚀，从而减少 Al_2O_3 和 $MgAl_2O_4$ 夹杂的产生。

（3）大颗粒 Ti(C,N) 以细小 $MgAl_2O_4$ 夹杂物为形核核心，其外沿生长 NbC，从而形成三层复合夹杂物；为减少 $MgAl_2O_4$-Ti(C,N) 和 $MgAl_2O_4$-Ti(C,N)-NbC 复合夹杂物的含量，应该控制精炼工艺，减少 $MgAl_2O_4$ 夹杂的数量密度。

参考文献

[1] 杜金辉，吕旭东，邓群，等．GH4169 合金研制进展 [J]．中国材料进展，2012，31（12）：12~20.

[2] 吴楠，张显程，王正东，等．GH4169 合金在 650℃ 下疲劳小裂纹萌生和扩展行为 [J]．航空材料学报，2015，35（6）：71~76.

[3] 李继超，张银东，刘晶，等．GH4169 合金盘件异常腐蚀区缺陷性质分析 [J]．物理测试，2014，32（5）：53~58.

[4] Chen Z, Yang S, Qu J, et al. Effects of Different Melting Technologies on the Purity of Superalloy GH4738 [J]. Materials, 2018, 11 (10): 1838.

[5] 孔豪豪，杨树峰，曲敬龙，等．GH4169 铸锭中夹杂物的类型及分布规律 [J]．航空学报，2020，41（4）：304~311.

[6] 王迪，杨树峰，曲敬龙，等．GH4169 电渣重熔铸锭表层夹杂物分布规律 [J]．钢铁，2021，56（2）：155~161.

[7] Haoyuan, Zhang, Tongsheng, et al. Reduction of CaO and MgO Slag Components by Al in Liquid Fe [J]. Metallurgical and Materials Transactions, B. Process metallurgy and materials processing science, 2018, 49B (4): 1665~1674.

[8] 王宁，高锦国，杨曙磊，等．真空感应熔炼中夹杂物运动机制数值模拟 [J]．中国冶金，2021，31（12）：20~26.

[9] 桂明玺，徐庆斌．MgO 的 Al 热还原反应的机理 [J]．国外耐火材料，2006（5）：45~50.

[10] 魏文庆，刘炳强，姜军生，等．热处理对 Nb-35Ti-4C 合金微观组织和力学机制的影响 [J]．稀有金属材料与工程，2017，46（3）：777~782.

低膨胀 GH2909 高温合金锻造工艺优化研究

裴丙红[1*]，周扬[2]，韩福[1]，陈琦[2]，赵斌[1]，何云华[1]，余多贤[1]

（1. 攀钢集团江油长城特殊钢有限公司，四川 江油，621704；
2. 成都先进金属材料产业技术研究院股份有限公司，四川 成都，610000）

摘　要： 通过 gleeble 热模拟和热处理试样，研究了 GH2909 合金晶粒再结晶、晶粒长大和 Laves 相回溶规律，对比研究了锻造工艺优化前后 GH2909 合金锻棒的组织性能，分析了合金微观组织对联合持久缺口敏感性的影响。研究结果表明：当加热温度为 T+20℃时，合金晶粒长大较慢，而 Laves 相可以逐渐回溶，但当加热温度≥T+40℃时晶粒长大迅速；在相同热变形条件下，小尺寸原始晶粒更容易发生完全再结晶，在≥T温度下经 40%～60%热变形可以得到均匀细小的晶粒；工艺优化前，合金中 Laves 相分布杂乱且主要分布于晶粒内部，持久拉伸试样存在缺口敏感性，呈准解理断裂+沿晶断裂的复合断裂方式。工艺优化后，合金快锻开坯组织呈等轴晶，晶内基本无 Laves 相；径锻后组织中析出较多的 Laves 相，主要沿晶界分布；经标准热处理后合金中 Laves 相仍分布于晶界，同时晶粒内部析出大量 ε 和 ε″相；持久拉伸过程晶粒具有良好的协调变形能力，呈韧性断裂，合金室温和力学性能优异，未出现缺口敏感性。

关键词： GH2909；锻造工艺；再结晶；Laves 相；缺口敏感性

GH2909 合金是在 650℃以下使用的 Fe-Ni-Co 基时效硬化型第三代低膨胀高温合金，具有高的强度和塑性、低的热膨胀系数、几乎恒定的弹性模量以及良好的抗氧化和冷热疲劳等综合力学性能，广泛应用于制作航空发动机压气机机匣、涡轮隔热环、燃烧室蜂窝环等间隙控制零件[1~2]。目前，通过快锻和径锻联合成材工艺，可生产不同规格 GH2909 合金锻棒产品，其综合力学性能良好[3~6]。然而，近年来该合金锻棒或环件仍存在一定程度的高温联合持久缺口敏感性问题。已有研究表明，Si 元素含量、ε 相和 Laves 相分布对合金缺口敏感性影响显著[7~9]。本文对 GH2909 合金锻造组织和性能进行了研究，提出了解决合金缺口敏感问题的锻造工艺优化方法。

1　试验方法

利用 gleeble 热模拟开展热压缩试验，变形量 40%～60%，变形温度 T−20℃、T 和 T+20℃；采用热处理炉进行不同时间（1～4h）和不同温度（T～T+80℃）热处理试验，分析晶粒长大和 Laves 相回溶规律。采用 VIM+VAR 双真空冶炼生产 ϕ508mm 的 GH2909 合金铸锭，经高温均质化热处理后，采用不同的快锻开坯和径锻成形工艺制备 ϕ120mm 规格锻棒材，经标准热处理后进行室温拉伸、室温硬度、高温拉伸、联合持久性能检测。标准热处理制度采用：980℃保温 1h，空冷+720℃保温 8h+55℃/h 炉冷至 620℃保温 8h，空冷。通过扫描电镜对试样组织或断口形貌进行表征分析，实验所用腐蚀液成分为 1.5g $CuSO_4$+20mL HCl+20mL C_2H_4OH。

2　试验结果及分析

2.1　锻造工艺优化前合金组织性能

图 1 为锻造工艺优化前 ϕ120mm 规格径锻棒

图 1　锻造工优化前锻棒在 1/2 半径处组织

* 作者：裴丙红，高级工程师，联系电话：0816-3648121，E-mail：825283977@qq.com

材在 1/2 半径取样微观组织分析结果，合金呈等轴晶组织，晶粒大小均匀，合金中存在点状或线状的 Laves 相，主要分布于晶粒内部，呈线性连续分布特点，部分 Laves 相沿类似变形拉长晶的晶界分布特征。

图 2 为锻造工艺优化前联合持久拉伸试样及其断口组织照片，可见拉伸试样在缺口处断裂，断口表面存在明显的准解理面和大量的沿晶裂纹，因此合金断裂方式为准解理断裂和沿晶断裂复合形式。在沿晶断裂区域，晶界面光滑平整，晶界开裂裂纹特征明显，说明此种合金组织的晶界是薄弱环节，高温塑性较差，容易产生缺口敏感问题。

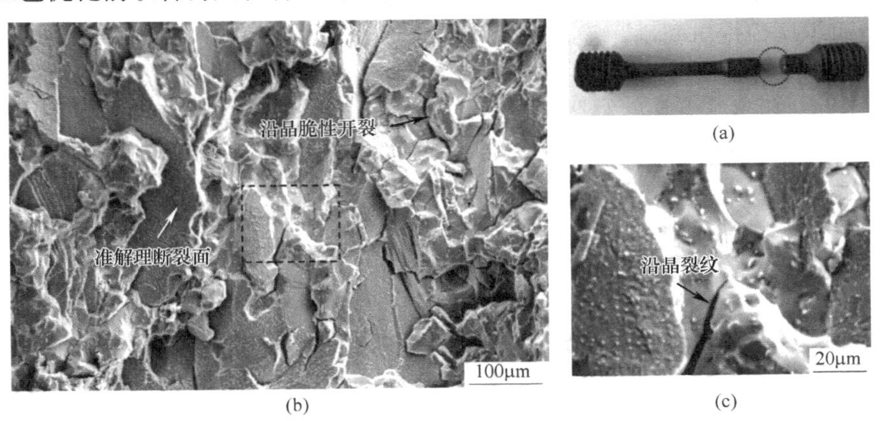

图 2 联合持久拉伸试样及其断口形貌

（a）试验后联合持久拉伸试样；（b）断口形貌；（c）断口处沿晶开裂

2.2 GH2909 合金加热过程 Laves 相回溶与晶粒长大规律

为了优化 GH2909 合金锻造工艺，必须掌握该合金加热保温条件下 Laves 相回溶和晶粒长大规律，进而为锻造加热温度和保温时间的合理制定提供依据。从图 1 所示的不合格锻棒 1/2 半径处取样，进行热处理试验，合金中 Laves 相回溶以及晶粒长大规律如图 3 所示。可见，在 T 温度条件下进行热处理时，随着时间从 1h 到 4h，合金 Laves 相和晶粒尺寸基本不发生变化。当温度提高至 T+20℃时，合金晶粒发生长大，随着热处理时间延长，Laves 相逐渐回溶，但晶粒长大较缓慢。当热处理温度为 1040℃时，合金 Laves 相残留较少，晶粒尺寸与 T+20℃热处理 4h 条件下的晶粒尺寸相当，随着热处理时间的延长或热处理温度的进一步提高，合金 Laves 相基本完全回溶，而晶粒长大较明显。

图 3 GH2909 合金加热过程 Laves 相回溶和晶粒长大规律

图 4 是在不同温度、不同时间加热处理后，对 GH2909 合金晶粒尺寸检测结果。从图 4 中可以发现，当加热温度低于 T+20℃时，晶粒基本不发生长大。当温度达到或超过 T+40℃时，晶粒长大迅速。因此，在实际锻造加热温度设定时，需选取合理的加热温度和保温时间，以获得最佳的初始晶粒度，为锻造组织调控提供基础。

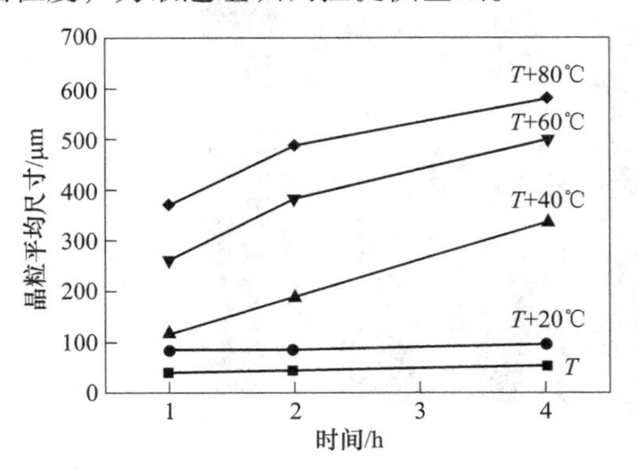

图 4 GH2909 合金加热过程晶粒长大规律

2.3 GH2909 合金热变形过程晶粒再结晶规律

为了优化 GH2909 合金锻造工艺，还必须掌握 GH2909 合金热变形条件下晶粒再结晶规律，进而指导锻造变形工艺的制定。选用完全固溶态 GH2909 合金组织进行热压缩模拟试验，为了对比晶粒度对合金热变形行为的影响，分别选取了两种初始晶粒尺寸的合金试样，大晶粒尺寸约为 500～600μm，而小尺寸晶粒月 40～70μm，其晶粒组织如图 5 所示。

图 6 是初始大晶粒在 T−20℃、T 和 T+20℃三种温度下热变形 40%～60%后获得的热变形组织。可见大尺寸晶粒热变形过程再结晶较为困难，在 T−20℃下 40%～60%热变形均不能发生再结晶，随着温度的提高，合金再结晶能力提升，在 T 和 T+20℃温度下三种变形量均诱发了部分再结晶，温度越高、变形程度越大，再结晶也比例越高。

初始大晶粒

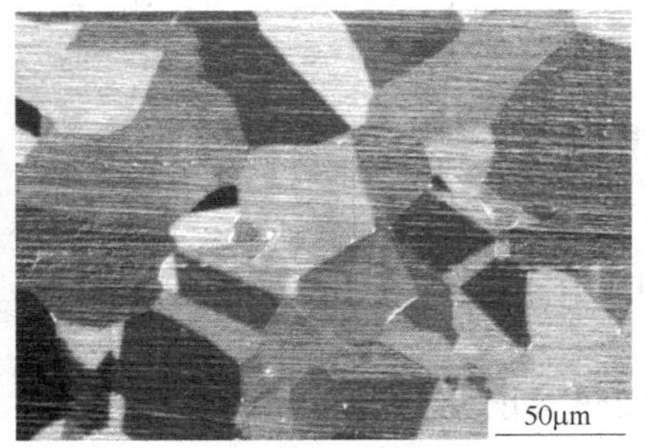

初始小晶粒

图 5 GH2909 合金大尺寸晶粒和小尺寸晶粒组织照片

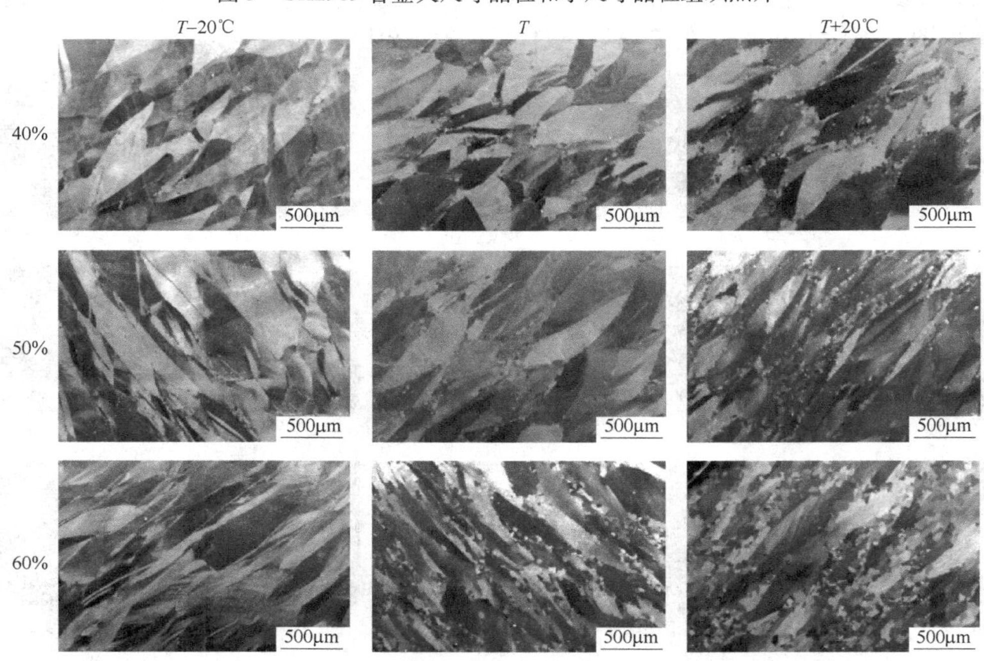

图 6 GH2909 合金初始大晶粒在热变形过程晶粒再结晶规律

图 7 是初始小晶粒在 T-20℃、T 和 T+20℃ 三种温度下热变形 40%~60%后获得的热变形组织。当温度为 T-20℃时，40%和 50%两种变形量均未发生完全再结晶，合金组织以变形拉长晶为主，当变形量提高至 60%时，合金发生了完全再结晶。当温度提高至 T 或 T+20℃时，40%~60%热变形均形成了完全再结晶组织，且晶粒尺寸均匀细小，变形温度越高，再结晶晶粒尺寸越大，完全再结晶的晶粒尺寸为 6~8 级。因此，在锻造过程需控制初始晶粒度以及锻造温度。

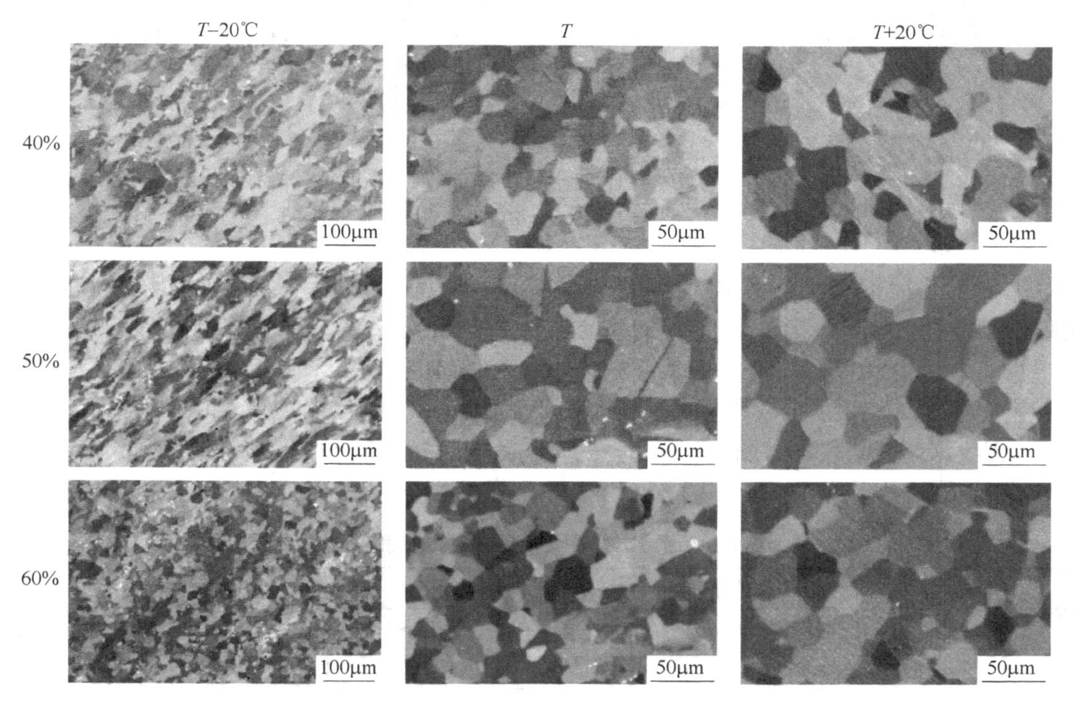

图 7 GH2909 合金初始小晶粒在热变形过程晶粒再结晶规律

2.4 锻造工艺优化后 GH2909 合金组织与性能

基于图 3 至图 7 的基础研究结果，我们掌握了 GH2909 合金锻造组织调控方法，通过优化锻造工艺，实现了锻造开坯和径锻材组织调控，结果如图 8 所示。图 8（a）为优化工艺获得的快锻开坯组织，可见晶粒呈等轴晶且大小均匀，平均晶粒尺寸约为 60μm，只有极少量 Laves 相分布于晶粒内部。图 8（b）为 GH2909 合金优化径锻工艺后得到的微观组织结果，合金呈等轴晶组织，晶界和晶内均有 Laves 相析出，但 Laves 相主要分布于晶界。

经标准热处理后，合金晶粒内部析出大量细密的 ε 和 ε''相，晶界 Laves 相主要呈颗粒或短棒状，晶内 Laves 相尺寸稍大呈颗粒状分布，如图 9 所示。

图 8 锻造工艺优化后快锻开坯和径锻在 1/2 半径处组织

（a）快锻坯；（b）径锻材

图 9 锻造工艺优化后锻棒 1/2 半径处取样标准热处理组织

(a) 500 倍；(b) 2000 倍

表 1 为优化工艺后锻棒力学性能检测结果。可见优化锻造工艺后，锻棒获得了优良的室温和高温力学性能，且未出现缺口敏感现象。对优化锻造工艺的联合持久拉伸试样断口及断裂部位内部组织进行分析，结果如图 10 所示。可以看到，试样拉断过程出现明显的颈缩现象，断口表面形成大量的韧窝组织特征。对试样内部组织分析发现，断口附件晶粒变形严重，晶界存在大量 Laves 相，晶内则含有大量 ε 和 ε'' 相，断口附近未发现微裂纹特征，表明晶粒具有很好的协调变形能力，因而合金具有优异的强韧性。

表 1 锻造工艺优化后锻棒性能检测结果

检测结果		拉伸性能				硬度	持久性能			
		σ_b/MPa	$\sigma_{0.2}$/MPa	δ/%	ψ/%	HB	σ/MPa	δ/%	$\tau_{光滑}$/h	$\tau'_{缺口}$/h
室温性能	标准	≥1207	≥965	≥8	≥12	≥331				
	试样 1	1279	1047	12	21	368				
	试样 2	1260	1023	13	24	378				
650℃性能	标准	≥931	≥724	≥10	≥15			≥4	≥23	$\tau_{光滑}>\tau'_{缺口}$
	试样 1	955	815	16	28		510	11.5	136.2	$\tau_{光滑}>\tau'_{缺口}$，未断
	试样 2	951	821	18	34			12	160.4	$\tau_{光滑}>\tau'_{缺口}$，未断

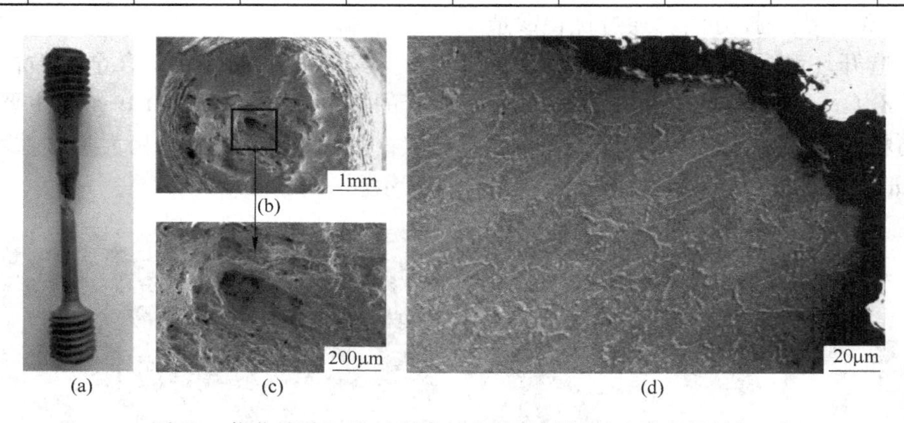

图 10 优化锻造工艺的联合持久拉伸试样断口及内部组织

(a) 试验后联合持久拉伸试样；(b) 断口形貌；(c) 断口韧窝；(d) 断口处组织

3 结论

(1) GH2909 合金锻造工艺优化前锻棒组织中 Laves 相分布杂乱，主要分布于晶粒内部，联合持久拉伸性能不合格，存在缺口敏感性问题，试样通过准解理断裂+沿晶断裂复合方式断裂。

(2) GH2909 合金在 T+20℃温度下加热保温，

随着时间延长晶粒长大不明显，而 Laves 相可以逐渐回溶，加热温度超过 T+40℃时晶粒长大迅速；在相同热变形条件下，大尺寸原始晶粒难以发生完全再结晶，而小尺寸原始晶粒在≥T 温度经 40%~60%热变形均可以发生完全再结晶，获得 6~8 级均匀细小的再结晶晶粒。

（3）通过锻造工艺优化，GH2909 合金快锻开坯组织避免了 Laves 相大量析出，径锻棒材 Laves 相主要沿晶界析出，经标准热处理后合金晶粒内部析出大量 ε 和 ε''相，锻棒室温、高温和持久性能优异，持久试样发生塑性断裂，无缺口敏感性。

参考文献

[1] Smith D F, Tillack D J. Improved low-expansion superalloy. [Incoloy 909] [J]. TMS (The Metallurgical Society) Paper Selection; (USA), 56(CONF-840909-).

[2] 邓波，韩光炜，冯涤. 低膨胀高温合金的发展及在航空航天业的应用 [J]. 航空材料学报，2003 (z1)：244~249.

[3] 王信才，韩光炜，杨玉军. 低膨胀 GH2909 合金锻造工艺研究 [J]. 特钢技术，2017，23 (3)：33~37.

[4] 赵斌. GH2909 合金径向锻造工艺优化研究 [J]. 特钢技术，2016，22 (4)：49~53.

[5] 王信才. 锻造工艺及热处理制度对 GH2909 合金组织与性能的影响 [J]. 特钢技术，2013，19 (2)：8~9.

[6] 王信才. 锻造工艺对 GH2909 合金大规格棒材组织与性能的影响 [J]. 特钢技术，2014，20 (4)：27~29.

[7] 李许明，宋传荣，等. Si 含量对 GH2909 合金性能的影响 [J]. 热加工工艺，2017 (14)：107~109.

[8] 陈琦. 低膨胀 GH2909 合金缺口敏感性问题分析 [J]. 钢铁钒钛，2020，41 (6)：175.

[9] 李钊，王涛，徐雄，等. GH2909 合金锻件持久缺口敏感性组织分析 [J]. 金属热处理，2020，45 (5)：17~22.

GH141 合金板材冷变形及热处理工艺研究

魏育君[1*]，肖东平[2]，裴丙红[1]，何云华[1]，冯旭[1]，何小林[1]

（1. 攀钢集团江油长城特殊钢有限公司，四川 江油，621704；
2. 成都先进金属材料产业技术研究院股份有限公司，四川 成都，610000）

摘　要：针对 GH141 板材开发过程涉及的冷变形和热处理两个关键问题，研究了冷变形量、固溶温度、固溶时间对合金板材硬度影响规律。结果表明，GH141 在冷变形及固溶处理后，随着固溶温度升高，晶粒逐渐长大。GH141 合金在≤1080℃固溶处理时，碳化物钉扎晶界，其晶粒长大缓慢。而固溶温度≥1100℃后，大量碳化物回溶，晶粒逐渐长大。GH141 合金冷轧板材采用≥1080℃固溶，时间 9~15min，水冷，变形率采用 25%~30%，其显微组织、力学性能可以满足标准要求。

关键词：GH141；合金；冷轧；固溶；硬度

GH141 是 Ni-Cr-Co 时效硬化型变形高温合金，广泛应用于在 870℃以下要求有高强度和 980℃以下要求抗氧化的航空发动机零部件，如涡轮盘、导向叶片、燃烧室承力件、涡轮转子、导向器、紧固件和高温弹簧等[1]。GH141 的合金化程度高，变形抗力大，热变形及冷变形难度大[2]。合金在冷加工及热处理过程中 γ′相极易析出，导致强度高，加工硬化快[3]。王凯等[4,5]对 GH141 合金热加工过程的组织进行了研究，但是 GH141 合金板材因制备工艺及冷加工变形困难，因此需要对 GH141 合金板材冷变形及热处理工艺开展研究，为 GH141 合金板材产品开发提供技术支撑。

1　材料与实验方法

以双真空冶炼 GH141 合金热轧板坯为实验材料，其化学成分见表 1，原始组织如图 1 所示。原始组织中存在较多孪晶，碳化物在晶内和晶界上弥散分布。

表 1　GH141 的化学成分　（质量分数，%）

元素	C	Cr	Ni	Co	Mo	Al	Ti	B	Zr	Fe
含量	0.082	18.58	54.36	10.21	9.67	1.78	3.20	0.0058	0.029	2.76
元素	Cu	Mn	Si	S	P	Pb	Bi	H	O	N
含量	0.042	0.041	0.145	0.0006	0.0018	<0.0005	<0.0005	0.00006	0.0005	0.0031

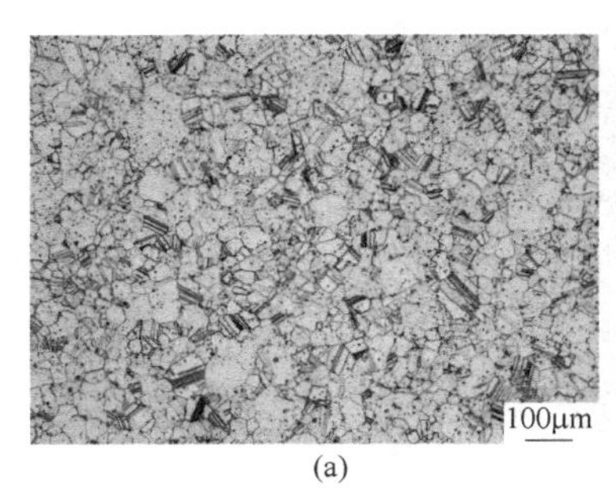

(a)

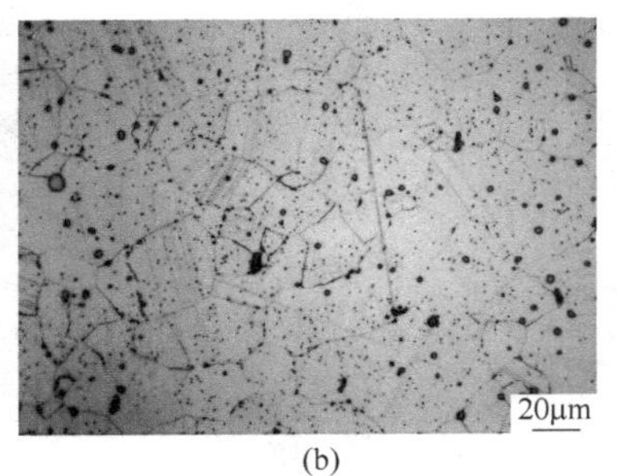

(b)

图 1　GH141 棒材的金相组织
（a）100×；（b）500×

* 作者：魏育君，联系电话：18140371885，E-mail：3462517@163.com

将 GH141 合金进行冷变形，变形量分别为：22%、28%、34%。进行不同温度（1050℃、1080℃、1140℃）和时间（5min、15min、30min）固溶热处理后水冷，再进行时效处理；对冷轧态组织、热处理组织等进行晶粒度、析出相观测；对热处理态材料进行硬度测试，获得材料性能数据。

2 实验结果及分析

2.1 冷轧变形及固溶后析出相研究

GH141 合金板材，在冷变形过程中，其组织结构要发生一系列变化：晶粒被拉长，形成细条状，有些还产生变形孪晶，有些晶粒要破碎，变细，位错密度明显增加，产生加工硬化等，如图 2 所示。这些组织结构的转变使高温合金强度增加，塑性下降，而且往往表现出各向异性，在冷变形道次之间，必须采用适当的中间热处理，保证产品后续道次的可加工性以及成品的组织和性能。同时，冷变形过程中析出相的控制也对力学性能有重要影响。研究冷变形及热处理过程中的组织演变，揭示 GH141 合金冷变形及热处理过程晶粒度、析出相的变化规律，为 GH141 合金冷变形加工技术提供理论依据。

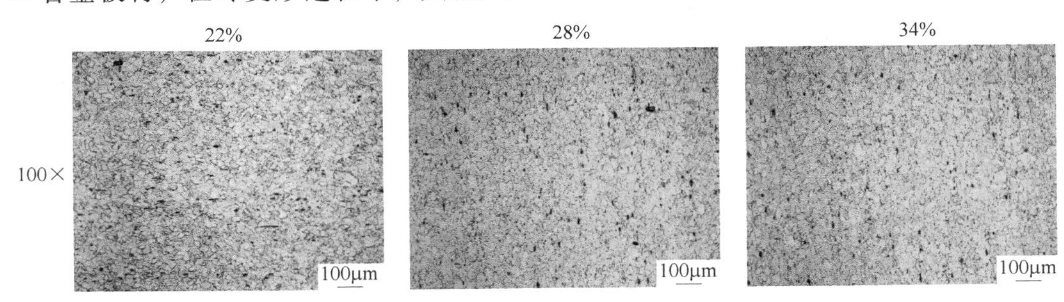

图 2 GH141 棒材冷变形后的微观组织

将冷变形后的合金取样进行固溶处理，温度为 1050℃、1080℃、1140℃，保温时间为 5min、15min、30min。图 3～图 5 为 GH141 分别在冷变形量为 22%、28%、34%时，不同温度和时间固溶处

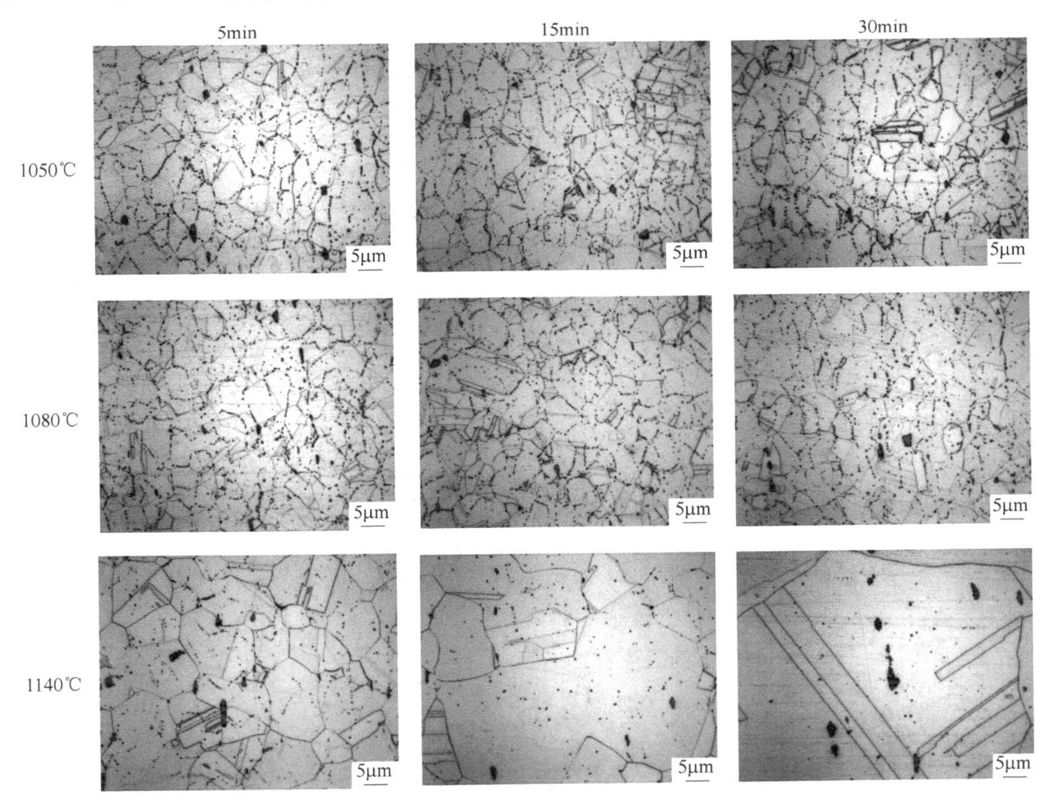

图 3 GH141 合金在冷变形量 22%时，不同温度和时间固溶后的微观组织

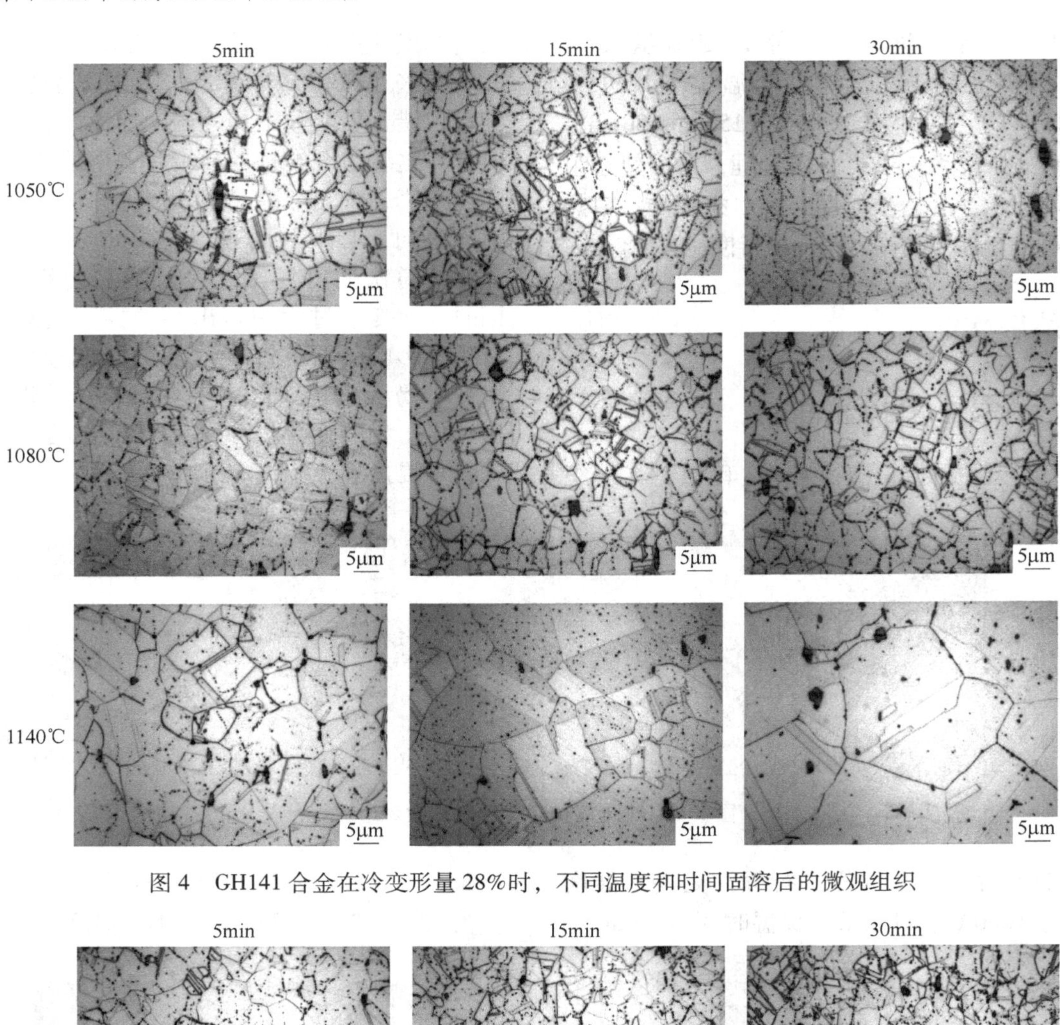

图 4　GH141 合金在冷变形量 28%时，不同温度和时间固溶后的微观组织

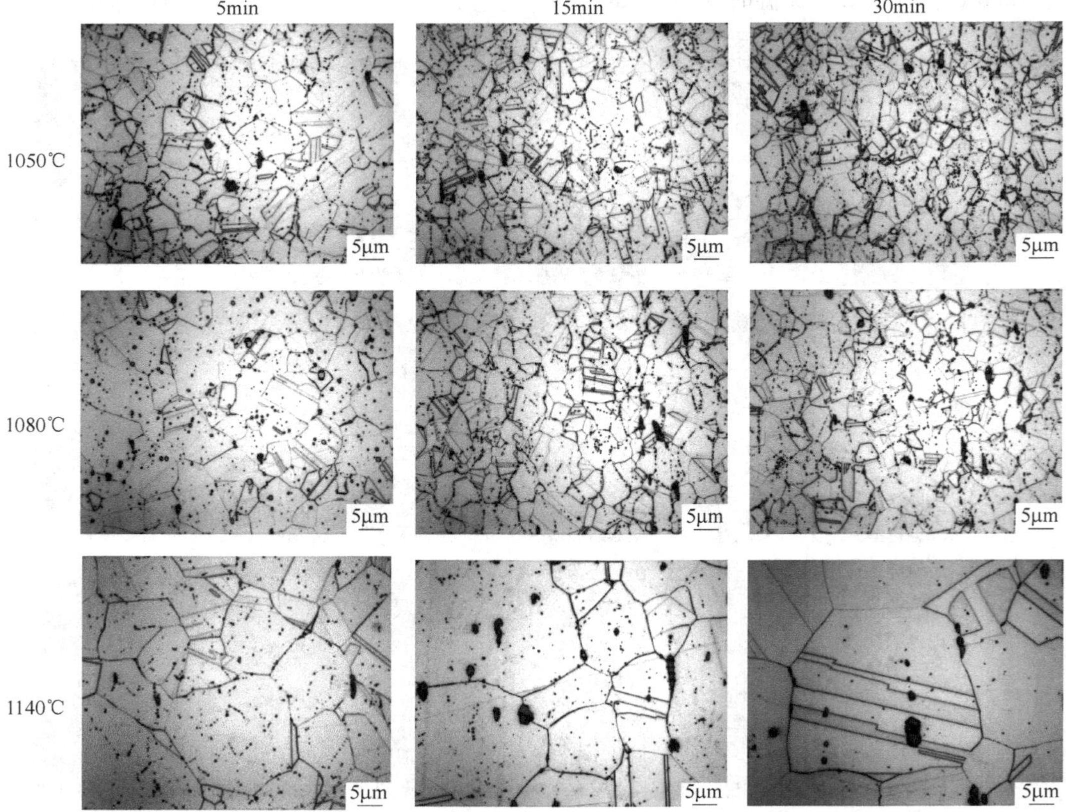

图 5　GH141 合金在冷变形量 34%时，不同温度和时间固溶后的微观组织

理后的微观组织。可见，在固溶处理后，随着固溶温度升高，晶粒逐渐长大；在固溶温度≤1080℃时，随着保温时间延长，晶粒变化不明显；在固溶温度>1080℃时，随着保温时间延长，晶粒逐渐长大。在试验的三个变形量下，其变化规律基本一致。同时可见，在固溶温度≤1080℃时，晶粒内部和晶界上均有较多的碳化物分布；而固溶温度≥1140℃时，碳化物大量回溶，晶界碳化物急剧减少，晶界比较干净，仅仅晶粒内部还有少量碳化物弥散分布。

2.2 固溶温度、时间对 GH141 合金晶粒、析出相的影响

2.2.1 固溶温度对 GH141 合金晶粒长大的影响

图 6 为 GH141 合金在不同固溶温度下分别保温 10min、30min、1h 后的显微组织。可见，在不同的保温时间下，合金的晶粒长大规律基本一致，随固溶温度的升高合金的晶粒呈逐渐长大趋势，

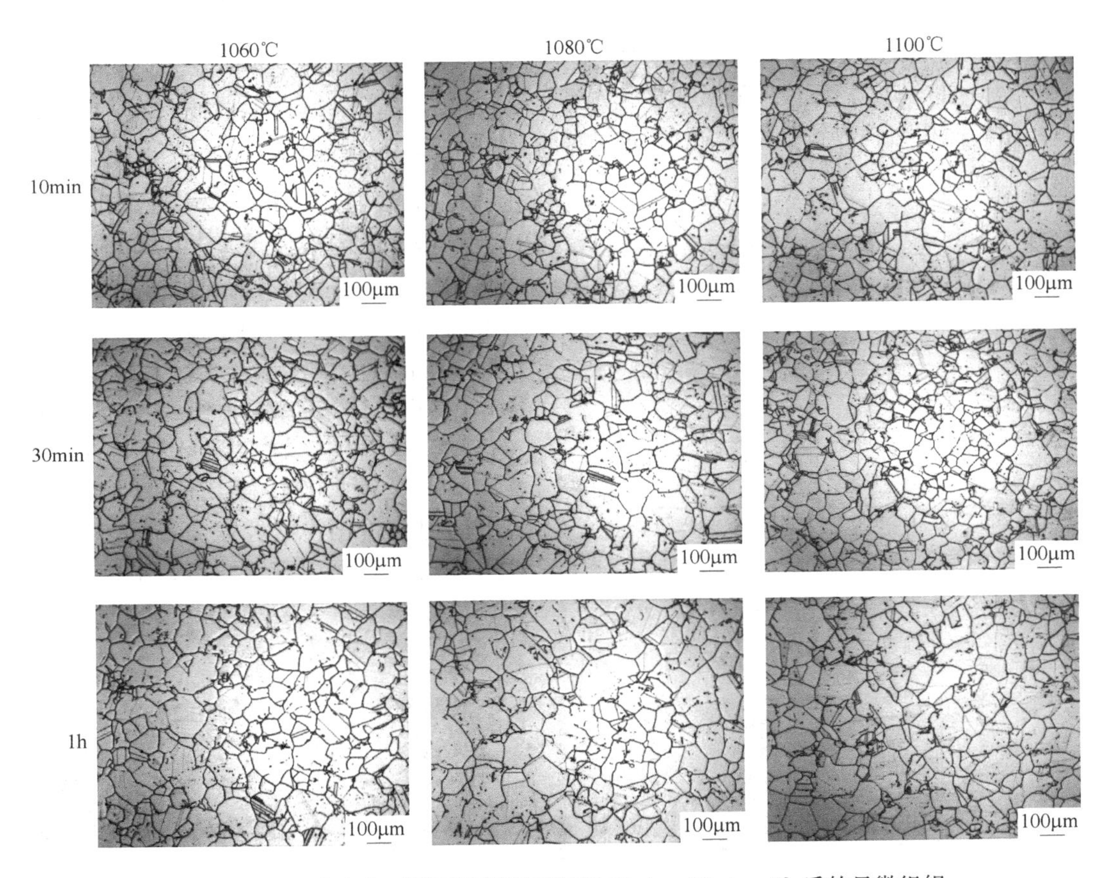

图 6 GH141 合金在不同固溶温度下保温 10min、30min、1h 后的显微组织

但是在温度≤1080℃时，晶粒长大并不明显，当温度≥1100℃时，晶粒明显长大。测量不同固溶温度和保温时间下 GH141 合金的平均晶粒尺寸，结果如图 7 所示。由图 7 可见，在相同保温时间的情况下，随着固溶温度的上升，晶粒长大速率不断增加。在保温时间为 10min，固溶温度为 1040℃、1060℃和 1080℃时，其平均晶粒尺寸相对于原始组织分别增大了 11μm、13μm、19μm。当温度≤1080℃时，晶粒长大曲线斜率较小，晶粒长大速率较小；当温度≥1100℃时，曲线斜率增大，晶粒长大速率明显加快。

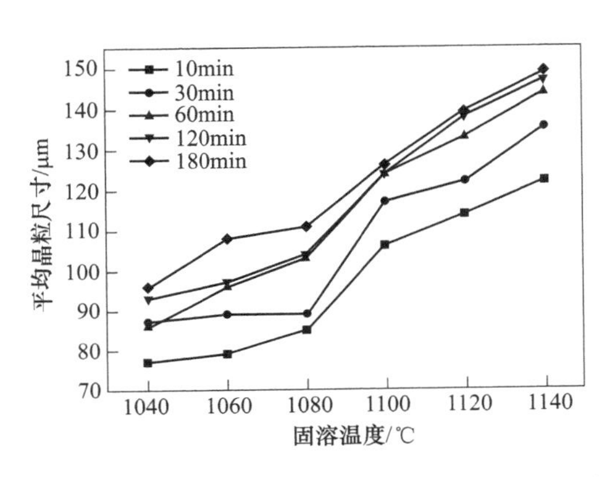

图 7 固溶温度对 GH141 合金晶粒平均尺寸的影响

2.2.2　保温时间对 GH141 合金晶粒长大的影响

图 8 为不同加热温度下平均晶粒尺寸随保温时间的变化。由图 8 可见，不同固溶温度下，合金在较短的保温时间内晶粒迅速长大，随着保温时间延长，晶粒长大变缓慢。在 1080℃ 保温 10min、30min、1h、2h 和 3h 后，其平均晶粒尺寸相对于原始组织分别增加了 19μm、23μm、37μm、38μm、45μm，在保温时间大于 1h 后，晶粒长大速率明显降低。晶粒长大曲线呈明显抛物线形变化，在保温时间≤1h 时，晶粒迅速长大；当保温时间>1h 后，随着保温时间的延长，晶粒长大趋势逐渐趋于平缓。在一定温度下，保温初期，晶粒尺寸较小，晶界面积大，晶粒长大速率快，而随着保温时间延长，晶界面积骤减，晶粒长大速率则放缓。同时，由图 8 可见，温度越高，保温时间对 GH141 合金奥氏体平均晶粒尺寸的影响越大。在固溶温度为 1040～1080℃ 时，保温时间延长对 GH141 合金的平均晶粒尺寸长大的影响并不显著；在固溶温度为 1100～1140℃ 时，随着保温时间的延长迅速长大。

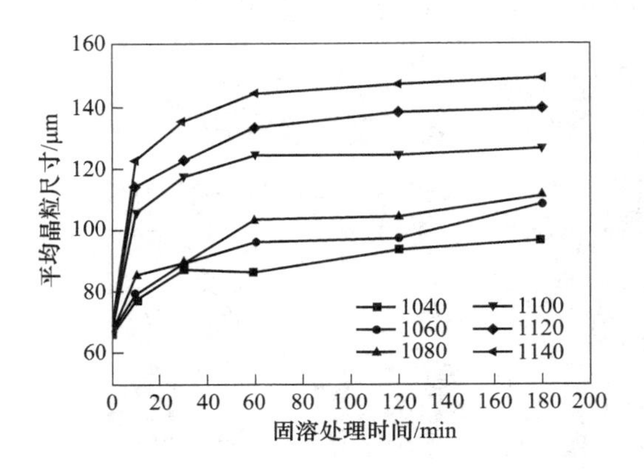

图 8　保温时间对 GH141 合金晶粒平均尺寸的影响

2.2.3　固溶处理过程中的碳化物演变

由于析出相也会显著影响合金晶粒长大过程。研究表明，GH141 合金的晶粒长大与 γ′相和碳化物的溶解密切相关。其中 γ′相大量回溶温度为 1050℃，M_6C 碳化物大量回溶温度为 1080℃，因此，在≤1080℃ 固溶处理时，组织中的 γ′相和碳化物对晶界的迁移具有明显的钉扎作用，其晶粒长大缓慢。而固溶温度≥1100℃ 时，大量 γ′相和碳化物回溶，钉扎作用减弱，晶粒明显长大。图 9 为 GH141 合金在不同固溶温度下分别保温 10min、30min、1h 后的二次电子像。从图 9 中可以看出，在≤1080℃ 固溶处理时，组织中仍分布有较多的碳化物，晶界上还存在大量细小的碳化物颗粒；在固溶温度为 1100℃ 时，晶界上比较干净，原晶界上的细小碳化物已经完全回溶。随着固溶温度继续升高，碳化物继续回溶，组织中残留的碳化物数量减少，尺寸变小，晶粒变大。

图 9　GH141 合金在不同固溶温度下保温 10min、30min、1h 后的 SEM 像

2.3 对固溶热处理态材料进行硬度测试

GH141 合金板材交货态硬度≤306HV，2.5mm 成品冷轧板材分别采用 25%、30%、35%变形后，在 1060℃、1080℃、1100℃、1120℃、1140℃温度，时间 9~15min 固溶，水冷后，测试硬度 HV，如图 10 所示，可以看出变形率 25%~35%，随着温度的提高，硬度值逐步降低，当温度达到 1120℃后，硬度值降低趋势加快。变形率越大，硬度值越高。

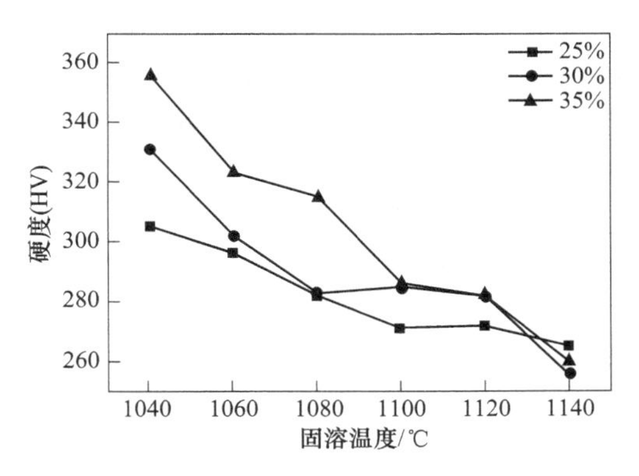

图 10 GH141 合金不同固溶温度硬度测试值

2.4 板材的组织、性能测试

GH141 合金冷轧板材经 1080℃×10min，760℃×16h 热处理后的组织如图 11 所示、性能检测结果见表 2，结果满足标准要求。

图 11 GH141 合金板材的显微组织

表 2 GH141 合金板材性能测试结果

状态	试验温度 /℃	$R_{p0.2}$ /MPa	R_m /MPa	A/%	硬度 HRC
固溶态	室温	560	985	49	21.2
时效态	室温	1056	1416	22	43.5
	760	829	1039	9.5	

3 结论

（1）GH141 板坯试样棒在冷变形及固溶处理后，随着固溶温度升高，晶粒逐渐长大；在固溶温度≤1080℃时，随着保温时间延长，晶粒变化不明显；在固溶温度>1080℃时，随着保温时间延长，晶粒逐渐长大，三种冷轧变形率其变化规律基本一致。

（2）GH141 合金中的碳化物对合金的组织有显著影响，在≤1080℃固溶处理时，晶界分布有大量碳化物，起钉扎晶界作用，其晶粒长大缓慢。而固溶温度≥1100℃后，大量碳化物回溶，钉扎作用减弱，晶粒逐渐长大。

（3）GH141 合金冷轧板材采用≥1080℃固溶，时间 9~15min，水冷，变形率采用 25%~30%，其显微组织、力学性能可以满足标准要求。

参考文献

[1] 中国金属学会高温材料分会．中国高温合金手册[M]. 北京：中国标准出版社，2012.
[2] 沈道贵．GH141 高强度高温合金 [J]. 宇航材料工艺，1985（6）：5~10.
[3] 牛永吉，张志伟，安宁，等．GH141 合金工艺特性研究 [J]. 航空制造技术，2021，64（1/2）：57~61.
[4] 王凯，刘东，耿剑，等．GH141 合金的热态变形特性 [J]. 热加工工艺，2009，38（8）：49~53，95.
[5] 梁艳，马超，李春颜．GH141 高温合金的热加工工艺 [J]. 金属热处理，2012，37（10）：105~107.

形变热处理对 GH2909 高温合金 Laves 相和 ε(ε″) 相析出的影响研究

周扬[1*]，陈琦[1]，张健[2]，裴丙红[2]，韩福[2]，何云华[2]，赵斌[2]

（1. 成都先进金属材料产业技术研究院股份有限公司，四川 成都，610000；
2. 攀钢集团江油长城特殊钢有限公司，四川 江油，621704）

摘　要：对 GH2909 合金进口材料微观组织进行了分析，研究了形变热处理作用对 GH2909 合金 Laves 相和 ε(ε″) 相析出行为的影响。研究结果表明：GH2909 合金进口材料组织中 Laves 相主要沿晶界分布，且晶粒内部析出了大量的 ε(ε″) 相；无变形条件下热处理时，Laves 相主要沿晶界呈颗粒或薄膜状析出，而晶粒内部无 ε(ε″) 相析出；形变热处理作用下，Laves 相可沿晶界呈颗粒状析出，且会诱发晶粒内部析出大量的 ε(ε″) 相，变形程度增加 Laves 相和 ε(ε″) 相析出越多，但高温固溶诱发晶粒静态再结晶会消除形变处理作用；合理的形变热处理工艺可以调控 Laves 相和 ε(ε″) 相分布，获得优异的力学性能。

关键词：GH2909；Laves 相；ε(ε″) 相；形变热处理；静态再结晶

Incoloy909 合金是美国 INCO 公司于 20 世纪 80 年代开发的第三代高强型低膨胀高温合金[1~5]。该合金通过提高 Si 含量，促进晶界析出 Laves 相，有效地细化了合金晶粒尺寸，又使得合金中 γ′相、ε(ε″) 相和 Laves 相得以良好匹配，从而提高了合金的强度和塑性，同时消除了缺口敏感性问题[1]。自 20 世纪 90 年代起，我国开始研制第三代低膨胀 GH2909 高温合金，现已解决该合金双真空特种冶炼、快锻+径锻联合成材等工程化技术问题，实现了该合金在型号上批量应用，但国产材料的组织性能稳定性仍有待进一步提高[6~10]。近年来，国内外学者对 GH2909 合金的 Laves 相和 ε(ε″) 相进行了较多的研究，但如何对两种析出相进行有效调控仍需进一步研究[11,12]。为此，本文对 GH2909 合金进口材料组织特征进行了分析，并研究了形变热处理作用对 GH2909 合金 Laves 相和 ε(ε″) 相析出行为的影响，为该合金热加工和热处理过程组织性能调控提供了依据。

1　试验方法

以 GH2909 合金为研究对象，首先对进口材料微观组织进行表征分析，再分别利用变形 0%～50%的 GH2909 合金材料进行不同温度的热处理试验，对热处理后的试样进行微观组织表征分析，重点研究合金中 Laves 相和 ε(ε″) 相的形态和分布，分析形变热处理对两种相析出行为的影响。在试样金相分析准备过程中，实验所用腐蚀液成分为 1.5g $CuSO_4$+20mL HCl+20mL C_2H_5OH。

2　试验结果与分析

图 1 为 GH2909 合金进口材料标准热处理态微观组织照片。从图 1 中可以看到，进口材料 Laves 相在晶粒内部和晶界均有分布，但晶粒内部 Laves 相尺寸较大且呈颗粒状，而晶界 Laves 相呈颗粒状

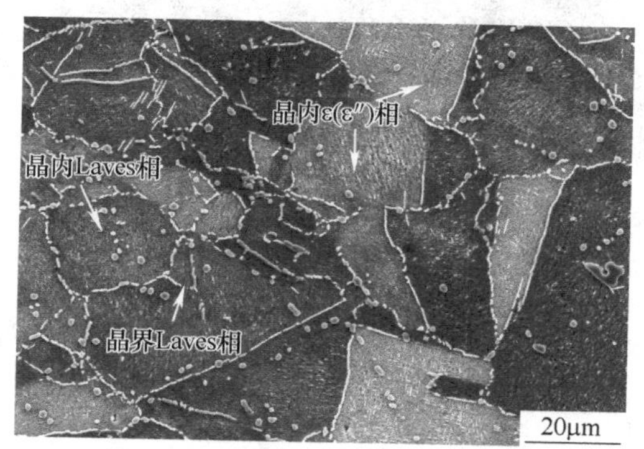

图 1　进口 GH2909 合金微观组织

* 作者：周扬，研究员，联系电话：18745035997，E-mail：yangzhou-hit@126.com

或薄膜状，尺寸更为细小。总体来看，合金中 Laves 相主要沿晶界分布。此外，晶粒内部析出了大量的细密编织状 ε(ε″) 相[1,2]。

为了研究 Laves 相和 ε(ε″) 相析出规律，分别采用完全固溶态组织（即未变形）和变形态组织进行热处理试验，观察两种相的析出行为。图 2 是完全固溶态 GH2909 合金在不同温度热处理 2h 的微观组织结果。从图 2 中可以看到，完全固溶态组织呈等轴晶，组织中没有 Laves 相存在。经 900~980℃ 热处理 2h 后，在合金的普通大角度晶界上析出了一定数量的小颗粒或薄膜状 Laves 相，而在孪晶界没有 Laves 相析出。主要原因可能在于，普通大角度晶界晶格原子排布更不规则，空位较多，Laves 相析出动力学条件更有利，而孪晶界一般为共格原子排布，不利于 Laves 相形核析出。

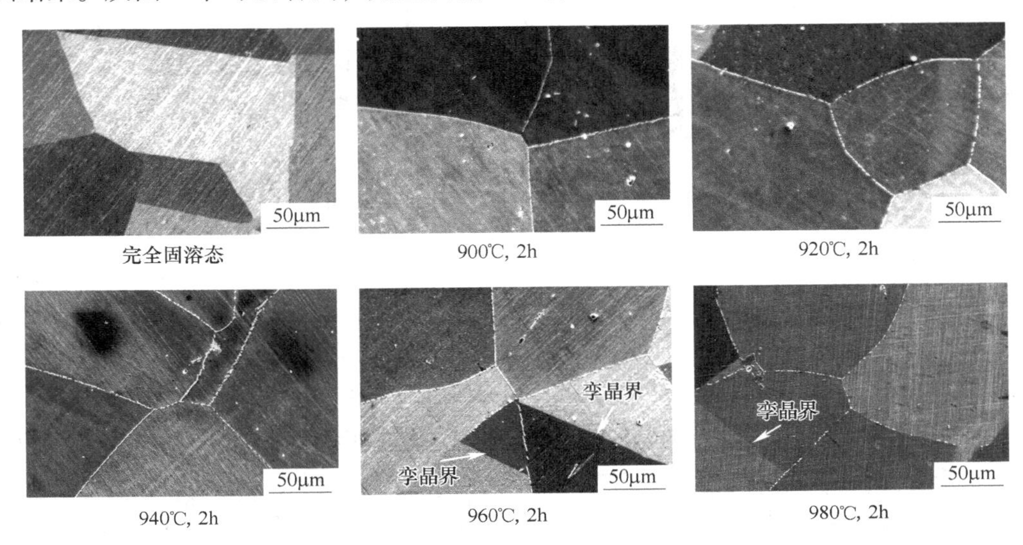

图 2　完全固溶态 GH2909 合金不同温度热处理 Laves 相析出形貌

采用完全固溶态 GH2909 合金进行标准热处理，即 980℃ 保温 1h 固溶处理，再经 720℃ 保温 8h，再以 55℃/h 炉冷至 620℃ 保温 8h 后空冷，得到的合金组织如图 3 所示。从图 3 中可以看到合金晶粒尺寸约为 3~4 级，晶界析出了细小薄膜状 Laves 相，但在孪晶界并未有 Laves 相析出，此外晶粒内部也没有 ε(ε″) 相析出。

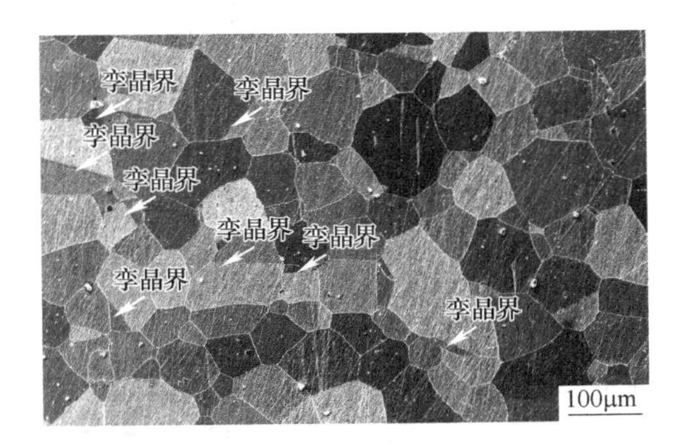

图 3　完全固溶态 GH2909 合金标准热处理组织

对大变形 GH2909 合金组织分别进行 980℃ 固溶 1h+800℃ 时效、800℃ 时效 1h、850℃ 时效 1h 三种不同的热处理试验，得到的微观组织结果如图 4 所示。从图 4 中可以看到，大变形 GH2909 合金组织呈变形拉长晶，晶界析出了大量的 Laves 相。经 980℃ 固溶 1h+800℃ 时效 1h 后，变形拉长晶发生完全静态再结晶，但 Laves 相仍主要沿原始变形拉长晶晶界分布，且晶粒内部没有 ε(ε″) 相析出。新形成的再结晶晶界没有 Laves 相析出且晶内也没有 ε(ε″) 相析出，原因可能在于原始变形拉长晶晶界析出大量 Laves 相消耗了 Nb 元素，静态再结晶消除了变形畸变能，导致新形成晶界析出 Laves 相和晶内析出 ε(ε″) 相的动力学条件不足。对大变形 GH2909 组织进行 800℃ 或 850℃ 时效处理时，合金晶粒内部析出了大量的 ε(ε″) 相，呈细密编织状形态，800℃ 下获得的 ε(ε″) 相尺寸更为细小。文献［1］指出，ε(ε″) 相析出峰值温度在 800~850℃ 之间。对比三种不同的热处理结果，可以说明大变形作用有利于促进 ε(ε″) 相在晶内析出，但高温固溶诱导静态再结晶会消除形变作用，导致 ε(ε″) 相析出动力学不足。

为了更好地说明形变热处理对 GH2909 合金 Laves 相和 ε(ε″) 相析出的影响，对 GH2909 合金进行 0%~50% 形变处理（包括：无变形、小变形、

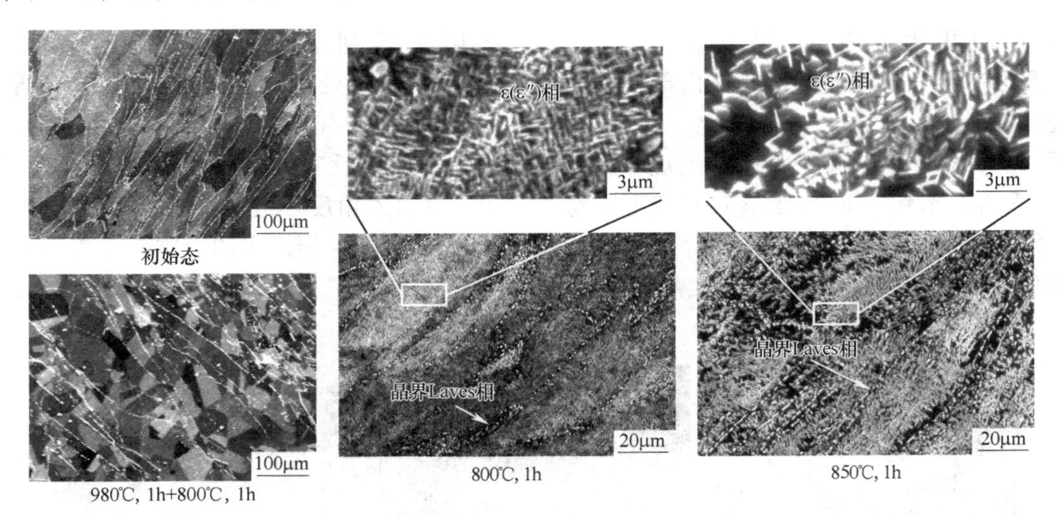

图 4　大变形 GH2909 合金不同热处理条件下 Laves 相和 ε(ε″) 相析出行为

中变形、较大变形和大变形)，再对合金进行标准热处理，然后对微观组织进行分析，结果如图 5 所示。研究表明，无形变作用时，晶界 Laves 相析出较少，而晶内 ε(ε″) 相基本不析出；小形变作用可以促进 Laves 相沿晶界析出，但仍不能促进晶内 ε(ε″) 相析出；提高变形程度，在形变诱导作用下晶内可以析出大量 ε(ε″) 相。但是，形变超过一定程度时，高温固溶处理容易使变形组织诱发静态再结晶，消耗形变畸变能，消除形变处理作用，不利于再结晶晶粒内部 ε(ε″) 相析出。

图 5　不同变形程度 GH2909 合金标准热处理过程 Laves 相和 ε(ε″) 相析出行为

因此，通过合理的形变热处理工艺，可以调控 GH2909 合金 Laves 相和 ε(ε″) 相分布，如图 6 所示。合金中 Laves 相主要沿晶界分布，晶粒内部存在少量尺寸较大的颗粒状 Laves 相，同时大量的 ε(ε″) 相在晶粒内部析出。图 6 所示的组织与图 1 所示的组织非常相似。实践表明，具备图 6 所示微观组织的 GH2909 合金各项力学性能优异，尤其塑性极佳，同时没有缺口敏感性问题。

图 6　采用特殊形变热处理的 GH2909 合金微观组织

80~86.

3 结论

（1）GH2909 合金进口材料标准热处理态微观组织中 Laves 相主要沿晶界分布，同时晶内析出了大量的 ε(ε″) 相。

（2）GH2909 合金无形变条件下热处理时，Laves 相主要沿普通晶界析出，呈颗粒或薄膜状，而孪晶界很难析出 Laves 相，同时晶粒内部无 ε(ε″) 相析出；形变热处理可以促进 GH2909 合金晶内析出 ε(ε″) 相；但过大程度的形变组织经高温固溶处理会诱发静态再结晶，进而消除形变处理作用，不利于晶内 ε(ε″) 相析出。

（3）通过合理的形变热处理工艺，可以有效调控 GH2909 合金中 Laves 相和 ε(ε″) 相分布，获得优异的力学性能。

参考文献

[1] Heck K A, Smith D F, Smith J S, et al. The physical metallurgy of a silicone-containing low expansion superalloy [C]//Superalloys 1988 (Sixth Internatoonal Symposium). TMS, 1988.

[2] Kusabiraki K, Amada E, Ooka T, et al. Epsilon and eta phases precipitated in an Fe-38Ni-13Co-4. 7 Nb-1. 5 Ti-0. 4 Si superalloy [J]. ISIJ international, 1997, 37 (1): 80~86.

[3] Sato K, Ohno T. Development of low thermal expansion superalloy [J]. Journal of materials engineering and performance, 1993, 2 (4): 511~516.

[4] 邓波，韩光炜，冯涤．低膨胀高温合金的发展及在航空航天业的应用 [J]．航空材料学报，2003 (z1)：244~249.

[5] 张绍维．低膨胀高温合金的发展与应用 [J]．航空制造工程，1994 (9)：5~8.

[6] 王信才，韩光炜，杨玉军．低膨胀 GH2909 合金锻造工艺研究 [J]．特钢技术，2017，23 (3)：33~37.

[7] 王信才．锻造工艺及热处理制度对 GH2909 合金组织与性能的影响 [J]．特钢技术，2013，19 (2)：8~9.

[8] 范黔伟，孙艳．GH2909 热处理工艺性能的研究 [J]．金属加工：热加工，2015 (13)：18~21.

[9] 王信才．锻造工艺对 GH2909 合金大规格棒材组织与性能的影响 [J]．特钢技术，2014，20 (4)：27~29.

[10] 任永海，王攀智，孙传华，等．INCOLOY909 合金异形环锻件工艺研究 [C]//创新塑性加工技术，推动智能制造发展——第十五届全国塑性工程学会年会暨第七届全球华人塑性加工技术交流会学术会议论文集，2017.

[11] 李钊，王涛，徐雄，等．GH2909 合金锻件持久缺口敏感性组织分析 [J]．金属热处理，2020，45 (5)：17~22.

[12] 陈琦．低膨胀 GH2909 合金缺口敏感性问题分析 [J]．钢铁钒钛，2020，41 (6)：175.

GH4141 难变形高温合金热塑性研究

肖东平[1*]，周扬[1]，冯旭[2]，何云华[2]，裴丙红[2]

（1. 成都先进金属材料产业技术研究院股份有限公司，四川 成都，610000；
2. 攀钢集团江油长城特殊钢有限公司，四川 江油，621704）

摘　要：研究了铸态、均匀化态、热轧态 GH4141 合金在 950～1200℃、应变速率 0.1S^{-1}的热拉伸变形行为，分析了真应力-真应变曲线、热塑性图及拉伸断口微观组织，阐明了不同组织状态下 GH4141 合金热塑性规律。结果表明：GH4141 合金在≤950℃变形时，组织中未发生动态再结晶，其热塑性较差；在≥1000℃变形时，开始发生动态再结晶，变形抗力显著降低，热塑性逐渐增加；温度过高时，晶粒发生明显粗化，甚至过烧，导致热塑性骤降。铸态 GH4141 合金由于晶粒粗大，组织中存在微观偏析和大量的碳化物，不易协调变形，热塑性最差；经均匀化后，大部分碳化物回溶，偏析消除，其热塑性区间增大；热轧态合金的晶粒均匀细小，碳化物经过变形破碎，其数量相对较少，且弥散分布，热塑性区间进一步增大。

关键词：GH4141 合金；铸态组织；均匀化处理；热轧组织；热塑性

GH4141 合金是 Ni-Cr-Co 基沉淀硬化型变形高温合金，以 γ′相和 M_6C 碳化物为主要强化相，其合金化程度高，变形抗力大，热塑性差，锻造温度区间窄，因此锻造开坯十分困难[1,2]。通过优化调整合金成分以及均匀化热处理工艺，可以改善合金的热塑性。赵炳堃等[3]研究了稀土和碱土元素对合金热塑性的影响，结果表明适当加入 Mg、La、Ca 等可以扩大热加工温度范围，提高热塑性。陈爱民等[4~5]研究了均匀化处理对合金热塑性的影响，结果表明，均匀化处理可以消除枝晶偏析，显著提高合金铸锭的热塑性。GH4141 的热加工过程中，锻造开坯采用的是均匀化后的铸态组织，径锻和热轧则是经过热变形的锻态组织。不同状态下，合金的组织、晶粒度、析出相等均有明显差异，其热塑性区间也有一定差异。因此，研究不同组织状态对合金变形抗力、热塑性、断裂方式和微观组织的影响，可以获得不同组织状态下 GH4141 合金的热塑性规律，为该合金的热成形工艺制定提供依据。

1　试验材料及方法

试验用 GH4141 合金为经真空感应+真空自耗冶炼的铸态、均匀化态、热轧态试样。铸态试样为 ϕ250mm 自耗锭，均匀化态试样为经 1190℃+60h 均匀化处理后的 ϕ250mm 自耗锭，热轧态试样为 ϕ40mm 热轧棒材。对三种不同组织状态的合金，在其 1/2 半径处制取 ϕ6mm×110mm 拉伸试样。利用 Gleeble-3500 热模拟试验机，将拉伸试样以 10℃/s 的升温速率加热至变形温度，保温 3min 后开始拉伸，变形结束后快速冷却到室温。热拉伸试验温度为 950℃、1000℃、1050℃、1100℃、1150℃、1180℃、1200℃，应变速率为 0.1s^{-1}。热拉伸结束后，测量其断面收缩率，并采用扫描电子显微镜观察断口形貌。然后将拉伸断口沿拉伸轴向纵剖，经研磨、抛光和腐蚀后，采用光学显微镜观察断口附近的变形组织。腐蚀液配比为 20mL 盐酸+20mL 无水乙醇+1.5g 硫酸铜。

2　试验结果与分析

2.1　GH4141 合金的原始组织

三种不同状态的 GH4141 合金原始组织如图 1 所示。合金铸态的晶粒粗大，存在明显枝晶组织，枝晶间分布有大量析出相，主要为 MC、M_6C 和 $M_{23}C_6$ 型碳化物，碳化物尺寸较大，呈大块状和条

* 作者：肖东平，硕士，工程师，E-mail：xiaodpnew@163.com

状；经均匀化后，合金枝晶组织消失，晶粒仍较粗大，部分碳化物已经回溶，但晶内和晶界仍分布有碳化物相，主要为颗粒状和条状 MC 型碳化物；热轧态组织则均匀细小，晶粒度 8 级，在晶界分布有细小的 $M_6C+M_{23}C_6$ 型碳化物颗粒及少量弥散分布的 MC 型碳化物颗粒。

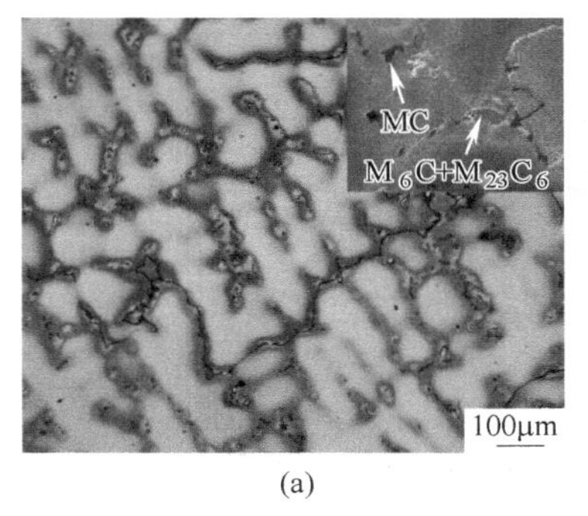

(a)

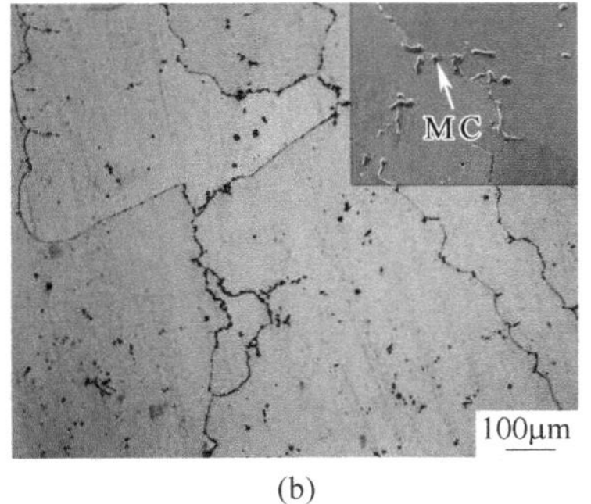

(b)

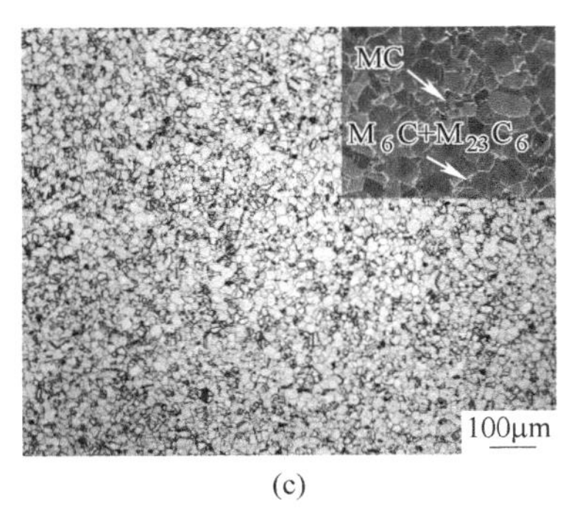

(c)

图 1 GH4141 合金的原始组织

(a) 铸态；(b) 均匀化态；(c) 热轧态

2.2 GH4141 合金的热塑性

图 2 为不同组织状态的 GH4141 合金在不同温度拉伸后的真应力-真应变曲线及断口宏观形貌。由图 2 可知，在不同组织状态下，GH4141 合金的真应力-真应变曲线表现出相似规律。在 950～1000℃变形时，其曲线表现出明显的加工硬化特征，应力达到屈服强度后上升趋势并没有改变。随着加工硬化产生，应力继续增加，直至达到峰值应力后逐渐下降。对于热轧态合金，在该温度范围内变形，其真应力-真应变曲线还出现了明显的屈服平台。温度≥1050℃变形时，在开始变形阶段很小的应变范围内，应力急剧增加，达到屈服强度后，流变应力存在明显的屈服降落现象。其原因是在高温下基体中初始可动位错密度较低，在塑性变形过程中随着多滑移系开动并产生交滑移后，可动位错密度大幅提高，位错运动速度下降，导致临界切应力降低，从而应力应变曲线出现明显的屈服降落现象[6]。铸态合金宏观断口仅在 1000～1100℃存在缩颈现象；均匀化态合金在 1000～1150℃，热轧态合金在 950～1150℃拉伸后，试样断口处存在明显的缩颈现象；当铸态合金变形温度≥1100℃，均匀化态和热轧态合金变形温度≥1180℃，试样已几乎无缩颈特征，表现为明显脆性断裂，其峰值应力和应变均较小。

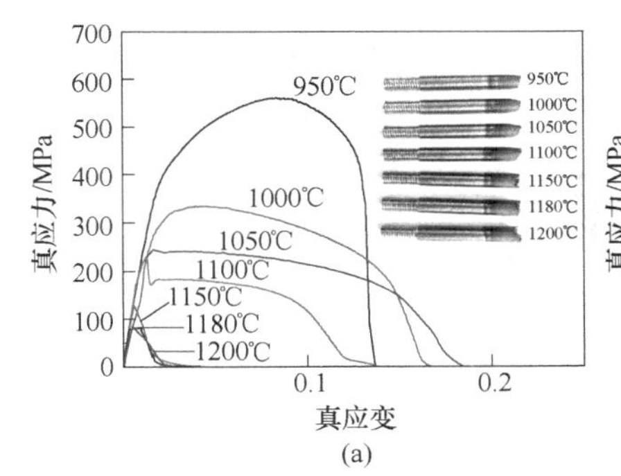

(a)

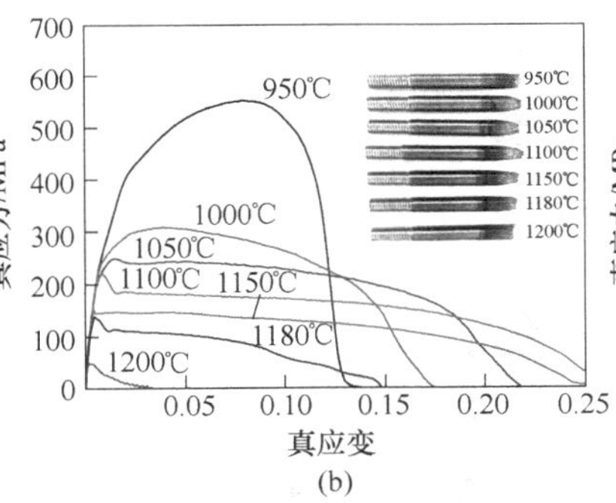

(b)

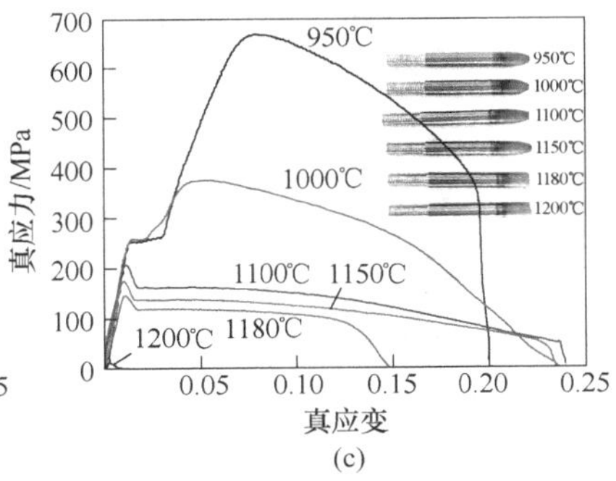

(c)

图 2 不同状态下，GH4141 合金的拉伸真应力-真应变曲线

(a) 铸态；(b) 均匀化态；(c) 热轧态

图 3 为 GH4141 合金不同组织状态下的热拉伸性能。由图 3 可以看出，在≤1000℃时，热轧态合金的抗拉强度比铸态和均匀化态合金的稍高，其余温度下，合金的抗拉强度相差不大；随着温度升高，抗拉强度逐渐降低。合金的断面收缩率在 950～1200℃范围内，呈先增加后降低的趋势。铸态合金在 1000～1050℃的断面收缩率为 50%～56%，均匀化态合金在 1000～1150℃的断面收缩率为 55%～62%，热轧态合金在 950～1150℃的断面收缩率为 55%～72%，在这些温度范围内合金具有

较好的热塑性。当温度高于 1150℃后，断面收缩率急剧降低，到 1200℃时，合金的热塑性已经降低到几乎零塑性。值得注意的是，在 950℃时，铸态和均匀化态合金的断面收缩率均较小，而热轧态合金则达到了 55%，可见热轧态合金在较低温度下仍然具有较好的热塑性，其热塑性区间更大。

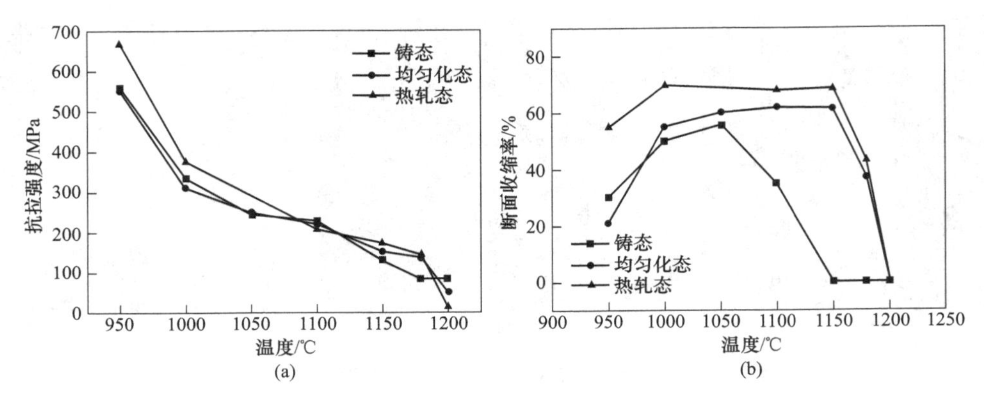

图 3　GH4141 合金在不同组织状态下的热拉伸性能

（a）抗拉强度；（b）断面收缩率

2.3　组织状态对 GH4141 合金热塑性的影响

不同组织状态的 GH4141 合金在不同温度拉伸断裂后，沿拉伸断口轴向剖开后的显微组织如图 4 所示。三种不同组织状态的合金在 950℃拉伸变形后，断口附近组织中均没有发生再结晶，但存在较多微孔；由于铸态和均匀化态的组织晶粒粗大，而热轧态的晶粒细小，因此在 950℃变形时热轧态合金仍具有良好的塑性。在 1000℃变形时，铸态和均匀化态合金断口附近组织中明显可见晶界和晶内碳化物处存在动态再结晶细晶粒（图 4（d）），表明合金在 1000℃时开始发生动态再结晶，所以合金的热塑性开始逐渐增加。在 1100℃变形时，铸态和均匀化态合金的组织中动态再结晶程度有所增加，但并未达到完全再结晶（图 4（e））。在 1150℃变形时，铸态合金组织中显示出明显沿晶裂纹，并且没有发生再结晶（图 4（g））；均匀化态和热轧态合金则已接近完全动态再结晶组织（图 4（f））。当变形温度≥1180℃，均匀化态和热轧态合金的晶粒尺寸急剧增大（图 4（h）和（i）），动态再结晶程度反而减小，出现混晶组织，热塑性明显降低。当均匀化态和热轧态合金变形温度≥1200℃时，则与铸态合金变形温度≥1150℃的组织一样，并不发生再结晶，出现明显沿晶裂纹。

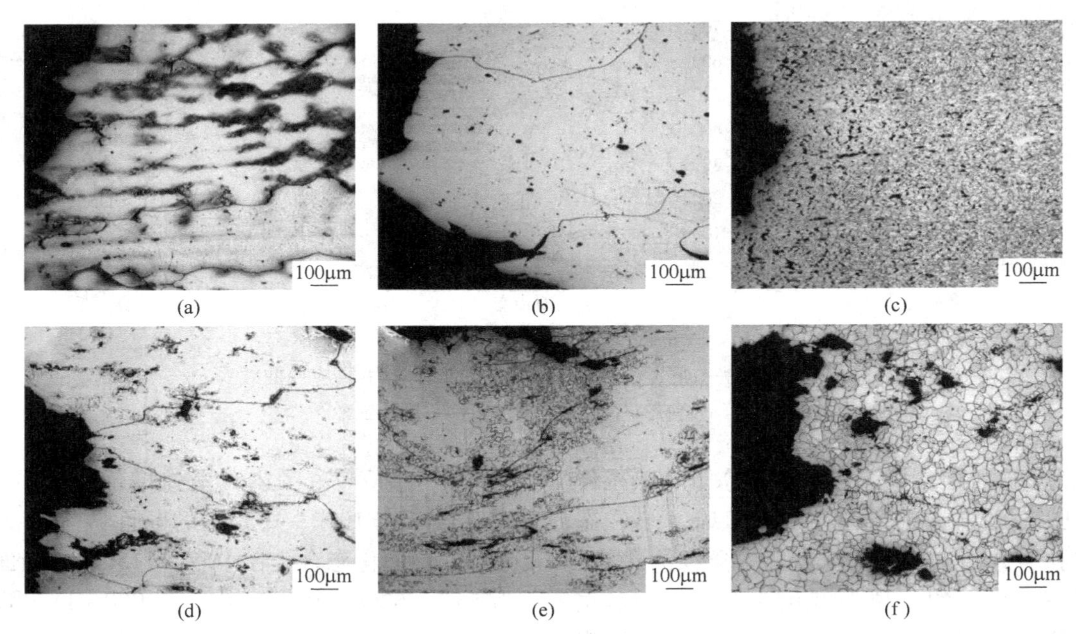

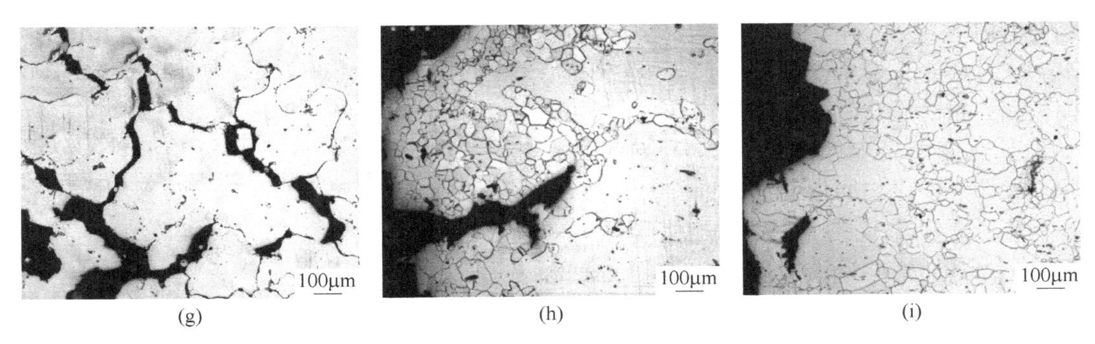

图 4 GH4141 合金拉伸断口附近的显微组织

（a）铸态 950℃；（b）均匀化态 950℃；（c）热轧态 950℃；（d）均匀化态 1000℃；
（e）均匀化态 1100℃；（f）均匀化态 1150℃；（g）铸态 1150℃；（h）均匀化态 1180℃；（i）热轧态 1180℃

图 5 为不同组织状态的 GH4141 合金在不同温度拉伸断裂后的断口微观形貌。铸态合金在 950～1100℃，均匀化态和热轧态合金在 950～1150℃拉伸后，微观断口均存在明显的韧窝，合金的断裂方式为韧性断裂。铸态合金在变形温度≥1150℃，均匀化态和热轧态合金在变形温度≥1200℃，其微观断口呈光滑晶胞状沿晶断口特征，如图 5（d）(f) 所示，说明合金已发生过烧，导致热塑性几乎为零。由图 5（a）～(c) 可见，不同组织状态的 GH4141 合金拉伸断口的韧窝形态和大小均有明显差异，铸态和均匀化态合金由于晶粒粗大，其韧窝较大；热轧态合金晶粒细小，其韧窝也均匀细小。同时可见，韧窝中均存在较多的碳化物颗粒。由于碳化物是脆性相，不容易与基体协调变形而极易破碎，在合金变形过程中极易产生应力集中，诱发微裂纹，从而导致开裂[7,8]。铸态合金的碳化物数量多，不易协调变形，其热塑性最差；经均匀化后，大部分碳化物回溶，热塑性在一定范围内较好；热轧态合金的碳化物经过变形破碎，其数量相对较少，且弥散分布，所以热塑性最好。

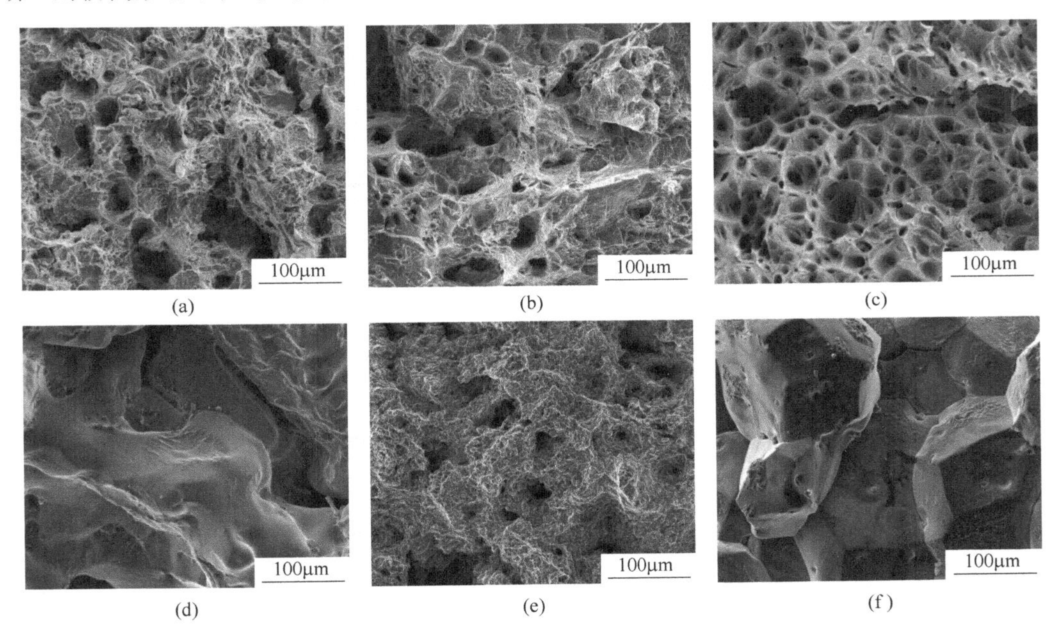

图 5 GH4141 合金在不同温度拉伸断裂后的断口形貌

（a）铸态 1000℃；（b）均匀化态 1000℃；（c）热轧态 1000℃；（d）铸态 1150℃；（e）均匀化态 1150℃；（f）热轧态 1200℃

3 结论

（1）GH4141 合金在≤950℃变形时，组织中未发生动态再结晶，其热塑性较差；在≥1000℃变形时，开始发生动态再结晶，变形抗力显著降低，热塑性逐渐增加；合金在铸态≥1150℃，均匀化态≥1180℃，热轧态≥1180℃变形时，晶粒发生明显粗化，甚至过烧，导致热塑性骤降。

（2）铸态 GH4141 合金由于晶粒粗大，组织中存在微观偏析和大量的碳化物，不易协调变形，热塑性最差，最佳热变形温度区间为 1000～1050℃；经均匀化后，大部分碳化物回溶，偏析消除，其热塑性区间增大，最佳热变形温度区间为 1000～1150℃；热轧态合金的晶粒均匀细小，碳化物经过变形破碎，其数量相对较少，且弥散分布，热塑性区间进一步增大，最佳热变形温度区间为 950～1150℃。

参考文献

[1] 中国金属学会高温材料分会．中国高温合金手册/上卷：变形高温合金 焊接用高温合金丝［M］．北京：中国标准出版社，2012.

[2] 沈道贵．GH141 高强度高温合金［J］．宇航材料工艺，1985（6）：5～10.

[3] 赵炳堃，吕桂芝，赵光普，等．稀土和碱土元素对 GH141 合金热加工塑性的影响［J］．宇航材料工艺，1987（5）：10～15，27.

[4] 陈爱民，杨洪才，高洪彬，等．均匀化热处理及其冷却速度对镍基 GH141 合金热塑性的影响［J］．东北大学学报，1999（1）：56～59.

[5] 赵炳堃，赵光普，吕桂芝．高温均匀化热处理对难变形 GH141 合金锭热塑性的影响［J］．钢铁研究学报，1989，1（2）：47～53.

[6] 张北江，赵光普，焦兰英，等．热加工工艺对 GH4586 合金微观组织的影响［J］．金属学报，2005，41（4）：351～356.

[7] 向雪梅，江河，董建新，等．难变形高温合金 GH4975 的铸态组织及均匀化［J］．金属学报，2020，56（7）：988～996.

[8] 梁艳，马超，李春颜．GH141 高温合金的热加工工艺［J］．金属热处理，2012，37（10）：105～107.

保护气氛电渣重熔 3t GH2132 铝钛的烧损研究

张凌*，裴丙红，何云华，冯旭

（攀钢集团江油长城特殊钢有限公司，四川 江油，621704）

摘　要：GH2132 合金 ϕ400mm 电极棒采用 ALD(7t) 保护气氛电渣炉重熔 ϕ550mm 3t 电渣锭。根据电渣重熔过程时 Al、Ti 元素的变化情况，积累大量数据，分析其在电渣重熔过程中的烧损机理，试验结果表明，母材电极棒 Ti 的质量分数控制在 2.05%~2.15%范围内，Al 的质量分数控制在 0.2%左右有助于减少电渣重熔过程中 Ti 元素烧损；四元渣系 CaF_2-Al_2O_3-MgO-TiO_2 中 TiO_2 比例改变的情况下，随着渣中 TiO_2 比例的增加 H 端 Ti 含量的烧损降低但 A 端 Ti 含量增加，最终选取 5%TiO_2 比例可控制 GH2132 合金电渣锭头尾 Ti 含量差在 0.10%以内。

关键词：保护气氛电渣重熔；Ti 烧损；GH2132 合金

GH2132 合金是以 15Cr-25Ni-Fe 为基组成的奥氏体固溶体，以金属间化合物 γ' 相 [Ni_3(Ti、Al)] 强化的铁基高温合金，在 600~700℃使用具有较高的屈服强度和持久蠕变强度，并且具有良好的加工塑性和焊接性能[1]。GH2132 合金具有高钛低铝的特点，电渣重熔冶炼会造成 Ti 烧损严重，头尾 Ti 含量偏差大，影响合金的加工和力学性能[2]。为减少 Ti 的烧损，本文采用 ALD(7t) 保护气氛电渣炉重熔 ϕ550mm GH2132 3t 电渣锭，通过调整电极棒母材 Al、Ti 含量和改变电渣四元渣渣系（CaF_2-Al_2O_3-MgO-TiO_2）中 TiO_2 比例含量，对保护气氛电渣重熔过程中电渣锭头尾 Al、Ti 元素烧损进行研究，并对重熔过程渣和钢中 Al、Ti 反应进行机理阐述，解决钛烧损严重和头尾钛含量偏差大的问题。

1　试验材料及方法

采用 ALD(7t) 氩气保护气氛电渣炉，熔速设置为 7.0~5.0kg/min，渣阻摇摆值设置为 0.50~0.30mohm，ϕ550mm 结晶器；母材为本厂冶炼的 40t 电炉合金浇铸 400mm 电极棒，填充比为 0.53；渣系采用 74%~77% CaF_2、10% Al_2O_3、10% MgO、3%~6% TiO_2，渣量 120kg；元素含量检测方法：GB/T 223。主要进行以下两种试验：

（1）选用 Al、Ti 含量相同的电极棒，同一条件下采用不同 TiO_2 含量（3%~6%）渣系（四元渣）进行电渣重熔，分析电渣锭 Al、Ti 含量情况。

（2）选用 Al、Ti 含量各异的电极棒，采用同一渣系（四元渣）进行电渣重熔，分析电渣 Al、Ti 含量情况。

2　试验结果及分析

2.1　不同 TiO_2 含量下的 Al、Ti 烧损

试验结果见表 1，从表 1 中可以看出：用 Al、Ti 含量相同的电极棒，渣系中加入不同比例 TiO_2 的情况下，随着 TiO_2 比例增加，电渣锭尾部 Ti 含量烧损降低并且 Al 含量增加降低，“烧 Ti 增 Al”现象得以抑制。但是 TiO_2 比例增加电渣锭头部的 Ti 含量增加，甚至在含量 6%时已经接近 Ti 含量上限。

原因在于电渣重熔过程中存在如下动态平衡反应：

$$4[Al] + 3(TiO_2) \rightleftharpoons 2(Al_2O_3) + 3[Ti]$$

电渣重熔过程前期，渣中 TiO_2 浓度不高的情况下，渣中加入 TiO_2，使渣料反应消耗的 TiO_2 得到补充，TiO_2 浓度增加，平衡向右移动，从而降低了电渣重熔过程中 [Ti] 的烧损。电渣重熔过程中后期，随着渣中 TiO_2 越来越高，反应完全向右进行，使合金中的 [Ti] 含量增加。

*作者：张凌，联系电话：18990536013，E-mail：810358704@qq.com

表 1 渣中不同 TiO_2 比例下电渣锭头尾 Al、Ti 含量变化

编号	电极棒元素质量分数/%		电渣锭 Al 质量分数/%		电渣锭 Ti 质量分数/%		$w(TiO_2)$ /%	ΔTi /%
	Al	Ti	头	尾	头	尾		
1	0. 20	2. 15	0. 21	0. 44	2. 14	1. 81	3	0. 33
2			0. 20	0. 32	2. 16	1. 91	4	0. 25
3			0. 18	0. 20	2. 20	2. 10	5	0. 10
4			0. 16	0. 20	2. 35	2. 09	6	0. 27

注：$w(\Delta Ti)=w_{锭头}(Ti)-w_{锭尾}(Ti)$。

电渣锭 5 点取样分析 Ti，具体取样方式是：距电渣锭头部 200mm 处，距电渣锭尾部 150mm 处，中间 3 点每隔 300mm 取样分析［Ti］，$w(\Delta Ti)=w_{电极}(Ti)-w_{电渣}(Ti)$ 的变化如图 1 所示，从图 1 看出，电渣重熔过程中，渣中加入 TiO_2 可以有效减少 Ti 元素烧损，并且头、尾偏差减小。渣中添加 TiO_2 比例不超过总渣量的 5%，最好控制在 5%左右，Al、Ti 含量头尾偏差比较小，尤其 Ti 元素头尾偏差可控制在 0. 1%范围之内。

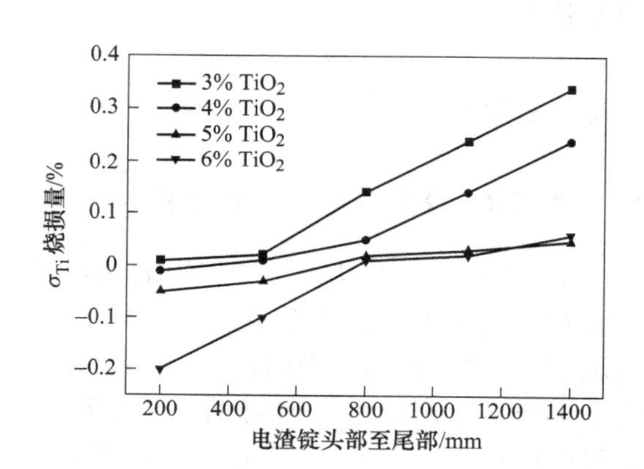

图 1 渣中不同 TiO_2 比例下的 σ_{Ti} 变化图

2. 2 母材 Al、Ti 含量各异在同一渣系下的 Al、Ti 烧损

试验结果见表 2，从表 2 中可以看出：用 Al、Ti 含量不同的电极棒，渣中加入相同比例 TiO_2(5%) 的情况下，母电极中 Al、Ti 含量对电渣重熔后 Al、Ti 含量影响较大。

母材中 Al 含量过低，电渣重熔后，电渣锭尾部 Ti 烧损较大，这是由于在 Al、Ti 平衡反应中合金［Al］浓度过低会导致平衡中［Ti］烧损加剧，母材中 Ti 含量过高，也会增加 Ti 元素的烧损[3]。因此，为使电渣重溶后 Al、Ti 烧损能够保持在最低，母材 Al 含量需控制在 0. 20%左右，母材 Ti 含量控制在 2. 05%～2. 15%范围内。

表 2 母材 Al、Ti 含量各异的电渣锭头尾 Al、Ti 含量变化

编号	电极棒元素质量分数/%		电渣锭 Al 质量分数/%		电渣锭 Ti 质量分数/%		$w(TiO_2)$ /%	ΔTi /%
	Al	Ti	头	尾	头	尾		
1	0. 12	2. 14	0. 14	0. 23	2. 19	1. 92	5	0. 27
2	0. 20	2. 15	0. 18	0. 20	2. 20	2. 10	5	0. 10
3	0. 19	2. 05	0. 18	0. 25	2. 10	1. 97	5	0. 13
4	0. 20	2. 25	0. 19	0. 26	2. 34	2. 10	5	0. 24

3 结论

（1）母材电极棒 Al 的质量分数控制在 0. 20%左右，Ti 的质量分数控制在 2. 05%～2. 15%范围，有利于电渣重熔 Ti 含量的控制。

（2）在四元渣系的基础上，适当地调整渣系中 TiO_2 比例，渣中 TiO_2 比例控制在 5%左右可更好地控制 Ti 元素烧损，头尾偏差可控制在 0. 1%以内。

参考文献

［1］师昌绪．中国高温合金手册（上卷）［M］．北京：中国标准出版社，2012.

［2］裴丙红，刘勤学，何云华．GH2132 合金电渣重熔渣系的研究［J］．四川冶金，2003（6）：7～9.

［3］粟硕．R-26 合金电渣重熔 Ti 含量控制研究［J］．钢铁研究学报，2011，23（12）：2.

镍基变形高温合金 GH3625 中退火孪晶界的热稳定性及其作用

高钰璧[1,2*]，丁雨田[1,2]，马元俊[1,2]，许佳玉[1,2]，王兴茂[1,2]，陈建军[1,2]

（1. 兰州理工大学省部共建有色金属先进加工与再利用国家重点实验室，甘肃 兰州，730050；
2. 兰州理工大学材料科学与工程学院，甘肃 兰州，730050）

摘 要：借助 EBSD 技术研究热作用（600~800℃/200h）下 GH3625 合金中退火孪晶界的演变规律，探讨了合金中退火孪晶界的热稳定性及其对合金组织稳定性的作用。结果表明：GH3625 合金中退火孪晶界在 700℃及以下具有良好的热稳定性，归因于孪晶界具有低晶界能和低迁移率以及时效过程中析出的 γ″和 δ 相对孪晶界迁移的钉扎作用。同时，这种具有高热稳定性的退火孪晶界、包含孪晶界的三叉晶界以及时效过程中析出的 γ″和 δ 相共同对晶界迁移的钉扎作用，使得合金在该温度下具有较高的组织稳定性。

关键词：GH3625 合金；退火孪晶界；热稳定性；EBSD；钉扎作用

GH3625 合金属于中低层错能 FCC 结构金属材料，通过形变热处理工艺（晶界工程）可使合金中退火孪晶界比例高达 50%以上，这些孪晶界的热稳定性直接影响着合金组织热稳定性及其力学性能和使役性能[1~3]。李志刚[4]研究发现退火孪晶界不仅在温度较低时能够显著提高镍铁基变形高温合金的强度，而且在较高（600℃）温度下，孪晶界对合金强度的提高仍具有重要的贡献。Tan 等[5]通过晶界工程处理提高了 Incoloy 800H 合金中退火孪晶界的含量，这些退火孪晶不仅提高了合金室温强度，而且提高了合金高温强度（≤660℃），但没有显著削弱合金的塑性，高温强度的增加源于退火孪晶界在 760℃（0.58Tm，约 1000h）及以下优异的热稳定性以及对位错的阻碍作用。Guan 等[6]通过晶界工程提高了 Cu-16at% Al 合金中退火孪晶界的含量，在一定程度上降低了合金的吉布斯自由能，提高了合金的高温变形稳定性，从而有效地抑制了高温变形过程中的动态再结晶，同步提高了合金的高温拉伸强度和塑性。因此，退火孪晶界的热稳定性是限制基于孪晶界面设计与调控实现镍基变形高温合金高温强塑性匹配的关键因素。

鉴于此，本文借助 EBSD 技术研究热作用（600~800℃/200h）下 GH3625 合金中退火孪晶界的演变规律，探讨合金中退火孪晶界的热稳定性原理及其对合金组织热稳定性的作用机理，为退火孪晶界面在镍基变形高温合金中的应用探索提供理论支撑。

1 试验材料及方法

首先选取不同形变热处理下的 GH3625 合金试样，其化学成分（质量分数,%）为：Cr 21.77，Mo 8.79，Nb 3.75，Fe 3.68，Ti 0.40，Al 0.21，C 0.042，P 0.006，S 0.0006，Ni 余量。随后，将不同形变热处理（TMP）下的合金试样在 600~800℃范围内进行保温 200h 的时效处理，其工艺参数和试样编号见表 1。其次，将不同 TMP 和时效处理的合金试样进行打磨和机械抛光，用 20% H_2SO_4+80%CH_3OH（体积比）电解液进行电解抛光，直流电源为 20V，抛光时间 30s。利用配有 HKL-BESD 探头的 Quanta FEG 450 型热场发射扫描电子显微镜（SEM）对样品表面微区逐点进行扫描，扫描步长为 2.5μm，扫描区域为 1000μm×800μm，收集并标定背散射电子 Kikuchi 衍射花样，经系统处理后得到一系列晶体学信息。EBSD 测试结果用 HKL-Channel 5 软件分析处理，测量系统安装 Brandon 标准[7]（$\Delta\theta_{max}=15°\Sigma^{-1/2}$）确定 Σ

* 作者：高钰璧，讲师，联系电话：15117170254，E-mail：gaoyubi 1991@lut.edu.cn

值，低ΣCSL晶界比例以统计晶界长度的百分比计算。同时，通过EBSD统计包含和未包含孪晶的晶粒尺寸分布，并计算合金的平均有效晶粒尺寸（d_{eff}）和平均晶粒尺寸（d）。

表1 不同TMP和不同时效处理工艺参数

试样编号	工艺参数	试样编号	工艺参数
GBE1	35%/1120℃/15min	GBE1+600℃/200h	35%/1120℃/15min+600℃/200h
GBE2	50%/1120℃/15min	GBE2+700℃/200h	50%/1120℃/15min+700℃/200h
GBE3	65%/1120℃/15min	GBE3+800℃/200h	65%/1120℃/15min+800℃/200h

2 试验结果及分析

2.1 600℃时GH3625合金中退火孪晶界的演变规律

图1为600℃/200h时效处理前后TMP的GH3625合金晶界特征分布和晶粒尺寸分布图。图1中，灰色线表示LAGBs，黑色线表示随机HAGBs，黑色粗线表示Σ3晶界（退火孪晶界）。由图1（a）（c）可知，GBE1合金试样中低ΣCSL晶界比例为56.38%，其中Σ3晶界为51.26%，Σ9晶界为1.86%，Σ27晶界为0.40%，其他低ΣCSL晶界为2.86%；此时GBE1合金试样中没有第二相析出，合金的有效晶粒尺寸分布范围在1~115μm之间，小尺寸（1~20μm）的晶粒比例为66.37%，d_{eff}为17.92μm（图1（d）），这主要与孪晶界和包含孪晶界的三叉晶界共同对晶界迁移的钉扎作用有关。GBE1合金试样经600℃保温200h后，合金试样中低ΣCSL晶界比例为55.92%，其中Σ3晶界为52.01%，Σ9晶界为1.19%，Σ27晶界为0.49%，其他低ΣCSL晶界为1.92%（图1（b）（c））；GBE1合金试样在600℃保温200h时效处理过程中会析出大量的γ″相[8]，这些γ″相的析出不仅能钉扎晶界，阻碍晶界的迁移，从而阻

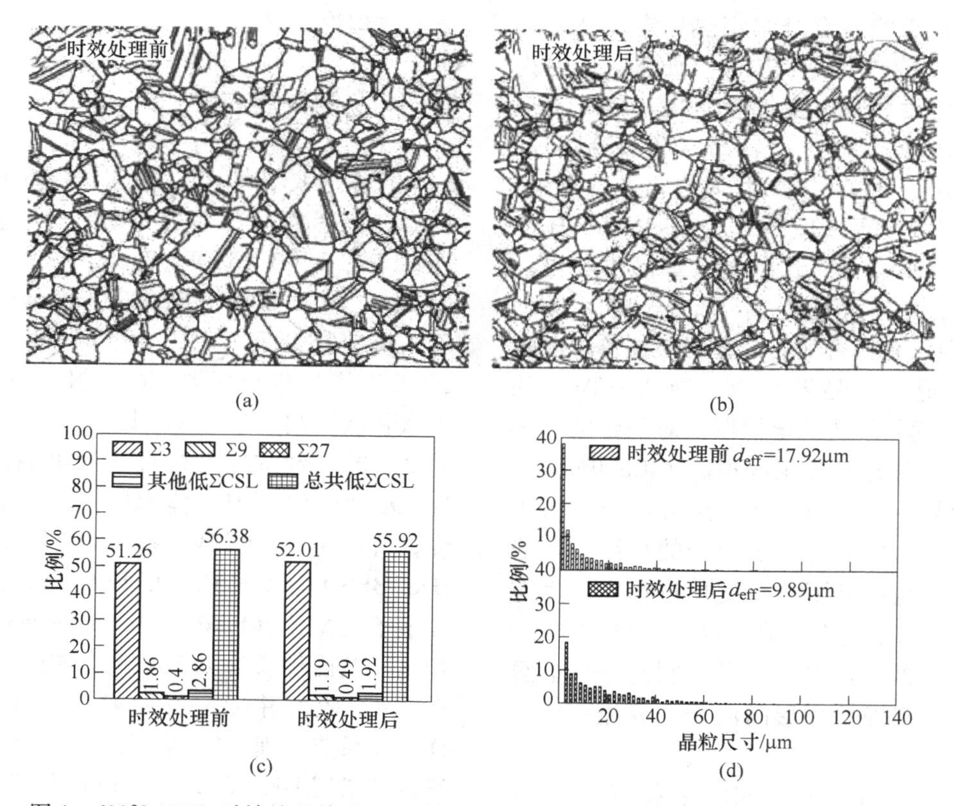

图1 600℃/200h时效处理前后TMP的GH3625合金晶界特征分布和晶粒尺寸分布图

（a）GBE1合金试样的晶界特征分布图；（b）GBE1合金试样经600℃/200h时效处理后的晶界特征分布图；（c）600℃/200h时效处理前后GBE1合金试样的特殊晶界比例；（d）600℃/200h时效处理前后GBE1合金试样的有效晶粒尺寸

碍退火孪晶界的湮灭，间接地提高了合金中退火孪晶界的稳定性；而且能够钉扎共格和非共格孪晶界，降低孪晶界的迁移速率，从而阻碍退火孪晶界的湮灭[9]。因此，GBE1 合金试样经 600℃保温 200h 后的有效晶粒尺寸分布范围（1～101μm）较窄，小尺寸（1～20μm）的晶粒比例（83.48%）较高，d_{eff}为 9.89μm（图 1（d）），与 GBE1 合金试样相比，此处有额外的时效过程中析出的 γ″相对晶界迁移的钉扎作用。结合 GBE1 合金试样时效处理（600℃/200h）的晶界特征分布和有效晶粒尺寸分布可知，GH3625 合金中的退火孪晶界在 600℃保温 200h 时具有良好的热稳定性。

2.2 700℃时 GH3625 合金中退火孪晶界的演变规律

图 2 为 700℃/200h 时效处理前后 TMP 的 GH3625 合金晶界特征分布和晶粒尺寸分布图。由图 2（a)(c）可知，GBE2 合金试样中Σ3 晶界为 54.19%；此时，GBE2 合金试样中也没有第二相析出，合金的有效晶粒尺寸分布范围在 1～115μm 之间，小尺寸（1～20μm）的晶粒比例为 69.93%，d_{eff}为 16.44μm（图 2（d））。GBE2 合金试样经 700℃保温 200h 后，合金试样中Σ3 晶界为 52.19%（图 2（b)(c））；GBE2 合金试样在 700℃保温 200h 时效处理过程中会析出大量的 γ″相和 δ 相[8]，此时，由于 γ″相和 δ 相的存在，不但能钉扎晶界，阻碍晶界迁移，而且能钉扎孪晶界，降低孪晶界的迁移速率，从而阻碍退火孪晶界的湮灭[9]；此外，由于时效温度的升高，增加了晶界和孪晶界的迁移速率，使得 GBE2 合金试样在 700℃保温 200h 后退火孪晶界（Σ3）的比例降低了 2.00%，合金的有效晶粒尺寸分布范围（1～113μm）未发生明显变化，但小尺寸（1～20μm）的晶粒比例（79.41%）增加，d_{eff}为 11.82μm（图 2（d））。可见，GH3625 合金中的退火孪晶界在 700℃保温 200h 时也具有良好的热稳定性。

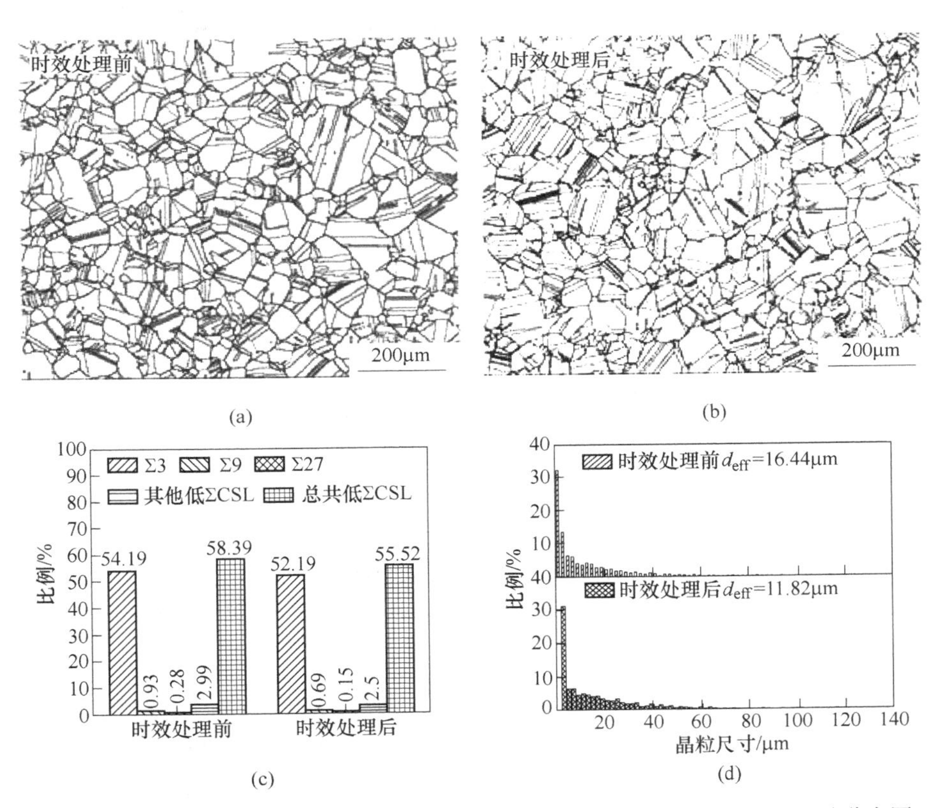

图 2 700℃/200h 时效处理前后 TMP 的 GH3625 合金晶界特征分布和晶粒尺寸分布图

（a）GBE2 合金试样的晶界特征分布图；

（b）GBE2 合金试样经 700℃/200h 时效处理后的晶界特征分布图；

（c）700℃/200h 时效处理前后 GBE2 合金试样的特殊晶界比例；

（d）700℃/200h 时效处理前后 GBE2 合金试样的有效晶粒尺寸

2.3　800℃时 GH3625 合金中退火孪晶界的演变规律

图 3 为 800℃/200h 时效处理前后 TMP 的 GH3625 合金晶界特征分布和晶粒尺寸分布图。由图 3（a)(c）可知，GBE3 合金试样中∑3 晶界为 50.85%；此时，GBE3 合金试样中也没有第二相析出，合金的有效晶粒尺寸分布范围在 1～101μm 之间，小尺寸（1～20μm）的晶粒比例为 66.31%，d_{eff} 为 17.04μm（图 3（d））。GBE3 合金试样在 800℃保温 200h 后，合金试样中∑3 晶界为 45.57%（图 3（b)(c））。GBE3 合金试样在 800℃ 保温 200h 时效处理过程中会析出大量的 δ 相和少量的 γ″相[8]，此时，由于 γ″相和 δ 相的存在，不但能钉扎晶界，阻碍晶界迁移，而且能钉扎孪晶界，降低孪晶界的迁移速率，从而阻碍退火孪晶界的湮灭[9]；此外，由于时效温度的进一步升高，增加了晶界和孪晶界的迁移速率，导致 GBE3 合金试样在 800℃保温 200h 后退火孪晶界（∑3）的比例降低了 5.28%，合金的有效晶粒尺寸分布范围（1～141μm）增加，小尺寸（1～20μm）的晶粒比例（75.05%）增加，d_{eff} 为 13.97μm（图 3（d））。可见，随着时效温度的升高，GH3625 合金中退火孪晶界的热稳定性降低。由此可知，GH3625 合金中退火孪晶界在 700℃及以下保温 200h 时具有良好的热稳定性。

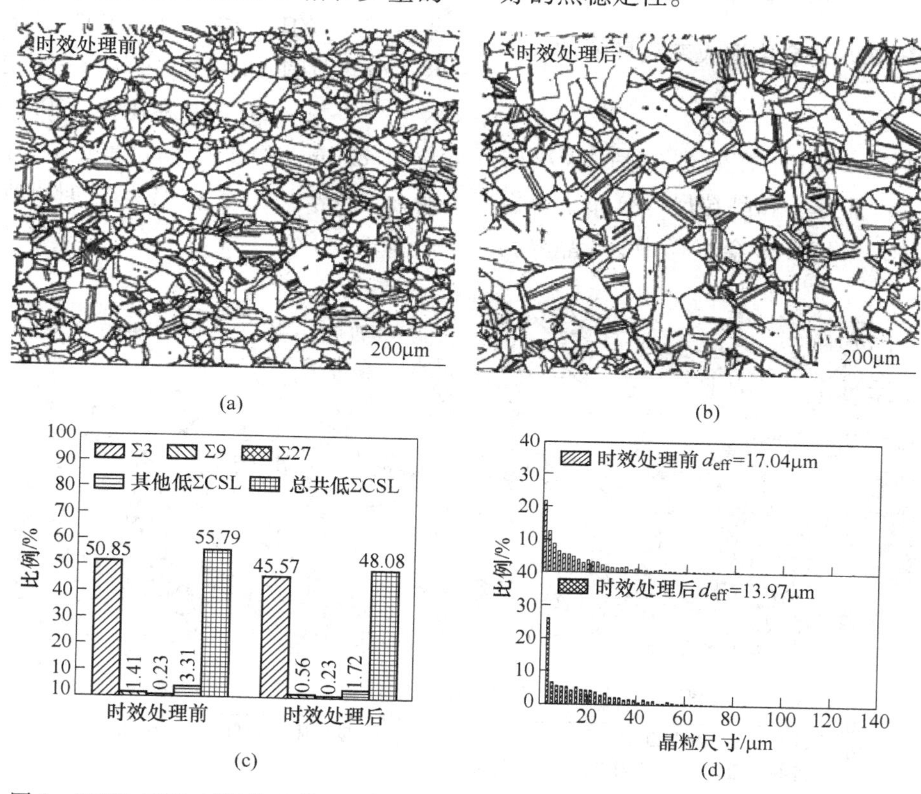

图 3　800℃/200h 时效处理前后 TMP 的 GH3625 合金晶界特征分布和晶粒尺寸分布图

（a）GBE3 合金试样的晶界特征分布图；（b）GBE3 合金试样经 800℃/200h 时效处理后的晶界特征分布图；（c）800℃/200h 时效处理前后 GBE3 合金试样的特殊晶界比例；（d）800℃/200h 时效处理前后 GBE3 合金试样的有效晶粒尺寸

综上所述，不同 TMP 的 GH3625 合金中存在大量的退火孪晶界（∑3 晶界）以及大量包含∑3 晶界的三叉晶界，这些退火孪晶界（低的晶界能和低的迁移率）和包含∑3 晶界的三叉晶界本身具有良好的热稳定性；同时，不同 TMP 的 GH3625 合金在 600～800℃时效时会析出 γ″和 δ 相，这些第二相粒子的析出会对晶界和孪晶界迁移起着钉扎作用，从而阻碍退火孪晶界的湮灭，提高了合金中退火孪晶界的热稳定性。因此，GH3625 合金中退火孪晶界在 700℃及以下保温 200h 时具有良好的热稳定性，这归因于孪晶界具有低晶界能和低迁移率以及时效过程中析出的 γ″和 δ 相对孪晶界迁移的钉扎作用。同时，这种具有高热稳定性的退火孪晶界、包含孪晶界的三叉晶界以及时效过程中析出的第二相粒子共同对晶界迁移的钉扎作用，使得合金在该温度下具有较高的组织稳定性。

3 结论

（1）GH3625 合金中退火孪晶界在 700℃及以下具有良好的热稳定性，这归因于孪晶界具有低晶界能和低迁移率以及时效过程中析出的 γ″和 δ 相对孪晶界迁移的钉扎作用。

（2）GH3625 合金中具有高热稳定性的退火孪晶界、包含孪晶界的三叉晶界以及时效过程中析出的 γ″和 δ 相共同对晶界迁移的钉扎作用，使得合金在 700℃及以下具有较高的组织稳定性。

参考文献

[1] 高钰璧，丁雨田，陈建军，等．形变及热处理对 GH3625 合金晶界特征分布的影响［J］. 稀有金属材料与工程，2019，48（11）：3585~3592.

[2] Gao Y B, Ding Y T, Chen J J, et al. Effect of twin boundaries on the microstructure and mechanical properties of Inconel 625 alloy [J]. Materials Science and Engineering A, 2019, 767: 138361.

[3] Wang X M, Ding Y T, Gao Y B, et al. Effect of grain refinement and twin structure on the strength and ductility of Inconel 625 alloy [J]. Materials Science and Engineering A, 2021, (7): 141739.

[4] 李志刚．一种镍铁基变形高温合金中退火孪晶界的演变与力学行为［D］. 上海交通大学，2015.

[5] Tan L, Sridharan K, Allen T R, et al. Microstructure tailoring for property improvements by grain boundary engineering [J]. Journal of Nuclear Materials, 2008, 374 (1-2): 270~280.

[6] Guan X J, Shi F, Ji H M, et al. A possibility to synchronously improve the high-temperature strength and ductility in face-centered cubic metals through grain boundary engineering [J]. Scripta Materialia, 2020, 187: 216~220.

[7] Brandon D G. The structure of high-angle grain boundaries [J]. Acta Materialia, 1966, 14 (11): 1479~1484.

[8] Floreen S, Fuchs G E, Yang W J. The metallurgy of alloy 625 [C] //Superalloys 718, 625, 706 and various derivatives, Warrendale, PA: TMS, 1994: 13~37.

[9] Wang L M, Chen C C. Twin growth and its interaction with precipitates [J]. Materials Letters, 2012, 67 (1): 158~161.

低膨胀 GH2909 合金高温持久缺口敏感性研究

陈琦[1*]，周扬[1]，裴丙红[2]，韩福[2]，赵斌[2]，张健[1]，余多贤[2]

（1. 成都先进金属材料产业技术研究院股份有限公司，四川 成都，610000；
2. 攀钢集团江油长城特殊钢有限公司，四川 江油，621704）

摘　要：研究了不同组织 GH2909 合金的光滑/缺口断裂情况、持久寿命及断口形貌，分析了晶粒、Laves 相和 ε″相等微观组织特征对合金缺口敏感性的影响规律。研究结果表明：GH2909 合金晶粒形态和 ε″相的析出数量对缺口敏感性无明显影响，而 Laves 相对缺口敏感性有直接影响；合金组织中 Laves 相沿晶界大量析出，对应高温持久试样在光滑处断裂，持久寿命远高于 23h，无缺口敏感；合金组织中无 Laves 相析出，对应高温持久试样在缺口处断裂，存在缺口敏感性；Laves 弥散分布对缺口敏感性不利。

关键词：GH2909；Laves 相；高温持久性能；缺口敏感性

低膨胀 GH2909 合金是在 650℃ 以下使用的 Fe-Ni-Co 基时效硬化型第三代低膨胀高温合金，因其低的热膨胀系数及良好的强度和塑性[1]，已选用于制造我国多种军用和商用航空发动机机匣等间隙控制构件，然而国产 GH2909 合金锻棒或环件高温持久缺口敏感性问题较为突出，制约了国产 GH2909 合金材料的批量稳定生产和推广应用。徐雄等研究了 GH2909 在不同温度长期时效后的合金组织和性能，认为在晶界连续分布的粒状 Laves 相可以提高 GH2909 合金的持久寿命，而在晶界薄膜状分布的 Laves 相则会使 GH2909 合金产生缺口敏感[2]；李钊等对 GH2909 合金锻件的组织和性能进行了分析，认为在特定的析出相分布状态下，GH2909 是否出现缺口敏感是一个概率性事件，而 Laves 相成薄膜状包覆晶界时，合金呈现缺口敏感的概率显著提升[3]；范黔伟等通过对不同成分、不同热处理制度的 GH2909 合金性能进行了对比，发现降低 Al 含量，提高 Si 含量，促进 ε″相在晶界的析出，可以有效降低 GH2909 合金的缺口敏感性[4]，但是现有的研究对 GH2909 合金的缺口敏感性产生原因尚无统一的认识。本文研究了不同组织 GH2909 合金的高温持久性能，分析了晶粒、Laves 相和 ε″相的数量和分布等对合金缺口敏感性的影响，为 GH2909 合金锻棒或环件组织调控提供依据。

1　实验方法

实验材料采用攀长特公司生产的 GH2909 合金锻棒材料，采用扫描电镜对 GH2909 合金棒材组织中晶粒形貌、Laves 相及 ε″相析出数量及分布进行了表征分析，挑选出经不同变形量及终锻温度锻造后，组织中析出相数量及形貌均有差异的 GH2909 合金试样，并将不同组织的 GH2909 合金试样进行时效热处理后，按照 GB/T2039 标准测试其 650℃，510MPa 条件下的高温缺口联合持久性能，对比了不同组织的 GH2909 合金的光滑/缺口断裂情况及联合持久寿命，并对持久试样的断口宏观形貌及断口位置的高倍组织进行分析对比，确认了 GH2909 合金组织中的析出相的数量和分布对其缺口敏感性的影响。

2　结果与讨论

2.1　GH2909 合金不同的锻态和时效态组织

为了研究不同的组织对 GH2909 合金高温缺口联合持久性能的影响，实验挑选了 6 种不同组织的 GH2909 合金锻棒（分别编号为 1~6 号试样），在扫描电镜下观察其原始组织，其组织形貌如图 1 所示。对比六种 GH2909 合金锻棒的组织，可以看出：1 号

* 作者：陈琦，高级工程师，联系电话：13666101132，E-mail：912767@qq. com

试样组织中，晶粒形貌为等轴晶，组织中仅有极少量的 Laves 相析出，且 Laves 相的分布与晶界不重合；2 号试样组织中，晶粒形貌也为等轴晶，但是组织中有大量 Laves 相析出，且 Laves 相在基体中弥散分布；3 号试样组织中，晶粒呈等轴晶形貌，组织中有大量 Laves 相析出，且 Laves 相在晶界呈颗粒状分布；4 号试样组织中，晶粒形貌为略微拉长的变形晶，且晶粒尺寸相对较小，组织中有大量 Laves 相析出，且 Laves 相在晶界上呈薄膜状分布；5 号试样组织中，晶粒形貌为等轴晶，Laves 相在晶界上大量析出，同时晶内有针状 ε 相析出；6 号试样组织中，晶粒为等轴晶，Laves 相在晶界上呈薄膜状析出。

图 1 GH2909 合金不同锻态组织 SEM 图像

(a)~(f) 1~6 号试样

为了进一步研究组织中析出相对 GH2909 合金缺口敏感性的影响，对 6 个试样进行了时效处理，以促进强化相的析出，时效处理制度为 720℃ 保温 8h，然后以 55℃/h 的速度降温至 620℃，保温 8h 后空冷[5]。图 2 为各试样在时效处理后的组织。由图 2 可以看出，经过 720℃ 及 620℃ 时效后，各试样的组织都发生了一定的变化。其中 1 号、2 号试样在时效过程中在晶界析出了少量的 Laves 相，由于时效温度远低于 Laves 相的析出温度，因此晶界上只有极薄的薄膜状 Laves 相析出。同时 1 号试样的组织中，晶内有少量短棒状的 ε″相析出，但分布不均匀；2 号试样原始组织中弥散分布的 Laves 相依然存在，而晶内析出了大量的 ε″相；3~6 号试样经过时效处理后，在保留锻棒原始组织中的晶粒形貌和析出相外，均在晶内析出了大量的 ε″相。

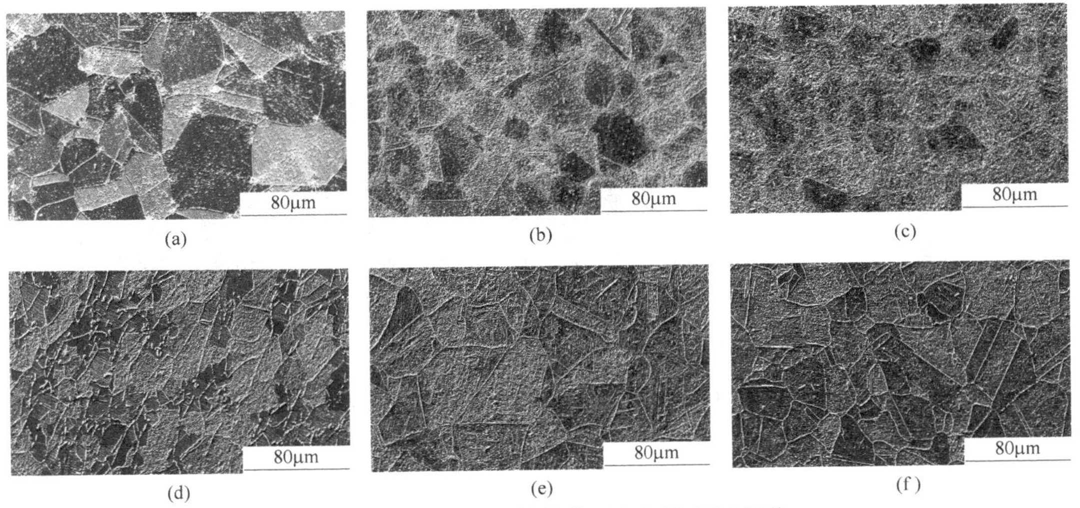

图 2 GH2909 合金时效热处理态组织 SEM 图像

(a)~(f) 1~6 号试样

2.2 GH2909 合金试样高温联合持久性能

将经过时效处理后的 GH2909 合金试样按照 GB/T 2039 标准进行高温联合持久测试，测试温度为 650℃，测试应力为 510MPa，缺口半径为 0.14mm，$KT=3.7$，为了确保试样的测试结果准确，每个试样分别取两个平行样进行测试（编号为 1-1~6-2）。图 3 为各试样的测试结果。由图 3 中数据可以看出 1 号试样和 2 号试样在高温联合持久测试中，试样均断在缺口处，表现出明显的缺口敏感，且断后伸长率为零，没有发生塑性变形；而 3~6 号试样均断在光滑处，没有缺口敏感，且持久时间均>23h，达到了标准要求，其中 3 号、6 号试样的持久时间长达 100h 以上，远超标准要求，表现出良好的高温持久性能；同时可见，3~6 号试样的断后伸长率均大于标准要求的 4%，表现出良好的高温韧性。

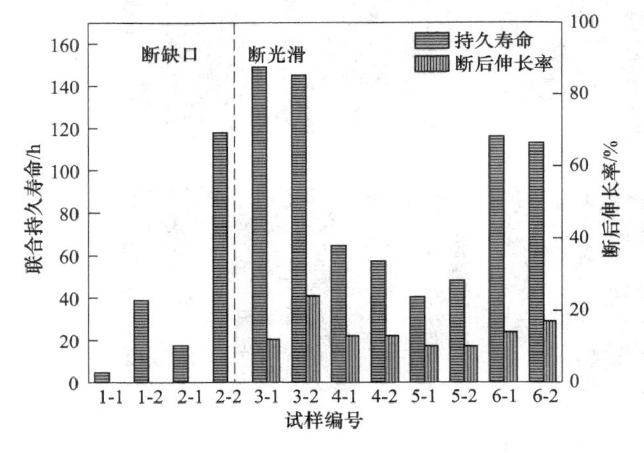

图 3 GH2909 合金高温联合持久测试结果

2.3 高温持久断口特征

在扫描电镜下观察 GH2909 合金试样高温联合持久测试后的试样断口形貌，并在断口位置中切后，观察断口位置的组织。图 4 为断口的宏观形貌。从图 4 可见，1 号、2 号试样的断口平齐，没有发生塑形变形，断口上存在大面积的颗粒状沿晶断裂区，并且在断口上有大量的二次裂纹生成，表现出脆性断裂特征；3~6 号试样的断口位置不同程度地出现了颈缩变形，断口凹凸不平，表现出韧性断裂特征。

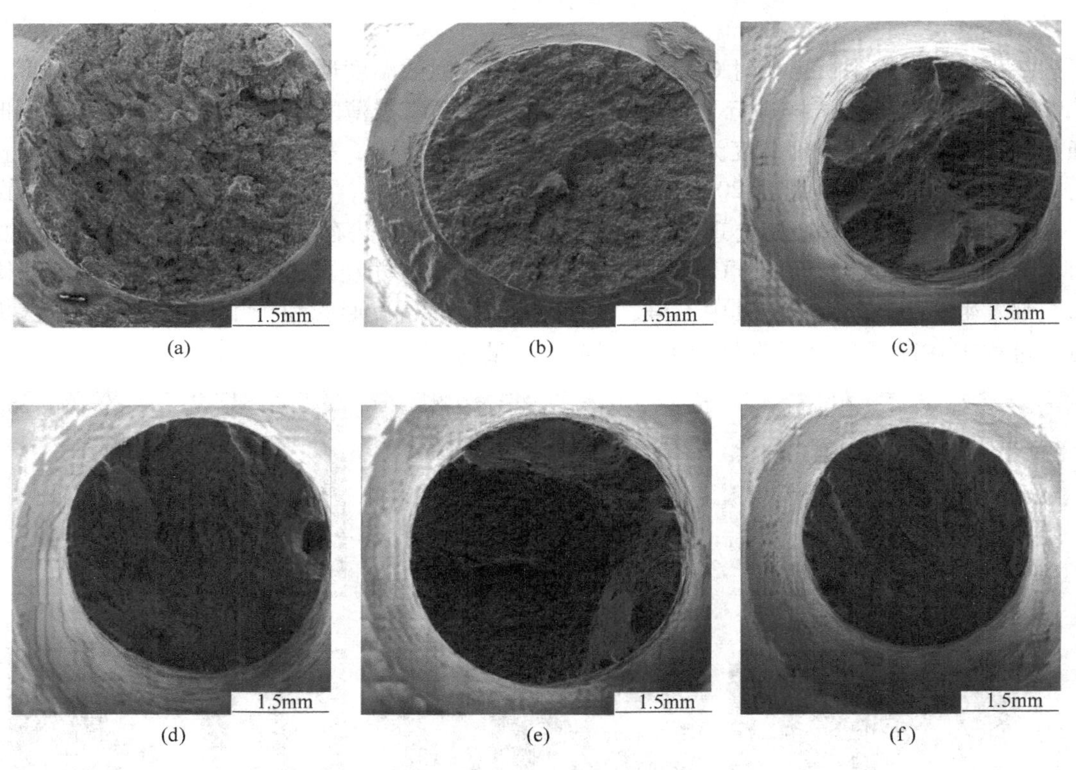

图 4 GH2909 合金联合持久试样断口宏观形貌
(a)~(f) 1~6 号试样

图 5 为断口位置的高倍组织 SEM 照片。观察图 5 中各试样的缺口位置的组织形貌，可以发现，断缺口的 1 号、2 号试样，其断口表现出了沿晶断裂的特征，断口沿晶界延伸，在断口附近存在二

次裂纹，且二次裂纹也是沿晶界生长，在裂纹边缘出现了明显的氧化；断口光滑的3~6号试样，其断口为穿晶断裂特征，断口横向穿过整个晶粒，与晶界位置不重合。

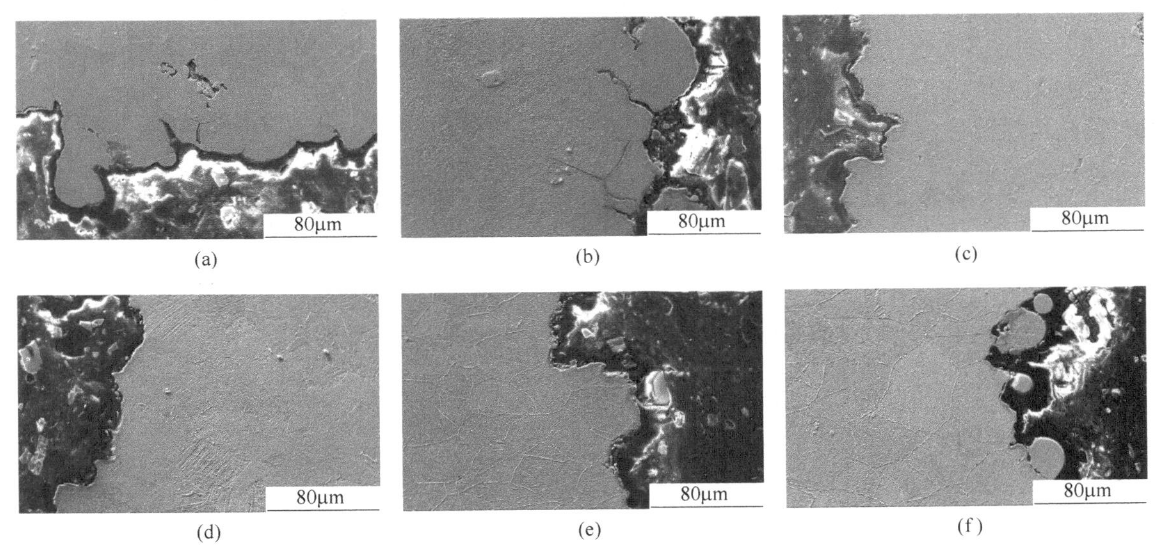

图5 GH2909合金高温联合持久测试后的断口位置组织形貌
(a)~(f) 1~6号试样

2.4 分析与讨论

对比以上的GH2909合金的组织特征和高温持久测试结果，可以看出，锻棒原始组织中没有Laves相析出的1号试样及Laves相在晶内弥散分布的2号试样，经过时效处理后晶界处的Laves相析出也很少，在高温持久测试中断在缺口处，有缺口敏感；而锻棒原始组织中Laves相充分析出，并分布于晶界的3~6号试样，在高温持久测试中均断在光滑处，没有缺口敏感，说明GH2909合金组织中，Laves相的析出数量和分布对其缺口敏感性有重要影响。组织为变形拉长晶的4号试样也没有缺口敏感，说明GH2909合金的晶粒形貌对缺口敏感性没有影响。同时可以发现，除1号试样外，其余试样无论是断缺口还是断光滑，其断口组织中均有大量ε''相存在，在断口的裂纹两侧均有大量ε''相分布，表明ε''相在持久测试中不能抑制裂纹的生成和扩展。从持久检测结果还可以发现，3号、6号试样的持久寿命最长，均超过了100h，但是3号试样组织中Laves相在晶界呈颗粒状析出，而6号试样组织中Laves相在晶界上呈薄膜状析出，这说明Laves相的形貌对其持久寿命影响不大。由此可见，GH2909合金组织中，在晶界大量析出的Laves相数量对其缺口敏感性有重要影响，而晶粒形态及ε''相的析出状态对缺口敏感性没有明显影响，并且晶界上析出Laves相的形貌为颗粒状或是薄膜状对其持久寿命影响较小。

根据变形理论，在联合持久测试中，当材料韧性较差，在应力作用下发生脆性断裂时，由于应力在缺口处集中，会导致缺口处断裂，表现出缺口敏感；当材料韧性较好，在应力作用下发生韧性变形，在缺口处会形成三向应力，抵消了应力集中的效果，试样不会在缺口处断裂，表现为缺口不敏感[6]。GH2909合金组织中Laves相析出会消耗大量的Nb、Ti元素，这与GH2909合金中的主要强化相γ'的组成元素一致，当晶界析出大量的Laves相时，会抑制γ'相在晶界附近析出，在晶界Laves相周围形成贫γ'相区，在晶界两侧形成微塑性区。在应力作用下，晶界和晶粒可以协调变形，最终形成塑性断裂，没有缺口敏感。因此，在GH2909合金的锻造过程中，应该注意组织中Laves相的调控，使Laves相在晶界上大量析出，可以有效改善GH2909合金的缺口敏感性。

3 结论

（1）GH2909合金组织中的Laves相数量和分布对其缺口敏感性有重要影响，Laves相在晶界上大量析出时，GH2909合金的没有缺口敏感，组织中没有Laves相或者Laves相在晶内弥散分布时，

GH2909 合金对缺口敏感。

（2）GH2909 合金组织中 Laves 相在晶界上颗粒状析出或是薄膜状析出对其缺口敏感性没有影响。

（3）GH2909 合金组织中的晶粒形貌和 ε''相析出数量对其缺口敏感性没有明显影响。

参考文献

［1］高玉奎，赵宇新，殷源发．低膨胀高温合金 GH2909 再结晶研究［J］．金属热处理，2005（30）：77~79.

［2］徐雄，李钊，万智鹏，等．长期时效对低膨胀高温合金 GH2909 性能的影响［J］．材料研究学报，2021（35）：331~338.

［3］李钊，王涛，徐雄，等．GH2909 合金锻件持久缺口敏感性组织分析［J］．金属热处理，2020（45）：18~22.

［4］范黔伟，孙艳．GH2909 热处理工艺性能的研究［J］．金属加工，2015（13）：18~21.

［5］赵宇新，张绍雄．热处理对 GH2909 合金组织和性能的影响［J］．材料工程，2002：42~45.

［6］蔡大勇，张伟红，刘文昌，等．Inconel718 合金中 δ 相溶解动力学及对缺口敏感性的影响［J］．有色金属，2003（55）：4~7.

GH4169合金真空感应铸锭缩孔缩松的形成原因及控制方法研究

唐平梅[1*]，周扬[1]，蒋世川[1]，张健[1]，何云华[2]，裴丙红[2]

（1. 成都先进金属材料产业技术研究院股份有限公司，四川 成都，610303；
2. 攀钢集团江油长城特殊钢有限公司，四川 江油，621704）

摘 要：研究采用数值仿真分析了GH4169合金真空感应铸锭缩孔缩松的形成原因，探讨了浇注工艺、锭模加热及保温冒口对铸锭缩孔的影响，明确了铸锭缩孔的控制方法。结果表明：无冒口条件下，铸锭充型过程中，锭模下部被合金液加热的时间长而温度较高，延缓了凝固过程铸锭下部合金的冷却凝固，抑制了铸锭从底部到顶部（浇口）的顺序凝固，且合金的液态收缩与凝固收缩明显大于固态收缩，导致形成严重的缩孔缩松缺陷。改变浇注温度、速度及锭型尺寸等工艺参数不能显著改变凝固过程铸锭纵向方向上的温度分布规律及凝固顺序，难以有效解决铸锭缩孔问题。采用锭模加热可显著减小铸锭凝固过程其纵向方向上的温差，能较为显著地减小缩孔深度；使用保温冒口可延缓冒口端合金的冷却凝固，有利于铸锭在纵向方向上向着顺序凝固的方向发展，可显著减小铸锭的缩孔尺寸，冒口尺寸对铸锭缩孔尺寸具有重要影响。通过试验解剖的与模拟预测的铸锭缩孔深度进行对比，验证了所建数学模型的合理性。

关键词：GH4169合金；真空感应铸锭；缩孔缩松；形成机理；铸造工艺优化

高温合金具有优异的高温强度、抗氧化能力及抗疲劳性能，在航空、航天、能源、化工等领域获得了广泛应用。目前，真空感应熔炼是大多数高品质高温合金的一次冶炼工艺，但在该工艺的浇注阶段得到的铸锭的缩孔缩松问题十分突出，其严重影响了二次冶炼过程的稳定性、成材率以及最终产品质量[1,2]。迄今，国内学者对高温合金真空感应铸锭缩孔问题的研究还较少，难以支撑现场生产工艺的改进。本文采用数值模拟的方法，以GH4169合金真空感应浇注为例，分析了铸锭充型与凝固过程温度场的变化特征及其对缩孔缩松形成的影响，系统研究了浇注工艺、锭模加热、保温冒口等对真空感应铸锭缩孔形成的影响规律，明确了铸锭缩孔的控制方法，为现场生产实践提供了指导。

1 试验方法

采用Procast铸造仿真软件对真空感应铸锭的浇注过程进行建模和数值仿真分析，浇注的充型与凝固过程涉及流体的流动和传热，通常流体流动及传热遵循三大守恒定律，即质量守恒定律、动量守恒定律及能量守恒定律。本研究使用的质量、动量及能量守恒方程来自参考文献［3］，建立的几何模型主要包括铸锭、锭模、底砖及冒口。为了减少计算量，使用了四分之一的对称模型，将对称面设置了对称边界条件。研究采用的合金为GH4169合金，其主要热物性参数如导热系数、热容、固相线温度、液相线温度等由实验测量获得。在计算模型中，液态高温合金以入口边界条件流入锭模，入口温度为浇注温度，锭模与底砖等的初始温度为25℃。另外，铸锭与锭模之间的边界换热系数被认为是温度的函数，其来自参考文献［4］，铸锭与底砖的边界换热系数设置为300W/(m^2·K)，铸锭与冒口的边界换热系数则为200W/(m^2·K)。采用四面体网格对计算区域进行离散化处理，权衡计算精度和计算量后，确定合金入口及其周围区域划分单元尺寸为4mm，其余区域划分的最大单元尺寸为15mm，最后采用ProCAST默认的求解器对模型进行求解计算。

*作者：唐平梅，博士，联系电话：13996231541，E-mail：Tpingmei@163.com

另外，为了验证数值仿真模型的合理性，对GH4169合金真空感应铸锭进行了解剖对比分析。采用验证后的模型，对铸锭充型与凝固过程的温度场展开分析，明确铸锭缩孔缩松的形成机理，并对浇注工艺、锭模加热及冒口尺寸等不同工艺对铸锭缩孔的影响进行仿真分析，最终提出控制铸锭缩孔的工艺方法。

2 试验结果与分析

2.1 数学模型验证

为了验证所建模型的合理性，对 ϕ440mm 锭型 GH4169 合金感应锭进行了解剖分析。由图1（a）可知，解剖的铸锭头部存在大尺寸的缩孔，切头 300mm 后铸锭缩孔深度为 300mm，未切头前铸锭缩孔深度达到了 600mm。不仅如此，缩孔下部还存在密集的小孔洞（即缩松），这些微小缩松基本贯穿了整个铸锭的心部位置。可见铸锭内部的缩孔及缩松缺陷十分显著。在相同的工艺条件下，模拟预测的铸锭缩孔深度为 655mm（图1（b）），其与试验解剖铸锭的缩孔深度误差为9.1%。另外，研究采用 Niyama 判据来分析铸锭内部的微小孔隙情况。Niyama 判据认为当 $G/Rs^{0.5}$ 小于某一临界值时会形成微小孔隙，其中 G 和 Rs 分别为温度梯度和冷却速度[5]。如图1（c）所示，当使用 Niyama≤11(K · s)$^{0.5}$/cm 这一判定标准后，铸锭内部的缩松缺陷也基本贯穿了整个铸锭心部（虚线方框标记区域），可见模拟预测的铸锭缩孔深度与缩松分布与试验解剖的铸锭情况较为一致，说明所建数学模型具有一定合理性。另外发现，相对于解剖的铸锭缩孔形貌，模拟预测的缩孔形貌较为规则，这可能是因为实际浇注过程存在大尺寸的夹杂物或是渣，其影响合金的冷却凝固，导致形成不规则的缩孔形貌，而目前所建数学模型暂未考虑夹杂物或是渣对合金凝固过程的影响。王建武等[4]对镍基高温合金真空感应铸锭进行了解剖分析，获得的缩孔形貌也为深“V”形，其与本模拟结果较为吻合，说明本模拟研究结果具有一定的可信性。

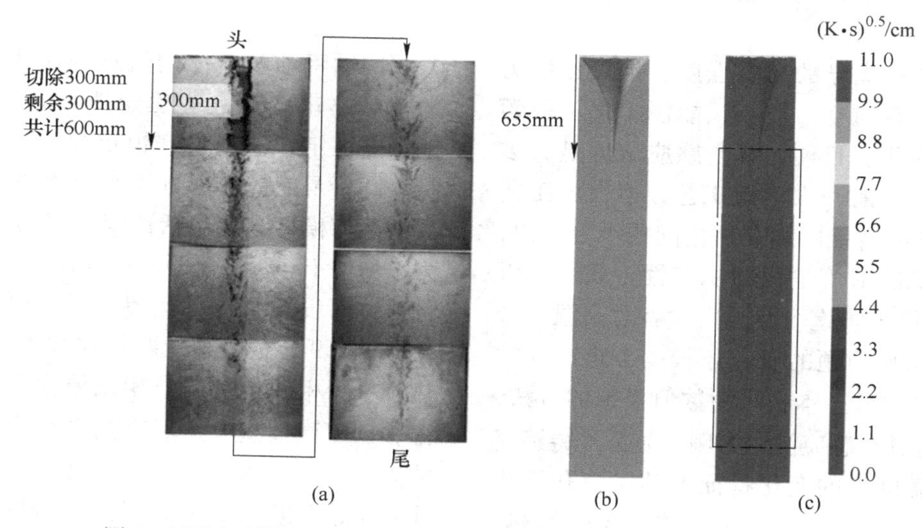

图1 试验解剖的与数值模拟的铸锭（ϕ440mm 锭型）缩孔缩松情况

（a）试验；（b），（c）数值模拟

2.2 真空感应铸锭缩孔缩松形成机理

未使用保温冒口时，通过数值模拟获得的铸锭（ϕ360mm 锭型）充型及凝固过程不同时刻的温度分布如图2（a）所示。由图2（a）可知，在充型过程中（150s），合金与锭模之间存在热交换，合金热量传递给锭模后，锭模温度逐渐升高。但注意到，由于充型过程中锭模从下部到上部与合金液的作用时间逐渐增长，因此充型结束后（348s），锭模温度从下到上逐渐降低。在凝固过程中（348s 之后），合金与锭模之间仍存在热交换，锭模温度持续增大，合金温度由内部到外部逐渐降低，且铸锭上部合金的温度低，先凝固，而下部合金的温度高，后凝固。出现该现象的原因在于，锭模的温度分布影响着合金的冷却凝固，充型结束后，相对于上部锭模，下部锭模的温度较高，在凝固过程中，其延缓了铸锭下部合金的冷却凝固（图2（b）），铸锭完全凝固后上部的缩孔深度达到了铸锭长度的1/3。

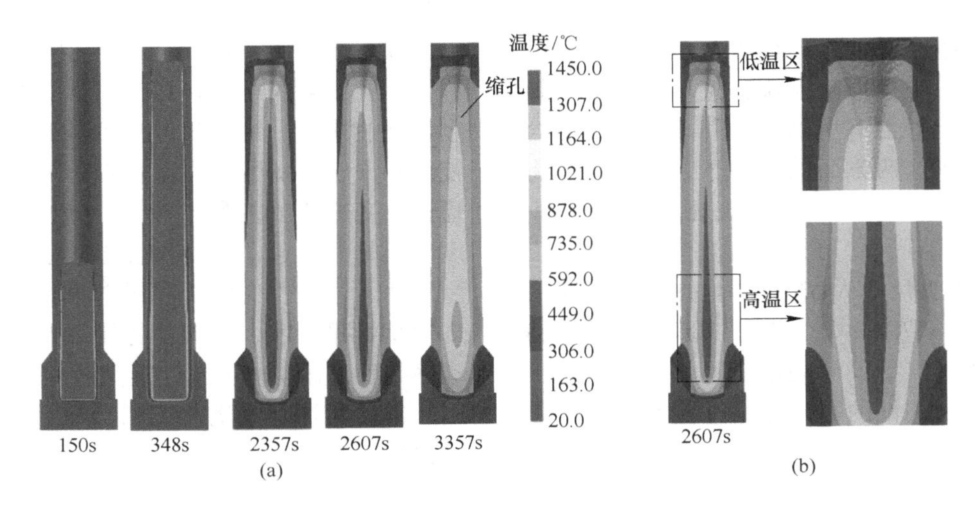

图2 未使用冒口铸锭（ϕ360mm 锭型）浇注凝固过程的温度分布

由铸件形成理论基础[6]可知，在铸件凝固过程中控制铸件的凝固方向使之符合“顺序凝固原则”，可使铸件在凝固过程中建立良好的补缩条件，从而可以有效减轻铸件的缩孔缩松缺陷。顺序凝固的原则就是在铸件纵向方向上，从铸件底部到顶部（浇口）温度逐渐增加，存在一个递增的温度梯度，铸件各部分可按照铸件从底部到顶部的顺序依次进行凝固，凝固过程中冷却凝固合金可以得到高温合金液的不断补缩。结合前面的分析可知，在给定的工艺条件下，铸锭充型过程中，由于锭模下部与合金液的相互作用时间较长，合金液传递给锭模的热量较多，使得锭模下部温度较高。其延缓了凝固过程铸锭下部合金的冷却凝固，抑制了铸锭从底部到顶部（浇口）的顺序凝固，降低了铸锭上部合金液的补缩效果，导致铸锭凝固后容易出现缩孔缩松缺陷。

此外，研究计算了不同温度下 GH4169 合金的热膨胀系数如图3所示。经计算，在液相收缩阶段、凝固收缩阶段及固态收缩阶段的平均热膨胀系数分别为 26.3×10^{-6}1/K，20.6×10^{-6}1/K，14.4×10^{-6}1/K。可见，液态收缩与凝固收缩阶段的热膨胀系数明显大于固态收缩阶段的热膨胀系数。这意味着 GH4169 合金的液态收缩与凝固收缩明显大于固态收缩，其将导致合金凝固后容易出现缩孔缩松缺陷。基于以上两方面的原因，最终铸锭上部形成了深“V”形的缩孔，心部也出现了较为连续的缩松。

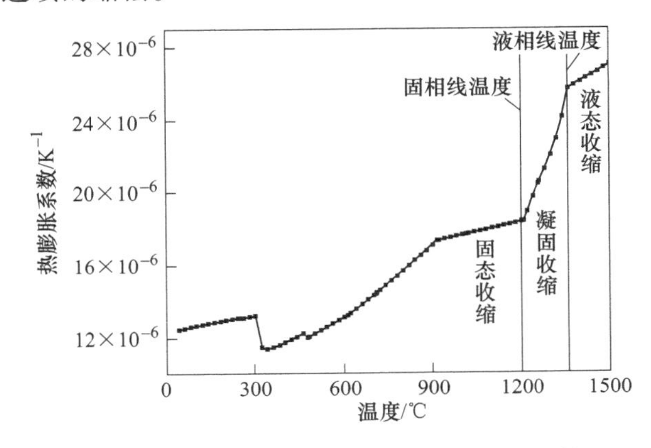

图3 不同温度下 GH4169 合金的热膨胀系数

2.3 工艺参数对真空感应铸锭缩孔形成的影响

在浇注过程中，典型浇注工艺参数，如浇注温度、浇注速度、锭型尺寸等是控制铸锭质量的关键因素，因此研究接着分析了这些工艺参数对 GH4169 合金真空感应铸锭缩孔的影响。

图4显示了不同浇注温度、速度、锭型尺寸下的铸锭缩孔深度。可以发现，随着浇注温度、浇注速度的增加铸锭缩孔深度未呈现出规律性的变化（图4（a）(b)）。其原因在于，浇注温度的变化不仅影响合金的液态收缩量，也影响合金的黏度。通常，随着浇注温度的增加，合金的液态收缩增大，导致铸锭缩孔深度有所增大。但随着浇注温度的增加，合金的黏度降低，流动增强，

有利于补缩，减小缩孔深度。在合金液态收缩量及黏度的综合作用下，改变浇注温度后，铸锭缩孔深度则未出现规律性的变化。同样，随着浇注速度的增加，减小了铸锭纵向方向上的温差，有利于合金液的补缩；但随着浇注速度的增加，锭模上部的冷却能力也有所增大，其不利于上部合金液的补缩。在这两方面的影响下，铸锭缩孔可能不会随着浇注速度的改变而出现规律性的变化。

此外，由图 4（c）可知，当浇注的铸锭长度一定时，随着锭型尺寸从 ϕ360mm 增加到 ϕ606mm，铸锭缩孔深度从 578mm 增加到了 706mm。说明铸锭缩孔尺寸随着锭型尺寸的增加而增大。这是因为锭型尺寸影响铸锭的高径比，进而影响锭模侧模的冷却能力。随着锭型尺寸从 ϕ360mm 增加到 ϕ606mm，铸锭高径比减小，侧模的冷却能力减弱，使最后凝固部位下移，铸锭缩孔深度有所增大。不仅如此，随着锭型尺寸的增加，充型合金的量增多，收缩量增大，导致缩孔深度也有所增大。

综合图 4 的结果可以发现，通过改变浇注温度、浇注速度、锭型尺寸这些典型工艺参数，铸锭缩孔深度出现了一定程度的变化。但整体看来，通过改变这些工艺参数并未显著减小铸锭缩孔深度。其原因在于，改变浇注温度、浇注速度、锭型尺寸未显著改变铸锭在纵向方向上的温度分布规律及凝固顺序，未能使铸锭在纵向方向上实现顺序凝固，显著改善铸锭凝固过程中的补缩条件，因此通过调整这些浇注工艺参数，难以有效解决铸锭的缩孔问题。

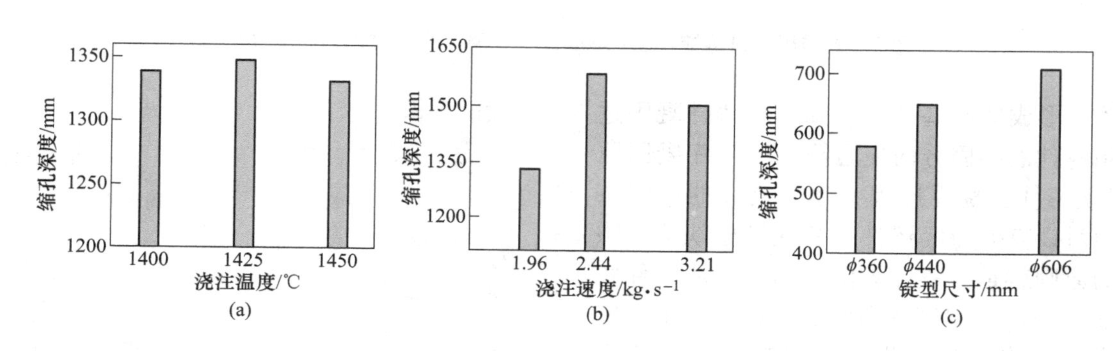

图 4　浇注工艺对铸锭缩孔的影响

（a）浇注温度；（b）浇注速度；（c）锭型尺寸

2.4　真空感应铸锭缩孔改善措施

在浇注过程中，除了改变典型浇注工艺参数，采用锭模加热及保温冒口也能用于减轻铸锭的缩孔缺陷，本研究对这两种手段对铸锭缩孔的影响进行了探讨分析。

2.4.1　锭模加热

图 5 显示了使用锭模加热对铸锭缩孔的影响。由图 5（a）可知，对比未使用锭模加热，使用锭模加热，合金完全凝固后，铸锭与锭模的温度整体较高，且在纵向方向上，铸锭下部的高温区域与上部低温区域的温差显著减小。不仅如此，使用锭模加热显著减小了铸锭缩孔深度。当未使用锭模加热时铸锭的缩孔深度达到了 1332mm，使用锭模加热时铸锭的缩孔深度则减小到了 775mm。出现以上现象的原因在于，相较于未使用锭模加热，使用锭模加热后，铸锭凝固过程中锭模纵向温度分布较为均匀如图 5（b）所示，减轻了锭模温度对铸锭凝固过程的影响，减小了铸锭凝固过程纵向方向上的温差，增强了铸锭凝固过程中的补缩效果，可显著减轻铸锭的缩孔深度。

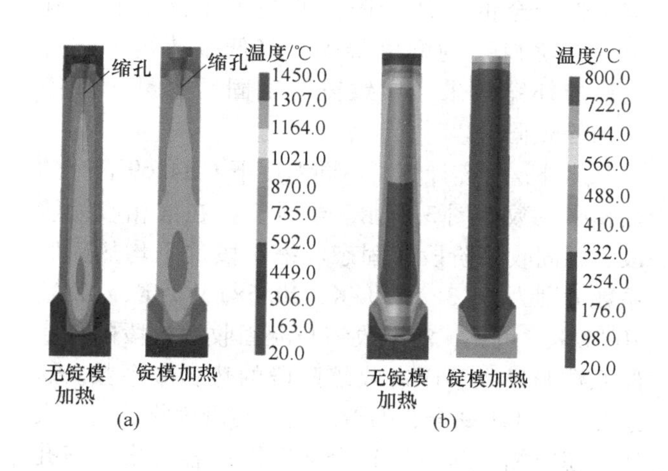

图 5　锭模加热对铸锭缩孔的影响

（a）完全凝固时铸锭温度分布；（b）铸锭凝固时的锭模温度分布

2.4.2 使用保温冒口

保温冒口是铸造工艺中的一种辅助材料，用其可促进钢水的补缩。因此研究也分析了保温冒口对铸锭凝固过程温度场及缩孔的影响。使用保温冒口时，铸锭凝固过程不同时刻的温度分布如图6（a）所示。对比未使用冒口铸锭凝固过程的温度分布（图2）可知，采用冒口后，铸锭充型结束时（345s），锭模温度仍是从下到上逐渐降低，这表明冒口对充型过程锭模温度分布的影响较小。在铸锭凝固过程中（345s之后），使用的冒口导热系数小，减少了冒口端合金液与锭模之间的传热，对冒口端合金液起到了良好的保温作用，延缓了合金液的冷却凝固（黑色箭头所标记），有利于铸锭凝固向着顺序凝固的方向发展，改善了铸锭上部合金液的补缩效果，铸锭完全凝固后，其上部合金致密，未形成较大尺寸的缩孔。

在实际生产应用中，冒口保温效果会受到材质、形状、尺寸等多种参数的影响。其中，冒口尺寸对其的影响较为显著。研究进一步分析了冒口尺寸对铸锭缩孔的影响。从图6（b）及图6（c）整体看来，随着冒口宽度的增加及长度的减小，铸锭凝固后冒口端合金的温度逐渐减小，而铸锭下部合金的最高温度逐渐增大，铸锭逐渐向着顺序凝固的反方向发展，使得冒口端的缩孔尺寸整体有所增大。其原因在于，随着冒口宽度的增加及长度的减小，冒口端用于补缩的高温合金液数量相应减少，冒口端合金的温度也有所降低，铸锭难以向着顺序凝固的方向发展，凝固过程中的补缩效果较差，导致铸锭缩孔尺寸随之增大。由此可见，冒口尺寸对铸锭缩孔尺寸具有重要影响。

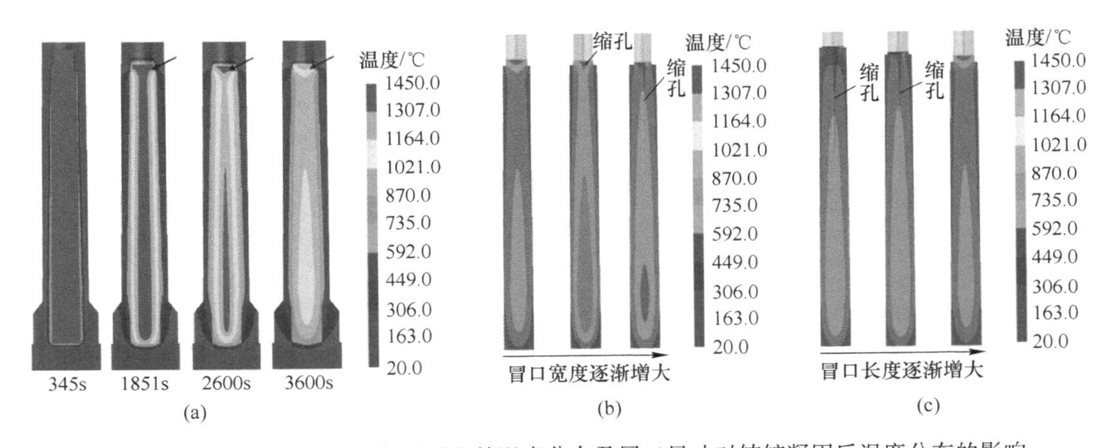

图6 使用冒口后铸锭浇注凝固过程的温度分布及冒口尺寸对铸锭凝固后温度分布的影响

3 结论

（1）模拟预测与试验解剖的铸锭缩孔深度误差为9.1%，证明所建数学模型具有合理性。

（2）无冒口条件下，真空感应铸锭充型过程中，锭模下部与合金液的相互作用时间较长，锭模下部被加热的温度较高，其抑制了铸锭从底部到顶部（浇口）的顺序凝固，且合金的液态收缩与凝固收缩明显大于固态收缩，导致铸锭形成显著的缩孔缩松缺陷。

（3）改变浇注温度、速度及锭型尺寸等工艺参数不能显著改变铸锭凝固过程其纵向方向上的温度分布规律及凝固顺序，难以有效解决铸锭的缩孔缺陷。

（4）使用锭模加热可减小凝固过程铸锭纵向方向上的温差，改善合金液的补缩条件，能较为明显地减小铸锭缩孔深度；使用保温冒口能延缓冒口端合金液的冷却凝固，有利于铸锭在纵向方向上向着顺序凝固的方向发展，可显著减小铸锭缩孔尺寸，冒口尺寸对铸锭缩孔尺寸具有重要影响。

参考文献

[1] 张勇，李佩桓，贾崇林，等．变形高温合金纯净熔炼设备及工艺研究进展［J］．材料导报A：综述篇，2018，32（5）：1496~1506.

[2] 仲增墉，庄锦云．变形高温合金生产工艺中几个重要问题的研究和进展［J］．钢铁研究学报，2003，15（7）：1~9.

[3] 陈峥．大铸锭凝固过程的模拟研究［D］．上海：上海

大学，2019.

[4] 王建武，徐志强，杨树峰．热顶设计对镍基高温合金铸锭收缩孔隙的影响［J/OL］. 中国冶金：1~9［2022-04-24］.

[5] Jiaqi Wang，Paixian Fu，Hongwei Liu，et al. Shrinkage porosity criteria and optimized design of a 100-ton 30Cr2Ni4MoV forging ingot［J］. Materials and Design，35（2012）446~456.

[6] 李庆春．铸件形成理论基础［M］. 北京：机械工业出版社，1982.

热处理对 GH141 合金薄带材组织性能的影响

张伟红[1*]，曹一超[2]，梅飞强[3]，刘家奥[1,4]，熊峰[1]，刘芳[1]，孙文儒[1]

（1. 中国科学院金属研究所师昌绪先进材料创新中心，辽宁 沈阳，110016；
2. 中国航发沈阳黎明航空发动机有限责任公司，辽宁 沈阳，110043；
3. 空装驻沈阳地区第二军事代表室，辽宁 沈阳，110043；
4. 中国科学技术大学材料科学与工程学院，安徽 合肥，230026）

摘 要：研究了固溶热处理对 GH141 合金薄带材组织性能的影响规律。结果表明，GH141 合金对冷速极其敏感，对固溶态带材进行重复固溶处理，并采用炉冷和空冷的方法进行冷却，发现这三种热处理状态下的合金带材组织中不仅析出大量 γ′相，同时，M_6C 等碳化物相也会析出，导致合金显微硬度仍较高，为 370~390HV，而重复固溶处理后采用水冷方式，则可明显抑制 γ′相和碳化物相的析出，合金显微硬度可以达到 HV250 左右。

关键词：GH141 合金；薄带材；冷速；γ′相；碳化物

GH141 合金是 Ni-Cr-Co-Mo 系沉淀强化型高温合金，以 γ′相为主要强化相，由于加入 11%的 Co 和 10%的 Mo，合金也具有很好的固溶强化效果，合适分布的粒状 M_6C 碳化物在合金中起强化作用。自 20 世纪 80 年代起对该合金中微量元素影响[1]、凝固偏析特性、均匀化工艺[2]、热变形行为[3,4]、冷变形行为[5]、热锻工艺、热轧工艺[6]、时效热处理工艺[7]等进行了系统的研究，目前可用于制作航空发动机的涡轮盘、导向叶片、燃烧室板材承力件、涡轮转子、导向器、紧固件和高温弹簧等零部件。GH141 合金冷轧带材主要用于航空发动机封严片的制备，由于国内 GH141 合金带材仍存在组织不均、性能不合等问题，目前该合金带材大多仍依赖进口。采用合适的热处理工艺和热处理方式，对国产 GH141 带材的性能和质量至关重要，这也是目前限制国产 GH141 带材应用的瓶颈问题。因此本文系统研究了热处理对 GH141 带材的组织性能的影响规律，为解决国产 GH141 带材的热处理难题提供基础数据。

1 试验材料及方法

试验用 GH141 合金为采用“真空感应+真空自耗”工艺的合金铸锭经过锻造、热轧及冷轧方法加工到 δ1.2mm 厚的薄带材，带材主要成分见表 1。在带材上采用线切割切取 20mm×10mm 的金相样品，分别在真空炉和箱式热处理炉里对切取的样品进行 1080℃×1h+真空气冷，1080℃×10min+空冷/水冷，以及 1120℃×10min+空冷/水冷热处理，并对所取样品横截面进行磨制、抛光后，采用 5g $CuCl_2$+100mL HCl+100mL H_2O 溶液进行化学腐蚀，使用光学显微镜和扫描电镜观察晶粒和析出相组织，并进行维氏硬度测试。采用 JMatPro 热力学计算软件，对 GH141 合金的平衡析出相进行模拟计算，进行对比分析。

表 1 试验合金化学成分 （质量分数,%）

元素	C	Cr	Mo	Co	Ti	Si	Mn
含量	0.08	19.17	9.5	11.16	3.14	0.06	0.02

元素	Al	Ni	B	Cu	Zr	Fe
含量	1.56	余	0.004	0.01	0.03	0.93

2 试验结果及分析

2.1 热力学计算 GH141 合金平衡态组织

热力学计算得到 GH141 合金化学成分平衡相种类，析出温度与析出量关系，如图 1 所示。可见，本成分合金中可能存在的相有 γ 相、γ′相、σ

* 作者：张伟红，副研究员，联系电话：024-23971325，E-mail：whzhang@imr.ac.cn

相、μ 相和 M_6C、$M_{23}C_6$、MC 型碳化物。其中液相初熔温度和终熔温度分别为 1243℃ 和 1329℃，凝固温度范围为 86℃，如图 1 所示。MC 1050℃ 开始溶解，直到 1286℃ 全部溶解完成。M_6C 1020℃ 开始溶解，直到 1048℃ 全部溶解完成。$M_{23}C_6$ 的开始溶解温度为 813℃，全溶温度为 921℃。σ 相完全溶解温度为 991℃。主要强化相 γ′相 1050℃ 全部溶解。其中 σ 相通常在合金长期时效过程中出现，M_6C、$M_{23}C_6$ 分别为富 Mo 和富 Cr 碳化物，呈颗粒状在晶界和晶内析出[8]。

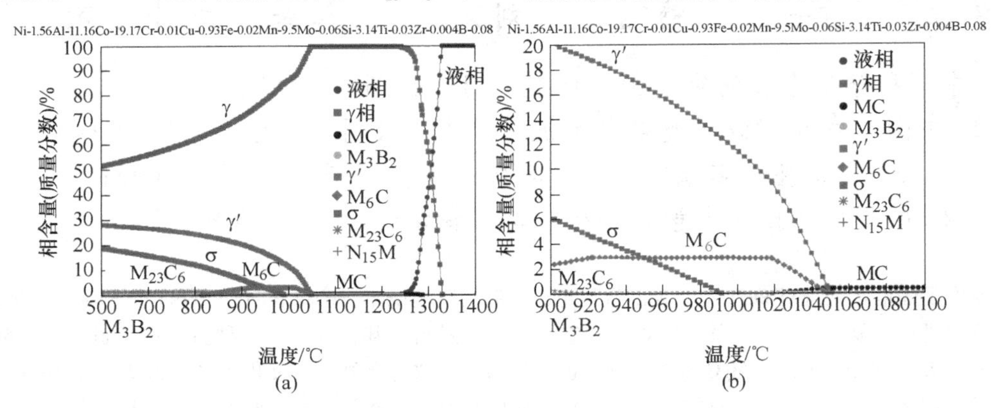

图 1 GH141 合金中各析出相含量与温度之间关系图（a）及局部放大图（b）

2.2 GH141 合金带材固溶态组织

经 1080℃ 在线热处理带材的横截面组织为类似“变形的大晶粒”加再结晶小晶粒两种组织组成，类似“变形的大晶粒”组织为碳化物在原变形晶粒晶界处析出，形成类似晶粒组织，如图 2（a）（c）所示。此时合金显微硬度为 HV369～380，仍处在较高硬度水平，由图 1 计算结果可知，γ′相和 M_6C、$M_{23}C_6$ 碳化物相在 1080℃ 已经溶解，但由于 GH141 合金强化相 γ′相在冷却过程中 10s 内就可以快速析出[9]，合金中仍存在较多的 γ′相，尺寸为 5～10nm，如图 2（d）所示。同时，发现合金组织中还存在较多呈方形或三角形的坑，有的坑里面还有碳化物，能谱分析应为富 Mo 的颗

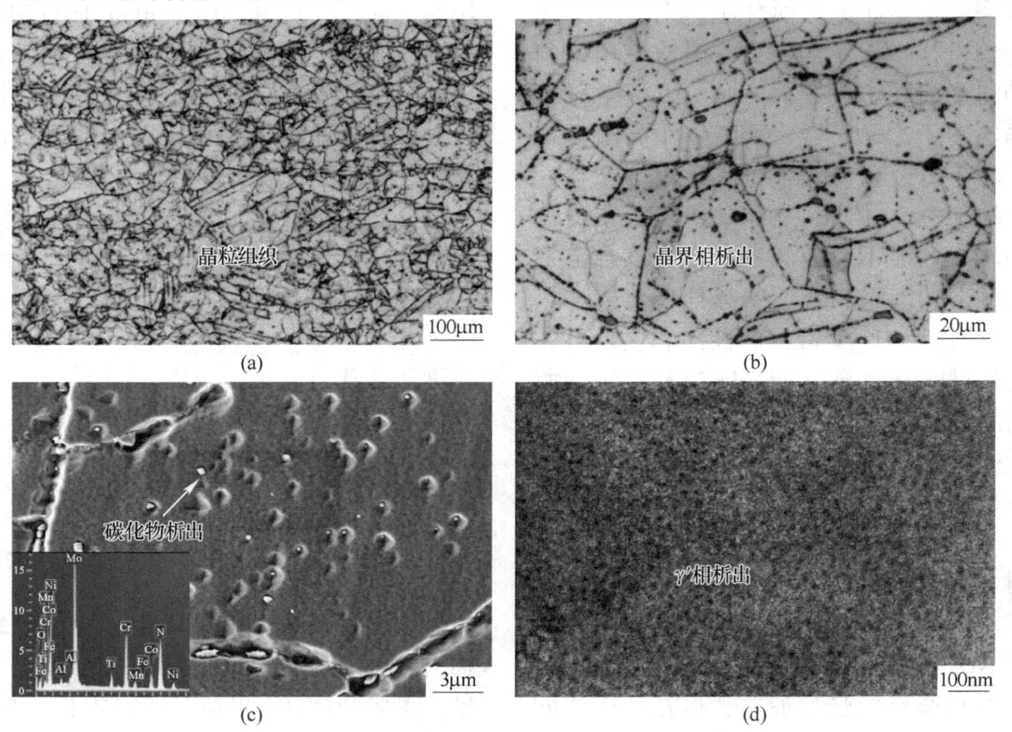

图 2 GH141 合金带材固溶态组织

（a）晶粒组织；（b）沿晶界析出；（c）M_6C 碳化物析出；（d）γ′相析出

粒状 M_6C 碳化物，说明合金冷却过程中 M_6C 碳化物在晶内呈弥散快速析出，如图 2（b）（c）所示，二者共同作用使带材在冷却过程中相析出的硬化效果大于热处理固溶软化效果，带材并没有完全软化。

2.3 带材重复固溶处理后组织

为研究合金带材软化制度，将带材在真空炉中进行 1080℃×1h 的重复固溶热处理，采用 6.2MPa 气体冷却。约 10min 冷却到 500℃ 以下。此时合金带材晶粒组织变化不大，仍为“变形的大晶粒”加再结晶小晶粒组织组成，“变形大晶粒”为 5 级，小的再结晶晶粒为 8 级。如图 3（a）所示。此时显微硬度为 380~390HV，硬度没有下降，反而略有升高。此时 γ′相大量析出，如图 3（d）所示。并且其尺寸长大到 20~50nm，较固溶状态合金的 γ′相的尺寸大了 4~5 倍。同时碳化物在晶内和晶界析出量也略有增加，如图 3（b）所示。相比固溶处理，真空气淬冷却速度更慢，在较慢冷速过程中，不仅 γ′相析出，同时 M_6C 等碳化物相析出也增加。

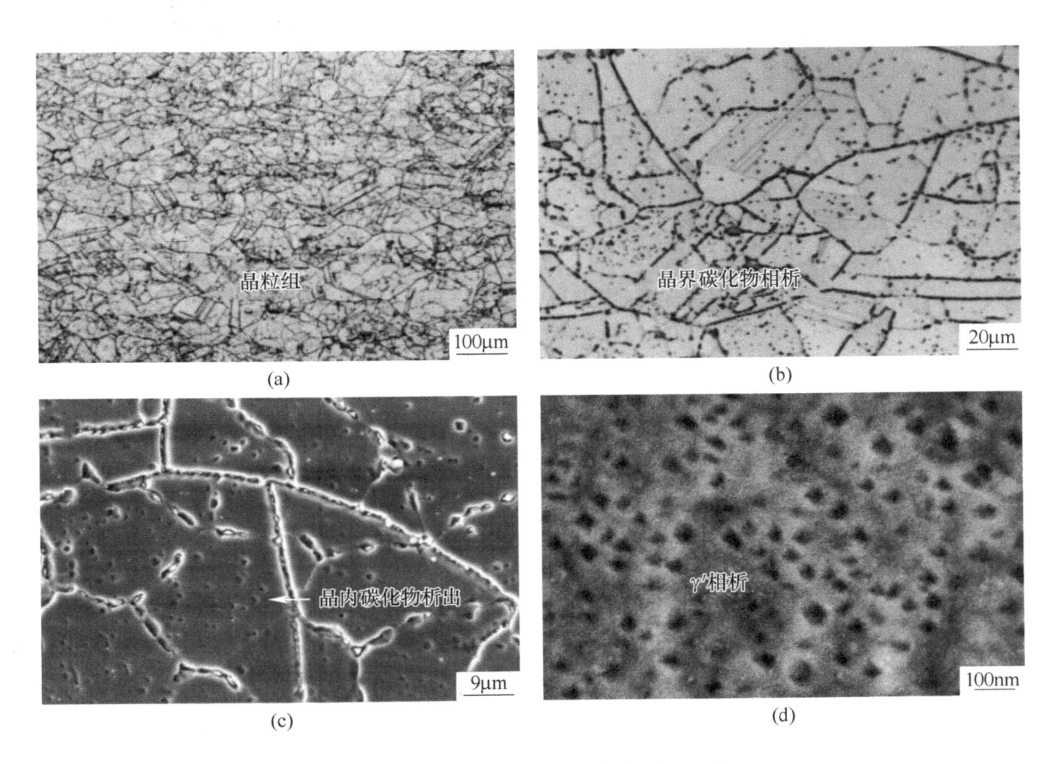

图 3 GH141 合金带材重复热处理组织

（a）晶粒组织；（b）沿晶界析出；（c）M_6C 碳化物析出；（d）γ′相析出

2.4 冷速对带材重复固溶处理后组织的影响

为研究冷速对合金带材组织的影响，将带材在 1080℃和 1120℃保温 10min 后分别进行空冷和水冷处理，分析冷速对 γ′相和 M_6C、$M_{23}C_6$ 等碳化物的影响。采用相同的腐蚀方法，可见在 1080℃处理后采用空冷方式，合金中“大晶粒晶界”及晶内仍有大量碳化物析出，如图 4（a）所示。而在 1080℃处理后采用水冷方式，明显抑制了“大晶粒晶界”及晶内的碳化物析出，如图 4（b）所示。采用 1120℃ 热处理，有同样的结果，如图 4（c）所示。温度提高到 1120℃，还使得空冷碳化物析出略有减少，采用水冷，则碳化物析出被抑制，如图 4（d）所示。采用空冷和水冷方式热处理后的显微硬度变化见表 2。可见，即使在空冷条件下，合金硬度仍居高不下，平均为 382HV 和 373HV 左右，采用水冷，软化效果才明显变好，可以低于 300HV，达到 262HV 左右。因此提高热处理温度，可减少相析出数量，但冷却速度的影响远超过热处理温度的影响。采用快冷的方式热处理，不仅抑制了 γ′相析出，同时也抑制了 M_6C 等碳化物的析出。

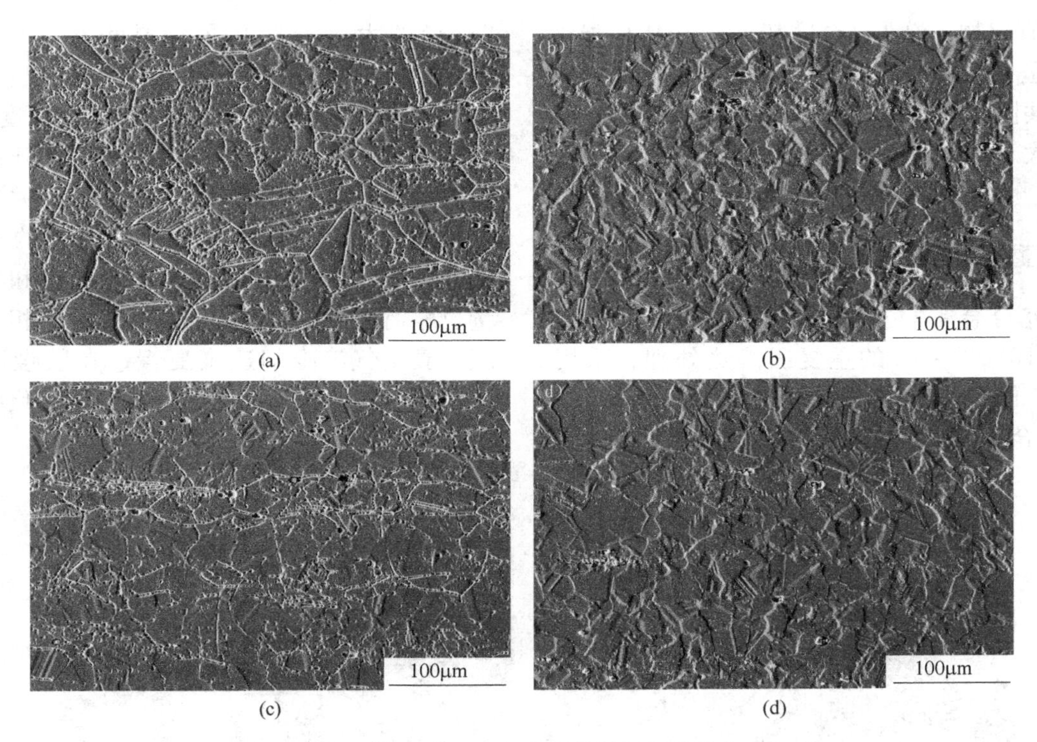

(a) (b) (c) (d)

图 4 冷速对 GH141 合金带材组织的影响

（a）1080℃×10min AC；（b）1080℃×10min WC；（c）1080℃×10min AC；（d）1080℃×10min WC

表 2 不同冷速下带材显微硬度分析结果（HV）

条件	1HV	2HV	平均
1080℃×10min 空冷	389	374	382
1080℃×10min 水冷	252	273	263
1120℃×10min 空冷	375	368	372
1120℃×10min 水冷	270	253	262

3 讨论

带材冷变形过程，储存能是发生再结晶的驱动力。变形量越大，储存能越多，再结晶驱动力越大，发生再结晶温度越低；当变形量越小，则再结晶温度越趋向于金属的熔点，即越不容易发生。加热速度过快和保温时间过短，在不同温度下停留的时间越短，使再结晶形核和长大来不及，会导致发生完全再结晶的温度升高。对于 GH141 合金带材，在冷轧和热处理过程中如果变形量不足或加热温度较低或者保温时间过短，均会导致再结晶未彻底完成，出现原始变形晶粒的晶界迁移未彻底完成的情况，显示“双重晶粒”组织。

在固溶加热过程中，材料中的第二相逐渐溶解到基体固溶体中，发生平衡溶解，在冷却过程中，由过饱和固溶体中析出第二相，发生平衡沉淀析出。对于 GH141 合金，在固溶加热过程，γ′相和 M_6C 碳化物相发生溶解，但在冷却过程中，由于合金中含有较高的 Al、Ti 和 Co、Mo 元素，合金中的强化相和碳化物都发生了快速析出，长大，并且其析出形貌，尺寸主要取决于冷却速度，1080~1120℃范围内加热温度影响则不明显。在真空气冷（0.2MPa）条件下，甚至是在空冷条件下，合金中 γ′相和 M_6C 碳化物都大量析出，导致硬度居高不下，只有达到水冷冷速条件下，γ′相和 M_6C 相的析出得到了明显的抑制，带材可以软化到 260HV 左右。

4 结论

（1）GH141 合金薄带材在线固溶处理后，合金为未完全再结晶组织，不仅有 γ′相析出，还有分布在晶内和原变形晶粒晶界位置处的 M_6C 碳化物相析出，导致硬度较高，仍为 380HV 左右。

（2）带材经固溶空冷和真空慢冷处理后，组织中仍有大量 γ′相、M_6C 碳化物相析出，硬度较高，采用固溶水冷处理后，可明显抑制 γ′相和碳化物析出，带材可以软化，到 260HV 左右。

参考文献

[1] 沈汝美. GH141 合金中微量元素钙、镁、镧的相分析[J]. 冶金分析，1987（1）：1~4.

[2] 肖东平，周扬，付建辉，等. GH141 合金的凝固偏析特性及均匀化处理[J]. 金属热处理，2022，47（5）：141~147.

[3] 肖东平，付建辉，陈琦，等. GH4141 高温合金热变形行为及组织演变[J]. 塑性工程学报，2022，29（9）：157~164.

[4] 刘志凌，任帅，刘伟，等. GH141 镍基高温合金的热变形行为和组织演变[J]. 中国有色金属学报：1~23.

[5] Liu H, Zhang M, Xu M, et al. Microstructure evolution dependence of work-hardening characteristic in cold deformation of a difficult-to-deform nickel-based superalloy [J]. Materials Science and Engineering: A, 2021, 800: 140280.

[6] 梁艳，马超，李春颜. GH141 高温合金的热加工工艺[J]. 金属热处理，2012，37（10）：105~107.

[7] 刘谨，赵志毅. 一次时效处理对 GH141 焊后应力变化及碳化物分布的影响[J]. 材料热处理学报，2017，38（2）：66~71.

[8] 于慧臣，谢世殊，吕俊英，等. GH141 合金的显微组织控制[J]. 材料工程，2003（5）：7~10.

[9] 牛永吉，张志伟，安宁，等. GH141 合金工艺特性研究[J]. 航空制造技术，2021，64（Z1）：57~61.

GH4065A合金热轧棒材制备技术研究

刘康康[1,2]，张文云[2]，黄烁[2]，段然[1,2]，耿长建[3]，田成刚[4]，秦鹤勇[2]，张北江[2]*

（1. 北京钢研高纳科技股份有限公司，北京，100081；
2. 钢铁研究总院有限公司高温材料研究所，北京，100081；
3. 中国航发沈阳发动机研究所，辽宁 沈阳，110015；
4. 中国航发商用航空发动机有限责任公司，上海，200242）

摘　要：GH4065A合金是一种高合金化的镍基难变形高温合金，由于其在750℃及以下温度具有优异的拉伸性能、持久性能、蠕变性能、疲劳裂纹扩展抗力和良好的高温组织稳定性，是先进高性能航空发动机用关键热端传动部件的优选材料。介绍了经三联冶炼技术制备的ϕ508mm铸锭，经均匀化处理后通过快锻-径锻联合开坯得到ϕ130mm细晶棒材，然后通过热轧、矫直等一系列工艺成功制备出ϕ22mm小规格热轧棒材，并对经标准热处理后的热轧棒材进行了微观组织表征和力学性能测试，结果表明：合金棒材具有晶粒度10级的均匀双相细晶组织，同时具有优异的综合力学性能。

关键词：GH4065A合金；微观组织；力学性能；热轧棒材

随着我国新型高性能涡扇发动机的研制，因设计要求所需高压气机叶片承温能力达到750℃，并同时具备室温~750℃条件下良好的拉伸性能、持久性能、蠕变性能等综合力学性能。GH4065A合金是在René88DT合金的基础上将化学成分针对铸锻工艺进行优化而获得的新型镍基难变形高温合金，其γ′相含量42%，服役温度可达750℃[1,2]，综合力学性能达到高压压气机叶片的工况要求，为了满足先进航空发动机对高性能热端传动部件的需求，开展GH4065A合金热轧棒材的制备工艺研究至关重要。

GH4065A合金属于难变形镍基高温合金，合金化程度较高，固溶强化元素W和Mo元素之和为8.0%，沉淀强化元素Al和Ti之和达到5.8%，主要强化相γ′达42%，该合金特有的双相细晶组织为该合金提供了良好的工艺性。其优异的综合力学性能能够满足叶片材料经济性和更高的使用温度以及服役工况的要求，有望成为未来高性能发动机压气机盘叶片的选材方向。目前，国内已经掌握了GH4065A合金ϕ22mm小规格热轧棒材的制备技术，本文就该合金小规格热轧棒材的制备技术及其组织与性能特征进行介绍，以期为该材料的应用与推广提供一定的数据支撑。

1　试验材料及方法

本次试验所用GH4065A合金热轧棒材，采用真空感应+电渣重熔+真空自耗（VIM+ESR+VAR）三联冶炼得到ϕ508mm合金铸锭，经均匀化、快锻-径锻联合开坯得到ϕ130mm的细晶棒材，然后通过热轧、矫直等一系列工艺加工处理后得到ϕ22mm小规格热轧棒材。试验合金的化学成分见表1。从ϕ130mm、ϕ22mm棒材上分别取低倍和高倍试样进行组织观察，ϕ22mm热轧棒材经标准热处理后取样加工成相应力学性能检测试样。采用OlympusGX71型金相显微镜、JSM-7800扫描电子显微镜等设备进行了显微组织观察，并进行了硬度、室温拉伸、高温拉伸、高温持久等力学性能检测及晶粒度评级，拉伸性能参照GB/T 228.1—2010，持久参照GB/T 2039—2012，硬度参照GB/T 231.1—2018。

表1　试验合金主要化学成分　（质量分数,%）

元素	C	Cr	Co	W	Mo	Al	Ti	Nb	B	Zr
含量	0.01	16	13	4.0	4.0	2.1	3.7	0.7	0.015	0.045

*作者：张北江，正高级工程师，联系电话：15801096918，E-mail：bjzhang@cisri.com.cn

2　试验结果及分析

2.1　棒材轧制工艺选择

GH4065A合金热加工窗口窄、变形抗力大、加工塑性差，在轧制过程中易发生开裂和组织不均匀等问题，合金的组织和性能与轧制变形的温度、变形量、道次等参数密切相关，对热变形工艺参数的波动非常敏感。针对以上问题，我们通过分析设计并制定了以下的轧制方案：首先，在孔型设计上选择椭圆-菱形-万能孔型系，孔型优点是压下量小、变形量小，对于变形抗力大、加工塑性差的GH4065A合金来说，有利于避免出现裂纹、折叠等问题。其次，在轧制过程中使用了软包套技术，软包套一方面可以有效避免合金与轧辊直接接触，消除了因接触摩擦产生的拉应力，减少合金表面产生裂纹，起到润滑作用；另一方面还可以在轧制的过程中可以避免温度下降过快，提高轧制温度，起到保温作用。最后，采用数值模拟的技术，模拟应变场和温度场的变化规律，建立如图1所示模型，优化轧制过程中道次、温度、变形量的适度匹配。

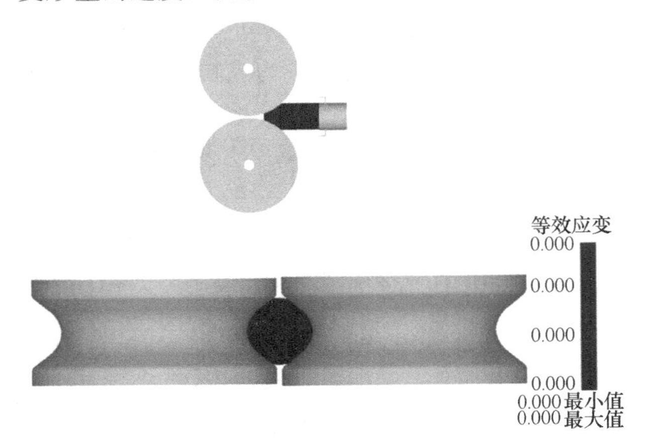

图1　棒材轧制数值模拟模型

2.2　棒材组织分析

图2（a）（b）分别为GH4065A合金ϕ130mm细晶棒材和ϕ22mm热轧棒材低倍组织，从图中可以看出，整个截面组织无黑斑、白斑、疏松、夹杂、孔洞、折叠及裂纹等缺陷，晶粒组织细小且均匀。

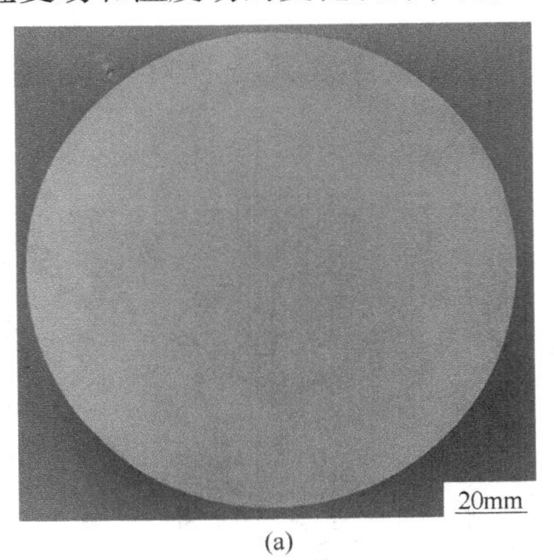

(a)

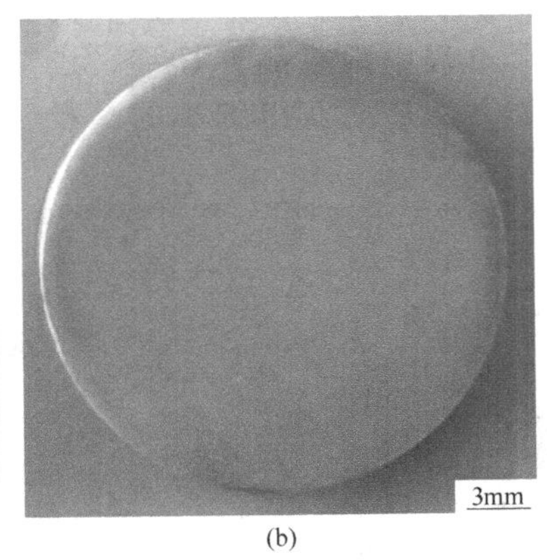

(b)

图2　GH4065A合金棒材低倍组织

（a）ϕ130mm棒材横向低倍；（b）ϕ22mm棒材横纵向低倍

图3为GH4065A合金ϕ130mm棒材不同位置晶粒组织，晶粒度检测结果表明该合金棒材边缘、*R*/2及心部组织晶粒度均为10.5级，棒材组织均匀细小。

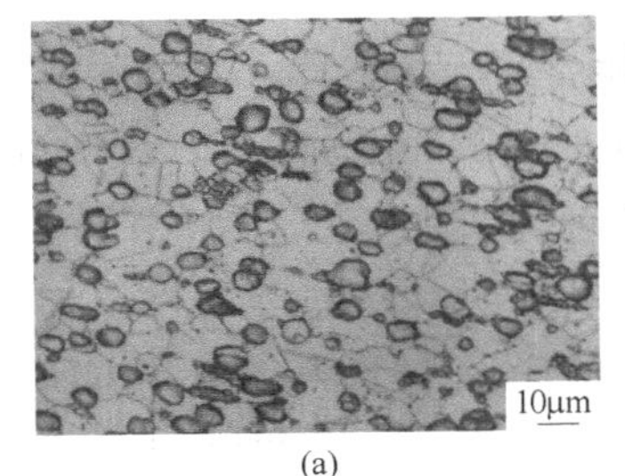

(a)

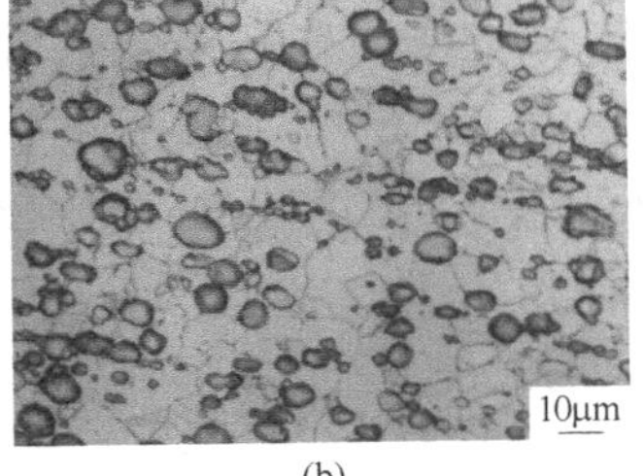

(b)

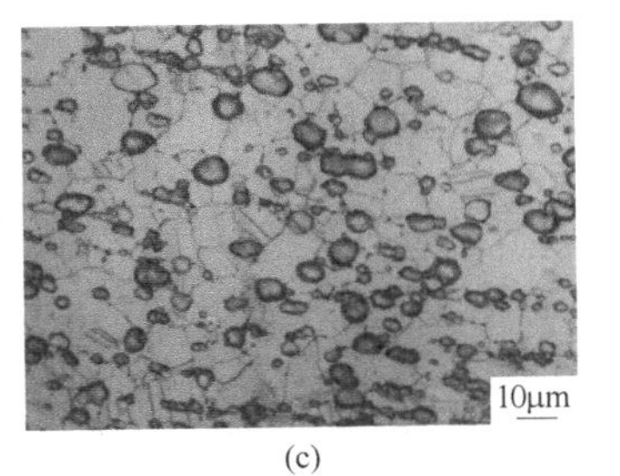

(c)

图3　GH4065A合金ϕ130mm棒材不同位置OM组织

（a）边缘；（b）*R*/2；（c）心部

图 4 为 GH4065A 合金 ϕ22mm 棒材锻态和热处理态晶粒组织，由图 4 可知，锻态和热处理态棒材组织均为等轴晶，且晶界处分布有不同尺寸的 γ′相，采用截点法测量平均晶粒尺寸，结果显示棒材锻态组织平均晶粒尺寸约为 4μm，对应晶粒度等级为 13 级，而经过标准热处理后，测得棒材平均晶粒尺寸增大至 11μm 左右，对应晶粒度等级为 10 级。

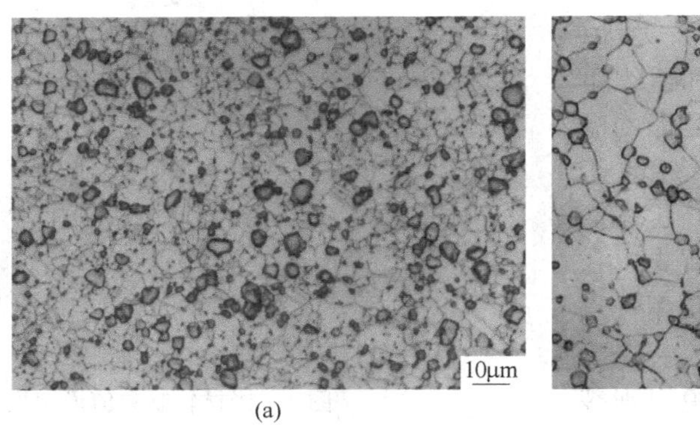

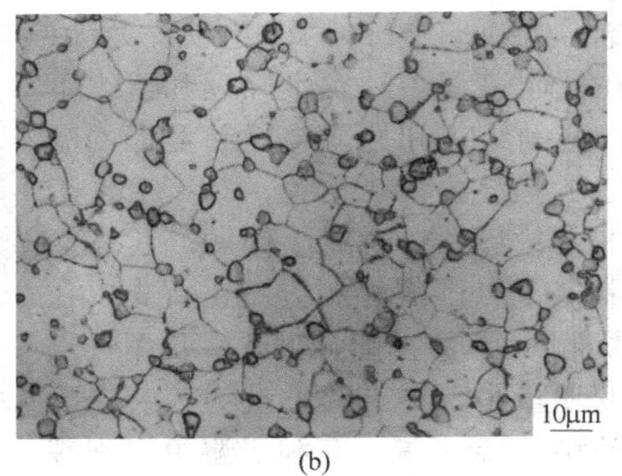

图 4　GH4065A 合金棒材 OM 组织
（a）锻态；（b）热处理态

图 5 为 GH4065A 合金棒材 γ′相形貌组织，由图 5 可知，该合金中存在三种尺度的 γ′相，晶粒的晶界处分布着块状的大尺寸（直径约为 0.5～2μm）一次 γ′相，一次 γ′相具有强烈的钉扎作用，在热变形过程中阻止晶界迁移，进而阻碍奥氏体晶粒长大，从而获得细小的晶粒组织，晶粒内部弥散分布着直径为 30～150nm 的二次 γ′相以及晶界处析出球状的小尺寸（直径为 10～50nm）三次 γ′相，二者起到弥散强化的作用，多尺寸的分布特征的 γ′相组织是该合金获得良好的综合力学性能的基础和保障。

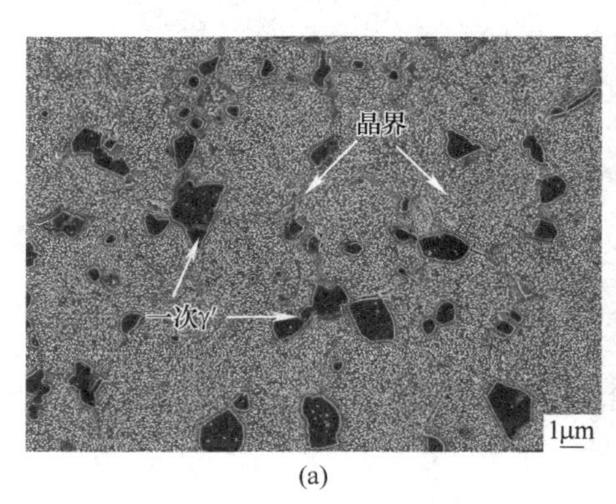

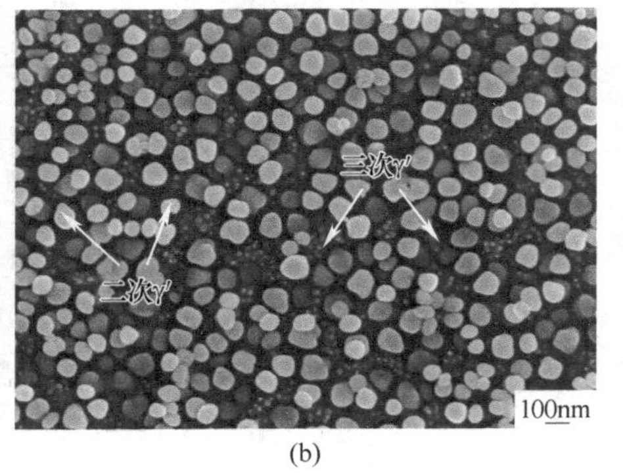

图 5　GH4065A 合金热轧棒材 γ′相形貌
（a）5000×；（b）50000×

2.3　热轧棒材力学性能

图 6 对比了 GH4065A 合金热轧棒材与典型变形高温合金轧棒材料 GH4169、GH4738 的拉伸性能和持久性能[3~5]，结果表明，GH4065A 合金热轧棒材在室温～650℃温度范围内的抗拉强度较 GH4169 合金提高到 1.1～1.2 倍，屈服强度提高到约 1.1 倍，如图 6（a）（b）所示，图 6（c）所示为不同合金的拉森米勒（L-M）曲线，由图 6（c）可以看出，应力和拉森米勒参数存在某种线性关系，并具有较高的预测精度，曲线结果表明，在同等条件下 GH4065A 合金持久性能优于 GH4169 合金和 GH4738 合金。综上所述，GH4065A 合金热轧棒材在室温～750℃条件下具有较高的拉伸强度和良好的持久性能。

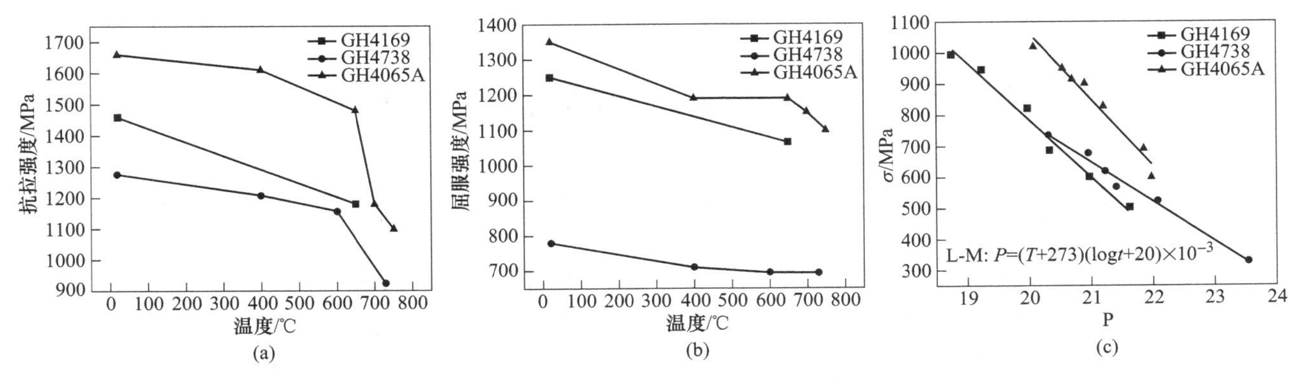

图 6 GH4065A 与典型轧棒材料力学性能对比

(a)，(b) 拉伸性能；(c) 持久性能

3 结论

(1) GH4065A 合金 ϕ130mm、ϕ22mm 棒材低倍组织无黑斑、白斑、疏松、夹杂、孔洞、折叠及裂纹等缺陷，组织均匀细小。

(2) GH4065A 合金 ϕ22mm 棒材高倍锻态组织平均晶粒尺寸约为 4μm，对应晶粒度等级为 13 级，经标准热处理后，平均晶粒尺寸增大至 11μm 左右，对应晶粒度等级为 10 级。

(3) GH4065A 合金铸锭通过均匀化、锻造开坯，热轧、矫直等一系列工艺加工处理后，成功试制出 ϕ22mm 小规格热轧棒材，组织均匀，力学性能良好。

参考文献

[1] 张北江，赵光普，张文云，等．高性能涡轮盘材料 GH4065 及其先进制备技术研究 [J]．金属学报，2015，51 (10)：1227~1234.

[2] 赵光普，黄烁，张北江，等．新一代镍基变形高温合金 GH4065A 的组织控制与力学性能 [J]．钢铁研究学报，2015，27 (2)：37~44.

[3] 董建新．高温合金 GH4738 及应用 [M]．北京：冶金工业出版社，2014：1~25.

[4] 中国金属学会高温材料分会．中国高温合金手册 [M]．北京：中国质检出版社，中国标准出版社，2012.

[5] 庄景云，杜金辉，邓群．变形高温合金 GH4169 组织与性能 [M]．北京：冶金工业出版社，2011：16~22.

新型难变形 GH4975A 合金热变形行为研究

刘康康[1,2]，张文云[2]，黄烁[2]，段然[1,2]，谭海兵[3]，秦鹤勇[2]，张北江[2*]

（1. 北京钢研高纳科技股份有限公司，北京，100081；
2. 钢铁研究总院有限公司高温材料研究所，北京，100081；
3. 中国航发四川燃气涡轮研究院，四川 成都，610599）

摘　要：在 MTS 热模拟机上对一种新型难变形 GH4975A 合金进行了单道次热压缩实验，研究了其在变形温度 1050~1175℃，应变速率 0.001~1s^{-1}条件下的热变形行为，通过 OM、SEM、TEM 等研究方法分析了热变形条件对流变行为和微观组织演变过程的影响规律。结果表明，该合金的真应力-真应变曲线具有明显的动态再结晶特征，流变应力随着变形温度的升高和应变速率的减小而减小，γ′相体积分数随着温度的上升而下降，并且当变形温度达到 1175℃时，γ′相完全回溶，合金组织发生完全再结晶。

关键词：GH4975A 合金；热变形行为；微观组织；再结晶

镍基变形高温合金因其在高温和复杂环境下具有较高的屈服、蠕变和疲劳强度以及良好的抗氧化等优异性能，广泛应用于航空发动机涡轮盘材料[1~3]。近年来，随着航空发动机推重比的不断增加，其对核心热端部件的力学性能及耐高温性能的要求不断提高，涡轮盘作为最核心的热端部件，其承温能力和性能水平对发动机的高可靠性、高性能起着决定性作用[4~6]。

GH4975A 合金是一种新型的高合金化难变形镍基高温合金，合金元素含量超过 40%，γ′相含量达到 60%，γ′相全溶温度为 1165℃，使用温度超过 800℃。由于元素偏析、热加工窗口窄、变形抗力大、动态再结晶困难等问题的存在，给传统的铸锻工艺带来了极大的困难。因此，本文以该新型合金为研究对象，进行了不同热变形条件下的热压缩实验，通过对该新型合金流变行为特征、高温热变形行为与微观组织演化规律分析，揭示了热变形工艺参数对该新型合金流变应力、热变形行为和组织演变特征的影响规律，以期为该新型合金的热加工过程提供一定的数据积累。

1　试验材料及方法

本试验所采用的材料是通过真空感应、电渣重熔和真空自耗三联冶炼工艺制备后的合金铸锭，经均匀化处理、锻造开坯后得到的合金棒材。通过机加工的方法，从合金棒材上取直径为 8mm、高度为 15mm 圆柱形试样，在 MTS 热模拟机上进行热压缩试验，其试验的变形温度分别为 1050℃、1100℃、1125℃、1150℃ 和 1175℃，应变速率分别为 0.001s^{-1}，0.01s^{-1}，0.1s^{-1}和 1s^{-1}，变形量为 60%。在压缩试验开始时，对试验装置进行抽真空并用氩气保护，以防止样品氧化，以 10℃/s 的加热速率将样品加热至目标温度并保持 2min 后，在上述不同热变形条件下开始进行压缩试验。试验结束后，立即将样品放在水中冷却，以保留高温变形组织，试验数据由机器的计算机系统自动采集。压缩前后的样品沿轴向切割，试验过程中所用到的试样经机械研磨、抛光，再通过化学腐蚀或者电化学腐蚀后，分别利用光学显微镜、扫描电子显微镜、透射电镜等研究方法观察试样压缩前后的微观组织变化。

2　试验结果及分析

2.1　合金初始组织

图 1 所示为 GH4975A 合金棒材初始组织，合金初始组织较为粗大，并且存在铸态组织残留，

* 作者：张北江，正高级工程师，联系电话：15801096918，E-mail：bjzhang@cisri.com.cn

如图 1（a）所示，γ′相主要呈大尺寸（1~2μm 左右）的花瓣状和小尺寸（小于 0.5μm）的不规则形状，如图 1（b）所示。图 2 所示为合金棒材初始组织 TEM 像，由图 2（a）可以看出合金初始内部组织存在大量的γ′相，并且在γ′相周围存在位错缠结的现象，图 2（b）显示大量位错聚集形成位错墙，钉扎位错，能够有效地阻碍位错运动。

(a)

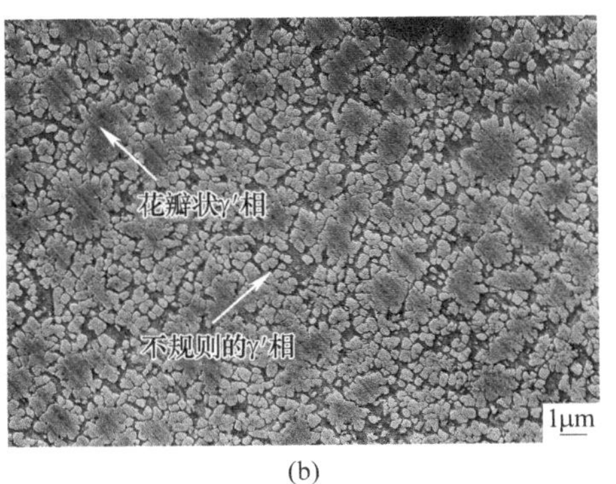

(b)

图 1　合金初始组织形貌

（a）OM 组织；（b）SEM 组织

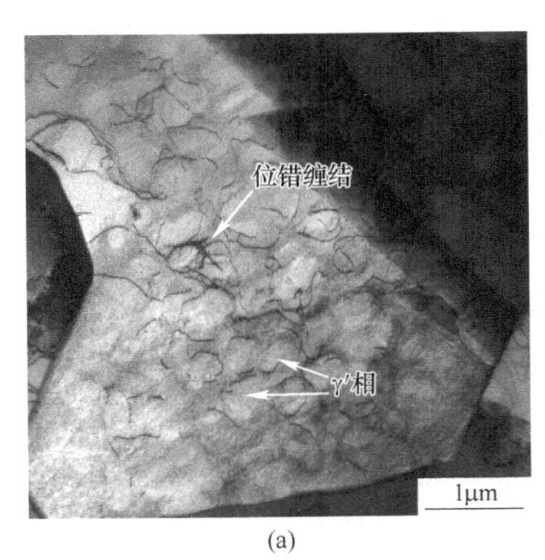

(a)

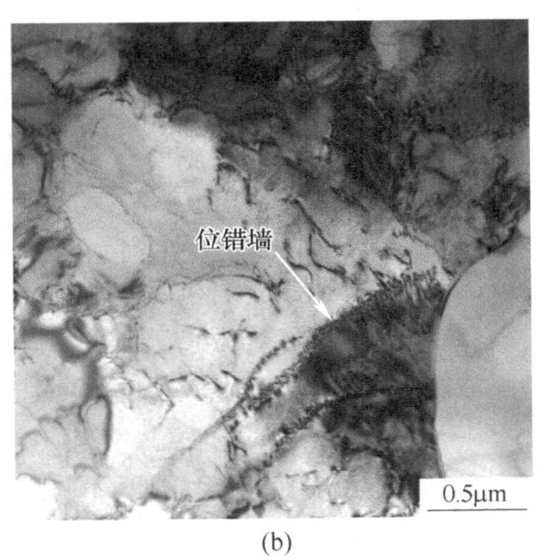

(b)

图 2　合金初始组织 TEM 像

（a）位错缠结和γ′相；（b）位错墙

2.2　真应力-真应变曲线

合金热变形后的真应力-真应变曲线如图 3 所示。从总体上来看，所有的曲线都有着类似的变化趋势，在变形初期（达到峰值应力之前），随着应变量的增大，流变应力迅速增加，呈现出明显的弹性变形和加工硬化的特征。这是由于在变形的初始阶段，晶粒内部储存畸变能增大，位错大量增殖使得材料内部位错密度大大增加，加工硬化占主导地位，硬化速率大于软化速率，硬化作用显著，导致流变应力迅速上升。随着应变量的增加，动态软化机制（动态回复和动态再结晶）增强，从而使得流变应力的增长减缓并达到峰值，此时动态软化速率与加工硬化速率达到动态平衡。随着应变量的进一步增大，动态软化机制成为主要的变形机制，此时发生了动态再结晶，动态软化机制作用大于加工硬化，从宏观上来看，流变应力开始出现下降的趋势；随着应变量的持续增加，动态软化机制和加工硬化达到新一轮的动态平衡，流变应力呈现出稳态的趋势。当变形温度一定时，流变应力随着变形速率的增大而增大，这主要是因为在高应变速率下，晶粒储存的畸变能迅速增加，位错大量增值并缠结，但动态再结晶软化机制发生不充分，使得流变应力增大。当应变速率一定时，流变应力随着温度的增加而降低，变形温度增加，增加了原子、空位扩散的驱动力，变形过程中可开动更多数量的滑移系。与此同时，变形温度的增加使得析出相的数量和尺寸减小、晶界迁移速率增加，钉扎位错能力减弱，发生动态再结晶的临界应变减小，动态软化作用加强，使得流变应力减小。

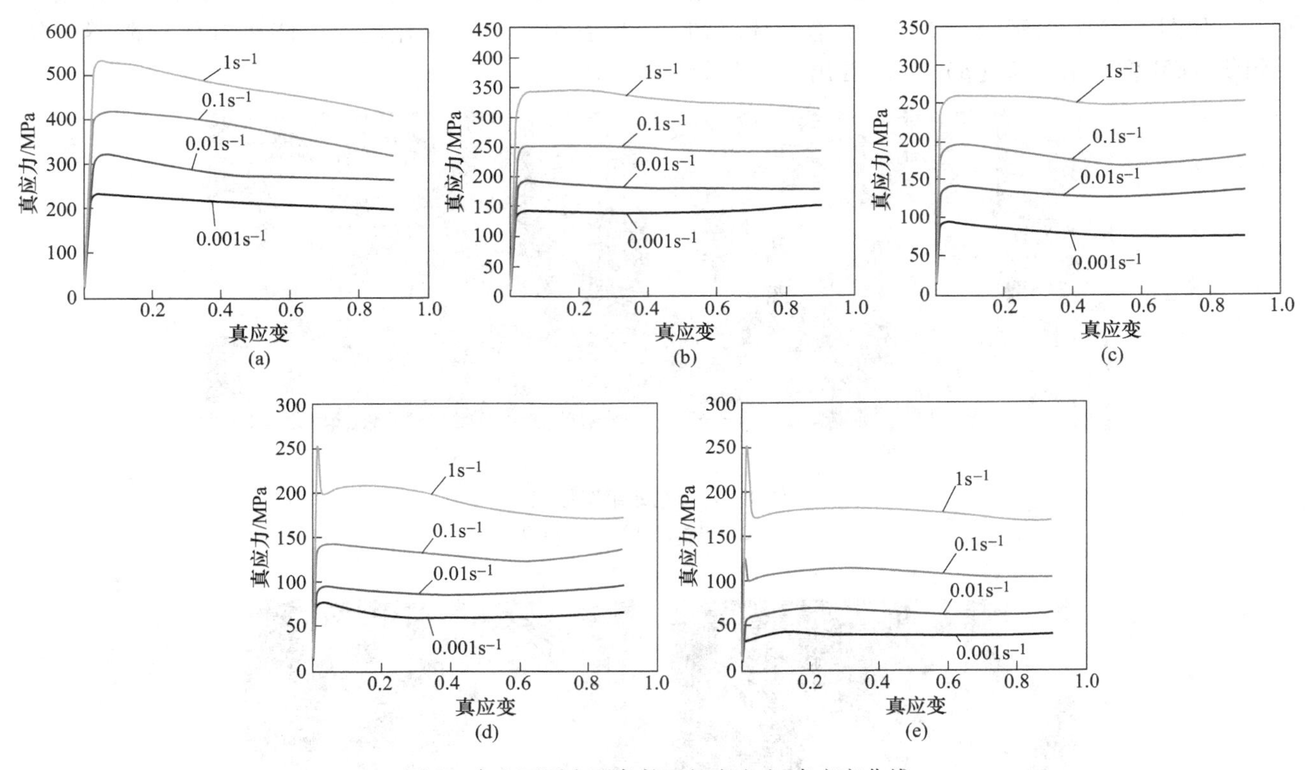

图 3 合金不同变形条件下的真应力-真应变曲线

（a）1050℃；（b）1100℃；（c）1125℃；（d）1150℃；（e）1175℃

2.3 热变形组织

合金在应变速率 $0.01s^{-1}$、应变量 0.9 下不同变形温度的微观组织如图 4 所示，由于变形温度的不同，热加工过程中微观组织有着明显的差异。当变形温度为 1050℃时，合金晶粒沿变形方向被拉长，显微组织主要以变形晶粒为主，并且存在局部的剪切带，这是由于在较低的温度下进行大塑性变形，局部晶粒组织畸变产生的热量来不及传输出去，使得变形加剧而导致出现绝热剪切带。当温度升高至 1125℃时，初始的变形晶粒晶界处产生细小的再结晶晶粒组织，并且再结晶晶粒组织逐渐发生长大，形成典型的“项链状组织”，等到变形温度升高至 1175℃时，发生了完全再结晶，此时变形组织消失，变形组织全部转变为无畸变的再结晶晶粒。变形速率一定时，γ′相体积分数随温度的上升而下降，当温度低于 γ′相的全溶温度（1165℃）时，合金组织晶界处虽然产生了少量的再结晶晶粒，但原始组织仍然为粗大的柱状组织，并且随着变形温度的升高，再结晶晶粒体积分数和尺寸均有所增大。当变形温度达到 1175℃时，此时变形温度已超过 γ′相的全溶温度，γ′相已完全回溶，发生了完全的再结晶，合金组织转变为等轴晶粒。

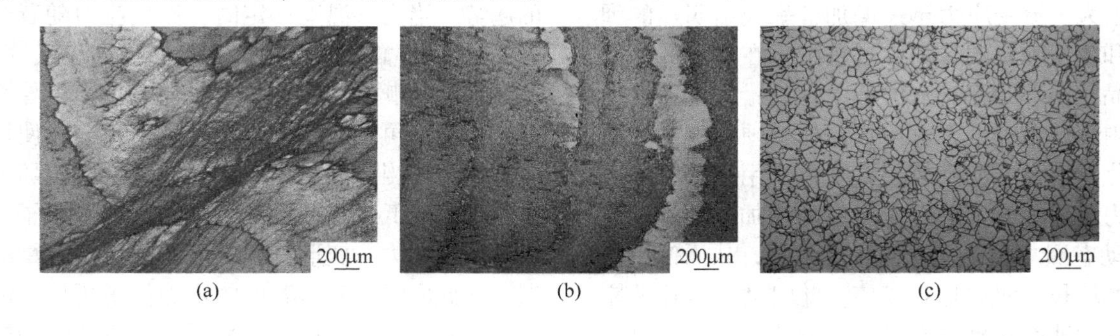

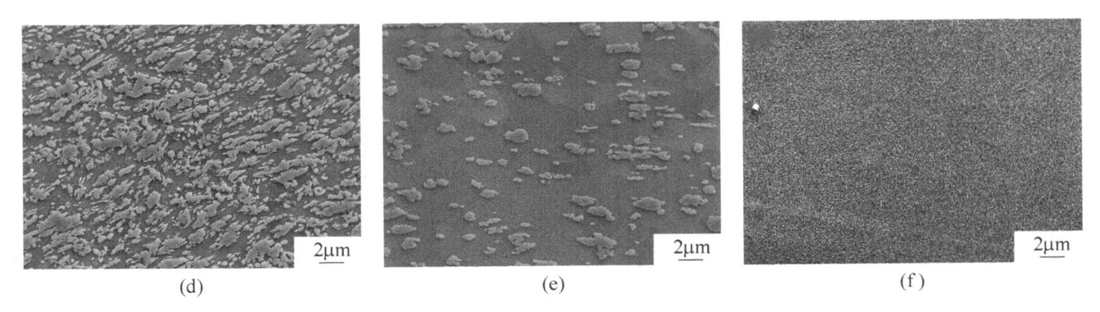

图 4 合金在应变速率 $0.01s^{-1}$，应变量 0.9，不同变形温度下的 OM、SEM 组织
(a) 1050℃；(b) 1125℃；(c) 1175℃，OM 组织；(d) 1050℃；(e) 1125℃；(f) 1175℃，SEM 组织

合金试样在变形温度 1175℃、应变量 0.9 下不同变形速率的微观组织如图 5 所示。从图 5 可以看出，此时合金已发生了完全的再结晶，并且随着应变速率的增大，晶粒不断细化。这是由于随着应变速率的增大，原始组织中会迅速产生大量位错，导致形变储存能升高，当位错积累到一定程度时产生再结晶晶核，提高形核率，同时细化晶粒。另一方面，增大应变速率，会使得变形时间缩短，晶粒来不及长大，所以晶粒比较细小。

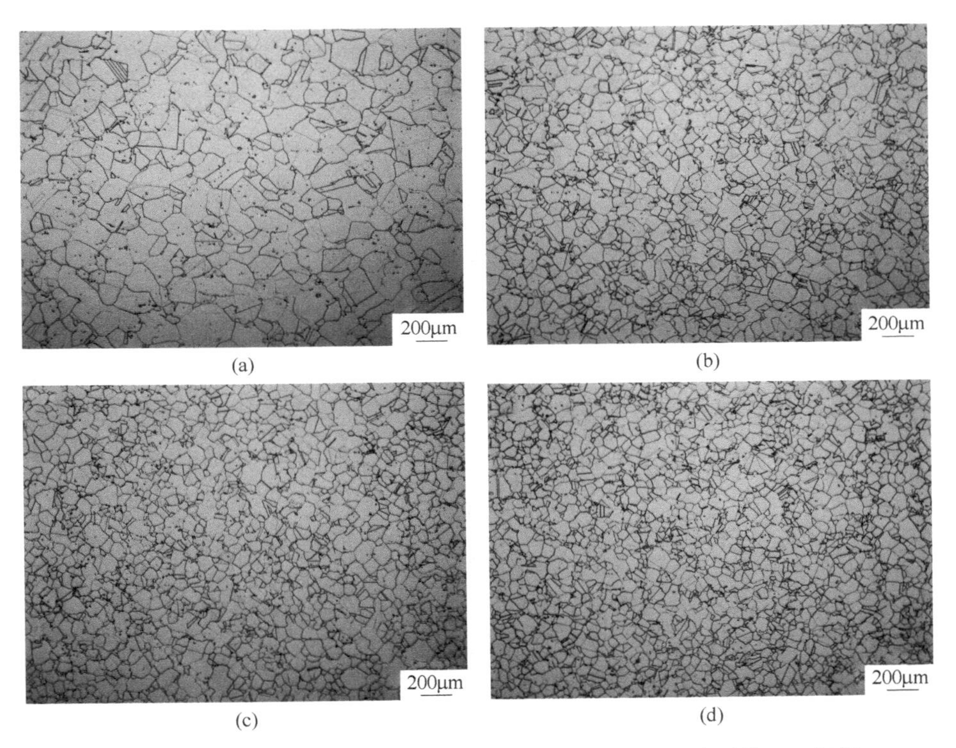

图 5 合金在变形温度 1175℃，变形量 0.9，不同应变速率下的 OM 组织
(a) $0.001s^{-1}$；(b) $0.01s^{-1}$；(c) $0.1s^{-1}$；(d) $1s^{-1}$

3 结论

(1) 合金具有明显的流变特征，流变应力值的变化来自加工硬化、动态回复以及动态再结晶等机制相互竞争，流变应力随着变形温度的上升和应变速率的下降而减小。

(2) 变形速率一定时，随着变形温度的上升，合金组织由拉长的变形晶粒逐渐演变为项链状组织、完全再结晶组织。变形温度一定时，再结晶晶粒尺寸随变形速率的增大而减小。

(3) 变形速率一定时，γ′相体积分数随温度的上升而下降，当低于 γ′相全溶温度变形时，合金组织发生未完全再结晶，当高于 γ′相全溶温度变形时，合金组织发生完全再结晶。

参考文献

[1] Reed R C, The Superalloys-Fundamentals and Applications [M]. Cambridge University Press, UK, 2006.

[2] Geddes B, Leon H, Huang X. Superalloys: Alloying and Performance, the Materials International Society, ASM international [M]. Materials Park, Ohio, 2010.

[3] Drozdov A, Bazyleva O A, Valitova E V. Study of the properties and the choice of alloys for bladed disks (Blisks) and a Method for Their Joining [J]. Russ. Metall, 2014 (9): 733~741.

[4] 江和甫. 燃气涡轮发动机的发展与制造技术 [J]. 航空制造技术, 2007 (5): 36~39.

[5] Devaux A, Georges E. Development of new C&W superalloys for high temperature disk application [J]. Advanced Material Research, 2011, 278: 405~410.

[6] Decker R F. The evolution of wrought age-hardenable superalloys [J]. JOM, 2006, 58 (9): 32~36.

固溶处理对 GH4706 合金组织和性能的影响

王冲[1,2]，黄烁[2]，王磊[1]，秦鹤勇[2]，张北江[2]，段然[2*]，沈中敏[2]，赵光普[2]

（1. 东北大学材料各向异性与织构教育部重点实验室，辽宁 沈阳，110819；
2. 北京钢研高纳科技股份有限公司，北京，100081）

摘　要：研究了 GH4706 合金分别在 940℃、980℃、1010℃保温 2h 和在 980℃分别保温 2h、4h、8h 条件下固溶处理的组织演变及对力学性能的影响。结果表明，随固溶温度升高和保温时间延长，晶粒逐渐长大，晶界平直化程度增加，晶界处 η 相尺寸逐渐减小。在 940℃固溶条件下，晶内有 γ′相部分呈线状分布，随固溶时间延长，γ′相尺寸基本一致。在 940℃固溶 2h 的屈服强度稍高，但室温冲击吸收功明显降低，其余各固溶条件下的室温拉伸和冲击吸收功基本一致。随固溶温度的升高和固溶时间的延长，持久寿命逐渐降低，固溶温度对其影响更为明显。

关键词：GH4706 合金；固溶处理；组织演变；力学性能

GH4706 合金是制备重型燃气轮机用特大型涡轮盘锻件的主要选材之一，通过 Al、Ti、Nb 等元素的调控降低了涡轮盘锻件制备的热变形抗力与冶炼缺陷形成倾向，并保证了良好的高温力学性能[1,2]。Ti/Al 的变化促使 GH4706 合金晶界处析出全熔温度约为 954℃的 η 相，低于其再结晶温度 975℃[3]，因此制备特大型涡轮盘的热变形温度处于单相区，无强化相析出，热处理（固溶+时效）是调节组织演变的最后途径，而固溶处理具有调控晶粒与析出相的双重作用，对合金力学性能有重要影响。重型燃机用涡轮盘直径超过 2000mm、厚度达 400mm 以上，由于合金的导热性差，需要延长保温时间使得轮盘心部位置充分固溶，这就导致轮缘位置长时在固溶温度下暴露。因此，探究合适的固溶温度和保温时间对 GH4706 合金组织演变及力学性能影响具有重要的实际意义。

本文针对 GH4706 合金固溶处理和特大型涡轮盘心部到轮缘存在较大温度梯度这一特性，探究了在 940℃、980℃、1010℃时固溶 2h 和在 980℃时保温 2h、4h、8h 对合金晶粒和析出相演变及性能的影响规律。

1　试验材料及方法

试验用 GH4706 合金铸锭采用真空感应熔炼+电渣重熔+真空自耗重熔三联冶炼，名义成分（质量分数）为 Al 0.3%，Ti 1.7%，Nb 3.0%，Si 0.2%，C 0.02%，Fe 37.0%，Cr 15.9%，Ni 余量。铸锭锻造成 ϕ80mm 棒材后热处理，在棒材 1/2*R* 位置取样观察组织并进行性能测试。固溶温度研究：940℃、980℃、1010℃保温 2h，空冷；固溶时间研究：980℃保温 2h、4h、8h，空冷；时效制度：按特大型 GH4706 合金轮盘锻件标准时效处理进行。

室温拉伸、室温冲击吸收功、650℃/690MPa 持久性能均按国标测试，其中持久寿命大于 23h 后，每 8h 加力 35MPa 至断。采用金相显微镜（OM）、扫描电镜（SEM）、透射电镜（TEM）观察组织，利用 Image-Pro Plus J 软件测量 γ′相尺寸，数量大于 100 个。

2　试验结果及分析

图 1 为 GH4706 合金热处理前的初始组织形貌，呈现不连续动态再结晶的项链状晶粒特征，从 SEM 图中可看出，晶粒内部沿小角度晶界有 γ′相析出，而在正常晶界处 η 相呈棒状析出。通过 TEM 观察到，变形晶粒内部的位错大量聚集形成位错墙，如图 1（c）中白色箭头所示。

* 作者：段然，E-mail：76318925@qq.com

资助项目：国家重点研究计划（2022YFB3705104）

(a)

(b)

(c)

图 1 热处理前初始组织形貌
（a）OM；（b）SEM；（c）TEM

2.1 固溶温度对合金组织的影响

图 2 为在不同固溶温度保温 2h 后的晶粒组织形貌，当固溶温度为 940℃时合金未完全再结晶，晶粒尺寸为平均 ASTM 10 级，个别粗大晶粒达 4 级，980℃和 1010℃温度下的平均晶粒尺寸分别为 5 级和 4 级。图 3 为在不同固溶温度保温 2h 后晶界处 η 相析出特征，随固溶温度增加，晶界平直化程度加重，界面能降低。减弱了晶界处原子的扩散驱动力且减少了相的形核位点，因此减小了 η 相尺寸。

(a)

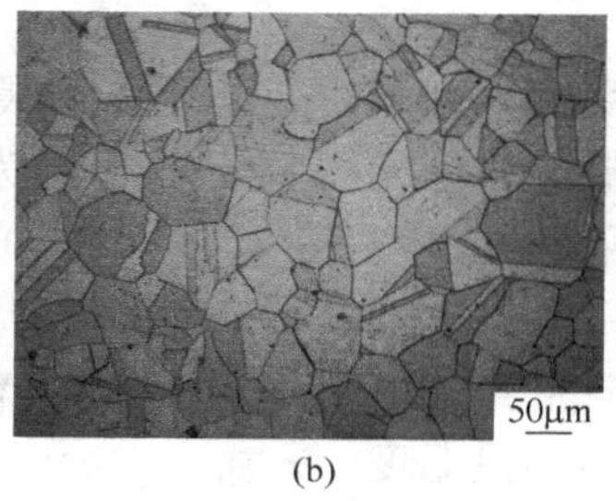

(b)

(c)

图 2 不同固溶温度下晶粒组织形貌
（a）940℃/2h；（b）980℃/2h；（c）1010℃/2h

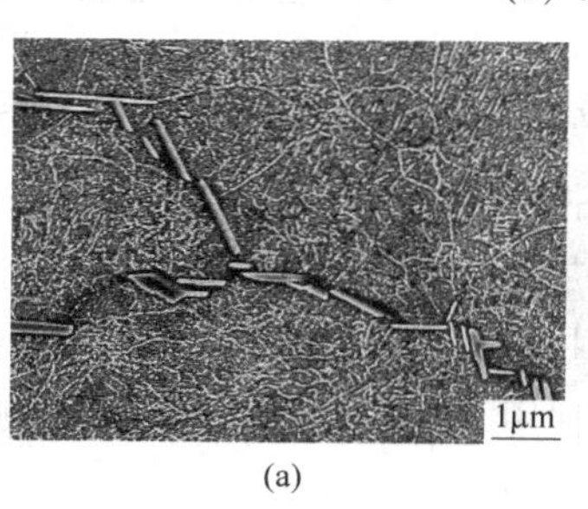

(a)

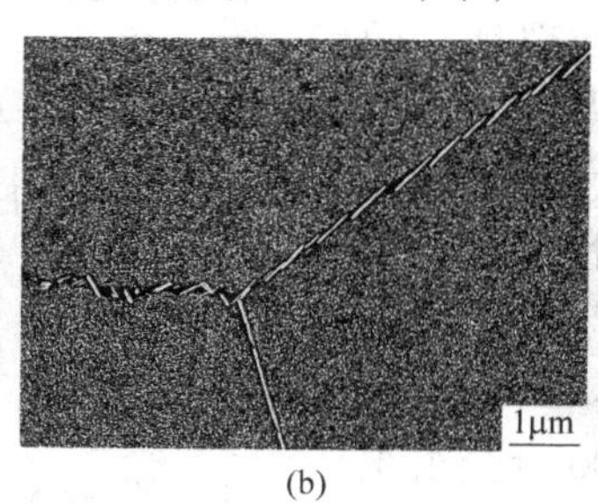

(b)

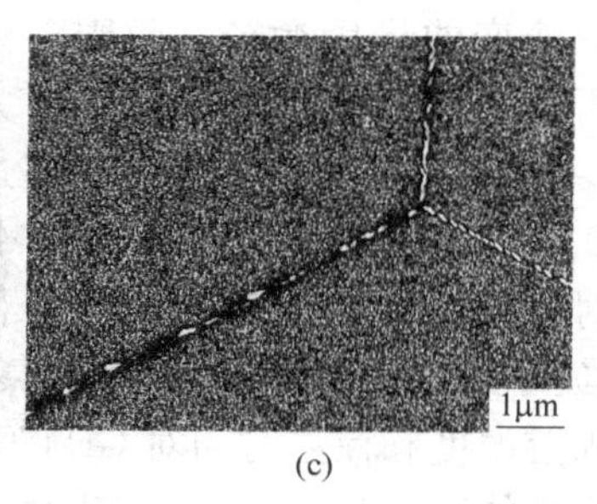

(c)

图 3 不同固溶温度下晶界处 η 相析出特征
（a）940℃/2h；（b）980℃/2h；（c）1010℃/2h

GH4706 合金的主要强化相是晶内析出的球型 γ′相和圆盘状 γ″相[4]，γ′相优先析出，γ″相在一定尺寸的 γ′相界面处形核，且 γ″相的厚度远小于 γ′相。鉴于此，本文主要分析了固溶处理对 γ′相析出的影响。由图 4 可知，不同固溶温度下的 γ′相尺寸基本一致分别为 26.25nm、24.49nm、24.79nm，其中 940℃固溶下的 γ′相部分呈线状分布。940℃固溶条件下的合金仍部分保留热变形后的组织特征，晶内含有大量位错墙。在冷却时，位错墙周围点阵畸变引起的弹性应变能将以析出相形核的方式得到释放，同时位错墙可作为溶质原子快速扩散的通道，高储能畸变区中固溶的原子加速脱溶，成为 γ′相的优先形核点促使其部分成线状分布。

综上可知，GH4706 合金在 980℃固溶条件下具有相对均匀且细小的晶粒，且此时 γ′相均匀弥散析出，η 相的尺寸较为适宜。因此，本文在 980℃进行了不同时间的保温处理，以期可以为特大型 GH4706 合金涡轮盘实际的组织性能调控进一步提供理论基础。

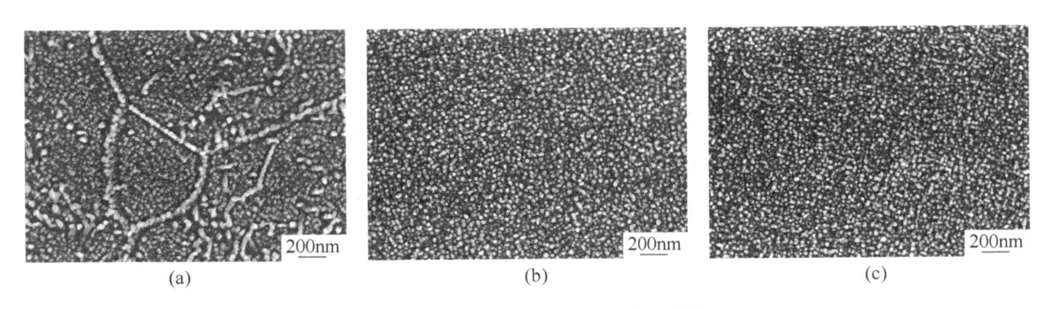

图 4 不同固溶温度下的 γ′相形貌

（a）940℃/2h；（b）980℃/2h；（c）1010℃/2h

2.2 固溶时间对组织的影响

在 980℃保温不同时间下合金晶粒组织如图 5 所示，随固溶时间延长，平均晶粒尺寸分别为 ASTM 5.0 级、4.0 级、3.5 级，呈现出晶粒长大速度减慢的趋势。这是因为，晶粒长大的驱动力主要来源于界面能的降低，具体表现为晶界曲率的下降，晶界趋于平直化。通常，小晶粒的晶界曲率高于大晶粒，因此晶粒在固溶过程快速长大到一定尺寸后趋于稳定，η 相随晶粒长大尺寸逐渐减小，如图 6 所示。图 7 为 980℃保温不同时间的 γ′相形貌，γ′相平均尺寸比较接近分别为 25.5nm、26.5nm、29.6nm。表明，GH4706 合金在 980℃固溶保温 2~8h 内可保持较为稳定一致的组织演化状态。

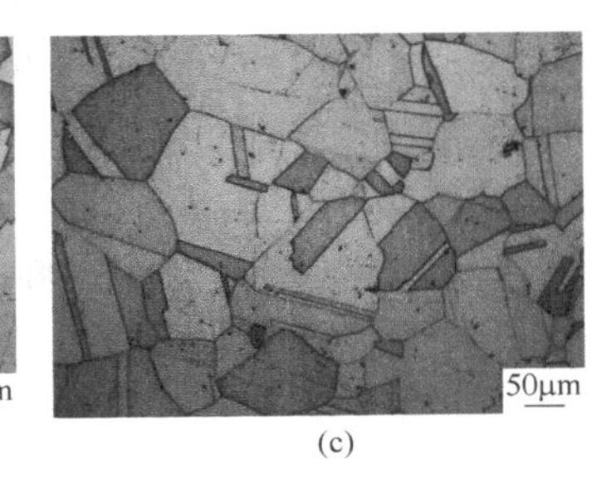

图 5 不同固溶时间下的 GH4706 合金晶粒组织形貌

（a）980℃/2h；（b）980℃/4h；（c）980℃/8h

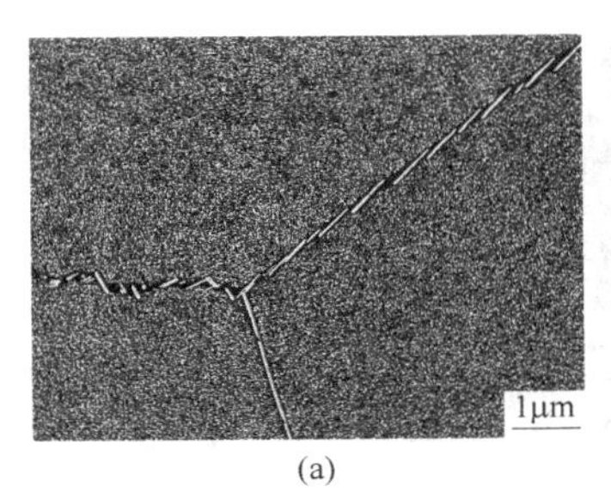

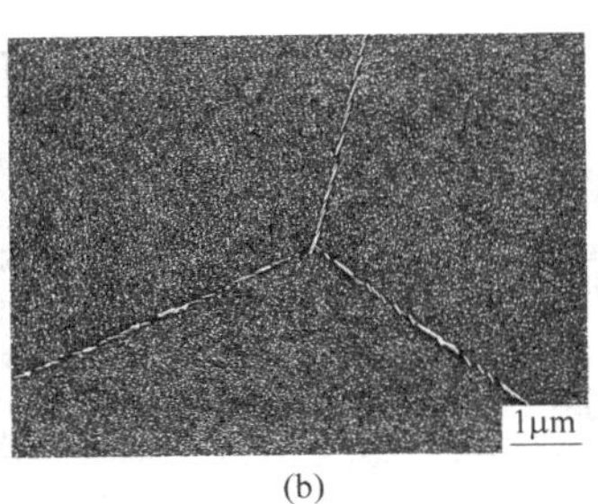

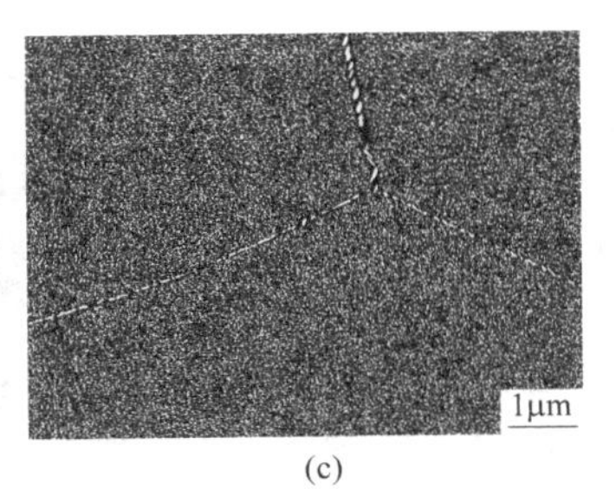

图 6 不同固溶时间下晶界处 η 相析出特征

（a）980℃/2h；（b）980℃/4h；（c）980℃/8h

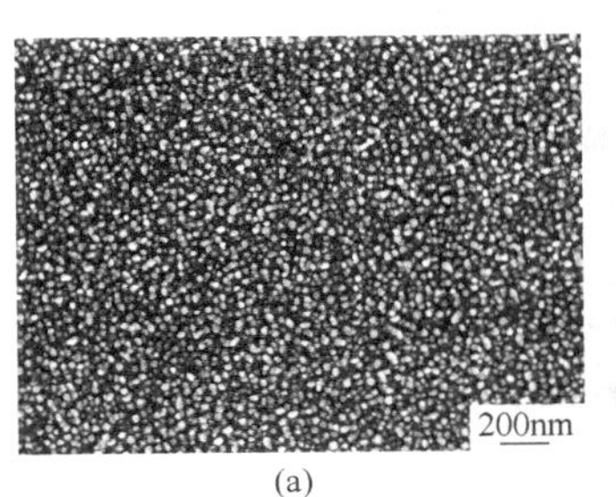

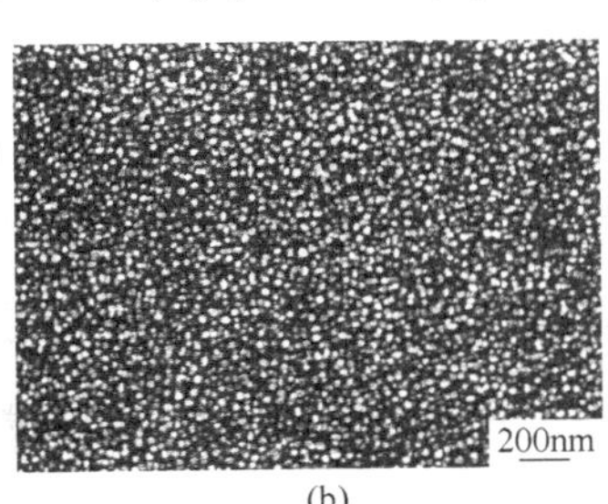

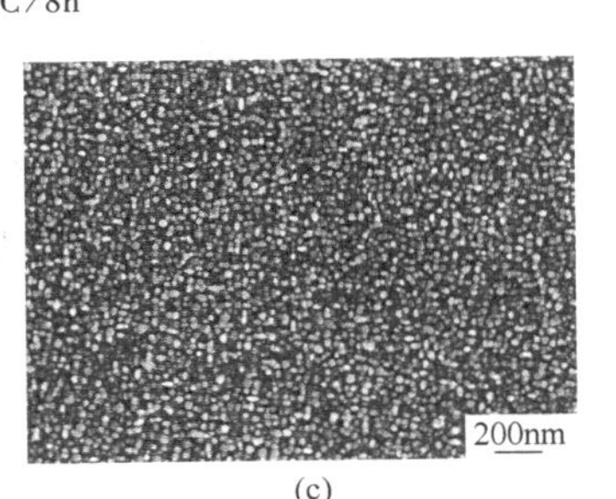

图 7 不同固溶时间下 γ′相的形貌

（a）980℃/2h；（b）980℃/4h；（c）980℃/8h

2.3 固溶处理对合金性能的影响

表1为不同固溶处理对GH4706合金室温拉伸、室温冲击吸收功及650/690MPa持久性能的测试结果统计。从表1中可看出，940℃固溶2h后合金的屈服强度稍高，室温冲击吸收功明显降低，其余各固溶条件下的室温拉伸和冲击吸收功基本一致。随固溶温度的升高和固溶时间的延长，持久寿命逐渐降低，固溶温度对其影响更为明显。

表1 GH4706合金不同固溶处理下的力学性能统计

固溶温度/℃	固溶时间/h	室温冲击吸收功 A_k/J	室温拉伸性能				650℃/690MPa 持久性能	
			R_m/MPa	$R_{p0.2}$/MPa	A/%	Z/%	τ/h	A_u/%
940	2	45	1297	1119	19.5	41.9	48	23.0
980	2	93	1288	1042	23.0	46.7	39	5.4
1010	2	87	1249	1034	22.5	40.1	31	3.7
980	4	91	1287	1030	22.9	42.2	36	5.3
980	8	95	1278	1055	22.7	41.3	32	5.4

图8为不同固溶处理下的持久断口形貌，940℃固溶条件下呈穿晶断裂特征，其余固溶条件下的合金均呈由沿晶断裂和穿晶断裂组成的混合断裂特征[5]。沿晶断裂区都位于试样外侧，裂纹首先在试样的表面或亚表面萌生，而后沿晶界向心部扩展。通过其高倍表征可发现，980℃保温2h条件下的晶界处可明显观察到η相，如图8（b）中白色箭头所示。合金的持久性能主要取决于晶粒的晶界强化，在高温下晶界处的原子容易发生扩散，使晶界对位错移动的阻力减弱，合适状态的η相有强化晶界、阻碍裂纹扩展、提高合金持久性能的作用[6]。因此，虽然固溶处理后较大晶粒可在一定程度上增加了晶界稳定性，但由于其η相尺寸减小和晶界平直化程度加重，使得裂纹易于在晶界处扩展，从而不利于合金的持久寿命。940℃固溶2h条件下的较大尺寸的η相和小晶粒的弯曲晶界，极大地提高了合金阻碍裂纹扩展的能力，同时小晶粒在高温下具有协调变形的作用，因此合金具有优异的持久寿命和持久塑性。但由于η相在室温时是脆性相，严重降低了合金的冲击吸收功。

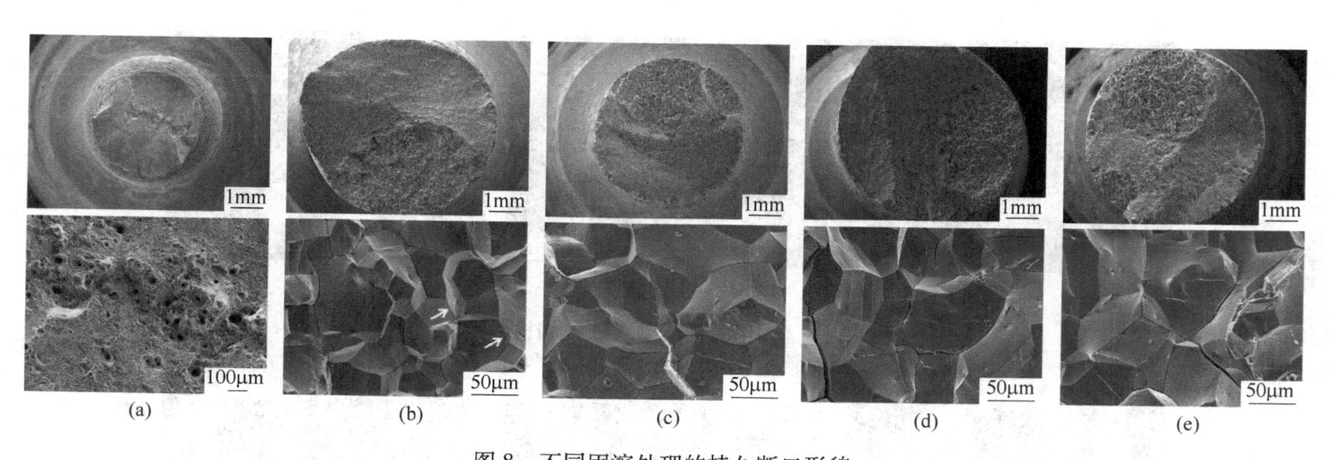

图8 不同固溶处理的持久断口形貌

（a）940℃/2h；（b）980℃/2h；（c）1010℃/2h；（d）980℃/4h；（e）980℃/8h

3 结论

（1）随固溶温度升高和保温时间延长GH4706合金晶粒逐渐长大，晶界平直化程度增加，晶界处η相尺寸减小。940℃固溶条件未完全再结晶导致γ′相呈线状析出，随固溶时间的延长γ′相尺寸基本一致。

（2）大尺寸的η相显著降低了940℃固溶下合金的室温冲击性能，其余固溶处理下合金的室温拉伸和冲击吸收功相差不大。η 相尺寸的减小造成合金持久寿命逐渐降低。

（3）综上所述，980℃ 固溶处理 2～8h 条件下，GH4706 合金的组织、力学性能较为一致，这保证了 GH4706 合金特大型盘锻件在热处理过程中不同部位的性能稳定性。

参考文献

[1] Schilke P W, Schwant R C. Alloy 706 Use, Process Optimization, and Future Directions for GE Gas Turbine Rotor Materials [C]//Superalloys 718, 625, 706 and Various Derivatives. Warrendale, PA: TMS, 2001: 25～34.

[2] Schilke P W, Pepe J J, Schwant R C. Alloy 706 metallurgy and turbine wheel application [C]//Superalloys 718, 625, 706 and Various Derivatives. Warrendale, PA: TMS, 1994: 1～12.

[3] 黄烁，王磊，张北江，等. GH4706 合金的动态再结晶与晶粒控制 [J]. 材料研究学报，2014，28（5）：362～370.

[4] 胥国华，黄烁，王磊，等. 热处理工艺对 GH4706 合金显微组织与力学性能的影响 [J]. 材料与冶金学报，2014，13（3）：177～180.

[5] 信昕，孙文儒，冯贞伟，等. 热处理制度对 GH706 高温合金持久性能的影响 [J]. 材料研究学报，2010，24（6）：649～654.

[6] Rösler J, Müller S, Genovese D D, et al. Design of Inconel 706 for improved creep crack growth resistance [C]//Superalloys 718, 625, 706 and Various Derivatives. Warrendale, PA: TMS, 2001: 523～534.

固溶处理对 GH4141 合金显微组织和力学性能的影响

石照夏[1,2*]，鞠泉[1,2]，胥国华[1,2]，蒙肇斌[1,2]

（1. 高温合金新材料北京市重点实验室，北京，100081；
2. 钢铁研究总院高温材料研究所，北京，100081）

摘　要：固溶处理对 GH4141 合金的显微组织和力学性能具有重要影响。通过对冷轧变形量为 40%的 GH4141 合金带坯进行不同保温温度和时间的固溶处理实验，对固溶处理过程中合金的显微组织演变和力学性能变化规律进行了研究，建立了固溶处理过程中合金的静态再结晶晶粒长大方程。结果表明，随固溶温度升高和保温时间延长，GH4141 合金的晶粒尺寸逐渐长大；所构建的静态再结晶晶粒长大方程与实验数据值吻合度较高；随固溶温度升高和保温时间延长，合金的室温硬度逐渐降低。

关键词：GH4141 合金；固溶处理；静态再结晶；晶粒尺寸；硬度

GH4141 是一种 Ni-Cr-Co 基沉淀硬化型变形高温合金，该合金板带材已被广泛用作航空发动机的密封件和弹性构件等[1,2]。GH4141 合金板带材采用冷轧工艺成形，冷变形过程决定了合金板带材的尺寸精度，并通过与成品固溶处理相结合，对合金最终的组织和性能起着决定性作用[3]。为了满足构件使役性能要求，必须通过优化成品冷轧变形量和固溶处理工艺获得理想的晶粒组织状态和性能。通过对冷轧变形量为 40%的 GH4141 合金带坯进行不同的固溶处理实验，研究了 GH4141 合金在固溶处理过程中的显微组织演变和室温硬度变化规律，并得到了其静态再结晶晶粒长大方程，为该合金板带材固溶处理工艺的制定和实际生产应用提供参考。

1　实验材料及方法

本研究所用 GH4141 合金采用真空感应熔炼+真空自耗重熔的双联冶炼工艺熔炼而成，铸锭经均匀化、开坯、热轧、固溶处理后冷轧至 δ1. 5mm 的带坯，经中间退火处理后冷轧至 δ0. 9mm 的带坯，化学成分见表 1。为研究固溶处理制度对 GH4141 合金显微组织演变和室温硬度的影响，从冷轧带坯上切取规格为 0. 9mm×15mm（轧向）×20mm（横向）的试样，在箱式热处理炉中进行等温固溶处理实验，固溶温度为 1120℃，1140℃，1160℃和 1180℃，保温时间为 2min、6min、8min、10min，试样取出后进行空冷。

试样经机械打磨和抛光后腐蚀 0. 9mm×20mm 的端面，采用光学显微镜观察冷轧态及固溶处理后的微观形貌并拍摄金相照片。采用截点法进行晶粒尺寸统计。采用硬度仪测试不同固溶处理条件下试样的室温硬度。

表 1　GH4141 合金冷轧带坯化学成分

（质量分数,%）

元素	C	Cr	Co	Mo	Ti	Al	Ni
含量	0. 089	18. 86	10. 79	9. 49	3. 17	1. 58	余量
元素	B	Fe	Mn	Si	P	S	Cu
含量	0. 0031	0. 060	<0. 002	0. 039	<0. 004	0. 0004	<0. 010

2　实验结果及分析

2. 1　固溶处理过程中显微组织的变化

冷轧变形量为 40%的 GH4141 合金微组织如图 1 所示，可以看出，原始奥氏体晶粒被压扁。经统计，GH4141 合金冷轧态晶粒尺寸为 16. 2μm。

GH4141 合金经不同固溶处理后的显微组织如图 2 所示。由图 2 可知，GH4141 合金在 1120℃保

* 作者：石照夏，高级工程师，联系电话：010-62182437，E-mail：zxshiustb@163. com

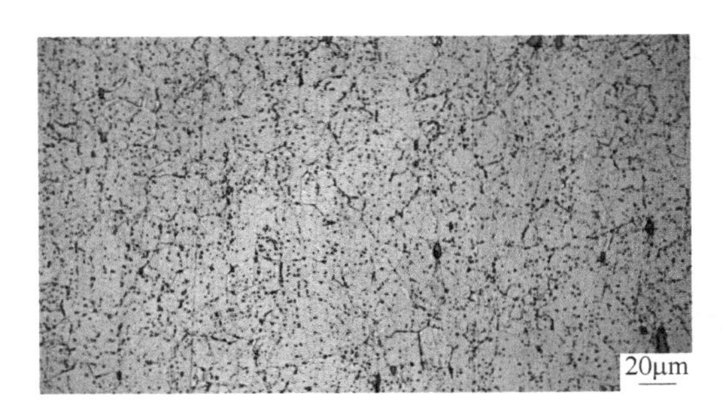

图 1　冷轧变形量为 40%的 GH4141 合金显微组织

温 2min 的晶粒组织状态较冷轧态未发生明显变化（图 2（a））。在 1120℃保温 6min 后已发生了非常明显的静态再结晶，冷轧态被压扁的晶粒被再结晶产生的等轴晶所取代（图 2（b））。随着固溶温度的升高和保温时间的延长，晶粒逐渐长大（图 2（c）~（i））。晶粒长大的主要驱动力是界面自由能的降低，晶界在界面自由能的驱动下发生迁移导致晶粒间的合并，从而使晶粒长大。温度的升高为晶界迁移过程提供了更加充分的能量，晶界自由能越高，晶界更倾向于通过迁移的方式降低自身自由能，从而促进晶粒长大[4~6]。由此可知，温度升高对 GH4141 合金的晶粒长大具有显著的促进作用。

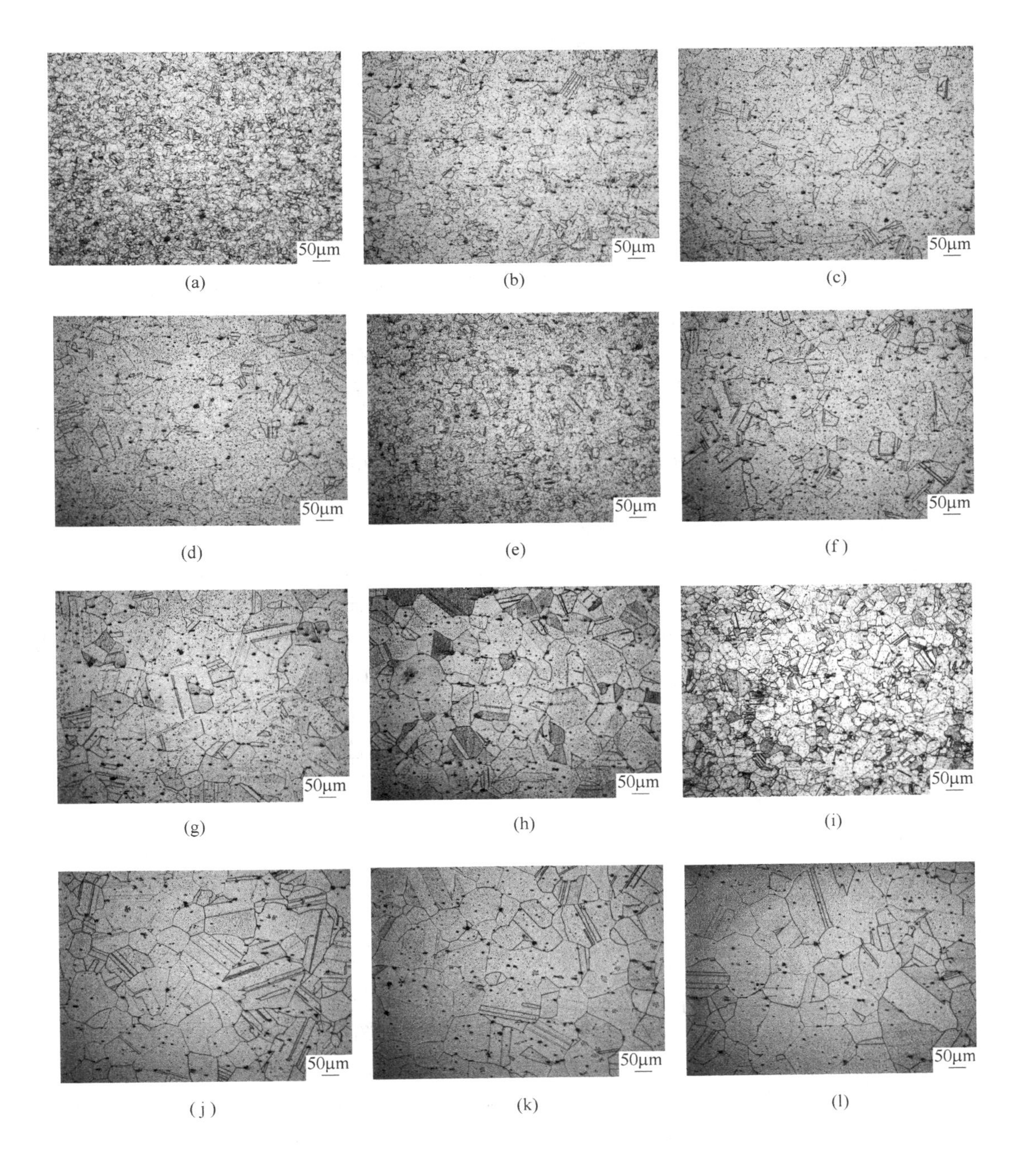

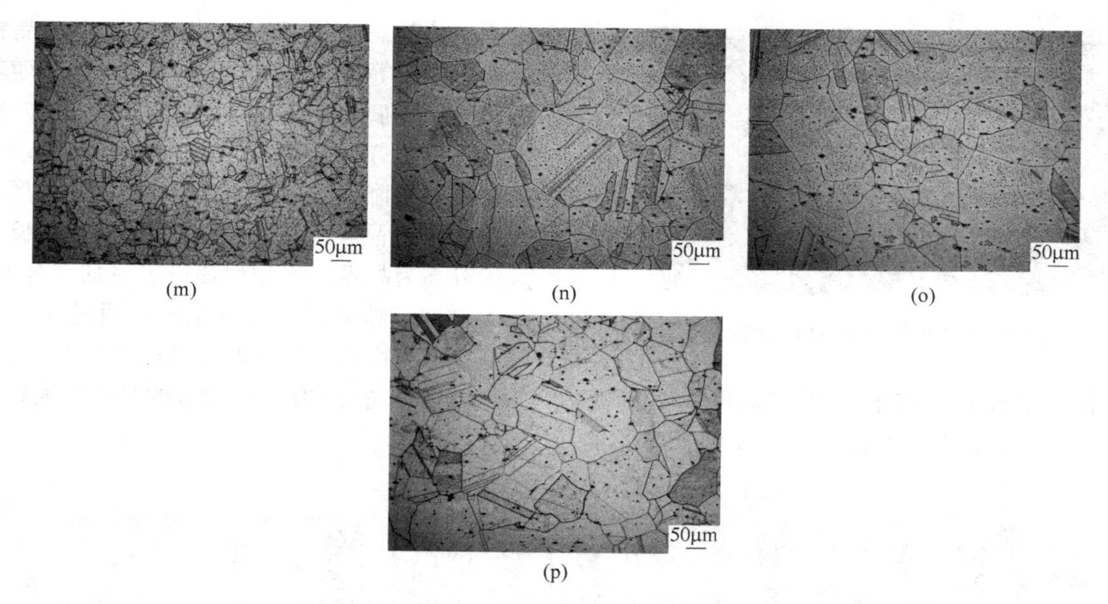

图 2　GH4141 合金经不同固溶处理后的显微组织

(a) 1120℃×2min；(b) 1120℃×6min；(c) 1120℃×8min；(d) 1120℃×10min；(e) 1140℃×2min；(f) 1140℃×6min；(g) 1140℃×8min；(h) 1140℃×10min；(i) 1160℃×2min；(j) 1160℃×6min；(k) 1160℃×8min；(l) 1160℃×10min；(m) 1180℃×2min；(n) 1180℃×6min；(o) 1180℃×8min；(p) 1180℃×10min

图 3 所示为固溶处理温度和保温时间对 GH4141 合金晶粒尺寸的影响。由图 3 可知，当温度为 1120～1160℃ 时，在固溶处理早期（$t \leqslant$ 8min），晶粒尺寸迅速增加，之后随着固溶时间的延长，晶粒尺寸的长大速度趋缓。这是由于在特定的温度环境下，环境提供的能量有限，当晶粒长大到一定程度后，环境提供的能力不足以供应晶粒继续长大所需能量[6]。当固溶处理温度为 1180℃时，在整个固溶处理阶段，随保温时间的延长，晶粒尺寸显著增加。

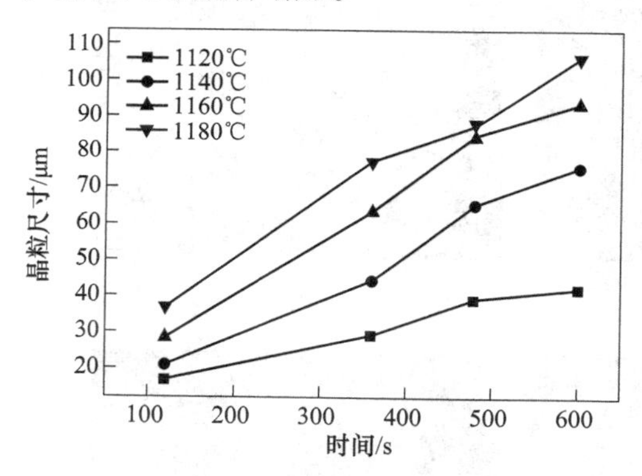

图 3　固溶处理温度和保温时间对 GH4141 合金晶粒尺寸的影响

2.2　静态再结晶晶粒长大方程

晶粒长大同时包含了热力学过程和动力学过程，在任何热加工过程中，加热温度与保温时间的作用都是不可分割的。因此，描述晶粒长大与加热温度和保温时间两个参数间的关系模型在实际工程中具有重要的意义。本研究采用预测奥氏体晶粒正常长大的 Sellars 模型对 GH4141 合金固溶处理过程中的晶粒尺寸进行预测[7]：

$$D^n = D_0^n + At\exp\left(-\frac{Q}{RT}\right) \tag{1}$$

式中，D 和 D_0 分别为固溶处理后的平均晶粒尺寸和初始晶粒尺寸；t 为保温时间，s；T 为加热温度，K；Q 为晶粒长大激活能，J/mol；R 为气体常数，$R = 8.314\text{J} \cdot \text{mol}^{-1} \cdot \text{K}^{-1}$。

由于温度在 1120～1180℃ 之间晶粒长大呈现出与原始晶粒无关的特性，因此，忽略初始晶粒尺寸 D_0，Sellars 模型变为[8]：

$$D^n = At\exp\left(-\frac{Q}{RT}\right) \tag{2}$$

两边取对数得：

$$\ln D = \frac{1}{n}\ln A + \frac{1}{n}\ln t - \frac{Q}{nR}\frac{1}{T} \tag{3}$$

根据实验数据得到 $\ln D$-$\ln t$ 和 $\ln D$-$1000/T$ 的关系曲线，如图 4 和图 5 所示。通过进行线性拟合，计算得到 $n = 1.46$，$Q = 356485\text{J} \cdot \text{mol}^{-1}$，$A = 1.09 \times 10^{13}$，得到 GH4141 合金在不同固溶处理温度和保温时间下的静态再结晶晶粒长大方程为：

$$D^{1.46} = 1.09 \times 10^{13} t\exp\left(-\frac{356485}{RT}\right) \quad (4)$$

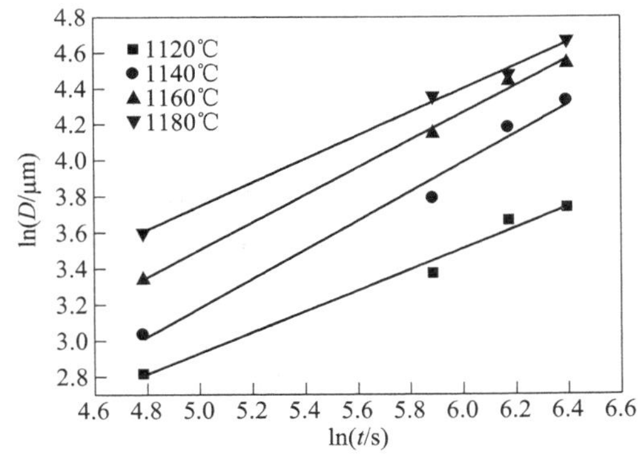

图 4 不同保温时间下 $\ln D$ 与 $\ln t$ 的关系

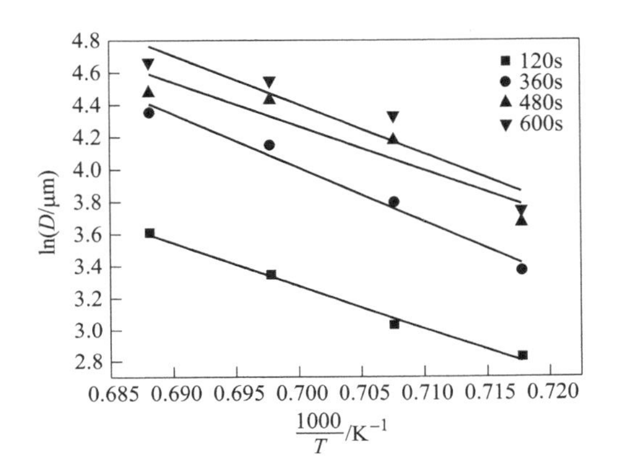

图 5 不同固溶处理温度下 $\ln D$ 与 $1000/T$ 的关系

为了进一步验证 GH4141 合金静态再结晶晶粒长大方程的普遍适用性，将不同固溶处理温度和保温时间代入式（4），得到晶粒长大方程的理论计算值，并将其与实测值进行对比，如图 6 所示。图 6 中散点为晶粒尺寸的实测值，曲线为理论计算值。由图 6 可知，采用式（4）预测本研究不同固溶处理条件下的晶粒尺寸数据与实际测量的晶粒尺寸数据吻合度较高，说明该方程能够较好地描述 GH4141 合金在固溶处理条件下晶粒尺寸的变化趋势。

2.3 固溶处理过程中室温硬度的变化

图 7 所示为固溶处理温度和时间对 GH4141 合金室温硬度的影响。由图 7 可知，当保温时间为 2～8min 时，随固溶温度的升高和保温时间的延长，合金室温硬度显著降低。在本研究实验温度下，GH4141 合金已发生明显的再结晶，晶粒尺寸随固溶温度升高和保温时间延长显著增加，成为

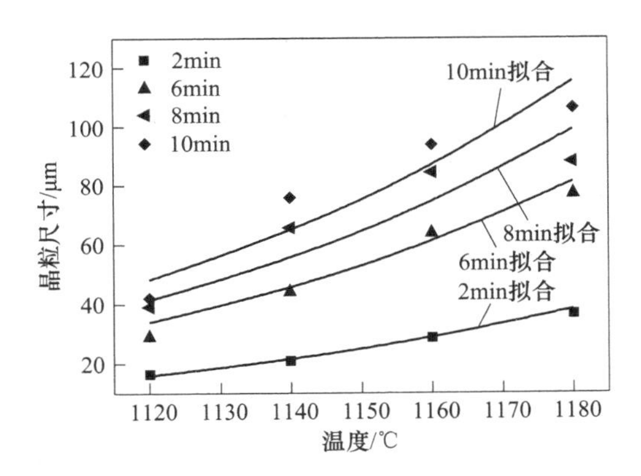

图 6 固溶处理后晶粒尺寸计算值（曲线）和实测值对比（散点）

导致合金硬度下降的主要原因。此外，随固溶温度升高和保温时间延长，基体中未溶碳化物逐渐溶解，含量减少，使合金的硬度降低[9,10]。

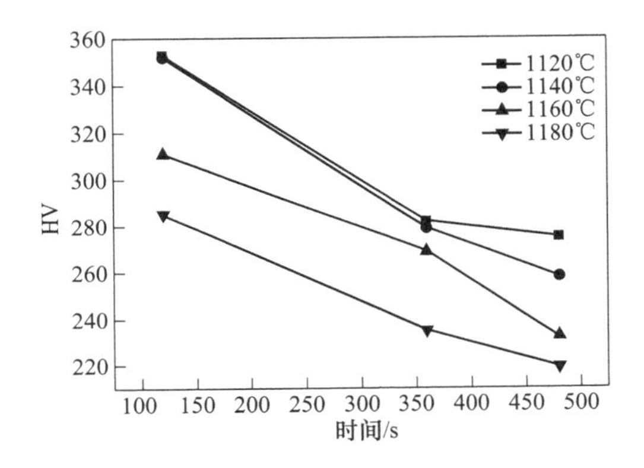

图 7 固溶处理温度和时间对 GH4141 合金硬度的影响

3 结论

（1）GH4141 合金冷轧带坯在 1120～1180℃ 的固溶温度下保温时，晶粒尺寸随着保温时间的延长而增加，但晶粒长大速度逐渐降低；保温时间一定时，固溶处理温度越高，晶粒尺寸越大。

（2）建立了 GH4141 合金在固溶处理过程中的静态再结晶晶粒长大方程，且采用方程预测的晶粒尺寸与实验测得的晶粒尺寸具有较高的吻合度。GH4141 合金静态再结晶晶粒长大方程如下：

$$D^{1.46} = 1.09 \times 10^{13} t\exp\left(-\frac{356485}{RT}\right)$$

（3）GH4141 合金的室温硬度随着固溶温度的升高和保温时间的延长逐渐降低。

参考文献

[1] 胡向东，朱帅，甄小辉，等．GH141 高温合金矩形环件热处理工艺研究［J］．热加工工艺，2019，48（14）：146~149.

[2] 肖东平，周扬，付建辉，等．GH141 合金的凝固偏析特性及均匀化处理［J］．金属热处理，2022，47（5）：141~147.

[3] 牛永吉，张志伟，安宁，等．GH141 合金工艺特性研究［J］．航空制造技术，2021，64（1/2）：57~61.

[4] 江河，董建新，张麦仓，等．700℃超超临界锅炉材料617B 合金冷变形和退火过程中的组织演变［J］．中国有色金属学报，2017，27（7）：1385~1394.

[5] 张文文，冯阳，王帅杰，等．GH4742 高温合金晶粒长大行为［J］．塑性工程学报，2022，29（10）：117~125.

[6] 叶青，谌颖，陈博，等．Haynes 282 新型高温合金晶粒长大行为及数学模型研究［J］．宇航材料工艺，2022，52（5）：35~42.

[7] Sellars C M，Whiteman J A. Recrystallization and grain growth in hot rolling［J］. Metal Science，1979，3~4：87~194.

[8] 徐文帅，王春旭，厉勇，等．40CrNi2MoE 钢奥氏体晶粒长大的数学模型［J］．材料热处理学报，2014，35（8）：232~238.

[9] 刘强永，刘正东，甘国有，等．固溶处理对 Haynes282 耐热合金组织与硬度的影响［J］．金属热处理，2016，41（1）：52~57.

[10] 王敬忠，刘正东，程世长，等．固溶温度对 S31042 耐热钢微观组织和力学性能的影响［J］．金属热处理，2011，36（2）：79~83.

高合金化 GH4065 合金大锭型制备及冶金质量研究

代朋超[1*]，张文云[2]，朱佳[3]，黄烁[2]，田沛玉[1]，马天军[1]，赵欣[1]，张北江[2]

（1. 宝武特种冶金有限公司技术中心，上海，200940；
2. 钢铁研究总院高温材料研究所，北京，100081；
3. 宝武特种冶金有限公司科技质量部，上海，200940）

摘　要：以宝武特种冶金有限公司研制的 4.0t 以上超大单重三联冶炼（真空感应+电渣重熔+真空自耗）GH4065 合金 ϕ610mm 自耗锭为对象，系统研究、评估了该合金自耗锭表面质量、宏观及微观组织以及成分一致性等内容。结果表明，该自耗锭表面质量呈金属光泽，无鱼鳞状渣皮；自耗锭熔池对称好，熔池深度约 140mm，无冶金缺陷；自耗锭头中尾不同区域化学元素一致性好，尤其是 Al、Ti、Zr 等易烧损元素控制良好。综上所述，宝武特冶公司试制的三联冶炼 ϕ610mm 自耗锭冶金质量、成分均匀性良好，可以有效满足 1.5t 以上大单重锻件研制用材需求。

关键词：GH4065；三联冶炼；大锭型冶炼

涡轮盘是航空发动机中四大关键热端部件之一，服役环境极为苛刻，需要经受高温、高应力及燃气腐蚀等条件，新一代航发动机用涡轮盘的工作温度已超过 700℃[1,2]。为此，我国几乎与国外同步开展了 700℃ 以上使用的高合金化 GH4065 合金研制，该合金采用传统铸锻制备工艺，其性能与第二代粉末盘 René 88DT 相当，兼具高性能、低成本和批量化工业生产的优势，被视为我国未来涡轮盘用高温合金主干牌号材料[3,4]。

作为高合金化的沉淀强化型变形高温合金，GH4065 合金的制备工艺流程如图 1 所示[3]。应用真空感应+电渣重熔+真空自耗（VIM+ESR+VAR）三联熔铸工艺制备低偏析无冶金缺陷的自耗重熔锭，经过多段均匀化处理的钢锭在快锻机上实现自由锻造开坯，开坯过程中在充分破碎铸态组织的基础上利用反复镦拔工艺制备细晶棒材，盘锻件通过热模锻成型并通过热处理对组织和性能进行调控。由图 1 可知，GH4065 合金锻件的制备工艺与三联 GH4169 等合金关键转动部件制备工艺框架基本一致[5,6]。按照该工艺制备生产的 GH4065 合金锻件已经通过军用涡扇发动机、大推力商用发动机验证，取得良好效果。

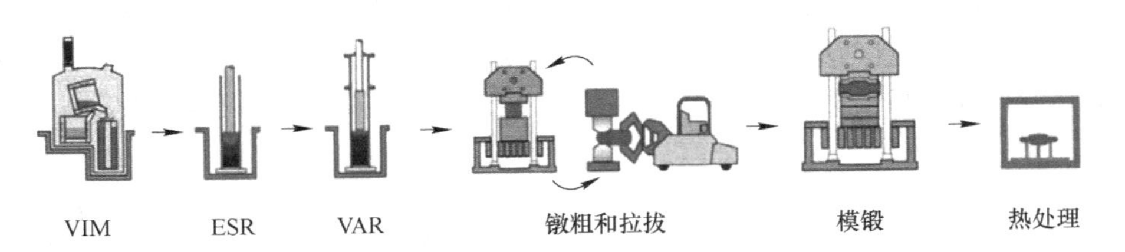

图 1　GH4065 合金涡轮盘件制备工艺流程

近些年，随着大涵道比商用航空发动机、空天飞机发动机等领域技术不断发展，对于大尺寸盘锻件用棒材需求增加，尤其是单重 1.5t 以上大型锻件问题亟待解决[7]，这也严重限制了 GH4065 合金在相关领域的扩展应用。针对这一问题，开展扩大锭型制备技术研究，尤其是 ϕ600mm 以上，单重 3t 以上钢锭的冶炼技术研究工作显得尤为重要。本工作主要针对上述问题，介绍 GH4065 合金特点、大锭型冶炼制备难点及制造方面的技术进展，为 GH4065 等高合金化合金大锭型冶炼制备提供借鉴作用。

* 作者：代朋超，工程师，联系电话：26032696，E-mail：daipengchao@baosteel. com

1 试验材料与方法

GH4065 是一种沉淀硬化镍基高温合金，化学成分范围见表 1。通过添加大量的 Ti、Al 元素，析出 γ′相（体积分数达到 42% 以上）进行强化；同时，通过加入 W、Mo、Co 等元素进行固溶强化，提高合金基体强度和热稳定性。该合金成分特点决定了其优异的力学性能和耐高温能力，最高使用温度可到 750℃。

表 1 GH4065 合金名义化学成分

（质量分数,%）

元素	C	Cr	Co	Al	Ti	W
含量	0.010~0.022	15.0~17.0	12.0~14.0	1.80~2.30	3.40~3.90	3.8~4.2
元素	Mo	Nb	B	Zr	N	Ni
含量	3.8~4.2	0.4~0.9	0.010~0.030	0.02~0.08	≤35 $\times10^{-6}$	余量

但是，其高合金化特点，尤其是大量的 Ti、Mo、W 等易偏析元素，大大增加了钢锭中枝晶干与枝晶间偏析程度。较高含量的 γ′相，大大增加了钢锭的开裂倾向及热加工难度。概括起来，GH4065 合金大锭型制备难点主要在以下几个方面：

（1）超低 C、N 含量及 B、Zr 等微量元素“窄窗口”控制要求，大大增加了冶炼控制难度，特别是大规格铸锭头、尾一致性问题。

（2）大尺寸铸锭低偏析冶炼控制，特别是扩大锭型后，需要避免“白斑”“点偏”等宏观缺陷的同时，降低铸锭微观偏析。

（3）大尺寸铸锭内应力极大，这包括热应力和组织应力，控制不好会导致开裂。

针对以上制造难点，制定如下基本工艺路线及技术手段：

真空感应冶炼→感应电极内应力控制工艺→电渣重熔→电渣锭内应力控制及致密度提升工艺→真空自耗冶炼→钢锭均质化处理→棒材热加工

按照上述工艺制备出直径 ϕ610mm，单重约 4t 自耗锭。在自耗锭头部切除 600mm 一段开展组织研究。随后，自耗锭经过特殊的均匀化工艺处理，再利用快锻机开坯制备出 ϕ500mm 以上直径棒材。

利用线切割分别沿 ϕ610mm 自耗锭锭冠横向、纵向取样，试样经低倍腐蚀后观察铸态结晶组织和熔池。然后，分别在横向低倍的中心、$R/2$ 和边缘取高倍试样，观察枝晶组织情况。在铸锭头、中、尾切取试样，进行成分分析。显微组织分析采用光学显微镜、扫描电镜及电子探针等手段。铸锭化学成分分析采用电感耦合等离子体光谱仪、碳硫分析仪等手段。

2 试验结果及讨论

2.1 自耗锭表面质量

自耗电极内部纯净度、致密性及自耗冶炼过程的稳定性等因素都会在自耗锭表面有明显反映。如果电极内部杂质含量高、缩孔比较深，加之缩孔内部的表面氧化、自耗过程异常（真空度不好）等因素，都会造成自耗锭表面存在黑色或者棕色鱼鳞状渣皮，在钢锭上端面也可见少量渣块存在如图 2 所示，这一点尤其在双联冶炼高温合金中存在。对于三联冶炼高温合金，也偶有发生。

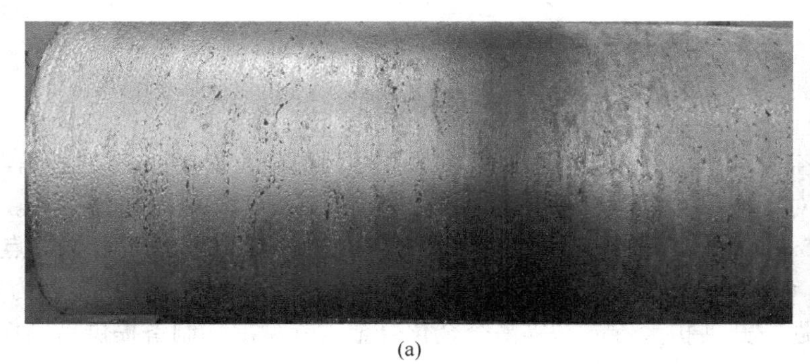

(a)

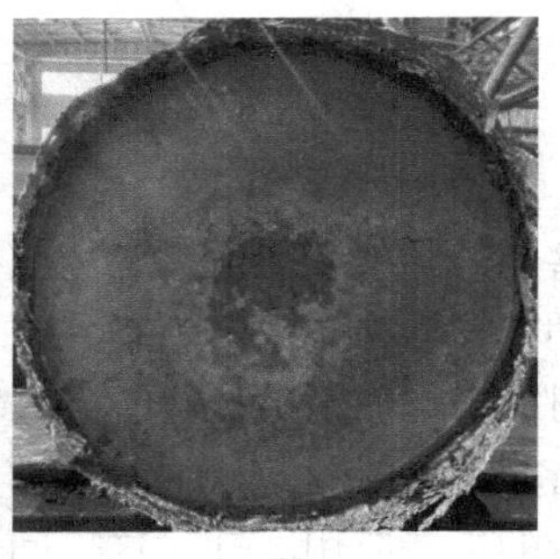

(b)

图 2 双联冶炼 GH4065 合金 ϕ508mm 自耗锭表面质量

（a）锭身部位；（b）锭上端面

三联冶炼 GH4065 合金 ϕ610mm 自耗锭表面质量良好，极少有黑色或者棕色鱼鳞状渣皮，多呈现金属光泽如图 3 所示，这说明整个三联冶炼过程电极（钢锭）纯净度及质量良好、冶炼过程稳定，实现了纯净化冶炼控制。

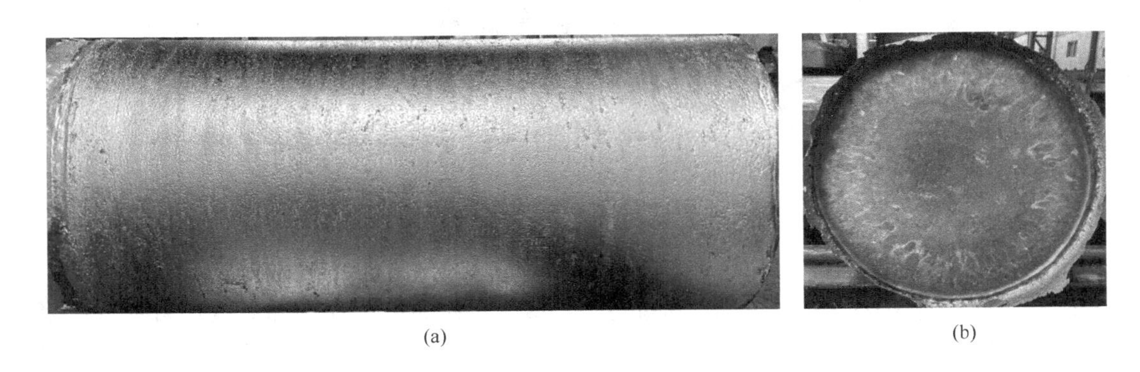

(a) (b)

图 3 三联冶炼 GH4065 合金 ϕ610mm 自耗锭表面质量
（a）锭身部位；（b）锭上端面

2.2 自耗锭宏观及微观组织

GH4065 合金 ϕ610mm 自耗锭纵、横向低倍组织情况如图 4 所示。观察发现，大尺寸铸锭未发现夹杂、点偏等各类冶金缺陷。自耗锭凝固组织良好，靠近钢锭边缘区域为细小枝晶组织，越靠近中心，枝晶尺寸越粗大，这与不同区域冷却条件有关；中心位置仍为枝晶组织，无明显等轴晶存在，这说明自耗冶炼工艺参数控制良好。自耗锭组织对称性和熔池深度可以反映自耗冶炼过程工艺参数（熔速、He 冷、水冷强度）控制和电极对中合适与否。从纵向低倍照片可以发现，熔池对称性良好，熔池深度比较浅，约为 140mm，这说明自耗锭冶炼工艺参数控制合理。

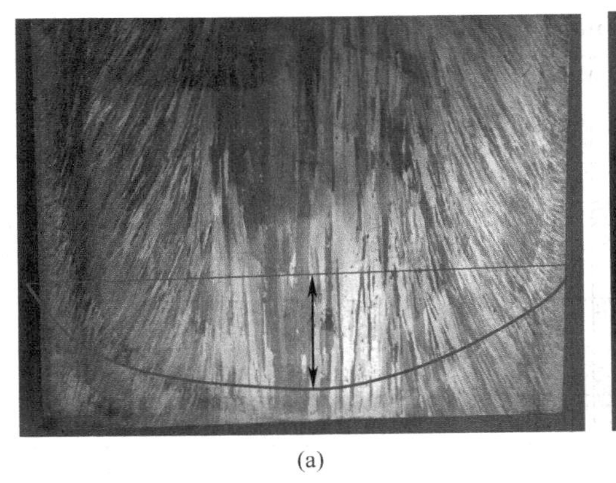

(a)

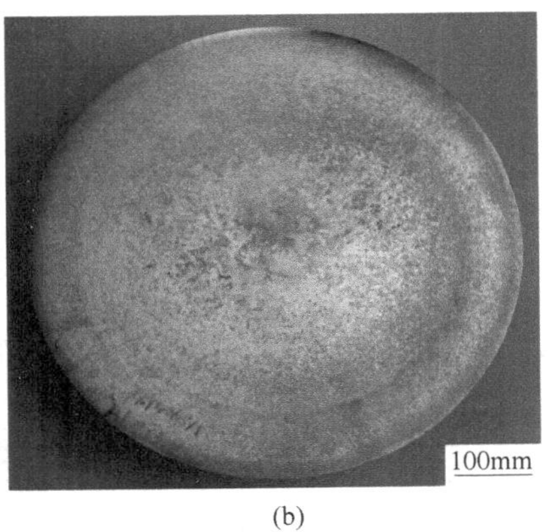

(b)

图 4 GH4065 合金 ϕ610mm 自耗锭低倍组织
（a）纵向低倍组织；（b）横向低倍组织

距离自耗锭头部以下 600mm 处，分别在中心、$R/2$ 及边缘区域取横向高倍试样，结果如图 5 所示。观察高倍组织可知，铸态组织全部为枝晶组织，越靠近中心区域枝晶干越粗大，边缘位置为细小枝晶，这一趋势与宏观低倍组织情况完全一致。二次枝晶间距（SDAS）是表征枝晶形貌的重要参数，其直接影响铸锭中微观偏析、析出相分布以及疏松。统计发现，铸锭中心、$R/2$ 处二次枝晶间距分别为 140μm、100μm，边缘区域均为细小枝晶组织，枝晶组织特征并不明显，不易定量统计。综合来看，GH4065 合金大大尺寸铸锭凝固组织良好，偏析情况满足工程化冶炼制备要求。

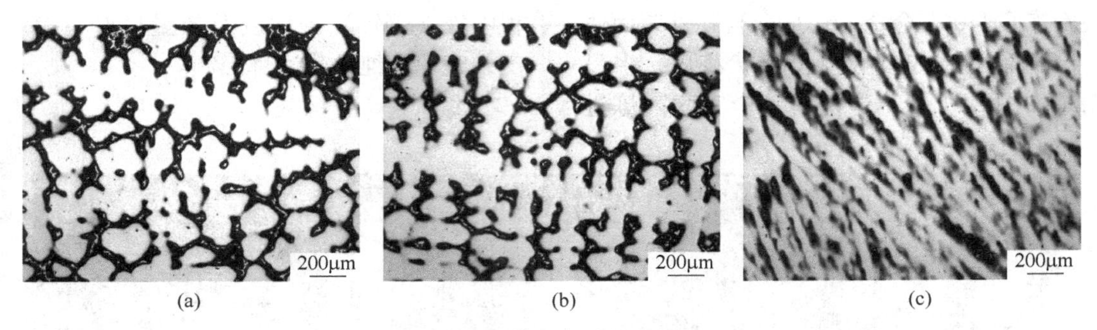

(a)　(b)　(c)

图 5　GH4065 自耗锭横向高倍组织

（a）中心；（b）$R/2$；（c）边缘

根据二次枝晶间距计算公式[8,9]，二次枝晶间距与温度梯度的指数成反比。自耗冶炼过程中，中心处冷却效果最差，热梯度最小，因此中线位置枝晶尺寸最大；越靠近边缘，冷却强度增大，凝固过程中热梯度增大，枝晶尺寸越小。

$$\lambda_{\text{secondary}} = \frac{C}{(G \times R)^{\rho}}$$

式中，G 为热梯度，K/m；R 为生长速率，m/s；C 为由合金成分决定的常数；ρ 为系数。

研究大尺寸 VAR 铸锭的结构时，发现 SDAS 的尺寸与疏松和孔隙尺寸之间存在显著的正相关。因此，在 VAR 工艺中，主要通过调整和优化工艺参数（例如熔化速率和氦气冷却）来获得尽可能小的 SDAS。但在实际工程生产中，综合考虑铸锭尺寸、生产效率等因素，在没有宏观冶金缺陷的情况下，适度的 SDAS 值是可以接受的。

2.3　自耗锭化学成分均匀性

自耗锭头、中、尾以及横向截面不同部位的化学成分结果见表 2。从表 2 中数据可知，自耗锭头、中、尾元素控制一致性良好。特别是 Al、Ti、Zr 等易烧损元素，元素含量一致性控制精度可达到 Al：±0.05%，Ti：±0.05%，Zr：±0.004% 以内，这说明自耗锭成分一致性较好，为合金棒材性能一致性奠定基础。

表 2　GH4065 合金 ϕ610mm 自耗锭不同部位化学成分　（质量分数，%）

部位	C	Cr	Co	Al	Ti	W	Mo	Nb	B	Zr	N	S
头部中心	0.015	15.94	12.95	2.06	3.46	3.98	4.02	0.68	0.015	0.030	0.0021	0.0003
头部 $R/2$	0.014	15.89	12.98	2.05	3.47	4.01	4.00	0.69	0.014	0.029	0.0020	0.0003
头部边缘	0.013	15.90	12.97	2.06	3.47	4.02	3.99	0.68	0.014	0.031	0.0024	0.0002
中部中心	0.013	15.88	13.02	2.03	3.55	3.97	3.98	0.70	0.016	0.028	0.0020	0.0003
中部 $R/2$	0.014	15.92	12.99	2.02	3.53	3.97	4.01	0.68	0.015	0.028	0.0019	0.0002
中部边缘	0.013	15.95	12.97	2.04	3.51	4.01	3.98	0.68	0.015	0.029	0.0022	0.0003
尾部中心	0.013	15.94	13.03	2.00	3.53	4.03	4.03	0.67	0.014	0.027	0.0023	0.0003
尾部 $R/2$	0.014	15.93	13.00	2.01	3.50	4.00	4.01	0.68	0.014	0.026	0.0024	0.0003
尾部边缘	0.012	15.90	12.96	2.03	3.52	3.98	3.99	0.71	0.016	0.026	0.0024	0.0003

3　结论

（1）采用三联冶炼工艺制备的 ϕ610mm 直径 GH4065 合金自耗锭表面质量良好，极少有黑色或者棕色鱼鳞状渣皮，多呈现金属光泽。

（2）自耗锭横、纵低倍组织优良，无“白斑”“点偏”等宏观冶金缺陷；中心至边缘结晶组织均为树枝晶组织，越靠近边缘枝晶组织约细小。中心、$R/2$ 处二次枝晶间距约 140um、100um，说明凝固组织良好，这位铸锭后续热加工奠定良好基础。

（3）自耗锭头、中、尾部不同部位化学成分一致性良好，Al、Ti、Zr 等易烧损元素，含量一致性控制精度可达到 Al：±0.05%，Ti：±0.05%，Zr：±0.004%。

参考文献

[1] Pollock T M, Tin S. Nickel-based superalloys for advanced turbine engines: chemistry, microstructures and properties [J]. Journal of Propulsion and Power, 2006, 22 (2): 361.

[2] Williams J C, Starke E A Jr. Progress in structural materials for aerospace systems [J]. Acta Mater., 2003, 51: 5775.

[3] 张北江, 赵光普, 张文云, 等. 高性能涡轮盘材料 GH4065 及其先进制备技术研究 [J]. 金属学报, 2015, 51: 1227.

[4] 杜金辉, 赵光普, 邓群, 等. 中国变形高温合金研制进展 [J]. 航空材料学报, 2016, 36 (3): 27.

[5] Decker R F. The evolution of wrought age-hardenable superalloys [J]. JOM, 2006, 58 (9): 32.

[6] Carter W T, Jones R M F. JOM, 2005; 57 (4): 52.

[7] 张北江, 黄烁, 张文云, 等. 变形高温合金盘材及其制备技术研究进展 [J]. 金属学报, 2019, 55: 1100.

[8] 刘洪刚, 李铸国, 黄坚, 等. 冷却速率对激光熔覆 K4169 高温合金涂层组织的影响 [J]. 机械工程材料, 2012, 36 (12): 21~24.

[9] 曲红霞, 寇生中, 蒲永亮, 等. 冷却速率对 GH4169 合金铸态组织和力学性能的影响 [J]. 铸造技术, 2016, 37 (3): 481~484.

γ'相与孪晶交互作用对新型镍钴基高温合金的蠕变性能影响

段继萱*，安腾，谷雨，于鸿垚，吕旭东，杜金辉，毕中南

（钢铁研究总院高温材料研究所，北京，100081）

摘　要：研究了固溶温度对新型镍钴基高温合金微观组织的影响，分析γ'相与孪晶交互作用对新型Ni-Co基高温合金的蠕变性能影响规律。固溶温度从1100℃增加到1130℃，合金由一次γ'主导的细晶组织转化到过渡区组织再到以微孪晶为主导的粗晶组织；蠕变寿命逐渐增加，主要蠕变机制由SF剪切γ'沉淀物转变为MT剪切，蠕变断裂机制由延展性断裂转变为混合断裂。

关键词：新型镍钴基高温合金；固溶温度；蠕变性能；微观组织演化

镍基高温合金由于其优异的高温强度、抗蠕变、疲劳寿命和耐腐蚀[1,2]性能，已广泛应用于航空发动机热端部件的制造，比如涡轮盘和叶片等。目前基于低SFE设计一种新型Ni-Co基高温合金，在变形过程中容易产生微孪晶，实现了合金在高温条件下的高强度和延展性。涡轮盘高温合金的蠕变性能是其最重要的性能之一，晶粒尺寸和γ'相影响镍基高温合金在高温条件[3,4]下的蠕变性能。因此，可以通过调控不同的热处理条件来优化合金的蠕变性能。研究主要关注固溶温度对该合金微观结构的影响，以及蠕变性能提高的主要原因。本文报告的结果和分析为先进涡轮盘的设计提供了理论指导。

1　实验材料及方法

实验所使用的镍钴基高温合金是由三联冶炼工艺、高温均匀化工艺以及反复镦拔开坯工艺等制备的，总体尺寸为外径160mm。实验用的部分是沿合金热锻棒横向截取的中间部分。高温合金热锻棒的化学成分见表1。

表1　镍钴基高温合金热锻棒化学成分标准

（质量分数，%）

元素	Ni	Co	Cr	W	Mo	Al
含量	余量	25	13	1.2	2.8	2.3
元素	Ti	Nb	C	B	Zr	
含量	4.5	1	0.02	0.02	0.03	

将微观组织试样和力学试样在1100℃，1120℃，1130℃的3个固溶温度下固溶4h后油淬，并统一进行标准时效处理（760℃/16h/AC）。固溶处理后的合金进行抛光处理，进行化学腐蚀后用Olympus GX71光学显微镜观察合金晶粒；样品使用电解抛光试剂进行电抛电解后利用JSM-7200F场发射扫描电子显微镜观察γ'相。固溶热处理后的合金加工成蠕变试样，按照GB/T 2039—2012标准在NCS-R46持久蠕变试验机进行实验，实验温度为750℃，应力为680MPa。将断裂后的蠕变试样用超声波清洗器清除表面油污，利用JSM-6480LV钨灯丝扫描电子显微镜观察力学测试后试样的断口形貌。

2　主要研究结果及结论

2.1　固溶温度对合金微观组织影响

采用差示扫描量热法（DSC）实验测定了一次γ'相的回溶温度。样本尺寸为ϕ3mm×1mm，样品在Ar气氛中加热从400℃加热到1400℃，加热速率为15℃/min。可以得出合金中一次γ'相的回溶温度为1126℃。

如图1所示，随着固溶温度的升高，合金微观组织从以一次γ'相为主的细晶粒组织到一次γ'相和微孪晶共存的过渡区组织，再到以微孪晶为主的粗晶粒组织。表2统计了不同固溶温度处理后合金的晶粒尺寸，随着固溶温度增加，晶粒尺寸从53μm增加到93μm再增加到117μm。当固溶

*作者：段继萱，硕士研究生，电话：14769301381，E-mail：duanjixuan2016@163.com

温度超过了一次 γ′回溶温度，晶界钉扎的一次 γ′沉淀物溶解，一次 γ′沉淀物对晶界的钉扎作用消失，产生异常的晶粒生长行为，晶粒尺寸开始迅速增加，晶粒均匀度下降。

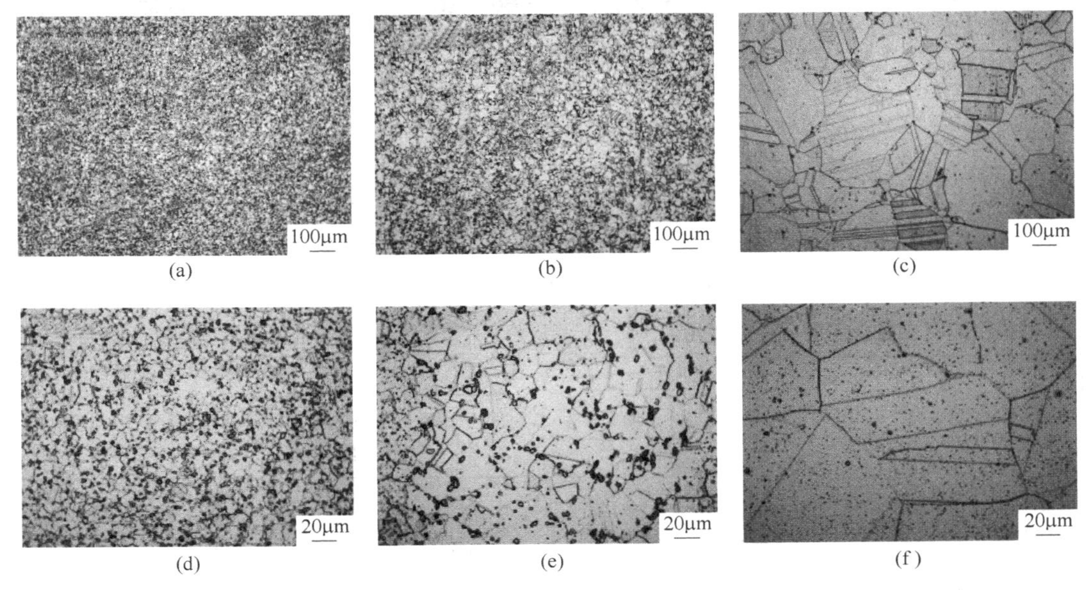

图 1 不同固溶温度处理后的合金晶粒

(a)，(d) 1100℃；(b)，(e) 1120℃；(c)，(f) 1130℃

新型镍钴基高温合金经不同固溶温度固溶后一次 γ′相形貌变化如图 2 所示。利用 Image-Pro Plus 软件对 γ′相的尺寸和面积分数进行测量，得到的 γ′相的粒径和面积分数统计见表 2。统计结果表明，固溶温度为 1100℃时，合金中一次 γ′的面积分数为 6.25%，随着固溶温度上升，一次 γ′逐渐溶解，含量减少，当固溶温度到 1120℃时，一次 γ′的面积分数下降到 3.98%，当固溶温度超过一次 γ′的回溶温度时，一次 γ′几乎完全溶解，一次 γ′面积分数只有 1.21%。随着固溶温度上升，细小的一次 γ′迅速溶解，尺寸较大的一次 γ′溶解相对较慢，一次 γ′相面积分数发生改变。一次 γ′相的分布也随着固溶温度的升高发生改变。固溶温度为 1090℃时，一次 γ′相分布在晶界上，一次 γ′相对晶界有钉扎作用，此时合金的晶粒尺寸也较小；当固溶温度上升到 1120℃时，有一部分一次 γ′溶解，钉扎作用消失，晶界发生迁移，晶粒长大，一部分一次 γ′相转移到晶粒内部；固溶温度为 1130℃时，此时固溶温度以及超过一次 γ′相回溶温度，大量一次 γ′溶解，晶粒尺寸明显增大，只有极少数一次 γ′分布在晶粒内。

二次 γ′相形貌与尺寸变化如图 2 所示，晶内二次 γ′相形貌的变化与固溶温度没有明显关系，3 个固溶温度处理后的晶粒中的二次 γ′相均呈球形或椭球形，均匀的分布在晶粒内，二次 γ′的尺寸随着固溶温度的增加而轻微增加，根据表 2 统计结果，1100℃固溶处理后的合金中二次 γ′相的尺寸为 26nm，固溶温度为 1120℃时，二次 γ′相的尺寸为 33nm，固溶温度上升到 1130℃时，二次 γ′相的尺寸为 38nm。因为随着固溶温度的增加，合金中的一次 γ′相含量减少，晶粒内的二次 γ′含量随之增加。

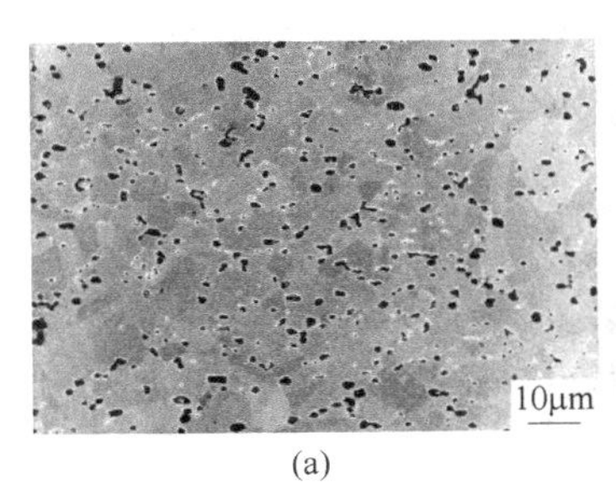

(a)

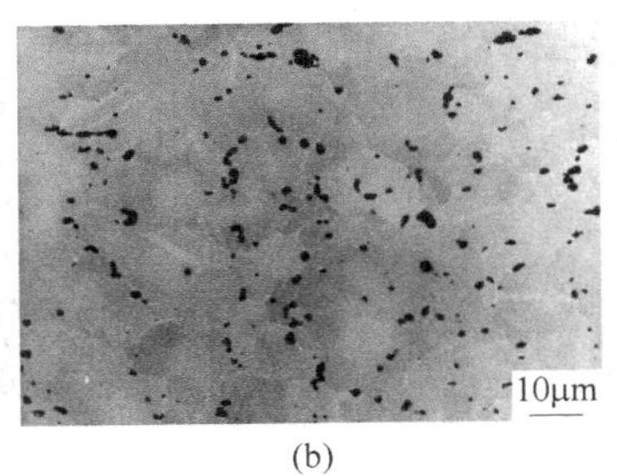

(b)

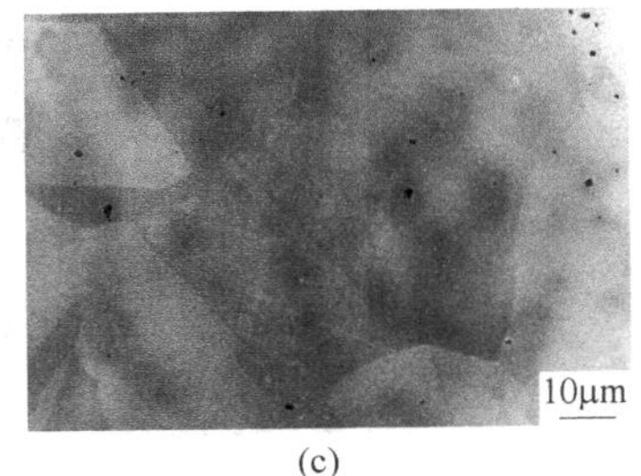

(c)

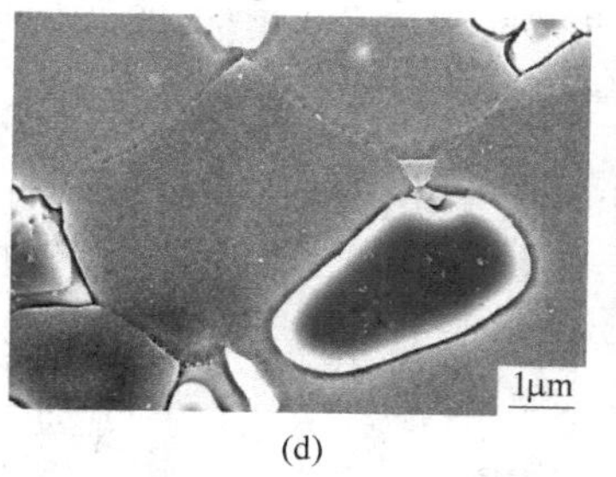

(d)

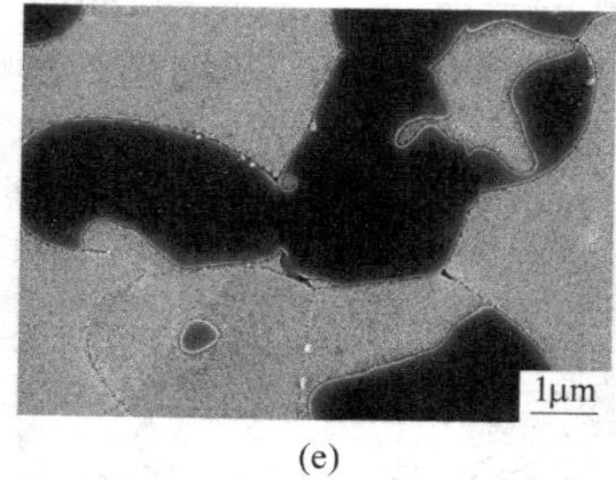

(e)

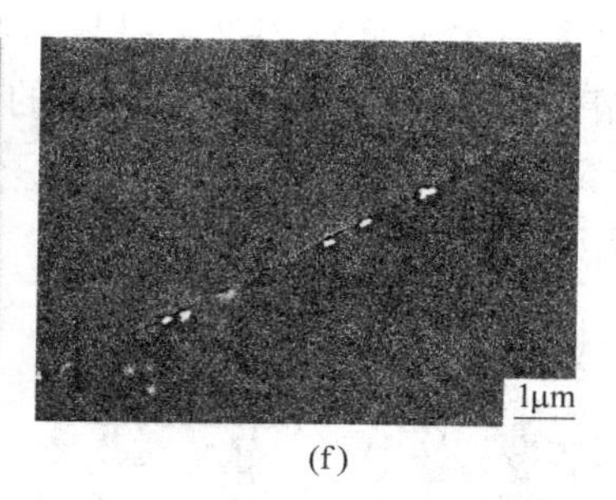

(f)

图 2　不同固溶温度处理后的合金 γ′相
(a) 1100℃，一次 γ′相；(b) 1120℃，一次 γ′相；(c) 1130℃，一次 γ′相；
(d) 1100℃，二次 γ′相；(e) 1120℃，二次 γ′相；(f) 1130℃，二次 γ′相

表 2　不同固溶温度处理后的合金微观组织

固溶温度/℃	时效制度	晶粒度	一次 γ′面积分数/%	二次 γ′尺寸/nm
1100	760℃/16h/AC	8	6.25	26
1120		6	3.98	33
1130		3	1.21	38

表 3　不同温度固溶实验后合金 750℃/630MPa 蠕变性能统计

固溶温度/℃	蠕变断裂时间/h	蠕变伸长率/%	断后伸长率/%	塑性伸长率/%
1100	71.9	4.79	5.3	4.39
1120	114	3.07	5.3	2.65
1130	220	3.4	3.4	2.48

2.2　固溶温度对合金蠕变性能影响

表 3 为不同温度固溶实验后的合金 750℃/630MPa 蠕变性能结果的统计表。图 3 显示了不同固溶温度处理后合金蠕变断裂时间的变化趋势。结果表明，当固溶温度从 1100℃升高至 1130℃过程中，合金高温蠕变寿命逐渐升高，从 70h 逐渐升高到 220h 以上，合金的蠕变断裂寿命延长了 3 倍左右。蠕变寿命增加的原因有：(1) 随着固溶温度的升高，大尺寸的一次 γ′相的溶解，二次 γ′相尺寸与体积分数增加，有效地阻碍了位错运动，降低了临界蠕变应力。(2) 随着固溶温度的增加，合金的稳态蠕变区域增加与蠕变速率逐渐减小，蠕变速率是控制蠕变寿命的主要因素，在 1130℃固溶处理的样品显示出一个较长的稳态蠕变区域和一个最小的稳态蠕变应变速率值，所以此时的蠕变寿命最长。

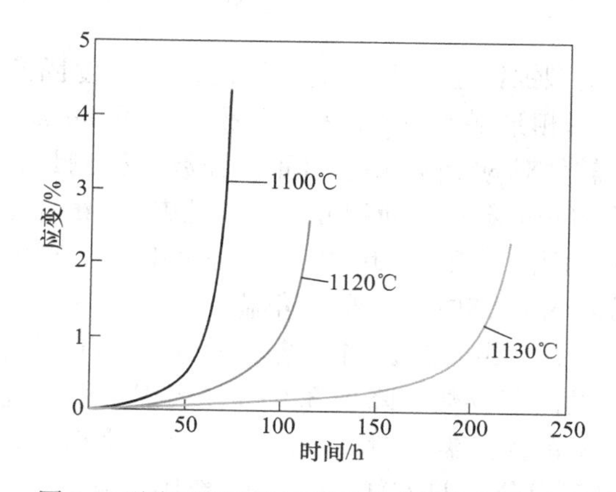

图 3　不同固溶温度处理后合金蠕变断裂时间

高温蠕变实验后的合金断口如图 4 所示。实验结果证明，当固溶温度从 1090℃升高至 1120℃过程中，合金的高温蠕变断口宏观微观表现为杯锥状，断口中可以观察到裂纹沿细小晶粒晶界延

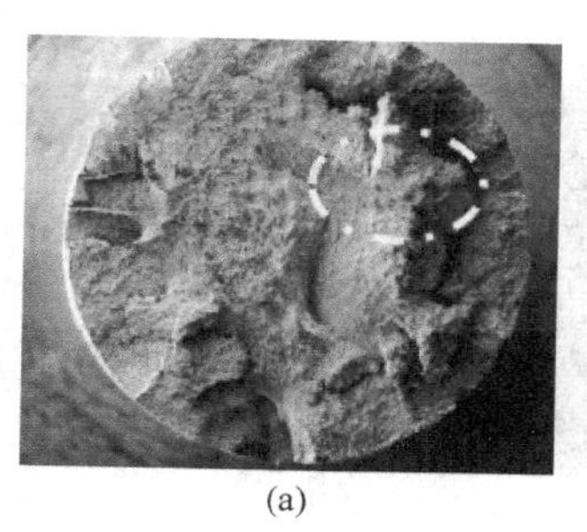
(a)

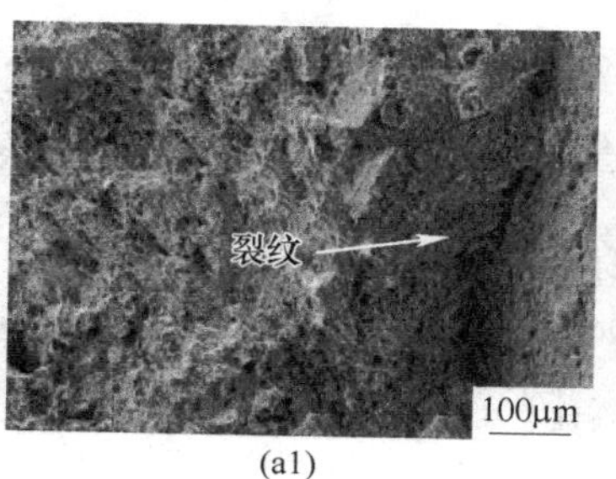

(a1)

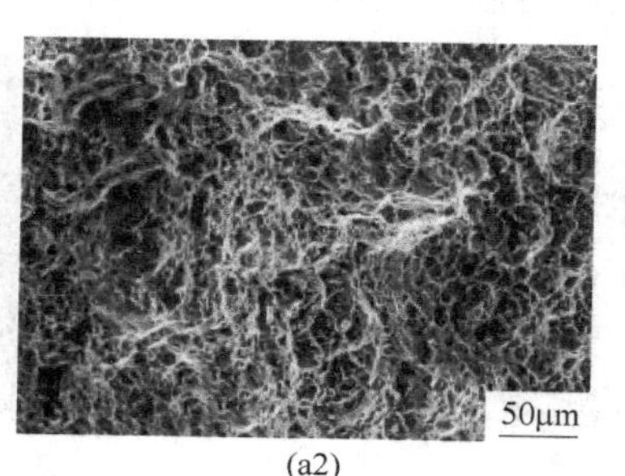

(a2)

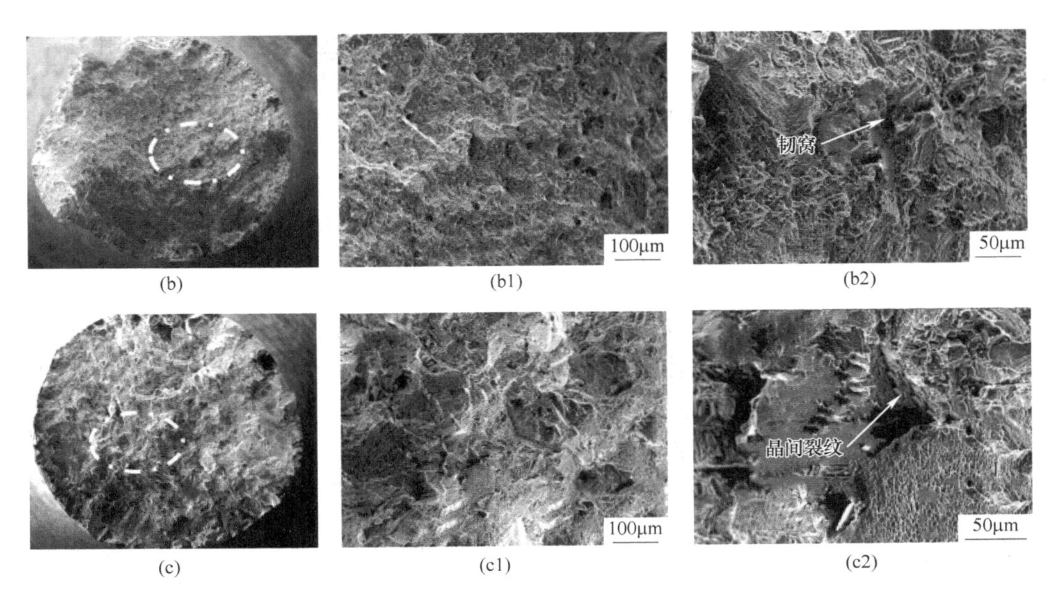

图4 不同固溶温度后的合金高温蠕变断口

（a）1100℃；（b）1120℃；（c）1130℃

伸，观察到明显的晶间撕裂，表明合金在热处理过程中发生了晶界脆化。当温度升高到1130℃时，断口宏观形貌断口形貌与其他几组差异较大，断口宏观形貌为尖刃状微观表现为微孔型沿晶断裂形貌，在合金的断裂表面发现了少量的跨晶面，一些解理裂纹出现，但整体裂纹扩展路径仍为晶间断裂。这说明在不同的热处理条件下，晶间断裂是主要的断裂机制，随着固溶温度的升高导致晶粒粒径增大，晶间断裂和跨晶断裂的混合断裂机制明显。

2.3 γ′相与孪晶交互作用对合金蠕变性能影响

图5是高温合金经750℃/630MPa蠕变试验后的微观组织，1100℃固溶处理后的合金在高温蠕变试验后出现了变形微孪晶（MTs），微孪晶切过合金中一次γ′相与二次γ′相，因此，微孪晶切割γ′相是1100℃固溶处理的合金主要的蠕变微观变形机制。相同蠕变试验条件下，经过1120℃固溶处理的合金与1100℃固溶处理后的合金相比，微观组织中微孪晶的数量增加，合金中开始出现层错（SFs），微孪晶与层错切过γ′相，此外，1120℃固溶处理后的合金中出现了尺寸较大的孪晶（TBs），与微观变形产生的微孪晶产生交互作用，微孪晶与层错切割γ′相是1120℃处理后合金主要的蠕变微观变形机制。1130℃固溶处理的高温

图5 TEM表征不同固溶温度后的合金高温蠕变微观组织

（a），（b）1100℃；（c），（d）1120℃；（e），（f）1130℃

合金的变形微观结构，此时微孪晶的数量增加，热处理后的孪晶的尺寸也进一步加大，与1120℃固溶处理后的合金一样，微孪晶与层错切割γ′相是合金主要的微观变形机制。

3 结论

（1）当温度从1100℃增加到1130℃过程中，晶粒平均尺寸逐渐增大；合金的微孪晶比例上升；一次γ′面积分数下降，从主要分布在晶界上逐渐转移到晶粒内；二次γ′尺寸从25nm增加；合金从由一次γ′主导的细晶组织转化到过渡区组织再到以微孪晶为主导的粗晶组织；

（2）随着固溶温度的升高，蠕变断裂寿命呈逐渐增加的趋势。在1130℃固溶处理的合金表现出最佳的蠕变寿命。随着固溶温度的升高，大的一次γ′相溶解和三次γ′相的增加提高了对位错运动的阻力，增强了合金的蠕变阻力，主要蠕变机制由微孪晶剪切γ′相转变为微孪晶与层错剪切γ′相，蠕变断裂机制由延展性断裂转变为混合断裂。

参考文献

［1］Reed R C. The Superalloys：Fundamentals and Applications［M］. Cambridge University，2006：123~136.

［2］Gu Y，Harada H，Cui C，et al. New Ni-Co-base disk superalloys with higher strength and creep resistance［J］. Scripta Mater，2006，55（9）：815~818.

［3］Cui C Y，Gu Y F，Yuan Y，et al. Enhanced mechanical properties ina new Ni-Co base superalloy by controlling microstructures，Mater. Sci. Eng.，2011，528（A）：5465~5469.

［4］Torster F，Baumeister G，Albrecht J，et al. Influence of grain size and heat treatment on the microstructure and mechanical properties of the NickelBase superalloy U720 Li，Mater. Sci. Eng.，1997（A）：234~236，189~192.

热处理制度对 GH4251 合金组织和性能的影响

王旻石[1*]，王庆增[1]，田沛玉[1]，张健英[1]，马天军[1]，毕中南[2]，杜金辉[2]，赵欣[1]

（1. 宝武特种冶金有限公司，上海，200940；
2. 北京钢研高纳科技股份有限公司，北京，100081）

摘　要：研究了热处理制度对新型镍钴基高温合金 GH4251 组织和性能的影响。在 1090～1120℃的温度范围内，平均晶粒尺寸未发生明显变化，但当固溶温度升到 1130℃后，晶粒明显长大；随着固溶温度的提高，一次 γ′相的体积分数不断降低，析出相对晶界迁移的钉扎作用减小，最终导致晶粒组织长大。经 1090℃到 1120℃的固溶处理后，GH4251 合金的室温和 650℃拉伸抗拉强度无明显变化，当固溶温度提高到 1130℃和 1140℃后，抗拉强度出现明显的下降，表明室温和 650℃条件下，GH4251 合金的强化机制主要与晶粒尺寸和一次 γ′相体积分数有关。750℃高温拉伸检测时，直到固溶温度提高到 1140℃后，GH4251 的抗拉强度才出现明显下降，该现象的主要原因在于 GH4251 合金在高温引入了微纳孪晶和层错等额外强化机制。GH4251 合金具有良好的高温性能，可以作为 750℃以上使用的高代次航空发动机涡轮盘选材。

关键词：镍钴基高温合金；三联冶炼；热处理制度；组织性能；GH4251

镍钴基高温合金因其较低的层错能、较高的 γ′强化相体积分数、较大的热加工窗口和较小的凝固偏析倾向，有望获得更高的高温强度和良好的工艺性能[1~4]。因此，国际上已经形成了发展此类合金的热潮，已成为 750℃以上使用的高代次航空发动机涡轮盘选材。本文对新型镍钴基高温合金 GH4251 开展了热处理制度的试验研究，分析了不同固溶温度下晶粒度和显微组织的变化规律，为实现对 GH4251 合金组织性能的有效调控提供了理论基础。

1　试验材料及方法

试验用 GH4251 合金化学成分（质量分数,%）为：Cr 12.00～15.00，Ti 4.25～4.75，Al 2.30～2.70，Co 23.50～26.50，Mo 2.50～3.50，W 1.00～2.00，Nb 0.50～1.50，Ni 为余量。铸锭采用 VIM+ESR+VAR 三联工艺冶炼。铸锭经高温均质化扩散退火处理后，在 SPS 40/45MN 快锻机组上采用反复镦拔工艺进行开坯锻造，获得适当规格的中间坯。最终在 SMS-Meer 13MN 径锻机组上锻制为成品棒材，车光后的棒材规格为 ϕ125～250mm。

在相当于铸锭头部的棒材 1/2 半径处切取检验试样，经过固溶和时效处理后分别检测棒材的高倍和低倍组织及力学性能。试样固溶处理工艺：（1090℃、1100℃、1110℃、1120℃、1130℃和 1140℃）±10℃×4h，空冷；试样时效处理工艺：760℃±10℃×16h，空冷。试样经研磨、机械抛光后，采用 1.5g $CuCl_2$ + 20mL HCl +20mL C_2H_5OH 的溶液腐蚀。使用 OLYMPUS GX71 光学显微镜和 Zeiss SUPRA55 扫描电子显微镜进行组织观察。棒材加工为 ϕ5×25mm 规格拉伸试样，分别在 Z100 电子万能试验机和 LD26.105 电子万能试验机上进行室温拉伸和高温拉伸试验（650℃和 750℃），室温拉伸应变速率为 0.00025/s、高温拉伸应变速率为 0.00007/s，测定棒材的屈服强度、抗拉强度、断面收缩率和断后伸长率。

2　试验结果及分析

2.1　固溶温度对 GH4251 合金组织的影响

如图 1 所示不同固溶温度下 GH4251 合金的晶粒组织。图 1 示出的结果表明，在 1090℃到

* 作者：王旻石，工程师，联系电话：15114513659，E-mail：790016@baosteel.com

1120℃的温度范围内，平均晶粒尺寸未发生明显变化，但当固溶温度升到1130℃后，晶粒明显长大，其平均晶粒尺寸由1090℃下的22μm变为1140℃下的117μm。

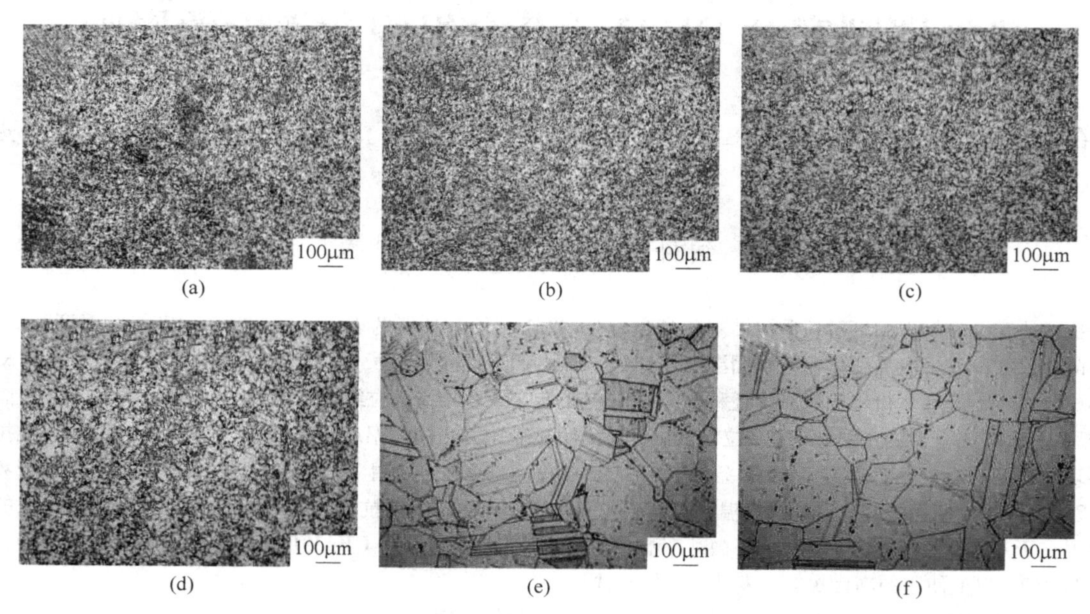

图1 固溶温度对GH4251合金晶粒组织的影响

(a) 1090℃; (b) 1100℃; (c) 1110℃; (d) 1120℃; (e) 1130℃; (f) 1140℃

同时，随着固溶温度的提高，一次γ′相的体积分数不断降低（见表1），在1140℃固溶4h后，一次γ′相基本消失。本研究中所选择的1130℃和1140℃两个固溶热处理温度，已经高于γ′相回熔温度，在该温度下保温γ′相分解回熔至基体中。

Charpagne[5]和Shan[6]等人发现，在镍基合金中随着晶界上一次γ′相的消失，析出相对晶界迁移的钉扎作用减小，最终引起晶粒组织的长大。这与表1中体现的晶粒尺寸与一次γ′相体积分数的关系相符合，表明随着固溶温度的提高，晶界上一次γ′相的消失是造成晶粒尺寸在1130℃以上明显长大的原因。

表1 不同固溶温度下晶粒尺寸和一次γ′相的体积分数

固溶温度/℃	1090	1100	1110	1120	1130	1140
平均晶粒尺寸/μm	22	23	48	53	92	117
一次γ′相体积分数/%	30.2	24.3	15.5	6.4	1.4	0.2

2.2 固溶温度下GH4251合金的力学性能

图2(a)(c)(e)示出不同固溶温度下GH4251合金的室温拉伸、650℃高温拉伸和750℃高温拉伸的应力-应变曲线，图2(b)(d)(f)示出室温拉伸、650℃高温拉伸和750℃高温拉伸试验下GH4251合金的屈服强度和抗拉强度。

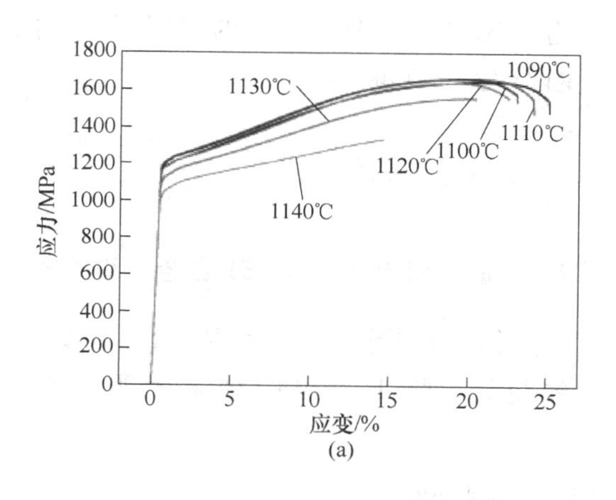

(a)

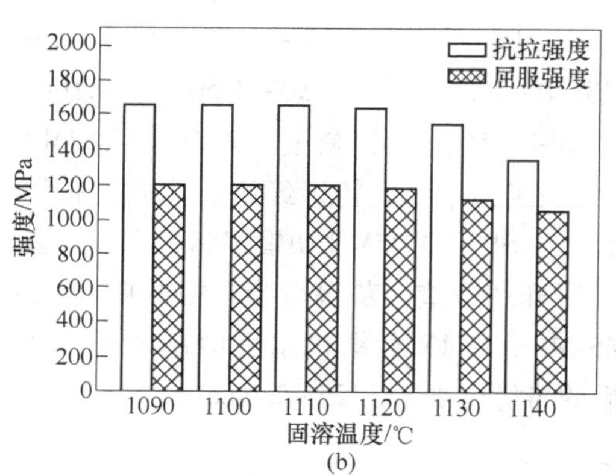

(b)

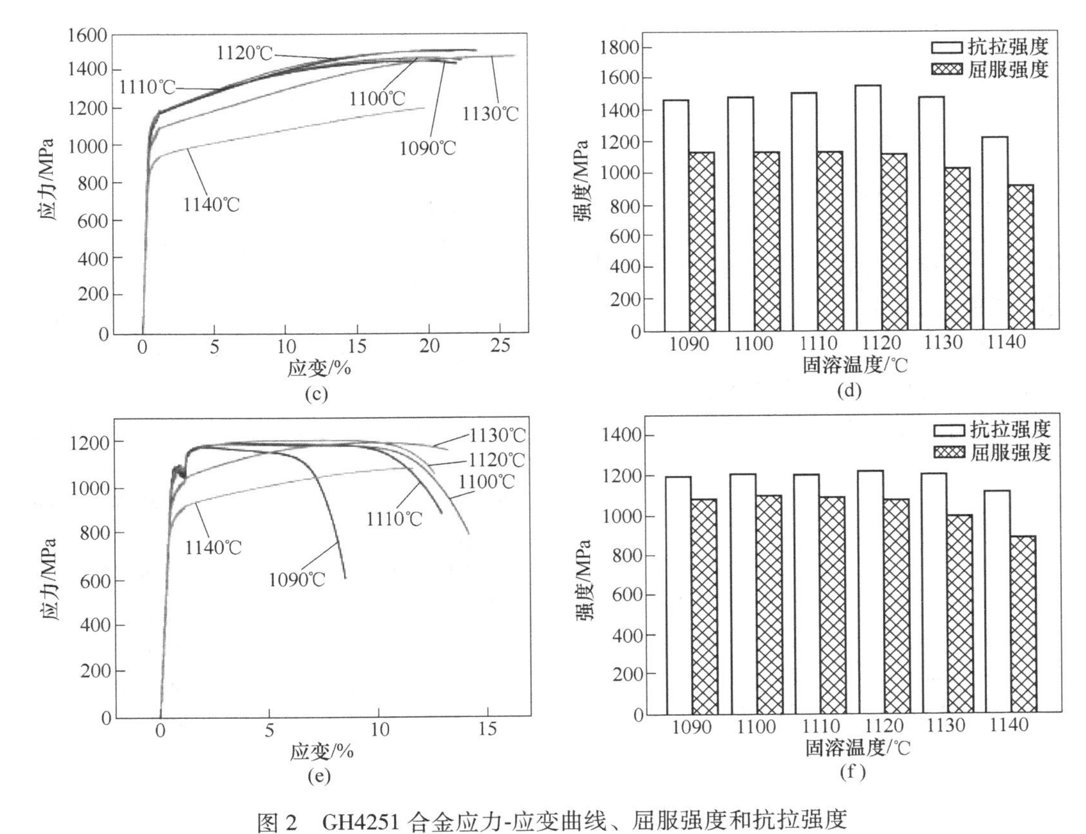

图 2　GH4251 合金应力-应变曲线、屈服强度和抗拉强度

（a）室温拉伸；（b）室温拉伸；（c）650℃高温拉伸；（d）650℃高温拉伸；（e）750℃高温拉伸；（f）750℃高温拉伸

可以看出，经 1090～1120℃ 的固溶处理后，GH4251 合金的室温拉伸抗拉强度均在 1660MPa 左右，无明显变化。当固溶温度提高到 1130℃ 和 1140℃ 后，室温拉伸抗拉强度出现明显下降。650℃高温拉伸测试也呈现出类似的趋势，表明室温和 650℃拉伸试验时，GH4251 合金的强化机制主要与晶粒尺寸和一次 γ′相体积分数有关。

与室温拉伸不同的是，750℃ 高温拉伸试验中，GH4251 的抗拉强度在 1090～1130℃ 的范围内保持稳定在 1200MPa 左右，直到固溶温度提高到 1140℃后，其抗拉强度才明显下降至 1111MPa。该现象表明，在 750℃ 拉伸试验时，GH4251 合金引入了额外的强化机制，Duan[7] 等人的研究表明，镍钴基合金因其较低的层错能，使得在高温下微纳孪晶和层错成为主要强化机制。

与此同时，从应力-应变曲线中不难发现，拉伸试验中，GH4251 合金在 1090～1120℃ 的范围体现出良好的塑性，但 1130℃ 和 1140℃ 固溶处理后，延伸率发生了明显下降。表明了 GH4251 和在 1120℃ 以下的断裂机制为韧性断裂，1130℃ 和 1140℃转变为脆性断裂。

表 2 中对比了 GH4251 合金与其他高温合金的室温和高温拉伸性能。表 2 中 GH4251 合金具有良好的高温性能，可以作为 750℃ 以上使用的高代次航空发动机涡轮盘的选材。

表 2　GH4251 合金与其他高温合金的室温和高温拉伸性能　（MPa）

合金牌号	室温拉伸抗拉强度	650℃拉伸抗拉强度	750℃拉伸抗拉强度
GH4169	～1400	～1150	～780
GH4810	～1370	～1250	～1120
GH4065A	～1600	～1550	～1250
GH4251	～1650	～1500	～1200

3　结论

（1）在 1090～1120℃ 范围内，GH4251 合金平均晶粒尺寸未发生明显变化，1130℃ 后，晶粒明显长大。随着固溶温度的提高，一次 γ′相的体积分数不断降低，析出相对晶界迁移的钉扎作用减小，最终导致晶粒组织长大。

（2）经 1090～1120℃ 的固溶处理后，GH4251 合金的室温和 650℃ 拉伸抗拉强度无明显变化，当固溶温度提高到 1130℃ 和 1140℃ 后，抗拉强度出现明显下降，表明室温和 650℃ 条件下，GH4251 合金的强化机制主要与晶粒尺寸和一次 γ′ 相体积分数有关。

（3）由于引入了微纳孪晶和层错等额外强化机制，750℃高温拉伸测试时，直到固溶温度提高到 1140℃后，GH4251 合金抗拉强度才出现明显下降。

（4）GH4251 合金具有良好的高温性能，可以作为 750℃ 以上使用的高代次航空发动机涡轮盘的选材。

参考文献

[1] Zhang Z J, Sheng H W, Wang Z J, et al. Dislocation mechanisms and 3D twin architectures generate exceptional strength-ductility-toughness combination in NiCoCr medium-entropy alloy [J]. Nat. Commun., 2017 (8): 14390.

[2] Miao J S, Slone C E, Smith T M, et al. The evolution of the deformation substructure in a Ni-Co-Cr equiatomic solid solution alloy [J]. Acta Mater., 2017 (132): 35～48.

[3] Chowdhury P, Sehitoglu H, Maier H J, Strength prediction in NiCo alloys-the role of composition and nanotwins [J]. Int. J. Plast., 2016: 237～258.

[4] Shih M, Miao J, Mills M, et al. Stacking fault energy in concentrated alloys [J]. Nat. Commun., 2021 (12): 3590.

[5] Charpagne M A, Franchet J M, Bozzolo N. Overgrown grains appearing during sub-solvus heat treatment in a polycrystalline γ-γ' Nickel-based superalloy [J]. Mater. Des., 2018 (144): 353～360.

[6] Shan G B, Chen Y Z, Gong M M. Influence of Al_2O_3 particle pinning on thermal stability of nanocrystalline Fe, [J]. J. Mater. Sci. Technol., 2018 (34): 599～604.

[7] Duan J X, An T, Gu Y, et al. Effect of γ' phase and microtwins on the microstructural evolution and mechanical properties of a novel Ni-Co base superalloy [J]. Mater. Sci. Eng. A, 2023 (865): 144323.

GH4079 高温合金热变形行为研究

伏浩*，张健英，王旻石，田沛玉，马天军，赵欣

（宝武特种冶金有限公司技术中心，上海，201900）

摘　要：利用 Thermecmastor-Z 热模拟试验机，研究了 GH4079 高温合金热变形行为，并且通过微观组织分析热变形过程中流变应力差异巨大的原因。在高温拉伸试验中，随着变形温度升高，峰值应力逐渐降低，但是当变形温度超过 1160℃，断口塑性变形不明显。在高温压缩试验中，随着变形速率增加，应力应变曲线存在明显的加工硬化、动态回复和再结晶现象，压缩试样中心部位微观组织由拉长晶和团簇的细晶粒演变成完全再结晶晶粒。

关键词：变形温度；变形速率；微观组织

高温合金是以 Fe、Co、Ni 为基体，工作温度长期在 600℃以上、承担复杂应力并具有长期稳定组织的金属材料，其具备优异的高温力学性能、良好的抗氧化性能，广泛应用于航空航天发动机和燃气轮机热端部件制备，如涡轮盘、涡轮叶片、燃烧室等[1]。目前高温合金是航空发动机重要材料，其质量占比在 50%以上；随着航空发动机技术不断向前发展，热端部件工作温度、应力越来越高，因此对高温合金的高温力学性能提出更高的要求[2]。

GH4079 合金是在 GH4742 合金基础上通过合金元素优化发展而来，以高热强性为突出特点，其服役温度由 GH4742 合金 750℃ 提高至 800℃，是新一代航空发动机涡轮盘、压气机盘等盘锻件的重要备选材料之一[3]。随着 Al、Ti、Nb 元素比例提高，GH4079 合金 γ' 相数量也相应提升，有效提高了其高温力学性能，但也对高温合金棒材制备带来不利影响，主要表现为热加工窗口窄、变形抗力大，最终造成表面开裂。因此本文以 GH4079 合金高温压缩和高温拉伸试验为基础，研究 GH4079 合金高温热变形行为，为热加工过程工艺优化提供支撑。

1　试验材料及方法

试验材料是宝武特冶采用“真空感应+真空自耗”冶炼工艺生产的 GH4079 合金棒材，将棒材加工成 ϕ8mm×12mm 高温压缩试样，高温压缩试验参数：温度 1090～1170℃，应变速率 0.01/s、0.1/s、1/s、10/s，变形量 40%，升温速率 20℃/s，试验环境为低真空状态。将棒材加工成 ϕ10mm×140mm 高温拉伸试样，高温拉伸试验参数：温度 1000～1150℃、应变速率 0.01/s、0.1/s、1/s，升温速率 20℃/s，试验环境为低真空状态。

腐蚀剂选用盐酸（20mL）+酒精（20mL）+双氧水（2mL），对 GH4079 合金高温压缩试样轴向面进行解剖制样并用上述腐蚀剂进行腐蚀，观察热变形后的显微组织。

2　试验结果及分析

2.1　高温拉伸的力学特征

GH4079 合金高温拉伸应力-应变曲线如图 1 所示，从图 1 中可以看出在相同的拉伸速率下随着变形温度的提高，拉伸过程中的峰值应力逐渐下降，以拉伸速率 0.01/s 为例，峰值应力从 1000℃的 300MPa 下降至 1150℃的 75MPa；在同一变形温度下，随着拉伸速率提升，拉伸过程中的峰值应力逐渐升高，以 1000℃为例拉伸率为 0.01/s 时峰值应力为 300MPa，拉伸速率为 0.1/s 时峰值应力为 450MPa，拉伸速率为 1/s 时峰值应力为 550MPa，说明 GH4079 合金高温拉伸峰值应力对变形速率、变形温度较为敏感。

* 作者：伏浩，助理研究员，联系电话：18817219025，E-mail：haofu@baosteel.com

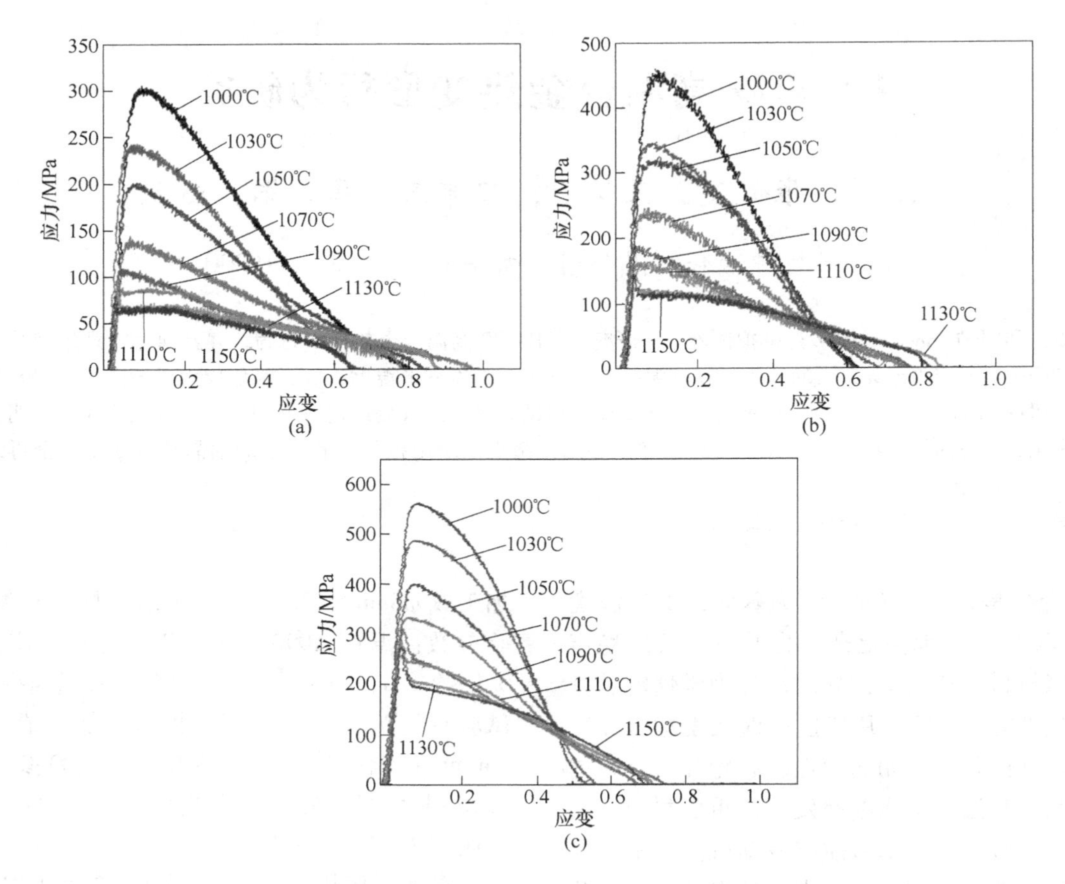

图 1　GH4079 合金在不同变形速率下拉伸应力-应变曲线

(a) 0.01/s；(b) 0.1/s；(c) 1/s

图 2 为 GH4079 合金高温拉伸断口宏观形貌，从图 2 中可以看出当变形温度在 1160℃及以上，断口呈现出脆性断裂特征，尤其是当变形温度在 1170℃时，拉伸无明显塑性变形，直接断裂在拉伸试样有效加热区的一端；在同一变形温度下，拉伸速率降低，拉伸试样的断口呈现出明显的子弹头形貌，塑性有提高。

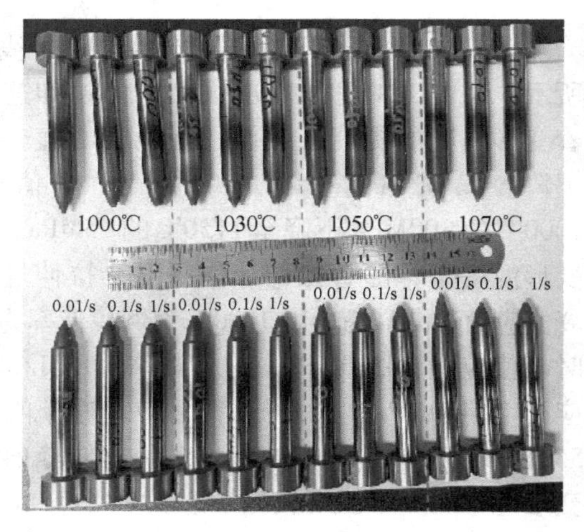

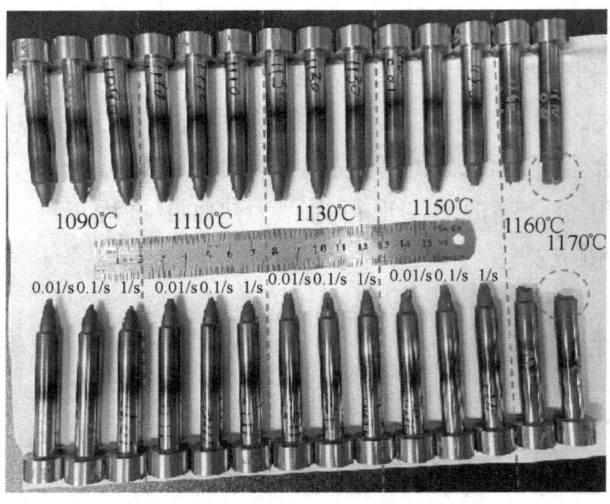

图 2　GH4079 合金高温拉伸断口形貌

2.2 高温压缩的力学特征

GH4079 合金高温压缩应力-应变曲线如图 3 所示，从图 3 中可以看出压缩速率为 1/s、10/s 时，压缩过程中存在加工硬化和动态回复、再结晶现象。当压缩速率为 10/s 时，GH4079 合金高温压缩过程中流变应力达到峰值应力后，呈现出快速降低的趋势；当压缩速率为 1/s 时，GH4079 合金高温压缩过程中流变应力达到峰值应力后，流变应力迅速趋于平稳。压缩速率为 0.01/s、0.1/s 时，随着加热温度降低，加工硬化作用明显，流变应力呈现出快速增加的趋势。

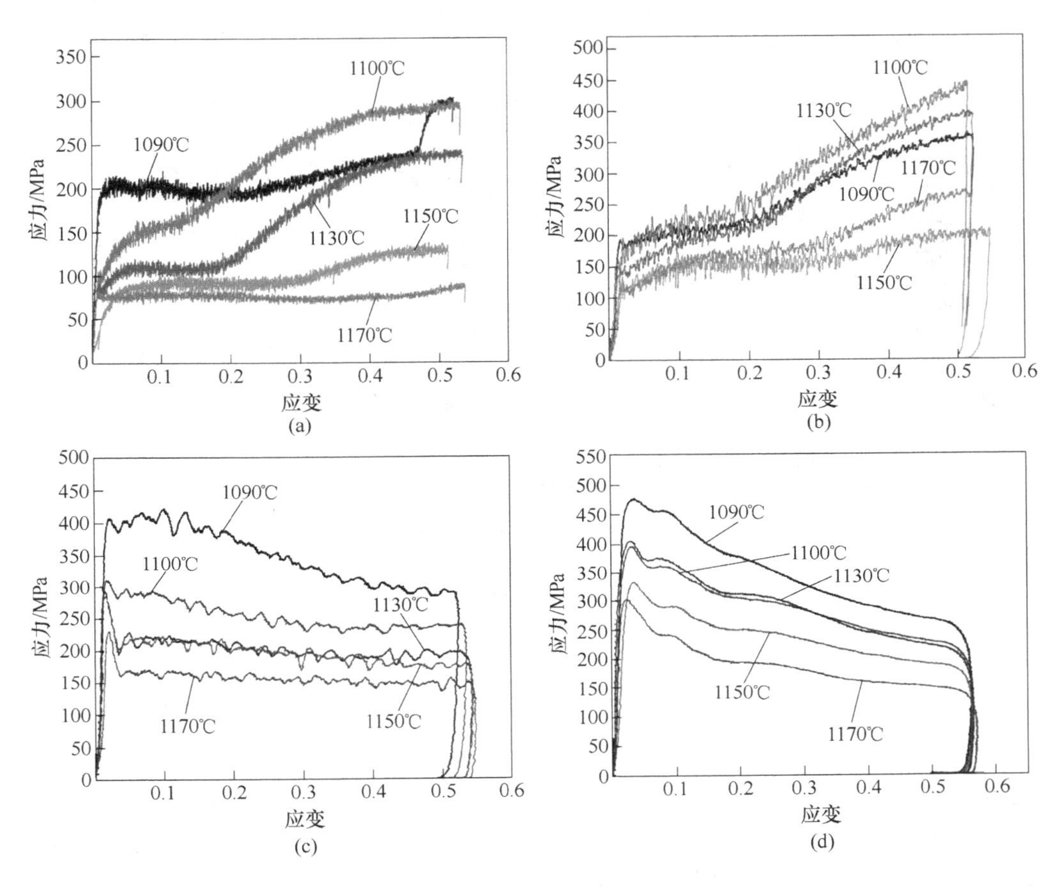

图 3 GH4079 合金在不同变形速率下压缩应力-应变曲线

(a) 0.01/s; (b) 0.1/s; (c) 1/s; (d) 10/s

GH4079 合金化程度高，高温变形抗力大，在高温压缩过程中靠近端部区域存在变形死区，因此解剖后的试样选取中心部位进行微观组织分析，如图 4 所示。从图 4 可知，当压缩速率为 1/s、10/s 时，GH4079 合金高温压缩试样中心部位都完成再结晶过程，且随着变形温度降低晶粒逐渐细化。当压缩速率为 0.01/s、0.1/s 时，GH4079 合金高温压缩试样中心部位未能完成再结晶过程，中心部位存在拉长晶且伴随有细小晶粒团簇；随着变形温度降低，中心部位拉长晶明显增加，团簇的细小晶粒明显减少。

由图 3、图 4 可知，当压缩速率为 1/s、10/s 时，GH4079 合金压缩过程中流变应力达到峰值后呈现下降趋势，其相应的高温压缩试样中心部位金相组织显示再结晶已完成。当压缩速率为 0.01/s、0.1/s 时，GH4079 合金压缩过程中加工硬化现象显著，流变应力呈现快速增加趋势，其相应的高温压缩试样中心部位金相组织显示有大量的拉长晶和团簇的细晶粒，且变形温度越低，试样在压缩过程中存在明显的变形错位、变形不透的现象；压缩过程变形速率较慢，初始阶段加工硬化与动态软化迅速达到平衡，但随着变形时间延长会有较多的纳米级 γ′相析出，γ′相与位错产生交互作用从而提高流变应力。

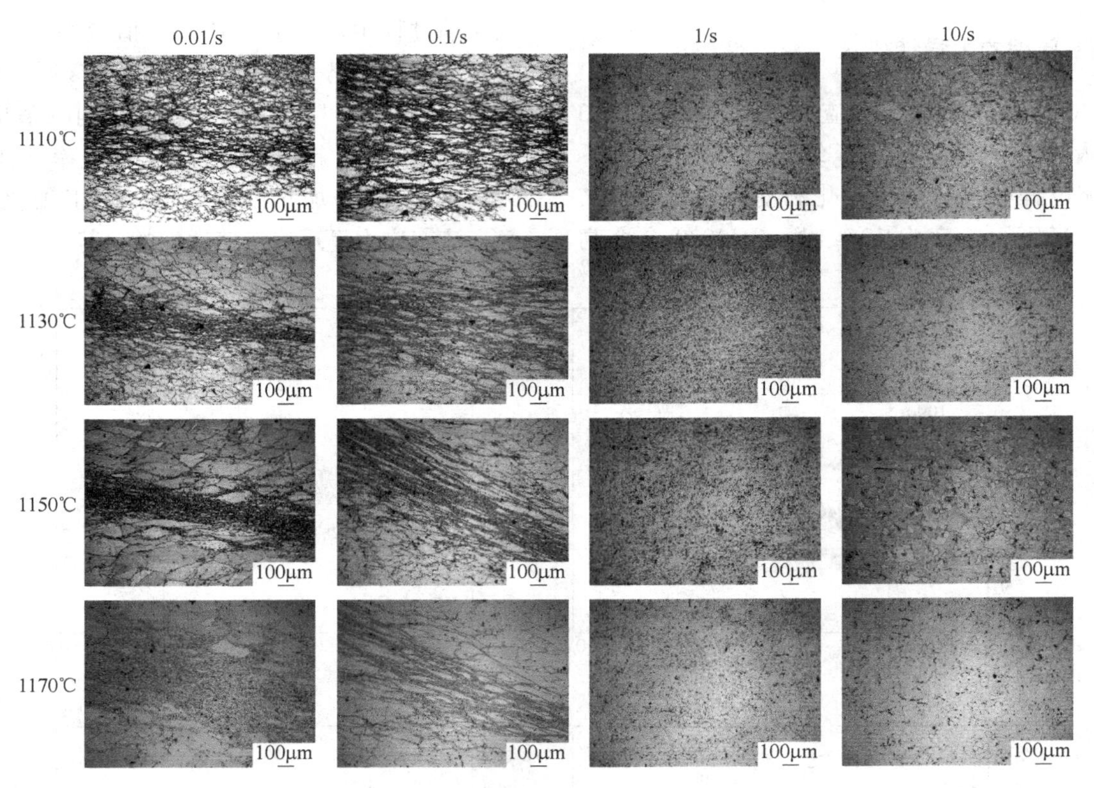

图 4　GH4079 合金在不同变形条件下高温压缩试样中心部位微观组织

3　结论

（1）根据高温拉伸试验结果，GH4079 合金变形温度超过 1160℃及以上，拉伸断口呈现脆性断裂特征甚至无明显的塑性变形。

（2）根据高温压缩试验结果，GH4079 合金在 10/s、1/s 速率下压缩，其相应的金相组织表明再结晶过程完成，但是变形温度越低，变形抗力越大，变形不透彻。

（3）综合高温拉伸试验和高温压缩试验结果，GH4079 合金热加工最佳温度范围在 1110～1150℃区间。

参考文献

[1] 杜金辉，吕旭东，邓群，等 . GH4169 合金研制进展［J］. 中国材料进展，2012，31（12）：12～20，11.

[2] 张弘斌 . GH99 高温合金高温变形行为及组织演化规律研究［D］. 哈尔滨：哈尔滨工业大学，2015.

[3] 周舸，张思倩，张浩宇，等 . GH79 合金高温变形行为及变形机理研究［J］. 稀有金属材料与工程，2019，48（12）：3939～3947.

压缩机用 GH4169 合金转子锻件的研制

郝剑*，王庆增，代朋超，余式昌，田沛玉，赵欣

（宝武特种冶金有限公司技术中心，上海，200940）

摘　要： 为满足一些能源生产类的压缩机转子在高温高压和高转速下的服役条件，部分压缩机转子开始使用 GH4169 合金材料。研究结果表明，采用自由锻造技术制备的 GH4169 合金压缩机转子锻件，最大和最小截面积比高达 11.2，经优化后的固溶热处理和时效处理后，锻件本体试样室温拉伸强度为 1410MPa，650℃拉伸强度为 1169MPa，布氏硬度为 415，晶粒度为 6.0 级，兼具优异的持久和室温冲击性能。

关键词： 转子锻件；GH4169 合金；热处理

压缩机作为一种通用器械，广泛应用于石油、化工、冶炼及军工等领域，其性能对整个机械设备的正常运行有着直接影响。转子作为压缩机的核心部件，锻件表面处承受的应力载荷复杂，因此对其性能控制要求也更为严苛，目前的压缩机转子多采用不锈钢或合金钢等材料[1~3]。为满足一些能源生产类的压缩机转子在高温高压和高转速下的服役条件，部分压缩机转子材料开始使用高温持久强度高、耐冲击的镍基高温合金[4]。GH4169 作为高温合金在 -253 ~ 650℃ 范围内使用的典型代表，具有良好的抗氧化、抗疲劳、耐腐蚀以及良好的加工和焊接性能[5,6]。本文介绍了一种自由锻造技术研制的压缩机用 GH4169 合金转子锻件，经固溶时效处理后，锻件本体试样性能满足设计技术要求，实现了自由锻造对变形高温合金锻件组织及力学性能的有效控制。

1　试验材料及方法

铸锭采用 VIM（真空感应熔炼）+PESR（保护气氛电渣重熔）+VAR（真空自耗重熔）的三联工艺进行冶炼，规格为 ϕ508mm，锭重为 3.2t。铸锭经分段式均匀化处理后，在 4000t 自由锻造机上反复镦拔开坯，期间严格控制开锻和终锻温度。锻后坯料先进行粗加工，取本体试环料研究不同热处理制度对组织及性能的影响，热处理温度梯度为 T℃，(T+20)℃，(T+40)℃，(T+50)℃，(T+60)℃，根据试验结果确定锻件最终热处理制度，最终进行坯料精加工和探伤。

试样经砂纸打磨并抛光后，在盐酸（50mL）+酒精（50mL）+双氧水（10mL）溶液中腐蚀。采用 DM6000M 型号光学显微镜观察分析合金的显微组织，并通过截点法测量晶粒度。采用 ZWICK-Z00 型号电子万能材料试验机测量试样的室温和 650℃ 高温拉伸性能，采用 CSS-3903 型电子持久试验机测量试样的组合持久性能，试验条件为 650℃，690MPa，缺口半径 R=0.2mm，持久时间达到 25h 后，每隔 8h 增加应力 35MPa，直至拉断；采用 450MPX 型摆锤式冲击试验机测量试样的室温冲击性能，试验条件为 U 型缺口，缺口半径 R=1mm，深度=2mm，宽度=2mm；采用 BH-3000 布氏硬度计测量试样的布氏硬度。

2　试验结果及分析

2.1　铸锭冶金质量

图 1 为三联工艺冶炼的 ϕ508mm 真空自耗锭，可以看出铸锭表面较光洁，有明显金属光泽。感应电极经电渣重熔后，可大幅降低电渣锭中的硫含量和非金属夹杂物，并提高电极致密性，有利于降低真空自耗重熔过程中出现白斑的概率[7]。自耗锭化学成分见表 1，可以看出，三联冶炼工艺可以有效控制锻件的杂质和气体元素含量，有利于提高 GH4169 合金转子在高温高压条件下的服役寿命。

* 作者：郝剑，助理工程师，联系电话：18040201531，E-mail：790018@baosteel.com

图 1 GH4169 合金锭表面质量

图 2 转子锻件试环

表 1 自耗锭化学成分 （质量分数,%）

元素	C	S	Ni	Cr	N
含量	0.020~0.080	0.010~0.015	50.00~55.00	17.00~21.00	≤0.01
元素	Al	Ti	Nb	Mo	O
含量	0.30~0.70	0.75~1.15	4.75~5.50	2.80~3.30	≤0.005

2.2 固溶处理制度对锻件组织及性能的影响

沿锻件最大截面外缘，经粗加工获得 GH4169 合金转子锻件试环如图 2 所示，将试环一剖二后分别取组织和力学性能试样，并进行不同温度下的热处理试验。

图 3 为热处理制度对本体试样显微组织的影响情况。可以看出，锻件经多火次控温锻造变形后，组织较均匀，呈等轴晶组织。随着温度升高，晶粒逐渐增大，当固溶温度为 *T*℃时，晶粒度为 7.5 级，如图 3（a），当固溶温度为（*T*+60)℃时，晶粒度为 6.5 级，如图 3（e）。固溶温度在（*T*+20)~(*T*+50)℃之间，晶粒度变化不明显，均为 7.0 级，如图 3（b)~(d）所示。

图 3（f)~(j）为固溶温度对 δ 相的影响情况，可以看出锻件中的 δ 相整体呈颗粒状或短棒状，随着温度增加，δ 相含量明显减少，当固溶温度在 *T*~(*T*+20)℃之间时，δ 相在晶界和晶内都有大量分布，如图 3（f)~(h），当温度达到（*T*+50)℃时，晶内 δ 相含量明显减少，晶界存在部分链状 δ 相。

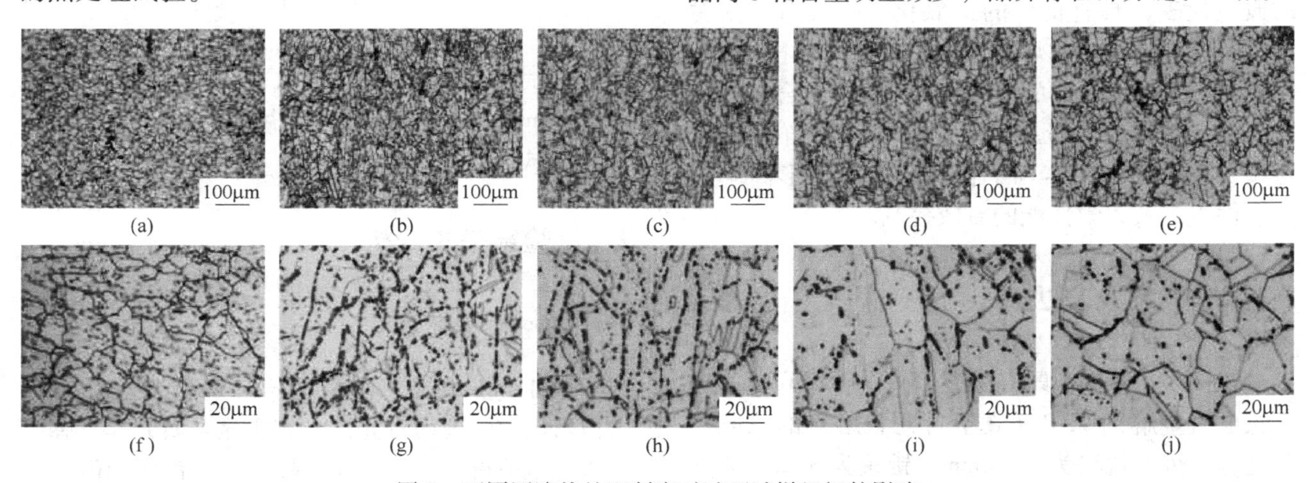

图 3 不同固溶热处理制度对试环试样组织的影响

(a)，(f) *T*℃；(b)，(g) (*T*+20)℃；(c)，(h) (*T*+40)℃；(d)，(i) (*T*+50)℃；(e)，(j) (*T*+60)℃

图 4 为不同固溶热处理制度和标准时效处理对材料力学性能的影响，可以看出随着固溶温度由 *T*℃增加到 *T*+50℃时，持久寿命逐渐增加，由 54h 逐渐增加到了 68h，持久伸长率逐渐降低，由 9.5%降低至 6.0%，当固溶温度为 *T*+60℃时，此时试样优先从缺口处断裂，持久寿命时间仅为 2h。试样的室温冲击性能随着温度升高后逐渐增大，当固溶温度为 *T*℃时，材料的室温冲击性能为 28J，当固溶温度为 *T*+60℃时，材料的室温冲击性能增大到 46J。当固溶温度为 *T*+50℃时，材料的布氏

硬度达到了最大值 426。

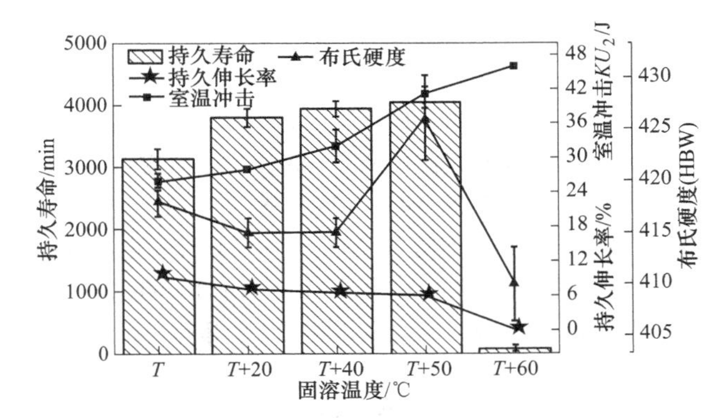

图 4　固溶热处理制度对力学性能的影响

GH4169 中的 δ 相较少时，材料会出现缺口敏感性，这对于存在缺口的转动件是绝不允许的，因为可能会导致零件瞬间断裂[8]。当 δ 相过多，会消耗基体中的 Nb 元素，减少材料中γ″相的析出数量，导致产品硬度下降，同时，当晶粒度较细时，晶界可以阻碍材料塑性变形中位错移动，起到提升硬度的效果[9]，当固溶温度达到 $T+50$℃时，两个因素同时起到了增强硬度的效果，因而布氏硬度达到了最大。当合金中 δ 相含量较多时，材料的冲击性能降低。综上分析，后续将整体锻件的固溶温度设置为 $T+50$℃后空冷，在井式炉中完成。

2.3　本体试环组织及力学性能

取固溶好后锻件的头尾低倍试样和本体试样后分别检测其组织和力学性能。图 5 为锻件头尾低倍试样，可以看出低倍组织均匀洁净，无黑斑、白斑、缩孔等冶金和锻造缺陷。

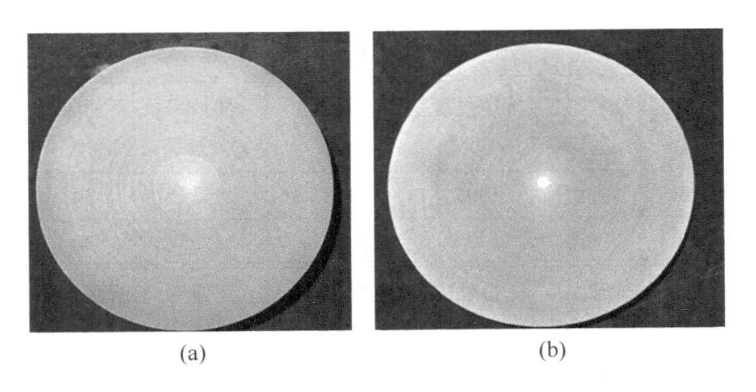

(a)　(b)

图 5　固溶后锻件低倍组织

（a）头部；（b）尾部

图 6 为锻件试环料的晶粒度组织，试环中心位置晶粒度为 6.0 级，$R/2$ 位置晶粒度为 6.0 级，边缘位置晶粒度为 6.5 级，δ 相为颗粒状和短棒状分布于晶界和晶内，边缘晶粒度稍细于试环心部位置，整体组织较均匀，无 Laves 相。

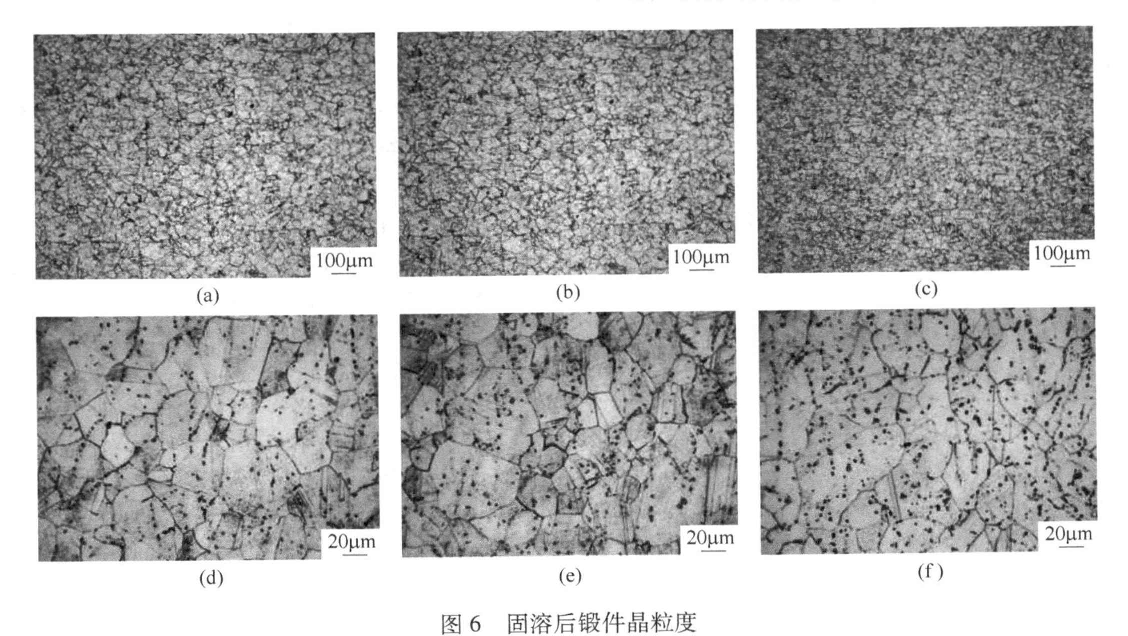

(a)　(b)　(c)　(d)　(e)　(f)

图 6　固溶后锻件晶粒度

（a），（d）试环中心位置；（b），（e）试环 $R/2$ 位置；（c），（f）试环边缘位置

锻件在生产过程中遵循逐级降温的锻造工艺，避免了温度过高导致晶粒长大，以及温度较低析出过量的 δ 相，此外，锻件最大截面的锻比达 7.5 左右，最小截面的锻比达 40 左右，确保锻件足够锻透。本体试环试样经 GH4169 合金标准时效处理后，力学性能见表 2。由表 2 可知，锻件的室温拉

伸强度达到 1400MPa，高温拉伸强度最高达到了 1169MPa，兼具良好的组合持久和冲击性能，可满足压缩机转子锻件的服役条件。

表 2　时效后锻件本体力学性能

试样号	试验温度 /℃	试验应力 /MPa	试验持续时间 τ/h：mm	断后伸长率 A/%	τ/τ'
1	650	690	63：15	6.0	τ>τ'
2	650	690	65：37	6.5	τ>τ'
试样号	试验温度 /℃	抗拉强度 /MPa	屈服强度 /MPa	伸长率 /%	断面收缩 /%
3	室温	1393	1178	15.5	34
4	室温	1400	1190	17.5	30
试样号	试验温度 /℃	抗拉强度 /MPa	屈服强度 /MPa	延伸率 /%	断面收缩 /%
5	650	1150	1000	21.0	39.5
6	650	1169	1020	23.5	35.5
试样号	布氏硬度（HBW）				
7	415				
8	410				
试样号	室温冲击吸收能量 KU_2/J				
9	40				
10	46				

3　结论

（1）研究结果表明，通过自由锻造技术可以制备大截面比的 GH4169 合金锻件。

（2）GH4169 合金锻件本体室温拉伸强度为 1410MPa，650℃拉伸强度为 1169MPa，布氏硬度为 415，晶粒度为 6.0 级，兼具优异的组合持久和室温冲击性能。

参考文献

[1] 周黎明，巨佳，叶常晖，等．工业汽轮机转子锻件用 28CrMoNiV 的微观组织调控与冲击韧性研究［J］．中国金属通报，2022（4）：156~158.

[2] 王旭颖，付兴，谢延安，等．300MW 汽轮发电机转子锻件开发［J］．锻造与冲压，2022（13）：60~63.

[3] 聂义宏，白亚冠，寇金凤，等．700℃超超临界汽轮机用镍基合金转子锻件的试制［J］．稀有金属材料与工程，2021，50（10）：3814~3818.

[4] Hu X，Ye W，Zhang L，et al. Investigation on creep properties and microstructure evolution of GH4169 alloy at different temperatures and stresses［J］，2021，800（651）：140~146.

[5] Zheng J，Guo Y，Liu X，et al. Introduction on research and application of nickel base superalloy GH4169［C］. IOP Conference Series：Earth and Environmental Science，2021：022081.

[6] Zhou W，Chen X，Wang Y，et al. Microstructural Evolution of Wrought-Nickel-Based Superalloy GH4169［J］，2022，12（11）：1936.

[7] 张勇，李鑫旭，韦康．三联熔炼 GH4169 合金大规格铸锭与棒材元素偏析行为［J］．金属学报，2020，56（8）：1123~1132.

[8] Gao S Y，Ge S X，Yang X H，et al. Effect of temperature on the creep behavior and mechanism of GH4169 alloy［J］. Chinese Journal of Engineering，2023，45（2）：301~309.

[9] 菅晓君，崔保伟，黄艳军，等．固溶温度对 GH4169 合金锻件力学及焊接性能的影响［J］．金属热处理，2022，46（8）：121~125.

三联 GH4169 合金快径锻大规格棒材组织和性能研究

余式昌*，王庆增，代朋超

（宝武特种冶金有限公司技术中心，上海，200940）

摘 要：研究了快锻和径锻工艺参数对 GH4169 合金显微组织的影响，并介绍了宝武特冶三联 GH4169 快径锻大规格细晶棒材的组织和性能。结果表明：通过合理控制快锻终锻温度和径锻变形量，宝武特冶开发出三联冶炼 GH4169 快径锻大规格细晶棒材，棒材全截面晶粒度细于 6 级，δ 相呈短棒状和颗粒状，具有良好的力学性能。

关键词：GH4169 合金；快径锻；终锻温度；变形量；组织和性能

GH4169 合金，国外称之为 IN718 合金，是世界上产量最大、用途最广、产品种类与规格最全的高温合金[1]。随着航空发动机寿命、工作可靠性和稳定性要求的逐步提高，国外许多知名高温合金生产企业开始采用真空感应熔炼+保护气氛电渣重熔+真空自耗重熔三联工艺冶炼 GH4169 合金[2,3]，同时采用快径锻成形工艺生产该合金大规格细晶棒材[3]，并形成稳定供货能力，棒材中心、$R/2$ 和边缘的平均晶粒度均能够达到 6 级或更细，综合性能更加优异，但相关工艺参数报道较少。

相对国外较为成熟的生产工艺来说，国内 GH4169 合金的产品质量与国外相比有较大差距，采用三联冶炼及快径锻工艺制备大规格细晶棒材处于起步阶段，本文介绍了宝武特冶在该方面的相关研究成果。

1 试验材料与方法

试验材料为 VIM+PESR+VAR（真空感应+保护气氛电渣+真空电弧重熔）三联工艺冶炼的 GH4169 合金，最终冶炼的自耗锭型为 ϕ508mm，合金的主要化学成分控制如表 1 所示。自耗锭经均匀化处理后，先在 4000t 快锻机开坯，然后经 1300t 径锻机锻造至 ϕ255mm 棒坯，最后车光成 ϕ240mm 成品棒材。

表 1 GH4169 合金的主要化学成分 （质量分数,%）

元素	C	Cr	Mo	Nb	Ti	Al	Ni	P	B
含量	0.015~0.036	17.00~19.00	2.80~3.15	5.20~5.55	0.75~1.15	0.35~0.65	52.00~55.00	0.007~0.015	0.002~0.006
元素	Fe	Mn	Si	Ta	S	Mg	Cu	Co	N
含量	余量	≤0.35	≤0.35	≤0.10	≤0.0010	≤0.003	≤0.30	≤1.0	≤0.01

在未机加工的棒坯头尾取低倍片，进行低倍和高倍组织、室温力学性能、高温力学性能和高温持久性能测试，低倍组织取样方向为横向，高倍组织取样方向为径轴向剖面，各项性能试样取样方向为弦向。室温力学性能按标准 GB/T 228.1 进行室温拉伸性能测试，高温力学性能按标准 GB/T 4338 进行 650℃拉伸性能测试；高温持久性能按标准 GB/T 2039 进行 650℃/690MPa 光滑持久性能测试。试样热处理制度为：960℃×1h，空冷+720℃×8h，以 50℃/h 炉冷至 620℃×8h，空冷。

2 试验结果与分析

2.1 快锻终锻温度对中间坯组织的影响

通过合理的快锻工艺使得快锻开坯后获得比较理想的中间坯组织是快径锻成形工艺成功制备全截面细晶棒材的基础。

图 1 为快锻终锻温度为 t℃的中间坯不同部位高倍组织照片。可以看出，该中间坯中心和 $R/2$

* 作者：余式昌，高级工程师，联系电话：13636569705，E-mail：yushichang@baosteel.com

平均晶粒度约为3.5级，边缘约为4.5级，边缘未出现项链晶或黑晶现象。

图2为快锻终锻温度为t-20℃的中间坯不同部位高倍组织照片。可以看出，该中间坯中心平均晶粒度约为5.5级，$R/2$约为6.5级，边缘出现了一定程度的黑晶现象。

图1 快锻终锻温度为t℃的中间坯不同部位高倍组织
（a）中心；（b）1/2R；（c）距边缘5mm

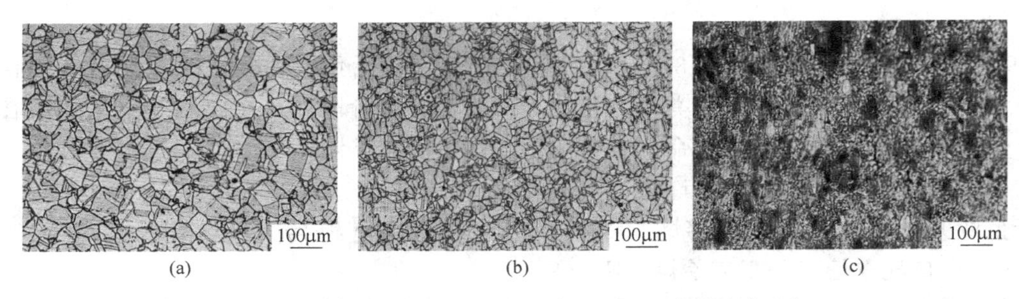

图2 快锻终锻温度为t-20℃的中间坯不同部位高倍组织
（a）中心；（b）1/2R；（c）距边缘5mm

GH4169合金快径锻联合成形工艺生产的棒材要想获得全截面6级细晶组织，就必须同时发挥快锻和径锻工艺的优势。快锻机变形速度较慢但锻透性好，能够通过镦拔破碎铸态组织并使心部组织充分变形完成动态再结晶，而径锻机锻透性差但变形速度快，能够通过高频锻造使得表面温降较小且表面变形比较充分[3]。

图1的快锻中间坯组织从心部到边缘晶粒组织均比较粗大，表明快锻终锻温度过高，即快锻过程温度控制过高，此时棒材组织不仅完成动态再结晶并进一步长大了。该快锻工艺下心部组织过于粗大，不是理想的快锻中间坯组织。

通过快锻过程参数控制使得快锻终锻温度适当降低，与图1相比图2的中间坯心部组织能够充分再结晶但不会长大，而边缘温度不会太低而出现严重的黑晶。该快锻工艺下心部组织接近6级，而边缘未再结晶情况不是很严重，属于比较理想的中间坯组织，这样能通过径锻加热时溶解过多的δ相，并在径锻过程中完成动态再结晶细化。

2.2 径锻变形量对成品棒材组织的影响

图3为径锻变形量ε%的棒坯不同部位高倍组织照片。可以看出，该棒坯中心平均晶粒度约为5.5级，$R/2$约为6.0级，边缘约为7.5级但局部有拉长的未再结晶现象。该棒坯组织未能满足全截面细于6级要求。

图3 径锻变形量ε%的棒坯不同部位高倍组织
（a）中心；（b）1/2R；（c）距边缘5mm

图 4 为径锻变形量 ε-20%的棒坯不同部位高倍组织照片。可以看出，该棒坯全截面晶粒度均匀细小，中心和 $R/2$ 平均晶粒度达到 6.0 级水平，边缘达到 8 级水平。该棒坯组织能满足全截面细于 6 级要求。

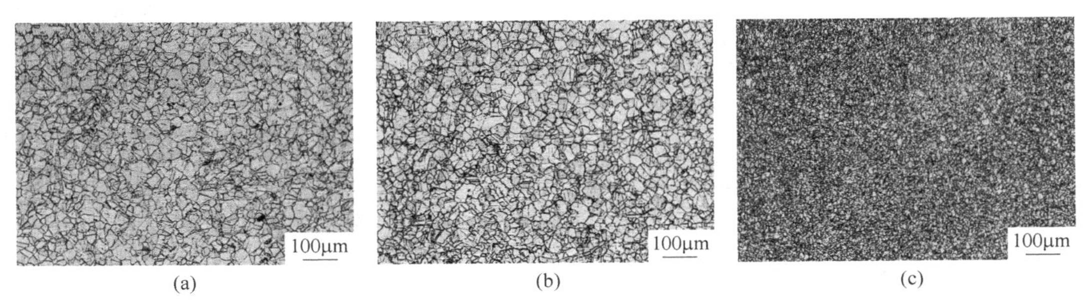

(a) (b) (c)

图 4 径锻变形量 ε-20%的棒坯不同部位高倍组织
(a) 中心；(b) 1/2R；(c) 距边缘 5mm

变形量是径锻关键参数之一，对 GH4169 合金变形过程温度和动态再结晶起着重要影响。径锻变形量如果过大，整个径锻过程时间必然越长，径锻过程中整个棒材截面的温度控制难以协调一致，心部容易因径锻过程温升而导致晶粒动态再结晶后长大，而边缘因温降过大出现局部未再结晶现象，只有控制合适的径锻变形量，才能保证径锻过程中整个棒材截面的温度处于一个合理的梯度，使得棒材心部组织能够适当细化，而边缘组织能够充分再结晶。

2.3 大规格棒材组织和性能

2.3.1 低倍组织

图 5 是采用合适的快径锻工艺制备的三联 GH4169 合金 ϕ255mm 棒坯的低倍组织照片。从图 5 中可以看出，通过合适的快径锻工艺，制备的大规格棒坯低倍组织均匀一致，边缘没有一圈明显的粗晶层。

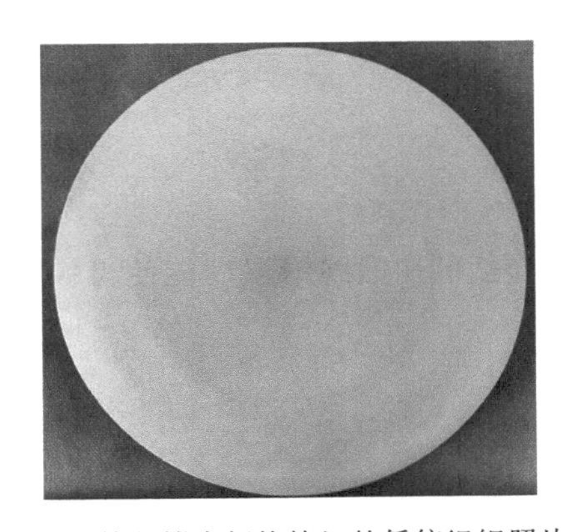

图 5 快径锻大规格棒坯的低倍组织照片

2.3.2 高倍组织

图 6 是采用合适的快径锻工艺制备的三联 GH4169 合金 ϕ255mm 棒坯的高倍组织照片。从图 6 中可以看出，通过合适的快径锻工艺，制备的大规格棒坯除了全截面晶粒度能满足细于 6 级要求以外，并且从中心到边缘的 δ 相析出形貌良好，主要分布在晶界，呈短棒状和颗粒状，边缘析出略多。

(a)

(b)

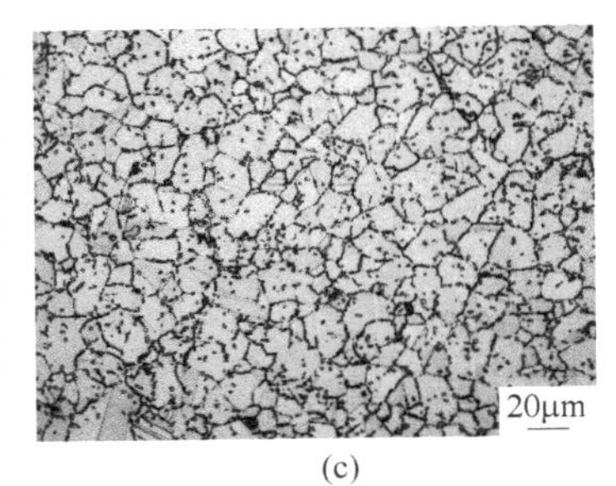

(c)

图 6 快径锻大规格棒坯不同部位高倍组织
(a) 中心；(b) 1/2R；(c) 距边缘 5mm

2.3.3 力学性能

表2为采用合适的快径锻工艺制备的三联GH4169合金ϕ255mm棒坯的力学性能情况。从表2中可以看出，通过合适的快径锻工艺制备的大规格棒坯，由于晶粒组织细小均匀和δ相形貌良好，因此在室温和650℃下拉伸性能具有良好的强韧性匹配，并且持久性能也十分优异。

表2 快径锻大规格棒坯力学性能

检测项目	室温拉伸				650℃高温拉伸				650℃/690MPa持久
	σ_b /MPa	$\sigma_{0.2}$ /MPa	δ_5 /%	ψ /%	σ_b /MPa	$\sigma_{0.2}$ /MPa	δ_5 /%	ψ /%	τ /h
实绩	1421	1211	19.5	27	1180	1026	26.0	36	222
	1412	1198	17.0	21	1177	1010	25.0	32	218
技术要求	≥1230	≥1020	≥6	≥8	≥1000	≥860	≥12	≥15	≥25

3 结论

（1）合适的快锻终锻温度能使得快锻中间坯中心和$R/2$获得6级左右细晶组织，同时减少边缘未再结晶区。

（2）控制合适的径锻变形量，棒材中心和$R/2$晶粒组织适当细化，而边缘组织完成动态再结晶。

（3）通过合理控制快径锻工艺，宝武特冶开发出三联冶炼GH4169快径锻大规格细晶棒材，棒材全截面晶粒度细于6级，δ相呈短棒状和颗粒状，具有良好的力学性能。

参考文献

[1] 庄景云，杜金辉，等．变形高温合金GH4169［M］．北京：冶金工业出版社，2006.

[2] 陈国胜，刘丰军，等．GH4169合金VIM+PESR+VAR三联冶炼工艺及其冶金质量［J］．钢铁研究学报，2011，23（增刊2）：134~137.

[3] 杜金辉，吕旭东，等．GH4169合金研制进展［J］．中国材料进展，2012，31（12）：12~20.

GH4742合金真空自耗重熔数值模拟及验证

张健英[1*]，秦鹤勇[2]，田沛玉[1]，田强[2]，王旻石[1]，沈中敏[2]，于萍[2]，伏浩[1]
（1. 宝武特种冶金有限公司，上海，200940；
2. 北京钢研高纳科技股份有限公司，北京，100081）

摘　要：建立了多场耦合真空自耗模型，对铸锭多物理场进行全尺寸仿真分析，结果表明，铸锭底部存在由Nb、Ti、Cr等易偏析元素构成的弧形偏析区，头部存在明显的“V”型层状偏析；一次枝晶间距、二次枝晶间距最大值分布在铸锭心部；结合工业实验，铸锭解剖腐蚀分析柱状晶的生长的法线方向与模拟熔池形状匹配性较好，进一步验证了模拟准确性，为改善铸锭偏析提供数据支撑。

关键词：高温合金；真空自耗；数值模拟；元素偏析

GH4742合金是γ′相沉淀强化型变形高温合金，具有非常好的高温性能，广泛应用于550～800℃温度范围和高应力下工作的涡轮盘、压气机盘、轴、承力环等零部件[1]。随着航空结构件尺寸的大型化、整体化以及后续盘件生产率和成材率要求的提高，高温合金铸锭的尺寸相应扩大，而大尺寸铸锭则带来更为困难的冶炼凝固工艺以及复杂的热加工工艺控制问题。高合金化高温合金铸锭在冶炼、凝固过程中的最大问题是容易产生偏析和冶金缺陷[2,3]。这些偏析和冶金缺陷在后续的机械加工和热处理过程中不能完全消除，导致合金材料微观组织和成分不均匀，影响材料的综合使用性能。

本文建立了多场耦合真空自耗模型对GH4742镍基高温合金真空自耗重熔凝固过程进行仿真模拟，采用宝武特冶生产的直径ϕ660mm真空自耗铸锭进行模拟验证。研究了冶炼过程中真空自耗铸锭宏观温度场、熔池形貌、元素偏析等变化规律，实现大尺寸低偏析自耗锭凝固组织的最优化控制，并进一步消除冶金缺陷、降低元素偏析，为改善铸锭热加工性能提供数据支撑。

1　模型建立

1.1　模型假设

真空自耗冶炼过程涉及钢液的填充和凝固，过程极其复杂，本研究在数值模拟计算过程中作如下假设：

（1）忽略钢液的相对流动，钢液与凝固层界面处以热传导方式传热。

（2）凝固层与结晶器间只考虑热传导。

（3）钢和结晶器的物性参数仅为温度函数。

（4）钢液温度低于固相线温度，钢锭全凝固，凝固组织形态不再变化。

1.2　控制方程

自耗锭凝固过程中，随着自耗锭凝固不断收缩，其表面导热系数不断降低，是典型的变导热系数的导热问题。采用非稳态传热方程作为控制方程：

$$\rho c_p \frac{\partial T}{\partial t} = \frac{\partial}{\partial x}\left(\lambda \frac{\partial T}{\partial x}\right) + \frac{\partial}{\partial y}\left(\lambda \frac{\partial T}{\partial y}\right) + \frac{\partial}{\partial z}\left(\lambda \frac{\partial T}{\partial z}\right) + Q$$

式中，T为温度，℃；λ为导热系数，W/(m^2·℃)；ρ为传热介质密度，kg/m^3；Q为热源项，W/m^3；c_p为比热容，J/(kg·℃)。

1.3　数学模型与边界条件

在真空熔炼过程中，糊状区不断释放潜热，同时等离子弧在铸锭的顶表面产生加热，因此凝固传热行为较为复杂。本文使用solidworks建立几何模型，设置模型中最小节点间距为5mm，节点数目64879，网格类型为四面体，微元体总数（总网格数）为239512，结果如图1所示。其主要材

* 作者：张健英，高级工程师，联系电话：15000202619，E-mail：408619@baosteel.com

料化学成分及参数设置见表 1 和表 2。

图 1 几何模型及网格划分

表 1 GH4742 镍基高温合金的主要化学成分

（质量分数，%）

元素	C	Al	Ti	Co	Nb	Mo	Cr	Ni
含量	0.04～0.08	2.40～2.80	2.40～2.80	9.00～11.00	2.40～2.80	4.50～5.50	13.00～15.00	余量

表 2 熔炼参数

参数	数值
结晶器直径/mm	660
结晶器厚度/mm	20
冷却水流量/LPM	6000
结晶器进出水口温差/℃	2
电极直径/mm	570
氦气压力/Pa	300
氦气流量/mL · min^{-1}	100

2 模型验证

为了验证模型的准确性，对宝武特冶实际冶炼出的直径 ϕ660mm 自耗锭进行仿真对比分析，整个真空自耗过程的行为可以通过观察熔炼电流、电压、熔速以及熔池深度的变化进行评估，如图 2 所示。

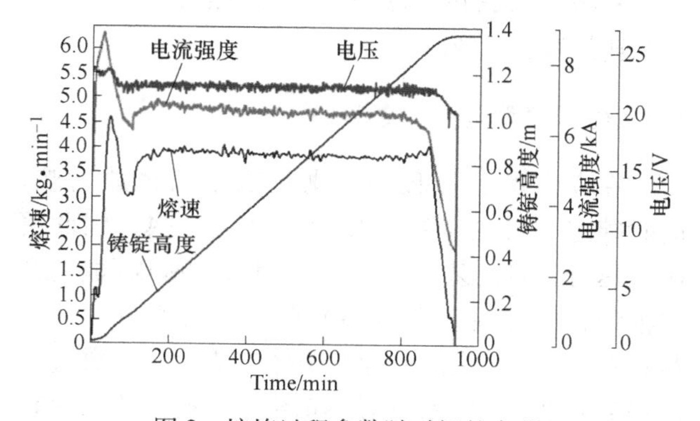

图 2 熔炼过程参数随时间的变化

枝晶生长方向为温度梯度最大方向，通过铸锭解剖腐蚀沿铸锭生长的垂直方向可以绘制出该时刻的熔池形状。如图 3 所示，随着熔炼的进行，熔池形状由浅平状变为 U 形再变为 V 形，铸锭底部柱状晶基本垂直向上生长，边部逐渐出现带有一定生长角度的柱状晶。在铸锭上半部分角度逐渐增大，熔池逐渐加深。最终，铸锭顶部距上表面 35mm 处形成暗缩孔。模拟结果与实际熔池形状匹配性较好，但是缩孔所在位置低于最终凝固区域，这是由于顶部换热导致顶部快速产生“棚顶”，由于重力因素，“棚顶”下熔体并不会对顶部补充，穴内熔体依靠底部换热向上凝固。

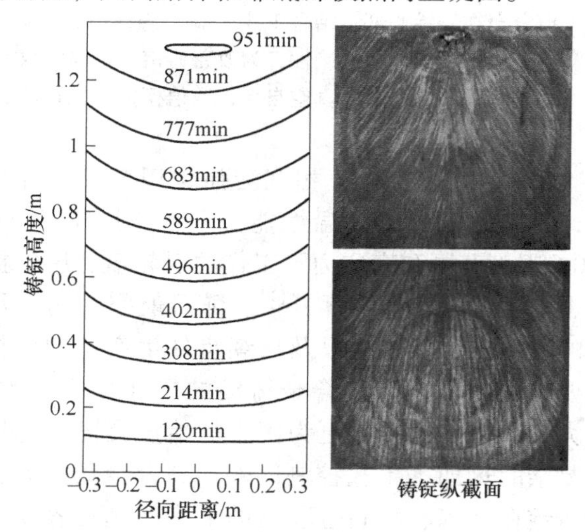

图 3 熔池形状随铸锭高度的变化及解剖实物图

铸锭凝固过程仿真与实际微观组织形貌对比图如图 4 所示，随着熔池的升高，结晶器两侧的换热影响逐渐增强，熔池散热方向由轴向逐渐转向径向，导致柱状晶斜向上生长。随着凝固的进

图 4 铸锭

（a）凝固组织模拟值；（b）实际晶粒组织

一步进行，液固两相区释放的凝固潜热使液相区处温度梯度逐渐减小，热量的散失不再具有方向性，因而在中心位置产生了等轴晶。仿真结果与实际冶炼熔池深度和凝固组织吻合情况良好，进一步验证了模型的准确性。

3 模拟结果

3.1 铸锭温度场、凝固场分布

图5为真空自耗冶炼铸锭温度场、凝固场云图分布以及液态熔池深度变化。随着电极熔化速率逐渐变大，金属熔池的深度不断增加，金属熔池形貌经历了由扁平状→浅U形→U形→V形四个阶段的转变[4]。真空自耗重熔通以直流电源，内置自动控制系统，起弧阶段采用电压控制，稳定熔炼及封顶阶段采用熔滴控制[5]。图5（b）模拟了糊状区内不同液相率下熔池的深度。在起弧阶段（0~140min）以较高的电压、电流和熔速熔炼，快速建立熔池。稳定熔炼阶段（140~865min）以恒定的电压、电流和熔速熔炼，熔池深度逐渐加深后趋于平缓，这是由于熔炼底部换热效果减弱导致熔池加深，后期底部换热效果的变化对熔池深度影响较小，导致其趋于平缓。热封顶阶段（856~940min）电压、电流、熔速快速减小，熔池深度迅速降低。

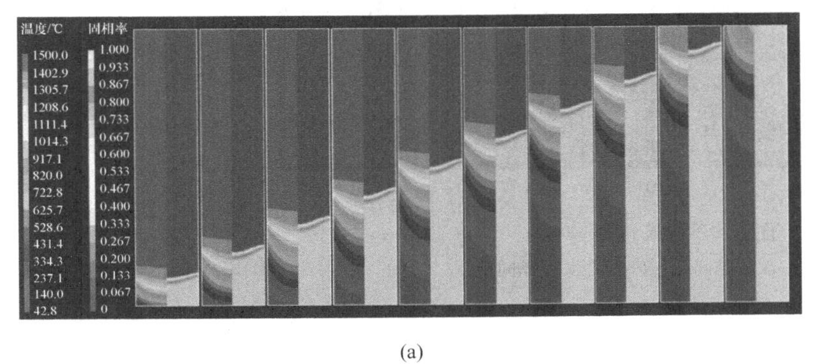

(a)

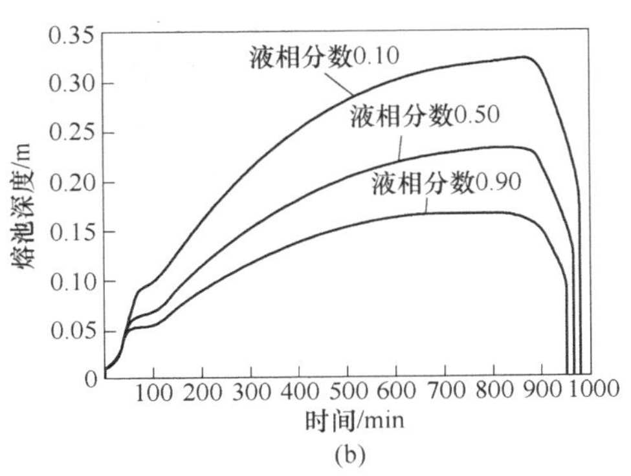

(b)

图5 不同高度下铸锭

（a）温度场和凝固场；（b）熔池深度变化

3.2 铸锭枝晶分布

图6为自耗过程铸锭一次枝晶间距和二次枝晶间距分布图，在真空自耗冶炼初期，由于结晶器底部冷却速率较大，熔池内的钢液快速凝固，铸锭靠近结晶器底部的一次枝晶间距较小，二次枝晶是在一次枝晶基础之上分叉长大，较小的一次枝晶间距产生更小的二次枝晶间距，所以靠近结晶器底部附近二次枝晶间距较小。随着金属熔池高度提升，底部结晶器冷却强度下降，铸锭一次枝晶间距逐渐增大，此时结晶器侧壁冷却强度也逐渐增加，有效缓解铸锭一次枝晶间距继续扩大，将铸锭一次枝晶间距控制在合理范围直到冶炼结束[6]。但是在真空自耗冶炼的中后期，由于金属熔池导热及铸锭凝固释放的凝固潜热等因素对铸锭的二次枝晶间距影响较大，导致铸锭心部有部分二次枝晶间距呈增大的趋势。

在铸锭随炉冷却期间，由于铸锭顶端没有新的热量导入，且炉内一直处在抽真空状态，致使铸锭顶端有部分热量散失，但在其下部仍有较多已凝固铸锭的热量传递到铸锭顶端，且传递热量大于散失热量，导致铸锭顶端的二次枝晶间距随一次枝晶间距的增大而增大，且二次枝晶间距的影响范围明显高于一次枝晶间距，所以在铸锭顶端的二次枝晶间距相比于其他区域有所增大。

3.3 铸锭元素偏析

图7为凝固终点铸锭中各元素分布云图。铸锭头部出现层状偏析，其形貌与终点熔池形状相同。Mo、Nb、Ti在锭头中心富集，与其正偏析特性相一致，Al、Co等负偏析元素在中心出现贫化现象。熔炼末期停止充型，熔池边缘远离结晶器，冷却速率降低，在一次结晶的过程中，要不断地放出结晶潜热，当结晶潜热达到一定数值时，熔池的结晶就出现暂时的停顿。以后随着熔池的散热，结晶又重新开始，形成周期性的结晶，伴随

着出现结晶前沿液体金属中杂质浓度的周期变动，　产生周期性的层状偏析。

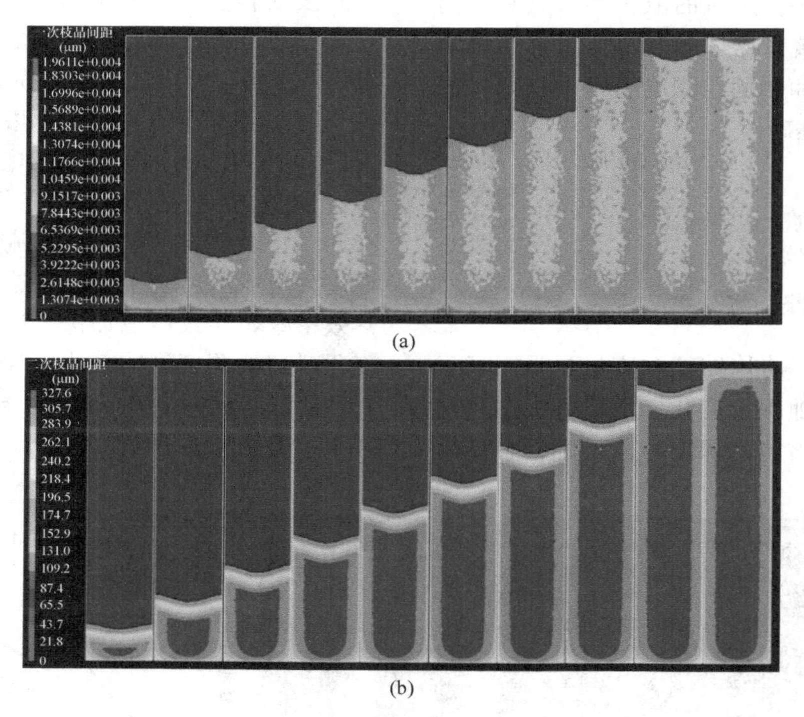

图 6　不同高度下铸锭

（a）一次枝晶间距；（b）二次枝晶间距

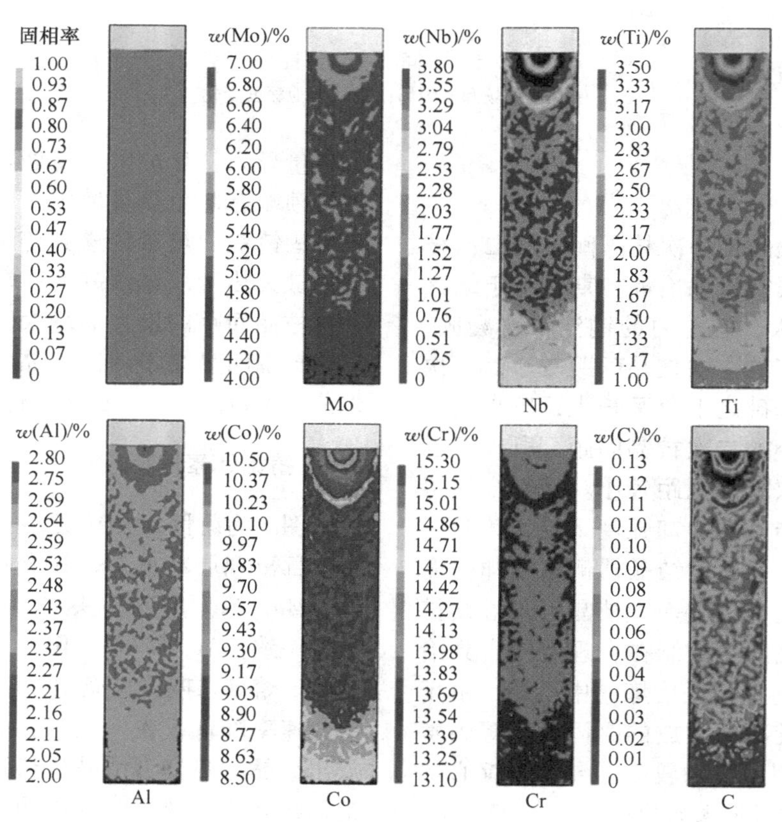

图 7　凝固终点固相中元素分布情况

4 结论

（1）建立了真空自耗多场耦合模型，与宝武特冶生产的直径 ϕ660mm 真空自耗铸锭做验证对比。通过铸锭解剖腐蚀分析柱状晶的生长的法线方向，与模拟得到的熔池形状匹配性较好，进一步验证模拟的准确性。

（2）自耗锭顶部换热产生“棚顶”，在重力作用熔体无法对顶部补充，穴内熔体依靠底部换热向上凝固导致缩孔所在位置高于最终凝固区域。

（3）Nb、Ti、Cr 等易偏析元素在自耗锭底部有圆弧形偏析区域，中段偏析程度降低，头部有明显的“V”型层状偏析。铸锭头部 Al、Co 含量较低，Mo、Nb、Ti、C 含量较高。

参考文献

[1] 秦鹤勇，李振团，赵光普，等．锻态 GH4742 合金的热变形行为及组织性能演变［J］．稀有金属材料与工程，2022，51（11）：4227~4236.

[2] 杨富仲，张健，张立峰，等．镍基高温合金真空自耗数值模拟［J］．钢铁研究学报，2022，34（9）：916~924.

[3] Huang Y S，Yang M S，Li J S，L. et al. Vacuum arc remelting process of high-alloy bearing steel and multiscale control of solidification structure［C］//Materials Science Forum. Macau：Trans Tech Publications Ltd.，2015：817.

[4] Yang S，Tian Q，Yu P，et al. Numerical simulation and experimental study of vacuum arc remelting（VAR）process for large-size GH4742 superalloy［J］. Journal of Materials Research and Technology，2023，24：2828~2838.

[5] Beaman J，Felipe L，Williamson R. Modeling of the vacuumarc remelting process for estimation and control of the liquidpool profile［J］. Journal of Dynamic Systems Measurementand Control，2015，136（3）：31.

[6] 王亚栋，张立峰，张健，等．真空自耗熔炼过程宏观偏析的数值模拟［J］．钢铁研究学报，2021，33（8）：718.

三联冶炼 GH4720Li 大棒材径锻工艺与组织性能研究

王庆增[1*]，田沛玉[1]，郝剑[1]，余式昌[1]，代朋超[1]，孟令胜[2]，谷雨[2]

（1. 宝武特种冶金有限公司技术中心，上海，200940；
2. 钢铁研究总院高温材料研究所，北京，100081）

摘　要： GH4720Li 是镍-铬-钴基沉淀硬化型高温合金，属于典型难变形高温合金。该合金长期使用温度在 680℃以上，极限使用温度可达 750℃，广泛用于制造航空发动机盘轴类转动件等关键部件。先进航空发动机涡轮盘锻件等用 GH4720Li 棒材，要求平均晶粒度达到 8 级或更细。作者曾对 VIM+PESR+VAR 三联工艺冶炼 GH4720Li 合金的冶金质量进行研究，选用三联工艺制备的 GH4720Li 合金 ϕ508mm 锭，在快锻机上经反复镦拔开坯以破碎铸态组织，在径锻机上试制 ϕ100~250mm 系列规格细晶锻棒。组织性能全面满足先进航空发动机盘类锻件设计使用要求。

关键词： 难变形高温合金；三联冶炼；锻造工艺；组织性能；GH4720Li

高温合金是制造航空、航天发动机和重型燃气轮机等热端部件的关键材料，广泛用作能源和机车动力、石油化工等领域所需的耐高温、抗腐蚀材料。在先进航空发动机中，高温合金材料的用量占总质量的 40%~60%[1]。随着先进航空发动机技术的持续进步和市场的不断发展，设计推重比和涡轮前温度也在不断提高，作为航空发动机关键材料所承受的应力水平越来越高、服役工况越趋恶劣，必须寻求更为先进、更可靠的材料和工艺满足先进发动机的设计要求[2]。GH4720Li 的合金化程度极高，γ′相体积分数超过 40%，在 650~750℃范围内具有较高的强度、抗蠕变和疲劳性能，良好的耐腐蚀、抗氧化性能以及长期组织稳定性[3,4]。GH4720Li 合金的铝、钛含量之和约为 7.5%，属于典型难变形高温合金。研制初期，因 GH4720Li 铸锭开坯和组织均匀性控制问题导致成材率低。国内开展大型难变形高温合金铸锭热加工工艺研究工作比较早。龙正东、庄景云[5]等通过特殊处理工艺将 GH4742 铸锭组织的 γ′相粗化，从而有效降低变形抗力并大幅提高热加工塑性。曲敬龙、杜金辉、邓群等研究了 GH4720Li 合金铸锭热加工过程的组织演变行为[6]。孙雅茹、孙文儒和郭守仁等研究了 1130℃保温不同时间对 GH4720Li 合金析出 γ′相的形态特征以及热变形行为的影响规律[7]。曲敬龙和易出山等对 GH4720Li 析出相的研究进展等进行了归纳和综述[8]。

先进航空发动机用 GH4720Li 合金中小规格棒材和盘锻件研制的工作取得较快发展，有关 VIM+ESR+VAR 三联工艺 GH4720Li 合金大规格细晶棒材研制报道很少。

1　试验材料及方法

试验用 GH4720Li 合金铸锭采用 VIM+ESR+VAR 三联工艺冶炼，锭型为 ϕ508mm。铸锭首先经过高温均质化扩散退火处理，然后在 4000t 液压快锻机上采用反复镦拔工艺进行开坯锻造，获得适当规格的中间坯。最后在 1300t 径锻机上锻制成品棒材，车光后的棒材规格为 ϕ110~250mm。

在相当于铸锭头部和尾部的棒材上分别切取检验试样，经过固溶和时效处理后分别检测棒材的高倍和低倍组织及力学性能。采用光学金相显微镜进行组织观察。检测棒材室温和 650℃高温拉伸及持久蠕变等性能。试验用合金化学成分（质量分数,%）为：C 0.012，Si 0.03，Mn 0.02，P 0.004，S 0.001，Cr 15.85，Ti 5.10，Al 2.62，B 0.015，Co 14.72，Mo 2.92，Zr 0.036，W 1.28，Fe 0.21，Ni 为余量。

* 作者：王庆增，正高级工程师，联系电话：18001908760，E-mail：wangqingzeng@baosteel.com

试样固溶处理工艺：1095℃±10℃×4h，油冷。试样时效处理工艺：650℃±10℃×24h，空冷；760℃±10℃×16h，空冷。

2 试验结果及分析

2.1 不同成形工艺锻制棒材的组织形貌

图 1 给出了试制初期采用快锻机直接锻制成材和后期采用快锻开坯+径锻成材工艺锻制的 GH4720Li 合金 ϕ150mm 棒材横低倍组织照片和不同部位的晶粒组织形貌。

特殊钢、耐蚀合金、高温合金以及钛合金等难变形材料铸锭开坯热加工工艺方法主要有自由锻开坯、轧制开坯以及热挤压开坯等。对于变形高温合金来说，采用快锻机进行锻造开坯是最常用的工艺方法。相较于传统的蒸汽锤而言，液压式快锻机的压下速度通常能达到~10mm/s，锻制变形过程中可将锭坯保持在较高的温度；数千吨甚至上万吨的大型快锻机能够提供足够压力以破碎铸态组织，进而提高铸锭的热加工塑性。

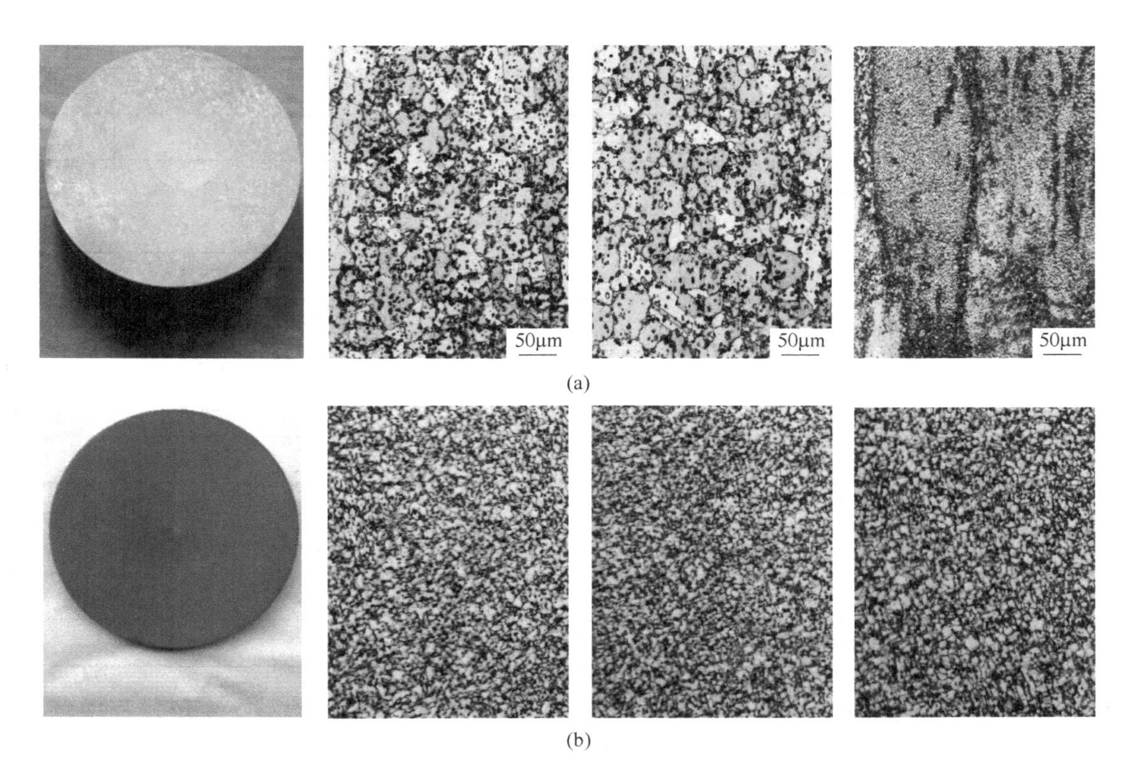

图 1 不同工艺锻制 150mm 的 GH4720Li 锻棒横低倍及中心、1/2R 和边缘高倍组织形貌
（a）快锻成形工艺；（b）快锻+径锻工艺

当铸态组织充分破碎后，为了抑制合金坯料在热加工变形过程中晶粒组织长大的速度，通常需要适当降低坯料的加热温度，以利于合金棒材晶粒组织的细化。成品棒材成形过程中通常采用较低的压下速度以避免心部温度升高过快导致的晶粒组织长大，由于快锻机锤击频次较低，成品火次锻造的后期棒材近表面的温降过快，难以完成动态再结晶。

由图 1 可见，快锻锻制 ϕ150mm 棒材中心和 R/2 处的组织均匀，晶粒大小为 6~7 级，而边缘处存在大量未完成再结晶的变形晶粒。这表明，快锻成材过程中靠近边缘处的坯料温度偏低。

为提高棒材的组织均匀性，通常将铸锭先在快锻机进行开坯，获得晶粒组织较为合适的中间坯，然后在径锻机进行成品棒材锻制。液压式径锻机通过特殊的液压及控制系统设计，可获得比一般快锻机快得多的锻造速度和打击频次[9]。依据坯料的直径和长度以及加热温度等工艺条件，通过调整各径锻变形道次的延伸系数、锤击频次和步进量等参数，在变形过程中将坯料温度控制在相对稳定、狭窄的区间内，以获得最佳的组织和性能。图 1（b）可知，采用快锻开坯+径锻成材工艺可锻制出晶粒组织均匀细小的 GH4720Li 棒材。

2.2 不同规格径锻棒材的组织形貌

表 1 为批产 GH4720Li 锻棒头部不同位置的晶粒组织检验数据。图 2 给出了快锻+径锻工艺锻制 ϕ110~250mm 棒材纵向中心和 $R/2$ 及边缘处的典型晶粒组织形貌。

表 1 批产的 GH4720Li 合金锻棒不同部位晶粒度检测结果

炉批	规格/mm	头部晶粒度/级			尾部晶粒度/级		
		中心	$R/2$	边缘	中心	$R/2$	边缘
1	ϕ110	9.0	9.0	9.0	9.0	9.0	9.0
2	ϕ110	8.5	8.5	9.0	8.5	8.5	9.0
3	ϕ110	8.5~10.0	8.5~10	8.5~10	9.0	8~10	8.5~10.0
4	ϕ110	9.0	8.5~10	8.5~10	9.0	9.0	9.5~8.0
5	ϕ150	8.5	8.5	9.0	8.5	9.5~8.0	9.0
6	ϕ150	9.0	9.0	9.5~8.0	9.0	9.0	9.0
7	ϕ150	9.5~8.0	9.5~8.0	9.5~8.0	9.5~8	9.5~8.0	9.0
8	ϕ150	9.0	9.0	9.0	9.0	9.0	9.0
9	ϕ180	9.0	8.5	9.0	9.0	8.5	9.0
10	ϕ180	8.5~10.0	8.0~10.0	8.5~10.0	9.5~8.0	10~8	10.0~8.0
11	ϕ200	8.0~10.0	8.5~10	9.0	8.5~10	8.0~10	8.5~10.0
12	ϕ200	8.5	8.5	9.0	8.5	8.5	9.0
13	ϕ220	8.5	8.5	8.5	8.5	8.5	9.0
14	ϕ220	8.0	8.5	8.5	8.0	8.5	8.5
15	ϕ220	10.0~8.0	8.0~10.0	8.5~10.0	10.0~8.0	10.0~8.0	9.0
16	ϕ250	8.5~10.0	8.5~10.0	9.0~10.0	9.0	9.0	9.0
标准	—	≥8.0	≥8.0	≥8.0	≥8.0	≥8.0	≥8.0

VIM+ESR+VAR 三联工艺 ϕ508mm 铸锭经均质化处理后，经反复镦粗和拔长变形工艺进行开坯锻造，有利于铸态组织破碎，为提高热加工塑性和改善组织均匀性提供较好基础。

铸锭经快锻开坯后，热塑性得到大幅改善。为获得晶粒组织均匀细小的 GH4720Li 合金棒材，需要确保足够的热加工变形量。

径锻变形通常在 $\gamma+\gamma'$ 两相区进行，通过调整径锻加工的工艺参数，在变形过程中将温度控制在合理范围内，从而实现变形量在 50% 以上的锻造热加工；以促进晶粒组织的细化并改善晶粒组织的均匀性。

研究团队采用优化的快锻开坯+径锻成形工艺进行锻造生产，获得晶粒组织均匀细小的 GH4720Li 合金系列规格棒材，晶粒尺寸可控制在 10~20μm。如图 2 所示。

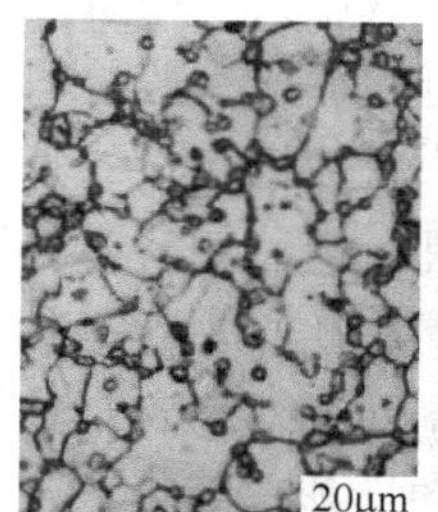

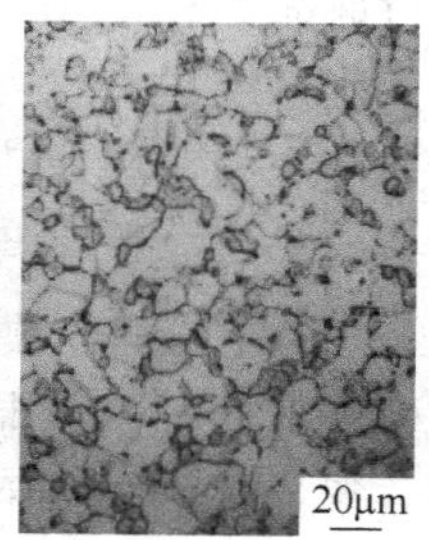

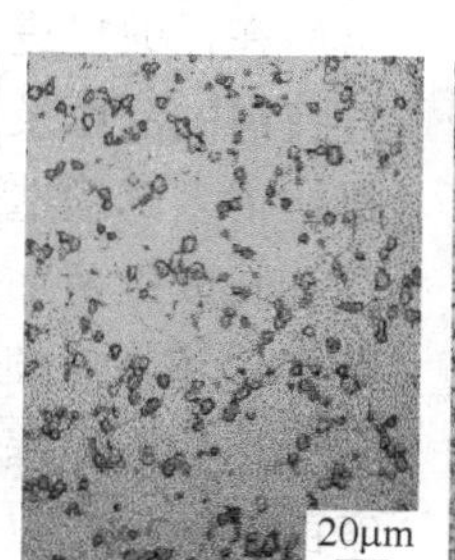

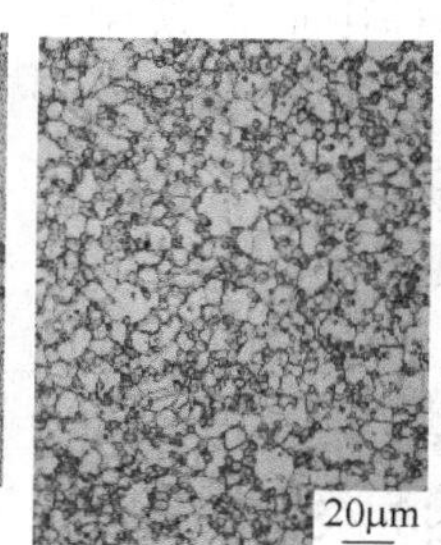

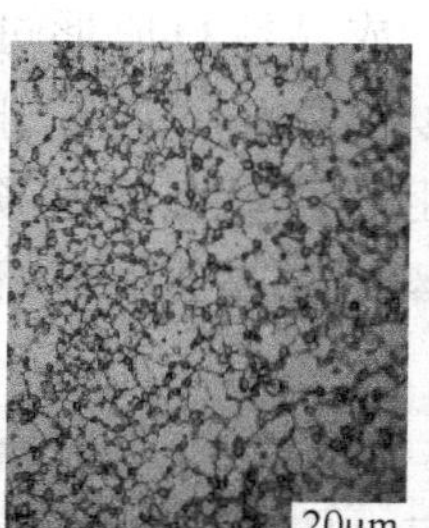

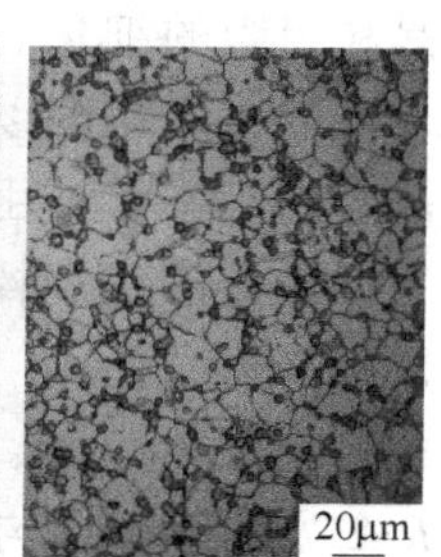

(a)

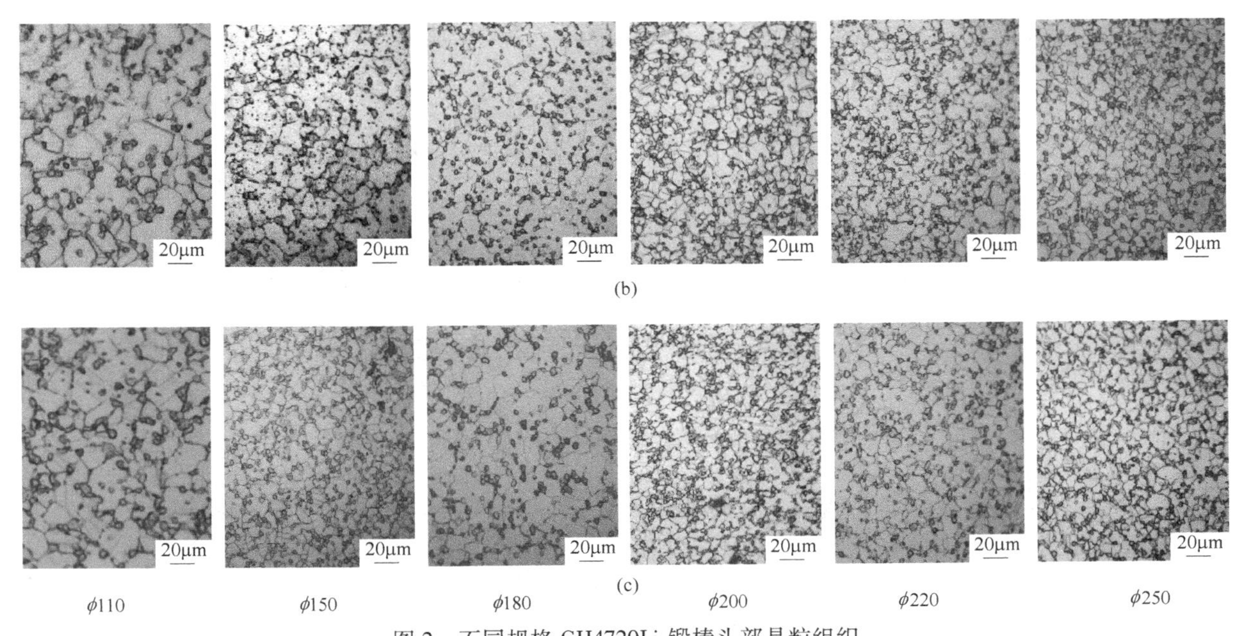

图 2 不同规格 GH4720Li 锻棒头部晶粒组织

（a）头部中心；（b）头部 $R/2$；（c）头部边缘晶粒组织

2.3 GH4720Li 合金细晶棒材的力学性能

图 3 和图 4 为批产的 GH4720Li 合金锻制棒材室温和 650℃高温拉伸性能。图 5 给出了 GH4720Li 合金 730℃/530MPa 和 680℃/830MPa 高温持久性能检测数据。

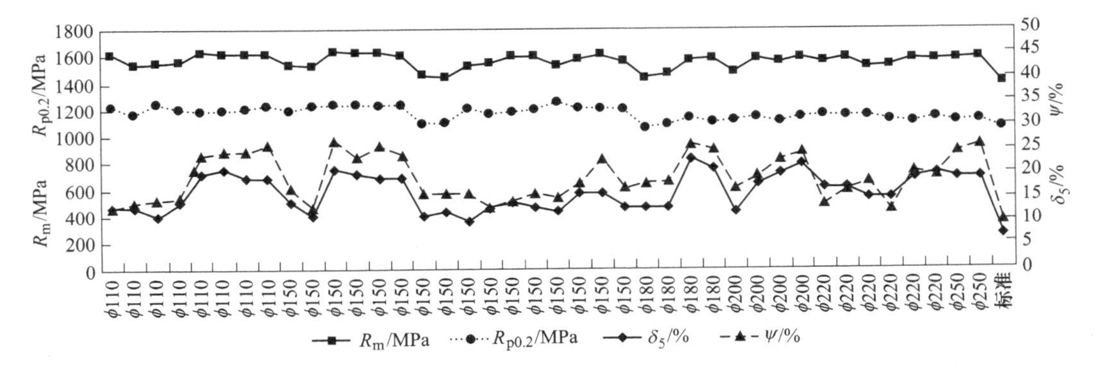

图 3 GH4720Li 锻棒的室温拉伸性能

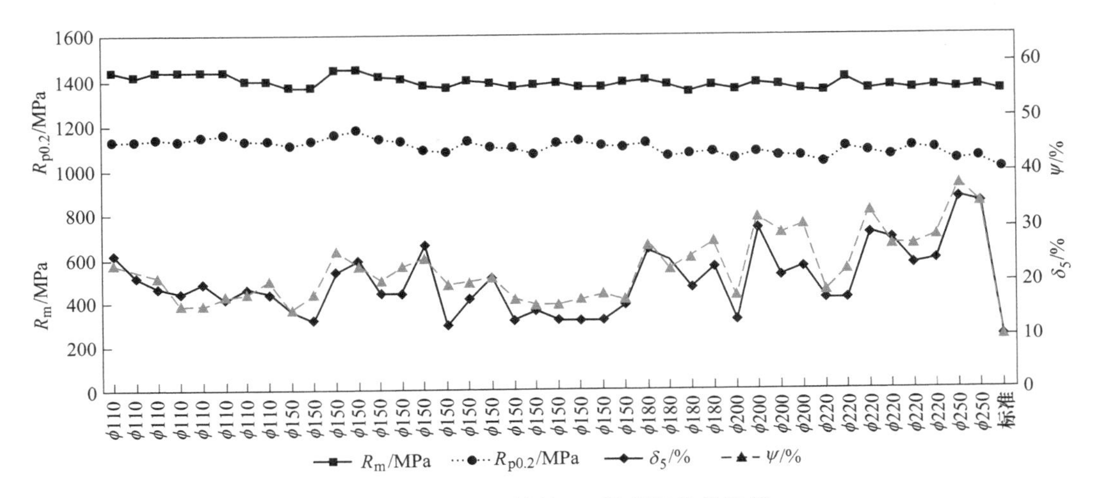

图 4 GH4720Li 锻棒 650℃高温拉伸性能

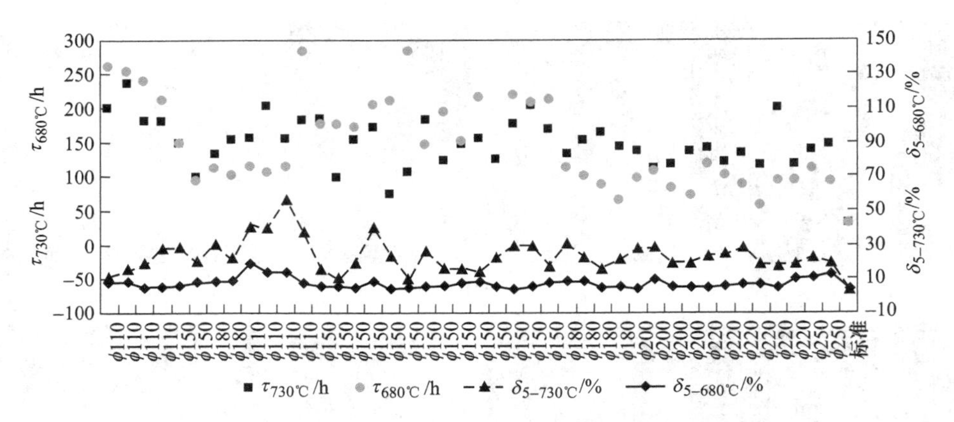

图 5 GH4720Li 锻棒的 730℃/530MPa 和 680℃/830MPa 持久性能

综合图 3～图 5 的室温拉伸性能、650℃ 高温拉伸性能以及 730℃/530MPa 和 680℃/830MPa 高温持久性能检测数据可知，批产的晶粒细于 8 级的 GH4720Li 合金 ϕ110～250mm 锻棒，具有良好的综合力学性能，满足航空发动机设计使用要求。

2.4 GH4720Li 合金细晶棒材的应用情况

研制的 GH4720Li 合金锻制棒材主要用于制造航空发动机盘轴类转动件。

3 结论

（1）采用反复镦拔工艺进行锻造开坯，先将 VIM＋ESR＋VAR 三联工艺 GH4720Li 合金 ϕ508 铸锭锻制成适当规格中间坯。然后在径锻机进行成品棒材锻造。通过控制合理的径锻工艺参数，成功锻制了晶粒组织细于 8 级的系列大规格棒材。

（2）批产的三联工艺 GH4720Li 合金 ϕ110～250mm 棒材，晶粒组织均匀细小，棒材的组织性能全面满足航空发动机设计使用要求。

参考文献

[1] Forbes R M, Jackman L A. The structure evolution of superalloy ingots hot working [J]. JOM, 1999, 51 (1): 27～31.

[2] 傅恒志．未来航空发动机材料面临的挑战与发展趋势 [J]．航空材料学报，1998，18（4）：52～61.

[3] Pang H T, Reed P A S. Microstructure effects on high temperature fatigue crack initiation and short crack growth in turbine disc nickel-base superalloy U dimet 720Li [J]. Materials Science and Engineering: A, 2007, 448 (1/2): 67～69.

[4] Liu F, Chen J, Dong J, et al. The hot deformation behaviors of coarse, fine mixed for U dimet 720Li superalloy [J]. Materials Science and Engineering: A, 2016, 651: 102～115.

[5] 龙正东，庄景云，邓波，等．一种提高高强化高温合金热加工性能的新方法［J］．金属学报，1999，35（11）：1211～1213.

[6] 曲敬龙，杜金辉，邓群．GH4720Li 合金铸锭热加工过程的组织演变行为［J］．材料工程，2006（增刊 1）：139～142.

[7] 孙雅茹，孙文儒，郭守仁．γ′相对合金热变形行为的影响［J］．材料热处理学报，2013，34（3）：50～54.

[8] 曲敬龙，易出山，陈竞炜，等．GH4720Li 合金中析出相的研究进展［J］．材料工程，2020，48（8）：73～83.

[9] 王文革，高雯．液压式径锻机锻造变形工艺新技术及特点［C］//第二届宝钢学术年会,2016：403～407.

新型低膨胀 GH244 合金均匀化处理工艺研究

王天一*，韩光炜，胥国华，孙佳路，王海川，张连杰

（北京钢研高纳科技股份有限公司，北京，100081）

摘　要：GH244 合金是一种在 800℃可长期服役的新型 Ni-Mo-Cr 基低膨胀高温合金，该类合金依靠加入大量 Mo 元素降低热膨胀系数，合金铸态组织中存在大量的 μ 相及碳化物，均匀化处理工艺是制备过程中的关键环节，直接影响钢锭的热塑性和成品的均质性。分析了 GH244 合金铸态组织特征，研究了不同均质化处理温度、时间对合金中 μ 相及碳化物和枝晶偏析程度的影响。结果表明，铸态 GH244 合金以 Mo 元素偏析为主，采用两阶段式均匀化处理可同时有效消除大尺寸 μ 相和 Mo 元素偏析，并显著提高合金的热加工塑性。

关键词：GH244 合金；Ni-Mo-Cr 基低膨胀高温合金；均匀化处理

随着我国航空航天工业的发展和能源危机的爆发，提高发动机燃油率成为当务之急，其解决途径是采用间隙控制技术。低膨胀合金是实现该技术的关键功能结构一体化材料[1]。

GH244 合金是一种在 GH242 合金基础上研制的新型 Ni-Mo-Cr 基低膨胀高温合金[2]。在该合金中，用少量 W 代替 Mo 元素以提高合金的高温强度水平。Ni-Mo-Cr 基低膨胀高温合金依靠加入大量高熔点的 Mo 元素降低合金的热膨胀系数[3]，同时依靠时效析出纳米级 $Ni_2(Cr,Mo,W)$ 弥散相提高合金的高温强度[4]，这使 GH244 合金可在 700~800℃可长期服役。

目前，对 GH244 合金国内外的研究工作公开内容较少，其均匀化处理工艺的相关研究基本为空白，使实际生产过程中的工艺优化制定缺乏理论和数据支持。本文在对 GH244 合金铸态组织进行分析的基础上，探究了不同均匀化制度对 Mo、W 元素偏析的影响，并制定了均匀化热处理工艺。

1　试验材料及方法

试验采用 25kg 真空感应炉冶炼 GH244 合金铸锭。针对合金名义成分（Ni-22.5Mo-6W）采用 Jmat-pro 热力学软件进行相图计算；对横向低倍试片进行取样，利用金相显微（OM）、扫描电镜（SEM）对合金的铸态组织进行观察，通过电子探针（EPMA）对合金铸锭枝晶间和枝晶干处打点统计，计算偏析系数 K_0，用以表征 GH244 合金的偏析程度。在 1160~1180℃不同温度下保温 5~30h 不同时间，通过金相显微（OM）、扫描电镜（SEM）对均匀化后的组织进行观察，通过电子探针（EPMA）对其组织进行面扫，研究不同扩散退火工艺对 GH244 合金铸锭显微组织和枝晶偏析程度的影响。

2　试验结果及分析

2.1　铸态组织特征

图 1 为按 GH244 合金的名义成分进行的相图模拟计算。Ni-Mo-Cr 基合金是通过大量添加 Mo、W 元素，在固溶热处理后时效析出 $Ni_2(Cr,Mo,W)$ 弥散相强化，以提高合金的高温强度。但高

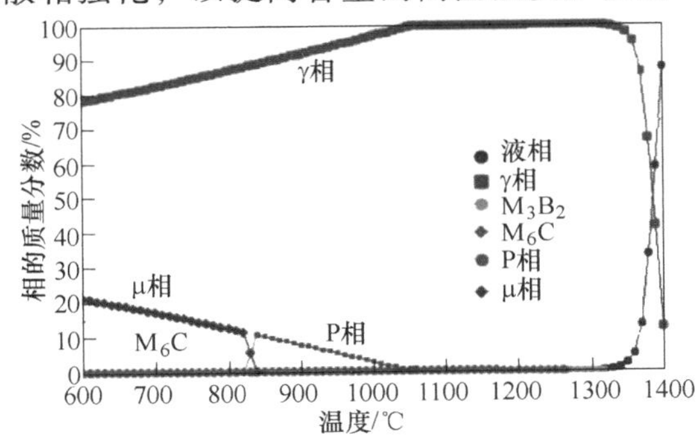

图 1　名义成分的 GH244 合金模拟凝固相图

*作者：王天一，硕士，联系电话：13718889694，E-mail：a4035333@hotmail.com

Mo(W) 元素含量使 GH244 合金在凝固过程中产生大量的 μ 相和碳化物。在不含 Fe 的 GH244 合金中所产生的 μ 相为 $(Ni,Cr)_7(W,Mo)_6$ 型结构，该相会降低合金的室温塑性和持久性能，同时影响合金的热加工性能。按名义成分所冶炼 GH244 合金中 μ 相在 800~900℃开始析出。

图 2 为 25kg 小炉所冶炼 GH244 合金铸锭的组织，为枝晶结构，在枝晶间存在一定量的第二相。

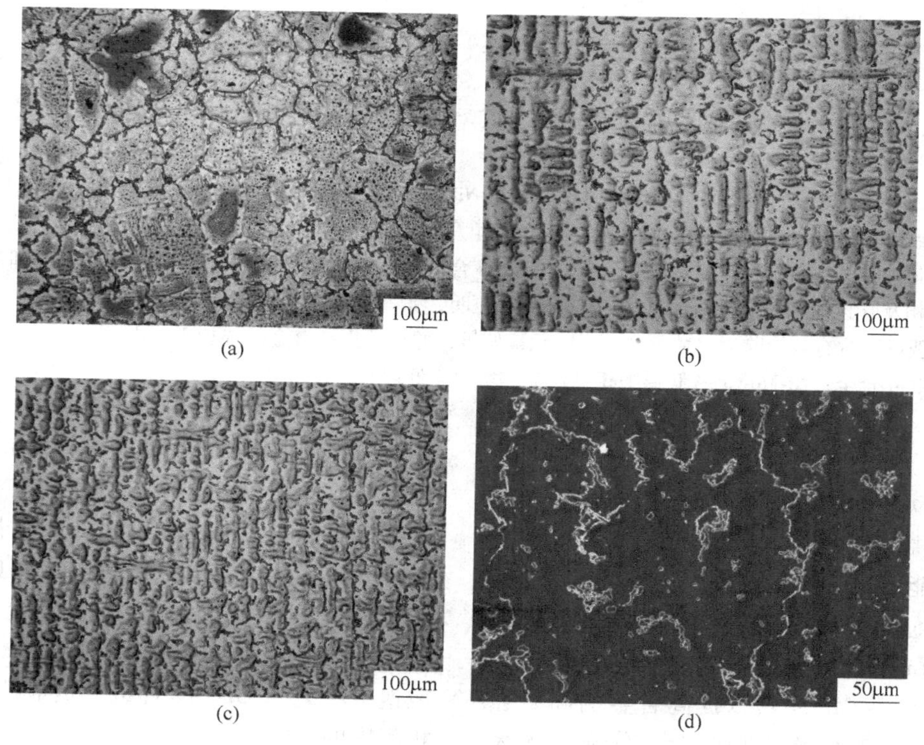

图 2 GH244 合金按名义成分小炉冶炼铸态组织

(a) 铸锭心部组织；(b) 铸锭 1/2*R* 处组织；(c) 铸锭边部组织；(d) SEM 观察铸锭 1/2*R* 处组织

图 3 为 GH244 合金铸锭试样电子探针元素面扫结果。通过分别对枝晶间和枝晶干多处点扫统计，来计算所冶炼 GH244 合金铸锭中不同元素的偏析系数 K_0（偏析系数 K_0 = 枝晶间元素含量/枝晶干元素含量）。表 1 所示为偏析较严重 Mo、W、Cr 的偏析系数。其中，Cr 元素呈负偏析，Mo、W 元素呈正偏析。因此，Mo、W 元素为枝晶偏析的主要元素，也是扩散退火需消除偏析的元素。

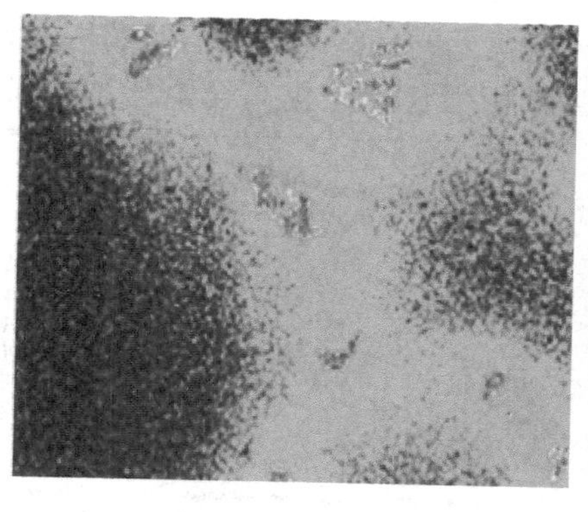

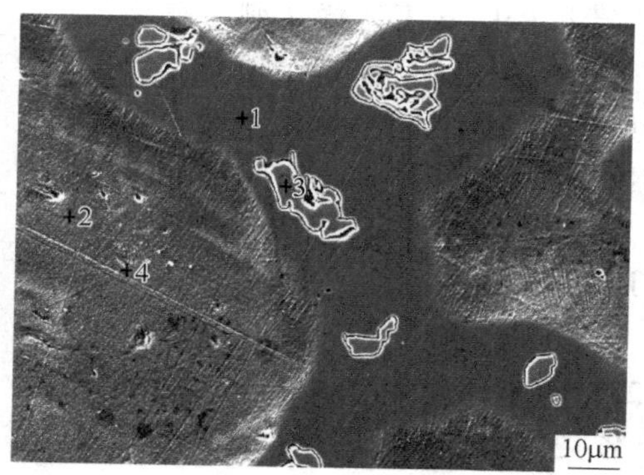

图 3 GH244 合金铸态组织 EPMA 分析

表 1 GH244 合金铸态组织中主要偏析元素的偏析系数

元素	Mo	W	Cr
偏析系数 K_0	1.97	1.56	0.87

图 4 为枝晶间第二相 EDS 分析。根据扫描观察中 EDS 的结果分析，结合图 3 中 EPMA 分析结果，可判定在 GH244 合金铸锭枝晶间析出的第二相为富 Mo(W) 的 μ 相和碳化物，并呈大颗粒状

分布。枝晶间 μ 相和碳化物的形成与铸锭在凝固过程中 Mo(W) 元素在枝晶间偏聚有关。

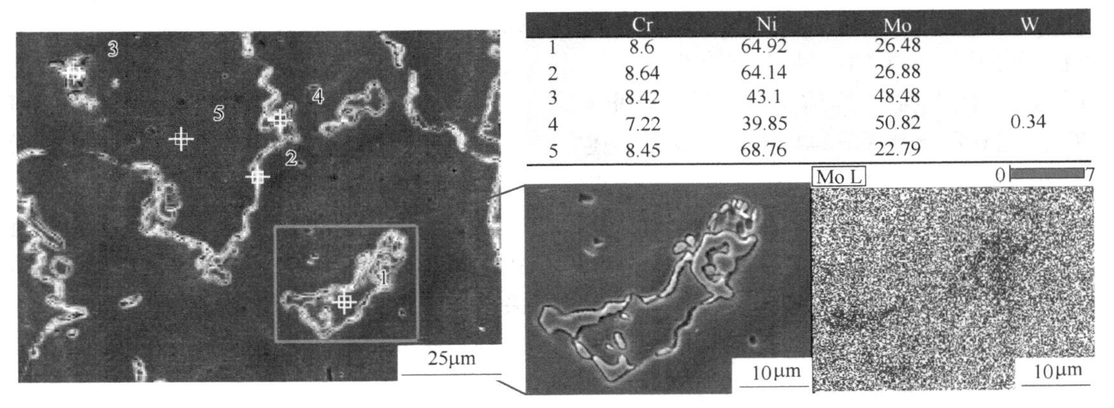

	Cr	Ni	Mo	W
1	8.6	64.92	26.48	
2	8.64	64.14	26.88	
3	8.42	43.1	48.48	
4	7.22	39.85	50.82	0.34
5	8.45	68.76	22.79	

图 4 GH244 合金铸态组织中第二相 EDS 分析

在均匀化扩散退火过程中，消除 μ 相，使 Mo、W 元素回溶到基体中，不仅能够提高 GH244 合金热加工塑性，同时对后续时效热处理析出 Ni_2(Mo, W, Cr) 弥散相有利，可有效提高合金的力学性能。

2.2 均匀化处理对显微组织和枝晶偏析的影响

图 5 为对 GH244 合金铸锭在不同温度，进行不同时间均匀化扩散退火后的组织特征。

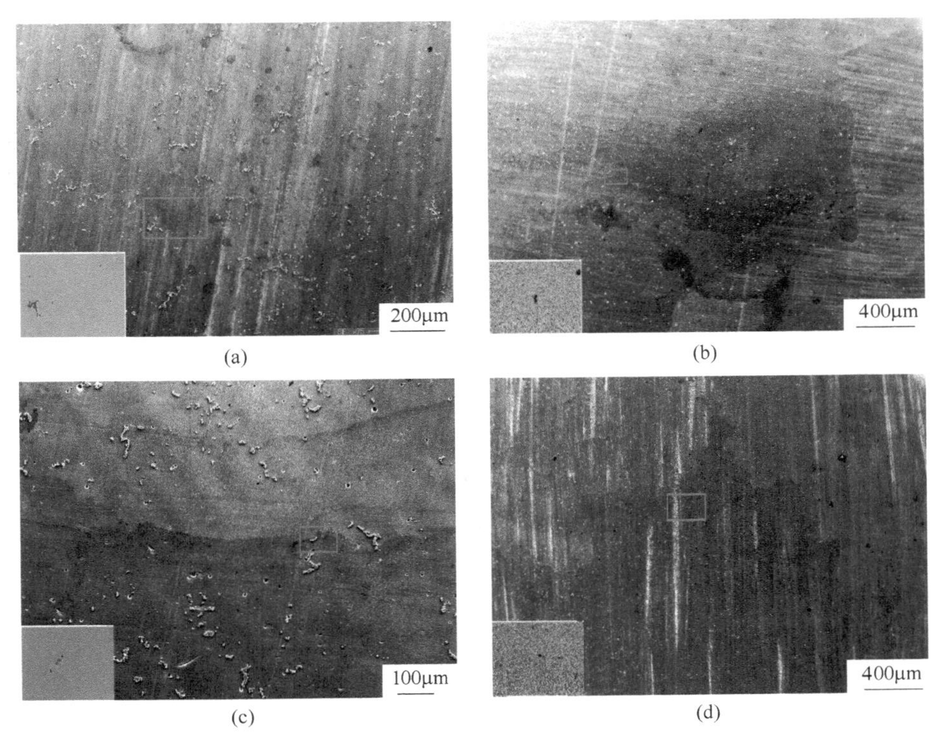

图 5 GH244 合金均匀化组织特征

(a) 1160℃×10h；(b) 1160℃×30h；(c) 1180℃×10h；(d) 1180℃×30h

研究 GH244 合金在 1160~1180℃ 区间不同温度，保温 5~30h 不同时间的均匀化效果发现，在同一温度下，随保温时间越长，偏析元素扩散越充分，均匀化效果越高。保温 30h 后 GH244 铸态试样组织中 Mo(W) 元素的分布已基本均匀，偏析基本消除。

研究 GH244 合金铸态组织中所析出 μ 相随均匀化温度和时间的变化回溶情况发现：在 1160~1180℃ 温度区间任意温度保温 10h 以下，仍存在一定量的大尺寸 μ 相。但保时间延长到 30h 后，

大尺寸 μ 相基本消除。

根据上述试验结果，并借鉴已研制 GH242 合金的均匀化扩散工艺，对 GH244 合金铸锭设计了两阶段均匀化扩散制度：具体为 1160℃×10h+1180℃×20h。图 6 所示为 GH244 合金铸锭经上述两段均匀化处理后的组织特征，可以看出低熔点 μ 相已完全回溶至基体，晶界未发生初熔现象。

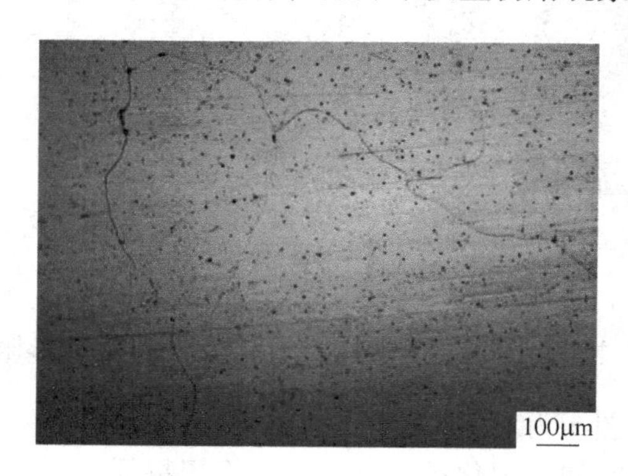

图 6　均匀化后 GH244 合金组织特征

3　结论

（1）在 GH244 合金铸态组织中，存在严重枝晶偏析。其中 Mo、W 元素呈正偏析，Cr 元素呈负偏析，Mo 元素偏析最严重。从铸锭边缘到心部，枝晶间偏析的程度增加。因枝晶间元素偏析，在枝晶间产生大量低熔点的 μ 相。

（2）随均匀化温度升高，保温时间延长，形成 μ 相的 Mo 元素回溶到基体的程度增加。在 1160~1180℃温度范围 μ 相回溶效率较高。

（3）根据试验所确定 GH244 合金铸锭的两段式均匀化处理制度为：1160℃×10h+1180℃×20h。采用该工艺可有效消除枝晶间低熔点 μ 相和枝晶偏析，达到均匀化的效果，以提高 GH244 合金铸锭的热塑性。

参考文献

[1] 邓波，韩光炜，冯涤．低膨胀高温合金的发展及在航空航天业的应用［J］．航空材料学报，2003（S1）：244~249.

[2] 韩光炜，邓波，杨玉军，等．海洋环境下不同低膨胀高温合金腐蚀抗力的比较研究［J］．钢铁研究学报，2011，23（S2）：21~24.

[3] 胡忠．镍基高温合金中高钼的测定［J］．特钢技术，2011，17（1）：51~55.

[4] 裴丙红，韩光炜，何云华．抗海洋环境腐蚀低膨胀高温合金 GH242 的研制［J］．钢铁研究学报，2011，23（S2）：221~224.

热处理工艺对 140ksi 等级 In718 合金组织与性能的影响研究

张宏[1*]，陈华[1]，陈正宗[2]，祁梓宸[3]，李林森[1]，高首磊[1]，王立[1]

（1. 大冶特殊钢有限公司，湖北 黄石，110819；2. 钢铁研究总院有限公司，北京，100081；
3. 浙江工业大学，浙江 杭州，310023）

摘　要：研究了热处理工艺对 140ksi 等级 In718 合金组织与性能的影响。研究表明：随着固溶温度升高，In718 合金强度降低、塑韧性升高，晶粒尺寸增大、δ 相量减小；相同固溶温度下，随时效温度升高，In718 合金强度降低、塑韧性升高，时效温度对晶粒尺寸无影响，晶界上针状的析出相逐渐细化，由析出相的形状逐渐由针状变为断续的颗粒状，尺寸及数量呈现减小趋势。

关键词：热处理工艺；In718 合金；组织；性能

自石油开采实现工业化以来，人们对油气资源的需求呈现逐步增加趋势，伴随着传统油气资源可动用储量不断减少，勘探开发的焦点逐步转移到深部复杂油气资源上[1]。此类油气藏区块往往条件苛刻，温度压力都很高，且高含硫化氢、二氧化碳等腐蚀性气体介质，在勘探开发的时候面临多重挑战，潜在安全隐患复杂[2]。

选用耐蚀材料、添加缓蚀剂和采用防腐涂覆层等是油田上为解决 H_2S/CO_2 腐蚀常用的防护措施，综合考虑成本及可能引发的安全隐患问题，对于腐蚀介质较重的场地，采用抗腐蚀性较强的材质是最优的选择[3]。大量高含 H_2S/CO_2 酸性油气井用低合金钢及不锈钢的腐蚀研究均表明，在含 H_2S-CO_2-Cl^--H_2O 的环境中低合金钢或者不锈钢局部腐蚀特征明显，多表现为点蚀、晶间腐蚀等，对于承受一定应力的构件，严重时还会发生氢致开裂或硫化物的应力腐蚀开裂，导致失效。长期工程实践表明，针对由于油井深度加深、井底压力逐渐增大而出现的“三高”（高含硫、高压力、高温度）油气田的开采，根据住友公司和 NKK 选材图，金属材料中只有镍基合金（Inconel718、Alloy C-276、Alloy825 和 Alloy028 等）适合高含 H_2S/CO_2 酸性气田的开发要求[4]。其中，Inconel718 合金更是因其高温下高强度、抗氧化和耐腐蚀等综合性能，被广泛应用在石油化工、能源、航空航天等重要领域[5~8]。

近年来，国外石油公司哈里伯顿把镍基合金 Inconel718 应用到油田领域，用作封隔器主体材料，取得了良好的效果，其工艺技术日趋完善，所设计封隔器具有先进、可靠、结构合理等特点，而我国开发高酸性油气田的封隔器材料，技术上大部分仍依赖于国外公司[9~12]。本论文主要研究了不同热处理工艺对 Inconel718 镍基合金微观组织和力学性能的影响，确定一种较为合理的热处理工艺制度，为满足油田用 Inconel718 材料的组织和性能制备工艺提供理论和实验依据。

1　试验材料及方法

试验用 In718 合金棒材的化学成分（质量分数,%）为：C 0.015，Mo 2.91，Ni 53.68，Nb 5.17，Fe 17.58，Al 0.495，Ti 0.91。采用 ϕ137mm 成品棒材加工 10mm×10mm×55mm 冲击试样和横截面为 ϕ6mm 的标准棒状拉伸试样。试样经不同的热处理工艺后，进行拉伸试验、冲击试验以及组织检验，试样的热处理工艺如表 1 所示。试样经研磨、机械抛光后，采用 $CuCl_2$ 10g + 10mL HCl + 100mL 酒精溶液腐蚀，使用 OLYMPUS BX41M 金相显微镜和 FEI Quanta 400F 扫描电镜进行组织观察。采用 FEI Quanta 400F 场发射扫描电镜分析断口、组织形貌与析出相。冲击前将试样和夹具放入−60℃ 液氮中保温 15min 以上，达到温度均匀化，在 JBW-300C 型落锤冲击试验机上进行冲击试验。在 Z100 型电子万能试验机上进行拉伸试验，

* 作者：张宏，工程师，E-mail：zhanghong@citicsteel. com

测定试样的屈服强度、抗拉强度和伸长率等。

表 1 试样的热处理工艺

样品	热处理			
	固溶热处理	冷却条件	时效热处理	冷却条件
1 号	1023℃×1.5h	水冷	760℃×7h	空冷
2 号	1023℃×1.5h	水冷	780℃×7h	空冷
3 号	1023℃×1.5h	水冷	800℃×7h	空冷
4 号	1030℃×1.5h	水冷	760℃×7h	空冷
5 号	1030℃×1.5h	水冷	780℃×7h	空冷
6 号	1030℃×1.5h	水冷	800℃×7h	空冷
7 号	1050℃×1.5h	水冷	760℃×7h	空冷
8 号	1050℃×1.5h	水冷	780℃×7h	空冷
9 号	1050℃×1.5h	水冷	800℃×7h	空冷

2 试验结果及分析

2.1 不同热处理工艺下的力学性能

2.1.1 固溶温度对力学性能的影响

图 1 显示出不同固溶温度后试样的力学性能。可以看出，随固溶温度的升高，In718 合金的屈服强度、抗拉强度和硬度有所下降，试样的伸长率略有提高，固溶温度从 1023℃ 上升到 1050℃，伸长率从 28%提升至 32%。试样的低温冲击性能对固溶温度的敏感性较高，相比较 1023℃，在 1050℃的固溶温度下，冲击功提升了 11J，达到 63J。

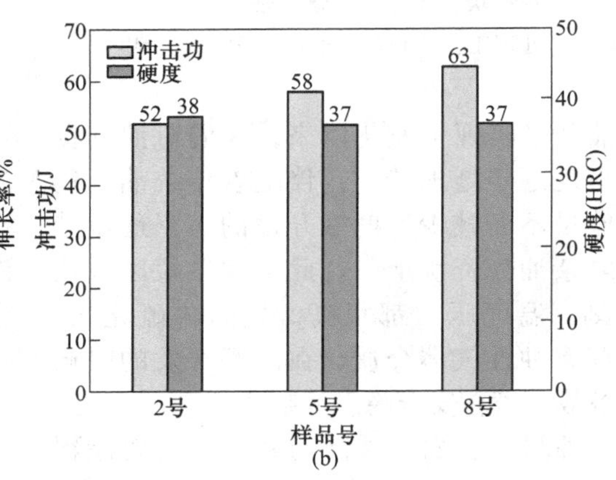

图 1 试样在不同固溶温度下的力学性能

（a）抗拉强度、屈服强度和伸长率；（b）冲击功和硬度

2.1.2 时效温度对力学性能的影响

图 2 显示了试样经不同时效温度后力学性能的变化，可以看出，在相同固溶温度条件下，时效温度越高，抗拉强度、屈服强度与硬度越低，相较于固溶温度的变化，试样的力学性能对时效温度的敏感性更强，时效温度从 760℃ 提升至 800℃，抗拉强度降低 93MPa，屈服强度降低 164MPa，洛氏硬度从 39HRC 降低 35HRC。冲击韧性对时效温度的敏感性较强，时效温度从 760℃上升至 800℃，冲击功也从 44J 提升至 54J。

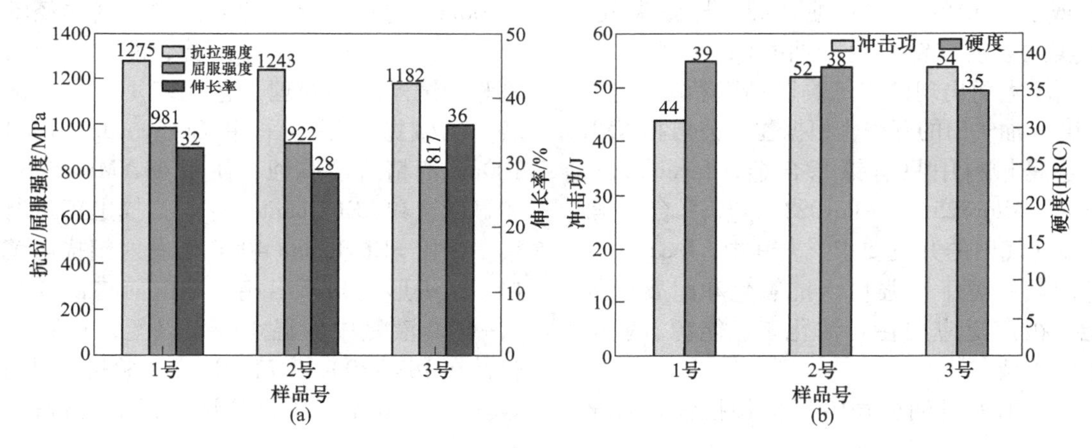

图 2 试样在不同时效温度下的力学性能

（a）抗拉强度、屈服强度和伸长率；（b）冲击功和硬度

2.2 热处理工艺对组织的影响

2.2.1 固溶温度对组织的影响

图 3 显示出的是不同固溶温度下试样晶粒的变化。可以看出，随固溶温度升高，试样的晶粒度随之增长，相较于 1023℃，固溶温度为 1050℃ 的晶粒度长大更加明显，不同热处理工艺后的晶粒度大小见表 2，最大的晶粒尺寸为 73μm。经过腐蚀后的试样采用扫描电镜观察的结果如图 4 所示，经 1023℃ 固溶后的晶界存在大量的析出相，随着固溶温度的升高，晶界上析出相的尺寸及数量都有所降低，当固溶温度为 1050℃ 时，只有存在于晶界上的析出相更为稀少。图 5 为试样经不同固溶温度处理的 γ″相，在较高的温度下，γ″相形状逐渐由球状变为了针状。

表 2 不同工艺下的晶粒尺寸

样品	1 号	2 号	3 号	4 号	5 号
晶粒尺寸/μm	45.7	45.3	45.4	58	58
样品	6 号	7 号	8 号	9 号	
晶粒尺寸/μm	54	70.8	73	64.7	

图 3 试样经不同固溶温度的晶粒组织
(a) 2 号；(b) 5 号；(c) 8 号

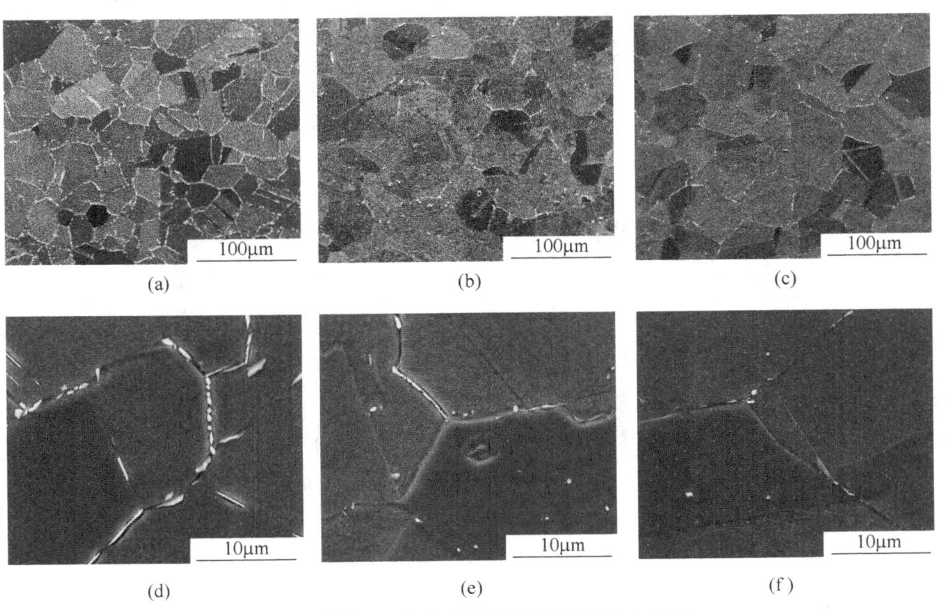

图 4 试样经不同固溶温度后的扫描电镜图
(a)，(d) 2 号；(b)，(e) 5 号；(c)，(f) 8 号

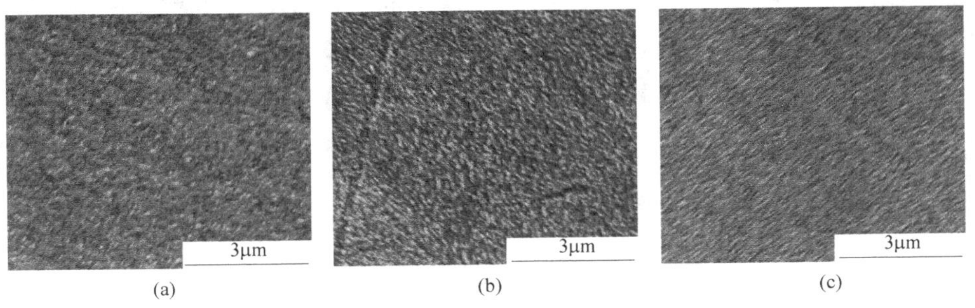

图 5 试样经不同固溶温度的 γ″相
(a) 2 号；(b) 5 号；(c) 8 号

2.2.2 时效温度对组织的影响

在1023℃固溶条件下，不同温度的时效工艺的组织如图6所示，时效温度的变化对晶粒度的尺寸几乎没有影响，晶粒尺寸未随着时效温度的升高而长大，试样1号、2号、3号的晶粒尺寸都为45μm。时效温度对析出相的影响较为明显，如图7所示，随时效温度的升高，晶界上针状的析出相逐渐细化，由析出相的形状逐渐由针状变为断续的颗粒状，尺寸及数量呈现减小趋势。在不同时效温度后的γ″相如图8所示，在800℃时效后，γ″相呈现长大的趋势。

图6　试样经不同时效温度的晶粒组织

(a) 1号；(b) 2号；(c) 3号

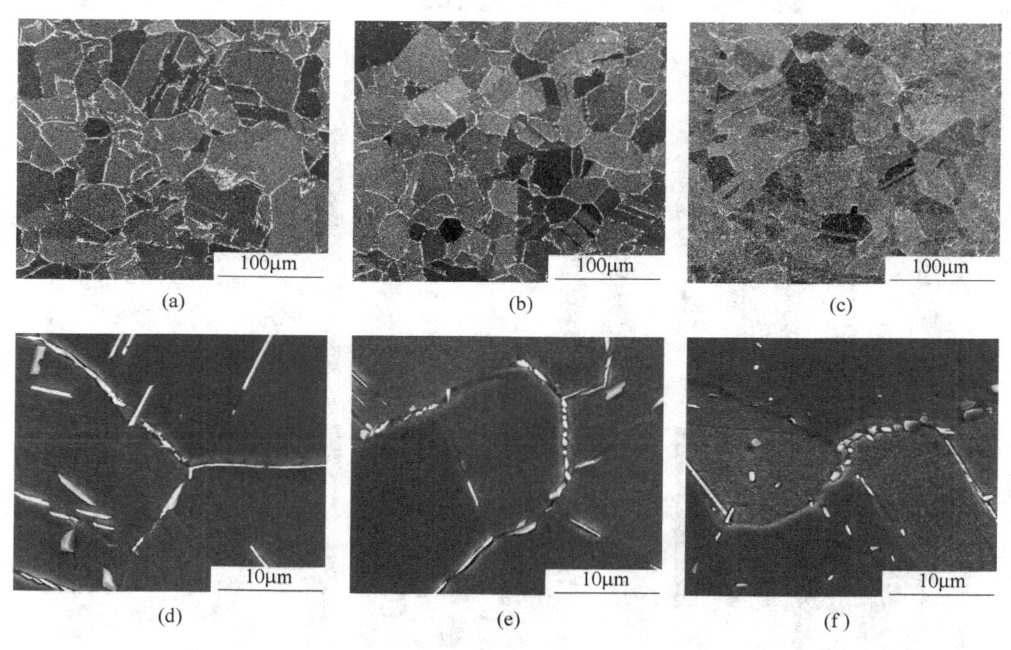

图7　试样经不同时效温度的组织

(a)，(d) 1号，(b)，(e) 2号，(c)，(f) 3号

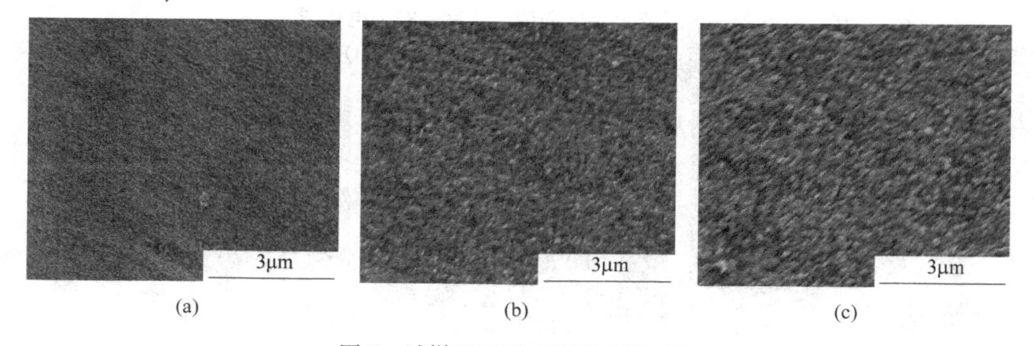

图8　试样经不同时效温度的γ″相

(a) 1号；(b) 2号；(c) 3号

2.2.3 断口形貌分析

图9显示了经不同固溶温度后的冲击断口形貌，可以发现，所有试样的断口都存在明显的韧窝，在相同时效条件下，固溶温度越高，试样8号的韧窝及二次裂纹也越深越严重，这表明样品承受的冲击功更为强大，而固溶温度较低的2号展示韧窝的缺口较小，试样呈现沿晶断裂的形貌更为明显。

图9 经不同固溶工艺处理后的试样的断口形貌
(a) 2号；(b) 5号；(c) 8号

3 分析与讨论

试样的力学性能与组织息息相关，时效温度对力学性能的影响更加明显，原因在于试样的主要强化相γ″相发生了变化，由于时效温度的升高，强化相逐渐长大，使得强化相的强化能力降低。晶粒组织对固溶温度的敏感性更大，归结于试样在1050℃的固溶温度下，晶界上的析出相更快的回溶基体，使得晶粒长大的阻碍消失。在1023℃固溶条件下，时效温度不同，析出相的形貌有所改变，极有可能是因为晶界上存在的析出相为δ相，在1023℃析出相溶解，晶粒来不及迅速长大，因此，晶界上的Nb元素来不及成为γ″相析出或者长大，在时效温度下重新析出，但是根据时效温度的不同，析出相的形貌也逐渐由针状变为球状，这点与文献［4］所描述的情况极为相似。晶界上的析出相有助于钉扎晶界，使得晶粒难以长大，同时也作为强化相阻碍位错的移动，使得试样的硬度提高。此外，存在于晶界上的析出相在受到冲击时也是形成裂纹源的主要原因，冲击性能及断口形貌也很好地证明了这一点，对比相同时效条件下的试样，在固溶温度较低的1023℃，晶界存在大量的析出相，这时试样的冲击功较低，同时断口的韧窝较浅，沿晶断裂更加明显；而固溶1050℃时的冲击功明显升高，断口的韧窝较深，呈现明显的韧窝撕裂的形貌。

4 结论

（1）随固溶温度升高，In718合金强度降低、塑韧性升高；相同固溶温度下，随时效温度升高，In718合金强度降低、塑韧性升高。

（2）随着固溶温度升高，晶粒尺寸增大、δ相量减小；相同固溶温度下，随时效温度升高，时效温度对晶粒尺寸无影响，晶界上针状的析出相逐渐细化，由析出相的形状逐渐由针状变为断续的颗粒状，尺寸及数量呈现减小趋势。

参考文献

［1］刘晓明．中国油气田开发现状、面临的挑战和技术发展方向［J］．海峡科技与产业，2017（3）：146~147.

［2］李晖，龙学，吴建军，等．高温高压含硫气井测试优化设计应用［J］．中外能源，2011，16（1）：68~73.

［3］李平全，史齐交，赵国仙，等．油套管的服役条件及产品研制开发现状（上）［J］．钢管，2008，37（4）：6~12.

［4］孙书贞．普光气田开发井井身结构建议和生产套管材质优选［J］．钻采工艺，2007，30（2）：14~16.

［5］鲜思干，黄福良．川东气田油管腐蚀及对策［J］．钻采工艺，1994（2）：38~43.

［6］马国印．镍和镍合金耐腐蚀性分析［J］．化工装备技术，2007，28（1）：71~74.

［7］王宝顺，罗坤杰，张麦仓，等．油井管用镍基耐蚀合金的研究与发展［J］．世界钢铁，2009，9（5）：42~49.

［8］葛峰，王春光，张玉碧，等．Inconel718合金耐腐蚀性

能研究及基于电化学方法的腐蚀评价综述［J］. 材料导报，2013，27（11）：102~106.

［9］李明扬，章清泉，吴会云，等. 镍基耐蚀合金研究进展及其应用［J］. 金属材料研究，2014，40（2）：6~12.

［10］宋宜四，高万夫，王超，等. 热处理工艺对Inconel718 合金组织、力学性能及耐蚀性能的影响［J］. 材料工程，2012（6）：37~42.

［11］宋宜四，高万夫，胡卓婵. 热处理对 Inconel718 镍基合金组织及耐蚀性能的影响［J］. 石油化工高等学校学报，2009，22（4）：67~71.

［12］阮臣良，岳小琪，张瑞，等. 温度对 718 镍基合金在高酸性环境下耐腐蚀性能的影响［J］. 材料保护，2017，50（3）：88~90.

GH4065A合金惯性摩擦焊接接头的性能评估与组织演变研究

杨姗洁[1,2*]，张文云[1,2]，田成刚[3]，刘巧沐[4]，黄烁[1,2]，张北江[1,2]

（1. 钢铁研究总院有限公司，北京，100081；
2. 北京钢研高纳科技股份有限公司，北京，100081；
3. 中国航发商用航空发动机有限责任公司，上海，200241；
4. 中国航发四川燃气涡轮研究院，四川 成都，610599）

摘　要： 研究了焊接工艺和焊前、焊后热处理工艺对GH4065A同材惯性摩擦焊接接头的组织演变规律及性能的影响，阐明了焊接过程的热-机械耦合作用下材料的变形机理，为GH4065A全尺寸盘件惯性摩擦焊接提供了理论和试验基础。三种焊接工艺得到的GH4065A接头冶金结合良好且接头两侧的组织均匀过渡，并在焊缝处形成了动态再结晶等轴晶区。惯性焊接头组织可以分为三个区域：Ⅰ—焊缝区（WZ）、Ⅱ—热机械影响区（TMAZ），Ⅲ—热影响区（HAZ），且随着顶锻力的提高，焊缝区与热机械影响区宽度均逐渐减小。焊前固溶+焊后退火的各组接头（1号、2号、3号）抗拉强度及屈服强度均达到母材性能的96%以上。焊前时效的接头4号、5号抗拉强度及屈服强度均达到母材性能的91%以上。焊前固溶较焊前时效能够获得更好的650℃以下持久性能，焊后退火处理可以显著提高拉伸强度，但对持久强度的提升有限。

关键词： GH4065A；惯性摩擦焊；组织演变；性能

GH4065A合金是服役温度最高达750℃的新型变形高温合金材料，现已成为航空发动机高压压气机后级整体叶盘的主要选材[1,2]，而惯性摩擦焊是应用于先进航空发动机压气机转子连接的重要前沿技术。从接头性能方面来看，该技术作为一种固相焊接，其焊接接头处为锻造组织，具有优于一般熔化焊的接头力学性能[3,4]；从航空发动机性能改善来看，该技术减少了螺栓连接的安装边及紧固件数量，可有效降低重量、提高推重比和可靠性；惯性摩擦焊技术的应用还可有效提高转子零组件的整体刚度，减少逸流损失与故障源，有效降低热机械疲劳风险，改善压气机气动效率和稳定性；在工艺上，惯性摩擦焊有焊接参数少、加工效率高、可重复性好等优点，已经在多个重要型号获得应用[5,6]。

本文验证了GH4065A材料惯性摩擦焊接可行性，探究了GH4065A同材焊接工艺参数以及焊接前后的热处理工艺对合金焊缝组织性能的影响规律，阐明了焊接过程的热-机械耦合作用下材料的变形机理，为GH4065A全尺寸盘件惯性摩擦焊接提供了理论和试验基础。

1　试验材料及方法

试验用GH4065A合金管材尺寸为ϕ60mm×ϕ30mm×200mm，成分如表1所示。对材料进行了不同焊前热处理（固溶态、时效态）、不同焊接顶锻力（300MPa、350MPa、400MPa）以及不同焊后热处理（焊态、退火态）条件下的合金焊缝组织性能研究（拉伸、持久、疲劳），采用的焊接参数、焊前及焊后热处理工艺见表2。其中热处理采用HMI-36B箱式热处理炉、WZDT-65H型高真空热处理炉（真空度1.33×10^{-4} Pa，最高炉温1650℃）；焊接采用HWI-130惯性摩擦焊机。

表1　GH4065A材料化学成分

（质量分数,%）

牌号	C	Cr	Ni	Co	Fe	Ti	Al	Nb	Mo	W
GH4065A	0.01	16.0	余量	13.0	1.0	3.7	2.1	0.7	4.0	4.0

*作者：杨姗洁，中级工程师，联系电话：13693297237，E-mail：shanjiey@sina.com

表 2　焊接参数、焊前及焊后热处理工艺

焊前热处理	固溶			时效	
顶锻应力/MPa	300	350	400	350	
焊后热处理	退火			焊态	退火
样品编号	1 号	2 号	3 号	4 号	5 号

对以上过程获得的焊接管沿轴向切割，得到焊缝横截面试样，实验过程所用到的试样经机械研磨、抛光，在通过化学腐蚀或者电化学腐蚀后，使用 Olympus DSX1000 3D 数字显微镜对焊缝整体形貌进行表征；使用光学显微镜观察试样由焊缝、热机械影响区到母材的微观组织变化；采用 HXS-1000A 显微硬度计对焊缝及附近组织进行硬度梯度测试；使用 JSM-7800F 场发射扫描电子显微镜和 EPMA 设备进行焊缝试样的高倍组织观察和元素分布分析；对母材及焊接接头加工 M6.5 拉伸、持久试样和 M10 疲劳试样并进行性能测试。并结合分析以上测试结果获得焊接工艺参数以及焊接前后的热处理工艺对合金焊缝组织性能的影响规律。

2　试验结果及分析

2.1　惯性焊接接头组织形貌

惯性摩擦焊接管经 X 射线探伤与超声探伤检测，所有焊接管材均未发现裂纹等缺陷。沿焊接管径向切片获得横截面样品如图 1（b）所示，可以观察到上下两部分飞边形态与尺寸对称，内壁飞边长度比外壁更大。通过对焊接管飞边进行建模计算得到外壁挤出飞边稍多与内壁，外、内侧飞边的体积比为 1.29。车去内外壁飞边后，经荧光检测后无裂纹等缺陷显像。

如图 2 所示为 GH4065A 合金惯性摩擦焊缝的典型宏观形貌，可以看出环形焊缝在壁厚中间位置较窄，内、外壁两侧较宽，没有肉眼可见的裂纹、孔洞、夹杂、未焊合等焊接缺陷。

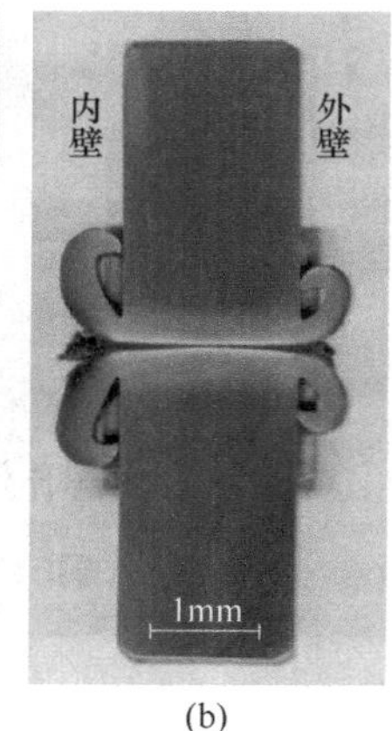

(a)　(b)

图 1　惯性摩擦焊管材

（a）整体宏观照片；（b）横截面切片照片

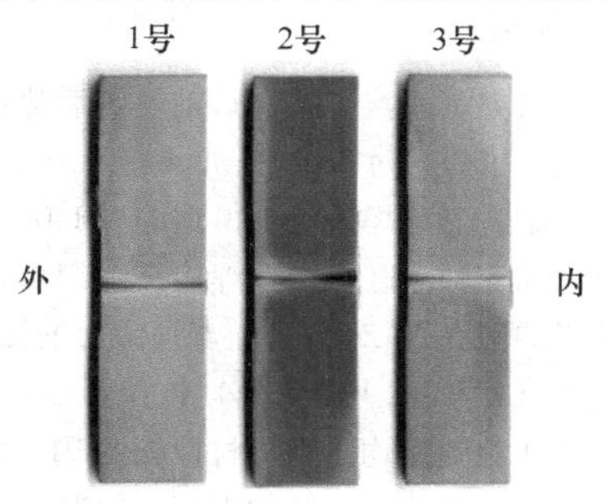

图 2　不同焊接工艺获得的惯性摩擦焊接头横截面照片

对各焊缝进行金相腐蚀，并采用明场与暗场两种模式观察各组焊缝全貌，比较不同焊接参数对焊缝形貌特征与尺寸的影响。图 3 为三种焊接参数得到的 GH4065A 合金惯性摩擦焊缝全貌照片，由图 3 可以看出两部分焊接管之间冶金结合良好且在焊缝处形成了动态再结晶等轴晶区，接头两侧的组织均匀过渡，且已经无法观察到原始界面。金相腐蚀状态下，惯性焊接头组织可以分为三个区域：Ⅰ—焊缝区（weld zone，WZ）、Ⅱ—热机械影响区（thermal-mechanical affected zone，TMAZ），Ⅲ—热影响区（heat affected zone，HAZ）。其中 WZ 区宽

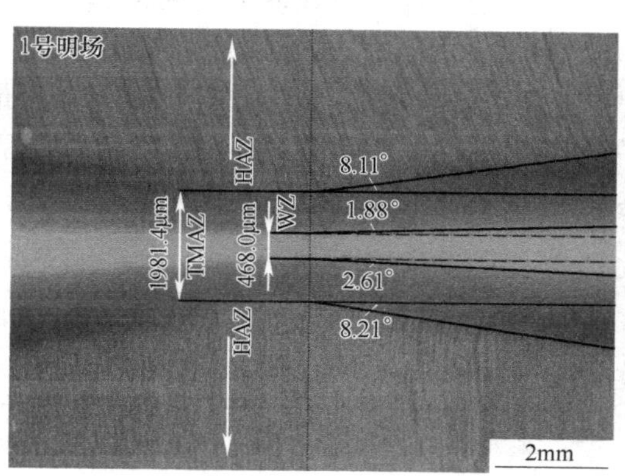

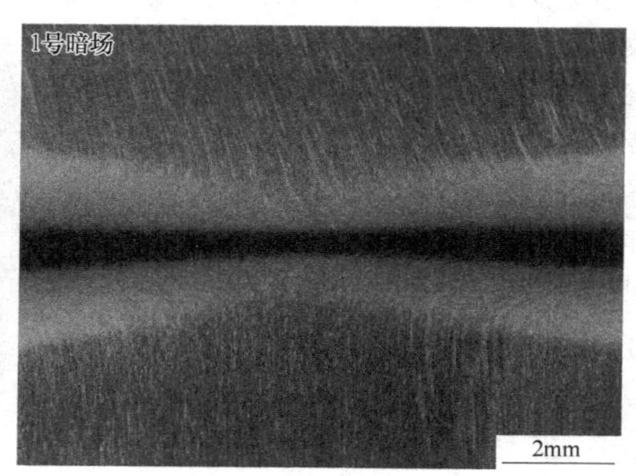

(a)

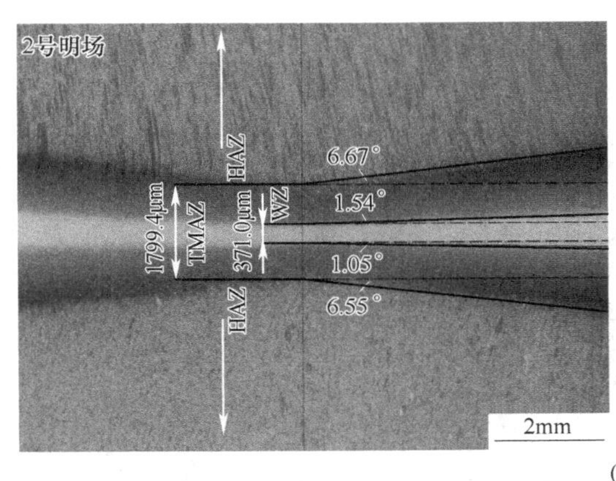

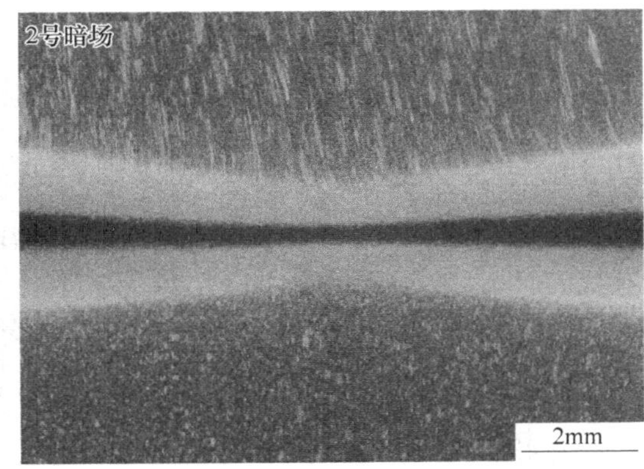

(b)

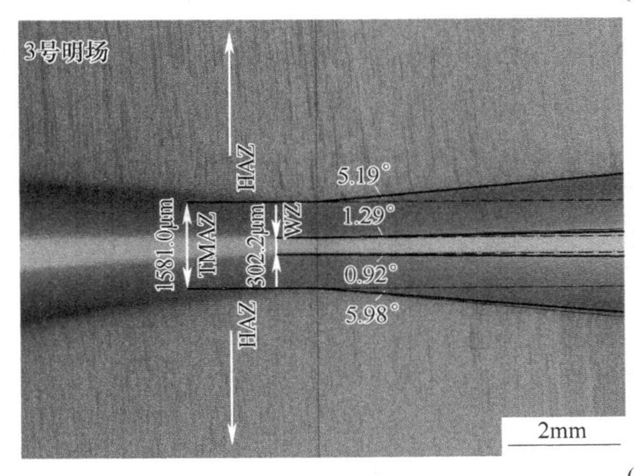

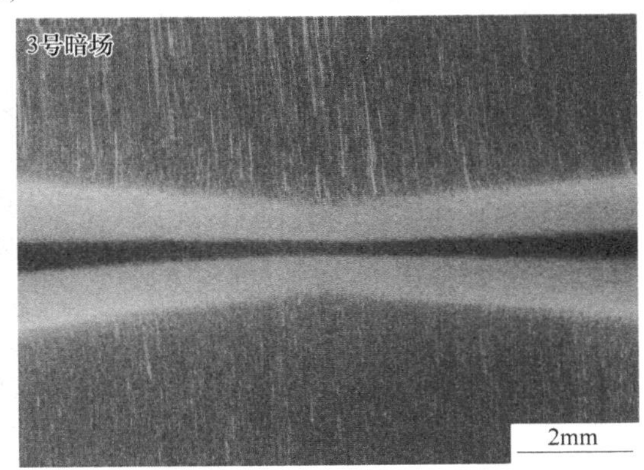

(c)

图 3 不同焊接工艺获得的惯性摩擦焊接头明场与暗场横截面照片

(a) 1 号接头；(b) 2 号接头；(c) 3 号接头

度为：1 号接头 468μm，2 号接头 371μm，3 号接头 302.2μm，随着顶锻力的提高，由 1 号到 3 号焊缝宽度逐渐减小。TMAZ 区宽度为：1 号接头 1981.4μm，2 号接头 1799.4μm，3 号接头 1581μm，随着顶锻力的提高，由 1 号到 3 号热机械影响区宽度逐渐减小。

由图 4 可以看出各组接头从焊缝到母材的组织演变情况，随着顶锻力的提高，由 1 号到 3 号焊缝晶粒尺寸逐渐减小。

2.2 惯性焊接接头力学性能

2.2.1 拉伸性能

按照国标 GB/T 228.1—2010 和 GB/T 228.2—2015 对惯性焊接接头进行室温（25℃）和高温（200℃、400℃、650℃、750℃）拉伸试验分析。拉伸性能测试结果如图 5~图 8 所示，其中星号标记对应的样品断裂于焊缝/热影响区位置，其余为断裂于母材处。

在不同焊接工艺的各组接头中（图 5），1 号接头各温度下的抗拉强度均高于母材，且 20~650℃下 1 号接头的抗拉强度性能较 2 号、3 号接头更佳；750℃下，1~3 号各组接头的抗拉强度均优于母材，且 1 号接头的抗拉强度稍低于 2 号接头。

在不同焊接工艺的各组接头中（图 6），在 20~650℃下，1 号、2 号接头的屈服强度均高于母材，其中 1 号接头屈服强度远远优于 2 号接头，而 750℃下 1 号、2 号接头屈服强度均低于母材，且 1 号低于 2 号；而 3 号接头的屈服强度仅在室温拉伸条件下低于母材。在 20~650℃下，屈服强度随着顶锻力提高呈现降低趋势，而在 750℃下，屈服强度随着顶锻力提高而提高。

在不同焊前/后热处理的各组接头中（图 7 和图 8），焊前时效焊后退火的 5 号接头在 20~650℃的拉伸性能均优于焊前时效焊态接头 4 号，说明焊后退火对 650℃以下的拉伸性能提升效果明显，对 750℃的拉伸性能提升不明显。同时，焊前固溶焊后退火的接头 2 号在各温度下的拉伸性能均明显优于焊前时效态的接头 4 号、5 号，说明焊前固溶态对拉伸性能的提升有明显作用。

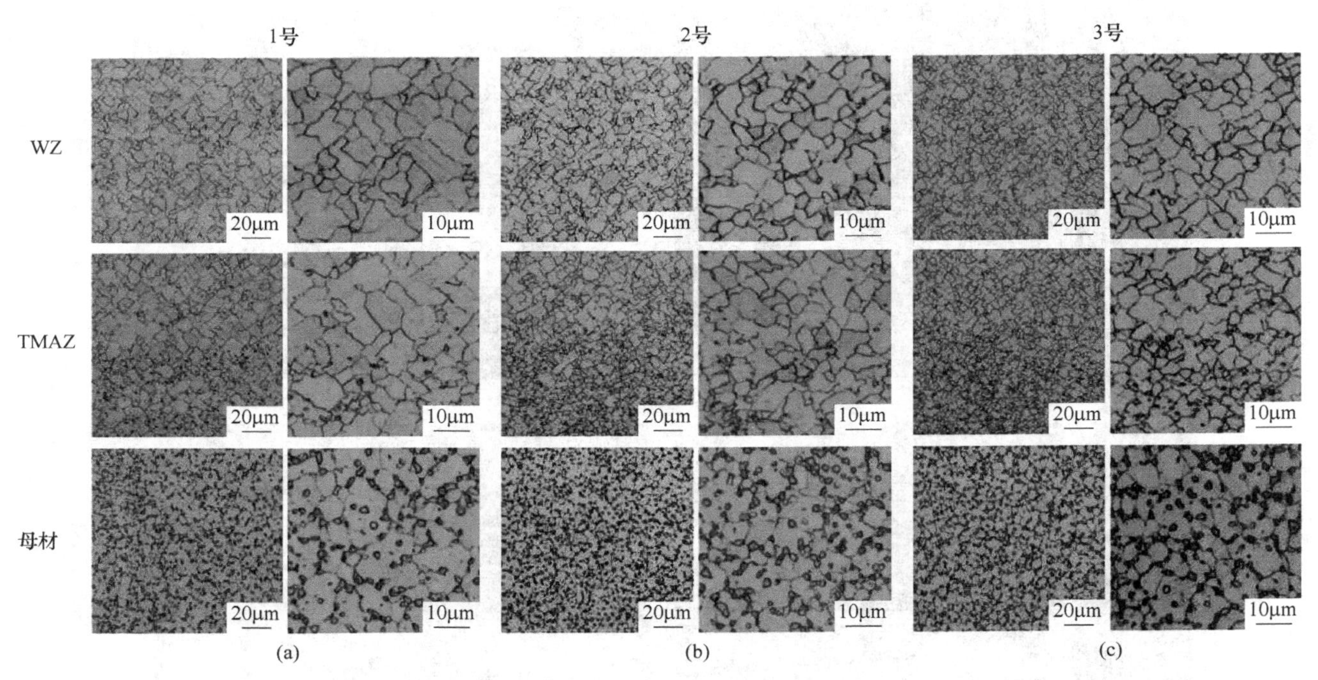

图 4 不同焊接工艺获得的惯性摩擦焊接头各区组织放大金相照片

（a）1 号接头；（b）2 号接头；（c）3 号接头

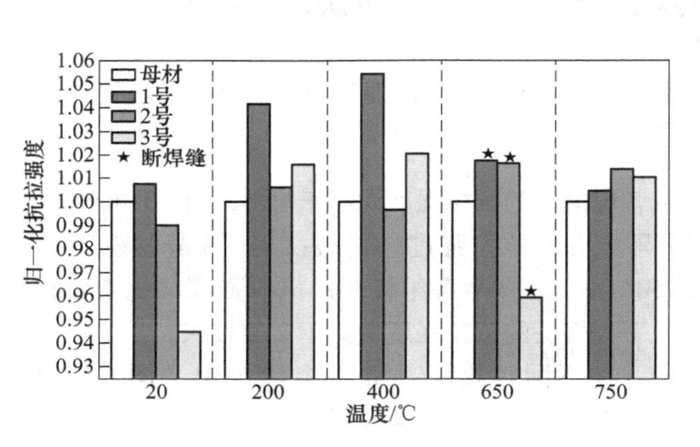

图 5 不同焊接工艺接头抗拉强度归一化对比

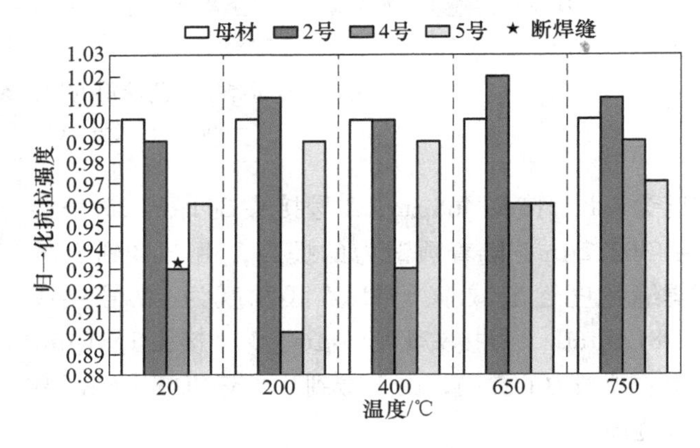

图 7 不同焊前/后热处理接头抗拉强度归一化对比

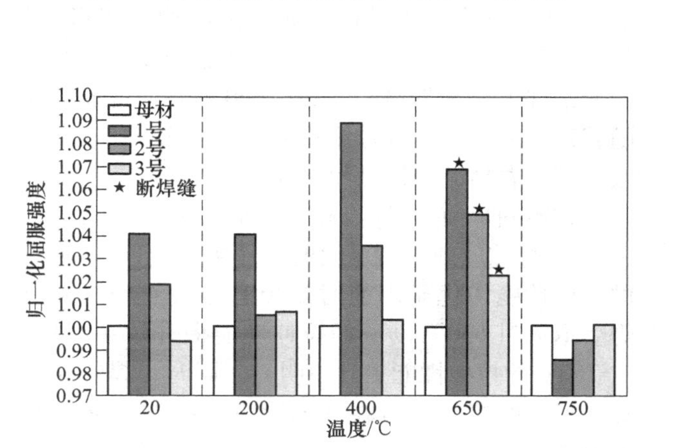

图 6 不同焊接工艺接头屈服强度归一化对比

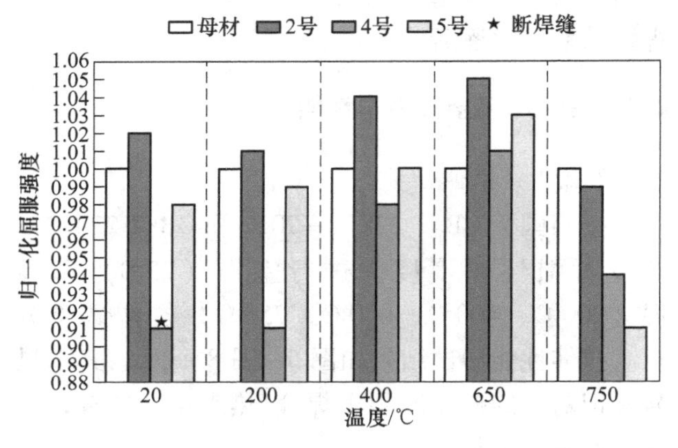

图 8 不同焊前/后热处理接头抗拉强度归一化对比

综合以上拉伸试验，焊前固溶+焊后退火的各组接头（1 号、2 号、3 号）抗拉强度及屈服强度均达到母材性能的 96%以上，其中，300MPa 顶锻力获得的接头综合拉伸性能相对于 350MPa 与 400MPa 顶锻力更优异。焊前时效的接头 4 号、5 号抗拉强度及屈服强度均达到母材性能的 91%以上。

2.2.2 持久性能

按照国标 GB/T 2039—2012 对惯性焊接接头进行 650℃/950MPa、750℃/530MPa、680℃/685.5MPa 持久试验分析。持久性能测试结果如图 9 和图 10 所示，其中星号标记对应的样品断裂于焊缝/热影响区位置，其余为断裂于母材处。

除焊前固溶+350MPa 顶锻力+焊后时效的接头以外，其他所有焊缝持久性能均低于母材，在不同焊前/后热处理接头中，焊前固溶的接头持久性能明显高于焊前时效的接头持久性能。同时，焊后退火处理对持久性能提升有限。

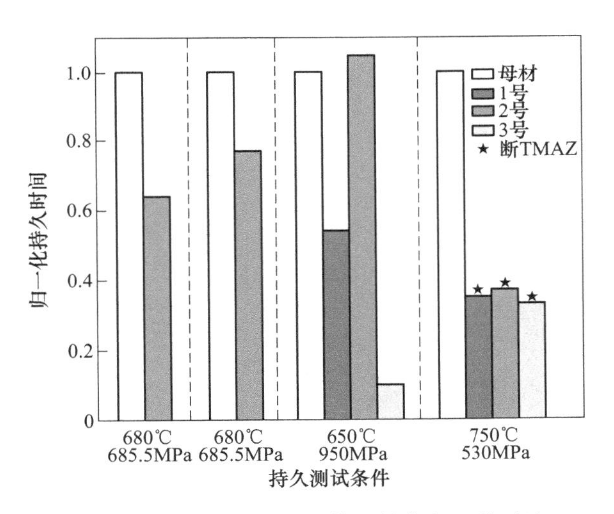

图 9 不同焊接工艺接头持久性能归一化对比

2.2.3 疲劳性能

按照国标 GB/T 15248—2008 对惯性焊接接头进行了低周疲劳试验分析。疲劳性能测试条件为：680℃，三角波加载，$K_t=1$，循环频率 $f=1$Hz，应变比 $R_\varepsilon=0.05$，最大应力 914MPa，各组测试均达到 100000 次通过，呈现较好的疲劳性能。

3 结论

（1）三种焊接工艺得到的 GH4065A 接头冶金结合良好且接头两侧的组织均匀过渡，并在焊缝

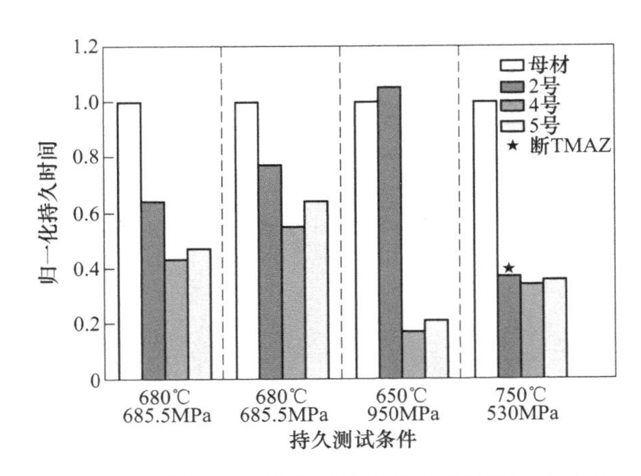

图 10 不同焊前/后热处理接头持久性能归一化对比

处形成了动态再结晶等轴晶区。惯性焊接头组织可以分为三个区域：Ⅰ—焊缝区（WZ）、Ⅱ—热机械影响区（TMAZ），Ⅲ—热影响区（HAZ），且随着顶锻力的提高，焊缝区与热机械影响区宽度均逐渐减小。

（2）焊前固溶+焊后退火的各组接头（1 号、2 号、3 号）抗拉强度及屈服强度均达到母材性能的 96%以上。焊前时效+焊后退火的接头 5 号抗拉强度及屈服强度均达到母材性能的 91%以上。

（3）除焊前固溶+350MPa 顶锻力+焊后时效的接头持久寿命为母材的 105%以外，其他所有焊缝持久性能均低于母材。

（4）焊后退火对 650℃以下的拉伸性能提升效果明显，对 750℃的拉伸性能提升不明显；同时，焊后退火处理对持久性能提升作用有限。

（5）焊前固溶的接头 2 号在各温度下的拉伸性能均明显优于焊前时效态的接头 5 号，说明焊前固溶对拉伸性能的提升有明显作用；在 650℃以下，焊前固溶的接头持久性能明显高于焊前时效的接头持久性能，而在 750℃焊前固溶接头的持久寿命与焊前固溶接头相当。

（6）本研究中各组 GH4065A 惯性摩擦焊接接头的 680℃/914MPa 低周疲劳性能较为优异，各组测试均达到 100000 次通过。

参考文献

［1］张北江，赵光普，张文云，等．高性能涡轮盘材料 GH4065 及其先进制备技术研究［C］．第十三届中国高温合金年会论文集，2015.

［2］张北江，黄烁，张文云，等．变形高温合金盘材及其制备技术研究进展［J］．金属学报，2019，55

(9)：20.

［3］王彬，黄继华，张田仓，等．FGH96/GH4169 高温合金惯性摩擦焊微观组织及演变过程［J］. 航空制造技术，2015（11）：4.

［4］张春波，周军，张露，等．GH4169 合金与 FGH96 合金惯性摩擦焊接头组织和力学性能［J］. 焊接学报，2019，40（6）：8.

［5］Huang Z，Li H，Preuss M，et al. Inertia Friction Welding Dissimilar Nickel-Based Superalloys Alloy 720Li to IN718. Metall Mater Trans A 38，1608 ~ 1620 (2007).

［6］张露，张春波，廖仲祥，等．IN718/FGH96 惯性摩擦焊接头焊缝区微观组织状态与织构分布特征［J］. 电焊机，2022，52（4）：6.

GH4730合金热变形阶段不同位置显微组织演变行为

王成宇，安腾，谢兴飞，吕少敏，曲敬龙*

（北京钢研高纳科技股份有限公司，北京，100081）

摘　要：γ-γ′型镍基高温合金在热变形阶段易形成不均匀组织，不均匀组织在后续服役过程中可能会影响最终产品的服役性能。研究了热变形过程中GH4730合金不同位置的显微组织演变行为，结果表明：心部粗晶组织逐渐转变为外缘细晶组织，其再结晶分数的变化主要来自实际变形量的不同，外缘细晶部分的拉伸强度高于心部粗晶部分，而心部塑性较外缘处更好。

关键词：γ′相；GH4730合金；热变形；不同位置；组织演变

镍基高温合金因其具有高温下优异的机械性能、良好的抗氧化性、耐腐蚀性以及长期组织稳定性，已经被广泛地应用于航空发动机和燃气轮机的热端部件[1]。镍基高温合金通常使用铸造加锻造的方式成型[2]。随着镍基高温合金制备技术和设备的提升，铸锭的尺寸不断扩大，冶炼完成后的组织通常需要多次机械变形和转换才能获得细晶均匀锻态组织[3]。铸锭尺寸的增大导致热变形阶段材料受热和应力不均匀，难以获得均匀的细晶组织，往往表现为铸锭不同部位晶粒组织的不同微观结构[4]。γ-γ′型镍基高温合金在热变形阶段易形成不均匀组织，这些不均匀组织在后续服役过程中可能会影响最终产品的服役性能[5]。GH4730合金[6]是在GH4720Li合金基础上研制的一种γ-γ′型镍基变形高温合金，其力学性能与GH4720Li相当，最高服役温度可达750℃，GH4730合金的设计实现了服役性能、工艺性能和成本三者之间的平衡。

本文为探究均匀细晶组织的形成条件，以GH4730合金为研究对象，利用对不同位置晶粒组织完全不同的微观结构进行表征，分析了热变形阶段显微组织的演变，为γ-γ′型镍基变形高温合金的热加工方案提供实验依据。

1　试验材料及方法

试验所用材料为GH4730合金三联冶炼棒材。棒材原始尺寸为ϕ143mm×360mm，在1100℃以上（单相区）经过多火次锻造，原始组织为均匀的粗晶组织，晶粒度约为ASTM 4级。合金的化学成分为Co 8.50%、Cr 15.70%、W 2.70%、Mo 3.10%、Al 2.25%、Ti 3.40%、Nb 1.10%、Fe 4.00%和Ni余量。

在2000t快锻机上进行热变形试验。将试验材料升温至1070℃保温4h以消除材料内部的受热不均匀现象，在快锻机上进行30%变形量的镦粗和拔长，变形温度为1070℃，应变速率为1.0s^{-1}。热变形完成后，从试样的心部、二分之R处和边缘处分别取出试样，通过光学显微镜（OM）和钨灯丝扫描电镜观察分析不同位置的显微组织演变行为。

2　试验结果及分析

2.1　不同位置的晶粒组织

图1为GH4730合金经热变形后不同位置的金相微观结构。如图1（a）所示，心部的晶粒组织为粗晶组织，其平均晶粒尺寸约为89μm，与原始组织的微观形貌相似，说明在该变形条件下，心部所受的实际变形量不足以发生再结晶行为。如图1（b）所示，R/2处的晶粒组织为不均匀组织，由未再结晶大晶粒和大晶粒周围的细晶团簇组成，其特征表现为“项链结构”，说明该位置发生了不连续动态再结晶机制。外缘的晶粒组织经过一次变形量为30%的镦粗和拔长后，晶粒组织完全细

*作者：曲敬龙，教授，E-mail：13810256459@139.com

化，晶粒度达到 ASTM 8 级以上。从心部到外缘，平均晶粒尺寸不断降低，再结晶比例逐渐增高，主要是由于热变形过程中不均匀的热和应力，使得合金不同位置实际得到的变形能量分布不均。

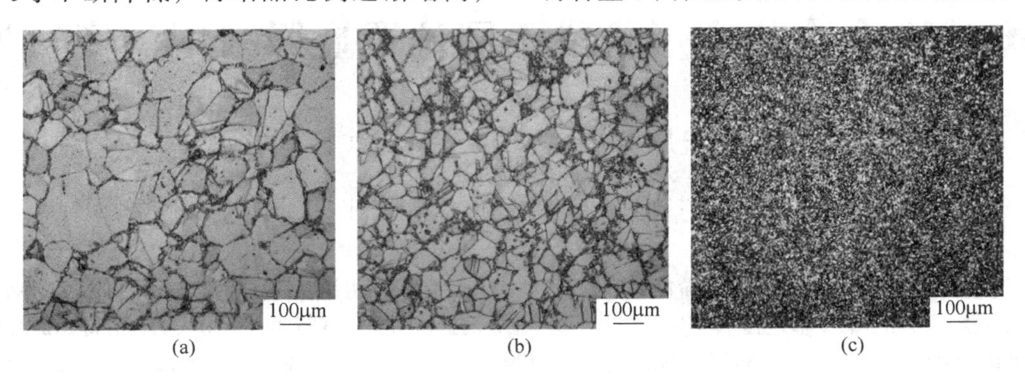

图 1 GH4730 合金不同位置 OM 组织形貌

（a）心部；（b）$R/2$ 处；（c）外缘

2.2 不同位置的拉伸性能及断口形貌

2.2.1 室温拉伸

图 2 为 GH4730 合金不同位置的室温拉伸性能，可见外缘和心部的抗拉强度分别为 1517MPa 和 1413MPa，规定塑性延伸强度分别为 1220MPa 和 1138MPa，断后伸长率分别为 16.5%和 18.5%。外缘的完全再结晶细晶组织使得合金的强度较心部高约 100MPa，与之对应的是心部的塑性较外缘细晶组织更好。图 3 为合金在这两种条件下的断裂后的断口形貌。心部室温拉伸试验的试棒的宏观断口为灰白色，断口组织由内部的纤维区和外部的剪切唇区组成；其中纤维区的断裂形式为韧窝撕裂，其韧窝较小、较浅，可以观察到明显的孔洞；外缘的断口组织与心部相似，其中纤维区的韧窝相对于心部断口来说较大，纤维区孔洞更多。

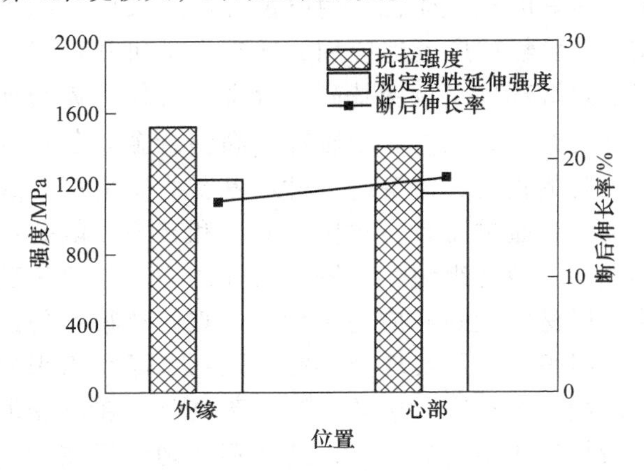

图 2 GH4730 合金不同位置的室温拉伸性能

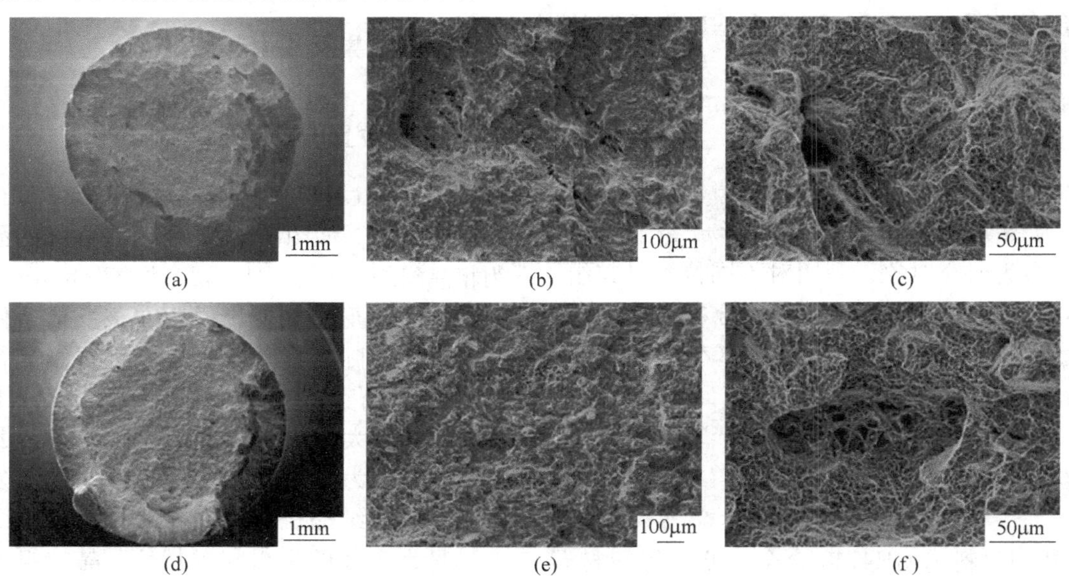

图 3 GH4730 合金热变形后不同位置室温拉伸断口

（a）心部 20×；（b）心部 100×；（c）心部 500×；（d）外缘 20×；（e）外缘 100×；（f）外缘 500×

2.2.2 750℃高温拉伸

图4为GH4730合金不同位置的750℃高温拉伸性能，可见外缘和心部的抗拉强度分别为1120MPa和1100MPa，规定塑性延伸强度分别为1080MPa和985MPa，断后伸长率分别为3.0%和5.5%。与室温拉伸的结果相似，外缘的完全再结晶细晶组织使得合金的强度较心部更高，与之对应的是心部的塑性较外缘细晶组织更好。图5为合金在这两种条件下的断裂后的断口形貌。心部和外缘处的高温拉伸试样断口呈杯锥状，断面为紫色，微观断口组织由内部的纤维区和外部的剪切唇区组成。心部高温拉伸试样纤维区的断裂形式为韧窝撕裂，其韧窝较小、较浅，可以观察到较多孔洞。外缘高温拉伸试样的纤维区主要为韧性沿晶断裂，并伴随大量的撕裂韧窝带，同样可以观察到孔洞。

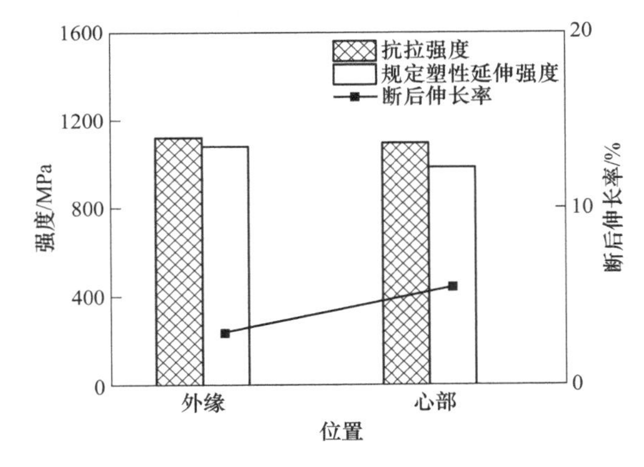

图4 GH4730合金不同位置的750℃高温拉伸性能

图5 GH4730合金热变形后不同位置750℃高温拉伸断口

(a) 心部20×；(b) 心部100×；(c) 心部500×；(d) 外缘20×；(e) 外缘100×；(f) 外缘500×

3 结论

(1) GH4730合金在30%变形量热变形后，心部和$R/2$处变形量小，不足以发生完全再结晶，外缘处可以获得均匀细晶组织。

(2) 外缘细晶部分的拉伸强度高于心部粗晶部分，而心部塑性较外缘处更好。

参考文献

[1] 江和甫. 对涡轮盘材料的需求及展望［J］. 燃气涡轮试验与研究，2002（4）：1~6.

[2] 张北江，黄烁，张文云，等. 变形高温合金盘材及其制备技术研究进展［J］. 金属学报，2019，55（9）：1095~1114.

[3] 杜金辉，赵光普，邓群，等. 中国变形高温合金研制进展［J］. 航空材料报，2016，36（3）：27~39.

[4] 杜金辉，吕旭东，邓群，等. GH4169合金研制进展［J］. 中国材料进展，2012，31（12）：12~20，11.

[5] 曲敬龙，易出山，陈竞炜，等. GH4720Li合金中析出相的研究进展［J］. 材料工程，2020，48（8）：73~83.

[6] Jinglong Qu，Xingfei Xie，Zhongnan Bi，et al. Hot deformation characteristics and dynamic recrystallization mechanism of GH4730 Ni-based superalloy［J］. Journal of Alloys and Compounds，2019，785：918~924.

热处理制度对 GH4079 合金组织和力学性能的影响

于萍，田强*，秦鹤勇，谭科杰，李想，李相材，段然，沈中敏

（北京钢研高纳科技股份有限公司，北京，100081）

摘　要：采用平衡相图、差热分析、金相法 3 种不同的方法测定 GH4079 合金中 γ′相的完全溶解温度，开展 1120℃空冷（亚固溶）、1120℃控温冷却（亚固溶）和 1140℃空冷（全固溶）三种不同的固溶热处理制度对 GH4079 合金组织和力学性能影响的研究，研究表明：GH4079 合金在 1135℃的固溶温度下 γ′相全部溶解，1140℃空冷后的样品存在更多的大尺寸碳化物，晶粒 1.0~1.5 级，抗裂纹萌生能力较差；1120℃空冷后的样品，晶粒 3.5 级，抗裂纹扩展能力和抗裂纹萌生能力良好匹配，力学性能最佳，650℃持久寿命较 1140℃空冷持久寿命提升 5 倍以上。

关键词：GH4079 合金；γ′相；完全溶解温度；固溶温度；持久性能

GH4079 合金是在 GH4742 合金的基础上改型而来，与 GH4742 合金相比，GH4079 合金的 Al、Ti、Nb 之和由 7.8%增至 8.2%，W、Mo 之和由 5.5%增至 7%，时效后 γ′相体积分数由 35%增至 45%，广泛用于国外多种型号高性能战斗机、大型运输机和高性能火箭发动机动力装置。但是目前国内生产的 GH4079 合金锻件存在硬度超标，650℃的持久性能波动等一些问题。本文旨在通过开展热处理制度对 GH4079 合金组织和力学性能影响的研究，实现 GH4079 合金锻件强度、硬度和持久寿命等性能合理匹配。

1　试验材料及方法

GH4079 合金取自宝武特冶真空感应+真空自耗重熔（VIM+VAR）两联冶炼制备的真空自耗重熔锭，在快锻机上锻至 φ180mm 棒材，3 炉 GH4079 合金实测化学成分见表 1，Al、Ti、Nb 之和为 8.2%，W、Mo 之和为 7.1%。棒材热处理前的组织如图 1 所示，晶粒尺寸 103.1μm（3.5 级），γ′相尺寸 450nm。

在《中国高温合金手册》中关于 GH4079 合金这一章节写到，γ′相在 1060℃开始溶解，1167℃全部溶解[1]。在实际生产过程中，发现 1140℃固溶处理时 GH4079 合金的 γ′相已完全溶解。本文采用平衡相图、差热分析、金相法 3 种不同的方法测定 GH4079 合金中 γ′相的完全溶解温度。根据 γ′相的完全溶解温度测定的结果，选择亚固溶+时效或全固溶+时效的热处理制度对 GH4079 合金进行研究，对固溶+时效后的合金进行拉伸及持久性能检测，并观察合金的晶粒组织、碳化物、γ′相形貌和分布以及 650℃高温持久的断口形貌，得出最佳的固溶热处理制度。

表 1　3 炉 GH4079 合金实测化学成分　（质量分数,%）

序号	C	Cr	Ni	Co	W	Mo	Al	Ti	Nb	V	Ce	B	La	Mg	Ni
Ⅰ	0.055	11.08	59.01	13.94	2.62	4.45	2.88	2.58	2.59	0.64	0.0013	0.0043	0.0034	0.0020	余量
Ⅱ	0.056	11.04	58.89	14.03	2.60	4.49	2.91	2.66	2.58	0.64	0.0011	0.0043	0.0023	0.0017	余量
Ⅲ	0.054	11.06	58.72	13.99	2.60	4.54	2.97	2.70	2.63	0.64	0.0014	0.0042	0.0052	0.0023	余量

* 作者：田强，高级工程师，联系电话：15650715614，E-mail：Qtian1frank@163.com

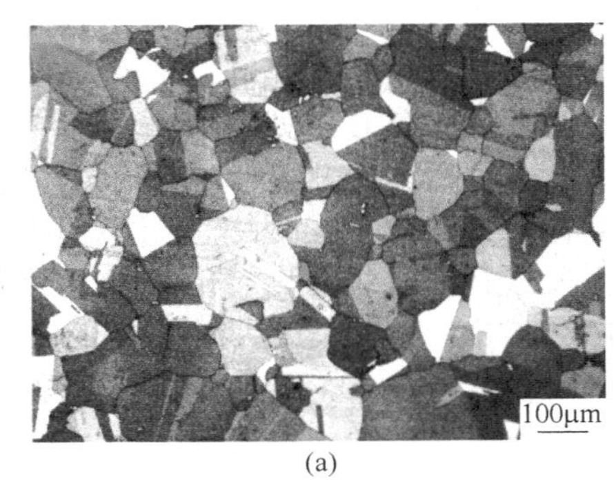

(a)

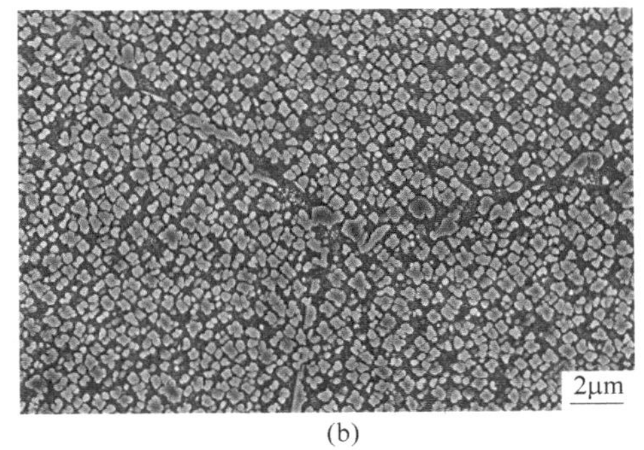

(b)

图 1　GH4079 合金棒材热处理前的微观组织

(a) OM；(b) SEM

2　γ′相溶解温度的测定

2.1　JMatPro 模拟的平衡相图

通过 JMatPro 热力学平衡相计算，绘制得到该合金的平衡相图（图 2）。由计算结果可知，平衡

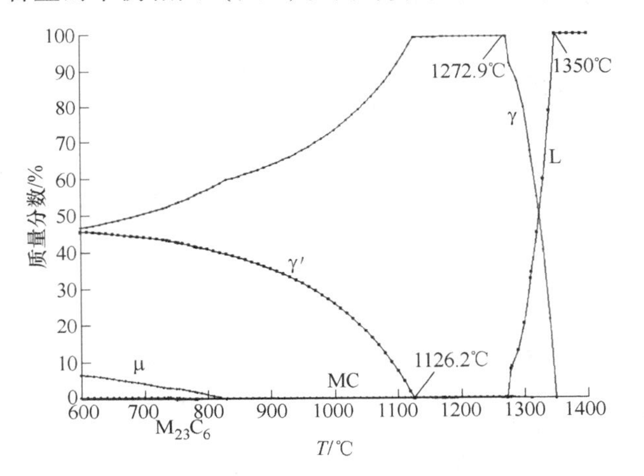

图 2　GH4079 合金平衡相图

凝固过程中会依次析出 γ 相、MC、γ′相和 $M_{23}C_6$ 碳化物等相。γ′相在平衡状态下完全溶解温度为 1126.2℃，γ′相的最高体积分数为 45.6%。

1126.2℃为热力学平衡态下计算所得的 γ′相完全溶解温度，而实际过程中 γ′相溶解是在非平衡态下进行的，随后采用差热分析、金相法 2 种非平衡态下的方法测定 GH4079 合金中 γ′相的完全溶解温度。

2.2　差热分析

采用差示扫描量热仪（DSC-TG）测量合金的相转变温度，测量温度范围为 25～1400℃，升温速率为 10℃/min。

差热分析法测得 GH4079 合金的 γ′相溶解温度为 1136.7℃，如图 3 所示，高于由相图计算得到的完全溶解温度（1126.2℃）。这是由于差热分析是在非平衡状态下测定的，而 γ′相的溶解存在过热度，导致 γ′相非平衡状态下的完全溶解温度要高于平衡状态下的完全溶解温度[2,3]。

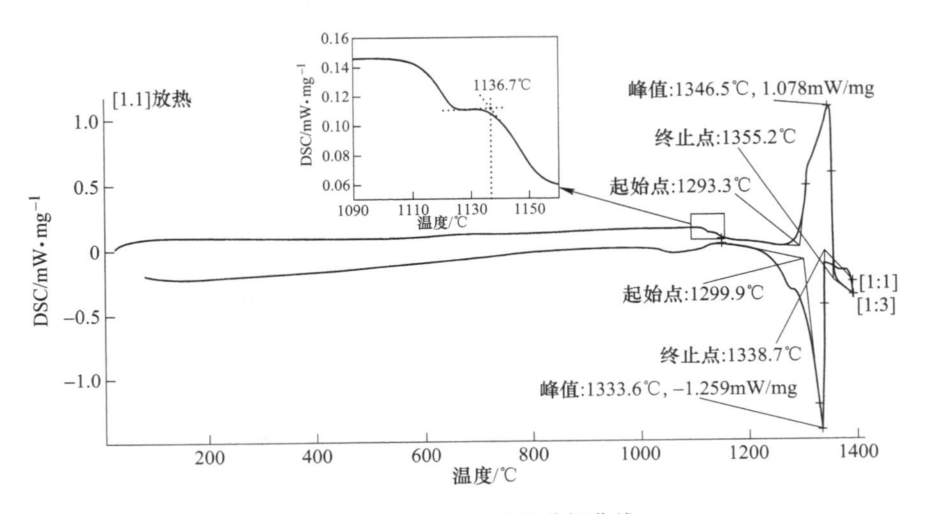

图 3　GH4079 合金差热分析曲线

2.3 γ′相回溶规律研究

对 GH4079 合金进行不同温度的热处理，保温温度分别为 1090℃、1095℃、1100℃、1105℃、1110℃、1115℃、1120℃、1125℃、1130℃、1135℃、1140℃、1145℃，保温 2h 后进行水冷，随后观察其显微组织形貌，并统计晶粒尺寸。

经过不同温度热处理，合金中 γ′相的回溶规律、晶粒尺寸如图 4、图 5 所示。经 1090～1120℃热处理后，γ′相数量和晶粒尺寸没有明显变化。经 1125～1130℃热处理后，晶界、晶内的 γ′相数量逐渐减少。经 1130℃热处理后，明显可见晶界上的 γ′相大量溶解，晶粒迅速长大。这是因为 γ′相起到强化作用的同时，大尺寸的 γ′相钉扎于晶界，对晶粒长大具有阻碍作用，阻碍晶界的迁移。经 1135～1145℃热处理后，原热变形过程中在晶界、晶内析出的 γ′相完全溶解，失去了钉扎晶界的作用，晶粒明显长大。通过对 GH4079 合金不同温度进行热处理得出结论，在 1135℃时 γ′相全部溶解，合金为单相奥氏体组织。

统计了合金在不同温度热处理后的晶粒尺寸，结果如图 6 所示，可以看出随着热处理温度的升高，晶粒尺寸呈现先缓慢上升，再急剧上升的趋势，这与 γ′相在 1120℃以上的温度会发生大量溶解有关。

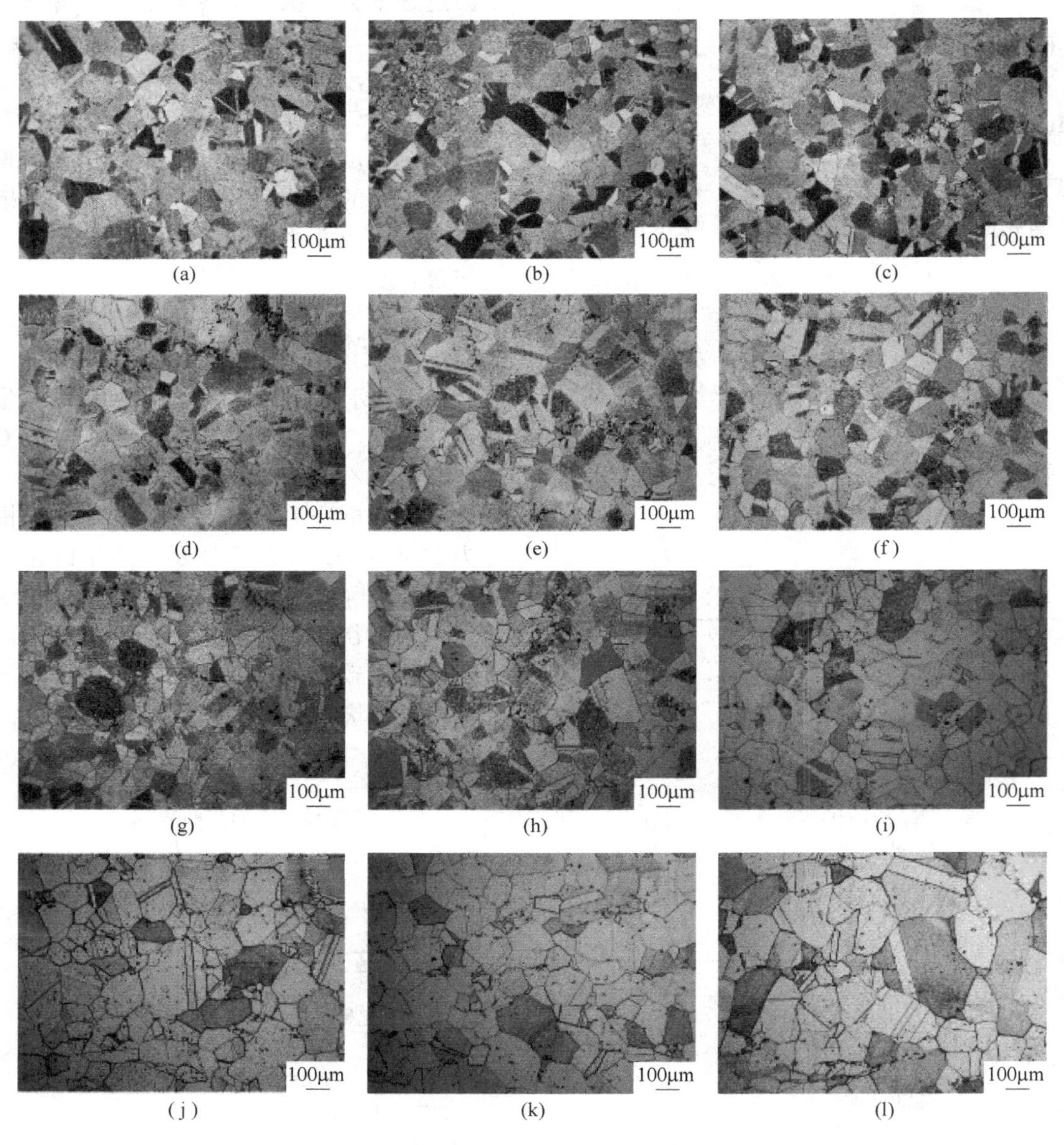

图 4 不同温度热处理后的组织形貌（OM）

（a）1090℃；（b）1095℃；（c）1100℃；（d）1105℃；（e）1110℃；（f）1115℃；（g）1120℃；（h）1125℃；（i）1130℃；（j）1135℃；（k）1140℃；（l）1145℃

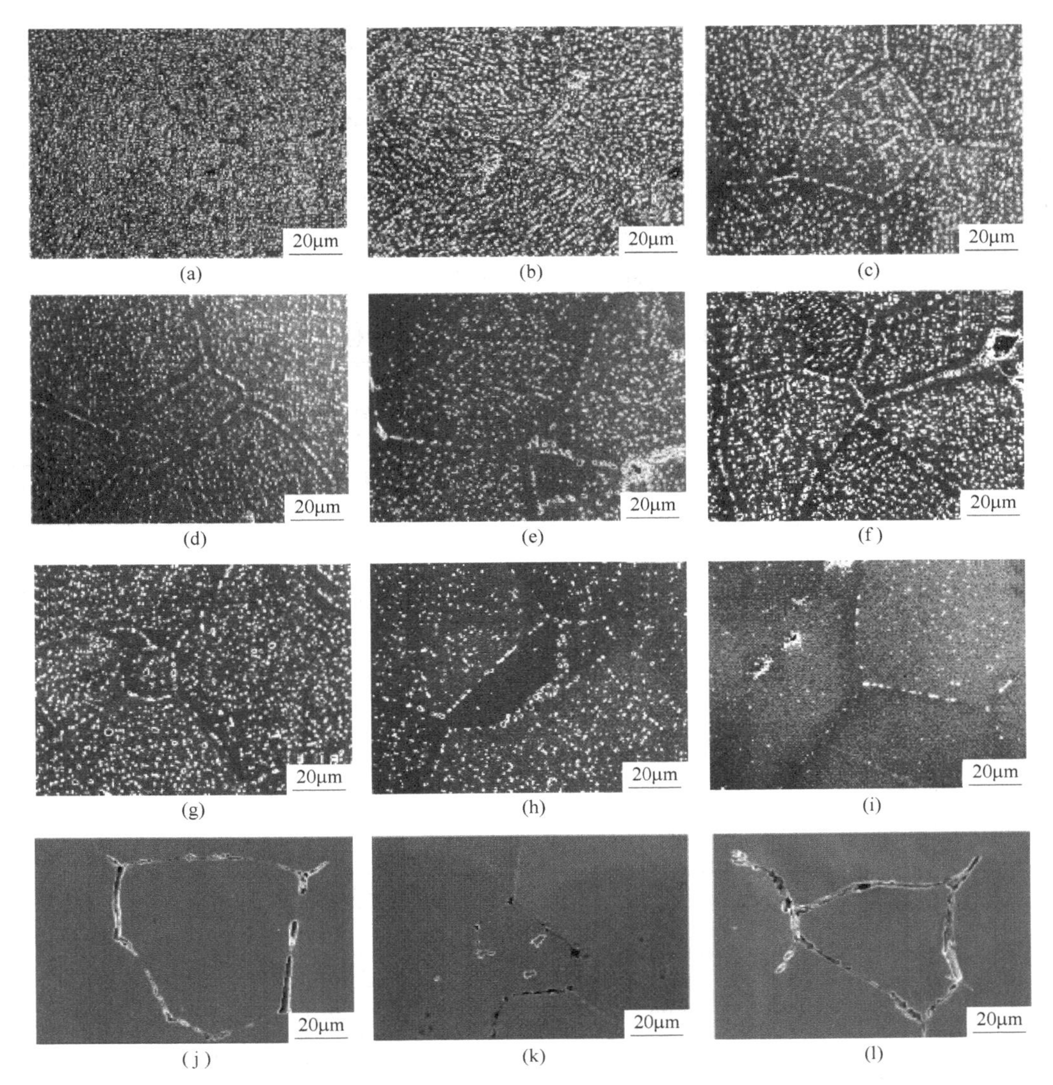

图 5 不同温度热处理后的组织形貌（SEM）

（a）1090℃；（b）1095℃；（c）1100℃；（d）1105℃；（e）1110℃；（f）1115℃；（g）1120℃；（h）1125℃；（i）1130℃；（j）1135℃；（k）1140℃；（l）1145℃

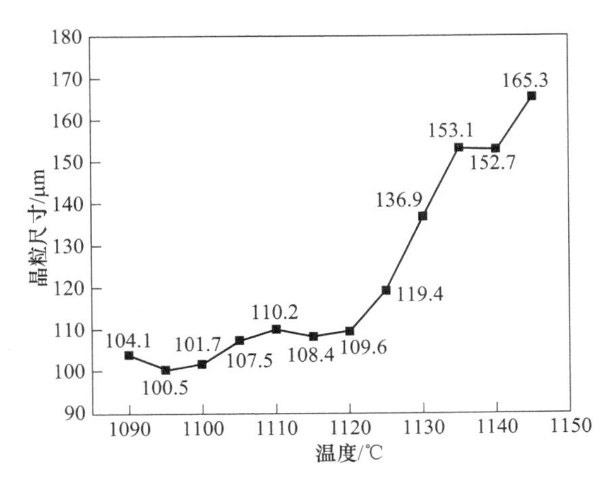

图 6 不同温度热处理后的晶粒尺寸

3 不同固溶热处理制度对组织和力学性能的影响

采用 3 种不同的方法测定 GH4079 合金中 γ' 相的完全溶解温度，分析认为 GH4079 合金在 1135℃温度下保温 2h 后 γ' 相全部溶解。在合金手册中标准的固溶温度为 1140℃，因此本文采用 1120℃空冷（亚固溶）、1120℃控温冷却（亚固溶）、1140℃空冷（全固溶）这 3 种不同的热处理制度进行固溶处理，随后进行标准的双时效处理，850℃空冷+780℃空冷。其中，控温冷却为将试样置于金属盒中共同进行热处理，热处理后样品随金属盒一同于空气中冷却，此方法下试样的冷却速度要低于空冷的冷速。

3.1 不同固溶热处理制度对力学性能的影响

3炉棒材经不同固溶+相同时效处理后的力学性能见表2。在三种热处理制度中，1120℃空冷的抗拉强度、屈服强度最高，650℃/863MPa 的持久性能最佳；1120℃控温冷却的伸长率和断面收缩率性能最好，硬度最低。因此，亚固溶热处理更有利于抗拉强度、屈服强度、650℃/863MPa 的持久性能，低冷速更有利于伸长率和断面收缩率。

虽然经查阅大多数的技术协议中 GH4079 合金的固溶温度都为 1140℃，但通过本研究可知，1120℃亚固溶温度下热处理可更有效提升其持久性能。

表2 不同固溶热处理制度下的力学性能

宝钢冶炼炉次	固溶温度/冷却方式	R_m /MPa	$R_{p0.2}$ /MPa	A /%	Z /%	A_k /J·cm^{-2}	HB(d) /mm	650℃/863MPa /h	750℃/588MPa /h
Ⅰ	1120℃空冷	1473 1471	1027 1053	22 21	22 21	69.3 66.8	399 397	201.96 81.57	29.37 37.35
	1120℃控温冷却	1404 1395	875 870	27 27	26 25	77.1 78.8	355 357	45.16 65.25	65.95 54.54
	1140℃空冷	1375 1368	966 975	16 15	17 17	68.1 70.6	385 380	19.99 17.85	1.1 2
Ⅱ	1120℃空冷	1537 1532	1174 1160	21 20	27 26	56.6 60.8	421 408	106.28 91.74	138.65 44.3
	1120℃控温冷却	1454 1456	957 968	27 27.5	29 29	69.4 72.6	377 370	39.99 130.46	80.01 28.93
	1140℃空冷	1382 1421	949 968	17 18.5	19 19	65.2 63.3	382 391	7.38 24.14	17 4.06
Ⅲ	1120℃空冷	1496 1495	1028 1086	20.5 22	22 24	63.1 65.4	394 403	119.71 98.94	50.23 48.78
	1120℃控温冷却	1412 1426	879 925	24.5 26.5	24 27	77.4 77.2	355 362	46.23 89.72	102.95 78.4
	1140℃空冷	1382 1370	963 977	16.5 16	18 18	63.7 66.9	386 381	33.53 18	6.88 2.91

3.2 不同固溶热处理制度对显微组织的影响

经观察，不同固溶温度晶粒尺寸存在较大差异，如图7~图10所示，1120℃空冷、1120℃控温冷却、1140℃空冷的晶粒尺寸分别为125.2μm（3.5级）、122.1μm（3.5级）、215.1μm（1.0~1.5级），γ′相尺寸分别为63.2nm、264.2nm、66.28nm。1120℃为亚固溶热处理，热处理过后晶粒尺寸未长大，空冷后，合金内存在两种尺寸的γ′相；控温冷却后，γ′相呈现条带状分布，与晶粒分布状态关联不大（这种组织见于俄эП742合金涡轮盘中）；当固溶温度为1140℃，由于超过γ′相全部溶解温度，晶粒开始快速长大至1.0~1.5级，且只存在一种尺寸γ′相。我们发现γ′相的尺寸与固溶温度关系不大，主要受固溶冷速影响，冷速越低，γ′相长大的时间越充分，γ′相尺寸越大。

3.3 持久断口分析

通过对高温持久断口的分析，发现1120℃空冷固溶热处理的持久寿命最长，650℃/863MPa 的持久大于100h，断口形貌如图11和图12所示，可以发现撕裂棱和韧窝，认为合金为穿晶韧性断裂；1140℃空冷固溶热处理的持久寿命最短，650℃/863MPa 的持久寿命为10~30h，持久断口呈沿晶脆性断裂的特征。

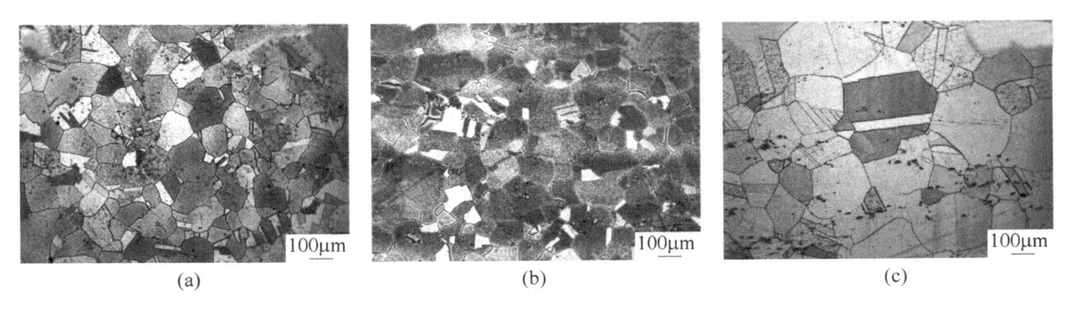

图 7　不同固溶热处理制度下的显微组织（OM）
（a）1120℃空冷；（b）1120℃控温冷却；（c）1140℃空冷

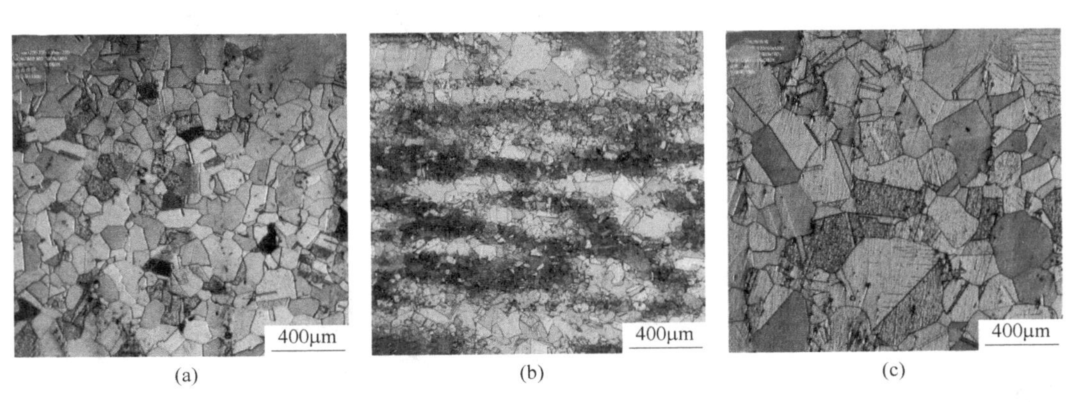

图 8　不同固溶热处理制度下的显微组织（体视镜）
（a）1120℃空冷；（b）1120℃控温冷却；（c）1140℃空冷

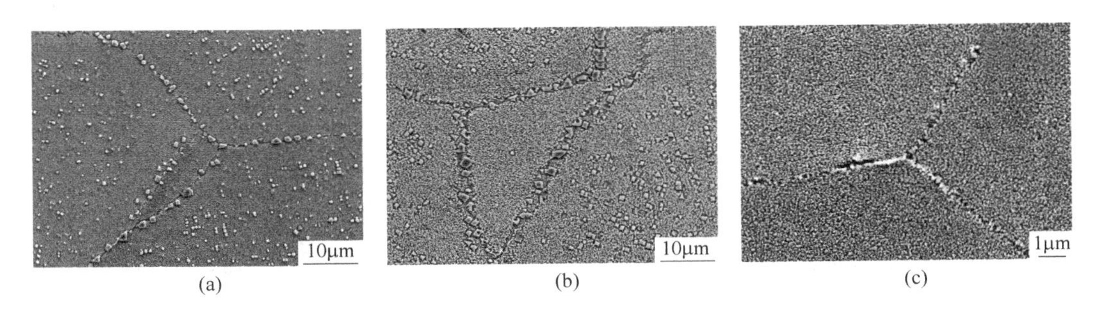

图 9　不同固溶热处理制度下的显微组织（SEM）
（a）1120℃空冷；（b）1120℃控温冷却；（c）1140℃空冷

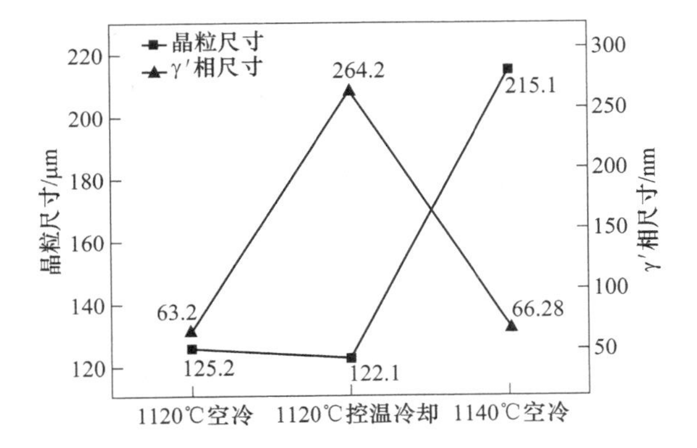

图 10　不同固溶热处理制度下的晶粒尺寸和γ′相尺寸变化

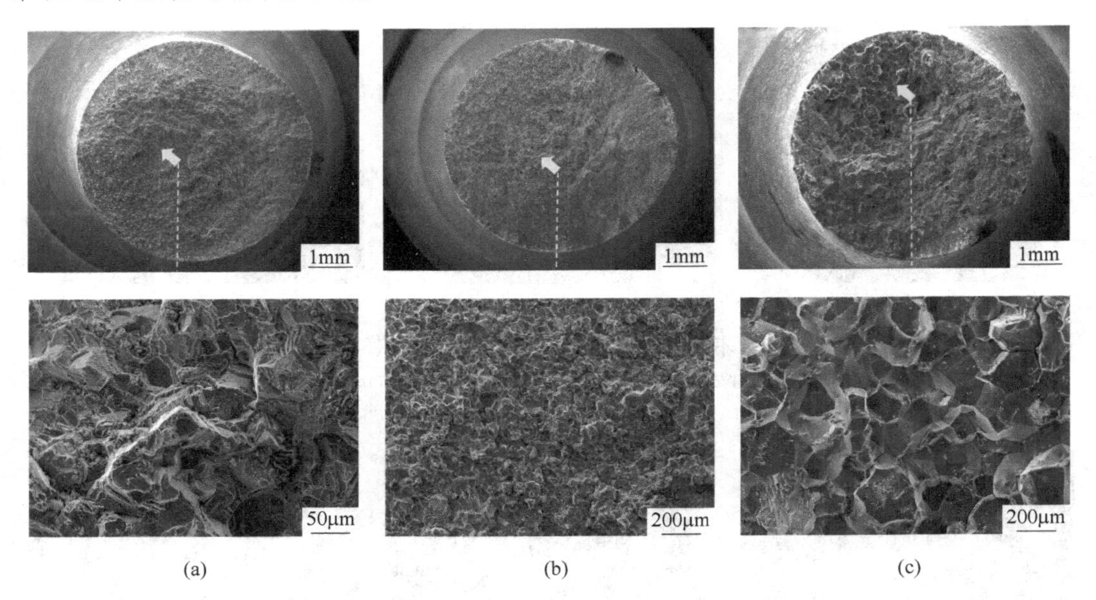

图 11　650℃持久断口形貌（断口）

（a）1120℃空冷；（b）1120℃控温冷却；（c）1140℃空冷

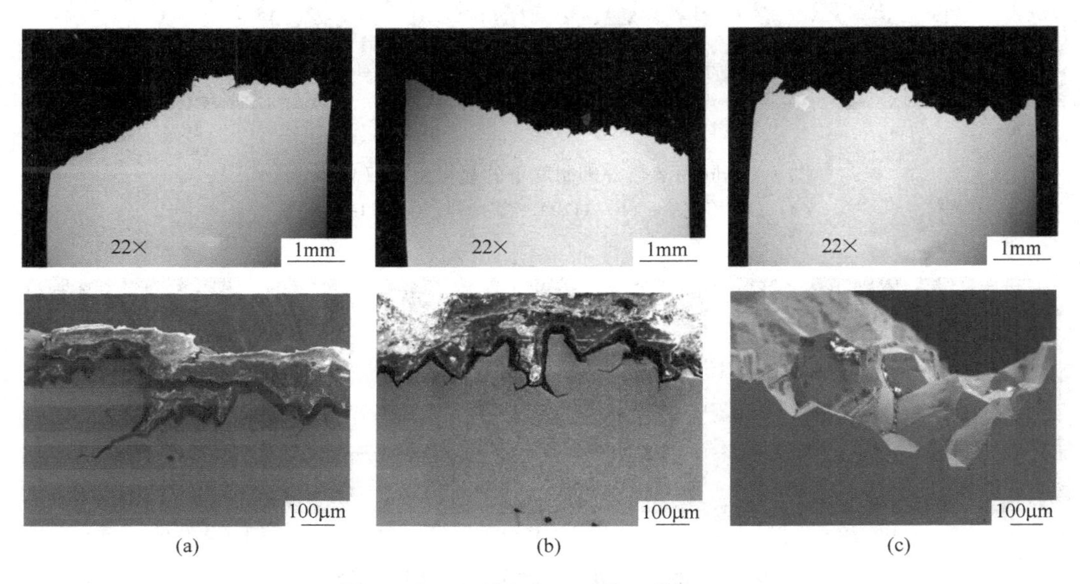

图 12　650℃持久断口形貌（纵切面）

（a）1120℃空冷；（b）1120℃控温冷却；（c）1140℃空冷

依据皮涅斯、列格里等人提出的持久断裂理论，沿晶断裂的形成机理为空位扩散、积聚成柱体、形成微孔、发展成裂纹、最后裂纹依靠新的空位流而长大[4]。晶界是合金中的最弱部位，断裂在晶界上萌生并扩展，如图 13（a）~（c）所示。由此可得，为了提高合金的持久性能，一方面应该研究如何借助障碍提高位错运动阻力，以便抑制空位形成；另一方面，研究如何降低空位的扩散速率，以便限制空位积聚和沉淀。

与其他高 γ′相体积分数的合金相比，GH4079 合金的显著特点就是碳含量较高，其上限含量达到 0.08%，这就容易造成大量 MC 型和 $M_{23}C_6$型碳化物富集，如图 13（d）~（f）所示。目前对晶界处碳化物在合金中的作用还存在争议，大多数研究者认为碳化物的存在有益于提高高温持久强度，细小颗粒状的碳化物可阻止晶界滑动和裂纹萌生，但是过高的碳饱和度往往会形成较大、块状的碳化物。当 $M_{23}C_6$ 以大块、胞状或薄膜状连续析出时，碳化物会使晶界变脆，裂纹易于扩展，极大地降低了持久性能。本文所用的 GH4079 合金的 C 含量平均为 0.055%，关于 C 含量对持久性能的影响还需进一步开展研究。

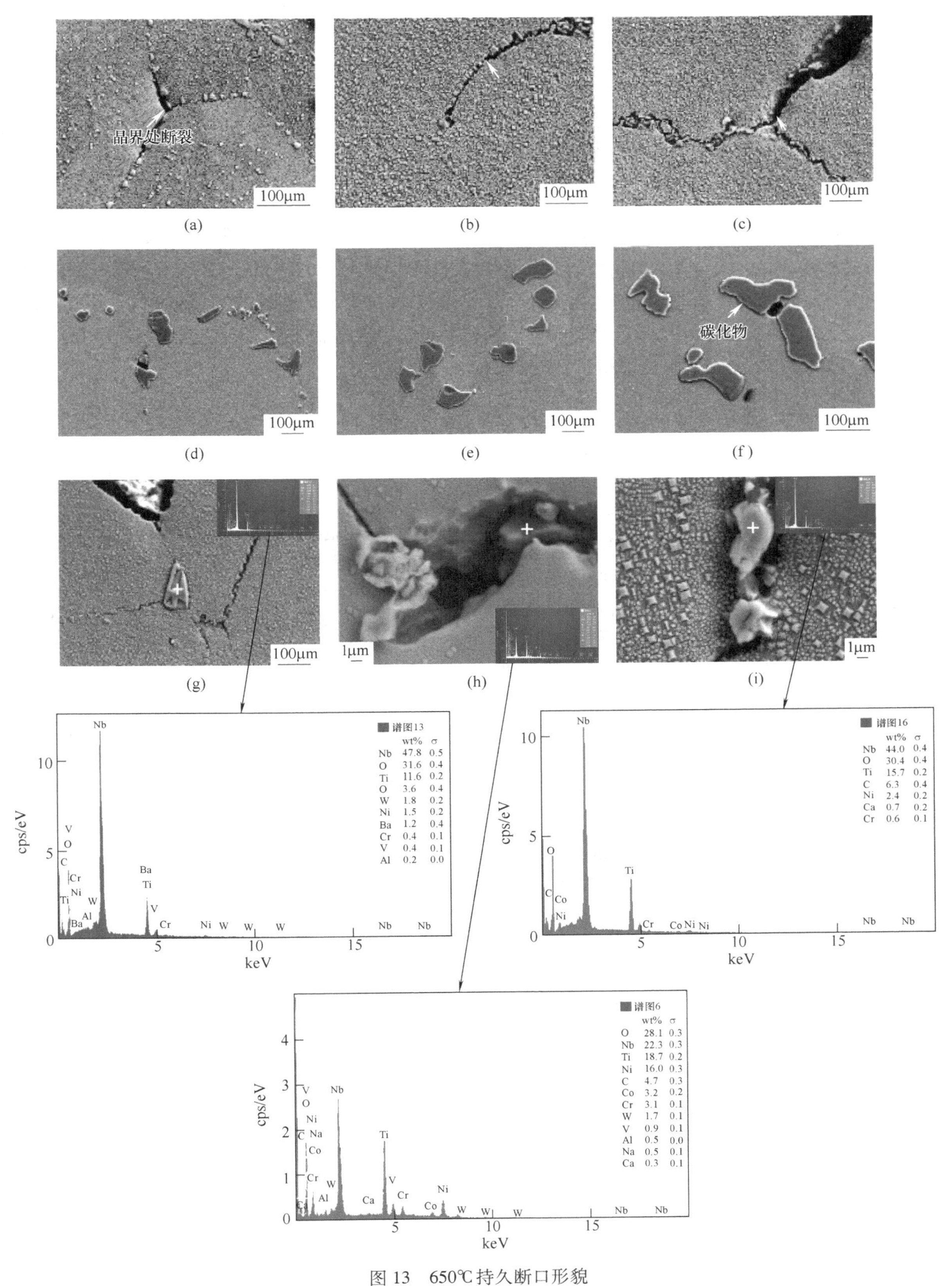

图 13 650℃持久断口形貌

(a)~(c) 晶界处的裂纹；(d)~(f) 基体的碳化物；(g)~(i) 裂纹内部的析出

B、Mg 等微量元素有强烈的晶界偏析倾向，B 在时效过程中以弥散颗粒状 M_3B_2 析出于晶界，减少晶界缺陷，使上文提到的胞状 $M_{23}C_6$、大块 MC 或薄膜 MC 不易析出，进而提高晶界强度；Mg 平衡偏析于晶界位错核心处，使碳化物呈细小颗粒状分布，降低晶界能和空位形成能，提高晶界原子间结合力，使裂纹难以萌生与扩展[5]；稀土元素 La 偏聚于晶界，可降低碳化物的析出速率。因此，适量增加 B、Mg 和 La 元素，可改善晶界组织，起到强化晶界的微合金化作用。本文中 GH4079 试验合金的 B 含量为 0.0043%，对比检测了同类型的高性能俄 эП742 合金，B 含量高达 0.009%，接近 B 含量添加上限，因此 B 含量还有可提升的空间，后续的成分优化研究中可适当提高 B 含量。

晶粒尺寸对于持久寿命的影响也是不可忽略的因素之一。晶粒较大的合金抗裂纹扩展能力好，裂纹扩展速率慢，但抗裂纹萌生能力差，主要为沿晶断裂；晶粒细小的合金抗裂纹萌生能力好，但裂纹扩展速率快，主要为穿晶断裂[6]。为得到持久性能和裂纹扩展速率的良好匹配，应合理控制晶粒尺寸。GH4079 合金在 1140℃ 空冷固溶热处理后晶粒达到 1.0～1.5 级，晶粒过大，抗裂纹萌生能力较差，表现为沿晶脆性断裂。1120℃ 空冷固溶热处理后晶粒 3.5 级，抗裂纹扩展能力和抗裂纹萌生能力良好匹配，持久寿命最佳，表现为穿晶韧性断裂。

4 结论

（1）本文采用平衡相图、差热分析、金相法 3 种不同的方法测定 GH4079 合金中 γ′相的完全溶解温度，分别为 1126.2℃、1136.7℃、1135℃，非平衡状态下的完全溶解温度要高于平衡状态下的完全溶解温度。

（2）对比 3 种不同的固溶热处理制度的样品发现，1140℃ 空冷后的样品存在更多的大尺寸碳化物，晶粒 1.0～1.5 级，抗裂纹萌生能力较差，持久寿命为 10～20h，断裂方式为沿晶脆性断裂；1120℃ 空冷后的样品，晶粒 3.5 级，抗裂纹扩展能力和抗裂纹萌生能力良好匹配，力学性能最佳，650℃ 持久寿命较 1140℃ 空冷持久寿命提升 5 倍以上。

参考文献

[1] 中国金属学会高温材料分会．中国高温合金手册［M］．北京：中国标准出版社，2012.

[2] 方彬，纪箴，田高峰，等．FGH96 高温合金中 γ′相完全溶解温度的研究［J］．粉末冶金技术，2013，31（2）：89～95.

[3] 李昌，陈蕾蕾，瞿宗宏，等．镍基粉末高温合金 FGH4096 中 γ′相完全溶解温度的测定［J］．金属热处理，2021，46（11）：174～177.

[4] 奥金格，伊凡诺娃．金属的蠕变与持久强度理论［M］．曾用涛，译．北京：中国工业出版社，1966.

[5] 黄乾尧．高温合金［M］．北京：冶金工业出版社，2000.

[6] 董建新．高温合金 GH4738 及应用［M］．北京：冶金工业出版社，2014.

GH4742合金电渣重熔过程数值模拟

沈中敏[1]，秦鹤勇[2]，李振团[1]，李想[1]，张晓敏[1]，郭靖[3*]，李泽友[3]

（1. 北京钢研高纳科技股份有限公司，北京，100081；
2. 钢铁研究总院有限公司高温材料研究所，北京，100081；
3. 北京科技大学冶金与生态工程学院，北京，100083）

摘　要： 建立了耦合元胞自动机-有限元数学模型研究了GH4742合金在电渣重熔过程中的多尺度物理现象，计算了弹塑性模型下铸锭应力分布，结果表明，随熔速增加液态熔池深度增加，熔速每增加1.2kg/min，液态熔池深度最大增加31.2%，熔速为6.0kg/min对应局部凝固时间极小值，为最佳熔速；随熔速增加等效应力值增大。

关键词： 高温合金；电渣重熔；应力分布

GH4742合金是在700℃以上的温度服役的涡轮盘用镍基变形高温合金，其γ′强化相的含量较高，且兼具粉末冶金高温合金的高服役温度和变形高温合金的高强度低成本的优点[1,2]。随着国内重大设备"大型化、一体化、高性能化"发展趋势，高品质大型化的GH4742合金母材需求量剧增，随着铸锭直径变大，铸锭径向热传导减弱，局部凝固时间增加，元素偏析加重，铸锭应力集中产生裂纹缺陷，严重影响材料成材率。

本文开展不同熔速下GH4742电渣锭熔池形貌和应力分布研究，利用ProCAST有限元数值仿真软件，模拟计算弹塑性模型下铸锭应力分布，建立耦合元胞自动机-有限元数学模型研究ϕ590mm GH4742钢锭在电渣重熔过程中的多尺度物理现象，获得温度分布和液态金属池轮廓，计算不同熔速下的局部凝固时间。通过对铸锭局部凝固时间和应力分布分析，优化冶炼参数，减少铸锭偏析和冶金缺陷产生，提高合金生产效率。

1　模型建立

1.1　模型假设

热-弹-塑模型中材料的非线性问题一般被处理为双线性模型，即应力-应变曲线被简化为双线性，弹性阶段和塑性阶段为线性。对于弹塑性材料，基于应力和应变的增量关系的增量理论可以描述材料的塑性行为。因此，基本假设为：（1）材料由连续介质组成；（2）小变形假设，即几何方程为线性方程；（3）材料视为各向同性；（4）铸件材料的非线性处理为双线性模型。

1.2　数学模型

在热弹塑性模型中，应力、应变和位移之间的关系与弹性中的关系为：

$$\{\sigma\} = [D]_{\mathrm{e}}\{\varepsilon_{\mathrm{e}}\} \tag{1}$$

式中，$\{\varepsilon_{\mathrm{e}}\}$为应变；$[D]_{\mathrm{e}}$为弹性模量矩阵。

对热弹塑性模型本构方程的求解，将本构方程应用到离散的实体模型上建立平衡方程。得到平衡方程：

$$\sum_{i=1}^{n}\int_{\mathrm{e}}\Delta\{\delta\}[B]^{\mathrm{T}}[D]_{\mathrm{ep}}[B]\mathrm{d}V = \sum_{i=1}^{n}\int_{\mathrm{e}}\{\mathrm{d}\varepsilon_{T}\}[D]_{\mathrm{ep}}[B]\mathrm{d}V \tag{2}$$

式中，$\{\delta\}$为节点位移列阵；$[B]$为应变-位移矩阵；$[D]_{\mathrm{ep}}$为弹塑性矩阵。

1.3　边界条件

由于铸锭在凝固过程由液态变为固态，铸锭

*作者：郭靖，教授，联系电话：15801530260，E-mail：guojing@ustb.edu.cn

内部热流和温度分布不稳定，因此考虑非稳态模拟。考虑到本文的研究内容主要集中在自耗电极熔化后熔融金属液滴穿过渣层后在水冷结晶器内受到不同的冷却条件下铸锭本身的温度场和应力场变化，所以最终将计算区域限制在铸锭本身和水冷结晶器两者范围内，具体的计算范围如图 1 所示。熔炼参数及边界条件见表 1，铸锭的合金成分见表 2。

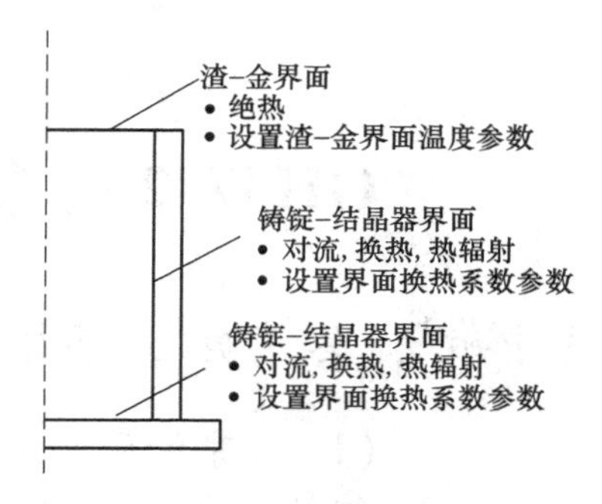

图 1 ESR 数值模拟计算区域

表 1 熔炼参数及边界条件

参数	数值	参数	数值
结晶器直径/mm	590	钢液-结晶器换热系数/W · m^{-2} · $℃^{-1}$	280
结晶器厚度/mm	30	糊状区-结晶器换热系数/W · m^{-2} · $℃^{-1}$	175
冷却水流量/m^3 · h^{-1}	60	钢钉-结晶器换热系数/W · m^{-2} · $℃^{-1}$	57
结晶器进出水口温差/℃	2		

表 2 GH4742 合金成分 （质量分数，%）

元素	C	Si	Cr	Mo	Ti	Nb	Al	B	Ce	Co	La	Ni
含量	0.047	0.018	13.96	5.04	2.73	2.65	2.75	0.0084	0.0008	10.01	0.0057	余量

2 模拟结果与分析

2.1 铸锭温度场及凝固场

熔速对铸锭温度场和凝固场的影响如图 2 所示，随重熔锭增长熔池深度由浅变深，最后达到稳定状态。低熔速下进入金属熔池的热量少，有足够的时间导出热量，但是降低熔速需要降低重熔功率，很可能造成重熔锭表面渣皮过厚甚至夹渣[3]。熔速增加金属熔池深度明显增加，熔池两侧凝固壁厚度减小，虽然能够提高生产效率，但容易使径向结晶引起中心偏析，影响组织致密性。图 3 为铸锭达到 3500mm 时中心轴和外壁沿高度方向温度分布情况，可以看出，铸锭温度随熔速增加呈增加的趋势；铸锭心部糊状区厚度大于铸锭表面，故铸锭高度到达糊状区后温度梯度变化不一致，中心轴小于铸锭表面，如图 3 所示。

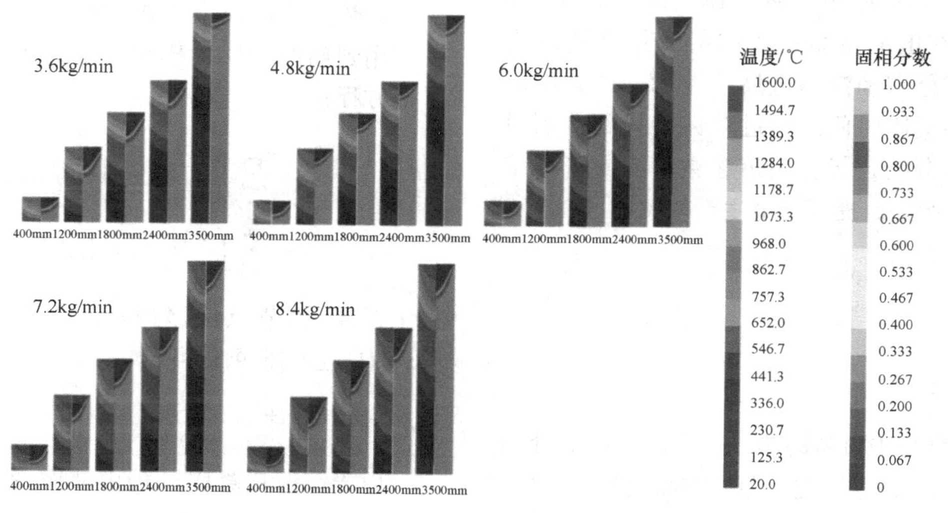

图 2 熔速对铸锭温度场和凝固场分布云图影响

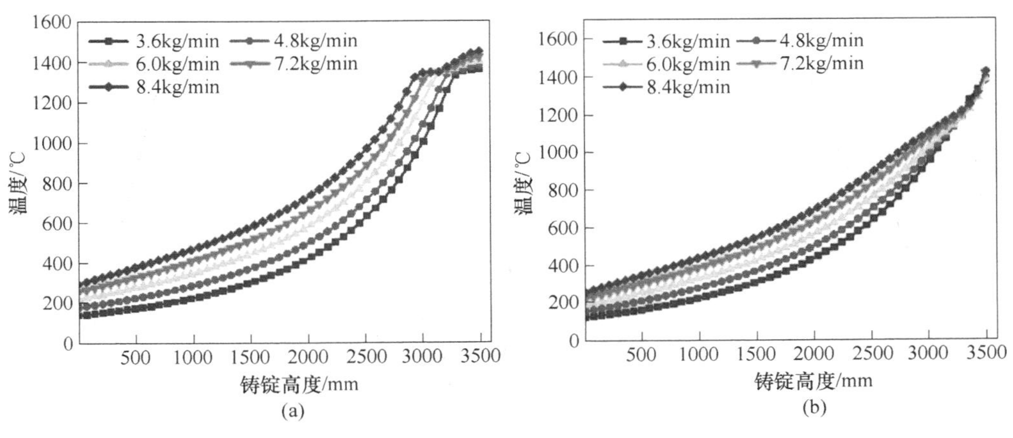

图 3 铸锭沿高度方向中心轴（a）和表面温度变化曲线（b）

图 4 为在铸锭底部中心节点和表面节点随铸锭高度变化曲线。从图 4（b）可以看出表面节点从 $t=0$s 时刻开始接触结晶器内壁，温度急剧下降，降到固相线温度以下。但由于结晶潜热的释放，大量热量从中心向表面传递，糊状区域附近的温度将有所上升，导致铸锭表面温度出现回升，铸锭径向热传导减弱温度梯度减小，温度曲线斜率减小。在实际生产中，温度回升有可能导致铸锭表面出现明显的褶痕。而中心节点由于离表面较远，其温度下降比较缓慢而且均匀。图 4 中表面节点和中心节点的温度曲线之间的区域反映了铸锭内外的温差变化，随着冷却的进行，铸锭内外温差不断缩小。

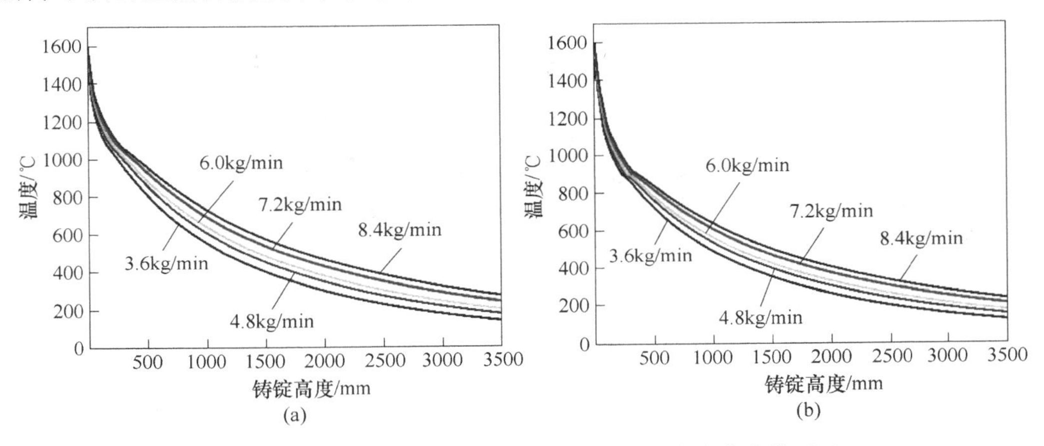

图 4 铸锭底部中心节点（a）和表面节点温度变化曲线（b）

2.2 液穴变化规律及分析

不同熔速下液穴情况如图 5 所示。熔速越小，液态熔池深度越浅，糊状区厚度越大；提高熔速，液相线将下移，液态熔池深度变大，而糊状区厚度变小。熔速越小，沿铸锭半径方向以及沿铸造方向的冷却效率越高，铸造方向的温度梯度越小，因此液态熔池深度越浅，而糊状区厚度越大。而局部凝固时间（local solidification time，LST）标志合金在固液两相区停留的时间，是判断合金凝固组织内部质量的重要依据。局部凝固时间随熔速变化情况如图 5 所示，熔速与局部凝固时间呈较复杂的函数关系，随着熔速增加，中心局部凝固时间先减小达出现极值后逐渐增加，与早期研究结果相符合[4]，需要强调的是，熔速较小时，随着熔速的减小，重熔锭的局部凝固时间增加率较大；熔速较高时，随熔速增加，局部凝固时间增加率较小。上述情况表明，合理的重熔锭增长速度非常重要，特别是当增长速度较小时，局部凝固时间变化幅度较大，不利于重熔锭凝固质量控制。

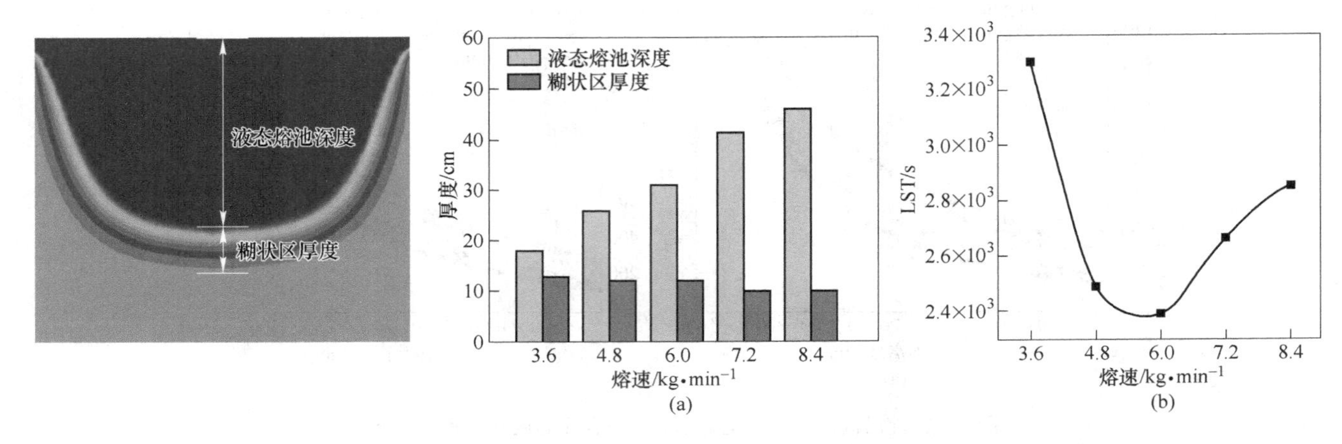

图 5 不同熔速下液穴情况（a）和局部凝固时间（b）

2.3 铸锭应力结果及分析

图 6 为不同熔速下等效应力场云图，可以明显看出铸锭应力最大区域首先集中在铸锭底部与侧壁接触部位，靠近铸锭侧壁。随着铸锭高度的增加，在结晶器侧壁的冷却作用，铸锭凝固成形，等效应力逐渐开始在侧壁集中，当铸锭高度达到 1800mm 时，此时等效应力主要集中在铸锭心部和侧壁。

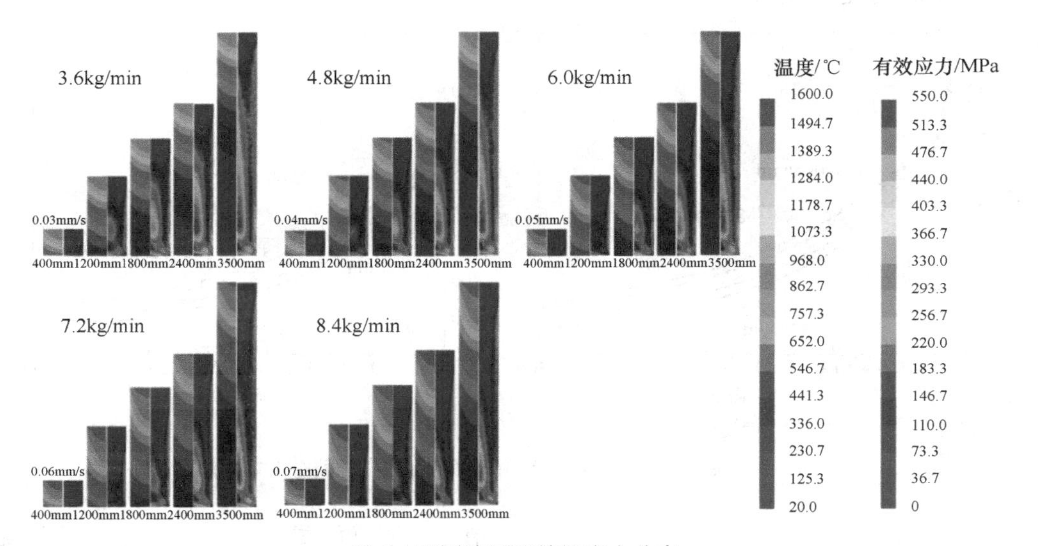

图 6 不同熔速下铸锭应力分布

图 7（a）为不同熔速下铸锭底部中心节点等效应力图，等效应力随熔速增加而增加。图 7（b）为铸锭平均正应力分布曲线，不同熔速下低熔速下铸锭在结晶器内上升时的时候，由于中心层冷凝速度快，使铸锭表层收缩困难，在铸锭表层形成较大的拉伸应力，这种应力正是促成圆锭形成表面裂纹的原因；高熔速下由于周边的金属层已冷凝，迫使中心层收缩困难，因而在铸锭内层形成拉应力，这拉应力则有可能使铸锭产生中心裂纹。因此，适当降低熔速，以减小铸锭内层和外层冷却速度的差别，有利于促进铸锭的成型，减小裂纹的出现。同时对材料的实测抗拉伸强度与不同熔速下的等效应力进行对比发现，等效应力的峰值对应的温度值随熔速增大而增大，材料的实测抗拉伸强度均高于模拟值，但随着温度增加，材料抗拉伸强度有向下的趋势，如图 8 所示。

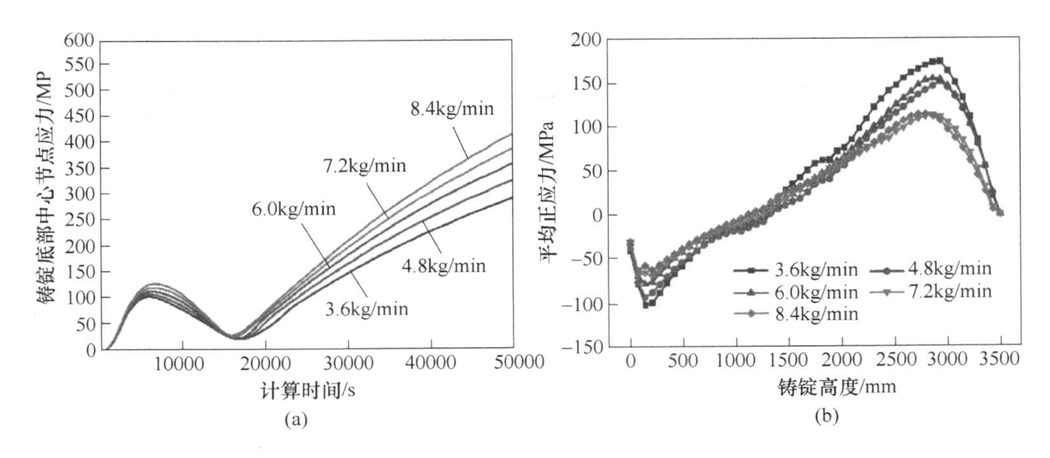

图 7 不同熔速下铸锭底部中心节点应力随计算时间变化（a）和铸锭表面平均正应力分布曲线（b）

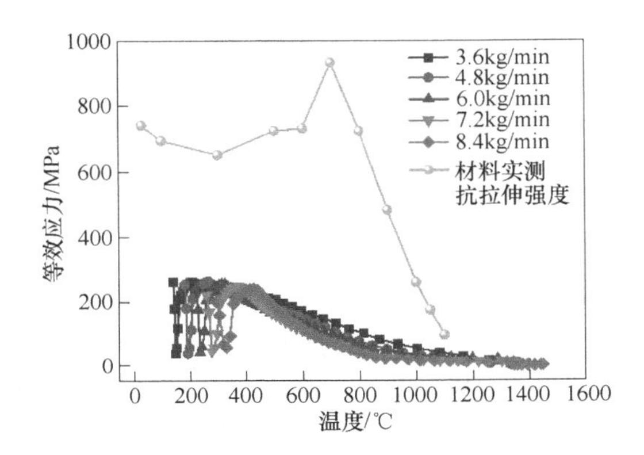

图 8 不同熔速等效应力与材料实测抗拉伸强度对比

3 结论

（1）重熔稳定阶段，液态熔池深度随熔速增加而增加，糊状区厚度随熔速增加而减小，熔速梯度每增加 1.2kg/min，液态熔池深度最大可增加 31.2%。

（2）熔速为 6.0kg/min 对应局部凝固时间极小值，为最佳熔速，且极值前熔速对局部凝固时间影响程度大于极值后。

（3）铸锭表面受压应力作用，内部受拉应力，应力集中在铸锭心部和底部，随熔速增加等效应力值增大。

参考文献

［1］Shulei Yang, Shufeng Yang, Wei Liu, et al. Microstructure, segregation and precipitate evolution in directionally solidified GH4742 superalloy［J］. International Journal of Minerals, Metallurgy and Materials, 2023, 30（5）: 939~948.

［2］秦鹤勇，李振团，赵光普，等．锻态 GH4742 合金的热变形行为及组织性能演变［J］. 稀有金属材料与工程，2022，51（11）：4227~4236.

［3］梁强，陈希春，郭汉杰．熔速对 GH4169 合金电渣重熔凝固过程参数影响的数值模拟研究［J］. 铸造技术，2013，34（8）：1016~1020.

［4］Jun C, Qingxiang Y, Wen W, et al. Numerical Simulation of Influence of Vertical Continuous Casting Process Parameters on Heat Transfer and Mold Stress of C71500 Large Diameter Hollow Ingot［J］. Journal of Materials Engineering and Performance, 2022, 15（12）: 1~16.

GH4202合金锻制棒材热处理制度研究

夏长林[1*]，杨浩笛[2]，裴丙红[1]

（1. 攀钢集团江油长城特殊钢有限公司，四川 江油，621704；
2. 成都先进金属材料产业技术研究院股份有限公司，四川 成都，610000）

摘 要：研究了固溶、时效温度和时间对GH4202合金锻制棒材组织性能的影响。GH4202合金锻棒随固溶温度升高，晶粒逐渐长大，1130℃以上局部晶粒异常长大，温度升高至1150℃，晶粒快速均匀长大。固溶时间对晶粒组织影响不大，为了获得最佳晶粒组织，固溶制度为（1110~1120）℃×（1~2）h，AC。室温抗拉强度和屈服强度随时效温度升高而增大，时效温度830~840℃时，强度达到峰值，时效温度再升高，强度基本不变。室温塑性随时效温度升高而增大，830℃时效时，室温塑性指标达到峰值，时效温度再升高，室温塑性指标趋于稳定。700℃抗拉和屈服强度与时效温度无明显关系；高温塑性随时效温度升高而增大，时效温度≥830℃，高温塑性指标可达到30%以上GH4202合金锻棒最佳热处理工艺：（1110~1120）℃×（1~2）h，AC固溶处理，（830~850）℃×10h，AC时效处理。

关键词：GH4202；晶粒异常长大；硼化物；晶界迁移

GH4202合金是镍基时效沉淀强化型高温合金，工作温度范围-253~800℃。GH4202合金是以γ′为主要强化相的沉淀强化型镍基高温合金，合金中加入总量约为4%的（Al+Ti）元素进行沉淀强化，加入9%的（W+Mo）元素进行固溶强化，无Co、Nb等贵重金属元素。合金是以γ′相为主要强化相的沉淀强化型镍基高温合金，*w*（γ′）占合金的16%~18%；MC主要是合金凝固时由液态析出的TiC，以大颗粒分布在晶内，总含量*w*(MC)约0.11%；$M_{23}C_6$型碳化物在晶界和晶内析出，*w*($M_{23}C_6$)约占合金的0.68%[1]。标准要求热处理制度为固溶：(1100~1150)℃×5h或按照截面尺寸×3min/mm，AC；时效：(800~850)℃×10h，AC。本文研究不同的热处理制度对GH4202合金锻棒组织和性能的影响，寻求最佳热处理工艺。

1 试验材料及方法

试验采用VIM+VAR双真空冶炼ϕ508mm自耗锭，经高温均质化处理后，采用快锻开坯+精锻成材工艺制备ϕ250mm棒材。GH4202合金ϕ250mm锻制棒材1/2*R*半径径向试样，固溶温度采用1100~1150℃、温度梯度为10℃，固溶时间采用为1~5h，每间隔1h进行固溶处理。再选取最佳固溶制度，对固溶试样进行800~850℃、时效温度梯度为10℃，保温10h的时效处理。利用光学显微镜观察不同固溶制度处理试样的晶粒度和碳化物分布。不同时效处理后的试样进行室温拉伸、高温拉伸和室温硬度检测。试验所用腐蚀液成分为3g $CuSO_4$+20mL HCl(50%)+40mL无水乙醇。

2 试验结果及分析

2.1 GH4202合金再结晶和晶粒长大规律

GH4202合金锻棒原始晶粒为5~6级，有个别3级大晶粒存在。经1100~1150℃，保温1h固溶处理后，晶粒组织如图1所示。可以看出：1100~1120℃，发生了回复再结晶，晶粒未长大，晶粒度4~5级；1130℃进行固溶处理，个别晶粒组织开始异常长大；1150℃固溶后，晶粒组织均匀急剧长大，个别晶粒尺寸已达到400μm。原始态后晶界上弥散分布有富W、Mo的M_3B_2型硼化物和呈链状分布富Cr的$M_{23}C_6$型碳化物，且两者析出位置基本相同，呈共生特性。固溶后，硼化物和

＊作者：夏长林，联系电话：13458306054，E-mail：531249459@qq.com

碳化物的数量明显减少，由链状向孤立的颗粒状转变。温度升高至1130℃，大量碳化物和硼化物回溶，少量未溶硼化物逐渐粗化，第二相钉扎作用减弱，合金晶粒发生不均匀长大。当温度升高到1150℃后，硼化物和碳化物基本回溶，同时高温下晶界迁移速度增加，晶粒快速长大[2]。从图2可以看出：GH4202合金晶粒随固溶时间延长，晶粒长大速度缓慢。主要是晶界处碳化物和硼化物只能少量回溶，或由链状向颗粒状转变，在1h内这个过程已完成。通过本研究，可以得出：采用（1110~1120）℃×(1~2)h进行固溶处理，可获得最佳的晶粒组织。

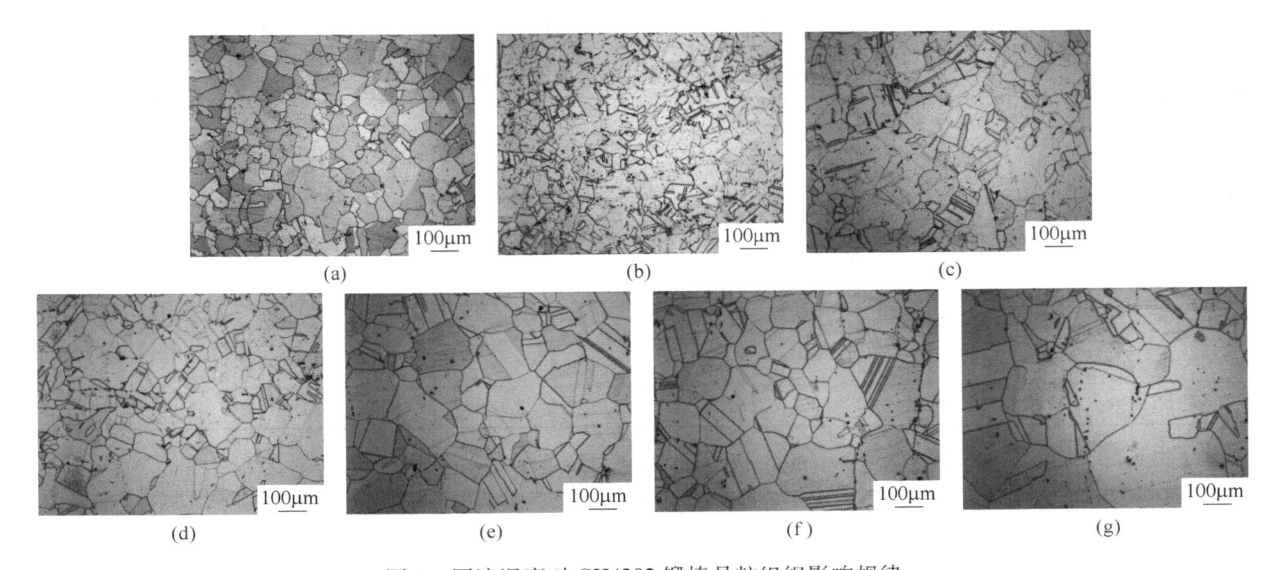

图1　固溶温度对GH4202锻棒晶粒组织影响规律

（a）原始态；（b）1100℃×1h；（c）1110℃×1h；（d）1120℃×1h；（e）1130℃×1h；（f）1140℃×1h；（g）1150℃×1h

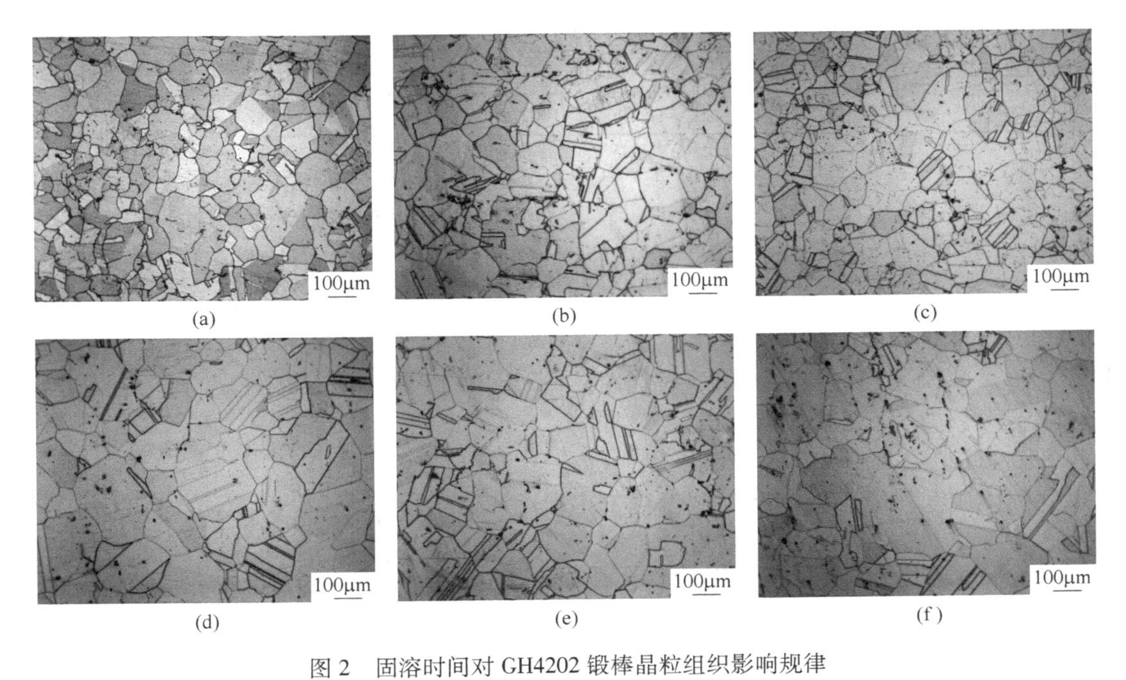

图2　固溶时间对GH4202锻棒晶粒组织影响规律

（a）原始态；（b）1120℃×1h；（c）1120℃×2h；（d）1120℃×3h；（e）1120℃×4h；（f）1120℃×5h

2.2 时效制度对 GH4202 合金锻棒力学性能的影响规律

GH4202 合金室温性能与时效温度关系见表 1，可以看出：室温抗拉强度和屈服强度先随时效温度升高而增大，时效温度 830～840℃时，强度达到峰值，时效温度再升高，强度基本不变。室温塑性随时效温度升高而增大，830℃时效时，室温塑性指标达到峰值，时效温度再升高，室温塑性指标趋于稳定。

GH4202 合金 700℃拉伸性能与时效温度的关系见表 2，可以看出：高温拉伸抗拉强度和屈服强度随时效温度升高略有升高。时效温度对高温塑性影响明显，时效温度<830℃，高温伸长率和面缩均小于 25%；时效温度≥830℃，高温伸长率和面缩可升高至 30%以上。

综上所述：为了获得最佳综合性能，选择 830～850℃温度范围进行时效处理。

表 1　GH4202 合金不同时效温度下室温力学性能

力学性能	$R_{p0.2}$/MPa	R_m/MPa	A/%	Z/%	硬度 HB
标准要求	≥550	≥930	≥16	≥18	242～341
800℃×10h 时效	646/674	1103/1087	20.5/21	24.5/22.8	313/309
810℃×10h 时效	673/658	1075/1064	19.5/21.5	25.0/24.5	317/313
820℃×10h 时效	684/676	1087/1059	21.5/22	24.0/26.0	309/307
830℃×10h 时效	724/736	1142/1131	27.0/28.0	30.5/31.0	321/326
840℃×10h 时效	707/699	1147/1142	29.0/28.5	32.0/30.5	321/319
850℃×10h 时效	678/673	1108/1123	27.0/29.0	34.5/35.5	317/319

表 2　GH4202 合金不同时效温度下高温力学性能

力学性能	$R_{p0.2}$/MPa	R_m/MPa	A/%	Z/%
标准要求	≥490	≥830	≥16	≥16
800℃×10h 时效	637/640	938/925	23.5/24.0	24.0/21.0
810℃×10h 时效	638/656	968/993	23.0/24.0	21.0/22.0
820℃×10h 时效	630/665	972/1033	22.0/23.5	21.0/20.0
830℃×10h 时效	690/662	1063/1051	37.0/33.5	29.5/31.0
840℃×10h 时效	669/671	1012/1011	34.5/35.0	34.5/33.5
850℃×10h 时效	611/598	1001/1002	32.5/39.0	31.0/32.0

3 结论

（1）GH4202 合金锻棒随固溶温度升高，晶粒逐渐长大，1130℃以上局部晶粒异常长大，温度升高至 1150℃，晶粒快速均匀长大。固溶时间对晶粒组织影响不大，为了获得最佳晶粒组织，固溶制度为（1110～1120)℃×(1～2)h，AC。

（2）室温抗拉强度和屈服强度随时效温度升高而增大，时效温度 830～840℃时，强度达到峰值，时效温度再升高，强度基本不变。室温塑性随时效温度升高而增大，830℃时效时，室温塑性指标达到峰值，时效温度再升高，室温塑性指标趋于稳定。

（3）700℃抗拉和屈服强度与时效温度无明显关系；高温塑性随时效温度升高而增大，时效温度≥830℃，高温塑性指标可达到 30%以上。

（4）GH4202 合金锻棒最佳热处理工艺：(1110～1120)℃×(1～2)h，AC 固溶处理，(830～850)℃×10h，AC 时效处理。

参考文献

[1] 卢翠芳．GH4202 合金物理化学相分析 [J]．金属学报，1999，35.

[2] 杨玉军，王磊，刘杨，等．固溶温度对 GH4202 合金组织及拉伸性能的影响 [J]．冶金学报，2017，16（2)：147～153.

涡轮盘预旋转内应力调控技术研究

张文云[1,2]，段然[1,2]，黄烁[2]，田强[2]，田成刚[3]，秦鹤勇[2]，张北江[1,2]*

（1. 钢铁研究总院有限公司高温材料研究所，北京，100081；
2. 北京钢研高纳科技股份有限公司，北京，100081；
3. 中国航发商用航空发动机有限责任公司，上海，200242）

摘　要：针对高温合金涡轮盘锻件内应力高、加工易变形的问题，国内首次采用高速旋转试验平台，通过盘件高速旋转产生的应力来调控盘件内部应力，能够实现峰值应力50%以上的降幅，并且对盘件应力分布进行调控，将热处理产生的应力分布重构成适合服役工况高速旋转的应力分布。通过对某型号GH4065A合金 ϕ800mm 低压涡轮盘锻件进行预旋转内应力调控，使盘件峰值应力降低到400MPa以下，解决了该类型锻件加工变形的问题。经过预旋转调控的盘锻件已通过超转破裂及低周循环验证，盘体无明显变形、未发现裂纹，满足某型号发动机超长使用寿命的要求。

关键词：预旋转；内应力调控；加工变形；数值模拟；GH4065A

航空发动机热端转动部件主要采用高温合金制造，包括高压与低压涡轮盘、压气机盘、篦齿盘等。高性能涡轮盘锻件在制备过程中为了获得更好的力学性能，不可避免地会引入较高水平的内应力，该内应力在后续零件加工、超转、装机服役过程中发生释放，是导致加工变形、超转变形预测偏离以及服役过程中零件尺寸变化的主要原因。因此，在涡轮盘制备过程中需要特别注意内应力的演变以及采取一定的措施对内应力进行设计和调控，以适应涡轮盘工况的要求。现阶段，该类合金盘件在制备过程通常采用调整热处理工艺的方式控制内应力，但考虑到力学性能的限制，热处理调整的方法对内应力的控制通常比较有限，对于力学性能裕度比较低的合金甚至导致不合格率的上升；而且热处理对内应力的调控通常和锻件的截面尺寸有关，而盘件在实际工况过程中，应力分布主要和旋转半径相关，这也是为什么热处理调控过的盘件，在实际工况中还存在尺寸稳定性的问题。

预旋转内应力调控技术是指在涡轮盘服役前进行超工况高速旋转，利用离心力载荷使毛坯盘锻件获取预定的微小塑性变形，从而对盘件内应力进行适合服役工况的调控，是一种在不降低盘件性能条件下，进行的主动内应力调控技术[1]。该方法不仅可以解决加工变形的问题，而且由于提前调控了残余应力，可以保证超速强度试验状态以及后期服役过程中不再发生超过设计的有害变形。

本项目以某型号中GH4065A低压涡轮盘制备过程为主要研究对象，通过数值模拟和应力表征技术，绘制制备过程各阶段应力云图，揭示应力的产生，预旋转对应力的调控以及零件加工过程应力再平衡的原理，掌握预旋转关键工艺参数对应力调控和组织性能的影响。建立制备全流程应力的控制体系，实现高温合金盘锻件低应力加工，解决零件加工变形，服役过程中尺寸稳定性的问题，并为寿命预测提供更准确的模型。

1　试验材料及方法

GH4065A合金为我国最新研制新型高性能变形高温合金，使用温度最高达到750℃[2,3]，室温屈服1150MPa，弹性模量225GPa，泊松比0.3，密度8.32g/cm^3。该合金制备的低涡盘锻件外径

*作者：张北江，正高级工程师，联系电话：15801096918，E-mail：bjzhang@cisri.com.cn
资助项目：大型飞机材料研制与应用研究项目（JPPT-KF2019-8-1）

829mm，内径 618mm，是典型薄壁环型盘件结构。该盘锻件采用环轧制坯+热模锻造常规制备工艺，制备过程中的内部内应力高达 800~900MPa。由于内外径的间距较小，最终零件状态辐板尺寸较小，截面加工去除较多，安装边容易出现向外翘曲，轮毂也有一定程度下塌，同时存在边加工边变形的问题，尺寸难以保证。

1.1 内应力表征

根据盘件内应力的分布特点，主要采用 X 射线衍射的方法，对盘锻件的轮毂、辐板、轮缘以及外径处共四个特征部位来表征整盘的应力分布，并用此数据矫正数值模拟计算模型。本研究对预旋转前后内应力进行了测量，测量结果稳定性较高。

1.2 预旋转技术设备

本研究采用超速旋转试验平台实现制定转数的预旋转内应力调控，转数精度±15r/min，配合具备重复使用能力的专用工装，配备红外在线变形高精度测量系统，能够精确记录盘件发生塑性变形的转数，以及实时监测盘件最终残余变形数值。考虑到在预旋转过程中盘锻件会发生塑性变形，可能会引起较大的不平衡转动，因此该设备需要较强的抗振动能力。高速旋转试验平台可以通过调整转数精准地给盘件施加应力，实现可控微小塑性变形进而达到调控应力大小和分布的目的，该优势是其他应力调控方法不具备的。

2 试验结果及分析

2.1 内应力的产生

在涡轮盘毛坯锻件的常规加工过程中，内应力的产生基本可以分为两步。第一步发生在热处理前的热加工过程中，盘锻件内部由于不平衡塑性变形、不平衡温度以及不平衡的相变引起一定的内应力，但是该内应力在后续固溶保温过程中由于发生再结晶几乎全部得到释放，因此该内应力场可以忽略不计。第二步是在固溶热处理的冷却过程中，由于毛坯锻件截面厚度差异、温度差异、组织差异等因素引入了内应力，而且该内应力水平与合金固溶态屈服强度相当，不可忽略。而后续的时效热处理也会引入一定的组织应力，但同时会释放一定热应力，尤其针对 760℃时效工艺的镍基高温合金，时效热处理对降低内应力的效果非常有限。因此，固溶热处理引起的内应力场仍然是最值得关注的。

GH4065A 合金的 γ' 相含量达到 42%，晶粒度在 ASTM 10 级，在固溶热处理过程中，为了达到更好的力学性能通常采用快速冷却的方式，但同时引入了较高水平的内应力。经过模拟计算，应力分布如图 1 所示，呈现出了锻件内部拉应力、外部压应力的状态，辐板内部应力水平达到 800MPa 级，该应力水平对后期零件加工以及超转试验甚至装机服役都有较大影响。

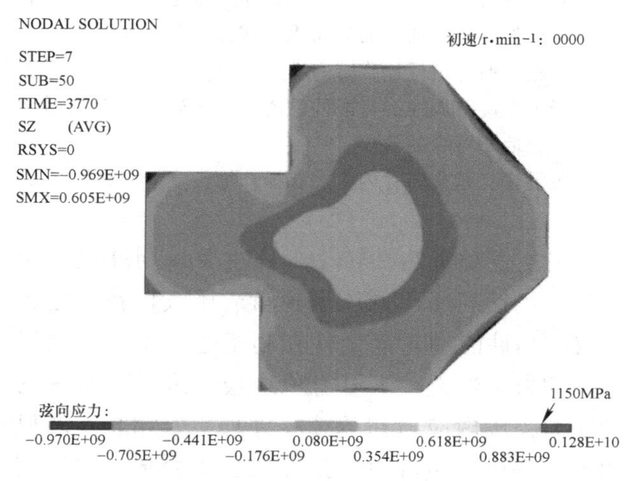

图 1 热处理后盘件弦向内应力分布

2.2 在预旋转过程中内应力的演变

涡轮盘预旋转技术是一种主动的内应力调控技术，通过对毛坯或者零件状态涡轮盘部件进行超速旋转产生弦向旋转力与盘件本身的弦向应力进行叠加直到发生塑性变形，此时盘件内部内应力以盘件宏观变形的方式释放出去，随着超速旋转转数的提高，盘件塑性变形区域逐渐增大，盘件旋转后的最大内应力逐渐降低，内应力的分布按照径向尺寸发生了相应的变化。

如图 2 所示，针对不同应力状态预旋转[1]过程中外径变化规律进行了计算，根据计算盘件初始应力越大，相同预旋转转数外径尺寸越大，残余永久变形越大，应力的释放也越显著；同一应力盘件，预旋转转数越高应力释放越充分，残余永久变形越大。在实际操作过程中，可以根据盘件的应力要求，进行有效的控制，使盘件内部达到合适的应力分布。

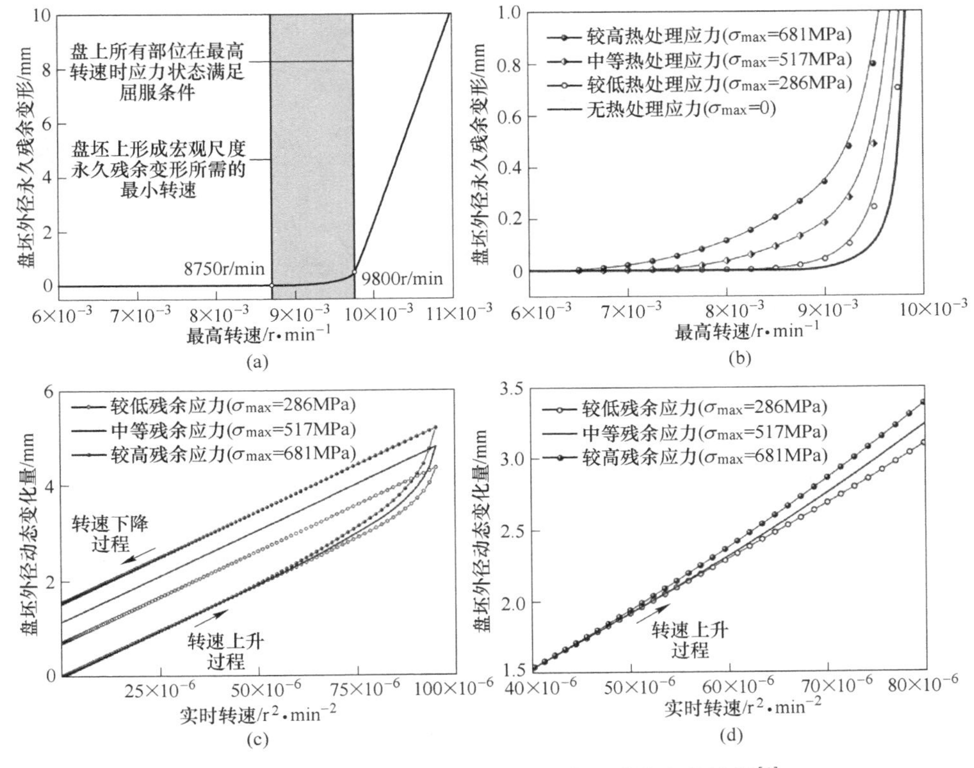

图 2　不同热处理应力预旋转过程中尺寸的变化情况[1]

(a) 无初始热处理应力（$\sigma_{initial}=0$）条件下，毛坯盘锻件尺寸变化量与预旋转最高转速之间的关系；(b) 热处理应力对毛坯盘锻件外径变化量的影响；(c) 不同残余应力对在旋转过程中盘锻件尺寸呈现的变化规律；(d) 不同残余应力对转速上升过程中对毛坯盘锻件外径尺寸变化规律产生的影响

针对典型低涡盘锻件，引入初始内应力后对预旋转过程进行应力演变模拟，如图 3 所示，转数达到 7300RPM 时，局部发生塑性变形；转数达到 9750RPM 时，塑性变形面积达到 90%以上；此时进行减速，盘件最终应力水平降低到 200MPa 以下，应力降低幅度达到 67%。盘件拉应力中心向外径方向移动，最终呈现出轮毂部位为压应力、外缘部位为拉应力的分布状态。

根据以上预旋转模拟可知，对于低涡盘锻件此类薄壁环形锻件，预旋转处理在盘锻件截面上形成的应力应变量的梯度均较小，总体分布比较均匀。通过毛坯盘锻件预旋转应力调控技术实现毛坯盘锻件的局部屈服并获取微量的永久塑性变形成为可能，这一方法可以使热处理造成的“内拉外压式”的残余应力分布状态得到彻底的重构。

为验证预旋转调控内应力的效果，对 GH4065A 低涡盘锻件进行了预旋转处理，同时对上述模拟计算结果进行验证。在预旋转处理的加载与卸载的全过程中，记录了盘锻件外径随转速动态变化的情况，在预旋转前后采用 X 射线衍射法对毛坯盘锻件特征部位表面 0.2mm 以下进行残余应力测量，结果如图 4 所示，测试结果与模拟结果基本一致。盘锻件经过预旋转后的应力水平明显降低，总体应力水平降低到 400MPa 以下，降幅达到 50%，满足毛坯盘件对应力的要求。同时也可说明预旋转过程基本符合模拟计算预期，可以实现对盘件残余应力和变形的预测与控制，通过此方法建立制备全流程应力的控制体系具有可行性。

2.3　零件切削加工过程内应力的演变

零件切削加工过程中易出现变形的原因主要是加工应力和基体去除带来的应力重新分布。零件在加工过程中，表层局部会发生非常不均匀的热弹塑性变形，主要影响盘件表层应力分布；盘体本身存在遗传的内应力，在切削加工去除材料的过程中内应力通过变形得到释放，这是零件加工变形主要原因。

对零件切削加工过程进行数值模拟，由于材料的去除使盘体发生了应力重新分布。未预旋转盘件最大内应力下降到 542MPa，应力分布与热处理后的状态一致，如图 5（a）所示；经过预旋

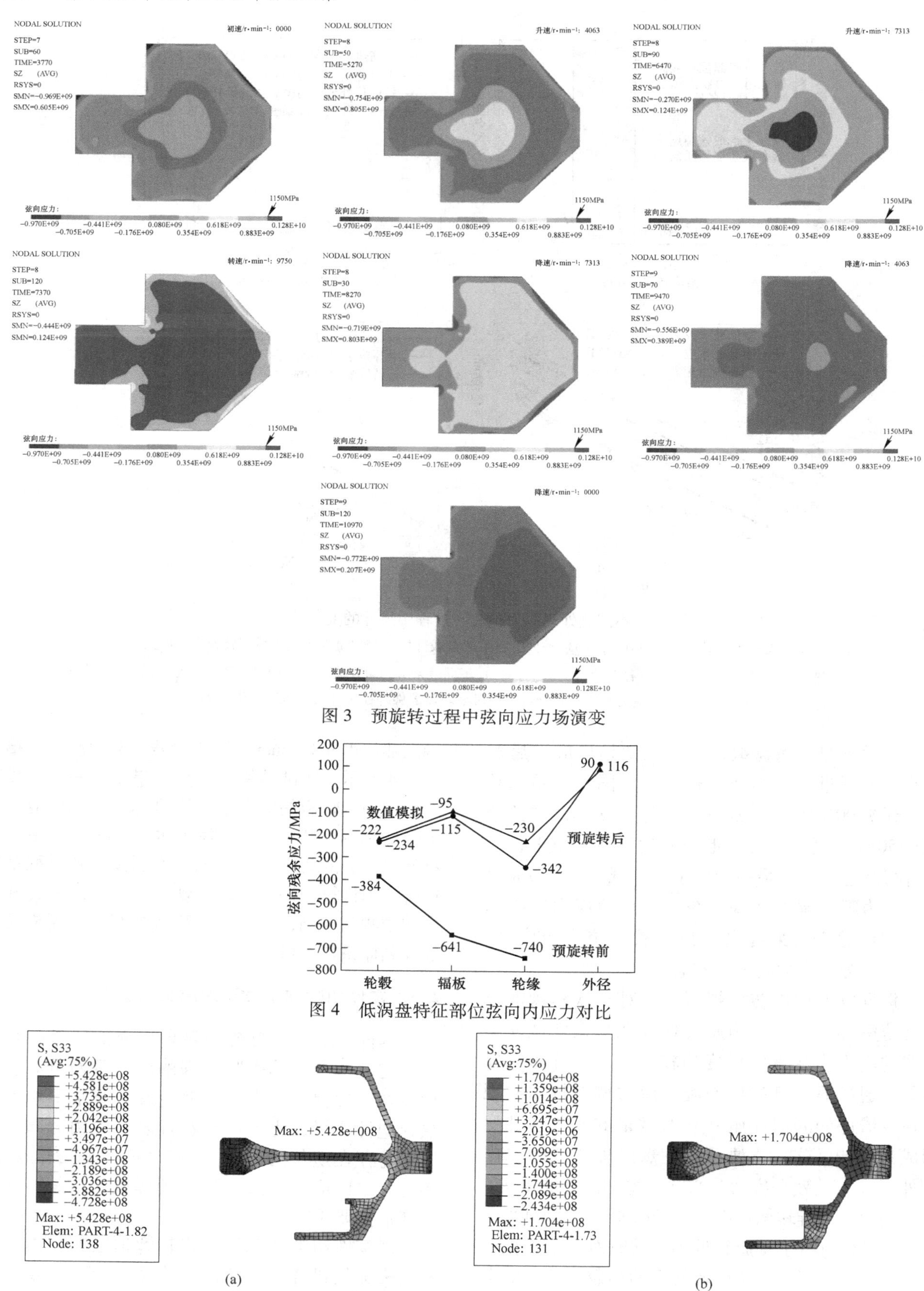

图 3　预旋转过程中弦向应力场演变

图 4　低涡盘特征部位弦向内应力对比

图 5　未预旋转和预旋转盘件零件加工后内对比

（a）未预旋转盘件弦向应力分布云图；（b）预旋转盘件弦向应力分布云图

转的盘件加工以后最大内应力仅有+170MPa，应力分布遗传于预旋转后的状态，如图5（b）所示。经与未预旋转的盘锻件的对比可知，经过预旋转处理的盘件在机加工过程中的内应力水平发生了显著降低，零件切削加工的尺寸合格率大幅度提高；最大拉应力区域由辐板向轮缘移动，同时为轮毂部位置入200MPa级别的压应力，能够有效提高盘件的疲劳寿命。

3 总结

（1）预旋转内应力调控技术是一种主动调控盘件内应力的有效方法，根据盘件情况，可以在毛坯阶段或者零件阶段进行操作，预旋转后，盘件应力显著减低，一方面有利于加工过程中变形的控制，另一方面，在后期超转和服役过程中尺寸的稳定性显著提高，特别地，可以进行预应力设计，降低服役过程中最大拉应力部位的应力水平，从而提高盘件使用寿命。

（2）涡轮盘尤其γ'含量大于35%的难变形高温合金涡轮盘以及粉末涡轮盘，包括低压涡轮盘、压气机盘和高压涡轮盘普遍存在内应力水平高的问题，需要在整个制备过程中注意内应力的控制，可以采用预旋转技术进行应力调控，该方法具有精度高、稳定性好，成本低，生产效率高的特点，特别适合大批量生产。

（3）在涡轮盘制备过程中，内应力发生了持续性的演变，无法彻底消除，因此在设计阶段就需要加以重视，确定好每个阶段内应力的控制水平，并且建立全流程的内应力控制体系；由于内应力的准确测量比较有局限性，可以通过建立精确的数值模拟模型来预测和控制内应力。

参考文献

[1] 张北江，宣海军，张文云，等．通过预旋转调控高温合金毛坯盘锻件的残余应力的方法．中国，CN111471944A（P），2020.05.19.

[2] 张北江，赵光普，张文云，等．高性能涡轮盘材料GH4065及其先进制备技术研究［J］．金属学报，2015，51（10）：1227~1234.

[3] 赵光普，黄烁，张北江，等．新一代镍基变形高温合金GH4065A的组织控制与力学性能［J］．钢铁研究学报，2015，27（2）：37~44.

工艺优化改善UNS N06025合金碳化物分布

王树财[1*]，韩冬[2]，鞠泉[3]，赵越[1]，王志刚[1]，王艾竹[1]，李如[1]

（1. 抚顺特殊钢股份有限公司，辽宁 抚顺，113001；
2. 中国科学院金属研究所，辽宁 沈阳，110016；
3. 北京钢研高纳科技股份有限公司，北京，100081）

摘　要：采用“1t真空感应炉+保护气氛电渣炉”成功冶炼了N06025合金 ϕ330mm电渣锭，并开展了N06025合金的高温固溶热处理及不同均质化工艺试验。通过相应试验研究了N06025合金中碳化物的析出规律和均质化工艺对其分布状态的影响。试验表明N06025合金中主要的析出相为富Cr的 $M_{23}C_6$型碳化物，以及少量的 M_7C 型碳化物，且在碳化物还存在少量的 Y_2O_3；采用“中间坯1220℃”的均质化工艺生产的棒材锻态及固溶态组织最佳。

关键词：均质化；N06025；碳化物

UNS N06025合金是一种碳化物强化型的高温合金，为了提高合金的抗氧化和耐高温腐蚀性能，在合金中添加了铝、钛、锆、钇等元素。高温下UNS N06025合金主要依靠铬、铝、钇元素形成的多层级的氧化膜来阻碍氧元素向合金内部迁移，进而提供了良好的抗氧化性能；较高的碳含量（0.18%~0.2%）保证了合金内部碳化物的大量析出，并在1200℃下仍然有一定数量的保留，在高温下对合金起到强化的作用；而钛和锆的加入又促进了细小且弥散的碳化物和碳氮化物的形成，进一步提高了碳化物对合金的强化作用[1~3]。由于合金优秀的耐高温、抗氧化、抗碳化性能，广泛应用于热处理、石油化工、汽车等多种工业领域，常见的应用包括：加热炉炉辊、炉膛夹具、旋转炉窑、现代燃烧器和热交换器等关键部件[4~6]。

对于高温合金而言由于成分复杂，铸锭通常存在严重的元素偏析，而高温扩散的均质化工艺是改善合金元素偏析的重要手段[7~9]。根据长期生产实际发现，固溶强化型变形高温合金材料的主要问题是铸锭在凝固过程中碳化物在枝晶界聚集析出，并导致钢锭内部碳化物分布不均，且在后续的热加工过程中也很难改善。考虑到UNS N06025合金碳化物强化的设计原理，本文的研究目的是通过工艺研究，探索改善其成品材碳化物分布的方法。

1 试验材料及方法

试验合金采用抚顺特钢1t真空感应炉+保护气氛电渣炉冶炼，锭型：ϕ330mm，冶炼试验采用全新料投产，钢锭锻后成品取样化学成分满足表1要求。

表1 试验用N06025合金的主要化学成分（质量分数,%）

元素	C	Cr	Fe	Al	Ti	Zr	Y	Ni
含量	0.2	24.8	9.50	2.28	0.16	0.055	0.078	余量

结合JMatPro软件计算相图对N06625合金碳化物的析出规律进行了研究；选择1炉 ϕ330mm电渣锭，在锭冠 $R/2$ 处取样进行了1220℃、1240℃和1260℃保温6h的高温固溶热处理，水冷后制备金相试验；选择4炉 ϕ330mm电渣锭，分别进行了不同均质化工艺试验，并经3150t快锻机+

* 作者：王树财，高级工程师，联系电话：13942324009，E-mail：wuli04hawk@163.com

1800t 径锻机生产为 ϕ110mm 棒材，具体工艺方案见表 2，并在相应成品棒材 $R/2$ 处取样，分别制备了原始态和“1200℃+水冷”固溶热处理态金相试样。运用光学显微镜、SEM、EBSD 对上述试样进行了金相组织分析。

表 2 N06025 合金均质化工艺方案

方案	均质化扩散温度/℃	均质化扩散时间/h	快锻开坯/t	中间坯均质化扩散温度/℃	中间坯均质化扩散时间/h	径锻成材/t
Ⅰ	—	0	3150	—	0	1800
Ⅱ	1190	48	3150	—	0	1800
Ⅲ	1250	48	3150	—	0	1800
Ⅳ	—	48	3150	1220	20	1800

2 试验结果及分析

2.1 热力学计算、SEM 及 EBSD 分析

从 N06025 合金热力学计算相图（图 1）及组织分析可知，合金中的主要组织为奥氏体基体和较高比例的碳化物。计算相图与 R. Pillai，A. Chyrkin 等人研究[10,11]结果基本保持一致，合金中主要的析出相为 $M_{23}C_6$ 和 M_7C_3 型碳化物，主要为富 Cr 的 $(Cr,Ni,Fe)_7C_3$ 和 $(Cr,Ni,Fe)_{23}C_6$，而 MC 型碳化物含量较少，其结构为 (Zr，Ti)C。

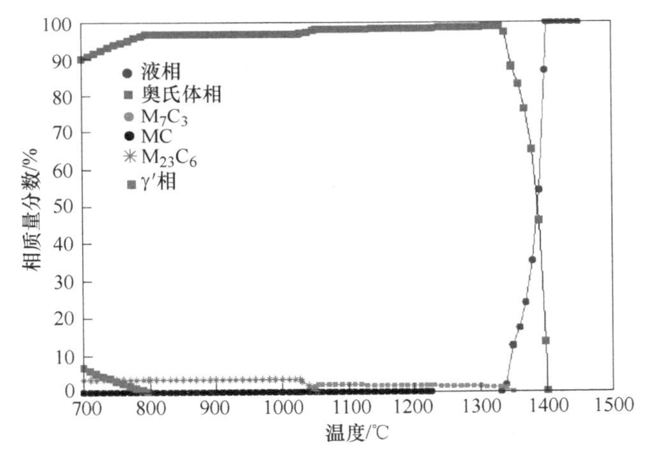

图 1 JMatPro 计算的 N06025 合金平衡态相图

采用 SEM 和 EBSD 对 N06025 合金中碳化物进行了微观组织分析，通过分析发现合金中的碳化物主要以 $M_{23}C_6$ 型碳化物存在，少量的 MC 型碳化物和 M_7C_3 型碳化物在 $M_{23}C_6$ 边缘或晶界处析出。如图 2 所示而在碳化物附近存在 Y_2O_3 型的氧化物颗粒，观察视场内约占合金的 0.324%。而从分析结果可见 N06625 合金中的碳化物主要以 $M_{23}C_6$ 型为主，约占 4.17%，其他类型的碳化物含量相对较低，因此分布图中没有体现。

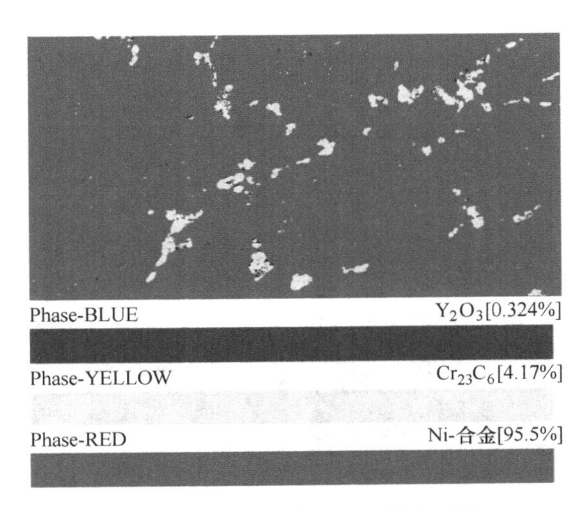

图 2 N06025 合金 EBSD 相分布图

2.2 高温固溶对碳化物的影响

铸造态的 UNS N06025 合金中碳化物主要沿支晶间呈鱼骨状分布，且与同类 Ni-Cr-Fe 类固溶强化型高温合金相比，由于其较高的碳含量铸态晶界处聚集分布着尺寸更大的棒状碳化物，大量细小的颗粒状碳化物弥散于其间，如图 3 所示。经高温固溶处理后细小的颗粒状碳化物发生回溶，且随固溶温度上升回溶程度提高，1260℃ 固溶处理后基本全部溶入基体；尺寸较大的棒状碳化物基本无法回溶，但其形貌随着固溶温度的提高逐渐从棒状向拥有圆滑边界的颗粒状转化。

2.3 均质化工艺对合金碳化物分布的影响

从锻态组织对比照片可见，不采取均质化处理的锻棒（图 4 中方案 Ⅰ）中存在大量的条带状分布的碳化物组织，除了大颗粒的棒状的碳化物外，还存在大量弥散的细小碳化物颗粒；随着均

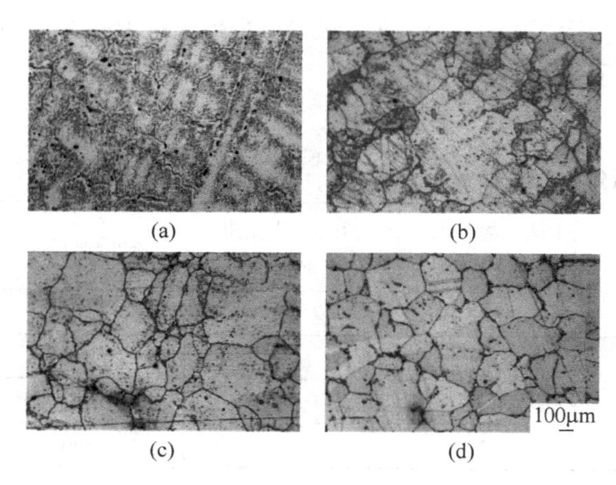

图 3 N06025 合金不同温度高温固溶组织

（a）原始态；（b）1220℃；（c）1240℃；（d）1260℃

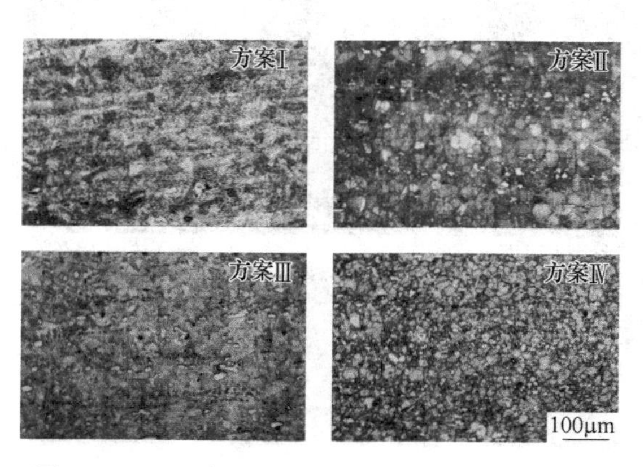

图 4 N06025 合金不同均质化工艺锻造棒材组织

质化温度的升高，合金中大颗粒棒状碳化物逐渐转化为圆滑边界的颗粒状，而且细小碳化物颗粒的数量逐渐减少，在 1250℃ 均质化后的棒材中基本已经全部消失，但大颗粒碳化物仍然存在呈条带状分布趋势，见图 4 中方案Ⅱ和方案Ⅲ；方案Ⅳ采取"中间坯 1220℃"均质化处理的工艺生产的棒材锻态组织均匀，晶粒度相对其他方案更为细小，且基本消除了碳化物条带状的分布趋势，细小碳化物颗粒也基本消失，从锻态组织来看，方案Ⅳ所获得的组织状态最好。这是因为在铸态组织破碎后的中间坯内形成了大量的位错，并发生了动态再结晶使晶界数量显著增加，在随后的中间坯均质处理过程中为碳化物回溶及后续加工过程的二次析出提供了必要的能量和通道，进而显著改善了碳化物的均匀性。在精锻生产过程中大量均匀分布的碳化物又对晶界起到了钉扎作用，因此显著降低了再结晶晶粒尺寸。

从 N06025 合金四组不同均质化工艺锻棒的 1200℃ 固溶后组织（图 5）对比分析发现，经方案Ⅰ和方案Ⅱ生产的锻材中碳化物均匀性较差，固溶后随着细小碳化物的回溶，这种不均匀性进一步加剧；而经方案Ⅲ和方案Ⅳ生产的锻材在固溶后碳化物均匀性都较好，但方案Ⅲ生产的棒材中碳化物含量要明显低于方案Ⅳ生产的棒材；结合该合金碳化物强化的基本原理以及在 1200℃ 以下环境中的使用需求评价，经方案Ⅳ生产的锻材组织状态最佳。

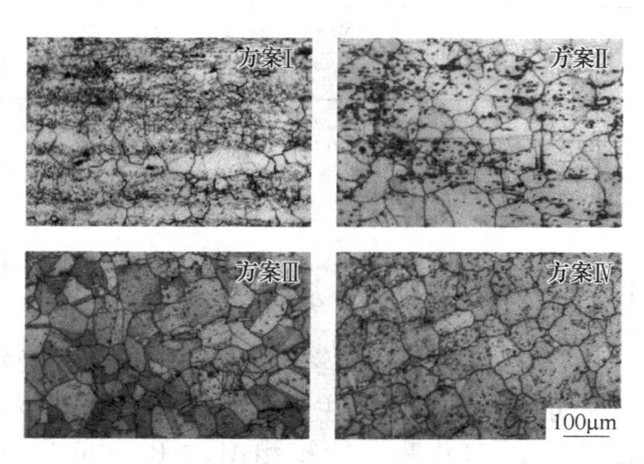

图 5 N06025 合金不同均质化工艺锻棒 1200℃ 固溶后组织

3 结论

（1）N06025 合金中主要的析出相为富 Cr 的碳化物，且以 $(Cr,Ni,Fe)_{23}C_6$ 型为主，以及含量较少的 $(Cr,Ni,Fe)_7C_3$ 和 (Zr,Ti)C 型碳化物。

（2）Y 元素在 N06025 合金中主要以 Y_2O_3 型的氧化物颗粒存在，且大部分分布在碳化物边缘或晶界处。

（3）N06025 合金中 $M_{23}C_6$ 型碳化物在 1250℃ 也不能完全溶解。

（4）采用"中间坯 1220℃ 扩散"的均质化工艺生产的棒材锻态及固溶态组织均匀、晶粒度细小，"方案Ⅳ"是本文开展的工艺试验中的最佳方案。

参考文献

[1] 李殿魁．新型高温镍合金 620CA [J]．上海钢研，2001（1）：38~42.

[2] Agarwal D C, Brill U. PERFORMANCE OF ALLOY 602CA (UNS N06025) IN HIGH TEMPERATURE ENVIRONMENTS UP TO 1200℃ [C] // NACE International annual conference & exposition; Corrosion 2000. 0.

[3] Albertsen, J. Z , Grong, et al. Metallurgical investigation of metal dusting corrosion in plant-exposed nickel-based alloy 602CA [J]. Corrosion Engineering, Science & Technology, 2005.

[4] Wilson J, et al. Nickel-Base Furnace Alloy Extends Maximum-Use Temperature [J]. Heat & Corrosion Resistant Materials/Composites, 2002.

[5] Chang J, Mcmannis C, Sandall B, et al. Metallurgical Analysis of a Corrosion Failure [J]. Journal of Failure Analysis and Prevention, 2001, 1 (6): 20~21.

[6] El-Magd E, Jürgen Gebhard, Stuhrmann J. Effect of temperature on the creep behavior of a Ni-Cr-Fe-Al alloy: a comparison of the experimental data and a model [J]. Journal of Materials Science, 2007, 42 (14): 5666~5670.

[7] 赵鹏，杨树峰，杨曙磊，等. 镍基高温合金均质化冶炼研究进展 [J]. 中国冶金，2021 (4): 1~11.

[8] 董建新，李林翰，李浩宇，等. 高温合金铸锭均匀化程度对开坯热变形的再结晶影响 [J]. 金属学报金，2015 (10): 1207~1218.

[9] 张瑞，刘鹏，崔传勇，等. 国内航空发动机涡轮盘用铸锻难变形高温合金热加工研究现状与展望 [J]. 金属学报金，2021 (10): 1215~1228.

[10] Chyrkin A, Pillai R, Ackermann H, et al. Modeling carbide dissolution in alloy 602 CA during high temperature oxidation [J]. Corrosion Science, 2015, 96 (jul.): 32~41.

[11] Pillai R, Ackermann H, Hattendorf H, et al. Evolution of carbides and chromium depletion profiles during oxidation of Alloy 602 CA [J]. Corrosion Science, 2013, 75 (OCT.): 28~37.

高温合金 GH4169 和 GH4738 环形件工艺优化依据与控制

江河*，王川，魏振，姚志浩，董建新

（北京科技大学材料科学与工程学院，北京，100083）

摘　要： 高温合金环锻件在多道次、长流程制备过程中受到加热和变形的反复作用，组织控制的影响因素复杂多变，易出现混晶等问题。有限元模拟的应用可为工艺参数优化提供参考，但受软件条件和环轧过程组织变化复杂性限制，国内高温合金环轧组织预测的报道有限。基于 GH4169 和 GH4738 合金组织演变特征和高温合金环锻件制备工艺实际，开发了高温合金环锻件制备全流程的仿真模拟方法，可实现包括制坯、环轧等典型环节在内的组织预测。可结合工艺制备实际通过虚拟生产为环锻件制备过程控制和参数优化提供理论依据。

关键词： 高温合金；环锻件；有限元模拟；组织预测；工艺优化

近年来，随着航空航天、重型燃机等领域的迅猛发展，高温合金锻件的需求量日益增加。高温合金盘锻件、环锻件、板材等常用于各领域的关键部件。在用量增加的同时，对于高可靠性高温合金锻件的需求也愈发迫切[1]。

高可靠性、高精度高温合金锻件制备需先进装备与先进工程理论的有效配合。国外高温合金研究的起步较早，已形成了较为完备的研究体系。在高温合金冶炼、锻造、热处理等关键环节，除大量基础理论研究报道外，更积累了丰富的与生产实际相结合的工程数据并形成了相应的理论体系[2,3]，为实现高可靠性、高精度高温合金锻件的先进制造提供了坚实的理论支撑。目前，国内高温合金锻件的研制偏向于先进设备与半经验式研发的结合，在关键性工程工艺规范和优化的理论支撑方面依旧存在缺口，也成为制约高可靠性、高精度高温合金锻件国产化稳定生产的关键技术瓶颈。

为实现高温合金锻件高可靠性、高精度制备，使高温合金锻件生产实现“从无到有”到“从有到精”的跨步，国内应高度重视基于工业实际的相关理论研究工作。采集工业生产数据并对商用软件进行二次开发，实现制备工艺的组织预测，从而进行基于实际设备工况工艺优化条件下的组织精确控制，是提高高温合金锻件制备可靠性和精度的有效途径。高温合金环锻件在制备中易出现混晶等组织缺陷，直接影响产品的性能。目前，笔者及所属研究团队正在进行基于高温合金锻件制备工艺的理论研究工作，并在高温合金环锻件制备的全流程贯通虚拟制造技术方面取得了一定的成果。以 GH4169 和 GH4738 合金为主要研究对象，结合合金组织演变特征和环锻件制备工艺实际，开发了高温合金环锻件制备过程的制造孪生（manufacture twin）技术，可实现包括制坯、环轧等典型环节在内的组织预测，通过虚拟生产为环锻件制备过程控制和参数优化提供理论参考。

1　试验材料及方法

本文高温合金 GH4169 和 GH4738 环形件的制造孪生技术采用商用有限元软件 Simufact 实现。其中，为实现高温合金环轧过程的组织模拟和预测，结合商用有限元软件 Simufact 开发了配套的组织演变及损伤开裂计算程序 MFSS-RR（Microstructure & Fracture Subroutine for Simufact. forming-Ring Rolling）。以 GH4738 和 GH4169 合金的物理参数、组织模型、环锻件制备实际工况等为主要输入参数，对软件进行二次开发，从而实现镦粗、冲孔、环轧等典型工艺环节贯穿式的制造孪生技术。

*作者：江河，副教授，联系电话：13811910685，E-mail：jianghe@ustb. edu. cn

2 试验结果及分析

2.1 环轧工艺特征和高温合金环锻件制备难点

高温合金环锻件在航空发动机中具有广泛应用，主要用于机匣、支撑环、封严环、燃烧室等部位[4,5]。高温合金环锻件的制备流程较为复杂，典型工艺过程包括：镦粗、冲孔、环轧、热处理等环节。与开坯、锻造工艺相比，环轧具有明显的自身特色。环轧过程中材料所受到的应力状态较为复杂，导致环形件不同部位的变形量存在差异，易出现组织不均匀的现象[6~8]。高温合金环轧后易出现组织不均匀现象，横截面边角位置易出现混晶组织[9]。组织分布不均匀、混晶组织等现象，会直接影响环锻件的性能和品质。

对于高温合环锻件的制备流程而言，组织控制的困难性主要体现在两个方面：一是环轧工艺本身，二是整个制备过程的遗传性。环轧过程中坯料不断旋转，与轧辊接触的部分发生变形的同时内部组织发生动态再结晶，而空转尚未与轧辊接触的坯料部分发生后动态再结晶。内部组织变化处于动态再结晶-后动态再结晶交替往复的过程，内部组织变化极为复杂。

另一方面，环锻件制备需要进行多道次变形，道次间的组织遗传性和控制是现在高温合金热变形研究体系中的一个薄弱环节。在高温合金多道次、长流程的制备过程中，上一道次的组织直接影响了下一道次变形效果。在传统观点中，增加道次间的保温时间可以使合金充分发生静态再结晶，使材料充分发生软化，为下一道次的热变形做好准备。但作者在前期 GH4720Li 合金热变形研究中发现，上一道次的组织在后续变形过程中具有明显遗传性，并且道次间保温时间并非越长越好，时间过长不利于下一道次热变形过程中动态再结晶发生，且会影响组织的均匀性[10]。基于以上原因，工艺参数的合理选择和匹配，在高温合金环轧组织控制中具有重要的作用。

2.2 环轧过程组织模型调用研究

高温合金环轧过程组织演化规律和机理研究，与高温合金盘锻件研究相比较为薄弱。环轧过程受到多参数的影响，采用有限元软件实现环轧过程的组织预测，对于研究工艺参数-组织间关联性、避免混晶等组织缺陷具有很高的应用价值。为此，针对环轧过程组织演变预测分析，基于目前较为成熟的环轧模拟商用有限元软件 Simufact 开发了配套的组织演变及损伤开裂计算程序 MFSS-RR（Microstructure & Fracture Subroutine for Simufact. forming-Ring Rolling）。该程序采用 JMAK 微观组织演变模型对环轧过程中的再结晶行为、晶粒长大行为进行求解计算，弥补了有限元软件在解决环型件制造过程组织模拟分析上的不足。

由于环型件轧制过程速度较快，环轧坯料在与轧辊接触变形和非变形条件下快速切换，组织变化过程极为复杂。本研究中 MFSS-RR 计算程序的开发根据 T. Matsui 等人提出的 Waspaloy 环型件轧制过程微观组织演变预测理念，如图 1 所示。引入了多道次变形过程中动态再结晶在未再结晶区域和已再结晶区按比例发生的处理思路，该计算程序可结合 Simufact. forming 软件完成环轧过程的全流程过程分析，并可实现环轧过程中的组织模拟。

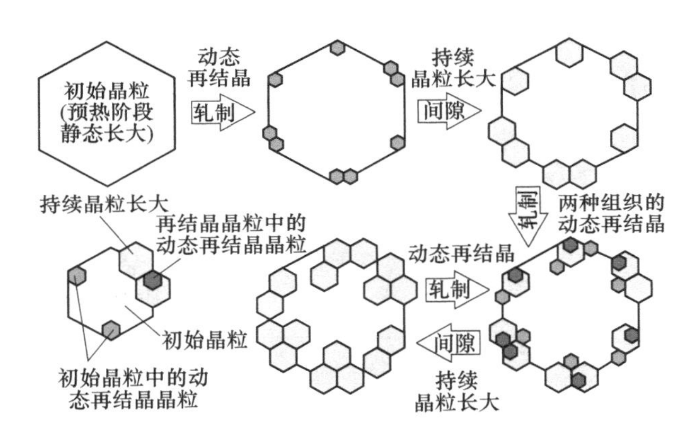

图 1 T. Matsui 等人 Waspaloy 环轧过程微观组织演变模拟思路[11]

2.3 高温合金环轧组织模拟实现

采用上述二次开发思路，对 GH4169 和 GH4738 合金环锻件的初轧、中间热处理和终轧过程的变形、组织、温度场等重要参数变化进行孪生制造技术的研究，可较好地完成多火次环轧的道次传递和模拟工作。根据实际装备参数，将主辊、芯辊、锥辊、抱辊使用 UG10.0 软件进行建模和装配，生成 stl 格式文件并导入商用有限元软件 Simufact。环轧过程坯料的网格划分采用 Ringmesh 六面体网格，使网格划分更加均匀，网格大小 15mm，网格数量 7800 个。装配后的环轧过程有限元模拟模型和环轧坯料网格划分如图 2 所示。

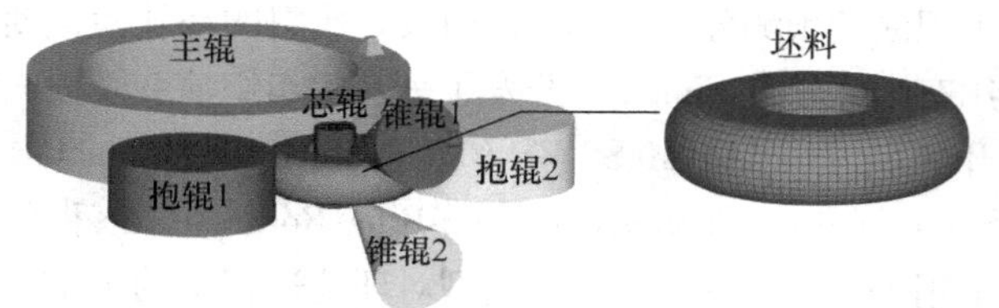
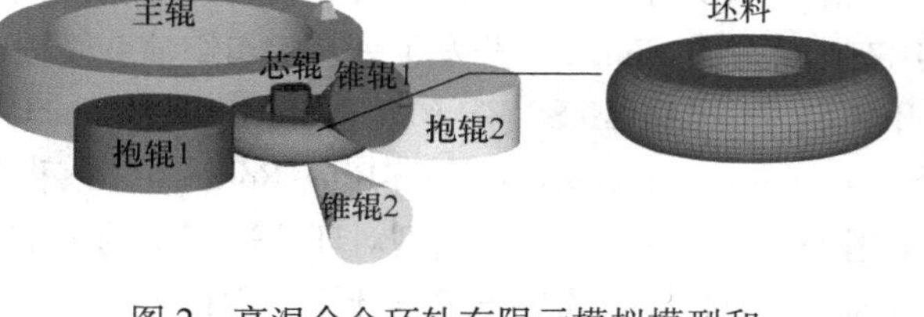

图 2　高温合金环轧有限元模拟模型和坯料网格划分示意图

经过两火次轧制直径近 1m 的 GH4738 合金环锻件晶粒度分布的模拟结果如图 3 所示，环锻件横截面不同部位的晶粒度存在一定差异，符合环轧工艺特点。

采用相同模型调用方式结合 GH4169 合金组织演变特征和环锻件制备流程的工业生产实际获得的 GH4169 合金环锻件初轧和终轧后的组织分布特征如图 4 所示。

Grain Size GB 6394
14.56
13.32
12.09
10.85
9.61
8.38
7.14
5.91
4.67
3.43
2.20
最大：14.82
最小：1.96

(a)

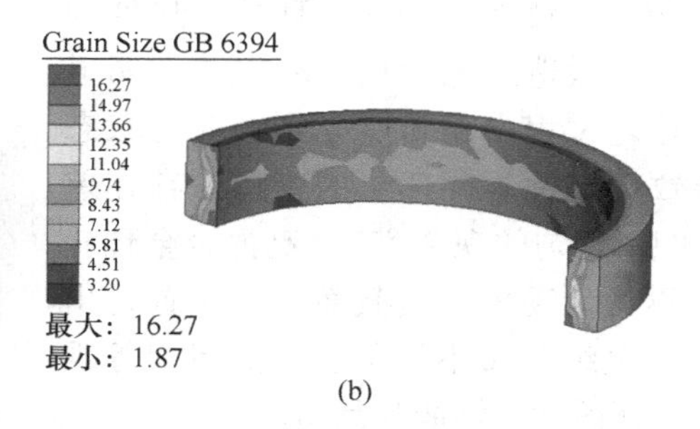

(b)

图 3　GH4738 合金环锻件环轧组织模拟结果

（a）初轧晶粒度分布；（b）终轧晶粒度分布

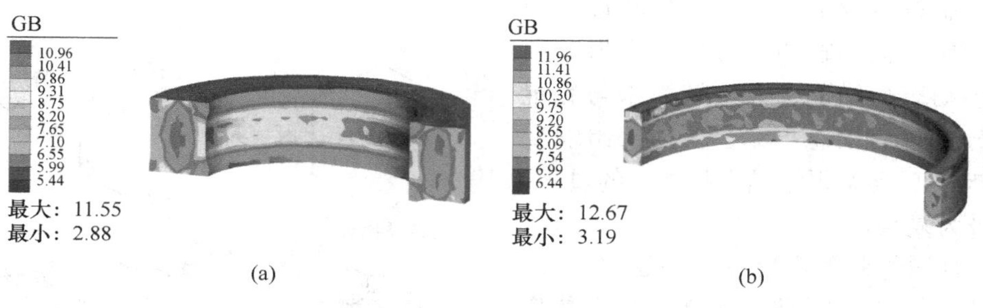

图 4　GH4169 合金环锻件环轧组织模拟结果

（a）初轧晶粒度分布；（b）终轧晶粒度分布

图 5 为环轧后温度对 GH4169 合金环锻件平均晶粒尺寸的影响。从图 5 中可以看到，表面及棱角处晶粒尺寸小，心部尺寸大，温度较低（980℃、1000℃）时，环形件截面晶粒尺寸分布出现了两个峰值区域，主要是由于晶粒尺寸受温度的影响，温度越高，加热保温后原始晶粒尺寸越大，环轧结束后的晶粒尺寸也会越大。温度较低（980℃、1000℃）时，处于 δ 相回溶温度以下，δ 相钉扎晶界起到细化晶粒作用，1000℃ 与 980℃ 下晶粒尺寸相差不大；温度处于 δ 相回溶温度以上，相回溶使晶粒长大的阻碍减小，最终晶粒尺寸随温度升高不断增大。

2.4　高温合金环锻件全流程虚拟式制造

基于以上的开发过程，现已可实现贯穿环锻件制备典型工艺的孪生制造技术，典型工艺的模拟结果如图 6 所示。坯料在镦粗前的加热过程中需进行充分的加热，加热后坯料内外温度均匀，已实现坯料均温。坯料出炉转移过程中表面发生温降，转移时间为 30s，表面温降尚不明显，与实际工况相符。坯料冲孔后需再次加热，加热后环轧坯料温度均匀。环轧坯料转移 30s 后发生表面温降，并且由于表面积增加，环轧坯的温降比棒状坯料的表面温降更加明显，温降主要发生在环轧坯料的边角位置。环轧坯料加热后的转移和温降在高温合金环锻件制备中需重点关注。至此，实现了高温合金环锻件全流程贯通式的虚拟制造，可对整个制备过程的关键参数进行模拟和预测工作。

基于本研究所构建的方法，可实现 GH4169 和 GH4738 合金在内典型高温合金环锻件的全流程虚拟生产，结合实际制备工况获得主要工艺参数、设备载荷、组织控制等的变化规律和控制准则，为环锻件制备的组织控制和质量稳定性提升提供理论依据和指导。

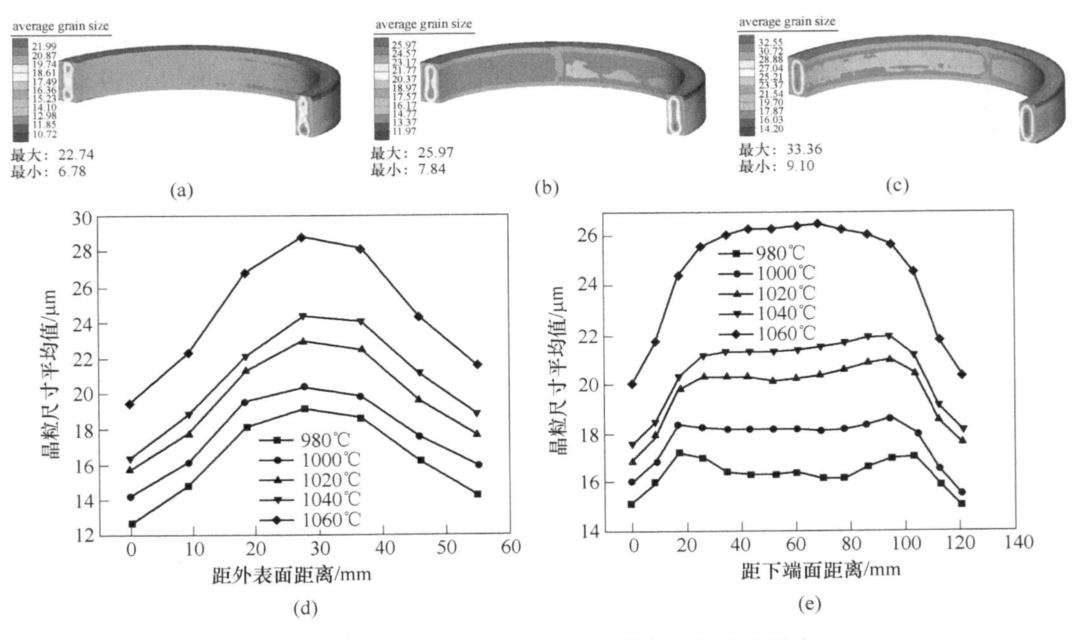

图5　预热温度对GH4169合金环锻件环轧组织影响

(a) 980℃；(b) 1020℃；(c) 1060℃；(d) 径向分布；(e) 轴向分布

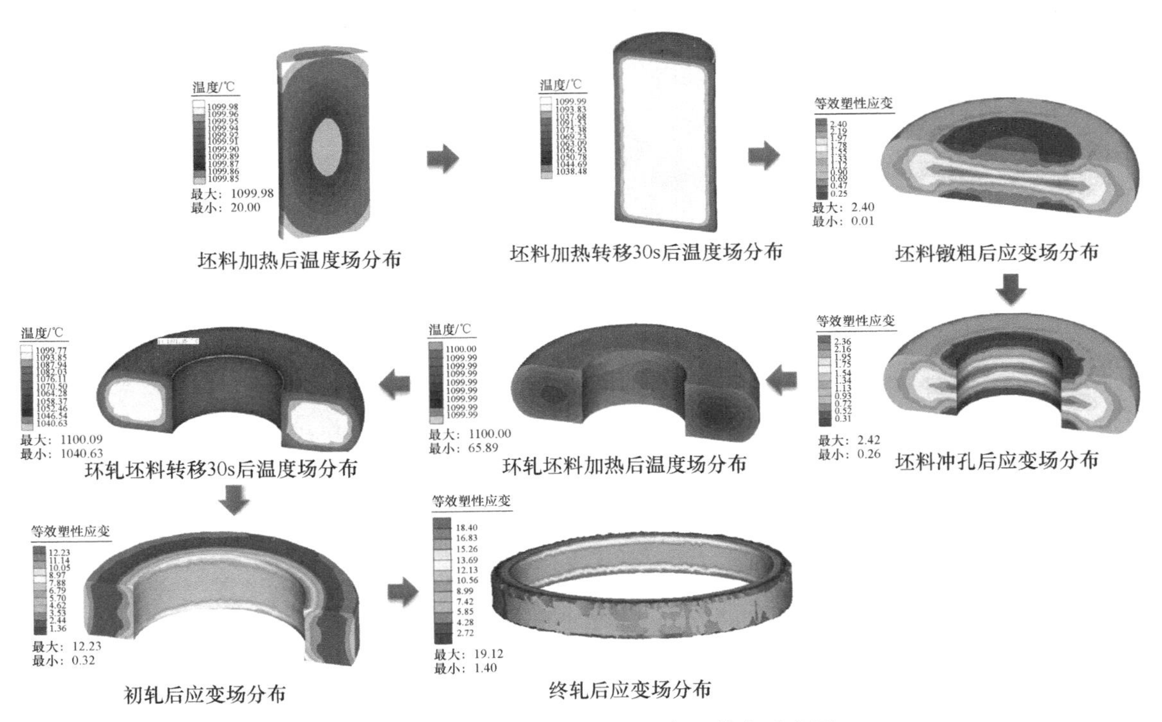

图6　高温合金环锻件制备制造孪生技术示意图

3　结论

本文对高温合金环锻件制备过程中的难点进行了讨论，进而简述了有限元模拟方法在高温合金环锻件制备中的应用和发展。针对现有方法的不足进行了开发和提升，主要得到以下结论：

(1) 高温合金环锻件制备过程中因坯料处于

动态再结晶和后动态再结晶反复交替状态，组织演变规律复杂，制备过程中易出现混晶现象。

（2）采用商用有限元软件 Simufact. forming 开发了配套的组织演变及损伤开裂计算程序 MFSS-RR，实现了高温合金环锻件环轧过程的组织预测，与实际环锻件组织相吻合，验证了该模拟方法的可靠性。

（3）结合工业生产实际，构建并实现了高温合金环锻件从镦粗到环轧的全流程贯穿虚拟式制造技术，可为高温合金环锻件制备工艺的优化提供理论参考。

参考文献

[1] 杜金辉，赵光普，邓群，等．中国变形高温合金研制进展［J］．航空材料学报，2016，36（3）：27~39.

[2] Patel A，Minisandram R，Evans D. Modeling of Vacuum Arc Remelting of Alloy 718 Ingots［M］// Proceedings of the International Symposium on Superalloys，2004：917~924.

[3] Thamboo S V，Schwant R C，Yang L，et al. Large Diameter 718 Ingots for Land-Based Gas Turbines［M］// Proceedings of the International Symposium on Superalloys，2001：57~70.

[4] 王丹，刘智，王建国，等．GH4738 高温合金异形环件组织与性能研究［J］．锻压技术，2020，45（5）：128~132.

[5] 马义伟，王志宏，刘东，等．GH4169 合金异形环件轧制过程的最优主辊转速［J］．航空学报，2011，32（8）：1555~1562.

[6] 唐晓辉，杨树林，藏德昌，等．GH907 合金自由锻环形件混晶组织的分析及改进［J］．热加工工艺，2015，22（7）：141~144.

[7] 王信才．GH4698 合金大规格环形件试制工艺研究［J］．特钢技术，2016，22（2）：41~44.

[8] 谢永富，李玉凤，苏春民．GH141 镍基高温合金环形件生产工艺优化［J］．兵器装备工程学报，2017，38（7）：168~170.

[9] 刘信祖．GH4738 合金环形件高温环轧成形工艺研究［D］．哈尔滨：哈尔滨工业大学，2018.

[10] 江河，范海燕，董建新．GH4720Li 合金热变形-保温组织传递规律研究［C］//中国金属学会高温材料分会．第十四届中国高温合金年会论文集．北京：冶金工业出版社，2019.

[11] Matsui T，Takizawa H，Kikuchi H. Numerical Simulation of Ring Rolling Process for Ni-Base Articles［M］// Proceedings of the International Symposium on Superalloys，2004：907~915.

高温合金铸锭去应力退火依据及控制原则探讨

李昕*，李澍，江河，姚志浩，董建新

（北京科技大学高温材料及应用研究室，北京，100083）

摘 要：在高温合金的真空自耗冶炼过程中，需要预先对自耗电极进行去应力退火来稳定熔炼过程电弧。由于目前缺乏可靠的理论依据，实际退火工艺的选择往往基于生产经验，电极去应力退火效果难以保证，也造成了不必要的能源消耗。为了有效去除电极应力，减少能源消耗，结合实验测试与数值计算提出了一种去应力退火工艺的制定方法，切实改善了大型铸锭实际熔炼过程的电弧稳定性。

关键词：去应力退火；应力松弛；高温合金

高温合金在生产制造过程中一般需要经过多次熔炼来减少夹杂物以及有害气体。目前 GH4169 的主流生产工艺为 VIM+ESR+VAR 的三联冶炼方式，其中预制电极中的残余应力对于二次熔炼过程的电弧稳定性影响较大，工业上主要采取去应力退火的方式来消除铸锭内部的残余应力，减少因电弧不稳而产生的白斑等冶炼缺陷问题。由于目前缺乏成熟的理论支撑，工艺制定大多依赖于现场生产经验，退火制度无法根据合金具体情况灵活调整，因此迫切需要提出一种系统性的方法来指导去应力退火工艺的制定。

1 铸锭升降温过程的损伤评估

铸态高温合金由于冶炼过程中形成了较为严重的元素偏析和脆性相，合金力学性能较差，一般难以承受较为激进的升降温制度。为了避免合金铸锭在退火过程中发生变形甚至断裂，需要对铸锭在升降温过程的损伤情况进行评估，并以此为基础制定较为合理的升降温制度。

图 1（a）为 ϕ508mm 尺寸 GH4169 真空自耗锭的高温拉伸结果，当合金处于高温度段时铸锭

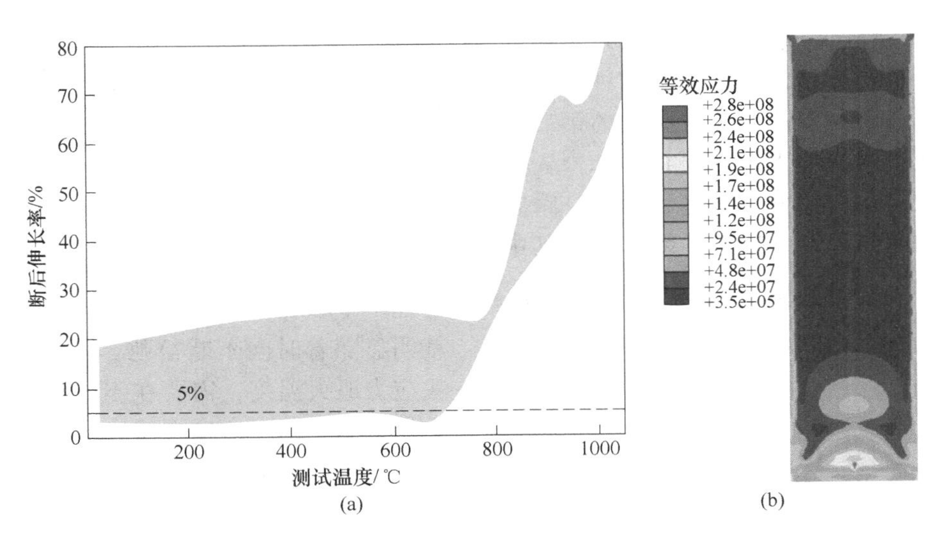

图 1 GH4169 真空自耗锭力学性能

（a）不同温度下的断后伸长率；（b）自耗锭应力分布图

*作者：李昕，博士生，E-mail：xinli@xs.ustb.edu.cn

心部至边部均具有较好的塑性变形能力，当铸锭冷却至 800℃以下时，铸锭心部区域的断后伸长率降低到 5%以下，表现出明显的脆性力学特性。图 1（b）为计算得到的 ϕ920mm 尺寸 GH4169 合金真空自耗过程的等效应力分布，可以发现铸锭熔炼完成后起弧部位具有较高的应力分布，当对铸锭进行去应力退火时，升温过程的内外温差又会导致热应力的叠加，因此铸锭在升温过程中具有发生损伤开裂的风险。由于目前已有的损伤开裂判据只适用于凝固或塑性加工等过程，因此我们考虑铸锭的脆性断裂和塑性屈服的损伤行为，基于实验数据提出了一个较为合理的热处理损伤判据，以此来指导热处理制度的设计工作。

对于脆性材料（断后伸长率<5%），主要采用第一强度理论来对材料的断裂失效行为进行评价，即当合金最大主应力小于或等于合金抗拉强度时，认为不发生断裂损伤。为了更为方便的表征脆性材料在升降温过程中材料发生损伤的倾向程度，这里根据材料应力水平与抗拉强度的相对程度，提出了判据 P_1，其中 σ_1 为最大主应力，σ_b 为抗拉强度：认为在升降温过程中，当材料局部 P_1 值大于 1 时，认为材料发生了开裂损伤，如果 P_1 值处于 0~1 之间，则认为材料较为安全。

$$P_1 = \max\left(\frac{\sigma_1}{\sigma_b}\right)$$

一般对于塑性材料，因其具有良好的断后伸长率（≥5%），一般通过第四强度理论来对材料的屈服损伤行为进行评价，即无论在何种应力状态下，当变形体内某一点的应力偏张量的第二不变量达到某一定值时，该点进入塑性状态[1]。因此，为了判断铸锭在去应力退火过程中每一瞬间发生塑性损伤的倾向程度，提出了判据 P_i，其中 σ_s 为材料屈服强度，与温度相关，$\overline{\sigma}$ 为等效应力。

$$P_i = \frac{I'_2}{C} = \frac{(\sigma_1 - \sigma_2)^2 + (\sigma_2 - \sigma_3)^2 + (\sigma_3 - \sigma_1)^2}{2\sigma_s^2} = \frac{\overline{\sigma}^2}{\sigma_s^2}$$

为了更方便的评判退火过程总的塑性损伤倾向程度，这里采用 P_4值来进行表征，其中 P_i 为计算过程中每个增量步的判据 P_i 值，如果升降温过程中铸锭各处的判据 P_4值大于 1，则认为铸锭发生了屈服损伤，如果 P_4值小于 1，则认为铸锭在整个过程中只发生弹性变形。此外，P_4值越大，则发生损伤的风险越大。

$$P_4 = \max\{P_i\}$$

由于合金在不同温度段具有不同的力学特性，为了更加全面的对升降温过程中的材料损伤行为进行描述，建立起铸锭升降温过程的损伤判断依据，这里综合两种强度理论，提出了退火损伤判据 P，通过将该损伤判据写入有限元软件，可实现铸锭升降温制度的风险评估。

$$P = \max\left\{\frac{\sigma_1}{\sigma_b}, \frac{\overline{\sigma}^2}{\sigma_s^2}\right\}$$

2 去应力退火温度和时间的确定

20 世纪中叶到 90 年代，人们主要通过应力框方法对合金凝固过程的力学行为进行研究，并普遍认为合金存在一个弹塑性转变温度，只要将退火温度保持在塑性温度区间就可以消除铸件内部的残余应力。但到 20 世纪 90 年代末，研究发现合金中并不存在该临界温度，合金处于固液共存状态时依然具有弹性，后来人们又根据应力框实验过程中合金出现的一次或几次完全卸载现象（内应力为零），认为去应力退火温度不应高于合金最后一次完全卸载的温度[2]。由于研究对象多为铁基合金，凝固过程存在较多的相变过程，而对于镍基高温合金而言，凝固过程主要为奥氏体相，并不一定存在所谓的多次卸载现象。此外，这种办法只能大概确定去应力退火的温度，并不能根据铸件的尺寸来确定具体的退火工艺。因此，提出一个能够确定去应力退火温度和时间的方法就显得格外重要了。

在去应力退火过程中，残余应力的消除本质上是个应力松弛过程[3]，随着加热温度的升高，存在一个临界温度，高于该温度后铸锭中的应力就明显随着时间不断松弛。因此，要确定合金的去应力退火温度，需要在不同温度下进行系列应力松弛实验，开始发生明显应力松弛的温度就是合金的去应力退火最低温度。根据铸态合金的应力松弛规律，可以拟合得到松弛本构关系，通过将该本构关系与有限元分析结合，就可以确定去应力退火时间。

本工作通过在 ϕ508mm 尺寸的 GH4169 真空自耗锭的心部区域取高温松弛试样若干，分别进行了 700℃/250MPa、750℃/250MPa、800℃/250MPa、

850℃/180MPa、900℃/120MPa 条件的高温松弛试验，结果如图 2 所示，发现当试验温度达到 800℃后合金开始发生明显的应力松弛行为，在 800℃下 100h 后试样应力仅剩 50MPa，850℃和 900℃均在较短时间内实现应力值为 0，因此 800℃应当是铸态 GH4169 合金去应力退火的下限温度，实际退火工艺温度应在该温度水平以上。

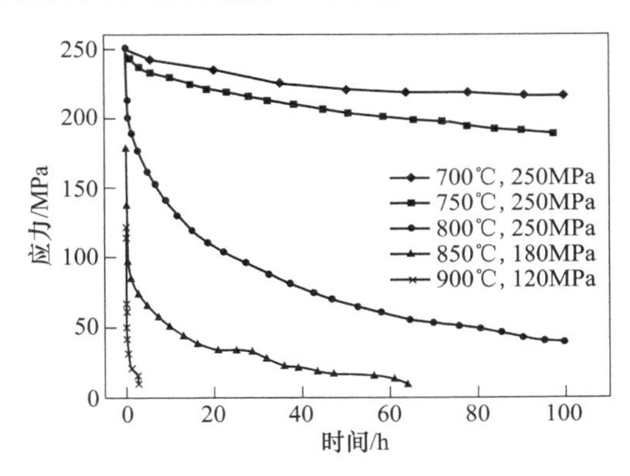

图 2 铸态 GH4169 合金的应力松弛实验曲线

为了进一步确定去应力退火的时间长度，需要对合金高温松弛行为进行定量描述。合金的应力松弛行为一般可以通过双曲正弦形式的蠕变本构方程来实现[4]，但由于本工作仅测试了铸态 GH4169 合金在 100h 以内的应力松弛行为，合金应力松弛并不稳定，不满足双曲正弦形式的本构拟合，这里选择吻合程度较好的指数形式本构方程[5]来对合金的松弛行为进行描述：

$$\dot{\varepsilon} = A\exp(B\sigma)$$

$$A = 7.0844\exp\left(-\frac{36869.0}{RT}\right)$$

$$B = 3.2462 \times 10^{6}\exp\left(-\frac{241659.0}{RT}\right)$$

式中，$\dot{\varepsilon}$ 为应变速率，s^{-1}；σ 为应力，MPa；R 为理想气体常数；T 为温度，℃。

通过将松弛模型加入有限元模拟中，可以实现去应力退火过程的应力消除计算，进而确定退火工艺需要的时长。本工作中，利用 MeltFlow-VAR 软件计算真空自耗重熔过程的温度场变化，并将温度场数据传递到 ABAQUS 有限元软件中进行自耗冶炼过程的应力应变计算，应力计算的本构关系由真空自耗锭高温拉伸实验数据确定。选取真空自耗锭炉冷脱模后的应力分布为初始状态，引入黏弹性计算步 visco 进行去应力退火过程的应力松弛计算，其中通过 CREEP 子程序写入拟合的松弛本构模型。

图 3 为 ϕ920mm 尺寸的 GH4169 真空自耗锭起弧部位的冶炼过程和 800℃去应力退火过程的应力变化曲线，可以发现在冶炼过程中应力会达到一个峰值，然后缓慢下降，进入去应力退火过程后，应力水平显著下降，当退火时间达到 15h 后，铸锭起弧位置的应力水平就下降至原来的 40%。同时也可以看到，要想彻底消除应力是比较困难的，当退火时间达到 50h，应力水平依然为原来的 1/3，但实际生产过程的数据显示，经过短时间退火处理的自耗电极在冶炼过程中各项参数已趋于平稳，未发生较为明显的波动，因此制定退火时长并不需要实现铸锭应力的完全消除，可结合实际情况设置应力阈值来进一步确定退火时间。

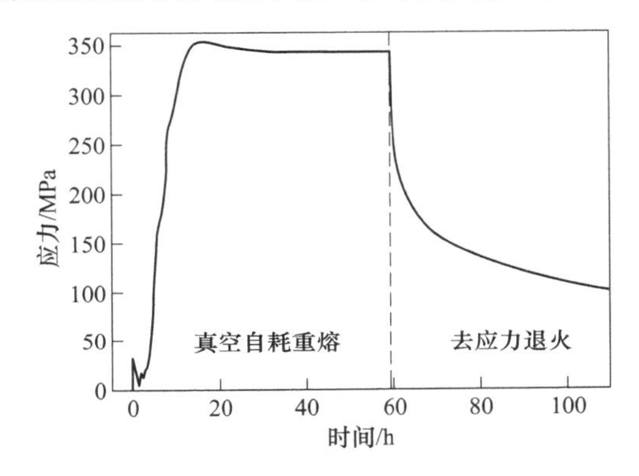

图 3 真空自耗过程及去应力退火过程的应力曲线

3 结论

（1）根据高温合金铸锭在不同温度下的力学特征，提出了铸锭升降温过程的损伤控制判据，为确定去应力退火工艺的升降温制度提供了依据。

（2）对铸态 GH4169 合金进行了系列高温松弛实验，研究了不同温度下的应力去除规律，确定了铸态 GH4169 的去应力退火下限温度为 800℃，拟合了铸态合金的松弛本构模型。

（3）基于松弛本构模型，对真空自耗锭的去应力退火过程进行了有限元模拟分析，初步实现了铸锭去应力退火过程的预测分析。

参考文献

[1] 刘雅政．材料成形理论基础［M］．北京：国防工业出版社，2004.

[2] 翟启杰．铸造合金去应力退火温度的确定［J］．金属

热处理，1996（3）：21~22.
[3] 刘宗昌，等．钢锭退火工艺现状及工艺参数的合理制订［J］. 包头钢铁学院学报，1990（12）：39~44.
[4] 杨志远．GH4169 合金应力松弛行为及有限元模拟研究［D］. 哈尔滨：哈尔滨工业大学，2020.
[5] Shen W F，Zhang C，Zhang L W，et al. Stress Relaxation Behavior and Creep Constitutive Equations of SA302Gr. C Low-Alloy Steel［J］. High Temperature Materials and Processes，2018（37）：857~862.

高温合金 GH3536 超薄材制备过程组织演变及碳化物影响和控制

余华*，江河，姚志浩，董建新

（北京科技大学高温材料及应用研究室，北京，100083）

摘　要： 研究了 GH3536 合金超薄带材在多道次和不同退火制度下的组织演变，建立起相关的晶粒长大预测模型。通过物理实验和有限元计算相结合，分析了不同形貌特征的碳化物对超薄带材组织损伤的影响，提出了损伤控制原则。研究结果表明，在超薄带材制备的过程中，碳化物的高密度析出（≤1120℃）、碳化物的遗传和厚度抑制作用增加了晶粒长大的可控性，最终的超薄带材晶粒尺寸可控制在 20μm 以内。从初始组织上控制大尺寸、形貌不规则碳化物的存在是降低超薄带材微观组织损伤的关键。

关键词： GH3536 合金；超薄带材；组织演变；碳化物破裂

高品质高温合金超薄带材在航天航空等领域需求量日渐增加。GH3536 合金[1]超薄带材已经广泛应用于结构蜂窝和发动机密封蜂窝，但是国内外却鲜有其冷轧退火组织演变和微观组织损伤的研究报道。因此为了给该合金超薄带材的组织与损伤控制提供研究依据，对 1080℃、1120℃、1180℃不同退火热处理条件下的组织演变进行研究，同时结合实验与有限元计算方法来分析超薄带材的微观组织损伤，并提出超薄带材的损伤控制原则。

1　实验材料及方法

实验用 GH3536 合金薄板化学成分（质量分数,%）为：C 0.079，Cr 22.25，Mo 8.88，W 0.64，Co 1.77，Fe 17.96，Al 0.17，Ti 0.05，Ni 余量。从合金锻态坯料中取出尺寸为 90mm×20mm×5mm 的薄板，薄板经 1180℃/30min 固溶热处理后，进行三个温度系列 A（1080℃）、B（1120℃）、C（1180℃）的冷轧退火实验如图 1 所示，最终获得 78μm 厚度的退火态超薄带材。试样经机械抛光后用侵蚀剂（2.5g 高锰酸钾+10mL 浓硫酸+90mL 水，10~20min）加热煮沸，在光学显微镜（9XB-PC）下观察晶粒组织。机械抛光后，电解抛光（20%浓硫酸+80%甲醇溶液，10V/5s）的试样，在 JSM-7001F 场发射扫描电子显微镜（SEM）下观察碳化物。

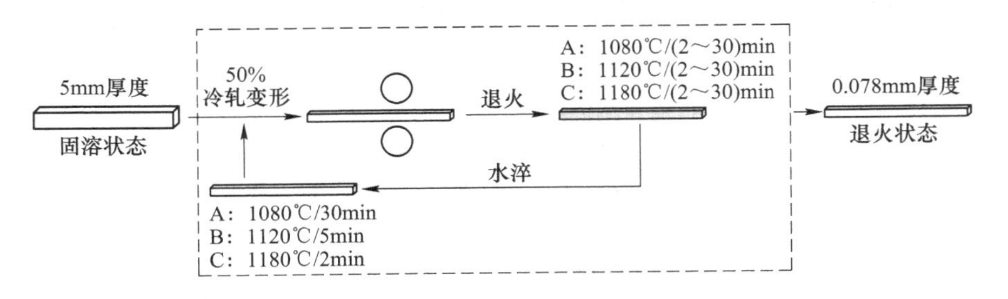

图 1　GH3536 合金超薄带材冷轧退火实验

有限元计算方法采用 MATLAB 工具对碳化物的真实形貌进行精确建模，利用 ABAQUS/Standard 有限元求解器模拟计算，在二维平面应变 30%（压缩）变形中碳化物的应力分布，并依据

*作者：余华，博士生，E-mail：d202110182@xs.ustb.edu.cn

最大主应力来比较不同形貌特征碳化物的破裂倾向。有限元模型尺寸大小为50μm×50μm，单元类型为二阶平面应变单元 CPE8R 和 CPE6，单元的最小长度为 50×10^{-3} μm。碳化物为理想弹性的各向同性材料，M_6C、$M_{23}C_6$碳化物[1]的弹性模量以及 Poisson 比数据由 JmatPro 软件计算获得，分别为300GPa/0.24 和 321GPa/0.24。合金基体用弹塑性模型描述，相关的材料本构模型采用实验中万能材料试验机输出的室温压缩变形曲线数据，Poisson 比为 0.32[2]。

2　实验结果及分析

2.1　晶粒组织演变

图 2 中的晶粒组织与统计结果显示，退火时间相同时在 1180℃ 退火的晶粒细化效果远不及 1080℃与 1120℃的，并且在 1180℃长时间退火热处理时，经过多道次冷轧退火后晶粒才发生明显细化。比较同一退火制度下不同冷轧退火阶段的晶粒组织发现，晶粒尺寸随着材料厚度的减小而减小，其中部分统计数据结果如图 2（f）所示。例如，当材料厚度为 1.25mm 进行 1080℃/30min 退火时平均晶粒尺寸为 17μm，厚度减薄至 0.078mm 进行 1080℃/30min 退火时平均晶粒尺寸为 13μm。当厚度为 1.25mm 进行 1180℃/30min 退火时平均晶粒尺寸为 67μm，厚度减薄至 0.078mm 进行 1180℃/30min 退火时平均晶粒尺寸为 26μm。

综合实验观察结果可知，在低温段≤1120℃退火时组织的热稳定性较高，是快速细化晶粒的关键；而在较高温度段 1180℃ 退火时组织的热稳定性较低，长时间退火使晶粒粗化显著，但是可以通过多道次冷轧退火至材料厚度较小时，或缩短退火时间来获得细晶组织。

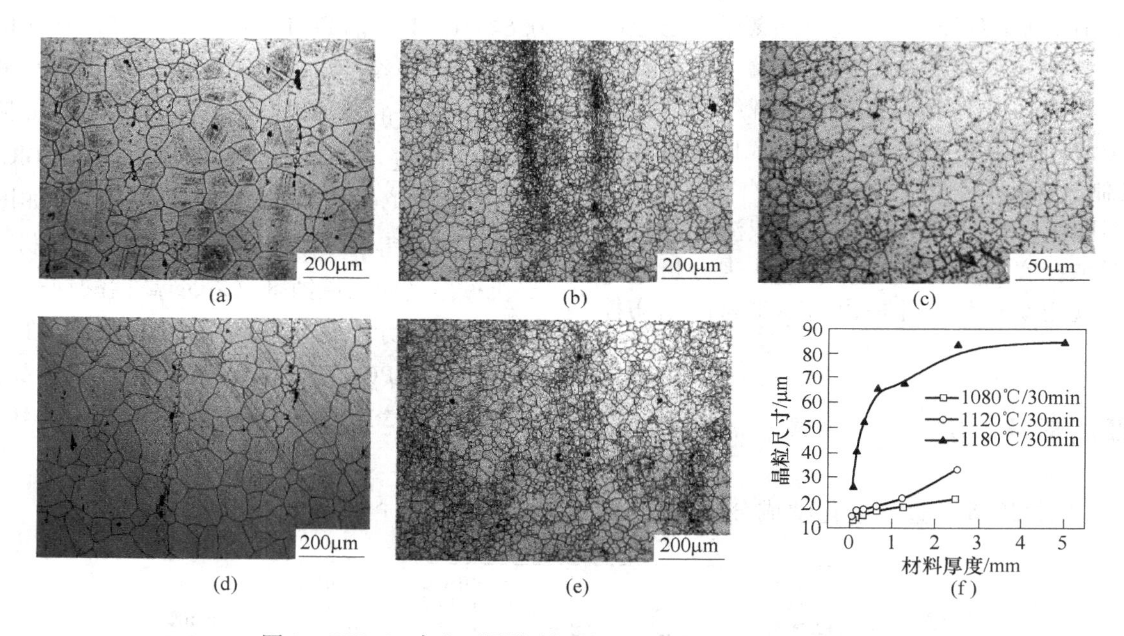

图 2　GH3536 合金不同轧制厚度和退火条件下的晶粒组织

（a）5mm/固溶态初始组织；（b）1.25mm/1080℃/30min；（c）0.078mm/1080℃/30min；（d）1.25mm/1180℃/30min；（e）0.078mm/1180℃/30min；（f）晶粒尺寸大小的演变

超薄带材制备过程的晶粒组织演变的结果表明，多道次冷轧退火过程中在不同材料厚度下的晶粒长大行为是不同的，晶粒长大速度随着厚度的不断减薄而减缓。因此根据目前实验条件所获得的数据，对唯象理论的 Sellar-Anelli[3] 的晶粒长大模型进行修正，获得带有材料厚度乘积项的晶粒长大模型：

$$d^2 = (D_0^{0.157})^2 + 6.186 \times 10^{21} \times t^{0.454} \times \left(\frac{h}{3.5}\right)^{-88.596+0.122\times T-4.167\times10^{-5}\times T^2} \times e^{-\frac{539979.575}{RT}} \tag{1}$$

式中，d 为退火后的晶粒尺寸，μm；D_0 为每一道次变形前的晶粒尺寸，μm；t 为退火保温时间，s；h 为薄带材厚度，mm；T 为退火温度，K。

2.2 碳化物演变

针对超薄带材制备过程中的晶粒组织演变特点，进一步分析组织中的碳化物演变规律，其中图3（a）~（d）为碳化物分布的二值图。固溶态的初始组织中碳化物含量较低，主要存在尺寸较大的碳化物如图3（a）（e）所示。图3（b）~（d）显示了不同退火制度下的碳化物分布。在1080℃、1120℃系列退火组织中存在大量碳化物析出，因此对晶界产生强钉扎作用（Smith-Zener pinning）阻碍晶粒粗化，提高了组织的热稳定性。相比之下1180℃系列退火热处理中碳化物密度较小且增加缓慢，因此多道次冷轧退火初期的晶粒细化效果不明显，只有通过缩短退火时间才能获得细晶组织。

图3（f）~（h）为不同冷轧退火阶段的碳化物分布，演变结果显示随着材料厚度的不断减薄以及碳化物的遗传，厚度方向上的碳化物分布间距缩短密度增加，因此产生了在相同退火热处理条件下的晶粒尺寸随着厚度减小而减小的现象。研究表明[4]当材料尺寸较小时晶粒长大受到抑制，因此当冷轧退火至材料厚度较小时，碳化物遗传以及厚度抑制促使晶粒进一步细化。例如，在1180℃/30min退火热处理条件下的晶粒尺寸较大，但经过多道次冷轧退火后在碳化物遗传以及厚度抑制的作用下，仍可以在超薄带材成形时获得细晶组织（图2（e）（f））。

综合晶粒组织和碳化物演变的结果可知，碳化物的高密度析出、碳化物的遗传以及厚度抑制效应，是超薄带材制备过程中获得组织热稳定性和晶粒细化的主要原因。

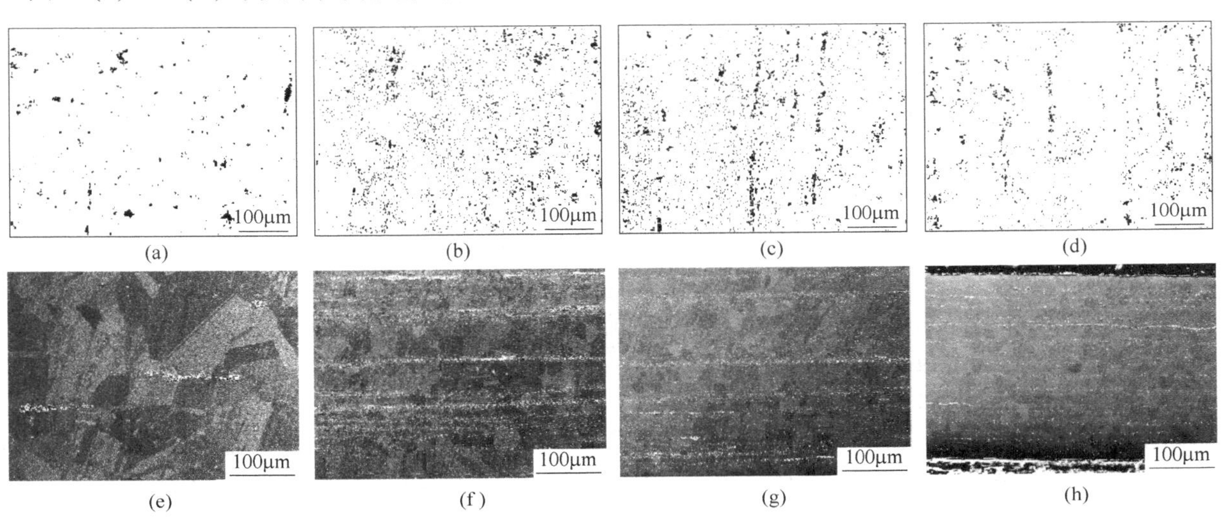

图3 GH3536合金不同轧制厚度和退火条件下的碳化物分布状态

（a），（e）5mm/固溶态初始组织；（b）0.156mm/1080℃/10min；（c）0.156mm/1120℃/2min；（d）0.156mm/1180℃/2min；（f）1.25mm/1120℃/5min；（g）0.625mm/1120℃/5min；（h）0.312mm/1120℃/5min

2.3 微观组织损伤的控制原则

可以从图4（a）中看出碳化物的破裂是合金超薄带材微观组织损伤的主要原因。进一步用理论计算的方法来分析不同形态碳化物的破裂倾向，并给出减少微观组织损伤的控制原则。实验结果表明在超薄带材制备过程中，大量形状不规则与纵横比较大的碳化物发生破裂，但小尺寸球形碳化物几乎不破裂。同时结合图4（b）中的模拟计算结果可知，形状不规则与纵横比较大的碳化物，因为内部较大的最大主应力导致开裂[5]，而球形碳化物的应力水平较低因此不容易发生开裂。虽然计算结果显示纵横比较大的碳化物应力分布具有方向性，但在冷轧变形过程中颗粒均会向着轧制方向的拉长状态（长轴方向垂直于轧制压下方向）而不断演变，因此实际中纵横比较大的碳化物均会具有较高的应力水平从而发生破裂。图4（a）中显示发生开裂的形状不规则且尺寸较大的碳化物，通常是从初始组织中遗传下来的，因为该类碳化物不能通过退火热处理回溶消除或恢复，最终经过多道次冷轧退火过程，不断破裂流动直至超薄带材的成形道次中。因此为了减少合金超薄带材的微观组织损伤，应严格控制初始组织中尺寸较大且形状不规则与纵横比较大的碳化物。

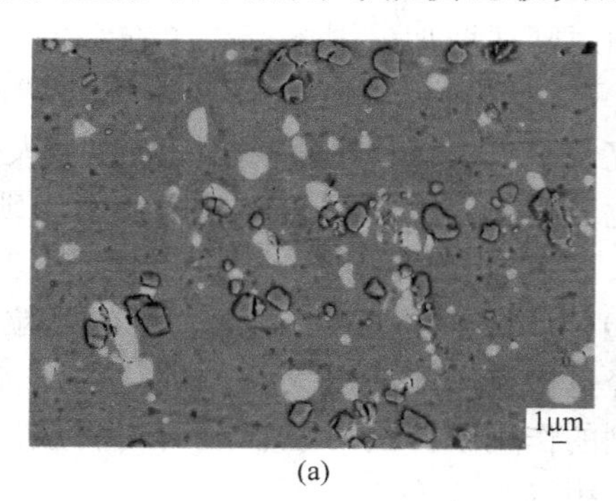

(a)

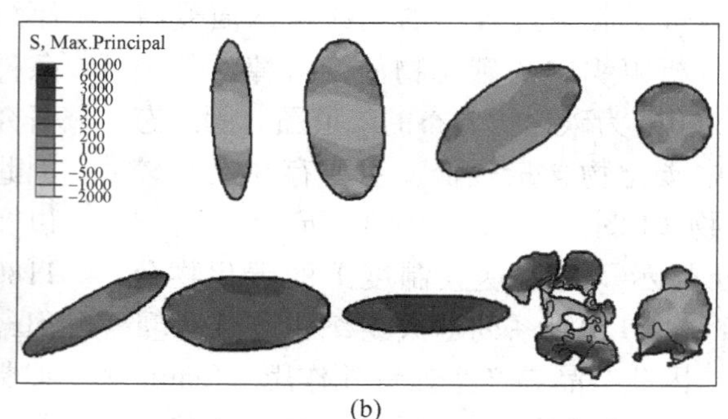

(b)

图 4　GH3536 合金中的碳化物破裂与不同形态碳化物的应力分布

（a）0.078mm 厚度的变形状态组织；（b）30%变形量的最大主应力分布

3　结论

（1）超薄带材制备的过程中，低温段退火（≤1120℃）析出的大量碳化物阻碍晶粒长大，是组织热稳定性的关键。随着碳化物遗传使碳化物密度不断增加，以及厚度的不断减薄，促使晶粒不断细化，最终超薄带材的晶粒尺寸可以控制在 20μm 以内。

（2）合金冷轧退火至不同厚度下的晶粒长大规律是不同的，在经典唯象理论 Sellar-Anelli 模型的基础上进行修正，获得包含温度 T、时间 t、材料厚度 h、变形前晶粒尺寸 D_0 等参数在内的晶粒长大预测模型。

$$d^2 = (D_0^{0.157})^2 + 6.186 \times 10^{21} \times t^{0.454} \times \left(\frac{h}{3.5}\right)^{-88.596+0.122\times T-4.167\times 10^{-5}\times T^2} \times e^{-\frac{539979.575}{RT}}$$

（3）减少超薄带材的微观组织损伤，关键在于控制初始组织中尺寸较大且形状不规则与纵横比较大的碳化物。

参考文献

［1］中国金属学会高温材料分会．中国高温合金手册：上卷，变形高温合金 焊接用高温合金丝［M］. 北京：中国标准出版社，2012：160.

［2］ASM Specialty Handbook：Nickel，Cobalt，and Their Alloys［M］. United Scates of America：ASM International，Materials Park，Ohio，2000：54.

［3］Liu J，Liang B，Zhang J，et al. Grain growth kinetics of 0.65$Ca_{0.61}$ $La_{0.26}$ TiO_3-0.35Sm（$Mg_{0.5}$$Ti_{0.5}$）$O_3$ dielectric ceramic［J］. Materials，2020，13（17）：3905.

［4］Humphreys J，Rohrer G S，Rollett A. Recrystallization and Related Annealing Phenomena［M］. 3rd Ed.，Amsterdam：Elsevier Ltd，2017：426.

［5］Jagadeesh G V，Setti S G. A review on micromechanical methods for evaluation of mechanical behavior of particulate reinforced metal matrix composites［J］. J. Mater. Sci.，2020，55（23）：9848.

GH696合金热处理工艺和成分对硬度的影响

吴鸿鹏*，马胜斌，谭永军，陈磊

（四川六合特种金属材料股份有限公司，四川 江油，621704）

摘　要：GH696是Fe-Ni-Cr基沉淀强化型变形高温合金，长期使用温度在650℃以下。针对航标HB5463-90研究了标准范围内热处理制度和成分C、Al、Ti对硬度影响。研究证明在HB5463-90标准范围内两次时效温度处于下限时硬度最高；C含量升高硬度和强度降低有限，但其碳化物数量增多；单个Al元素对其硬度几乎无影响，Ti含量升高硬度得到了很大的提高，Ti含量是决定其硬度的主要因素。

关键词：高温合金；热处理制度；化学成分

GH696合金是铁基时效硬化型高温合金，其特点是强度高，高温塑性好，适合于在650℃以下长期工作[1]。合金具有较高的屈服强度、持久和蠕变强度，以及良好的高温弹性性能、抗燃气腐蚀性能和加工塑形。产品规格主要以热轧棒材为主，在试制过程中出现硬度不合格问题，我们通过一系列化学成分调整和热处理研究，探讨C、Al、Ti以及固溶温度、时效温度、固溶时间对该合金的硬度影响。最终摸索出能够摸索出能够保证该合金硬度合格的化学成分和热处理制度，为今后生产提供必要的技术支持。

1　研究方法

1.1　研究材料

合金采用真空感应冶炼和真空自耗炉双真空工艺生产规格为ϕ406mm，本公司热轧制备ϕ100mm圆棒，切取试样进行热处理测试其主要硬度。合金的化学成分见表1。

表1　GH696合金化学成分标准范围　（质量分数，%）

元素	C	Mn	Si	S	P	Mo	Cr	Ni	Al	Ti	Mg	B	稀土Ce
含量	≤0.10	≤0.6	≤0.6	≤0.01	≤0.02	1.0~1.6	10.0~12.5	21.0~25.0	≤0.8	2.60~3.20	—	≤0.02	—

1.2　热处理制度研究

本文主要是在表2的热处理制度下，通过改变固溶温度、时效温度以及时间的上下限来测量其硬度值，通过对比发现其硬度出现峰值规律。

表2　GH696热处理制度

热处理	温度/℃	时间/h	冷却方式
固溶	1100±10	1~2	油冷
一次时效	780±10	16	炉冷
二次时效	650	16	空冷

*作者：吴鸿鹏，联系电话：18394489468，E-mail：2748514674@qq.com

1.3 化学成分对硬度影响研究

设计熔炼C、Al、Ti三种元素不同含量的合金试样，对试样进行物理性能检测，分析成分对性能的影响。合金试样主要研究化学成分见表3。

表3 GH696研究化学成分 （质量分数，%）

炉号	C	Mn	Si	S	P	Mo	Cr	Ni	Al	Ti	B	硬度
标记	≤0.10	≤0.6	≤0.6	≤0.01	≤0.02	1.0~1.6	10.0~12.5	21.0~25.0	≤0.8	2.60~3.20	≤0.02	
1-1	0.045	0.03	0.085	0.0012	0.005	1.27	11.3	22.9	0.59	2.81	0.007	373
1-2	0.05	0.03	0.085	0.0012	0.005	1.27	11.3	23.0	0.58	2.87	0.008	370
2-1	0.047	0.03	0.09	0.0014	0.005	1.25	11.4	22.9	0.57	2.77	0.008	378
2-2	0.048	0.035	0.09	0.0016	0.005	1.25	11.4	22.9	0.57	2.79	0.008	378
3-1	0.077	0.08	0.12	0.0012	0.005	1.24	11.6	23.2	0.58	2.69	0.007	363
3-2	0.079	0.08	0.13	0.0011	0.005	1.24	11.6	23.1	0.62	2.74	0.007	347
4-1	0.07	0.075	0.12	0.0016	0.005	1.25	11.5	23.1	0.57	2.72	0.005	368
4-2	0.068	0.075	0.12	0.0015	0.005	1.26	11.5	23.1	0.58	2.74	0.005	363
5-1	0.074	0.09	0.12	0.0025	0.005	1.26	11.3	23.15	0.59	2.8	0.005	363
5-2	0.073	0.09	0.12	0.0023	0.005	1.26	11.3	23.1	0.60	2.8	0.005	370
6-1	0.077	0.08	0.208	0.0014	0.004	1.23	11.45	23.0	0.28	2.75	0.01	361
6-2	0.068	0.08	0.208	0.001	0.004	1.24	11.45	23.1	0.27	2.77	0.01	359
7-1	0.049	0.055	0.12	0.0007	0.005	1.28	11.5	23.1	0.63	3.01	0.008	381
7-2	0.05	0.06	0.12	0.001	0.004	1.27	11.5	23.1	0.6	2.91	0.008	383

2 研究结果与分析讨论

2.1 不同热处理制度对硬度的影响

从图1中可以看出，在研究温度范围内，当时效温度一定时，合金的硬度随着固溶温度的升高而升高，这是由于温度升高合金晶粒长大导致硬度增加。当固溶温度一定时，一次时效与二次时效温度偏低时硬度更高，作为主要依靠γ′相强化的高温合金，GH696合金的高温强度取决于γ′相，γ′析出峰在750℃左右，600~650℃有二次γ′析出，950℃完全固溶[2]。表4结果表明，对航标HB5463-90而言，γ′析出峰值在时效温度标准下限（760℃和640℃），增加了其硬度，但硬度变化不明显，符合标准。时间在1~2h内硬度没发生变化，这与试样大小有关，在这个时间段内试样已经透烧，相不再发生变化。

表4 不同热处理制度下的硬度值

试样编号	备注	炉号	固溶温度/时间/方式	第一次时效/时间/方式	第一次时效/时间/方式	硬度试样
1	标准中线	21M2-376	1100℃/1.5h/油冷	780℃/16h/炉冷	650℃/16h/空冷	366
2	固溶下限	21M2-376	1090℃/1.5h/油冷	780℃/16h/炉冷	650℃/16h/空冷	363
3	固溶上限	21M2-376	1110℃/1.5h/油冷	780℃/16h/炉冷	650℃/16h/空冷	368
4	时间上限	21M2-376	1100℃/2h/油冷	780℃/16h/炉冷	650℃/16h/空冷	366
5	时间下限	21M2-376	1100℃/1h/油冷	780℃/16h/炉冷	650℃/16h/空冷	366
6	一次时效上限	21M2-376	1100℃/1.5h/油冷	790℃/16h/炉冷	650℃/16h/空冷	359
7	一次时效下限	21M2-376	1100℃/1.5h/油冷	770℃/16h/炉冷	650℃/16h/空冷	373

续表 4

试样编号	备注	炉号	固溶温度/时间/方式	第一次时效/时间/方式	第一次时效/时间/方式	硬度试样
8	二次时效上限	21M2-376	1100℃/1.5h/油冷	780℃/16h/炉冷	660℃/16h/空冷	359
9	二次时效下限	21M2-376	1100℃/1.5h/油冷	780℃/16h/炉冷	640℃/16h/空冷	368
10	全上限	21M2-376	1110℃/2h/油冷	790℃/16h/炉冷	660℃/16h/空冷	361

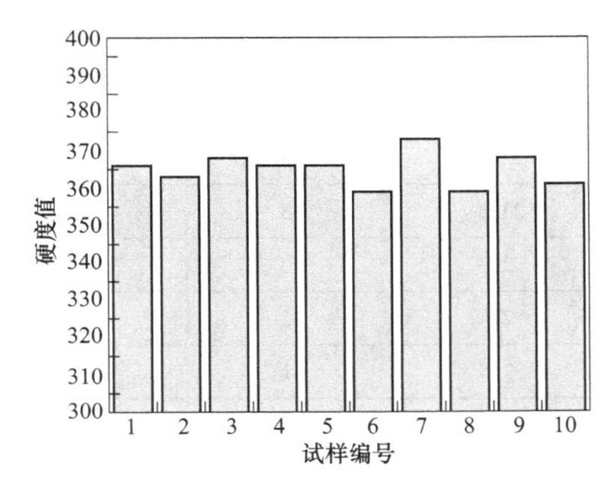

图 1 不同热处理制度下的硬度折线图

我们选取了以上研究中硬度最高和硬度最低的两组分别检测了其晶粒度，如图 2 所示。通过晶粒度照片发现，固溶温度较高的晶粒度相对固溶温度较低的晶粒度大半级，符合理论标准。因为固溶温度相差不是特别大，因此在晶粒度上不能明显看出差别，不能作为绝对依据。

2.2 合金化学成分对硬度影响

本研究主要研究碳、铝、钛在规定的范围内波动所产生的影响，因而在成分设计上局限其他元素含量，为了突出影响，三种元素含量在标准范围内有较大差距。

(a)

(b)

图 2 硬度试样晶粒度

(a) 固溶上限晶粒度；(b) 固溶下限晶粒度

2.2.1 研究合金的力学性能

高温合金的强化主要有固溶强化、第二相强化和晶界强化，后两种强化手段通常称为沉淀强化[3]。GH696 合金是以 Fe-25Ni-12Cr 为基体的时效强化型合金，含 Ti 2.6%～3.2%和 Al≤0.8%，主要以 γ′(Ni_3AlTi) 化合物在基体上沉淀析出强化，同时还辅以钼的固溶强化和微量硼的晶界强化，该合金的化学成分具有高 Ti/Al 比的特点，在这种条件下 γ′相的 Al 原子大多被 Ti 原子所替代。其晶体结构仍然保持面心立方型，故 γ′相处于一种亚稳定状态[4]。

2.2.2 碳的影响

碳是形成碳化物的基本元素，因此该合金的碳含量主要是以 TiC 和 Ti(NC) 的形式被固定，该合金在固溶体中溶解度很小，因此它在热处理后几乎无变化。C 对于平衡各合金化元素，改善合金的综合性能是重要的[5]。它对硬度影响不大，一般只起着抑制晶粒粗化的作用。表 5 的研究结果 3-1、3-2、4-1、4-2 和 1-1、1-2 对比表明 C 含量从 0.05%（质量分数）提高到 0.08%时，合金的机械性能降低但变化较小，主要原因就是碳化物增多，使进入 γ′相的 Ti 含量减少，强化效果降低。但是随着 C 含量升高，合金中 TiC 数量增多，带来两个后果。一个是减少合金有效 Ti 含量，从而减少 γ′相析出数量。另一个是由于 TiC 数量增多，阻碍了晶粒长大，起晶粒细化作用，但也增多了合金的夹杂物数量，因此在实际生产过程中，GH696 的 C 含量尽量控制比较低。

表 5 研究合金的瞬时性能

炉号	冲击≥30/J · cm^{-2}	屈服≥685/MPa	抗拉≥1035/MPa	伸长≥12/%	收缩≥25/%	硬度 302~388(HBW)
1-1	89	881	1253	22. 5	45	373
1-2	81	869	1249	22. 5	45	370
2-1	88	894	1246	21	41	378
2-2	86	887	1238	21. 5	39	378
3-1	88	796	1217	22. 0	44	363
3-2	106	826	1198	23. 5	43	347
4-1	90	871	1251	22	40	368
4-2	92	847	1211	21	42	363
5-1	88	882	1237	22. 5	41	363
5-2	84	868	1229	22. 5	43	370
6-1	81	884	1217	21. 5	41	361
6-2	80	891	1207	21	41	359
7-1	63	1018	1355	21	43	381
7-2	62	1018	1354	22	44	383

2. 2. 3 铝、钛的影响

GH696 的主要强化相是 γ′相，Ti 作为 γ′的主要元素，起着至关重要的作用，其含量变化时，其性能变化发生巨大变化。Al 原子本身对 GH696 合金性能性能没多大影响，但是由于 GH696 合金化学成分具有高 Ti/Al 比的特点，Ti/Al（原子）之比大于 1. 5，在这种条件下 γ′相的 Al 原子大多被 Ti 原子所替代。7-1、7-2 和 1-1、1-2 研究结果表明，随着 Ti 含量的增加，合金室温强度有了明显提高，这种结果主要与 γ、数量的增加有关。另一方面从研究中可以得知钛含量高时合金的室温冲击韧性有所下降。因此在实际生产中要注意，当要求强度指标高一点的合金，应该选取 Ti 含量较高的，当指标要求合金塑性和冲击韧性较好时，应该选取 Ti 含量较低的，因此可以根据客户的要求作出相应的选择，对本标准而言应该在确保合金性能合格的情况下降低 Ti 含量。

3 结论

GH696 是一种铁基时效硬化型高温合金，组织稳定，加工性能好因此具有广泛的应用前景。

（1）作为主要依靠 γ′相强化的高温合金，GH696 合金的强度主要取决于 γ′相，γ′析出峰在 750℃左右，600~650℃有二次 γ′析出，950℃完全固溶。对行标 HB 5463—90 而言，γ′析出峰值在时效温度标准下限（770℃和 640℃）且热处理时效在硬度方面起决定作用，为了确保硬度的合格性，可以制定最佳热处理制度 1090℃保温 1h 油冷，一次时效 790℃保温 16h 炉冷至 660℃保温至 16h 空冷。

（2）Ti 含量是决定 GH696 硬度的主要元素，Ti 含量降低硬度具有较大范围的降低，其室温冲击韧性得到了很大改善。C、Al 含量在调整范围内对合金性能以及硬度影响不大。因此为了确定硬度的合格性，可以将 Ti 含量控制在标准下限。

（3）在规定的范围内合金的各项指标达到标准所需要的要求，适当改变 C、Al、Ti 元素含量变化，控制某些合金的实际水平，可满足用户对该性能的特殊要求。

参考文献

[1] 师昌绪．我国高温合金的发展与创新［J］．金属学报，2010（11）：1281~1288.

[2] 中国高温合金手册编辑委员会．中国高温合金手册［M］．北京：中国标准出版社，2012.
[3] 中国航空材料手册编辑委员会．中国航空材料手册［M］．北京：中国标准出版社，2001.
[4] 周敬恩．热处理手册［M］．北京：机械工业出版社，2013.
[5] 黄乾尧．高温合金［M］．北京：冶金工业出版社，2000.

提高质量降低成本的高性价比 GH4738 合金制备技术

张亨年*，江河，姚志浩，董建新

（北京科技大学高温材料及应用研究室，北京，100083）

摘　要：基于生产高质量低成本的高性价比 GH4738 合金，提出一种 GH4738 全流程生产工艺设计依据和结果预测方法，并指出各环节中为提高产品质量和减少成本需要重视的控制点。通过 Fluent、ProCAST、MeltFlow-VAR、Abaqus、DEFORM 和 Simufact 等软件结合二次开发，建立了 GH4738 合金生产的连贯计算模型，对 GH4738 真空感应熔炼、应力控制与去应力退火、真空自耗重熔、均匀化退火、开坯和锻造过程进行模拟仿真。通过理论计算加强各环节关键点的把控，可从整体上优化实际工艺、提高成材性能和降低生产成本，切实提高企业产品质量和效益，增强 GH4738 市场竞争力。

关键词：GH4738；模拟仿真；生产控制；降低成本

高性能 GH4738 镍基高温合金制备是一个系统工程，包括合金熔炼、铸锭开坯、盘件锻件、热处理、机加工和无损检测等工序。熔炼有真空感应熔炼（VIM）+保护气氛电渣重熔（ESR）+真空自耗重熔（VAR）三联或真空感应熔炼+真空自耗重熔二联工艺[1]，可获得纯净且致密的铸锭，经过去应力与均匀化退火消除内应力及元素偏析，再通过开坯和锻造等热加工方式，将铸锭转变为目标尺寸和合格组织的锻件[2]。但是不合理的工艺将使得产品产生缺陷或降低质量，还可能影响产品下一步的收得率，造成切削成本增加甚至使得铸锭报废。

为了提高成材质量和效益，需对生产工艺严格控制，但由于成本限制和粗放大生产的局限性，通过实验和经验对生产过程工艺参数的影响和规律探究的结果有限。而随着计算机科学和理论模型的发展完善，使用专业有限元软件模拟生产过程和计算工艺结果成为更优的探索方法。本文提出了一种 GH4738 合金的生产全流程工艺规律探究和结果预测的方法，通过多个有限元软件建立不同生产环节的模型，并构建各生产环节间数据传递过程，研究各生产过程工艺参数的影响规律，来优化工艺，减少缺陷、偏析及成本，提高生产质量和成材率。

1　工艺优化依据建立

为生产高质量 GH4738 合金，并减少缺陷和成本，需要建立适当理论和计算模型进行工艺规律探究和优化。合金主要化学成分（质量分数,%）为：C 0.03，Cr 19.0，Mo 4.1，Co 13.5，Al 1.4，Ti 3.0，Zr 0.04，Ni 余量。而高温合金生产涉及的数学模型多样，如流场、温度场、溶质场、应力场、电场等，单一计算软件不足以模拟整个生产过程，需要多个专业软件结合，做好数据承接进行计算。表 1 列出了生产各流程、使用建立模型的计算软件和主要计算结果。

表 1　使用的有限元软件及主要结果

生产工艺	使用软件	主要结果
VIM	FLUENT、ProCAST	温度场、缩松、缩孔位置、开裂情况
应力控制与去应力退火	Abaqus	应力场、开裂情况
VAR	MeltFlow-VAR	偏析行为、缩孔位置、开裂情况

* 作者：张亨年，博士研究生，联系电话：15901208927，E-mail：15901208927@163.com

续表 1

生产工艺	使用软件	主要结果
均匀化退火	DEFORM	相回溶分数、残余偏析系数、晶粒度
开坯	Simufact、DEFORM	晶粒度、开裂情况
锻造	Simufact、DEFORM	晶粒度、开裂情况

首先要考虑真空感应熔炼浇铸凝固过程，这是将真空感应熔炼炉中熔化搅拌完全的钢液，通过流槽浇铸进入真空室内的钢锭模中凝固成锭。使用 Ansys 中包含多求解器可模拟复杂流动的 Fluent 软件，建立图 1 中流槽与流体的几何模型，来模拟真空感应熔炼浇铸过程中流槽的温降和流速，作为 ProCAST 模拟浇铸凝固的浇铸条件。

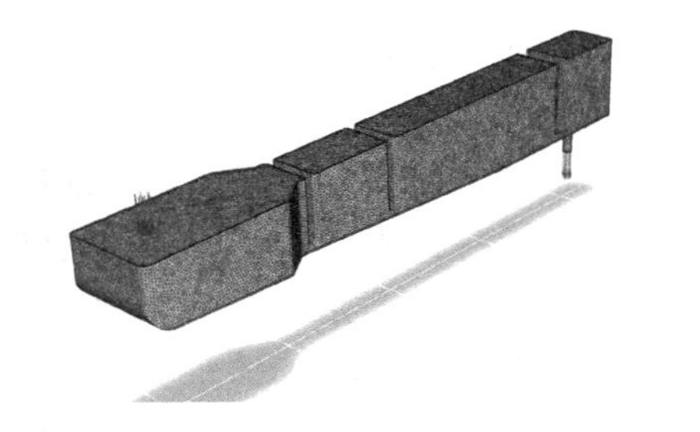

图 1 Fluent 流槽模型

ProCAST 软件采用有限元（FEM）的数值计算和综合求解的方法对铸件充型、凝固和冷却过程等提供模拟，按照企业实际参数，建立并导入至 ProCAST 图 2 中的 ϕ450mm 锭型浇铸模型，设置材料参数及热边界条件，可计算浇铸凝固后的凝固情况、缩孔位置和应力场。结合不同温度下高温拉伸实验构建的强度判据，便可了解铸锭内部开裂倾向性情况，结合铸锭凝固时间，可给出满足完全凝固及不发生开裂的安全脱模时刻，指导出炉脱模工艺制定。

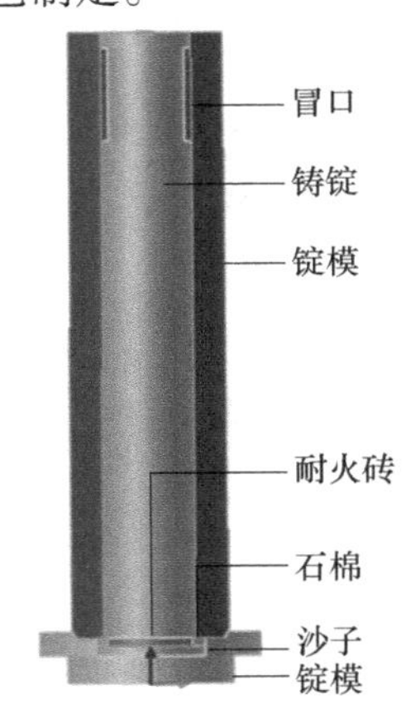

图 2 ProCAST 浇铸模型示意图

在凝固与冷却过程中，组织结构不均匀和温度差导致铸锭存在残余应力，需要进行去应力退火。为了便于计算铸锭应力场变化，通过将 ProCAST 中温度场和应力场导入 Abaqus 中，并简化网格数量，可以提高应力计算效率，结合强度判据，可以计算不同去应力工艺结果，控制应力水平，防止开裂。

去应力的感应锭在经过切头、切尾、剥皮的工序后，通过 VAR 重熔成自耗锭。VAR 是在真空下用直流电弧重熔电极，电极顶端金属通过电弧熔化滴到紫铜质水冷结晶器内并按顺序凝固成锭，MeltFlow 用于详细分析 VAR 过程中发生的电磁、流体流动、传热和合金元素再分布现象，通过 MeltFlow-VAR 建立图 3（a）中 ϕ500mm 锭型的 2D 轴对称模型对自耗熔炼过程进行计算，可获得铸锭的凝固过程、偏析行为和黑斑概率，由于 MeltFlow-VAR 无法计算铸锭的应力场，将 MeltFlow-VAR 计算后不同时刻的节点温度迁入 Abaqus 中，如图 3（b）所示，通过温度场计算各时刻的热应力，结合构建的强度判据，便可预测开裂情况。

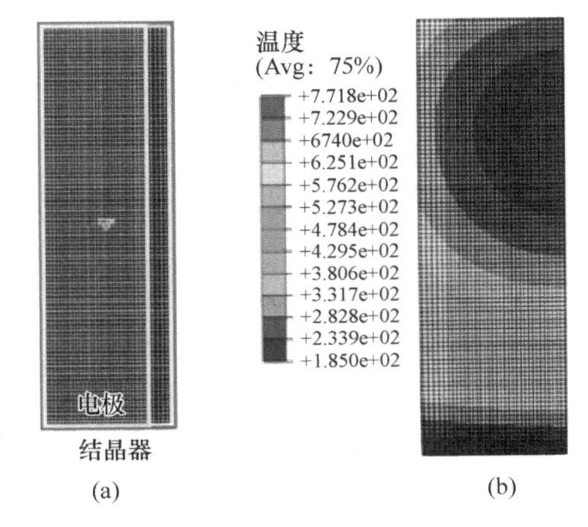

图 3 MeltFlow-VAR2D 轴对称模型（a）和 Abaqus 节点温度场（b）

由于高温合金合金化程度较高且大型铸锭内部冷却条件不佳，导致铸态产品凝固偏析倾向严重，为减轻和改善成分偏析，提高材质的均匀性，经真空感应或二联、三联冶炼工艺制备的合金铸锭必须进行高温下长时间保温的均匀化处理。将MeltFlow计算的冷速、二次枝晶臂间距和Ti元素分布结果经处理后导入DEFORM，建立析出相含量以及二次枝晶间距的分布模型，将回溶扩散模型、晶粒长大模型与DEFORM求解器耦合二次开发，可进行多阶段均匀化的工艺优化计算分析，获得不同情况下的析出相回溶分数、残余偏析系数和晶粒度。

均匀化锭剥皮后的铸锭，需要开坯破碎铸态粗大组织，提高坯料的塑性，降低变形抗力，提供一定形状和性能的细晶坯料，由MSC公司推出的专业工业锻造过程仿真分析软件Simufact Forming的Cogging模块建立ϕ490mm锻坯的墩拔开坯模型，如图4所示，结合二次开发的动态再结晶、亚动态再结晶、晶粒长大和开裂模型，可对多火次多道次变形的开坯过程进行计算，获得坯料的组织结果及开裂倾向。

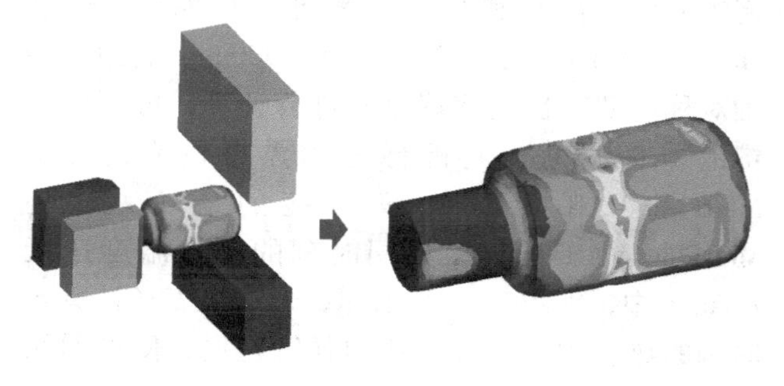

图4 Simufact 开坯几何模型

开坯后的坯料还需锻造等方式获得规定尺寸性能的锻件，同样可以使用Simufact Forming及二次开发的组织控制模型与开裂模型，建立模锻模型，以开坯冷却后的晶粒尺寸为初始晶粒尺寸进行计算，实现热加工成型和组织性能控制，预防开裂风险。

2 制备过程中的控制点

GH4738全流程模拟仿真方法可以模拟各环节生产过程，给出可靠的计算结果。通过连贯的仿真计算探究，从整体上优化工艺。分析过程不仅要考虑当前生产工序，也要考虑是否有利于下一工序生产。目的是要综合提高生产质量，降低生产成本。

由于VIM铸锭各部分冷却速度和凝固顺序不同，导致铸锭内可能存在无法补缩的孤立液相凝固收缩为图5（a）中缩孔缩松，影响VAR电弧和熔池的稳定性，较深的缩孔增加铸锭头部的切削量，所以需要让缩孔尽可能靠近锭头以减少切头高度和内部缩松。而浇铸完成的铸锭若尚未完全凝固或者内应力过高就移出脱模，则会使得铸锭发生热裂或者冷裂。所以需要关注图5中铸锭凝固时间（b）和开裂情况（c），以期在铸锭7043s完全凝固且应力判据$P<1$不致使开裂的情况下尽快移出脱模，在保证铸锭完整性的同时提高企业生产效率。

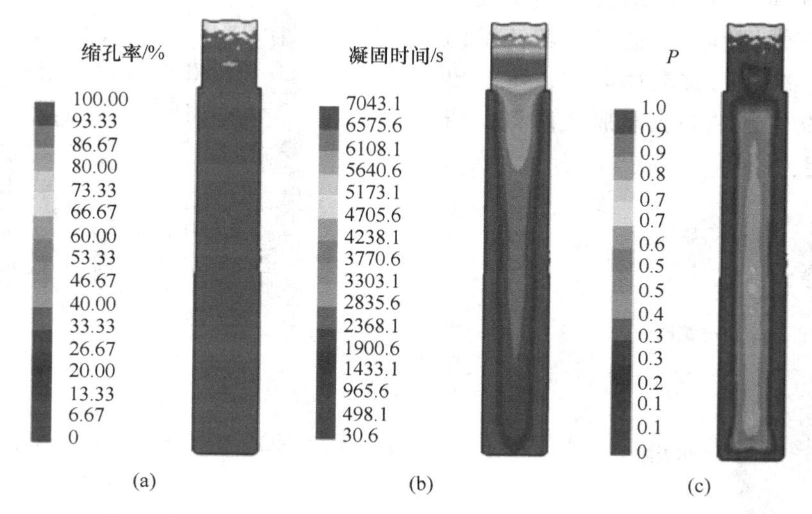

图5 缩孔率（a），凝固时间（b）和强度开裂判据P（c）

感应锭去应力可改善铸锭内部性能，易于加工电极，并提高自耗时电弧和熔池稳定性，需要关注铸锭在去应力时的应力水平，同时关注升温制度和开裂情况，预防加热过程铸锭产生更大的内应力致使开裂，尽可能消除残余应力。

VAR 热封顶工艺不佳也会造成铸锭上表面先凝固，头部存在图 6（a）中孤立液相的情况，孤立液相收缩形成的缩孔，包含未排出的杂质气体和夹杂，需要切除，较深的缩孔将增加切削成本。此外，VAR 所造成的元素偏析程度与均匀化工艺设计息息相关，偏析程度较高将会延长均匀化时间，影响均匀化成材率，需要重点关注。如果偏析严重产生均匀化都无法消除的黑斑，将会严重影响铸锭质量甚至报废。需要通过图 6（b）中成斑概率是否小于 1 来预测熔炼过程是否产生黑斑，基于冷速计算铸锭的二次枝晶臂间距，如图 6（c）所示，选择枝晶偏析弱的冶炼工艺，将帮助缩短均匀化时长，Ti 元素是 GH4738 合金偏析最严重元素，通过获得图 6（d）中整个铸锭 Ti 元素分布，了解偏析程度可指导均匀化工艺的制定。

真空自耗铸锭凝固情况无法直接观测获得，且冷却条件比真空感应熔炼更加强烈，铸锭整体温差导致的热应力较大，则同样需要关注熔炼结束后自耗锭的凝固情况和应力水平，设计在结晶器中的停放时间，通过 MeltFlow-VAR 的凝固过程计算和 Abaqus 应力计算，选择铸锭完全凝固及开裂判据 $P<1$ 的时刻，才可以安全移出脱模，既保证了铸锭不发生开裂的安全性，也提高了企业生产效率。

铸锭内部存在严重的元素偏析，分布不均的元素和有害相在高温扩散过程予以消除，是关乎铸锭均匀性的重要条件，需要关注均匀化过程残余偏析系数和相回溶分数随时间和铸锭温度的变化，使得残余偏析系数降至 0.2 以下，视为偏析消除。同时在高温下长时间保温会造成表面氧化厚度和内部晶粒尺寸的增加，前者使得剥皮量增加，减少了成材率，后者导致坯料塑性降低，甚至会引起变形不协调导致开裂，给开坯过程组织控制带来难度，所以在关注偏析消除的同时，还要关注均匀化时长和晶粒尺寸，防止氧化层厚度和晶粒度大幅增长。

开坯作为铸锭向锻坯转变的重要中间步骤，承担着铸态组织变为锻态组织的组织细化功能，通过破碎铸锭粗大的柱状晶发生再结晶，获得如图 7（a）中均匀细小的晶粒组织，而开坯是一个不连续多次加热、变形的过程，再结晶与晶粒长大交替进行，需要关注开坯结束的组织是否充分细化。热变形过程的开裂问题也是开坯成材率和质量的关键，需要对变形中坯料的塑性损伤和开裂倾向作出评价，保证图 7（b）中损伤判据 $P<1$，保证坯料的完整性。

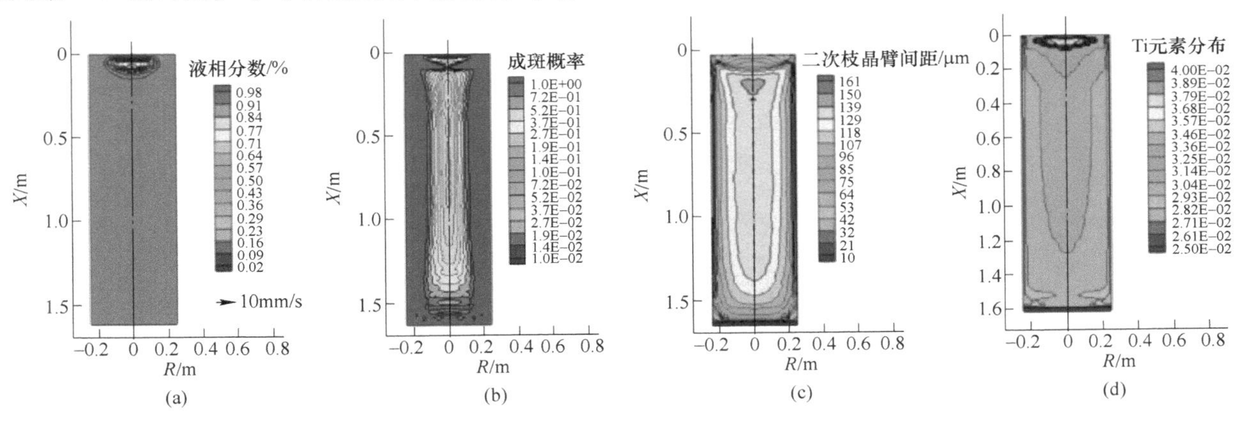

图 6 凝固前液相分数（a），成斑概率（b），二次枝晶臂间距（c）和 Ti 元素分布（d）

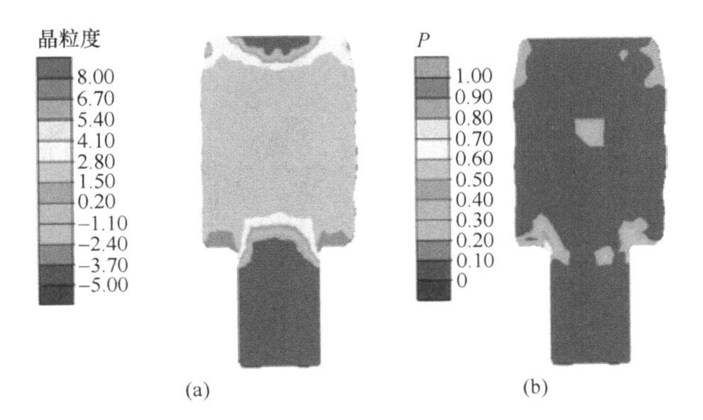

图 7 坯料的晶粒度（a）和塑性损伤开裂判据 P（b）

如图 8 所示，锻造作为最终的热变形工艺既要实现尺寸成型控制，又要实现组织性能控制，则锻造后需要有发生充分的再结晶细化组织，来满足性能要求。然而，随着锻件尺寸的增加和设备条件的限制，组织控制的难度和要求在不断提高，所以对该方面的研究和控制应该更加严格。为保证锻造锻件的完整性，也应关注变形过程中累积的塑性损伤，防止开裂。

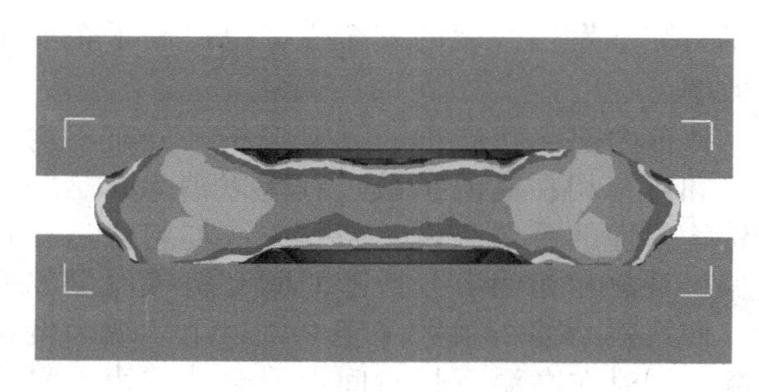

图 8 锻造变形过程

3 结论

（1）提出一种 GH4738 全流程生产工艺设计依据和结果预测方法，通过 Fluent、ProCAST、MeltFlow-VAR、Abaqus、DEFORM 和 Simufact 等软件结合二次开发，建立了连贯的 GH4738 合金工艺流程计算模型，可对 GH4738 真空感应熔炼、应力控制和去应力退火、真空自耗重熔、均匀化退火、开坯和锻造过程进行工艺优化分析。

（2）给出 GH4738 合金各生产环节中需要重点关注的控制点和解决方法，结合全流程生产的计算方法，优化实际工艺、提高成材性能和降低生产成本，切实提高产品质量和效益，增加商品市场竞争力。

参考文献

[1] 张勇，李佩桓，贾崇林，等. 变形高温合金纯净熔炼设备及工艺研究进展［J］. 材料导报，2018，32（9）：1496~1506.

[2] 陈佳语. 高温合金铸锭均匀化开坯工艺制定依据及优化控制原则［D］. 北京：北京科技大学，2018.

高温合金真空感应铸锭缩孔和开裂倾向的预测依据及控制方法

李澍*，李昕，江河，姚志浩，董建新

（北京科技大学高温材料及应用研究室，北京，100083）

摘　要：大型铸锭在浇铸过程中存在缩孔较大及开裂风险高的问题。基于这一问题，通过构建铸锭的凝固模型和应力应变本构模型，研究铸锭凝固过程中的缩孔情况和应力变化情况，确定铸锭开裂倾向较低时再进行脱模，建立安全脱模时间判据。以11tGH4169真空感应熔炼为例，探索了一种构建高温合金凝固模型和应力应变本构模型的通用方法，再运用安全脱模时间判据，找到一种高温合金铸锭缩孔和开裂倾向的预判方法，确定合适的脱膜时间。

关键词：高温合金；真空感应熔炼；计算模型；缩孔；脱模时间

为了保证高温合金的质量，通常采用“两联”或“三联”冶炼工艺，即真空感应、电渣重熔、真空自耗。在真空感应过程中浇铸工艺不当，会导致形成的铸锭缩孔较大、心部缩孔缩松严重，当尺寸及合金化程度较高时，甚至出现开裂。缩孔的问题将会严重影响产品的质量及成品率，同时还可能导致在后续电渣重熔或真空自耗过程电弧不稳，出现“掉块”风险，导致“白斑”“黑斑”等缺陷的形成，严重影响部件的安全性能。随着我国航空工业的发展，要求高温合金向着大型化、高合金化发展。但是大型、高合金化的高温合金在真空感应熔炼凝固过程中缩孔尺寸更大，开裂风险更高，将会严重影响铸锭质量并可能对后续加工过程甚至部件安全产生严重影响。

通过调整冒口、浇铸工艺参数能够有效改善铸锭中的缩孔和应力分布。但是采用试验的方法，成本较高，试验周期长，随着模拟技术的发展，Zhang等人[1]和Wang等人[2]通过模拟计算研究了高径比、锥度、保温层高度、浇铸温度和浇铸速度等铸造参数对钢锭缩松缩孔的影响并进行了优化。Yang等人计算金属液在凝固过程中的应力情况和缩松缩孔情况，对铸锭的缩松缩孔进行优化，控制铸锭的应力，减少开裂倾向[3]。以GH4169高温合金为例，通过构建铸锭的凝固模型和应力应变本构模型，研究铸锭凝固过程中的缩孔情况和应力变化情况，确定铸锭开裂倾向较低时的时间，建立安全脱模时间判据。本文探索了一种构建高温合金凝固模型和应力应变本构模型的通用方法，再运用安全脱模时间判据，找到一种高温合金铸锭缩孔和开裂倾向的预判方法，确定合适的脱膜时间。

1　计算模型构建

1.1　凝固模型

根据金属液和钢锭模的材料成分，利用ProCAST热力学数据库计算得到材料的热物理性能，如热导率、密度、焓、固相百分数等；对于钢锭模系统中保温系统的材料，查阅相关资料和手册，获得相关材料的热物性参数，从而建立金属液的凝固模型。

1.2　气隙热阻模型

根据现场的工况条件，设置适当的边界条件[4, 5]。铸锭在凝固过程中，由于凝固收缩，将会在铸锭和锭模之间形成气隙，导致锭模与铸锭之间的换热系数发生变化。在ProCAST软件中需要启用气隙热阻模型[6]，模型中铸锭和钢锭模之间的换热系数考虑了气隙的形成。当金属液和钢锭模是接触状态时，换热系数是接触压强 P 的函数，如式（1）所示：

* 作者：李澍，硕士研究生，联系电话：18710265519，E-mail：g20208401@xs.ustb.edu.cn

$$h = h_0 \cdot \left(1 + \frac{P}{A}\right) \tag{1}$$

式中，h 为调整后的换热系数；h_0为最初的换热系数；P 为接触压力；A 为用于与接触压力有关的经验常数。当气隙形成时。换热系数是气隙宽度 gap 的函数，见式（2）和式（3）：

$$h = \frac{1}{1/h_0 + R_{gap}} \tag{2}$$

$$R_{gap} = \frac{1}{k/gap + h_{rad}} \tag{3}$$

式中，R_{gap}为气隙的热电阻；k 为空气的热导率；gap 为气隙宽度；h_{rad}为热辐射换热系数。

1.3 应力应变本构模型

铸锭的应力应变本构模型采用弹塑性模型，钢锭模系统的应力应变本构模型采用刚性模型。在弹塑性模型中，铸锭的热膨胀系数、泊松比由 CompuTherm 热力学数据库计算得到，铸锭的杨氏模量、屈服强度、塑性模量由铸态高温合金的高温拉伸实验获得，其中塑性模量通过 Digitized Hardening 的方式，用 ASCII 文件将不同温度下弹性阶段后、抗拉强度之前的应力应变曲线输入弹塑性模型中。

1.4 安全脱模时间判据

高温合金一般需要经过真空感应熔炼，在浇铸完成后，需要对真空室破真空，将钢锭模移出真空室后再进行脱模。文中讨论的脱模时间是锭模在移出真空室后立即进行脱模的方式。脱模时间过短，铸锭没有完全凝固，没有建立足够的强度，在移动过程中铸锭可能由于热应力而产生开裂。因此需要确定一个安全脱模时间。

首先安全脱模时间一定要在铸锭完全凝固后，否则钢锭模在移动过程中会造成金属液飞溅，将铸锭的完全凝固时间作为 t_1（t_1 为浇铸完成后的完全凝固时间）。其次，钢锭模在脱模时铸锭需要具有足够的强度，否则在钢锭模的移动过程中铸锭可能会因为内应力而产生开裂。因为铸锭在凝固过程中很难完全界定是脆性材料还是韧性材料，因此综合采用第一强度理论[7]和第四强度理论[7]来判断铸锭在凝固过程中是否容易开裂：

第一强度理论：$$P_1 = \frac{\sigma_1}{\sigma_b} \tag{4}$$

第四强度理论：

$$P_4 = \frac{(\sigma_1 - \sigma_2)^2 + (\sigma_2 - \sigma_3)^2 + (\sigma_3 - \sigma_1)^2}{2\sigma_s^2} \tag{5}$$

式（4）和式（5）中，P_1为根据第一强度理论确定的开裂判据值；P_4为根据第四强度理论确定的开裂判据值；σ_s为屈服强度；σ_b为抗拉强度；σ_1为第一主应力；σ_2为第二主应力；σ_3为第三主应力。当P_1和P_4的值都小于 1 时，可以说明铸锭在凝固过程中已经建立起足够的强度，不容易开裂。定义 $P_1<1$ 的时间为 t_2，$P_4<1$ 的时间为 t_3。当时间 t 大于 t_1，t_2，t_3时，代表铸锭在凝固过程中已经完全凝固，同时已经建立起足够的强度，达到安全脱模的要求。因此，安全脱模时间 t 为：

$$t = \max\{t_1, t_2, t_3\} \tag{6}$$

2 控制方法应用

以约 11t 投料的 GH4169 真空感应熔炼过程为例，探究浇铸速度对 GH4169 真空感应锭缩孔及安全脱模时间的影响规律。依据投料重量，设计建立直径 800mm，高度 3300mmGH4169 钢锭和钢锭模系统的 CAD 模型，包括钢锭模、底垫、铸锭、冒口。再利用 ProCAST 软件对其进行网格划分，生成一个包含 76164 个面网格，729641 个体网格的三维有限元网格，如图 1 所示。

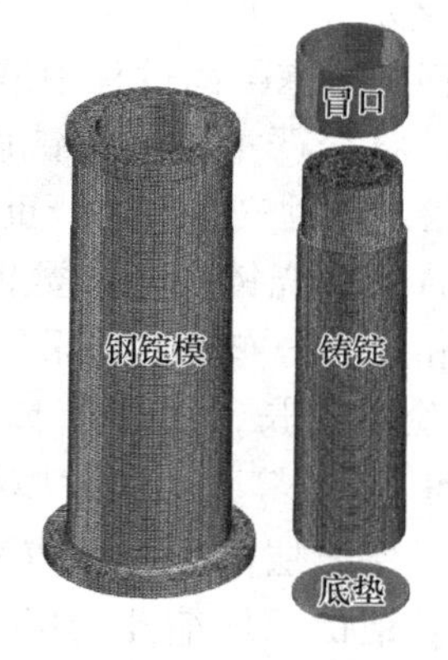

图 1 11t GH4169 钢锭和钢锭模系统三维有限元网格

铸锭的材料取典型 GH4169 合金，利用 ProCAST 热力学数据库计算得到材料的热物理性能，如热导率、密度、焓、固相百分数等；钢锭模材料为球墨铸铁，即 ProCAST 软件中现有的铸铁材料 EN-GJS-400-18。冒口材料为硅酸铝纤维，底垫材料为刚玉，查阅相关资料和手册[4]，设置合适的热物性参数。

力学模型上，铸锭采用弹塑性模型，钢锭模、冒口和底垫采用刚性模型。根据铸态 GH4169 的高温拉伸实验，按照上述建立应力应变本构模型的方法对弹塑性模型进行设置。

根据工况条件，设置适当的热边界条件。由于浇铸及凝固过程在真空中进行，因此传热过程主要为热辐射。铸锭与环境的热辐射系数为 0.3，冒口与环境的热辐射系数为 0.4，钢锭模与环境的热辐射系数为 0.75。锭模底部与地面接触，传热方式主要为热传导，设置钢锭模底部与地面的热传导系数为 400W/(m^2 · ℃)。在热力学计算中，打开 ProCAST 软件中的气隙热阻模型。

ProCAST 的模拟计算采用顶注法，在 11t 浇铸量下，浇铸温度设 1435℃，烘烤温度设 200℃，冒容比设 12%时，图 2 展示了浇铸速度在 8kg/s 和 20kg/s 时铸锭纵截面缩孔的模拟结果对比图。红色部分代表该区域的收缩率较高，形成缩孔的倾向性较大，因此浇铸速度过快时，铸锭的补缩效果较差，缩孔的体积较大、位置较低，甚至在铸锭的心部产生了缩孔。

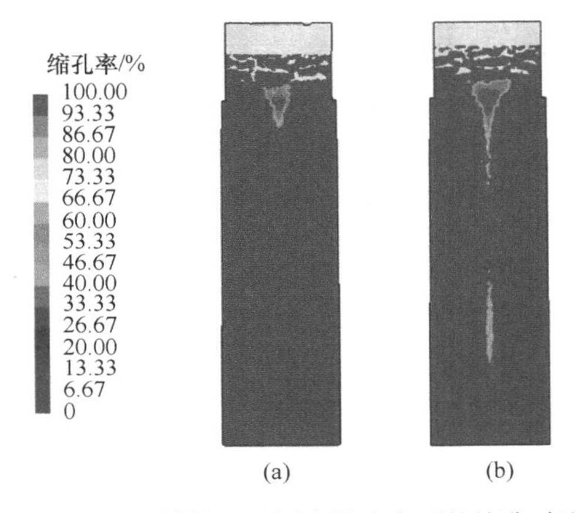

图 2 11t GH4169 铸锭，不同浇铸速度下的缩孔对比情况
(a) 8kg/s；(b) 20kg/s

通过对不同浇铸速度浇铸工艺的计算，可以获得缩孔体积和缩孔位置随浇铸速度的变化规律，得到铸锭应力在凝固过程中的变化规律，从而得到铸锭开裂风险较低时所需要的时间随浇铸速度的变化规律，即安全脱膜时间随浇铸速度的变化规律。图 3（a）所示为缩孔体积和位置随浇铸速度的变化规律，浇铸速度越慢，铸锭的补缩效果越好，缩孔体积越小，位置越高，但浇铸速度过慢会使金属液流动不畅，形成冷隔等缺陷。图 3（b）所示为安全脱膜时间随浇铸速度的变化规律，浇铸速度越快，开裂判据值小于 1 时所用的时间越长，因此在浇铸完成后，铸锭凝固过程中开裂风险较低时所用的时间越长，即根据安全脱模时间判据确定的安全脱膜时间越长。

用同样的计算方法，还可以得到浇铸温度、冒容比、烘烤温度等工艺参数对铸锭缩孔和安全脱模时间的影响规律。据此，可以优化高温合金的真空感应熔炼工艺，推断出缩孔体积较小，缩孔完全位于冒口内的合理浇铸工艺。根据基于力学的安全脱模时间判据，可以为铸锭的脱膜时间提供参考依据，使铸锭在脱模时已经建立起足够的强度，有较小的开裂倾向。

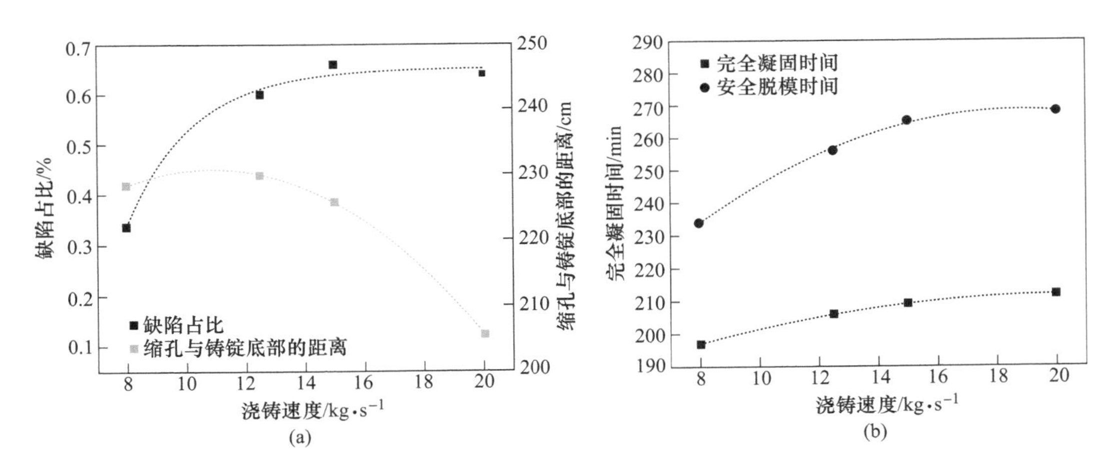

图 3 11t GH4169 铸锭缩孔缺陷随浇铸速度的变化情况（a）和安全脱模时间随浇铸速度的变化情况（b）

3 结论

（1）讨论了构建高温合金铸锭凝固模型和应力应变本构模型的通用方法；再根据铸锭在凝固过程中应力的变化情况，判断铸锭的开裂倾向，建立安全脱模时间判据。因此，可以为高温合金真空感应工艺的优化提供参考依据。

（2）以 11t GH4169 真空感应熔炼工艺为例，讨论了浇铸速度对铸锭缩孔和安全脱模时间的影响规律。同理还可以计算浇铸温度、冒容比、烘烤温度等工艺参数对铸锭缩孔体积和位置的影响规律；根据基于力学的安全脱模时间判据，判断铸锭在凝固过程中建立起足够强度所需要的时间，确定各种工艺参数对安全脱模时间的影响。

参考文献

[1] Zhang C J, Bao Y P, Wang M. Influence of casting parameters on shrinkage porosity of a 19 ton steel ingot [J]. La Metallurgia Italiana, 2016, 108: 37~44.

[2] Wang J, Fu P, Liu H, et al. Shrinkage porosity criteria and optimized design of a 100-ton 30Cr2Ni4MoV forging ingot [J]. Materials & Design, 2012, 35: 446~456.

[3] Yang J A, Wang Y Q, Shen H F, et al. Numerical simulation of central shrinkage crack formation in a 234-t steel ingot [J]. China Foundry, 2017, 14 (5): 365~372.

[4] 高晨，张立峰，李崇巍，等．真空条件下锭模参数对铁镍合金缩孔分布的影响 [J]．工程科学学报，2014，7：887~894.

[5] 张倍恺，艾新港，曾洪波．高径比及锥度对 60t 钢锭质量影响的数值模拟 [J]．辽宁科技大学学报，2019，42 (2)：81~84.

[6] Li W, Li L, Geng Y, et al. Air gap measurement during steel-ingot casting and its effect on interfacial heat transfer [J]. Metallurgical and Materials Transactions B, 2021, 52 (4): 2224~2238.

[7] 刘大为．基本强度理论扩充研究 [J]．兰州文理学院学报（自然科学版），2018，32 (5)：41~45.

GH4720Li 合金显微组织对热腐蚀的影响

段方震[1,2]，安腾[1,2*]，谷雨[1,2]，黄子琳[3]，孙培[1,4]，曲敬龙[1,2]，杜金辉[1,2]

（1. 北京钢研高纳科技股份有限公司，北京，100081；
2. 钢铁研究总院高温材料研究所，北京，100081；
3. 中国航发湖南动力机械研究所，湖南 株洲，412000；
4. 河北钢研德凯科技有限公司，河北 涿州，072750）

摘　要：以不同晶粒度的 GH4720Li 合金为研究对象，在试验温度为 700℃ 的混合熔盐中腐蚀 200h。实验结果表明，合金的耐蚀性随晶粒尺寸的增大而提高，腐蚀现象由选相腐蚀向均匀腐蚀转变。合金腐蚀速率受晶界、γ′相的形貌和分布的影响；随晶粒尺寸增大，γ′相数量减少和晶界腐蚀敏感性降低，GH4720Li 合金的腐蚀速率降低，耐蚀性增强。腐蚀层由 $NiCr_2O_4$、Al_2O_3、CoO、TiO、Ni_3S_2 和 CoS_2 组成。

关键词：GH4720Li 合金；热腐蚀；显微组织

GH4720Li 合金是一种镍基难变形高温合金，主要用于制备先进航空发动机涡轮盘，长时使用温度为 700℃[1]。涡轮盘作为航空发动机的核心部件，服役环境苛刻，长时暴露在沙漠、海洋等环境下，易遭受热腐蚀的威胁。在循环载荷的作用下，热腐蚀后的涡轮盘服役寿命会大大降低。

根据温度和盐的组成，热腐蚀通常分为高温热腐蚀（850～950℃）和低温热腐蚀（650～800℃）。先进航空发动机涡轮盘服役温度在 700℃ 左右，主要面临低温热腐蚀威胁。合金元素[2,3]、晶界[4]、晶粒尺寸[5]和 γ′相会影响材料的腐蚀行为。Taylor 等[6]研究了 CMSX-4 合金在 700℃ 下的Ⅱ型热腐蚀，结果表明外层富含 Co 和 Ni，转化为 Co 和 Ni 的混合氧化物，内层富含 Cr、Al 和 S，Cr 促进了连续 Cr_2O_3 层的形成，在热腐蚀环境下可以自愈合[2]。Co 和 Ti 还能使 FGH4096 合金[7]具有较好的耐热腐蚀性能。随着晶粒尺寸的增大，镍基高温合金的腐蚀机制由点蚀转变为均匀腐蚀。粗晶粒中 Cr 从晶界向晶界扩散的驱动力小于细晶粒[8]。样品边界限制了 S 的侵蚀和合金元素的耗尽/富集，显著降低了 617 合金[4]的热腐蚀。晶粒尺寸和晶界对 GH4720Li 合金的热腐蚀行为有显著影响，研究该合金涡轮盘长时间工作温度下的热腐蚀行为具有重要意义。

本文旨在研究不同晶粒尺寸的 GH4720Li 合金在 700℃ 下 200h 的低温热腐蚀行为。通过扫描电子显微镜（SEM）、能量色散光谱（EDS）、电子探针 X 射线分析仪（EPMA）和 X 射线衍射（XRD）研究了腐蚀产物、腐蚀层演变以及内部微观组织的演变。

1　试验材料及方法

试验用材料取自 GH4720Li 合金涡轮盘锻件，其化学成分见表 1。热腐蚀试验的样品从圆盘的边缘沿切线方向切割，圆形和方形样品分别为 ϕ10mm×10mm 和 10mm×20mm×10mm。

表 1　GH4720Li 合金化学成分　（质量分数，%）

Cr	Al	Ti	Co	Mo	W	B	C	Ni
16.17	2.56	4.94	14.73	2.92	1.27	0.014	0.015	余量

研究了晶粒尺寸对 GH4720Li 合金的低温热腐蚀的影响。在热腐蚀试验中使用了 3 个圆形样品和 3 个方形样品，以确保试验数据的准确性。圆形样品用于腐蚀试验后的表面观察，方形样品用于横截面观察。经过不同热处理的圆形样品和方

* 作者：安腾，高级工程师，联系电话：17600976046，E-mail：anteng.1009@163.com
资助项目：国家科技重大专项（J2019-Ⅷ-0002-0163）

形样品分别被命名为样品 H1～H4 和 Z1～Z4。详细的热处理过程和样品编号显示在表 2 中。

表 2　GH4720Li 合金热处理制度

样品		温度/℃	保温时间/h	冷却方式	时效制度
圆形	方形				
Z1	H1	1130	1	空冷	650℃/24h/AQ+760℃/16h/AQ
Z2	H2	1140	4		
Z3	H3	1150	2		
Z4	H4	1160	1		

在 25%NaCl+75%Na_2SO_4的混合盐中，将具有不同晶粒尺寸的样品埋入氧化铝坩埚。然后，坩埚在 700℃ 的箱式炉中加热 200h。在热腐蚀试验后，计算了每个试样腐蚀前后的质量变化。样品表面的腐蚀产物通过 Bruker D8 衍射仪进行 XRD 鉴定。腐蚀前后样品组织通过 OLYMPUS GX71 显微镜和 JSM-7200F 显微镜进行 OM 和 SEM 观察。

2　试验结果及分析

图 1 显示了样品 H1～H4 的显微组织结构。结果显示，随着固溶温度增加，晶粒逐渐长大。主要分布在晶界上的一次 γ′相的体积分数随着固溶温度的增加从 35%下降到 0。在亚固溶温度下的晶粒生长现象表明，晶粒生长过程的限制主要归因于γ′相的钉扎效应[9,10]。而在样品 H4 中，γ′相的体积分数明显下降，这将消除析出相的钉扎力，导致晶粒快速生长[11,12]。

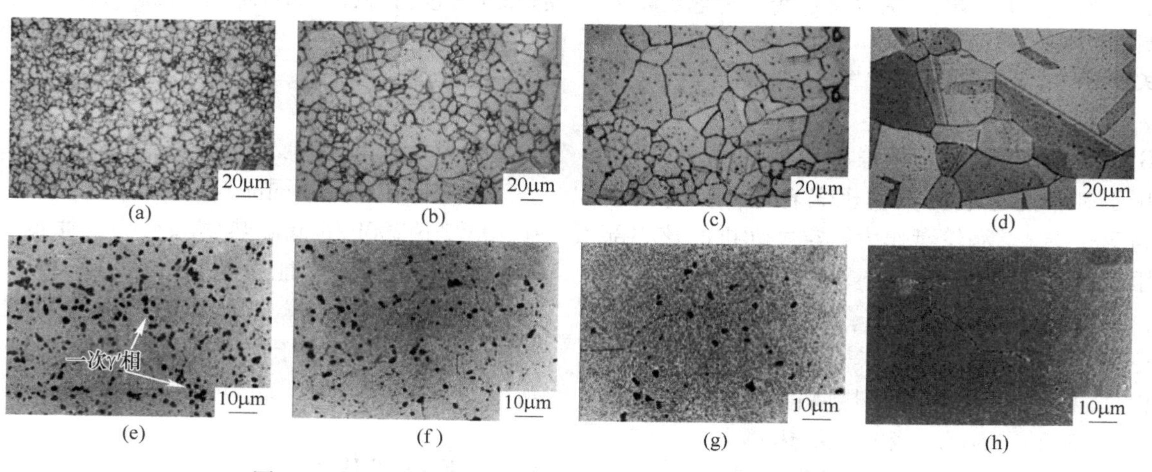

图 1　GH4720Li 合金的晶粒结构和一次 γ′相分布的显微照片
(a)，(e) 样品 H1；(b)，(f) 样品 H2；(c)，(g) 样品 H3；(d)，(h) 样品 H4

图 2 显示了样品 H1～H4 在 700℃ 热腐蚀 200h 后的质量变化。单位面积增重（Δ*w*，mg/cm^2）与晶粒尺寸的关系数据显示，所有样品在暴露试验过程中都没有发生剥落或蒸发，也没有观察到突然下降。很明显，随着晶粒尺寸的减小，增重逐渐增加。样品 H4 的单位面积腐蚀增重（0.454mg/cm^2）是样品 H1(0.017mg/cm^2) 的 27 倍。这表明 GH4720Li 合金的粗晶粒与细晶粒相比具有更好的抗热腐蚀性。

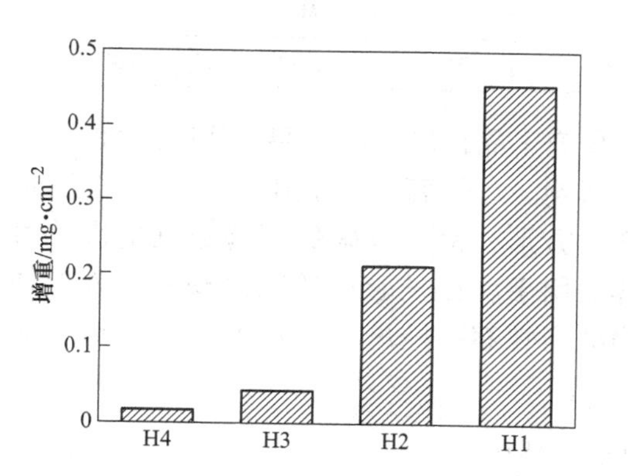

图 2　Z1～Z4 样品在 700℃下热腐蚀 200h 后的质量变化

XRD 被用来检测腐蚀层的相组成，图 3 显示了样品 H1～H4 在 700℃ 热腐蚀 200h 后表面的腐蚀产物的 XRD 图。GH4720Li 合金热腐蚀后的 XRD 图谱显示了类似的特征。腐蚀产物由 Ni、$NiCr_2O_4$、TiO、CoO、Ni_3S_2 和 CoS_2 组成，表明微结构的变化对腐蚀产物的类型没有影响。此外，这些产物表明 GH4720Li 合金的低温热腐蚀包括两个过程，即氧化和硫化。

图 4 显示了 GH4720Li 样品在 700℃ 热腐蚀 200h 后，其表面的腐蚀坑的形态。可以确认，腐蚀坑是腐蚀侵蚀的主要形式。可以看出，如图

4（a）~（c）所示，样品 H1 ~ H3 表面的腐蚀坑周围发生了晶间腐蚀。然而，如图 4（d）所示，样品 H4 表面的晶界被轻微腐蚀了。腐蚀坑周围的晶界也被腐蚀了，这加速了腐蚀过程。热腐蚀的攻击形式通常在腐蚀坑的前面产生带有内部硫化物的点状损伤。

图 5 显示了不同晶粒尺寸的 GH4720Li 样品在 700℃ 热腐蚀 200h 后的纵截面显微照片。结果显示，随着晶粒大小的增加，腐蚀层的厚度从 955.65μm 减少到 540.86μm。同时，腐蚀层有变密的趋势，粗晶粒样品具有更好的抗热腐蚀性。

3 结论

（1）GH4720Li 的热腐蚀过程包括一个硫化和氧化的合作过程。不同晶粒尺寸的样品的腐蚀产物相似，主要由 $NiCr_2O_4$、Al_2O_3、TiO、CoS_2 和 Ni_3S_2 组成。

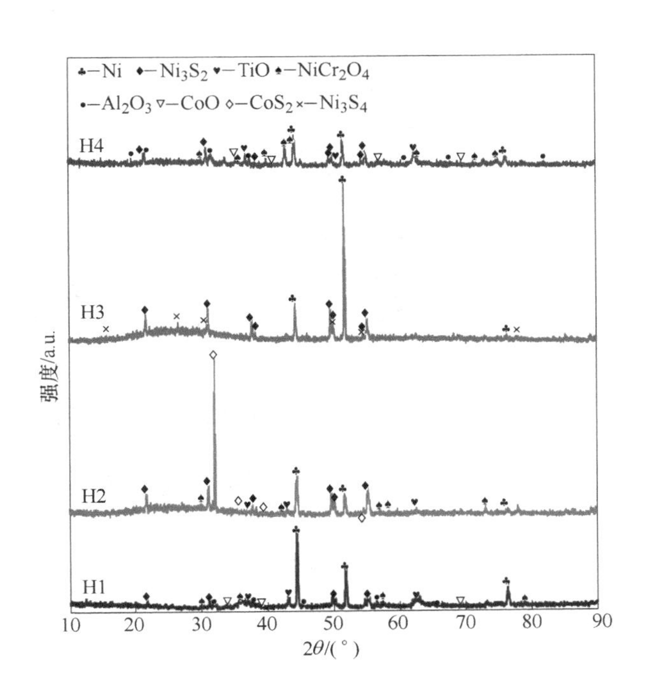

图 3 样品 H1 ~ H4 在 700℃ 热腐蚀 200h 后的腐蚀产物的 XRD 图谱

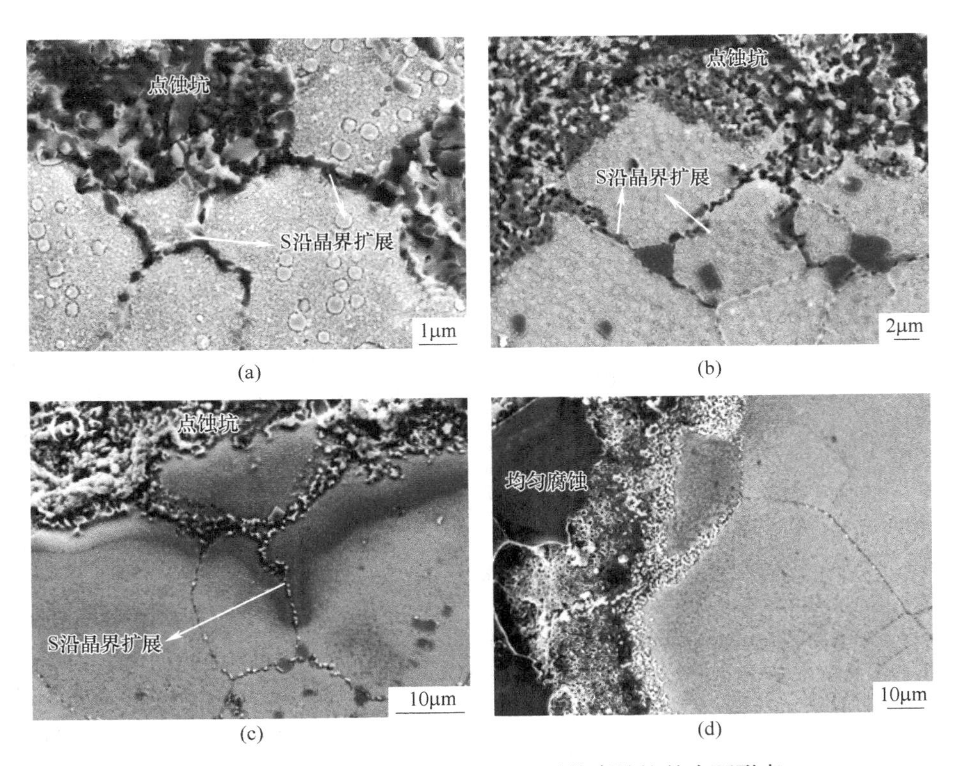

图 4 样品在 700℃ 下热腐蚀 200h 后的腐蚀坑的表面形态
（a）样品 H1；（b）样品 H2；（c）样品 H3；（d）样品 H4

（2）晶粒尺寸的增大提高了 GH4720Li 合金的抗热腐蚀性，从而使腐蚀失效特征从点状腐蚀转变为均匀腐蚀。细晶粒中的三角形晶界和一级 γ′ 相加速了腐蚀行为。粗晶粒中的富镍/钴层和长晶界阻止了 S 沿晶界的渗透，从而降低了腐蚀速率。

（3）H4 样品表现出明显较低的腐蚀深

度（约540μm）。这明显突出了 GH4720Li 的粗晶结构在热腐蚀环境中的耐蚀能力。

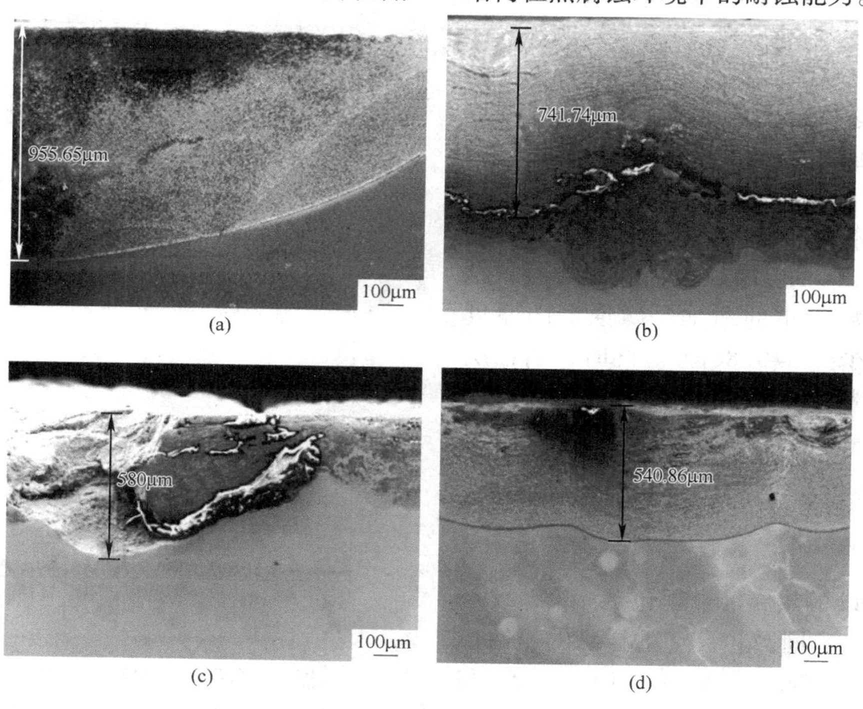

图5　样品 Z1～Z4 在700℃热腐蚀200h 后的纵截面显微照片

（a）样品 Z1；（b）样品 Z2；（c）样品 Z3；（d）样品 Z4

参考文献

[1] Monajati H, Taheri A K, Jahazi M, et al. Deformation characteristics of isothermally forged UDIMET 720 nickel-base superalloy [J]. Metallurgical & Materials Transactions A, 2005, 36 (4): 895～905.

[2] Chang J X, Wang D, Zhang G, et al. Interaction of Ta and Cr on Type-I hot corrosion resistance of single crystal Ni-base superalloys [J]. Corrosion Science, 2017, 117: 35～42.

[3] Han F F, Chang J X, Li H, et al. Influence of Ta content on hot corrosion behaviour of a directionally solidified nickel base superalloy [J]. Journal of Alloys and Compounds, 2015, 619: 102～108.

[4] Deepak K D, Mandal S, Athreya C N, et al. Implication of grain boundary engineering on high temperature hot corrosion of alloy 617 [J]. Corrosion Science, 2016, 106: 293～297.

[5] Liu L, Li Y, Wang F. Influence of grain size on the corrosion behavior of a Ni-based superalloy nanocrystalline coating in NaCl acidic solution [J]. Electrochimica Acta, 2008, 53 (5): 2453～2462.

[6] Taylor M, Ding R, Mignanelli P, et al. Oxidation behaviour of a developmental nickel-based alloy and the role of minor elements [J]. Corrosion Science, 2022, 196: 110002.

[7] Jiang H, Dong J-X, Zhang M-C, et al. Hot corrosion behavior and mechanism of FGH96 P/M superalloy in molten NaCl-Na_2SO_4 salts [J]. Rare Metals, 2016, 38 (2): 173～180.

[8] Kaithwas C K, Bhuyan P, Pradhan S K, et al. 'Hall-Petch' type of relationship between the extent of intergranular corrosion and grain size in a Ni-based superalloy [J]. Corrosion Science, 2020, 175: 108868.

[9] Monajati H, Jahazi M, Bahrami R, et al. The influence of heat treatment conditions on γ′ characteristics in Udimet ® 720 [J]. Materials Science and Engineering: A, 2004, 373 (1-2): 286～293.

[10] Bhuyan P, Pradhan S K, Mitra R, et al. Evaluating the efficiency of grain boundary serrations in attenuating high-temperature hot corrosion degradation in Alloy 617 [J]. Corrosion Science, 2019, 149: 164～177.

[11] Wan Z, Hu L, Sun Y, et al. Effect of solution treatment on microstructure and tensile properties of a U720LI Ni-based superalloy [J]. Vacuum, 2018, 156: 248～255.

[12] Charpagne M A, Franchet J M, Bozzolo N. Overgrown grains appearing during sub-solvus heat treatment in a polycrystalline gamma-gamma′ Nickel-based superalloy [J]. Materials & Design, 2018, 144: 353～360.

红外吸收法精确测定高温合金中痕量硫技术及其应用

韦建环[1,2,3*]，高晋峰[1]，叶菁菁[1]

（1. 中国航发北京航空材料研究院，北京，100095；
2. 航空材料检测与评价北京市重点实验室，北京，100095；
3. 材料检测与评价航空科技重点实验室，北京，100095）

摘　要：红外吸收法精确测定高温合金中痕量硫技术，采用最新型红外碳硫分析仪 CS844ES，在五个方面进行技术创新：两端三次校准技术、超纯复合助熔剂、基准物质溯源技术、空白影响值测定技术、痕量硫精确测定判定准则。测量硫下限下延至 0.5×10^{-6}。经鉴定，达到国际先进水平。采用本技术同时测量得到的国内外不同厂家生产的高纯净度 GH4169，其中硫含量是有差别的。

关键词：红外碳硫分析仪 CS844ES；高温合金；痕量硫；红外吸收；测定技术；助熔剂；空白；校准溯源

硫对高温合金性能的有害影响已经为研究人员的共识[1~3]。三联冶炼工艺的普及应用，优质高温合金中的硫含量已经低于 5×10^{-6}[4]。为了测量优质高温合金中低于 5×10^{-6}的硫，分析领域技术人员也在不断努力。

采用辉光放电质谱法直接用于测量高温合金中的痕量硫[5~7]。不同于高纯硅，高温合金是十分复杂的合金体系，测量时元素之间相互干扰严重，并且依赖相同基体的标准物质，因此，辉光放电质谱法测定高温合金痕量只能达到半定量程度。

日本学者，采用美国 LECO 公司带捕集阱的碳硫仪 CS-444LS，助熔剂、坩埚在环境气氛加热至 1003K 处理去除硫空白以及酸洗样品等技术措施，建立了高纯铁以及钢中硫含量低至 1×10^{-6}左右的方法[8~10]。宋维第等[11]采用医用氧气、W-Sn 助熔剂、坩埚预处理等途径降低并稳定了空白，实现了测量镍基高温合金中硫 0.0001%～0.0005% 的测量。韦建环等[12]，在燃烧条件、空白试验等相关试验条件下，建立了分析粉末冶金高温合金 FGH96 中超低硫（S：0.0001%～0.0020%）的新方法。荣金相等[13]通过改进碳硫仪电路、气路、以不同的硫量校正仪器等技术措施，测定钨粒中硫下限降至 1×10^{-6}。Lawrenz[14]采用 CS444LS 捕集阱，测定了高温合金中低至 0.00004% 的硫。Mekhanik 等[15]采用钨锡助熔剂和单独的锡助熔剂，测定了高温合金中 0.0001%～0.0009% 的硫。Kinoshiro[16]发明了高频燃烧-紫外荧光光谱测定硫的装置，该装置采用有证标准物质验证，检出下限可低至 0.00005%（质量分数）。以上相关报道，由于无同基体标准物质验证，准确性难以得到有效保证[17]。

高温合金中硫含量的分析普遍采用高频红外碳硫仪，建立了不同序列的分析方法，如国际标准 ISO、美国材料与试验协会 ASTM、国家标准 GB、航空行业标准 HB、航发标准 AETM 等，这些分析方法，测量高温合金中硫的下限仅为 0.0005%，即 5×10^{-6}。

综合国内外文献，本技术采用最新型碳硫仪 CS844ES，在五个方面进行技术创新：两端三次校准技术、超纯复合助熔剂及其用量技术、基准物质溯源技术、空白影响值测定技术、痕量硫精确测定判定准则，测量硫下限下延至 0.5×10^{-6}。经鉴定，达到国际先进水平。

1　实验设备

本技术采用国内外最新型碳硫仪 CS844ES，测硫的增强灵敏度模式[18]，载气流量为 0.8L/min（标准模式为 3.0L/min），测硫的技术效果明显提升。

* 作者：韦建环，高级工程师，联系电话：13661101781，E-mail：weijianhuan@sina.com

2 五个方面的技术创新

2.1 两端三次校准技术，本技术创新的源泉

两端三次校准技术[19]已经获得授权专利保护，具体校准过程可以参阅专利文本[20]，在这里仅以专利中实施例来简单说明校准过程。

使用标准物质 AR-673（S：0.0011% ± 0.0002%）校准仪器。校准允许范围 0.0009 ~ 0.0013。三次校准结果见表 1。

表 1 三次校准结果 （%）

类别	测量值	校准值	平均值
第一次校准	0.00123		0.00131
	0.00134		
	0.00118		
	0.00133		
	0.00145		
		0.00104	0.00110
		0.00113	
		0.00099	
		0.00112	
		0.00122	
第二次校准	0.00101		0.00102
	0.00099		
	0.00111		
	0.00089		
	0.00109		
		0.00109	0.00110
		0.00107	
		0.00120	
		0.00096	
		0.00118	
第三次校准	0.00121		0.00117
	0.00099		
	0.00111		
	0.00122		
	0.00132		
		0.00114	0.00110
		0.00093	
		0.00104	
		0.00115	
		0.00124	

实施第一次校准、第二次校准、第三次校准来看，每次校准后的数值都落在其允许差的范围内。看到第一次校准后的数据，本领域技术人员自然会止步于第一次校准，不会去进行费时费料没有意义的第二次、第三次校准。

进行第一次空白值扣除后，分析，得到高含量硫标准物质第二次平均值为 0.00102。从平均值来看，下降了 0.00110 - 0.00102 = 0.00008。其余类推。正是这个看似微略的下降，在常规的技术中被本领域技术人员忽略了。

这个微略的下降的发现，是本发明相对于现有技术的创新源泉。

2.2 超纯复合助熔剂及其应用技术，本技术实现的物质条件

普通助熔剂的硫空白值标注为 $S \leqslant 0.0005\%$，实测 $S \approx 0.0005\%$。硫空白含量高于优质高温合金中痕量硫，因此，不能用于痕量硫的测量。

本技术在荣金相等[21,22]助熔剂技术的基础上，综合文献［8~10］在 1003K 下加热助熔剂适当时间，消除降低硫空白的措施，研制出了超纯复合助熔剂及其应用技术[23,24]，硫空白值 $S \leqslant 0.00003\%$，即 $S \leqslant 0.3 \times 10^{-6}$。

2.3 基准物质溯源技术，克服标准物质缺乏问题

化学测量过程，涉及诸多环节，不能直接溯源到 SI 单位。当不能溯源到国家或国际计量基准时，可通过其他途径证明其测量结果的可靠性[25]。《CNAS-CL01-G002—2021 测量结果的计量溯源性要求》4.7 款指出，技术上不能溯源到 SI 单位时，使用标准可溯源至适当的参考对象。

本技术参考相关文献[26,27]使用基准硫酸钾试剂进行溯源性确认。结果见表 2。

2.4 空白影响值测定技术，痕量硫测量的前提条件

空白值的测定以及扣除是保证痕量硫测量准确度和精密度的关键技术之一。空白试验对于提高低含量硫的真实性、准确度具有重要意义，低含量硫测量的成败绝大部分取决于空白的测量，空白的测量越成功，试样测量结果的可信度也就越大。目前已经发展出三种测量空白值的方法：直接测量法、间接测量法、循环测量法。其中以韦建环创造的循环测量法尤其

先进[28,29]。

使用空白更低且均匀的助熔剂，空白更低的坩埚，碳硫仪的检测下限更低，那么，测得的空白影响值更接近零点。

2.5 痕量硫精确测定判定准则，痕量硫测定的判断依据

空白影响值<1/5 待测值，只要测量得到空白影响值极大值仅为 0.1×10^{-6}，对于测量 0.5×10^{-6} 来说，影响已经很小了。

痕量硫（0.00005%～0.00050%）测量，影响因素很多。需要有丰富的操作经验。每一个单一因素，如果处理不好，都有可能成为测量失败的短板。

一旦，测量得到的空白影响值不符合要求，就能倒逼操作人员从操作步骤、助熔剂空白、仪器等等方面进行参数优化，直到满足本技术要求的空白影响值<1/5 待测值。

3 测量下限 0.5×10^{-6} 的确认

本技术把测硫的检测下限从国内外的 0.0001%下降到 0.00005%，尽管从数值上看，进步不大，但这其中存在很大的技术难度，国内外现有的技术只能达到 0.0001%。正是有了本技术的创新进步，才能满足三联冶炼工艺对硫精确测定的需求。

3.1 本项技术使用的碳硫仪 CS844ES，测硫增强灵敏度模式测量下限：$S\approx0.05\times10^{-6}$

碳硫仪测硫下限（0.05×10^{-6}）是本技术测量下限（0.5×10^{-6}）的十分之一，本技术完全在碳硫仪的可承受能力范围内。

3.2 硫含量 0.50×10^{-6} 的溯源

使用基准试剂硫酸钾（硫含量 18.4005%）配制溶液进行溯源。硫含量浓度 6.0×10^{-6}。称量硫酸钾溶液，烘干，测量结果见表 2。

表 2 硫含量 0.50×10^{-6} 的溯源记录

序号	硫目标含量/10^{-6}	输入质量/g	硫酸钾溶液/g	硫含量/$\times10^{-6}$	硫质量/μg	测量值$\times10^{-6}$
1	0.50	0.7952	0.0663	6.0	0.3978	0.47
2	0.50	0.8965	0.0747	6.0	0.4482	0.46
3	0.50	0.8754	0.0730	6.0	0.4380	0.46

从表 2 中可以看出，目标硫含量 0.50×10^{-6}，经过试验可以测量出平均 0.46×10^{-6}。满足精确检测硫 0.50×10^{-6}。

3.3 实际空白影响值测量结果

从表 3 来看，实际的空白影响值，绝对值<0.007×10^{-6}。空白对测量试样（$S\geqslant0.5\times10^{-6}$）几乎没有影响。

表 3 空白验证测量数据

名称	硫认定值/%	试样质量/g	空白影响值/%
空白	0.00000000	1.0000	0.00000063
		1.0000	−0.00000063

3.4 不同单位的碳硫仪上实现硫 0.5×10^{-6} 的精确测定

使用不同单位的碳硫仪 CS844ES，测量我们自己研制的变形高温合金 GH4169 光谱标准物质，测量结果见表 4。

表 4 不同单位测量 GH4169 光谱标准物质

检测单位	检测值/$\times10^{-6}$	平均值/$\times10^{-6}$
中国航发航材院	0.54，0.75，0.39 0.45，0.42，0.59	0.53
钢研纳克检测技术股份有限公司	0.39，0.64， 0.41，0.40	0.46
北京军友诚信检测认证有限公司	0.39，0.56， 0.38，0.29	0.41
航发优材（镇江）高温合金有限公司	0.41，0.60， 0.50，0.55	0.52

从表 4 可以看出，在不同单位的碳硫仪 CS844ES 上，都能实现硫 0.5×10^{-6} 的精确检测。

综上所述，从四个方面来综合判断，本技术测量下限，确实下延至 0.5×10^{-6} 左右。

4 本技术实际测量变形高温合金 GH4169 的情况

使用本技术，测量我们得到的国内外不同厂家生产的高纯净度 GH4169。结果见表 5。

表 5 不同厂家生产的高纯净度 GH4169 中硫测量结果 (%)

名称	批次	平均值
美国 ATI 公司	M 1 号	0.000029
	M 5 号	0.000056
	M 10 号	0.000072
	M 15 号	0.000053
	M6U43	0.000107
	—	0.000058
	M6W33-2	0.000049
国产	1-B	0.000094
	1-B-1	0.000107
	1-K	0.000099
	1-K-1	0.000148

由表 5 可以看出：我们得到的国内外不同厂家生产的高纯净度 GH4169，其中硫含量是有差别的。

2021 年 12 月，中国航空发动机集团质量科技部召开技术鉴定，鉴定痕量硫精确测定技术达到了“国际先进水平”。2022 年 11 月，荣获中国航空学会科技进步奖三等奖。

5 结论

使用高频感应加热红外线吸收法，采用国内外最新型碳硫仪 CS844ES，创造性地在以下五个方面取得突破进展：

（1）两端三次校准技术，本技术创新的源泉。

（2）超纯复合助熔剂及其应用技术，本技术实现的物质条件。

（3）基准物质溯源技术，克服标准物质缺乏问题。

（4）空白影响值测定技术，痕量硫测量的前提条件。

（5）痕量硫精确测定判定准则，痕量硫测定的判断依据。

测量下限低至痕量 0.5×10^{-6}，技术水平达到国际先进水平，采用本技术同时测量我们得到的国内外不同厂家生产的高纯净度 GH4169，其中硫含量是有差别的。

参考文献

[1] Min P G, Kabov D E, Sidorov V V, et al. The influence of sulfur, phosphorus, and silicon impurities on structure and properties of singe crystals of nickel heat-resistant alloys [J]. Inorganic Materials: Applied Research, 2019, 10 (1): 220~225.

[2] Kishimoto Y, Utada S, Iguchi T, et al. Desulfurization model using solid CaO in molten Ni-base superalloys containing Al [J]. Metallurgical and Materials Transactions B, 2019, 51 (1): 293~304.

[3] Smith M A, Frazier W E, Pregger B A. Effect of sulfur on the cyclic oxidation behavior of a single crystalline, nickel-base superalloy [J]. Materials Science & Engineering A, 1995, 203 (1~2): 388~398.

[4] 庄景云，杜金辉，邓群，等. 变形高温合金 GH4169 [M]. 北京：冶金工业出版社，2006：11.

[5] Phukphathanachai P, Panne U, Traub H, et al. Quantification of sulphur in copper and copper alloys by GDMS and LA-ICP-MS, demonstrating metrological traceability to the international system of units [J]. Journal of Analytical Atomic Spectrometry, 2021, 36 (11): 2404~2414.

[6] Yakimovich P V, Alekseev A V. Determination of sulfur in casting heat-resistant nickel alloys by GD-MS [J]. Trudy Viam, 2020, 85 (1): 118~125.

[7] 中华人民共和国国家质量监督检验检疫总局、中国国家标准化管理委员会. GB/T 32651—2016 采用高质量分辨率辉光放电质谱法测量太阳能级硅中痕量元素的测试方法 [S]. 北京：中国标准出版社，2016.

[8] Ashino T, Takada K, Morimoto Y. Determination of trace amounts of sulfur in high-purity iron by infrared absorption after combustion: selection and pre-treatment of reaction accelerators [J]. Physica Status Solidi, 2002, 189 (1): 123~132.

[9] Takada K, Ashino T, Morimoto Y, et al. Determination of trace amounts of sulfur in high-purity iron by infrared absorption after combustion: removal of sulfur blank [J]. Materials Transactions, JIM, 2000, 41 (1): 53~56.

[10] Miyagi C, Oomuro K, Takizawa Y, et al. Simultaneous determination of ultratrace amounts of carbon and sulfur in steel by an infrared absorption method after combustion in an induction furnace [J]. Bunseki Kagaku, 2002,

51（11）：1019～1026.

[11] 宋维第，孙莹，陈明．感应燃烧红外线吸收法测定镍基高温合金中痕量硫［J］．冶金分析，2004，24（4）：57～59.

[12] Jianhuan Wei，Wei Cao，Yong Zhang，Determination of the Content of Ultra-low Sulphur in PM Superalloy FGH96 by Infrared Carbon-sulphur Detector［J］. Advanced Materials Research，2013，634 ～ 638：1821～1825.

[13] 荣金相，王水法．高频红外法测定钨粒中痕量碳硫研究［J］，冶金分析，2004，24（z1）：351～354.

[14] Lawrenz D. Ultra-low sulfur determination in high purity base metals and high temperature nickel base alloys［J］. Physica Status Solidi，1998，167（2）：373～381.

[15] Mekhanik E A，Min P G，Goundobin N V，et al. Determination of sulfur mass fraction in heat-resistant nickel alloys and steels within the concentration range from 0.0001 to 0.0009%［J］. Trudy Viam，2014，167（9）：12～23.

[16] Kinoshiro S，Kazutoshi H，Fujimoto K. Method and device for analyzing sulfur in metal sample：USA，US8900874B2［P］. 2014-12-02.

[17] 张庸，李瑶，郑立春，等．高频燃烧红外吸收法测定金属材料中碳和硫的研究进展［J］．冶金分析，2022. 42（6）：18～29.

[18] CS844 Series Carbon/Sulfur Instruction Manual Version 2.3.x［M］. St. Joseph：LECO corporation，March 2016.

[19] WEI Jiang-huan，Two-time Calibration at Both Ends for Sulfur Measurement by Using High Frequency Induction Infrared Absorption Method［C］// 9th Annual International Conference on Material Science and Environmental Engineering，MSEE 2021，Jan. 2022，25～30.

[20] 韦建环，张勇，颜京．一种测量变形高温合金中超低硫含量的方法：中国，201810319111［P］. 2018-08-17.

[21] 荣金相，王水法．碳硫分析用新型助熔剂的开发与应用［J］. 冶金分析，2010：799～804.

[22] 荣金相，中国专利，技术配比多元助熔剂及其制备方法［P］．［ZL 200910044800.2］.

[23] 韦建环，中国专利，一种含硫标准物质及其制备方法和应用［P］．申请号 202011249997.6.

[24] 韦建环，中国专利，一种红外线吸收法测量试样中硫元素的助熔剂用量确定方法［P］．申请号：202110360665.3.

[25] 陈业正，测量结果的溯源性要求在校准和检测实验室的应用与思考［J］．现代测量与实验室管理，2014（2）：39～45.

[26] 张震坤，梁静，陈平，等．基准物质燃烧红外吸收法测定硅中硫［J］．光谱实验室，2004，21（3）：585～587.

[27] 中华人民共和国国家质量监督检验检疫总局、中国国家标准化管理委员会．GB/T 223.85—2009/ISO 4935：1989 钢铁及合金 硫含量的测定 感应炉燃烧后红外吸收法［S］．北京：中国标准出版社，2009.

[28] Jianhuan Wei，Huafeng Sun，Shengjie Yang. The cycle measurement of sulfur blank value with the CS-444 infrared ray carbon sulfur analyzer［J］. Advanced Materials Research Vals. 2012（399 ～ 401）：2173～2176.

[29] 刘攀，唐伟，张斌彬，等．高频感应燃烧-红外吸收光谱法在分析金属材料中碳、硫的应用［J］．理化检验-化学分册，2016（52）：109～118.

高温合金近使役条件晶界分离功与裂纹扩展温度敏感性

赵晓*，张琰琳，江河，姚志浩，董建新

（北京科技大学高温材料及应用研究室，北京，100083）

摘　要：对镍基高温合金 GH4738 的疲劳裂纹扩展温度敏感性开展研究，在服役温度和室温进行疲劳裂纹扩展实验，并用扫描电子显微镜对断口进行观测。随着温度升高，GH4738 的疲劳寿命存在一个急速下降的阶段，断裂模式由穿晶向沿晶转变，出现沿晶扩展后裂纹快速扩展。分子动力学方法计算了 Ni 和 NiCr 无序固溶模型中掺杂 O 的 Σ5［001］（210）晶界的分离功，发现分离功随温度变化曲线存在急速下降的温度区间，加入 O 原子会使晶界的分离功继续降低，加速裂纹扩展，Cr 的加入会使晶界分离功升高。

关键词：镍基高温合金；疲劳裂纹扩展；分子动力学；温度敏感性；晶界分离功

高温合金是航天航空和石油化工等工业应用的一类重要材料，航空发动机、重型燃机等的飞速发展需要热端部件在更加严苛环境下长期服役。高温服役条件下，疲劳裂纹的扩展行为受温度、环境中氧等多种因素影响，会发生力学性能降低，晶界被弱化等现象。温度升高会使裂纹扩展的速率增加，而服役条件下氧会以固溶体或氧化物夹杂等形式存在[1]，成为疲劳裂纹的萌生地和扩展通道，进一步影响高温合金疲劳性能。所以研究其近使役条件裂纹扩展的温度敏感性有助于对材料的有效寿命做出合理评估，保证材料在安全范围内服役，尽量减少和避免航天航空等工业中大型事故的出现。本研究借助疲劳裂纹扩展实验和分子动力学计算等手段探究了高温合金在服役条件下晶界的弱化行为，可为高温合金服役温度的安全使用和性能提升提供理论依据。

1　试验材料及方法

本研究使用的材料为涡轮盘用镍基变形高温合金 GH4738，高温疲劳裂纹扩展实验材料取自经标准热处理态的 GH4738 合金，室温疲劳裂纹扩展试验材料取自经标准热处理态并服役三四年的烟气轮机动叶片（GH4738 合金）。疲劳裂纹扩展试验在高精度疲劳裂纹扩展试验机上进行，试样按 JB/T 8189—1999 并参照 ASTM 标准 E647-81 制成标准紧凑拉伸试样（CT）试样。疲劳加载-卸载波形为三角波，应力比 R 为 0.05。试验中合金裂纹长度的变化采用直流电位法测量，后用 JEOL-7600F 扫描电子显微镜（SEM）观察断口形貌。

采用分子动力学软件 LAMMPS[2] 研究纯 Ni 及掺杂 O 的对称倾斜晶界，在 0～1250K 温度范围内对晶界分离功进行计算。由于在 Ni 中大量存在 Σ5［001］(210)，所以本文主要对 Σ5［001］(210) 晶界进行研究。为对比 Ni 和 NiCr 晶界的分离功，采用随机取代的方式，按照 GH4738 的主要成分，设置 Cr 占 21% 原子数，构建无序固溶 NiCr 的 Σ5［001］(210) 晶界模型。

2　试验结果及分析

2.1　疲劳裂纹扩展寿命与温度关系

温度对镍基高温合金有多方面的影响：(1) 改变材料的物理性能，如降低材料的密度、强度、弹性模量等，使材料的力学性能下降，从而加速裂纹的扩展；(2) 对高温合金材料进行高温下加载，会引起材料组织结构的改变，如改变析出相的比例、尺寸、形貌等，这会改变裂纹萌生和扩展的方向，进而会对裂纹扩展速率有所影响；(3) 温度升高会改变裂纹扩展的方式，随着温度升高，高温合金裂纹扩展更易于沿晶界方向，使断裂面逐渐由穿晶断裂向沿晶扩展转变。

* 作者：赵晓，硕士研究生，联系电话：13051166677，E-mail：zhaoxiao78@163.com

对 GH4738 合金在服役温度范围内（650~800℃）进行了疲劳裂纹扩展实验，以观察温度对疲劳裂纹扩展行为的影响规律，发现其在700℃左右，疲劳寿命大幅降低，疲劳性能加速恶化，存在疲劳裂纹急速扩展的拐点温度，如图 1 所示。

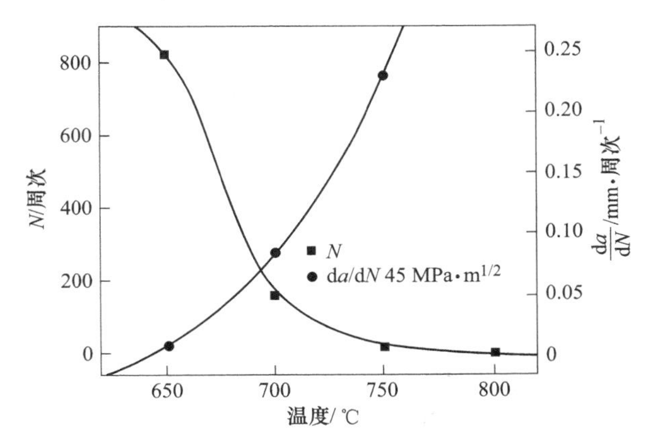

图 1　GH4738 合金疲劳寿命、裂纹扩展速率与温度关系图

对 GH4738 合金在高温下经过疲劳裂纹扩展试验之后的断口进行观察，如图 2 所示。可以看出650℃和 700℃下的断口从穿晶向沿晶模式转变，存在穿晶与沿晶变化的转折点，而到了 750℃和800℃的高温，可以看出疲劳裂纹则从一开始便沿晶扩展，说明疲劳裂纹的急速扩展现象与温度升高后晶界的弱化有关。徐超[3]对粉末高温合金FGH4097、FGH4098 和 FGH4096 及变形高温合金GH4738、GH4720Li 在服役温度范围内进行了疲劳裂纹扩展试验，发现了同样规律，说明此现象在高温合金中广泛存在。

2.2　室温疲劳断口形貌

镍基高温合金在服役过程中往往会受到复杂的温度和载荷影响，使得裂纹扩展情况复杂、合金逐渐发生弱化。为了研究其在服役中晶界的“弱化”情况，本文对服役三四年的 GH4738 烟气轮机动叶片进行室温疲劳裂纹扩展实验。如图 3所示为疲劳裂纹扩展曲线，图 4 为室温疲劳断口

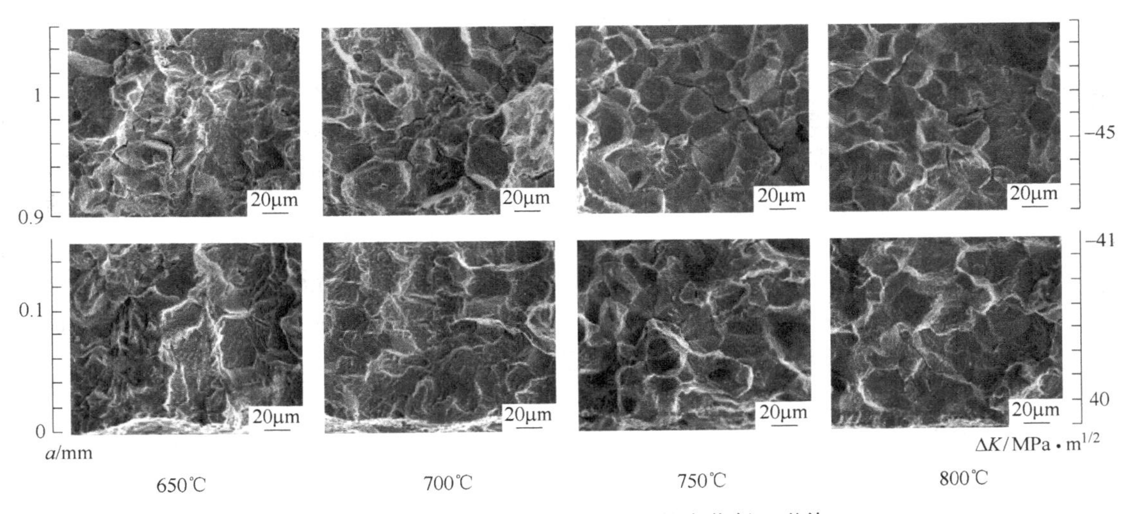

图 2　GH4738 合金在不同温度下的疲劳断口形貌

形貌。由图 3（b）可以看出合金的 $da/dN\text{-}\Delta K$ 曲线在双对数坐标中存在稳定扩展区和瞬断区，在 $\Delta K=74.6\text{MPa}\cdot\text{m}^{1/2}$左右由稳定扩展区转变为瞬断区，在图 3（b）中将此点标红，并在 $a\text{-}N$ 曲线（图 3（a））中将此点标出，坐标为（1.5×10^{-4}，13.64）。且稳定扩展区可用经典的 Paris 经验公式 $da/dN=C(\Delta K)^m$ 来表示，其中 C 为 $10^{-14.139}$，m 为 6.472。

通过室温疲劳断口形貌（图 4）可以看出断口在刚开始扩展的低应力处为穿晶断裂，表面有河流状花纹及解理面。约在 $a=12.2\text{mm}$ 处时出现穿晶和沿晶的混合断裂，此时 $\Delta K=53.54\text{MPa}\cdot\text{m}^{1/2}$，对应 $a\text{-}N$ 曲线（图 3（a））中第一个标红的点，即 $a\text{-}N$ 曲线的斜率快速增加处。当裂纹扩展到 13.65mm 时，断口呈现完全沿晶断裂模式，此时 $\Delta K=74.45\text{MPa}\cdot\text{m}^{1/2}$，与先前 $da/dN\text{-}\Delta K$ 曲线的稳定扩展区和瞬断区的转折点基本一致，说明在室温疲劳裂纹扩展中沿晶扩展是瞬断区出现的标志。

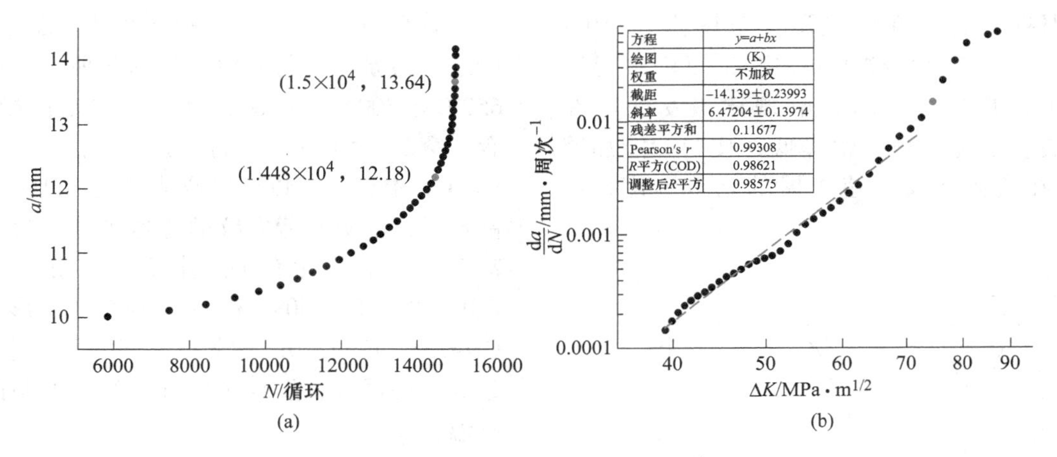

图 3　GH4738 合金的疲劳裂纹扩展曲线

（a）a-N；（b）da/dN-ΔK

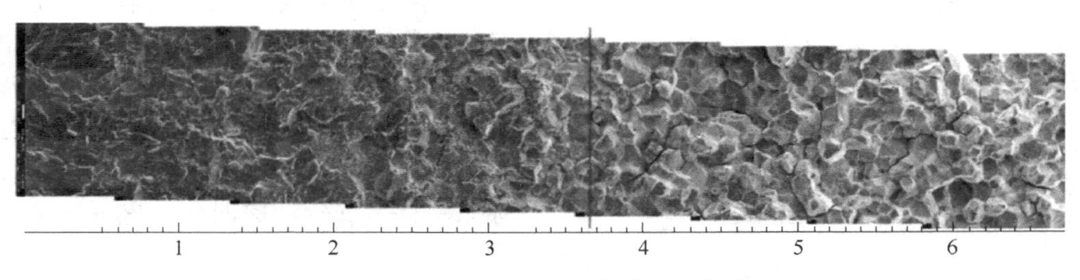

图 4　GH4738 合金室温疲劳断口形貌

2.3　计算结果与讨论

为了进一步分析讨论温度对裂纹扩展的影响行为，用分子动力学方法从理论计算方面对相关问题开展分析讨论。

首先对 Ni 的 fcc 单胞结构进行弛豫，获得晶格常数 3.517Å，与文献［4］中的 3.518Å 相近。本文采用 Atomsk[5] 软件搭建倾斜角为 36.9°的 10000 原子 Σ5［001］（210）晶界模型，并用 LAMMPS 结构弛豫，如图 5（a）所示。O 原子更倾向在 Ni 的八面体间隙位置，所以在如图 5（b）的晶界附近八面体间隙位置加入 O 原子。为对比 Ni 和 NiCr 晶界的分离功，构建无序固溶 NiCr 的 Σ5［001］（210）晶界模型，并取能量最低的模型，如图 5（c）所示，其中浅色为 Ni，深色为 Cr。

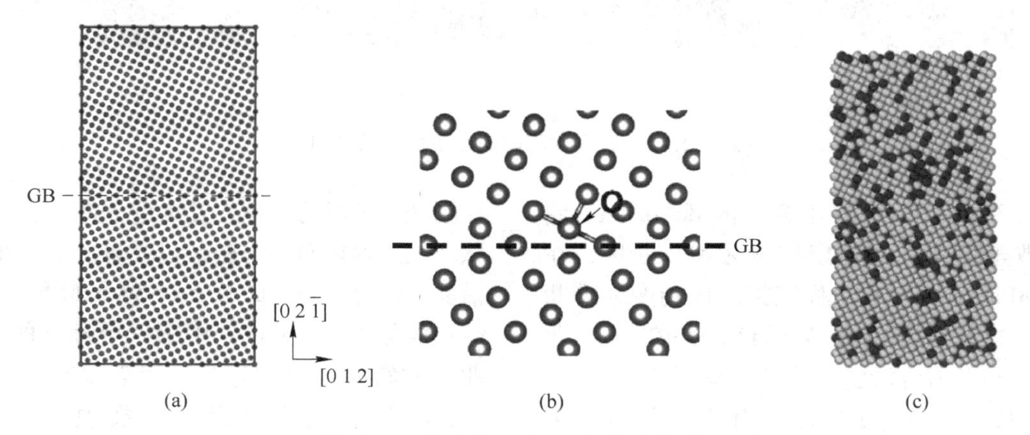

图 5　Ni 的 Σ5［001］（210）晶界模型

（a）纯晶界模型；（b）O 原子位置；（c）无序固溶处理后的 NiCr 晶界模型

计算所用到的 Ni 和 O 的相互作用势函数采用嵌入原子势（Embedded atom method，EAM），并用 Lennard-Jones 势（L-J 势）将其联合。构建的晶界模型在三个方向上均使用周期性边界条件来避免表面效应的影响，提高计算效率，且在垂直晶界的方向上足够长并设置真空层，消除上下端面之间的作用力。将构建的模型采用最速下降法（SD）进行能量最小化，能量停止容差 etol 取 1.0×10^{-12}，力停止容差 ftol 取 1.0×10^{-12}，最大迭代次数 maxiter 取 100000，计算力或能量的最大次数 maxeval 取 100000。

理想分离功 W_{sep}是控制界面机械强度的基本热力学量，晶界的分离功可以被解释为晶界的理想断裂强度，它表示一个晶界在没有其他晶体缺陷参与的情况下完全解离成为两个自由表面（即发生晶间断裂）所需的能量，与晶界结合能为相反数。利用经典的 Rice-Wang 模型[6]，晶界分离功的公式如下：

$$W_{sep} = (E_{FS} - E_{GB})/(2S) \tag{1}$$

式中，E_{FS}为一个晶界断裂后新产生的两个自由表面的总能量；E_{GB}为晶界模型的总能量；S 为晶界模型横截面积。

首先对 0K 下的晶界分离功进行计算，为 $1.39\mathrm{J/m^2}$，之后用 Nose-Hoover 热浴法控制体系温度，先在 NVT 系综下进行预平衡，再在 NPT 系综下进行长时间平衡，并在平衡 25ps 后对体系势能进行平均计算，得到纯 Ni 的$\Sigma5[001](210)$晶界分离功随温度的变化曲线，如图 6 的“0 个氧”曲线所示。可以看出随温度升高，Ni 的$\Sigma5[001](210)$晶界分离功在 750K 之前基本不变，与 0K 的分离功相近，在 750K 之后突然下降，之后又趋于稳定，说明晶界随温度升高，在 750K 至 1000K 之间突然发生弱化，发生晶间断裂所需的能量降低。

为了研究 Ni 中掺杂 O 和温度对$\Sigma5[001](210)$晶界的影响，在原$\Sigma5[001](210)$晶界模型靠近晶界的八面体间隙中加入 1 个或 2 个氧原子，得到分离功随温度变化如图 6 中“1 个氧”和“2 个氧”的曲线所示。可以看出 O 原子的加入显著降低了体系的分离功，使晶界弱化，更易分离，这与实验结果相符。加入 O 后分离功的趋势同样是基本稳定-突然降低-基本稳定，即在 800K 至 1000K 之间由于温度影响发生了晶界的弱化，但 O 的加入使弱化之后的稳定温度升高（即拐点温度升高）。随着 O 浓度升高，晶界氧化程度升高，晶界的分离功降低，更易分离，使晶界的力学性能下降。

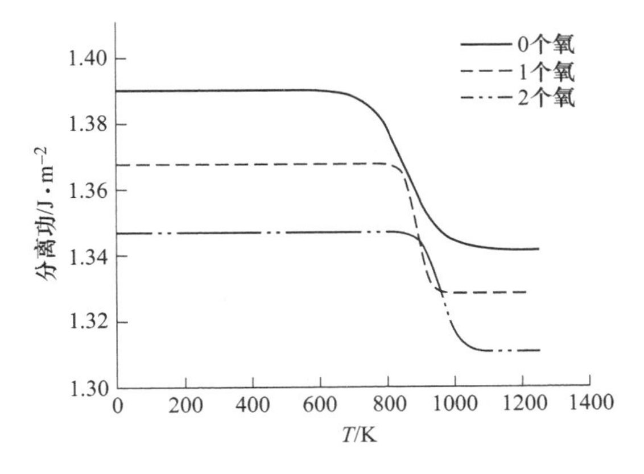

图 6 Ni 的$\Sigma5[001](210)$晶界分离功与 O 浓度和温度的关系曲线

构建无序固溶 NiCr 的$\Sigma5[001](210)$晶界模型，并在相同位置加入 O 原子，分别计算晶界分离功，如图 7 所示，图 7（a）为 NiCr 晶界模型与加入 O 原子的模型分离功对比，图 7（b）为 NiCr 晶界模型与纯 Ni 晶界模型的分离功对比。发现无序固溶 NiCr 模型与纯 Ni 模型的分离功有相同的

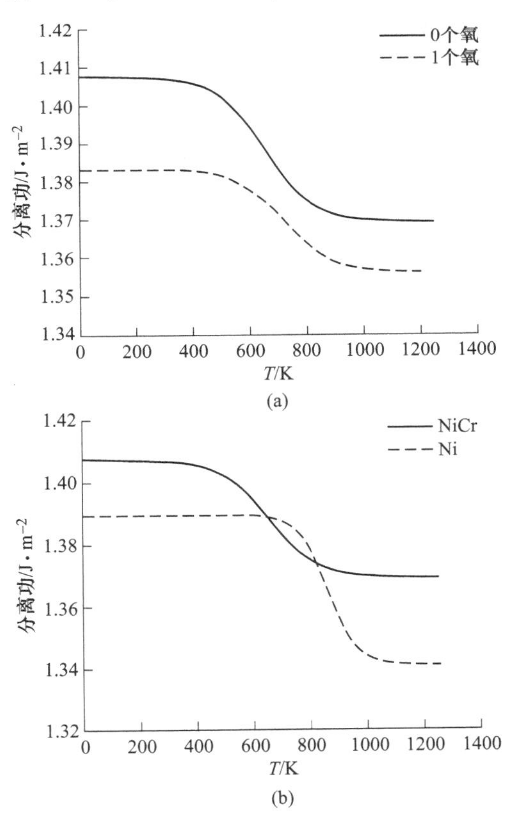

图 7 NiCr 的$\Sigma5[001](210)$晶界分离功与温度的关系曲线

（a）与 O 关系；（b）两种晶界模型对比

“稳定-下降-稳定”趋势，且加入 O 原子使分离功降低，晶界更易分离，但拐点温度略有升高。Cr 的加入使晶界分离功升高，即晶界更稳定，不易解离。但是 NiCr 模型分离功下降的温度区间为 600~850K，拐点温度较纯 Ni 晶界模型降低约 150K。

晶界分离功快速下降温度与疲劳裂纹急速扩展拐点温度（约 1000K）大致相同，说明此温度下高温合金疲劳性能的迅速下降与晶界分离功相关。由于高温合金中除了 Σ5[001](210)晶界以外还有其他角度的晶界，以及除了 Ni 以外还有其他元素和析出相的存在，对疲劳性能也有一定影响，所以使得两个拐点温度略有差异，下一步将就此问题继续研究，并分析分离功降低拐点存在和掺杂元素对晶界分离功影响的本质原因，及不同元素对晶界弱化的贡献。

3 结论

（1）高温合金 GH4738 存在疲劳裂纹急速扩展的拐点温度，此处为沿晶断裂，晶界发生弱化。疲劳断口形貌为由穿晶断裂向沿晶断裂转变，其中裂纹沿晶扩展为瞬断区出现的标志，裂纹快速扩展，将在数周后断裂。

（2）Ni 的 Σ5[001](210)晶界分离功在 750K 前较稳定，在 750~1000K 之间会迅速下降，之后又趋于稳定，这与疲劳裂纹急速扩展的拐点温度相关。加入 O 原子会使晶界分离功降低，且随着 O 浓度升高，晶界分离功下降，晶界更易分离，加速了疲劳裂纹的扩展。Cr 的加入会使晶界分离功升高，晶界更稳定。

参考文献

[1] 王国全，韩笑，王飞，等．镍基高温合金脱氧的研究[J]．真空，2005 (3)：40~42.

[2] Plimpton S. Fast parallel algorithms for short-range molecular dynamics [J]. Journal of Computational Physics, 1995, 117 (1): 1~19.

[3] 徐超．镍基高温合金服役温度范围高温区裂纹急速扩展的现象和本质研究 [D]．北京：北京科技大学，2020.

[4] Všianská M, Šob M. The effect of segregated sp-impurities on grain-boundary and surface structure, magnetism and embrittlement in nickel [J]. Progress in Materials Science, 2011, 56 (6): 817~840.

[5] Hirel P. Atomsk: A tool for manipulating and converting atomic data files [J]. Computer Physics Communications, 2015, 197: 212~219.

[6] Pham H H, Cagin T. Fundamental studies on stress-corrosion cracking in iron and underlying mechanisms [J]. Acta Materialia, 2010, 58 (15): 5142~5149.

新型核堆用 GH1059 合金的显微组织与力学性能

王佳祺[1,2]，秦学智[1,3]，成思翰[1,2]，吴云胜[1,3]，周兰章[1,3*]

（1. 中国科学院金属研究所师昌绪先进材料创新中心，辽宁 沈阳，110016；
2. 中国科学技术大学材料科学与工程学院，辽宁 沈阳，110016；
3. 中国科学院核用材料与安全评价重点实验室，辽宁 沈阳，110016）

摘　要：研究了一种新型高强高韧 GH1059 合金，运用 Nb 微合金化思路优化了合金成分，通过热力学相图计算、SEM、EBSD 和 TEM 等手段研究了合金的标准热处理态组织、热稳定性以及力学性能，并与俄罗斯核堆用 ЧС59 合金进行了比较。结果表明：GH1059 合金标准热处理态组织由 γ 和 MC 型碳化物组成，平均晶粒尺寸为 40.9μm，晶内分布大量退火孪晶；其室温和 750℃ 拉伸强度明显高于 ЧС59 合金，伸长率略有降低；750℃/135MPa 持久寿命显著提高近 5 倍，断后延伸率相当；室温冲击性能略微提高，并具有良好的热稳定性，能够满足第四代先进核反应堆服役要求，适用于制造工作温度 750℃ 以下的大尺寸薄壁管件。

关键词：GH1059；Nb 微合金化；显微组织；力学性能；热稳定性

为满足我国第四代先进核反应堆关键部件材料的使用需求，中科院金属所在俄核堆用 ЧС59 合金牌号基础上，创新性地运用 Nb 微合金化思路，调节 C、Mo、Mn 等元素含量，研发出了一种新型高强高韧 Fe-Ni 基固溶强化型合金 GH1059[1]。合金需要承受高温、多重应力（自重、金属液冲刷、冲击载荷）、中子辐照及冷却剂腐蚀等极端服役条件。此外，也正是由于上述服役环境，堆内部件在服役前，需要对其表面进行渗铬氮化涂层处理以提高耐磨损耐腐蚀性能，延长使用寿命。然而，涂层制备期间严苛的热过程也对合金的热稳定性提出了较高要求。因此，使合金具有高起点的综合力学性能，对于有效抵抗服役及涂层制备期间各种形式的组织和性能退化具有重要意义。本文详细介绍了 GH1059 合金的显微组织和力学性能，同时与 ЧС59 合金进行对比，探究了 Nb 微合金化对晶粒特征、碳化物、热稳定性以及拉伸、持久和冲击变形机制的影响，为 GH1059 的成分优化与应用发展提供理论支持。

1　试验材料及方法

两种合金采用 25kg 真空感应炉制备成 15kg 铸锭，化学成分见表 1，铸锭经均匀化处理后，开坯锻造成 30mm×30mm 方材，并热轧成 ϕ16mm 棒材，合理热加工参数介于 1050～1170℃ 和 2.0～10s^{-1}。合金的固溶处理制度为 1120℃/30min/AC，然后对固溶态合金进行渗铬氮化热过程模拟试验，以考察合金的热稳定性（1140℃/30h/FC+1070℃/14h/FC）。利用 TESCAN MAIA3 型扫描电镜（SEM）及其配置的能谱仪（EDS）和电子背散射衍射系统（EBSD）以及 Talos F200X 型透射电镜（TEM）观察显微组织。SEM 样品采用 2.5g $CuCl_2$ + 50mL C_2H_5OH + 50mL HCl 化学腐蚀，EBSD 样品经磨抛后，进行 12h 的震动抛光。TEM 样品磨至 30μm，冲样后在 -25℃ 和 20V 下进行双喷减薄，双喷液为 90% C_2H_5OH+10% $HClO_4$。室温及 750℃ 拉伸试验在 SANS-CMT 5205 万能试验机上进行，采用 RDJ50 机械式高温蠕变试验机在 750℃/135MPa 下进行持久试验，拉伸及持久试样尺寸为 5mm×25mm 的标准试样。在 SANS-ZBC2452-C 摆锤冲击试验机上进行室温冲击试验，试样尺寸为 10mm×10mm×55mm。上述测试均在最新国标下进行，测试结果为两支试样的平均值。

* 作者：周兰章，研究员，联系电话：024-23971911，E-mail：lzz@imr.ac.cn

表 1　试验合金的化学成分

（质量分数，%）

合金	Ni	Cr	Mo	Mn	Nb	C+B+Zr	Fe
ЧС59	37.8	15.9	3.6	1.3	0	0.058	余
GH1059	35.5	15.5	3.3	1.5	0.5	0.087	余

2　试验结果及分析

2.1　合金的显微组织

合金经固溶处理和渗铬氮化热过程模拟后的晶粒特征如图 1 所示。可以看出，采用 Nb 微合金化方法后，GH1059 合金的晶粒显著细化，且经过渗铬氮化热过程模拟后晶粒粗化程度得到明显抑制，有益于保证合金的力学性能。向合金中添加 Nb 元素，一方面能够提供良好的固溶强化效果；另一方面 Nb 作为强碳化物形成元素，可以与 C 结合生成 MC 型碳化物，其对位错及晶界迁移具有钉扎作用。因此，与 ЧС59 合金相比，GH1059 的晶粒细化及尺寸稳定性源于合金中 MC 的钉扎作用以及固溶于基体中的 Nb 原子的溶质拖曳作用[2]。

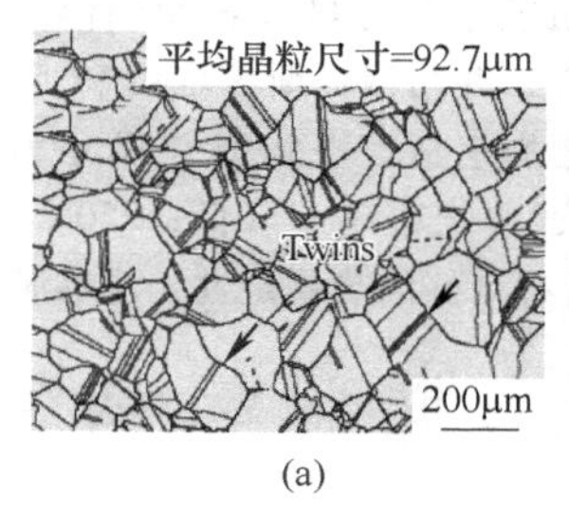

(a)

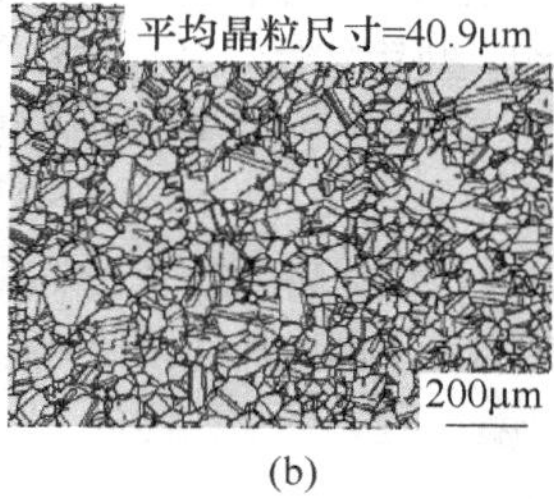

(b)

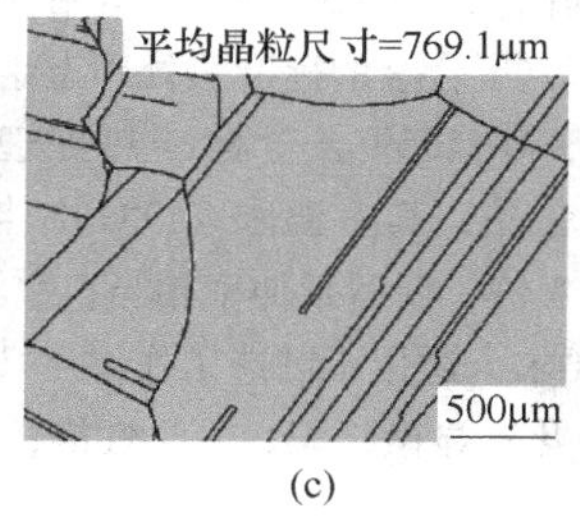

(c)

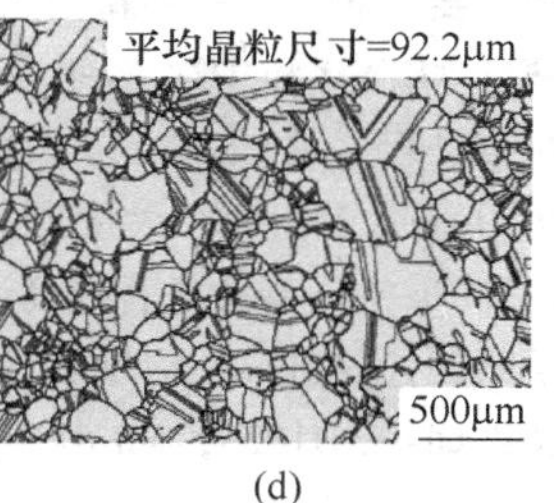

(d)

图 1　合金经固溶处理及渗铬氮化热过程模拟后的晶粒特征

（a）固溶态 ЧС59；（b）固溶态 GH1059；（c）渗铬氮化模拟态 ЧС59；（d）渗铬氮化模拟态 GH1059

图 2 所示为合金经固溶处理和渗铬氮化热过程模拟后的 SEM 显微组织。固溶处理后，ЧС59 合金为全奥氏体组织，未见碳化物；而 GH1059 合金中可见沿轧制方向分布的块状及少量颗粒状的富 Nb 的 MC 型碳化物（图 2(a)和(b)）。经渗铬氮化热过程模拟后，ЧС59 合金晶界析出呈连续分布的棒状 $M_{23}C_6$ 型碳化物（图 3(a)和(b)），GH1059 合金晶界可见少量随机分布的颗粒状 MC（图 3(c)和(d)）。$M_{23}C_6$ 的析出温度较低，固溶处理可以使其完全回溶至基体中，而 MC 的析出温度远高于 $M_{23}C_6$，因此固溶处理很难将其溶解。涂层制备时采用的炉冷方式冷却时间较长，可以为 $M_{23}C_6$ 的析出创造有利条件，导致 ЧС59 合金经渗铬氮化热过程模拟后沿晶界析出大量 $M_{23}C_6$，这会恶化合金的力学性能[3]。

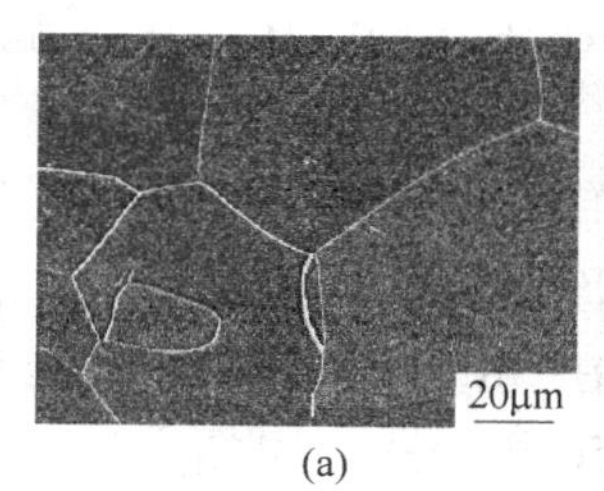

(a)

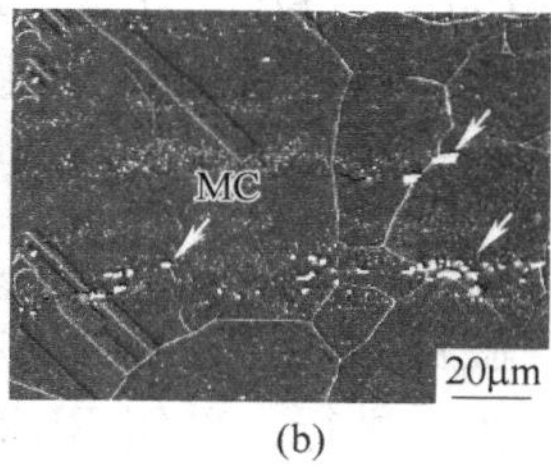

(b)

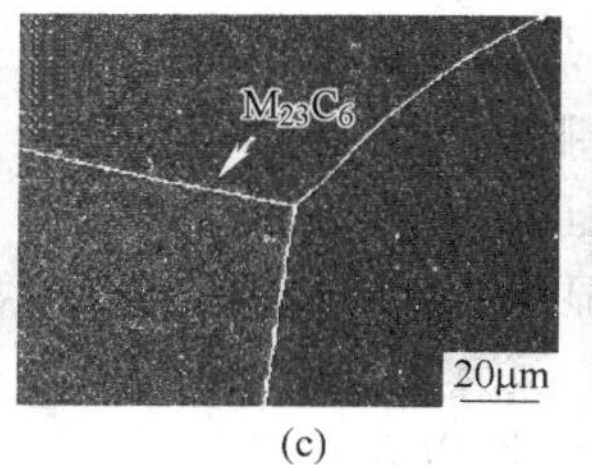

(c)

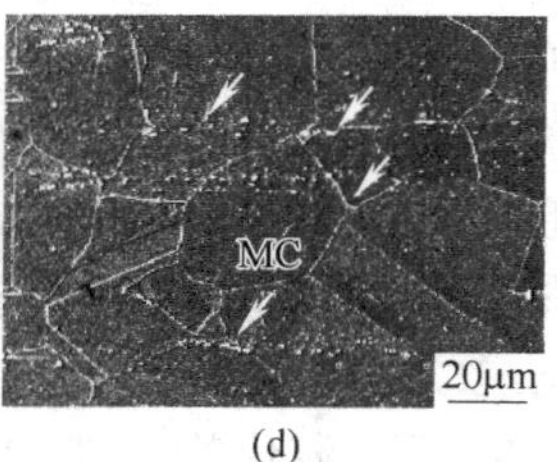

(d)

图 2　合金经固溶处理及渗铬氮化热过程模拟后的 SEM 显微组织

（a）固溶态 ЧС59；（b）固溶态 GH1059；（c）渗铬氮化模拟态 ЧС59；（d）渗铬氮化模拟态 GH1059

图 4 为 JmatPro 热力学软件相图计算结果。可见，当 C 含量一致时，随着 Nb 含量的增加，MC 的数量逐渐增多，析出温度逐渐升高，而 $M_{23}C_6$ 均呈现出相反变化趋势。Nb 在奥氏体合金中作为一种稳定化元素，其与 C 的亲和力比 Cr 更强，会优先与基体中的 C 结合生成 NbC，从而抑制 $Cr_{23}C_6$ 的析出，这也是两种合金经渗铬氮化热过程模拟后晶界析出存在差异的重要原因[4]。综上所述，可见 Nb 微合金化可以显著改善 GH1059 合金的热稳定性。

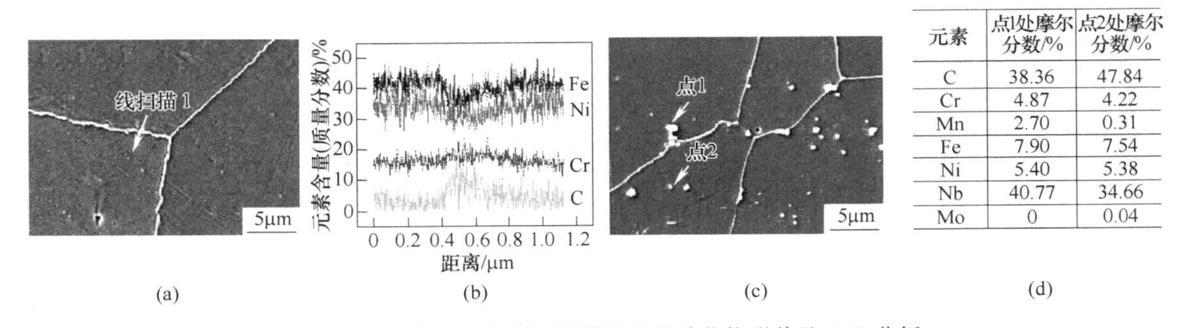

元素	点1处摩尔分数/%	点2处摩尔分数/%
C	38.36	47.84
Cr	4.87	4.22
Mn	2.70	0.31
Fe	7.90	7.54
Ni	5.40	5.38
Nb	40.77	34.66
Mo	0	0.04

图 3　合金经渗铬氮化热过程模拟后的碳化物形貌及 EDS 分析

（a）ЧС59 晶界析出相；（b）能谱线扫描 1；（c）GH1059 晶界析出相；（d）点 1 和点 2 能谱点分析

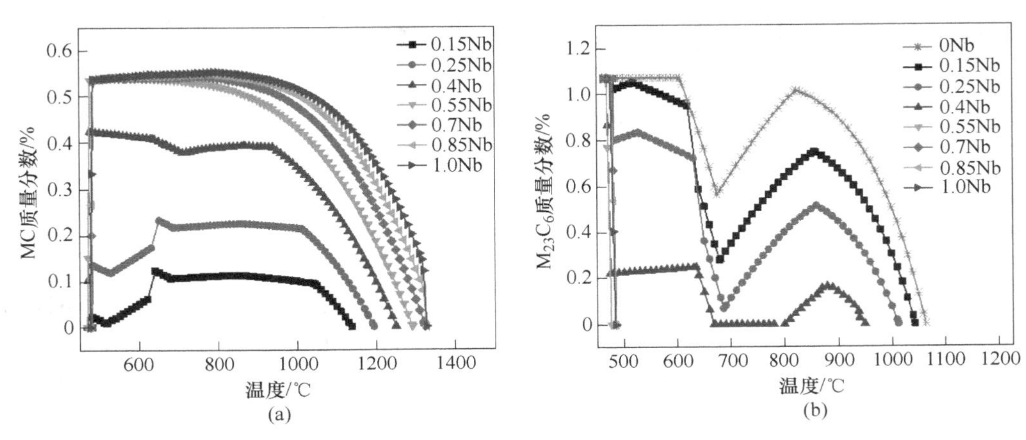

图 4　Nb 含量对合金热力学平衡相图的影响

（a）MC 型碳化物；（b）$M_{23}C_6$ 型碳化物

2.2　合金的力学性能

2.2.1　拉伸性能

表 2 为合金经固溶处理后的拉伸性能。可以看出，GH1059 合金在室温和 750℃下的屈服强度和抗拉强度均明显高于 ЧС59 合金，而断后伸长率均略有降低。

表 2　固溶态合金的拉伸性能

合金	温度/℃	屈服强度/MPa	抗拉强度/MPa	断后伸长率/%
ЧС59	25	204	559	55.0
	750	111	288	78.0
GH1059	25	226	585	50.8
	750	133	310	65.3

图 5 为合金的拉伸断口形貌和位错组态。可见，合金在室温和高温下的断裂方式均为韧性断裂，断口表面分布大量的韧窝（图 5(a)～(d)）。从位错组态图 5(e)～(h)可以看出，合金的变形机制存在明显差异，ЧС59 合金室温下存在微孪晶变形，而 GH1059 合金以平面滑移为主（图 5(e)和(f)）；750℃下的主导变形机制由平面滑移转变为以位错胞为特征的波状滑移(图 5(g)和(h))。变形机制的改变主要受到 Nb 添加导致合金层错能增加的影响，使得 ЧС59 合金表现出更好的塑性[5]。固溶强化型合金中 MC 尺寸较大，对位错钉扎作用有限，其主要作用为钉扎晶界，细化晶粒。因此，合金的强度主要取决于晶粒尺寸和固溶强化效果，根据 Hall-Petch 关系，晶粒尺寸越小，强度越高。此外，Nb 原子的固溶强化对强度的提高也有贡献。

2.2.2　持久性能

表 3 为两种合金经固溶处理后在 750℃/135MPa 条件下的持久性能，可以看出 GH1059 合金的持久寿命远高于 ЧС59 合金，两种合金的断后伸长率相差不大。

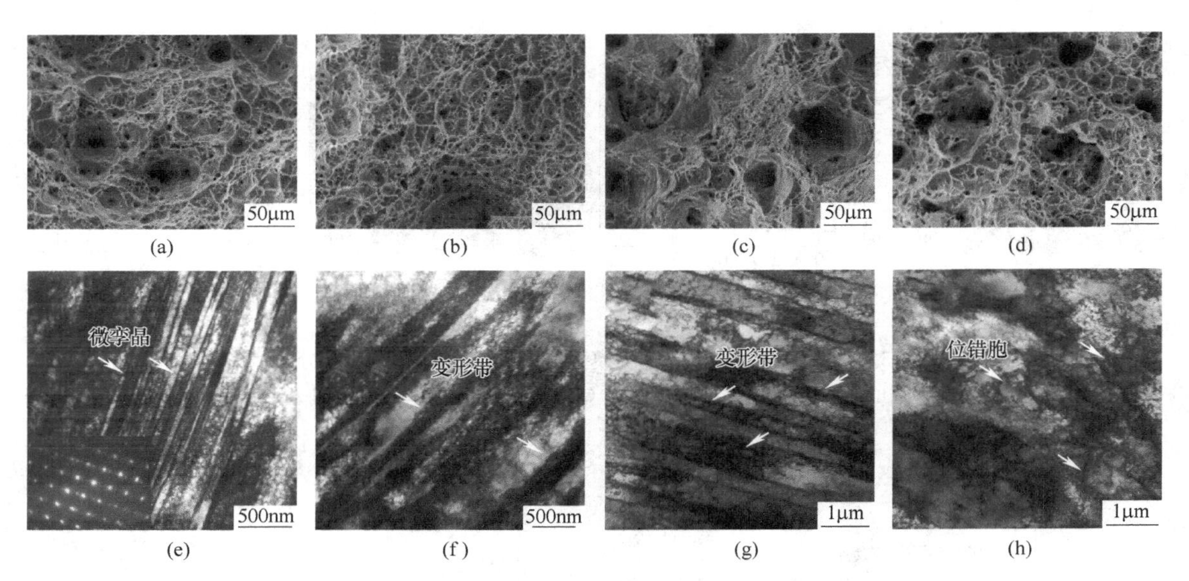

(a) (b) (c) (d)

(e) (f) (g) (h)

图 5 合金的拉伸断口形貌和位错组态

(a)，(c)，(e)，(g) ЧС59；(b)，(d)，(f)，(h) GH1059

表 3 固溶态合金的 750℃/135MPa 持久性能

合金	持久寿命	断后伸长率/%
ЧС59	34	82.5
GH1059	164	80.0

图 6 为合金的持久断口纵截面及螺纹端组织。可见，ЧС59 合金中的裂纹主要在晶界萌生并沿晶界扩展，其数量和尺寸均明显多于 GH1059 合金(图 6(a)和(b))。这表明晶界在合金持久变形过程中发挥了重要作用。进一步研究后发现，ЧС59 合金的晶界严重粗化，沿晶界析出大量 $M_{23}C_6$ 碳化物，并以胞状或片状形式向晶内生长，这在变形过程中会产生应力集中，导致裂纹的萌生和扩展，损伤持久寿命；而 GH1059 合金晶界粗化程度和晶界附近析出情况均得到明显优化，这有利于改善合金的抗晶间裂纹扩展能力，提高持久寿命(图 6(c)和(d))[6]。持久断口 TEM 表征显示（图 7)，两种合金在变形过程中均发生了明显的回复与再结晶现象，这表明该测试条件下有利于位错的交滑移和攀移，促进其发生回复与湮灭，进而使得合金的塑性均保持在较高水平。

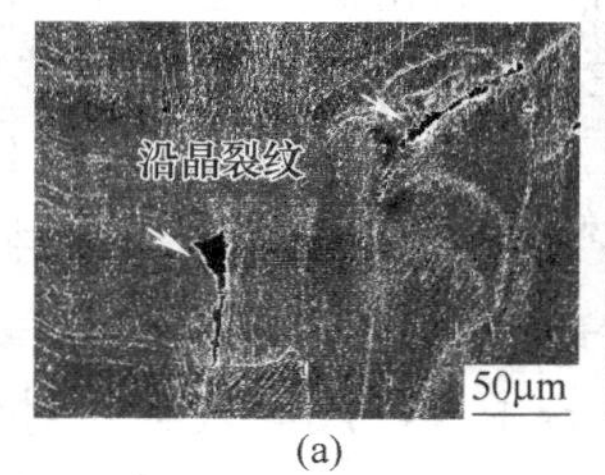

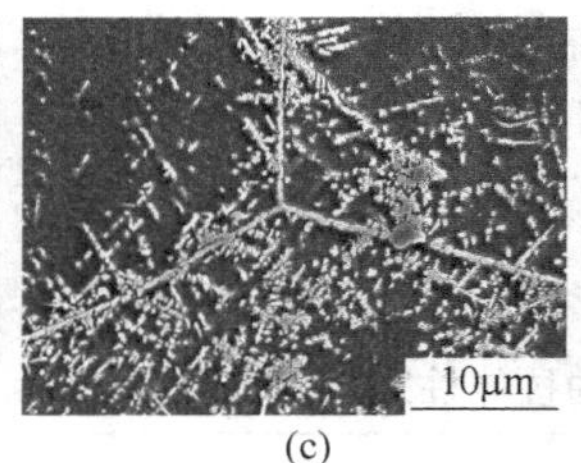

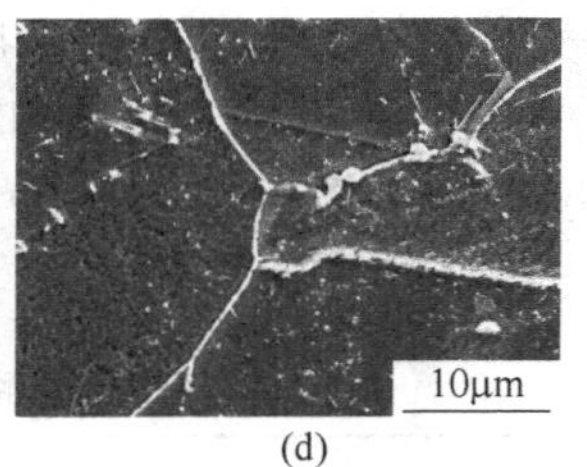

(a) (b) (c) (d)

图 6 合金的持久断口纵截面及螺纹端组织

(a)，(c) ЧС59；(b)，(d) GH1059

2.2.3 冲击性能

合金经固溶处理后的室温冲击韧性如表 4 所示。可见，合金均表现出优异的冲击性能，Nb 微合金化略微提高 GH1059 合金的冲击韧性，这表明该合金的冲击韧性受晶粒尺寸改变的影响较小。冲击断口形貌如图 8 所示，两种合金均表现出明显的韧性断裂（图 8(a)和(b))。值得注意的是，在 GH1059 合金中的 MC/晶界和 MC/γ 基体界面处存在大量的孔洞和裂纹（图 8(d))。这是由于脆硬的 MC 与基体的变形协调能力不同，导致变形时

表 4 固溶态合金的室温冲击性能

合金	冲击韧性/$J \cdot cm^{-2}$
ЧС59	448
GH1059	458

易在界面处产生应力集中，促进孔洞形成和裂纹萌生。因此，对 GH1059 合金成分及工艺进一步优化时，应该合理控制 MC 的尺寸、数量和分布，防止过量的大尺寸块状 MC 恶化合金的冲击性能。

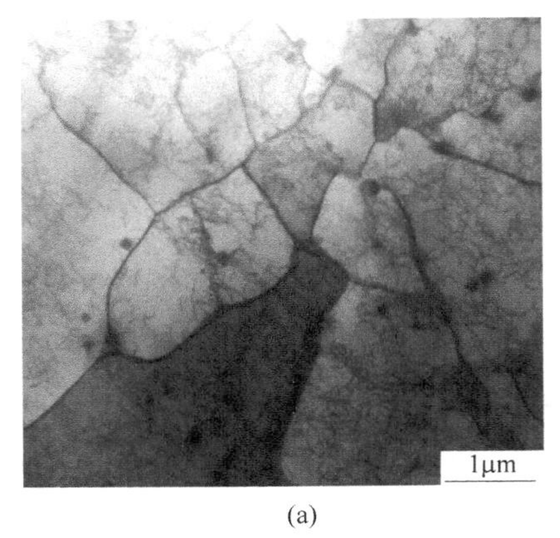

(a)

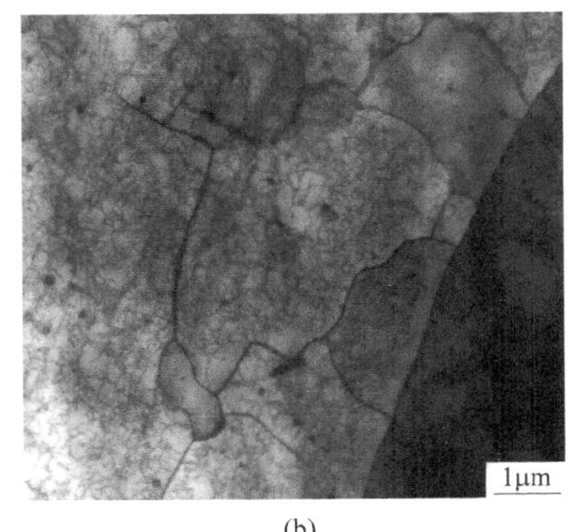

(b)

图 7　合金的持久断口 TEM 组织

(a) ЧС59；(b) GH1059

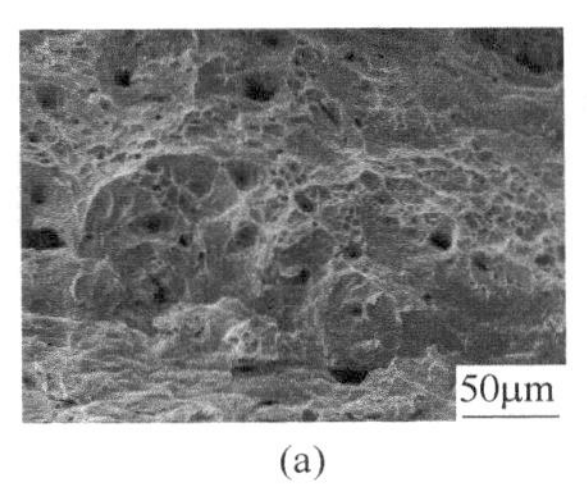

(a)

(b)

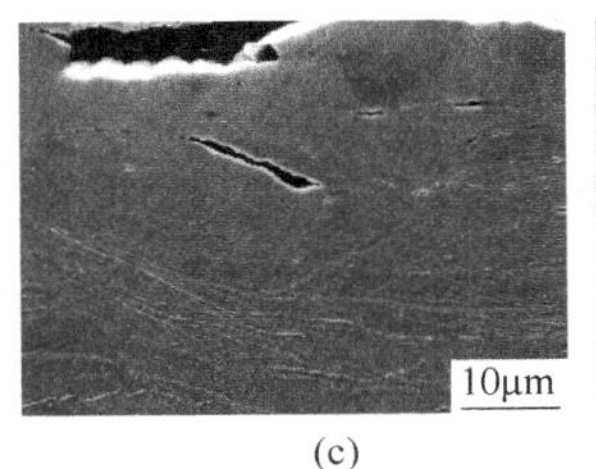

(c)

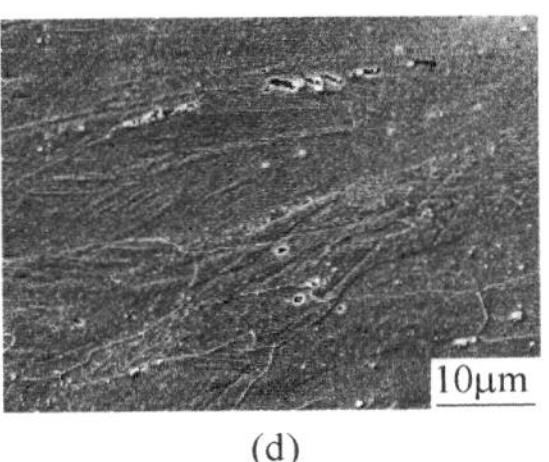

(d)

图 8　合金的冲击断口形貌

(a)，(c) ЧС59；(b)，(d) GH1059

3　结论

(1) 运用 Nb 微合金化思路，自主研发了一种第四代先进核反应堆用新型高强高韧铁镍基固溶强化型 GH1059 高温合金，与 ЧС59 合金相比，组织更加均匀细小，具有良好的热稳定性和综合力学性能，能够满足服役要求，适用于制造工作温度 750℃以下的大尺寸管件。

(2) GH1059 合金的标准热处理态组织由 γ 和 MC 型碳化物组成，晶内存在大量退火孪晶；Nb 微合金化通过形成适量的 MC，细化晶粒，同时，Nb 添加能够有效抑制 $M_{23}C_6$ 型碳化物的析出，显著提高合金的组织稳定性。

(3) Nb 通过提高置换原子固溶强化效果，增强钉扎作用，减小晶粒尺寸等方式明显提高合金拉伸强度，而其带来的层错能增加效应，导致塑性略有下降；Nb 能够有效抑制持久变形过程中的晶界粗化和晶内析出，显著提高持久寿命，回复与动态再结晶的发生使得合金断后伸长率保持在较高水平；Nb 微合金化略微提高室温冲击韧性。

参考文献

[1] 秦学智，吴云胜，郭永安，等. 一种高强高韧铁镍铬基耐热合金及其制备方法 [P]. 中国，CN111647790A，2020.

[2] Mannan P，Casillas G，Pereloma E V. The effect of Nb solute and NbC precipitates on dynamic and metadynamic recrystallisation in Ni-30Fe-Nb-C model alloys [J]. Materials Science & Engineering A，2017 (700)：116~131.

[3] Liu P，Zhang R，Yuan Y，et al. Effects of nitrogen content on microstructures and tensile properties of a new Ni-Fe based wrought superalloy [J]. Materials Science & Engineering A，2020 (801)：140436.

[4] 陈胜虎，戎利建. Ni-Fe-Cr 合金固溶处理后的组织变化及其对性能的影响 [J]. 金属学报，2018，54 (3)：8.

[5] Zhang Y J，Han D，Li X W，et al. A unique two-stage

strength-ductility match in low solid-solution hardening Ni-Cr alloys: Decisive role of short range ordering [J]. Scripta Materialia, 2020 (178): 269~273.

[6] Zhang S, Zeng L, Zhao D, et al. Comparison study of microstructure and mechanical properties of standard and direct-aging heat treated superalloy Inconel 706 [J]. Materials Science & Engineering A, 2022 (839): 142836.

不同径锻工艺对 GH738 合金棒材组织影响

曹秀丽*，马天军，吴静，田沛玉，侯志鹏

（宝武特种冶金有限公司技术中心，上海，200940）

摘　要： 进行了 GH738 合金不同热处理制度对棒材晶粒度影响试验研究，结果表明该合金经 1060～1080℃×5h 热处理后晶粒明显长大，热处理温度越高，晶粒度长大趋势越明显。GH738 合金主要依靠 γ′相抑制合金晶粒度长大，为保证成品棒材晶粒组织均匀细小，GH738 合金成品棒材锻造时热加工温度应控制在适量的 γ′相析出温度范围内进行。进行了 GH738 合金不同径锻变形工艺对成品棒材晶粒度影响试验研究，结果表明为获得均匀细小晶粒组织，径锻成品棒材时不仅要控制总变形量也要控制单道次变形量，单道次变型量增大促使棒材各部位充分再结晶，得到均匀细小组织。

关键词： GH738 合金；热处理制度；变形量；晶粒组织

GH738 合金是以 γ′相为主要强化相的沉淀硬化型含钴、铬的镍基高温合金，具有良好的耐燃气腐蚀能力、较高的屈服强度和疲劳性能，工艺塑性良好，组织稳定，近年来广泛应用于航空发动机封严环部件[1,2]。为了保证发动机的使用安全，发动机制造商对 GH738 合金封严环的组织均匀性提出较高要求，而材料的组织均匀性在热加工过程中具有一定的传递性，因此锻件厂对原材料棒材的组织均匀性也提出了“棒材晶粒度应均匀细小、不允许有粗细晶偏聚”的要求。实际生产中，若锻造过程中变形温度、变形量控制不当，成品棒材很容易出现晶粒度粗细偏聚不均匀现象。本文对 GH738 合金棒材径锻成型工艺与成品棒材组织关系进行分析，提供棒材径锻热加工工艺参考数据。

1　试验材料及方法

1.1　试验材料

本研究采用真空感应+真空自耗工艺冶炼的 GH738 合金 ϕ508mm 钢锭，钢锭均匀化扩散退火后经快锻机镦拔锻造八角中间坯料，然后采用宝武特冶 1300t 径锻机锻造 ϕ230mm 成品棒材。合金化学成分见表 1。

表 1　GH738 合金化学成分　（质量分数，%）

元素	C	Cr	Co	Mo	Ti	Al	Zr	B	Mn	Ni
含量	0. 020～0. 060	18. 50～20. 00	13. 00～13. 50	3. 50～5. 00	3. 05～3. 18	1. 4～1. 6	0. 02～0. 08	0. 003～0. 010	≤0. 10	余量
元素	Si	P	S	Fe	Cu	Pb	Bi	Se	Ag	
含量	≤0. 15	≤0. 005	≤0. 002	≤2. 00	≤0. 10	≤0. 0005	≤0. 00003	≤0. 0003	≤0. 0005	

1.2　试验方法

1.2.1　加热温度对合金晶粒度的影响

针对 GH738 合金特点，为径锻热加工工艺中的加热温度提供参考数据。在快锻开坯的棒材上切取试片，分别采用 1060℃、1070℃、1080℃进行热处理，保温时间均为 5h，冷却方式为空冷，热处理后的试片根据 GB/T6394 评级方法在光学显微镜下进行晶粒评级。

1.2.2　不同径锻变形工艺试验研究

GH738 合金快锻生产的棒坯，在 1300t 径锻机采用相同的加热温度、不同的变形工艺锻造为

*作者：曹秀丽，高级工程师，联系电话：13816777242，E-mail：caoxiuli@baosteel. com

ϕ230mm 棒材，分别选取棒材的中心、1/2 半径及边缘部位切取试样，试样经 1020℃×4h、油冷+845℃×24h、空冷+760℃×16h、空冷制度进行热处理，根据 GB/T 6394 评级方法在光学显微镜下进行晶粒评级。试验径锻变形工艺见表 2。

表 2　试验径锻变形工艺

变形工艺	A	B	C
单道次变形量	小+小+小	中+中	中+大

2　试验结果与分析

2.1　加热温度对合金晶粒度的影响试验结果

图 1 为快锻开坯棒材原始态不同部位晶粒度，图 2~图 4 分别为棒材经 1060℃×5h、1070℃×5h、1080℃×5h 热处理不同部位晶粒度。可见 GH738 合金经（1060~1080）℃×5h 热处理后晶粒明显长大，中心部位晶粒度从原始态的 5.5 级长大至 3.0-0 级、甚至 1.0-00 级，*R*/2 部位晶粒度从原始态的 6.5 级长大至 3.0-1 级、2.0-0 级，热处理温度越高，晶粒度长大趋势越明显。合金热加工变形过程中，原始坯料组织存在一定传递性，原始坯料组织越均匀细小，锻造后成品棒材组织越容易均匀细小。GH738 合金主要依靠 γ′相抑制合金晶粒度长大，γ′溶解温度为 1040~1060℃[3]，成品锻造时热加工温度应考虑适量的 γ′相析出以得到可靠的成品细晶组织。

中心：5.5级

R/2：6.5级

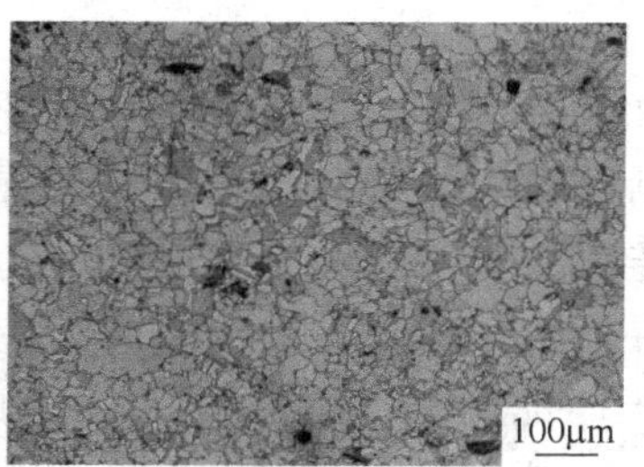

边缘：7.5级

图 1　快锻生产棒坯原始态晶粒组织

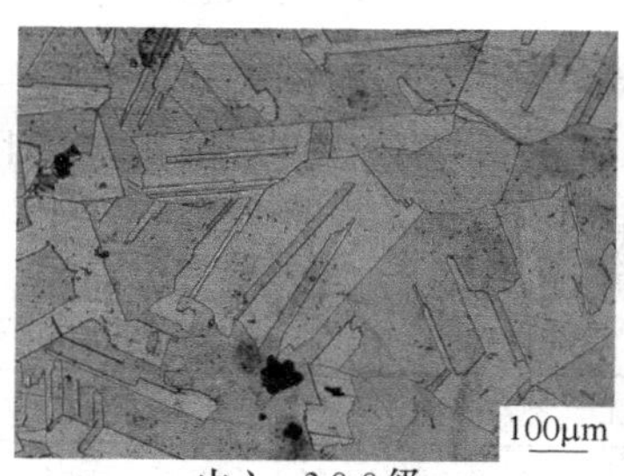

中心：3.0-0 级

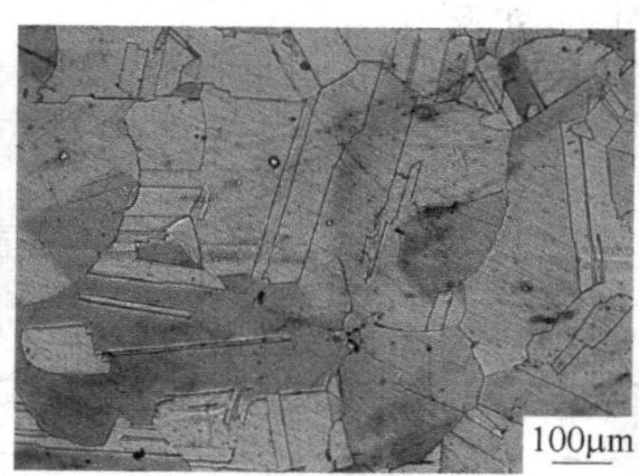

R/2：3.0-1级

边缘：6-3级，个别0级

图 2　棒坯 1060℃×5h 热处理后晶粒组织

中心：1.0-00级

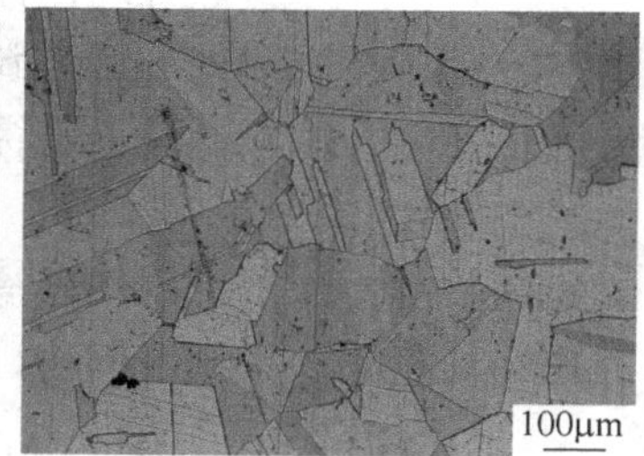

R/2：2.0-0级

边缘：5.5-2.0级，个别1.0级

图 3　棒坯 1070℃×5h 热处理后晶粒组织

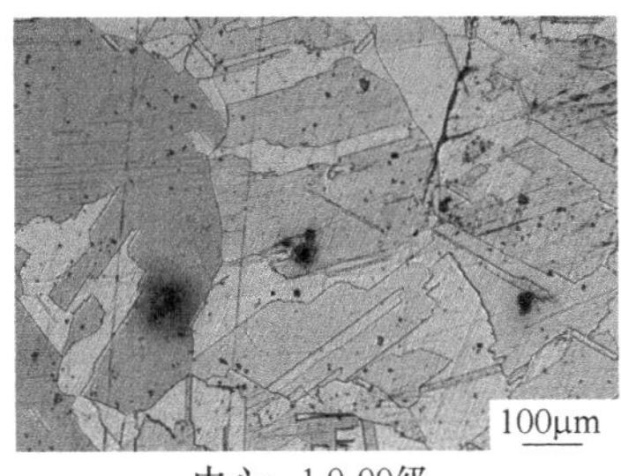

中心：1.0-00级

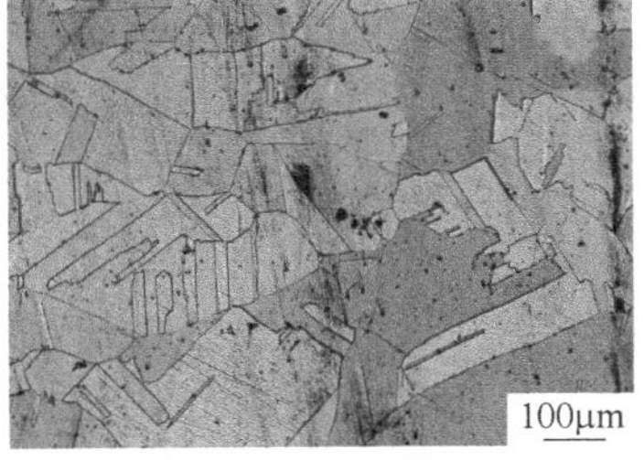

R/2：2.0-0级

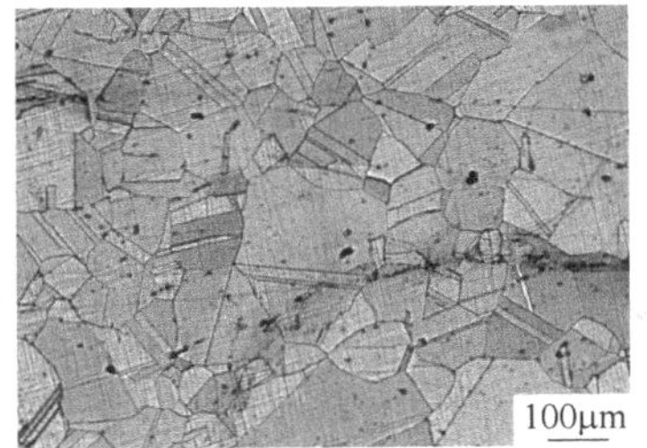

边缘：5.0-1.0级 个别0级

图 4 棒坯 1080℃×5h 热处理后晶粒组织

2.2 不同径锻变形工艺试验结果

图 5~图 7 分别为变形工艺 A、B、C 生产的成品棒材不同部位晶粒度。

图 5 中变形工艺 A 生产棒材中心部位存在粗大晶粒组织，为坯料加热后遗留组织，径锻锻造过程中没有促使其再变形结晶；*R*/2 部位及边缘部位也没有完全再结晶出现混晶组织，尤其边缘部位温度与变形量不匹配存在大量拉长晶粒组织。此结果证明径锻过程中即使棒材总变形量足够，但如果单道次变形量偏小，棒材热变形过程仍不能实现充分再结晶得到均匀细小组织。

图 6 中变形工艺 B 生产棒材中心、*R*/2 部位再结晶充分，晶粒度均匀细小；但棒材边缘部位晶粒度还存在没有完全再结晶现象。由于热变形过程中棒材边缘温度较中心、*R*/2 部位偏低，边缘部位的温度与变形量仍存在不匹配情况。

图 7 中变形工艺 C 生产棒材各部位晶粒度都均匀细小，再结晶充分。工艺 C 与工艺 B 都采用 2

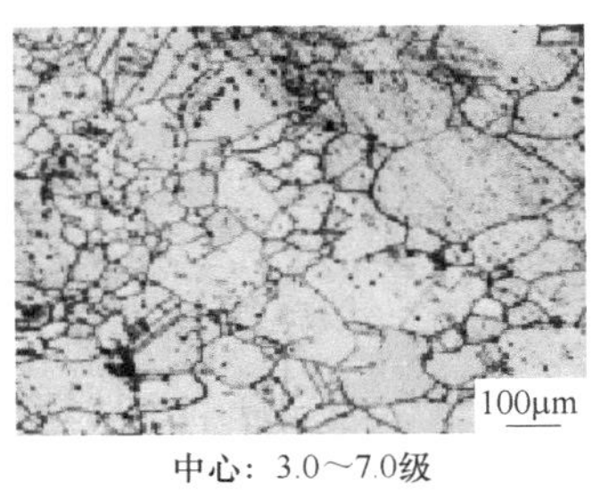

中心：3.0～7.0级

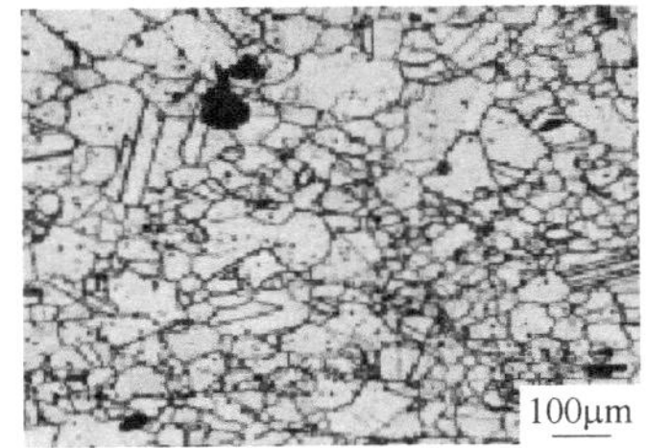

R/2：4.0～7.0级

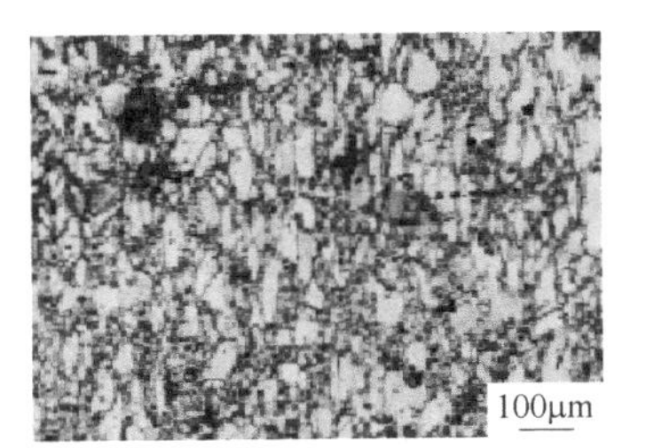

边缘8.5～5.0级

图 5 工艺 A 生产棒材晶粒组织

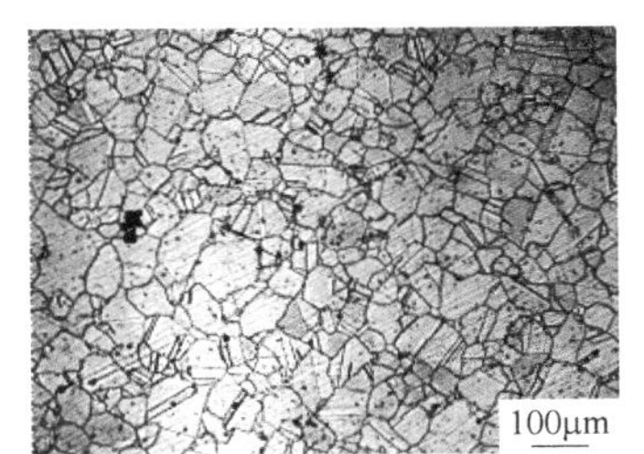

中心：6.5级

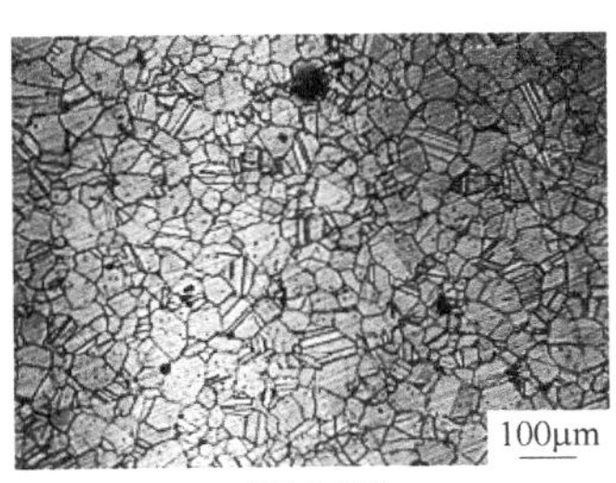

R/2:7.0级

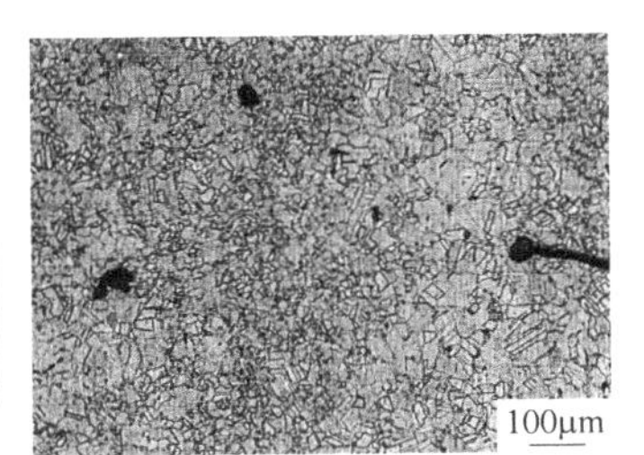

边缘7.5～5.0级

图 6 工艺 B 生产棒材晶粒组织

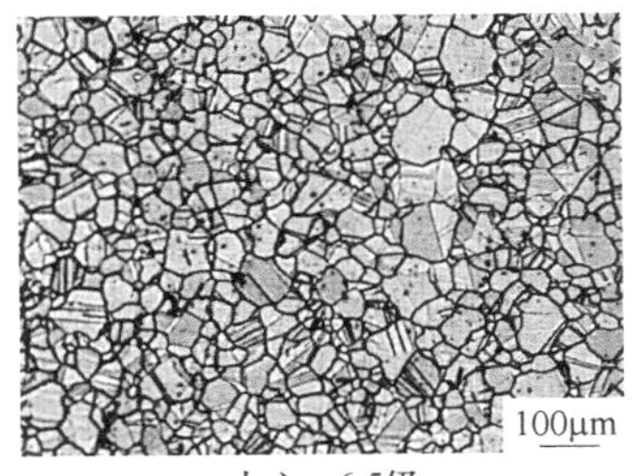

中心：6.5级

R/2:7.0级

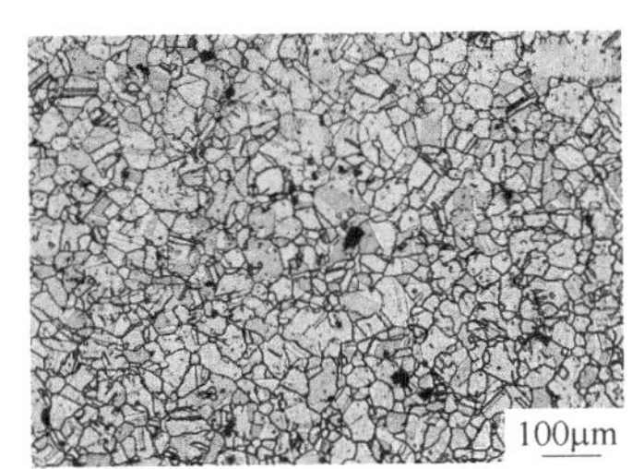

边缘7.5级

图 7 工艺 C 生产棒材晶粒组织

道次变形，第一道次变形量相近，第二道次变形量增大，最终道次变形量增加促使棒材边缘部位再结晶充分，得到均匀细小组织。单道次变型量增大促使棒材各部位充分再结晶，得到均匀细小组织。

3 结论

（1）GH738 合金经 1060~1080℃ 热处理后晶粒明显长大，热处理温度越高，晶粒度长大趋势越明显。GH738 合金成品棒材细晶锻造时，热加工温度应控制在适量的 γ′相析出温度范围内进行。

（2）GH738 合金径锻锻造成品棒材时，既要控制总变形量足够同时也要控制单道次变形量，

参考文献

［1］谢锡善，胡尧和．WASPALOY 合金的生产、发展与应用［C］//中国催化裂化能量回收系统技术发展研讨会论文集，海南，2002.

［2］荣义，成磊，唐超，等．固溶冷却介质对优质 GH738 合金组织及力学性能的影响［J］．钢铁研究学报，2016，28（11）：8.

［3］荣义，张麦仓，杨成斌，等．优质 GH738 合金热变形过程中的再结晶机制［J］．钢铁研究学报，2021，33（6）：532.

850℃以上用 GH4975 合金盘件等温锻造工艺开发

张文云[1]，黄烁[2]，刘康康[2]，段然[2]，杨姗洁[2]，田强[2]，秦鹤勇[2]，张北江[1*]

（1. 钢铁研究总院有限公司高温材料研究所，北京，100081；
2. 北京钢研高纳科技股份有限公司，北京，100081）

摘　要：介绍了经“真空感应+电渣重熔”双联工艺冶炼的 ϕ180mm 合金铸锭，采用多重循环热机械处理技术得到 ϕ120mm 细晶棒材，后通过等温锻造获得 ϕ198mm×76mm 尺寸盘轴一体锻件的制备技术，并对盘锻件制备过程中的微观组织演化和力学性能进行了分析表征及测试。结果表明：采用多重循环热机械处理技术制备的细晶棒材具有晶粒度 10.0 级的 γ-γ′双相细晶组织，盘件经标准热处理后可获得具有弯曲晶界特征的 4.0 级晶粒，晶内分布着 1μm 级和 200nm 级不同尺寸的 γ′相，GH4975 合金在 850℃以上具有优异的拉伸性能、高温持久、疲劳裂纹扩展等关键力学性能及良好的组织稳定性。

关键词：GH4975 合金；微观组织；力学性能；弯曲晶界

压气机盘和高压涡轮盘是航空发动机与燃气轮机的核心热端转动零部件之一，在高温、高转速环境下工作，承受载荷复杂、应力变化大，高性能轮盘材料对于发动机性能起到决定性作用[1,2]。未来新一代航空发动机和重型燃气轮机将会进一步提升涡轮前温度，故要求末级压气机盘或高压涡轮盘在 850℃高温和更高转速下长时稳定服役，国内现有的变形盘材料无法满足其使用要求，对承温 850℃盘锻件用高温结构材料与制备技术提出了研制需求。所研发材料应具有优异的高温拉伸、蠕变、疲劳等性能以及高的损伤容限和良好的组织稳定性。

GH4975 合金属于高合金化的难变形镍基高温合金，其强化相 γ′含量超过 60%，合金化程度已达到铸造高温合金的水平[3]，是目前国内外热强性最高的镍基变形盘材料，γ′相含量的提升虽然能够有效增加合金的热强性，但同时也会给合金的制备和组织控制带来较大的困难。高合金化导致 GH4975 合金 γ′相全溶温度升高至 1200℃以上，超过了高温合金可塑性变形温度窗口的上限，采用传统变形盘的铸-锻工艺制备 GH4975 合金盘锻件，存在热塑性差、热加工窗口窄和组织性能敏感等问题。为了满足新一代航空发动机的使用需求，本研究基于 GH4975 合金材料特性，采用优化后的新型铸-锻技术试制了 GH4975 合金 ϕ198mm×76mm 小尺寸盘轴一体锻件，并对其组织和力学性能进行了分析与表征，以期为该合金盘锻件的制备提供一定的依据。

1　试验材料及方法

试验所用材料采用真空感应+电渣重熔（VIM+ESR）双联冶炼得到 ϕ180mm 合金铸锭，经均匀化处理后，通过多重循环热机械处理技术制备 ϕ120mm 细晶棒材，然后利用 20MN 等温锻造液压机制备 ϕ198mm 盘轴一体锻件。其名义化学成分见表 1。从 ϕ180mm 合金铸锭、ϕ120mm 细晶棒材和盘锻件试样环上分别取低倍和高倍试样进行组织观察，并在式样环上取样加工成相应力学性能检测试样。采用 Olympus GX71 型金相显微镜、JSM-7800 扫描电子显微镜等设备进行了显微组织观察，并进行了室温拉伸、高温拉伸、高温持久、疲劳裂纹扩展等力学性能检测及晶粒度评级。

表 1　试验合金主要化学成分

（质量分数,%）

元素	C	Cr	Co	W	Mo	Al	Ti	Nb	Ni
含量	0.12	8.5	15.5	10.5	1.2	4.9	2.4	1.5	基

* 作者：张北江，正高级工程师，联系电话：15801096918，E-mail：bjzhang@cisri.con.cn

2 试验结果及分析

2.1 制备工艺

GH4975合金的强化相含量接近60%，锻造成型过程变形抗力大、热塑性差、组织性能对变形参数十分敏感，高含量的γ′相与基体之间的耦合作用增加了成型过程中组织性能控制的难度。结合合金特性，针对上述问题开展了以下制备工艺路线，采用真空感应+电渣重熔双联冶炼工艺制备低偏析、细晶、均质化铸锭，经多段高温均匀化处理后进行自由开坯锻造，通过多重循环热机械处理技术充分破碎铸态组织实现细化晶粒、均匀组织，制备ϕ120mm细晶棒材，等温模锻过程中采取了预热模具和包保温棉的方法，以防止在成形过程中因温降过快导致盘件产生裂纹等缺陷。

2.2 组织分析

图1为GH4975合金ϕ180mm铸锭和ϕ120mm细晶棒材的低倍及高倍组织，由图1（a）可以看出铸锭呈典型的柱状晶组织，无黑斑、白斑等冶金缺陷，枝晶自边缘向中心部位倾斜生长，边部较为细密，心部组织较为粗大。图1（c）为相应高倍组织，从中可以清晰的看到合金中粗大的树枝状晶粒组织。图1（b）所示为细晶棒材低倍组织，整个截面组织无黑斑、白斑、疏松、夹杂、孔洞及裂纹等缺陷，晶粒组织细小且均匀。图1（d）为相应高倍组织，从中可以看到晶粒组织为γ-γ′双相细晶，晶粒尺寸约为11μm，对应晶粒度等级为10.0级。

图1 GH4975合金铸锭及细晶棒材晶粒组织

（a）铸锭低倍组织；（b）细晶棒材低倍组织；（c）铸锭高倍组织；（d）细晶棒材高倍组织

图2为GH4975合金ϕ198mm×76mm盘轴一体锻件全尺寸腐蚀低倍图，从图2中可以看出，盘件低倍组织无黑斑、白斑、孔洞、缩孔、夹杂、裂纹等缺陷，组织均匀。

图3和图4分别为GH4975合金盘件热处理态的晶粒组织和γ′强化相形貌。经热处理后，合金的晶粒度等级由细晶棒材的10.0级粗化至4.0级，如图3（a）所示。经过特殊热处理工艺处理可利用一次γ′强化相钉扎作用获得弯曲晶界[4]，如图3（b）所示。从图4（a）可以看到合金晶内分布着1μm级的二次γ′相和200nm级的三次γ′相，图4（b）为图4（a）方框内组织放大图。

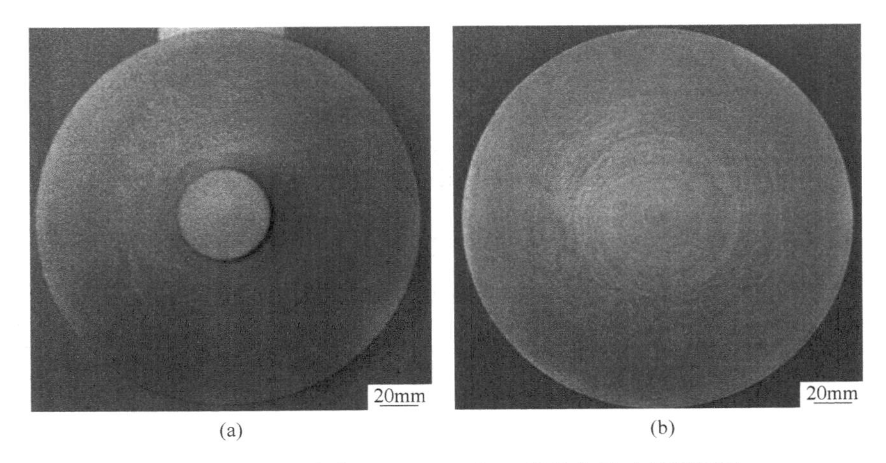

图 2　GH4975 合金 ϕ198mm×76mm 盘件全尺寸低倍组织

（a）锻件轴部端面低倍组织；（b）锻件盘部端面低倍组织

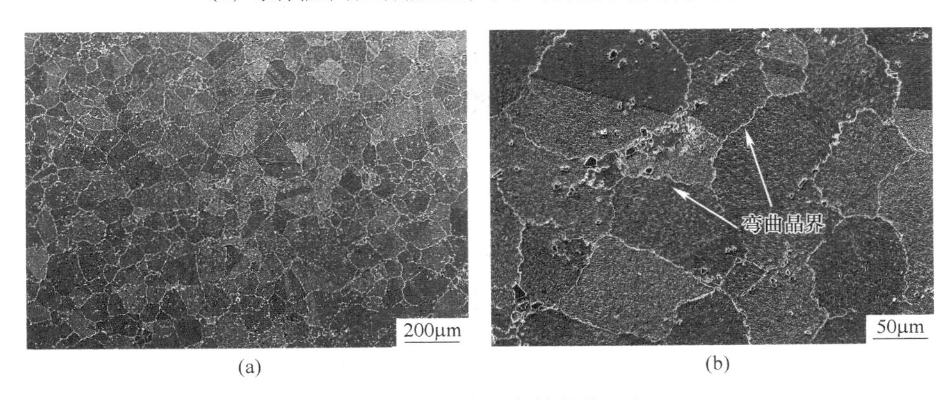

图 3　GH4975 合金盘件晶粒组织

（a）50×；（b）300×

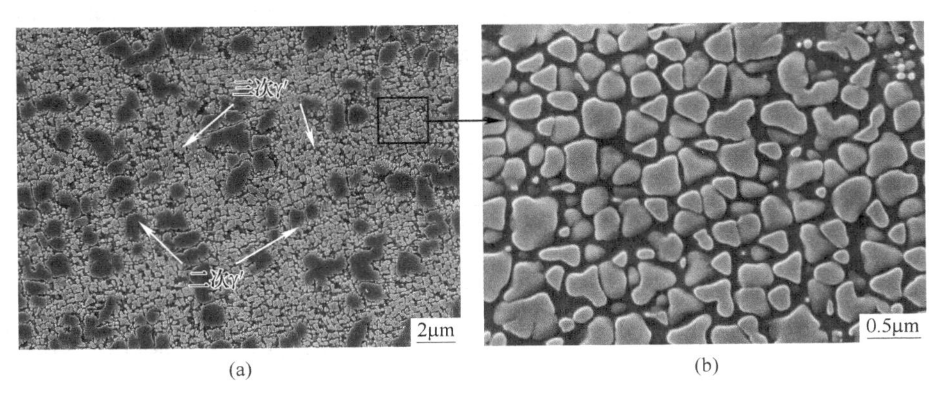

图 4　GH4975 合金盘件 γ′相形貌

（a）5000×；（b）30000×

2.3　力学性能

对 GH4975 合金盘锻件力学性能进行了测试，测试结果如图 5 所示，从图 5（a）中可以看出，抗拉强度和屈服强度在 750℃以下受温度影响较小，当温度超过 750℃后，随着温度的升高，拉伸性能呈现下降趋势。图 5（b）为 GH4975 合金的拉森米勒曲线，该曲线可以很好地描述应力、温度、持久寿命三者的关系，可以有效预测持久寿命。图 5（c）为 GH4975 合金 800～850℃下的疲劳裂纹扩展速率，由图可见，不同温度下的 $da/dN\text{-}\Delta K$ 曲线均符合良好的线性关系，可以用 Paris 公式 $da/dN=C(\Delta K)^n$拟合，拟合结果如表 2 所示，以 $\Delta K=30\text{MPa}\cdot\text{m}^{0.5}$时的 da/dN 的值表征该合金

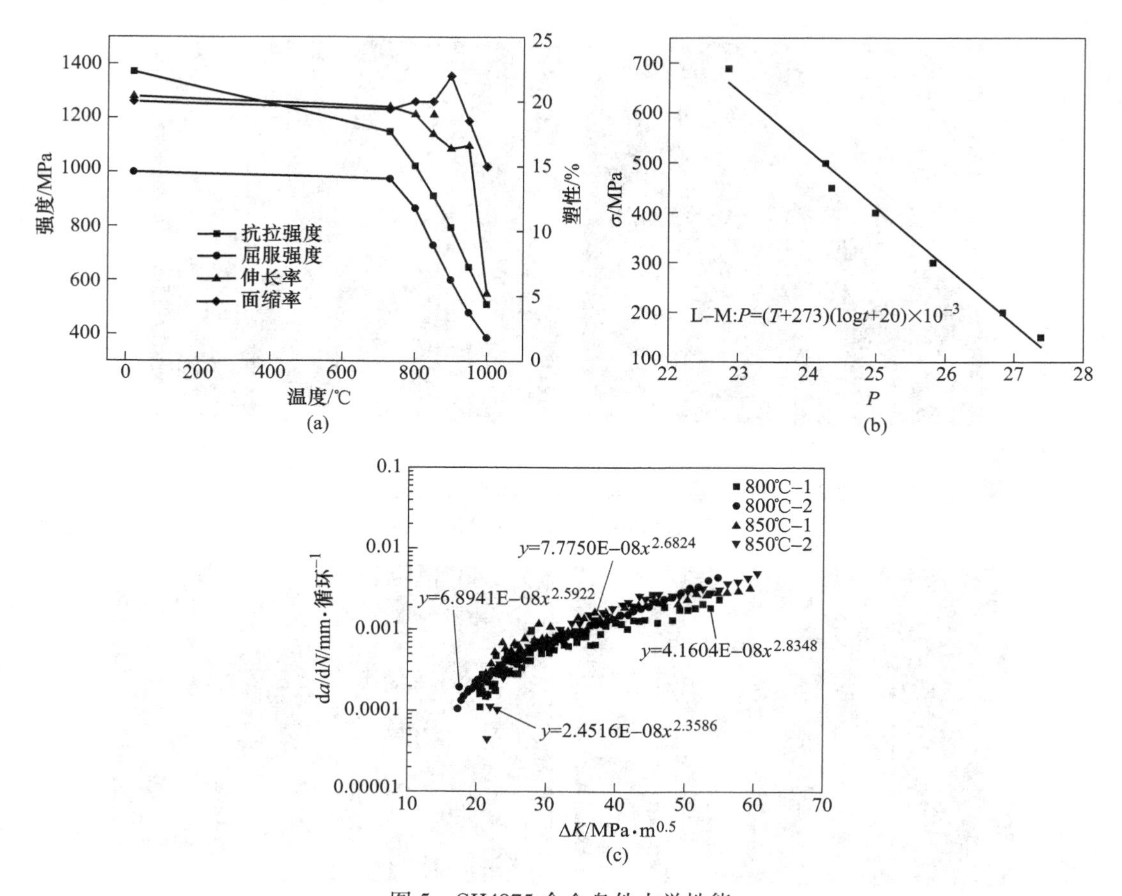

图 5 GH4975 合金盘件力学性能

（a）拉伸性能；（b）持久性能；（c）疲劳裂纹扩展性能

疲劳裂纹扩展性能[5]，由表 2 可知，随着温度的升高，合金的疲劳裂纹扩展能力降低。

表 2 GH4975 合金疲劳裂纹扩展 Paris 拟合结果

温度/℃	C	n	r^2	da/dN 适用范围	$\Delta K=30\text{MPa}\cdot\text{m}^{0.5}$ 时 da/dN 的值
800	4.1604×10^{-8}	2.8348	0.9948	$1.13\times10^{-4}\sim8.99\times10^{-3}$	6.40×10^{-4}
	6.8941×10^{-8}	2.5922	0.9598	$1.53\times10^{-4}\sim9.37\times10^{-3}$	4.65×10^{-4}
850	7.7750×10^{-8}	2.6824	0.9829	$2.49\times10^{-4}\sim8.04\times10^{-3}$	7.13×10^{-4}
	2.4516×10^{-8}	2.3586	0.9759	$2.70\times10^{-4}\sim8.62\times10^{-3}$	7.47×10^{-4}

3 结论

（1）GH4975 合金双联冶炼 ϕ180mm 铸锭低倍组织无黑斑、白斑等冶金缺陷，边部组织较为细密，心部组织较为粗大；通过多重循环热机械处理技术制备的 ϕ120mm 细晶棒材，组织均匀细小，晶粒度等级达到 10.0 级；

（2）GH4975 合金热处理后的盘件组织晶粒度级别为 4.0 级，通过特殊工艺可获得弯曲晶界，并且晶内分布着 1μm 级的二次 γ′相和 200nm 级的三次 γ′相；

（3）GH4975 合金铸锭通过均匀化处理、自由锻造开坯、等温模锻、热处理等一系列制备工艺，成功试制出 ϕ198mm×76mm 小尺寸盘轴一体锻件，组织和力学性能良好。

参考文献

［1］江和甫．对涡轮盘材料的需求及展望［J］．燃气涡轮试验与研究，2002，15（4）：1~6.

［2］Decker R F. The evolution of wrought age-hardenable superalloys［J］. JOM，2006，58（9）：32~36.

［3］Lukin V I，Rylnikov V S，Bazyleva O A，et al.

Technology of brazing and heat treatment of brazed joints in creep-resisting deformable (EP975) and cast single crystal intermetallic (VKNA-4U) alloys [J]. Welding International, 2015, 29 (6): 471~474.

[4] 高合金化镍基变形高温合金中弯曲晶界的初步研究 [J]. 金属学报, 1983, 19 (3): 214~219.

[5] 中国金属学会高温材料分会. 中国高温合金手册 [M]. 北京: 中国质检出版社, 中国标准出版社, 2012.

紧固件用 GH4169 冷拔棒材应变疲劳行为

谢兴飞[1,2*]，苏醒[1,2]，吕旭东[1,2]，刘慧敏[1,2]，杜金辉[1,2]，曲敬龙[1,2]

（1. 钢铁研究总院有限公司高温材料研究所，北京，100081；
2. 北京钢研高纳科技股份有限公司，北京，100081）

摘　要：GH4169 棒材可以通过冷拔产生大量位错缠结、层错以及机械孪晶，显著提高力学性能，实现加工硬化效果，进而用来制备航空发动机和飞机用紧固件。通过 GH4169 冷拔棒材应变疲劳试验，利用扫描电镜（SEM）与透射电镜（TEM），研究 GH4169 冷拔棒材应变疲劳行为，观察分析位错、层错以及机械孪晶在循环载荷作用下的演化规律，为紧固件用 GH4169 冷拔棒材制备工艺优化和失效分析提供数据支撑及科学指导。

关键词：紧固件；GH4169；冷拔；应变疲劳；TEM

GH4169 紧固件用于航空发动机与飞机重要连接部位，起到紧固连接作用[1~4]。GH4169 冷拔棒材通过冷拔变形产生加工硬化效果来提高强度，满足后续紧固件使用要求[1,4]。抵抗应变疲劳的能力是评估 GH4169 冷拔棒材性能水平的重要标准。本文利用扫描电镜（SEM）观察断口形貌，利用透射电镜（TEM）观察分析位错、层错、机械孪晶演化，研究 GH4169 冷拔棒材应变疲劳行为中显微组织演化规律，分析失效机理，为工艺优化提供理论基础和科学指导。

1　试验材料及方法

利用真空感应熔炼和真空自耗重熔制备 GH4169 铸锭，经过多阶段均匀化处理后，经过锻造开坯、热轧和固溶处理后完成冷拔坯料制备。在双链拉拔机上，进行冷拔试制，冷拔变形量为 30%。制备的 GH4169 冷拔棒材需要经过时效处理，时效制度为：在 720℃保温 8h 后，以 50℃/h 的速度冷却至 620℃保温 8h 后，空冷至室温。GH4169 冷拔棒材在 MTS 疲劳机上进行室温应变疲劳试验，最大应变幅 $\varepsilon=1\%$，应变比为−1。利用光学显微镜观察冷拔棒材金相组织，利用 SEM 观察疲劳试样断口形貌，利用 TEM 观察冷拔棒材及疲劳试样显微组织，利用高分辨透射电镜（HRTEM）观察分析位错、层错、孪晶微观结构，利用电解双喷仪制备 TEM 观察用试样，电解液选用 10% 高氯酸 + 90% 酒精溶液，电解液温度−35℃。

2　试验结果及分析

2.1　冷拔棒材组织特点

图 1 和图 2 分别显示了 GH4169 冷拔棒材的金相组织和 TEM 组织，晶粒度为 ASTM 9 级，大量棒状 δ 相分布于奥氏体等轴晶晶界处。GH4169 冷拔棒材中存在大量位错缠结和层错，这些冷变形组织显著提高了棒材的力学性能，固溶时效态 GH4169 合金的室温抗拉强度低于 1500MPa，无法满足高强度紧固件对材料力学性能的要求。经过

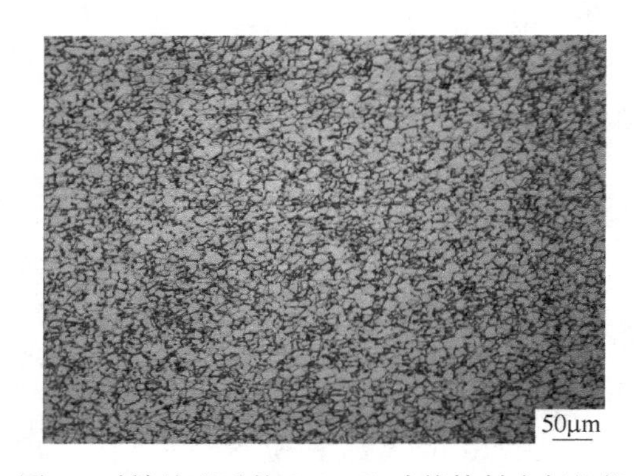

图 1　时效处理后的 GH4169 冷拔棒材金相组织

* 作者：谢兴飞，高级工程师，E-mail：xie_xingfei@163. com

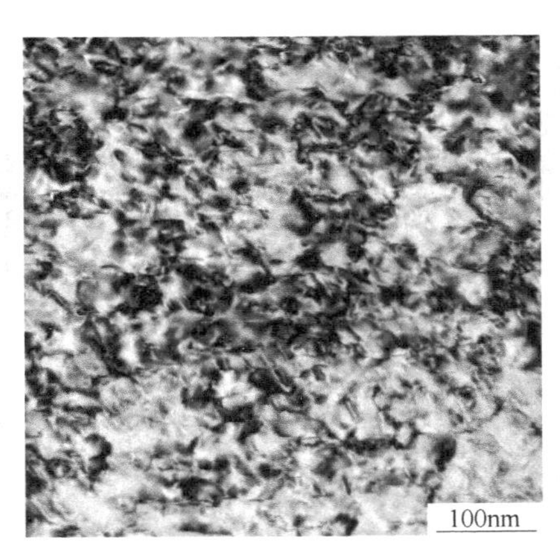

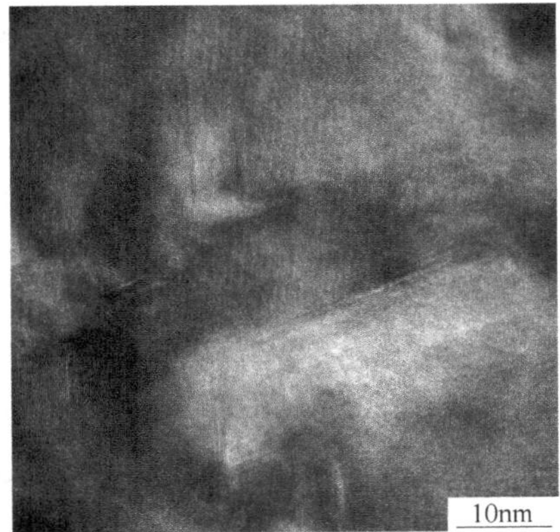

图 2　时效处理后的 GH4169 冷拔棒材 TEM 组织

冷拔+时效处理后，GH4169 合金的室温抗拉强度可以达到 1650MPa 以上，进而满足高强度紧固件使用要求。

2.2　疲劳性能

图 3 为 GH4169 冷拔棒材应变-寿命疲劳曲线。在高应变幅作用下，疲劳寿命主要由塑性应变决定；在低应变幅作用下，疲劳寿命主要由弹性应变决定。

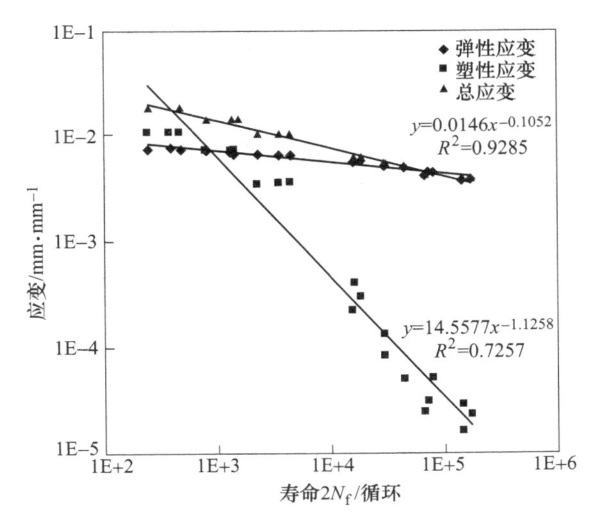

图 3　GH4169 冷拔棒材应变-寿命疲劳曲线

2.3　疲劳断口

图 4 为 GH4169 冷拔棒材在应变幅 $\varepsilon=0.31\%$ 下疲劳断口形貌。疲劳裂纹萌生于表面或近表面，在裂纹扩展区形成典型的疲劳辉纹，疲劳辉纹垂直于裂纹扩展方向分布。

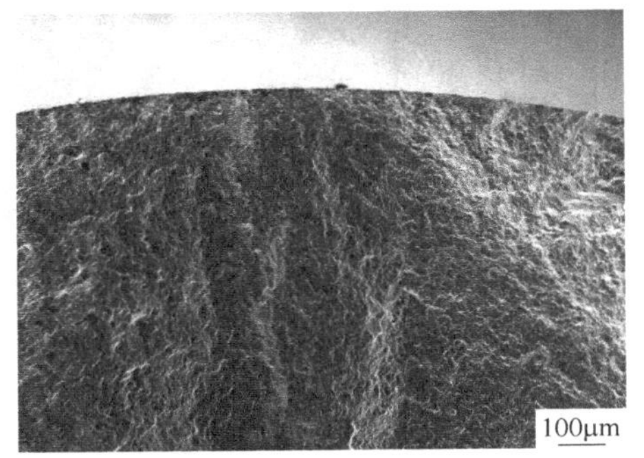

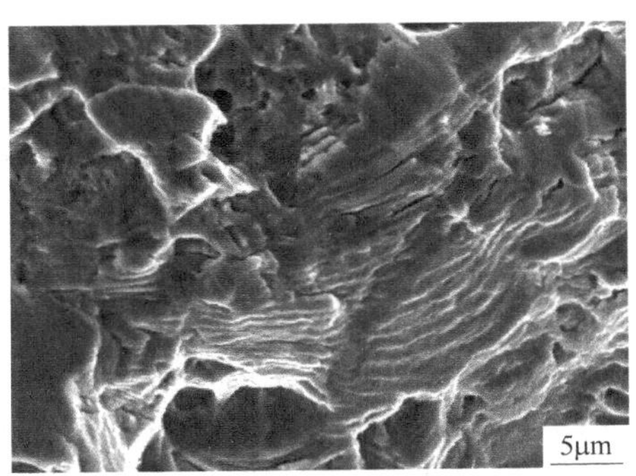

图 4　GH4169 冷拔棒材疲劳断口形貌

2.4　疲劳试样显微组织

图 5 为 GH4169 冷拔棒材在应变幅 $\varepsilon=0.31\%$ 下的疲劳试样 TEM 显微组织。在低应变幅作用下，形成的滑移带与层错、γ″相作用。局部位置滑移带之间交叉分布，形成近 45°夹角。

图 6 为 GH4169 冷拔棒材在应变幅 $\varepsilon=0.8\%$ 下的疲劳试样 TEM 显微组织。与图 5 比较可知，在高应变幅作用下，合金内部不仅形成滑移带、层错，还形成机械孪晶。

在低应变幅作用下，失效机理主要是冷拔过程中形成的位错，在交周载荷作用下发生面滑移，形成滑移带。在高应变幅作用下，失效机理不仅是形成滑移带，而且产生机械孪晶。在交周载荷作用下，机械孪晶促使位错沿孪晶界滑移，加速形成疲劳裂纹。

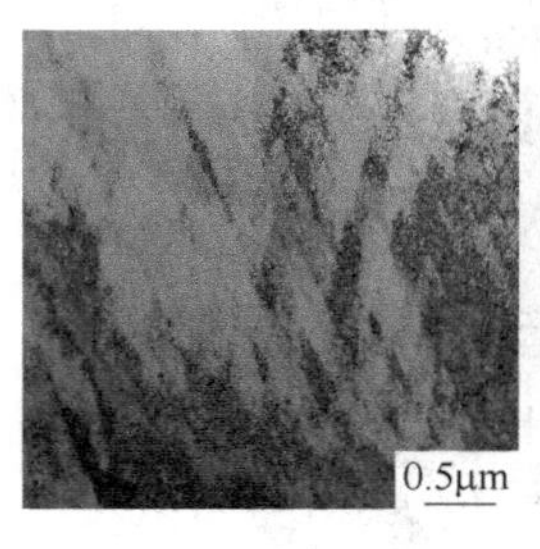

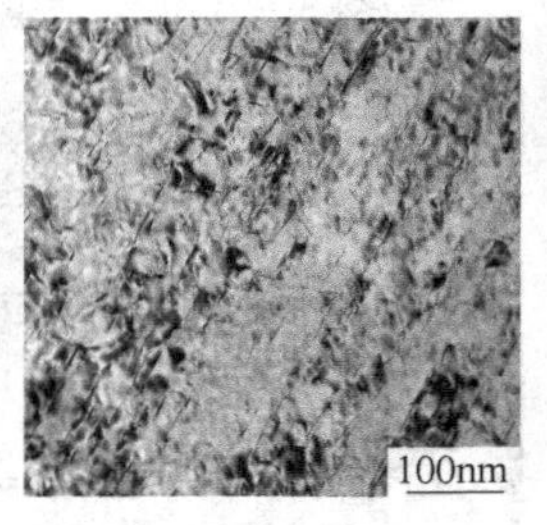

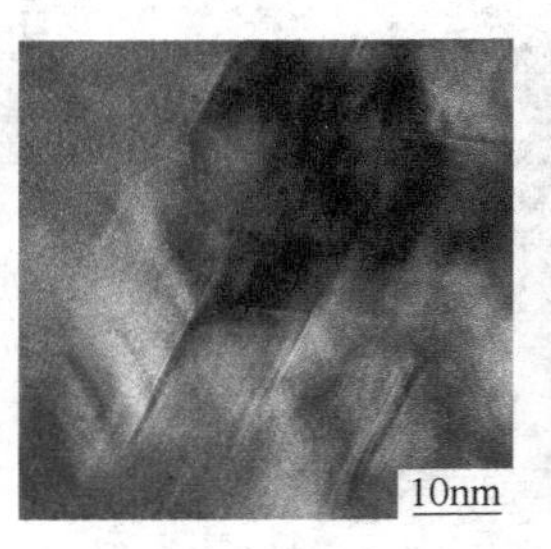

图 5　GH4169 冷拔棒材疲劳试样 TEM 形貌（$2N_f = 143702$ 次）

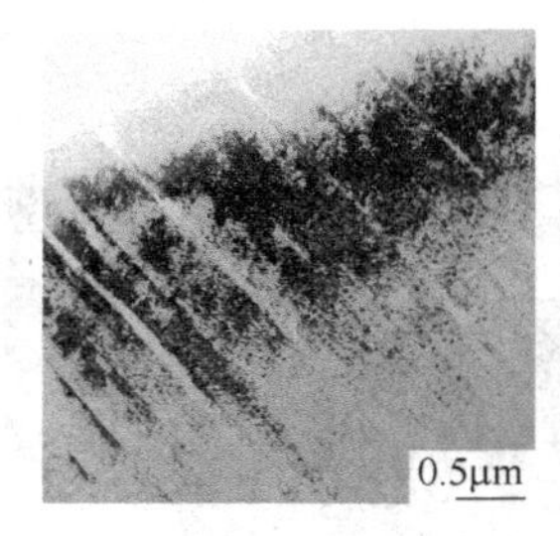

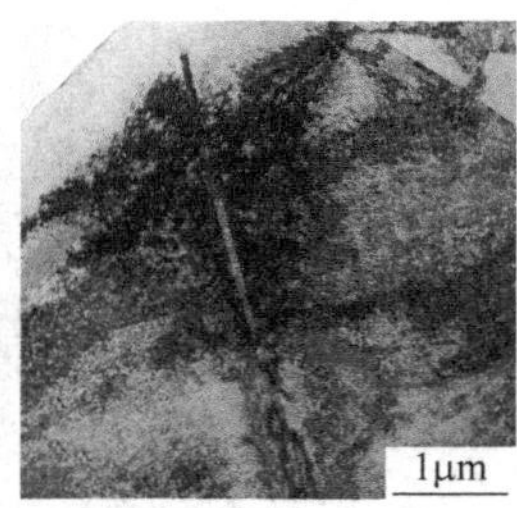

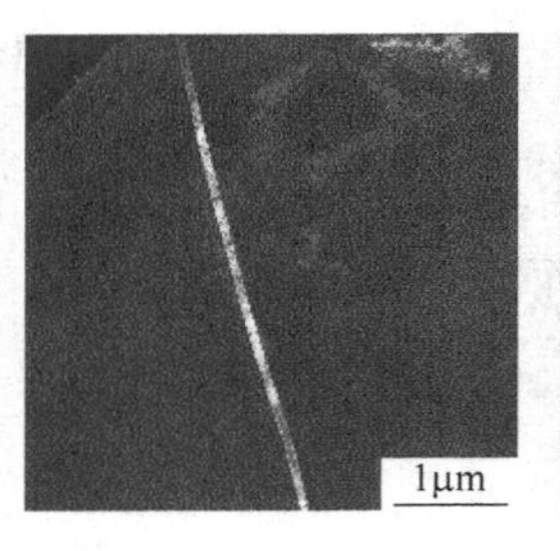

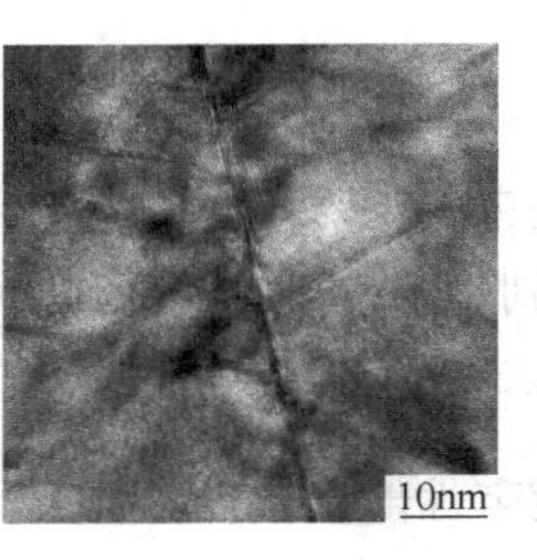

图 6　GH4169 冷拔棒材疲劳试样 TEM 形貌（$2N_f = 1344$ 次）

3　结论

（1）在高应变幅作用下，GH4169 冷拔棒材的疲劳寿命主要由塑性应变决定；在低应变幅作用下，GH4169 冷拔棒材的疲劳寿命主要由弹性应变决定。

（2）在 GH4169 冷拔棒材中形成位错缠结、层错等冷变形组织。低应变幅作用下，可以形成滑移带和层错。在高应变幅作用下，不仅形成滑移带、层错，还产生机械孪晶。

参考文献

[1] 马迪．冷拉 GH4169 合金组织演变及力学性能［D］．兰州理工大学，2020.

[2] 万明攀，马瑞．GH4169 螺栓断裂失效分析及工艺改进［J］．热加工工艺，2012，41（6）：195~196，129.

[3] 朱李云，谢田，张泓．TB8 与 GH4169 材料在紧固件中的应用［J］．机械工程师，2013（10）：41~42.

[4] 朱行欣，胡晓培．国内航空航天用高温合金紧固件发展现状［J］．金属制品，2023，49（3）：1~3.

高温合金涡轮盘制备的数字孪生技术

姚志浩*，姚凯俊，李澍，李昕，江河，董建新

（北京科技大学高温材料及应用研究室，北京，100083）

摘　要： 通过数字孪生技术，以合金 VIM、VAR 冶炼及热变形制备高温合金涡轮盘为实际生产线，分别建立各工序的控制模型，贯通整个制备流程，构建基于实际生产线设备条件下的虚拟生产线。进而基于实际生产线设备条件和工况多轮次虚拟生产，给出各工序的影响因素控制权重，及全制备过程的关键控制点。并结合实际生产设备工况和参数，与实际生产设备和工艺进行协调，制定出最佳性价比的实际生产工艺。

关键词： 高温合金涡轮盘；数字孪生；生产工艺；数值模拟

为了满足越来越高的燃机热效率要求，重型燃气轮机需要更大尺寸的高温合金涡轮盘进行承载，且须具备更高的综合高温性能以及组织稳定性，无论对于设备还是工艺都提出了极高的要求。燃气轮机高温合金涡轮盘的典型制备路线包括五个连续的阶段，对于每个工艺阶段的组织与性能都要严格控制，这无疑极大地增加了工程设计的时间成本和经济成本[1]。因此，数字孪生（DT）作为系统的设计和控制方式被引入高温合金涡轮盘制备过程，通过不断更新以匹配现实世界中的物理系统，并预测任何时间点系统的性能、风险以及要求等[2]。

本文展示了高温合金涡轮盘制备过程的数字孪生，其主要通过集成的全过程模型来实现预测高温合金涡轮盘的组织性能变化，以降低运营成本并提高部件制备连贯性。

1　模型建立

通过使用数字孪生方案，构建了高温合金涡轮盘制备过程的集成模型，能够在更加宏观整体层面定量掌控各参数变化和影响，在微观结构层面获得高温合金材料的组织特征，并实现精确定点、跨阶段的数据追踪，让工艺制定优化更科学合理。结合数字孪生模型，在实际生产中制定各阶段工艺参数时不再仅仅考察该参数对所处阶段结果的影响，而且能够定量地考察该工艺参数对后续阶段乃至最终结果的影响，达到实现对高温合金涡轮盘制备过程的精确控制。具体模型如图 1 所示。

1.1　真空感应熔炼

感应锭凝固过程中产生的熔炼缺陷将导致电极锭出现白斑、断裂等问题，所以必须预测铸造应力、缩孔疏松、热裂倾向、微观宏观偏析等，为铸造工艺的配合和优化提供指导[3]。VIM 使用 FEM 铸造软件模拟分析大型铸锭凝固过程，基于“缩孔上移、开裂倾向性最小”的原则，对各个工艺参数调整，对凝固过程中缩孔缩松及应力的影响以及去应力过程中应力变化进行计算，为大型铸锭质量控制提供工艺参数的优化原则。

1.2　真空自耗重熔

根据设计的高温合金铸锭冶炼工艺，需要在真空自耗炉中进行多次冶炼，VAR 铸锭的质量需要严格控制，因此主要利用计算流体动力学软件研究真空自耗工艺对自耗锭黑斑等缺陷的影响，可以精确而高效地预测工艺过程中熔池的演变、合金元素的浓度分布、枝晶间距以及成斑概率。

1.3　均匀化热处理

均匀化工艺制定关键在于时间和温度的确定，而时间与锭型大小（偏析程度）相关，因此核心问题是预测大锭型的偏析程度，并以此来确定均

* 作者：姚志浩，教授，博士生导师，联系电话：13671347055，E-mail：zhihaoyao@ustb. edu. cn

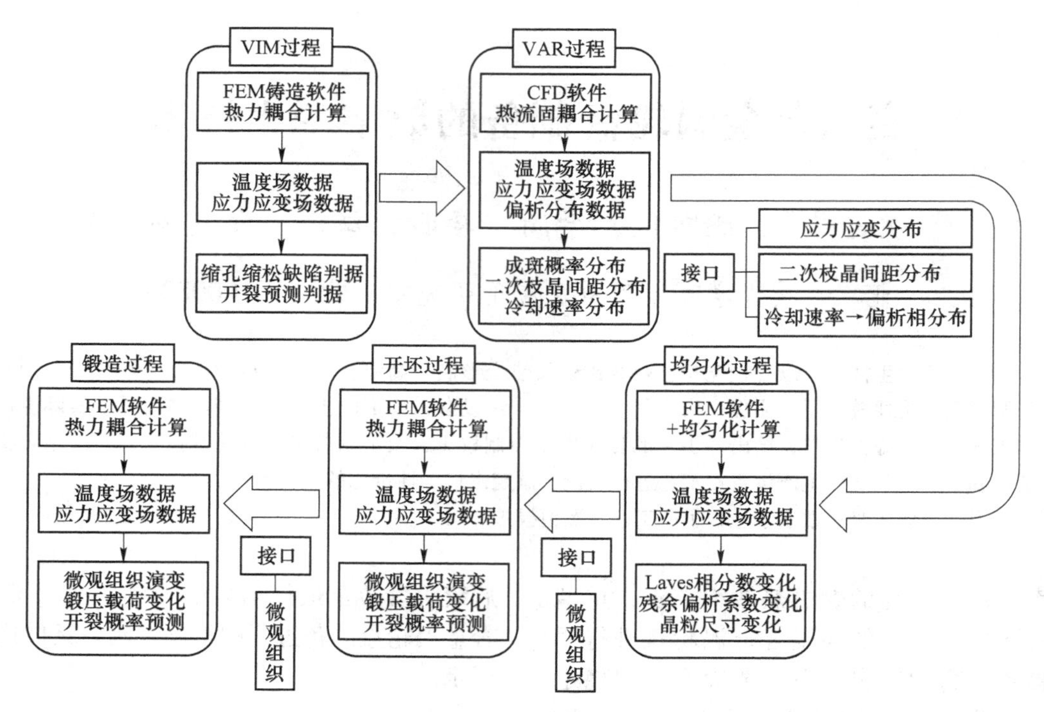

图 1 高温合金涡轮盘制备的数字孪生模型

匀化时间[4]。利用冶炼软件获取特大锭型的冷却速率分布等信息，然后计算得到特大锭型的二次枝晶臂间距分布、Laves 相百分数分布等偏析情况，作为均匀化热处理过程的初始条件。合金均匀化工艺一般分为两段，第一段使偏析相回溶，第二段加快元素扩散，减小元素偏析。

1.4 开坯

高温合金铸锭开坯过程中要求坯料温度在最佳的塑性变形温度区间，工艺结束后坯料组织均匀，晶粒度约 4 级，坯料内外不发生明显的开裂损伤，才可认为开坯工艺较为合理。通过对有限元软件二次开发，设计基于微观组织模型[5]，可完成基本的镦拔开坯过程的组织分析。同时使用开裂模型可完成开坯全过程的损伤开裂预测。

1.5 锻造

特大型高温合金涡轮盘多道次锻造工艺的数值模拟通过将材料的本构关系模型、微观组织演变模型[6]等与有限元软件集成实现，然后改变关键工艺参数，以分析不同参数设置对锻造工艺过程中的温度均匀性、变形均匀性和组织均匀性的影响程度。

2 结果分析

2.1 铸锭凝固及脱模应力控制

浇铸温度是影响铸锭凝固过程及质量的重要因素。图 2 为浇铸温度 1400~1500℃时铸锭凝固的缩孔缩松倾向，当浇铸温度在 1400 ~ 1460℃ 时，浇铸温度对铸锭中缩孔缩松的影响较小；当浇铸温度超过 1460℃ 时，铸锭中缩孔缩松形成倾向性显著增大，主要体现在表现在一次缩孔尺寸增大，从冒口位置深入锭身内部，铸锭中心形成集中性及离散型缩孔缩松的倾向性也显著增大。图 3 为不同浇铸温度下浇铸完成 4h 后铸锭等效应力的影响。浇铸温度越低，浇铸后冷却相同时间铸锭尾端的应力增大，形成高应力区，铸锭头部的应力减小。因此，在保证不出现金属液凝固的前提下，建议采取较低的浇铸温度，有利于减小缩孔缩松形成倾向，同时铸锭凝固后的热应力也较小。

浇铸速度是影响铸锭质量的另一重要因素。图 4 为浇铸速度 6 ~ 20kg/s 时铸锭凝固的缩孔缩松倾向。当浇铸速度在 6 ~ 8kg/s 变化，浇铸速度对铸锭中缩孔缩松的影响较小，但金属液流动性差，可能导致冷隔等缺陷的形成；当浇铸速度超过 10kg/s 时，铸锭中缩孔缩松形成倾向性显著增大，主要表现在锭尾形成大尺寸的集中性缩孔。当浇铸速度为 20kg/s 时，铸锭中的缩孔缩松形成范围大幅增加，几乎是贯穿铸锭。图 5 所示为不同浇铸速度下浇铸完成 4h 后等效应力的情况，整体来看，高应力区主要分布在冒口和锭身交界位置，随着浇铸速度增大，铸锭冒口下方缩孔缩松形成倾向性较高区域的应力呈现增大的趋势，因而铸锭中心开裂的风险也将增大。

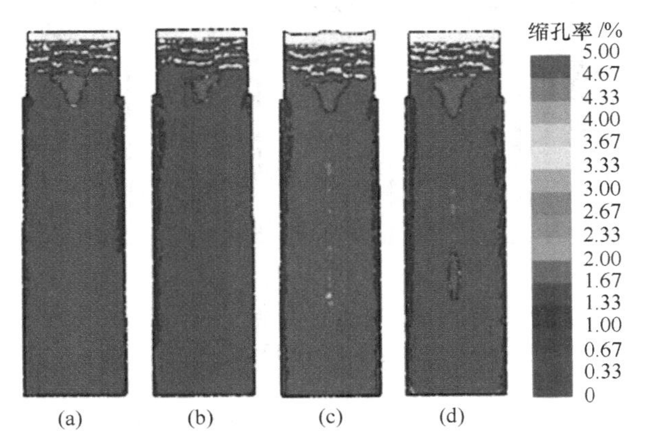

图 2　不同浇铸温度时铸锭的缩孔缩松缺陷形成倾向性
(a) 1400℃；(b) 1440℃；(c) 1460℃；(d) 1500℃

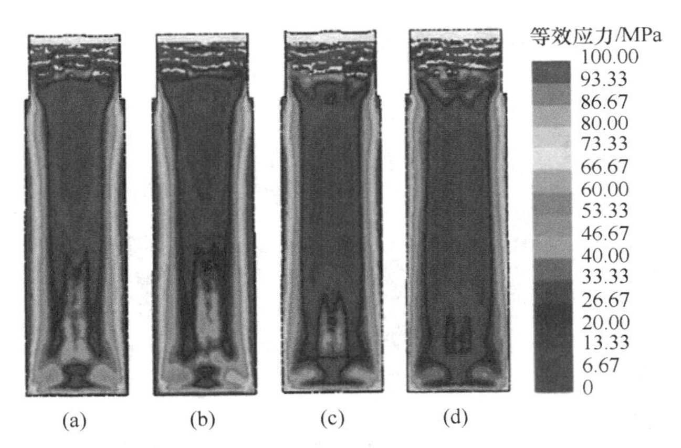

图 3　不同浇铸温度浇铸后 4h 铸锭的等效应力分布
(a) 1400℃；(b) 1440℃；(c) 1460℃；(d) 1500℃

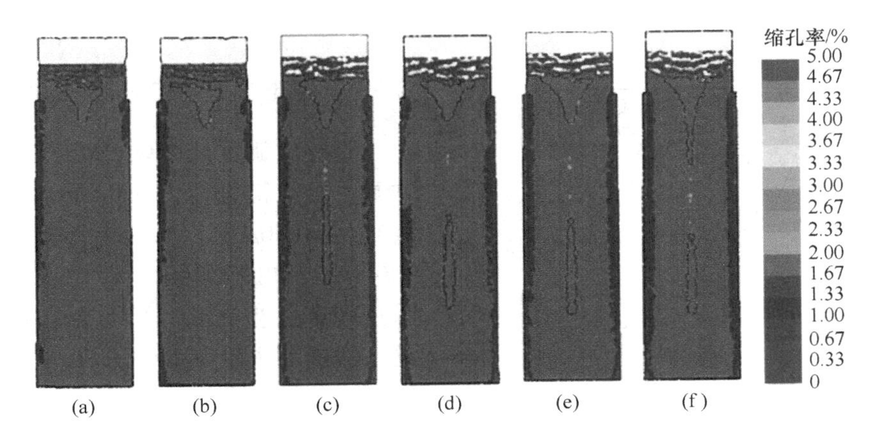

图 4　不同浇铸速度时铸锭的缩孔缩松缺陷形成倾向性
(a) 6kg/s；(b) 8kg/s；(c) 10kg/s；(d) 12.5kg/s；(e) 15kg/s；(f) 20kg/s

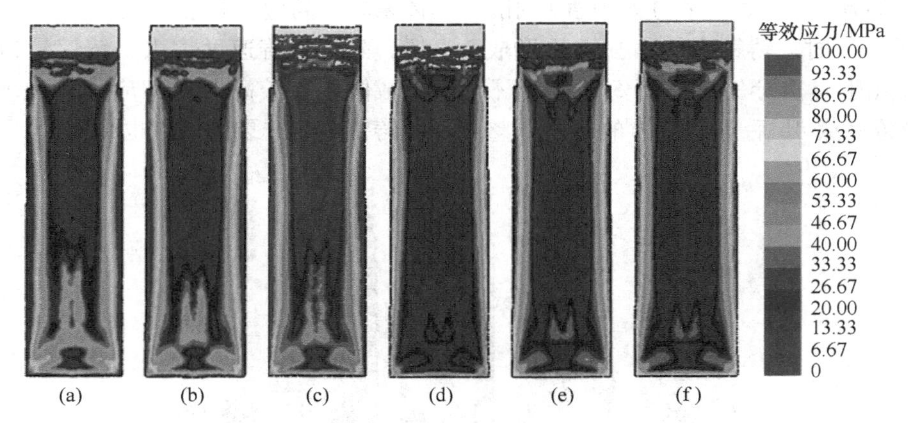

图 5 不同浇铸速度浇铸后 4h 铸锭的等效应力分布

(a) 6kg/s；(b) 8kg/s；(c) 10kg/s；(d) 12.5kg/s；(e) 15kg/s；(f) 20kg/s

2.2 去应力退火工艺依据及工艺

浇铸后的铸锭退火工艺模拟沿用前面模拟的铸锭温度场和应力场数据，模拟铸锭受热升温过程。结合图 6 中不同退火时间下电极铸锭的应力场分布情况分析，整个铸锭存在两个应力集中区，分布在铸锭底部中心和顶部缩孔处。图 7 铸锭底部应力分布随时间的演变规律显示，从浇铸开始到退火结束，铸锭内部存在 5 个峰值应力，分别对应凝固期、脱模期、600℃升温期、940℃升温期和空冷期，当温度升高至 940℃长时间保温时，应力得到大量释放，有效应力可降低至 100MPa。

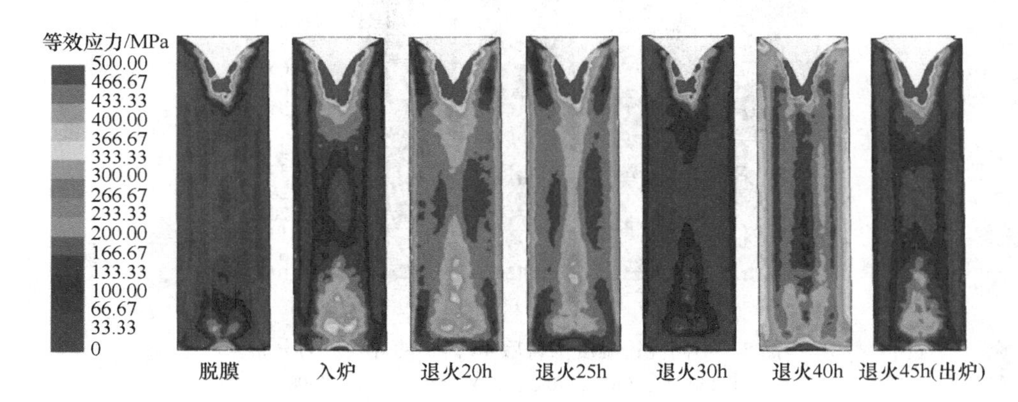

图 6 不同退火时间下电极铸锭的应力场分布情况

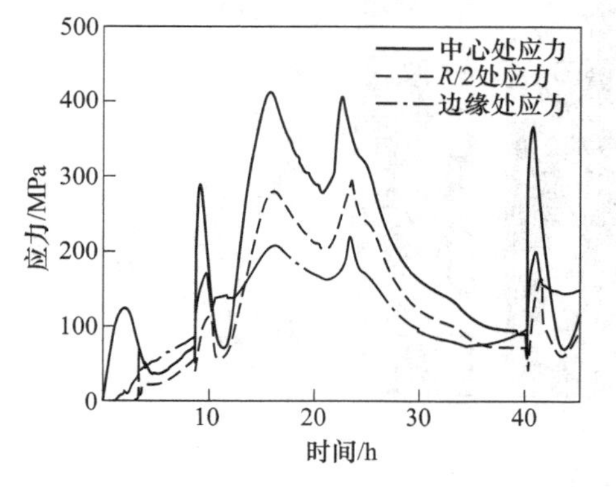

图 7 底部中心应力随去应力退火时间变化情况

2.3 真空电弧重熔工艺影响规律及控制

真空电弧重熔中电极锭直径为 790mm，第一次真空自耗锭直径为 920mm，第二次真空自耗锭直径为 1050mm，熔炼后得到的自耗锭锭长为 1400mm。如图 8 所示，针对第一次真空自耗，若采用现有工艺制度，则不会形成黑斑缺陷，最大的二次枝晶间距为 220.97μm，最大的成斑概率为 0.15。底部与两侧的冷却速率最大，自耗锭最大的冷却速率为 1.65K/s。Nb、Mo 和 Ti 元素分布较为均匀，Al 元素在自耗锭两侧富集。

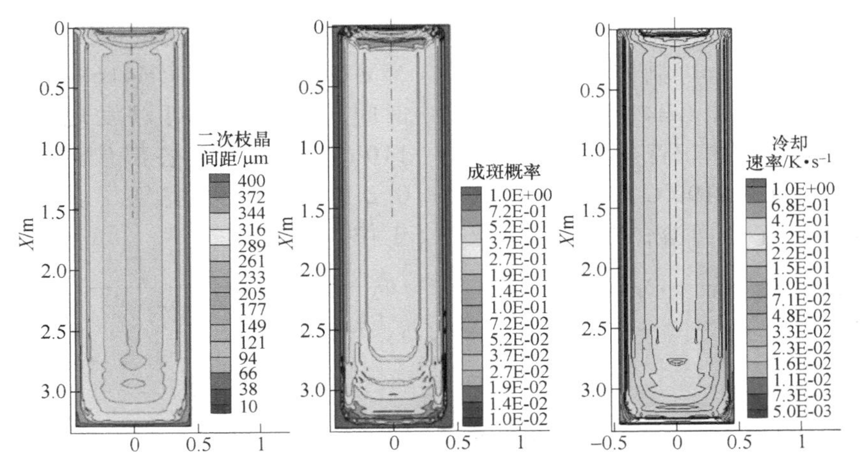

图 8 VAR 二次枝晶间距、成斑概率和冷却速率分布模拟结果

氦气流量和熔速对 VAR 第一次冶炼自耗锭成斑概率的影响如图 9 所示。以自耗锭成斑概率 0.65 为临界值，当成斑概率大于 0.65 时，自耗锭即有成斑的风险。在没有氦气冷却的情况下，自耗锭有很大的概率形成黑斑缺陷。加入氦气冷却后，自耗锭的成斑概率大大降低。随着熔速的提高，自耗锭的成斑概率降低。

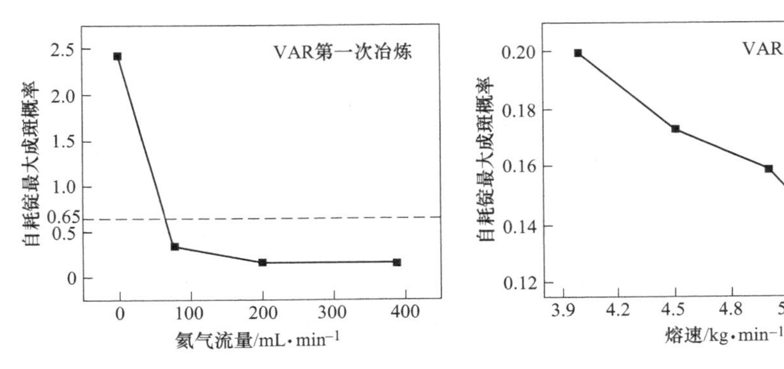

图 9 氦气流量和熔速对 VAR 锭成斑概率的影响

2.4 铸锭均匀化依据及工艺

ϕ1050mm 自耗锭热封顶后需先在炉内保持 135min 后再脱模冷却，空冷至室温然后再升温进行均匀化。图 10 为冷却至室温及直接入炉不同温度加热炉后实现均温的判据 P 云图，可以发现直接冷却至室温后 P 值最大为 0.77。然后将铸锭分别直接入炉不同炉温的加热炉中，可以发现在 800℃以下，P 值均小于 1。选择 650℃是较为安全的，保温时长应至少 38h。

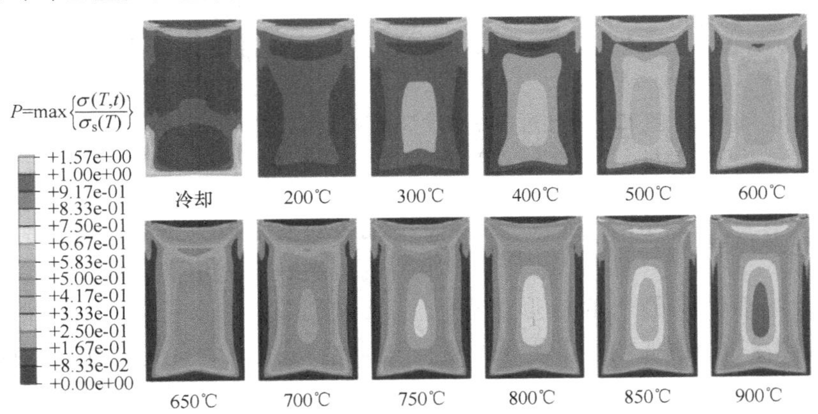

图 10 ϕ1050mm 室温铸锭直接入炉升温的开裂倾向分布

完成去应力退火后，根据 Laves 相初始含量与二次枝晶臂间距初始值，可制定工艺曲线。图 11（a）为 ϕ1050mm 尺寸 GH4169 铸锭均匀化工艺执行过程的 Laves 相体积百分数时间历程曲线，可以发现在 1160～1190℃ 升温操作前，铸锭已实现 Laves 相的完全回溶，在 1160℃ 保温回溶 34h 可完成预期工艺目标。图 11（b）为 ϕ1050mm 尺寸 GH4169 铸锭的残余偏析系数时间历程曲线，可以发现在 1190℃ 保温至少 110h 可实现铸锭各部位残余偏析系数控制在 0.2 以下，初步实现了消除 Nb 元素偏析的工作。

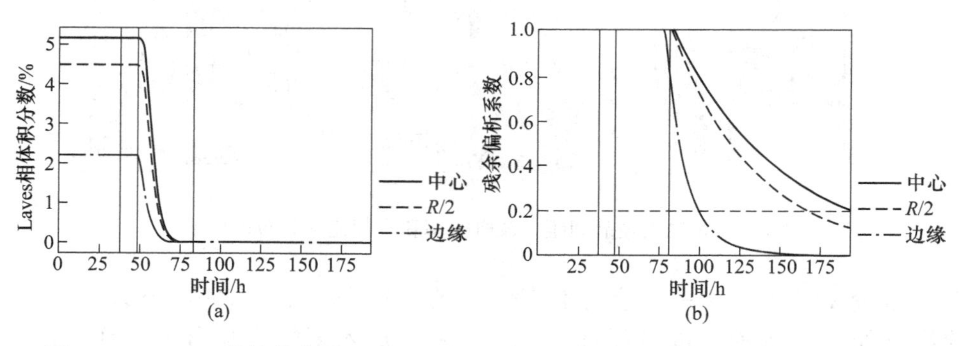

图 11 ϕ1050mm 铸锭均匀化过程不同位置的 Laves 相体积分数和残余偏析系数变化

2.5 开坯组织和开裂控制

开坯的工艺路线包括：打钳把→预镦粗→拔长（圆整）→高温镦粗→降温拔长（圆整）→低温镦粗。将工艺进行数值模拟，得到了不同工艺阶段的晶粒度级别、损伤判据 P、温度场以及等效塑性应变分布等结果。图 12 为开坯过程晶粒度级别和损伤判据变化。预镦粗过程下压了 9.8% 的变形量，拔长工序将坯料的高径比提高到 2.9，晶粒度尺寸有效控制在 4 级水平及以下，坯料开裂情况未达到临界值，因此该过程达到了预期效果。高温镦粗由于采用大高径比，载荷得以控制，但由于温度过高，坯料的晶粒度增大到 0.2 级附近。将高温镦粗后的坯料进行第二次拔长，晶粒度级别再次被控制在了 4 级左右，但是需要注意坯料首尾部分会存在局部的粗晶区。最后将坯料放进行低温大变形镦粗，晶粒度有效控制在 4 级左右，同时前序工艺中带来的局部损伤行为也将遗传下来。

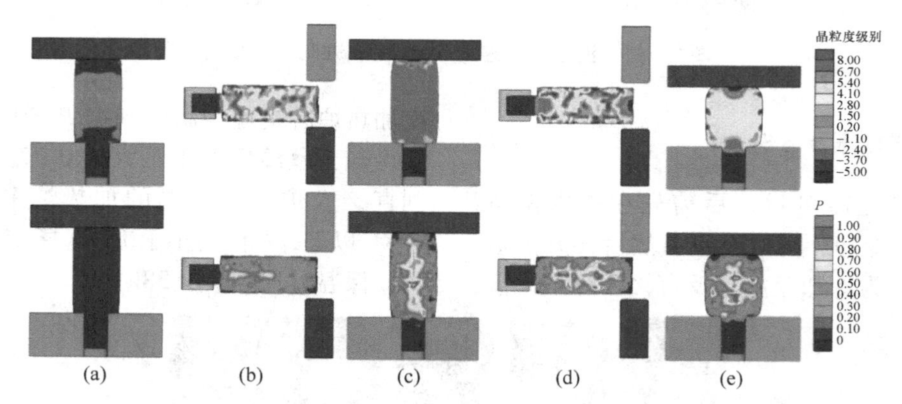

图 12 开坯过程晶粒度级别和损伤判据分布变化

（a）预镦粗；（b）拔长；（c）高温镦粗；（d）降温拔长；（e）低温镦粗

2.6 涡轮盘锻造工艺及控制

在模锻过程中，终模锻是最后的成形工序，所以要严格控制微观组织；同时，由于锻压过程中受力截面不断增大，因此锻造载荷不断增加，锻造难度很大。为保证完成终模锻的锻造控制，需要对模锻模具进行合理设计。终模锻应力最大的区域是中间位置，此部分受到最大程度的摩擦影响，金属处于三向压应力状态很难流动至边缘。因此，设计的核心思想转变为如何改善金属的流动条件。对比不同终模锻模具飞边沿高度对终模锻锻造的影响，从图 13 看出，飞边沿高度对终模锻载荷的影响很大，72mm 的飞边沿高度设计达到最低载荷，同时飞边沿高度对组织无影响如图 14 所示。

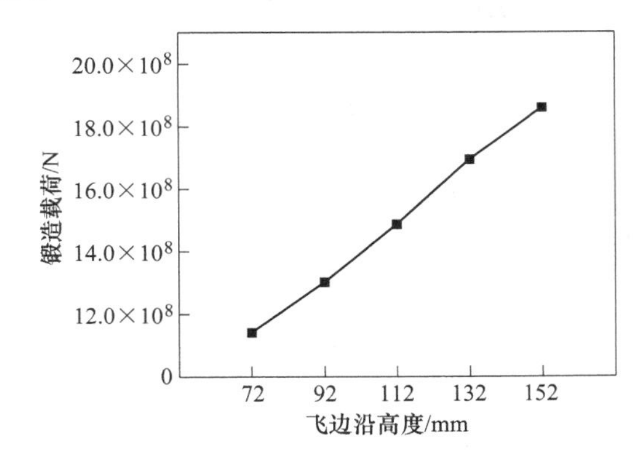

图 13 终模锻模具飞边沿高度对终模锻载荷的影响

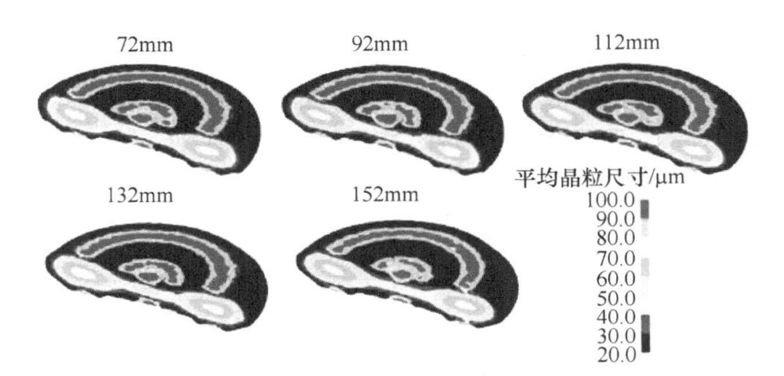

图 14 终模锻模具飞边沿高度对终模锻锻后组织的影响

3 结论

（1）使用数字孪生技术分别建立高温合金涡轮盘生产分工序的控制模型，贯通整个制备流程，构建了基于实际生产线设备条件下的虚拟生产线。

（2）基于实际生产线设备条件和工况进行多轮次虚拟生产，给出各工序的影响因素控制权重及全制备过程的关键控制点。

（3）结合实际生产设备工况和参数，与实际生产设备和工艺进行交底协调，制订出最佳性价比的实际生产工艺。

参考文献

[1] Tin S, Lee P D, Kermanpur A, et al. Integrated Modeling for the Manufacture of Ni-Based Superalloy Discs from Solidification to Final Heat Treatment [J]. Metallurgical and Materials Transactions A, 2005, 36: 2493~2504.

[2] Yeratapally S R, Leser P E, Hochhalter J D, et al. A digital twin feasibility study (Part I): Non-deterministic predictions of fatigue life in aluminum alloy 7075-T651 using a microstructure-based multi-scale model [J]. Engineering Fracture Mechanics, 2020, 228: 106888.

[3] Liu Hongwei, Fu Paixian, Kang Xiuhong, et al. Formation mechanism of shrinkage and large inclusions of a 70t 12Cr2Mo1 heavy steel ingot [J]. China Foundry, 2014, 1: 46.

[4] Delzant P O, Baque B, Chapelle P, et al. On the Modeling of Thermal Radiation at the Top Surface of a Vacuum Arc Remelting Ingot [J]. Metallurgical and Materials Transactions B, 2018, 49: 958~968.

[5] Yeom J T, Lee C S, Kim J H, et al. Finite-element analysis of microstructure evolution in the cogging of an Alloy 718 ingot [J]. Materials Science and Engineering A, 2007, 449-451: 722~726.

[6] Na Y S, Yeom J T, Park N K, et al. Simulation of microstructures for Alloy 718 blade forging using 3D FEM simulator [J]. Journal of Materials Processing Technology, 2003, 141: 337~342.

GH4065A 合金惯性摩擦焊焊接接头应力分析

杨姗洁[1,2]，张文云[1,2]，刘川[3]，田成刚[4]，刘巧沐[5]，黄烁[1,2]，张北江[1,2*]

（1. 钢铁研究总院有限公司，北京，100081；
2. 北京钢研高纳科技股份有限公司，北京，100081；
3. 佛山科学技术学院，广东 佛山，528225；
4. 中国航发商用航空发动机有限责任公司，上海，200241；
5. 中国航发四川燃气涡轮研究院，四川 成都，610599）

摘　要：采用改进的轮廓法结合 X 射线方法对惯性摩擦焊接管接头的内、外壁及焊缝中心进行了残余应力测试及分析。研究表明，焊缝处内外壁及壁厚中心的环向残余应力均为拉应力，且内壁处残余应力较外壁处更高，远离焊缝区域的环向应力为压应力。内外壁轴向残余应力方向相反，外壁轴向残余应力为压应力，而内壁为拉应力。内外壁的轴向应力绝对值随着离焊缝距离增大而先增后减小。根据 X 射线分析，由焊缝位置到管件端面，环向残余应力先增大后减小，在距离焊缝 2mm 处达到峰值 976MPa，低于轮廓法测得的焊缝中心位置的拉伸应力 1416MPa 及焊缝内壁处的拉应力 1770MPa，轮廓法的边界条件有待进一步修正。

关键词：GH4065A；惯性摩擦焊；残余应力；X 射线残余应力分析；轮廓法应力分析

惯性摩擦焊接技术作为先进的固态焊接方式，已经被广泛应用于高性能压气机盘盘间连接，具有工艺参数少、控制精度高、重复性好，能够进行大批量生产的特点。但是焊接过程中剧烈的塑性变形以及超高的焊后冷却速度，为焊接接头带来较大的焊接应力，使接头在后续退火过程中出现开裂等现象，因此必须足够重视。本研究针对 GH4065A 合金惯性摩擦焊接过程的应力分布进行分析，通过 X 射线残余应力分析于轮廓法应力分析结合的方式，揭示惯性摩擦焊接过程中的应力演变规律，提出工艺改进方向，为后续全尺寸盘件惯性摩擦焊接提供支持。

1　试验材料及方法

如图 1 所示，采用相同状态的 GH4065A 合金与焊接工艺制备了四组同材惯性摩擦焊接接头，在焊态接头不去除飞边的情况下，分别用于组织观察与残余应力测试。采用改进的轮廓法获得残余应力分布情况，并用 X 射线方法进行验证，另外采用显微维氏硬度对焊缝及附近组织进行硬度梯度测试，分析硬度与焊接影响区之间的联系，并结合分析以上测试结果获得改进的焊接方案。

图 1　GH4065A 同材惯性摩擦焊接接头

* 作者：张北江，正高级工程师，联系电话：010-62185063，E-mail：bjzhang@cisri. com. cn

2 试验结果及分析

2.1 GH4065A 同材惯性摩擦焊接接头宏观形貌

惯性摩擦焊接管经 X 射线探伤与超声探伤检测，所有焊接管材均未发现裂纹等缺陷。沿焊接管径向切片获得 GH4065A 合金惯性摩擦焊缝的典型宏观形貌如图 2 所示，可以观察到环形焊缝在壁厚中间位置较窄，内、外壁两侧较宽，没有肉眼可见的裂纹、孔洞、夹杂、未焊合等焊接缺陷。上下两部分飞边形态与尺寸对称，内壁飞边长度比外壁更大，由此推测焊缝内壁处材料发生变形量更大，可能产生更大的残余应力。

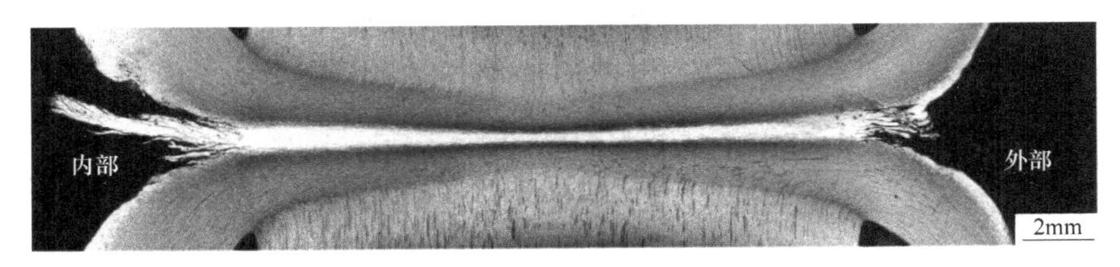

图 2 GH4065A 同材惯性摩擦焊接接头宏观形貌

2.2 轮廓法残余应力分析

测试得到的焊接管环向应力分布如图 3 所示，焊缝及邻近区域的环向残余应力为拉伸应力，焊缝靠近内壁区域应力峰值接近 2000MPa 以上；远离焊缝区域的环向应力为压应力，与焊缝区的拉伸应力平衡。

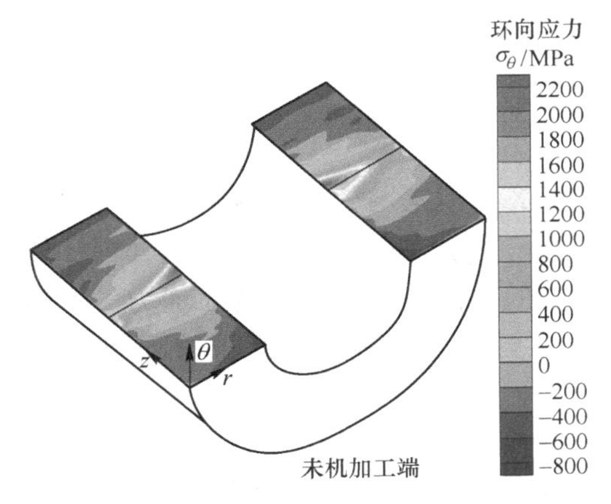

图 3 轮廓法环向残余应力测试结果

在此必须指出的是，焊缝区内壁位置的应力峰值大的原因：（1）焊接管飞边未去除，飞边形成过程的塑性变形造成的材料应变硬化引起的应力集中；（2）测试焊接管状态为未退火焊态，导致应力未释放；（3）由于线切割表面形成熔化层，造成轮廓法测试表层变形结果与实际变形存在误差[1]；（4）三坐标测试时，探针的球形头测试边界时无法保证球头直径位置接触表面（球形头侧面接触），也会引起边界上的变形测试误差[2]。以上多项因素将综合导致焊缝区域应力峰值较实际测量值偏高。后续进一步研究工作将对边界条件进行较准从而获得优化的应力测试结果。

沿中等壁厚位置线的环向应力分布如图 4 所示，沿中等壁厚位置线的应力分布呈现尖峰状，焊缝中心位置的拉伸应力达到 1416MPa，拉应力的分布宽度达到 15mm。沿焊缝中心位置线的应力分布如图 5 所示，不考虑内壁和外壁 2~3mm 深度的应力，环向拉应力沿壁厚为线性分布（如图中

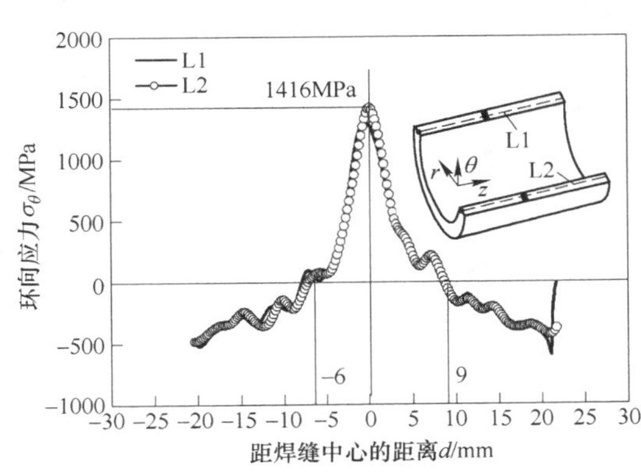

图 4 中等厚度位置线的环向应力分布

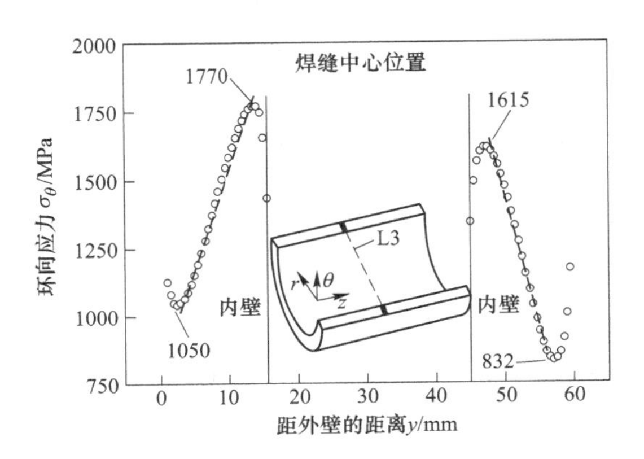

图 5 焊缝中心位置的环向应力分布

红色虚线所示，从外壁到内壁线性增加），内壁峰值应力达到 1770MPa。

2.3 X 射线残余应力分析

采用 1mm 准直管 X 射线分析距离焊缝 0～27mm 范围的轴向与环向残余应力分布如图 6 所示。

内外壁及壁厚中心的环向残余应力在焊缝附近为拉应力，且焊缝内壁处的环向残余应力较外壁处更高，远离焊缝区域的环向应力为压应力，与焊缝区的拉伸应力平衡，这与轮廓法测的应力分布规律一致。

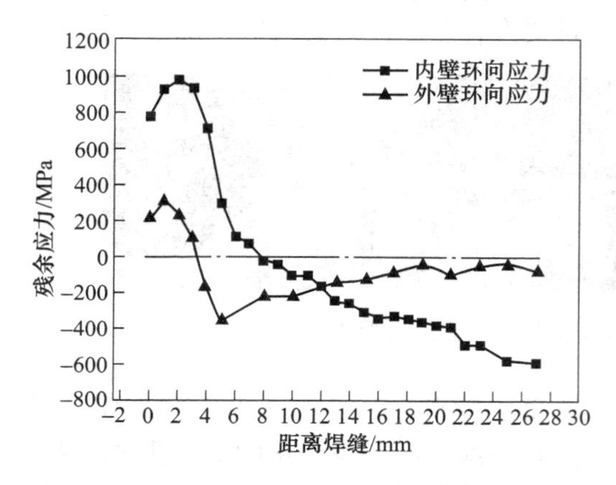

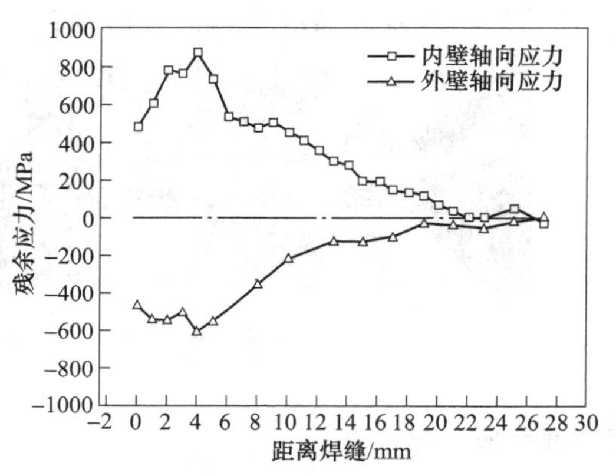

图 6 X 射线分析轴向与环向残余应力分布

由 X 射线分析，随着距离焊缝越远，近焊缝处的环向残余应力先增大后减小：外壁环向残余应力在焊缝处为 212MPa，在 1mm 处达到峰值 313MPa，而焊缝内壁处为 769MPa，在 2mm 处达到峰值 976MPa，X 射线分析的焊缝应力及焊缝附近的峰值应力均低于轮廓法测得的焊缝中心位置的拉伸应力 1416MPa 及焊缝内壁处的拉应力 1770MPa，说明轮廓法的边界条件有待进一步修正。

随着距离焊缝越远，内外壁环向应力值逐渐减小并逐渐演变为压应力。其中，外壁环向应力在距离焊缝 3mm 附近达到 0MPa，随后压应力逐渐增加并在 5mm 处达到压应力峰值-360MPa，之后逐渐减小直至接近 0MPa；内壁环向应力在距离焊缝 8mm 附近达到 0MPa，随后与内壁应力趋势不同的是，外壁压应力逐渐增加并在距离焊缝 27mm 处达到-587MPa。

内外壁轴向残余应力方向相反，外壁轴向残余应力为压应力，而内壁为拉应力。内外壁的轴向应力绝对值随着离焊缝距离增大而先增后减小，外壁焊缝处轴向应力为-464MPa，内壁为+479MPa，外壁轴向应力在 4mm 处达到峰值-608MPa，内壁轴向拉应力也在 4mm 处达到峰值+866MPa，内外壁轴向应力在距离焊缝 28mm 处减小至接近 0MPa。

由以上应力分析可知，焊接管接头焊缝处内、外壁均存在环向拉应力；焊缝处外壁存在轴向拉应力，内壁存在轴向压应力，极可能在后续热处理或者使用过程中引起开裂，需要进行有效的退火处理，降低焊接应力带来的影响[3,4]。

3 结论

（1）X 射线法与轮廓法测得垂直于焊缝方向环向残余应力分布规律一致：焊缝处内、外壁及壁厚中心的环向残余应力均为拉应力，且内壁处较外壁处更高，远离焊缝区域的环向应力为压应力。

（2）内外壁轴向残余应力方向相反，外壁轴向残余应力为压应力，而内壁为拉应力。内外壁的轴向应力绝对值随着离焊缝距离增大而先增后减小。

（3）根据 X 射线分析，由焊缝位置到管件端面，环向残余应力先增大后减小，在距离焊缝 2mm 处达到峰值 976MPa，低于轮廓法测得的焊缝中心位置的拉伸应力 1416MPa 及焊缝内壁处的拉应力 1770MPa，轮廓法的边界条件有待进一步修正。

参考文献

[1] Hosseinzadeh F, Kowal J, Bouchard P J. Towards good

practice guidelines for the contour method of residual stress measurement. Journal of Engineering, 2014, 2014 (8): 453~468.

[2] Olson M D, DeWald A T, Prime M B, et al. Estimation of uncertainty for contour method residual stress measurements. Experimental Mechanics, 2015, 55 (3): 577~585.

[3] Liu C , Zhu H Y , Dong C L . Internal residual stress measurement on inertia friction welding of nickel-based superalloy [J] . Science & Technology of Welding & Joining, 2014, 19 (5): 408~415.

[4] 孙渊，张栋，午丽娟，等．材料残余应力对硬度测试影响程度的分析 [J]. 华东理工大学学报（自然科学版），2012，38（5）：652~656.

金属密封用 GH4169 薄壁零件 δ 相调控技术研究

文新理[1*]，邓睿[1]，李慧威[1]，张朝磊[2]

（1. 北京北冶功能材料有限公司，北京，100192；
2. 北京科技大学碳中和创新研究院，北京，100083）

摘　要：某型发动机中的 W 型金属密封采用 0. 25mm GH4169 薄带制造，由于壁薄、形状复杂、服役工况极其苛刻，在高温下承受长时交变疲劳应力，使用寿命不理想。通过零件热处理试验，研究了热处理制度对 δ 相析出规律和关键力学性能的影响，通过热处理调控得到了满足零件使用寿命要求的 δ 相含量、尺寸和分布，使零件使用寿命提高了一倍，满足了设计要求。

关键词：金属密封；GH4169；薄壁零件；δ 相调控

金属密封广泛应用在航空发动机、燃气轮机和汽车发动机中，是防止发动机中气体泄漏的关键零件，使用温度一般在 650℃以下。GH4169 薄带（通常厚度 0. 10~0. 30mm）是金属密封用量最大的高温合金材料之一。北京北冶功能材料有限公司是国内稳定批量生产航空发动机、燃气轮机、汽车发动机金属密封用高温合金薄带和箔材（0. 05mm）的主要厂家，产品牌号涉及 GH4169、GH4145、GH738、GH536 等，均为航空发动机的定型产品。近年来，随着国内燃气轮机和汽车发动机的快速发展，金属密封用高温合金薄带用量日益增长，对高温使用寿命要求越来越高，在某发动机金属密封用 GH4169 薄带开发过程中，由于零件壁薄、形状复杂、服役工况极其恶劣，使用寿命不理想，常常出现提前开裂失效的情况。

许多学者和专家都研究过 δ 相对 GH4169 疲劳性能和持久寿命的影响[1~6]，一般认为适量的 δ 相能够强化晶界，阻止晶界的滑移，提高高温持久性能和低周疲劳，减小缺口敏感性。同时晶界上 δ 相的析出消耗了附近的 Nb，裂纹前端应力在贫 γ′ 相和 γ″相的区域获得释放，可在一定程度上减少裂纹扩展，提高合金抗裂纹扩展能力。但 δ 相对高温持久强度的强化是有一定限度的，研究表明，δ 相的数量过多或过少都能降低高温持久强度，δ 相的过分集中分布反而有利于裂纹的形成和扩展，造成合金强度和塑性降低，因此对 δ 相的析出含量要进行控制[7]。天津大学张京玲的研究表明[8]，在 650℃/630MPa 条件下 GH4169 中 δ 相初始体积分数为 4. 7%时蠕变寿命最长，约 936h。

本文通过零件热处理试验，研究了热处理制度对 δ 相析出规律和关键力学性能的影响，调控得到了合理的 δ 相含量、尺寸和分布，使零件使用寿命提高了一倍，满足了设计要求，为同类产品 δ 相调控提供了参考。

1　试验材料及方法

δ 相为正交晶体结构，其分子式一般认为是 $Ni_3(Nb_{0.8}Ti_{0.2})$，Nb 含量是影响 δ 相析出温度和析出量的主要成分因素，温度和时间是影响 δ 相析出形貌和数量的主要工艺因素。作为热处理制度设计的参考，首先利用相图软件计算出了 GH4169 合金热力学平衡相图（利用试验材料的成分）、TTT 曲线，初步掌握了 δ 相析出的温度、时间区间，并计算了不同 Nb 含量对 δ 相析出鼻尖温度及该温度对应的析出量的影响。

以北冶公司生产的 0. 25mm 厚度 GH4169 薄带制造的 W 型金属密封为实验材料，利用工业真空热处理炉进行了 830~990℃/2h 的热处理试验，装炉方式为随炉升温，冷却方式为气淬冷却，利用扫描电镜观察了不同热处理制度对应的 δ 相析出含量、尺寸和分布，检测了三种热处理制度对应

* 作者：文新理，博士，联系电话：13693669412，E-mail：wen. xinli@163. com

的带材室温拉伸性能，装机考察了零件使用寿命。

2 试验结果及分析

2.1 GH4169 热力学平衡相图

GH4169 合金典型成分（表1）的热力学平衡相图如图1（a）所示，γ′、γ″相和δ相的等温转变曲线（TTT 曲线）如图1（b）所示。热力学平衡相图表明，本文所关注的δ相的析出开始温度为1018℃，但从 TTT 曲线分析，当温度高于1000℃时，δ相析出所需要的时间极其漫长，对于本文所研究的工程问题已经没有实际意义，重点关注的温度区间应在 TTT 曲线的“鼻尖”附近，在800~1000℃温度区间。从γ′、γ″相和δ相的 TTT 曲线鼻尖所对应的时间分析，通过热处理调控δ相的析出行为时，会引起γ′、γ″相的析出，需配合固溶处理使γ′、γ″相回溶，保证后续的时效强化效果。

表1 试验材料化学成分

（质量分数,%）

元素	C	Cr	Ni	Nb	Fe	Al	Ti
含量	0.02	19.00	53	5.20	余量	0.50	1.00
元素	P	S	Mn	Si	Mo	B	Ta
含量	<0.015	0.0010	<0.10	<0.20	3.00	<0.005	<0.05

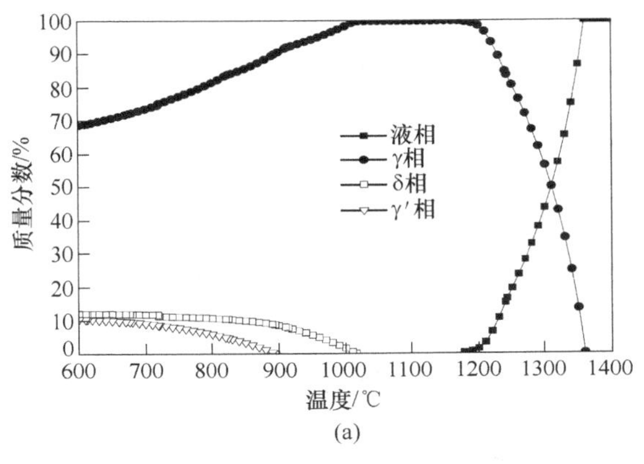

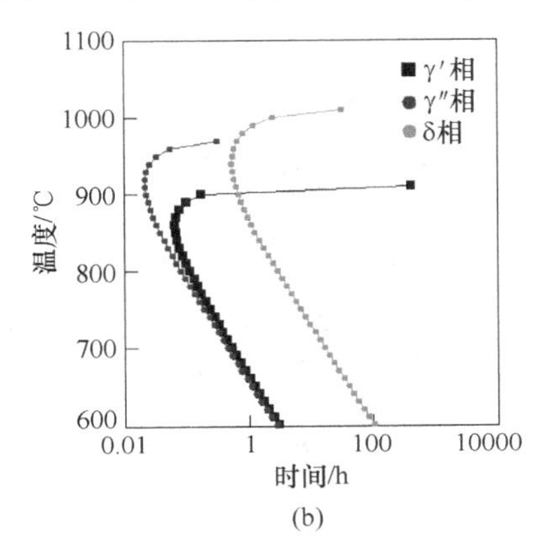

图1 GH4169 合金热力学平衡相图及 TTT 曲线

（a）热力学平衡相图（主要相）；（b）TTT 曲线

Nb 含量对 GH4169 合金δ相开始析出温度和880℃对应的析出质量分数的影响如图2所示，二者均与 Nb 含量呈正相关的关系，随 Nb 含量的提高，δ相开始析出温度和880℃对应的析出质量分数都逐渐提高。当 Nb 含量在下限4.75%时，δ相开始析出温度为997℃，880℃对应的δ相析质量分数为7.61%；当 Nb 含量在上限5.50%时，δ相开始析出温度为1030℃，880℃对应的δ相析质量分数为10.2%。因此，对于不同 Nb 含量的 GH4169 合金，δ相调控热处理制度不是固定不变

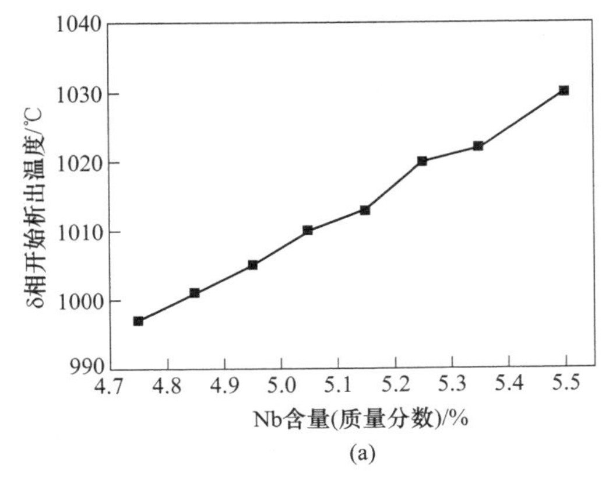

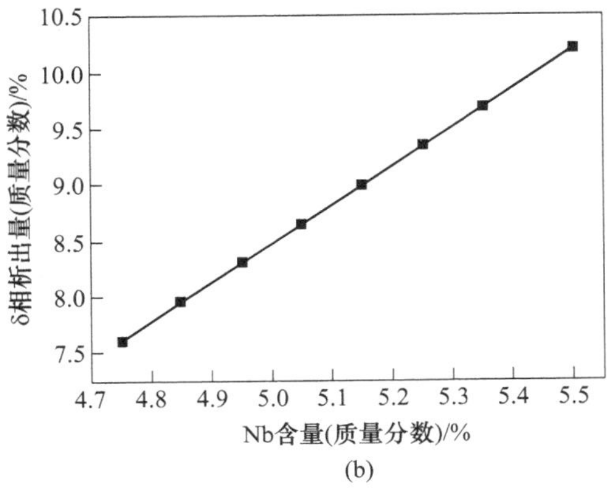

图2 Nb 含量对δ相开始析出温度和析出量的影响

（a）δ相开始析出温度；（b）δ相析出质量分数

的，而是要根据实际 Nb 含量进行调整。本文的试验结论是基于表 1 中试验合金的成分。

2.2 热处理温度对显微组织的影响

2.2.1 δ 相调控热处理后显微组织形貌

GH4169 金属密封经真空炉分别在 840℃、860℃、880℃和 900℃热处理后（本文称为 δ 相调控热处理，见表 2），在扫描电镜下的显微组织形貌如图 3 所示。与原始组织相比，当热处理温度为 840℃时，组织没有发生变化，当热处理温度为 860℃时，在晶界开始析出少量颗粒状 δ 相，面积分数不超 1%；当热处理温度为 880℃时，晶界出现明显的颗粒状和短棒状 δ 相，面积分数约 3%；当热处理温度为 900℃时，晶界出现大量针状和短棒状 δ 相，面积分数约 5%。当进一步提高热处理温度至 920℃时，组织中的 δ 相基本回溶，仅在晶界残留极少量的颗粒状 δ 相如图 4 所示。当热处理温度提高至 940～980℃，组织中的 δ 相已完全回溶，但晶粒未发生长大。基于上述试验结果，δ 相调控热处理制度设定为 880℃/2h。

表 2 δ 相调控热处理温度和时间

编号	温度/℃	时间/h	编号	温度/℃	时间/h
1	830	2	5	930	2
2	860	2	6	950	2
3	890	2	7	970	2
4	910	2	8	990	2

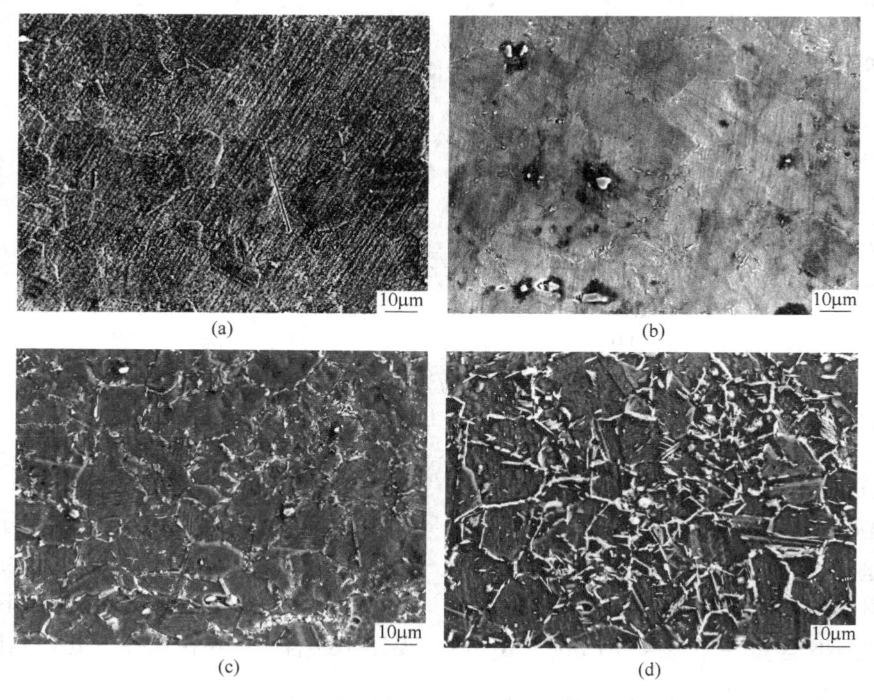

(a) (b) (c) (d)

图 3 热处理后显微组织形貌

（a）840℃×2h；（b）860℃×2h；（c）880℃×2h；（d）900℃×2h

2.2.2 δ 相调控热处理制度+固溶+时效后组织形貌

δ 相调控热处理制度+950℃/2h 固溶、δ 相调控热处理制度+950℃/1h 固溶+标准时效后的显微组织分别如图 5（a）、图 5（b）所示。因 δ 相调控热处理制度+950℃/1h 固溶热处理是在真空炉中随炉升温，升温速率在 300℃/h 左右，在 900℃左右的升温过程中仍有 δ 相析出，因此，图 5（a）中 δ 相含量（5%）明显比图 3（c）中 δ 相含量（3%）要多。再经过标准时效处理后，组织中的 δ 相形貌和含量没有发生明显变化，最终呈颗粒状和短棒状分布在晶界，面积分数在 5%左右。

三种热处理制度对应的室温拉伸曲线如图 6（a）所示，直接时效工艺对应的强度最高，880℃×2h+950℃×1h+时效工艺对应的强度次之，880℃×2h+时效工艺对应的强度最低。零件装机使用寿命如图 6（b）所示，原工艺采用直接时效处理，零件使用寿命只有平均 261h，经过 880℃×2h+950℃×1h+时效工艺处理后，晶界生成颗粒状和短棒状 δ 相（面积分数约 5%），零件使用寿命

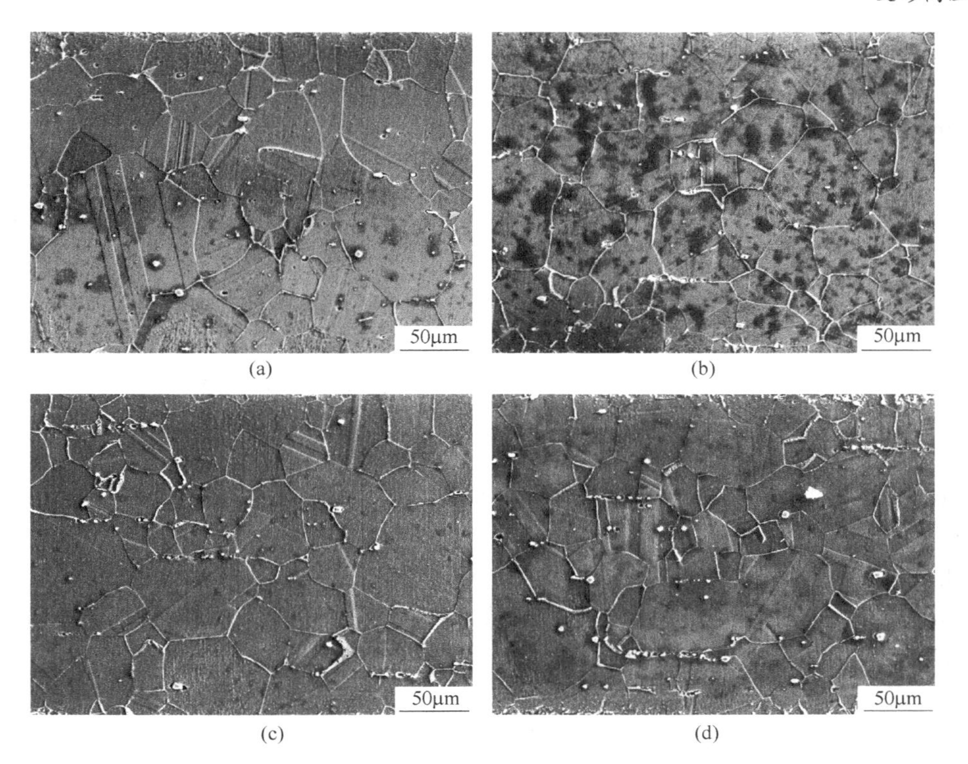

图 4 热处理后显微组织形貌

（a）920℃×2h；（b）940℃×2h；（c）960℃×2h；（d）980℃×2h

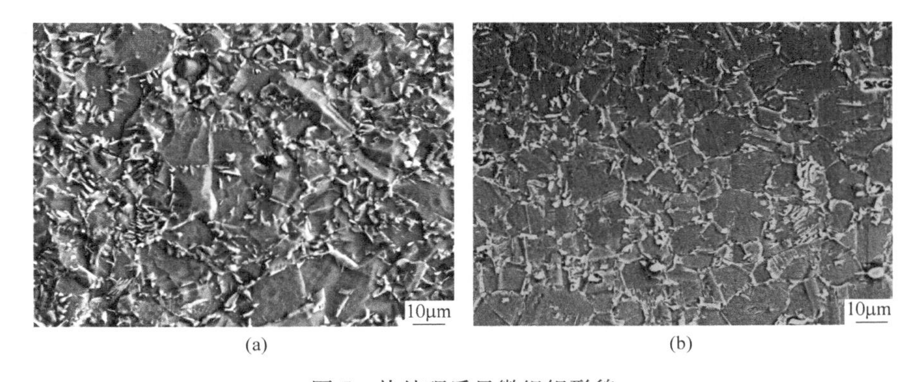

图 5 热处理后显微组织形貌

（a）一段热处理+950℃固溶；（b）一段热处理+950℃固溶+时效

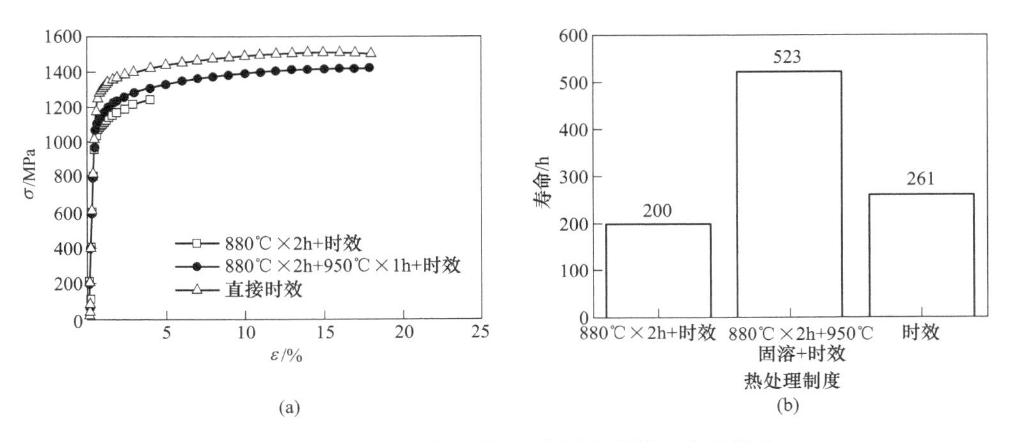

图 6 三种热处理制度对拉伸曲线和零件寿命的影响

（a）拉伸曲线；（b）使用寿命对比

提高了一倍，达到523h。如果在δ相调控热处理后不进行固溶处理，而直接进行时效，因δ相调控热处理过程析出了粗大强化相，消耗了Al、Ti，减少了标准时效阶段析出细小强化相的数量，因此零件强度和寿命均明显下降，使用寿命平均只有200h。

3 结论

（1）热力学平衡相图表明，从γ′、γ″相和δ相的TTT曲线鼻尖所对应的时间分析，通过热处理调控δ相的析出行为时，会引起γ′、γ″相的析出，需配合固溶处理使γ′、γ″相回溶，保证后续的时效强化效果。

（2）当δ相调控热处理温度为880℃时，晶界出现明显的颗粒状和短棒状δ相，面积分数约3%；当热处理温度为900℃时，晶界出现大量针状和短棒状δ相，面积分数约5%。当进一步提高热处理温度至920℃时，组织中的δ相基本回溶，合理的δ相调控热处理制度为880℃/2h。

（3）δ相的析出虽然使室温拉伸强度有所降低，但显著提高了零件的使用寿命。与原标准时效工艺生产的零件相比，采用δ相调控热处理工艺生产的零件装机使用寿命提高了一倍，达到了平均523h，满足了设计要求。

参考文献

[1] 刘庆瑞，付肃真.δ相对GH4169环形件高温缺口持久寿命的影响［J］.航空制造工程，1996（1）：14.

[2] 杨玉荣，梁学锋，蔡伯成，等.δ相对GH4169合金高温持久性能的影响［J］.航空材料学报，1996，16（2）：38~43.

[3] 董健，吴贵林，王海江，等.GH4169合金的组织分布与高温性能关系的研究［J］.甘肃冶金，2010，32（1）：6~9.

[4] 于荣莉.GH4169合金缺口敏感性的研究［J］.宇航材料工艺，1998（3）：19~21.

[5] 王龙祥，魏志坚，李培建，等.热处理对GH4169合金高温性能的改善研究［C］//中国高温合金年会，2015.

[6] 丁天胜，张显程，涂善东，等.热处理对GH4169合金组织及650℃下低周疲劳性能的影响［J］.材料热处理学报，2016，37（4）：69~75.

[7] 赵新宝，谷月峰，鲁金涛，等.GH4169合金的研究新进展［J］.稀有金属材料与工程，2015，44（3）：768~774.

[8] 张京玲.δ相对GH4169合金的组织演化和性能影响［D］.2017.

真空电弧重熔过程中电极凸环的成因及特征

刘学卉*，白宪超，朱洪涛，杨玉军，罗文，王桐，侯志文，张连嵩，于云翔

（抚顺特殊钢股份有限公司第三炼钢厂，辽宁 抚顺，113000）

摘　要：采用真空感应熔炼+真空自耗熔炼工艺制备 GH4169 合金，对于自耗过程中凸环形成及影响进行分析。熔融的金属熔滴在反向电磁力和电场力的作用下，沿电极径向方向移动至电极边缘，在电极的冷却作用下形成凸环。熔滴移动过程中会引起夹杂物的聚集及化学元素的微趋变化，导致凸环内 Nb 含量降低，夹杂物尺寸增大，数量增加。主要对于电极凸环形成及表征进行讨论。

关键词：真空自耗炉；电磁力；凸环；电弧；夹杂物

真空电弧熔炼最早出现在 1905 年的德国，随着工业的快速发展，真空电弧熔炼不断地完善和发展，形成了完备的熔炼体系，我国在 20 世纪 60 年代初期也开始了真空冶金事业的起步，目前真空自耗钢已广泛应用在航空、航天、燃机、核电等重要领域中[1]。真空自耗炉依靠高温电弧进行金属熔炼，在水冷结晶器的强冷作用下形成钢锭，高真空的环境下，通过较低熔速、浅平熔池的控制方式有效地改善复杂元素合金的成分均匀性，可以得到稳定钢锭组织。电极凸环作为真空自耗熔炼过程中一种特殊表征，本文主要对真空自耗重熔电极凸环区域形成及特征进行讨论。

1　凸环的形成机理

真空自耗重熔的原理如图 1（a）所示，结晶器内的电流通过锭冠和铸锭流入自耗电极，铸锭与自耗电极之间存在着高温真空电弧，以游离的带电粒子和金属蒸气来维持高温电弧的稳定性，在电极底部区域温度高，电流密度大[2]。电极底部的金属熔滴受到的电磁力方向与安培定律相反[3]，如图 1（b）所示，熔滴受反电磁力作用，呈现沿径向向外的运动趋势。

自耗电极底部与锭冠之间电流占总电流的 30% 以上[4]，电流的方向接近于径向，熔滴的载流体为电子，在强电场中，熔滴所受电场力由沿径向向外。熔滴在反电磁力和电场力的作用下，沿径向自耗电极的边缘移动，自耗电极表面温度较低，熔滴在此处形成凝固形成凸环，如图 2 所示。

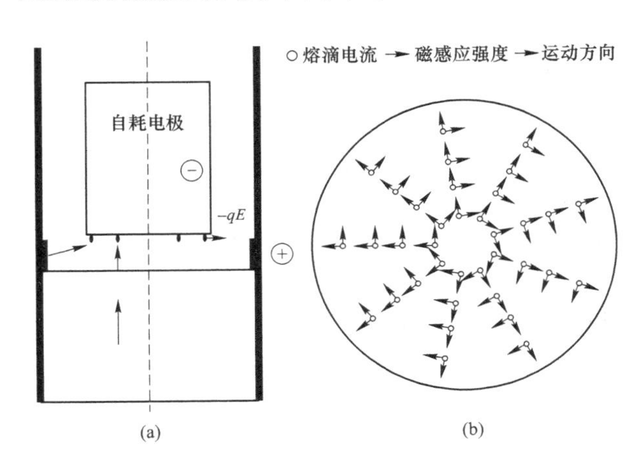

图 1　真空自耗重熔原理及受力分析
（a）真空自耗重熔原理；（b）电极底部金属熔滴受力分析

图 2　真空自耗重熔过程中凸环形貌

*作者：刘学卉，高级工程师，联系电话：13904139514，E-mail：lmy15842332620@163. com

2　试验方案

2.1　凸环的试样提取

试验采用真空感应熔炼生产的 GH4169 合金 φ430mm 电极进行真空自耗重熔，所用电极化学成分见表 1，在重熔至正常熔炼阶段结束时停止熔炼。将剩余电极脱出后，切取电极底垫边缘制备低倍试样，并分区切取高倍试样进行低倍与高倍检验，观察电极底端凸环区域形貌与夹杂物的分布情况。

表 1　GH4169 合金化学成分

（质量分数，%）

元素	C	Mn	Ni	Co	Cr	Mo	W	Al	Ti	Fe
含量	0.05	—	55	—	20	3.0	—	0.5	1.0	余量

2.2　试验结果

电极端部凸环位置进行试样制备及测量，经抛光后的低倍试样如图 3 所示，靠近电极边缘位置凸环附着厚度大，随着与电极表面距离的增加，凸环厚度逐渐降低，一般凸环宽度约 10mm，凸环位置与电极本体位置低倍状态下观察并无明显差异性。

对于凸环位置与电极本体位置进行化学成分分析，化学成分见表 2。

表 2　凸环位置与电极本体化学成分

（质量分数，%）

位置	Ni	Cr	Mo	Al	Ti	Nb	Fe
电极本体	55.0	20.0	3.0	0.5	1.0	5.3	余
凸环区域	55.5	19.0	3.2	0.35	0.6	3.5	余

化学成分结果表明电极凸环部位成分与电极本体成分基本一致，但是 Nb、Ti 成分的差异较大，凸环内 Nb 远低于电极本体内的 Nb 含量。GH4169 品种属于铌含量很高的合金，电极心部位置至边缘位置存在温度场变化，Nb 元素为易偏析元素，这也导致了电极底部易出现 Nb 元素偏聚。GH4169 合金内部铌元素很易形成[Nb(CN)]，碳氮化物在随着熔滴生长的过程中，也会与电极底部端面形成的碳氮化物聚集，而金属熔滴则在在反电磁力和电场力的作用下，熔融钢液沿径向向电极的边缘径向移动，导致了凸环位置 Nb 含量与电极本体 Nb 含量差异。

将图 3 中的低倍试样进行金相检验，凸环区域和电极本体区域的夹杂物结果如图 4 所示。从图 4 中可以清晰地发现凸环区域内的夹杂物与文献［4］中所提到的大块孔洞缺陷存在较大差异，凸环区域主要以弥散的夹杂物为主，凸环内的夹杂物数量及尺寸大于正常电极区域。

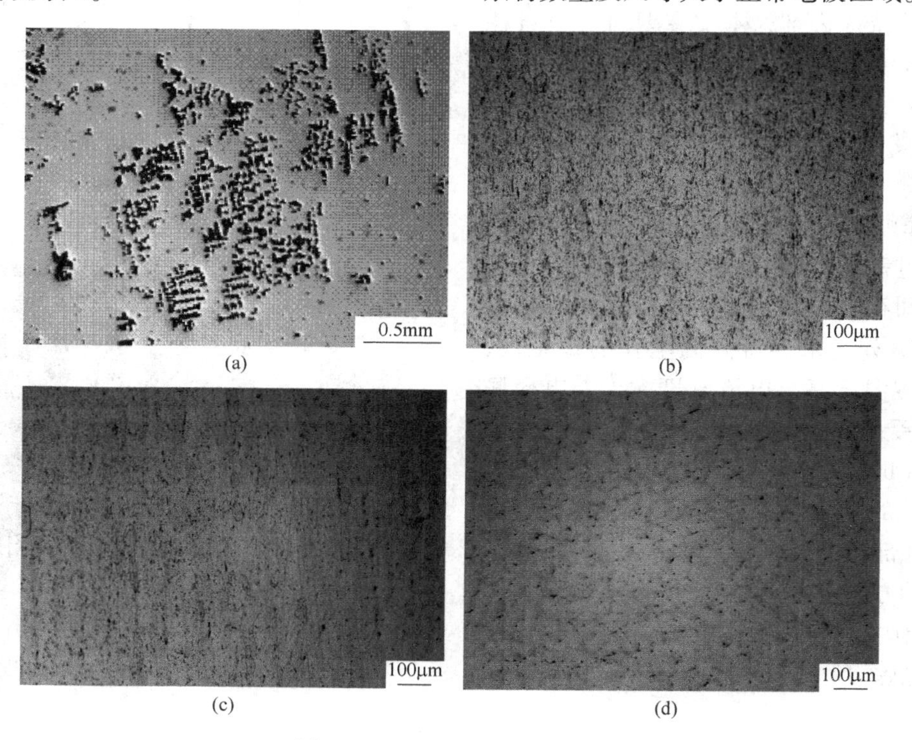

图 3　凸环区域夹杂物的分布

（a）文献中夹杂物分布；（b）凸环夹杂物情况；（c）凸环夹杂物情况；（d）电极本体夹杂物情况

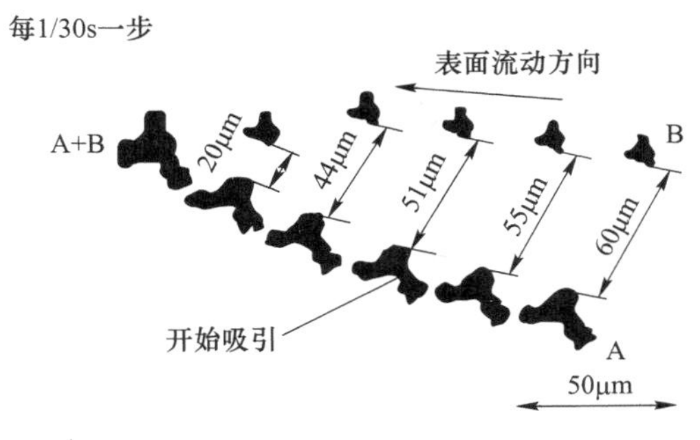

图4　夹杂物聚集图示

根据电镜扫描分析，夹杂物主要为Al的氧化物为主，与电极本体存在的夹杂物种类相同，在非金属夹杂物聚集特性影响下，电极在熔化过程中，内部夹杂物会在金属熔滴熔融状态下运动、集聚，形成大块的夹杂物，附着在金属熔滴表面，随着金属熔滴的运动，不断聚集长大，导致凸环内部夹杂物数量及尺寸大于正常电极本体[5]。

根据本文对于电极凸环的分析，反向电磁力及电场力作为影响凸环产生的主要因素，熔炼参数的设定，电极弧长变化、电极填充比（电极直径变化）作为影响过程作用力及熔池有效热量的关键环节，电极夹杂物水平的提升作为控制凸环内部夹杂物聚集的主要手段，因此提高电极内部纯净度、最佳的工艺参数摸索都是有效保证电极凸环良性生长及熔化。

3　结论

（1）真空自耗重熔过程中，熔滴在反向电磁力和电场力的作用下，沿径向向电极的边缘进行移动；电极边缘温度低，熔滴在此处凝固形成凸环，凸环在弧光的作用下随着电极一同熔化形成熔滴，滴落至金属熔池。

（2）在熔滴径向移动过程中，轻元素和夹杂物向上运动，重元素向下移动，导致凸环内贫Nb富夹杂物。

（3）凸环区域主要以连续的条带状夹杂物存在，并未发现明显孔洞缺陷，应为电极端面熔融状态下，造成的夹杂物集聚，根据夹杂物类型分析应与电极本体质量水平相关。

（4）提高电极内部纯净度、最佳的工艺参数摸索都是有效保证电极凸环良性生长及熔化。

参考文献

[1] 周兴铮，祁国策，潘京一．调整工艺参数对真空自耗重熔锭熔池深度影响的研究［J］．钢铁，1984（4）：25～30.

[2] 张勇，李佩桓，贾崇林，等．变形高温合金纯净熔炼设备及工艺研究进展［J］．材料导报，2018，32（9）：1496～1506.

[3] 朱洪涛，刘学卉，朱宝明．真空自耗熔滴形成过程中夹杂物行为分析［C］//第十四届高温合金年会论文集，北京：冶金工业出版社，2019.

[4] Fang D Y. Cathode spot velocity of vaccum arcs. J. Phys. D：Appl. Phys.，1982（15）：833～844.

[5] Risacher A，Chapelle P，Jardy A，et al. Electric current partition during vacuum arc remelting of steel：An experimental study［J］. Journal of Materials Processing Technology，2013，213（2）：291～299.

In718 合金厚壁异形环件锻造工艺研究

蔡杰*，项春花，王攀智，邹朝江，杨旭

（贵州航宇科技发展股份有限公司，贵州 贵阳，550081）

摘　要：介绍了 In718 合金特点及应用情况，以及大型厚壁高温合金锻件锻造中常见的端面凹坑、折叠、组织不均匀等问题，通过对此类锻件的技术难点、成形方案分析，设计了锻件的工艺方案，并通过数值模拟以验证方案的可行性，在此基础上完成了锻件的生产。从外形尺寸及理化结果表明，工艺方案较为合理，解决了大型厚壁 IN718 高温合金环型锻件锻造中的常见问题。

关键词：In718 合金；厚壁环件；异形轧制

In718 合金是以体心四方的 γ″和面心立方的 γ′相沉淀强化的镍基高温合金，在－253～700℃温度范围内具有良好的综合性能，650℃以下的屈服强度居变形高温合金之首，并具有良好的抗疲劳、抗辐射、抗氧化、耐腐蚀性能，以及良好的加工、焊接性能和长期组织稳定性，能够制造各种形状复杂的零部件，可制成盘、环、叶片、轴、紧固件和弹性元件、板材结构件、机匣等零部件在航空上长期使用。该合金的另一特点是合金的组织对热加工工艺特别敏感。不同的加工工艺可获得不同性能的合金制件，这为获得不同要求的零件提供了可能，也给成形工艺提出了较高的要求[1]。

轧制是用环形毛坯在旋转的模具中进行成形的一种特种成形工艺。其特点是借助主辊和芯辊的轧制力使环件产生连续局部塑性变形，因此可在低载荷下实现壁厚减小、直径扩大、截面轮廓成形的塑性加工工艺，由于其节材、节能一系列优点而被广泛用于航空、航天、石油、化工等行业中。这种成形方式在生产厚壁环锻件时，靠近环件内壁和外壁的金属材料的流动速度要高于中间部位金属材料的流动速度，而且壁厚越大，两者之间的差异也越大，会导致成形后的厚壁环锻件的端面出现凹槽和折叠，即靠近外壁部分和靠近内壁部分的高度要大于中间部分的高度。

In718 合金变形抗力大、锻造温度狭窄、导热系数低、流动性差及热膨胀系数大，且对变形程度和变形温度较敏感，给锻件成形带来困难，尤其对于大型厚壁（厚度/高度大于 0.7）异形环锻件，若锻件截面形状、锻造温度、锻造火次和变形量设计不合理，容易造成锻件外形尺寸、组织及性能不达标。

1　锻件形状设计

锻件材料为 In718 合金，交付状态形状如图 1 所示，其截面为“Z”字形，壁厚 188mm，大小头外径差异大。为使轧制时金属径向受力均匀，将锻件设计为型面对称的异形环件，如图 2 所示。锻件质量为 1650kg，属于较大型的高温合金环锻件。

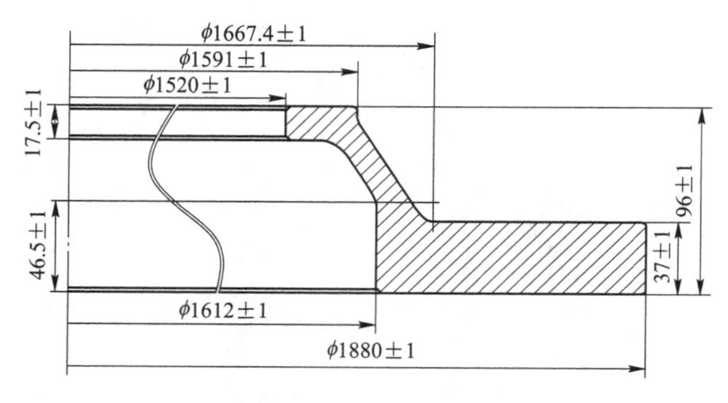

图 1　交付状态锻件图

* 作者：蔡杰，工程师，联系电话：13368608742，E-mail：caijie@gzhykj. net

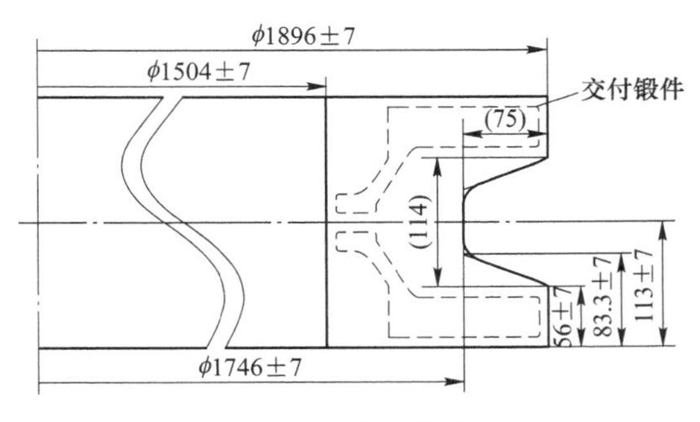

图 2 毛坯状态锻件图

2 成形方案分析

2.1 技术难点

（1）锻件组织性能要求较高，晶粒度要求 4 级或更细，另外还要求室温拉伸、高温拉伸、组合持久、低周疲劳、硬度等。

（2）通过计算，该锻件需使用的棒材规格最小为 ϕ500mm，一般来说，棒材规格越大，其组织越难做到细小和均匀，需通过后期给予充分的变形量，使材料原始组织中粗大的晶粒破碎，以细化组织。

（3）锻件所用材料为 In718 合金，锻造温度狭窄，对锻造温度及变形程度均较为敏感，受锻造过程影响较大。对于大型环锻件，锻造过程所需火次较多，若锻造温度与变形量匹配不当，将造成锻件组织及性能异常。

（4）锻件外径异形部分槽深及槽宽相对其壁厚及高度均较大，各部分参与的变形将不均匀，因此在锻造过程设计中既要考虑锻件整体参与变形，又要考虑各部分参与变形的程度，以防止因轧制变形不均或变形不足，造成锻件组织不均匀。另外，由于 In718 合金变形抗力大，金属流动性差，塑性差，需设计合适的中间坯，使终轧成形时金属易于流动，防止产生开裂、上下筋宽不一致、喇叭口、椭圆等缺陷。

（5）锻件壁厚/高度为 0.9，外径接近 2m，属于厚壁较大异形锻件，轧制过程中其端面极易产生凹坑与折叠，尤其在轧制变形量大的情况下，产生的概率更大。端面凹坑可能会使锻件高度尺寸不足，而折叠若未被及时发现，对产品质量将造成较大影响。

2.2 成形工艺分析

（1）In718 材料的导热系数低，且高温合金的热膨胀系数大，所以当直径较大的坯料直接装入高温炉较快速加热时，常因表层金属热膨胀剧烈，在坯料中心产生很大的拉应力而导致坯料炸裂。为了防止加热开裂并缩短坯料在高温下的停留时间，以避免晶粒过分粗大和合金元素贫化，所以在坯料到达加热温度前，应进行适当预热。

（2）In718 合金变形抗力大，塑性差，加上该锻件质量和壁厚均较大，为避免过大的变形量引起不均匀变形并获得不均匀的晶粒组织，同时避免合金在临界变形区锻造而导致晶粒急剧长大，故将每火次变形量设计为 8%~15%之间，采用多火次进行马架扩孔或轧制制坯，加热温度采用 1000~1020℃；镦粗、冲孔阶段锻件变形量大，变形充分，因高温加热长大的晶粒能够被大变形完全破碎，故该阶段可采用较高温度进行加热，选择加热温度为 1060~1100℃。

（3）经过初步计算，该锻件所用棒料长度大于 1100mm，而锻件高度约 226mm，故棒料镦粗量较大，若采用一次镦粗的方法，镦粗后外径将存在较大鼓度，同时可能因变形热效应造成局部过热而形成粗大晶粒组织。故将镦粗过程分为多火次进行，并控制每火次镦粗量及下压速率，同时边镦粗边滚圆。

（4）环件轧制或马架扩孔时，金属变形具有表面变形特点，该锻件壁厚与接触弧长的比值大，轧制或马架时变形集中于环件内外表面，其截面大致可分为三个变形区，如图 3 所示。

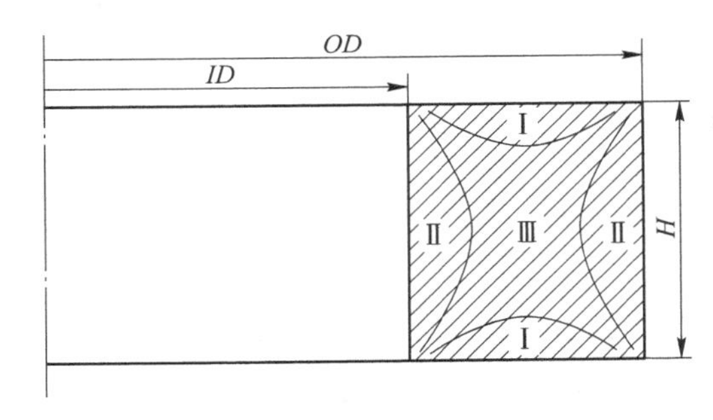

图 3 环件轧制或马架扩孔时的变形区

第Ⅰ区变形程度最小，称为变形死区，第Ⅱ区变形程度最大，称为大变形区，第Ⅲ区变形程度居中，称为小变形区。轧制过程中，Ⅱ区金属向高度方向流动激烈，而Ⅰ区金属基本不流动，两区金属之间产生的高度差就极易形成轧制原始凹坑，特别是壁厚较厚锻件，随着轧制变形量的不断加大，原始凹坑宽度不断减小，深度不断加深，在轧制变形量足够大的情况下，端面凹坑甚至会逐步转变成端面折叠[2]。

要解决端面凹坑和折叠就需从根本上控制轧制时原始凹坑的产生，一方面在锻件高度方向上预留适当余量，在马架扩孔、预轧、终轧等工序间增加平端面以消除或减小原始凹坑，同时保持端面的平整；另一方面，需控制好径向轧制力与轴向轧制力的匹配，将环件长大速度控制在5~7mm/s。

（5）该锻件外径异形槽宽及深度均较大，若使用矩形环坯一火异形终轧成型，难以保证锻件的形状和尺寸，且锻件各部位的变形不均匀，故选择采用异形制坯加整体异形轧制成形方案。按等体积原则，通过一定变形量反算异形毛坯的尺寸，最终得出其形状见图4。通过异形预轧对坯料进行分料，便于终轧时成形。

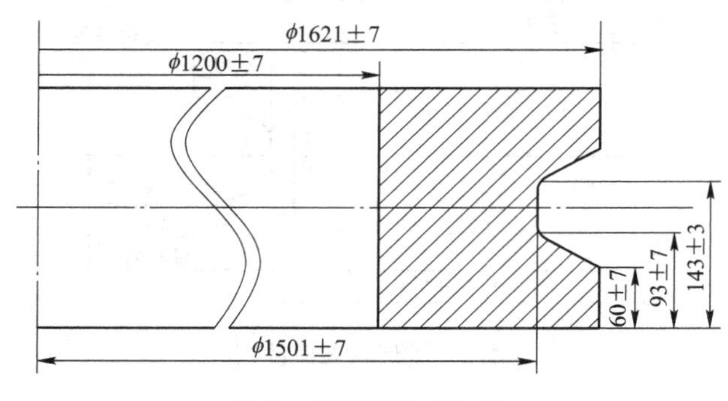

图4　异形预轧毛坯图

（6）为避免锻件与模具接触的区域温降过快，导致温度过低产生开裂或变形困难，轧制前对模具进行预热，预热温度150~450℃。

2.3　工艺方案设计

（1）通过以上工艺分析，设计了锻件成形的工艺路线，见表1。

表1　锻件成形工艺路线

序号	工艺路线	加热温度/℃	火次	变形量/%	备注
1	镦粗滚圆	1060~1100	1	55	
2	镦粗滚圆	1060~1100	1	30	
3	冲孔	1000~1020	1		
4	马架扩孔、平端面	1000~1020	1	12	
5	马架扩孔、平端面		1	11	
6	平端面	1000~1020	1		平端面30mm
7	马架扩孔、平端面	1000~1020	1	8	
8	平端面	1000~1020	1		平端面15mm
9	预轧	1000~1020	1	8	
10	预轧	1000~1020	1	9	
11	平端面	1000~1020	1		平端面10mm
12	异形预轧	1000~1020	1	12	
13	平端面	1000~1020	1		平端面10mm
14	终轧	1000~1020	1	17	

（2）锻件经标准热处理。固溶980℃，2h，快冷+时效720℃，9h，炉冷，620℃，8h，空冷。

2.4　模拟分析

为确定异形预轧及终轧的起始尺寸，确保足够的变形量以获得预期的锻件形状，对异形预轧及终轧进行了数值模拟。结果显示，矩形环坯从内径ϕ1000mm轧制到ϕ1200mm时，坯料贴模状况良好，制出的异形环坯形状和尺寸满足要求，经终轧后坯料填充情况良好，成形尺寸满足要求。同时其应力、应变场、温度场分布较为均匀。综合分析，锻件具备生产实现条件，具体如图5、图6所示。

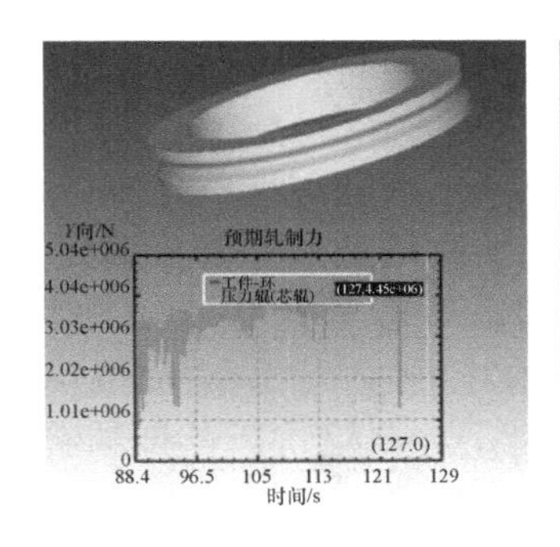

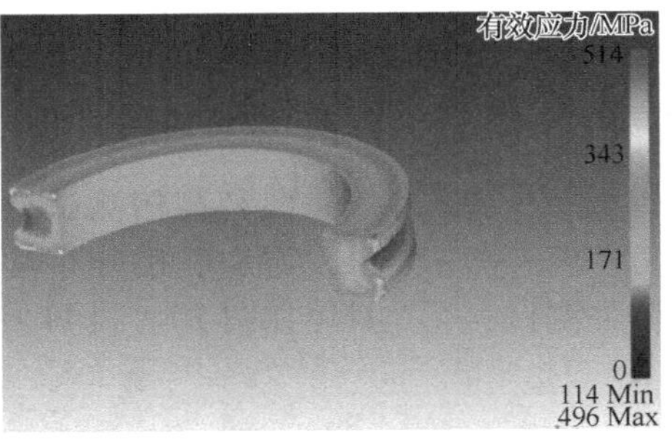

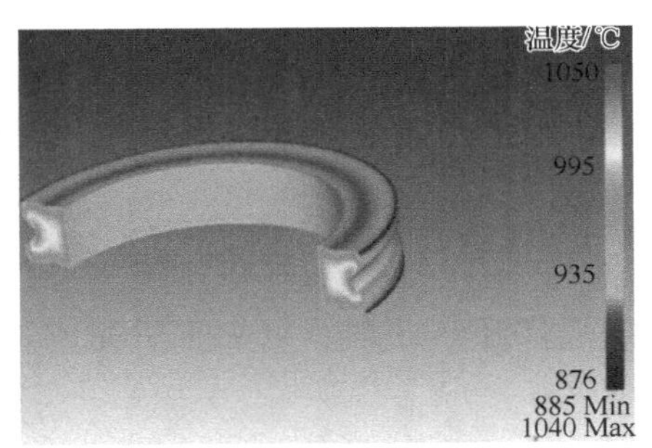

图5 异形坯数值模拟结果

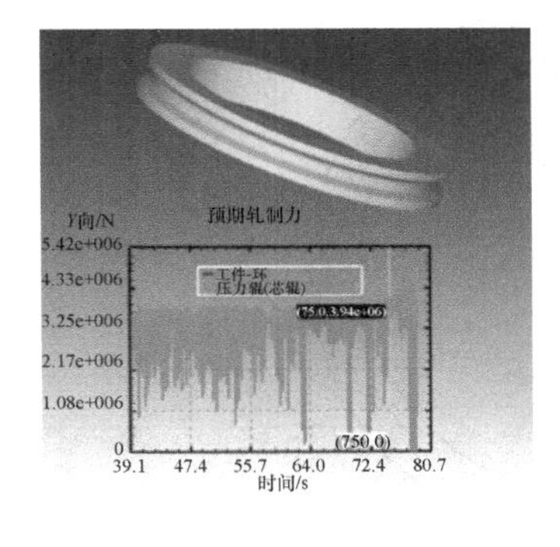

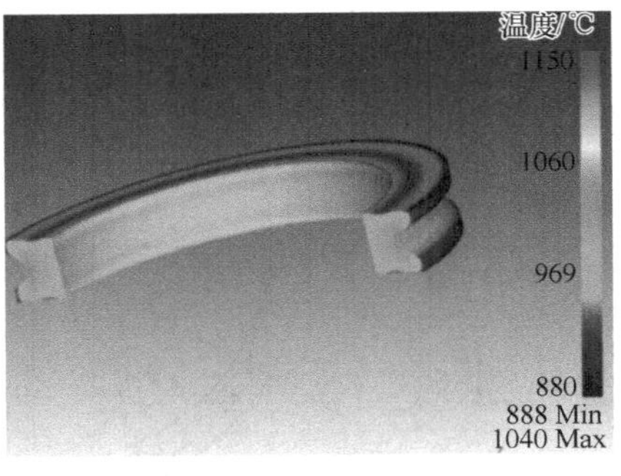

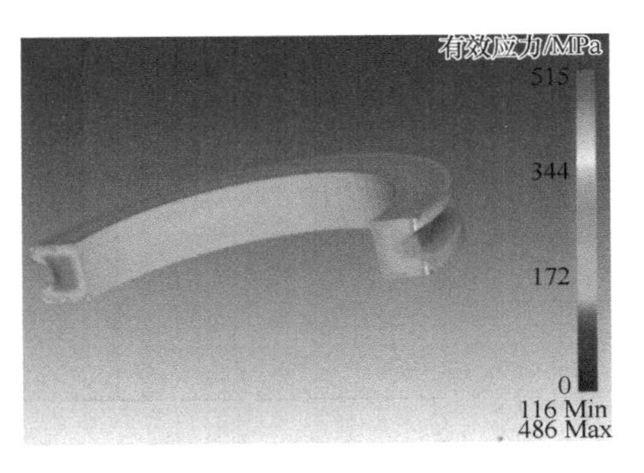

图6 终轧成形数值模拟结果

2.5 工艺流程确认

通过成形工艺分析和工艺参数研究，设计了厚壁异形锻件的锻件尺寸、成形方案、制坯及轧制模具。通过数值模拟结果，并确认了工艺路线的可行性。

3 锻件生产

确认工艺方案与流程后，进行了模具制备，并开展了锻件生产，预轧阶段在内孔 ϕ1175mm 左右时开始贴模，分料情况及尺寸满足预期效果，预轧后进行了端面晶粒度检查，检查位置为靠近外径边缘、中间壁厚处及靠近内径边缘处，检查结果为：4 级、4.5 级、4.5 级，满足标准要求且组织分布均匀，可继续后续进行轧制；终轧阶段在内孔 ϕ1328mm 左右时贴模，成形各部位均能填充模具型腔，成形尺寸满足要求。通过预留高度平端面，有效消除了端面凹坑，锻件生产情况如图7、图8所示。

图7 预轧后锻件外观（热态）

图8 终轧成形后锻件外观（冷态）

4　性能测试

4.1　取样测试

锻件经热处理及粗加工后完成了相关测试，取样位置如图 9 所示，测试项目及数量见表 2。

4.2　理化测试结果

（1）高倍测试结果。高倍测试晶粒度满足要求，德尔塔相分布均匀，形态呈点状或短棒状，具体如图 10、图 11 所示。

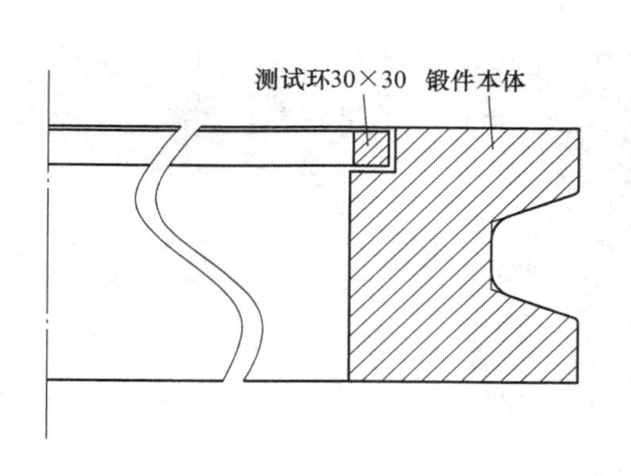

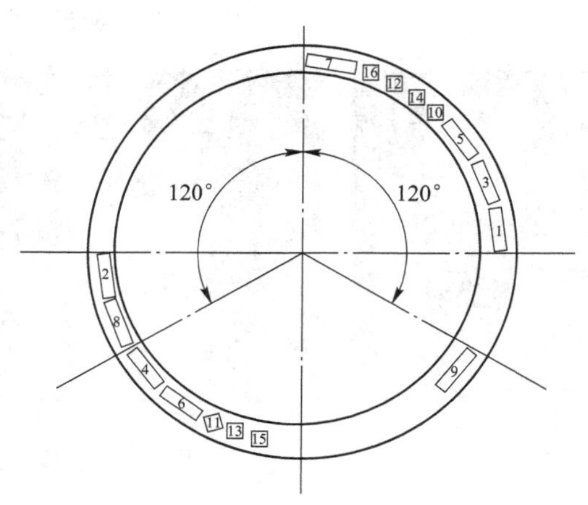

图 9　理化测试项目及取样位置

表 2　测试项目及数量

测试项目	数量	位置	序号
室温拉伸	2	T-0°	1
		T-180°	2
高温拉伸	2	T-0°	3
		T-180°	4
持久	2	T-0°	5
		T-180°	6

续表 2

测试项目	数量	位置	序号
低周疲劳	3	T-0°	7
		T-120°	8
		T-240°	9
高倍	2	T-0°	10
		T-180°	11
硬度	2	T-0°	12，14
	2	T-180°	13，15
化学成分	1	—	16

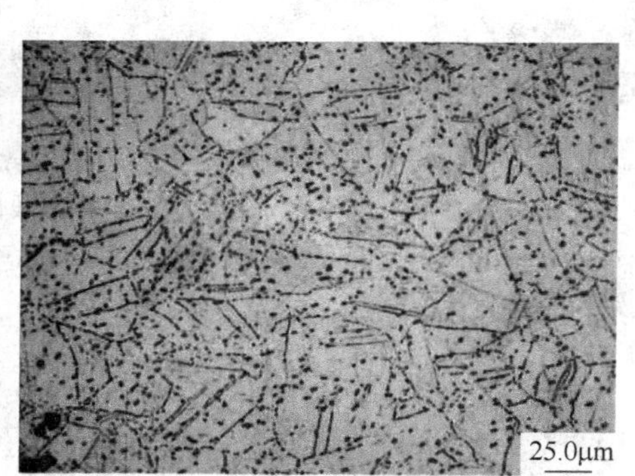

图 10　0°方向高倍照片：8. 5 级 δ 相 2 级

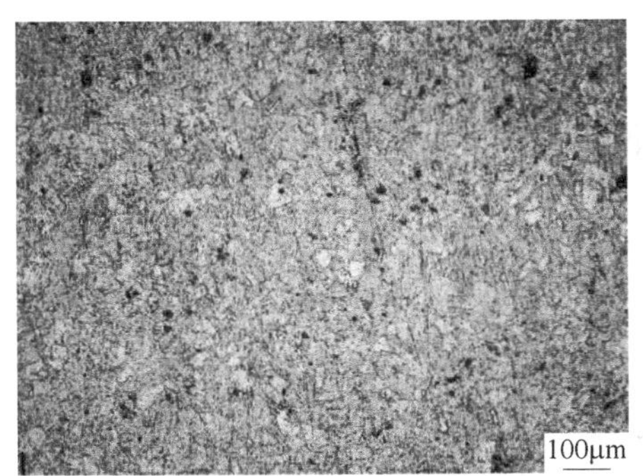

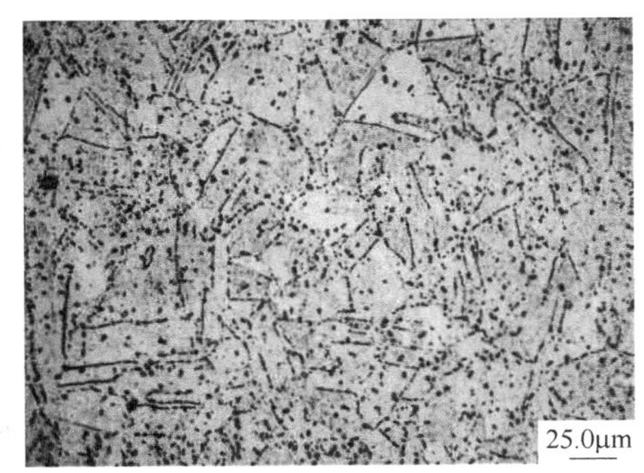

图11 180°方向高倍照片：8.5级 δ 相2级

（2）部分力学性能测试结果见表3～表5，硬度、室拉、高拉、持久等结果满足标准要求，且富余量大。

表3 硬度检测结果

方向	实测值	要求值	状态
0°	432HB	≥331HB	固溶+时效
180°	435HB	≥331HB	固溶+时效

表4 拉伸试验检测结果

试验温度			抗拉强度/MPa	屈服强度/MPa	断后伸长率/%	端面收缩率/%	状态
室温	实测值	0°	1436	1162	26.7	41.7	固溶+时效
		180°	1439	1176	24.4	43.4	
	要求值		≥1320	≥1035	≥12	≥12	
650℃	实测值	0°	1119	959	19.0	26.2	固溶+时效
		180°	1120	963	21.2	27.0	
	要求值		≥1065	≥860	≥12	≥12	

表5 持久性能检查结果

力学指标	取样位置	试验温度/℃	试验应力/MPa	伸长率/%	试验时间/h
检查结果	0°	650	690	18.9	53.7（断光滑）
	180°	650	690	19.1	51.0（断光滑）
技术要求	—	650	690	≥10	≥23

5 结论

（1）使用高温制坯、低温成型和锻造过程中多火次小变形的方式可降低锻件的锻造裂纹的产生同时得到均匀的晶粒组织和良好的力学性能。

（2）通过火次间预留高度，轧制后平端面，可有效避免厚壁件成形后端面凹坑及折叠的问题。

（3）使用异形预轧分料、再异形终轧成形的方式，能提高锻件的可成形性，同时也能使锻件各个部位变形均匀，有利于得到更好的组织和力学性能。

参考文献

[1] 中国航空材料手册编辑委员会．中国航空材料手册．第2卷，变形高温合金、铸造高温合金［M］．北京：中国标准出版社．2001.

[2] 蔡伯成，杨玉容．GH4169合金异形环形件研究［C］//GH4169合金应用研究文集，1996.

GH738 合金锻件超声波探伤底损与缺陷定性研究

叶康源[1*]，阎志刚[2]，叶俊青[1]，夏春林[1]，雷临苹[1]，刘路[3]

（1. 贵州安大航空锻造有限责任公司，贵州 安顺，561005；
2. 空装驻安顺地区军事代表室，贵州 安顺，561008；
3. 中航金属材料理化检测科技有限公司，贵州 安顺，561005）

摘　要：GH738 合金锻件超声波探伤底损超标，通过水浸探伤设备定位缺陷位置，进行定性分析。研究结果表明，锻件表面存在车床夹持压痕、锻件表面存在缺肉黑皮和锻件表面存在粗晶组织等因素均能导致超声波探伤底损超标。该研究为高温合金超声波探伤底损不合格提供处理依据以及为进一步优化锻造和机加工艺提供参考，避免锻件产生超声波探伤质量问题。

关键词：GH738；超声波探伤；缺陷；底损

GH738[1~3]合金（美国牌号 Waspaloy）是以γ′相沉淀硬化的镍基高温合金，具有良好的耐燃气腐蚀能力、较高的屈服强度和疲劳性能，工艺塑性良好，组织稳定。Waspaloy 合金是美国 20 世纪 50 年代发展起来的高温合金，其广泛用于航空发动机转动部件，使用温度不高于 815℃。但 GH738 合金作为典型的难变形高温合金，其合金化程度高，变形抗力大，可变形温度窄，因此热加工成型难度大。GH738 合金锻造过程中容易产生裂纹，变形参数不易控制，标准热处理后经常产生混晶组织和室温拉伸屈服强度偏低等问题。在制造 GH738 合金锻件过程常出现锻件缺肉、表面粗晶、混晶等问题，以上问题导致了超声波探伤不合格。

本文以某发动机 GH738 合金锻件为主要研究对象，通过研究分析锻件缺肉、表面粗晶等因素对超声波底损的影响，为处理同类问题提供理论与实践方面的依据。

1　问题描述

GH738 合金锻件进行水浸法超声波探伤，锻件端面存在底损超标问题，探伤结果为：“未见缺陷显示，杂波水平 ϕ1.2～6dB，底损大于 50%”，如图 1 所示，以及锻件周面探伤底损出现规律性异常的问题。针对以上问题，将展开分析与讨论，查找出问题的原因。

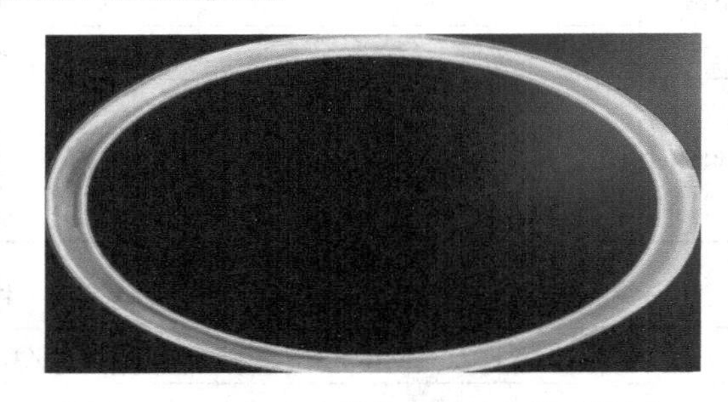

图 1　GH738 合金锻件超声波扫描底波图

2　结果分析与讨论

2.1　超声波探伤原理

超声波探伤是利用超声能透入金属材料的内部，并由一截面进入另一截面时，在界面边缘发生反射的特点来检查零件缺陷的一种方法，当超声波束自零件表面由探头通至金属内部，遇到缺陷或零件底面时可能发生反射信号，在荧光屏上形成脉冲波形，如图 2 所示。

杂波：当超声波穿过两种具有不同声阻抗介质的界面时，将发生反射和透射。利用超声波对材料进行检测时，声波在不均匀、不致密组织和粗大晶粒界面上发生散射，返回信号强度较高，

＊作者：叶康源，高级工程师，E-mail：yekangyuan3007@126.com

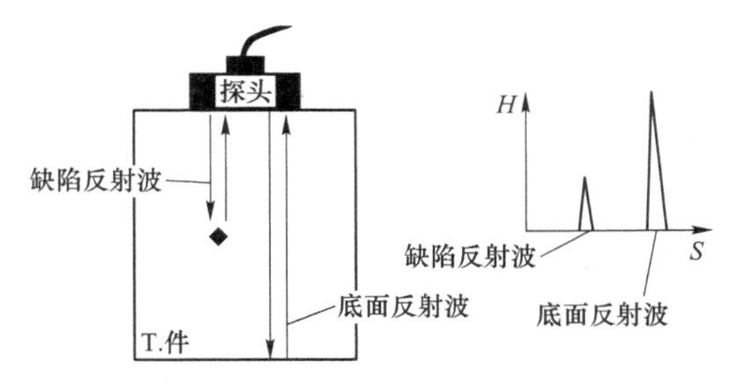

图 2 超声波探伤检测的原理

为探头所接收，在荧光屏上显示为杂乱的林状回波，简称为杂波。

底波：超声波从工件表面穿越到底面被反射回来所接收到的声波，称为底波（底面反射波）。

底损：同一探伤面不同位置的底波之间的差异。

损耗波：一部分声波被工件吸收；另一部分声波散射到别处，未能被探头接收。

原始超声波 = 入射路程的杂波 + 反射回程的杂波 + 底波 + 损耗波

本文主要是研究 GH738 合金锻件底损问题，底损公式包括以下两种方式：

（1）按分贝计算：

$$\Delta dB = 20\times \lg(P_{min}/P_{max})$$

式中，P_{min} 为最小的波高；P_{max} 为最大的波高。

例：$P_{min}=30\%$，$P_{max}=80\%$，$P_{min}/P_{max}=0.375$ 计算可得 -8.5dB

（2）按损失计算：

$$\Delta = (P_{max}-P_{min})/P_{max}\times 100\%$$

例：(80-30)/80×100% = 62.5%

2.2 显微组织对超声波底损的影响

采用超声波水浸扫描检测设备对 GH738 合金锻件进行探伤，对超声波探伤底损超标的位置进行定位，并进行分析，研究底损超标产生的原因。为了研究底损问题，对超标严重位置进行金相检测。从低倍可见，锻件表面存在约 4mm 深的粗晶带，如图 3 所示。从图 4（a）可清楚地看到粗晶与细晶分界明显。细晶组织为均匀的 7 级晶粒度，如图 4（b）所示。粗晶组织为 3 级晶粒度，如图 4（c）所示。

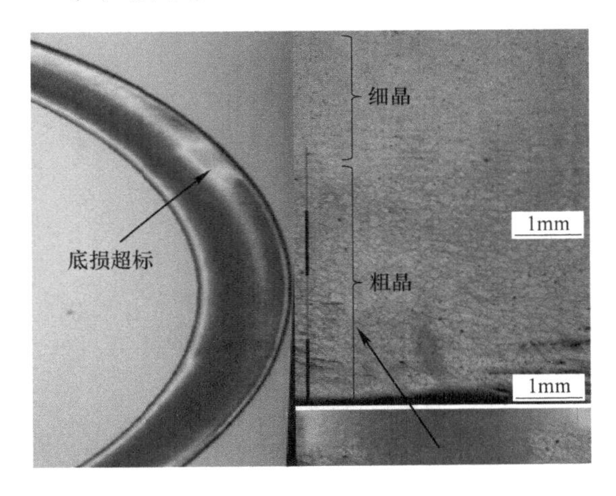

图 3 GH738 锻件低倍组织

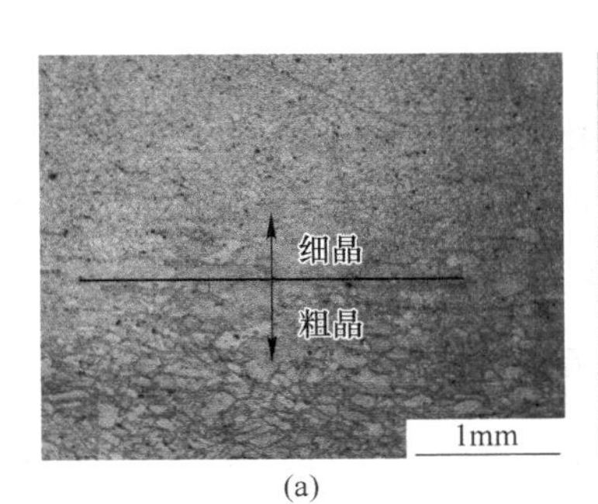

(a)

(b)

(c)

图 4 GH738 晶粒度

（a）粗晶与细晶分界处；（b）细晶组织 晶粒度 7 级；（c）粗晶组织 晶粒度 3 级

采用数值模拟软件对 GH738 合金锻件成型过程进行模拟分析，在成型后的锻件上标记 $P_1 \sim P_5$，如图 5（a）所示，反向追踪粗晶组织对应中间坯所在的位置，如图 5（b）所示。从图 6（a）可见，绿色位置为底波偏低区域，呈现块状，与中间坯形貌类似，如图 6（b）所示，两者具有一定的关联。图 6（b）的外周面不规则的形貌是由于棒料镦粗后出现双鼓度，对其进行滚圆校正，从而形成不规则的周面。

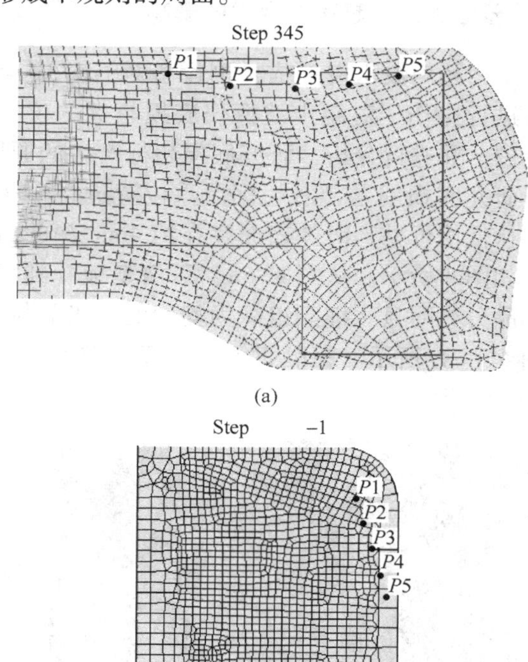

图 5 追踪模拟
（a）终锻；（b）始锻

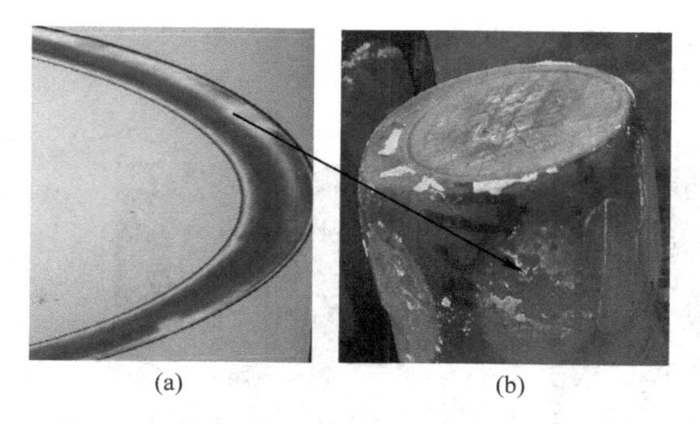

图 6 超声波探伤缺陷（a）与实物（b）对照

通常来说，再结晶不充分是造成混晶的主要原因之一。高温合金锻件的晶粒尺寸及其均匀性主要取决于锻造的工艺参数，当然也受冶金因素的影响。当终锻温度过低，引起不完全再结晶，导致晶粒大小不均匀的混合晶粒组织；一火次变形程度过低，而落入临界变形区，导致局部晶粒不均匀，属于再结晶不充分。刘辉和蔡新宇[4]在 1120℃温度进行 GH738 动态再结晶试验，研究发现：在变形量较小时（变形 30%），部分晶粒仍为拉长状。GH738 棒料镦粗后，温度已下降，对其进行滚圆，坯料接触锤砧再次产生温降，并且滚圆属于小变形，导致该处产生粗晶组织。中间坯周面存在间隔式的粗晶组织遗传到锻件上，因此底波显示小区域不合格。

为了更好地描述粗晶组织对超声波底损的影响，建立了模型，如图 7 所示。对含有粗晶组织的锻件进行探伤，当超声波探测均匀细晶组织区域时，杂波低、损失波少，因此底波高，为 80%；当超声波探测粗晶组织区域时，杂波高、损失波多，因此底波低，为 35%。那么底损 $\Delta = (80-35)/80 \times 100\% = 56\% > 50\%$，因此底损不合格。

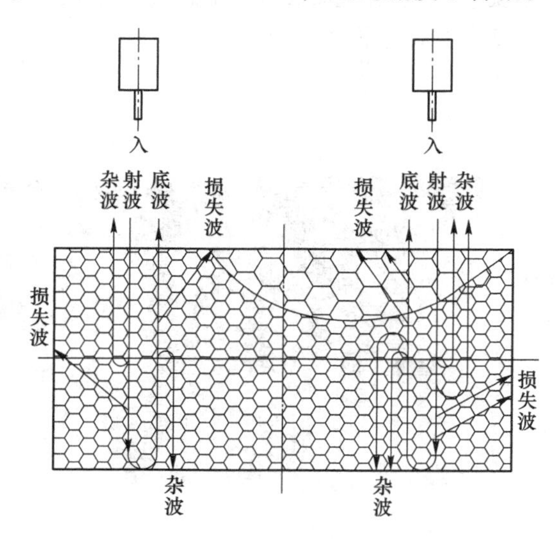

图 7 细晶组织与粗晶组织超声波探伤示意图

综上所述，GH738 合金棒料镦粗后出现双鼓度，对其进行滚圆校正，再结晶不充分形成粗晶组织遗传到锻件表面上，粗加工未能机加去除。该批锻件均匀细晶组织与粗晶组织底波差异大，导致底损不合格。

2.3 探伤面缺肉对超声波底损的影响

超声波探伤面上存在缺肉，缺肉位置的底波为 20%～50%，主要为 20%，如图 8 所示，其余尺寸正常位置的底波为 90%，那么底损 $\Delta = (90-20)/90 = 77.7\% \geqslant 50\%$，不合格。

图 8　探伤面缺肉对超声波底损的影响

根据不同角度入射到平界面上的声波反射和透射规律，如图 9 所示，建立了缺肉的探伤面声波传播示意图，如图 10 所示。由于超声波探伤面缺肉位置的入射波不与探伤面垂直，缺肉尺寸随机性形成不同的入射角 α，导致反射回来的底波方向改变，反射波与入射波距离 D_α 较大，很少被探头接收，因此底波偏少。

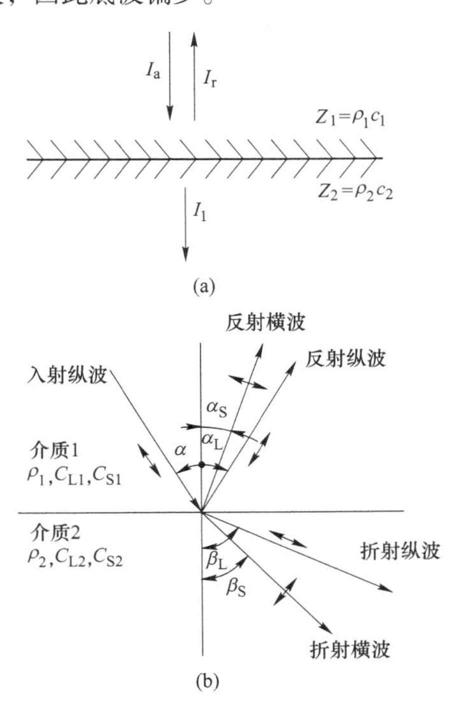

图 9　不同角度入射到平界面上的声波反射和透射[5]

（a）超声波垂直入射到平界面；（b）超声波倾斜入射到平界面

综上所述，由于超声波探伤面缺肉位置的入射波不与探伤面垂直，缺肉尺寸随机性形成不同的入射角 α，导致反射回来的底波方向改变，很少被探头接收，因此缺肉位置底波偏少。

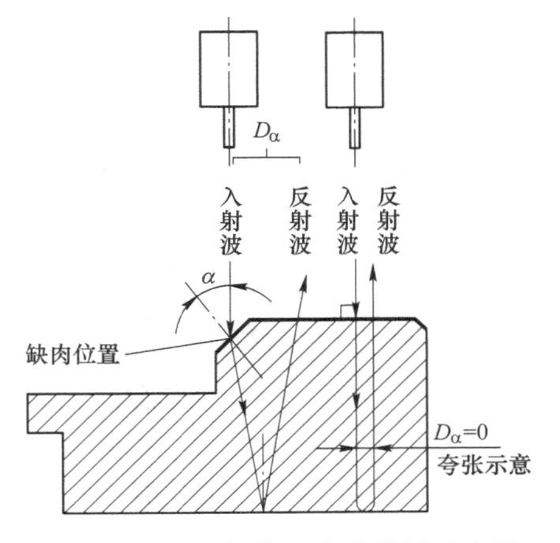

图 10　缺肉的探伤面声波传播示意图

2.4　探伤面机械压痕对超声波底损的影响

GH738 合金锻件外周面超声波探伤底波扫描图存在 3 个等间距的底波偏低显示，如图 11 所示。超声波探伤仪定位底波偏低位置，并观察锻件实物发现，锻件周面存在机械压痕，如图 12（a）所示。经反查发现，是由于锻件在粗加工过程，车床卡爪压紧锻件形成的压痕，如图 12（b）所示。压痕也是缺肉的一种缺陷，第 2.3 条已经解释缺肉导致底损不合格的原因，在此不再展开分析。为了解决车床卡爪对粗加工锻件形成压痕，可以采用放置垫片等方式来避免或减轻，如图 13 所示。

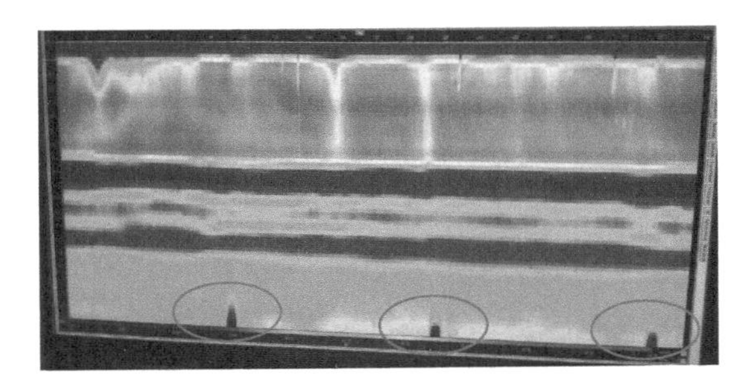

图 11　GH738 合金锻件外周面超声波探伤底波

图 12　车床卡爪对锻件表面的影响

（a）车床 3 个卡爪；（b）车床卡爪压痕

(a)

(b)

图 13 放置垫片防止卡爪压痕的方法
(a) 车床 3 个卡爪；(b) 放置垫片

综上所述，车床卡爪在粗加工锻件表面形成压痕式的缺肉，导致超声波底损不合格。可以在卡爪处放置垫片避免压痕。

3 结论

(1) GH738 合金棒料镦粗后出现鼓度，进行滚圆校正，再结晶不充分形成粗晶组织遗传到锻件表面上，粗加工未能机加去除。均匀细晶组织与粗晶组织底波差异大，导致底损不合格。

(2) 由于超声波探伤面缺肉位置的入射波不与探伤面垂直，缺肉尺寸随机性形成不同的入射角 α，导致反射回来的底波方向改变，很少被探头接收，因此缺肉位置底波偏少。

(3) 车床卡爪在粗加工锻件表面形成压痕式的缺肉，导致超声波底损不合格。可以在卡爪处放置垫片避免压痕。

参考文献

[1]《中国航空材料手册》编辑委员会. 中国航空材料手册 第2卷 变形高温合金 铸造高温合金 [M]. 2版. 北京：中国标准出版社，2001.
[2] 王卫卫，易幼平，李蓬川，等. Waspaloy 高温合金涡轮盘复合包套锻压工艺仿真 [J]. 金属铸锻焊技术，2011.
[3] 中国锻压协会编写委员会. 特种合金及其锻造 [M]. 北京：国防工业出版社，2009.
[4] 刘辉，蔡新宇. 热加工参数对 GH738 合金动态再结晶行为的影响 [J]. 钢铁研究学报，2014，26 (3)：46~50.
[5] 范兴义，《无损检测基础知识》讲稿，2021.

GH3536合金异形锻件成形及组织与力学性能研究

张驰[1*]，董群英[2]，苏春民[1]，黄常勋[1]，钟仁智[1]，范茂艳[1]，顾光林[1]

（1. 贵州安大航空锻造有限责任公司，贵州 安顺，561005；
2. 空装驻安顺地区军事代表室，贵州 安顺，561008）

摘　要：GH3536合金具有良好的抗氧化和耐腐蚀性能，燃烧室部件是发动机的主要部件，工作环境恶劣，受力条件复杂。介绍了某GH3536合金燃烧室部件的制备工艺，基于数值模拟技术，成形后型腔填充良好，锻件轮廓完整清晰，引用近净成形技术，采用胎模整体成形，得到了符合技术指标要求、流线完整、组织性能优异的异形锻件。

关键词：GH3536；高温合金；航空发动机；数值模拟

高温结构材料是航空航天发动机的关键材料，在现代先进航空发动机中，高温合金占发动机总质量的40%~60%，对保证发动机安全运行有重要作用[1]。随着航空工业的迅速发展，飞行器推重比增大，发动机部件的工作温度不断提高，推动了高温合金的研发与应用。GH3536是主要用铬和钼固溶强化的一种含铁量较高的镍基高温合金，具有良好的抗氧化和耐腐蚀性能，在900℃以下有中等的持久和蠕变强度，适用于制造航空发动机的燃烧室部件和其他高温部件，在900℃以下长期使用，短时工作温度可达1080℃[2]。本文通过数值模拟技术对GH3536合金异形锻件的成形过程进行分析，设计了合理的锻件形状，获得了组织与力学性能良好的GH3536合金锻件，可为GH3536合金异形锻件的生产制造提供经验借鉴，具有广阔的应用前景。

1　试验材料

试验用原材料为ϕ250mm规格的GH3536合金棒材，冶炼方法为非真空供应熔炼加电渣重熔。化学成分符合表1的要求。

表1　化学成分　（质量分数,%）

元素	C	Mn	Si	Cr	W	Mo	S
含量	0.05~0.15	≤1.00	≤1.00	20.50~23.00	0.20~1.00	8.00~10.00	≤0.015
元素	P	Al	Ti	Cu	Fe	Co	B
含量	≤0.025	≤0.50	≤0.15	≤0.50	17.00~20.00	0.50~2.50	≤0.010

2　锻件生产

2.1　产品信息

某GH3536合金燃烧室锻件形状如图1所示。该锻件为航空发动机燃烧室部分重要部件，组织性能要求高。根据近净成形技术，采用矩形环制坯，胎模成形工艺。

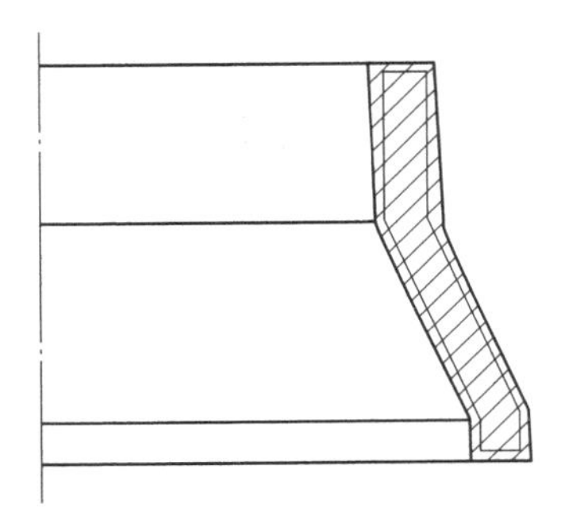

图1　锻件形状

*作者：张驰，本科，助理工程师。联系电话：15885765311，E-mail：2651252354@qq.com

2.2　数值模拟

数值模拟是指依靠电子计算机，结合有限元或有限容积的概念，通过数值计算和图像显示的方法，达到对工程问题和物理问题乃至自然界各类问题研究的目的。本文采用数值模拟软件对GH3536合金锻件成形过程进行了数值模拟。成形过程如图2所示，变形抗力如图3所示。

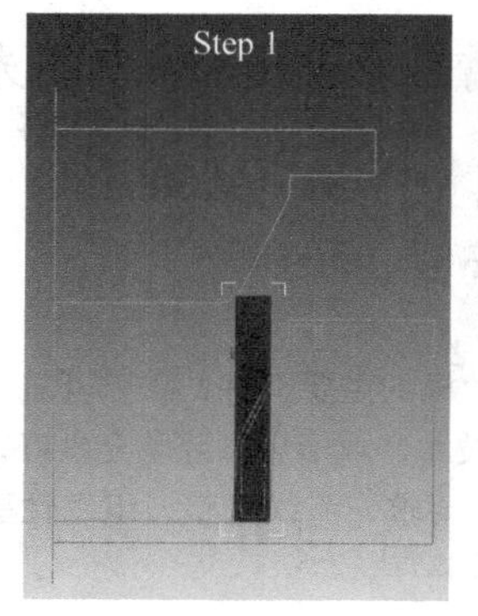

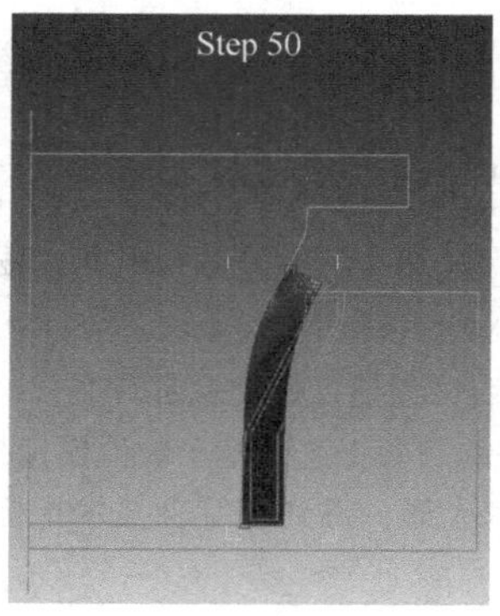

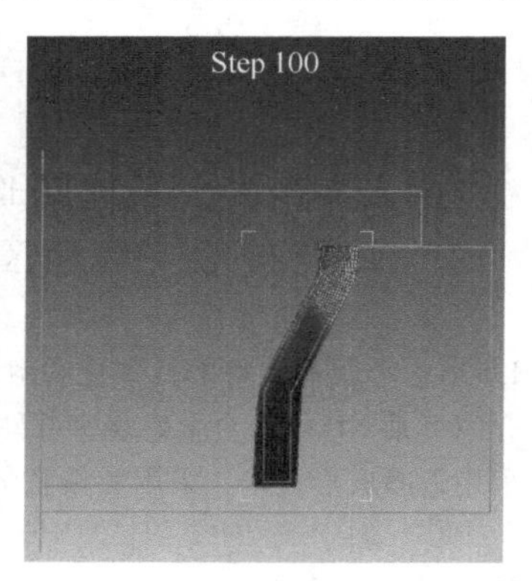

图2　成形过程

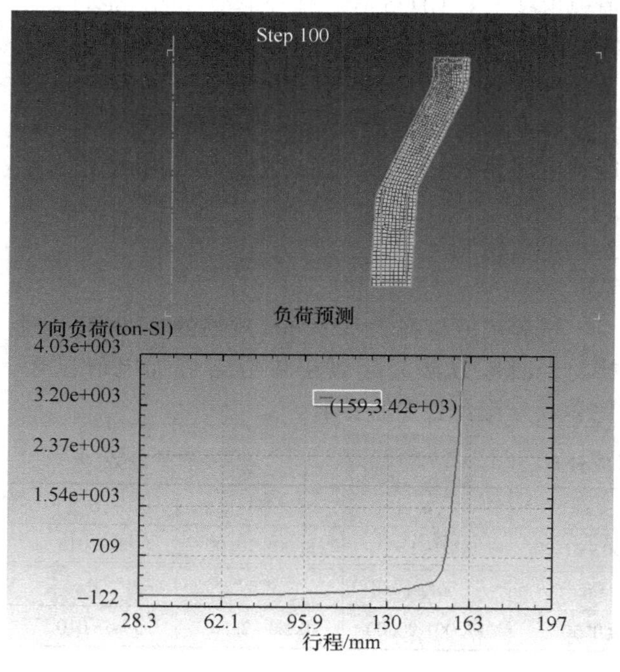

图3　变形抗力

从图2、图3可以看出，成形后型腔填充良好，锻件轮廓完整清晰，能够满足技术要求的尺寸形状。

2.3　工艺路线

本次生产的主要工艺流程为：下料→制坯→成形→热处理→理化测试。生产时严格按照工艺文件要求的控制要点执行。根据近净成形技术，采用胎模整体成形，锻件流线完整。胎模成形示意图如图4所示。热处理状态为固溶。

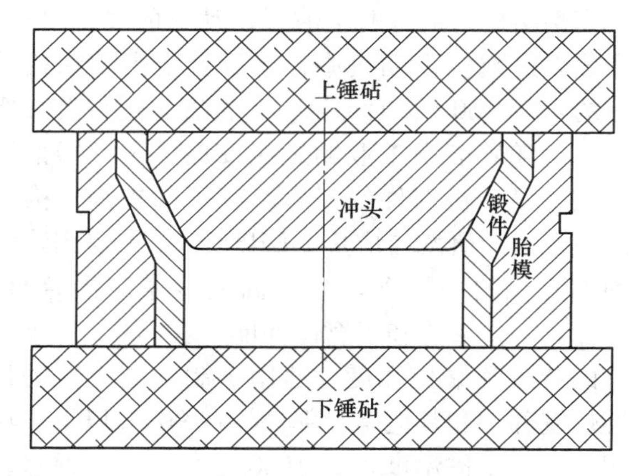

图4　成形示意图

3　理化检测

生产完成后，对锻件解剖进行理化项目测试，取样位置如图5所示，各项理化结果见表2~表5。晶粒度为6级，高倍组织照片如图6所示。根据检测结果，各理化项目均符合技术要求。

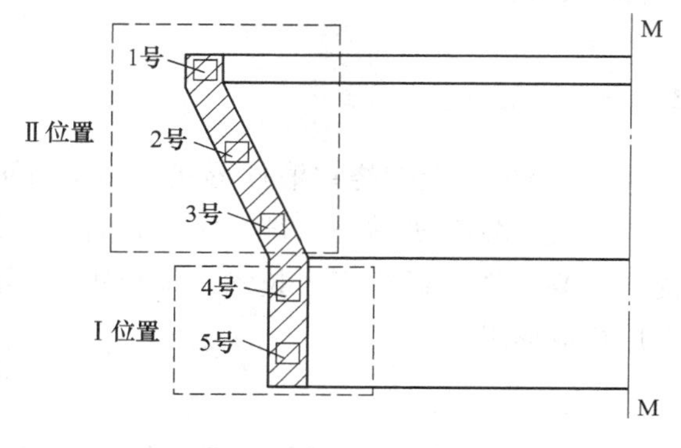

图5　取样位置

表 2 室温力学性能

项目	R_m/MPa	$R_{p0.2}$/MPa	A/%
Ⅰ位置（1）	759	354	50.0
Ⅰ位置（2）	752	361	51.0
Ⅱ位置（1）	765	364	46.5
Ⅱ位置（2）	777	363	47.5
技术要求	≥690	≥275	≥30

表 3 硬度

试样编号	YD1	YD2	YD3	YD4	YD5
布氏硬度（HBW）	185	183	183	187	185
指标	≤241				

表 4 高温拉伸性能

试样编号	T/℃	t/min	R_m/MPa	$R_{p0.2}$/MPa	A/%
Ⅰ位置（1）	815	20	365	231	118.5
Ⅰ位置（2）	815	20	370	226	133.5
Ⅱ位置（1）	815	20	374	232	75.0
Ⅱ位置（2）	815	20	366	210	74.0
指标	815	≥10	实测	实测	实测

表 5 高温持久性能

项目	σ/MPa	T/℃	T/h	A/%	备注
Ⅰ位置（1）	105	815	34.1	97	断
Ⅰ位置（2）	105	815	35.9	64	断
Ⅱ位置（1）	105	815	36.4	76	断
Ⅱ位置（2）	105	815	36.5	96	断
技术要求	105	815	≥24	≥10	—

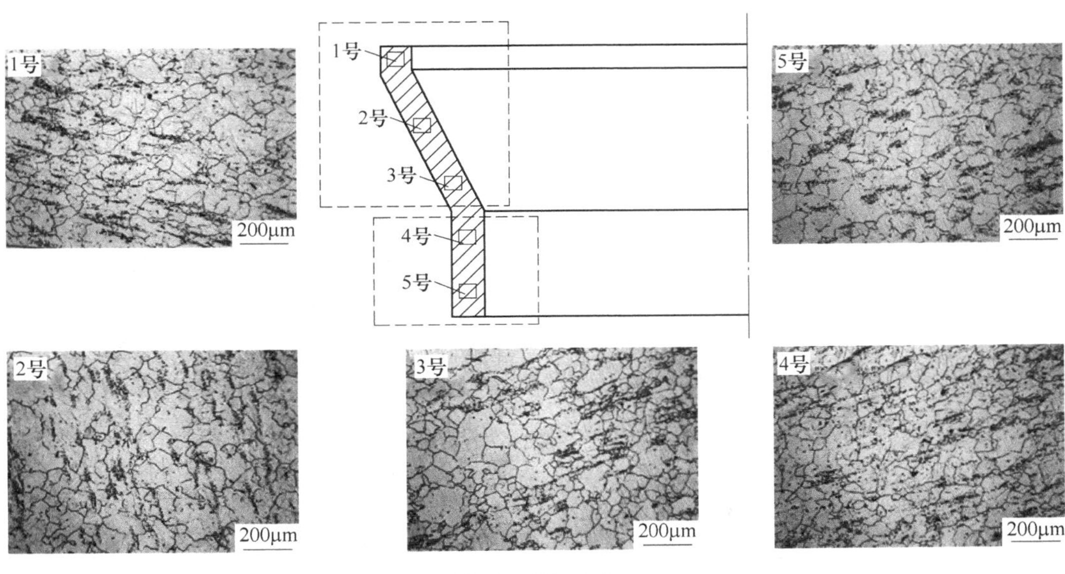

图 6 高倍组织

4 结论

作为发动机燃烧室的重要部件，承受着复杂严酷的应力，为了保证发动机工作期间的安全性和可靠性，通过分析验证，得出了如下结论：

（1）计算机辅助分析是未来生产发展的重要手段，合理利用数值模拟技术可大幅提高生产效率。

（2）近净成形技术是一种优质、高效、高精度、低成本的技术，推广近净成形技术对企业创新创效有重要意义；采取胎模整体成形的方式，节约了原材料成本，减少了后续机加工时，保证了锻件流线的完整性，组织性能优异。

（3）获得了符合技术要求、组织性能良好的GH3536合金异形锻件，积累了丰富的经验，为类似产品生产提供了技术借鉴。

参考文献

［1］毕中南．航空发动机用高温合金及其制备技术［J］．大飞机，2021（3）：12~15.

［2］中国航空材料手册编辑委员会．中国航空材料手册（第2卷）［M］．北京：中国标准出版社，2001：224~237.

热处理制度对 GH1016 合金锻件高温性能影响的研究

钟仁智[1*]，陈爱成[2]，苏春民[1]，黄常勋[1]，张驰[1]，顾光林[1]

（1. 贵州安大航空锻造有限责任公司，贵州 安顺，561005；
2. 空装驻安顺地区军事代表室，贵州 安顺，561008）

摘　要：研究了 GH1016 合金锻件热处理过程中热处理次数、保温时间、冷却速率等相关因素，结果表明多次热处理对合金的高温性能的改善程度较弱，还会导致高温抗拉强度下降；随着固溶时间增加，合金的抗拉强度和断面收缩率随之下降；中间热处理保温时间影响晶界碳化物的形态，合金的抗拉强度和延伸率随着中间热处理保温时间的增长呈增长趋势，断面收缩率则随保温时间增加而下降；随着随炉冷却结束温度的升高，合金的高温抗拉强度有所增加。

关键词：热处理；抗拉强度；保温时间；固溶

GH1016 合金是以 Fe-Ni 为基体，以铬、钨和钼等元素进行强化的固溶型变形高温合金[1]，具有良好的抗氧化性和抗冷热疲劳性能。GH1016 合金可在 950℃以下长期使用，应用于制造航空发动机燃烧室板材冲压件和焊接结构件，是我国自主研发的铁基合金之一[2]。20 世纪 90 年代开始，国内科技工作者[3,4]对 GH1016 合金 750℃拉伸性能的影响因素进行了较详细的研究[3]。指出，GH1016 合金的 Ca+Mg 残余含量控制在 0.005%～0.0083%对合金的 750℃拉伸塑性大有好处。合金 GH1016 合金采用 1160℃×40min、炉冷至 1050℃×2h 空冷处理，合金的 750℃拉伸塑性可得到大幅度提高。但是通过优化热处理工艺来改善合金锻件的高温性能，没有相关文献的报道。本文通过对合金锻件热处理次数、保温时间、冷却速率等相关因素进行研究，为以后该合金的应用研究提供借鉴。

GH1016 合金锻件的热处理制度为“固溶：（1160±10）℃空冷或（1160±10）℃炉冷至（1050±10）℃空冷”。锻件在 1160℃保温能保证析出相充分固溶，保温一定的时间来使得组织成分均匀化，1050℃处于 M.C 析出峰处，在该温度下保温能促使晶界析出均匀分布的 M.C 颗粒，在合适的保温时间内会在晶界形成链状碳化物，同时晶内也会析出细小弥散分布的碳化物颗粒，晶界和晶内强化配合能最大程度上提高锻件的高温性能。为此，本研究就固溶保温时间、中间热处理温度、保温时间、重复热处理进行分析，探究导致锻件高温性能不合格的原因。

1　试验材料及方案

本试验采用的 GH1016 合金是由电弧+电渣工艺冶炼得到的棒材，化学成分见表 1。

表 1　GH1016 合金化学成分　（质量分数，%）

元素	C	Mn	Si	Cr	Ni	W	Mo	S	P	V	Nb	N
含量	0.06	1.45	0.5	21.16	34.61	5.57	2.93	0.0013	0.012	0.17	1.06	0.16

棒材通过镦粗冲孔，轧制成形后按固溶：（1160±10）℃空冷或（1160±10）℃炉冷至（1050±10）℃空冷进行热处理，在热处理后的锻件上取样进行试验。本文为了研究热处理对 GH1016 合金锻件性能的影响，对热处理每个过程采用不同的方案进行试验。

*作者：钟仁智，硕士研究生，工程师。联系电话：18285382767，E-mail：414822196@qq.com

2 试验结果及分析

2.1 热处理次数对 GH1016 合金高温性能的影响

对于 GH1016 合金锻件，理化检测不满足标准要求时，可按照标准规定允许进行一次重复热处理来改善锻件的性能，而重复热处理对锻件性能改善程度仅处于感性认识的层面。本文选择了两组重复热处理试验开展了热处理次数对锻件性能的影响进行了分析，为了使对比更具有延续性，把原材料和锻件的性能也纳入对比的范围，对合金的高温抗拉强度、伸长率、断面收缩率进行对比分析结果如图 1～图 3 所示。

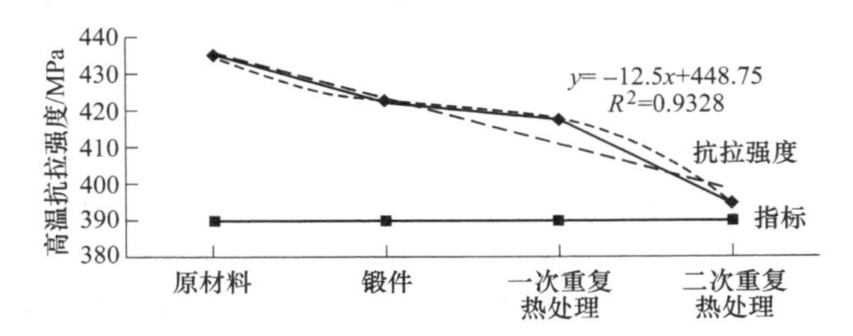

图 1 重复热处理对高温抗拉强度的影响

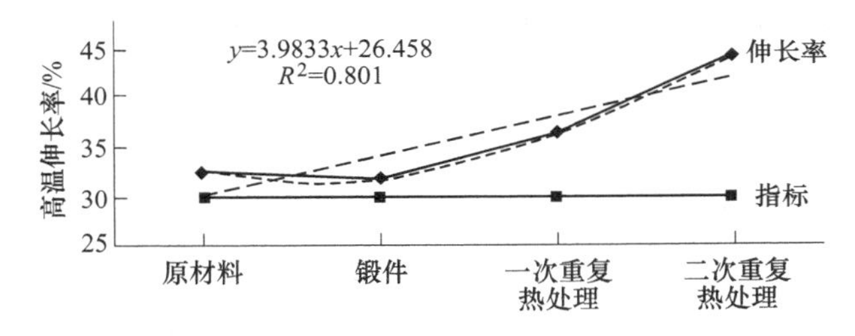

图 2 重复热处理对伸长率的影响

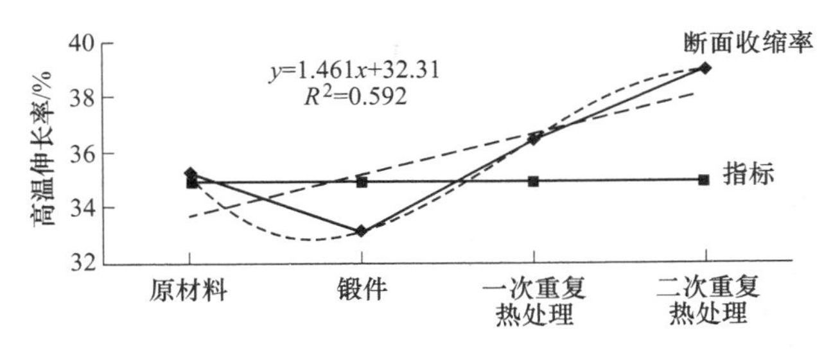

图 3 重复热处理对锻件收缩率的影响

从图 1～图 3 可以发现，随着热处理次数的增加，锻件的高温抗拉强度呈下降趋势；而伸长率则是随着重复热处理次数的增加而增大；断面收缩率也随着重复热处理次数的增加而增加。高温抗拉强度线性曲线的斜率为−12.5，而伸长率和断面收缩率仅为 3.9 和 1.5，远远小于抗拉强度，这表明重复热处理次数对高温抗拉强度影响最大且随着重复热处理次数增加，抗拉强度减小，对于锻件的高温综合性能不利；而重复热处理对高温性能的改善程度较弱，多次重复热处理还会导致高温抗拉强度下降。

2.2 固溶时间对合金高温性能的影响

固溶保温时间是一个关键性的工艺参数，固溶保温时间的长短对于 GH1016 合金中第二相或碳化物的析出数量、大小至关重要，从而间接影响合金锻件的高温性能。保温时间过短，则会妨碍析出相的析出，减少析出相在晶界的分布，弱化晶界强化作用，会在后续热处理过程中促进晶粒的长大，导致高温塑性降低；保温时间过长，析出相增多且容易长大。碳化物等主要呈现脆性特征，粗大的析出相会导致强度有所增强而塑韧性则明显降低，影响锻件的综合性能，与此同时保温时间过长，会导致晶界和晶内析出相分布失衡导致性能弱化。因此，设计了三组工艺试验来分析固溶保温时间对 GH1016 合金锻件高温性能的影响。

本文设计了固溶保温时间分别为 35min、70min 和 105min 的三组试验，工艺试验用试样是基于合金锻件热处理工艺基础之上进行。将锻件的性能测试结果视为固溶保温时间为 0min 来与工艺试验进行对比分析，具体测试结果如图 4～图 6 所示。

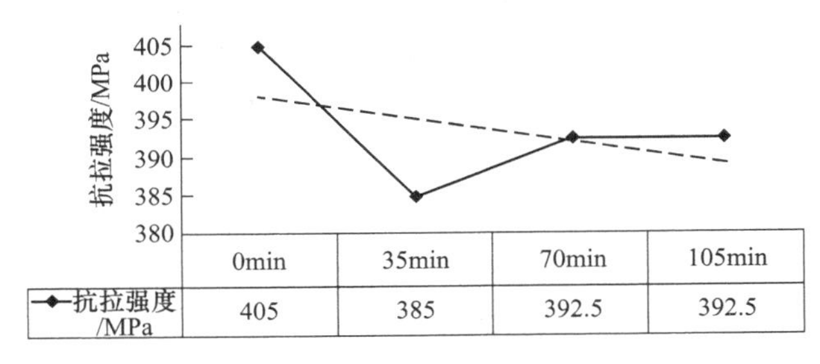

	0min	35min	70min	105min
抗拉强度/MPa	405	385	392.5	392.5

图 4 固溶时间对抗拉强度的影响

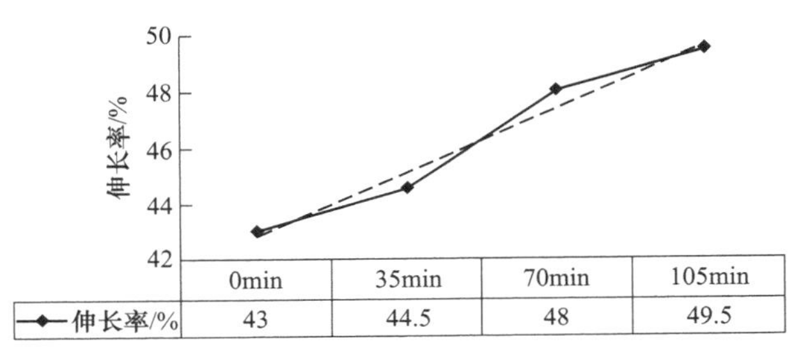

	0min	35min	70min	105min
伸长率/%	43	44.5	48	49.5

图 5 固溶时间对伸长率的影响

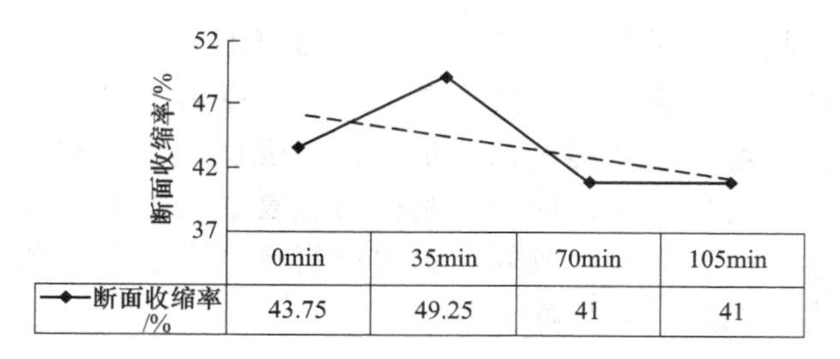

图 6　固溶时间对断面收缩率的影响

从图 4～图 6 可以发现，随着保温时间的增加，抗拉强度呈降低的趋势，0min 至 35min 下降比较剧烈，后趋于平缓；合金锻件的伸长率随着保温时间的增加而增大；断面收缩率变化趋势与抗拉强度相反，断面收缩率随着保温时间的增加先增长到 35min 左右开始降低，70min 以后趋于平缓，总体呈下降的趋势。

2.3　中间热处理保温时间对合金高温性能的影响

中间热处理的主要目的是调整固溶过程中析出相的大小、形态分布，中间热处理温度为 1050℃，该温度处于 M_6C 析出峰内，在该温度下保温能促使晶界析出均匀分布的 M_6C 颗粒。要获得良好的组织性能关键在于确定合理的保温时间来促使晶界链状碳化物的形成并控制晶内析出相的数量和大小，保证晶界和晶内强化配合能最大程度上提高锻件的高温性能；同时中间热处理保温时间还能保证析出相均匀分布，减弱成分偏析程度。本文设计了三组工艺试验，开展中间热处理保温时间对 GH1016 合金高温性能的影响研究。中间热处理保温时间对合金锻件抗拉强度、伸长率和断面收缩率的影响规律和影响程度分别如图 7、图 8 和图 9 所示。

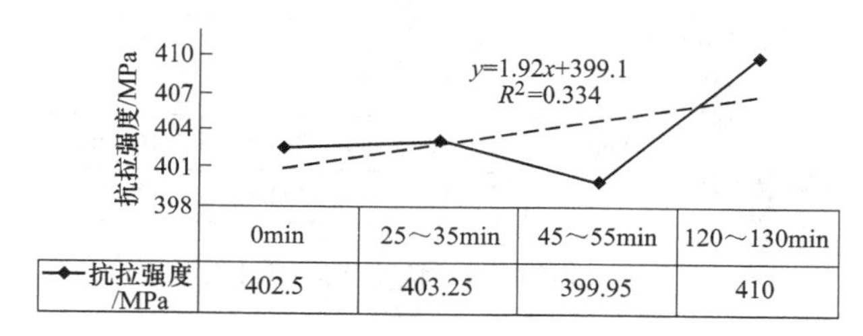

图 7　保温时间对抗拉强度的影响

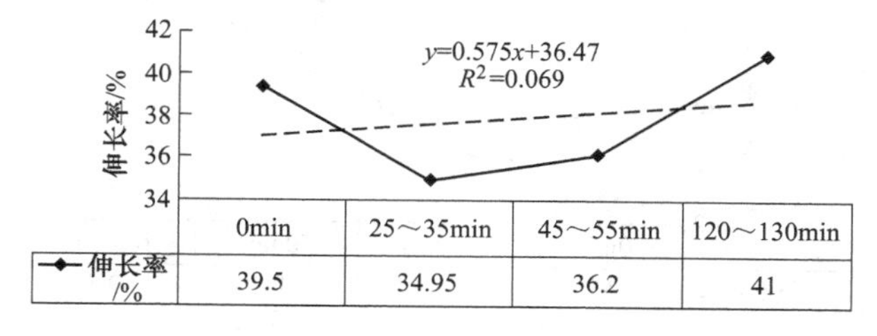

图 8　保温时间对伸长率的影响

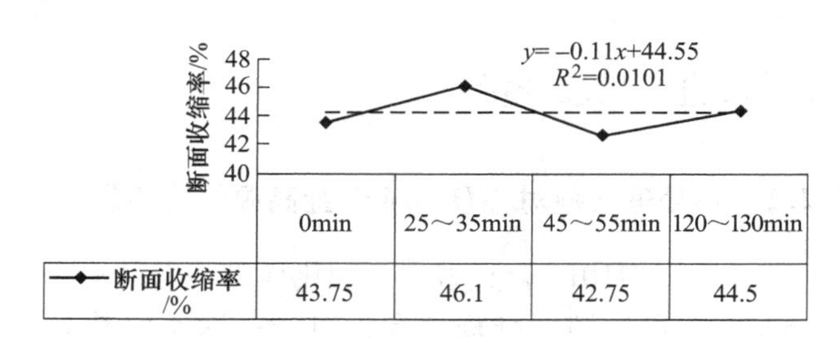

图 9　保温时间对断面收缩率的影响

从图 7～图 9 可以发现，合金锻件的抗拉强度和伸长率随着中间热处理保温时间的增长呈增长趋势，断面收缩率则随保温时间增加而下降。

2.4　中间热处理冷却速度对合金高温性能的影响

中间热处理冷却方式即冷却速度对于析出碳化物及第二相的形态分布有着重要的影响，在冷却过程中由于不同的相析出温度以及析出峰不同，导致析出相的大小形态分布存在差异，进一步对锻件的性能产生重要的影响。对于 GH1016 合金的主要强化相是碳化物，通过调整冷却速度或温度保证碳化物的析出量以及分布形态，使得晶界强化和晶内强化达到最优，以保证锻件良好的综合性能。为此，针对不同的结束温度设计了 6 组实验，研究中间热处理冷却方式对高温性能的影响，试验方案设计如图 10 所示，试验结果如图 11～图 13 所示。

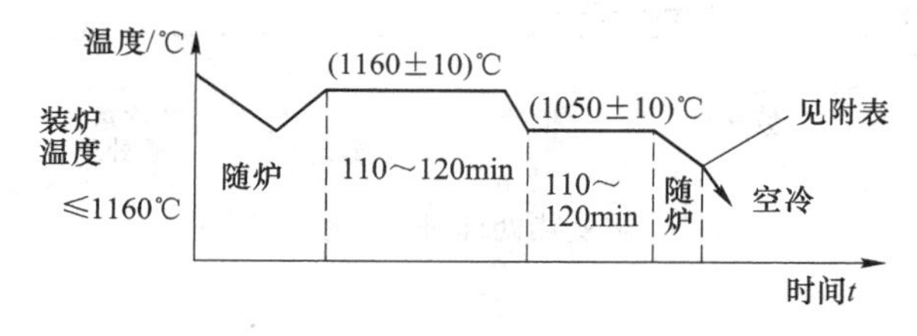

图 10　试验方案

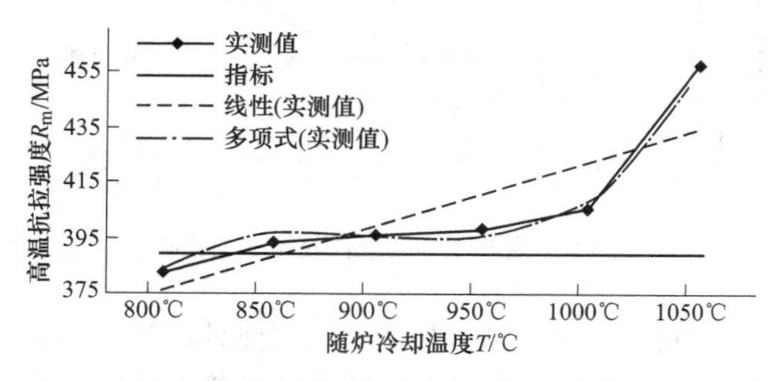

图 11　随炉冷却结束温度对抗拉强度的影响

从图 11～图 13 可以看出，随着随炉冷却结束温度的升高，合金锻件的高温抗拉强度有所增加；

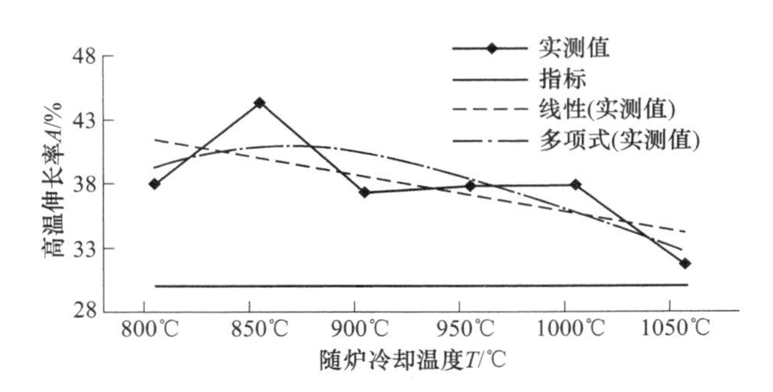

图 12　随炉冷却结束温度对伸长率的影响

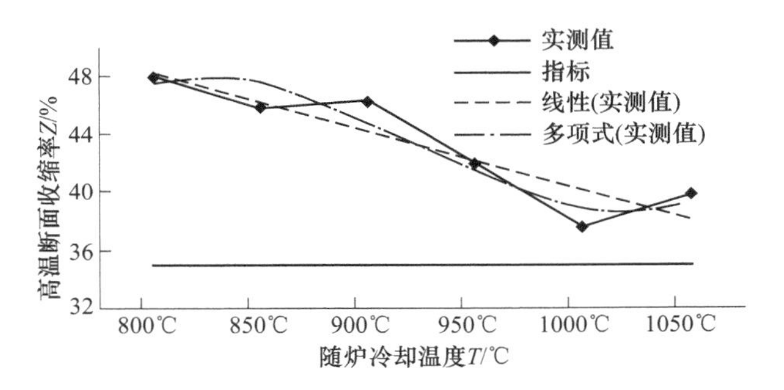

图 13　随炉冷却结束温度对断面收缩率的影响

延伸率和断面收缩率均有所降低，通过一次线性曲线斜率可以看出随炉冷却结束温度对高温抗拉强度的影响程度最大，对断面收缩率的影响程度次之，对延伸率的影响程度最小。原因分析认为中间热处理保温结束后开始随炉冷却，随炉冷却过程中碳化物的析出量逐渐减少。由于冷却速度较慢，在一定温度范围内碳化物有长大的趋势，形态分布主要与保温时间有关。冷却过程状态已经定型，随炉冷却结束温度越低，碳化物颗粒长的大趋势越明显，碳化物呈一定的脆性，导致高温塑性降低。

为了进一步验证随炉冷却结束温度对锻件高温性能的影响，对各组试验方案的试样进行金相检测，其高倍照片如图 14 所示。

从图 14 可以发现，中间热处理完毕直接空冷的高倍试样照片显示，晶界碳化物数量较小且分布不均匀，大多呈颗粒状；当随炉冷却到 1000℃ 时晶界碳化物数量明显增多且部分呈链状分布，晶内开始出现少量细小的析出相。随着温度持续

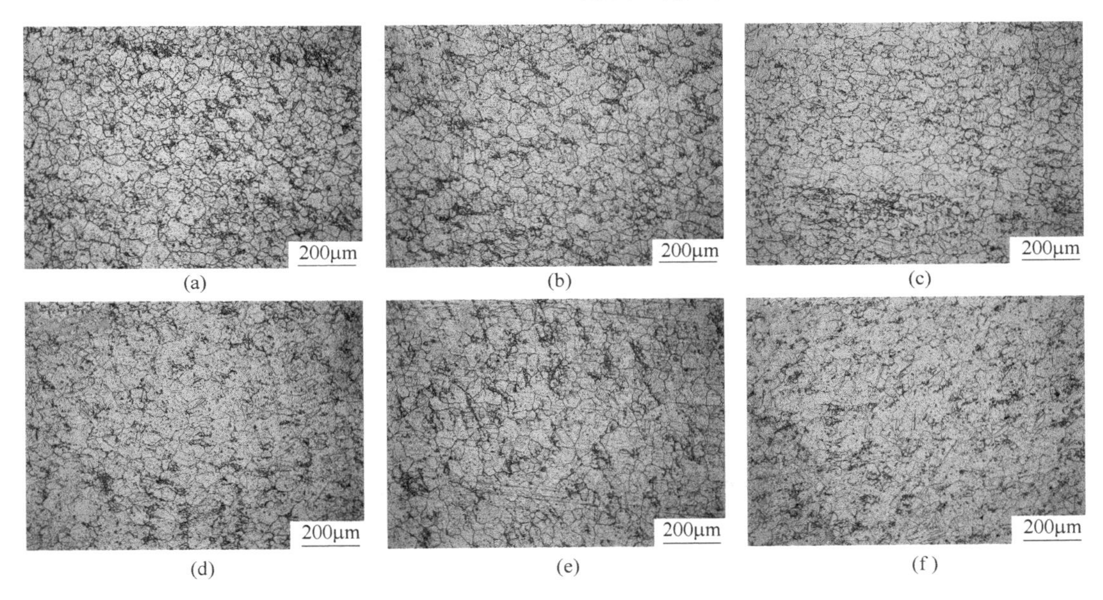

图 14　随炉冷却结束温度对高倍组织的影响

（a）800℃；（b）850℃；（c）900℃；（d）950℃；（e）1000℃；（f）1050℃

降低，晶粒晶越明显。晶内析出相数量增多，并出呈现长大的趋势。750℃拉伸出现低塑性是由于晶界上碳化物形态分散或颗粒粗大与集体结合松散，在高温应力作用下利于晶间裂纹的萌生和扩展。而碳化物在晶界以链状形式析出后，使晶间结合力增强，能够有效地阻碍晶界的滑移和裂纹的扩展，晶内晶界强度相互匹配，晶内晶界变形能够充分进行，750℃拉伸试验中表现出了较高的塑性。

3　结论

（1）热处理次数对高温温抗拉强度、伸长率和断面收缩率的影响程度较低，多次热处理对高

温性能的改善程度较弱，还会导致高温抗拉强度下降。

（2）随着固溶时间增加，抗拉强度和断面收缩率随之下降，而伸长率随之有所增加。固溶时间对伸长率的影响最大，随着保温时间的增加材料的高温塑性总体呈下降的趋势，但是下降的幅度较小。

（3）中间热处理保温时间影响晶界碳化物的形态，锻件的抗拉强度和伸长率随着中间热处理保温时间的增长呈增长趋势，断面收缩率则随保温时间增加而下降。

（4）随着随炉冷却结束时温度的升高，合金的高温抗拉强度有所提升。

参考文献

[1] 中国金属学会高温材料分会．中国高温合金手册［M］．北京：中国质检出版社，中国标准出版社，2001.

[2] 陈国良．高温合金学［M］．北京：冶金工业出版社，1987.

[3] 何云华，喻桂英．微量 Can、Mg 对 GH1016 合金组织和性能的影响［J］．四川冶金，1994（3）：63~66.

[4] 何云华，喻桂英，张红斌，等，改善 GH1016 合金 750℃ 塑性的研究［J］．特钢技术，1969（4）：18~20.

高温气冷堆用国产 ERNiCrMo-3 焊丝熔敷金属组织与性能研究

徐长征[1*]，李志军[2]，敖影[1]

（1. 宝武特种冶金有限公司，上海，200940；
2. 中国科学院上海应用物理研究所，上海，201800）

摘　要：采用光学显微镜、扫描电子显微镜、拉伸试验、高温持久试验、冲击试验对比研究了国产和进口核级 ERNiCrMo-3 镍基合金焊丝的熔敷金属的组织与性能。结果表明：晶界上析出相主要为碳化物（MC），枝晶间析出相主要为富 Nb 、Mo 的 Laves 相、碳化物和针片状相，枝晶干析出相非常少；自主制造的国产焊丝与进口焊丝相比，拉伸性能相当，但具有更好的冲击韧性和高温持久性能；国产焊丝综合性能良好，符合核电设计要求，有望替代进口。

关键词：高温气冷堆；国产化；ERNiCrMo-3 焊丝；微观组织；力学性能

全球范围核电技术已由二代和二代+迈进三代和四代，我国自 1981 年引进秦山核电站以来，通过引进消化吸收，发展非常迅速，进入国家“十二五”阶段，随着核电效率和安全等级要求不断提高，核电技术加速向自主化迈进，第三代先进压水堆 CAP1400、华龙一号和第四代高温气冷堆等先进核能技术研制取得突破，并逐步开始进入示范工程建设阶段，使我国先进核能技术走在世界的前列。

蒸汽发生器是核电之肺，也是高温气冷堆核电站中核心的关键设备之一。现行的高温气冷堆蒸汽发生器入口氦气温度高达 750℃，使的蒸汽发生器入口腔室以及换热组件中的零部件长时工作温度也达到 750℃，对材料的综合性能提出了苛刻的要求。UNS N06625 合金具有优异的综合性能而被选为高温气冷堆蒸汽发生器制造用材[1~4]，而其配套镍基合金焊材 ERNiCrMo-3 从曼彻特公司进口，我国的焊材制造厂家还不能稳定制造此类焊材。更为关键的是，当前的高温气冷堆用镍基合金焊接材料缺乏高温拉伸和高温持久强度数据，高温持久性能常常不符合要求。目前我公司正在开展研制工作。本文对国产和进口的核级 ERNiCrMo-3 镍基合金焊丝的熔敷金属的组织与性能进行了对比研究，以期为核心关键材料的国产化应用提供数据支撑。

1　试验材料及方法

本研究采用钨极氩弧焊的方法，堆焊了两块同规格熔敷金属试板，焊丝采用进口 ERNiCrMo-3 焊丝和宝武特种冶金有限公司国产化制造的 ERNiCrMo-3 焊丝，化学成分符合表 1 要求。焊接过程采用了相同的工艺参数（见表 2），使用 99.999% 高纯氩进行焊缝表面保护，堆焊时层间温度控制在 200℃以下，每堆焊一层便会用砂轮清理氧化皮。为避开缺陷取样，保证样品质量以及实验变量统一，取样前对两块熔敷金属块进行超声波检测。

表 1　焊丝化学成分

（质量分数，%）

元素	C	Mn	Ni	Cr	Fe	S	P	Mo
上下限	≤0. 10	≤0. 50	≥58. 0	20. 0~23. 0	≤5. 0	≤0. 015	≤0. 015	8. 0~10. 0
元素	Si	Cu	Co	Al	Ti	Nb+Ta	Pb	其他
上下限	≤0. 50	≤0. 20	≤0. 12	≤0. 40	≤0. 40	3. 15~4. 15	≤0. 10	≤0. 50

表 2　ERNiCrMo-3 熔敷金属焊接参数

层间温度/℃	焊接电流/A	焊接电压/V	焊接速度 $/mm \cdot min^{-1}$	送丝速度 $/mm \cdot min^{-1}$	氩气流量 $/L \cdot min^{-1}$
≤100	160	10-14	110~120	1500	15

采用光学显微镜（OM，Axio Imager M2m）对

* 作者：徐长征，正高级工程师，联系电话：021-26032450，E-mail：xuchangzheng@baosteel. com

比研究国产与进口熔敷金属焊接状况，枝晶形貌以及析出相形态。利用扫描电子显微镜（SEM，Carl Zeiss Merlin Compact）对比研究国产与进口熔敷金属析出相分布和形貌。使用电子探针显微分析仪（EPMA，Shimadzu EPMA-1720）对国产熔敷金属的元素偏析进行观察分析。室温和750℃高温下利用250kN万能材料试验机（Zwick z250 TEW）对沿焊接方向切取的样品进行拉伸测试，拉伸过程中，弹性阶段和塑性阶段拉伸速率分别设置为0.09mm/min和0.9mm/min。使用维氏显微测试仪（Zwick Roell ZHVμ-S）在1kgf载荷下，对垂直于焊接方向的截面进行显微硬度测试，测试贯穿整个厚度，测试点间距为1mm。使用电子示波摆锤冲击试验机（Zwick RKP 450）对国产和进口熔敷金属分别进行三组室温冲击试验。

2　试验结果及分析

2.1　焊接工艺性

按照以上焊接参数在镍基合金板上进行堆焊，未出现无法起弧、停转、断弧等故障，未出现夹渣、咬边等缺陷存在，符合焊接要求。焊缝未出现塌陷情况，焊缝成型均匀美观。缝表面光滑、平整，呈光亮的金属光泽，无裂纹、气孔等缺陷，如图1所示。

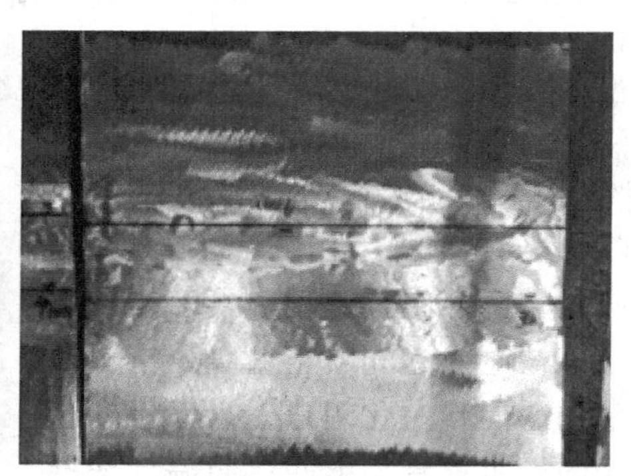

图1　ERNiCrMo-3国产镍基合金焊丝试板

2.2　宏观与微观组织

如图2所示，国产焊丝熔敷金属微观组织由柱状晶组成，其内部包含等轴晶（中间椭圆）、树枝晶（右上侧椭圆）、二次树枝晶（下侧椭圆）等亚晶。图2（a）中可见明显的层间熔合区（虚线框）。单层焊道厚度约1600μm，有黑色颗粒存在于枝晶间，该颗粒应为析出相。

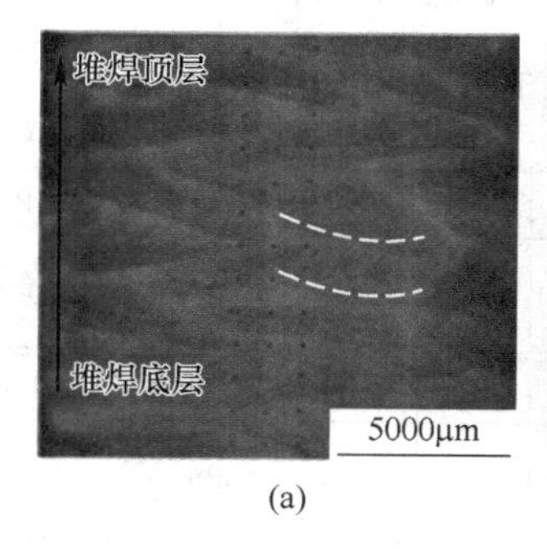

(a)

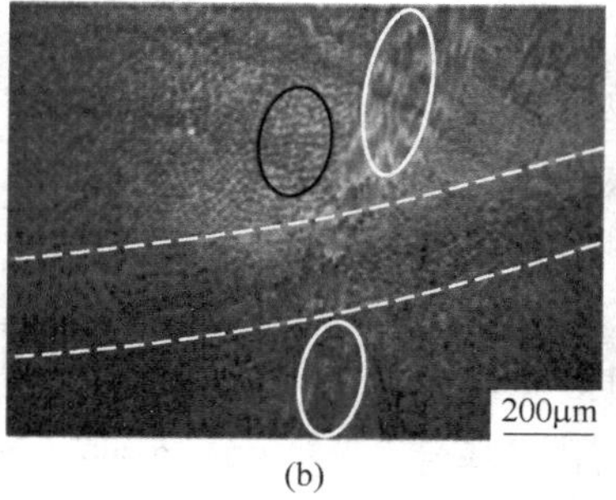

(b)

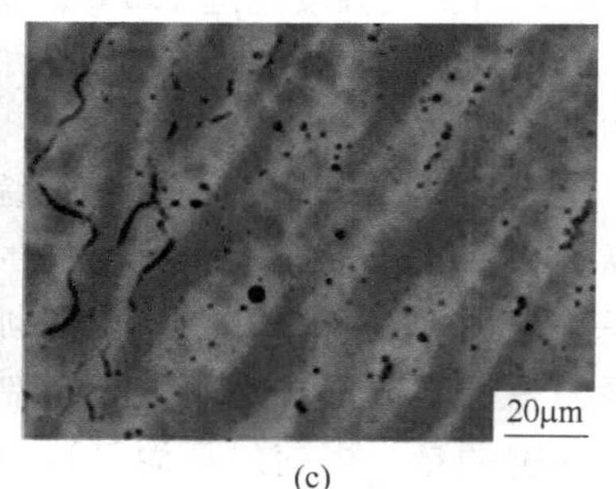

(c)

图2　国产焊态熔敷金属组织OM图

（a）宏观图；（b）10×；（c）100×

如图3所示，对国产焊态熔敷金属进行SEM分析，晶界上析出相主要为MC型碳化物，枝晶间析出相主要为富Mo、Nb的碳化物，Laves相，针片状相（δ）；枝晶干析出相极少，可见少量为MC或TiC/N。

进口焊丝熔敷金属的微观组织由常见的柱状晶组成，其间分布等轴晶（中间椭圆），树枝晶（右下侧椭圆），二次树枝晶（左下侧椭圆）等亚晶。两层焊缝之间存在明显的层间熔合区（虚线框），如图4所示。单层焊道厚度约

1000μm，有黑色颗粒存在于枝晶间，分析应该是　　析出相。

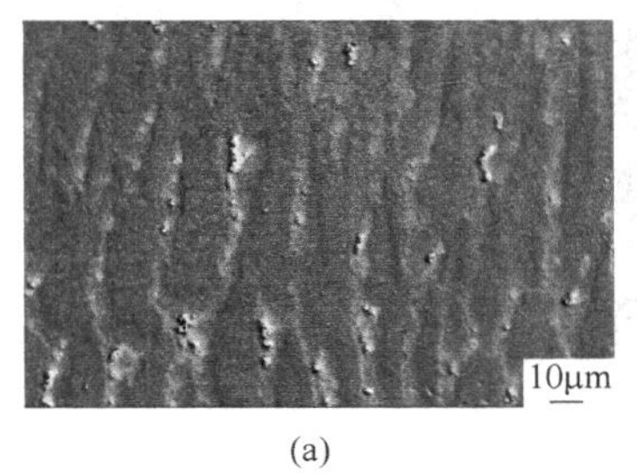

(a)

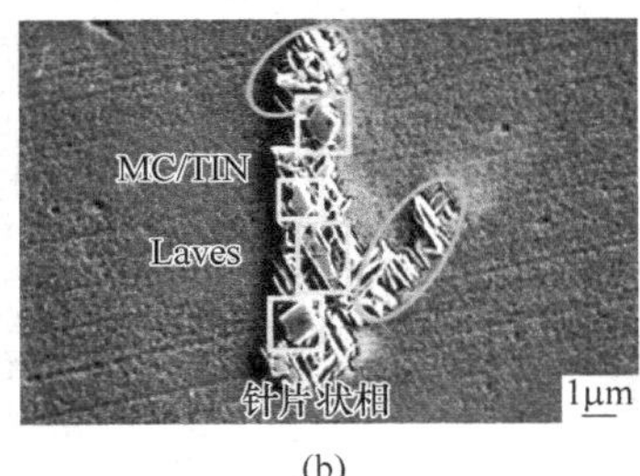

(b)

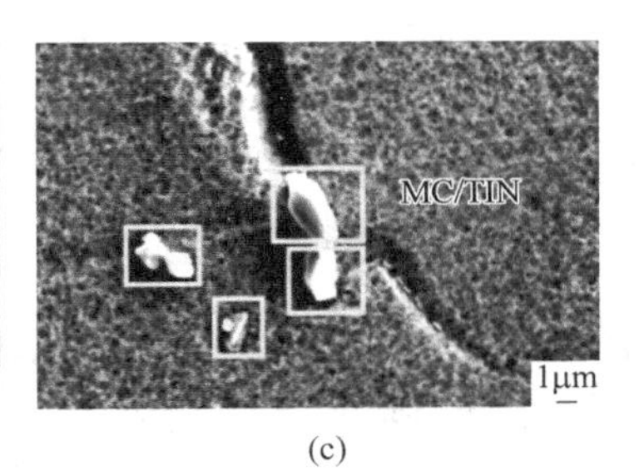

(c)

图 3　国产焊态熔敷金属 SEM 组织

（a）低倍；（b）枝晶间放大；（c）晶界放大

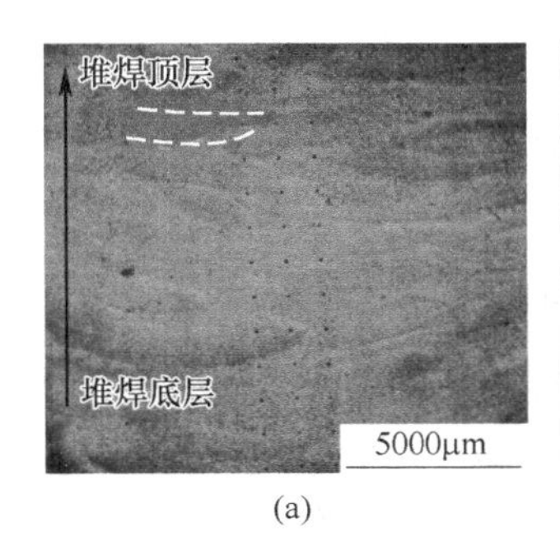

(a)

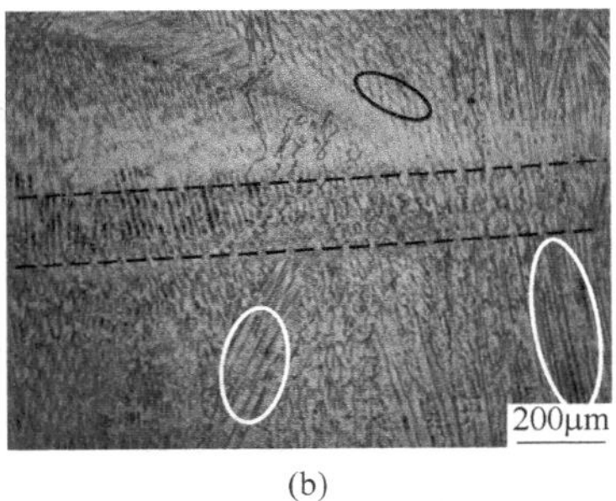

(b)

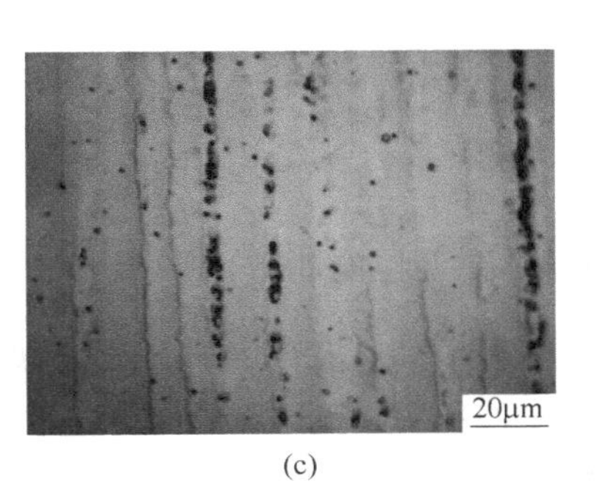

(c)

图 4　进口焊态熔敷金属组织 OM 图

（a）宏观图；（b）10×；（c）100×

对进口焊态熔敷金属进行 SEM 分析，如图 5 所示。晶界上析出相很少，主要为 MC，枝晶间析出相主要为富 Mo、Nb 的碳化物，Laves 相[5,6]，针片状相（δ）；枝晶干析出相为 MC 或 TiC/N（图 5），图 5（c）中显示了面心立方 TiN 的衍射斑点。

通过 SEM 和 EDS 进一步分析了焊态 ERNiCrMo-3 熔敷金属的微观结构。如图 6 所示，在焊接后的金属中可以观察到明显的元素偏析。

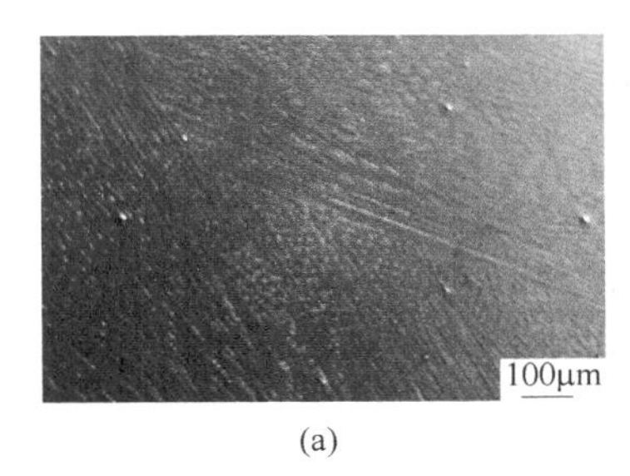

(a)

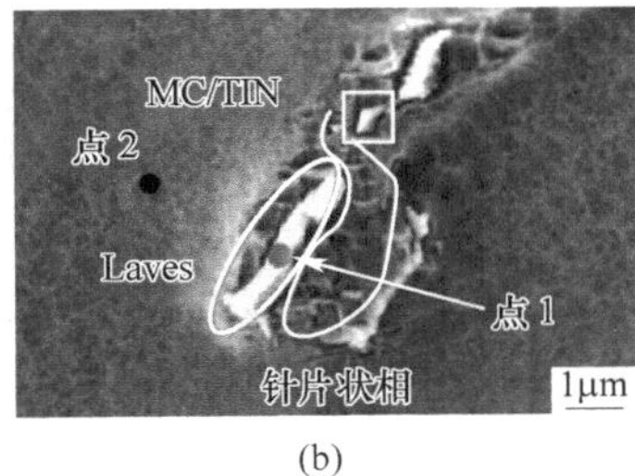

(b)

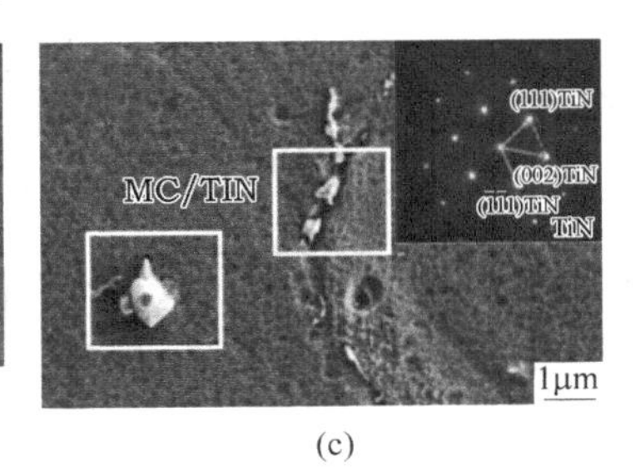

(c)

图 5　国产焊态熔敷金属

（a）低倍；（b）枝晶间放大；（c）晶界放大

如图 6（a）所示，枝晶间区域富含 Mo 和 Nb。图 6（b）进一步表明，Mo，Nb 和 C 在枝晶间区域中强烈偏析，而 Ni 和 Cr 在枝晶间区域中较差；此外，Mo 和 Nb 的偏析度在最左边的枝晶区域中显著较高，对应于约 16μm 的距离，此处扫描线恰好切过一个亮白色颗粒。该结果证明了枝晶间区域和析出相富含 Mo 和 Nb。

从焊态金相组织分析可见国产与进口熔敷金属的组织构成基本一致。均是由粗大的柱状晶及亚晶组成。国产与进口焊丝熔敷金属焊态微观组织的晶界上只有 MC/TiN。国产与进口微观组织中其他析出相的种类形状大小未发现明显差别。晶界上析出相主要为碳化物（MC），枝晶间析出相主要为富 Nb、Mo 的 Laves 相，碳化物和针片状相；枝晶干析出相非常少，少量可见一些 MC 或 TiC/N。

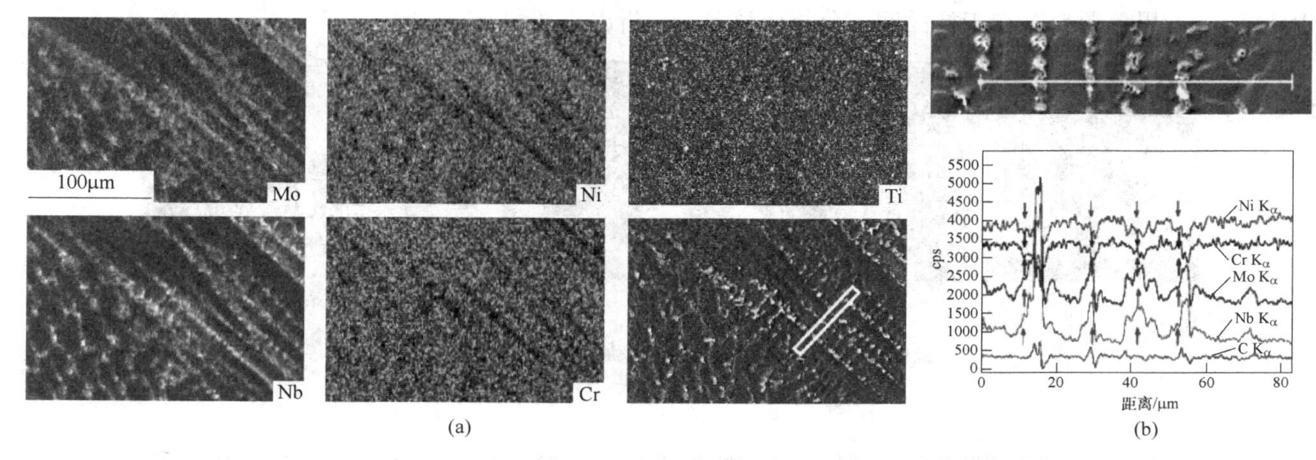

图 6　Nb 和 Mo 枝晶间偏析 SEM/EDS 图

（a）面扫元素图；（b）线扫图

2.3　室温和高温拉伸性能

如表 3 所示，对 ERNiCrMo-3 焊丝熔敷金属进行了室温拉伸和 750℃高温拉伸测试，依据设计文件和 ASME II-D 篇的规定，室温最低抗拉强度值为 760MPa，屈服强度值 275MPa，国产 ERNiCrMo-3 焊丝熔敷金属抗拉强度均符合 ASME 要求。

表 3　进口和国产焊丝熔敷金属室温及 750℃高温拉伸性能

试样编号	实验温度/℃	屈服强度 $R_{p0.2}$/MPa	抗拉强度 R_m/MPa	断后伸长率 A/%
1 国产焊丝	22	533	765	39.0
2 国产焊丝	22	584	794	39.0
3 进口焊丝	22	530	766	38.0
4 国产焊丝	750	308	343	52.0
5 国产焊丝	750	343	483	46.0
6 进口焊丝	750	322	385	46.0

2.4　室温冲击性能

对国产和进口 ERNiCrMo-3 熔敷金属取样并进行冲击功测试，试验结果如表 4 所示。可见国产 ERNiCrMo-3 熔敷金属的冲击功比进口焊丝熔敷金属的冲击功高，国产 ERNiCrMo-3 熔敷金属比进口焊丝熔敷金属有更好的韧性。

表 4　国产焊丝和进口焊丝熔覆金属室温冲击性能

试样编号	实验温度/℃	国产焊丝冲击功/J	进口焊丝冲击功/J
1	22	237	156
2	22	241	165
3	22	220	157

2.5　高温蠕变性能

分别对国产和进口 ERNiCrMo-3 焊丝焊缝熔敷金属进行 750℃不同时长的蠕变处理，完成情况如表 5 所示。国产与进口焊丝熔敷金属的蠕变断裂寿命对比曲线如图 7 所示，同一应力下，进口焊丝熔敷金属的蠕变断裂寿命都低于国产焊丝熔敷金属。

表 5　国产与进口 ERNiCrMo-3 焊丝熔敷金属蠕变试验结果

试样信息	测试温度/℃	测试应力/MPa	预计时间/h	是否断裂	断裂寿命/h	断后伸长率/%
进口	750	215	100	是	127	9.7
国产	750	215	100	是	123	30.5
进口	750	205	300	是	179	12.1
国产	750	205	300	是	222	29.6
进口	750	115	3000	是	6302	5.3
国产	750	115	3000	否	已运行 11420	—

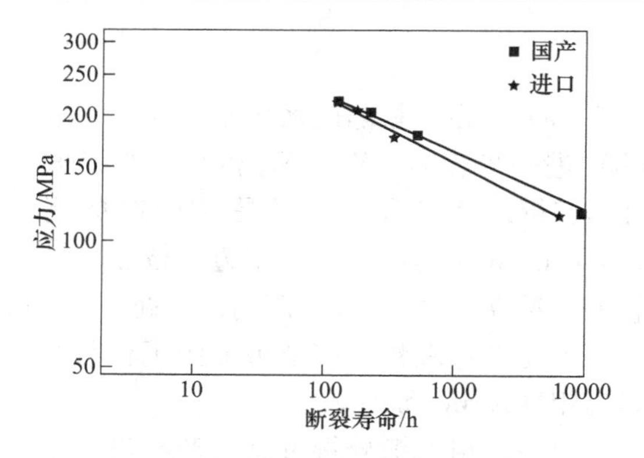

图 7　国产与进口蠕变断裂寿命曲线对比

对蠕变断口和垂直蠕变断口截面做SEM/EDS。如图8所示，发现熔敷金属蠕变断裂均为沿晶断裂，而国产的蠕变断口中存在更多的韧窝。

如图9所示，蠕变断裂或孔洞均在晶界上开裂，这与断口形貌显示的沿晶断裂一致。这些蠕变条件下，蠕变裂纹或孔洞附近主要有两种析出相：颗粒相和针状相，颗粒相只在晶界上，针状相晶内和晶界上都有。以国产750℃/178MPa为例，如图10所示，蠕变裂纹在晶界上，其裂纹边缘富Nb、Mo、Cr、C，结合EDS先扫、点扫和其他文献报道，认为晶界上蠕变裂纹附近析出相主要为δ-Ni_3Nb（针状相）、$M_{23}C_6$（还可能有MC），$M_{23}C_6$只在晶界上出现。

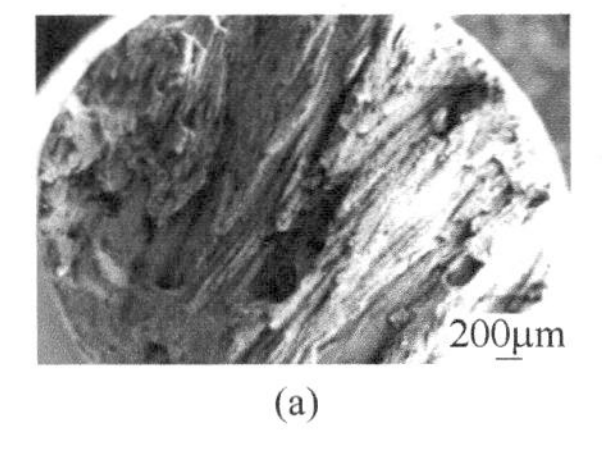

(a)

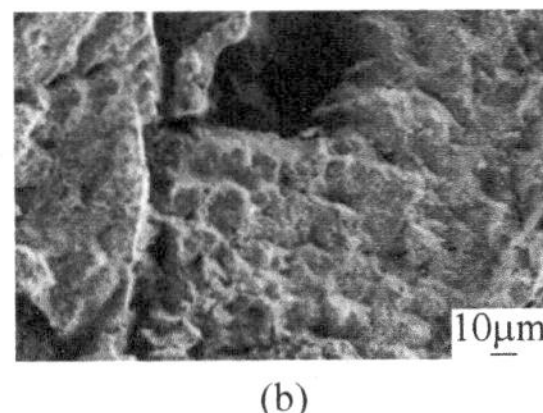

(b)

(c)

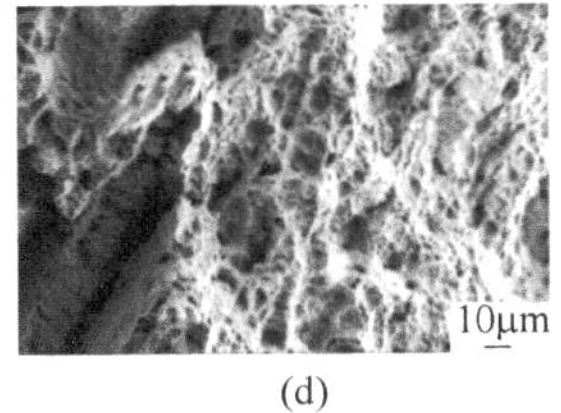

(d)

图8　750℃/215MPa蠕变断口形貌

（a）进口焊丝低倍下沿晶断裂；（b）进口焊丝高倍下伴有韧窝；（c）国产焊丝低倍下沿晶断裂；（d）国产焊丝高倍下伴有韧窝

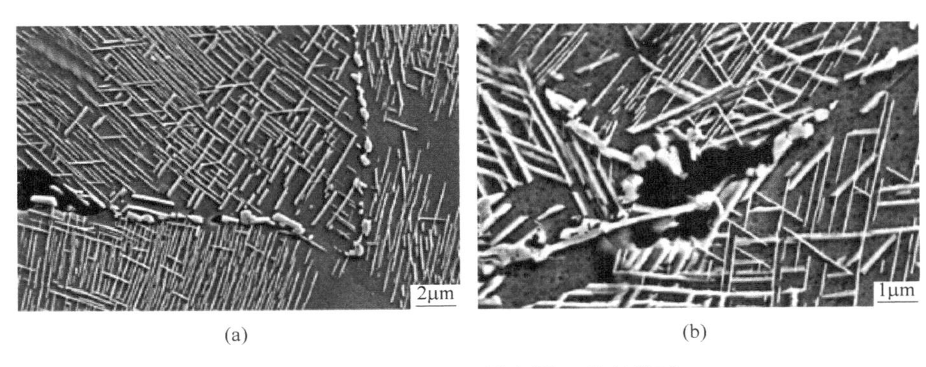

图9　750℃/215MPa蠕变断口垂直截面

（a）进口；（b）国产

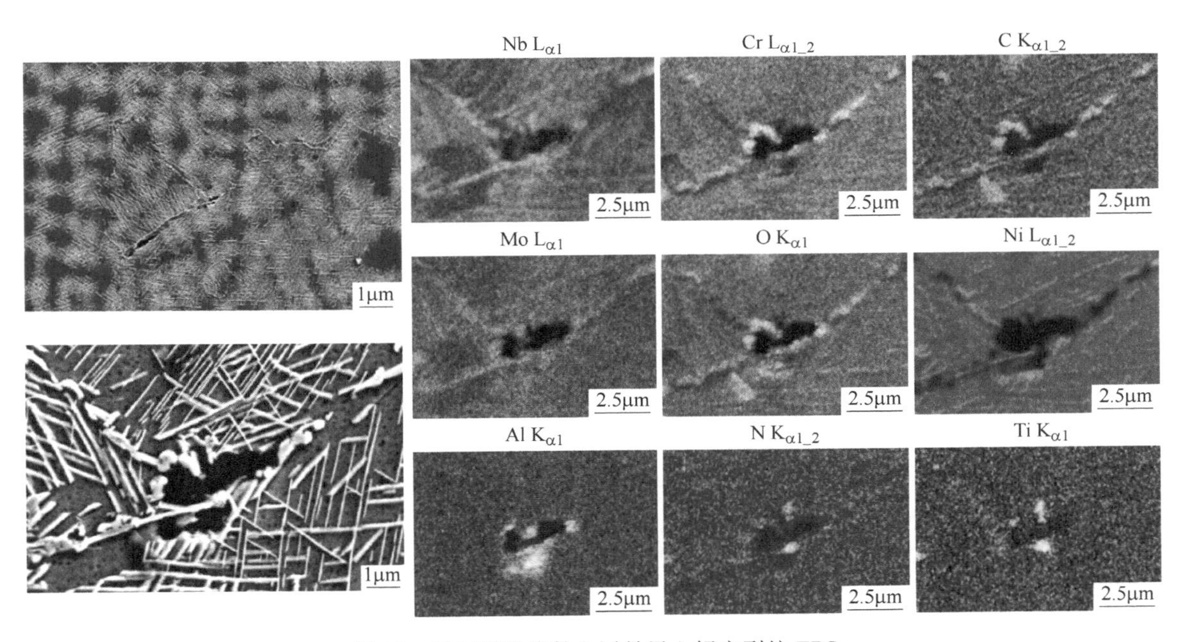

图10　国产焊丝熔敷金属晶界上蠕变裂纹EDS

3 结论

（1）ERNiCrMo-3 国产焊丝和进口焊丝熔敷金属的微观组织无显著区别，晶界上析出相主要为碳化物（MC），枝晶间析出相主要为富 Nb 、Mo 的 Laves 相、碳化物和针片状相，枝晶干析出相非常少。

（2）ERNiCrMo-3 国产焊丝和进口焊丝熔敷金属的室温拉伸性能、750℃拉伸性能较为接近，国产焊丝熔敷金属的室温冲击性能和 750℃持久性能略优于进口焊丝。

（3）上述性能均符合设计要求和 ASME 标准的要求，有望替代进口产品，实现高温气冷堆核级镍基合金焊材的自主可控。

参考文献

[1] Oliveira M D，Couto A，Almeida G，et al. Mechanical Behavior of Inconel 625 at Elevated Temperatures [J]. Metals Open Access Metallurgy Journal，2019，9 (3)：301.

[2] Shankar V，Rao K B S，Mannan S L. Microstructure and mechanical properties of Inconel 625 superalloy [J]. Journal of Nuclear Materials，2001，288 (2 ~ 3)：222~232.

[3] Ruiz-vela J I，Montes-rodríguez J J，Rodríguez-morales E，et al. Effect of cold metal transfer and gas tungsten arc welding processes on the metallurgical and mechanical properties of Inconel® 625 weldings [J]. Welding in the World，2019，63 (2)：459~479.

[4] Ozgun O，Gulsoy H O，Yilmaz R，et al. Injection molding of nickel based 625 superalloy：Sintering，heat treatment，microstructure and mechanical properties [J]. Journal of Alloys and Compounds，2013，546：192~207.

[5] Tian Y，Gontcharov A，Gauvin R，et al. Effect of heat treatment on microstructure evolution and mechanical properties of Inconel 625 with 0.4wt% boron modification fabricated by gas tungsten arc deposition [J]. Materials Science and Engineering：A，2017，684：275~283.

[6] Silva C C，Miranda H C D，Motta m F，et al. New insight on the solidification path of an alloy 625 weld overlay [J]. Journal of Materials Research and Technology，2013，2 (3)：228~237.

核级镍基合金焊接材料抗裂纹性能研究

徐长征[1*]，敖影[1]，吴巍[2]，何国[3]，吕战鹏[4]，朱平[5]，张茂龙[6]，邹家生[7]

（1. 宝武特种冶金有限公司，上海，200940；2. 宝山钢铁股份有限公司，上海，201900；
3. 上海交通大学，上海，200240；4. 上海大学，上海，200444；
5. 苏州热工研究院有限公司，江苏 苏州，215004；
6. 上海电气核电设备有限公司，上海，201306；7. 江苏科技大学，江苏 镇江，212100）

摘 要： 就宝武特种冶金有限公司生产的核级镍基合金焊接材料的抗裂纹性能进行了研究，并与并与相同牌号的市售进口商品焊材的抗裂纹性能进行对比。研究材料包括焊条（ENiCrFe-7）、焊丝（ERNiCrFe-7A）和焊带（EQNiCrFe-7A）。三种焊材熔敷金属的抗裂纹性能主要通过以下试验方法进行评价：采用可调拘束试验方法，对焊材焊接热裂纹（结晶裂纹）敏感性进行研究；利用热模拟设备，基于STF（strain-to-fracture test）试验方法，研究镍基焊材的高温失塑裂纹（DDC）敏感性；通过焊材焊接金属在模拟压水堆一回路水中的应力腐蚀裂纹扩展试验研究其应力腐蚀开裂性能。通过上述研究发现，宝武镍基合金焊材熔敷金属的微观组织、抗热裂纹、抗高温失塑裂纹和抗应力腐蚀开裂性能均达到了国际高水平市售商品焊材的水平。

关键词： 镍基焊材；抗裂纹；热裂纹；DDC 裂纹；应力腐蚀开裂

核电是先进的清洁能源，是国家能源战略重要的组成部分，是实现国家节能减排目标的最重要举措之一。“双碳”背景下，我国进一步明确了积极发展核电的思路。为了应对核电的快速发展，尽快摆脱核电关键技术受制于人的局面，国家提出了核电技术自主化的战略目标，而材料自主化是核电技术自主化的源头，关系到设计、制造、运营等多个环节。

由于镍基合金及其焊材本身所具有的优良力学性能、环境服役性能以及可焊接性能等，因而被广泛地用于核电站一回路系统内的关键构件及焊接用焊材，如压力容器、蒸汽发生器、稳压器等核反应堆关键设备。第三代先进压水堆核岛主设备关键部位选用了大量的镍基耐蚀合金，其中690合金使用量最大，相应地，NiCrFe系镍基耐蚀合金焊接材料也被广泛应用于相关部件的对接焊、表面堆焊、异种金属焊接[1~3]。

国内在压水堆核级镍基合金焊接材料国产化上投入了大量的研发力量，我公司也依托自身在特种合金冶炼与成形技术方面的优势，联合上海电气核电设备有限公司等核岛主设备制造企业，对NiCrFe系镍基耐蚀合金焊接材料相关制造技术及焊材性能进行了持续研发[4~8]。相比较而言，镍基合金焊接易出现结晶裂纹、高温失塑裂纹等，同时还要考虑焊材熔覆金属在服役环境下的应力腐蚀开裂问题。本文主要介绍我公司研制的镍基合金焊接材料的抗裂纹性能，包括以下三个方面：热裂纹（结晶裂纹）敏感性、高温失塑裂纹（DDC）敏感性、模拟服役环境应力腐蚀开裂（SCC）性能评价。

1 试验材料及焊接工艺参数

试验材料全部来自宝武制造的适用于压水堆核电站的镍基合金焊丝、焊条和焊带。牌号和规格如下：ENiCrFe-7焊条，ϕ3.2mm；ERNiCrFe-7A焊丝，ϕ1.2mm；EQNiCrFe-7A焊带，0.5mm × 60mm，并与相同牌号的市售进口商品焊材的抗裂纹性能进行对比。焊丝、焊条和焊带性能试验的焊接参数见表1~表3。焊条的焊接试板材料采用18MND5，试板热处理条件：350℃以上实际升温速度46℃/h，温度范围595~609℃，保温时间

* 作者：徐长征，正高级工程师，联系电话：021-26032450，E-mail：xuchangzheng@baosteel.com

24h13min，实际出炉的温度 302℃，实际降温速率 37℃/h。焊丝的焊接试板采用 SB 168 N06690，试板热处理条件：在 350℃ 以上升降温速率≤55℃/h，保温温度为 595 ~ 620℃，保温时间为 24 ~ 24.5h。焊带堆焊的试板材料采用 18MND5 锻件，试板热处理条件：在 350℃ 以上升降温速率≤55℃/h，保温温度为 595 ~ 620℃，保温时间为 24 ~ 24.5h。

表 1　焊条性能试验的焊接参数

焊接工艺	焊条直径/mm	预热温度/℃	道间温度/℃	焊接电流/A	电弧电压/V	焊接速度 /mm · min^{-1}	极性
SMAW	ϕ3.2	≥175	≤225	80 ~ 110	20 ~ 30	100 ~ 180	DCEP

表 2　焊丝性能试验的焊接参数

焊接工艺	规格/mm	预热温度/℃	道间温度/℃	焊接电流/A	电弧电压/V	焊接速度 /mm · min^{-1}	极性
TIG	ϕ1.2	≥175	≤225	240 ~ 280 140 ~ 200	8 ~ 12	70 ~ 110	DCEN

表 3　焊带堆焊性能试验的焊接参数

焊接工艺	焊带规格/mm	预热温度/℃	道间温度/℃	焊接电流/A	电弧电压/V	焊接速度 /mm · min^{-1}	极性
SAW	60×0.5	≥175	≤225	750 ~ 800	26 ~ 32	150 ~ 220	DCEP

2　试验结果及分析

2.1　熔敷金属微观组织

在光学显微镜下，焊缝金属的组织均为奥氏体上分布有碳化物等第二相，且宝武焊材与进口的市售商品焊材没有明显区别。在扫描电镜下，对比三种宝武焊材与进口的市售商品焊材的碳化物分布、形态、种类同样无区别。经 TEM 衍射标定，碳化物类型主要为 $M_{23}C_6$ 和 MC 型。其中，焊丝的晶界主要以富 Cr 的 $M_{23}C_6$ 碳化物为主，晶内以（Nb,Ti)C 碳化物为主；焊条的晶界是以富 Cr 的 $M_{23}C_6$ 型化合物为主，伴有少量的（Nb,Ti)C，晶内析出相是（Nb,Ti)C 或 NbC 的 MC 型碳化物，碳化物呈球状、条状或块状；焊带的晶界析出相主要为 $Cr_{23}C_6$，以及富 Nb 的 MC 型碳化物，晶内析出相为富 Nb 的 MC 型碳化物，数量较多，形状不规则，部分 NbC 以氧化物为核心析出。图 1 为焊丝的焊缝金属光学金相典型显微组织。

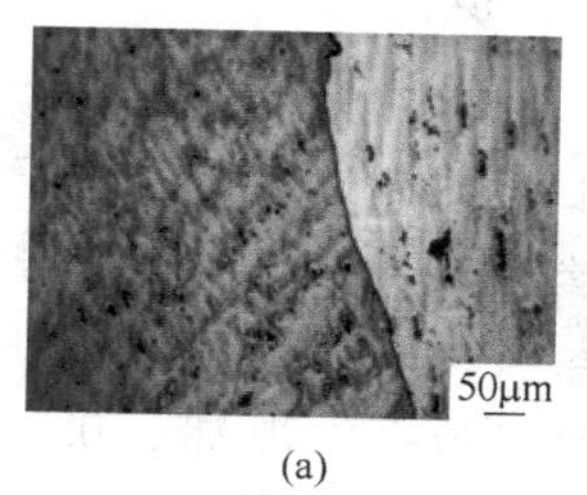

(a)

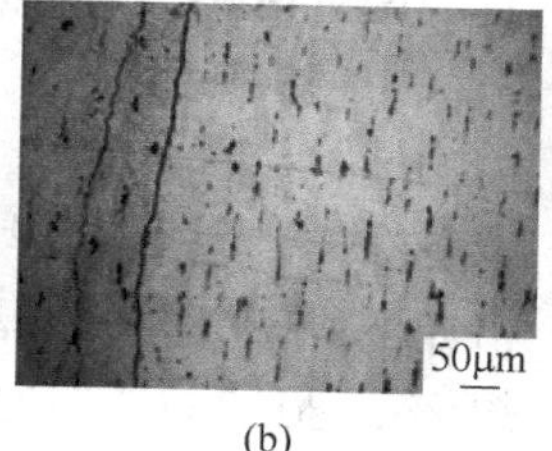

(b)

(c)

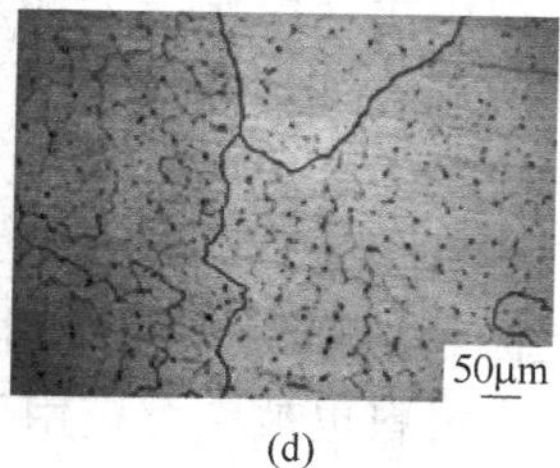

(d)

图 1　焊丝焊缝金属光学金相显微组织（500×）
（a）宝武焊丝，焊态；（b）宝武焊丝，热处理态；（c）进口焊丝，焊态；（d）进口焊丝，热处理态

2.2　熔敷金属的热裂纹（结晶裂纹）敏感性

在镍基合金的焊接过程中，热裂纹是发生最为普遍、影响最为严重的缺陷之一，为研究国产镍基合金焊接材料的热裂纹敏感性问题，本文采用可调拘束试验方法，对宝武镍基焊材焊接热裂纹敏感性进行研究，并与市售商品焊材进行对比分析，进一步为国产镍基焊接材料的工程适用性、

性能可靠性提供实验数据支撑。熔敷金属重熔工艺如表4所示，采用标准工艺和实际工艺（热输入量较高）对三种焊材熔覆金属进行重熔，过程中通过施加不同的应变诱发裂纹并采集温度，最终在体式显微镜下测量试板熔覆金属上产生的裂纹长度及数量，通过计算得出焊材相应的热裂纹敏感区间和临界应变速率。

表4 熔敷金属重熔工艺

重熔焊接工艺	焊接电流/A	电弧电压/V	焊接速度/mm · s^{-1}	保护气 Ar 流量/L · min^{-1}	弯曲速率
焊丝标准工艺	85	14~18	3	12~15	≥200
焊丝实际工艺	210	14~18	1.5	12~15	≥200

焊条的热裂纹敏感性评价结果如图2所示，按照标准ISO 17641-3：2005的相关内容，使用标准工艺国产焊条不同应变量下的裂纹总长与进口焊条的裂纹长度比较接近，国产焊条和进口焊条的热裂纹敏感性基本相当。国产焊条热裂纹敏感区间为43.8℃，略小于进口焊条热裂纹敏感区间44.8℃，且在临界应变速率指标上国产焊条为0.0297%/℃，大于进口焊条0.0205%/℃，从热裂纹敏感区间和临界应变速率来衡量，国产焊条比进口焊条的抗热裂纹敏感性略优。

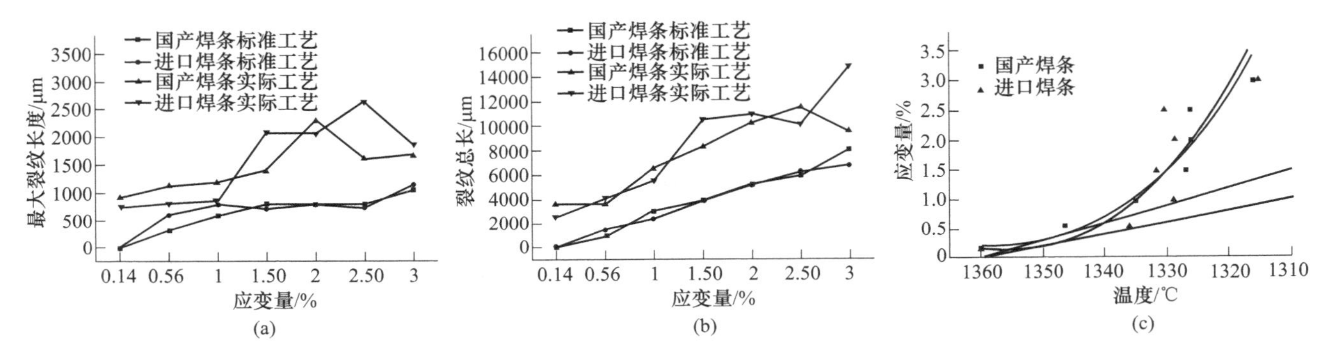

图2 焊条热裂纹敏感性评价结果

（a）最大裂纹长度；（b）裂纹总长度；（c）临界应变速率

国产焊丝的热裂纹敏感区间为34.67℃，略小于进口焊条热裂纹敏感区间44.0℃，但国产焊丝的临界应变速率为0.0901%/℃，略小于进口焊条0.0959%/℃，总体与进口焊丝相当。国产焊带热裂纹敏感温度区间为51.4℃，略小于进口焊带热裂纹敏感区间55.9℃，从临界应变速率来衡量，国产焊带的临界应变速率0.0225%/℃大于进口焊条临界应变速率0.0121%/℃，国产焊带比进口焊条的抗热裂纹敏感性略优。

2.3 熔敷金属的高温失塑裂纹（DDC）敏感性

利用热模拟设备，基于STF（strain-to-fracture test）试验方法，在700~1200℃温度区间中选取五个试验温度，分别进行加载模拟试验，测出各焊材熔覆金属产生裂纹的临界应变，建立“应变—温度—临界应变”的关系曲线，对比研究国产镍基焊材和进口镍基焊材的高温失塑裂纹（DDC）敏感性。图3为用光学显微镜（OM）拍摄的DDC敏感性试验样品典型形貌，当应变大于临界应变值时可观察到DDC裂纹，且裂纹优先发生在垂直于外载荷的晶界或与加载方向成45°以上角度的晶界[9]。

通过建立“应变—温度—临界应变”的曲线，得到国产与进口焊材的DDC敏感性曲线如图4所示。DDC曲线给出了不同温度对应的临界应变值，应变大于临界值则会发生DDC现象，如图3（a）所示。曲线以下的应变低于临界值则不会产生DDC，如图3（c）所示。三种焊材熔敷金属DDC临界应变曲线都呈现典型的“U”型变化，随着温度的升高，DDC临界应变值先降低后逐渐升高。对比国产与进口焊材的DDC敏感性曲线，可以看出最小临界应变都发生在1050℃，国产焊材DDC敏感性与进口焊材基本相当，从DDC临界应变值对比来看（见表5）国产焊材略优。

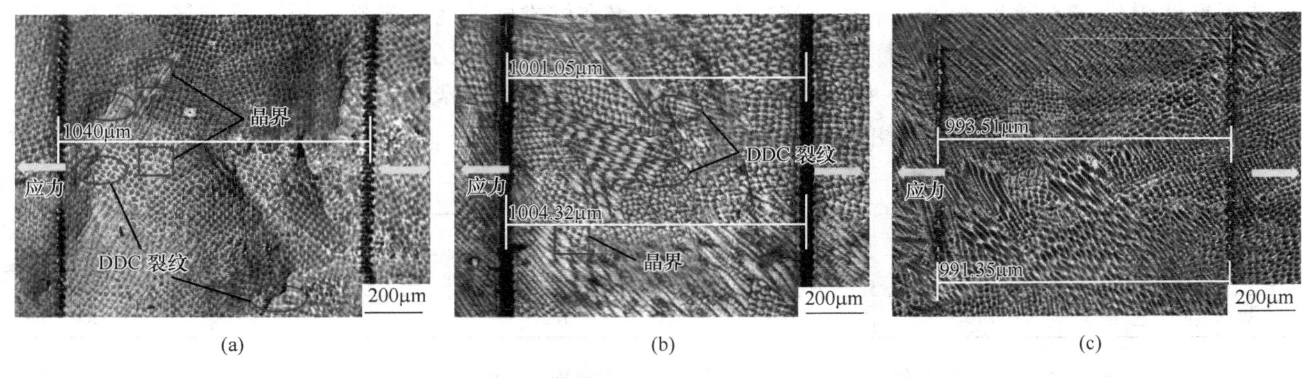

(a) (b) (c)

图 3 DDC 敏感性试验样品典型形貌

(a) 开裂；(b) 临界；(c) 未开裂

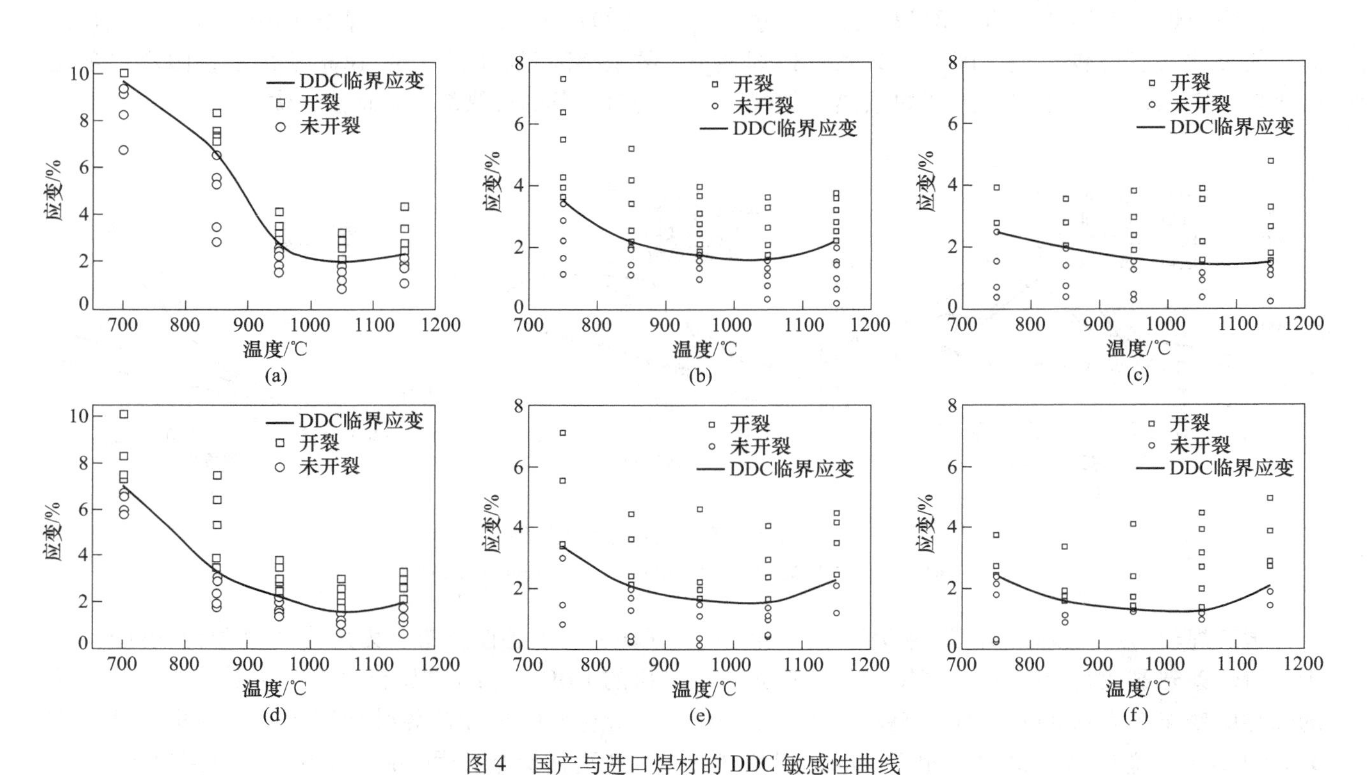

图 4 国产与进口焊材的 DDC 敏感性曲线

(a) 国产焊条；(b) 国产焊丝；(c) 国产焊带；(d) 进口焊条；(e) 进口焊丝；(f) 进口焊带

表 5 1050℃DDC 临界应变值对比 (%)

焊材	国产	进口
焊条	2.0	1.60
焊丝	1.62	1.54
焊带	1.34	1.28

2.4 熔敷金属的应力腐蚀开裂（SCC）性能

采用带有循环水回路的高温高压水应力腐蚀试验装置，测试各种焊件试样的应力腐蚀裂纹扩展速率来评价焊接金属的应力腐蚀开裂（SCC）性能。参考实际服役情况，从堆焊层中切取紧凑拉伸 CT 试样并预制疲劳裂纹，如图 5 所示，其缺口方向与熔合线垂直。试验介质采用典型的模拟压水堆一回路水介质，溶解氧浓度低于 10×10^{-7}%（质量分数），溶解氢浓度为 2.6×10^{-10}%（质量分数）左右，试验温度为 325℃（高压釜内压力为 13.2MPa）和 350℃（高压釜内压力为 17.2MPa）。

应力腐蚀裂纹扩展试验结束后，从高压釜中取出试样，采用疲劳机打开试样，观察断口形貌特征。不同热处理状态下的国产焊丝试样分别在 325℃、350℃模拟正常 PWR 一回路水中裂纹扩展实验 2092h、860h 后的断口全貌及区域放大图中均未发现明显的沿晶应力腐蚀开裂（IGSCC）迹象。国产焊带、焊条试样分别在 325℃、350℃模拟正常 PWR 一回路水中裂纹扩展实验一定的时间后同样均未发现明显的沿晶应力腐蚀开裂迹象。但进口焊条 21S075-350℃-760h（PWHT-40h）试样在 350℃模拟 PWR 一回路水中裂纹扩展试验 760h 后，出现连续的应力腐蚀开裂扩展带，如图 6 所示，断口上出现 7 处沿晶裂纹，最大裂纹长度为 48μm，计算得到最大局部裂纹扩展速率为 4.39×10^{-11}m/s，表明此焊材应力腐蚀敏感性较高。

经计算获得国内外焊材产品模拟服役环境应力腐蚀裂纹扩展速率，如表 6 所示，可以看出，

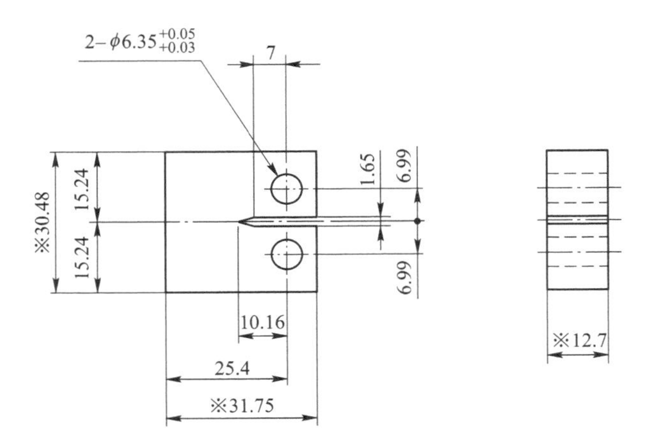

图 5 CT 试样及尺寸示意图（单位：mm）

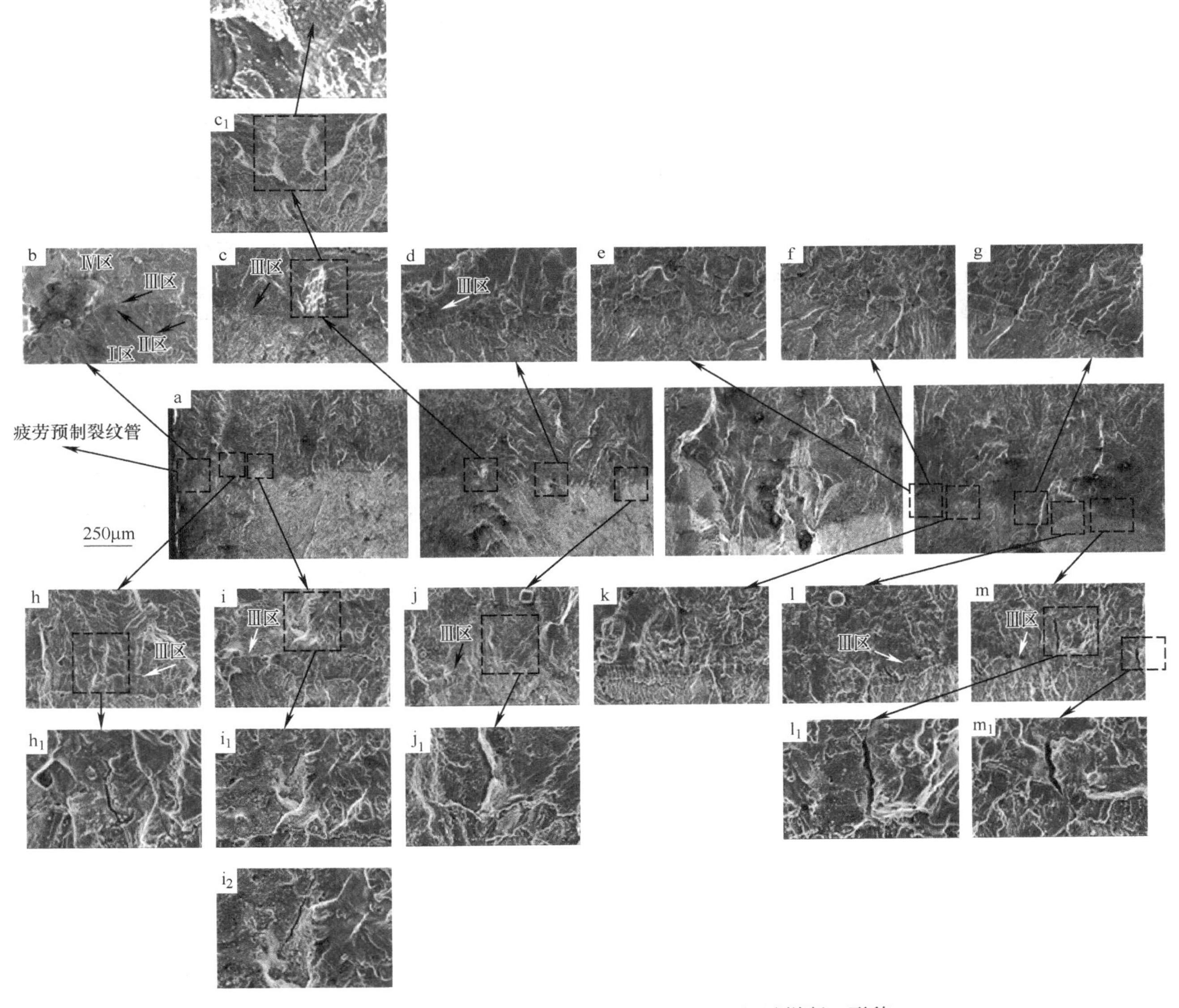

图 6 进口焊条 21S075-350℃-760h（PWHT-40h）试样断口形貌

（a）断口全貌；（b）~（m）图（a）中虚线框对应区域放大图

表 6　国内外焊材产品模拟服役环境应力腐蚀开裂性能对比

国产焊材应力腐蚀扩展速率/10^{-12}m · s^{-1}			进口焊材应力腐蚀扩展速率/10^{-12}m · s^{-1}	
实验温度	325℃	350℃	325℃	350℃
焊丝	0. 132	0. 323	0. 113 局部开裂：1. 20	0. 258 局部开裂：4. 00
焊带	0. 126	0. 196	局部开裂：1. 22	局部开裂：3. 30
焊条	—	1. 14	—	1. 52 局部开裂：4. 39

注：1. 国产焊材无局部开裂；

2. 10^{-12}m/s≈1. 96mm/60 年。

国产焊丝、焊条和焊带在不同模拟条件下均未出现局部开裂，抗应力腐蚀开裂性能要优于国际市售商品焊材。

3　结论

宝武镍基合金焊材熔敷金属的微观组织、抗热裂纹、抗高温失塑裂纹和抗应力腐蚀开裂性能均达到了国际高水平市售商品焊材的水平。

（1）焊带和焊条的抗热裂纹性能略优于国际市售商品焊材，焊丝抗热裂纹性能与其相当。

（2）焊丝、焊条和焊带的 DDC 敏感性均略优于国际市售商品焊材。

（3）焊丝、焊条和焊带的抗应力腐蚀开裂性能优于国际市售商品焊材，且无明显局部开裂现象。

参考文献

[1] 董毅，高志远．我国核电事业的发展与 Inconel690 合金的研制［J］. 特钢技术，2004（3）：45~48.

[2] 西屋电气公司．西屋公司的 AP1000 先进非能动型核电厂［J］. 现代电力，2006，23（5）：55~65.

[3] 刘亮，周涛，宋明强．AP1000 与大亚湾核电站蒸汽发生器的对比与分析［J］. 华东电力，2013，43（2）：417~419.

[4] 谷雨，张俊宝，黄逸峰，等．焊接工艺对 690 镍基合金焊丝熔敷金属高温失塑裂纹敏感性影响研究［J］. 电焊机，2019，49（4）：206~210.

[5] 徐长征，敖影，苏东东，等．核级 ENiCrFe-7 镍基合金电焊条的研制［J］. 热处理，2020，35（2）：5.

[6] 徐长征，敖影，张文杨，等．核级 EQNiCrFe-7A 镍基合金焊带的研制［J］. 焊接技术，2021，50（7）：5.

[7] 敖影，徐长征．核级焊接材料 ERNiCrFe-7A 合金的热变形行为研究［J］. 焊接技术，2020，49（12）：6.

[8] 敖影，徐长征．铌对镍基合金显微组织和热变形行为影响的研究［J］. 热处理，2021，36（5）：5.

[9] Qin R Y，Wang H，He，G. Investigation on the microstructure and ductility-dip cracking susceptibility of the butt weld welded with ENiCrFe-7 Nickel-base alloy-covered electrodes［J］. Metallurgical and Materials Transactions A，2015，46（3）：1232~1233.

钴基耐磨合金 Stellite 6B 高温塑性流变及功率耗散特性研究

张亚玮*，沈宇，毛赞惠，鞠泉，张继

（北京钢研高纳科技股份有限公司，北京，100081）

摘　要：研究了钴基耐磨合金 Stellite6B 高温塑性流变及功率耗散特性。发现，开坯后的 Stellite6B 合金在 $1s^{-1}$ 左右较高应变速率和 1100~1200℃ 高温下再结晶软化作用显著、应变硬化机制较多，可表现出良好的稳态流变行为；其二次热加工的高功率耗散区分布在中等应变速率区，流变失稳区对应低温高应变速率，控制每火次轧制应变速率和变形温度可保证轧制型材的完整性。该合金的轧制型材可通过热处理综合提高耐磨性能和力学性能。

关键词：钴基耐磨合金；热加工；流变特性；功率耗散特性

钴基耐磨合金基体具有特殊的应变硬化效应，且含有较高体积分数的碳化物[1]，因而摩擦系数极低，能和其他金属形成滑触，把机械咬死和磨损量降到最低，可作为硬面材料和耐磨零件在高温下应用[2,3]。其中，Stellite 6B 变形合金开坯锻造技术取得突破后，可利用较大的变形量和应变速率充分破碎、分散一次碳化物[4]。该合金锻造开坯后需进一步热轧成棒材或板材，以加工制作燃气轮机叶片耐磨防护片、连续挤压模具、核电控制棒驱动机构耐磨件等。研究表明，Stellite 6B 合金的耐磨性能和力学性能既取决于碳化物数量、尺寸及分布等，还与基体的晶粒度和微结构密切相关[5]。同时，碳化物与基体间变形协调性等问题在温降较快、应变速率较高的热轧过程中仍然较为突出。本文通过热模拟实验获得的真应力-真应变关系，分析其流变硬化、软化特点及机制，并建立本构方程和热加工图，根据功率耗散特性明确其塑性失稳的临界条件，作为优化热轧工艺参数、最大限度地增加单火次变形量的基础，以期综合提高 Stellite 6B 变形合金的耐磨性能和力学性能。

1　试验材料及方法

本研究 Stellite 6B 合金的化学成分（质量分数,%）为：C 1.2，Cr 30，Mo 1.2，W 4.5，Ni 2.0，Si 1.0，Mn 1.0，Fe<3.0，Co 余量，从多向开坯锻造的 ϕ40mm 锻棒上取样并加工出 ϕ8mm×12mm 的圆柱形样品，在 Gleeble-3800 热模拟试验机上进行（1000~1200℃）/（$0.01 \sim 10s^{-1}$）单轴恒应变速率热压缩试验，获得流变应力、应变数据。40%压下量中断试验水淬后切取金相试样，磨制抛光并浸蚀后进行微观组织观察。

2　试验结果及分析

2.1　不同温度条件下的流变行为

根据热压缩试验得出的真应力-真应变曲线，Stellite6B 合金在（1000~1200℃）/（$0.01 \sim 10s^{-1}$）热压缩试验条件下均呈现明显的流变硬化和流变软化。

为揭示该合金近轧制工况的流变硬化与软化行为，本文给出应变速率 $1s^{-1}$ 下不同温度条件的真应力-真应变曲线，并对真应力-真应变求二阶导数得出加工硬化率拐点对应的临界应变、达到峰值应力所对应的真应变以及用峰值应力与稳态流变变形抗力之差表征的流变软化程度与变形温度的关系图。

真应力-真应变曲线（图 1（a））的初始直线段基本重合，表明 Stellite6B 合金在 1000~1200℃ 热加工时的初始加工硬化率基本相同，但加工硬

* 作者：张亚玮，博士生，联系电话：62182203，E-mail：yaweizhang@163.com

化率的拐点相差较大。临界应变是表征动态再结晶开启与演变过程的重要参数之一[6]，变形温度超过 1100℃ 时该合金的临界应变明显变小（图 1（b）），说明 1100℃ 以上温度热压缩时流变软化容易发生；变形温度超过 1150℃ 时该合金热压缩变形流变抗力峰值对应的真应变也明显减小（图 1（c）），表明 1150℃ 以上温度热压缩时流变软化的作用更为显著，在较小应变量下动态软化机制即可占到主导地位；同时，变形温度超过 1150℃ 时该合金流变软化的程度较小（图 1（d）），流变软化与加工硬化很快趋于平衡，呈现出良好的稳态流变行为。

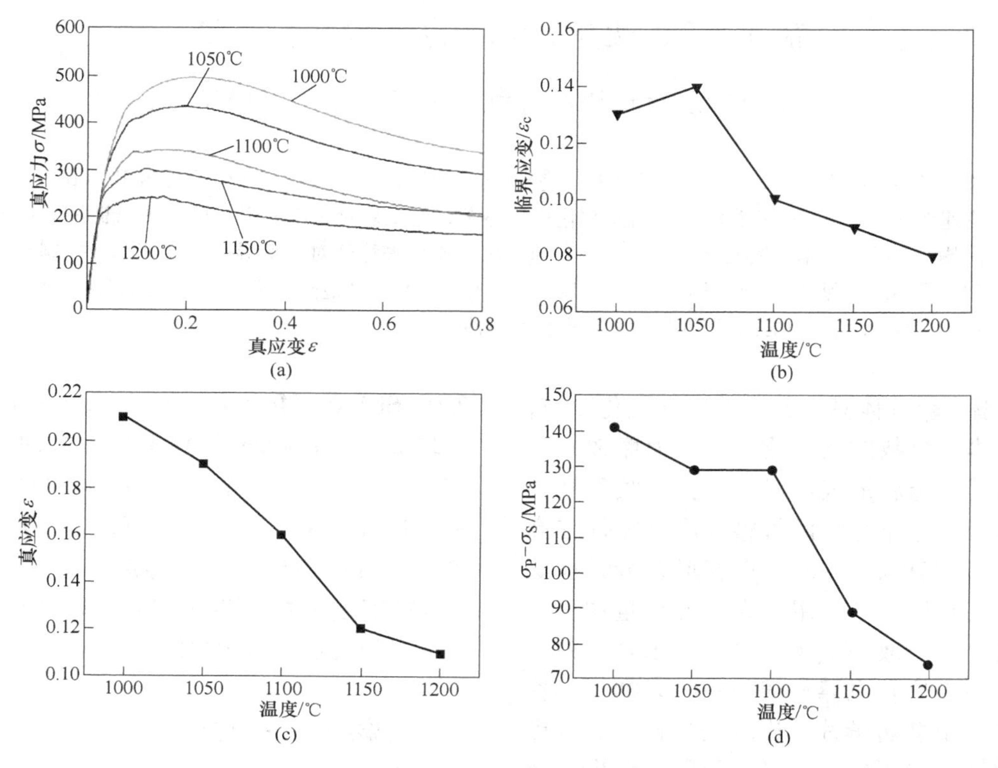

图 1 应变速率 $1s^{-1}$、不同温度条件的真应力-真应变曲线（a），加工硬化率（b），达到峰值应力的真应变（c）和流变软化程度（d）

微观组织观察表明，其动态再结晶倾向于在碳化物边界形核（图 2（a）），变形温度较高时，再结晶形核的时间较短、形核数量较多，再结晶软化作用显著，且通过多向开坯锻造优化了碳化物的分布有利于流变软化与硬化的平衡；另一方面，较大应变速率下，该合金因低层错能很低，还会产生大量的形变孪晶，从而显著增加应变硬化效应（图 2（b）），因而可表现出较好的稳态流变行为。

可见，对多向开坯锻造后的 Stellite6B 合金可采用变形速率较大的轧制工艺进一步热加工成型材，轧制中坯料的预热温度应超过 1150℃。

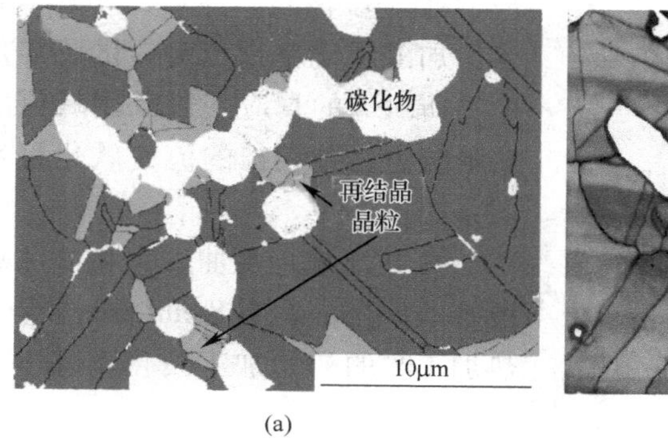

(a)

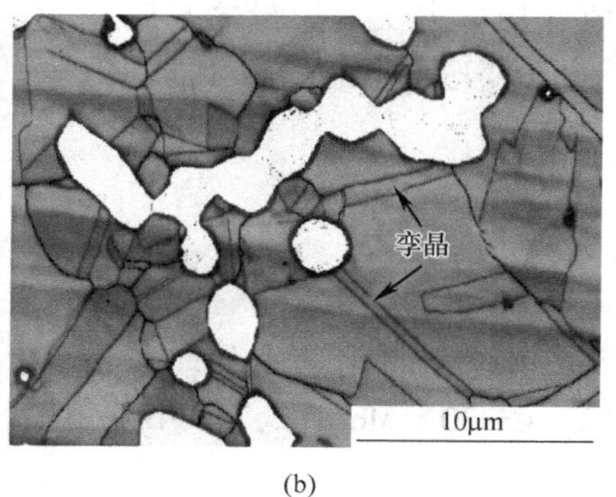

(b)

图 2 显示合金中碳化物边界再结晶形核（a）及形变孪晶（b）的 EBSD 图像

2.2 功率耗散特性

采用双曲正弦型 Arrhenius 方程[7]构建此本构关系模型，采用不同温度、应变速率下峰值应力的线性拟合得出 Stellite6B 合金的 Zener-Hollomon（Z）参数和流变应力表达式为：

$$Z = \dot{\varepsilon}\exp(479997/(RT)) \tag{1}$$

$$\dot{\varepsilon} = 1.87 \times 10^{14}[\sinh(0.003504\sigma)]^{7.4313} \cdot \exp[-479997/(RT)] \tag{2}$$

根据热轧火次变形量，选用真应变 0.3 和 0.5 时的应力值，建立该合金的功率耗散图和失稳图，在变形温度和应变速率构成的平面上绘制功率耗散因子的等值轮廓线和失稳判据的等值轮廓线，两者叠加得出其加工图（图 3）。可见，两种变形量下该合金高功率耗散区的分布在中等应变速率区，而低功率耗散区对应低温高应变速率和高温低应变速率，流变失稳区对应低温高应变速率，与低功率耗散区重合。

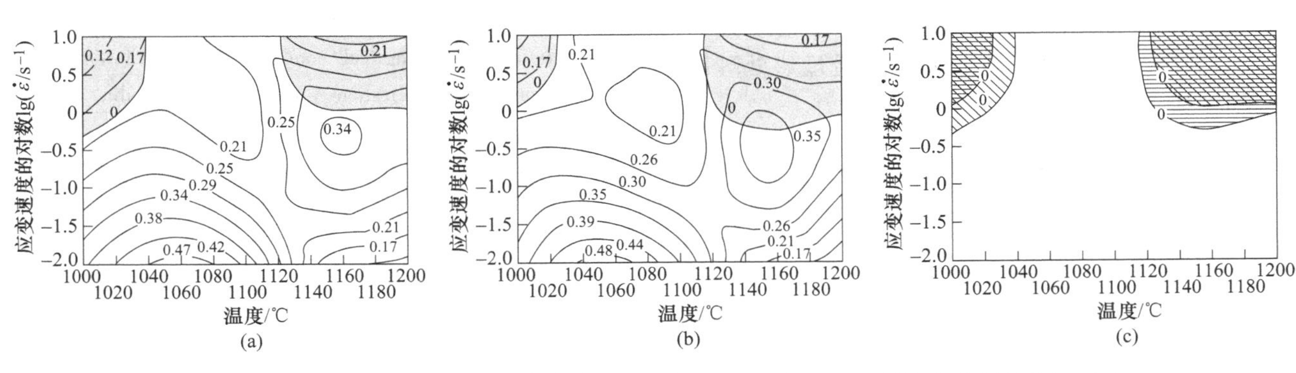

图 3 开坯锻造后 Stellite6B 合金真应变 0.3（a）、0.5（b）的加工图和失稳图的叠加（c）

考虑到轧制过程中坯料咬入、拽入、稳定轧制至终轧阶段的局部变形以及轧制中坯料纵向的延伸变形大大超过横向的扩展量[8]，进一步将真应变为 0.3 和 0.5 的失稳图叠加（图 3（c）），获得叠加后的流变失稳区范围。参照热加工图表征的功率耗散特性和对应两种应变量叠加的失稳图，并考虑到软包套条件下坯料的降温速率，选择坯料的预热温度为 1200℃，在每火次轧制的压下量 30%的水平上可保证 Stellite6B 合金轧制型材的完整性（图 4）。

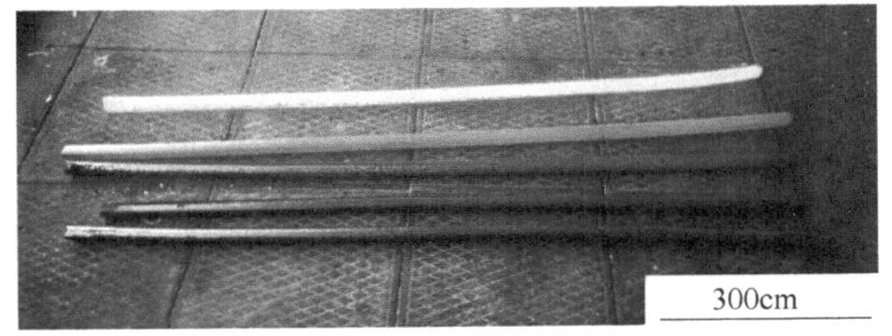

图 4 多向锻造开坯+热轧生产的 Stellite6B 合金板棒材

2.3 轧制型材的耐磨性能和力学性能

Stellite6B 合金经多向开坯锻造和轧制后，高温固溶态具有良好的拉伸性能和冲击韧性，适用于承力较为苛刻的摩擦工况；高温固溶+较低温度时效态具有优异的抗黏着磨损能力以及较好的拉伸塑性和冲击韧性（见表 1）。

表 1 Stellite6B 合金多向开坯锻造和轧制后的耐磨性能和力学性能

热处理工艺	抗拉强度/MPa	拉伸塑性/%	冲击功/J	黏着磨损量/g
高温固溶	1123	11.5	156	1.55
高温固溶+低温时效	1152	6.0	52	0.53

注：黏着磨损配副材料 GH5605，按照 GB/T 12444—2006《金属材料磨损试验方法》磨损 10 万转后环形试样减重。

3 结论

（1）多向开坯锻造的 Stellite6B 合金在 $1s^{-1}$ 左右较高应变速率和 1100～1200℃ 高温下再结晶软化作用显著、应变硬化机制较多，具有较好的稳态流变行为。

（2）Stellite6B 合金二次热加工的高功率耗散区分布在中等应变速率区，流变失稳区对应低温高应变速率，依此选择每火次轧制应变速率和变形温度，可保证轧制型材的完整性。

（3）Stellite6B 合金轧制型材可通过热处理综合提高耐磨性能和力学性能。

参考文献

[1] Ratia V L, Zhang D, Carrington M J, et al. Comparison of the sliding wear behaviour of self-mated HIPed Stellite 3 and Stellite 6 in a simulated PWR water environment [J]. Wear, 2019 (426～427): 1222～1232.

[2] 屈盛官，熊志华，赖福强，等．等离子堆焊 Stellite 合金高温摩擦磨损特性研究 [J]．摩擦学学报，2016，36（3）：362～370.

[3] 周军，陈勇，罗强，等．CRDM 钩爪用 stellite-6 合金冲击磨损性能研究 [J]．核动力工程，2016，37（3）：66～69.

[4] 高佳伟，李晶，史成斌，等．固溶处理对 Stellite 6B 钴基高温合金中碳化物的影响 [J]．金属热处理，2018，43（2）：62～67.

[5] 段望春，刘少伟，董兵斌，等．时效处理对 Stellite 6B 钴基高温合金组织性能的影响 [J]．中国冶金，2019，29（8）：39～44.

[6] Poliak E I, Jonas J J. A one parameter approach to determining the critical conditions for the initiation of dynamic recrystallization [J]. Acta Materialia, 1996, 44: 127～136.

[7] 肖东，付建辉，陈琦，等．GH4141 高温合金热变形行为及组织演变 [J]．塑性工程学报，2022，29（9）：157～164.

[8] 江鸿，杭燕，黄波，等．Incoloy800 合金轧制变形的数值模拟及组织与性能研究 [J]．塑性工程学报，2020，27（8）：128～135.

宽幅 GH3600 带材制备技术的探究

丁五洲*，程伟，杨永石，杨哲，孙宏伟

（宝钛集团有限公司，陕西 宝鸡，721014）

摘　要：论述了 0.8mm×1219mm×*C*mm、单重大于 4t 的 GH3600 带材生产工艺。主要涉及的技术工艺为 VIM+ESR 两步法熔炼、锻造、热连轧、二十辊冷轧及在线热处理等。经过最终产品检验，带材表面质量、化学成分、力学性能、腐蚀速率等符合 ASTM B168 要求，满足新能源制造的行业要求，解决了"卡脖子"技术难题，摆脱了 GH3600 带材依赖进口的现状。经过批量生产验证，采用该工艺技术所生产的带材质量稳定。同时，为我国镍基高温合金带材的科研生产奠定了一定的工艺基础。

关键词：GH3600；带材；熔炼；轧制

GH3600（UNS N06600/W. Nr. 2. 4816）是镍-铬-铁基固溶强化合金，具有良好的耐高温腐蚀性（耐酸碱）和抗氧化性能、优良的冷热加工和焊接工艺性能，在700℃以下具有满意的热强性和较高的热塑性。该合金因其高的强度和耐腐蚀性，广泛地应用在化学工业上，如加热器、蒸馏器、泡罩塔、脂肪酸加工用的冷凝器、卷管用带材，以及制取硫化钠用的去氧化槽、制纸浆松香酸设备等均有应用。

在航天领域里，该合金广泛应用于发动机和必须承受高温的空气舱部件上，如安全锁线、排气衬套、涡轮叶片等。在电子领域内，该合金常用来制作阴极射线管辐射架、辉光闸流管栅极、管支撑构件和弹簧等。这种合金是原子反应堆的一种标准结构材料，它对高纯度的水具有极好的抗蚀性能，而且在反应堆水系统中，没有氯离子应力腐蚀的迹象。在原子核反应的应用中，对合金的要求特别严格，并且指定使用该合金[1]。

60 多年来，我国镍基高温合金已经取得了令人瞩目的成就，形成了一支实践经验丰富，具有一定理论水平的生产科研队伍，是继美国、英国和苏联之后的第四个有高温合金体系的国家。随着现代工业的发展，行业内对产品质量的要求越来越高。尤其是近些年来，为促进我国"碳达峰""碳中和"战略目标任务的完成，发展势头迅猛的新能源等新兴产业，对 GH3600 带材的需求量规模巨大，同时对带材的力学性能、尺寸精度、表面光洁度、耐蚀性等要求更高。国内常规生产的 0.8～1.0mm 合金带材由于板幅较小（$W \leqslant$ 500mm），存在表面起皮、耐蚀性不稳定等一系列问题，导致该产品的国产化受阻，目前市场上所使用的带材几乎全部依赖进口。

为解决这一难题，宝钛集团利用自主装备，发挥镍基合金技术优势，参考 ASTM B168 和新能源用带的双要求，从原料选用处着手，优化 VIM+ESR 两步法熔炼工艺，保障了 GH3600 电渣锭的冶金质量优良，间隙元素控制在 $2\times10^{-3}\%$ 以下，S、P 等杂质元素控制在较低水平，最终经过锻造、热卷轧制、冷轧、在线热处理及检验等工序，生产出满足双要求的 0.8mm×1219mm×*C*mm 的合金带材。

1　生产工艺

1.1　两步法熔炼

通过工艺方案设计，严格规范原料的使用，按照相关标准要求进行原料及中间合金选用，配

*作者：丁五洲，宝钛集团镍材料公司，高级工程师，联系电话：13609177637

料后进行真空感应熔炼，确保精炼工艺参数及合金化达到工艺要求，为电渣重熔提供优质的电极。合金的电渣重熔在6t电渣重熔炉进行，重熔采用四元渣系，起弧、加渣时采取一定的保护措施，重熔过程按照工艺制定合理的电流和电压，保障重熔过程的功率稳定，合理控制熔速在一定范围内，有效降低间隙元素增量。

图1 GH3600冷轧带

1.2 带材加工

电渣锭处理后随即进行板坯锻造，坯料采用阶梯式加热制度，出炉后先进行镦拔，然后按照工艺要求两火锻至目标尺寸要求的板坯。板坯表面处理后，经热连轧、连退连酸洗、1219mm二十辊冷轧机组的轧制（结合中间热处理）、在线热处理等加工工序，生产出 δ0.8mm × 1219mm × *C*mmGH3600带卷，成品及金相照片如图1、图2所示，合金的化学成分、力学性能、腐蚀速率等性能见表1、表2。

图2 带材退火后的金相组织

表1 GH36600带材化学成分 （质量分数,%）

牌号	化学成分	C	Mn	Si	S	Cr	Cu	Fe	Ni
GH3600 (Inconel600)	实测值	≤0.02	≤0.65	≤0.02	<0.001	16.2	≤0.002	8.5	余量
	ASTM B168	≤0.15	≤1	≤0.5	≤0.015	14~17	≤0.5	6~10	≥72

表2 成品带材力学性能

厚度	产品对比	状态	方向	抗拉强度/MPa	屈服强度/MPa	伸长率/%	晶粒度	腐蚀速率/mm · y^{-1}
0.8mm	宝钛自产	A	T1	693	366	44	8.5级	0.18
			T2	697	368	44		
			L1	687	358	44.5	8.5级	0.26
			L2	689	355	45		
所有规格	ASTM B168	A		≥550	≥240	≥35	—	
所有规格	行业要求	A	T	≥600	≥280	≥30	—	8.0
所有规格	进口带材	A	T	683	342	45	8.0级	0.22

2 结果与分析

该带材生产工艺中，熔炼工艺是核心技术，真空感应+电渣重熔双联法工艺作为经典的熔炼方式，为国内外众多镍基合金生产厂家所采用。真空感应熔炼工艺可制备精确化学成分的合金电极，通过精炼和调质操作，能较好地去除O、N、H等杂质元素，消除易挥发的低熔点杂质，确保合金化效果优良，且成分均匀。经过电渣重熔，进一步提高了合金的纯洁度，改善了铸锭的铸态组织[2]。

合金的热卷连续轧制是该生产工艺的关键加工技术，根据合金的塑性图、热连轧机组的压力配置，并结合实际生产经验，制定合理可行的加热制度和道次分配，确保热卷成型效果良好，塔形、同板差控制在目标范围以内，热卷无影响最终质量的裂边。热处理后的带卷，再经过二十辊冷轧机组的多个轧程及连续退火，最终轧制为 0.8mm×1219mm×*C*mm 的带卷。

2.1 熔炼技术

GH3600 合金是在镍合金中，固溶 15%左右金属铬的一种耐蚀合金，同时具备抗氧化性、抗硫化性能，拥有高强度、塑性、韧性及焊接性能。这些特点对合金的冶金质量提出较高的要求。

经过大量的生产及科研试验，证明了感应炉+电渣重熔双联法是最佳生产方法，因为该熔炼方法可准确控制合金中的易氧化元素含量，有效将合金中的非金属夹杂物去除，大大降低合金中的间隙元素含量，O、N 等元素经过双联法熔炼工艺，可控制到 $2\times10^{-3}\%$ 以内。二次重熔时，铸锭自下而上的轴向结晶有利于气体的排出，经重熔后的合金中 O 含量可降低 30%~50%，H 含量也有所降低，N 含量的降低程度主要取决于原料中的总量。从表 3 的数据可看出合金重熔前后的杂质元素含量的变化。

同时，经过电渣重熔后的合金，由于 S 与气相中的 O 极具亲和力，故二次重熔后的合金去 S 效果可达 50%以上，而对于 P 的去除，效果却不太显著。由于重熔时的高温、高碱度、强烈渣洗环境，低熔点的有害元素 Pb、Bi、Sn 等呈蒸汽状逸出熔池[3]。

表 3 GH3600 重熔前后 O、N、S、P 的含量对比

状态	O	N	S	P	H
重熔前/%	0.005	0.006	0.002	0.0006	0.0007
重熔后/%	0.0018	0.002	0.0008	0.0005	0.0006
降低率/%	-64	-66	-60	-16	-14

注：以上数据根据 100 炉生产检验数据而来。

此外，电渣重熔能将合金的 C 含量控制在 0.02%以下水平。C 在 GH3600 合金中含量超过 0.15%时，其将会和 Cr 元素形成 $Cr_{23}C_6$，从而导致合金晶界局部贫铬，从而降低合金的耐蚀性能，易形成晶间腐蚀。此外，C 作为间隙型原子，有很强的固溶强化奥氏体能力，随着 C 含量的增加，当 C 含量达到 0.05%以上时，合金的强度明显提高，进而使得合金的高温变形抗力增大，不利于塑性变形。故选择两部法熔炼工艺，可以降低合金的高温变形抗力，从而改善合金的热加工性能。图 3、图 4 可以明确看出，电渣重熔有益于提高合金腐蚀性能及加工性能。

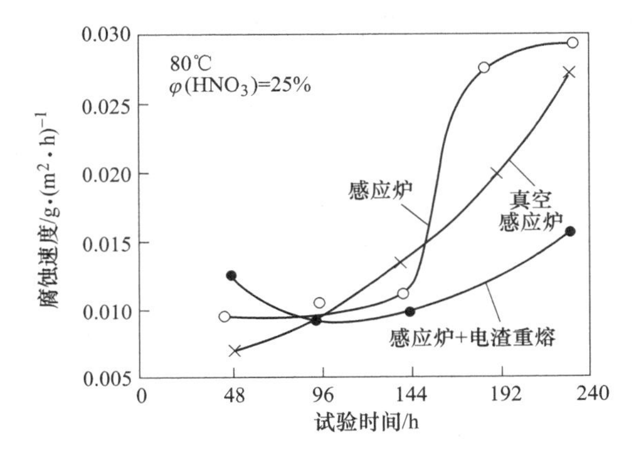

图 3 不同熔炼方法对 GH3600 腐蚀速度的影响

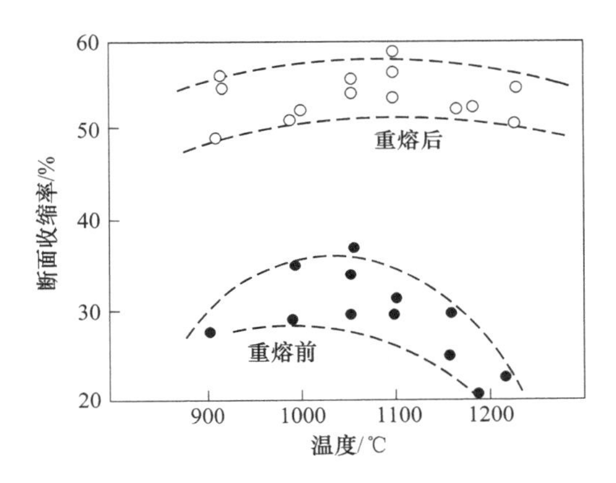

图 4 电渣重熔对 Ni-Gr-Fe 合金热塑性的影响

2.2 轧制技术

2.2.1 热连轧

热连轧的工艺流程：坯料加热—除鳞—粗轧—除鳞—精轧—在线质检—层冷—卷曲—打捆—喷号标识、入库，坯料的加热制度、粗轧的粗轧及精轧分配为连续轧制的关键控制点。

选择合适的加热制度，保证合金坯料具有良好的高温塑性，有效降低变形抗力。加热炉为微氧化性气氛，由于镍基高温合金的加热温度基本在 1150℃以上，故从生产成本考虑，一般采用燃气炉加热，最终根据图 5，确定合金的加热制度。注意坯料的装炉位置远离火焰，同时，需严格控制并检测炉内气氛中的 S 含量，经验表明：当炉内气氛中 S 含量超过 0.00045mg/L 时，易使镍基合金坯料表层与 S 反应，生成脆性相 Ni_3S_2，且随着加热时间的持续，反应会逐渐向坯料内部渗透，最终合金在热轧时失效开裂而导致报废。

坯料进入粗轧阶段，根据粗轧机组的压力配制，以及合金坯料的热塑性和高温下抗力指标，根据图 6 的数据，制定合理的道次分配及形变量。操作过程尽量减少温降，快速进入精轧，最终坯料 120mm×1260mm×*L*mm 经粗轧五道次，进入精轧前，测温仪显示坯料温度 1060℃，高于设计的终轧温度 950℃，再经过 F1-F8 联合轧制，合金卷从 32mm 轧至 3.4mm，单道次形变量最大 28%，F8 轧制形变量 9%，卷带进入 F8 前测温 970～980℃，符合设计方案的控制参数。

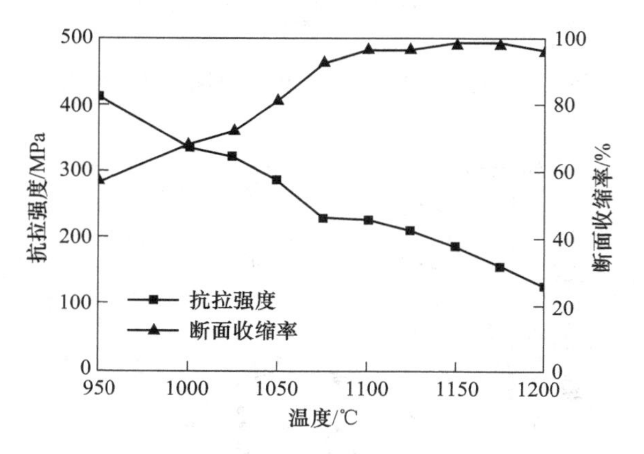

图 5　GH3600 合金的高温塑性曲线

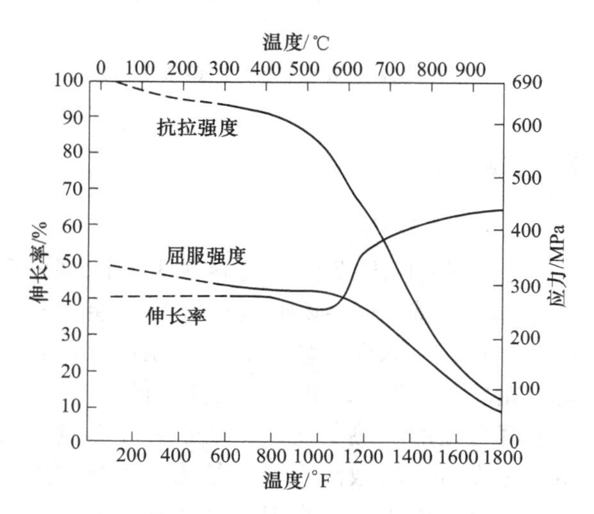

图 6　GH3600 合金的高温性能

2.2.2　冷轧

合金热轧卷带经过连续退火后结合酸洗，得到了软态的白化卷。热卷的检测结果见表 4。经在线检验，卷带表面无肉眼可见缺陷，色泽一致，同板差±0.2mm 以内，板型良好，为冷轧工序提高优质的半成品合金卷带。通过二十辊冷轧机组的轧制，结合两次中间退火和成品热处理，最终得到尺寸精度高、表面光亮一致的、无肉眼可见缺陷的成品卷带。

表 4　热卷带连退连酸后的力学性能

产品对比	厚度	状态	方向	R_m/MPa	$R_{p0.2}$/MPa	A_{50}/%
宝钛自产	3.4mm	A	T	655	325	46
			L	634	312	45.5
ASTM B168	所有厚度	A	—	≥550	≥240	≥35

退火后的热卷带具有优异的冷加工性能，为充分发挥合金软态的塑性，充分利用冷轧机组的设备能力，确保设备承载能力的前提下，单火次设计采用较大的冷轧总形变量，以尽可能减少中间热处理和提高生产效率。同时，应避免单个轧程的总加工率处于临界变形程度范围，否则合金卷带热处理后会出现结晶不均匀，致使产品性能不良。此外，为保障卷带的板型、精度，根据合金屈服点选择合理的前后张力，并严格规定轧制速度[4]。

冷轧前几道次，为充分利用合金热处理后的塑性，采用较大的加工率，以后随着卷带的加工硬化逐渐增大，逐道次减小加工率。同时，参考镍基合金的硬化速率变化及形变机理，根据图 7 的理论，结合合金自身特性以及硬化速率经验值。综合以上，实际生产过程中，前 3 道次的形变量控制在 13%～15%，随后单道次形变量逐步递减，介于 5%～9%，第一轧程从 3.4mm 经 5 个道次，轧至 1.7mm，总加工率 50%，随后进行中间热处理。而后，卷带经 7 个道次，1.7mm→1.45mm→1.24mm→1.06mm→0.96mm→0.89mm→0.84mm→0.8mm，轧至成品名义厚度。

卷带经过在线光亮热处理后，进行拉矫、切边、取样，进行综合检验，卷带表面光洁一致，粗糙度达到 3.2μm；尺寸精度达到预期目标，同板差 0.1mm。最终带卷单重 4.5t，规格为 0.8mm×1219mm×*C*mm，无肉眼可见划伤、微裂、起皮等缺陷，力学性能优良，各向异性较小，晶间腐蚀性能优异（见表 2），综合性能符合 ASTM B168 要求的同时，满足新能源制造领域的行业特殊要求，达到同等进口材料的质量水平。

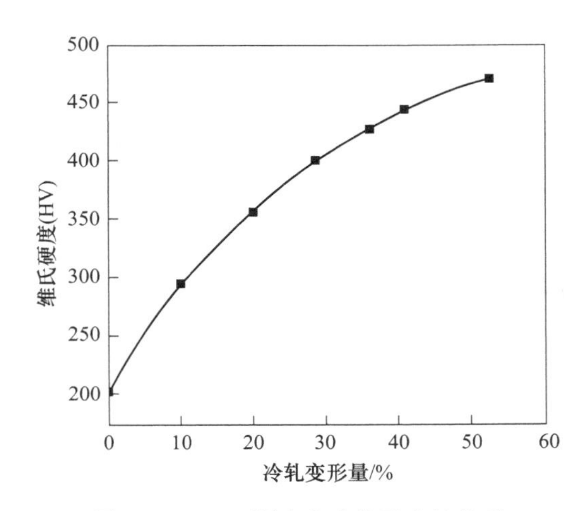

图 7　GH3600 硬度和冷轧形变的关系

3　结论

运用真空感应制备 GH3600 电极，然后经过 6t 电渣重熔，得到冶金质量高的合金铸锭，进而通过锻造、热卷连轧、连退连酸、冷轧结合中间退火、成品在线热处理等稳定的工艺过程，得到综合性能优越，精度高的宽幅合金带材。

（1）镍基高温合金的最佳熔炼工艺为：真空感应+电渣重熔。该双联法工艺的准确实施，可精准控制合金成分，消除成分偏析，将合金中的（O+N）含量控制在 $4\times10^{-3}\%$以内，S、P 等杂质含量更低。同时，和其他熔炼方法相比，该工艺制备的铸锭结晶组织为细小的柱状晶，合金致密性有所提高，具有优良的热加工性能，最终获得的产品耐蚀性能优越。

（2）宽幅合金带材的轧制工艺技术是成型过程的关键控制点，热轧时要充分考虑合金的高温塑性、连轧机组的压力配制，制定合理的道次形变量和终轧温度，确保合金在轧制过程的稳定性；带材冷轧时，根据合金自身特性设计合理的总加工率、轧程、道次加工率的分配，同时，为获得高精度的产品，需合理控制轧制速度和前后张力。

（3）针对宽幅 1000mm 以上镍基合金带材的科研生产，尚为我国镍基合金生产领域的技术短板。本文提供的 GH3600 合金带材生产工艺路线，为我国镍基合金 Inconel625、Hastlloy C-276 宽幅带材领域的后续发展提供了一定的参考思路。

参考文献

［1］王亚男，陈东旭．工艺参数对低铝钛 GH600 合金显微组织及析出相的影响［J］．辽宁科技大学学报，2016，39（3）：172~180.

［2］郭建亭．高温合金材料学［M］．北京：科学出版社，2010.

［3］王振东．感应炉冶炼［M］．北京：化学工业出版社，2007.

［4］牛建平．纯净钢与高温合金的制备技术［M］．北京：冶金工业出版社，2009.

新型难变形高温合金 GH4151 盘锻件制备技术研究

吕少敏[1,2,3*]，谢兴飞[1,2,3]，曲敬龙[1,2,3]，杜金辉[1,2,3]，
孙少斌[1]，师俊东[4]，李维[5]，易出山[6]

（1. 北京钢研高纳科技股份有限公司，北京，100081；
2. 四川钢研高纳锻造有限责任公司，四川 德阳，618000；
3. 钢铁研究总院高温材料研究所，北京，100081；
4. 中国航发沈阳发动机研究所，辽宁 沈阳，110015；
5. 中国航发湖南动力机械研究所，湖南 株洲，412002；
6. 中国航发南方工业有限公司，湖南 株洲，412000）

摘　要：航空发动机推重比/功重比的不断提高，对涡轮盘材料的高温力学性能，特别是大载荷下的承温能力提出了更为苛刻的需求。新型难变形高温合金 GH4151 是一种典型的复杂合金化镍基高温合金，该合金强化相 γ′含量高达 55%左右，具有优异的高温性能，可在 800℃以下服役。本文研究了耐 800℃高热强性 GH4151 合金及盘锻件制备技术，采用“真空感应+电渣重熔+真空自耗”三联冶炼工艺制备了直径 ϕ508mm 铸锭；通过“镦拔+径锻”联合开坯工艺制备了直径 ϕ150mm、ϕ300mm 均质细晶棒材，晶粒度达到 ASTM 8 级；最后采用热模锻成功制备了 ϕ250mm、ϕ700mm 级全尺寸盘锻件，并经精确控制的复合热处理制度，获得了优异的综合力学性能。
关键词：GH4151 合金；盘锻件；微观组织；力学性能

随着航空航天发动机推重比/功重比的不断提高，其涡轮前进口温度也随之提高，对高温合金涡轮盘和高压压气机盘等关键热端部件的承温能力和力学性能提出了更高的要求[1]，盘件轮缘的长时工作温度高达 750～800℃，而现有的涡轮盘材料，已不能满足新一代高性能航空航天发动机的使用要求，我国迫切需要耐 800℃级别长期使用的涡轮盘材料[2,3]。基于此，我国成功研制了一种新型难变形高温合金 GH4151，由于该合金具有高热强性、高可靠性以及高经济性的显著优势，可作为制备新一代高性能航空航天发动机用关键热端转动件如涡轮盘和高压压气机盘，填补了我国耐 800℃级别涡轮盘用材料的空白，保障了我国新一代高性能航空航天发动机的研制需求。

近年来，难变形高温合金的研究进展迅猛、高温合金的制造装备也加速升级换代。为了提高合金的纯净度和改善合金的元素偏析现象，对于高合金化程度的高温合金，大多采用“真空感应熔炼（vacuum induction melting，VIM）+气氛保护电渣重熔（electro-slag remelting，ESR）+真空自耗重熔（vacuum arc remelting，VAR）”的三联冶炼工艺；“镦拔+径锻”联合开坯、“3D 锻造”、“多重循环热机械处理”等先进铸锻工艺技术成为国际主流的高温合金棒材制备工艺；而近等温锻以及精确控制的复合热处理工艺，也已成为高合金化难变形高温合金盘锻件制备的必由之路。

1　试验材料及方法

试验采用 GH4151 合金，该名义成分及涡轮盘合金典型牌号名义化学成分见表 1，新型难变形高温合金 GH4151 是一种复杂合金化镍基高温合金，固溶强化元素 W+Mo+Cr+Co 含量达 35%左右，添加高达 8.25%的 W+Mo 元素，引起显著的晶格畸变并降低堆垛层错能，从而提高合金的屈服强度和蠕变性能[4~6]；而 γ′相沉淀强化元素 Al+Ti+Nb

* 作者：吕少敏，工程师，联系电话：13011068353，E-mail：lsmleon@163.com
资助项目：国家科技重大专项（J2019-Ⅵ-0006-0120）

含量已高达10%，且高于目前典型的第三代粉末冶金高温合金。其中，GH4151合金中含Nb高达3.4%。研究表明，Nb元素进入γ′相而形成Ni_3(Al、Ti、Nb)，可增加合金中γ′相的体积分数和反向畴界能，从而提高合金的强度[7,8]。此外，合金中还添加C、B、Mg、Sc、Ce、La等微量元素以强化晶界，降低晶界扩散，减缓位错迁移。一方面，GH4151合金的高合金化使合金具备了优异的高温性能，可在800℃下服役；另一方面，复杂合金化也使得合金的元素偏析，初熔点降低、热加工窗口窄，热加工抗力大、易开裂以及对热处理过程的温度更敏感等，显著提高了合金的热加工难度。

表1 GH4151合金及涡轮盘合金典型牌号名义化学成分对比 （质量分数,%）

合金	元素									
	C	B	Cr	Co	Mo	W	Al	Ti	Nb	Ni
GH4151	0.06	0.012	11.0	15.0	4.5	3.75	3.75	2.8	3.4	余量
René104	0.030	0.030	13.1	18.2	3.8	1.9	3.5	3.5	1.4	余量
LSHR	0.030	0.030	13.0	21.0	2.7	4.3	3.5	3.5	1.5	余量
Alloy 10	0.030	0.020	11.5	15.0	2.3	5.9	3.8	3.9	1.7	余量
René 88DT	0.03	0.015	16.0	13.0	4.0	4.0	2.1	3.7	0.7	余量
Udimet720Li	0.025	0.018	16.0	15.0	3.0	1.25	2.5	5.0	—	余量
Waspaloy	0.035	0.006	19.4	13.2	4.25	—	1.30	3.00	—	余量

GH4151合金采用真空感应熔炼(VIM)+电渣重熔(ESR)+真空自耗(VAR)三联冶炼工艺制备直径ϕ508mm铸锭，经高温扩散退火后，通过“镦拔+径锻”联合开坯工艺制备了直径ϕ150mm、ϕ300mm均质细晶棒材，并通过近等温模锻制备了ϕ300mm、ϕ700mm级别的盘锻件，如图1所示；采用复合热处理制度进行盘件分区控冷技术，实现盘件晶粒组织和强化相的合理精确调控。采用JMatPro进行相分析，并通过DSC和热膨胀仪测定了合金第二相析出规律；另外，采用光镜（OM）、场发射电镜（FEGSEM）对其高低倍组织和γ′相形貌进行了观察，并对盘锻件进行了拉伸性能、持久性能等关键力学性能测试。

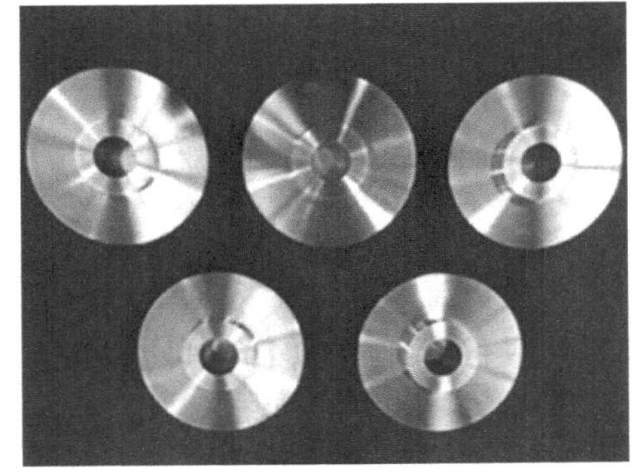

图1 GH4151合金ϕ700mm级整体叶盘锻件及ϕ300mm级涡轮盘锻件

2 试验结果及分析

2.1 合金平衡相图与热力学分析

图2为GH4151合金的热力学平衡相图，由图可知，合金的强化相γ′相含量高达55%左右，在800℃下γ′相的体积分数仍然有50%左右，γ′相全溶温度达到了1165℃。正是这种复杂高合金化的成分特点，使得GH4151合金表现出了极其优异的力学性能和良好的综合性能。图3为GH4151铸态合金DSC分析曲线，由DSC图可知，在升温过程中，存在两个吸热峰，其中1016℃为小块γ′相开始回溶，1140℃为Laves相和大块γ′相开始回溶；在降温过程中，存在两个放热峰，其中1268℃为MC碳化物析出峰，1163℃峰为γ′相析出峰。

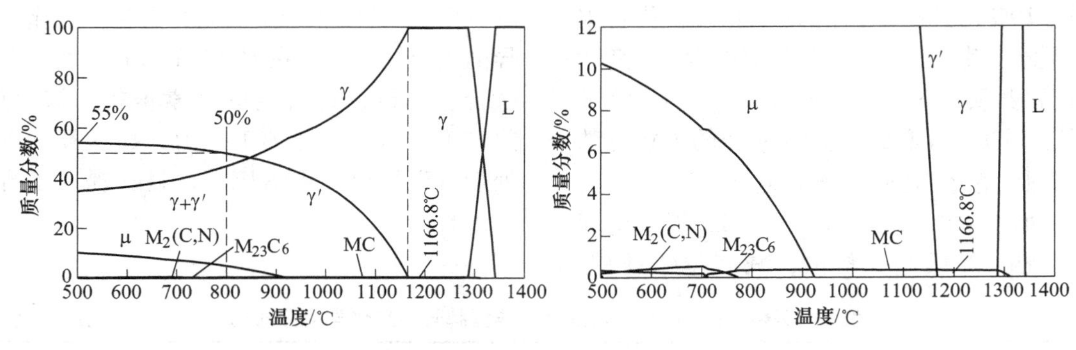

图 2 GH4151 合金热力学平衡相图

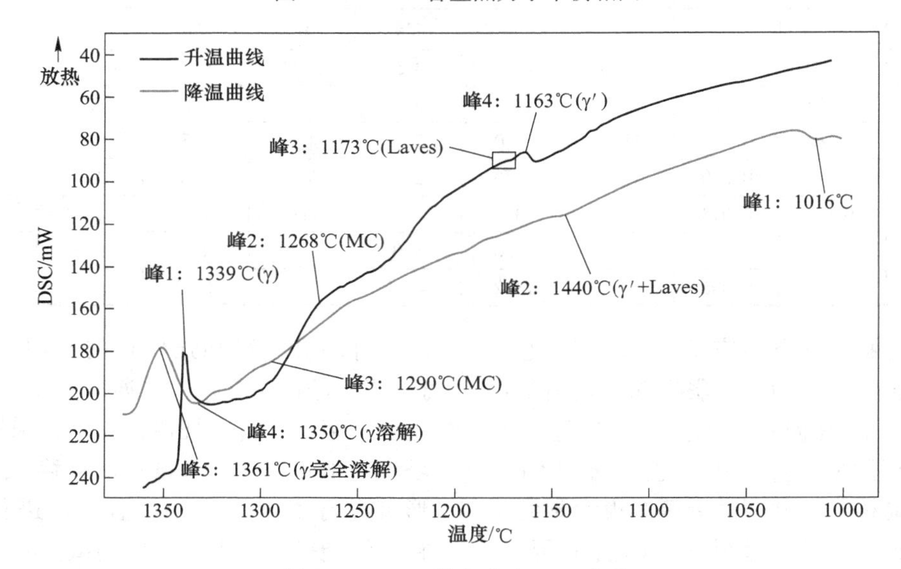

图 3 GH4151 铸态合金 DSC 曲线

2.2 微观组织特征

研究表明，采用“三联冶炼+镦拔-径锻+近等温锻+复合热处理”工艺路线，可成功制备 GH4151 合金 ϕ300mm、ϕ700mm 级全尺寸盘锻件。盘锻件的锻态组织，呈现典型的 γ/γ′双相细晶组织，通过精确调控的盘件分区控冷复合热处理工艺，晶粒尺寸达到 ASTM 8~10 级，如图 4（a）所示。此外，GH4151 合金的第二相呈现多尺度多区域分布特征。（1）晶界第二相：钉扎在晶界处的初生 γ′相尺寸为 1~3μm，是合金服役过程晶粒组织稳定的关键。与此同时，GH4151 合金作为中高碳含量的盘锻件合金，其晶界处的碳化物也起到钉扎作用，在接近 γ′相全溶温度的亚固溶以及过固溶处理过程，晶界处初生 γ′相发生快速回溶及全溶，使得晶界碳化物成为此时控制晶粒尺寸的关键所在。因此，这一组织特征对于过固溶热处理过程中的晶粒尺寸控制尤为重要，也为后续 GH4151 合金双组织双性能盘的制备提供了组织基础。（2）晶内强化相：固溶冷却过程在晶内析出的二次 γ′相，呈近立方状形貌，尺寸为 70~150nm，以及分布在二次 γ′相间基体通道的球形三次 γ′相，尺寸在 50nm 以下，如图 4（b）所示。GH4151 合金均匀的细晶组织、晶内近立方状的二次 γ′相和球形三次 γ′相，保证了该合金具有优异的力学性能。

2.3 力学性能

针对我国高推重比/功重比航空航天发动机型号研制对高性能、高可靠性、复杂结构涡轮盘的性能需求，对 GH4151 合金盘锻件典型力学性能进行了测试，如表 2 所示。GH4151 合金室温屈服强度达 1212MPa、抗拉强度达到 1630MPa，750℃/620MPa 的持久寿命可达 167h，断后伸长率为 10%，而 800℃/500MPa 的持久寿命可达 78.4h。合金后期还可通过优化制备工艺，进一步挖掘合金潜力，获得更优异的综合力学性能。

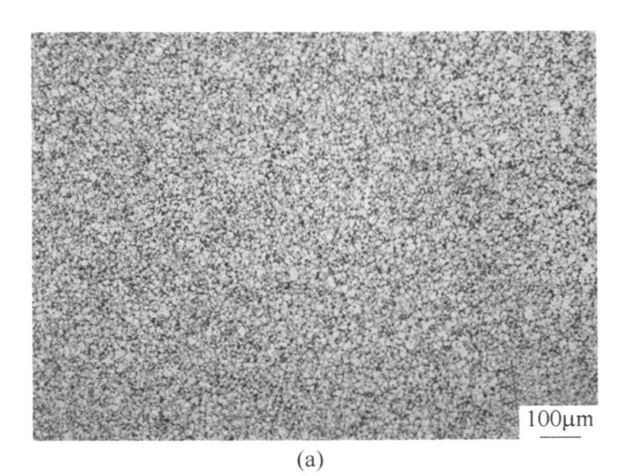

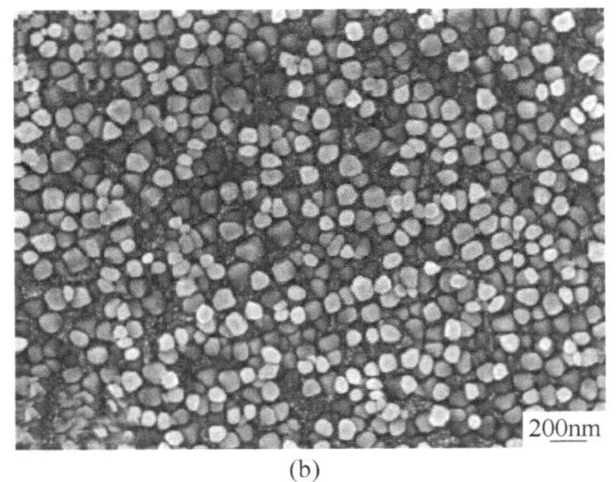

图 4　GH4151 合金热处理态晶粒组织和典型 γ′相形貌

表 2　GH4151 合金典型力学性能

温度/℃	拉伸性能				持久性能		
	σ_b/MPa	$\sigma_{0.2}$/MPa	δ/%	ψ/%	σ/MPa	τ/h	δ/%
23	1630	1212	14.0	15.0	—	—	—
650	1569	1136	13.0	14.5	1010	210.9	5.5
750	1220	1040	15.0	16.5	620	167	10.0
800	1108	972	8.5	10.0	500	78.4	22.0

GH4151 合金的室温、650℃、700℃、750℃、800℃的拉伸性能和持久寿命，与 GH4720Li、GH4975 合金及 René104、Alloy10 等几种典型涡轮盘合金进行了对比，如图 5 所示。由图 5（a）可知，GH4151 合金的室温拉伸性能与典型的三代粉末高温合金相当，优于 GH4720Li，并远高于 GH4975 合金。如图 5（b）所示，GH4151 合金与 GH4720Li、René104 合金等几种典型涡轮盘合金在 800℃以下的温度区间，GH4151 合金具有最高

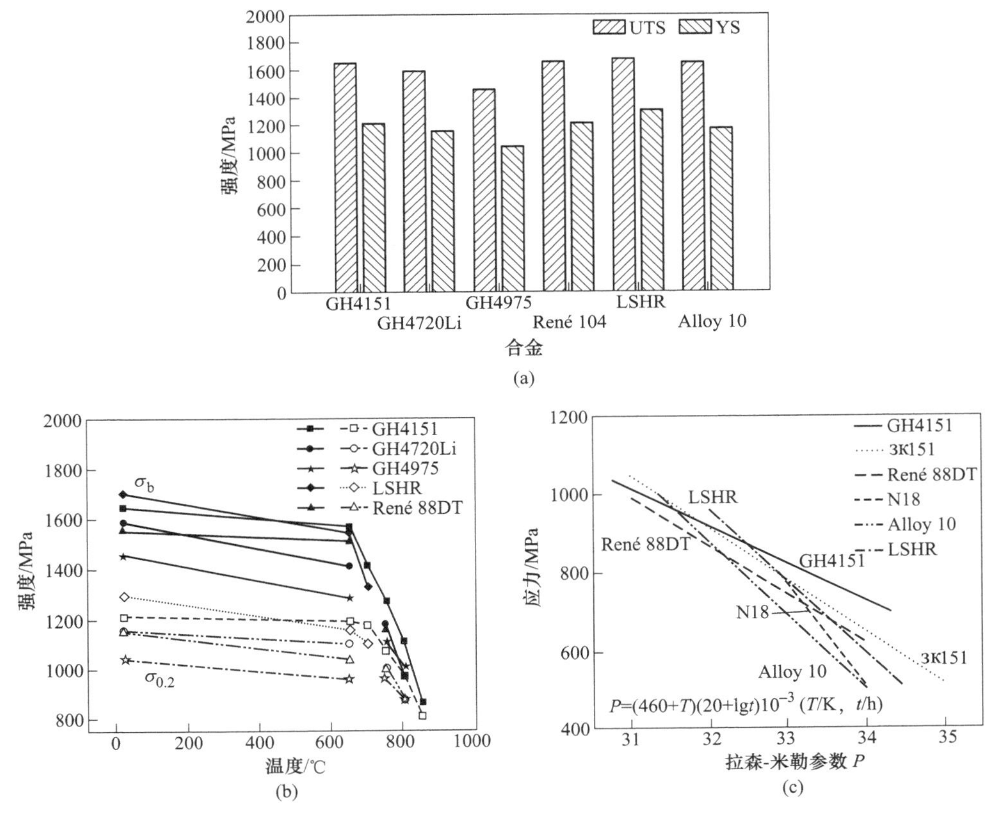

图 5　GH4151 合金与典型涡轮盘合金力学性能对比[1,3,9,10]

（a）室温拉伸性能；（b）不同温度下的拉伸性能；（c）拉森-米勒曲线

的拉伸强度。如图 5（c）所示，为热处理态 GH4151 合金与 GH4720Li、René104 合金等几种典型涡轮盘合金的持久性能对比，由图可知，GH4151 合金具有优异的热强性能。综上，本文制备的 GH4151 合金及其锻件的微观组织均匀，力学性能达到了第三代粉末冶金高温合金的水平。

3 结论

（1）本研究采用“三联冶炼+镦拔-径锻联合开坯+近等温锻+复合热处理”工艺路线，成功制备了 GH4151 合金 ϕ700mm 级整体叶盘锻件及 ϕ300mm 级涡轮盘锻件，盘件水浸探伤达到 HB/Z 34 AAA 级，为我国难变形高温合金及锻件的研制，提供一条高性价比自主可控的工艺路线。

（2）本文制备的 GH4151 合金盘件微观组织均匀，平均晶粒度达到 ASTM 8~10 级，力学性能达到了第三代粉末冶金高温合金的水平，为我国新一代先进航空航天发动机的研制，提供了关键材料支撑。

参考文献

[1] Reed R C. The superalloys：funda mentals and applications [M]. Cambridge UK：University Press，2006.

[2] 杜金辉，吕旭东，董建新，等．国内变形高温合金研制进展 [J]. 金属学报，2019，55：1115~1132.

[3] 吕少敏．GH4151 合金高温变形行为及组织与性能控制研究 [D]. 北京：北京科技大学，2020.

[4] Reed R C，Rae C M F. 22-Physical Metallurgy of the Nickel-Based Superalloys [M]. 5th Edition. Physical Metallurgy. Oxford：Elsevier，2014：2215~2290.

[5] Sudbrack C K，Ziebell T D，Noebe R D，et al. Effects of a tungsten addition on the morphological evolution，spatial correlations and temporal evolution of a model Ni-Al-Cr superalloy [J]. Acta Materialia，2008，56（3）：448~463.

[6] Goodfellow A J，Galindo-Nava E I，Christofidou K A，et al. The effect of phase chemistry on the extent of strengthening mechanisms in model Ni-Cr-Al-Ti-Mo based superalloys [J]. Acta Materialia，2018，153：290~302.

[7] Zhao K，Lou L H，Ma H Y，et al. Effect of minor niobium addition on microstructure of a nickel-base directionally solidified superalloy [J]. Materials Science and Engineering：A，2008，476（1~2）：372~377.

[8] Xie X S，Fu S H，Zhao S Q，et al. The precipitation strengthening effect of Nb，Ti and Al in cast/wrought Ni-base superalloys [J]. Materials Science Forum，2010，638~642：2363~2368.

[9] Devaux A，Georges E，Heritier P. Properties of new C&W superalloys for high temperature disk applications，superalloys 718，625，706 and various derivatives，ed. E. Ott，J. Groh，A. Banik，I. Dempster，T. Gabb，R. Helmink，X. Liu，A. Mitchell，G. Sjoberg，and A. Wusatowska-Sarnek，TMS，2010，223~235.

[10] 吕少敏，贾崇林，何新波，等．GH4065 合金盘锻件的组织与力学性能研究 [C]//中国金属学会高温材料分会．第十四届中国高温合金年会论文集．北京：冶金工业出版社，2019：39~42.

铸造高温合金

浇注温度对第三代单晶高温合金凝固组织与拉伸性能的影响

杨万鹏*，李嘉荣，史振学，王效光，刘世忠，赵金乾，岳晓岱，王锐，郝启赞

（北京航空材料研究院先进高温结构材料重点实验室，北京，100095）

摘　要：在高温度梯度真空定向凝固炉中，采用螺旋选晶法制备单晶试棒，研究了1520℃、1550℃、1580℃浇注温度对一种第三代单晶高温合金凝固组织与拉伸性能的影响。结果表明：随浇注温度升高，合金一次枝晶间距减小，γ-γ′共晶含量降低，枝晶干γ′相尺寸略有减小；浇注温度对合金铸态元素偏析影响不明显；三种浇注温度下合金1100℃拉伸性能基本相当。

关键词：单晶高温合金；浇注温度；显微组织；拉伸性能；断口

镍基单晶高温合金综合性能优良，是目前高性能航空发动机涡轮叶片的首选材料[1,2]。随着先进航空发动机推重比的提高，单晶涡轮叶片结构日益复杂，已发展出双层壁超冷结构，铸造成形难度非常大；并且，伴随单晶高温合金的发展添加了更多高熔点合金元素，这进一步加剧了单晶涡轮叶片定向凝固过程的不稳定性，使得小/大角度晶界、杂晶等结晶缺陷出现的可能性增大[3]。上述变化使得高代单晶涡轮叶片定向凝固过程控制难度加大，且难以获得理想的凝固组织。

目前，公开报道主要集中于浇注温度等定向凝固工艺参数对第一代与第二代单晶高温合金的凝固组织与性能的影响研究。熊继春等[4,5]研究了浇注温度对第二代单晶高温合金DD6显微组织与持久性能的影响，发现随浇注温度降低，DD6合金一次枝晶间距稍有增加，枝晶干与枝晶间γ′相尺寸略有增大，而浇注温度1570℃条件下合金的760~1100℃持久性能均高于浇注温度1520℃，且两种浇注温度条件下合金均保持良好的持久塑性。Seo等[6]研究了第二代单晶高温合金CMSX-4的选晶过程，发现降低浇注温度可以增加结晶器激冷表面晶粒密度，从而增加获得良好结晶取向的可能性。Gao等[7]研究表明浇注温度对第一代单晶高温合金DD3的结晶取向也会产生影响。Szeliga[8]研究了第二代单晶高温合金CMSX-4定向凝固过程，发现浇注温度由1570℃降至1450℃不影响涡轮叶片模拟试样凝固过程的温度梯度与凝固速率。

综上所述，十分有必要研究第三代单晶高温合金的定向凝固工艺。本文主要研究了浇注温度对一种第三代单晶高温合金凝固组织与拉伸性能的影响，以获得合金优异性能。

1　试验材料及方法

采用纯净的原材料真空熔炼母合金，其成分（质量分数,%）为：Cr 2.5~4.5，Co 5.5~9.5，Mo 0.5~2.5，W 6.0~8.0，Al 5.2~6.0，Ta 5.5~8.5，Re 3.5~5.0，Hf 0~0.5，Nb 0~1.5，C 0~0.04，Ni 余量。在其他工艺参数相同的情况下，在高温度梯度真空定向凝固炉中使用螺旋选晶法分别采用1520℃、1550℃、1580℃浇注温度制备单晶试棒。采用X射线法测定试棒的晶体取向，试棒的结晶取向［001］与其纵向偏离控制在10°以内。利用光学显微镜（OM）和扫描电子显微镜（SEM）观察试样的铸态组织，采用单位面积计算法测定一次枝晶间距，用比面积法测定合金的γ-γ′共晶含量，用电子探针测定枝晶干和枝晶间的合金元素含量。对于OM与SEM试样，将其打磨抛光后进行浸蚀，所用化学腐蚀剂为100mL H_2O+80mL HCl+25g $CuSO_4$+5mL H_2SO_4，浸蚀时间为5~10s。对上述铸态单晶试棒进行热处理：预处理+1340℃/6h/AC+1140℃/4h/AC+870℃/32h/AC，然后加工成标准拉伸性能试样，

*作者：杨万鹏，博士，高级工程师，联系电话：010-62498232，E-mail：wp_yang621@126.com

测试1100℃拉伸性能，每个条件使用2根试样。采用扫描电子显微镜观察拉伸断口。

2 试验结果及分析

2.1 枝晶组织

图1为不同浇注温度下合金的枝晶组织，图2为浇注温度对合金一次枝晶间距的影响。可以看出，三种浇注温度下均呈现整齐排列的发达一次枝晶；随浇注温度升高，合金的一次枝晶间距变小。对于单晶高温合金而言，合金一次枝晶间距与温度梯度和生长速率有关，在一定生长速率下，一次枝晶间距与温度梯度成反比[9]。在本研究中，随着浇注温度的增加，合金凝固时界面前沿的温度梯度增加，而抽拉速率不变即生长速率不变，因此合金的一次枝晶间距随着浇注温度的增加而降低，这与第二代单晶高温合金DD6的研究结果一致[4]。

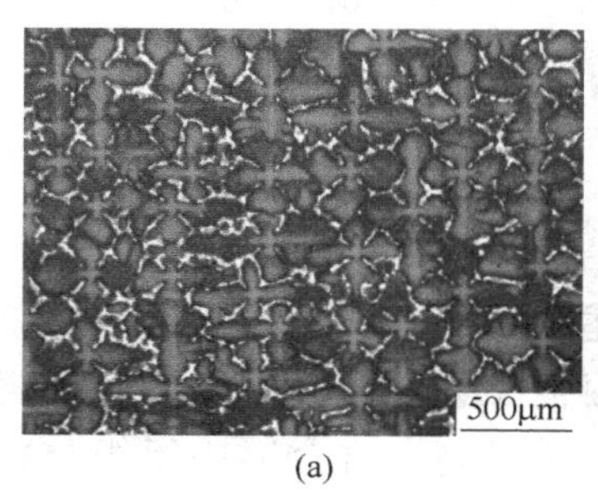

(a)

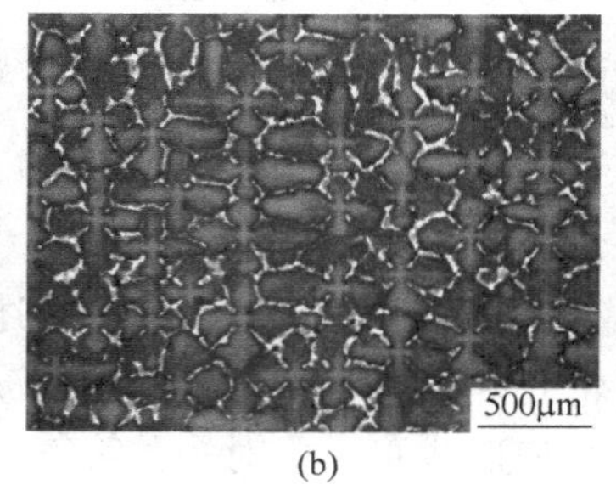

(b)

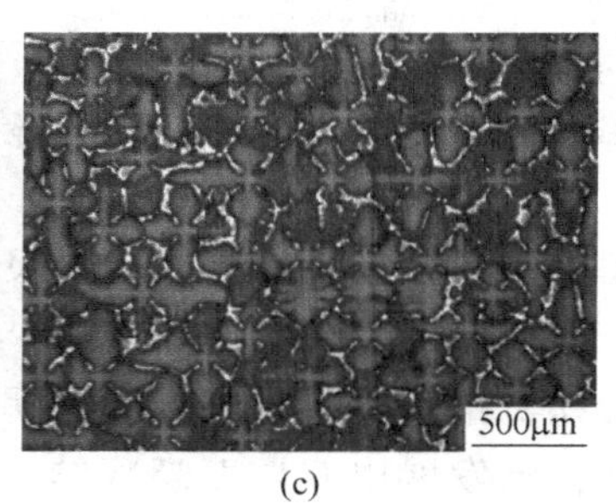

(c)

图1 不同浇注温度合金的枝晶组织

(a) 1520℃；(b) 1550℃；(c) 1580℃

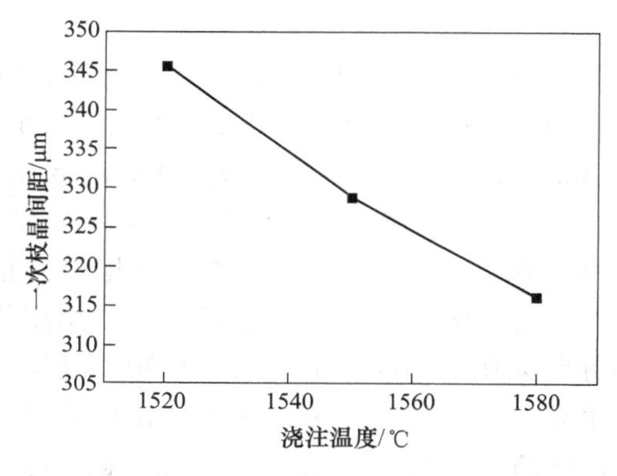

图2 浇注温度对合金一次枝晶间距的影响

2.2 γ-γ′共晶

图3为不同浇注温度合金的γ-γ′共晶组织，图4为浇注温度对合金γ-γ′共晶含量的影响。结果表明，随浇注温度升高，共晶体积分数降低。合金凝固时，由于溶质再分配而导致合金元素在枝晶干和枝晶间分布不均匀，随温度下降，当枝晶间的液相具备γ-γ′共晶相成分时，γ-γ′共晶相析出[10]。随浇注温度升高，合金的一次枝晶间距变小，溶质元素扩散距离减小，溶质再分配程度减轻，从而共晶的体积分数减少。

2.3 γ′相组织

图5为不同浇注温度下合金的枝晶干和枝晶间铸态γ′相组织。可以看出，在相同浇注温度条件下，枝晶干分布细小较规则的γ′相，枝晶间分布粗大不规则的γ′相；随浇注温度升高，枝晶干γ′相尺寸略有降低。本研究工作中，单晶高温合金以枝晶方式凝固，枝晶间富集了γ′相形成元素，因此枝晶间的γ′相具有更高的长大驱动力，从而其尺寸更大。第二代单晶高温合金DD6研究表明，随浇注温度升高，枝晶干γ′相尺寸降低，这与本研究的规律一致[4]。

2.4 枝晶偏析

图6所示为不同浇注温度合金的铸态枝晶干与枝晶间主要元素的偏析比。在单晶高温合金的枝晶凝固过程中，由于溶质再分配而导致合金元素在枝晶干和枝晶间存在偏析。可以看出，Re、W、Co元素明显偏析于枝晶干，偏析程度Re>W>Co；Al、Ta、Nb元素主要偏析于枝晶间，偏析程度为Nb>Ta>Al。整体来看，随浇注温度增加，合金元素的偏析程度变化不大。

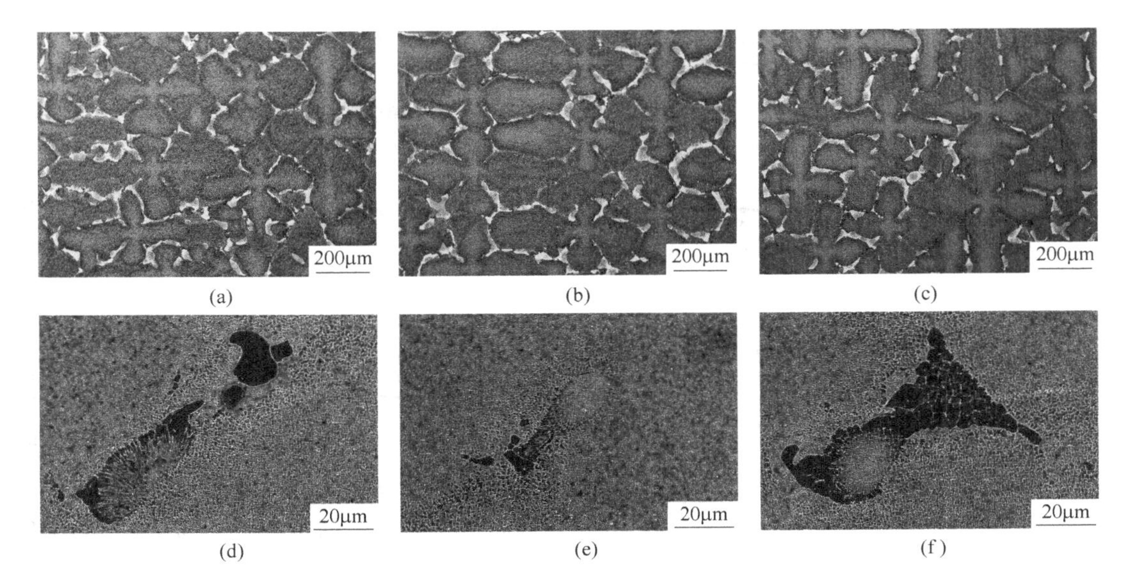

(a)　(b)　(c)
(d)　(e)　(f)

图 3　不同浇注温度合金的 γ-γ′共晶组织

(a)，(d) 1520℃；(b)，(e) 1550℃；(c)，(f) 1580℃

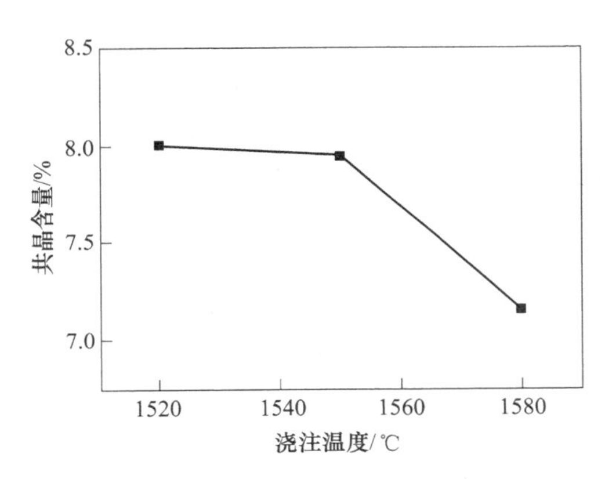

图 4　浇注温度对合金 γ-γ′共晶含量的影响

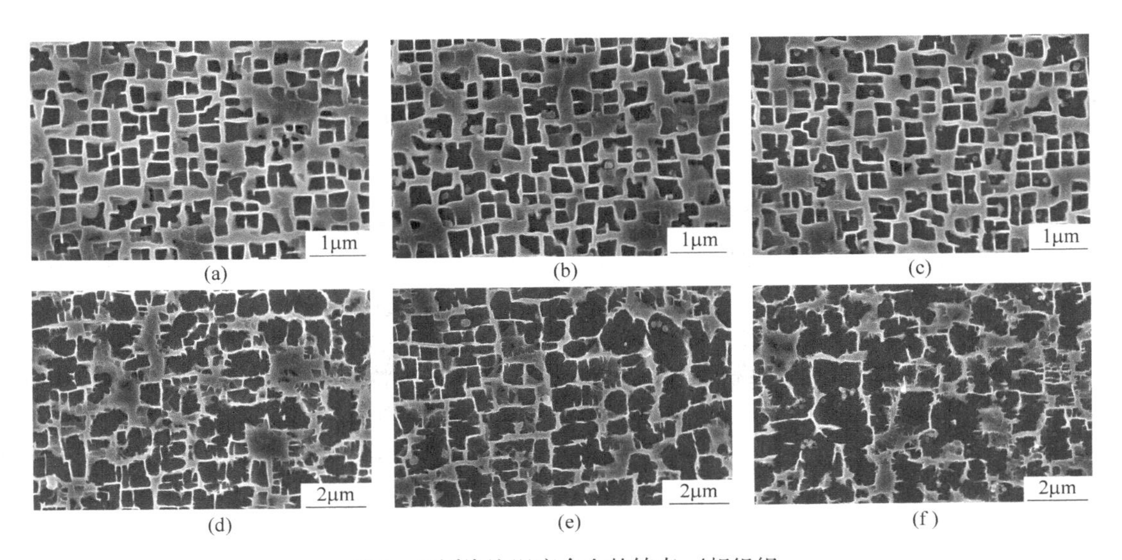

(a)　(b)　(c)
(d)　(e)　(f)

图 5　不同浇注温度合金的铸态 γ′相组织

(a) 1520℃，枝晶干；(b) 1550℃，枝晶干；(c) 1580℃，枝晶干；(d) 1520℃，枝晶间；(e) 1550℃，枝晶间；(f) 1580℃，枝晶间

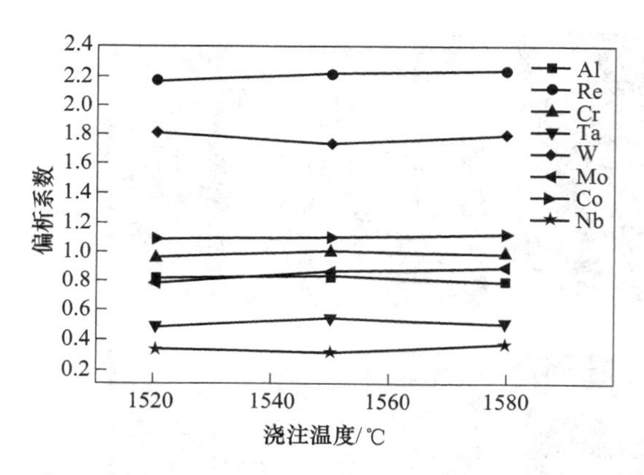

图 6　合金不同浇注温度下铸态主要元素的偏析比

2.5　拉伸性能

表 1 所示为不同浇注温度下合金 1100℃ 拉伸性能。可以看出，浇注温度 1520℃ 与 1550℃ 条件下的合金 1100℃ 拉伸强度相近，而浇注温度 1580℃ 条件下的拉伸强度相对略低，三种浇注温度下合金均保持很好的拉伸塑性。总的来说，三种浇注温度下合金的 1100℃ 拉伸性能基本相当，即浇注温度对合金 1100℃ 拉伸性能无明显影响，这有利于为制备复杂结构单晶涡轮叶片所需的浇注温度提供较宽的工艺裕度。

表 1　浇注温度对合金 1100℃拉伸性能的影响

浇注温度/℃	$\sigma_{p0.2}$/MPa	σ_b/MPa	δ_5/%
1520	414.5	552.0	28.7
1550	418.5	551.5	40.6
1580	409.0	524.0	32.2

图 7 所示为不同浇注温度下合金 1100℃ 拉伸断口。可以看出，三种试样的断口均接近圆形，为韧窝断裂，且韧窝形貌特征几乎占据了整个断面；断口中的韧窝呈圆形或方形，而大多韧窝底部存在显微孔洞，在拉伸变形过程中会发生显微孔洞的聚集和长大，从而产生显微裂纹，大量显微裂纹的形成与扩展造成有效承载面积减小，直至彼此互相连接导致断裂，形成了韧窝断口形貌。

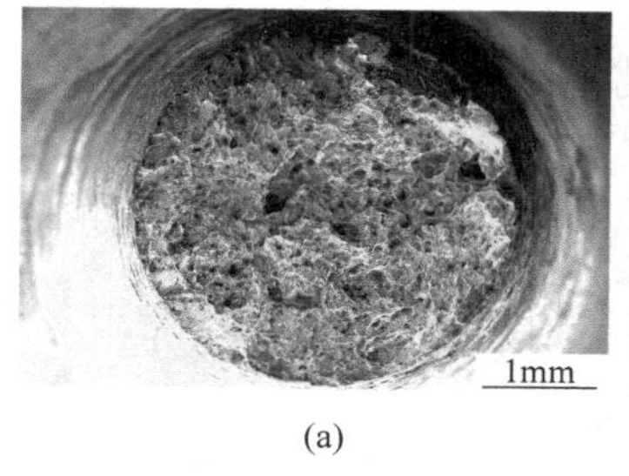

(a)

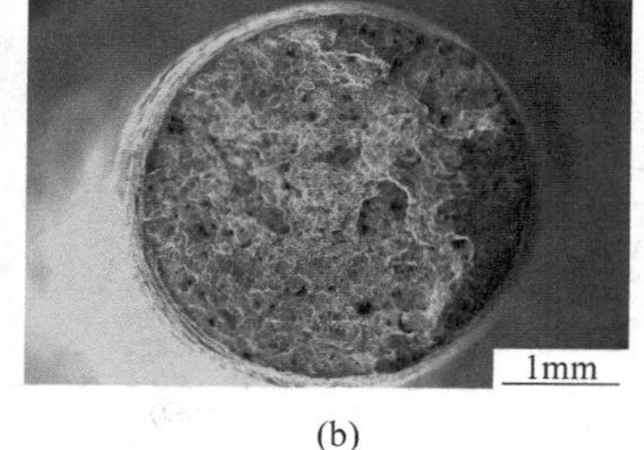

(b)

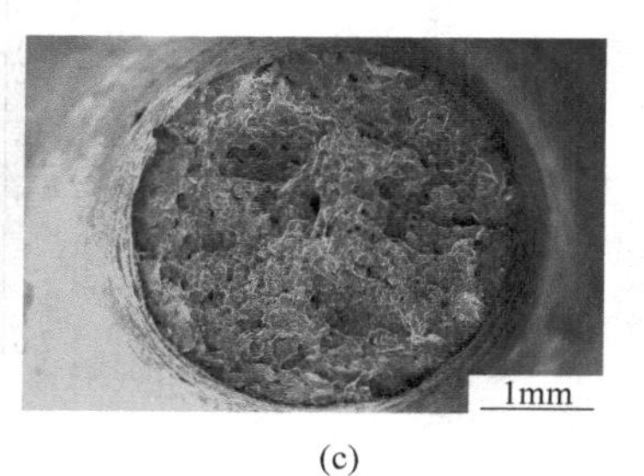

(c)

图 7　不同浇注温度合金的 1100℃拉伸断口
(a) 1520℃；(b) 1550℃；(c) 1580℃

3　结论

（1）随浇注温度升高，第三代单晶高温合金一次枝晶间距减小，γ-γ′共晶含量降低，枝晶干 γ′相尺寸略有减小，浇注温度对合金铸态元素偏析影响不明显。

（2）三种浇注温度下合金 1100℃ 拉伸性能基本相当，且其拉伸断口均为微孔聚集型的韧窝断裂。

参考文献

[1] Gell M, Duhl D N, Giamei A F. The Development of Single Crystal Superalloy Turbine Blades [C]//Superalloy 1980. Warrendale, PA: TMS, 1980.

[2] Nabarro F R N. The superiority of superalloys [J]. Materials Science and Engineering A, 1994, 184: 167~171.

[3] Yang W P, Li J R, Liu S Z, et al. Effect of low-angle boundaries on the microstructures and tensile properties of the third-generation single-crystal superalloy DD9 [J]. Crystals, 2022, 12 (5): 595.

[4] 熊继春，李嘉荣，韩梅，等. 浇注温度对 DD6 单晶高温合金凝固组织的影响 [J]. 材料工程, 2009 (2): 43~46.

[5] 熊继春，李嘉荣，骆宇时，等. 浇注温度对 DD6 单晶高温合金持久性能的影响 [C]//第五届中国航空学会青年科技论坛, 2012: 485~489.

[6] Seo S M, Kim I S, Lee J H, et al. Grain structure and texture evolution during single crystal casting of the Ni-base superalloy CMSX-4 [J]. Metals and Materials International, 2009, 15 (3): 391~398.

[7] Gao S F, Liu L, Wang N, et al. Grain selection during casting Ni-base, single-crystal superalloys with spiral grain

selector [J]. Metallurgical & Materials Transactions A, 2012, 43: 3767~3775.

[8] Szeliga D. Effect of processing parameters and shape of blade on the solidification of single-crystal CMSX-4 ni-based superalloy [J]. Metallurgical & Materials Transactions B, 2018, 49: 2550~2570.

[9] 屈敏, 刘林, 唐峰涛, 等. 试样直径对 Al-Cu 合金定向凝固温度梯度和一次枝晶间距的影响 [J]. 中国有色金属学报, 2008, 18 (2): 282~287.

[10] 史振学, 刘世忠, 韩梅, 等. 铸型温度对单晶高温合金叶片凝固组织的影响 [J]. 钢铁研究学报, 2014, 26 (9): 48~52.

晶体取向偏移度对 DD407 单晶合金蠕变性能的影响

韩凤奎[1,2,3*]，刘蓓蕾[1,2,3]，薛鑫[1,2,3]，吴保平[1,2,3]，吴剑涛[1,2,3]，
王凯[1,2,3]，朱小平[1,2,3]，燕平[1,2,3]

（1. 河北钢研德凯科技有限公司，河北 涿州，072750；
2. 北京钢研高纳科技股份有限公司，北京，100081；
3. 钢铁研究总院高温材料研究所，北京，100081）

摘　要：对 DD407 单晶合金不同取向偏离度的中、高温蠕变性能进行了研究，研究结果表明：DD407 单晶高温合金蠕变性能具有明显的各向异性特征，［001］取向合金性能最优，在偏离［001］晶体取向不大于 15°范围内，合金蠕变性能稳定，无明显的蠕变性能随晶体取向偏离度增加的衰退现象。

关键词：晶体取向；蠕变性能；γ′相

镍基单晶高温合金由于其优异的高温综合性能被广泛用作先进航空发动机涡轮叶片材料[1]。目前先进航空发动机涡轮叶片已普遍选用单晶高温合金材料。单晶高温合金具有各向异性的特点，晶体取向对于合金的性能具有重要影响。Mackay 等人[2]研究了具有不同晶体取向的 Mar-M247 单晶高温合金在 774℃/724MPa 条件下的持久蠕变行为，研究发现，［111］和［001］取向的合金具有较长的持久寿命，而靠近［011］取向的合金表现出了非常短的蠕变寿命。Sass 等人[3]研究了 CMSX-4 合金在 850℃时蠕变的各向异性，发现蠕变性能按［001］、［011］、［111］的取向顺序依次降低。Reed[4,5]等人研究认为：在较低温度，偏离［001］取向 20°以内，第一阶段蠕变程度强烈依赖于合金对<001><011>对称边界的微小偏离，而在较高温度下，蠕变变形与角度偏离的关系不大。

目前先进航空发动机用涡轮工作叶片一般选用轴向晶体取向为［001］方向的单晶高温合金精密铸造而成，但对于［001］晶体取向偏离度对单晶合金性能的衰减规律尚缺乏较深入的研究，本研究拟对偏离［001］方向不同角度的 DD407 单晶合金的蠕变性能进行较系统研究，以对单晶叶片［001］偏离度的控制标准提供理论支撑。

1　试样制备与试验方法

本研究试验材料为 DD407 单晶高温合金，化学成分见表 1，使用德国 ALD 产 25 公斤定向凝固炉采用籽晶法制备不同晶体取向的 DD407 单晶试棒，试样的晶体取向分别为：［001］、［011］、［111］，以及与［001］晶体取向偏离度分别为 8°、10°、12°、15°的单晶试棒。试样需进行热护理，热处理工艺为 1300℃×3h 空冷+1080℃×6h 空冷+870℃×20h 空冷。然后将热处理后加工成力学试样，进行不同条件下的蠕变性能测试。研究不同晶体取向 DD407 单晶蠕变性能的演变规律，然后通过扫描电镜、金相显微镜等组织分析手段对试样进行断口分析和组织演化规律分析，研究不同晶体取向条件下 DD407 单晶合金的性能和组织演化规律。

表 1　DD407 单晶高温合金的化学成分

元素	Cr	Co	Mo	W	Ta	Al	Ti	Ni
质量分数/%	8.10	5.50	2.30	5.00	3.50	5.95	2.00	余量

* 作者：韩凤奎，正高级工程师，联系电话：13520869047，E-mail：hanfeng2008bj@163.com

2 试验结果与讨论

2.1 DD407 合金不同晶体取向蠕变性能

在 760℃/750MPa、980℃/260MPa 和 1050℃/140MPa 条件下，分别对［001］、［011］和［111］取向的 DD407 单晶高温合金进行了蠕变寿命测试，试验结果如图 1 所示。

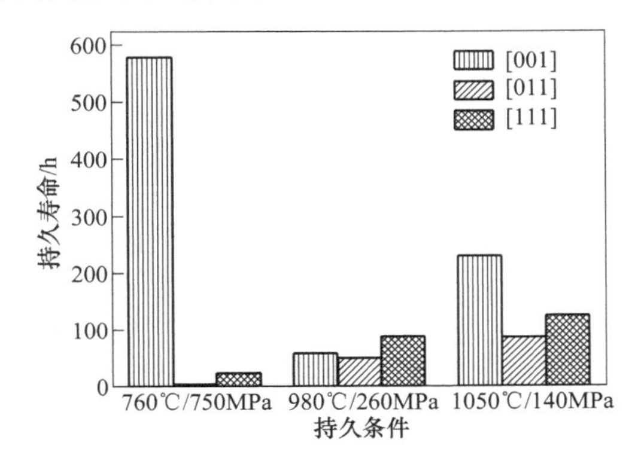

图 1　晶体取向对 DD407 蠕变性能的影响

由实验结果可知：在 760℃/750MPa，980℃/260MPa 和 1050℃/140MPa 蠕变条件下，DD407 单晶高温合金均表现出了明显的蠕变性能各向异性特征。在各种蠕变条件下，［001］晶体取向都表现出优异的蠕变性能，［011］取向则合金性能最低。在 760℃/750MPa 条件下，［001］取向合金具有最高的蠕变寿命；［011］取向合金蠕变寿命最低；在 980℃/260MPa 条件下，［111］取向合金具有最高的持久寿命，［001］和［011］取向合金的持久寿命相当；在 1050℃/140MPa 条件下，［001］取向合金具有最高的持久寿命，其次为［111］取向，［011］取向合金的持久寿命最低。因此，DD407 合金［001］晶体取向为性能最佳的方向，在实际生产过程中，DD407 单晶涡轮叶片轴向晶体取向选定为［001］方向。

2.2 ［001］晶体取向偏离度对合金持久性能的影响

图 2 为偏离［001］方向不同角度的 DD407 合金在 760℃/750MPa 的蠕变时间-伸长率曲线图，其中（b）图为（a）图局部区域放大图。可以看出，不同［001］取向偏离度 DD407 单晶合金在 760℃/750MPa 蠕变条件下均存在减速蠕变、稳定蠕变与加速蠕变三个阶段，不同取向偏离度合金蠕变特征基本一致，在相同蠕变时间，不同偏离角度合金蠕变伸长率和寿命无较大差异。由实验结果可知，在偏离［001］方向不大于 15°的范围内，晶体取向对 DD407 合金 760℃/750MPa 蠕变性能影响不大，合金性能稳定、测试数据无明显退化现象。

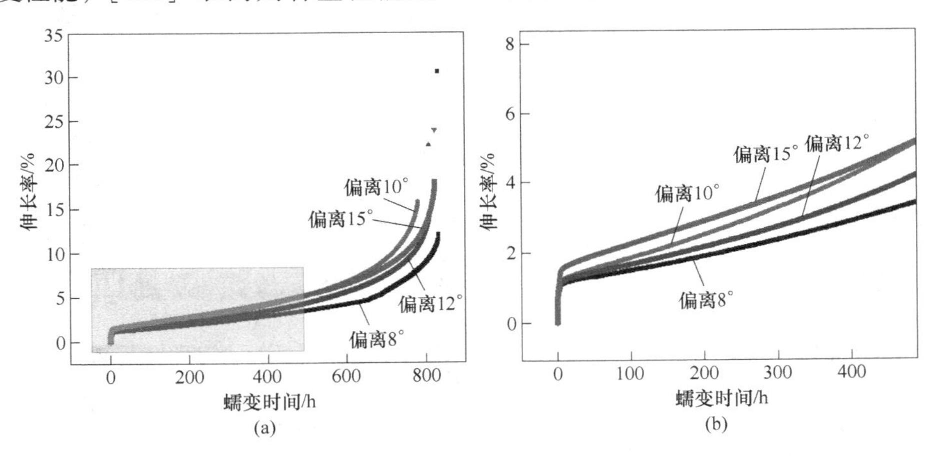

图 2　760℃/750MPa 不同［001］偏离角度 DD407 合金的蠕变时间-伸长率曲线图
（（b）图为（a）图的局部区域放大图）

图 3 为不同偏离角度 DD407 合金在 1050℃/140MPa 的蠕变时间-伸长率曲线图，其中（b）图为（a）图局部区域放大图。可以看出，不同［001］取向偏离度 DD407 单晶合金在 1050℃/140MPa 蠕变条件下减速蠕变、稳定蠕变与加速蠕变三个阶段亦都比较明显，其中偏离［001］方向 15°合金稳定蠕变阶段稍短。在减速与稳定阶段，同一蠕变时间，不同偏离角度合金延伸率无明显差异。在加速蠕变阶段，同一蠕变时间，偏离［001］方向 15°合金伸长率相对较大。研究结果表明：在

晶体取向偏离［001］方向不大于 15°范围内，晶体取向对合金 1050℃/140MPa 蠕变性能影响不大。

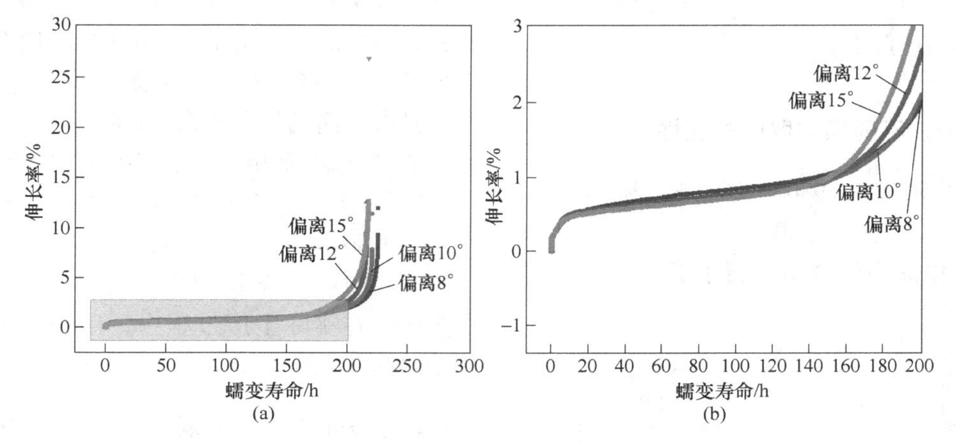

图 3　1050℃/140MPa 不同偏离角度 DD407 合金的蠕变寿命-伸长率曲线

（(b) 图为 (a) 图的局部区域放大图）

2.3　不同条件蠕变断裂特征

从蠕变寿命来看，［001］取向为 DD407 单晶叶片主应力方向的最佳晶体取向，但在晶体取向偏离［001］方向不大于 15°范围内，合金蠕变性能无明显衰减特征。图 4 为 760℃/750MPa 对应取向合金的蠕变断裂断口形貌。［001］取向合金的断口呈粗糙的平面，未发生椭圆化塑变特征，微裂纹起源于合金内部显微疏松，然后沿垂直于应力方向扩展，合金偏离［001］方向 8°和 15°试样断口形貌无明显的差异；而合金［011］取向断口为一平整的单向滑移面，呈明显的｛111｝面单向滑移断裂特征，在裂纹起源附近可以观察到少量形状不规则，且包含疏松孔洞的韧窝；合金［111］取向的断口轮廓则发生了不规则变形，断面主要由不同位向的剪切平面组成，但也包含了极少量细小的断裂韧窝导致合金的断裂。［011］和［111］这种平面特性的单滑移使得平面断口表面呈一定的椭圆化变化，这种椭圆化使得试样的有效横截面积不断减小，分切应力持续增大，从而导致合金在恒载荷下表现出了蠕变寿命的下降。

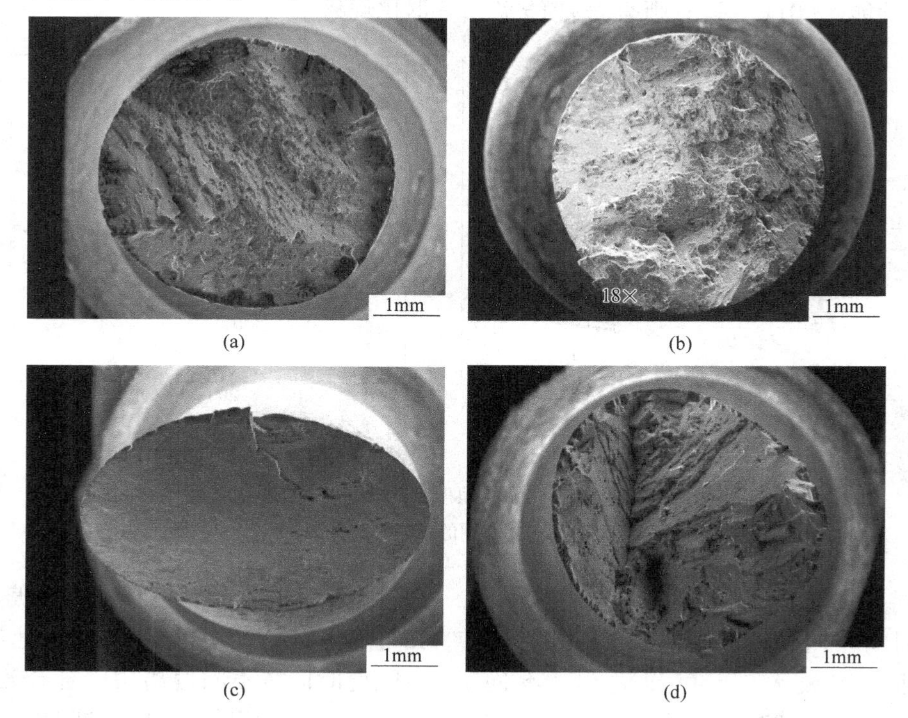

图 4　［001］、［011］和［111］取向合金的 760℃/750MPa 持久断口形貌

(a)［001］8°；(b)［001］15°；(c)［011］；(d)［111］

图 5 所示为［001］、［011］和［111］取向合金在 1050℃/140MPa 蠕变条件下的断口形貌。试样的断口部位均发生了一定的颈缩现象，［001］、［011］和［111］三个不同晶体取向以及与［001］不同晶体取向偏离度的蠕变断裂断面特征无明显差异，断裂特征均为：断口包含大量浅韧窝，其中心含有小孔，裂纹由中心小孔向周围辐射扩散，各韧窝之间由细的撕裂岭连接。

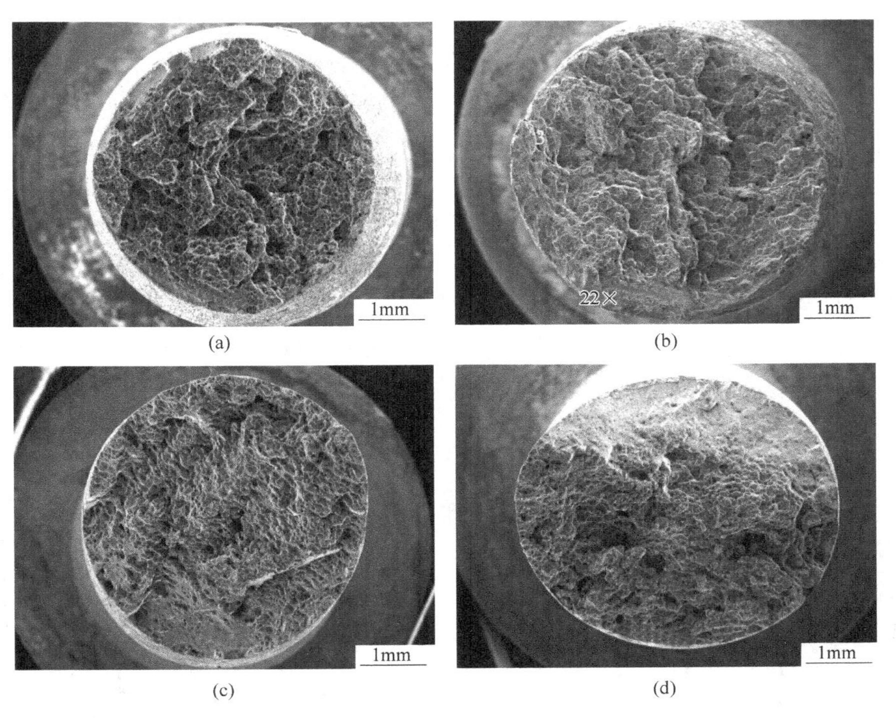

图 5 ［001］、［011］和［111］取向合金的 1050℃/140MPa 蠕变断口形貌
(a)［001］8°；(b)［001］15°；(c)［011］；(d)［111］

2.4 γ′强化相演变

图 6 为对［001］取向合金 760℃/750MPa 的断口进行纵向解剖后观察到的微观形貌。在较低倍数下可以观察到大量垂直于应力方向扩展的裂纹。在高倍下可以观察到，γ′粒子除发生了一定的变形外，依然保持相互独立，未发生明显的筏排化。一般来说筏排化的形成必须通过金属元素的定向扩散[1]形成的，在 760℃温度下，扩散温度仍相对较低，金属原子扩散驱动力不足，在蠕变期间不具备长程扩散能力，因此未能形成明显的“筏排化”组织。对偏离［001］取向 8°、15°以及［011］、［111］取向 760℃/750MPa 蠕变试样进行金相观察，试样 γ′形貌基本一致，γ′强化相都保持方形形貌，都没有明显的“筏排化”发生。研究认为：γ′相形貌及长大过程主要受原子扩散的控制，而温度和时间是影响扩散的主要因素，在 760℃蠕变条件下，DD407 原子扩散动力不足，因此长时蠕变后强化相 γ′仍保持方形，尺寸也基本保持不变。

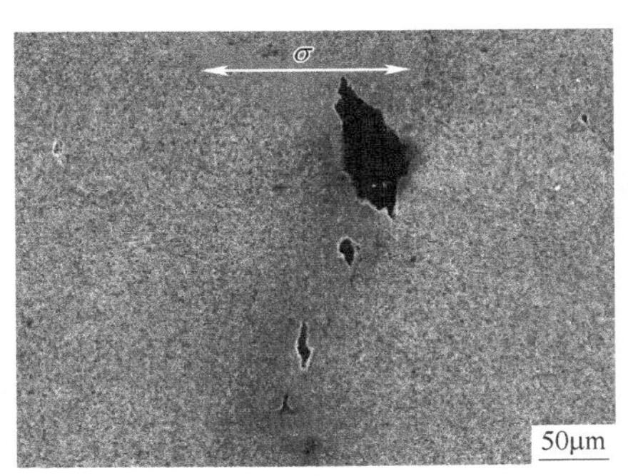

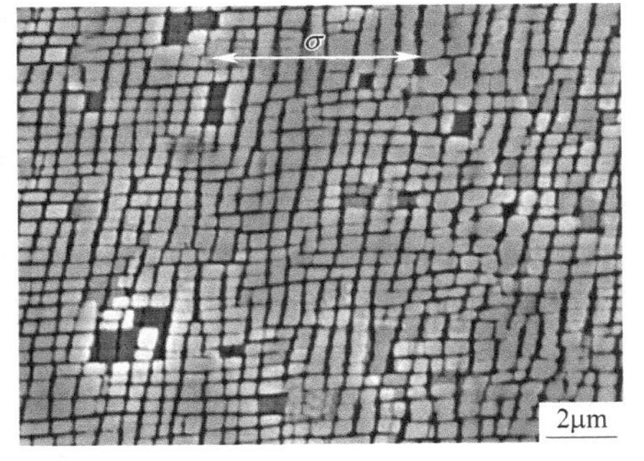

图 6 ［001］取向试样断裂后，在近断口区域的显微组织

图 7 为合金沿［001］不同取向偏离度，以及［011］和［111］取向加载至断裂后试样靠近断口部位的 γ′相筏化形貌。［001］取向试样中都形成了垂直于加载方向的 γ′筏排，与［001］方向偏离 15°试样相对于与［001］方向试样相比，强化相筏排方向与应力轴稍有偏离，但不明显，基本垂直；［011］和［111］取向试样中均形成了与加载方向呈一定角度的 γ′筏排。在 1050℃ 高温下，γ′形成元素具有更高的扩散速率，因此在外加应力作用下，筏化更容易发生，合金［001］、［011］和［111］不同晶体取向的蠕变试样强化相 γ′都发生了明显的筏排现象。在［001］取向试样中，垂直于加载方向的片状 γ′筏排的迅速形成，导致平行于加载方向的基体通道消失，从而有效地限制了基体中位错的滑移，并阻止了位错的攀移，使得［001］取向合金表现出了高的持久寿命，并且这种硬化效果使变形得以沿试样标距均匀进行，从而试样表现出了高的断后伸长率。由高倍金相分析来看，即便偏离［001］取向角度为 15°的蠕变试样，这种筏排现象基本一致，合金性能无明显差异。而在［011］取向试样中，γ′相具有两种初始筏化方向，分别与应力方向呈±45°角，并且由于这两种方向筏排的交错，基体通道得以沿加载方向连续，这种筏化组织并不能有效限制基体中位错的运动，因此［011］取向试样表现出了低的持久寿命。在 1050℃ 高温下，金属原子具有高的扩散速率，试样加载方向与［111］取向之间存在的微小取向偏差也将导致元素的定向扩散，从而发生倾斜的筏排化，因此［111］取向试样也表现出了低于［001］取向试样的持久寿命。

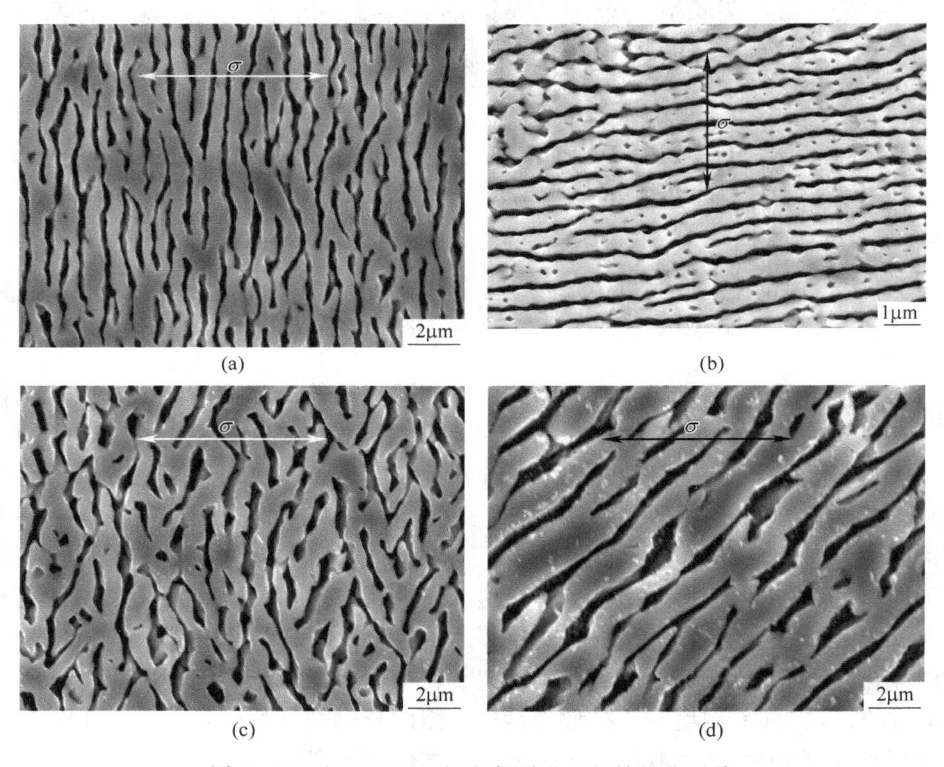

图 7　1050℃/140MPa 蠕变断裂后 γ′相筏排化形貌
(a)［001］8°；(b)［001］15°；(c)［011］；(d)［111］

3　结论

通过对 DD407 单晶合金［001］、［011］和［111］取向，以及与［001］取向偏离不同角度的合金蠕变性能的研究，可以得出如下结论：

（1）DD407 单晶高温合金在［001］、［011］和［111］晶体取向不同蠕变条件下的蠕变性能均表现出明显的蠕变性能各向异性的特征，［001］取向合金综合性能最优。

（2）在晶体取向偏离［001］方向不大于 15°的范围内，DD407 合金蠕变性能稳定，晶体取向偏离度对合金蠕变性能无明显影响。

（3）不同取向合金在 760℃/750MPa 条件下

都未发生“筏排”，在 1050℃/140MPa 条件下，合金都发生明显的筏排现象，［001］取向合金中形成了垂直于加载方向的 N 型 γ'筏排；［011］取向合金中形成了与加载方向呈±45°的两种筏排；［111］取向合金筏化与加载方向存在一定的角度，且强化相呈现一定的法向粗化。

参考文献

［1］Reed R C. Superalloys: fundamentals and applications ［M］. Cambridge: Cambridge University Press, 2006.

［2］Rebecca A Mackay, Robert L Dreshfield, Ralph D Maier, Anisotropy of Nickel-base superalloy single crystals ［C］// Superalloys 1980, TMS, Warrendale, PA, USA, 1980.

［3］Sass V, Glatzel U, Feller-Kniepemier M. Anisotropic creep properties of the nickel-based Superalloy CMSX-4 ［J］. Acta Mater, 1996 (44): 1967~1977.

［4］Rae C M F, Reed R C. Primary creep in single crystal superalloys: origins, mechanisms and effects ［J］. Acta Mater., 2007, 55: 1067~1081.

［5］Matan N, Cox D C, Carter P, et al. Creep of CMSX-4 superalloy single crystal: effects of misorientation and temperature ［J］. Acta Mater., 1999, 47: 1549~1563.

Ru 含量对新型四代单晶高温合金组织及高温拉伸性能的影响

常皓博[1]，王磊[1*]，刘杨[1]，宋秀[1]，刘静姝[1]，刘世忠[2]，李嘉荣[2]

（1. 东北大学材料各向异性与织构教育部重点实验室，辽宁 沈阳，110819；
2. 中国航发北京航空材料研究院先进高温结构材料重点实验室，北京，100095）

摘　要：利用真空定向凝固法制备 Ru 含量分别为 1%、3%和 5%的新型四代单晶高温合金，研究 Ru 含量对合金铸态组织、热处理组织及高温拉伸性能的影响。结果表明，随着 Ru 含量增加，合金铸态组织中一次枝晶间距、二次枝晶间距均减小，枝晶干及枝晶间 γ′相尺寸呈下降趋势；屈服强度随着拉伸温度升高先下降达到 600℃后升高，到达 900℃后下降；伸长率随拉伸温度升高先基本保持不变，到达 600℃下降，到达 760℃后继续升高；随 Ru 含量升高，合金的屈服强度先下降后升高，室温到 760℃伸长率下降，900℃至 980℃伸长率升高。

关键词：镍基单晶；显微组织；高温拉伸；反常屈服

镍基单晶高温合金因其具有较高的承温能力及在高温下有优秀的力学性能而被广泛的用作航空发动机的涡轮叶片材料[1, 2]。自从二代单晶高温合金开始，由于 Re 元素的加入使得每代单晶高温合金的承温能力相较于上一代均能提升约 30℃[3]，但同时随着 Re 元素的加入使得镍基单晶高温合金的共晶组织变多、枝晶偏析变得更严重，造成了合金的热处理窗口变窄，固溶处理制度的制定更加困难[4,5]。Ru 的加入可以产生元素逆分配效应、提高合金的组织稳定性、增强高温蠕变性能[6, 7]。

本文研究 Ru 含量对新型四代单晶高温合金铸态组织、热处理后组织演变及高温拉伸性能的影响，为优化新型四代单晶高温合金的化学成分，提高合金的组织稳定性和力学性能提供数据和技术支持。

1　试验材料及方法

三种合金的化学成分见表 1，三种合金的元素含量差别为 Ru 含量（质量分数）不同，分别为 1%、3%和 5% Ru（以下简称 1Ru 合金、3Ru 合金和 5Ru 合金）。在单晶炉中定向凝固成轴向平行于［001］取向的单晶试棒。

表 1　不同 Ru 含量合金的化学成分　　（质量分数，%）

合金	Cr	Co	Mo	W	Ta	Re	Ru	Nb	Al	Hf	C	Ni
1Ru	3.5	9	2.2	7.1	8.5	5	1	0.5	5.6	0.3	0.008	余量
3Ru	3.5	9	2.2	7.1	8.5	5	3	0.5	5.6	0.3	0.008	余量
5Ru	3.5	9	2.2	7.1	8.5	5	5	0.5	5.6	0.3	0.008	余量

采用热分析法和金相法确定合金的固溶热处理制度，对部分试样进行高温固溶和时效处理，1Ru 合金采用 1300℃×1h+1310℃×1h+1320℃×1h+1330℃×4h（AC）+1150℃/4h（AC）+870℃/24h(AC)、3Ru 合金采用 1300℃×1h+1310℃×1h+1320℃×1h+1325℃×4h(AC)+1150℃/4h(AC)+870℃/24h(AC)、5Ru 合金采用 1300℃×1h+1310℃×1h+1320℃×4h(AC)+1150℃/4h(AC)+870℃/24h(AC) 的热处理制度。经过标准热处理后，利用 SHIMADZU AG-X 100kN 电子万能试验机

＊作者：王磊，教授，联系电话：024-83681685，E-mail：wanglei@mail.neu.edu.cn

资助项目：国家科技重大专项项目（2017-VI-0002-0071，J2019-VI--0020-0136），国家自然科学金项目（U1708253，51874090）

在室温、600～980℃条件下进行高温拉伸变形试验，加载前将试样加热至变形温度后保温10min，采用准静态拉伸应变速率10^{-3}/s。采用OLYMPUS GX71倒置式光学显微镜在垂直于［001］取向的平面上观察了枝晶形貌，并测定了枝晶间距。采用JSM-7001F场发射扫描电子显微镜和JEOL JSM-6480LV扫描电子显微镜观察了γ′的形貌。通过Image-J图像分析软件统计分析Ru含量对合金的枝晶间距、γ′相尺寸的影响。

2 试验结果及分析

2.1 Ru元素含量对组织的影响

图1为不同Ru含量合金的枝晶组织形貌。可以看出，不同Ru含量合金铸态组织均呈现出典型的"十"字形枝晶形貌，三种合金在相同的凝固条件下获得的凝固组织均为枝晶组织，均有枝晶干、枝晶间和（γ+γ′）共晶组织组成。随着Ru含量的增加，一次枝晶干间距由（395.17±17.12）μm减小到（317.90±24.11）μm，而二次枝晶臂间距由（51.44±15.02）μm减小到（43.37±15.10）μm。可以看出随着Ru含量增加，合金的一次枝晶干间距及二次枝晶臂间距均呈下降趋势。

不同Ru含量合金的γ′相形貌如图2所示。可见，铸态合金中枝晶干的γ′相呈细小、规则的立方形或蝶形，而枝晶间的γ′相则呈粗大、不规则形状。γ′相在枝晶干与枝晶间的形貌相差较大，枝晶干的γ′相呈近似立方状。由图3可知，随着Ru含量的增加，铸态合金枝晶干及枝晶间的γ′相尺寸均变小。

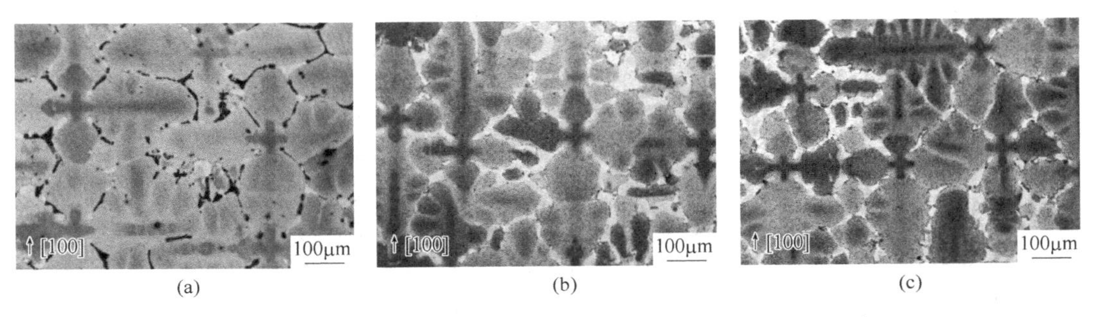

图1 不同Ru含量的铸态合金［001］方向截面显微组织形貌

（a）1Ru；（b）3Ru；（c）5Ru

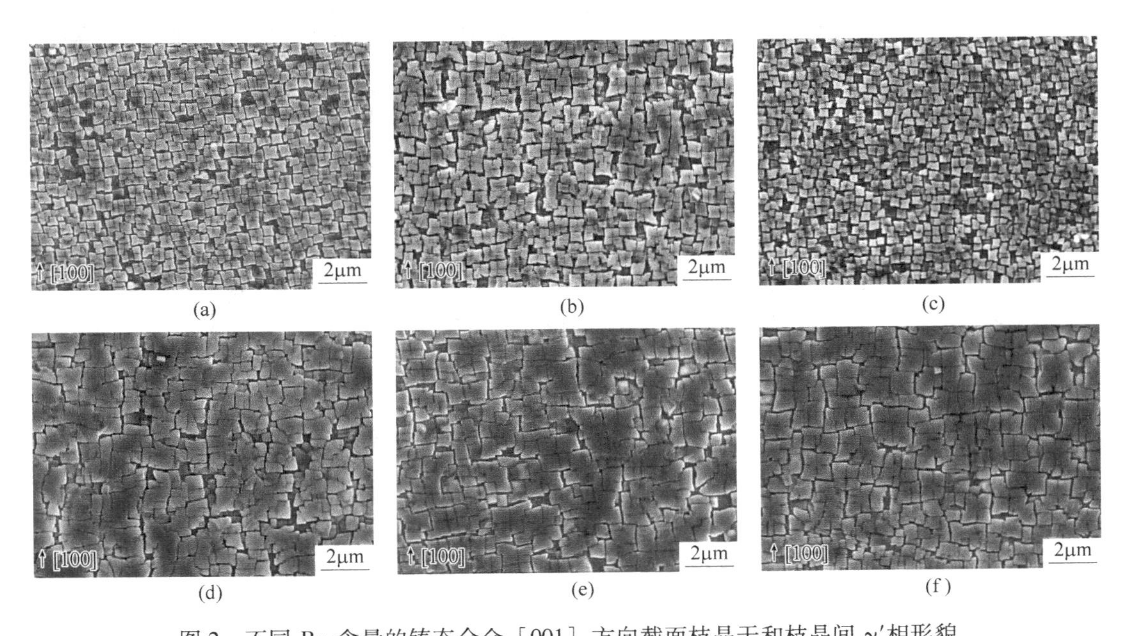

图2 不同Ru含量的铸态合金［001］方向截面枝晶干和枝晶间γ′相形貌

（a）1Ru合金枝晶干；（b）3Ru合金枝晶干；（c）5Ru合金枝晶干；（d）1Ru合金枝晶间；（e）3Ru合金枝晶间；（f）5Ru合金枝晶间

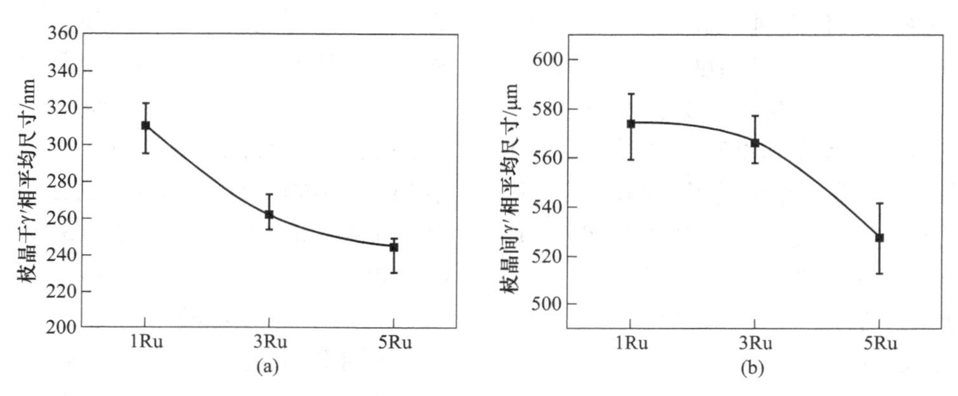

图 3　不同 Ru 含量合金［001］方向铸态截面枝晶干及枝晶间 γ′相平均尺寸

（a）枝晶干；（b）枝晶间

2.2　Ru 元素含量对热处理后组织的影响

如图 4 为不同 Ru 含量合金经过标准热处理后。标准热处理后，γ′相平均尺寸相差不大。此外随 Ru 含量的增加，γ′相尺寸分布均匀程度明显增大，即 5Ru 合金的均匀化程度最高。这是因为对于具有较小晶格错配度的合金而言，界面自由能占主导地位，γ′呈球状，因为在相同体积下，球状具有最小的表面积；而对于晶格错配度较大的单晶高温合金而言，由晶格错配引起的弹性应变能占主导地位，即 γ′相呈立方状。

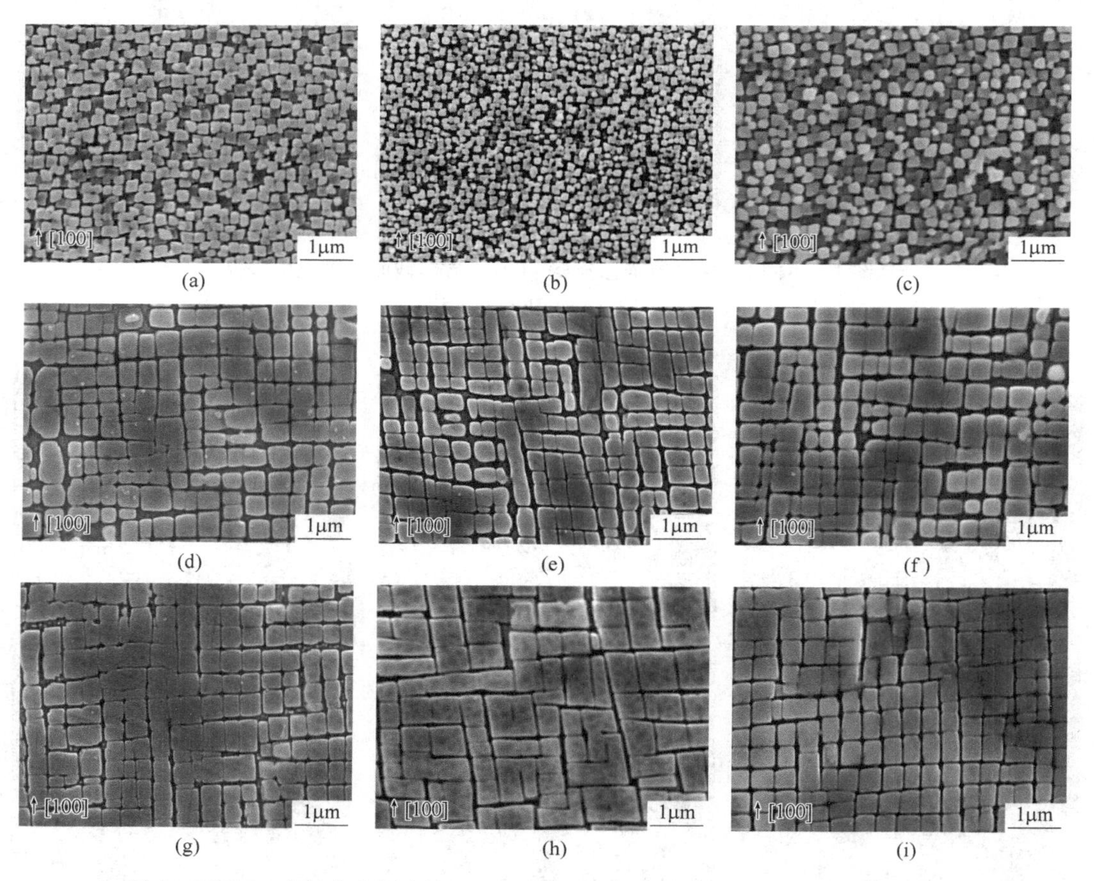

图 4　不同 Ru 含量合金固溶处理、一次时效、二次时效空冷后的 γ′相形貌变化

（a）1Ru 合金固溶处理；（b）3Ru 合金固溶处理；（c）5Ru 合金固溶处理；

（d）1Ru 合金一次时效处理；（e）3Ru 合金一次时效处理；（f）5Ru 合金一次时效处理；

（g）1Ru 合金二次时效处理；（h）3Ru 合金二次时效处理；（i）5Ru 合金二次时效处理

通过统计不同 Ru 含量合金各级热处理后的 γ′相平均尺寸，绘制 γ′相平均尺寸随 Ru 含量的变化曲线，如图 5（a）所示。可见，各合金经固溶处理后，3Ru 合金的 γ′相尺寸最小，而 1Ru、5Ru 合金的 γ′相尺寸基本相同；由固溶处理到一次时效，不同 Ru 含量合金 γ′相的平均尺寸不断增加，三者尺寸相差不大；经过二次时效后，1Ru、5Ru 合金 γ′相尺寸的增加程度较小且基本相同，而 3Ru 合金经过二次时效后 γ′相尺寸最大。经过标准热处理后，3Ru 合金 γ′相的尺寸最大是由于在时效过程中后，γ′相沿已有的固溶处理后的 γ′相核心继续析出长大，而 γ′相的长大过程是靠元素的扩散进行的[8]。

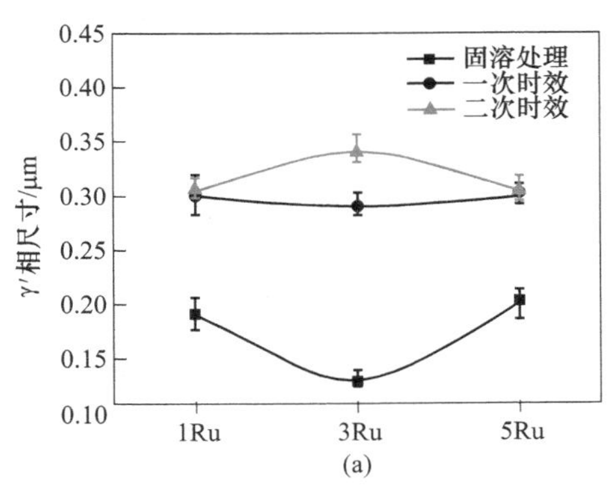

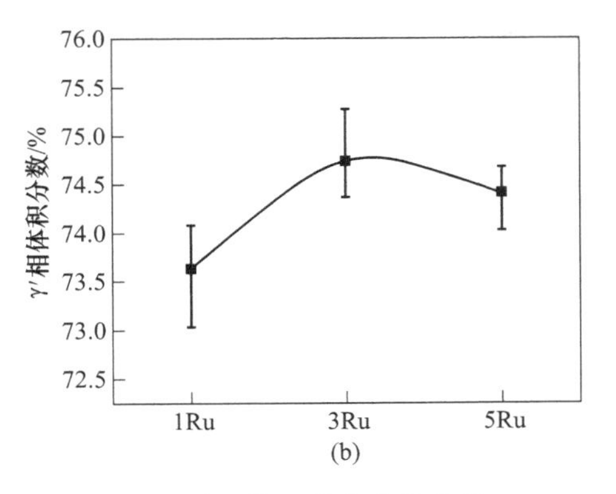

图 5　不同 Ru 含量合金在热处理制度下 γ′相平均尺寸及体积分数变化曲线

（a）尺寸；（b）体积分数

2.3　Ru 元素含量对高温拉伸性能的影响

不同 Ru 含量合金的屈服强度、抗拉强度和伸长率如图 6 所示。随变形温度的升高，不同 Ru 含量合金的屈服强度变化趋势基本一致，由室温至 600℃屈服强度略有降低，600℃之后的中温区不同 Ru 含量合金均出现了明显的“反常屈服”现象，即屈服强度随温度的增加而升高，达到峰值后又迅速降低。如图 6（a）所示，在室温至反常屈服峰值温度范围内高 Ru 含量合金的屈服强度低于低 Ru 合金，而在反常屈服峰值温度以上范围内变化趋势相反，高 Ru 合金的屈服强度要高于低 Ru 合金，合金的屈服强度随 Ru 含量的变化趋势发生逆转。与屈服强度变化趋势相比，不同 Ru 含量合金抗拉强度随变形温度的变化趋势未见显著差异。值得注意的是，室温至反常屈服峰值温度范围内，高 Ru 合金表现出更为明显的塑性降低现象，而且 3Ru 和 5Ru 合金在 600～760℃范围内均出现显著的中温脆性现象[9]。此外，当温度升高，不同 Ru 含量合金的断裂伸长率随着变形温度的升高明显升高。

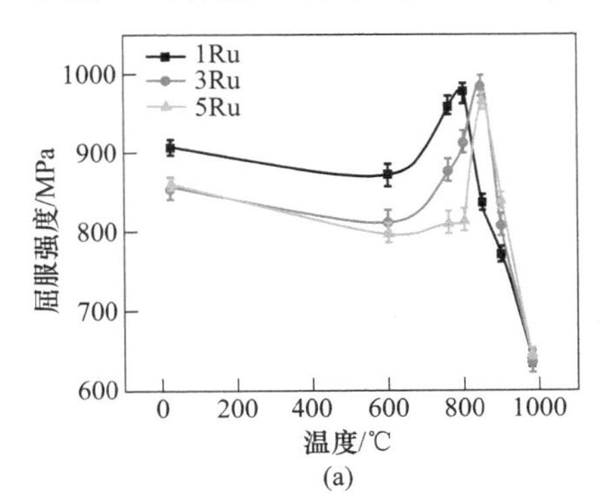

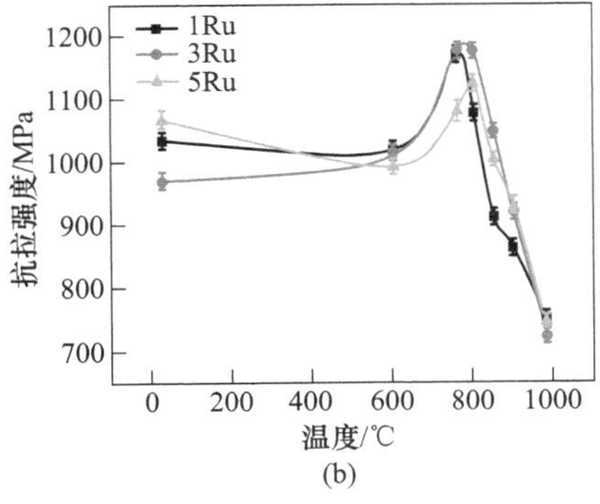

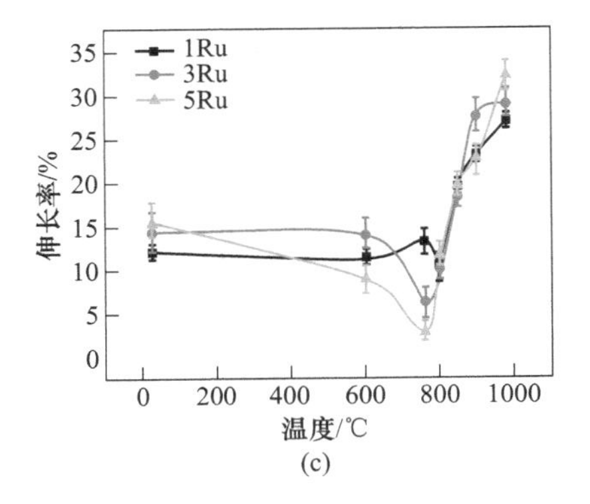

图 6　不同 Ru 含量合金在不同温度下的拉伸变形力学性能变化

（a）屈服强度；（b）抗拉强度；（c）伸长率

图 7 为不同 Ru 含量合金在不同温度条件下的应力-应变曲线。在室温时合金经屈服后在应力应

变曲线上出现上屈服点，随应变增加，出现了明显的加工硬化现象。在600℃时，合金屈服后，随着拉伸变形的进行，流变应力逐渐增高，加工硬化行为同样比较明显。不同的是，随着Ru含量的增加，合金的加工硬化逐渐减小；在760℃时，合金并没有出现明显的屈服点。并且值得注意的是，仅有1Ru合金出现了塑性变形，而3Ru及5Ru合金发生了明显的脆性断裂现象；而在800℃条件下，合金发生屈服后，随流变应力的增加，均发生了塑性变形；在850℃时，合金进入屈服阶段开始塑性变形时，应力有所下降，而后逐渐演变为一个逐渐上升的应力平台直至断裂；在900℃时，1Ru合金的曲线变化趋势与850℃条件下基本相同，而3Ru及5Ru合金的流变应力在越过上屈服点之后开始迅速降低，随后逐渐上升，形成一个比较宽的应力平台，而后缓慢下降直到发生断裂；在980℃时，合金的流变应力越过上屈服点之后均发生了一定的加工硬化，而后逐渐线性降低直到断裂，且加工硬化效应也大幅度降低。

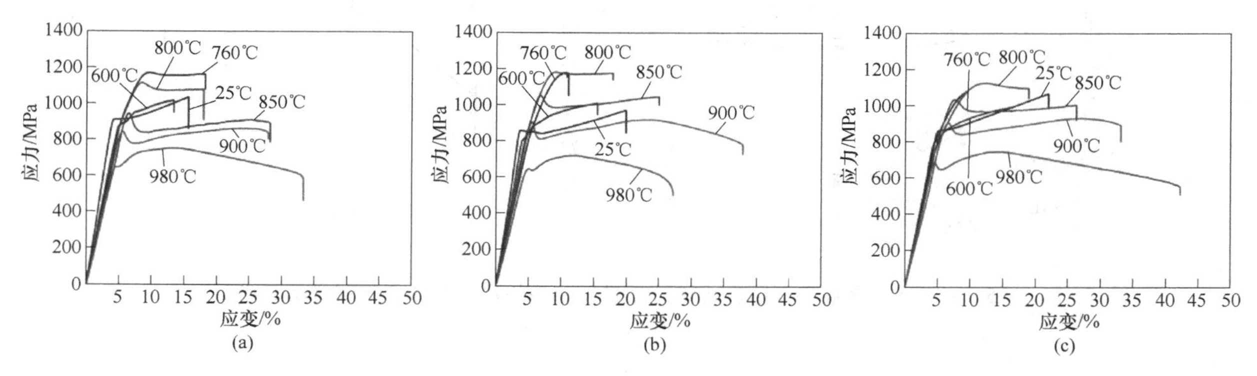

图7 不同Ru含量合金在不同温度下的拉伸工程应力-应变曲线

(a) 1Ru；(b) 3Ru；(c) 5Ru

3 结论

（1）随Ru含量增加，合金铸态组织中一次枝晶间距、二次枝晶间距均减小，枝晶干及枝晶间γ′相尺寸呈下降趋势。1Ru合金中枝晶间区域还存在不规则碳化物，而其余两种合金枝晶间区域未见碳化物的存在。标准热处理后，γ′相平均尺寸相差不大，随Ru含量的增加，γ′相尺寸分布均匀程度明显增大。3Ru合金经过二次时效后γ′相尺寸最大。

（2）随变形温度的升高，不同Ru含量合金均出现了明显的“反常屈服”现象。随Ru含量升高，合金的屈服强度、抗拉强度先下降后升高，Ru含量的增加可提高合金反常屈服峰值温度，使3Ru和5Ru合金在850℃附近中高温区拉伸变形时表现出明显的屈服强度提高现象。1Ru的伸长率在800℃时最低，而3Ru和5Ru的伸长率在760℃时最低，在900℃到980℃随Ru含量升高而升高。

参考文献

[1] 胡壮麒，刘丽荣，金涛，等．镍基单晶高温合金的发展［J］．航空发动机，2005（3）：1~7.

[2] 孙晓峰，金涛，周亦胄，等．镍基单晶高温合金研究进展［J］．中国材料进展，2012，31（12）：1~11.

[3] Giamei A F, Anton D L. Rhenium additions to a Ni-base superalloy: Effects on microstructure［J］. Metallurgical transactions A, 1985, 16: 1997~2005.

[4] Kearsey R M, Beddoes J C, Jones P, et al. Compositional design considerations for microsegregation in single crystal superalloy systems［J］. Intermetallics, 2004, 12（7~9）: 903~910.

[5] Hobbs R A, Zhang L, Rae C M F, et al. The effect of ruthenium on the intermediate to high temperature creep response of high refractory content single crystal nickel-base superalloys［J］. Materials Science and Engineering: A, 2008, 489（1~2）: 65~76.

[6] Feng Q, Carroll L J, Pollock T M. Soldification segregation in ruthenium-containing nickel-base superalloys［J］. Metallurgical and Materials Transactions A, 2006, 37（6）: 1949~1962.

[7] Yeh A C, Rae C M F, Tin S. High temperature creep of Ru-bearing Ni-base single crystal superalloys［J］.

Superalloys, 2004: 677~685.

[8] Shi Z X, Li J R, Liu S Z. Effects of Ru on the microstructure and phase stability of a single crystal superalloy [J]. International Journal of Minerals, Metallurgy, and Materials, 2012, 19 (11): 1004~1009.

[9] 李相伟. 双组织高温合金的中温力学性能和损伤行为[D]. 合肥: 中国科学技术大学, 2019.

Co含量对一种新型四代单晶高温合金组织及高温拉伸性能的影响

王旭鹏[1]，王磊[1*]，刘杨[1]，宋秀[1]，杨楠[1]，刘世忠[2]，刘嘉荣[2]

（1. 东北大学材料各向异性与织构教育部重点实验室，辽宁 沈阳，110819；
2. 中国航发北京航空材料研究院先进高温结构材料重点实验室，北京，100095）

摘　要：随着航空涡轮发动机推力和推重比不断增大以及涡轮进口温度不断提高，要求涡轮叶片材料需要具备良好的高温承温能力，因此合金中加入大量难熔元素，使得高温合金的组织稳定性降低，合金成本提高。为了获得更高的组织稳定性以及降低合金成本，本文通过研究Co元素含量的变化对四代单晶高温合金DD15偏析行为的影响、对合金热处理态组织的影响、对合金室温至980℃系列高温拉伸性能及变形行为的影响、单晶晶体取向对优化Co含量合金高温拉伸性能及变形行为的影响，从而为新型四代单晶高温合金的成分优化设计提供重要依据。

关键词：组织形貌；元素偏析；晶体取向；高温拉伸性能

近年来，通过添加Ru、Pt和Re等元素，提高了合金的组织稳定性和蠕变强度，从而发展出了MC-NG、TMS-138、TMS-162[1]等为代表的第四代和第五代单晶高温合金。由于Re和Ru元素储量稀缺且价格昂贵，制约了这些合金的推广应用[2]。鉴于Co元素已有研究背景，通过研究不同含量Co元素对镍基单晶高温合金组织稳定性和力学性能的变化规律，从而为发展低成本、低密度、高性能的新一代单晶高温合金成分设计与性能优化提供实验和理论依据。

1　试验材料及方法

本研究所用材料是自主研制的一种新型Ni-Cr-Al-W-Mo-Ta-Re系镍基单晶高温合金DD15，为单晶高温合金试样棒。在高温度梯度真空定向凝固炉中采用螺旋选晶法分别制备［001］、［011］和［111］取向的单晶高温合金试棒。采用热分析法和金相法确定合金的固溶热处理制度，对部分试样进行高温固溶和时效处理，其中6%Co、9%Co合金的热处理制度为1300℃/1h + 1310℃/1h + 1320℃/1h + 1325℃/4h + 1150℃/4h + 870℃/24h，AC，12%Co合金的热处理制度为1300℃/1h + 1310℃/1h + 1320℃/4h + 1150℃/4h + 870℃/24h，AC。试样经研磨、机械抛光后，电解抛光、电解腐蚀。使用OLYMPUS GX71金相显微镜和JSM-7001F扫描电镜进行组织观察。利用NETZSCH DSC 404F3型差热扫描量热仪，进行差热扫描量热法试验，探究铸态及标准热处理态合金相转变温度，采用JXA-8530F型电子探针，通过打点对合金中元素在枝晶干和枝晶间的偏析情况进行定量分析。经过标准热处理后，利用SHIMADZU AG-X 100kN电子万能试验机在25℃、600℃、760℃、800℃、850℃、900℃和980℃七种拉伸温度下进行室温和高温拉伸变形试验。

2　试验结果及分析

2.1　不同Co含量对合金凝固偏析行为的影响

图1示出不同Co含量合金元素的枝晶偏析。可以看出Re、Cr和W元素均属于典型的负偏析元素，易于聚集于枝晶干区域；而Ta、Al元素属于正偏析元素，易于聚集于枝晶间区域。Re、W、

*作者：王磊，教授，联系电话：024-83681685；E-mail：wanglei@mail. neu. edu. cn
资助项目：国家科技重大专项（2017-VI-0002）；国家自然科学基金项目（51874090，U1708253）

Ta 元素偏析明显，而 Ru、Mo 元素在铸态合金中几乎无偏析现象。值得注意的是，随 Co 含量的增加，Co 元素在铸态合金枝晶干、枝晶间的平衡分配状态发生改变，其向枝晶干偏聚的倾向明显增大。随着合金中 Co 含量的升高，各元素的偏析情况发生了明显改变，尤其是增加了负偏析元素 Re、W、Cr 的偏析程度，而对 Ta、Al、Ru 和 Mo，四种元素的偏析程度影响不大，随 Co 含量的增多，提高了合金的偏析程度，但总体影响不显著。添加 9%Co 元素的合金，铸态组织中主要合金元素枝晶偏析程度最为显著。这是由于 Co 含量为 9%时，负偏析元素含量与 Co 含量满足 Co 与各负偏析元素二元体系中共晶成分之比，因此 9%Co 合金偏析比最大。

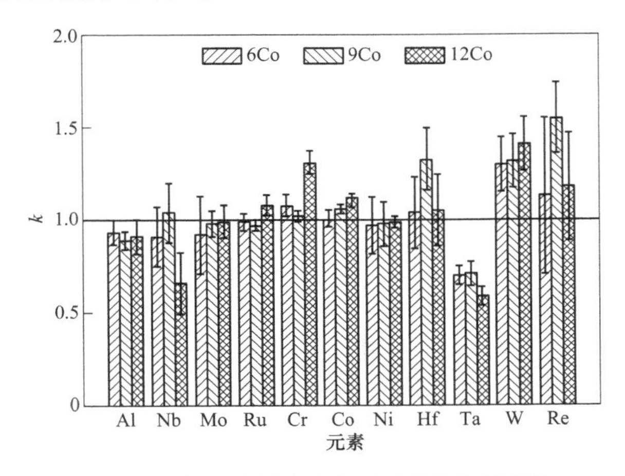

图 1　不同 Co 含量合金主要元素的分凝系数

2.2　不同 Co 含量对合金热处理过程中 γ′相演化行为的影响

2.2.1　不同 Co 含量对合金固溶处理后 γ′相形貌的影响

图 2 为不同 Co 含量合金固溶后空冷状态 γ′相形貌，可见经过多级高温固溶处理后，合金中枝晶偏析、粗大 γ′相和（γ+γ′）共晶等铸态组织均得以消除，未见显著微孔存在，在 γ 基体上分布着空冷降温过程中析出的大量均匀、弥散不规则状 γ′相。6%Co 合金中 γ′相平均尺寸为（0.31±0.12）μm，9%Co 合金为（0.26±0.03）μm，12%Co 合金为（0.30±0.11）μm。其中 9%Co 合金 γ′相平均尺寸最小，呈近似球型颗粒状分布。

2.2.2　不同 Co 含量合金经一次时效后的 γ′相形貌

图 3 为不同 Co 含量合金一次时效条件下 γ′相形貌，三种合金中 γ′相均发生继续析出和粗化，已开始呈现规则立方状。6%Co 合金一次时效后 γ′相平均尺寸为（0.36±0.10）μm，9% Co 合金为（0.37±0.14）μm，12% Co 合金为（0.53±0.03）μm。可见在相同时效处理制度条件下，随 Co 含量增加，γ′相长大速度明显增加，而且其立方度亦明显提高。

(a)

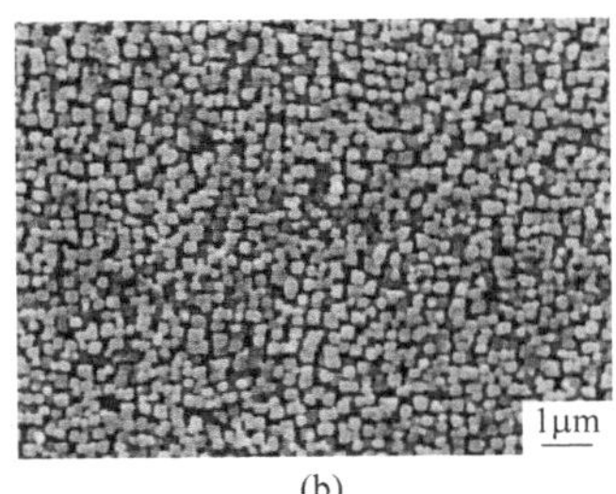

(b)

(c)

图 2　不同 Co 含量合金固溶处理的 γ′相形貌变化

（a）6%Co 合金固溶处理；（b）9%Co 合金固溶处理；（c）12%Co 合金固溶处理

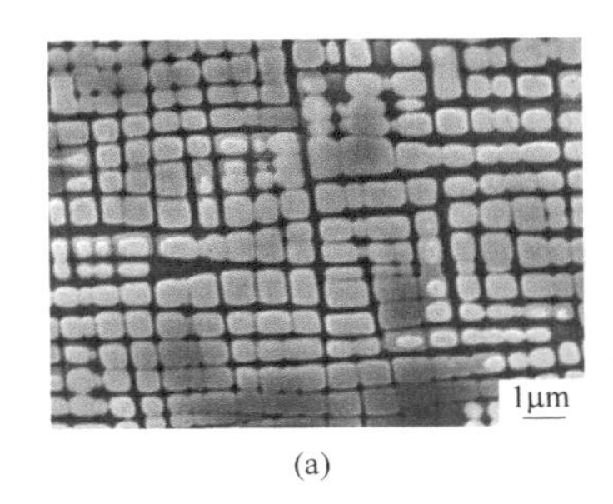

(a)

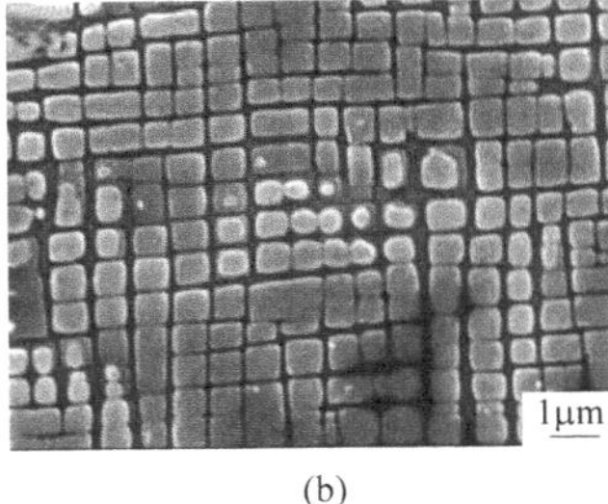

(b)

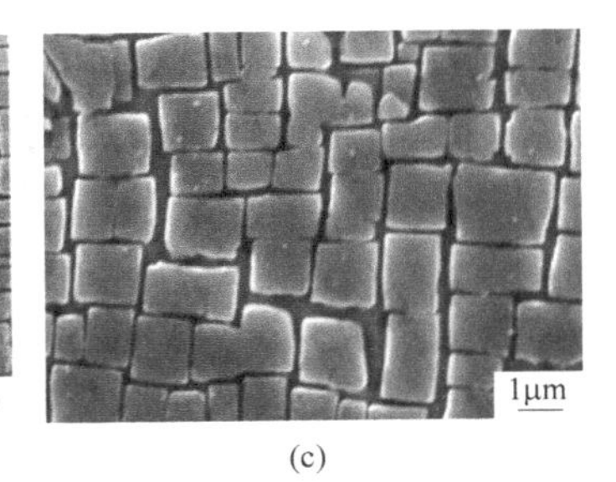

(c)

图 3　不同 Co 含量合金一次时效条件下的 γ′相形貌

（a）6%Co 合金固溶处理；（b）9%Co 合金固溶处理；（c）12%Co 合金固溶处理

2.2.3 不同 Co 含量合金经二次时效后的 γ′相形貌

图 4 为不同 Co 含量合金经二次时效后的 γ′相形貌，可见经过二次时效后，6%Co 合金中 γ′相平均尺为（0.40±0.10）μm，9%Co 合金为（0.55±0.06）μm，12%Co 合金为（0.50±0.03）μm。除 6%Co 合金外，9%Co、12%Co 合金中的 γ′相尺寸均有所增加，立方度亦得以增大，如图 5 所示。

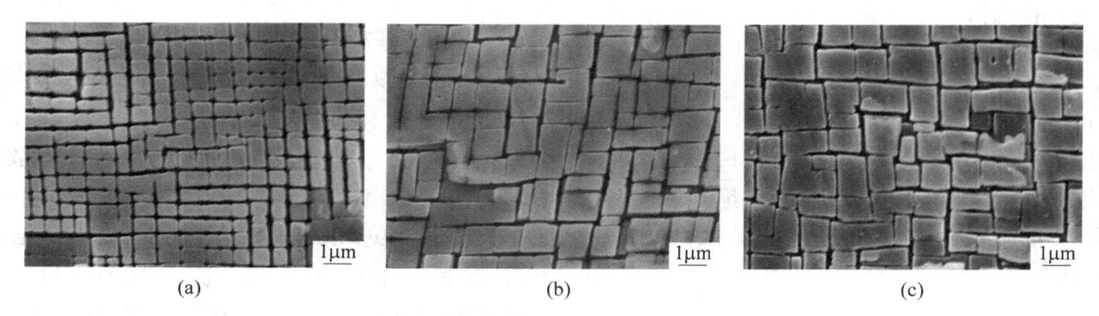

图 4　不同 Co 含量合金二次时效条件下的 γ′相形貌

（a）6%Co 合金固溶处理；（b）9%Co 合金固溶处理；（c）12%Co 合金固溶处理

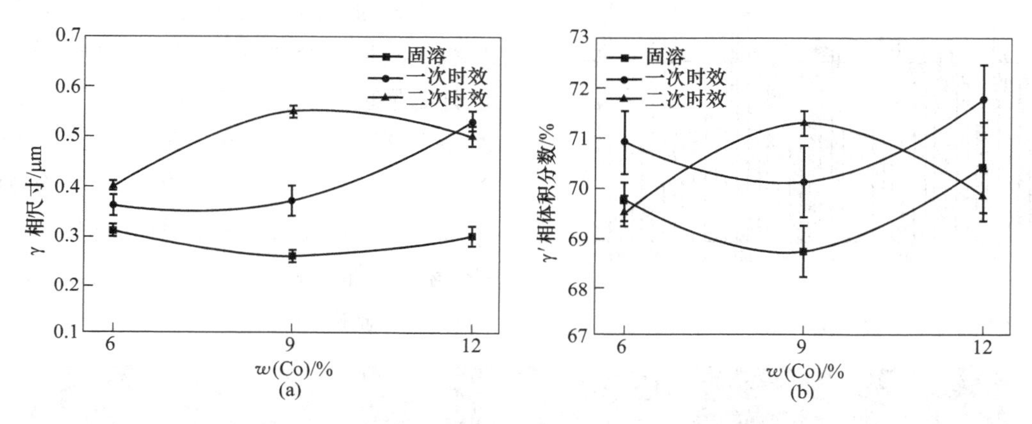

图 5　Co 含量对合金热处理过程中 γ′相尺寸及体积分数的影响

（a）γ′相尺寸；（b）γ′相体积分数

2.3 不同 Co 含量对合金高温拉伸性能的影响

2.3.1 不同 Co 含量对合金拉伸性能的影响

图 6 为三种合金从室温到 980℃ 的屈服强度、抗拉强度和伸长率。可见，随变形温度升高，三种 Co 含量合金的屈服强度变化趋势基本一致，均先升高后降低，其中 12%Co 合金由室温至 600℃ 屈服强度呈线性升高的趋势，600℃之后的中温区三种合金均出现了明显的“反常屈服”现象，屈服强度随温度的增加而升高，其中高 Co 合金的屈服强度明显高于低 Co 合金，达到峰值后又迅速降低。随 Co 含量的增加，6%Co 和 9%Co 合金在室温至 760℃ 范围内的屈服强度呈下降趋势。值得关注的是，随 Co 含量的增加，合金的中温区反常屈服峰值温度降低。与屈服强度变化趋势相比，三种合金抗拉强度随变形温度的变化趋势大致相同，其中 9%Co 合金抗拉强度最大。三种合金断裂伸长率在中温区均出现了显著的中温脆性现象，在 760~850℃ 温度区间，三种合金塑性均明显下降。当温度超过 900℃，塑性明显升高。李影[3]认为可以用交滑移机制来解释屈服强度的反常增长。三种合金的屈服强度和抗拉强度均在 900℃ 左右出现峰值点后迅速下降的现象，这是由于随拉伸温度逐渐升高，位错的热激活交叉滑移会提高 γ′相的强度，而当温度超过 900℃ 后，γ′相迅速溶解，进而导致合金的力学性能急剧下降。

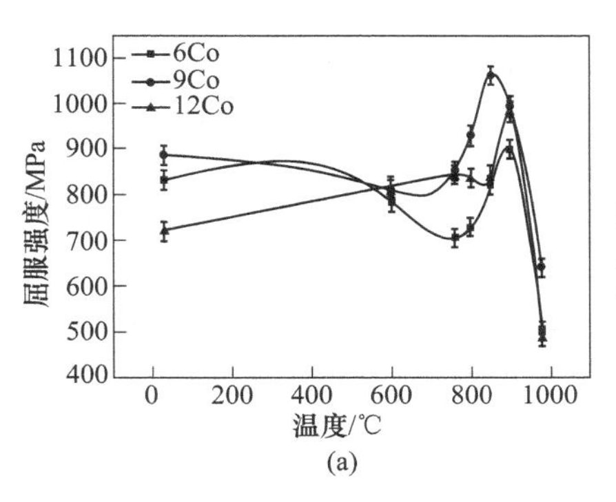

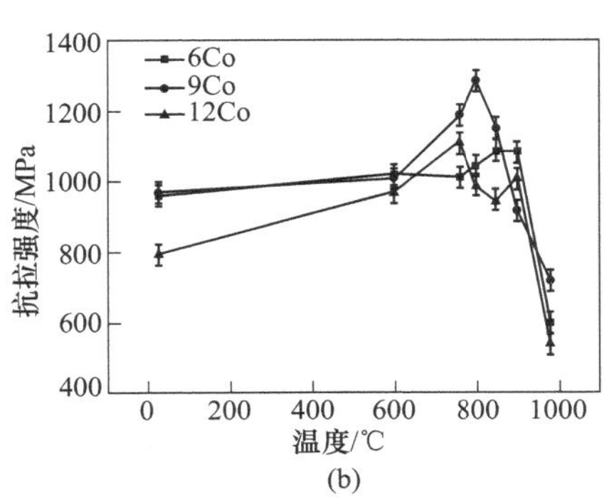

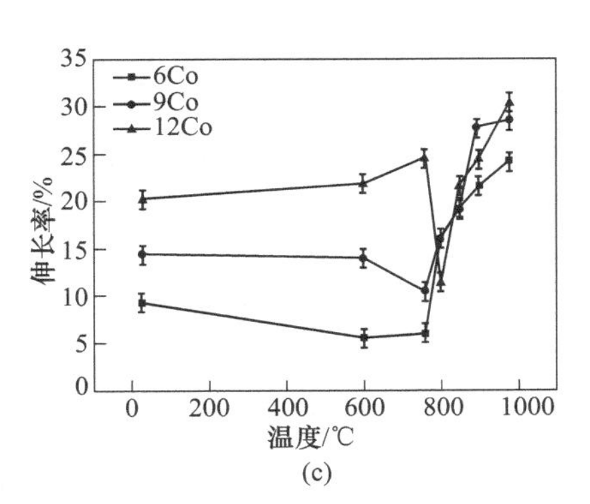

图6 三种合金在不同温度下的拉伸性能

(a) 屈服强度；(b) 抗拉强度；(c) 伸长率

2.3.2 取向和温度对9%Co合金拉伸性能的影响

图7为随温度的增加，各个晶体取向的弹性模量都有降低的趋势，这主要是因为随着温度的升高，原子间的间距变大，原子的结合力下降，所以抵抗材料变形的能力也随之下降。另外可以观察到，[111] 取向的弹性模量最大，[011] 取向次之，[001] 取向的弹性模量最小，这是由于与其他单晶高温金属相似，取向不同，原子排列不同，弹性模量存在显著的取向依赖性，即不同取向滑移系的Schmid因子不同，且在外力作用下激活滑移系的数量不同造成的[4]。1100℃时 [111] 取向的弹性模量是 [001] 取向的弹性模量大小的近3倍。试样三种取向的屈服强度和抗拉强度均随着温度的升高而降低。其中，[111] 取向合金在650℃温度下的屈服强度和抗拉强度均最高，而 [001] 取向合金在1100℃温度下的屈服强度和抗拉强度均最高。试样三种取向的伸长率和断面收缩率均随着温度的升高而大幅度提高。其中，[011] 取向合金在650℃和1100℃温度下的伸长率均最高，而 [001] 取向合金在650℃温度下的断面收缩率最高，[011] 取向合金在1100℃温度下的断面收缩率最高。滑移是高温合金的主要变形机制，激活滑移系统的数量与温度有关[5,6]。在相对较低的温度下，元素的扩散速率较低，原子的活动性较弱，激活的滑移系统受到限制[7,8]。[001]、[011] 和 [111] 试样在拉伸变形过程中激活滑移系统数量的差异是产生拉伸各向异性的主要原因。

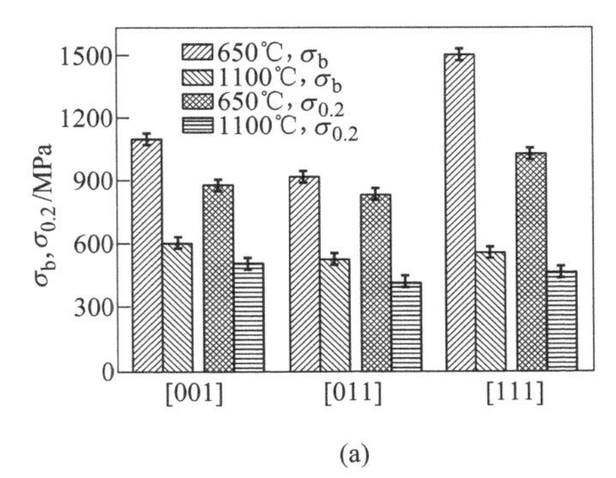

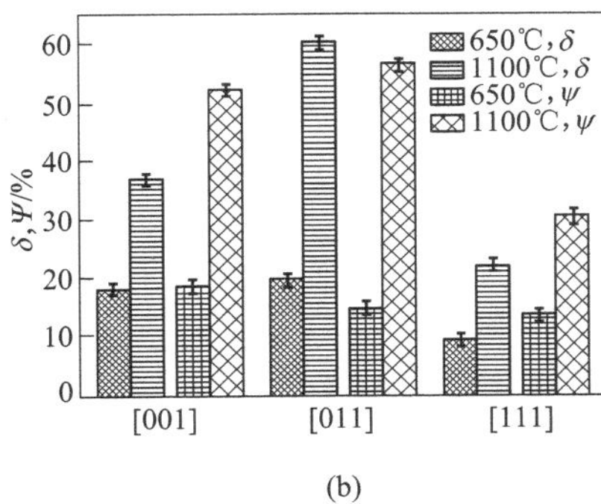

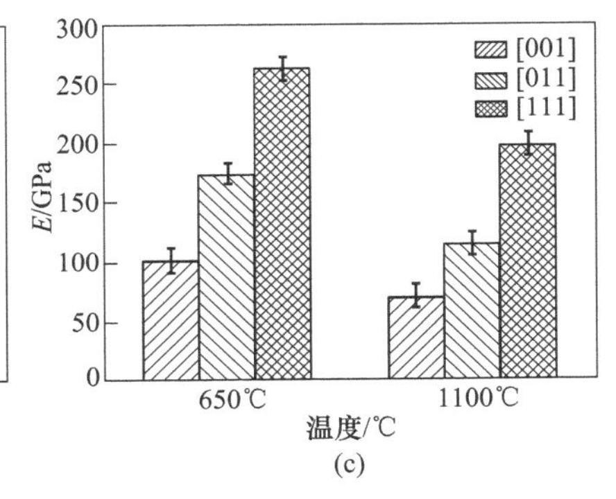

图7 9%Co合金不同取向的拉伸性能

(a) 屈服强度和抗拉强度；(b) 伸长率和断面收缩率；(c) 弹性模量 E

3 结论

(1) 随Co含量增加，合金一次、二次枝晶间距均先降低后升高的变化趋势。Co元素的加入，对Ta、Al、Ru和Mo这四种元素的偏析程度影响不大，增加了负偏析元素Re、W、Cr的偏析程度。

(2) 三种合金经过一次时效处理后，γ′相的平均尺寸增加。随Co含量提高，合金中γ′相尺寸呈增大趋势，合金二次时效后的 γ′相平均尺寸和立方度均呈先增加后略有降低的趋势，9%Co 合金经标准热处理后具有最佳的 γ′相平均尺寸和立方度。合金标准热处理后的 γ′相体积分数随 Co 含量的增加未见显著变化。

（3）在 650℃条件下，[111] 取向 9 %Co 合金的弹性模量、屈服强度和抗拉强度均最高，[011] 取向伸长率最高，[001] 取向断面收缩率最高。在 1100℃条件下，[111] 取向合金的弹性模量最高，[001] 取向合金的屈服强度和抗拉强度均最高，[011] 取向合金的伸长率和断面收缩率最高。

参考文献

[1] Sato A, Harada H, Yeh A C, et al. A 5th generation SC superalloy withbalanced high temperature properties and processability [C]//Proceeding atconference, Superalloy 2008: 131~138.

[2] 史振学，刘世忠，李嘉荣，等．第四代单晶高温合金的发展 [C]//第十一届中国钢铁年会，2017：231~243.

[3] 李影，苏彬．镍基单晶高温合金的反常屈服行为与变形机制 [J]．材料工程，2004（3）：45~48.

[4] 宁礼奎，佟健，刘恩泽，等．热处理对一种新型镍基单晶高温合金组织与性能的影响 [J]．金属学报，2014，8（50）：1011~1018.

[5] 王效光，李嘉荣，喻健，等．DD9 单晶高温合金拉伸性能各向异性 [J]．金属学报，2015，51（10）：1253~1260.

[6] 张龙飞，燕平，赵京晨，等．DD407 单晶高温合金 760℃拉伸性能的各向异性 [J]．钢铁研究学报，2011，23（12）：54~59.

[7] Yang W P, Li J R, Liu S Z, et al. Orientation dependence of transverse tensile properties of nickel-based third generation single crystal superalloy DD9 from 760 to 1100℃ [J]. Transactions of Nonferrous Metals Society of China, 2019（3）：558~568.

[8] 于慧臣，李影，李骋，等．一种单晶镍基高温合金在不同温度下的静拉伸性能 [J]．航空动力学报，2005（6）：958~963.

高温合金中 Nb 元素偏析行为与均匀化规律研究

戚慧琳[1*]，周扬[1]，郭续龙[1]，裴丙红[2]，韩福[2]，何云华[2]

（1. 成都先进金属材料产业技术研究院股份有限公司，四川 成都，610000；
2. 攀钢集团江油长城特殊钢有限公司，四川 江油，621704）

摘　要： 通过 JMatPro 软件计算 GH2909、GH4169D、GH4169 三种含 Nb 高温合金的元素偏析情况，Laves 相回熔和 Nb 元素完全扩散均匀的温度-时间规律。此类合金在枝晶间形成低熔点 Laves 相，且 Nb 元素偏析最为严重。通过理论计算和实验验证，GH2909、GH4169D、GH4169 合金中使 Laves 相回熔的最高温度为 1160℃、1150℃、1145℃。二次枝晶间距相同时，GH2909 的 Laves 相回熔时间明显长于 GH4169D 和 GH4169，但 GH2909 合金的 Nb 元素扩散均匀时间略小于 GH4169D 和 GH4169。对于 GH2909（$L=108\mu m$）合金，1150℃/7h 可以完全消除铸态合金中的 Laves 相，GH4169D（$L=73\mu m$）合金为 1150℃/5h。

关键词： 高温合金；均匀化；元素偏析；Laves 相

Nb 是高温合金常用的四种难熔元素之一，其他三种为 W、Mo、Ta，Nb 元素进入 γ′相，形成 Ni3(Al，Ti，Nb)，使 γ′相数量、尺寸增多，提高 γ′相的沉淀强化作用[1]。但含量较高的 Nb 元素，会在合金凝固过程中产生严重偏析，形成大量 Laves 析出相，甚至如黑斑、白斑等宏观缺陷[2]。Laves 相是一种有害的 TCP 相，大量消耗起强化作用的 Nb 元素，自身的脆性、低熔点都严重影响了合金的力学性能[3]。因此对含 Nb 高温合金进行均匀化热处理，使 Laves 相回熔到基体中是很有必要的。当下普遍的实验流程是靠大量重复性实验确定 Laves 相回熔温度和时间。本研究选取三种含 Nb 高温合金的代表性牌号 GH2909、GH4169D、GH4169，Nb 含量（质量分数）分别为 4.75%、5.5%、5.25%，通过模拟计算得到含 Nb 高温合金中 Laves 相全部回熔时间与均匀化温度的关系式，并通过均匀化实验验证。

1　实验材料及方法

采用 ϕ508mm GH2909、ϕ305mm GH4169D 和 ϕ550mm GH4169 合金铸锭作为实验材料。利用 JMatPro 软件模拟计算三种典型含 Nb 高温合金的 Laves 相回熔工艺和 Nb 元素高温扩散规律。采用 GH2909 和 GH4169D 合金铸锭，在 1150～1190℃ 之间进行均匀化实验，验证合金中的 Laves 相安全回熔温度和完全回熔时间。使用光学显微镜、扫描电子显微镜观察合金铸态组织及均匀化组织。金相腐蚀液为 20mL HCl + 20mL C_2H_5OH + 1.5g $CuSO_4 \cdot 5H_2O$。

2　实验结果与分析

2.1　铸态组织

图 1 为 GH2909、GH4169D、GH4169 合金铸锭中心的微观组织。GH2909 的枝晶较为细小，未形成粗大明显的枝晶杆，GH4169D 和 GH4169 有明显的枝晶杆，二次枝晶间距分别为 108μm、73μm、127μm；同时在枝晶间附近，分布较多的块状 Laves 相。

2.2　合金元素偏析情况

通过 JMatPro 软件模拟计算铸态 GH2909、GH4169D、GH4169 合金的元素偏析情况，如图 2 所示，三种合金中 Nb 元素呈正偏析，偏析程度较其他元素更严重，且在枝晶间形成 Laves 相。因此，对于这类含 Nb 高温合金应主要考虑 Laves 相回熔及 Nb 元素扩散均匀。

* 作者：戚慧琳（1996—），女，E-mail：11849156@mail.sustech.edu.cn

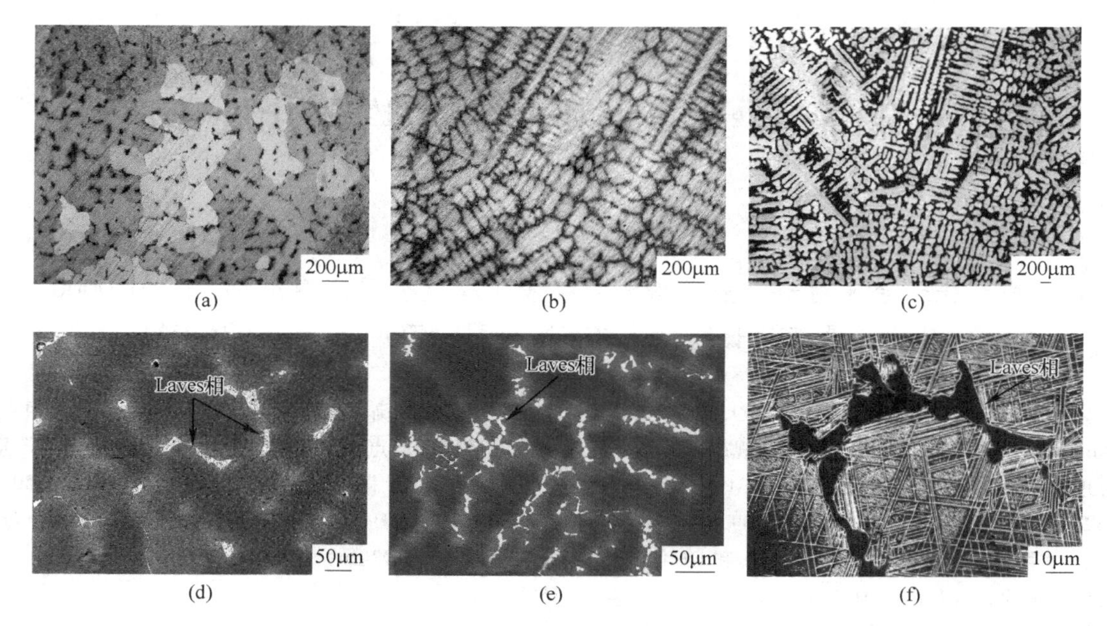

图 1　高温合金微观铸态组织形貌及析出相

（a）（d）GH2909；（b）（e）GH4169D；（c）（f）GH4169

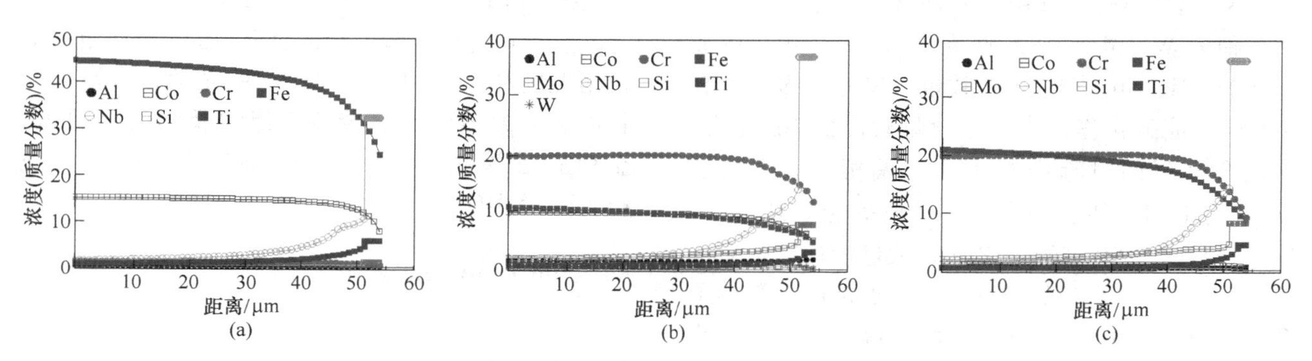

图 2　通过 JMatPro 计算的铸态高温合金元素偏析情况

（a）GH2909；（b）GH4169D；（c）GH4169

2.3　Laves 相回熔规律

利用 JMatPro 计算 GH2909、GH4169D、GH4169 三种合金枝晶间距 108μm 时的 Laves 相全部回熔时间，如图 3 所示。当枝晶间距相同时，GH2909 的 Laves 相回熔时间明显长于 GH4169D 和 GH4169，GH4169D 和 GH4169 的回熔时间基本一致。随着均匀化温度的提高，Laves 相回熔时间逐渐缩短，GH2909 与另两种合金的差距也逐渐缩小。

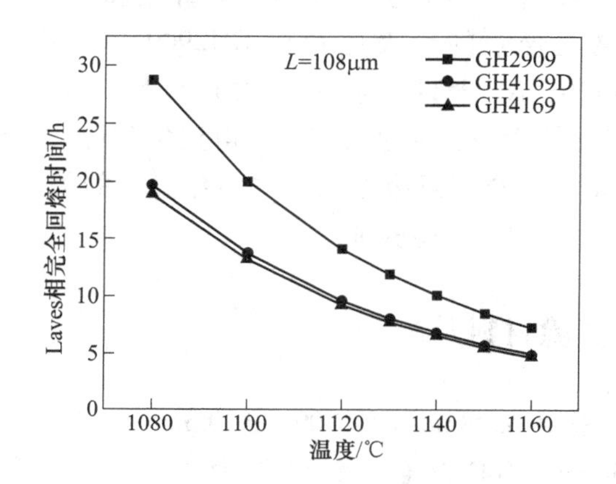

图 3　Laves 相完全回熔时间

通过 JMatPro 计算 GH2909、GH4169D、GH4169 合金中 Laves 相熔点分别为 1160℃、1150℃、1145℃。为了进一步确定合金中 Laves 相回熔的安全温度，在 1150 ~ 1190℃ 范围内对 GH2909、GH4169D 合金进行 1h 均匀化实验，微观组织如图 4 所示。GH2909 合金在低于 1160℃ 均匀化时，Laves 相未出现细碎熔化现象，说明最高可以在 1160℃ 下进行均匀化。而 GH4169D 在 1160℃ 均匀化时，

Laves 相内部出现熔池，表明 GH4169D 合金可以接受的均匀化温度为 1150℃，这些结果与理论计算结果接近。

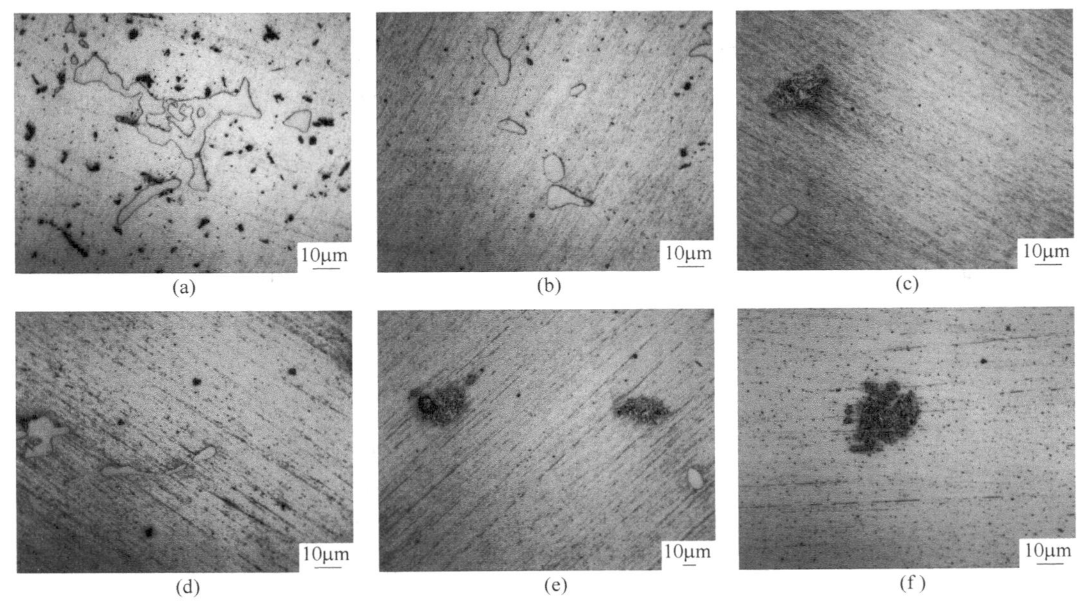

图 4　GH2909、GH4169D 合金不同温度均匀化 1h 后的微观组织

(a) GH2909，1150℃；(b) GH2909，1160℃；(c) GH2909，1190℃；(d) GH4169D，1150℃；(e) GH4169D，1160℃；(f) GH4169D，1190℃

使用铸态 GH2909、GH4169D 合金，在 1150℃进行均匀化实验，微观组织如图 5 所示。GH2909 仅需 7h 即可使铸态合金中的 Laves 相全部回熔到基体，GH4169D 则仅需 5h，极大地降低了均匀化时间。GH4169D 合金中的 δ 相由铸态的针状相，经 1150℃/5h 均匀化后长大为棒状相，但分布并不均匀。由于 δ 相富 Nb，因此 δ 相的析出情况可以反映 Nb 元素在合金中的分布情况。从图 5（b）可以看出，GH4169D 在 1150℃ 均匀化 5h 后，虽然消除了 Laves 相，但 δ 相分布并不均匀，说明尚存在较严重的 Nb 元素偏析，需要进一步在高温下使 Nb 元素扩散均匀。

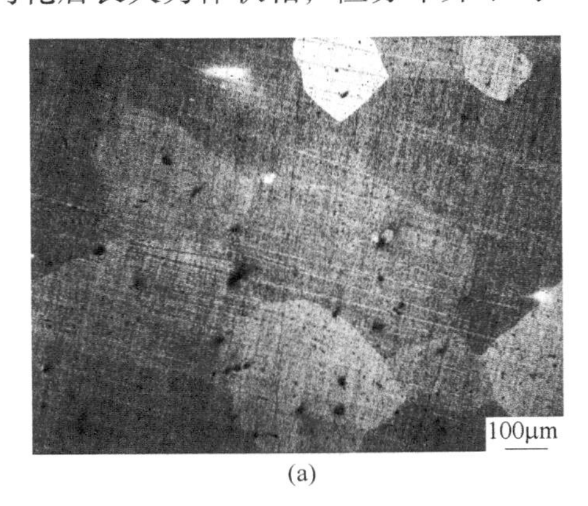

(a)

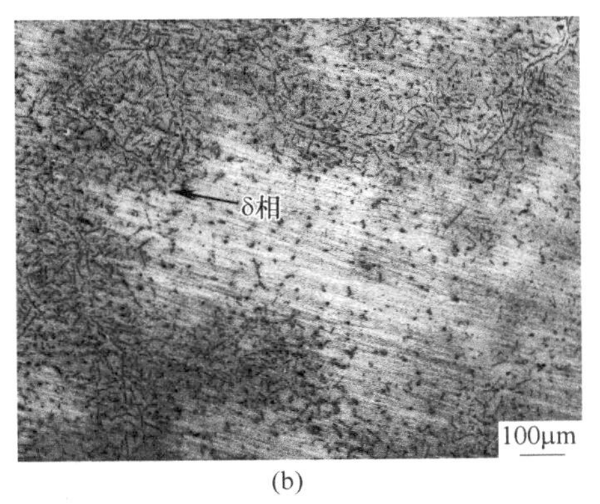

(b)

图 5　GH2909、GH4169D 合金在 1150℃均匀化的微观组织

(a) GH2909：7h；(b) GH4169D：5h

2.4　Nb 元素高温扩散规律

经过第一阶段均匀化使 Laves 相回熔，合金的熔点提高，可以提高温度进行第二阶段均匀化。如果以 Nb 的偏析系数 K_{Nb}<1.01 视作 Nb 元素完全扩散均匀，通过 JMatPro 计算三种合金枝晶间距为 108μm 时，在 Laves 相全部回熔后，Nb 元素完全扩散均匀的时间，如图 6 所示。随着均匀化温度

升高，Nb 元素的扩散速度也随之提高。1100℃时，GH4169 需要 195h 才能使 Nb 元素完全均匀化，而 1220℃时仅需 27h。当三种合金具备相同的二次枝晶间距时，在 Laves 相全部回溶结束第一阶段均匀化后，GH2909 合金的理论第二阶段均匀化时间略小于 GH4169D 和 GH4169。

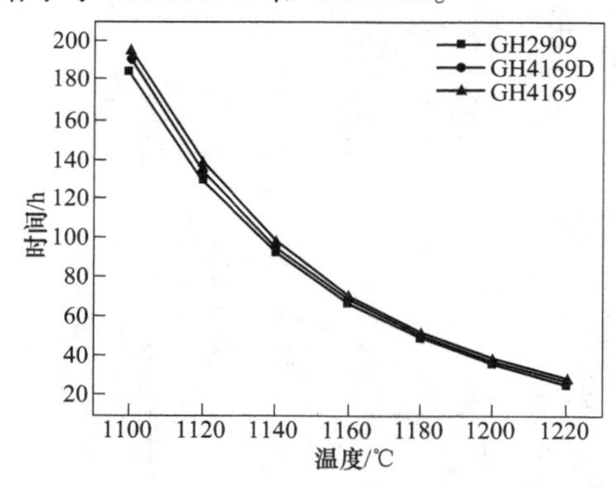

图 6　Nb 元素高温扩散规律

3　结论

（1）经过理论计算和实验验证，GH2909 的第一阶段均匀化温度最高可为 1160℃，GH4169D 为 1150℃。

（2）均匀化温度越高，Laves 相回熔得越快。GH2909 的 Laves 相回熔时间明显长于 GH4169D 和 GH4169，GH4169D 和 GH4169 的回熔时间基本一致。

（3）在 1150℃均匀化 7h，可以使 GH2909（L=108μm）合金中的 Laves 相全部回熔，GH4169D（L=73μm）合金仅需 5h。

（4）二次枝晶间距相同时 GH2909 合金的第二阶段均匀化时间略小于 GH4169D 和 GH4169。

参考文献

［1］杨国良 . GH4169G 合金元素偏析与均匀化研究［D］. 沈阳：沈阳大学，2011.

［2］张麦仓 . 基于经典动态模型的 GH4169 合金钢锭中 Laves 相的回溶规律分析［J］. 金属学报，2013，49（3）：372～378.

［3］Sohrabi. Solidification behavior and Laves phase dissolution during homogenization heat treatment of Inconel 718 superalloy［J］. Vacuum，2018（154）：235～243.

长期时效对单晶高温合金显微组织及拉伸性能的影响

刘欣宇，王磊*，刘杨，宋秀，艾宁

（东北大学材料各向异性与织构教育部重点实验室，辽宁 沈阳，110819）

摘 要：研究了DD407单晶高温合金长期时效过程的组织演变及其对拉伸变形行为的影响。结果表明，900℃长期时效过程中，γ′相持续长大，时效2000 h后，γ′相平均尺寸达到0.79μm。随时效时间延长，γ′相体积分数持续增加，而碳化物尺寸、成分及数目无明显变化；900℃下合金屈服强度、抗拉强度与标准热处理态相比显著降低，但断裂伸长率变化不明显。高的变形温度下，位错蠕变机制所占比重增加；时效合金拉伸变形过程中枝晶间与枝晶干组织筏排化速率不同，加速了合金的拉伸断裂。

关键词：长期时效；单晶高温合金；DD407；组织稳定性；高温拉伸性能

镍基高温合金是燃气涡轮发动机的关键材料，高温下仍具有高强度[1]。单晶高温合金在高温下具有良好的力学、抗氧化和耐热腐蚀等性能，是先进地面燃机和航空发动机涡轮叶片的关键材料[2]。DD407是沉淀硬化型单晶高温合金，密度小，比强度高，适用于飞机涡轮发动机实心或空心叶片、导向叶片等高温部件。然而高的合金化使得合金的组织稳定性一直是关注的重点之一[3]。鉴于高温合金高的合金化带来的高温组织稳定性问题，本研究通过DD407单晶高温合金的长期高温时效，研究长期时效后合金的显微组织演变及高温拉伸性能的变化规律，为单晶高温合金的服役安全性提供理论依据与数据支撑。

1 试验材料及方法

DD407单晶高温合金成分（质量分数,%）为：Cr 8.05，Co 5.50，Mo 2.25，W 5.00，Al 5.95，Ti 2.00，Ta 3.50。DD407标准热处理制度为固溶处理+双级时效处理，具体为1300℃×3h/AC +1080℃×6h/AC+870℃×20h/AC。长期时效处理过程设置热处理炉升温速率为10℃/min，冷却方式为空冷。采用SHIMADZU AG-X 100kN拉伸试验机进行高温拉伸试验，拉伸温度选在900℃，采用准静态拉伸应变速率10^{-3}/s。拉伸试验前，需对试样进行打磨并对试样正面进行电解抛光，以方便拉断后观察合金断口侧面组织。电解抛光液为20%硫酸甲醇，抛光电压为15V，时间为15s。拉伸试验加载前先将试样在预定温度下保温8min。

利用光学显微镜（optical microscope，OM）、扫描电子显微镜（scanning electron microscope，SEM）观察标准热处理态以及不同时效热处理后的合金的显微组织，利用扫描电镜以及Image J软件计算相应数据。利用LODESTAR LP3005D对合金进行电解腐蚀，腐蚀液成分为15g氧化铬（CrO_3）+10mL硫酸（H_2SO_4）+150mL磷酸（H_3PO_4），腐蚀电压为3.5V，腐蚀时间为15s。采用JSM-6510A钨灯丝扫描电镜观察合金拉伸后断口形貌。

2 试验结果及分析

2.1 DD407合金长期时效过程组织演化行为

由于合金中添加了大量合金元素，在凝固过程中一方面使得合金的熔点升高，另一方面导致凝固过程中出现溶质再分配，合金元素偏析严重、组织不均匀。在长期时效处理之前，首先应进行标准热处理，即固溶处理加双级时效处理，其中固溶处理的目的是使γ′相、共晶组织充分回溶从而得到过饱和固溶体，减少合金元素偏析。而双级时效处理的目的则是使细小均匀、具有适当立方度及体积分数的γ′强化相充分析出，且使碳化

*作者：王磊，教授，联系电话：024-83681685，E-mail：wanglei@mail.neu.edu.cn

物分布更加合理，从而提高合金的性能。

对铸态、标准热处理态以及两种温度下长期时效后 DD407 合金进行研究。在 900℃ 下对标准热处理态合金进行长达 2000h 的长期时效。图 1 为合金 DD407 铸态、标准热处理态的微观显微组织。合金铸态组织中一次枝晶沿着［001］取向，而二次枝晶沿着［100］或［010］取向，在垂直于［001］的界面上呈“十”字型均匀分布（图 1（a）（c）），枝晶间存在较大尺寸的共晶组织。标准热处理后（图 1（b）（d）），合金组织更加均匀，枝晶轮廓不再明显，共晶组织基本完全消失。铸态组织中 γ′相占据了 60%～70%，并且 γ′相呈不规则的蝶状形貌，尺寸为 0.5～1.5μm。标准热处理之后，γ′相变得更加细小，为 0.2～0.5μm，均匀化程度增加，强化效果更好。

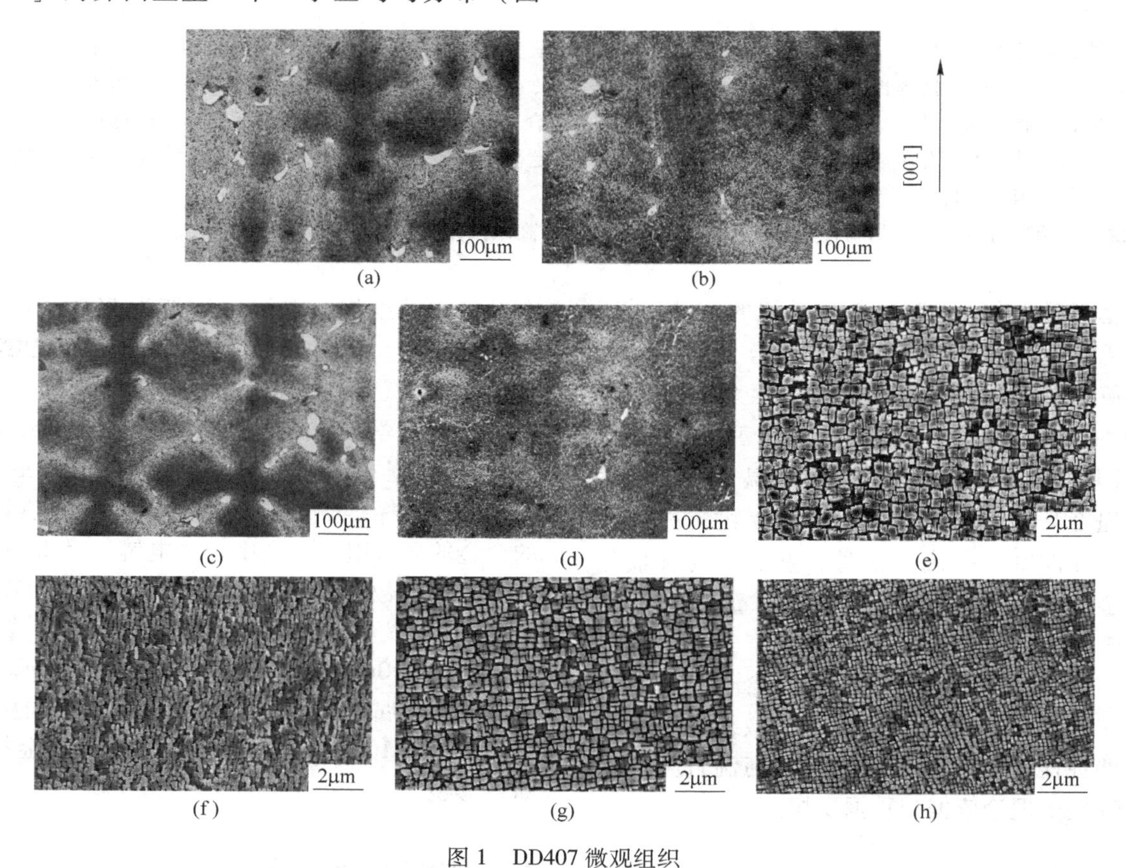

图 1　DD407 微观组织

（a）铸态，平行枝晶生长方向；（b）标准热处理态，平行枝晶生长方向；（c）铸态，垂直枝晶生长方向；（d）标准热处理态，垂直枝晶生长方向；（e）铸态，平行枝晶生长方向；（f）标准热处理态，平行枝晶生长方向；（g）铸态，垂直枝晶生长方向；（h）标准热处理态，垂直枝晶生长方向

图 2 所示为 900℃ 长期时效后 γ′相演化，观察方向分为垂直或平行于枝晶生长方向。可见，DD407 单晶高温合金 900℃ 长期时效过程中，随着时效时间的增长，γ′相持续长大。经过 100h 时效后，γ′相发生形貌退化，即边缘钝化甚至部分球化（图 2（a）），γ′相平均尺寸为 0.37μm，体积分数为 66.64%；200h 后，部分 γ′相长大至相邻相相接（图 2（b）），γ′相平均尺寸为 0.44μm，体积分数为 71.12%；500h 后，γ′相继续长大（图 2（c）），γ′相平均尺寸为 0.50μm，体积分数为 74.42%。1000h 后（图 2（d）），γ′相长大十分明显，平均尺寸达到 0.66μm，体积分数为 75.28%。2000h 后，枝晶间 γ′相部分连结（图 2（e）），γ′相平均尺寸达到 0.79μm，体积分数高达 75.82%。

析出相的形状由弹性应变能和界面能共同决定。γ′相的形状取决于应变能和界面能之间的平衡。界面能的降低是粗化与球化的驱动力，而位错运动是由高温下错配应力的不对称分布驱动的。γ/γ′界面的密集位错网络促进了扩散、化学元素的偏析、化学能梯度和边界能密度的降低，这导致了 γ′强化相的粗化。

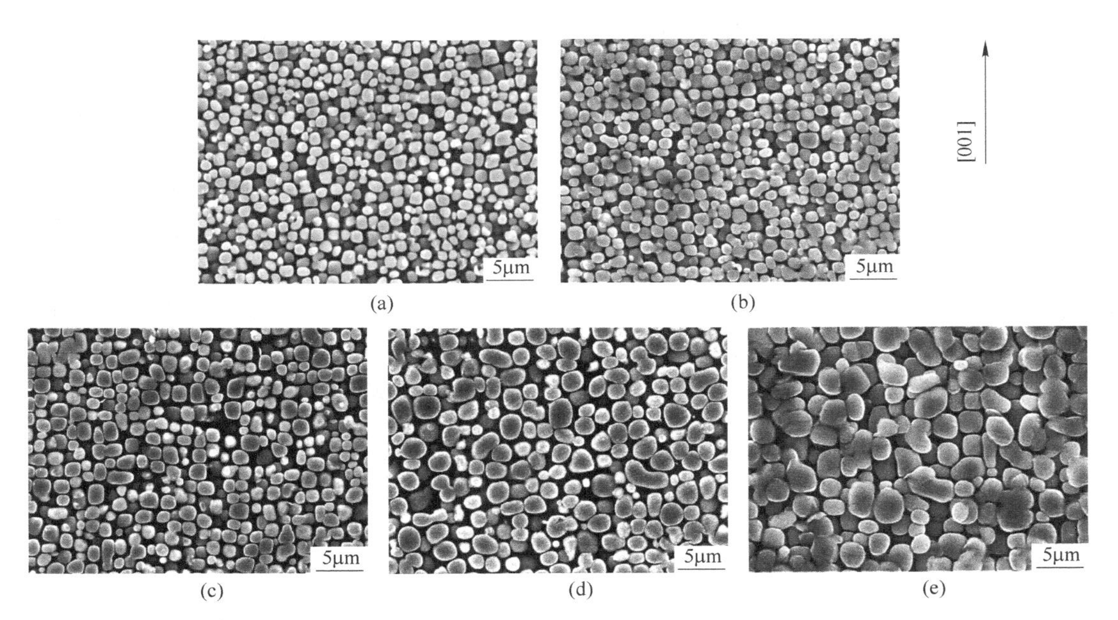

(a) (b) (c) (d) (e)

图 2 900℃长期时效过程中 DD407 枝晶间 γ′相组织的演化（平行于［001］方向）
（a）100h；（b）200h；（c）500h；（d）1000h；（e）2000h

时效 2000h 后，γ′相平均尺寸由时效前的 0.32μm 达到 0.79μm。γ′相的长大主要受 Ti 和 Al 在基体中的扩散所控制。随时效时间延长，γ′相体积分数增加，时效 2000h 后，γ′相体积分数高达 75.82%。图 3 为 900℃长期时效过程中碳化物形貌的演化，经 900℃-2000h 时效后，碳化物尺寸、成分及数目无明显变化，仍为块状及骨架状一次碳化物 TiC、TaC，未发生相转变。

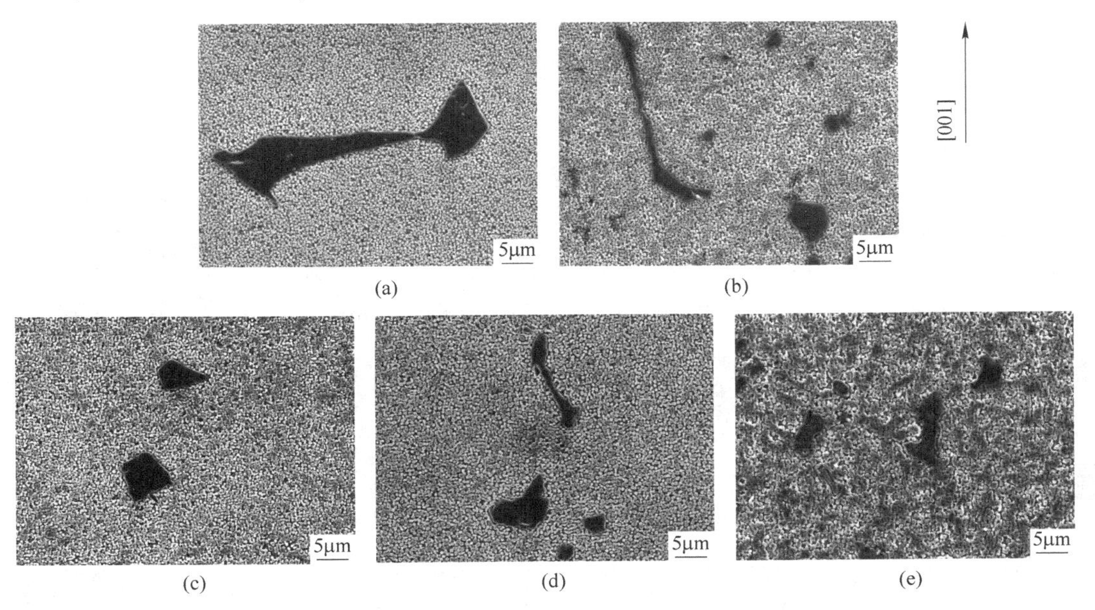

(a) (b) (c) (d) (e)

图 3 900℃长期时效过程中碳化物形貌的演化（平行于［001］方向）
（a）100h；（b）200h；（c）500h；（d）1000h；（e）2000h

2.2 900℃长期时效对 DD407 合金高温拉伸性能的影响

图 4 为 DD407 单晶高温合金 900℃时效 2000h 后拉伸曲线及性能，900℃拉伸时，与时效前相比，屈服强度和抗拉强度分别降低了 23.7%、26.6%，而断裂伸长率没有明显变化。随时效时间延长，断口宏观起伏程度降低，且韧窝变多变密。总体

而言，屈服强度随着长期时效时间的延长而降低。随着沉淀物尺寸的增加，越来越多的位错分布在同一机制通道内，并趋于在｛111｝平面上以平面阵列行进，这种位错构型的出现会显著放大作用在前导位错上施加的切应力，很容易导致位错对切过沉淀相[4]。DD407 长期时效过程中 γ′相长大导致 γ′相的强化作用减弱，从而使合金的高温拉伸强度降低。

合金 900℃拉伸断口形貌如图 5 所示，时效至 200h（图 5（c）），此时合金的韧性较好，断面收缩率达到峰值，对应合金拉伸曲线上断裂伸长率的明显增加。时效至 500h（图 5（d）），韧窝尺寸减小，数目增加。时效 1000h 后（图 5（e）），断口宏观起伏程度明显降低。时效至 2000h（图 5（f）），断口主要呈现韧性断裂的特征，韧窝变多变密。断口区域呈暗灰色，主要由纤维区和剪切唇组成，断口正面分布着大量的等轴韧窝，因热激活作用，位错的交割变得容易，滑移带难以形成，故 900℃拉伸试样断口宏观平整，但微观起伏不平，属韧性断裂。

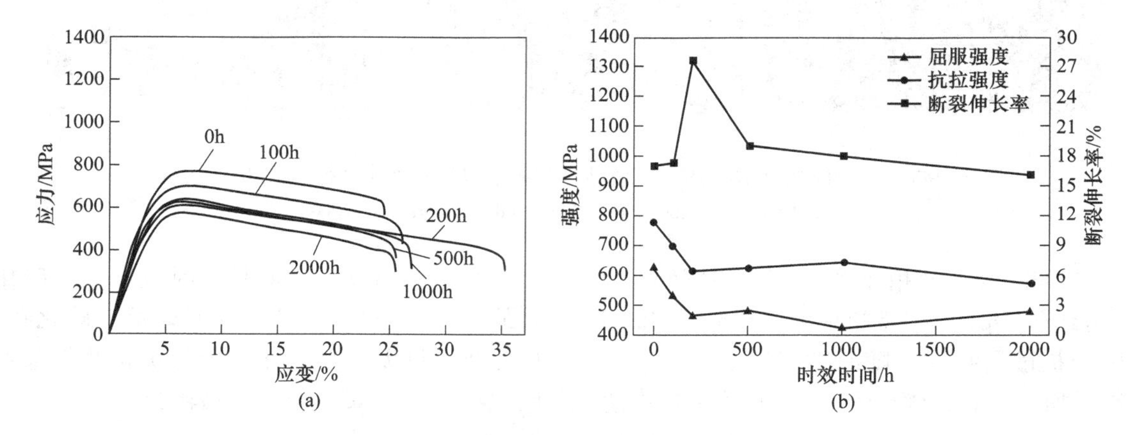

图 4　DD407 900℃时效后 900℃拉伸曲线及性能

（a）应力-应变曲线；（b）拉伸性能

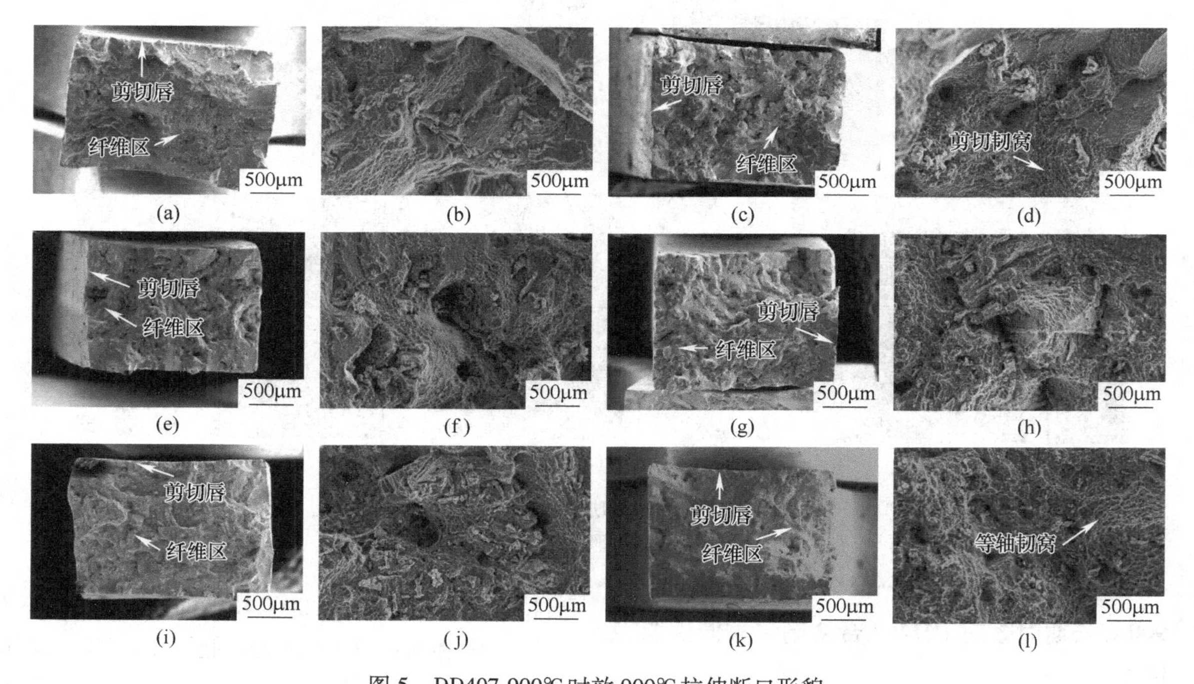

图 5　DD407 900℃时效 900℃拉伸断口形貌

（a）（b）0h；（c）（d）100h；（e）（f）200h；（g）（h）500h；（i）（j）1000h；（k）（l）2000h

3 结论

（1）DD407 铸态组织中 γ′相呈不规则的蝶状形貌，尺寸为 0.5~1.5μm，标准热处理后 γ′相均匀度、立方度增加，为尺寸更加细小的方形，平均尺寸 0.32μm。

（2）900℃长期时效过程中，γ′相持续长大，这主要是由 Ti 和 Al 在基体中的扩散所控制。其中 900℃时效 2000h 后，γ′相平均尺寸达到 0.79μm。900℃长期时效过程中，γ′相体积分数持续增加，时效 2000h 后，γ′相体积分数为 75.82%。经 900℃-2000h 时效后，碳化物尺寸、成分及数目无明显变化，仍为块状及骨架状一次碳化物 TiC、TaC。

（3）900℃时效 2000h 后，900℃拉伸时，与时效前相比，时效 2000h 后合金屈服强度、抗拉强度显著降低，而断裂伸长率没有明显变化，随着时效时间的延长，断口宏观起伏程度降低，且韧窝变多变密。

参考文献

[1] Razumovskii I M. New generation of Ni-based superalloys designed on the basis of first-principles calculations [J]. Materials Science and Engineering A, 2008, 497 (1): 18~24.

[2] 史振学. 长期时效温度对一种单晶高温合金组织和拉伸性能的影响 [J]. 有色金属科学与工程, 2018, 9 (4): 35~39.

[3] 任英磊. 高温长期时效对镍基单晶高温合金 γ′相形貌的影响 [J]. 机械工程材料, 2004, 28 (3): 10~15.

[4] Zhang P, Yuan Y, Li J, et al. Tensile deformation mechanisms in a new directionally solidified Ni-base superalloy containing coarse γ′ precipitates at 650℃ [J]. Materials Science and Engineering A, 2017, 702: 343~349.

镍基单晶高温合金中的准雀斑现象研究

李侣[1*]，马德新[2]，赵运兴[2]，徐福泽[2]，徐维台[1]，邓阳丕[1]

（1. 深圳市万泽航空科技有限责任公司，广东 深圳，518033；
2. 深圳市万泽中南研究院有限公司，广东 深圳，518045）

摘　要：在航空发动机单晶叶片铸件表面发现了一种类似雀斑却又区别于雀斑的链条状表面缺陷，将其称之为“准雀斑”，并对它的组织和形成原因进行了研究。以第二代单晶高温合金 DD419 为研究对象，发现准雀斑区域内虽然枝晶干和枝晶臂有所变形和偏转，但未发现由断裂枝晶臂组成的碎小晶粒；准雀斑区域的晶体取向与基体组织无明显差异，未形成大角度晶界，仍属于同一单晶组织。铸态组织的准雀斑区域内 Al、Ti、Ta 等 γ'形成元素有明显聚集，γ/γ'共晶含量高于基体组织。因此，准雀斑组织可认为是单晶铸件定向凝固过程中溶质对流通道的痕迹；这种残余液体的隧道式对流导致 γ'形成元素和 γ/γ'共晶的成倍聚集，只是由于对流强度较弱，未冲断枝晶臂形成晶向随机的新晶粒。虽然准雀斑并不破坏基体的单晶一致性，但易转化为雀斑缺陷而导致铸件报废。

关键词：准雀斑；晶体取向；共晶含量；EBSD；溶质对流

镍基单晶高温合金因其具备优异的综合性能，是航空发动机涡轮叶片生产铸造的首选材料[1]。随着航空发动机推重比的增大，所需的涡轮叶片的结构也越来越复杂；为满足航空发动机推重比增大的需求，对单晶高温合金的承温能力提出了严格的要求，从而要求高熔点合金元素含量不断增加。复杂的涡轮叶片结构和高含量的高熔点合金元素使得单晶涡轮叶片凝固缺陷控制上面临巨大的挑战[2,3]。

单晶涡轮叶片定向凝固过程中可能形成多种凝固缺陷，其中雀斑是高温合金定向凝固过程中经常出现的链状晶粒缺陷，由于雀斑含有许多取向杂乱的碎小晶粒，破坏了铸件的单晶性，直接导致单晶铸件报废[4~6]。根据已有研究[7,8]，在定向凝固过程中，密度较大的负偏析元素 W 和 Re 向枝晶干富集，密度较小的正偏析元素 Al 和 Ti 向枝晶间富集。在重力作用下，糊状区上重下轻的密度差引起热熔质对流，造成枝晶臂被冲断，凝固后形成链状的碎晶粒雀斑缺陷。

在生产航空发动机单晶叶片铸件的过程中，还发现了一种链条状表面缺陷，宏观形貌与雀斑相似，但微观组织又有所不同，本文将这种缺陷称之为“准雀斑”，并对它的组织和形成原因进行了研究。

1　试验材料及方法

研究所用合金材料为第二代镍基单晶高温合金 DD419 合金，其名义成分如表 1 所示。利用常规熔模工艺方法制备陶瓷模壳，在 VIM-IC/DS/SC 真空凝固炉中进行熔铸，通过下抽拉方法实现定向凝固，制成了某型号的单晶涡轮叶片，所采用的浇注工艺参数为模壳保温温度 1470℃，抽拉速度 1. 5mm/min，浇注前保温 10min。

浇铸完成后对铸件模组进行清理去壳及切割，然后用 150g 硫酸铜+500mL 乙醇+35mL 硫酸配制的腐蚀液对铸件进行宏观腐蚀。在目视检查后，用 EP-1200A 体视显微镜对叶片表面出现的雀斑和准雀斑组织进行了宏观观察，并在铸件的缺陷部位进行了切割，制备了纵截面的金相样品。通过 NIKON MM-400 光学显微镜对准雀斑微观组织进行金相观察，采用 Image-Pro 软件对金相组织的共晶含量进行了分析；样品经 400 号、800 号、1200 号和 2000 号砂纸打磨后，用 OPS 溶液对准雀斑样品

* 作者：李侣，工程师，联系电话：18373116842，E-mail：lil1@wedge. com. cn

表面进行了抛光，完成 EBSD 样品制备，使用 TESCAN MIRA4 LMH 扫描电镜配备的 EBSD 装置对准雀斑组织的晶体取向进行了分析。

表 1 DD419 的合金成分 （质量分数,%）

元素	Cr	Co	W	Mo	Al	Ti	Ta	Re	Hf	Ni
含量	6.5	9.0	6.0	0.6	5.6	1.0	6.5	3.0	0.1	余量

2 试验结果及分析

2.1 表面形貌观察

图 1 为单晶叶片铸件表面所发现的雀斑和“准雀斑”缺陷，其中图 1（a）为典型的雀斑缺陷，该缺陷易在叶片榫头部位出现，该缺陷呈连续不断的细长链条型，且肉眼可见存在许多取向杂乱的细碎晶粒。

图 1（b）为雀斑与“准雀斑”混合样品，在雀斑中间夹杂着与雀斑形貌近似的准雀斑缺陷，但不同于雀斑表面所呈现的，那些准雀斑组织中没有发现有明亮的雀斑斑点存在。

图 1（c）和图 1（d）为典型的准雀斑缺陷，该缺陷呈长条形，在叶片榫头和缘板位置都有可能出现。在宏观形貌上，准雀斑缺陷与基体的衬度对比不如雀斑明显。但在实际生产检查中，检验人员对上述各种形态的雀斑不容易做出明确的区别。

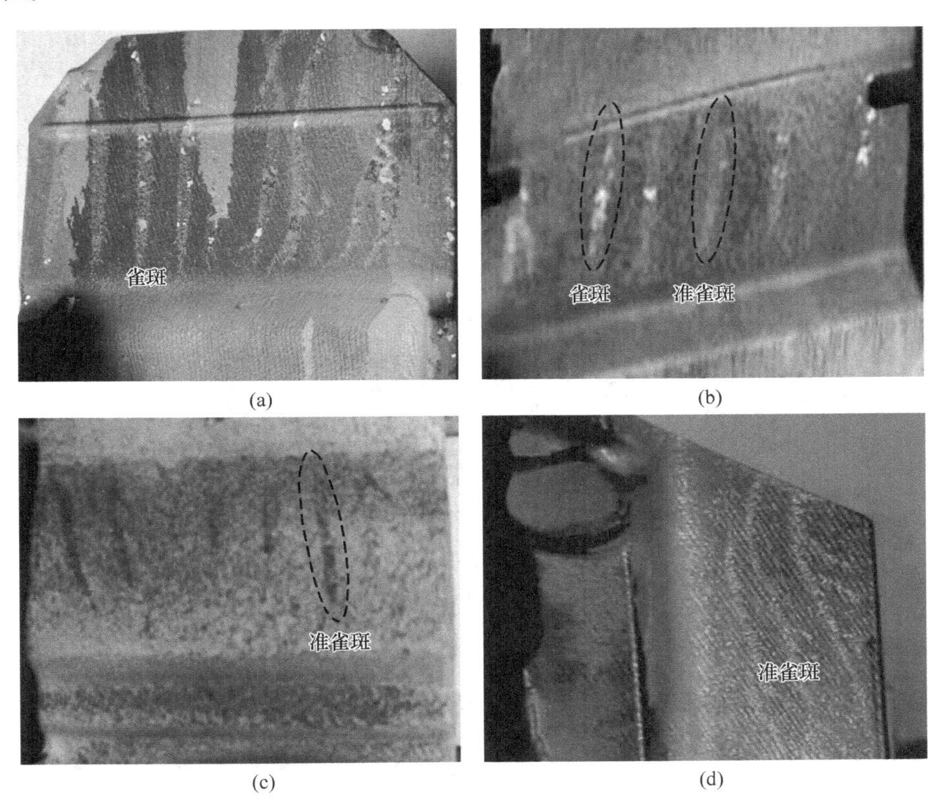

图 1 单晶叶片铸件表面的雀斑和“准雀斑”缺陷
（a）典型雀斑；（b）混合型雀斑；（c），（d）准雀斑

2.2 金相组织检验

对铸件的相应部位进行切割，制作了纵截面的金相照片。图 2 为雀斑与准雀斑缺陷在光学显微镜下的枝晶组织形貌照片。图 2（a）显示的为典型雀斑组织形貌，经过抛光腐蚀后，雀斑组织中可以明显看到存在多个与基体晶向不同的晶粒。图 2（b）为雀斑与准雀斑的混合组织，相较于图 2（a）所示的雀斑形貌，在金相照片上部，准雀斑组织与基体十分相似，未发现有枝晶的断裂及

晶粒的偏转，下半部分的雀斑斑点也比图 2（a）中的雀斑斑点小。图 2（c）则为典型准雀斑组织，对比前两图可以看出，纯粹的准雀斑与基体的对比衬度比较浅，没有发现由于枝晶臂的破碎与偏转而引起的破碎晶粒，但是存在一定的白亮色的共晶聚集现象。

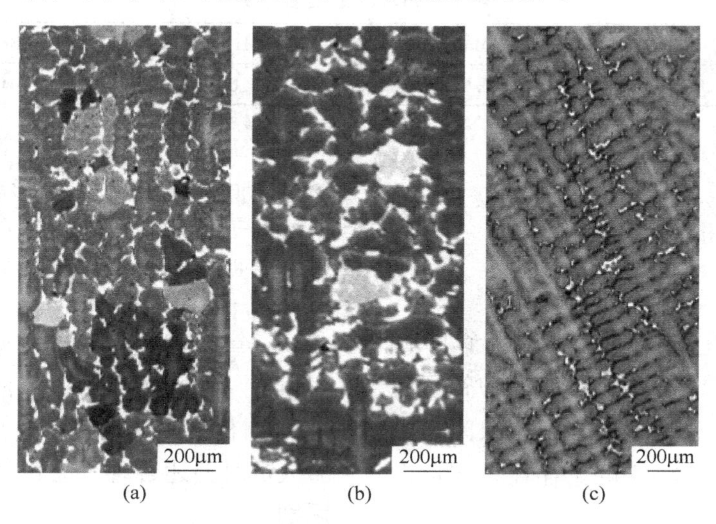

(a) (b) (c)

图 2 铸件纵截面显示的枝晶组织

（a）雀斑；（b）雀斑与准雀斑混合；（c）准雀斑

对单晶铸件铸态组织中的 γ/γ' 共晶形貌进行了观察，所得结果如图 3 所示。其中图 3（a）为无雀斑的基体位置，可以看到枝晶间的共晶含量比较少。图 3（b）为典型雀斑组织的金相观察，可以看到有明显的断裂枝晶，在其周围存在着大量的 γ/γ' 共晶组织。图 3（c）则为雀斑与准雀斑共存的组织形貌，存在着部分枝晶偏转，偏转角度明显小于图 3（b）。准雀斑组织形貌如图 3（d）所示，只有部分的共晶聚集，所有枝晶的取向基本一致，未发现与基体的晶向偏差。

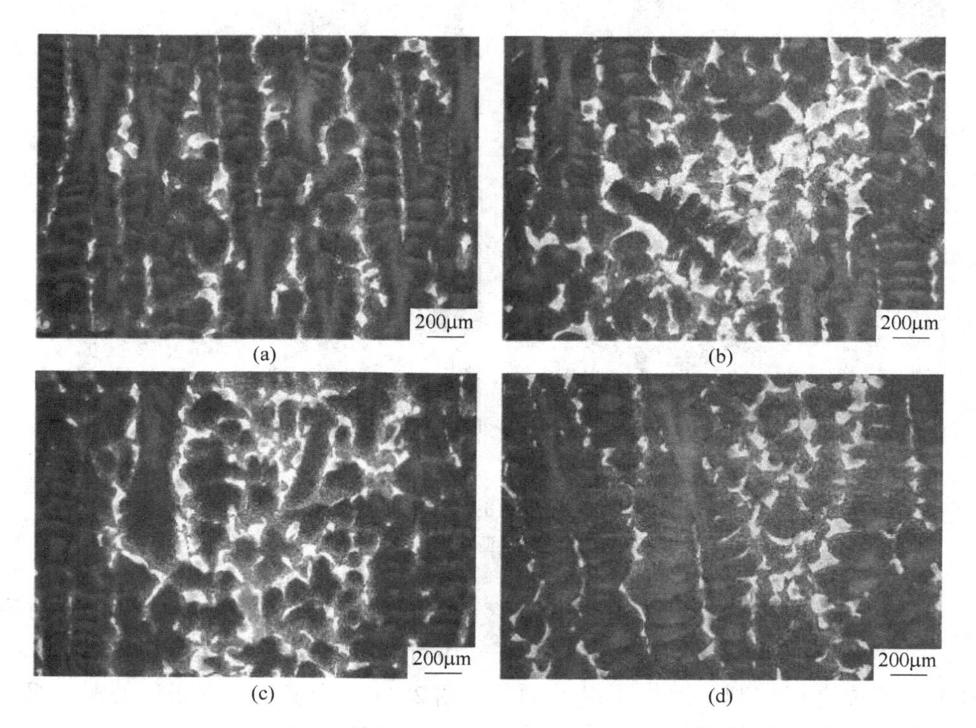

(a) (b) (c) (d)

图 3 铸件纵截面显示的 γ/γ' 共晶组织

（a）无雀斑基体；（b）雀斑；（c）雀斑与准雀斑共存；（d）准雀斑

通过 Image-Pro 软件对图 3 中四种组织中的 γ/γ′共晶含量进行检测分析，所得结果如图 4 所示。从图中可以看出，基体组织中共晶含量最少，为 4.69%；准雀斑组织的共晶含量次之，为 8.13%，约为基体组织的两倍，雀斑的共晶含量最多，为 17.57%，约为基体组织的四倍左右。雀斑与准雀斑混合组织的共晶含量为 11.31%，处于两种组织各自的共晶含量之间。可见随着雀斑组织的增加，共晶含量也随之增加，呈现越来越明显的共晶聚集现象。

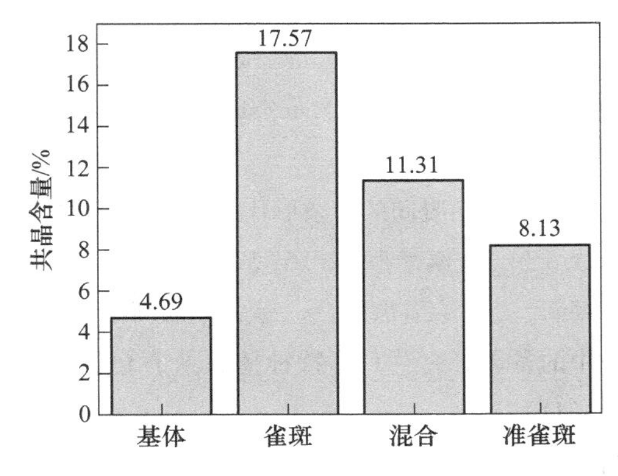

图 4　四种组织共晶含量柱状图

2.3　晶体取向检测

准雀斑与雀斑之间的关系可大致分为三个阶段：第一个阶段为纯准雀斑阶段，即铸件表面只有轻微的准雀斑痕迹显示，无任何雀斑斑点存在；第二个阶段为准雀斑与雀斑共存阶段，铸件表面既存在准雀斑又存在雀斑缺陷；第三个阶段即为纯雀斑阶段，铸件表面形成了连续不断的雀斑晶粒。

选取三种阶段的样品进行 EBSD 扫描后所得结果如图 5 所示。其中图 5（a）为纯准雀斑样品，从图中可以看出，准雀斑区域与基体区域取向一致无偏差。图 5（b）为准雀斑与雀斑共存样品，可以看出几个雀斑晶粒的取向与基体有些差异，但相差角度较小，而雀斑晶粒之间的准雀斑区域则与基体无差异。图 5（c）为纯雀斑样品，由连续不断的取向杂乱的细小晶粒组成，与基体取向差异明显。

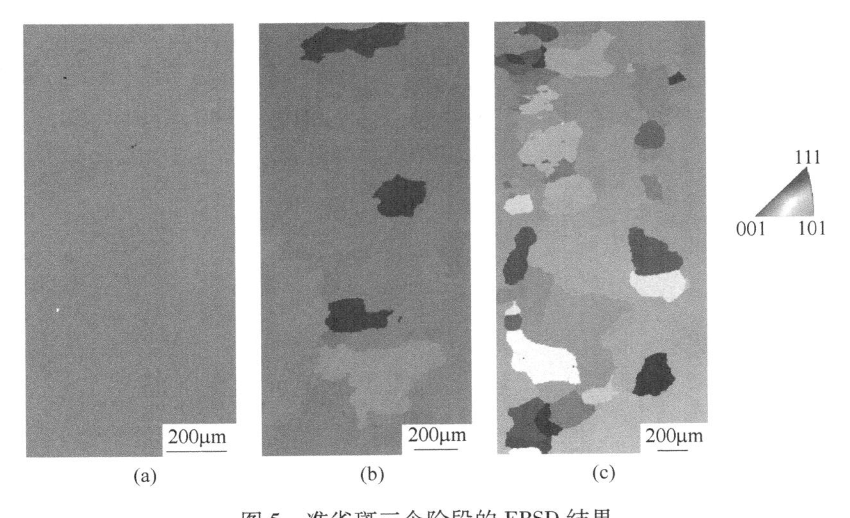

图 5　准雀斑三个阶段的 EBSD 结果

（a）准雀斑；（b）准雀斑与雀斑共存；（c）雀斑

2.4　讨论

本工作的检测结果表明，单晶铸件铸态组织的准雀斑区域内存在一定程度的 γ/γ′共晶聚集，γ/γ′共晶含量高于基体组织。因此，准雀斑组织可认为是单晶铸件定向凝固过程中溶质对流通道的痕迹。这种残余液体的隧道式对流导致了铸件表面 γ/γ′共晶组织的成倍聚集，只是由于对流强度较弱，未造成枝晶臂冲断形成晶向随机的新晶粒。准雀斑虽未对铸件基体组织的单晶一致性造成明显破坏，但单晶铸件定向凝固过程中溶质对流进一步加强的话，准雀斑将转化为雀斑。

综上所述，准雀斑与雀斑的起源均来自于单晶铸件定向凝固过程中的溶质对流，对流较弱时，未对枝晶臂造成冲断，没有形成明显的取向差，此时称为准雀斑阶段；当溶质对流较强时，部分枝晶臂被冲断，形成新的晶粒，表现为孤立分散的个别雀斑斑点，此时为准雀斑与雀斑共存阶段；当溶质对流很强时，大量枝晶臂被冲断，形成连续不断的取向杂乱的雀斑晶粒，此时为典型雀斑阶段。

3 结论

（1）单晶铸件表面的准雀斑缺陷主要是由定向凝固过程中的溶质对流导致的，只是对流较弱，未冲断枝晶臂，没有形成新的晶粒，只在铸件表面留下较浅的痕迹。

（2）准雀斑与雀斑之间的关系可以分为三个阶段：第一阶段为纯准雀斑阶段；第二阶段为准雀斑与雀斑共存阶段；第三阶段为纯雀斑阶段。三种阶段由定向凝固过程中的溶质对流强度所决定。

（3）虽然准雀斑未对基体的单晶一致性造成破坏，但其易转化为雀斑缺陷而导致铸件报废，会成为影响铸件性能和安全的潜在问题。

参考文献

[1] Harris K, Erickson G L, Sikkenga S L, et al. Development of the rhenium containing superalloys CMSX-4 and CM186LC for single crystal blade and directionally solidified vane applications in advanced turbine engines [J]. Superalloys, 1992: 297~306.

[2] 张军，黄太文，刘林，等．单晶高温合金凝固特性与典型凝固缺陷研究 [J]．金属学报，2015，51 (10)：16.

[3] 马德新．高温合金单晶叶片铸件中的晶粒缺陷 [C] // 2017 中国铸造活动周，2017.

[4] Copley S M, Giamei A F, Johnson S M, et al. The Origin of Freckles in Unidirectionally Solidified Castings [J]. Metallurgical and Materials Transactions B, 1970, 1 (8): 2193~2204.

[5] 马德新．定向凝固的复杂形状高温合金铸件中的雀斑形成 [J]．金属学报，2016，52 (4)：11.

[6] 马德新，赵运兴，徐维台，等．单晶高温合金异形铸件中的雀斑研究 [J]．特种铸造及有色合金，2021，41 (11)：5.

[7] 高斯峰，刘林，胡小武，等．镍基高温合金定向凝固过程中雀斑缺陷研究进展 [J]．材料科学与工程学报，2010 (1)：7.

[8] Giamei A F, Kear B H. On the nature of freckles in nickel base superalloys [J]. Metallurgical Transactions, 1970, 1: 2185~2192.

Re 含量对四代单晶高温合金铸态组织及偏析行为的影响

尤振生[1]，王磊[1*]，刘杨[1]，宋秀[1]，孙世鑫[1]，刘世忠[2]，李嘉荣[2]

（1. 东北大学材料各向异性与织构教育部重点实验室，辽宁 沈阳，110819；
2. 中国航发北京航空材料研究院先进高温结构材料重点实验室，北京，100095）

摘 要：研究了 Re 含量对新型四代单晶高温合金的凝固行为、偏析行为的影响。结果表明，随着 Re 含量的增加，合金中 γ′相的析出温度、溶解温度升高，固相线温度略微下降，液相线温度无明显变化；合金的糊状区区间随 Re 含量增加而变宽，热处理窗口逐渐变窄。合金铸态组织由枝晶干、枝晶间、共晶组织组成。随着 Re 含量增加，合金中共晶组织含量升高，一次、二次枝晶间距增大，枝晶间 γ′相尺寸明显大于枝晶干 γ′相尺寸，但随着 Re 含量增加，γ′相尺寸及体积分数均减小；随着 Re 含量增加，负偏析元素 Re、W、Cr 等元素偏析减弱，正偏析元素 Ta 偏析增强，Al 无明显变化。

关键词：四代单晶高温合金；Re 含量；组织演变；偏析行为

镍基单晶高温合金因良好的高温强度、优异的抗热腐蚀性能，是航空发动机涡轮叶片不可替代的关键结构材料。镍基单晶合金消除了晶界，其高温承温能力得到明显提高。Re 元素是提高单晶合金承温能力的关键元素，目前已有大量研究表明 Re 的加入能明显地抑制 γ′相粗化，同时也能使得 γ/γ′的错配度更负[1]，提高合金的蠕变性能[2]、持久性能、抗氧化性能[3]。虽然，Re 元素添加能大幅度提高合金的高温性能，但亦有研究表明添加 Re 可导致合金偏析严重[4,5]。因此，本文针对我国新型第四代单晶高温合金，研究 Re 含量对四代单晶合金凝固相变、枝晶偏析行为的影响，为优化我国新型四代单晶合金提供重要理论依据和关键数据支持。

1 试验材料及方法

试验用材料为我国具有自主知识产权的某新型四代单晶合金，在 Ni-Cr-Al-W-Mo-Ta-Co-Ru 基础上，分别添加了 5%、6%和 7%（质量分数）的 Re 元素并保证其余元素不变，在单晶炉中定向凝固成［001］取向的 ϕ14mm×150mm 单晶试棒。三种合金以下简称 5Re 合金、6Re 合金和 7Re 合金。采用 NETZSCH DSC 404F3 型差示扫描量热仪进行差示扫描量热法试验，获取差热曲线进行相变温度分析。根据 DSC 曲线对试样进行固溶处理、一级时效（1150℃/4h，AC）和二级时效（870℃/24h，AC）。利用 LODESTAR LP3005D 对合金进行电解腐蚀，铸态合金使用腐蚀液的成分为 15g CrO_3+10mL H_2SO_4+150mL H_3PO_4，热处理合金使用腐蚀液的成分为 10mL H_3PO_4 + 30mL HNO_3 + 100mL H_2SO_4，电压为 3.5V，腐蚀时间为 5s，之后在 OLYMPUS GX71 倒置式光学显微镜下观察合金显微组织。利用 JSM-7001F 场发射扫描电子显微镜（scanning electron microscope，SEM）观察合金的 γ′相。利用 JXA-8530F 电子探针（electron probe microanalyzer，EPMA）检测三种合金铸态及热处理组织的枝晶干、枝晶间各元素偏析，每种试样于枝晶干、枝晶间各打三个点取平均值进行偏析比的计算，加速电压为 30kV。

2 试验结果及分析

2.1 Re 含量对铸态组织的影响

2.1.1 Re 含量对相变温度的影响

图 1 示出三种 Re 含量不同的铸态合金的 DSC 升温吸热曲线（以 10℃/min 的加热速率由 1000℃加热至 1420℃）、DSC 冷却放热曲线（以 10℃/

*作者：王磊，教授，联系电话：024-83681685，E-mail：wanglei@mail.neu.edu.cn

min 的冷却速率由 1420℃冷却至 1000℃），及不同 Re 含量四代单晶合金与 CSMX-4（Re 含量为 3%合金）γ′相溶解温度、固相线温度及液相线温度随 Re 含量变化，可见随着 Re 含量升高，γ′相溶解温度明显升高。

从图 1（d）中可以看到三种合金 γ′相溶解温度相较于 CMSX-4 合金提高约 10℃。观察三种合金的冷却曲线同样发现，γ′相析出温度随着 Re 含量升高而升高，可以认为 Re 具有延迟 γ′相溶解及析出的作用。相较于 CSMX-4 合金，三种合金固相线温度提升约为 35℃，表明四代单晶中添加大量的 Re 元素能显著提高合金的固相线温度，使得合金在更高的温度下服役。并且，随着 Re 含量升高三种合金固相线温度呈下降趋势。三种合金液相线温度相较 CSMX-4 合金提高约 25℃。随着 Re 含量增加三种合金的液相线温度呈略微下降的趋势但变化不大。因此，四代单晶中加入大量的 Re 元素能明显提高合金的相变温度，尤其是固相线温度及液相线温度，使得合金能在更高的温度下进行热处理，从而提高合金的服役性能。三种合金糊状区区间随着 Re 含量增加镍基单晶合金的糊状区区间增大。其中 7Re 合金糊状区区间最大。由于 7Re 合金糊状区区间更大，更有利于补缩减少枝晶间显微微孔，同时糊状区区间增加也更有利于在凝固最后阶段储存更多液相，从而形成更多的共晶组织。DSC 曲线中 7Re 合金 γ/γ′共晶组织吸热峰面积更大也印证了 7Re 合金中共晶组织含量更大。随着 Re 含量升高，合金的热处理窗口变窄，固溶处理难度变高。

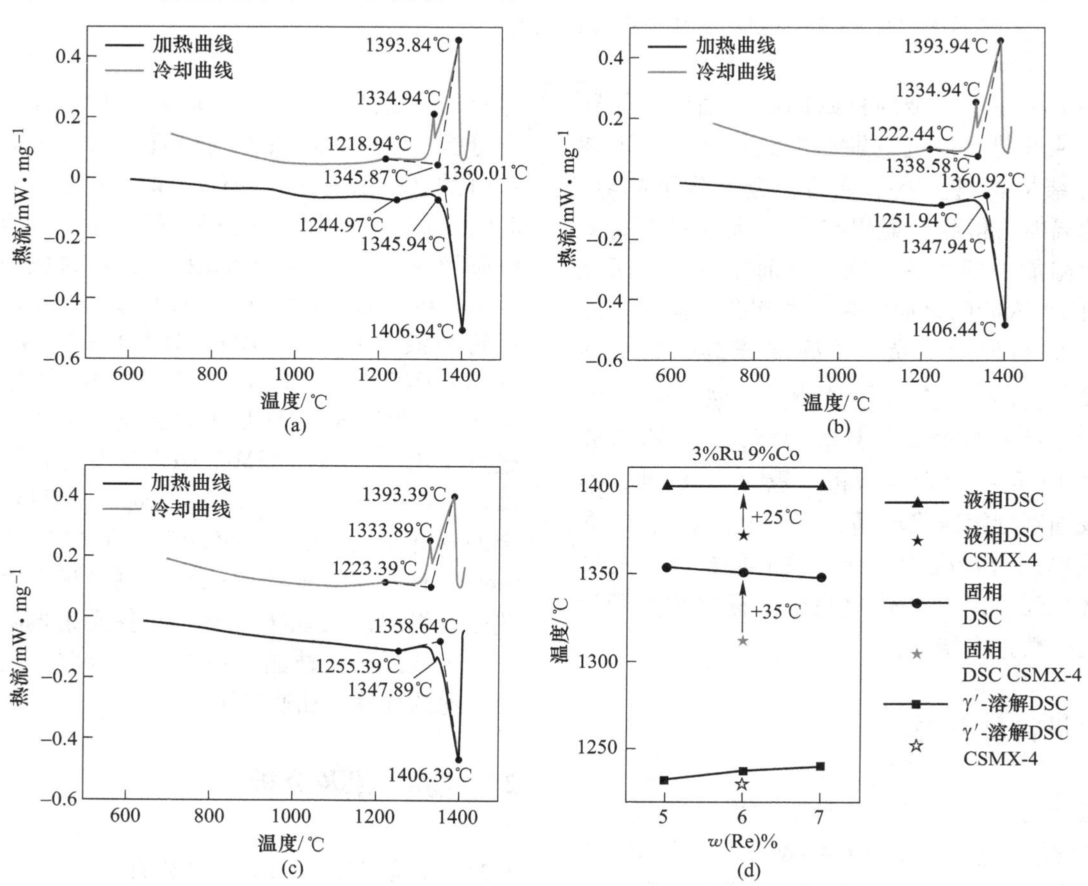

图 1 5Re（a）、6Re（b）、7Re（c）DSC 曲线，不同 Re 含量四代单晶合金与 CSMX-4 合金 γ′相溶解温度、固相线温度及液相线温度对比图（d）

2.1.2 Re 含量对枝晶的影响

表 1 示出不同 Re 含量合金铸态组织的枝晶间距。随着 Re 含量增加，合金的一次枝晶间距明显增大，表明 Re 元素具有增大单晶合金一次枝晶间距的作用。二次枝晶间距略微增大。Re 对单晶合金的二次枝晶间距并无显著影响。

表 1　不同 Re 含量合金铸态组织的枝晶间距

合金	一次枝晶间距	二次枝晶间距
5Re	313. 4±7. 2	80. 9±2. 1
6Re	327. 2±8. 4	82. 5±2. 5
7Re	355. 3±10. 3	84. 1±3. 1

图 2 为三种合金的共晶组织形貌。镍基单晶高温合金的共晶组织一般分为白板状共晶组织及葵花状共晶组织。使用 Image J 软件计算出 5Re、6Re 及 7Re 合金共晶组织体积分数分别为 9. 68%、10. 14%和 12. 05%。可以看出随着 Re 含量升高，共晶组织含量升高。

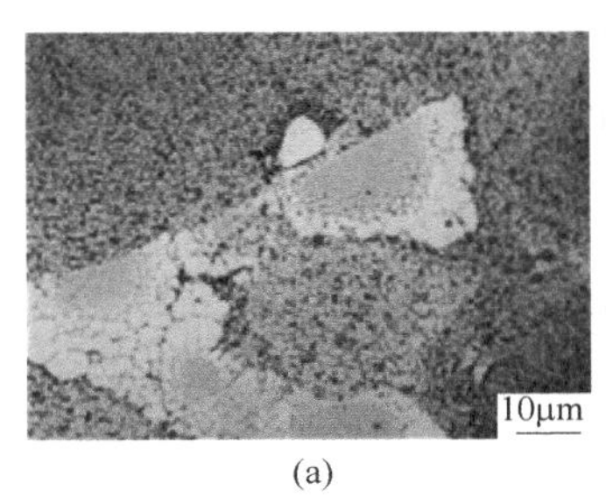

(a)

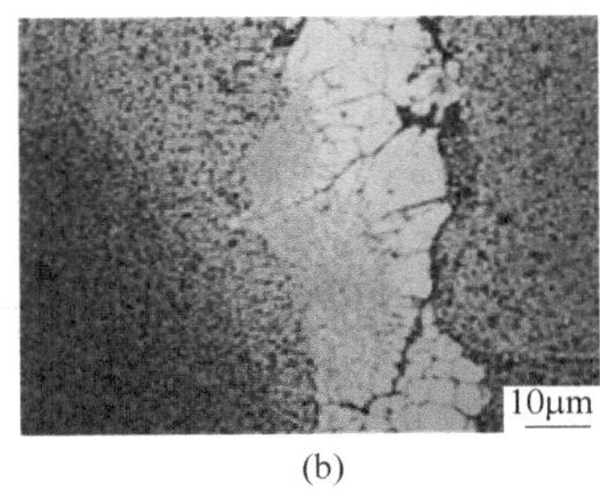

(b)

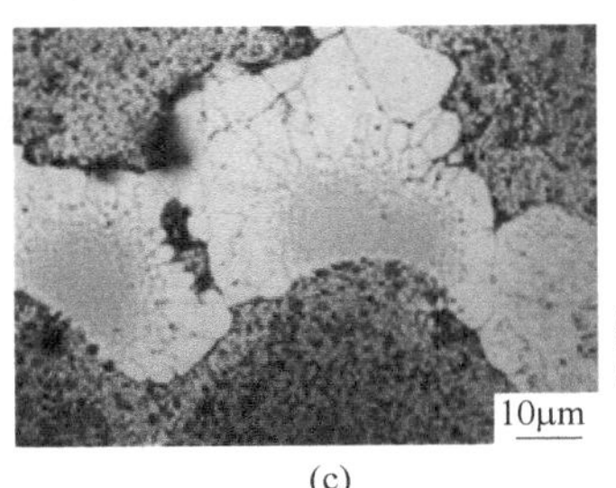

(c)

图 2　三种合金的［001］方向截面共晶组织形貌
（a）5Re；（b）6Re；（c）7Re

图 3 为三种合金铸态组织中枝晶干、枝晶间 γ′相的形貌图。可以看到三种合金枝晶干的 γ′相尺寸相较枝晶间 γ′相尺寸较小，呈弥散分布，其形状多为立方形或蝶形，5Re、6Re 合金 γ′相相互连通现象较少，7Re 合金 γ′相相互连接现象相对较多。枝晶干 γ′相尺寸较大且形状不规则，部分 γ′相边缘呈锯齿状，γ 基体通道相对枝晶干区域更窄。使用 Image J 软件调整两相衬度并计算出 5Re、6Re 及 7Re 合金枝晶干 γ′相的尺寸分别为 338. 3nm、308. 2nm 和 301. 4nm。随着 Re 含量升高，枝晶干 γ′相尺寸呈下降趋势。这是由于 Re 元素偏聚在 γ 基体中，并且 Re 能阻碍周围原子的扩散[1]，降低 Al、Ti、Ta 等 γ′相形成元素的扩散速率，从而降低了 γ′相的长大速率，抑制了 γ′相的长大。从图 4 可以看出，随着 Re 含量升高 γ′相体积分数呈下降趋势，这是由于 Re 元素偏聚在 γ 基体通道中，并且 Re 元素原子尺寸较大，随着 Re 含量升高 γ 基体体积分数增大，γ′相体积分数减小。

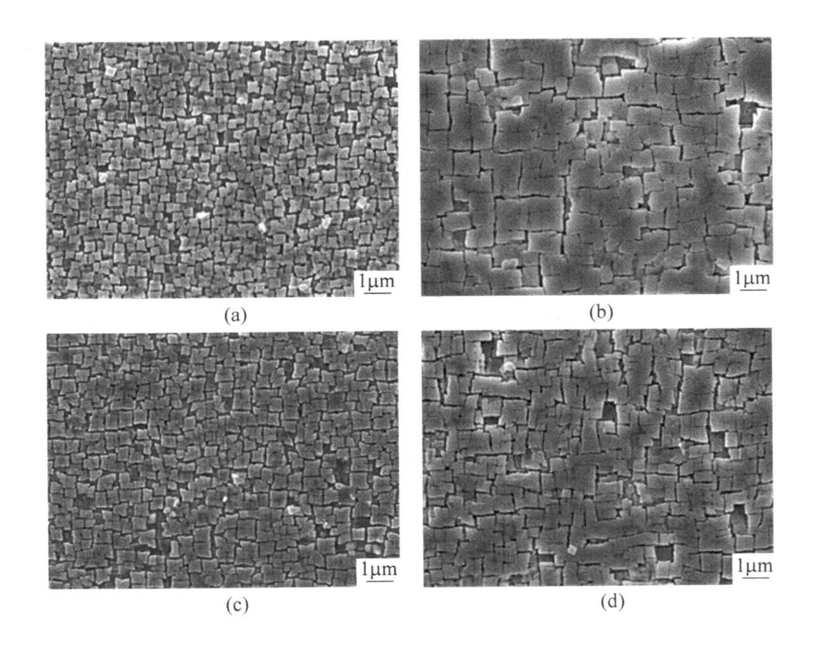

(a)　(b)　(c)　(d)

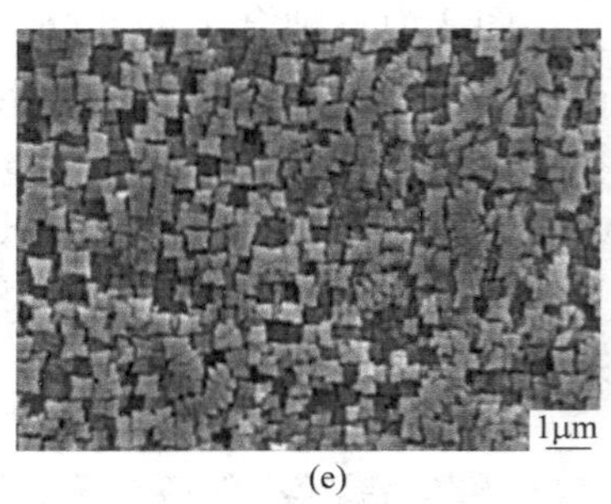

图 3 不同 Re 含量的铸态合金 [001] 方向截面枝晶干和枝晶间 γ′相形貌

(a) 5Re，枝晶干；(b) 5Re，枝晶间；(c) 6Re，枝晶干；(d) 6Re，枝晶间；(e) 7Re，枝晶干；(f) 7Re，枝晶间

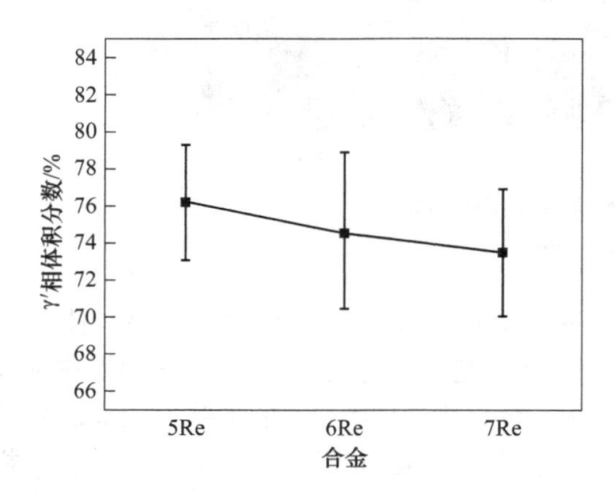

图 4 不同 Re 含量铸态单晶合金 γ′相体积分数变化图

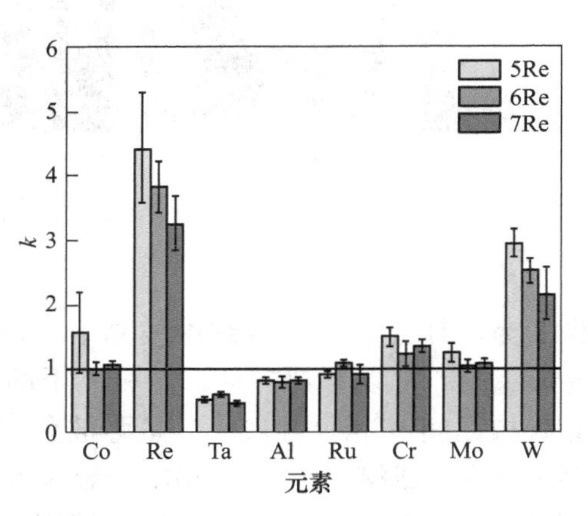

图 5 不同 Re 含量铸态合金中主要合金元素的非平衡凝固偏析系数

2.2 Re 含量对合金铸态偏析的影响

图 5 为不同 Re 含量铸态合金中主要合金元素的非平衡凝固偏析系数图。随着 Re 含量增加，负偏析元素 Re、W、Cr 元素偏析比明显下降，偏析减弱，Mo、Co 从负偏析转变为不偏析；Al 元素偏析比没有明显变化，Ta 元素偏析比增加，偏析加强。

表 2~表 4 为三种合金主要元素含量及偏析系数。可以看出，三种合金枝晶干区域随着 Re 含量升高，Re 含量基本保持在 4.3%附近，枝晶间 Re 含量呈略微上升趋势。这表明 Re 元素在枝晶干上偏聚存在着临界值，当 Re 含量超过该临界值后，枝晶间的 Re 含量会上升，进而造成了 Re 元素偏析系数下降。由于负偏析元素大多为难熔元素，在凝固时难熔元素会优先析出，而 Re 元素含量升高，残余液相中 Re 含量也相应提高，使得其余难熔元素从枝晶间液相向枝晶干处扩散更加困难，进而使得凝固时枝晶干难熔元素含量略微下降，枝晶间难熔元素含量上升。Al 原子尺寸较小且熔点较低受到残余液相中 Re 元素含量变化所造成的影响较小；Ta 元素原子尺寸较大，受到 Re 元素阻碍扩散的作用更强，因此 Ta 元素偏析系数严重而 Al 元素偏析无明显改变。

表 2 5Re 合金枝晶干及枝晶间主要元素含量及偏析系数

元素	Co	Re	Ta	Al	Ru	Cr	Mo	W
枝晶干	8.768	4.621	5.021	5.261	2.715	2.132	0.787	9.565
枝晶间	7.4	1.073	9.412	6.508	3.003	1.429	0.630	3.245
偏析系数	1.184	4.306	0.534	0.808	0.904	1.492	1.248	2.948

表 3　6Re 合金枝晶干及枝晶间主要元素含量及偏析系数

元素	Co	Re	Ta	Al	Ru	Cr	Mo	W
枝晶干	7.814	4.224	3.933	5.277	2.815	2.006	0.733	9.524
枝晶间	7.786	1.099	6.501	6.758	2.570	1.616	0.714	3.757
偏析系数	1.004	3.843	0.605	0.781	1.095	1.241	1.027	2.535

表 4　7Re 合金枝晶干及枝晶间主要元素含量及偏析系数

元素	Co	Re	Ta	Al	Ru	Cr	Mo	W
枝晶干	7.679	4.301	3.556	4.32	2.635	1.708	0.624	7.464
枝晶间	7.346	1.307	8.671	6.743	2.775	1.195	0.526	3.116
偏析系数	1.045	3.290	0.459	0.831	0.950	1.338	1.068	2.137

3　结论

（1）三种不同 Re 含量新型四代单晶合金较 CSMX4 合金，固相线温度提高 35℃、液相线温度提高 25℃。随着 Re 含量提升，γ′相析出温度、溶解温度升高，固相线温度略微下降，液相线温度无明显变化；合金的糊状区区间随着 Re 含量升高而扩大，合金的热处理窗口随着 Re 含量升高而减小。

（2）三种不同 Re 含量合金铸态组织均由枝晶干、枝晶间及共晶组织组成；随着 Re 含量升高，合金的一次枝晶间距增大，二次枝晶间距略微增大，由于 Re 含量升高扩大枝晶间区域更有利于共晶形成，因此共晶组织含量升高；三种合金枝晶间 γ′相尺寸明显大于枝晶干 γ′相尺寸，其尺寸大小主要受 Re 元素对周围原子扩散所影响，随着 Re 含量升高，γ′相尺寸减小，γ′相体积分数减小。

（3）随着 Re 含量增加，枝晶干 Re 元素含量保持在一定范围内，枝晶间 Re 含量略微升高。由于 Re 元素会影响凝固时固液界面前沿元素的分配，进而导致负偏析元素 Re、W、Mo、Cr、Co 等偏析减弱；正偏析元素 Ta 偏析增强，Al 偏析无明显改变。

参考文献

[1] Giamei A F, Anton D L. Rhenium additions to a Ni-base superalloy: Effects on microstructure [J]. Metallurgical Transactions A, 1985, 16 (11): 1997~2005.

[2] 骆宇时，李嘉荣，刘世忠，等 . Re 对单晶高温合金持久性能的强化作用 [J]. 材料工程，2005 (8)：10~14.

[3] 常剑秀，王栋，董加胜，等 . 铼对镍基单晶高温合金恒温氧化行为的影响 [J]. 材料研究学报，2017 (9)：695~702.

[4] 黄太文，卢晶，许瑶，等 . Re 和 Ta 对抗热腐蚀单晶高温合金 900℃长期时效组织稳定性的影响 [J]. 金属学报，2019，55 (11)：1427~1436.

[5] Wanderka N, Glatzel U. Chemical composition measurements of a nickel-base superalloy by atom probe field ion microscopy [J]. Materials Science & Engineering A, 1995, 203 (1~2): 69~74.

高温合金单晶铸件中的共晶上聚现象研究

赵运兴[1,2*]，马德新[1,2]，徐维台[2]，徐福泽[2]，李侣[2]，邓阳丕[2]

（1. 中南大学粉末冶金国家重点实验室，湖南 长沙，410083；
2. 深圳市万泽中南研究院有限公司，广东 深圳，518045）

摘　要：采用上提拉与下抽拉定向凝固方法，在相同的工艺条件下，分别制备了一批单晶试板铸件，对试板凸台的上、下表面的共晶组织进行了检测分析。在下抽拉条件下，试板凸台下表面共晶含量平均值 3.17%，上表面共晶含量平均值 8.39%，上下表面平均共晶含量比值为 2.65。在上提拉条件下，试板凸台下表面共晶含量平均值 8.18%，上表面共晶含量平均值 7.07%，上下表面平均共晶含量比值为 0.86。采用下抽拉进行逆重力定向凝固时，共晶组织存在明显的上聚现象；采用上提拉进行顺重力定向凝固时，不存在共晶上聚。上提拉法定向凝固对于消除共晶上聚、改善单晶组织均匀性具有非常明显的作用。

关键词：单晶高温合金；凝固方式；共晶组织；热处理

先进航空发动机的热端涡轮叶片都是以采用单晶叶片为特征，单晶叶片往往采用定向凝固的方式成型。而采用定向凝固方法制备单晶叶片，尤其是高代次高温合金单晶叶片时，由于元素偏析的存在，枝晶间会形成大量的 γ/γ' 共晶组织，需通过后续的固溶热处理予以减少或消除。在以前的研究中，研究者对共晶组织的形貌、尺寸和含量随着凝固条件的变化做了较为详细的研究[1]。近年来，对共晶组织的形核和生长过程也进行了相关的研究工作[2,3]。最近有文献报道[4]，单晶铸件外表面存在共晶富集，这种表面共晶组织由于数量多、体积大，难以在常规的固溶热处理中消除干净，会直接导致局部残余共晶的增加。而马德新等[5,6]发现，共晶并未在铸件的外表面富集，而在铸件的上表面存在明显的聚集现象。作者最近的研究发现，高温合金单晶铸件中的共晶组织在宏观上确实并非均匀分布，而是明显富集于各试板凸出部位的上表面区域。经过固溶热处理后这些区域的残余共晶往往严重超过技术标准要求，从而导致铸件报废。本文对这种单晶铸件中的共晶上聚现象进行了进一步的实验研究，并通过实施不同方向的定向凝固，验证了重力对共晶上聚现象的决定性作用。

1　试验材料及方法

采用典型的失蜡法制备了一批氧化铝基的陶瓷型壳，利用自行设计的一台多功能铸造样机，分别利用传统的向下抽拉和新开发的向上提拉定向凝固的方法（如图 1 所示），在同样的凝固工艺参数下（加热室保温温度 1520℃、抽拉速率 3mm/min），分别制备了一批变截面的单晶试板，试板的宽度为 30mm，厚度为 5mm，平台凸出距离为 15mm。在向下抽拉时，模壳向下运动从热区进入冷区，熔融合金液进行自下而上的定向凝固，枝晶进行逆重力向上生长；在向上提拉时，模壳向上运动从热区进入冷区，熔融合金液进行从上向下的定向凝固，枝晶进行顺重力向下生长。实验中所用的合金为进口 CMSX-4 合金，其名义成分列于表 1。将浇铸完的试板经去壳和切割后，进行宏观腐蚀，检查所有试板的表面晶粒状况，将部分试棒采用真空热处理炉进行标准固溶热处理。采用线切割设备，分别切取采用不同方法制备的试板同一位置平台的铸态及热处理态上、下表面横截面样品，样品形状及检测部位如图 2 所示。切取的样品经打磨、抛光和腐蚀后，利用金相显微镜观察样品的金相组织，测量 γ/γ' 共晶组织含量，并进行对比分析。

* 作者：赵运兴，工程师，博士研究生，联系电话：15673119949，E-mail：zyxcsu@163.com

表 1 单晶高温合金 CMSX-4 的化学成分 （质量分数,%）

元素	Cr	Co	W	Mo	Al	Ti	Ta	Re	Hf	Ni
含量	6.49	9.71	6.41	0.63	5.60	1.01	6.52	2.97	0.10	余量

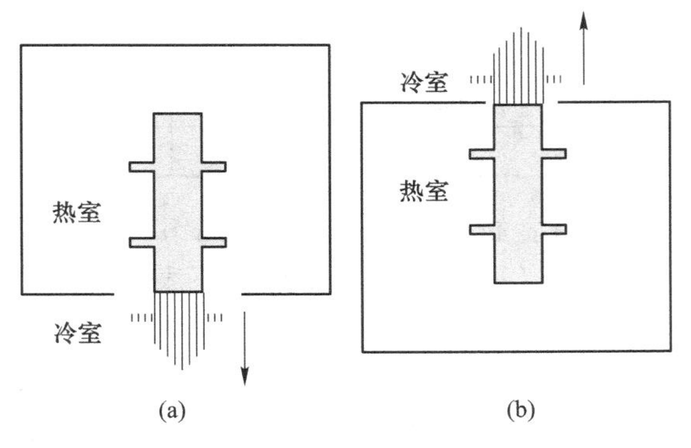

图 1 向下抽拉和向上提拉定向凝固示意图
（a）下拉法；（b）上拉法

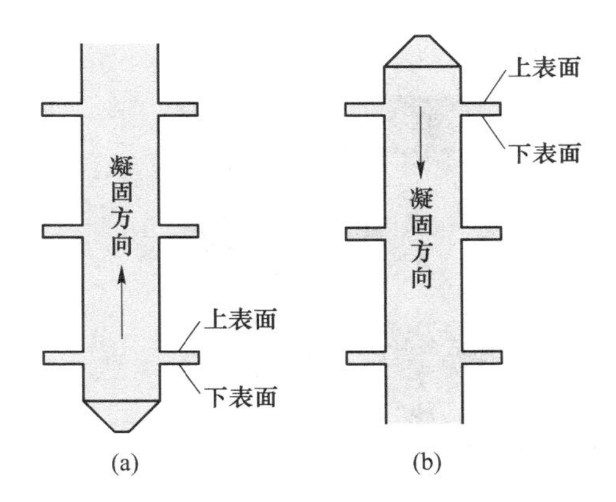

图 2 试板铸件形状及检测位置
（a）下抽拉样品；（b）上提拉样品

2 试验结果及分析

2.1 铸态共晶组织分布对比

图 3 所示为采用典型传统的向下抽拉定向凝固法制备的试板平台的上、下表面的横截面金相照片，图中褐色组织为枝晶形态的 γ 基体相，白色析出相即为 γ/γ' 共晶组织。图中上、下表面枝晶的形貌存在较大的差别，这是因为试板凸台在进入冷区进行凝固时，凸台下表面存在较大的过冷度，枝晶在长入此区域时会迅速的进行横向生长而引起。从图 3（a）可以看到，在下抽拉样品平台的下表面，大部分为 γ 相，γ/γ' 共晶组织含量较少。共晶组织尺寸细小，分布均匀，整体含量较少，在样品表面共选取了 4 个视场检测了共晶组织的含量，其均值为 3.17%（见表 2）。相较于下抽拉样品平台的下表面，平台上表面（图 3（b））的共晶组织发生了明显的粗化，而且整体上共晶组织的含量也更多。同样，在样品表面选取了 4 个视场检测了共晶组织含量，其均值为 8.39%（见表 2），上表面与下表面共晶组织平均含量的比值为 2.65。

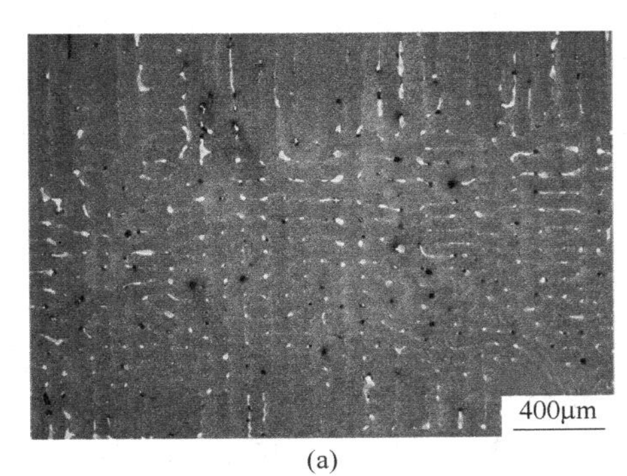

(a)

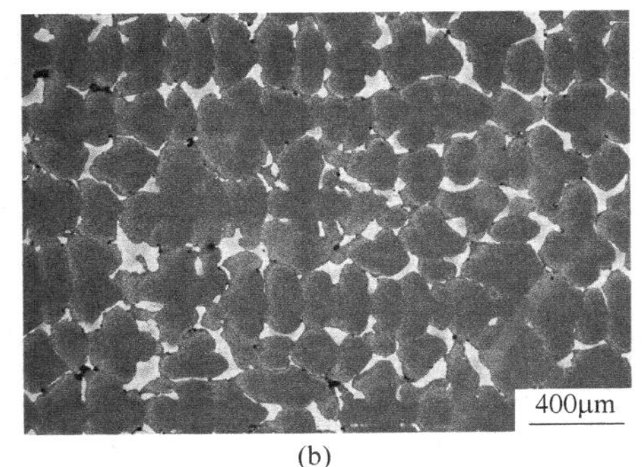

(b)

图 3 下抽拉样品平台横截面的铸态组织金相照片
（a）下表面；（b）上表面

表 2　下抽拉、上提拉样品铸态及热处理态共晶组织含量　（%）

凝固方式	样品状态	样品位置	视场 1	视场 2	视场 3	视场 4	均值
下抽拉	铸态	上表面	7.79	9.96	8.25	7.55	8.39
		下表面	2.64	3.79	3.18	3.08	3.17
	热处理态	上表面	4.27	3.69	2.38	2.51	3.21
		下表面	0.04	0.01	0.03	0.01	0.02
上提拉	铸态	上表面	6.63	7.31	6.81	7.54	7.07
		下表面	8.47	8.07	7.81	8.35	8.18
	热处理态	上表面	0.06	0.05	0.02	0.01	0.04
		下表面	0.03	0.01	0	0	0.01

图 4 所示为采用新开发的向上提拉定向凝固法制备的试板平台上、下表面的横截面金相组织照片。从中可以看到，在上提拉样品的下表面（图 4（a）），共晶组织的尺寸较小，平均尺寸位于下抽拉样品上、下表面的共晶组织之间，且分布也较为均匀。经检测，共晶组织的平均含量为 8.18%（见表 2）。在上提拉样品的上表面（图 4（b）），共晶组织的形貌和分布与上表面基本一致，没有明显的区别，上表面共晶组织的平均含量为 7.07%（见表 2），上表面与下表面平均共晶组织的比值为 0.86。经对比可以发现，相较于下抽拉样品，上提拉样品中共晶组织在上、下表面的分布变得更为均匀，并未在上表面发生聚集性的分布。同时，共晶组织也并未在上表面发生粗化，采用向上提拉定向凝固可以明显抑制共晶组织在铸件上表面的偏聚。

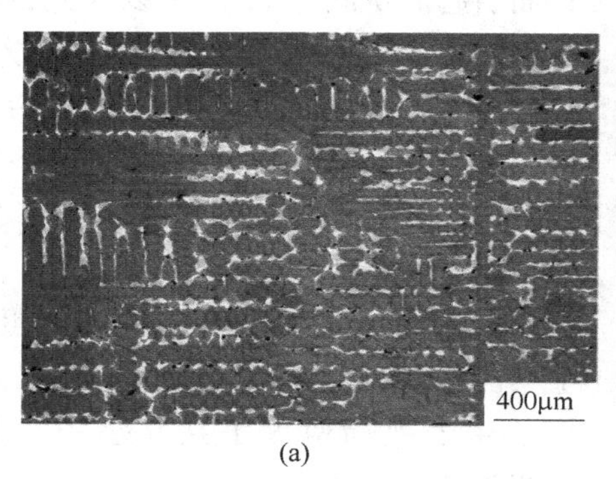

(a)

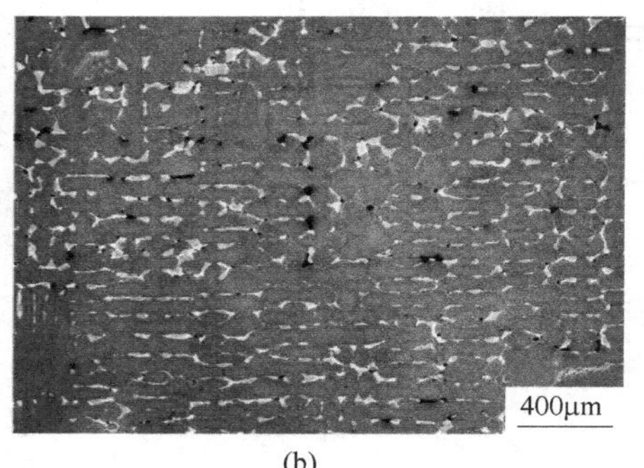

(b)

图 4　上提拉样品平台横截面的铸态组织金相照片
（a）下表面；（b）上表面

2.2　热处理态共晶组织分布对比

图 5 所示为经标准固溶热处理后，下抽拉样品平台上、下表面的金相组织照片。从图 5 中可以看到，经过标准固溶热处理后，平台上、下表面中共晶组织的含量均明显减少。得益于下表面共晶组织的尺寸细小和分布弥散，其共晶组织已经基本完全回溶（图 5（a）），经检测平均残余共晶的含量为 0.02%（见表 2）。但是，在样品的上表面中，仍旧含有较多的共晶组织，平均残余共晶含量达到了 3.21%（见表 2）。对于下抽拉样品，在铸态条件下，共晶组织在上表面的大量聚集，导致其在固溶热处理过程中不能有效的回溶，存在残余共晶超标的情况。综上所述，对于下抽拉样品，在试板凸台的上、下表面之间，铸态共晶组织的分布存在严重的不均匀性，即使通过后续的标准固溶热处理，这种不均匀性也没有得到根本消除。

图 6 所示为经标准固溶热处理后，上提拉样品的上、下表面的金相组织照片。从图中可以看到，样品上、下表面的共晶组织均已基本回溶，残余共晶非常少。经检测，上表面的平均残余共晶含量为 0.04%，下表面的平均残余共晶含量为 0.01%（见表 2）。对比图 5 可以发现，上提拉样品上、下表面的残余共晶含量和下抽拉样品的下表面基本一致，远低于下抽拉样品上表面的残余

共晶含量。对于上提拉样品，在试板凸台的上、下表面中，铸态共晶组织分布均匀，通过后续的固溶热处理后，共晶组织均能基本回溶，不存在残余共晶超标的风险。

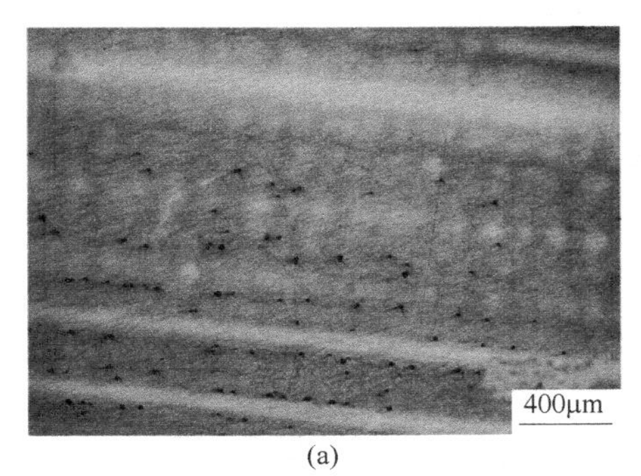

(a)

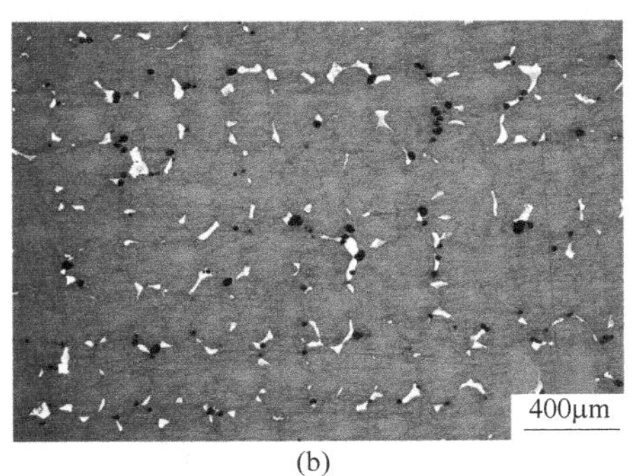

(b)

图 5　下抽拉样品平台横截面的热处理态金相照片

（a）下表面；（b）上表面

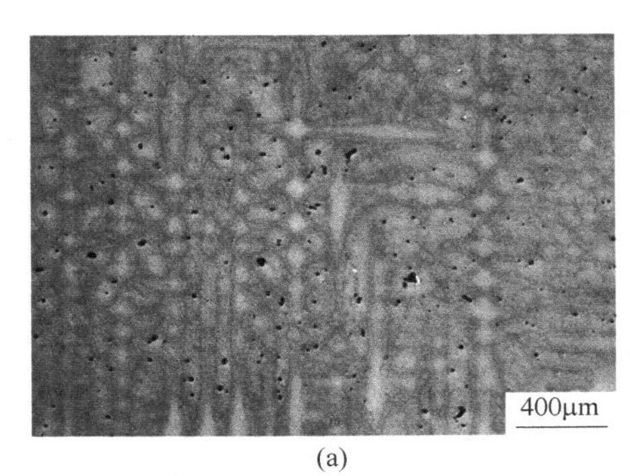

(a)

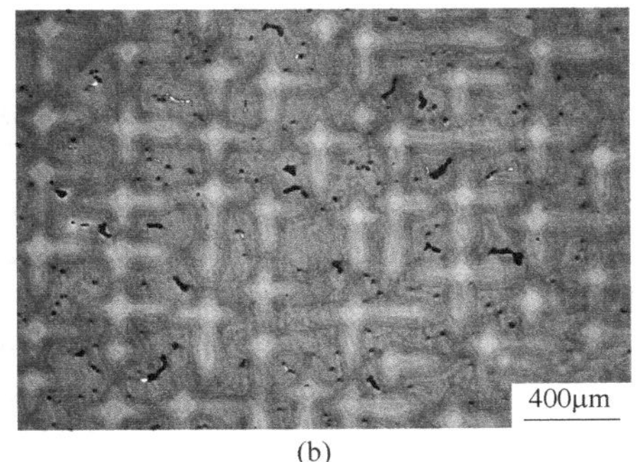

(b)

图 6　上提拉样品平台横截面的热处理态金相照片

（a）下表面；（b）上表面

2.3　分析讨论

上述研究结果表明，在进行向下抽拉定向凝固时，γ/γ'共晶组织在样品的上、下表面存在明显的不均匀分布，上表面的共晶组织尺寸及含量明显大于下表面，这种共晶组织的不均匀分布即使经过后续的标准固溶热处理也无法消除，上表面具有较多的残余共晶组织，存在残余共晶超标的风险。而在进行向上提拉定向凝固时，共晶组织在样品的上、下表面分布较为均匀，并不存在共晶偏聚，尺寸也较为细小，经过固溶热处理后，样品上、下表面的共晶组织均能有效的回溶。

图 7 所示为下抽拉定向凝固与上提拉定向凝固所制备的试板凸台纵截面上，枝晶生长方向对共晶偏聚影响的示意图。在模壳向下抽拉定向凝固的过程中（图 7（a）），模壳中的合金液进行自下而上的逆重力定向凝固。高温合金中，合金元素较多，在定向凝固过程中会产生较为严重的偏析。由于元素偏析的存在，合金中的元素 Re 和 W 会偏析于枝晶干，而 γ'相的形成元素如 Al、Ti 和 Ta 则会偏析于枝晶间。由于元素 Al 和 Ti 的密度较小，富集了 γ'相形成元素的枝晶间的残余合金液的密度也会相应的减小，小于上部未凝固的合金液。在重力的作用下，枝晶间较轻的液相会沿着凝固方向向上浮动，形成对流。向上流动的合金液在遇到铸件的上表面时受到阻挡，无法继续向上流动而在上表面发生聚集，最后凝固形成大量的 γ/γ'共晶组织，从而造成共晶组织在铸件平台上表面的明显聚集，上表面共晶组织的含量约为下表面的三倍，即使经过固溶热处理仍有大量的共晶组织残余。而采用上提拉法定向凝固时（图 7（b）），在模壳由热区上升进入冷区时，模壳中的合金液进行自上而下的顺重力定向凝固，枝晶间密度较小的残余合金液在重力作用下，并不会沿凝固方向发生流动，而会在枝晶间保持稳定，因而可显著减轻共晶组织在铸件中的向上偏

聚，使得上、下表面的铸态共晶组织含量的差别仅约为 14%。上提拉铸件经过固溶热处理后，上、下表面共晶组织基本完全回溶，基本均无残余共晶。这充分证明了上提拉法定向凝固对于消除传统定向凝固中的共晶上聚、改善铸件单晶组织的均匀性的有效作用。

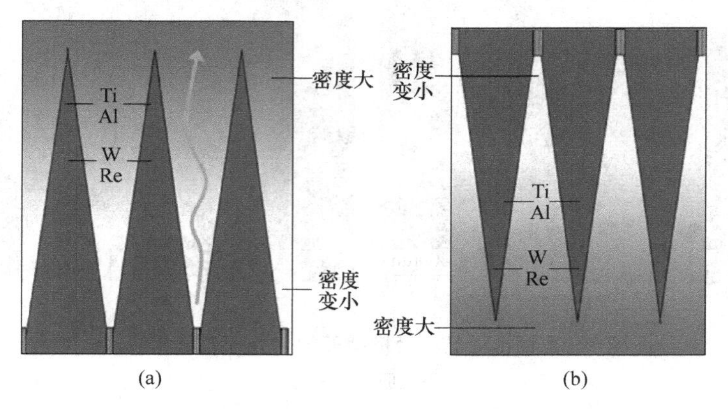

图 7 试板凸台纵截面上枝晶生长方向对共晶偏聚影响示意图
（a）下拉法；（b）上拉法

3 结论

（1）在进行向下抽拉定向凝固时，共晶组织在铸件平台的上、下表面存在明显的不均匀分布，上表面共晶组织约为下表面的 3 倍，存在明显的共晶上聚现象；即使经标准固溶后，上、下表面共晶组织的不均匀分布仍旧无法消除，上表面存在残余共晶超标的风险。

（2）在进行向上提拉定向凝固时，共晶组织在上下表面分布均匀，并不存在共晶上聚的现象，经标准固溶热处理后，上、下表面的共晶组织均能基本消除。

（3）向上提拉定向凝固能够有效消除高温合金单晶铸件中的共晶上聚、改善组织均匀性。

参考文献

[1] Wang Fu, Ma Dexin, Zhang J, et al. Effect of solidification parameter on the microstructures of CMSX-6 formed during the downward directional solidification process [J]. Journal of Crystal Growth, 2014, 389: 47.

[2] Warnken N, Ma Dexin, Mathes M, et al. Investigation of Eutectic Island Formation in SX Superalloys [J]. Materials Science and Engineering A, 2005, 413 ~ 414: 267.

[3] 马德新，王富，温序晖等．高温合金 CM247LC 单晶定向凝固过程中初生 MC 碳化物对 γ/γ' 共晶反应的影响 [J]. 金属学报, 2017, 53 (12): 1603.

[4] Cao L, Yao L, Zhou Y, et al. Formation of the surface eutectic of a Ni-base single crystal superalloy [J]. Journal of Materials Science & Technology, 2017, 4: 39.

[5] 马德新，赵运兴，徐维台，等．高温合金单晶铸件中共晶组织分布的表面效应 [J]. 金属学报，2021, 57 (12): 1539.

[6] 马德新，赵运兴，魏剑辉，等．单晶高温合金叶片铸件中的共晶上聚现象分析 [J]. 铸造，2021, 70 (11): 1302.

凝固条件对高温合金单晶铸件再结晶的影响

徐福泽[1,2*]，马德新[2,3]，蔺永诚[1]，赵运兴[2,3]，徐维台[3]，李侣[3]，邓阳丕[3]

（1. 中南大学机电工程学院，湖南 长沙，410083；
2. 中南大学粉末冶金研究院，湖南 长沙，410083；
3. 深圳市万泽中南研究院有限公司，广东 深圳，518045）

摘　要：以单晶高温合金 DD419 为研究对象，设计制备了一种含 5 层平台的单晶试板铸件，研究热处理后铸件不同部位的再结晶行为。结果表明：除最下层平台外，其余每层平台与试板连接处均产生了再结晶，再结晶面积随着平台距离水冷铜盘高度的增加而增大，但在最高层平台处的再结晶面积反而减小；铸件外侧平台比内侧更容易产生再结晶。对铸件各部位产生不同程度再结晶的原因进行了分析与讨论，并对减少铸件再结晶缺陷提出了相应的改进建议。

关键词：单晶高温合金；DD419；再结晶；塑性应变；数值模拟

单晶高温合金具有出色的高温抗氧化性能和蠕变性能，已广泛应用于航空发动机涡轮叶片的生产[1]。先进航空发动机单晶涡轮叶片具有薄壁、空心以及截面突变等复杂的结构特征，在单晶叶片的铸造过程中难免会产生铸造应力，另外机械加工和磕碰等冷变形也会引起局部应力集中，在热处理或在后期服役过程中应力集中部位极易发生再结晶[2,3]。再结晶晶粒引入的晶界极大降低了单晶高温合金蠕变、持久和疲劳性能，对单晶叶片的使用带来了极为不利的影响[1]。因此，探究单晶高温合金再结晶的产生机理和影响因素，从而改善单晶铸件生产工艺以减少再结晶缺陷，提高其综合力学性能，对航空发动机、燃气轮机等产业的发展具有重大意义[4,5]。

然而，以往的研究极少报道单晶高温合金在凝固过程中残余热应力产生的机理，以及由残余热应力导致的塑性变形与单晶再结晶关系。有报道指出塑性变形和铸件的结构有密切联系，但目前对其了解还较少，还有待进一步的研究[6]。本文对单晶叶片进行结构简化，设计了带有多层平台的试板来模拟叶片缘板和叶冠等截面突变结构，通过实验和模拟仿真分析了再结晶产生的倾向性与平台所处高度位置之间的关系，以及试板在凝固过程中外侧平台（面向加热器）和内侧平台（背向加热器）截面突变处的凝固应力及后续热处理后的再结晶行为。

1　试验材料及方法

本试验选用的合金材料为第二代单晶高温合金 DD419，其化学成分如表 1 所示。

表 1　高温合金 DD419 的化学成分　　（质量分数，%）

元素	Cr	Co	W	Mo	Al	Ti	Ta	Hf	Re	Ni
含量	6.40	9.65	6.40	0.60	5.58	1.01	6.52	0.09	2.97	余量

在本试验所设计的简化叶片结构中（图 1），以宽度和厚度分别为 30mm 和 5mm 的薄壁试板代表叶身，以截面突变的平台（凸出长度：15mm，厚度：5mm）代表缘板，在试板高度方向上共设计了 5 层对称向外伸展的平台，相邻两层平台的间隔为 50mm。将 5 层平台从下至上编号为 1 到 5，每层朝向内侧（背向加热器）的平台记为 A 侧，朝向外侧（面向加热器）的记为 B 侧，每片

*作者：徐福泽，博士，联系电话：13647326916，E-mail：xufuze12@csu.edu.cn

试板共有编号从 1A 到 5B 的 10 个平台。试板的下端连接螺旋选晶器，以辐射状的方式将 16 片单晶试板蜡模均匀排列拼装在直径为 300mm 的底盘上，试板上端通过横浇道与浇口杯相连。在铸造过程中，螺旋选晶器下端与水冷铜盘接触，如图 1 所示。

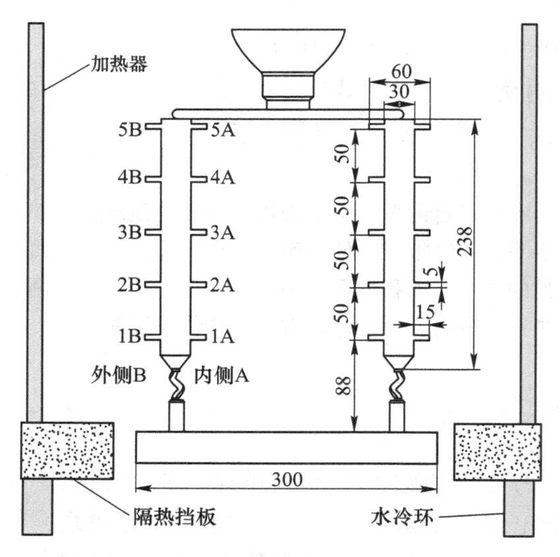

图 1　试板铸件模组示意图

采用熔模法制备了浇注用的氧化铝陶瓷型壳，在型号为 VIM-IC/DS/SC 的真空定向凝固炉中进行合金料的熔注和铸件的定向凝固。浇注温度为 1520℃，抽拉速率为 3mm/min。

完成凝固试验后，通过去壳、切割等工序获得试板铸件。在 1310℃ 的温度下对铸件进行时长为 4h 的固溶热处理。经腐蚀清洗后，通过体式显微镜（stemi 508）对试板表面和试板 1/2 厚度处截面上的再结晶缺陷进行目视观察和再结晶面积统计。

本工作除了进行单晶定向凝固和热处理实验之外，还利用商用 ProCAST 软件对单晶试板的定向凝固过程进行了温度场和应力场的模拟分析。模拟中的浇注温度、抽拉速度等温度参数按实验中实际参数设置，型壳和合金等材料的热物性参数以及界面换热系数根据材料手册等文献资料和相关数据库进行设置[6~9]。模拟时对试板铸件采用了各向异性的热弹塑性模型，型壳则选用热弹性模型，这样能更好的反映镍基高温合金和型壳随温度变化的力学行为。因实验模组为圆周对称排列（图 1），每片试板具有相同的温度条件，仅对其中 1 片铸件（模组的 1/16）进行模拟。

2　试验结果及分析

2.1　截面突变处再结晶行为

图 2 为单晶试板铸件固溶热处理和宏观腐蚀后再结晶的检测结果，其展示了试板表面再结晶的位置和形貌。

从图 2 可以发现，在最下端外侧第 1 层内外侧平台（图 2 中 1A 与 1B）均未出现再结晶现象；随着平台所处位置的增高，从第 2 层平台（2A 与 2B）开始，在试板与平台下端连接处均有再结晶产生，图中箭头所指区域内的虚线框选区为再结晶区，且再结晶晶粒从下端截面突变处生成，逐渐向平台上端和周围区域扩张，再结晶区域随着平台所处高度的增加而不断的增大，到第 4 层平台（4A 与 4B）处时，再结晶最为严重；但随着平台位置高度持续增加，到最高第 5 层平台（5A 与 5B）时，再结晶区域反而减小，即随着平台所处高度的增加，再结晶面积先增大后减小，在第 4 层平台处达到最大值。另外也发现，试板铸件的每个外侧平台表面的再结晶程度总是大于同层内侧平台，尤其是在外侧 3B 和 4B 处再结晶已完全贯穿到平台的上端面。

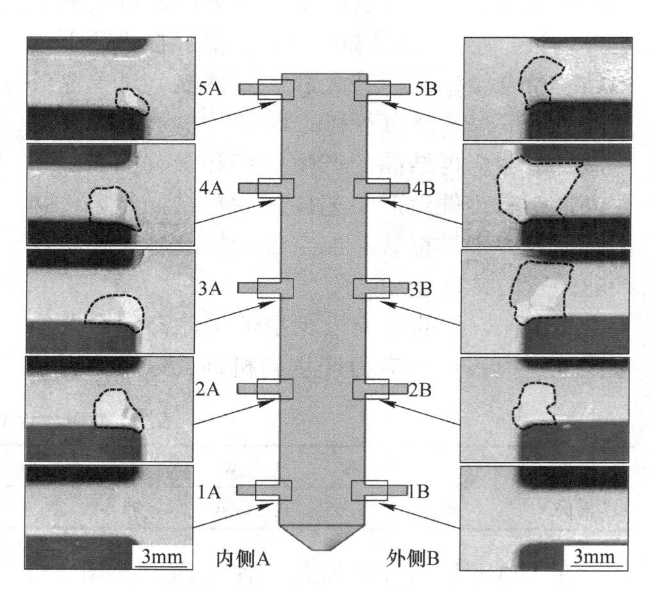

图 2　单晶试板铸件表面再结晶
（热处理温度 $T_H = 1310℃$）

对以上单晶试板铸件的各平台内外侧表面的再结晶晶粒面积（S）进行测量和统计，用来表征再结晶的严重程度，见表 2。同时根据表 2 数据绘制了试板表面再结晶面积 S 随平台层数的变化曲线，如图 3 所示。

表 2 热处理后试板铸件各部位再结晶面积（S）测量结果 （mm^2）

所在位置	平台层级					合计
	1	2	3	4	5	
A 侧	0	2.9	11.1	12.4	2.7	29.1
B 侧	0	8.2	20.8	27.8	8.1	64.9
平均值	0	5.55	15.95	20.1	5.4	47

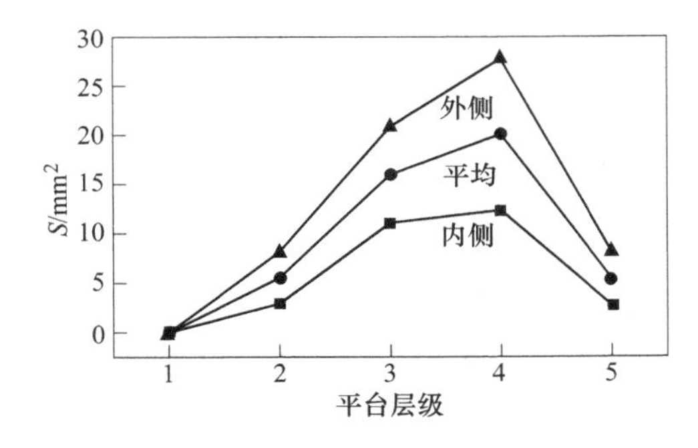

图 3 试板铸件各平台处表面再结晶面积（S）分布图

由图 2 和图 3 可以看出，从第 1 层到第 4 层再结晶面积逐渐增多，但到第 5 层反而减小。这是因为单晶铸件是由下而上凝固成型，下部已经凝固部分的冷却收缩会对上部顺序凝固的各层平台形成拉力，位置越高则收缩量的积累越大，受到模壳阻碍形成的形变越大，热处理时再结晶倾向就越大。但最高层的平台已处于铸件凝固的终端，温度梯度大幅下降，另外第 5 层平台靠近粗大的横浇道和浇口，冷却和变形速度明显变慢导致再结晶显著减少。

同时也可发现，在每一层平台内侧（A 侧）的再结晶区明显小于外侧（B 侧）。这是因为试板外侧在加热区内面对加热器的直接辐射，温度较高；而下降到冷却区时面对冷却环，散热很快，因而比起内侧有着较高的温度梯度和冷却速率。而平台内侧在加热区背对加热器，处于热辐射的阴影区，温度比外侧要低，在下降到冷却区时背对冷却环，散热有限，具有较低的冷却收缩速率，因而产生较少的应力和形变，在后续的热处理过程中出现较少的再结晶。

2.2 截面突变处铸造应力分析

上述实验结果表明，铸件平台高度和朝向等因素对再结晶的行为有较大影响，主要是因为铸件各处的散热条件不同，在凝固冷却过程中发生不均匀变形而引起不同的应力集中。为此，本工作对单晶试板凝固过程中的应力场进行模拟计算。

对模型中在各层平台内侧和外侧下沿的截面突变处选取最大塑性变形的节点，绘制成等效塑性应变随温度的变化曲线，如图 4（a）和图 4（b）所示。通过热力学计算获得该合金的液相线和固相线的温度分别为 T_L = 1381℃ 和 T_S = 1329℃。模拟结果显示金属在凝固初期的糊状区已产生塑性应变，虽然应变速率很高，但总应变量较小。

同时也发现试板外侧平台的塑性变形略大于内侧平台，平台高度不同则塑性应变也不相同。根据模拟结果，位于最下层的第 1 层平台内外侧变形量最大值分别约为 1.40%和 1.58%。第 2 层内侧平台的应变值有所增加，约为 1.74%和 1.82%。第 3 层平台的变形量急剧增大到 2.97%和 3.15%，到第 4 层平台应变值达到最大值 3.65%和 3.90%，但最高层的第 5 层平台变形量反而减小到 2.91%和 3.08%，其原因如前所述，是铸件凝固终端的温度梯度急速减小和邻近浇注系统的放热降低了最高层平台的散热效率和冷却收缩速率。总之，单晶试板在凝固过程中各平台的应变从小到大的顺序排列为：第 1 层<第 2 层<第 5 层<第 3 层<第 4 层。这说明，随着平台高度的增加，各平台的应变量先增大后减小，在第 4 层达到最大值。这与前述实验结果中再结晶行为吻合，再次说明了塑性变形量与再结晶的产生有直接的联系[10]。

如上所述，当塑性变形接近或超过第 2 层平台的塑性应变值 1.74%时，就会在后续的热处理过程中产生再结晶。在高温阶段单晶高温合金的屈服强度较小，造成单晶高温合金再结晶的塑性变形大多是在铸件冷却到在 1000℃ 左右产生，而 CMSX-4 单晶高温合金在凝固温度冷却到 γ′溶解温度的 1250~1310℃ 之间就已经产生了塑性变形[6]。此外，Panwisawas 等[10]的研究结果也表明在凝固

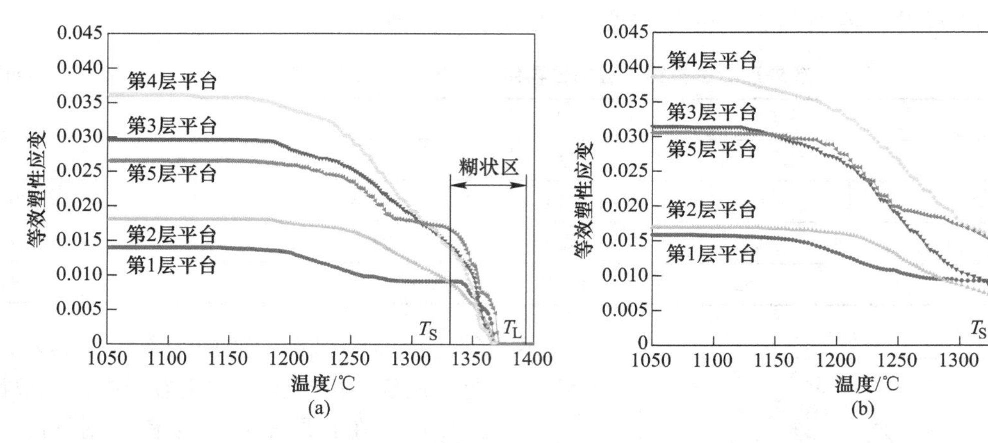

图 4　凝固和冷却过程中试板塑性应变模拟结果

（a）内侧平台；（b）外侧平台

早期的糊状区，铸件也产生了一定的塑性变形，虽然变形不大但在热处理过程中产生再结晶的倾向性却很大。本研究发现，糊状区产生的塑性变形量约为铸件冷却过程中总变形量的 30%，而 Long 等人[11]的研究中，他们甚至发现糊状区产生的塑性应变占冷却过程中总应变的 2/3，产生的应变能为总应变能的 1/2。

如前所述，试板铸件第 1 层平台的内外两侧都没有发生再结晶，模拟结果显示此平台凝固后的最大等效塑性应变值（外侧）约为 1. 58%。第 2 级平台的最小模拟塑性应变值（内侧）为 1. 74%，而此处发生了再结晶。由此可以推测，在对本铸件所采用的热处理制度下存在一个介于 1. 58%和 1. 74%之间的临界应变值，当铸件某部位在凝固冷却过程中的塑性应变小于此临界值时（如第 1 层平台），则在后续相应的热处理过程中不会出现再结晶；但当铸件的变形量超过此临界值时（如第 2 到 5 层平台），则再结晶的产生就不可避免。

3　结论

（1）所有再结晶均产生于试板截面突变处，即平台与试板连接处的下沿，并向平台上端及周围发展。

（2）在同一试板铸件的多层平台中，较高位置的平台更易产生再结晶，且再结晶面积随平台所处高度的增加先增大后减小。在试板铸件相同高度，外侧平台产生再结晶的倾向性大于内侧平台，且外侧平台的再结晶面积大于内侧平台。

（3）对所用铸件结构的模拟和实验结果显示，对于 DD419 合金，存在一个介于 1. 59%和 1. 74%之间的临界变形量。当铸件某部位在凝固冷却过程中的塑性应变大于此临界值时，则在后续相应的热处理过程中就会出现再结晶。

参考文献

[1] 张健，王莉，王栋，等. 镍基单晶高温合金的研发进展［J］. 金属学报，2019，55（9）：1077~1094.

[2] Congcong Han，Ming Zhou，Lai Zou，et al. Study on subsurface damage and recrystallization of single crystal superalloy in scratching with single diamond grain［J］，Journal of Manufacturing Processes，2022，81：301~310.

[3] Mathur H N，Panwisawas C，Jones C N，et al.，Nucleation of recrystallisation in castings of single crystal Ni-based superalloys［J］. Acta. Mater.，2017，129：112~123.

[4] Xiong W，Huang Z W，Xie G，et al. The effect of deformation temperature on recrystallization in a Ni-based single crystal superalloys［J］. Mater. Design，2022，222：111042.

[5] Qiu C L，Souza N D，Kelleher J，et al. An experimental investigation into the stress and strain development of a Ni-base single crystal superalloy during cooling from solidification［J］. Mater. Design.，2017，114：475~483.

[6] 李忠林. 镍基单晶高温合金静态再结晶实验研究及数值模拟［D］. 北京：清华大学，2016.

[7] Wang R，Xu Q，Gong X，et al. Experimental and numerical studies on recrystallization behavior of single-crystal Ni-base superalloy［J］. Materials，2018，11：1242.

[8] Xu Q Y, Yang C, Yan X W, et al. Development of Numerical Simulation in Nickel-Based Superalloy Turbine Blade Directional Solidification [J]. Acta. Metall. Sin., 2019, 55 (9): 1175~1184.

[9] 工程材料实用手册编辑委员会. 工程材料实用手册 [M]. 2版. 北京：中国标准出版社，2003.

[10] Panwisawas C, Mathur H, Gebelin J C, et al. Prediction of recrystallization in investment cast single-crystal superalloys [J]. Acta. Mater., 2013, 61 (1): 51~66.

[11] Long M, Leriche N, Niane N T, et al. A new experimental and simulation methodology for prediction of recrystallization in Ni-based single crystal superalloys during investment casting [J]. J. Mater. Process. Tech., 2022 (306): 117624.

高温合金导向叶片定向与单晶铸造技术及其缺陷控制

马德新[1,2*]，赵运兴[1,2]，徐维台[1]，徐福泽[1]，李侣[1]，邓阳丕[1]

（1. 深圳市万泽中南研究院有限公司，广东 深圳，518045；
2. 中南大学粉末冶金研究院，湖南 长沙，410083）

摘　要：对高温合金导向叶片的定向和单晶成型工艺进行了实验研究。对于定向晶导叶需要采取叶身竖直的组模和凝固方式，以获得平行于叶轴的柱晶组织。采取合理的引晶措施并控制凝固条件，可以消除断头晶、露头晶、斜晶和晶粒超宽等晶体缺陷。对于单晶导叶宜采取倾斜组模方式，使得叶身和缘板都能朝着斜上方进行顺序凝固，有效避免了宽大缘板上的杂晶和疏松缺陷，再结合籽晶法可以精确控制单晶铸件的晶体取向。结果表明，采用籽晶法可以达到95%以上的单晶引晶成功率，并将导叶的一次和二次晶向偏差都控制在10°以内。

关键词：高温合金；导向叶片；定向凝固；单晶叶片；籽晶技术

高温合金涡轮叶片是航空发动机和燃气轮机中最重要的热端部件。利用定向凝固工艺制造的柱晶叶片[1]消除了与主应力轴垂直的横向晶界，高温性能比起等轴晶组织大大提高。而单晶叶片组织中消除了所有的晶界，使叶片组织和性能实现了最佳化。世界上到目前为止一直在用传统的Bridgman方式生产高温合金定向或单晶叶片[2]，这种凝固技术具有设备结构简单、工艺稳定可靠等优点，已经相当成熟，特别适合生产形状比较简单的涡轮转子叶片[3]。而对于导向叶片由于尺寸宽大和形状复杂，特别是在缘板部位出现外轮廓和横截面的突然变化，很难控制定向凝固条件和晶体顺序生长，造成多种晶粒缺陷的生成。本文以多种类型的空心导向叶片为例，针对叶片的尺寸和形状特点，对定向晶和单晶导向叶片的成型技术及其缺陷控制进行了实验研究。

1　实验材料及方法

本工作在制备定向晶导叶的生产实验中使用了IC10合金，其化学成分列于表1。为了使得柱状枝晶的轴向即晶体的［001］取向平行于叶身轴向，在组装蜡模时将叶身竖直排列，并在下部缘板与底盘之间增加一定高度的补贴作为柱晶生长的起始段和过渡段。而在制备单晶导叶的实验中使用的是DD419合金（成分见表1），采用了叶身倾斜式组模，添加适量引晶和补缩系统，并在下端采用螺旋选晶器或籽晶方法以形成单晶凝固。蜡模组装完成后，通过反复沾浆淋砂然后脱蜡和烧结的常规方法制备陶瓷模壳。不论是定向晶还是单晶导叶铸件都是在生产型的真空定向凝固炉中进行母合金的重熔和浇注，然后将充满过热合金熔液的模壳按照设定速度从加热室下降，通过隔热板进入冷却室，实现导叶铸件的定向或单晶凝固。对铸件进行清理、切割、脱芯和热处理后进行各种质量检测，包括宏观腐蚀后检查表面晶粒组织，利用荧光和X射线检查铸件表面和内部疏松，利用劳厄射线检测单晶铸件的晶体取向。

表1　所用高温合金的化学成分　（质量分数,%）

合金	Cr	Co	W	Mo	Al	Ti
IC10	7.0	12.0	5.0	1.5	5.9	—
DD419	6.44	9.57	6.38	0.61	5.60	1.02
合金	Ta	Re	Hf	C	B	Ni
IC10	7.0	—	1.5	0.09	0.015	余量
DD419	6.47	2.94	0.11	—	—	余量

*作者：马德新，教授，联系电话：15011165241，E-mail：madexin@csu.edu.cn

2 实验结果及分析

2.1 定向晶导向叶片

定向凝固铸件要求晶粒组织为细密挺直的连续柱状晶粒，但这对于导向叶片很难实现。图 1 所示为生产实验中经常出现在定向导叶铸件中的主要晶粒缺陷，主要有断头晶、粗晶、斜晶和露头晶。

图 1（a）所示为一种断头晶晶粒，表现为叶身表面的柱晶在向上生长中突然停止，形成横向晶界，造成了对叶身轴向晶粒的横向切割，成为不可接受的晶粒缺陷。这主要是因为叶身凝固时轴向温度梯度较低，晶粒的晶体取向较偏，造成晶界与叶身背面或盆面的相交。

对于尺寸较大的导向叶片，叶身两端的缘板尺寸相差也较大。若将大缘板（外缘板）朝下放置，叶身呈下宽上窄的收缩状况，特别是排气边明显向内倾斜，会与向上生长的一个或多个柱状晶相交（图 1（b）），形成所谓的露头晶缺陷。为防止此类露头晶的出现，一般将小缘板朝下排列，使叶身呈现上宽下窄的状况，即叶身边缘向外倾斜，便不会与向上生长的柱晶晶粒相交而产生露头晶（图 1（c））。但由于叶身边缘外倾会使得晶粒越长越宽，到了上部可能成为粗晶缺陷。例如图 1（c）叶片中最左边单个晶粒的最大宽度超过了叶身宽度的 1/4，超出相关技术要求而成为废品。

图 1（c）叶片中有多处出现斜晶，晶粒生长方向或者晶界走向与叶身轴向的偏离角度大于 15°，超出了技术标准。由于导叶有着尺寸宽大和形状复杂的缘板，需要在下缘板与激冷盘之间增设与叶身横截面形状相似的补贴作为导热体，并作为柱状晶生长的起始和过渡段。但当凝固界面上升到叶身部位的高度时，热量很难再通过远距离的激冷板向下传出，而主要是通过模壳向周围辐射散失，形成横向的热流和温度梯度，导致晶粒的斜向生长。若具有一定宽度的晶粒斜向生长并与叶身的背面或盆面相交，就会造成此晶粒生长的中断（断头晶），并在表面产生横向晶界（图 1（a））。若晶粒沿叶身表面朝侧向偏斜太严重，与排气边或进气边相交，就会形成斜晶缺陷（图 1（c））。斜晶缺陷虽然没有像断头晶那样具有完全横向的晶界，但倾斜度较大，使得晶界的横向分量也变大，对性能的负面影响也比较严重，一般规定柱状晶界偏斜度的上限标准为 15°。

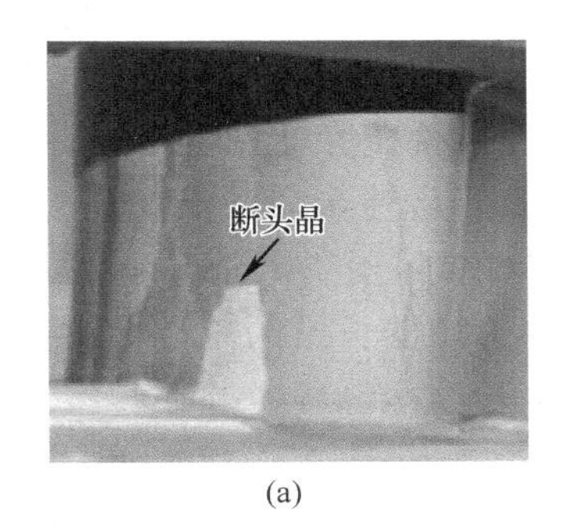

(a)

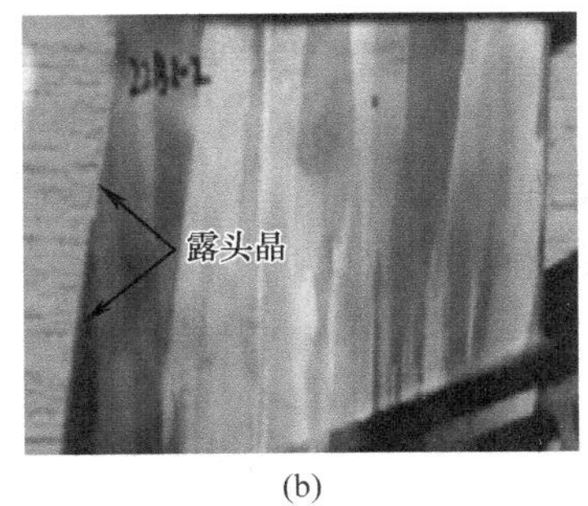

(b)

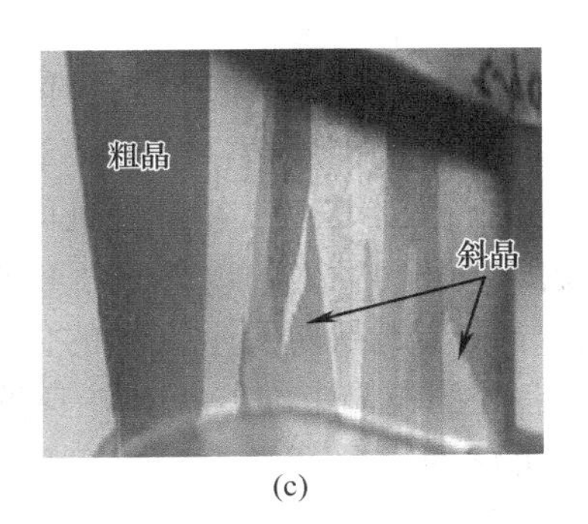

(c)

图 1 定向晶导叶铸件中的主要晶粒缺陷
（a）断头晶；（b）露头晶；（c）粗晶和斜晶

为了解决上述定向导向叶片中的各种晶粒缺陷，本工作对叶片缘板下部的起晶段形状与尺寸以及铸造工艺参数进行了改善和优化。首先保证长入叶片的柱晶都具有较好的晶粒取向，即各个柱晶的一次晶向基本为竖直方向，使得叶身中的柱晶都具备优先竖直生长的晶向因素。另外，采取措施减少铸件的横向散热，提高纵向温度梯度，改善柱晶竖直生长的外在热场条件。总体结果是减少了晶粒斜向生长的可能性，基本消除了断头晶和斜晶缺陷。另外，通过控制叶片边缘的柱晶数量与尺寸，减少了露头晶和粗晶缺陷。经过改进的定向晶导叶铸件的盆面与背面的晶粒组织如图 2 所示。

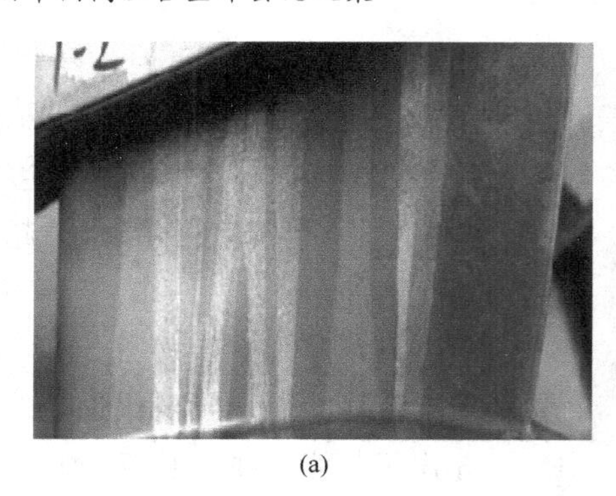
(a)

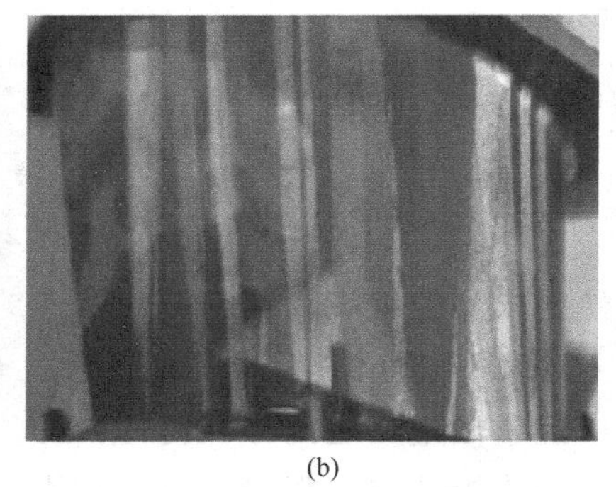
(b)

图 2　改进后的定向晶导叶铸件的晶粒组织
（a）盆面；（b）背面

为了得到平行于叶身轴向的柱晶组织，在铸造定向晶导叶时需将叶身竖直放置，这使得宽大的缘板基本呈水平状态。在自下而上的定向凝固过程中，缘板上表面无法得到有效补缩而形成表面和皮下疏松缺陷。因此，可以通过增设冒口进行局部补缩，来减轻凝固时产生的疏松；也可以铸造后采用热等静压（HIP）的方式将铸件中的微孔压实，从而消除疏松缺陷。

2.2　单晶导向叶片

相对于形状狭长的转子叶片，导向叶片由于横向面积宽大而难以制成单晶铸件。本工作首先试验了采用竖置组模的方法来铸造单晶导叶（图3）。此法与铸造定向晶导叶相似，将叶身竖直放置，在宽大缘板下方增添大尺寸的过渡段和多根引晶条，目的是将单晶生长从细小的选晶器顶端逐渐引导至截面积扩展数百倍的下缘板。由于引晶系统的分布范围很广，各自的凝固条件相差较大，在凝固过程及后续的冷却过程中会发生不同的形变，导致各处晶向发生不同的偏离。当来自引晶系统各处的枝晶束在缘板和叶身重新汇聚时，就会产生明显的小角度晶界。图 3 显示了采用竖直放置加选晶法铸造的某型双联导叶的照片，虽然并无杂晶出现，整个叶片仍为单晶产品，但叶身上出现多条小角度晶界。这些明显的小角度晶界严重破坏了叶片的单晶完整性，而且晶向偏差过大容易超出标准而使叶片成为废品。另外，由于宽大的缘板在凝固时基本呈水平状态，缘板的上表面会因为缺少补缩而产生较严重的疏松缺陷，这与制备定向晶导叶时产生的疏松问题非常相似。

图 3　用竖置加选晶法铸造的某型单晶双联导叶

针对导向叶片形状的特点，在本工作采用了倾斜组模的方式来制造单晶导叶，图 4（a）所示为一种叶片斜置加选晶法的示意图。按照这种方式，可将叶片上下缘板的外轮廓总体近似看作一个菱形立方体，将其中一个锐角棱角朝下与选晶器上端连接，而将立方体对角朝上，与浇口杯相连接。这样整个叶片轮廓的立方体对角线基本呈竖直方向，并在相关棱角上加上引晶条和补缩条（图 4（a））。当浇注金属液后的模壳下降时，叶片整体上是从下向上定向凝固。按照图 4（a）的结构，从下部选晶器长出的单晶体主要沿着下缘板向右上方生长至全缘板，并在转接处向左上方生长至全叶身，再进入上缘板。而左下部的引晶条则将单晶生长引至上缘板的左侧斜下的边角。整体看来，叶片各个部位的单晶生长，包括上下缘板、叶身以及引晶条和补缩条，都是沿斜上方向顺序生长，没有出现外轮廓和横截面的突然扩大，从而有效避免了缘板边角上的结构性熔体过冷及其引起的杂晶缺陷，保证了单晶铸件的单晶完整性。另外由于宽大的缘板平面并非呈水平状态，而是以较大的倾角向斜上方向进行顺序凝固，凝固界面得到来自上方过热熔体的充足补缩，因而有效避免了宽大缘板表面的疏松缺陷。

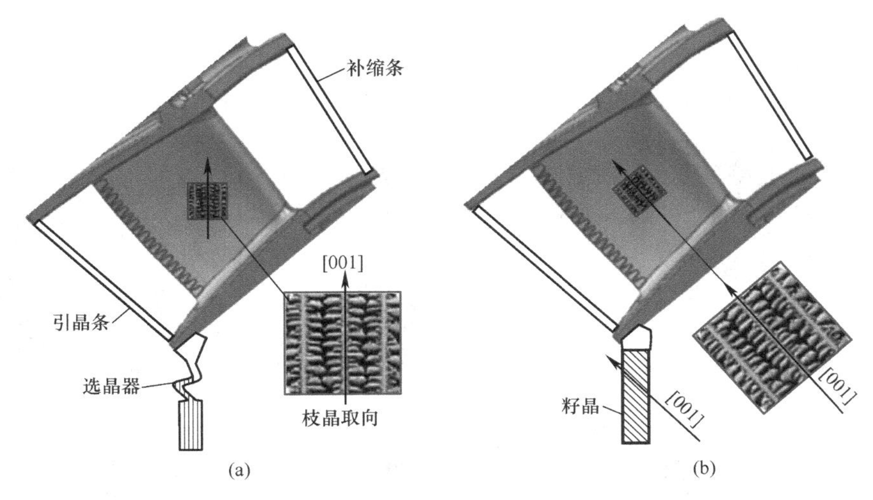

图 4　单晶导叶的斜置铸造法
(a) 选晶法；(b) 籽晶法

利用斜置加选晶法（图 4（a））制备单晶时，叶身处于倾斜状态进行从下向上的定向凝固。铸件中枝晶束沿着［001］晶向垂直向上生长，但并不与叶身轴向平行，而是形成较大的偏角（例如达到 45°左右）。因此这种方法只适用于生产对晶向无要求的单晶导叶，若要求控制单晶铸件的晶体取向，则需要采用籽晶技术。

图 4（b）所示为一种斜置加籽晶法制备单晶导叶的示意图。首先要按照要求加工出特定晶向的籽晶，其中一次晶向［001］一般要与叶身轴向一致，而与叶轴垂直的二次晶向则要根据客户的需求确定。在浇注过程中，合金熔体与籽晶上部熔合在一起。凝固过程中合金熔体按照籽晶的晶格结构进行外延结晶生长，从而得到与籽晶晶向完全相同的单晶叶片铸件。图 5 为采用斜置加籽晶法制得的某型单晶导叶宏观腐蚀后的表面照片，显示了铸件表面的枝晶生长形貌。按照要求，叶片的一次晶向［001］与叶身轴向一致，而二次晶向［100］基本与排气边缘的切向一致。从图 5（a）所示的叶盆表面可见，代表一次晶向［001］的枝晶干与叶身轴向几乎完全平行。在排气边一侧，可见成排的二次枝晶臂在排气边表面沿切线方向生长，表明单晶体的二次晶向［100］与排气边的切向基本平行。图 5（b）为上缘板顶面照片，可见沿着单晶体二次晶向［100］生长的枝晶臂确实与排气边缘的切向一致。本工作结果表明，采用籽晶法可以达到 95%以上的单晶引晶成功率。经过劳厄设备的检测，数百件单晶导叶铸件中的一次和二次晶向的偏差都小于 10°。

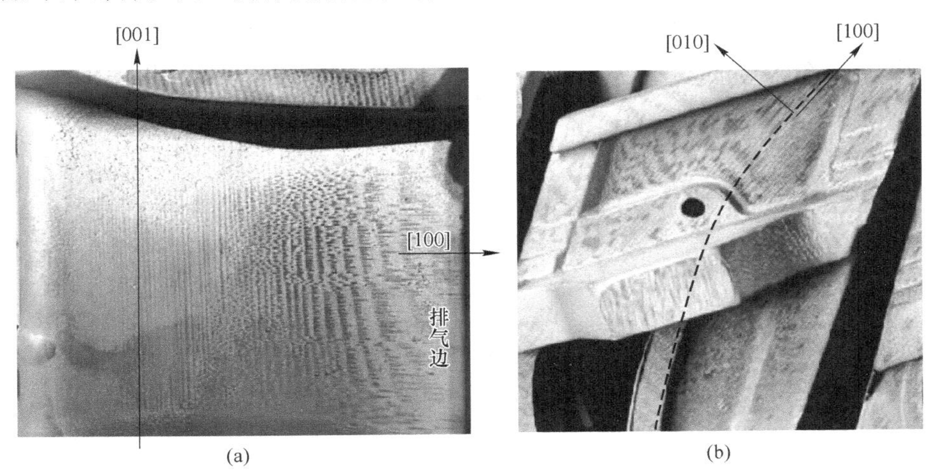

图 5　采用斜置加籽晶法铸造的单晶导叶照片
(a) 叶身盆面；(b) 上缘板顶面

如上所述，采用斜置法可以实现单晶导叶的顺序凝固，避免杂晶缺陷，保证单晶完整性，并能消除缘板中的疏松缺陷。配合籽晶技术可以精确控制单晶叶片的一次和二次晶向，实现叶片性能的最优化。图 6 为采用斜置加籽晶法生产的各种单晶空心导向叶片铸件。

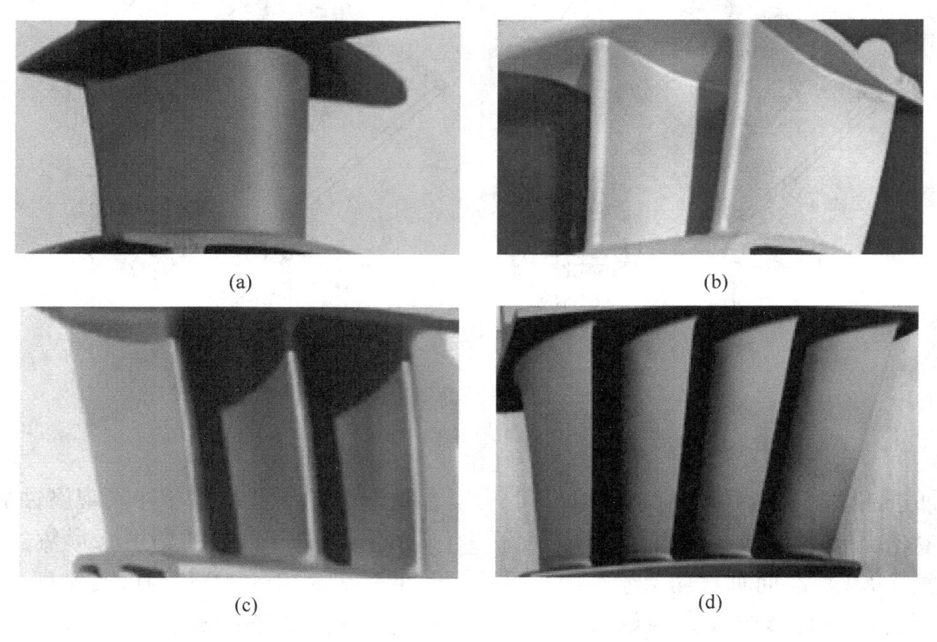

(a) (b) (c) (d)

图 6 采用斜置加籽晶法制备的几种典型单晶空心导叶

（a）单联；（b）双联；（c）三联；（d）四联

3 结论

制备定向晶导叶铸件需要采取叶身竖直的组模和凝固方式，以获得平行于叶轴的柱晶组织。采取合理的引晶措施并控制凝固条件，可以消除断头晶、露头晶、斜晶和宽晶等晶粒缺陷。制备单晶导叶宜采取倾斜组模方式，使得叶身和缘板都能实现朝着斜上方向的顺序凝固，有效避免了宽大缘板的边角杂晶和表面疏松。采用斜置加籽晶法可以精确控制单晶叶片的一次和二次晶向，实现叶片组织和性能的最优化。

参考文献

[1] Versnyder F L, Shank M E. Development of Columnar Grain and Single Crystal High Temperature Materials through Directional Solidification [J]. Mat. Sci. Eng. 1970, 6 (4): 213.

[2] Paul U, Sahm P R, Goldschmidt D. Inhomogeneties in single-crystal components [J]. Mat. Sci. Eng., 1993, A173: 49~54.

[3] 马德新. 高温合金叶片单晶凝固技术新发展 [J]. 金属学报, 2015, 51 (10): 1179.

合金元素对高强度镍基高温合金凝固行为影响研究

韩少丽[1,2*]，李尚平[2]，崔岳峰[3]，牛俊涛[3]，侯杰[2]，杜梦[2]，骆合力[1,2]

（1. 钢铁研究总院高温合金材料研究所，北京，100081；
2. 北京钢研高纳科技股份有限公司，北京，100081；
3. 中国航发沈阳发动机研究所，辽宁 沈阳，110000）

摘　要：采用差示扫描量热、等温淬火显微组织分析方法对比分析了合金元素对高强镍基高温合金的凝固行为影响规律，结果表明：Al、Ti含量降低使合金的液相线升高，凝固过程被提前，共晶γ-γ′相的析出被延缓，可补缩温度区间增大，不可补缩温度区间减小，热裂倾向性显著降低；但由于枝晶间液相贯通性降低，显微疏松倾向性改善较小。提高B元素含量，可补缩温度区间增大，不可补缩温度区间缩小，伴随枝晶间液相体积分数的增加显微疏松倾向性得到显著降低，但由于合金在相同温度下的枝晶间液相含量高，枝晶晶间结合力降低，导致热裂倾向性增大。

关键词：合金元素；镍基高温合金；显微疏松倾向性；热裂倾向性

Al、Ti元素是高温合金沉淀强化相γ′的重要形成元素，为满足新一代航空发动机高服役温度、高推重比的应用需求，Al、Ti等γ′相形成元素含量越来越高[1~4]。但是随着Al、Ti等元素含量的提高，凝固过程中枝晶间残余液相形成γ-γ′共晶组织温度越来越高，凝固过程共晶相的过早形成削弱了枝晶臂之间的连接作用，减弱液池之间的补缩，导致合金的疏松和热裂倾向性增大，降低合金的铸造工艺性，尤其是对于高Al、Ti含量合金复杂薄壁件铸造成型，容易出现疏松、裂纹等冶金缺陷[5~7]。近年来，在不影响合金高温性能的前提下，通过在合金中添加适量的B微量元素，降低合金的固/液相线，促进合金中低熔点相M_3B_2的析出并使合金枝晶间的液池在很宽的温度范围内保持连通，而且富B熔体具有较高的流动性，保证枝晶间毛细管道渗透性，实现及时补缩，降低合金的疏松倾向性，已成为提高高Al、Ti含量高温合金材料铸造工艺性的重要措施[8~12]，而且由于B元素的加入也可提高合金的热组织稳定性，避免有害相析出，而成为高温合金更为普遍应用的一种微合金化元素[13,14]。但是，一方面微量元素B的最佳加入量因合金而异，另一方面Al、Ti、B元素含量变化对合金铸造工艺性的综合影响作用之前未进行详细研究。

因此，本论文以一种涡轮后承力机匣用高强镍基高温合金为研究对象，通过调整关键合金元素Al、Ti、B含量，结合凝固显微组织观察分析及不同成分合金的相析出变化规律，对比研究其元素含量变化对合金凝固行为影响作用，最后，结合显微疏松及热裂倾向性理论计算，并以薄壁铸件的浇注结果验证为高强度镍基高温合金的成分优化提供理论依据。

1　试验材料及方法

试验材料合金成分（质量分数,%）见表1，为不同Al、Ti及B含量的高硼镍基高温合金，其他组成元素Cr 9%、Co 10%、Mo 3%、W 3%含量一致，Ni元素为基体。母合金在ZG 0.1真空感应炉中制备，经二次重熔后采用相同的浇铸工艺参数浇铸成试棒。首先分别从5种设计成分合金试棒切取ϕ5mm×1mm的试样，进行差示扫描量

* 作者：韩少丽，工程师，联系电话：13521299753，E-mail：hsl414@126.com
资助项目：国家科技重大专项（J2019-VI-0018-0133）

热（DSC）分析，DSC 测量在 NETZCH STA449C 型综合热分析仪上进行，测试过程以 10℃/min 的加热速率升温至 1440℃，再以 10℃/min 的降温速率冷却至室温。其次根据 DSC 降温曲线的特征温度点进行不同温度条件下的等温淬火试验，等温淬火试样为 ϕ10mm×4mm 的磨光试样，将每件试样封装入抽真空的石英玻璃管中，将玻璃管放入箱式电阻炉中，随炉升温至 1440℃保温 20min，然后以 10℃/min 的降温速率降至不同的淬火温度并保温 30min，然后迅速淬入 10%的盐水中急冷以保留该温度下的凝固组织。最后对不同温度条件下的等温淬火试样经抛光采用电解腐蚀后，在 OLYMPUS-GX71 型光学显微镜下进行组织观察。结合凝固末期枝晶间显微组织特征根据合金的凝固收缩补偿理论对不同合金的热裂倾向性进行计算，建立了本实验高硼镍基合金的显微疏松 Niyama 判据、热裂倾向性 CSC 判据及 Kou 判据，对不同成分合金的显微疏松及热裂倾向性进行理论计算，最后通过在同一种浇注工艺条件下不同壁厚（1.5mm、2mm、2.5mm）的薄壁管浇注结果对理论计算结果进行验证。

表 1　试验材料典型合金成分

（质量分数，%）

试验合金	A1	A2	A3	A4	A5
Al	5.3	5.3	5.3	4.5	4.5
Ti	4.5	3.7	3.7	4.5	4.5
B	0.1	0.1	0.17	0.1	0.17

2　试验结果及分析

2.1　铸态显微组织分析

试验合金典型铸态组织如图 1 所示：由枝晶干 γ+γ′相两相区、枝晶间呈花瓣状的 γ-γ′共晶组织，以及分布于共晶相边缘呈骨架状 M_3B_2 硼化物组成，M_3B_2 硼化物富 Mo、Cr 及 W 元素。合金组成相的析出顺序采用 Thermo-calc 软件的 scheil 非平衡相凝固模块进行计算（图 2）：在 1359℃时开始形成枝晶干 γ 相，形成温度范围为 1359～1282℃，随着温度的降低在 1290℃在凝固相前沿的枝晶间区域析出富 Ti、Cr 的 MB_2 硼化物，但 MB_2 硼化物不是一个稳定存在相，这一现象在针对 B1914 合金的相析出热力学也有类似报道[13]，因此 MB_2 在实际凝固过程中并不存在。在 MB_2 硼化物形成之后在 1244℃析出枝晶间 γ-γ′共晶组织，γ-γ′共晶组织析出温度范围 1244～1206℃；随着凝固的进一步进行，在温度低于 1206℃时由于枝晶间 B 元素的富集，在 γ-γ′共晶组织的边缘析出低熔点相 M_3B_2 硼化物相，析出温度范围为 1206～1189℃。

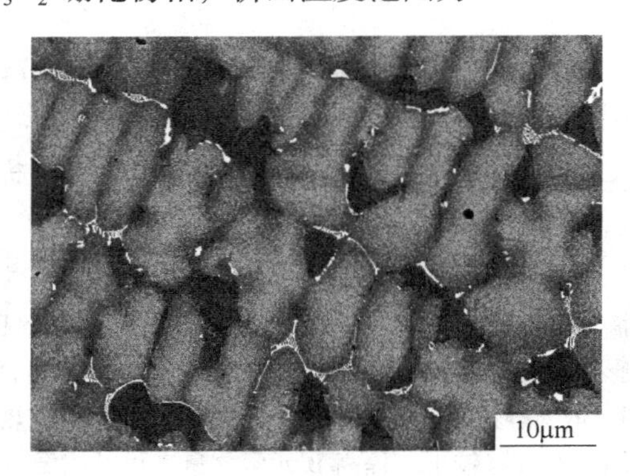

图 1　铸态组织

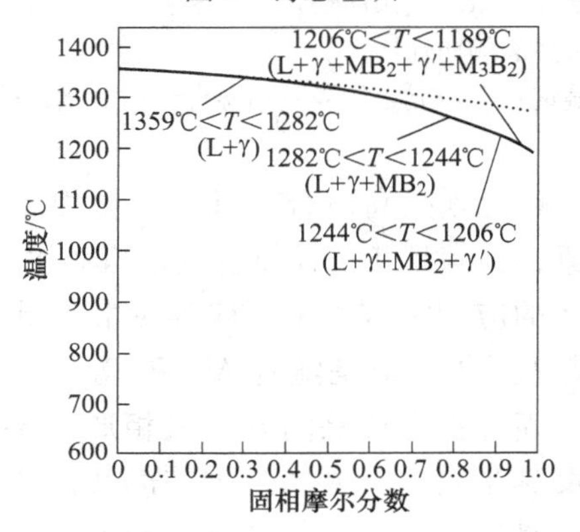

图 2　非平衡相析出规律

试验合金显微疏松组织特征如图 3 所示，显微疏松分布于枝晶间，一般呈聚集形态分布，其形成原因分析为：凝固过程中枝晶网格组织的快速生成阻碍了枝晶间残余液相的贯通性，枝晶间孤立液相区域即对应显微疏松组织[15]。裂纹显微组织特征如图 4 所示：裂纹边缘 γ-γ′共晶组织体积分数约占

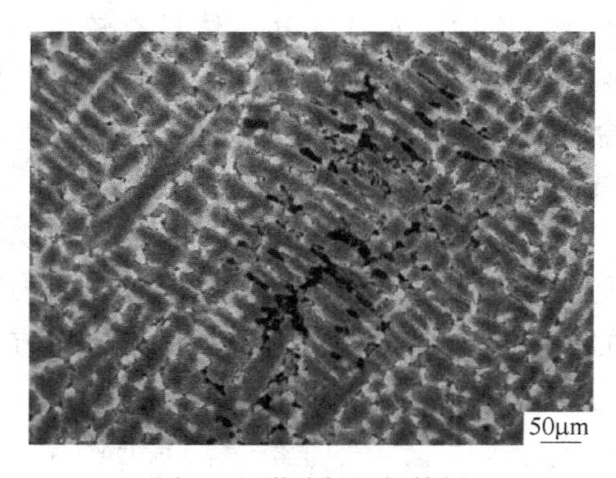

图 3　显微疏松组织特征

80%，基于枝晶间热裂纹形成机制，分析其裂纹形成原因为：凝固末期伴随枝晶间 γ-γ′共晶组织的析出，降低了枝晶臂之间的搭接强度，在凝固热应力超过枝晶间结合力时，如果后续枝晶间开裂部位得不到进一步钢液的补缩，即形成枝晶间裂纹[16]。

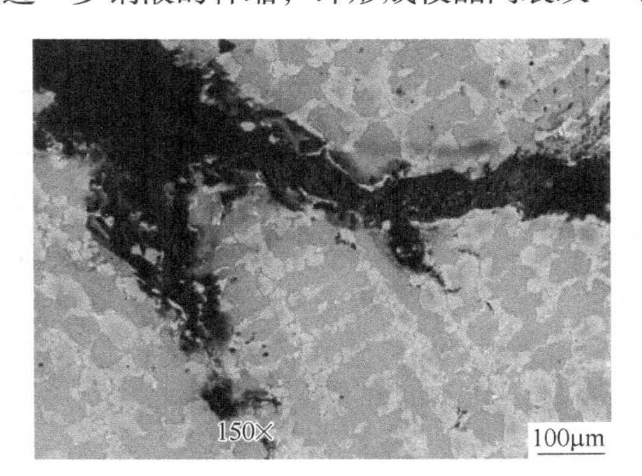

图 4　裂纹显微组织特征

2.2　凝固行为分析

结合合金 DSC 差热分析降温曲线中的相析出规律，汇总不同成分试验合金的相变特征温度，见表 2。与 A1 合金相比，A2 合金降低 Ti 元素含量 0.8%，由于 Ti 元素是 γ′相的重要形成元素，在凝固过程中强烈偏析于枝晶间区域，因此，A2 合金的液相线温度升高，而枝晶间 γ-γ′共晶组织体积分数由于 γ′相形成元素 Ti 元素含量的降低而降低。Al 元素同样作为 γ′相的重要形成元素，但与 Ti 元素不同，Al 元素凝固过程中偏析于枝晶干 γ+γ′两相区，因此与 A1 合金相比，A4 合金降低 Al 元素含量 0.8%，同样提高了液相线温度，降低了枝晶间 γ-γ′共晶组织的析出温度，但是影响作用 Ti 元素大于 Al 元素。在降低 Al、Ti 元素含量的基础上，增加 B 元素含量 0.1%至 0.17%设计了 A3、A5 合金。B 元素含量的增加一方面引起枝晶间共晶组织的析出温度的显著降低，使共晶反应在更大的过冷度温度条件下进行；另一方面伴随 B 元素含量的增加，低熔点相 M_3B_2 的析出温度降低，降低合金的固相线温度，合金的凝固速率减小，延缓了合金的凝固过程。因此，对于高硼的镍基高温合金，在所增加的 B 元素含量不至于引起固相线温度发生显著降低的条件下，可显著降低枝晶间共晶组织的析出温度，使凝固末期枝晶间残余液相贯通性得到改善，而且由于富 B 熔体具有较好的流动性，可起到降低铸造合金疏松倾向性的作用。

表 2　不同成分试验合金相析出特征温度点

合金类别	A1	A2	A3	A4	A5
液相线温度/℃	1318	1335	1323	1331	1330.1
γ-γ′共晶组织析出温度/℃	1252.7	1241.6	1218	1245.1	1230
$\gamma+M_3B_2$ 共晶组织析出温度/℃	1194.7	1193	1191	1190.8	1186
固相线温度/℃	1179	1168	1151	1174	1166

根据不同成分合金的相析出特征温度点，将五种试验合金在不同温度（1310℃、1270℃、1240℃、1210℃）条件下进行等温淬火，显微组织对比如图 5 所示：凝固过程中伴随枝晶间 γ-γ′共晶组织的析出，不同成分合金均在 1240℃左右

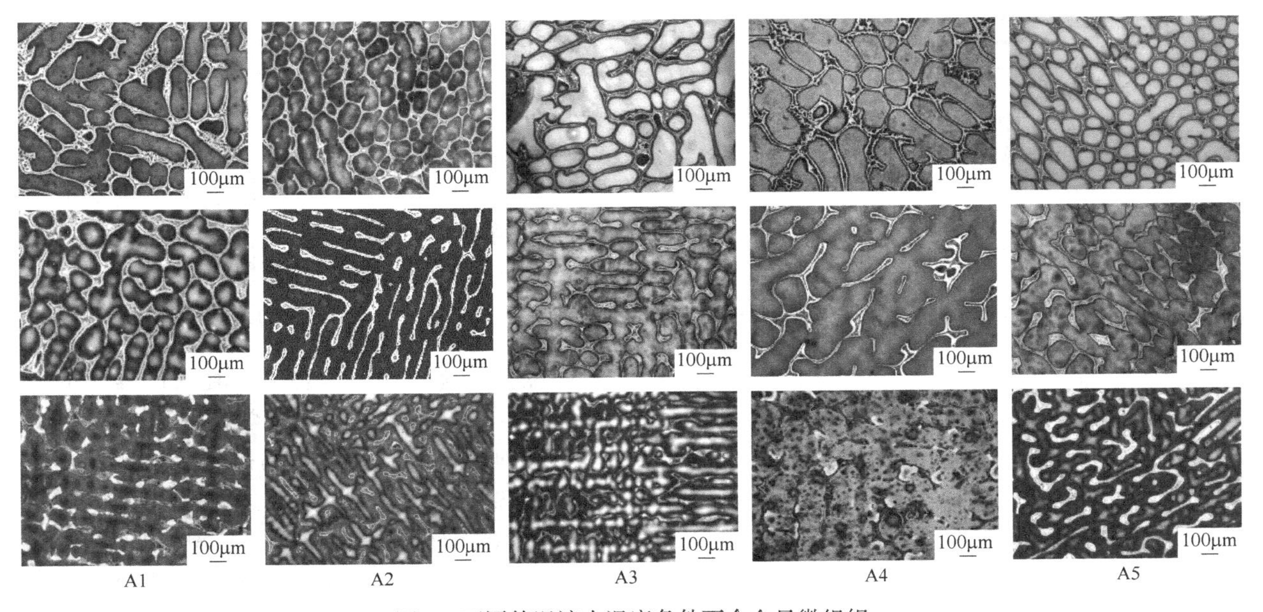

图 5　不同等温淬火温度条件下合金显微组织

枝晶间液相体积分数发生急剧降低，而且均形成了互不连通的孤立液相区。基于此，对于本试验合金而言，定义液相温度至 γ-γ′共晶组织析出温度之间为可补缩温度区间，定义 γ-γ′共晶组织析出温度与固相线温度之间为不可补缩温度区间。不同成分合金的凝固温度区间变化规律如图 6 所示。对于可补缩温度区间，Al、Ti 元素含量降低，随着液相线温度的升高及 γ-γ′共晶组织析出温度的降低，可补缩温度区间增大，不可补缩温度区间减小，以 Ti 元素的影响作用大于 Al 元素；而 B 元素含量增加，进一步显著降低 γ-γ′共晶组织的析出温度，增大可补缩温度区间；但 B 元素含量的增加会导致低熔点相 $\gamma+M_3B_2$ 共晶相析出温度降低，降低合金的固相线温度，不可补缩温度区间仅随 B 元素含量的增加仅发生略微的减小。对比不同等温淬火温度条件下枝晶间液相的体积分数，如图 7 所示。Al、Ti 元素含量降低，不同温度条件下枝晶间残余液相体积分数减小，以 Ti 元素降低的 A2 合金枝晶间液相体积分数最少；而 B 元素含量增加，使得不同温度下凝固枝晶间液相体积分数增大，不同温度条件下 A5 合金的枝晶间液相体积分数大于 A3 合金。

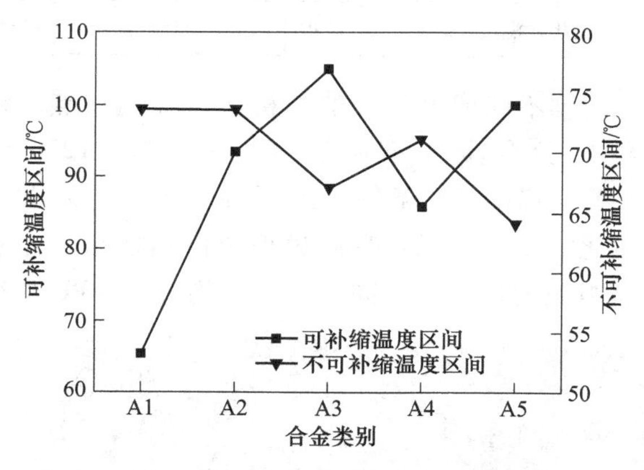

图 6　可补缩/不可补缩温度区间

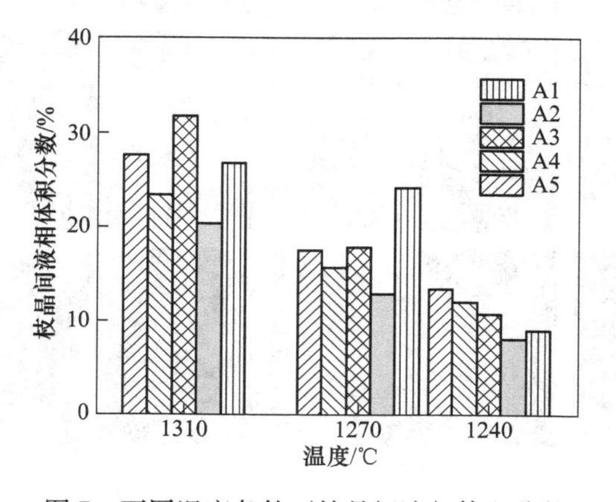

图 7　不同温度条件下枝晶间液相体积分数

2.3　铸造工艺性对比分析

显微疏松与熔体的流动性和收缩特性有关，Carlson K 等人基于经典的 Niyama 判据提出了无量纲显微疏松判据模型，该模型仅需知道固相分数-温度曲线和合金的总收缩率就可以预测凝固过程中形成的总显微疏松体积分数，不同成分试验合金无量纲 Niyama 值与显微疏松指数之间的相互关系计算结果如图 8 所示：在同一显显微疏松指数 f_p 条件下，合金的显微疏松判据值（Ny^*）排序为 A3>A5>A2>A4>A1，显微疏松判据值（Ny^*）越大，显微疏松倾向性越小。通过降低 Al、Ti 元素，可补缩温度区间增大、不可补缩温度区间减小，因此 A2、A4 合金的显微疏松倾向性小于 A1 合金。在 A2、A4 合金的基础上，增大 B 元素含量，一方面增大了可补缩温度区间/不可补缩温度区间比值，另一方面，B 元素含量的增大，显著增大了枝晶间液相体积分数，液池之间的连通情况明显改善，能够显著降低合金的疏松倾向性。但与 A5 合金相比，A3 合金在可补缩高温条件下较高的枝晶间液相体积分数，保持较好的枝晶间液相相互贯通性，而在不可补缩温度区间内枝晶间残余液相体积分数较小，因此 A3 合金具有更小的显微疏松倾向性。

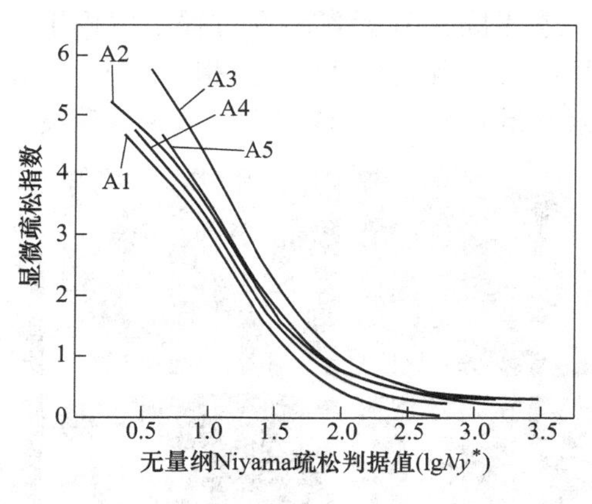

图 8　显微疏松指数计算

除显微疏松外，热裂纹为凝固过程中的另一大冶金缺陷，下面基于热力学的 CSC 热裂判据和基于凝固补缩的 Kou 热裂判据对本论文五种试验合金的热裂倾向性进行计算，结果如图 9 所示，A1 合金的基础上，通过降低 Al、Ti 元素含量 0.8%，A2、A4 合金的热裂倾向性减小，其中以 Ti 元素的影响作用大于 Al 合金元素；而如果增加

B 元素含量，随着凝固温度区间的显著增加，同一凝固条件下凝固速率减缓，不同温度条件下枝晶间液相体积分数的增加，降低了枝晶间的晶间结合强度，A3、A5 合金的热裂倾向性增大。

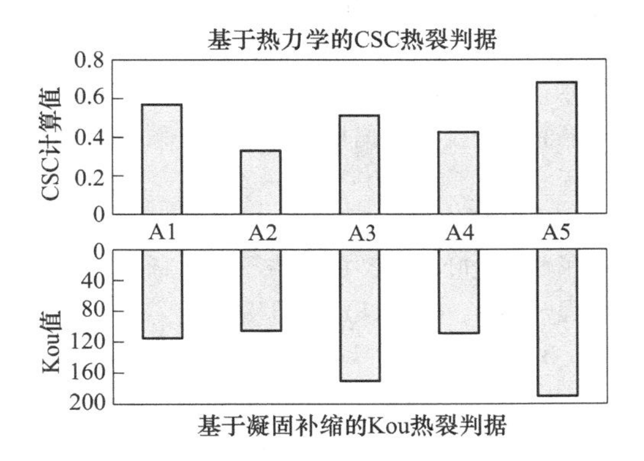

图 9　热裂敏感系数计算

薄壁管铸件及冶金缺陷如图 10 所示。管壁容易因补缩能力不足而形成大面积的疏松，管壁疏松倾向性随壁厚的增大而降低；此外，在不同壁厚薄壁管与法兰相交的拐角部位，由于存在较大的应力集中而易发生热裂。首先对比不同合金的管壁疏松情况：A1 合金铸件在管壁上有明显的穿透性疏松，而 A3、A5 合金铸件在管壁上未见疏松，证实 A3 和 A5 合金的疏松倾向性低于 A1 合金。其次，对比铸件开裂情况：开裂位置对应应力集中的薄壁管根部，以 A3、A5 合金铸件开裂最严重，6 支管根部均裂开，A1 合金铸件开裂稍轻，A2、A4 合金的热裂倾向性最小。综合薄壁管铸件的疏松及开裂情况，Al、Ti 元素含量的降低可同时降低合金的疏松及热裂倾向性，其中以热裂倾向性的降低最为显著；而对于 B 元素，虽然 B 含量的提高使得合金的疏松倾向性有降低，但却加剧了合金的热裂倾向性。B 元素的过量添加导致

(a)

(b)

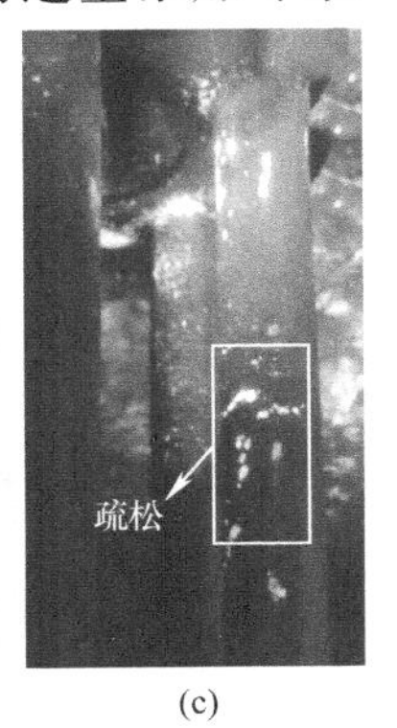

(c)

图 10　薄壁管铸件及其冶金缺陷
（a）铸件；（b）裂纹；（c）疏松

合金的热裂倾向性明显增大，这与 γ-γ′共晶组织体积分数的增多，导致凝固后期枝晶搭接减弱，强度不足，抵抗外力的能力较低有密切关系[17,18]。此外，B 元素的添加降低了固液两相的界面能，促使形成相斥的晶界，从而导致合金的热裂[19]。因此，综合考虑不同成分合金的显微疏松及开裂倾向性，以 A2、A4 合金的综合铸造工艺性最优。

3　结论

（1）Al、Ti 含量降低虽使合金液相线升高，凝固过程被提前，但 γ-γ′共晶组织的析出被降低，由此造成合金凝固期间的可补缩温度区间增大，不可补缩温度区间减小，进而显著降低合金的热裂倾向；但由于伴随 Al、Ti 含量的降低，枝晶间不同温度条件下液相体积分数减小，使得枝晶间液相相互贯通性也随着降低，显微疏松倾向性略微降低。

（2）在降低 Al、Ti 元素的基础上，提高 B 含量可进一步降低了合金的液/固相线温度、γ-γ′共晶组织和硼化物的析出温度，虽使得合金的可补缩温度区间增大，不可补缩温度区间缩小，显微疏松倾向性改善，但由于凝固过程推迟，使得合金在同一凝固温度条件下的枝晶间液相体积分数更高，枝晶晶间结合力降低，导致合金热裂倾向性增大。

（3）对于高 Al、Ti 含量的含硼高温合金而言，为提高合金铸造工艺性，可通过降低 Al、Ti 含量，并适当提高 B 元素含量，以获得显微疏松及热裂倾向性均较小的机匣合金设计。

参考文献

[1] 中国金属学会高温材料分会．中国高温合金手册（下卷）[M]．北京：中国标准出版社，2012：740.

[2] Reed R C. The Physical metallurgy of nickel and its alloys [J]. Superalloys-Fundamentals and Applications，2006，2：33~120.

[3] 付青峰，杨细连，刘克明．航空发动机高温材料的研究现状及展望 [J]．热处理技术与装备，2018，39（3）：69~73.

[4] 崔雨生，刘丽，任建军，等．铝和钛含量对镍基铸造高温合金性能的影响 [J]．钢铁研究学报，2003，15（7）：244~248.

[5] 王艳丽，黄朝晖，赵希宏，等. 定向凝固柱晶高温合金热裂倾向性研究［J］. 钢铁研究学报，2011，23（2）：412~415.

[6] Zhao Z，Dong J X. Effect of euectic characteristics on hot tearing of cast superalloys［J］. Journal of Materials Engineering and Performance，2019，28：4707~4717.

[7] 孙宝德，王俊，疏达，等. 航空发动机高温合金大型铸件精密成型技术［M］. 上海：上海交通大学出版社，2016.

[8] 余竹焕，张洋，翟娅楠，等. C、B、Hf在镍基高温合金中作用的研究进展［J］. 铸造. 2017，66（10）：1076~1080.

[9] 丁贤飞，刘东方，郑运荣，等. B微合金化对HK40合金铸造疏松的影响［J］. 金属学报. 2015，51（9）：1121~1128.

[10] 汪小平，郑运荣，肖程波，等. 硼对Ni_3Al基IC6合金凝固过程影响的研究［J］. 航空材料学报. 2000，20（2）：21~27.

[11] 周静怡，赵文侠，郑真，等. 硼含量对IC10高温合金凝固行为的影响［J］. 材料工程. 2014，8：90~96.

[12] 朱耀宵，张顺南，徐乐英，等. 硼与镍基高温合金中的疏松［J］. 金属学报. 1985，21（1）：1~8.

[13] Alex Matosda，Silva Costa，Carlos Angelo. Thermodynamic evaluation of the phase stability and microstructural characterization of a cast B1914 superalloy［J］. ASM International，2014，23：819~825.

[14] 吴保平，吴剑涛，李俊涛. B元素对定向凝固镍基合金凝固特性和TCP相析出行为影响［J］. 材料热处理学报. 2019，40（6）：52~59.

[15] 艾厚望，吕志刚，郭馨. 熔模铸造条件下K424合金枝晶间缩松及微观偏析研究［J］. 稀有金属材料与工程. 2017，46（9）：2476~2480.

[16] 石照夏，董建新，张麦仓. K418合金显微组织及其增压器涡轮叶片热裂的研究［J］. 稀有金属材料与工程，2012，41（11）：1935~1939.

[17] Yan B C，Zhang J，Lou L H. Effect of boron additions on the microstructure and transverse properties of a directionally solidified superalloy［J］. Materials Science and Engineering A，2008，474（1）：39~47.

[18] Grodzk J，Hartmann N，Rettig R，et al. Effect of B，Zr，and C on hot tearing of a directionally solidified nickel-based superalloy［J］. Metallurgical and Materials Transactions A，2016，47：2914~2926.

[19] Chauvet E，Konis P，Jagle E A，et al. Hot cracking mechanism affecting a non-weldable Ni-based superalloy produced by selective electron Beam Melting［J］. Acta Materialia，2017，142：82~94.

DD5合金单晶带冠涡轮叶片凝固过程数值模拟

王晓燕[1,2*]，孙嘉言[3]，薛鑫[2,4]，曾强[2,4]，许庆彦[3]，吴剑涛[2,4]

（1. 辽宁科技大学材料与冶金学院，辽宁 鞍山，114000；
2. 河北钢研德凯科技有限公司，河北 涿州，072750；
3. 清华大学材料学院，北京，100084；
4. 北京钢研高纳科技股份有限公司，北京，100081）

摘 要：基于ProCAST铸造仿真软件对DD405单晶合金涡轮叶片拉晶过程进行温度场与应力场的仿真模拟研究，为叶片制备工艺优化提供指导。结果表明，改变浇注温度对叶片定向凝固过程的温度场影响不大。随着抽拉速度的提升，铸件各部位糊状区温度梯度有所减小；铸件等温线曲率由外低内高斜向变为近水平状态，到凝固后期又逐渐回到斜向形貌。在凝固初期，型壳厚度的增大使凝固温度梯度有所增加；随着定向凝固的进行，型壳厚度的增大使凝固温度梯度减小，等温线形貌趋于平直。

关键词：DD5；单晶叶片；定向凝固；数值模拟

航空发动机和燃气轮机体现了现代工业的最高水平，高温单晶叶片作为其中的重要部件，长期在高温高压的严苛环境下工作，其加工工艺一直被作为研究的重点[1]。某发动机用DD405单晶合金低压涡轮叶片为复杂空心带冠结构，存在多个截面突变位置。截面突变会引起G/R（温度梯度与生长速率比）值变化、局部模壳厚度影响散热等问题，这些变化因素可能导致凝固缺陷的产生。随着计算机运算能力的提高和有限元技术的发展，越来越多研究人员开始广泛运用MAGMAsoft、ProCAST等商业软件对铸件凝固过程进行有限元仿真计算，可有效地缩短叶片研制周期、降低成本，为制备工艺改进提供参考，解决实际生产问题，最终获得兼具高力学性能和尺寸精度的优质产品[2]。

本文基于有限元方法的数值模拟技术，采用ProCAST软件对单晶带冠涡轮叶片的定向凝固过程进行模拟，分析了浇注温度、型壳厚度和抽拉速率对叶片温度场及应力场的影响。

1 宏观数理建模及模拟方法

1.1 物理模型

单晶涡轮叶片浇注和抽拉过程在Bridgman真空感应定向凝固炉中进行。图1为单晶叶片的模型。为提高计算速度，首先通过UG软件将复杂的模型进行切分，将模型导入到ProCAST软件中，采用MeshCAST模块进行网格划分[3]。

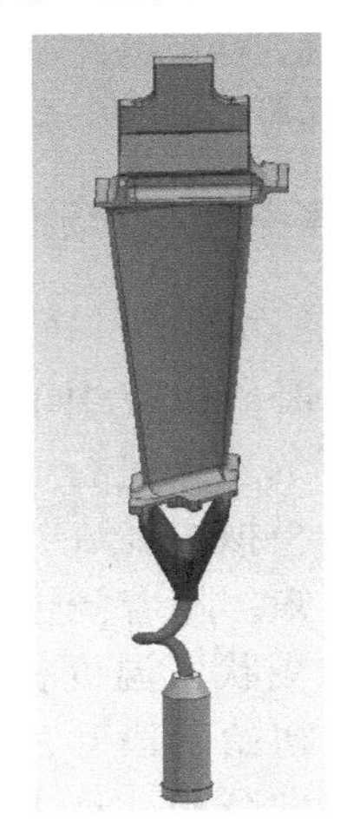

图1 单晶涡轮叶片模型模组

1.2 数学模型

高温合金叶片定向凝固过程中，在叶片、铸型以及叶片-铸型边界，热量主要以热传导的形式进行传递，在铸型与炉壁、水冷铜板之间通过辐射传热。定向凝固过程的热量传输控制方

*作者：王晓燕，硕士，联系电话：18353523871，E-mail：wxy18353523871@163.com

程为[4]：

$$\rho C\frac{\partial T}{\partial t}=\lambda\left(\frac{\partial^2 T}{\partial x^2}+\frac{\partial^2 T}{\partial y^2}+\frac{\partial^2 T}{\partial z^2}\right)+\rho L\frac{\partial f_s}{\partial t}+Q_R$$

式中，T 为热力学温度；t 为时间；λ 为导热系数；ρ 为密度；C 为比热容；L 为金属液的结晶潜热；f_s 为固相率；Q_R 为材料与环境间的热流密度。

1.3 模拟参数

材料为 DD405 单晶高温合金，热物性参数由 ProCAST 自带的数据库完成计算，液相线温度为 1385℃，固相线温度为 1251℃，部分热物性参数随温度的变化而变化，具体如图 2 所示。

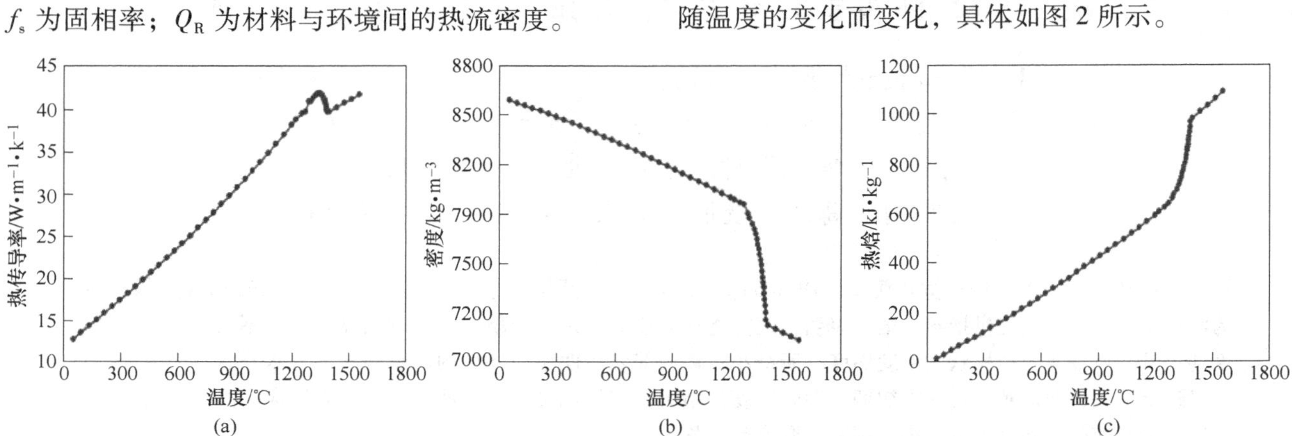

图 2 DD5 合金热物性参数

（a）热传导率；（b）密度；（c）热焓

2 模拟结果与讨论

针对不同工况下铸件的定向凝固过程温度场、应力场进行了模拟仿真，探究铸件在不同工况下不同部位的温度梯度、凝固等温线曲率及应力场等的变化。

2.1 定向凝固过程铸件温度场模拟仿真结果

2.1.1 改变浇注温度对铸件温度场的影响

针对铸件定向凝固过程中不同部位的温度场在不同浇注温度下的变化进行了模拟仿真，抽拉速度为 3mm/min，模拟仿真结果见图 3。

由模拟结果可知，随着浇注温度的提升，铸件定向凝固过程的糊状区温度梯度变化不大。在定向凝固过程中，初始阶段叶片糊状区形貌整体呈现外低内高的斜向分布，这主要是铸件浇注系统中心部位散热条件较铸件外部差导致。随着定向凝固过程的进行，在叶身部位，由于叶片内外两侧厚度不均，较薄的一侧散热较快，使等温线由外低内高的斜向逐渐转为外高内低的斜向。由模拟结果可以看出，浇注温度的改变对等温线曲率的影响不大。

2.1.2 改变抽拉速度对铸件温度场的影响

针对铸件定向凝固过程中不同部位的温度场在不同抽拉速度下的变化进行了模拟仿真，浇注温度为 1520℃，模拟仿真结果如图 4 所示。

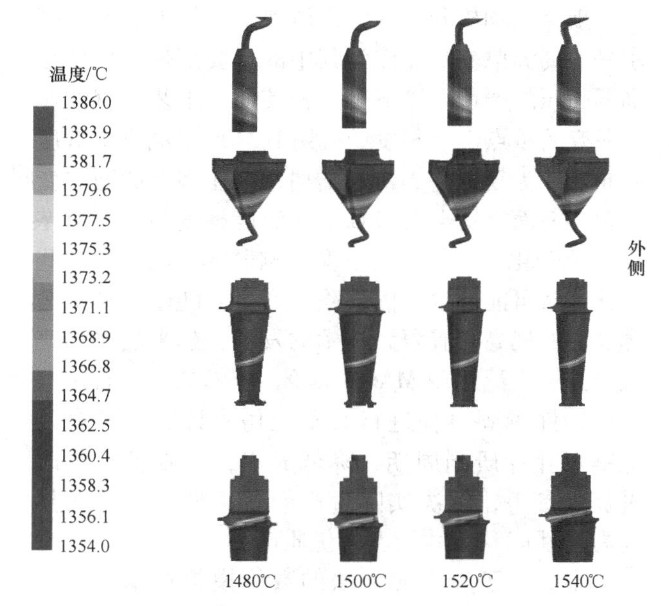

图 3 不同浇注温度下叶片各部位（引晶部位，叶尖部位，叶片中部，缘板部位）温度场模拟仿真结果

由模拟仿真结果可知，随着抽拉速度的增大，铸件定向凝固过程中糊状区温度梯度有所减小。凝固初期，叶片等温线曲率变化明显，由外低内高变为近水平状态，这可能是较快的抽拉速度导致引晶段的温度场受激冷盘影响加大，随着定向凝固的进行，等温线逐渐回到斜向形貌，这可能是凝固后期定向凝固阴影效应占优所致[5,6]。

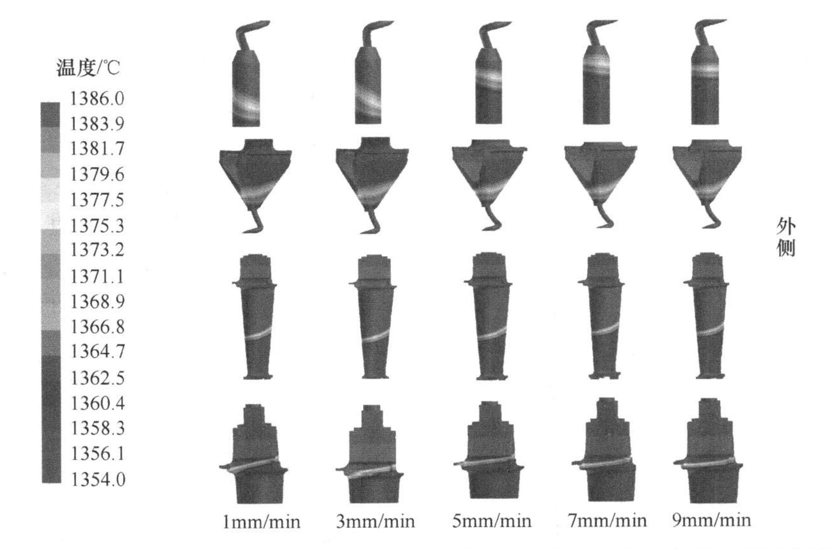

图4 不同抽拉速度下叶片各部位（引晶部位，叶尖部位，叶片中部，缘板部位）温度场模拟仿真结果

2.1.3 改变型壳厚度对铸件温度梯度的影响

针对铸件定向凝固过程中不同部位的温度场在不同型壳厚度下的变化进行了模拟仿真，定向凝固浇注温度为1520℃，抽拉速度为3mm/min，模拟仿真结果如图5所示。

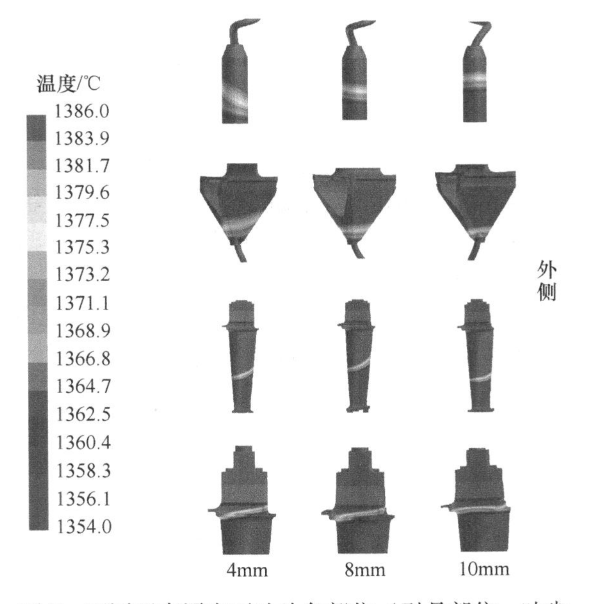

图5 不同型壳厚度下叶片各部位（引晶部位，叶尖部位，叶片中部，缘板部位）温度场模拟仿真结果

由模拟结果可以看出，随着型壳厚度的增大，凝固温度梯度减小，等温线形貌趋于平直。

2.2 铸件应力场模拟仿真结果

2.2.1 抽拉速度对叶片应力场的影响

针对铸件定向凝固过程中不同凝固阶段的应力场分布在不同抽拉速度下的变化进行了模拟仿真，浇注温度1520℃，型壳厚度为4mm，模拟仿真结果如图6所示。

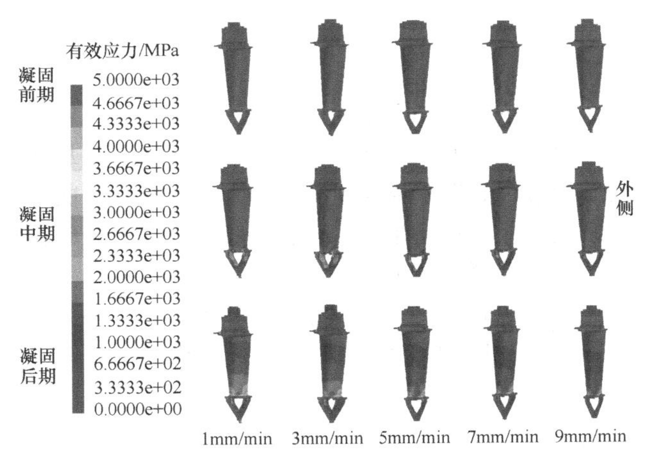

图6 不同抽拉速度下叶片应力场模拟仿真结果

由模拟结果可知，随着抽拉速度的提升，在相同凝固时刻，较快的抽拉速度可能使叶身部等温线曲线逐渐趋于平直，这可能是导致叶身及凝固后期随抽拉速度加快应力值减小的原因。总体来说，该叶片在上下缘板截面突变处容易产生应力集中，采取合适的抽拉速度可在一定情况下减小应力集中情况[7]。

2.2.2 型壳厚度对叶片应力场的影响

针对铸件定向凝固过程中不同凝固阶段的应力场分布在不同型壳厚度下的变化进行了模拟仿真，浇注温度1520℃，抽拉速度为3mm/min，模拟仿真结果如图7所示。

由应力场模拟结果可知，随着型壳厚度的增加，定向凝固过程中叶片各部分应力场应力值有所减小，这可能是较厚的型壳使叶片内部凝固等温线趋于平直所致。

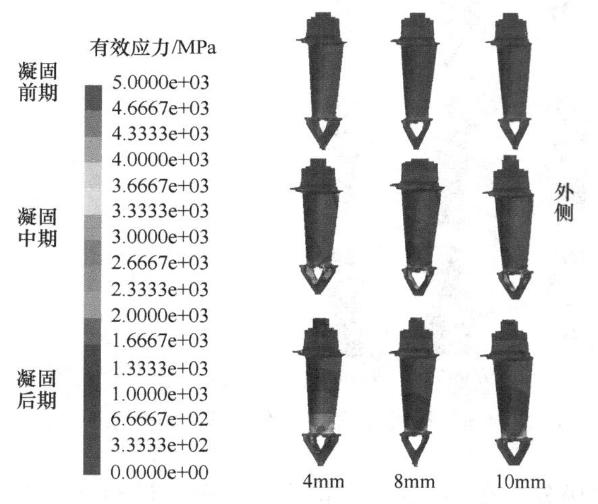

图 7　不同型壳厚度下叶片应力场模拟仿真结果

3　结论

（1）对比不同浇注工艺条件下铸件凝固过程的温度场，发现浇注温度的改变，对单晶叶片定向凝固过程各部位糊状区温度梯度和等温线曲率的影响不大。随着抽拉速度的提升，铸件各部位糊状区温度梯度有所减小；而叶片等温线曲率有明显变化，在初始阶段，由外低内高斜向变为近水平状态，后期随着定向凝固的不断进行，等温线逐渐回到斜向形貌。在凝固初期，型壳厚度的增大使激冷盘对凝固的影响增大，凝固温度梯度有所增加，但使引晶段温度场受阴影效应的影响减小，等温线趋于水平；随着定向凝固的进行，凝固后期型壳厚度的增大会使凝固温度梯度减小，等温线形貌亦趋于平直。

（2）对比不同浇铸工艺条件下的应力场分布，发现随着定向凝固过程的进行，应力集中易出现在叶身与上下缘板交界处的截面突变处，且随着凝固的不断进行，应力值不断增大。

参考文献

[1] 许自霖，李忠林，张航，等．DD6 合金选晶器定向凝固的数值模拟与实验验［J］．稀有金属材料与工程，2017，46（7）：1856~1861.

[2] 章璐，黄兴民，杨树龙，等．基于 ProCAST 软件的镍基中空叶片定向凝固过程模拟［J］．铸造技术，2014，35（1）：81~85.

[3] 于靖，许庆彦．镍基高温合金多叶片定向凝固过程数值模拟［J］，金属学报，2007（10）：1113~1120.

[4] 周玉辉，黄清民，林荣川．单晶高温合金叶片定向凝固过程数值模拟［J］．特种铸造及有色合金，2021（41）：1361~1364.

[5] Zhang H，Xu Q Y，Sun C B，et al. Simulation and experimental studies on grain selection behavior of single crystal superalloy：I. Starter block［J］. Acta Metall. Sin.，2013，49：1508.

[6] Zhang H，Xu Q Y，Sun C B，et al. Simulation and experimental studies on grain selection behavior of single crystal superalloy：II. Spiral part［J］. Acta Metall. Sin.，2013，49：1521.

[7] 刘世忠，李嘉荣，唐定忠，等．单晶高温合金定向凝固过程数值模拟［J］．材料工程，1999（7）：40.

浇注温度对 K4738 合金组织的影响

付媛媛[1,2*]，吴保平[2,3]，吴剑涛[2,3]，杜波[2]

（1. 辽宁科技大学材料与冶金学院，辽宁 鞍山，114000；
2. 河北钢研德凯科技有限公司，河北 涿洲，072750；
3. 北京钢研高纳科技股份有限公司，北京，100080）

摘　要：采用光学显微镜、扫描电镜对 K4738 镍基铸造高温合金的组织进行观察。研究了在 900℃进行模壳加热，采用 1450℃、1430℃、1410℃、1390℃四种不同的浇注温度对 K4738 合金铸态和热处理态组织行为的影响。结果表明：随浇注温度的降低，铸态组织的平均晶粒尺寸减小；缩松情况趋于严重；二次枝晶臂间距减小；MC 碳化物变得细小；γ′相尺寸有变小的趋势，影响并不明显。热处理态组织截面晶粒度仍维持铸态水平；枝晶干稍粗大；大部分碳化物有溶解；枝晶间 γ′相从形貌、析出量、尺寸和分布上差别并不大。

关键词：镍基铸造高温合金；铸态；热处理态；微观组织

K4738 合金是一种新型沉淀强化镍基铸造高温合金，具有良好的中温力学性能、铸造和焊接工艺性能，可用于制造 700~750℃使用的高温结构件和机匣，使用温度高于目前常用的铸造高温合金机匣材料 K4169。众所周知，铸造工艺对铸造高温合金组织和性能及铸件的使役行为均有较大影响[1]，因而研究铸造工艺（浇注温度、模壳加热温度）对 K4738 合金的组织影响是十分必要的。本文重点研究浇注温度对 K4738 合金铸态和热处理态组织的影响。

1　试验材料及方法

试验用 K4738 化学成分（质量分数,%）为：C 0.085，Fe 0.057，Co 13.81，Cr 19.77，Mo3.94，Al 1.26，Ti 2.95，B 0.0066，Zr 0.034，Si 0.033，Mn 0.057，P 0.002。试棒采用的是熔模精密铸造的方法，在 ZG-0.01 真空感应炉内，将 K4738 合金母合金锭分别按照浇注温度 1450℃、1430℃、1410℃、1390℃，模壳温度 900℃的不同工艺参数浇注 4 组标准成型试样，用于组织的观察，试样表面要求平整光滑。试样经打磨、抛光后，采用 HCl：H_2O_2：H_2O=3：1：3 的混合溶液进行腐蚀，观察试样晶粒度。在 H_3PO_4：H_2SO_4：HNO_3=3：12：10 的混合溶液中进行电解腐蚀，电压 5V，时间约为 3s。在光学显微镜下观察试样枝晶形貌。使用 JSM-7800F 场发射扫描电子显微镜观察合金试样碳化物和 γ′相的形貌、尺寸以及分布情况，使用 OXFORD 型能谱仪 EDS 定性分析碳化物的类型。

2　浇注温度对 K4738 合金铸态组织的影响

2.1　晶粒度

不同工艺下试棒的晶粒度如图 1 所示，可以

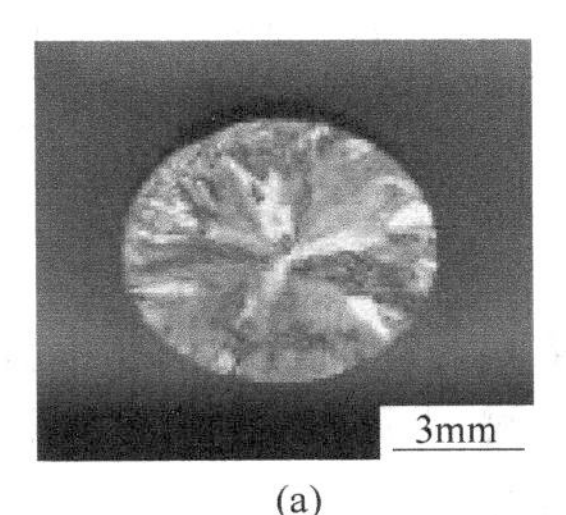

(a)

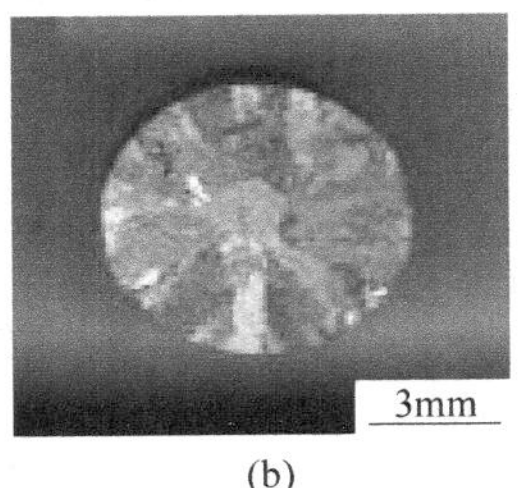

(b)

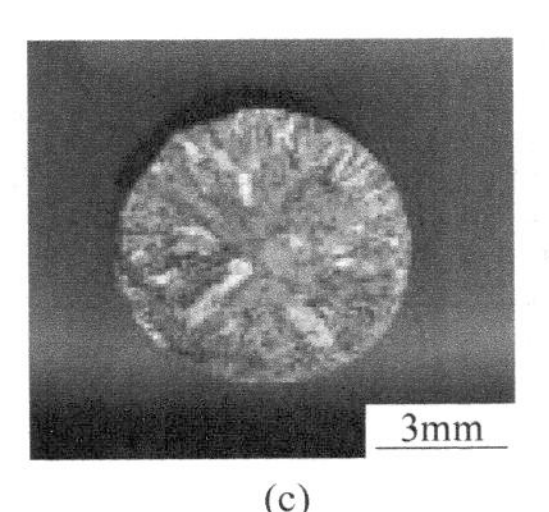

(c)

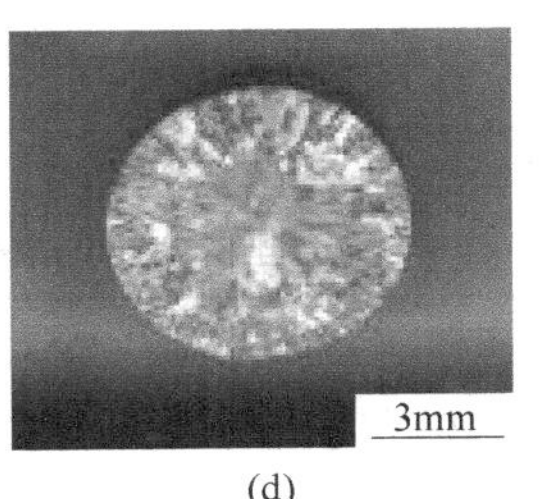

(d)

图 1　模壳温度 900℃时不同浇注温度试棒截面晶粒度
（a）1450℃；（b）1430℃；（c）1410℃；（d）1390℃

*作者：付媛媛，硕士，联系电话：17861926881，E-mail：fuyy17861926881@163. com

看出铸态下的晶粒尺寸较大。当模壳温度为900℃时，随浇注温度的降低，平均晶粒尺寸减小，发生了由柱状晶向柱状晶+中心等轴晶晶粒类型的改变，合金晶粒逐渐变细小。一方面是合金的冷却速率和过冷度增大，导致形核率增大；另一方面是凝固时间短，抑制了高温下晶粒长大。

2.2　显微缩松和缩孔

不同工艺下试样缩松缩孔情况如图2所示。模壳温度为900℃时，随着浇注温度降低，试样缩松情况趋于严重，尤其是在浇温为1390℃时，在试样的中心部位出现了严重的集中缩孔情况；当浇温达到1450℃时，试样缩松情况良好，没有发现集中缩孔的现象。1390℃时，发现集中缩孔是因为K4738合金液相线在1357℃，当浇温为1390℃时非常靠近合金的液相线，一方面，合金的流动性会变差；另一方面，冷却速度快，凝固时间短，导致合金补缩条件变差，缩松缩孔情况严重[2]。

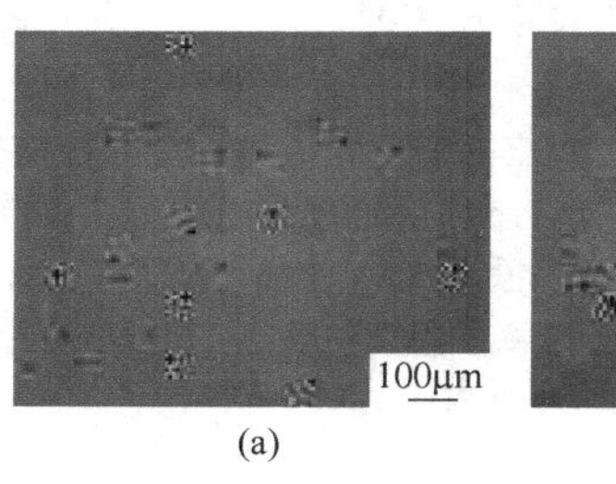

(a)

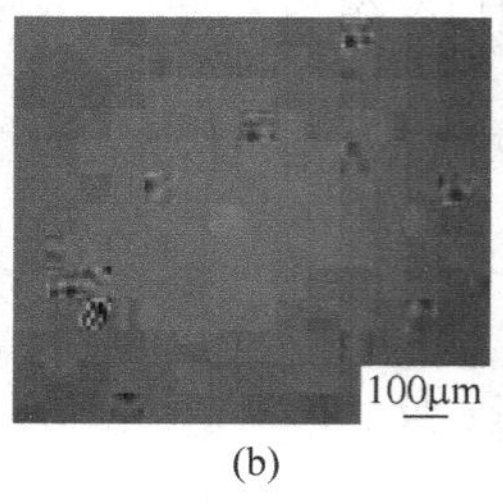

(b)

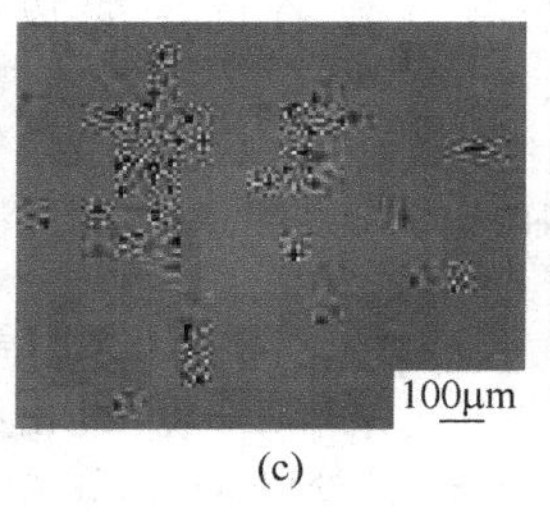

(c)

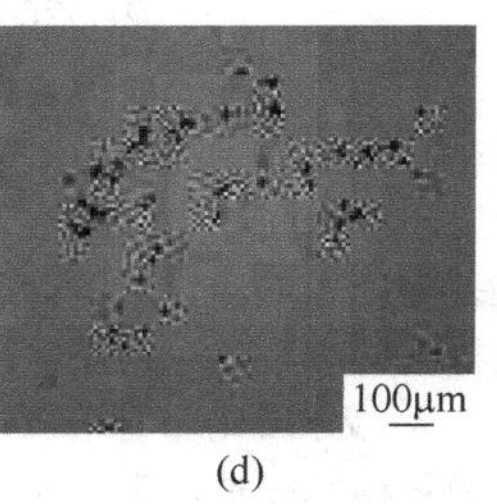

(d)

图2　模壳温度900℃时不同浇注温度试棒截面缩松情况

（a）1450℃；（b）1430℃；（c）1410℃；（d）1390℃

2.3　枝晶形貌

不同工艺下试样的枝晶形貌如图3所示，可以看出不同工艺下试样的显微组织呈典型的枝晶形貌。其中浅色区域为枝晶干，黑色区域为枝晶间。选择不同视场下，任意取15组完整枝晶，测量某长度下含有的二次枝晶个数，由此计算出二次枝晶臂间距。为保证结果的准确性，二次枝晶个数不少于6个，取15组二次枝晶臂间距的平均值作为最后结果，不同工艺参数下二次枝晶臂间距如表1所示，随浇温降低，枝晶臂越细，二次枝晶臂间距越小；反之，枝晶臂越粗，二次枝晶臂间距越大。

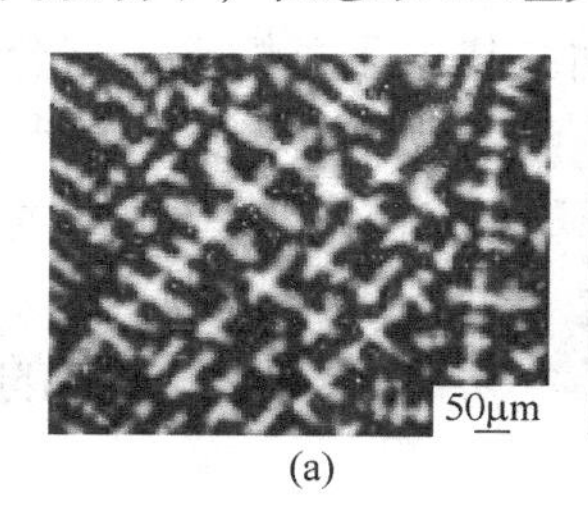

(a)

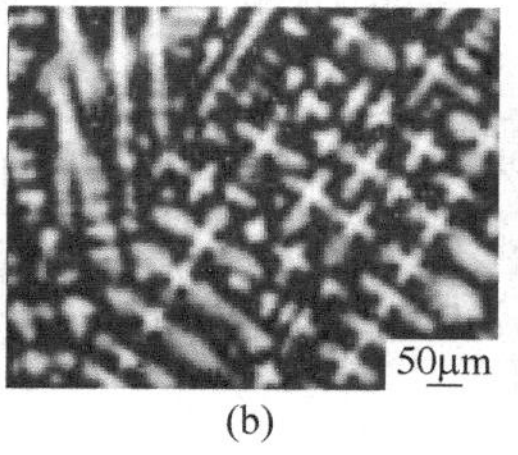

(b)

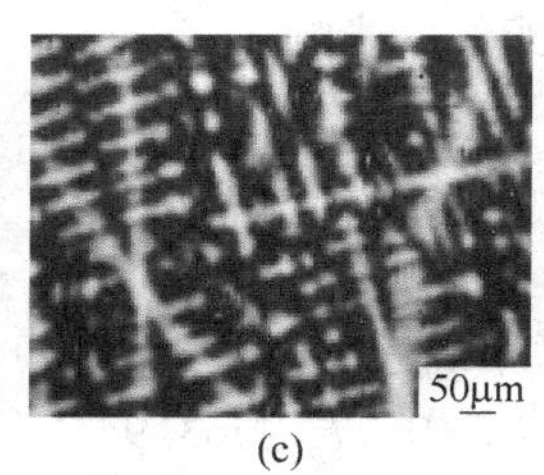

(c)

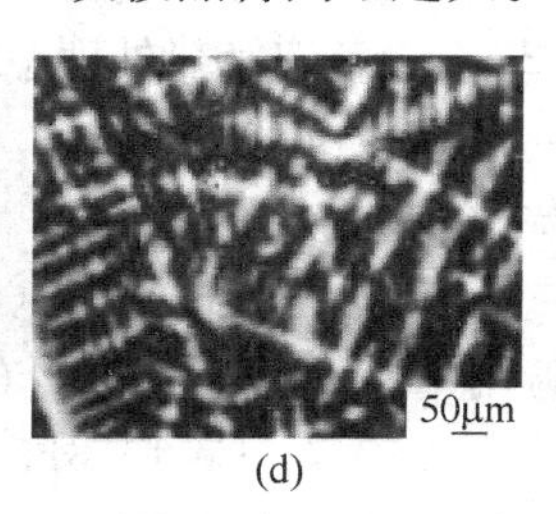

(d)

图3　模壳温度900℃时不同浇注温度试棒截面显微组织

（a）1450℃；（b）1430℃；（c）1410℃；（d）1390℃

表1　模壳温度900℃时不同浇注温度二次枝晶间距

浇注温度/℃	1450	1430	1410	1390
二次枝晶臂间距/μm	47.69	44.79	38.58	36.87

2.4　碳化物形貌

不同工艺下碳化物的形貌以及分布如图4所示。碳化物分布于晶界以及枝晶间区域，枝晶间多为块状以及短棒状碳化物而晶界上多为块状以及长条状碳化物。根据EDS显示，无论是晶界还是枝晶间的碳化物，均富Ti、Mo，为MC一次碳化物。

2.5　γ′相形貌

不同工艺下枝晶间γ′相形貌如图5所示，可以看到不同工艺下，枝晶间γ′相从形态和析出量上没有显示出太大的差异，随着浇注温度的降低，γ′相尺寸有变小的趋势。不过，这种影响并不明显，主要是因为γ′相初始析出温度大概在1030℃左右，而其大量析出的温度更低，随着合金温度降低，尤其是达到模壳温度附近时，这时冷却速度

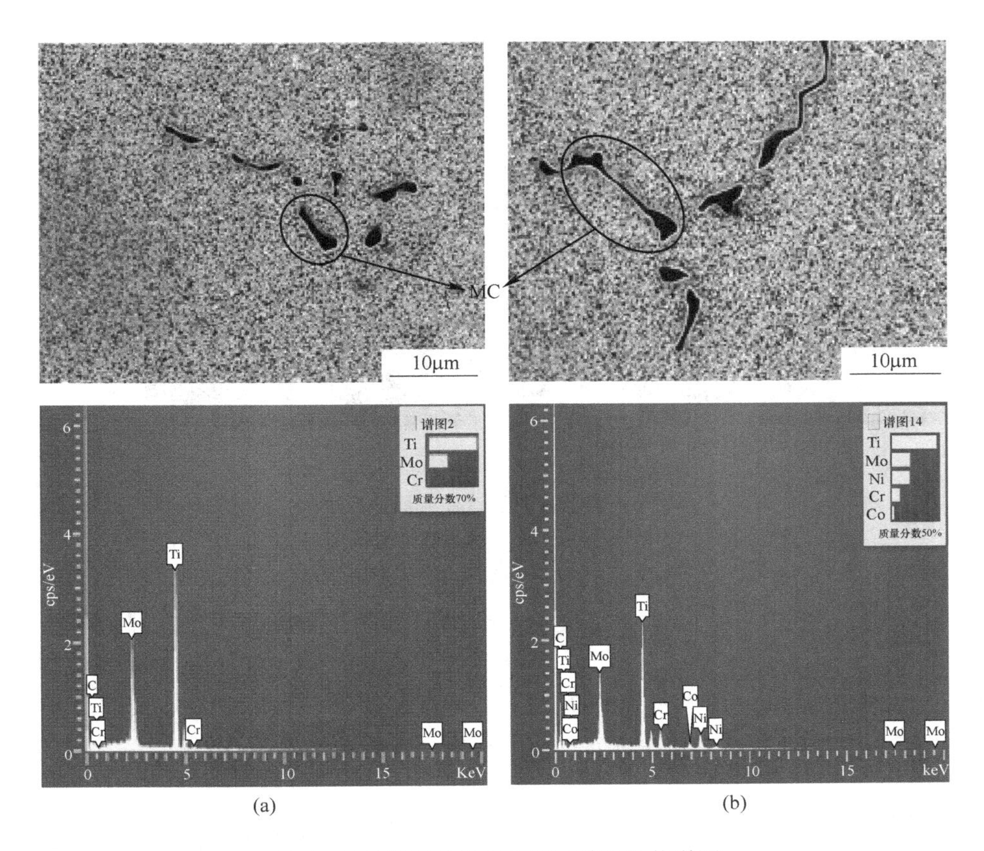

图 4　枝晶间和晶界碳化物形貌以及能谱图

（a）枝晶间碳化物；（b）晶界碳化物

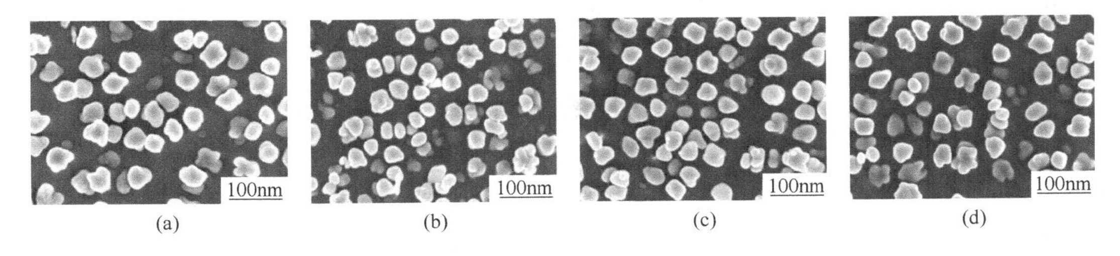

图 5　模壳温度为 900℃时不同浇注温度试棒截面 γ′相形貌

（a）1450℃；（b）1430℃；（c）1410℃；（d）1390℃

主要取决于系统与环境的热交换，冷却速度均变得缓慢[3]，故工艺参数对 γ′相的影响不大。

3　浇注温度对 K4738 热处理态组织的影响

不同工艺下的铸态试棒在箱式电阻炉内进行 1000℃×4h/AC+840℃×4h/AC+760℃×16h/AC 的热处理，观察热处理状态试棒截面组织，对比热处理前后试棒截面组织的差异以及热处理后不同工艺下试棒截面组织的差异。

3.1　晶粒度

图 6 为模壳温度 900℃，浇注温度 1390℃时试棒热处理前后截面晶粒度。可以看到，热处理后试棒截面晶粒并没有明显长大，仍然维持在铸态的水平。这是因为 γ′相完全回溶温度在 1040℃左右，MC 碳化物在 1120℃以上开始大量溶解，因此在 1000℃下固溶，γ′相并未完全溶解，未溶解的 γ′相以及 MC 碳化物钉扎晶界，阻碍晶界的迁移进而阻碍晶粒的长大。

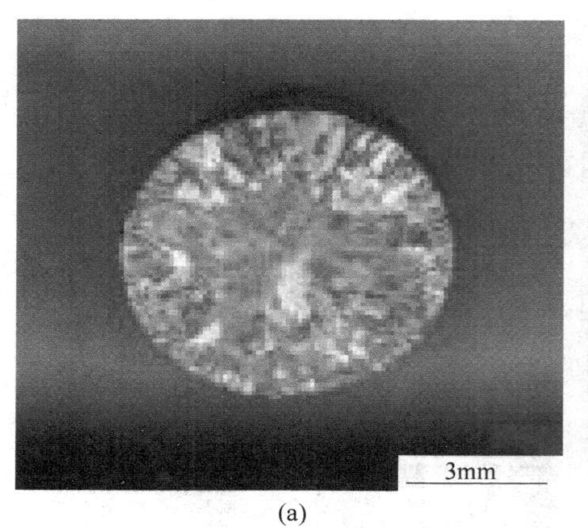

(a)

(b)

图 6 热处理前后试棒截面晶粒度

（a）热处理前；（b）热处理后

3.2 枝晶形貌

不同工艺下，试棒截面热处理态显微组织如图 7 所示。可以看到，铸态的枝晶形貌在热处理态仍旧保存，与铸态相比，热处理态枝晶干稍稍粗大，这是因为合金元素在固溶过程中得到了一定程度的扩散，一定程度上降低了合金的偏析，但合金偏析依旧严重[4]。

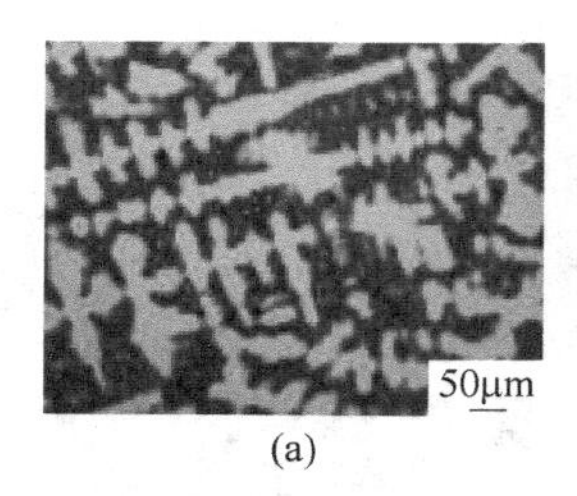

(a)

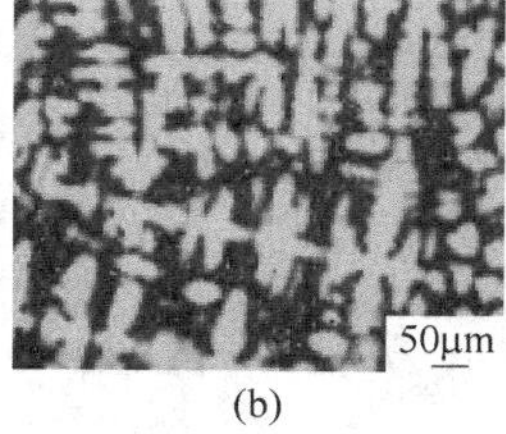

(b)

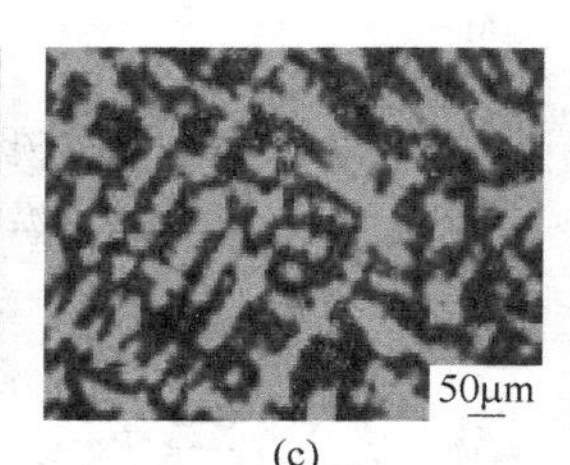

(c)

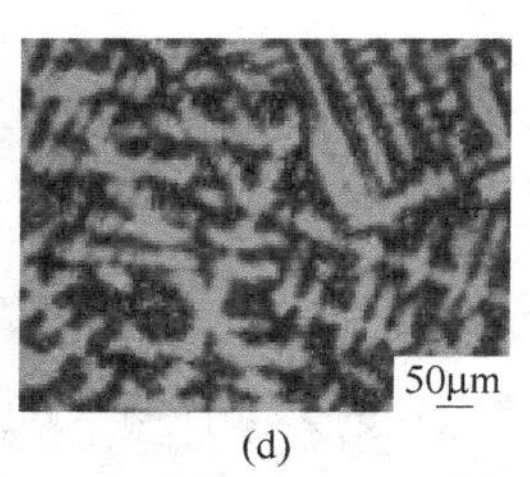

(d)

图 7 模壳温度为 900℃ 时不同浇注温度热处理态试棒截面显微组织

（a）1450℃；（b）1430℃；（c）1410℃；（d）1390℃

3.3 碳化物形貌

不同工艺下热处理态碳化物的形貌以及分布如图 8 所示。可以看到大部分碳化物以块状和短棒状分布于枝晶间以及以块状和长条状分布于晶界，碳化物稍有溶解，较铸态有所减小，存在尺寸较大的碳化物分解成复数尺寸较小的碳化物的情况，但铸态碳化物粗大的，热处理态碳化物仍旧粗大。经 EDS 能谱分析，这些碳化物仍旧富 Ti、Mo，为 MC 型碳化物[5]。热处理态下，细小的粒状碳化物在晶界析出，呈断续链状分布[6]，EDS 能谱显示，碳化物富 Cr，为 $M_{23}C_6$ 型碳化物。不同工艺下，$M_{23}C_6$ 型碳化物的形貌与大小几乎没有差别。

3.4 γ′相形貌

不同工艺下热处理态枝晶间 γ′相形貌如图 9 所示。可以看到热处理态 γ′相由初生铸态 γ′相和时效析出的二次 γ′相组成，由于 γ′相完全回溶温度在 1040℃ 左右，在 1000℃ 下固溶时，铸态 γ′相并未完全溶解，在随后的时效过程中，未溶的 γ′相开始长大，而基体也由于过饱和开始析出二次 γ′相。相较于铸态，枝晶间 γ′相形貌也由不规则圆团状变为规则球形，同时可以看出不同工艺下热处理态枝晶间 γ′相无论从形貌、析出量、尺寸和分布上差别并不大，工艺参数对铸态 γ′相的影响进一步消除。

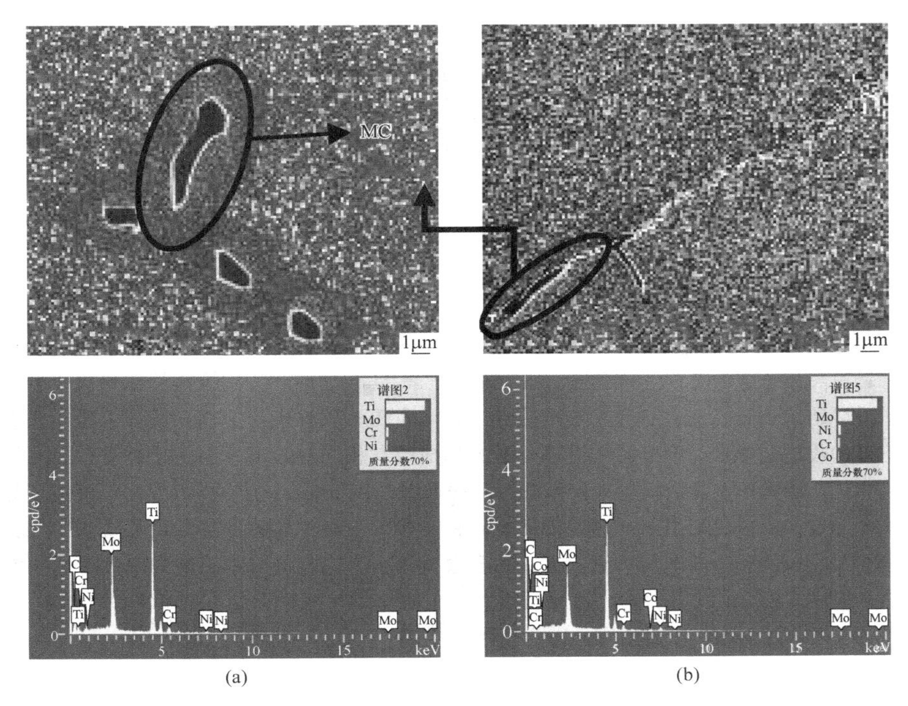

(a) (b)

图 8 热处理态枝晶间和晶界 MC 碳化物形貌以及能谱图

（a）枝晶间；（b）晶界

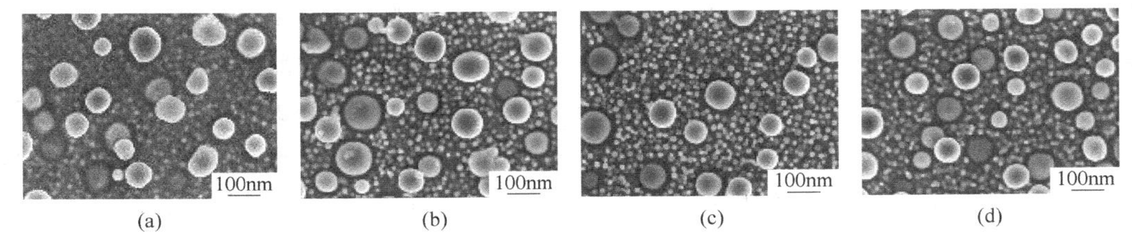

(a) (b) (c) (d)

图 9 模壳温度为 900℃时不同浇注温度热处理态 γ′相形貌

（a）1450℃；（b）1430℃；（c）1410℃；（d）1390℃

4 结论

（1）浇注温度对铸态组织的影响。当模壳温度为 900℃时，随浇注温度的降低，平均晶粒尺寸减小；试样缩松情况趋于严重，尤其是在浇温为 1390℃时，在试样的中心部位出现了严重的集中缩孔情况；二次枝晶臂间距减小；MC 碳化物变得细小；γ′相尺寸有变小的趋势，影响并不明显。

（2）浇注温度对热处理态组织的影响。当模壳温度为 900℃时，随浇注温度的降低，晶粒并没有明显的长大，仍然维持在铸态的水平；与铸态相比，热处理态枝晶干稍稍粗大；碳化物稍有溶解，尺寸较铸态有所减小；相较于铸态，枝晶间 γ′相形貌也由不规则圆团状变为规则球形。

参考文献

[1] 郭建亭．高温合金材料学［M］．北京：科学出版社，2010.

[2] 李文珍．铸件凝固过程微观组织及缩孔缩松形成的数值模拟研究［D］．北京：清华大学，1995.

[3] 姚志浩，董建新，陈旭，等．GH4738 高温合金长期时效过程中 γ′相演变规律［J］．材料热处理学报，2013，34（1）：31~37.

[4] 李向威，陈体军，郝远，等．浇注温度对 ZA27 合金枝晶形貌的影响［J］．铸造，2010，59（7）：704~707.

[5] 杨金侠，魏薇，刘路，等．镍基高温合金中的初生碳化物及其强化作用［J］．稀有金属材料与工程，2016，45（4）：975~978.

[6] Qin X Z, Guo J T, Yuan C, et al. Decomposition of primary MC carbide and its effects on the fracture behaviors of a cast Ni-base superalloy［J］. Materials Science and Engineering: A, 2008, 485（1~2）：74~79.

高温合金隔热板类铸件数值模拟的应用

张楚博*，陈通，次世楠，张丽辉

（北京航空材料研究院先进高温结构材料国防科技重点实验室，北京，100095）

摘 要：本文章针对高温合金类铸件（隔热板），分别基于 moldflow、procast 模拟铸件在蜡模压制、铸造中的缺陷及收缩变形，最终使用 gom 激光扫描仪检测准确性。在 moldflow 软件模拟方面，模拟了蜡模注射过程、缺陷发生位置以及蜡模的收缩变形量。模拟后采用 gom 激光扫描仪对相同参数下压制的蜡模进行尺寸检测，已验证模拟的准确性。为优化蜡模压制参数提供理论基础与数据支撑；在 procast 软件模拟方面，模拟了充填过程、凝固过程以及收缩变形量，模拟后采用 gom 激光扫描仪对相同参数下浇注的铸件进行尺寸检测，已验证模拟的准确性。为优化浇注工艺提供理论基础与数据支撑；结合数值模拟为满足低成本、高效率的铸造技术发展提供了坚实的基础，对于提高高温合金类铸件合格率具有重大意义。

关键词：moldflow；procast；gom；数值模拟；尺寸检测

高温合金是航空航天军工装备领域复杂服役环境下的首选金属材料体系。所制造产品的组织性能、结构尺寸和服役寿命直接决定了武器装备的服役寿命、制造成本、结构可靠性、重量设计系数等多项性能指标[1~5]。

熔模精密铸造工艺路线为：蜡模成型—蜡模组合—制壳—脱蜡—重力浇注—清壳切割。产品的组织性能与外观尺寸等因素受控于制造工艺与精密成型过程。

蜡模成型是精密铸造中非常重要的工序，对精铸件最终的外观尺寸以及表面质量有着非常重要的影响。高温合金精密铸造中，一个很突出的问题就是铸件的变形以及整体尺寸收缩难控制。在铸件的蜡模成型、制壳以及重力浇注后冷却过程中均存在不同程度的收缩、变形。

为了最终使得铸件尺寸符合图纸要求且要接近理论值，在蜡模成型阶段就要保证蜡模尺寸精确，即蜡模变形需要维持在很小的公差范围（如0.1mm）以内。因此，为了控制蜡模变形量，通常采用的方法就是在压制外形蜡模时使用冷蜡芯以及优化工艺参数。在铸件研制过程中发现，如果冷蜡芯设计不合理以及压制参数不合适，仍然会导致铸件尺寸超差，严重影响合格率。同样铸件会在浇注过程中产生收缩变形，无论是浇道对铸件产生的拉应力，还是由于铸件本身结构所造成的铸件厚薄不均从而导致铸件在凝固过程的收缩不均，都会对铸件最终的尺寸产生影响。

综上所述，目前随着熔模铸造技术的不断发展，尤其是对铸件的尺寸要求不断提高，传统方法均难以满足使用要求[6~8]。基于此，本项目提出了基于模拟仿真的铸件尺寸控制工艺研究。

1 实验方法

本研究以大型非线性有限元 procast 软件和 moldflow 软件为仿真优化平台，对蜡模压制工艺以及铸件浇注工艺进行指导，提高精铸件质量，缩短产品的开发周期，降低产品成本[9~11]。研究方案分为两条工艺路线：（1）基于 moldflow 软件数值模拟，通过优化压制工艺参数，得到没有缺陷以及收缩变形量小的蜡模，并且通过 gom 激光扫描仪对实际蜡模进行检测分析；（2）基于 procast 软件数值模拟，通过对 moldflow 软件模拟后的变形蜡模进行组模建模，之后导入 procast 中进行模拟，通过优化浇注工艺参数，得到没有缺陷以及收缩变形量小的铸件，并且通过 gom 激光扫描仪对实际铸件进行检测分析，最终通过实际铸造出的铸件验证模拟的准确性。

* 作者：张楚博，工程师，联系电话：13641011162，E-mail：1720011577@qq.com

2 结果分析与讨论

2.1 蜡模充填结果模拟对比

铸件尺寸 ϕ147mm×16mm，呈异形结构。蜡料为 F28，注蜡温度为 62℃，注蜡压力为 10^6Pa，流量 220cm^3/s。分析方式选用了最适合作翘曲分析的分析序列：充型+保压+冷却+翘曲。

Moldflow 模拟蜡料充填结果表明，0.5s 时蜡料从靠近注蜡嘴位置的两个注蜡通道注入，1.0s 时两股蜡流交汇，2.0s 时蜡模内部填充完毕后再充填外部注蜡通道，如图 1 所示。全过程在 2.5s 内完成。

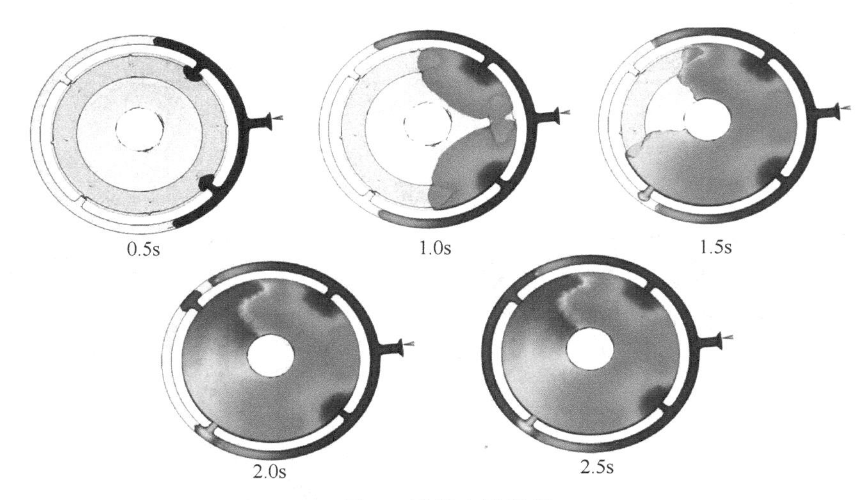

图 1 蜡模充填模拟

实际蜡模充型过程如图 2 所示，实际结果表明 1.0s 时的蜡模充型与模拟结果的 1.5s 充型结果相似。在实际注蜡 2.0s 时蜡模基本填充完毕，与模拟结果不同的地方为实际结果为内环没有充型完毕，模拟结果为注蜡通道没有填充完毕。实际注射 3.0s 时充填完成。

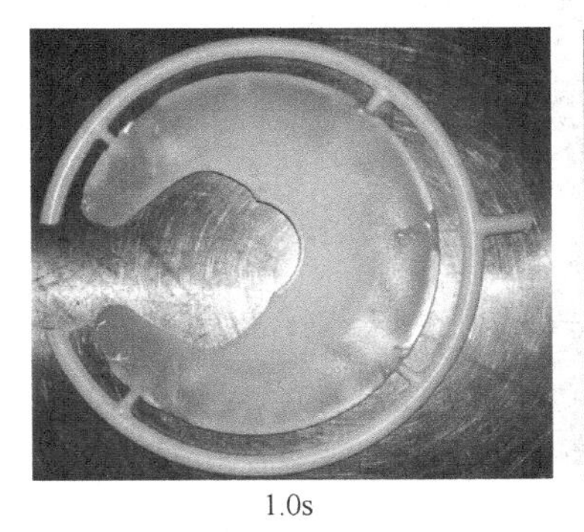
1.0s

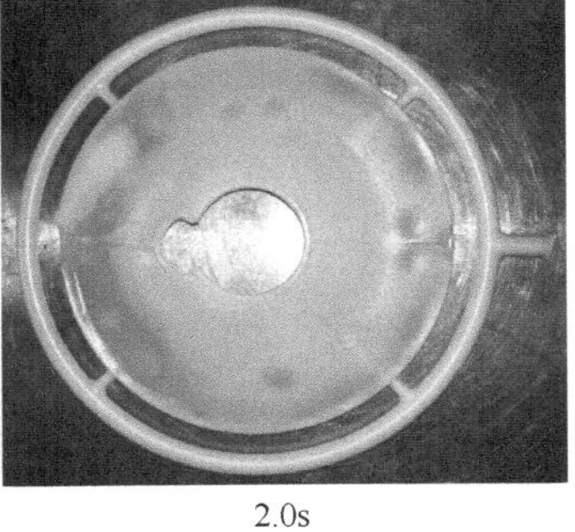
2.0s

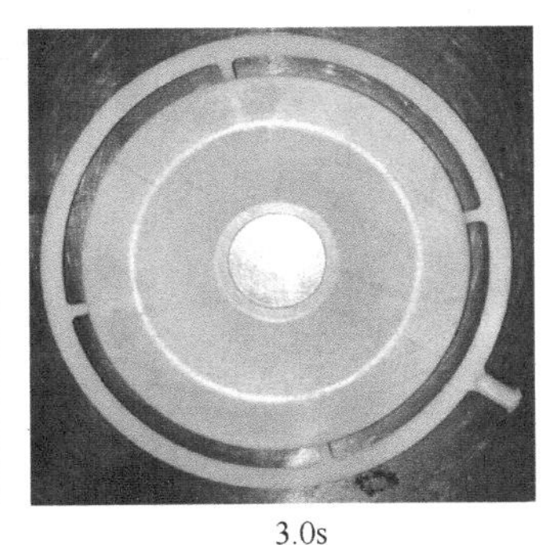
3.0s

图 2 蜡料实际充填过程

2.2 蜡模缺陷结果模拟对比

在相同的参数下模拟了注蜡过程的气泡缺陷如图 3 所示，无水冷的蜡模在内环以及外环上存在气泡，有水冷的蜡模气泡较少，有水冷的蜡模气泡存在内环与外环交汇处。从模拟分析结果看，在模具的内外环部位容易憋气形成气泡，在此部位需要设计排气槽。

实际蜡模气泡缺陷如图 4 所示，由于现场没有水冷系统，所以实际结果都为无水冷系统，气泡位置分布在内环、外环以及内外环交接处，与模拟结果较为一致。

蜡模流痕缺陷的模拟结果如图 5 所示，模拟结果表明在注蜡嘴同侧，流痕明显，在远离注蜡嘴一侧的注蜡通道也存在流痕。流痕为两股蜡料相融汇导致。

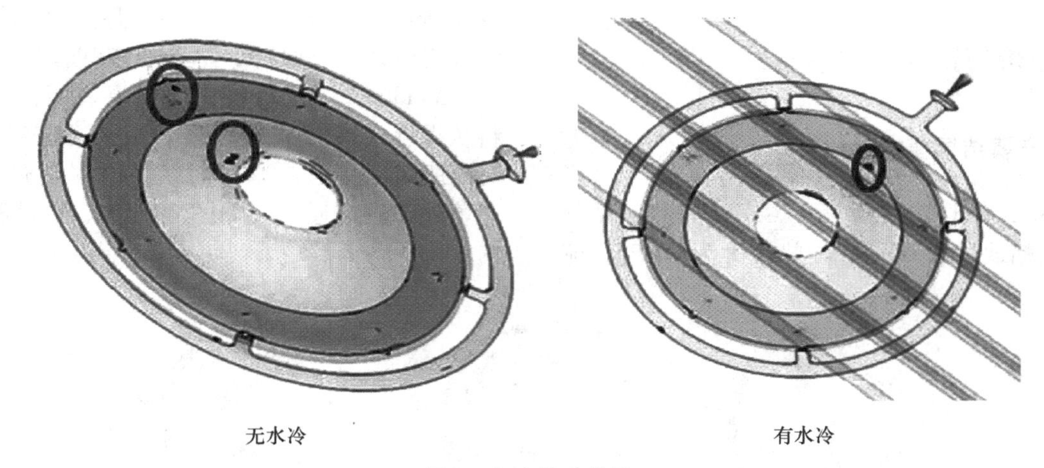

图 3　气泡缺陷模拟

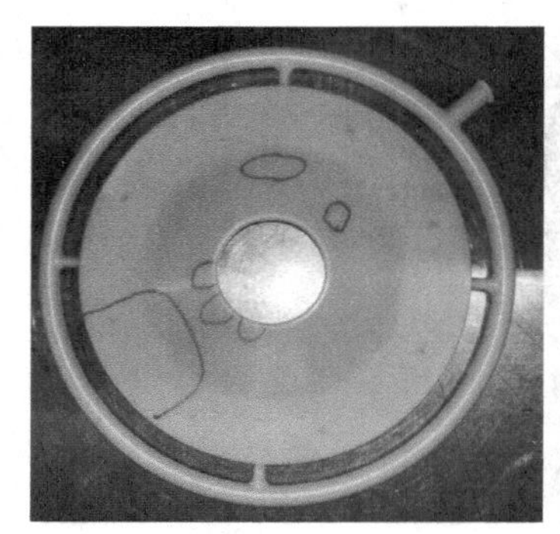
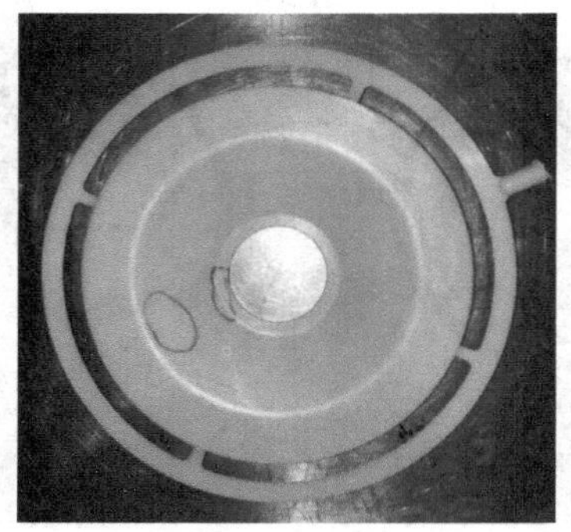
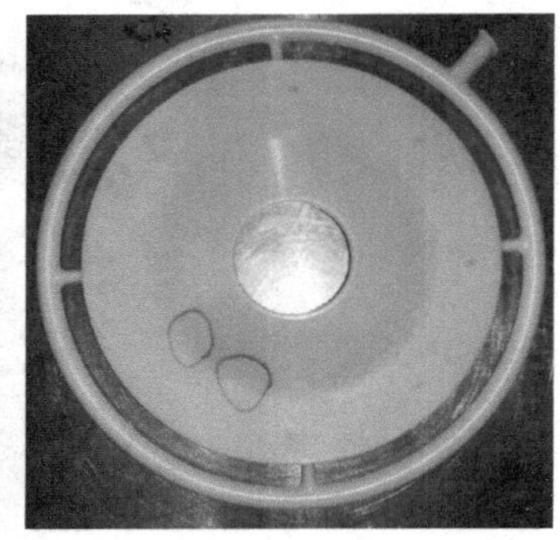

图 4　实际气泡位置

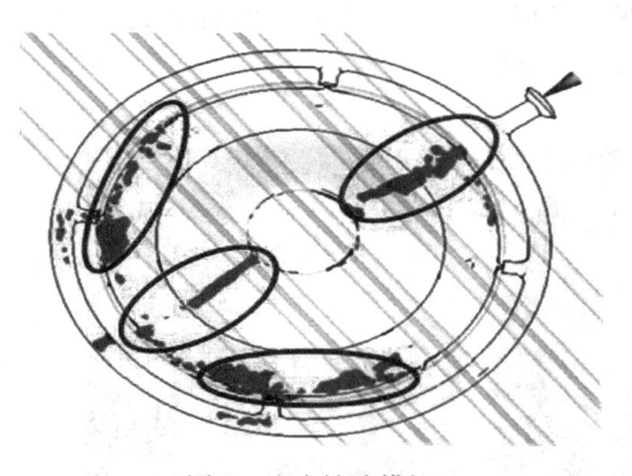

图 5　流痕缺陷模拟

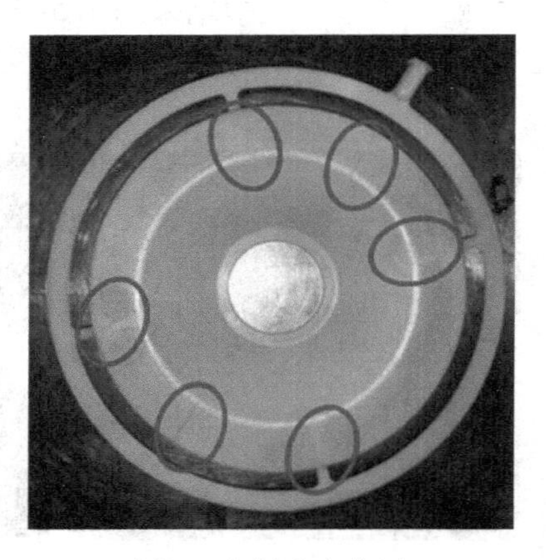

图 6　实际流痕位置

实际流痕缺陷位置如图 6 所示，流痕存在位置分别存在注蜡通道一侧以及注蜡嘴同侧。模拟结果与实际结果基本一致。

2.3　蜡模变形量模拟

蜡模模拟变形量如图 7 所示，模拟结果表明无冷芯、无水冷的变形量大于有冷芯、有水冷的变形量，大于有冷芯、无水冷的变形量。蜡模收缩与蜡模壁厚相关，壁厚越厚大的部位收缩越大。外环收缩量大于内环收缩量。内环单边收缩量为 0.12～0.33mm，外环单边收缩量为 0.35～0.6mm。

采用相同的工艺压制了有冷芯无水冷的蜡模，采用 gom 激光扫描仪测量了蜡模变形，绿色部分为增肉，即蜡模相对理论模型向上变形，蓝色部分为缺肉，即蜡模相对理论模型向下变形。

蜡模实际收缩量如图 8 所示，内环单边变形量为 0～0.09mm，外环单边变形量为 0～0.18mm。模拟结果与实际结果趋势一致，在具体的变形量上有所差异。

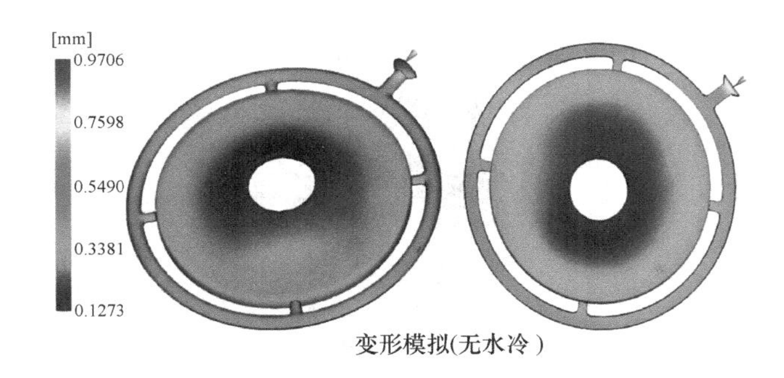

变形模拟(无水冷)

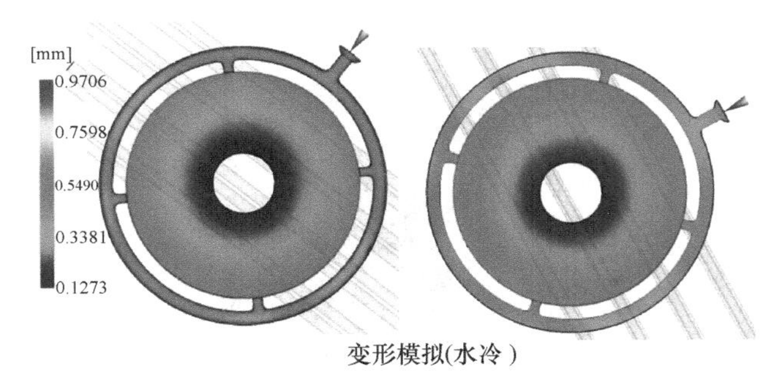

变形模拟(水冷)

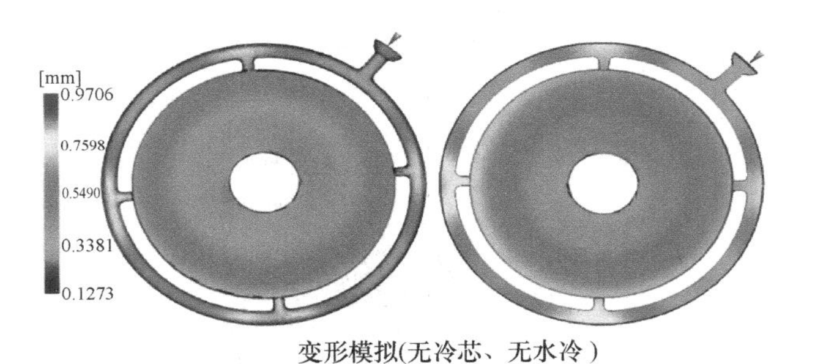

变形模拟(无冷芯、无水冷)

图 7 蜡模收缩模拟

2.4 浇注及凝固过程模拟

浇注用母合金为 K418B，浇注温度 1500℃，壳温 1000℃，浇注时间 2s。

浇注过程模拟如图 9 所示，组模方式为顶底铸，充型过程为合金液先充型上部横浇道，之后沿着中铸管往下部进行充型，形成顶底铸，最终两股金属液汇集在铸件中部。

凝固过程模拟如图 10 所示，凝固顺序为铸件部位内环首先凝固，之后形成顺序凝固从铸件内环到外环逐渐凝固。铸件凝固后沿着竖浇道相两边横浇道逐渐过渡凝固，靠近冒口处最后凝固。

2.5 铸件凝固收缩模拟

凝固过程收缩模拟结果见图 11，模拟结果表明此类铸件在凝固过程中发生明显变形，下部横浇道发生明显弯曲，下部横浇道的弯曲导致整个铸件产生变形，从而导致铸件产生变形。

铸件凝固过程中各方向的变形量如图 12 所示，从模拟结果看出铸件各部分的收缩并不是非常均匀，在 X 方向（径向上）上收缩量单边为 1.12mm，在没有浇道的位置收缩量较大，在有浇道的位置收缩量较小如图 12（a）所示。在 Z 方向上（高度方向）收缩量单边最大为 0.6mm，收缩量最大的地方位于浇道与铸件水平方向上相交处，如图 12（c）所示。在 Y 方向上（铸件厚度方向）收缩量单边最大为 0.22mm，如图 12（b）所示。

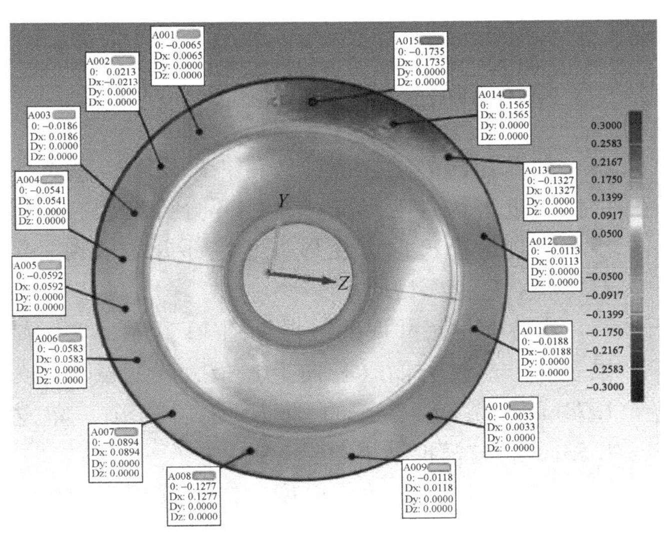

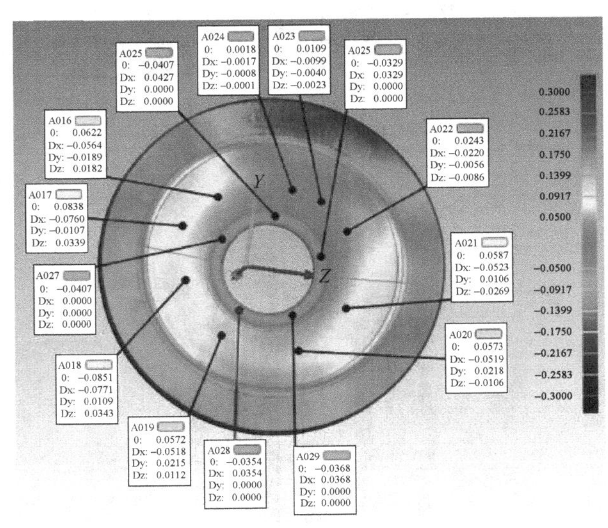

图 8 蜡模实际收缩

图 9　浇注过程模拟

图 10　凝固过程模拟

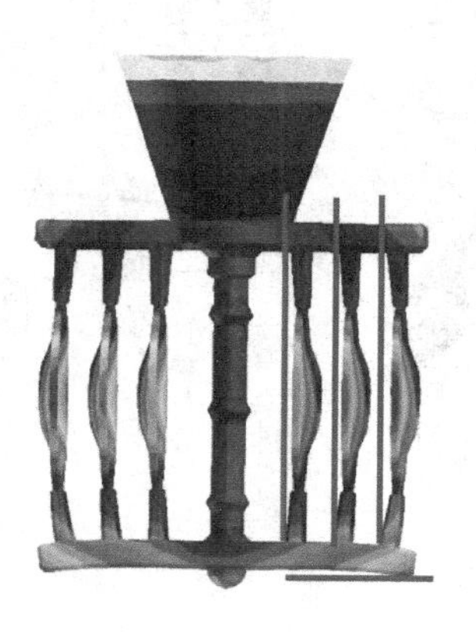

图 11　凝固过程收缩模拟

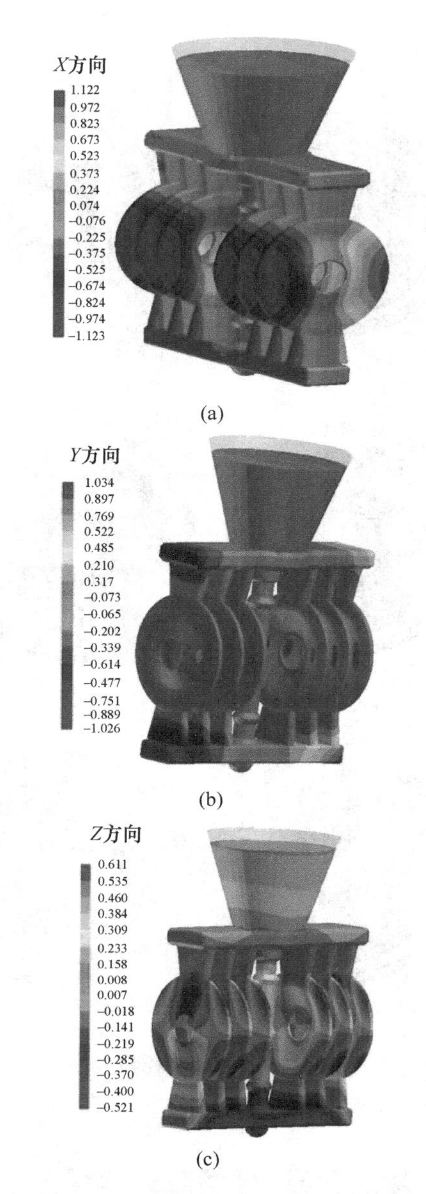

图 12　*X*、*Y*、*Z* 方向铸件凝固过程收缩模拟

（a）*X* 方向收缩；（b）*Y* 方向收缩；（c）*Z* 方向收缩

采用相同的工艺浇注铸件，采用 gom 激光扫描仪测量了铸件变形量，绿色部分为增肉，即蜡模相对理论模型向上变形，蓝色部分为缺肉，即蜡模相对理论模型向下变形。

实际铸件尺寸偏差结果见图 13 所示，实际结果表明，在 *X* 方向（径向上）最大收缩量单边为 1.74mm，靠近浇道的地方收缩减小，单边 1.53mm，与模拟结果趋于一致。

在 *Y* 方向上（铸件厚度方向）靠近浇道的地方外环向 *Y* 方向变形量为 0.7mm，内环的变形趋势与外环相反，单边变形量为 0.42mm，与模拟结果的变形趋势一致。

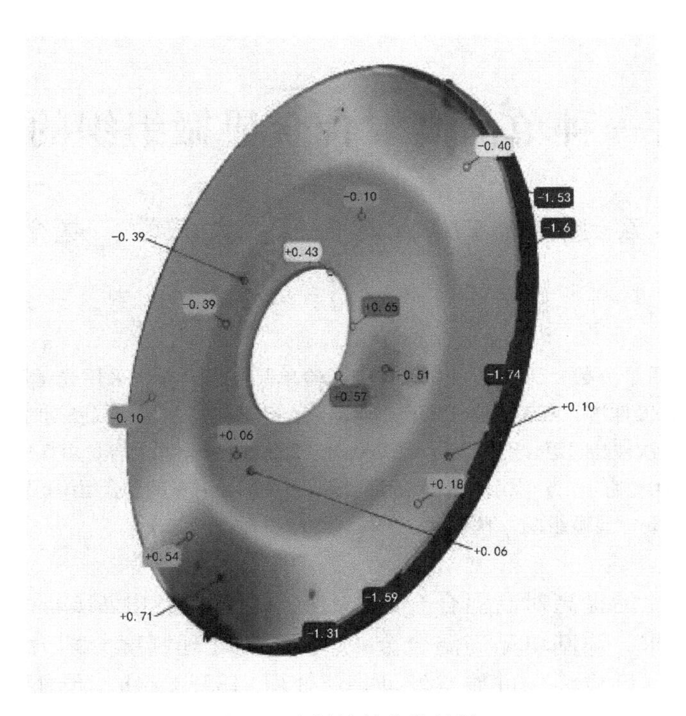

图 13 实际铸件偏差结果

3 结论

（1）应用 moldflow、procast 软件可直观地显示出蜡模以及铸件充型和凝固阶段所出现的缺陷以及流场行为、温度场分布以及收缩量。

（2）数值模拟可以准确地模拟出蜡料流动路线、蜡模存在的缺陷（气泡、流痕）、蜡模收缩量以及浇注过程的凝固顺序和铸造收缩量。模拟结果表明模拟与实际结果相符。通过数值模拟优化了工艺方案，不仅缩短了制造周期，节约了成本，而且显著提高了铸件的合格率及产品质量。

参考文献

[1] Bonilla W, Masood S H, Lovenitti P. An investigationof wax patterns for accuracy improvement in investmentcast pans [J]. International Journal of Advanced Manufacturing Technology, 2001, 18 (5): 348.

[2] 孙昌建，舒大禹，王元庆，等．大型复杂薄壁铝合金铸件真空增压铸造特性研究 [J]. 铸造，2008, 57 (5): 442.

[3] 郑亚虹，王自东．复杂薄壁精密铝合金铸件铸造技术进展 [J]. 铸造，2010, 59 (8): 796.

[4] Sabau A S. Alloy shrinkage factors for the investmentcasting process [J]. Metallrugical and Materials Trans. actions B, 2006, 37 (2): 131.

[5] 陈忠伟，郝启堂，介万奇．A357 铝合金复杂薄壁铸件的反重力铸造研究 [J]. 铸造，2004, 53 (2): 998.

[6] 李盼，王俊，荣坚．基于 ProCAST 的铸钢件壳体铸造工艺研究 [J]. 铸造技术，2009 (12): 1583~1586.

[7] 孙长波，唐宁，史凤岭，等．机匣件真空熔模铸造的数值模拟 [J]. 铸造，2010 (2): 169~173.

[8] 刘剑，杨屹，卢东．基于 ProCAST 真空条件下钛合金熔模铸造的探究 [J]. 铸造. 2008 (11): 1155~1158.

[9] 李日．铸造工艺仿真 Procast——从入门到精通 [M]. 北京：中国水利水电出版社，2010.

[10] Adrian S Sabau. Alloy Shrinkage Factors for Investment Casting Process[J]. Met-allurgical And Materials Transactions B, 2006, 37B, 132~140.

[11] 韩昌仁，周铁涛．熔模精密铸造蜡模充型过程的数值模拟 [J]. 特种铸造及有色合金，2001 (3): 38~39.

Re对一种单晶高温合金显微组织的影响

王效光*，李嘉荣，杨万鹏，刘世忠，史振学，赵金乾，岳晓岱

（北京航空材料研究院先进高温结构材料重点实验室，北京，100095）

摘　要：制备Re含量（质量分数）为3%、4%、5%的试验单晶高温合金，采用光学显微镜（OM）、扫描电镜（SEM）、透射电镜（TEM）及能谱（EDX）等研究了三种试验合金的铸态、热处理及长期时效组织。结果表明：随Re含量的增加，三种合金的一次枝晶间距分别为260μm、260μm、265μm，γ-γ′共晶含量由5.95%增加到7.32%；热处理后γ′相形态基本一致，均为规则的立方γ′相；1100℃长期时效后，4%Re含量的合金组织稳定性良好。

关键词：单晶高温合金；Re；显微组织；TCP

先进航空发动机推重比的提高对高温合金的承温能力提出了更高的要求，镍基单晶高温合金具有优异的高温综合性能，已成为先进航空发动机涡轮叶片的首选材料[1~3]，被广泛应用于制造航空发动机涡轮工作叶片、导向叶片、涡轮外环等重要部件[4,5]。W、Mo、Ta和Re等高熔点元素是镍基单晶高温合金的重要强化元素，其总量已超过了20%（质量分数）[6]。高熔点合金元素提高了固溶强化、沉淀强化作用[7]，降低了元素扩散速率，显著提升了单晶高温合金的蠕变强度。元素Re是单晶高温合金中的重要强化元素，可增大合金中γ、γ′两相的高温强度；随Re含量的增加，可明显提高合金的持久性能[8]。但随元素Re含量的增加，会促进拓扑密堆相（TCP相）的形成[9]。研究表明[10]：在有形成TCP相倾向的合金中，TCP相对拉伸性能影响不大，但会大幅降低持久性能。因此，优化合金成分、避免TCP相析出尤为重要。在第三代单晶高温合金成分设计中，平衡Re元素含量、发挥Re元素强化作用，同时保持组织稳定性，一直是研究的难点。本文据此开展了Re元素对一种单晶高温合金组织影响的研究工作。

1　试验材料及方法

在保持其他合金元素含量基本不变的情况下，分别加入不同含量的Re，其元素种类及成分范围见表1。在高温度梯度真空感应定向凝固炉中用螺旋选晶法制备出ϕ16mm的单晶试棒。三种合金的固溶热处理制度分别为：预处理+1330℃/4h、预处理+1335℃/4h、预处理+1340℃/4h；时效热处理制度为1120℃/4h+870℃/32h；冷却方式为空冷。用劳埃X射线背反射法确定单晶试棒的结晶取向，试棒的［001］结晶取向与主应力轴方向的偏离在10°以内。用光学显微镜和扫描电镜观察合金的显微组织。采用单位面积法测定一次枝晶间距，取3个视场平均值计算枝晶间距；用比面积法测定γ-γ′共晶含量，同样取3个视场平均值计算共晶含量。在1100℃条件下进行200h的时效处理，采用SEM观察时效后的组织，研究合金的组织稳定性及TCP相的析出条件与特征，采用TEM及EDS研究TCP相的结构和成分。

表1　三种试验合金的化学成分

（质量分数,%）

合金	Cr	Co	W	Mo	Ta	Re	Al	其他	Ni
3Re	3.5	7	7	2	7.5	3	5.6	Hf, C, Nb	余量
4Re						4			
5Re						5			

2　试验结果及分析

2.1　枝晶组织

通常情况下，镍基单晶高温合金以枝晶方式生长，材料的性能与枝晶间距有着非常重要的关

* 作者：王效光，高级工程师，联系电话：010-62498312，E-mail：wxg973@126.com

系，因此一次枝晶间距成为影响单晶高温合金性能的重要因素。图1（a）~（c）为不同Re含量合金的枝晶组织形貌，三种合金的铸态组织形貌呈树枝晶状，树枝晶组织排列规则，一次枝晶粗大，枝晶轴沿［001］方向生长；二次枝晶发达，分别沿［100］和［010］方向生长，在横向截面呈现十字花样；枝晶间分布着粗大的块状γ-γ′共晶。三种合金的一次枝晶间距分别为260μm、260μm、265μm。图1（d）为共晶组织含量与Re含量的关系，由图1（d）看出，随着合金Re含量的增加，共晶含量由5.95%增加到7.32%。随着合金Re含量增加，枝晶间的共晶尺寸变大，含量增加。合金枝晶凝固时，Re等负偏析元素首先从液相析出在枝晶干上，枝晶间液相成分具备γ-γ′共晶相成分时，当温度下降，γ-γ′共晶相析出。Re是基体γ相形成和强化元素，在相同凝固条件下，随着Re含量增加，凝固后期Al和Ta等共晶形成元素在枝晶间的偏聚富集程度得到提高，导致γ-γ′共晶体积分数增加[11]。同时，Re改变了合金的凝固特性，使固液相线之间温度范围变宽，为γ-γ′共晶组织的形成提供了有利的动力学条件。

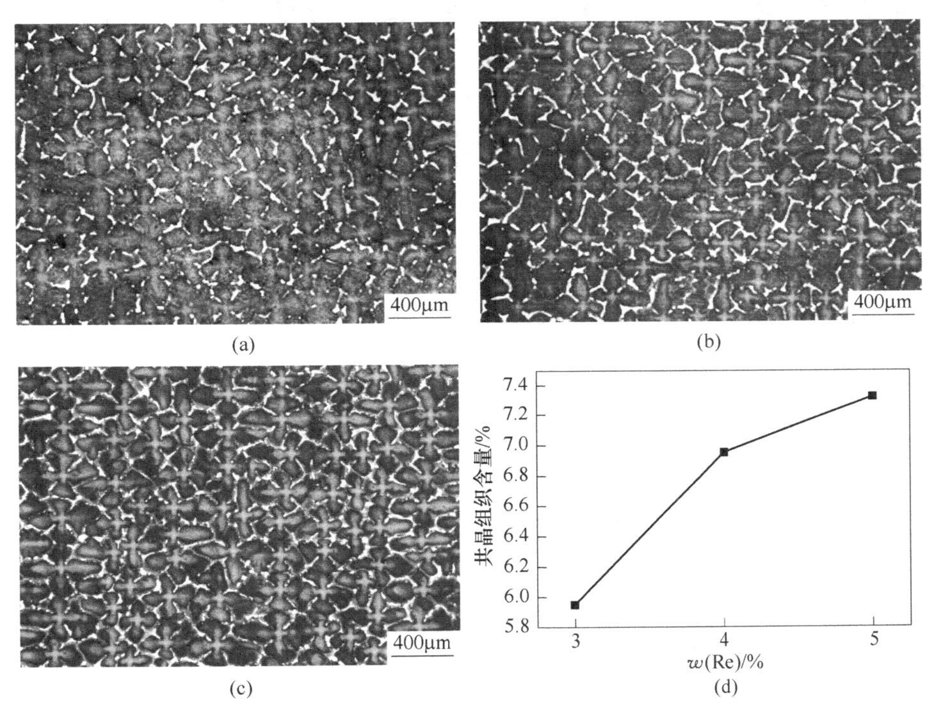

图1 不同Re含量试验合金铸态枝晶组织

2.2 γ′相

图2为热处理后三种合金枝晶干和枝晶间的γ′形貌。从图2可以看出：枝晶干和枝晶间γ′相均为近似立方状，尺寸分布均匀，γ′相之间的通道为基体γ所在的位置；随着Re含量的增加，合金的γ′相尺寸变小；经测试与计算，三种合金的γ′相含量差别不大，分别为67.3%、72.3%与68.3%。

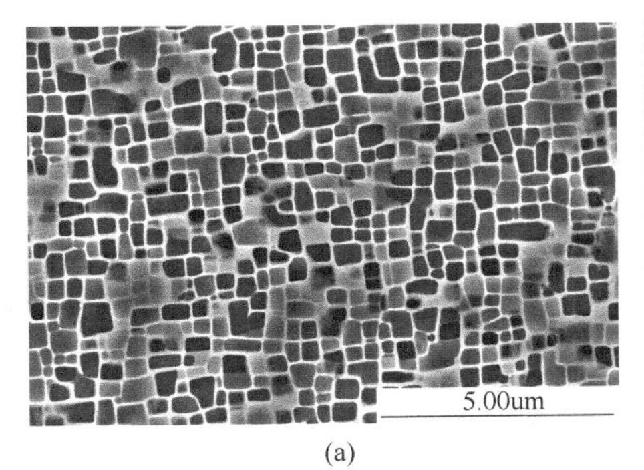

(a)

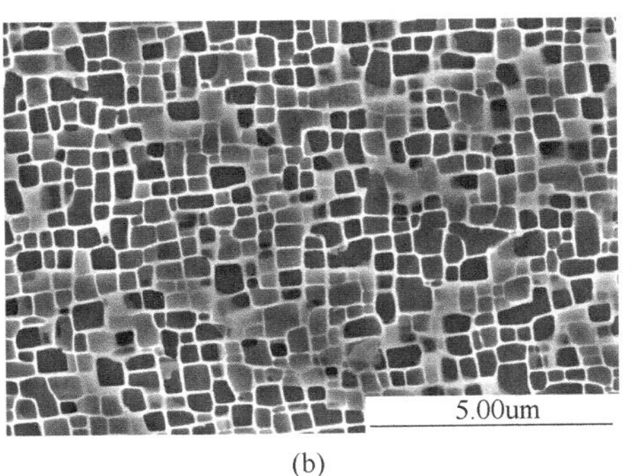

(b)

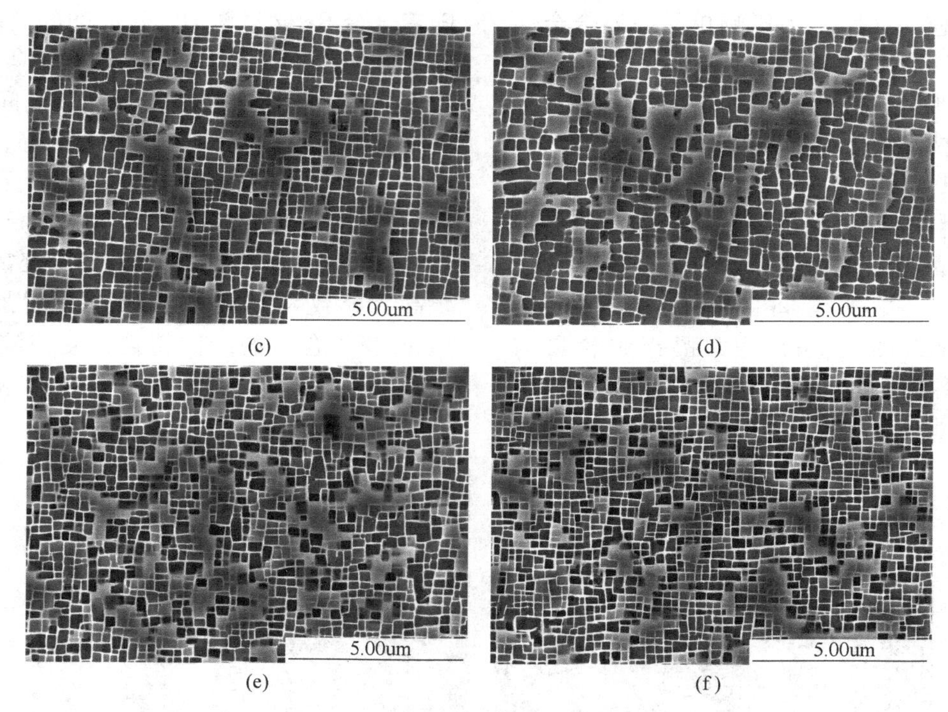

(c) (d) (e) (f)

图2 不同 Re 含量试验合金热处理后 γ′相

(a) 枝晶干，3%Re；(b) 枝晶间，3%Re；(c) 枝晶干，4%Re；(d) 枝晶间，4%Re；(e) 枝晶干，5%Re；(f) 枝晶间，5%Re

2.3 1100℃长期时效组织

图3为3种试验合金1100℃时效后的γ′相形貌。图3（a）~（d）为3%Re合金1100℃时效200h后枝晶干的组织，γ′相的尺寸和形貌均发生了很大的变化；由图3（a）可以看出，时效50h后γ′相发生了较为明显的粗化，尺寸为0.9~1.0μm；图3（b）为时效100h后的组织形貌，γ′相进一步粗化，部分γ′相发生了连接、合并，形成了不规则的大块状γ′相；随着时效时间增加到150h与200h，γ′相逐渐合并长大，并且产生筏排化，见图3（c）与图3（d）；时效200h后，枝晶干处仍无TCP相析出。通过分析时效组织，可以得出：在本研究条件下，3Re%合金时效200h后无TCP相析出，合金组织稳定性好，但在时效过程中γ′相粗化严重，降低γ′相强化效果，影响合金力学性能。

图3（e）~（h）为4%Re合金1100℃时效后的组织，与标准热处理的显微组织比较，时效50h后合金γ′相仍保持了较好的立方形态，尺寸为0.7~0.8μm，见图3（e）；图3（f）为时效100h组织，γ′相进一步长大；图3（g）为时效150h后的组织，γ′相发生连接与粗化，形状变得不规则，并在枝晶干处开始析出少量TCP相。由此可知，在本研究条件下，4%Re合金1100℃时效时间少于100h时，γ′相仍能保持良好的立方化；时效150h后析出少量针状TCP相，合金组织稳定性好；时效200h后，γ′相无明显变化，针状TCP相的长度与数量略有增加，见图3（h）。

图3（i）与图3（j）为5%Re合金经1100℃时效后的组织。与以上两种合金相比，5%Re合金时效50h后枝晶干处析出了大量长的针状TCP相，γ′相发生聚集粗化，见图3（i）；时效100h后，析出的TCP相继续长大，γ′相尺寸进一步增加，组织发生恶化，见图3（j）。因此，在本研究条件下，Re含量增加到5%时是TCP相大量析出的一个临界值。

对4%Re合金1100℃时效150h后析出相进行（TEM/EDS）能谱分析表明：该相的化学成分（质量分数,%）为：Cr 3.6，Co 5.3，Ni 8.9，W 29.2，Re 51.5，Mo 1.4。可以看出：该相主要富含Re、W等高熔点合金元素。热处理后，枝晶干处Re、W元素仍存在偏析。在高温无应力条件下，发生因高熔点合金元素扩散而产生元素偏聚；当Re、W元素含量超过一定值时，TCP相沿特定取向析出，从而造成高温长期时效过程中析出TCP相[9]。图3（k）与图3（l）为析出相的TEM

照片形貌和选区电子衍射斑点，通过分析 TCP 相的成分、结构及取向，可以判断出，4%Re 合金在上述条件下析出的 TCP 相为 σ 相，这在其他单晶高温合金的研究中也有类似的报道[12~15]。

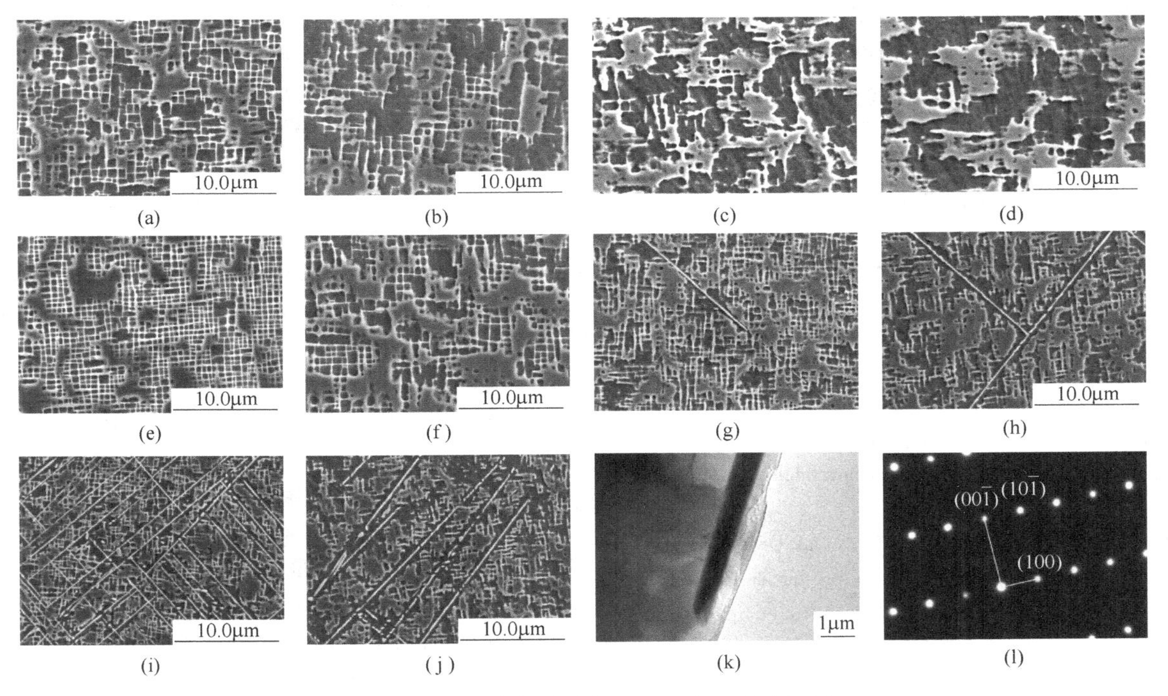

(a) (b) (c) (d) (e) (f) (g) (h) (i) (j) (k) (l)

图 3 不同 Re 含量试验合金 1100℃时效态组织

3%Re：(a) 50h，(b) 100h，(c) 150h，(d) 200h；4%Re：(e) 50h，(f) 100h，(g) 150h，(h) 200h；5%Re：(i) 50h，(j) 100h；4%Re/150h；(k) TCP 相透射照片；(l) TCP 相电子衍射花样

2.4 分析与讨论

当合金中含有较高的元素 Re 时，导致合金中元素偏析较为严重，即使经过长时间的固溶处理，由于 Re 元素扩散速率较慢，偏析也难以完全消除[16]。图 4 为三种 Re 含量的合金热处理后 Re 的枝晶偏析系数，由图 4 可以看出，随着 Re 元素在合金中含量的增加，其在枝晶干的偏析程度加大，含量较高。在 1100℃时长期时效中，当 Re 等强化元素含量满足 TCP 形成条件时，TCP 相就会从 γ 相中析出。在本研究工作中，当 Re 含量由 3%提高到 5%时，合金长期时效可导致析出大量的针状 σ 相，从而使合金的组织稳定性下降。

3 种试验合金在 1100℃时效过程中 γ′相均发生了长大与粗化。γ′相的粗化和长大是按照 Ostwald 熟化机制发生的扩散长大，γ′相长大的主要驱动力为界面能的降低，长大过程主要受扩散控制。Re 元素的加入显著降低了合金中原子的扩散速率，延缓 γ′相的长大与粗化。当 Re 元素由 3%增加到 4%时，γ′相时效 100h 后尺寸略有长大，仍保持较好的立方化。但 Re 元素含量增加到 5%时，析出的较多 TCP 相消耗了 Re、W 等强化元素，导致 γ′相迅速长大粗化。因此，在本研究条件下，4%Re 含量的合金组织稳定性良好。

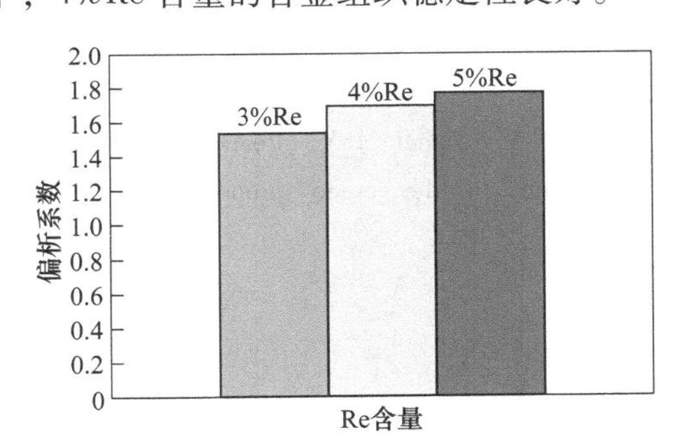

图 4 不同 Re 含量合金热处理后 Re 元素枝晶偏析系数

3 结论

(1) 在本研究工作的条件下，3%Re、4%Re、5% Re 合金的一次枝晶间距分别为 260μm、260μm、265μm；随 Re 元素含量增加，γ-γ′共晶含量由 5.95%增加到 7.32%；3 种合金热处理后 γ′相含量分别为 67.3%、72.3%与 68.3%，每种合

金枝晶干与枝晶间的 γ′相形态基本一致。

（2）Re 元素的添加显著降低了 γ′相的粗化速率，但 Re 元素明显促进了 TCP 相的析出，破坏合金的组织稳定性。在上述两种因素的综合作用下，1100℃长期时效后，4%Re 含量的合金组织稳定性良好。

参考文献

[1] Atsushi Sato，Hiroshi Harada. The Effects of Ruthenium on the Phase Stability of Fourth Generation Ni-base Single Crystal Superalloys [J]. Scripta Mater，2006，54：1679.

[2] Li J R，Zhong Z G，Tang D Z，et al. A low-cost second generation single crystal superalloy DD6 [C]//Pollock T M, et al，Superalloys 2000，Warrendale，TMS，2000：777~783.

[3] Li J R，Liu S Z，Wang X G，et al. Development of a low-cost third generation single crystal superalloy DD9 [C]//Hardy M, Huron E，Glatzel U，et al. Superalloys 2016，Pennsylvania，TMS，2016：57~63.

[4] Tin S. Pollock T M Nickel-based superalloys for advancedt-urbine engines：Chemistry，microstructure，and properties [J]. Propulsion and Power，2006，22 (2)：361.

[5] Li J R，Zhao J Q，Liu S Z，et al. Effects of low angle boundaries on the mechanical properties of single crystal superalloy DD6 [C]//Reed R C, Green K A，Caron P，et al. Superalloys 2008，Pennsylvania，TMS，2008：443~451.

[6] 胡壮麒，刘丽荣，金涛．镍基单晶高温合金的发展 [J]. 航空发动机，2005，31 (3)：1~7.

[7] Mackay R A，Nathal M V，Pearson D D. Influence of molybdenum on the creep properties of nickle-base superalloy single crystals [J]. Metall. Trans (A)，1990，21：381~388.

[8] Nathal M V，Ebert L J. Influence of cobalt，tungsten on the elevated temperature mechanical properties of single crystal nickel base superalloys [J]. Metall. Trans (A)，1985，16：1863~1870.

[9] Zhao K，Ma Y H，Lou L H，et a1. Phase in a nickel base directionally solidified alloy [J]. Materiais Transactions，2005，46 (1)：54~58.

[10] Simonetti M，Caron P. Role and behaviour of I，L phase during deformation of a nickel-based single crystal superalloy [J]. Mater SciEng (A)，1998，254：1~12.

[11] 骆宇时．铼（Re）对单晶高温合金铸态组织的影响 [C]//中国材料研讨会,北京，2004：719~725.

[12] 郑运荣．铸造镍基高温合金中的初生 μ 相 [J]. 金属学报，1999，35 (12)：1242~1245.

[13] Yeh A C，Tin S. Effects of Ru on the high-temperature phase stability of Ni-base single crystal superalloys [J]. Metallurgical and Materials Transactions A. 2006，37：2621~2631.

[14] Acharya M V，Fuchs G E. The effect of long-term thermal exposures on the microstructure and properties of CMSX-10 single crystal Ni-base superalloys [J]. Materials Science and Engineering：A. 2004，381：143~153.

[15] Shi Z X，Li J R，Liu S Z. Effects of Ru on the microstructure and phase stability of a single crystal superalloy [J]. International Journal of Minerals，Metallurgy and Materials，2012，l9 (11)：1004~1009.

[16] 刘刚，刘林，张胜霞，等. Re 和 Ru 对镍基单晶高温合金组织偏析的影响 [J]. 金属学报，2012，48：845~852.

第四代单晶高温合金 DD15 的持久性能

史振学*，刘世忠，王效光，赵金乾，岳晓岱，杨万鹏，李嘉荣

（北京航空材料研究院先进高温结构材料重点实验室，北京，100095）

摘　要：采用选晶法在真空高梯度定向凝固炉中制备第四代单晶高温合金 DD15 试棒，研究了合金在 760℃/900MPa、850℃/700MPa、1100℃/140MPa、1140℃/137MPa、1160℃/100MPa 条件下的持久性能、断口形貌和断裂组织。结果表明，DD15 合金的热处理组织由立方化良好的 γ′相和基体 γ 相组成，持久性能优于国外典型第四代单晶高温合金 EPM-102。合金在 760℃/900MPa 条件下的持久断裂机制为类解理断裂，在 850℃/700MPa 条件下为类解理和韧窝混合断裂，在其他条件下为韧窝断裂。合金持久断裂后，760℃/900MPa 条件下 γ′相仍保持立方化形态，850℃/700MPa 条件下 γ′相已经合并长大，在其他条件下 γ′相形成了筏排组织；中温高应力条件下，变形特征为位错包括层错的剪切机制，高温低应力条件下为位错绕过机制，并在 γ/γ′相界面形成了位错网。

关键词：单晶高温合金；第四代；DD15；持久性能；断裂机制

镍基单晶高温合金具有优良的高温综合性能，是目前制造先进航空发动机涡轮叶片的关键材料[1]。为了提高航空发动机的性能，关键是提高涡轮叶片的工作温度，这对单晶高温合金的承温能力提出了更高的要求[2~4]。单晶高温合金涡轮叶片服役时承受高温下巨大的离心力，持久性能是单晶高温合金重要的性能指标之一，是航空发动机涡轮叶片选择材料的基础，是材料得到正确应用的关键[5]。因此，众多研究者对单晶高温合金的持久性能、变形机制和断裂行为进行了大量的研究[6~9]。单晶高温合金持久变形过程中，由于温度和应力的不同，合金的断口特征、断裂机制、组织演变和位错形貌显示出不同的特征[10,11]。为满足涡轮工作叶片承温能力不断提高的要求，北京航空材料研究院研制了高强度、组织稳定的第四代单晶高温合金 DD15[12~14]，为我国高性能航空发动机的研制提供材料技术。本文研究了 DD15 合金不同条件的持久性能、断口形貌、显微组织演变和位错形貌，为合金的应用提供支持。

1　试验材料及方法

试验所用材料为 DD15 母合金，采用选晶法在真空高梯度定向凝固炉中制备单晶高温合金试棒，合金化学成分见表 1。用 X 射线极图分析法测试单晶试棒的晶体取向偏离度，选取 [001] 取向偏离主应力轴 15°以内的单晶试棒进行完全热处理。热处理后加工成持久性能试样，分别在 760℃/900MPa、850℃/700MPa、1100℃/140MPa、1140℃/137MPa、1160℃/100MPa 条件下进行持久性能测试，采用线切割机切取金相试样，化学腐蚀剂为 HCl(10mL)+$CuSO_4$(2g)+H_2O(15mL)+H_2SO_4(1mL)，用扫描电镜和透射电镜研究了合金不同持久条件的断口形貌、断裂组织、位错形貌。

表 1　DD15 合金的化学成分

（质量分数,%）

元素	Cr	Co	Mo	W	Ta	Re	Ru	Nb	Al	Hf	Ni
含量	2~4	7~10	0.8~1.5	6~9	7~10	4~6	2~4	0.2~1.0	5~6	0.1~0.3	余量

2　试验结果及分析

2.1　热处理组织

图 1 为 DD15 合金完全热处理后的显微组织。合金经过完全热处理，全部消除了枝晶间粗大的 γ′相和共晶组织，获得立方化良好的 γ′相组织。经测试与计算，γ′相的平均尺寸为 0.37μm，γ 基体通道的平均宽度为 0.05μm。

*作者：史振学，博士，研究员，联系电话：010-62498312，E-mail：shizhenxue@126.com

图 1 DD15 合金热处理组织

(a) 低倍组织；(b) 高倍组织

2.2 持久性能

持久性能是单晶高温合金重要的力学性能。热处理后按标准图样进行持久性能试样加工，加工完的试样分别在 760℃/900MPa、850℃/700MPa、1100℃/140MPa、1140℃/137MPa、1160℃/100MPa 条件下进行持久性能测试，测试结果列于表 2。由表 2 可见，DD15 合金在不同条件下具有优异的持久性能，合金在中温高应力与高温低应力下都具有较高的持久伸长率和断面收缩率，1100℃/140MPa 条件下持久寿命为 431.9h，而国外典型第四代单晶高温合金 EPM-102 在 1093℃/140MPa 下的持久寿命为 350h 左右[3]，如图 2 所示。由此可见，DD15 合金的持久性能优于 EPM-102。

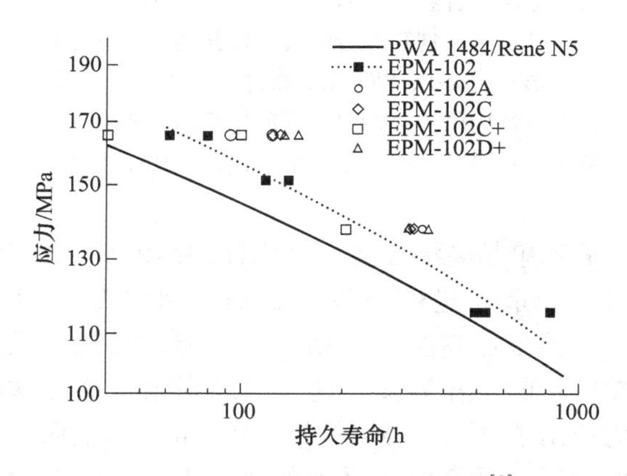

图 2 EPM-102 合金的持久寿命[3]

表 2 DD15 合金不同条件的持久性能

测试条件	寿命/h	δ/%	ψ/%
760℃/900MPa	1110.5	17.2	29.9
850℃/700MPa	380.7	13.8	17.4
1100℃/140MPa	431.9	23.5	38.4
1140℃/137MPa	130.0	19.3	45.0
1160℃/100MPa	305.8	15.3	44.5

2.3 持久断口

图 3 为 DD15 合金不同条件的持久断口形貌。在 760℃/900MPa 条件下，断口呈椭圆形，主要由一系列的小平面组成，小平面与试样轴线的夹角约为 50°，其断裂机制为类解理断裂。在 850℃/700MPa 条件下，断口呈轻微椭圆形，靠近断口边缘有许多解理平面组成，断口内部分布着许多正方形的韧窝，韧窝底部为小平面，小平面通过撕裂棱或者位于方形小平面四周的相互垂直的斜面相连。因此 850℃/700MPa 条件下合金持久断裂机制为类解理和韧窝混合断裂。在 1100℃/140MPa、1140℃/137MPa、1160℃/100MPa 条件下，断口有明显的缩颈和韧窝特征，这与大多单晶高温合金高温持久断口上的形貌特征相同，其断裂机制为韧窝断裂[6,7,11]。方形韧窝是单晶高温合金在高温持久条件下微孔聚集型断裂的典型特征。小平面与小平面之间以韧窝或撕裂棱连接，在方形小平面中心有一个小圆孔，这些圆孔可能为高温合金在凝固过程中形成的显微疏松和固溶过程中形成的微孔。这些微孔在高温应力的作用下产生应力集中，一旦在微孔的周围生成裂纹，之后会以相对较快的速率进一步扩展，从而引起其他微孔周围也生成裂纹，并最终导致断裂。

晶体滑移是单晶合金的主要变形方式，一般沿晶体中排列原子密度最大的晶体平面和排列原子最密的晶体取向滑移比较容易进行，因为沿这些晶体平面和晶体方向进行滑移所需的能量最少。

八面体滑移和六面体滑移是单晶高温合金中两种主要的晶体滑移机制。每种滑移系的开动与变形温度范围密切相关。变形温度不同，开动的滑移系不同。在中温下单晶高温合金开动的滑移系通常为｛111｝<110>[15]。在显微裂纹扩展过程中，滑移系的改变使其在两个滑移系间不断相互转换，在持久断口上形成了小平面组成的类解理断裂形貌。高温下热激活作用较大，形变过程中启动了多个滑移系，八面体、六面体滑移同时启动[16]；同时，塑性变形过程中高温回复速度加快，裂纹尖端的应力集中被显著缓解，不存在解理开裂的条件。

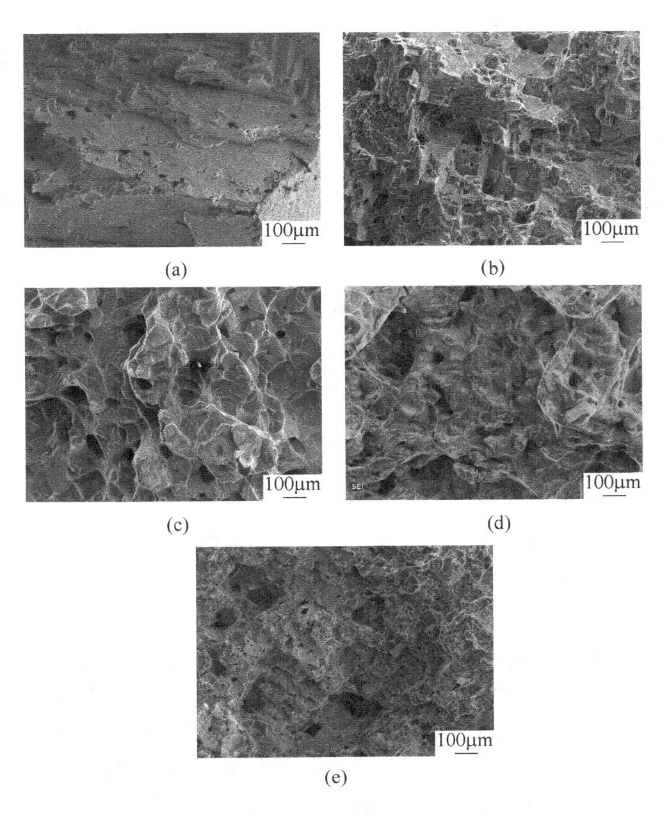

(a) (b) (c) (d) (e)

图 3 DD15 合金不同条件的持久断口形貌

(a) 760℃/900MPa；(b) 850℃/700MPa；(c) 1100℃/140MPa；(d) 1140℃/137MPa；(e) 1160℃/100MPa

2.4 持久断裂组织

图 4 分别为合金持久断裂试样距离断口表面 1cm 处的显微组织。由图 4 看出，在 760℃/900MPa 条件下，γ′相除了沿应力方向稍有伸长外，基本仍保持立方化形态，垂直于应力方向的 γ 基体通道稍有变宽，平行于应力方向的 γ 基体通道稍有变窄。在 850℃/700MPa 条件下，大部分 γ′相沿与应力垂直的方向发生了明显的合并粗化变成长条形，少部分 γ′相仍保持立方化形态，垂直于应力方向的 γ 基体通道明显变宽；由此可见，在 850℃/700MPa 条件下未形成明显的筏排组织。在 1100℃/140MPa、1140℃/137MPa、1160℃/100MPa 条件下，均形成了完善的筏排组织[17]。随着温度升高，筏排化程度明显增加。

单晶高温合金在应力、高温长时间作用下，γ′相通常会发生沿某个方向上的择优长大，这种现象称之为 γ′相定向粗化[18]。研究表明，在高温低应力条件下，合金中 γ′相会很快形成筏排组织；完善的筏排结构，能够有效地阻止合金变形，提高合金的蠕变寿命[19]。γ′相筏排化是定向粗化方式的一种。γ′相的定向粗化方向由外应力方向及错配性质所决定[20]。DD15 合金具有负的晶格错配度，在拉应力下粗化方向与应力方向垂直。试验温度和加载应力影响 γ′相形态及其粗化驱动力。因此，随着温度升高或者应力增加，筏排的厚度增加。

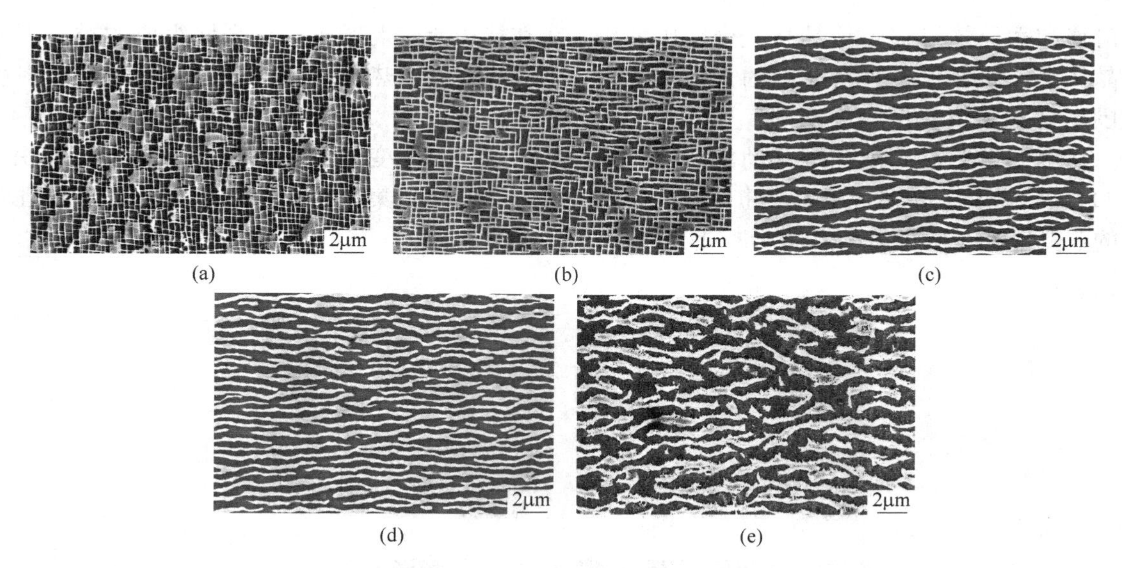

(a) (b) (c) (d) (e)

图 4 DD15 合金不同条件的持久断裂组织

（a）760℃/900MPa；（b）850℃/700MPa；（c）1100℃/140MPa；（d）1140℃/137MPa；（e）1160℃/100MPa

图 5 为合金不同条件持久断裂后的位错形貌。在 850℃/700MPa 条件下，可见 γ′相中存在大量层错，由于中温高应力条件下，位错很难发生攀移，因此位错切割 γ′相是整个变形过程的控制步骤。在 1100℃/140MPa 条件下，在 γ/γ′相界面形成了高密度的位错网，部分位错切入 γ′相。在高温持久过程中，位错先在 γ 相中运动，遇到 γ/γ′相界面受阻。基体通道中的位错具有不同的柏氏矢量，在进行长程交滑移的同时相遇并发生位错反应，于是在 γ/γ′相界面上形成了高密度的位错网，能有效阻碍后续位错的切入[21]。

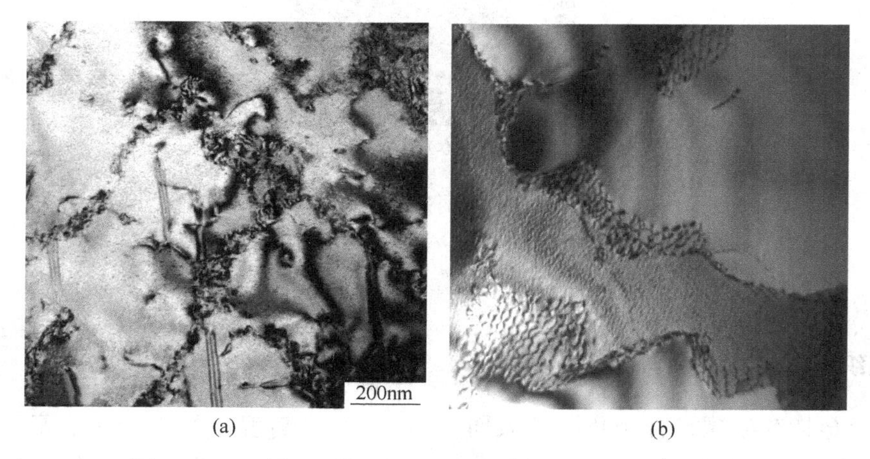

(a) (b)

图 5 DD15 合金不同条件下持久断裂组织的透射电镜形貌

（a）850℃/700MPa；（b）1100℃/140MPa

3 结论

研究了第四代单晶高温合金 DD15 在 760℃/900MPa、850℃/700MPa、1100℃/140MPa、1140℃/137MPa、1160℃/100MPa 条件下的持久性能与断裂机制，得到如下结论：

（1）DD15 合金热处理组织由立方化良好的 γ′相和基体 γ 相组成，持久性能优于国外典型第四代单晶高温合金 EPM-102。

（2）合金在 760℃/900MPa 条件下持久断裂机制为类解理断裂，在 850℃/700MPa 条件下为类解理和韧窝混合断裂，在其他条件下为韧窝断裂。

（3）合金持久断裂后，760℃/900MPa 条件下 γ′相仍保持立方化形态，850℃/700MPa 条件下 γ′相已经合并并长大，在其他条件下 γ′相形成了筏排组织。中温高应力条件下，变形特征为位错包括层错的剪切机制，高温低应力条件下为位错绕过机制，并在 γ/γ' 相界面形成了位错网。

参考文献

[1] Caron P, Khan T. Evolution of Ni-based superalloys for single crystal gas turbine blade applications [J]. Aerospace Science Technology, 1999, 3: 513~523.

[2] Argence D, Vernault C, Desvallees Y, et al. MC-NG: Generation single crystal superalloy for future aeronautical turbine blades and vanes [C]// Superalloys 2000, Warrendale, TMS, 2000: 829~837.

[3] Walston S, Cetel A, Mackay R, et al. Joint development of a fourth generation single crystal superalloy [C]// Superalloys 2004, Pennsylvania, TMS, 2004: 15~24.

[4] Walston W S, O'Hara K, Ross E W, et al. RenéN6: Third generation single crystal superalloy [C]// Superalloys,1996. Warrendale, TMS, 1996: 27~34.

[5] 张姝，田素贵，于慧臣，等．[011] 取向镍基单晶合金在压应力蠕变的组织演化与有限元分析 [J]. 稀有金属材料与工程，2013，42 (4)：712~717.

[6] 于金江，候桂臣，赵乃仁，等．一种含 Re 单晶高温合金的拉伸断裂行为 [J]. 稀有金属材料与工程，2006，35 (8)：1231~1234.

[7] Han G M, Yang Y H, Yu J J, et al. Temperature dependence of anisotropic stress rupture properties of nickel-based single crystal superalloy SRR99 [J]. Transactions of Nonferrous Metals Society of China, 2011, 21: 1717~1721.

[8] 林惠文，刘纪德，周亦胄，等．Pt 对镍基单晶高温合金持久性能的影响 [J]. 金属学报，2015，51 (1)：77~ 84.

[9] Shi Z X, Li J R, Liu S Z, et al. Effect of Ru on stress rupture properties of nickel-based single crystal superalloy at high temperature [J]. Transactions of Nonferrous Metals Society of China, 2012, 22: 2106~2111.

[10] Zhang J X, Murakumo T, Koizumi Y, et al. Interfacial dislocation networks strengthening a fourth-generation single-crystal TMS-138 superalloy [J]. Metallurgical and Materials Transactions A, 2002, 33: 3741~3746.

[11] 刘丽荣，金涛，赵乃仁，等．一种 Ni 基单晶高温合金 [001] 方向的持久性能与断裂行为 [J]. 金属学报，2004，40 (8)：858~862.

[12] 刘世忠，史振学，李嘉荣．第四代单晶高温合金 DD15 [C]//中国金属学会高温材料分会. 第十四届中国高温合金年会论文集，北京：冶金工业出版社，2019：459~462.

[13] Shi Z X, Liu S Z, Wang X G, et al. Effects of Heat Treatment on surface recrystallization and stress rupture properties of the fourth generation single crystal superalloy after grit blasting [J]. Acta Metallurgica Sinica (English Letters), 2017, 30 (7): 614~620.

[14] 史振学，刘世忠，赵金乾，等．基于不同原始组织预设变形第四代单晶高温合金的再结晶行为 [J]. 材料工程，2019，47 (5)：107~114.

[15] Wan J S, Yue Z F. A low-cycle fatigue life model of nickel based single crystal superalloys under multiaxial stress state [J]. Materials Science and Engineering A, 2005, 392: 145~149.

[16] 丁智平，刘义伦，尹泽勇．镍基单晶高温合金蠕变-疲劳寿命评估方法进展 [J]. 机械强度，2003，25 (3)：254~259.

[17] Maciej Z, Steffen N, Mathias G, et al. Characterization of γ and γ' phases in 2nd and 4th generation single crystal Nickel-Base superalloys [J]. Metal and Materials International, 2017, 23 (1): 126~131.

[18] Kondoy, Kitazakin N, Namekata J, et al. Effect of morphology of γ' phase on creep resistance of a single crystal Nickel-based superalloy CMSX-4 [C]//Superalloys1996, Pennsylvania, Warrrendale, 1996: 297~303.

[19] Hino T, Kobayashi T, Koizumi Y, et al. Development of a new single crystal superalloy for industrial gas turbines [C]//Superalloys 2000, Warrendale, TMS, 2000: 729~736.

[20] Fredholn A, Strudel J L. On the creep resistance of some Nickel base single crystal superalloy [C]//Superalloys1984, Pennsylvania, Warrrendale, 1984: 211~220.

[21] Tian S G, Zhang J H, Zhou H H, et al. Formation and role of dislocation networks during high temperature creep of a single crystal nickel-base superalloy [J]. Materials Science and Engineering A, 2000, 279: 160~165.

980℃长期时效对［111］取向 DD6 单晶高温合金组织和拉伸性能的影响

熊继春*，胡立杰，张剑，李嘉荣

（中国航发北京航空材料研究院先进高温结构材料重点实验室，北京，100095）

摘　要：对第二代单晶高温合金 DD6 进行 980℃无载荷 10000h 长期时效，研究［111］取向 DD6 单晶高合金长期时效后的显微组织和 980℃拉伸性能。结果表明，2000h 长期时效后，DD6 合金大部分区域 γ′相呈现较好的三角形态，但局部区域出现了针状析出相；6000h 长期时效后，γ′相逐渐长大，发生明显粗化现象，其形态从三角形过渡到椭圆形；10000h 长期时效后，γ′相局部发生连接或合并，呈不规则形态，γ′已经出现筏化。随着时效时间的延长，DD6 合金的抗拉强度和屈服强度缓慢降低；6000h 长期时效后，合金的抗拉强度和屈服强度基本稳定，仍然维持在较高的水平；时效时间对合金的断后伸长率和断面收缩率没有明显影响。

关键词：单晶高温合金；DD6；长期时效；显微组织；拉伸性能

单晶高温合金具有良好的综合性能，已广泛地应用在先进航空发动机上[1~3]。DD6 合金是具有我国自主知识产权的低成本第二代镍基单晶高温合金，其性能优于或达到国外广泛应用的第二代单晶高温合金 PWA1484、Rene N5、CMSX-4 的水平[4]。在单晶高温合金高温服役过程中，良好的组织稳定性是非常重要的。长期时效作为一种典型的试验方法，能够在一定程度上模拟合金服役过程中的温度状态，可用于分析单晶高温合金的组织和性能变化。尽管国内外在单晶高温合金长期时效方面做了许多研究工作，但其研究主要集中在［001］取向的合金，关于［111］取向单晶高温合金长期时效研究工作的报道很少。研究［111］取向 DD6 单晶高温合金组织演变规律和拉伸性能变化规律，可以丰富单晶高温合金长期时效后的组织和力学数据，促进单晶高温合金的安全可靠使用，这对于 DD6 单晶高温合金在商用航空发动机上的应用具有重要意义。

1　试验材料与方法

按既定的合金熔炼工艺在真空感应熔炼炉中制备 DD6 母合金，DD6 合金化学成分（质量分数,%）为：C 0.007，Cr 4.3，Co 9，Mo 2，W 8，Ta 7.5，Re 2，Nb 0.5，Al 5.6，Hf 0.1，余为 Ni[5]。然后在高梯度真空定向炉中用籽晶法铸造单晶试棒，试棒的直径为 15mm，长 160mm。用 Laue 法测定单晶合金试棒晶体取向，试棒的［111］晶体方向与主应力轴的偏离均小于 15 °。对单晶试棒进行固溶与时效热处理，其热处理制度为：1290℃/1h + 1300℃/2h + 1315℃/4h(AC) + 1120℃/4h(AC) + 870℃/32h(AC)。热处理完成后，对 DD6 单晶试棒分别进行 980℃无载荷 2000h、4000h、6000h、8000h、10000h 长期时效，长期时效完成后，利用扫描电子显微镜观察试棒显微组织，同时将试棒加工成拉伸性能试样，测试不同时效时间的 980℃拉伸性能。

2　试验结果分析与讨论

2.1　长期时效组织

2000h 长期时效后，DD6 合金大部分区域 γ′相保持较好的三角形态，但局部区域出现了针状析出相，如图 1（a）所示。4000h 长期时效后，γ′相开始长大，三角形的面积明显增加，如图 1（b）所示。6000h 长期时效后，γ′相逐渐长大，发生明显粗化现象，其形状从三角形过渡到椭圆形，如图 1（c）所示。8000h 长期时效后，γ′相继续长大，有些区域不能保持三角形态，发生了明显的粗化现象，如图 1（d）所示。10000h 长期时效后，γ′相局部发生连接

* 作者：熊继春，高级工程师，联系电话：18610294186，E-mail：jichunxiong@sina. com

或合并，呈不规则形态，γ′已经出现筏化，如图 1（e）所示。

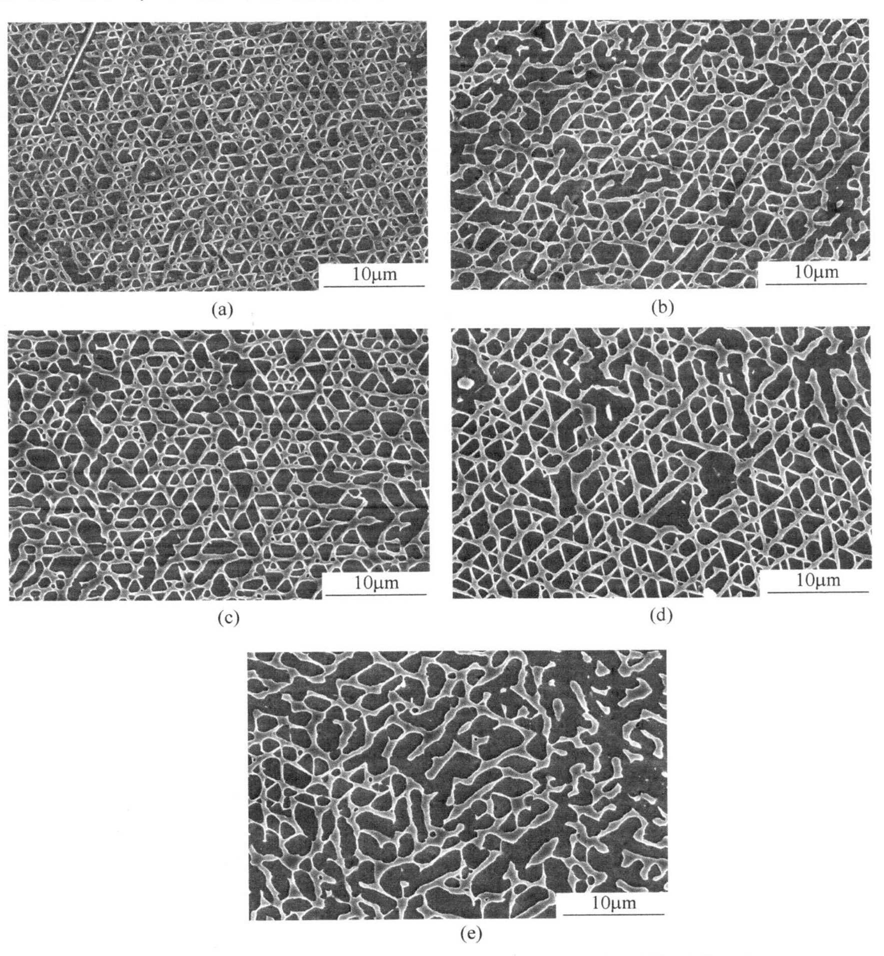

图 1 ［111］取向 DD6 单晶高温合金 980℃长期时效后的组织
（a）2000h；（b）4000h；（c）6000h；（d）8000h；（e）10000h

2.2 拉伸性能

长期时效后，［111］取向 DD6 合金的 980℃抗拉强度和屈服强度如图 2 所示。可以看出，随着时效时间的延长，DD6 合金 980℃抗拉强度和屈服强度缓慢降低，时效 6000h 后，合金的抗拉强度和屈服强度基本稳定，仍然维持在较高的水平。

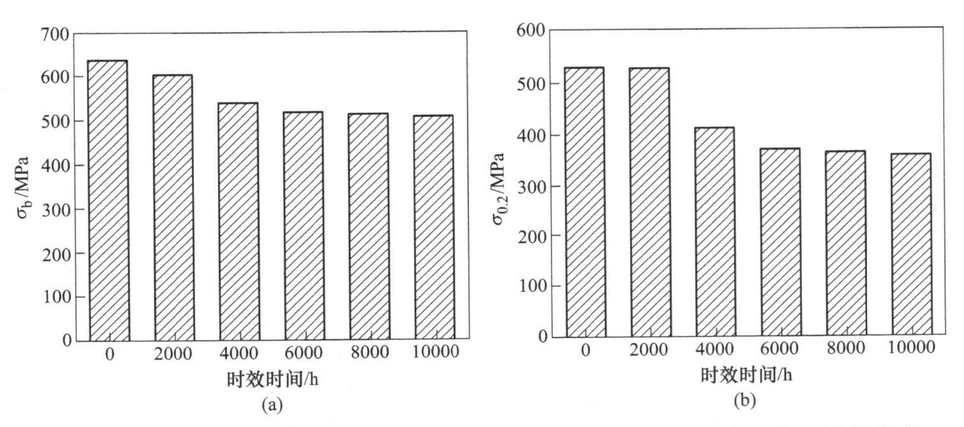

图 2 ［111］取向 DD6 单晶高温合金 980℃长期时效后的 980℃抗拉强度和屈服强度
（a）抗拉强度；（b）屈服强度

长期时效后，［111］取向 DD6 合金的 980℃ 伸长率和断面收缩率如图 3 所示。可以看出，与未时效相比，长期时效的 DD6 合金伸长率和断面收缩率略有降低；但时效时间对合金 980℃ 的拉伸伸长率和断面收缩率无明显影响，合金仍然保持了良好的拉伸塑性。

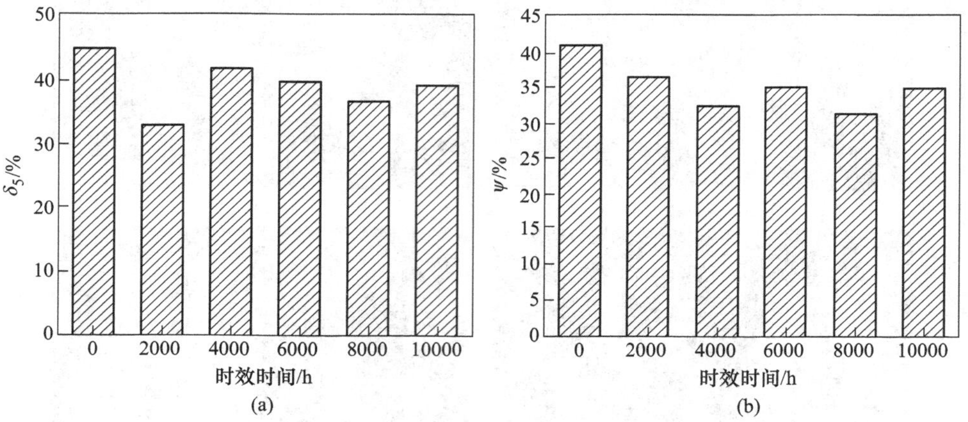

图 3 ［111］取向 DD6 单晶高温合金 980℃ 长期时效后的 980℃ 拉伸伸长率和断面收缩率
（a）伸长率；（b）断面收缩率

2.3 讨论

综上所述，［111］取向 DD6 合金在长期时效后的拉伸强度缓慢降低，时效 10000h 后，仍然维持较高的强度水平，说明［111］取向 DD6 合金具有良好的稳定性。在单晶高温合金长期时效研究方面，国内主要集中研究［001］取向的单晶高温合金；有人[6]研究了第二代单晶高温合金 DD6 长期时效后的拉伸性能，980℃ 长期时效后［001］取向 DD6 合金 760℃ 条件下保持了良好的拉伸性能，时效 1000h 后抗拉强度仍然大于 1000MPa、屈服强度接近 900MPa，γ′相的变化对 DD6 合金 760℃ 条件下的拉伸性能没有明显影响；也有人[7]研究了第二代单晶高温合金 DD6 长期时效后的组织和持久性能，980℃ 长期时效 1000h 后，合金没有出现 TCP 相，980℃/248.2MPa 的持久寿命达到 180h。

因此，DD6 单晶高温合金在［001］取向和［111］取向都具有良好的稳定性，经过长期时效后，合金仍能维持较高的强度水平。

3 结论

（1）980℃ 长期时效 2000h 后，［111］取向 DD6 合金大部分区域 γ′相保持较好的三角形态，但局部区域出现了针状析出相；6000h 长期时效后，γ′相逐渐长大，发生明显粗化现象，其形态从三角形过渡到椭圆形；10000h 长期时效后，γ′相局部发生连接或合并，呈不规则形态，γ′已经出现筏化。

（2）随着时效时间的延长，DD6 合金的抗拉强度和屈服强度缓慢降低；6000h 长期时效后，合金的抗拉强度和屈服强度基本稳定，仍然维持在较高的水平。时效时间对合金的断后伸长率和断面收缩率没有明显影响。

参考文献

［1］ Gell M, Duhl D N, Giamei A F. The development of single crystal superalloy turbine blades ［C］//Tien J K, Gell M, Maurer G, Wlodek S T, et al. Superalloys 1980. Pennsylvania: Warrendale, TMS, 1980: 205 ~ 214.

［2］ Cetel A D, Duhl D N. Second-generation nickel-base single crystal superalloy ［C］//Recichman S, Duhl D N, Maurer G, Antolovich S, Lund C, et al. Superalloys 1988. Pennsylvania: Warrendale, TMS, 1988: 235 ~ 244.

［3］ Erickson G L. The development and application of CMSX-10 ［C］//Kissinger R D, Deye D J, Anton D L, et al. Superaloys1996. Pennsylvania: Warrendale, TMS, 1996: 35~44.

［4］ Li J R, Zhong Z G, Tang D Z, et al. A low-cost second generation single crystal superalloy DD406 ［C］//Pollock T M, Kissinger R D, Bowman R R, et al. Superalloys 2000. Pennsylvania: Warrendale, TMS, 2000: 777~783.

[5] Li J R, Zhao J Q, Liu S Z, HanM. Effects of Low Angle Boundaries on the Mechanical Properties of Single Crystal Superalloy DD406 [C]//Reed R C, Green K A, Caron P, et al. Superaloys2008, Seven springs, PA: TMS, 2008: 443~451.

[6] 金海鹏，李嘉荣. 第二代单晶高温合金 DD6 长期时效后的拉伸性能 [J]. 材料工程，2007 (3)：22~24.

[7] Li J R, Jin H P, Liu S Z. Stress Rupture Properties and Microstructures of the Second Generation Single Crystal Superalloy DD6 after Long Term Aging at 980℃ [J]. Rare Metal Materials and engineering. 2007: 36 (10): 1784~1787.

DZ409 抗热腐蚀定向凝固高温合金热力耦合作用下的组织演变规律研究

袁晓飞[1,2*]，赵鑫磊[1]，吴保平[1,2]，曾强[1,2]，燕平[1,2]

（1. 北京钢研高纳科技股份有限公司，北京，100081；
2. 钢铁研究总院高温材料研究所，北京，100081）

摘　要：采用场发射扫描电镜对 DZ409 抗热腐蚀定向凝固高温合金的组织进行观察。研究了持久 200h 后合金在不同的温度（900~980℃）和应力（82~310MPa）下横纵截面 γ′相演变规律。结果表明：温度一定时，随着应力的提高，合金横截面 γ′相立方度逐渐降低并发生粗化连接溶解，形成大块状组织；合金纵截面 γ′相逐渐形成“N”型筏排组织并逐渐完善，γ′相筏化指数逐渐提高，γ′相筏排厚度逐渐减小。随着温度的提高，合金形成大块状 γ′相所需应力、基本形成筏排组织所需应力和形成较为完整筏排组织所需应力逐渐降低。

关键词：DZ409 合金；热力耦合；组织演变；γ′相

重型燃气轮机叶片用镍基高温合金在服役过程中除了承受高温燃气的冲击，还会受到沿叶身方向分布的离心应力的作用，叶片在高温和应力同时作用下的组织演变更加接近叶片在实际服役中的组织演变。热力耦合通过模拟燃气轮机叶片在近服役状态下合金的组织演变，进而评估合金中相的稳定性。

研究热力耦合作用对于镍基高温合金组织演变影响的工作很多，主要通过多组试棒进行蠕变/持久实验来分析不同温度、应力下合金的微观组织和位错运动变化规律[1]。但是多组蠕变/持久实验带来的诸多波动性因素极大降低实验的准确性并且提高了实验成本，因而需要开发高效实验方法来研究热力耦合作用对组织演变影响。变截面蠕变/持久实验可以极大的提高高温蠕变/持久实验效率，其实验试样包含多个不同直径的截面，一次实验可以得到多个应力状态下的显微组织和位错组态。徐静辉等人[2]通过变截面蠕变实验研究了热力耦合对一种单晶高温合金微观组织演变的影响，结果表明：随着外加应力的增大，镍基单晶高温合金中 γ 基体宽度增大、体积分数降低、筏排厚度减小且筏化程度增大。陈亚东等人[3]通过变截面蠕变实验研究了 DZ125 合金微观组织在热力耦合作用下微观组织演变规律，结果表明：同一应力和持久时间条件下，随着温度的升高，筏排程度呈现升高趋势；同一温度和时间条件下，随着外加应力的升高，DZ125 合金 γ′相筏化程度逐渐升高。袁晓飞等人[4]通过变截面蠕变实验研究了热力耦合作用下 K465 合金微观组织的演变，研究表明：在 900℃ 热暴露不同时间后，K465 合金枝晶干 γ′相仍为立方状，局部出现粗化、连接和溶解，体积分数基本保持不变；当热暴露温度升高，γ′相体积分数随时间逐渐降低。

目前，抗热腐蚀定向凝固镍基高温合金已经成为重型燃气轮机叶片等热端部件的重要材料。但抗热腐蚀定向凝固镍基高温合金近服役状态下组织演变规律尚不清楚，为重型燃气轮机涡轮叶片的服役安全带来了很大的不确定性。

基于上述研究背景和目前研究存在的不足，开展热力耦合对抗热腐蚀定向凝固镍基高温合金微观组织演变的影响具有重要意义。DZ409 合金是钢铁研究总院自主研制的一种新型抗热腐蚀镍基定向凝固镍基高温合金。前期基础研究表明，该合金具有良好的持久强度、抗氧化性、抗热腐蚀性、长期组织稳定性，可成为兼顾多种性能的新一代重型燃气轮机叶片材料的候选合金。本文采用变截面持久实验，研究了经标准热处理后的 DZ409 合金在热力耦合作用下的微观组织演变规

* 作者：袁晓飞，联系电话：15210604497，E-mail：lanfeihong520@163. com

律，揭示微观组织与宏观服役条件（温度、应力）之间的量化关系，为重型燃机叶片材料的服役评价提供了实验支撑。

1 实验材料及方法

本研究以钢铁研究总院提供的标准热处理后的DZ409合金为研究对象，其标准热处理工艺为1180℃+1230℃/3h，AC+1080℃/4h，AC+845℃/24h，AC。合金的实测成分如表1所示。

表1 DZ409合金的实测成分

（质量分数,%）

合金	Cr	Mo	W	Co	Al	Ti
DZ409	12.19	1.40	3.93	8.57	4.00	4.01
合金	Ta	C	B	Zr	Hf	Ni
DZ409	4.54	0.13	0.0088	0.021	0.48	余量

为了研究热力耦合对DZ409合金组织演变规律的影响，采用变截面持久实验方法，得到同一时间和温度、不同应力水平的持久组织。将标准热处理后的DZ409合金试棒加工成66mm的变截面持久试样，如图1所示。选取变截面持久实验时间为200h，根据重型燃气轮机涡轮叶片的真实服役特点，选取持久温度为900℃、950℃和980℃。根据L-M曲线进行持久寿命预测，选取变截面持久实验的应力范围为82～310MPa。表2为标准热处理后DZ409合金的变截面持久实验条件。变截面持久试样不同截面过渡区存在轻微的应力集中及三向应力状态[2]，因此本实验所有试样均取自各截面中心位置。试样经打磨、抛光后，在H_3PO_4：H_2SO_4：HNO_3=3：12：10（体积比）的混合溶液中进行电解腐蚀，电压5V，时间约为3s。通过JEOL JSM-7800F型场发射扫描电镜观察经标准热处理后的DZ409合金在不同温度和应力条件下的γ′相，并定量表征其横截面γ′相体积分数（V_f）以及纵截面γ′相筏形完善程度（Ω）、γ′相筏排厚度（D）。其中γ′相筏排厚度定义为γ′相在（001）方向上的平均宽度，γ′相筏化指数[2]的计算公式如式（1）所示：

$$\Omega = \frac{P_L^{\perp} - P_L^{/\!/}}{P_L^{\perp} + P_L^{/\!/}} \tag{1}$$

式中，$P_L^{\perp}$ 和 $P_L^{/\!/}$ 分别表示垂直和平行于筏形方向的直线与γ/γ′界面交点的数目，即γ′筏形组织的交叉和中断的数目。

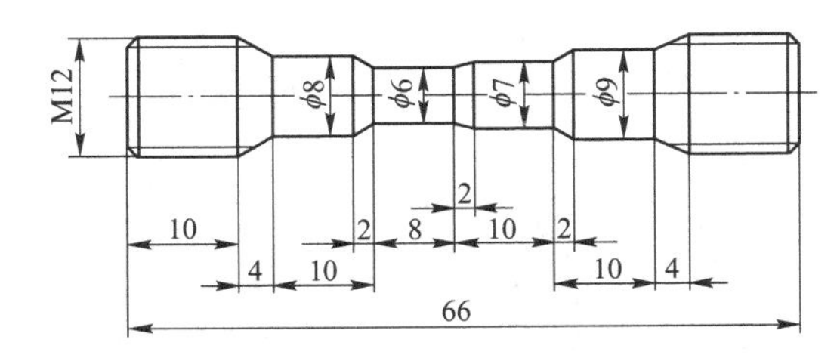

图1 变截面持久试样尺寸图（mm）

表2 标准热处理后DZ409合金的变截面持久实验条件

温度/℃	应力范围/MPa	时间/h
900	138～310	200
950	100～225	200
980	82～185	200

2 实验结果及分析

2.1 横截面微观组织演变规律

经过200h持久实验后DZ409合金在不同温度和不同应力下横截面微观组织典型形貌如图2所示。结果表明，同一温度下，随着应力水平的增加，γ′相逐渐退化。900℃持久中断实验中，当应力水平在138～174MPa范围内，合金中γ′相形貌不规则、尺寸不均匀且发生粗化，局部的γ′相聚合连接，但总体呈现单个的γ′相，无大块状γ′相形成，如图2（a1）（b1）所示；当应力从228MPa增加至310MPa，合金中γ′相发生了粗化，局部聚合连接的γ′相增多且相互之间形成大块状γ′相，但仍有大量单个γ′相存在如图2（c1）（d1）所示。950℃不同应力水平（100～225MPa）和980℃不同应力（82～185MPa）水平下，合金中均出现了大块状，如图2（a2）～（d2）和图2（a3）～（d3）所示。综合上述分析可以看出，合金开始出现大块状γ′相所需的应力随温度的升高而降低，900℃、950℃、980℃开始出现大块状γ′相所需的应力分别为≤228MPa、≤100MPa、≤82MPa。

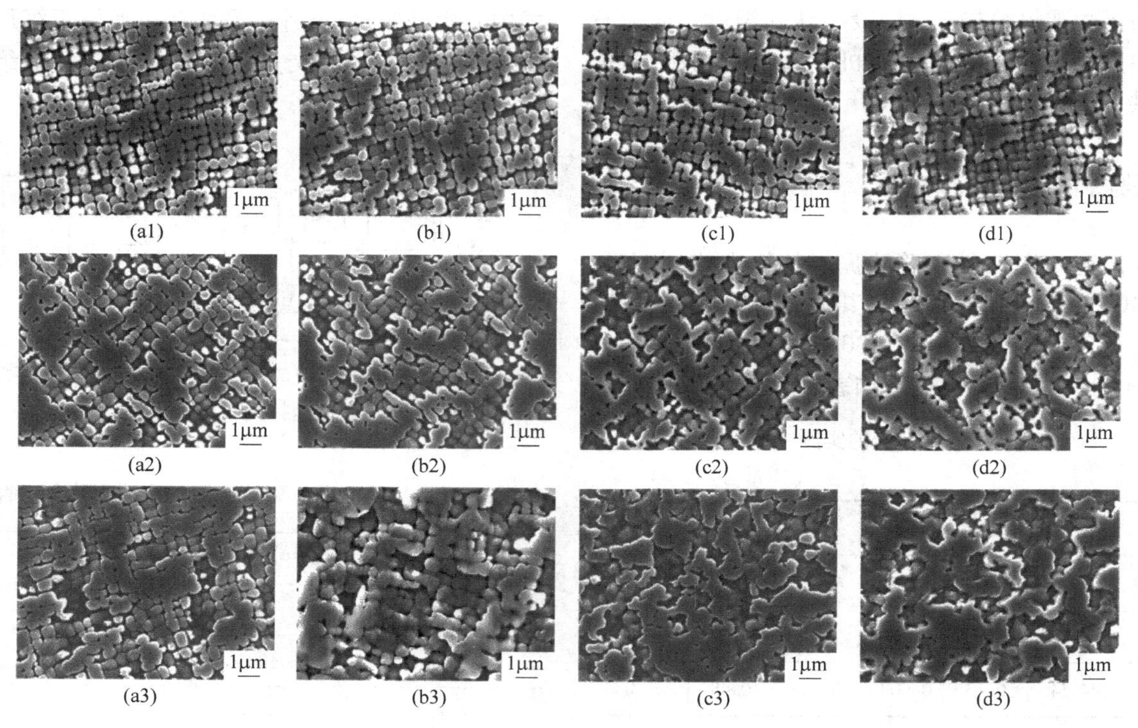

(a1) (b1) (c1) (d1)
(a2) (b2) (c2) (d2)
(a3) (b3) (c3) (d3)

图 2　经过 200h 持久实验后 DZ409 合金在不同温度和不同应力下横截面微观组织典型形貌

（a1）900℃，138MPa；（a2）950℃，100MPa；（a3）980℃，82MPa；（b1）900℃，174MPa；（b2）950℃，127MPa；（b3）980℃，104MPa；（c1）900℃，228MPa；（c2）950℃，165MPa；（c3）980℃，136MPa；（d1）900℃，310MPa；（d2）950℃，225Mpa；（d3）980℃，185MPa

表 3 为经过 200h 持久实验后 DZ409 合金在不同温度和不同应力下横截面 γ′相的体积分数。如表 3 所示，同一温度下，随着应力水平的增加，γ′相逐渐溶解，体积分数逐渐下降。900℃持久中断实验中，随着应力从 138MPa 增加至 310MPa，合金 γ′相体积分数仅下降了 1.5%。温度为 950℃和 980℃时，随着应力的增加，合金 γ′相体积分数下降幅度较大，分别下降了 8.6%和 7.7%。

表 3　经过 200h 持久中断实验后 DZ409 合金在不同温度和不同应力下横截面 γ′相体积分数

900℃		950℃		980℃	
应力 /MPa	体积分数 /%	应力 /MPa	体积分数 /%	应力 /MPa	体积分数 /%
138	66.9±0.3	100	65.8±0.5	82	62.5±0.6
174	66.4±0.4	127	63.2±0.6	104	59.2±0.5
228	65.8±0.7	165	58.6±0.3	136	56.2±0.6
310	65.4±0.5	225	57.2±0.6	185	54.8±0.4

本研究中，200h 持久实验后合金横截面微观组织表明：外加应力为原子的扩散提供驱动力，同一温度下增加应力促进了合金 γ′相的粗化连接和体积分数的降低（图 2 和表 3）；另一方面，随着温度的升高，原子被激活而进行迁移的概率增大，合金形成大块状 γ′相所需的应力随着温度的升高而降低。需要说明的是，合金在 200h 持久实验后，γ′相在 900℃、950℃、980℃的含量均未达到热力学平衡状态（利用 JMatPro 软件计算得到 900℃、950℃及 980℃合金平衡状态下 γ′相的体积分数分别为 62%、52%、50%）。

2.2　纵截面微观组织演变规律

图 3 为经过 200h 持久实验后 DZ409 合金在不同温度和不同应力下纵截面微观组织典型形貌。900℃持久中断实验中，当应力在 138~228MPa 范围内，合金中的 γ′相为近球形且明显粗化，大量相邻 γ′相沿垂直于应力方向轻微连接，但并未形成筏排组织，如图 3（a1）（b1）所示；当应力提高至 228MPa 时，合金中的 γ′相定向连接程度加剧，形成了不规则的长条形貌 γ′相，基本形成垂直于应力方向的筏排组织，即“N”型筏排组织（图 3（c1））；应力继续提高至 310MPa 时，合金的筏排完善程度进一步提高，形成了较为完善的筏排组织（图 3（d1））。950℃持久中断实验

中，当应力为100MPa时，合金中的γ′相沿垂直于应力方向定向聚合连接，形成了少量不规则的长条形γ′相（图3（a2））；当应力提高至127MPa时，合金中的γ′相已经形成了垂直于应力方向的“N”型筏排组织（图3（b2））；当应力在165~225MPa范围内，合金形成了较为完善的筏排组织，筏排程度不随应力的增加出现明显变化，如图3（c2）（d2）所示。980℃持久中断实验中，当应力提高至104MPa，已经形成垂直于应力方向的“N”型筏排组织，随着应力的增加筏排组织逐渐完善，如图3（a3）（b3）所示；应力继续提高至185MPa时，合金的筏排完善程度进一步提高，形成了较为完善的筏排组织，筏排程度并不随应力的增加出现明显变化，如图3（c3）（d3）所示。表4列出了经过200h持久实验后DZ409合金在不同温度和不同应力下纵截面γ′相筏化指数的统计值。如表4所示，同一温度下，随着外加应力的增加，合金γ′相的筏化指数逐渐提高，与200h持久中断后DZ409合金在不同温度和不同应力下纵截面γ′相的演变相对应。

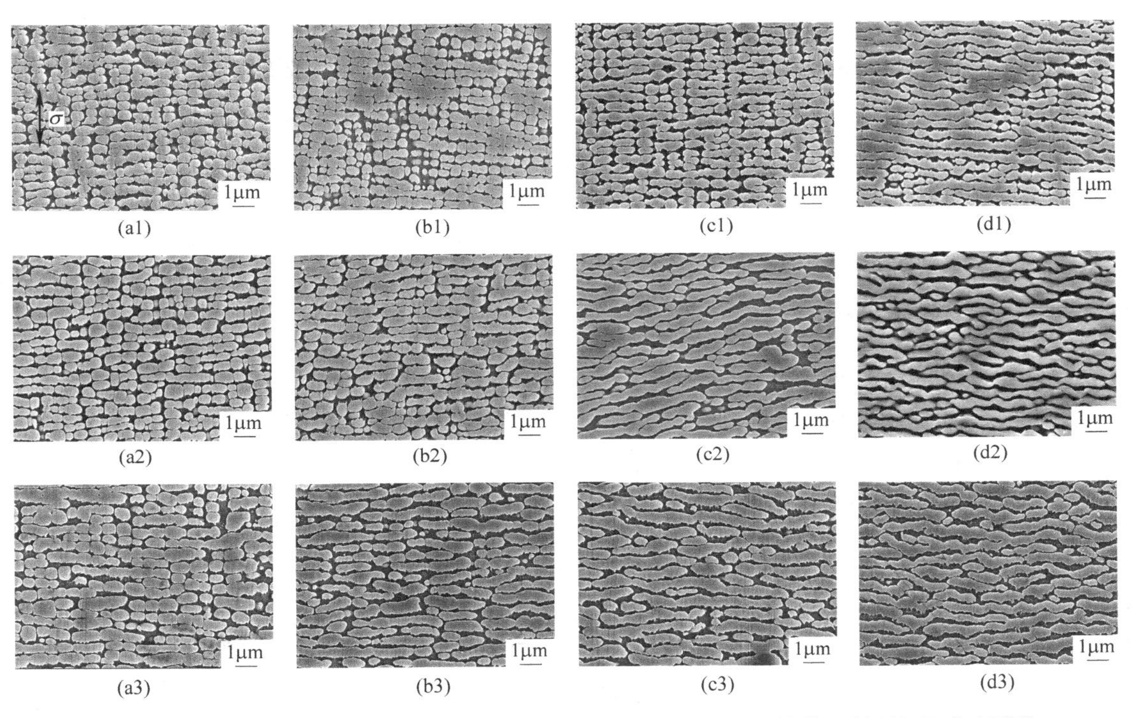

图3　经过200h持久实验后DZ409合金在不同温度和不同应力下纵截面微观组织典型形貌
（a1）900℃，138MPa；（a2）950℃，100MPa；（a3）980℃，82MPa；（b1）900℃，174MPa；
（b2）950℃，127MPa；（b3）980℃，104MPa；（c1）900℃，228MPa；（c2）950℃，165MPa；
（c3）980℃，136MPa；（d1）900℃，310MPa；（d2）950℃，225MPa；（d3）980℃，185MPa

表4　经过200h持久实验后DZ409合金在不同温度和不同应力下纵截面γ′相筏化指数

900℃		950℃		980℃	
应力/MPa	筏化指数/%	应力/MPa	筏化指数/%	应力/MPa	筏化指数/%
138	0.16±0.02	100	0.27±0.01	82	0.32±0.03
174	0.24±0.04	127	0.34±0.02	104	0.36±0.04
228	0.36±0.03	165	0.46±0.01	136	0.49±0.02
310	0.49±0.05	225	0.54±0.04	185	0.65±0.03

另一方面，随着温度的升高，合金开始形成筏排组织所需的应力和形成较为完善筏排组织所需的应力而降低，900℃、950℃、980℃形成筏排组织所需的应力分别为<228MPa、<127MPa、<82MPa，900℃、950℃、980℃形成较为完善的筏排组织所需的应力分别为<310MPa、<165MPa、<136MPa。

表5列出了经过200h持久实验后DZ409合金在不同温度和不同应力下纵截面γ′相筏排厚度的统计值。如表5所示，同一温度下，随着外加应力的增加，合金γ′相的筏排厚度逐渐减小。

表 5 经过 200h 持久实验后 DZ409 合金在不同温度和不同应力下纵截面 γ′相筏排厚度

900℃		950℃		980℃	
应力/MPa	γ′相筏排厚度/nm	应力/MPa	γ′相筏排厚度/nm	应力/MPa	γ′相筏排厚度/nm
138	379±5	100	446±3	82	568±5
174	369±7	127	436±4	104	543±8
228	362±3	165	423±4	136	546±6
310	358±5	225	415±6	185	524±4

在高温和应力的作用下 γ′相会发生定向粗化，由初始的立方状 γ′相转变为筏排组织。Pollock 等人[5]研究了 γ′相由立方状转变为筏排组织的过程，结果表明：γ′相定向粗化需要 γ 通道内的 γ 相形成元素，如 Co、Cr、W 等元素，在外加应力作用下扩散到水平 γ 通道，γ′相内的 γ′相形成元素，如 Al、Ti、Ta 等元素，由边角处扩散至原垂直 γ 通道位置，最终导致 γ′相在平行于外加应力方向上变薄，在垂直于应力方向逐渐粗化、合并，形成筏排组织。此外，较大的外应力会促进位错在垂直 γ 通道的运动和增值，而位错作为高速扩散通道可以促进元素扩散，从而加速筏排化的进程[2]。

本研究中，200h 持久实验后合金纵截面微观组织表明：同一温度下，随着应力的增大，更多垂直 γ 通道内的 γ′相形成元素扩散至水平 γ 通道，促进了筏排组织的形成和完善（图 3），提高了 γ′相筏化指数（表 4），减小了 γ′相筏排厚度（表 5）；另一方面，随着温度的升高，γ′相和 γ 基体形成元素扩散加快，合金中 γ′相基本形成筏排组织所需的应力和 γ′相形成较为完整的筏排组织所需的应力降低。

3 结论

（1）DZ409 合金在 200h 不同温度和不同时间下进行持久实验，其横截面微观组织的演变规律为：同一温度下，随着应力的增加，合金 γ′相立方度逐渐降低并发生粗化连接溶解，形成大块状组织；随着温度的升高，合金 γ′相形成大块状组织所需的应力逐渐降低。

（2）DZ409 合金在 200h 不同温度和不同时间下进行持久实验，其纵截面微观组织的演变规律为：同一温度下，随着应力的增加，合金 γ′相逐渐形成“N”型筏排组织并逐渐完善，γ′相筏化指数逐渐提高，γ′相筏排厚度逐渐减小；随着温度的升高，合金 γ′相基本形成筏排组织所需的应力和 γ′相形成较为完整的筏排组织所需的应力逐渐降低，筏排厚度逐渐增加。

参考文献

[1] Huo J J, Shi Q Y, Tin S, et al. Improvement of Creep Resistance at 950℃ and 400MPa in Ru-Containing Single-Crystal Superalloys with a High Level of Co Addition [J]. Metallurgical and Materials Transactions A, 2018, 49 (11): 1~11.

[2] 徐静辉，李龙飞，刘心刚，等. 热力耦合对一种第四代镍基单晶高温合金 1100℃ 蠕变组织演变的影响 [J]. 金属学报，2021，57（2）：205~214.

[3] 陈亚东，郑运荣，冯强. 基于微观组织演变的 DZ125 定向凝固高压涡轮叶片服役温度场的评估方法研究 [J]. 金属学报，2016，52（12）：1545~1556.

[4] Yuan X F, Song J X, Zheng Y R, et al. Abnormal stress rupture property in K465 superalloy caused by microstructural degradation at 975℃/225MPa [J]. Journal of Alloys and Compounds, 2016, 662: 583~592.

[5] Pollock T M, Argon A S. Directional coarsening in nickel-base single crystals with high volume fractions of coherent precipitates [J]. Acta Metallurgica et Materialia, 1994, 42 (6): 1859~1874.

K465 合金中异常晶粒组织的形成及控制研究

孙士杰*，盛乃成，侯桂臣，李金国，周亦胄，孙晓峰

（中国科学院金属研究所师昌绪先进材料创新中心，辽宁 沈阳，110016）

摘　要：研究了尺寸效应对多晶镍基高温合金 K465 微观组织的影响。薄壁样品中易出现异常具有特殊晶界的异常晶粒。异常晶粒数量随着试样厚度的减小而增加，并且具有异常晶粒的样品持久寿命下降明显。实验和数值模拟结果表明，冷却速率和残余应力随试样厚度的减小而逐渐增大。薄壁样品中残余应力的增加和高温砂箱引起的热处理导致了异常晶粒的形成。样品中的异常晶粒导致合金的高温持久性能下降，影响了合金力学性能的稳定性。

关键词：K465 合金；尺寸效应；残余应力；异常晶粒

镍基高温合金因其优异的高温力学性能和良好的抗氧化性，被广泛用于涡轮叶片。近年来，随着航空发动机推重比的不断增加，涡轮叶片的工作温度越来越高[1]，使得涡轮叶片内部的冷却结构越来越复杂，由此导致单一涡轮叶片不同位置壁厚差别极大[2]。通常叶片截面尺寸的变化会导致凝固过程中热量及冷却速率的变化，这些凝固过程的关键参数会对叶片不同厚度位置的凝固组织产生显著影响；此外，在合金凝固过程中薄壁位置残余应力较大，易导致较大的塑性应变[3]。一些学者发现高温合金组织中残余应力较大位置，在热处理过程中易发生再结晶现象，形成“异常晶粒”，由此导致叶片合金组织和力学性能出现波动[4,5]。近期研究发现 K465 合金制某型号叶片叶身薄壁处存在异常晶粒组织，降低了该叶片服役过程中的稳定性，与之对应，截面尺寸较大的榫头部分不存在这样的组织。本研究针对 K465 合金叶身合金组织中出现异常晶粒组织的问题，设计了不同厚度的样品模拟叶片不同位置，揭示异常晶粒组织形成原因，为合金性能稳定控制提供指导。

1　试验材料及方法

设计了不同厚度的样品（3mm、5mm、10mm 和 20mm）模拟叶片的不同位置，宽度为 15mm，高度为 80mm，采用灯笼型组模方式，单组不同厚度样品各两支。用 VIM-F25 型真空感应炉熔炼 K465 母合金，试验合金的化学成分列于表 1。采用与叶片浇注工艺一致的工艺获得各厚度薄壁件，采用厚壳埋砂的冷却方式。合金液凝固后待型壳和样品冷却至室温取出。脱壳样品是采用埋砂工艺制备样品的过程中待合金液凝固后快速去掉砂箱（浇注合金液后约 2min），薄壁样品空冷至室温。试样经研磨、机械抛光后，采用 20g $CuSO_4$+100mL HCl+5mL H_2SO_4+100mL H_2O 腐蚀液刻蚀观察。使用 Merlin Compact 场发射扫描电镜（SEM）进行组织观察，并用配套的背散射电子衍射（EBSD）分析合金中异常晶粒数量及微观应变分布，低倍和高倍 EBSD 步长分别为 0.6μm 和 60nm。采用 AZtecCrystal 分析 EBSD 数据。力学性能样品在 1210℃下进行 4h 的热处理。对各样品进行高温持久性能（975℃/225MPa）测试。使用 ProCAST 软件对凝固过程进行了数值模拟，以确定不同厚度试样的残余应力。通过差热分析（DTA）测定了 K465 合金的液相线温度 1348℃和固相线温度 1310℃，加热速率为 10℃/min，测量范围为 900～1450℃。

表 1　试验合金的化学成分　（质量分数，%）

元素	Al	Co	Cr	Mo	Nb	Ti
名义成分	5.45	10.0	8.6	2.0	1.05	2.5
实际成分	5.41	10.0	8.6	2.0	1.10	2.5

元素	W	Zr	B	C	Ni
名义成分	10.5	0.03	0.025	0.18	余量
实际成分	10.3	0.03	0.024	0.17	余量

* 作者：孙士杰，助理研究员，联系电话：024-83658500，E-mail：sjsun16b@imr.ac.cn

2 试验结果及分析

2.1 异常晶粒组织

图1（a）显示了厚度为20mm的K465合金试样的典型微观组织，合金组织中存在粗大等轴晶粒，晶粒尺寸为几毫米，组织内包括γ′相、γ基体、共晶和碳化物；此外在合金组织观察到了异常晶粒组织，如图1（a）中箭头所示。随着试样厚度的减小，异常晶粒的数量增加（如图1（b）~（d）所示）。此外，异常晶粒更易出现在枝晶间的碳化物（如图1（a）中圆圈所示）附近。这些异常晶粒尺寸为几十微米，远小于初始等轴晶粒，异常晶粒内含有大量的析出相。3mm厚样品的反极图（IPF）如图1（e）所示。IPF图是由带对比度（灰度值）和晶体取向方向颜色组成。其IPF图呈现出单一颜色，这表明观察区域在粗大等轴晶粒中，并存在一些具有不同取向的初生碳化物，同时观察到异常晶粒组织，如图1（e）中箭头所示。并且异常晶粒与基体之间的取向差约为50°，如图1（f）所示。通常，多晶合金中相邻晶粒位相差大于15°时，相邻晶粒之间的晶界为大角晶界[6]。因此可以推断异常组织是具有大角晶界的晶粒。此外，异常晶粒的面积分数随着试样厚度的减小而增加。20mm厚度样品的观察范围内异常晶粒的面积分数为0.31%，随着试样厚度减至3mm，异常晶粒数量增加至2.69%。通常晶界是高温合金在高温服役过程中的薄弱环节，特别是对于单晶高温合金，由于再结晶的发生，在合金中引入了大角晶界，而裂纹易在大角晶界处萌生并扩展，使得合金的疲劳性能和蠕变性能明显下降。因此，叶身位置出现的异常晶粒易导致合金高温持久性能下降，影响叶片服役过程中的安全性。

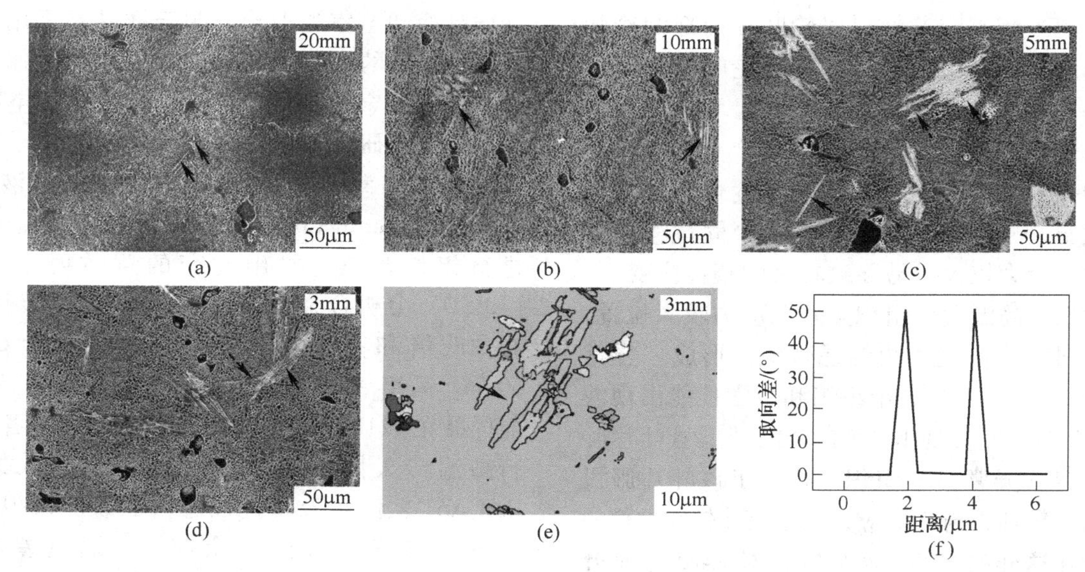

图1 不同厚度样品中异常晶粒的SEM图（a）~（d），3mm厚度样品IPF图（e）及对应（e）中箭头的取向差（f）

对异常晶粒进行高倍EBSD表征时发现，异常晶粒通常出现在碳化物附近，并且异常晶粒和碳化物附近的晶内平均取向差（KAM）和几何必要位错密度（GND density）较大（如图2（a）~（d）所示），这表明碳化物附近的应力场较大。这是因为碳化物和镍基体的热膨胀系数之间的较大差异导致了较大的错配应力，在冷却过程中碳化物与基体可能会发生残余塑性变形。此外，研究还发现异常晶粒具有两种特殊晶界，即异常晶粒与基体取向差呈约60°的Σ3晶界（如图2（e）和（f）中线*XX′*所示），异常晶粒与基体取向差呈约50°的Σ11晶界（如图2（e）和（f）中线*YY′*所示），为了区分两种异常晶粒，分别称为“Σ3晶粒”和“Σ11晶粒”。图2（e）中显示Σ3晶粒取向与碳化物一致，图2（d）中显示Σ11晶粒内含有一些硼化物，如图2（d）中箭头所示。通常具有特殊晶界（重合位置点阵，CSL）的再结晶易出现在经过变形和退火处理的合金组织中，由此推断合金中异常晶粒的产生是由于凝固过程中产生的残余应力促进了再结晶的发生，并且合金中碳化物和硼化物也可能促进异常晶粒的形成。

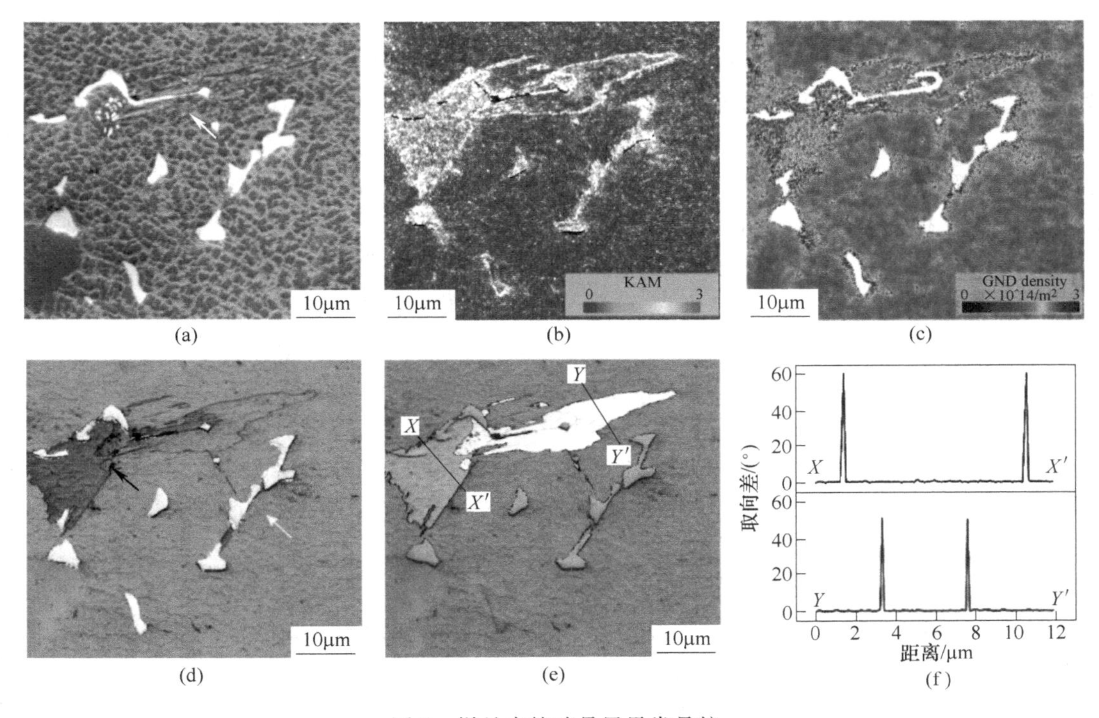

图 2　样品中特殊晶界异常晶粒

(a) 扫描电镜 (SEM) 照片; (b) 平均取向差 (KAM) 图;
(c) 基体几何必要位错 (GND) 密度图; (d) 相图; (e) 反极图 (IPF); (f) 对应取向差图

2.2　残余应力

通过表征不同厚度样品中碳化物附近 GND 密度，进一步研究了合金中残余应力对异常晶粒形成的影响。计算了不同厚度样品中包含几个碳化物的区域的 GND 值，结果如图 3 (a) 所示。从 GND 数值图中可以清楚地看出，样品组织中的 GND 密度随着样品厚度的减小而增大，这表明组织中的残余应力随着试样厚度的减小增大而增大。在合金凝固过程中，铸件中发生的热应力会导致残余应力，而凝固过程中热应力的数值模拟是预测铸件残余应力的重要方法[7]。本文通过 ProCAST 商业软件对不同厚度的样品进行了残余应力模拟，结果如图 3 (b) 所示。可以看出，残余应力随着试样厚度的减小而增大。20mm 厚度试样的残余应力约为 50MPa，随着厚度减小到 3mm，应力增加到约 250MPa。样品宏观残余应力随着样品厚度的减小而增大的趋势与 GND 密度随试样厚度减小而增大的趋势一致。

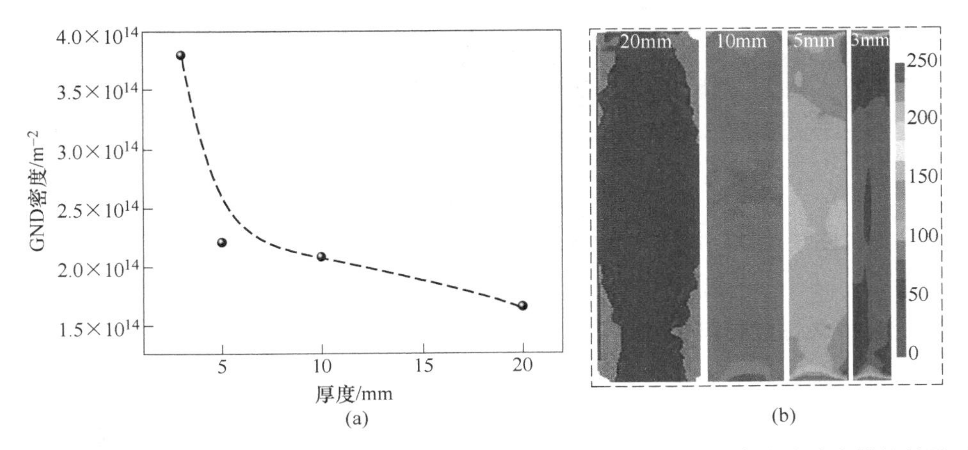

图 3　不同厚度样品异常晶粒附近 GND 密度分布 (a) 和不同厚度样品残余应力分布模拟结果 (b)

2.3　尺寸效应诱导异常晶粒

通常，在已报道的 K465 高温合金中存在粗大的等轴晶粒[8]，而在本工作中，在 K465 合金的粗大等轴晶中观察到尺寸细小的具有特殊晶界的异常晶粒。因此，推断在薄壁试样中出现的具有特殊晶界的异常晶粒为在热处理过程中形成的再结晶。薄壁试样中异常晶粒的形成可以解释如下：

K465 高温合金在凝固和随后的冷却过程中，由于金属、模具和型芯的热膨胀系数不同，在合金组织中产生了残余塑性应变。一般来说，难变形颗粒（如碳化物）附近区域含有高位错密度，因此其附近可能是再结晶晶粒形成的位置[9]。薄壁样品中碳化物附近位错密度较高，其可以作为再结晶形核核心诱导异常晶粒的产生，因此，异常晶粒存在于枝晶间区域的块状碳化物周围。此外，宏观残余应力随着试样厚度的减小而增大，因此，异常晶粒的数量随着试样厚度的减小而增加。此外，也有文献报道单晶高温合金中的薄壁部位更易发生再结晶现象[3]。

此外，由于采用埋砂工艺制备薄壁样品，在合金凝固后砂箱具有较高的温度，在随后的冷却过程具有较高温度的砂箱会对样品产生热处理作用。一些学者在研究固溶处理对增材制造 Inconel625 合金影响过程中发现，在高温固溶处理后合金组织发生了再结晶[10]，由此推测由于高温砂箱的热处理效应，薄壁样品中碳化物附近会发生再结晶。为了验证异常晶粒是由砂箱的热处理作用引起的再结晶，设计了另一种新的材料制备工艺：在凝固过程结束后立即拆除砂箱，避免热处理过程。其他材料和方法与前述的制备工艺一致，结果如图 4（a）和（b）所示，采用埋砂获得样品中存在异常晶粒，而快速脱壳的样品中不存在异常晶粒。随后将快速脱壳的样品在 1210℃进行了 4h 的热处理，结果如图 4（c）和（d）所示。从图中可以看到组织中又出现了异常晶粒，这表明异常晶粒是在热处理过程中发生再结晶现象。

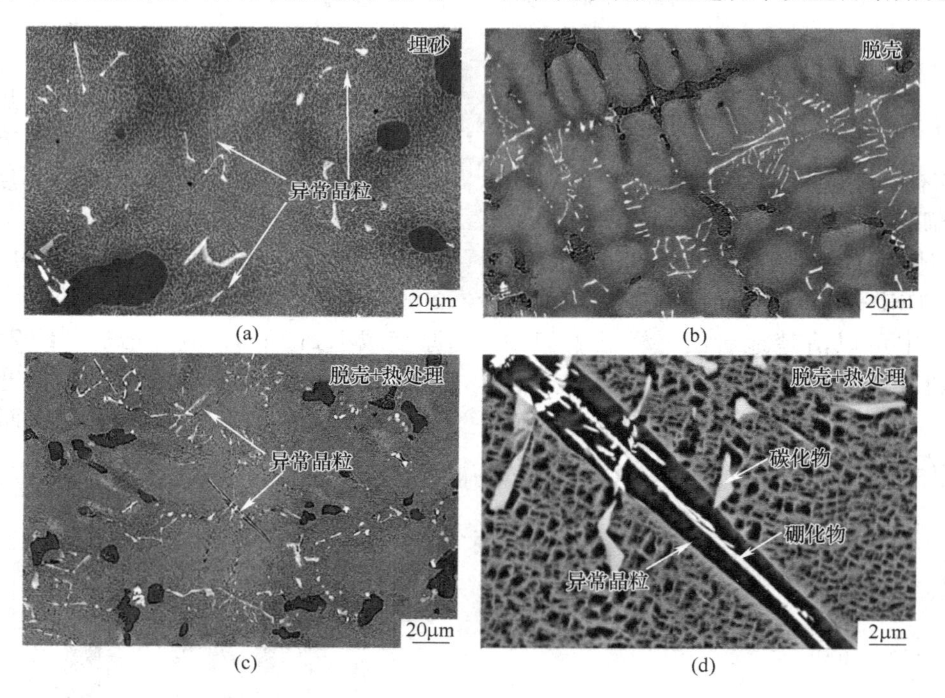

图 4　不同工艺获得样品的显微组织

（a）埋砂工艺；（b）埋砂工艺浇注后快速脱壳工艺；（c），（d）脱壳后样品在 1210℃进行 4h 热处理

2.4　异常晶粒对合金持久性能影响

分析了特殊晶界异常晶粒对合金力学性能的影响，结果如图 5（a）所示。存在异常晶粒的合金在 975℃/ 225MPa 条件下持久寿命约为 40h，低于无异常晶粒的合金（约 75h）。图 5（b）显示合金持久断裂的裂纹发生在异常晶粒附近，通常合金在高温下蠕变过程中变形主要以晶界滑移为主，高温合金的蠕变过程中晶界处容易出现应变集中现象，异常晶粒的出现增加了裂纹萌生的倾向。

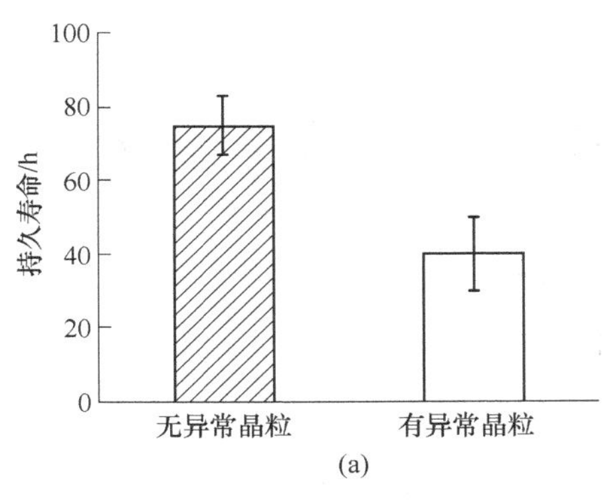

(a)

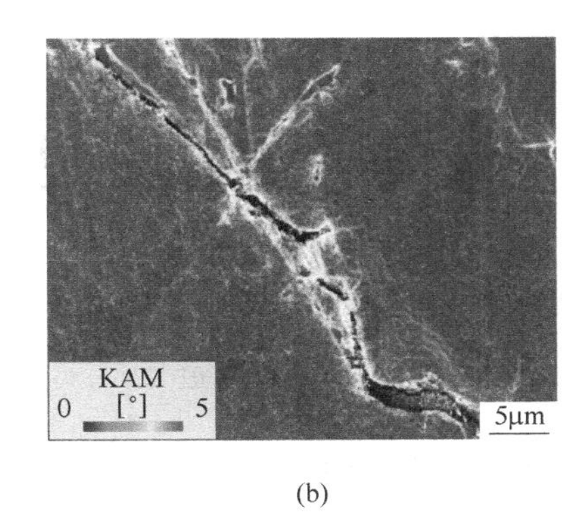

(b)

图 5　有无异常晶粒的 K465 合金在 975℃/225MPa 条件下持久性能（a）和有异常晶粒合金高温持久断后组织 KAM 图（b）

3　结论

（1）薄壁试样中存在具有特殊晶界的异常晶粒，20mm 厚试样中异常晶粒的面积分数为 0.31%。随着试样厚度减小到 3mm，异常晶粒数量增加到 2.69%。

（2）实验结果和数值模拟结果表明，合金凝固后组织残余应力随着试样厚度的减小而增大。20mm 厚试样中的残余应力约为 50MPa，随着厚度减小到 3mm，残余应力增加到约 250MPa。

（3）薄壁件中异常晶粒的出现是由于凝固过程中产生的残余应力和随后的高温砂箱热处理造成的。

（4）合金高温持久变形过程中裂纹易发生在异常晶粒附近，导致合金的持久性能下降。

参考文献

[1] Reed R C. The Superalloys: Fundamentals and Applications [M]. Cambridge: Cambridge University press, 2008.

[2] Liang G. Thin turbine rotor blade with sinusoidal flow cooling channels [P]. United States, 2010.

[3] Li Z, Xiong J, Xu Q, et al. Deformation and recrystallization of single crystal nickel-based superalloys during investment casting [J]. Journal of Materials Processing Technology, 2015, 217: 1~12.

[4] Tang Y T, D′Souza N, Roebuck B, et al. Ultra-high temperature deformation in a single crystal superalloy: Mesoscale process simulation and micromechanisms [J]. Acta Materialia, 2021, 203: 116468.

[5] Wang L, Xie G, Zhang J, et al. On the role of carbides during the recrystallization of a directionally solidified nickel-base superalloy [J]. Scripta Materialia, 2006, 55 (5): 457~460.

[6] Yang J, Luo J, Li X, et al. Evolution mechanisms of recrystallized grains and twins during isothermal compression and subsequent solution treatment of GH4586 superalloy [J]. Journal of Alloys and Compounds, 2021, 850: 156732.

[7] Pattnaik S, Karunakar D B, Jha P K. Developments in investment casting process—A review [J]. Journal of Materials Processing Technology, 2012, 212 (11): 2332~2348.

[8] 郭小童，郑为为，李龙飞，等．冷却速率导致的薄壁效应对 K465 合金显微组织和持久性能的影响 [J]. 金属学报，2020，56（12）：1654~1666.

[9] Rettberg L H, Pollock T M. Localized recrystallization during creep in nickel-based superalloys GTD444 and René N5 [J]. Acta Materialia, 2014, 73: 287~297.

[10] Hu Y L, Li Y L, Zhang S Y, et al. Effect of solution temperature on static recrystallization and ductility of Inconel 625 superalloy fabricated by directed energy deposition [J]. Materials Science and Engineering: A, 2020, 772: 138711.

K416B 合金宏观偏析及性能调控研究

费翔[1,2]，盛乃成[1*]，谢君[1]，韦林[3]，于金江[1]，侯桂臣[1]，
李金国[1]，周亦胄[1]，孙晓峰[1]

（1. 中国科学院金属研究所师昌绪先进材料创新中心，辽宁 沈阳，110016；
2. 中国科学技术大学材料学院，安徽 合肥，230026；
3. 中国航发四川燃气涡轮研究院，四川 成都，610599）

摘　要：分析了存在 W 元素宏观偏析的 K416B 合金铸锭后发现，铸锭上下端富 W 相分布并不均匀，铸锭底部富集树枝状的富钨 α-W 相，这与底端 W 元素质量分数高相契合；通过 Thermo-Calc 热力学计算软件分析主要合金元素对富钨 α-W 相的影响，发现增加 Al、W、Ti 元素含量会提高富钨 α-W 相的析出温度及峰值含量；1550℃下分别浇铸不同 Al、Ti 含量的合金试棒，当 Al 含量达到 7%、Ti 含量达到 2.5%时，合金中就会有富钨 α-W 相析出，且合金持久性能大幅度下降；通过调控 Al、W、Ti 元素含量后，重新浇铸合金锭，铸锭宏观偏析得到抑制，合金持久性能均超过 40h。

关键词：K416B 合金；富钨 α-W 相；富钨 M_6C 相；持久性能

镍基高温合金具有优异的高温力学性能、抗氧化以及耐热腐蚀性能，是先进航空发动机热端部件的关键材料[1,2]。高钨高温合金通过添加大量固溶强化元素 W 以提高合金高温力学性能，W 元素可以提高原子间结合能以及影响合金元素在 γ 基体和 γ′相间的分配，改变两相的晶格常数及错配度，并降低合金的层错能，从而提高合金的高温强度[3]。当前无论美系、俄系合金都添加大量 W 元素来进行固溶强化，以提高合金的耐高温性能，且在国内外的多种型号航空发动机上获得广泛应用[4,5]。K416B 合金是典型高 W 高温合金之一[6]，其 W 元素含量达到 16%，短时耐温能力达到 1100℃，是弹用发动机热端部件的理想材料[7]。研究过程中发现，大量引入 W 元素在强化合金的同时也会导致合金在凝固过程中极易产生 W 元素的宏观偏析，导致合金成分难以控制，不能获得具有均匀最优成分的合金，进而造成合金性能不佳及稳定性差的问题，因此针对 K416B 合金中富 W 相及性能调控开展研究，以提高合金的性能水平事关我国航空发动机的安全可靠，更是对我国军事国防和经济发展具有重要意义。

1　试验材料及方法

采用真空感应熔炼炉熔炼 K416B 合金锭，分析合金锭不同高度组织及成分，探究富 W 相与宏观偏析之间的关系；结合 Thermo-Calc 计算软件对 K416B 合金的凝固过程进行模拟，从热力学角度分析 Al、W、Ti 等主要合金强化元素对富 W 相析出的影响规律；并在保证其他合金元素不变的情况下单一改变 Al 或 Ti 进行二次熔炼，来探究合金元素对 K416B 合金组织及性能的影响，合金成分范围见表 1（文章中提及成分皆为质量分数）。采用 X 射线荧光光谱仪（XRF）分析合金成分。试样经过研磨、机械抛光后，采用硫酸铜腐蚀液腐蚀，利用金相显微镜及扫描电镜观察合金组织，采用 VersaXRM-500 三维断层扫描，分析富 W 相

表 1　K416B 合金成分范围　（质量分数,%）

合金	C	Cr	Co	Al	W	Ti	Nb	Hf	Zr	B	Ni
下限	0.08	4.6	6.0	5.6	15.3	0.7	1.6	0.7	≤0.02	≤0.02	余量
上限	0.14	5.2	8.0	6.2	16.5	1.2	2.1	1.2			

* 作者：盛乃成，项目研究员，联系电话：024-83658500，E-mail：ncsheng@imr.ac.cn

的空间分布及三维形貌。使用 TSE504D 型万能试验机进行室温拉伸实验，测定 K416B 合金的屈服强度、抗拉强度及伸长率；利用蠕变试验机进行典型条件下的持久性能测试。

2　实验结果及分析

2.1　富钨相的析出行为

对所制备母合金锭（合金成分见表 2）的上、下部组织及成分进行了分析，如图 1 所示。可以看出合金的下部主要存在大量细小尺寸的富钨 α-W 相，通过成分分析发现富钨 α-W 相的 W 元素含量高达 90%以上，主要为富 W 的颗粒相。合金锭上部同样观察到了富 W 相，但是为大尺寸的富钨 M_6C 相，其成分特点为 W 元素的质量分数为 70%左右，而且数量较下部明显减少。合金成分分析的结果同富 W 相的分布数量相对应，如图 1（d）所示。合金的下部 W 含量明显较上部高，在目前的分析结果中发现下部要高约 5%。此外，Al 表现出了相反的趋势，合金锭下部的 Al 含量较上部明显偏低。

表 2　K416B 母合金锭合金成分

（质量分数，%）

合金	C	Cr	Co	Al	W	Ti	Nb	Hf	Zr	B	Ni
K416B	0. 13	5	7	6. 1	16. 2	1. 1	2	1. 1	0. 02	0. 02	余量

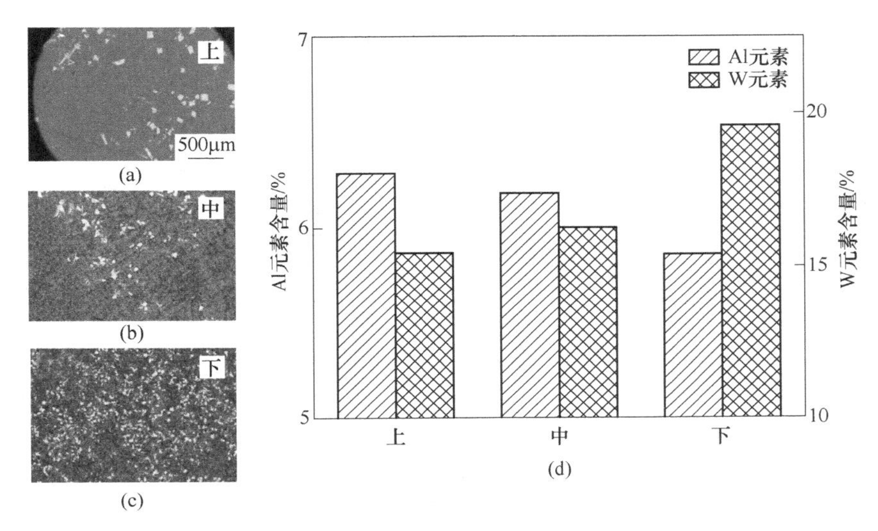

图 1　K416B 母合金锭组织形貌（a）~（c），不同位置 Al、W 元素含量（d）

为了进一步研究合金中富 W 相的形貌特点，采用扫描电镜及三维 XRT 分析了合金中富 W 相的形貌，如图 2 所示。从图 2（a）可以看出合金锭中富 W 相存在不同形貌，圆球状的 α-W 相不均匀分布于枝晶干上且尺寸较小，块状和层片状的富钨 M_6C 相则镶嵌在共晶中，且尺寸远大于球状 α-W 相，另外合金锭中还存在花瓣状以及树枝状 α-W 相。图 2（b）是富钨 α-W 相的空间分布及三维形貌图，空间上 α-W 相的分布并不均匀，形貌上呈现枝晶状，而平面花瓣状形貌主要是枝晶状 α-W 相在某个角度上二维平面呈现的形貌。因此，可以推断在合金凝固过程中，富钨 α-W 相在熔体中形核，其密度要大于熔体的密度，在重力作用下，α-W 相发生沉降，并在铸锭底端富集，最终长成树枝状形貌，并造成合金铸锭中 W 元素上下分布不均，下端 W 元素的质量分数远超 K416B 合金的成分上限。

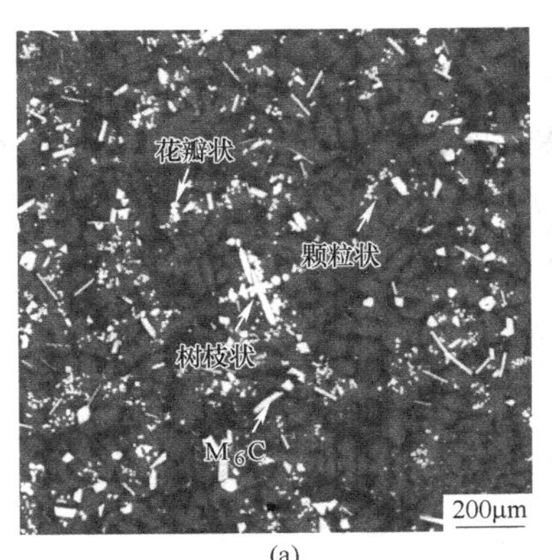

图 2　富钨相二维形貌图（a）和 α-W 相三维形貌图（b）

2.2 热力学计算结果

富 W 相析出会显著影响合金的成分分布，揭示富 W 相的析出过程对于控制富 W 相形成十分重要。因此，采用 Thermo-Calc 模拟计算了 K416B 合金的凝固过程，同时重点对比了 Al、W、Ti 三个主要强化元素对富钨 α-W 相形成的影响规律。结果发现 Al、W、Ti 含量超过阈值后，合金中会析出富钨 α-W 相，如图 3（a）所示，Al、W、Ti 含量分别为 6%、15.9%以及 0.9%时，K416B 合金凝固过程中相组成图，此时合金在 1270℃时开始析出富钨 α-W 相。为了进一步分析单个元素对富钨 α-W 相析出影响规律，固定其他合金元素，单一改变 Al（W、Ti）元素，计算结果如图 3（b）~（d）所示。图 3（b）（d）为 W 含量为 15.7%时，α-W 相随 Al、Ti 含量变化趋势，当 Al 含量达到 6.1%或 Ti 含量达到 1.1%时，合金中开始析出 α-W 相；图 3（c）为 Al、Ti 元素含量分别为 5.9%、0.8%时，α-W 相随 W 含量增加的变化趋势，随着 W 含量提高，合金中 α-W 相的析出温度及峰值含量皆随之增加。因此，可以通过调控合金中 Al、W、Ti 的质量分数，以抑制合金中富钨 α-W 相的析出。

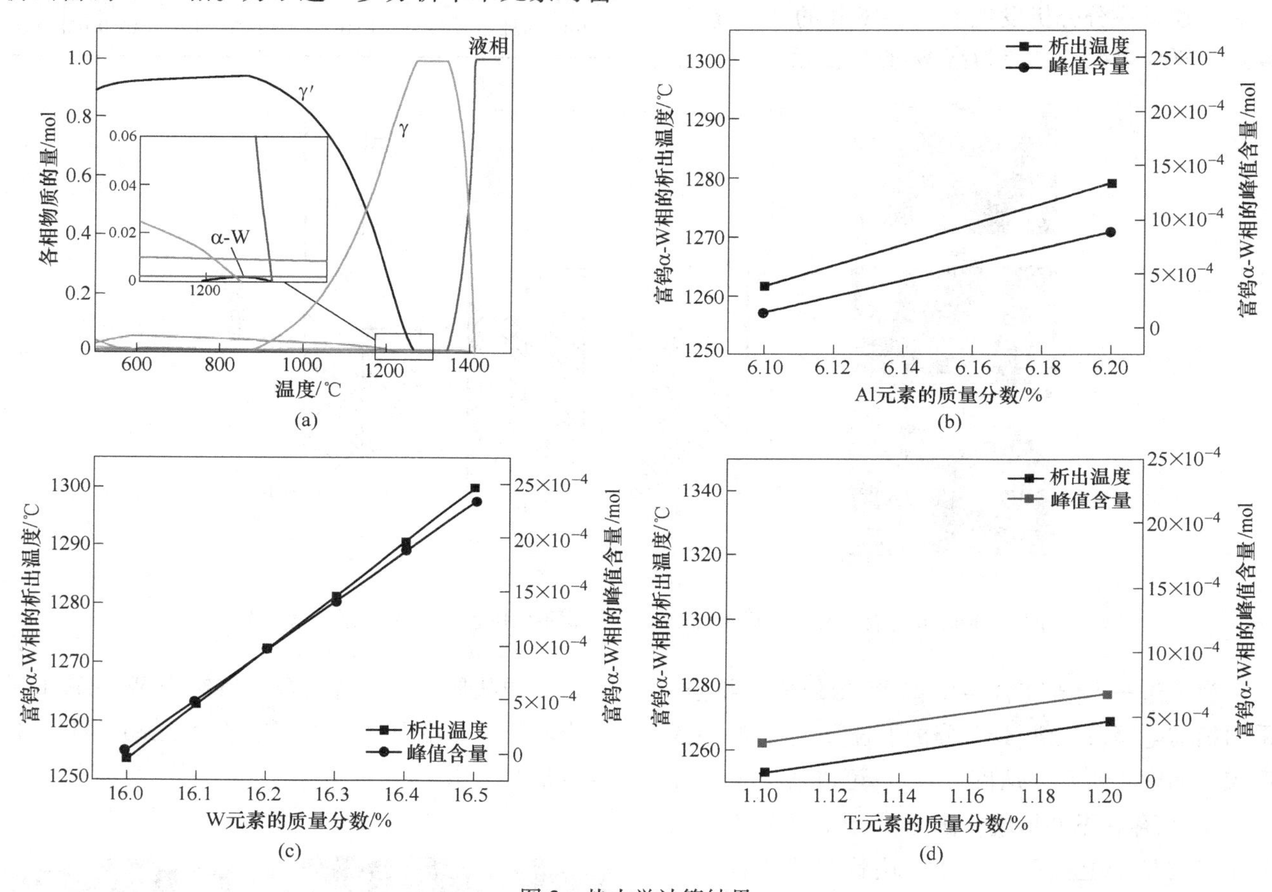

图 3 热力学计算结果

（a）K416B 合金平衡相图；（b）~（d）不同 Al、W、Ti 含量富钨 α-W 相的析出温度及峰值含量

2.3 Al、Ti 元素对合金富 W 相析出的影响

Al、Ti 作为镍基高温合金的主要沉淀强化元素，是主要强化相 γ′相的重要组成元素，同时两者的熔点较低，还会促进合金中共晶的形成，且 Ti 元素是 MC 碳化物形成元素之一[8]，但过量的 Al、Ti 合金元素会使合金的性能下降[9]。2.2 节热力学计算结果显示，Al、Ti 含量影响合金中富钨 α-W 相的析出温度及峰值含量。因此研究 Al、Ti 含量对 K416B 合金组织及性能的影响很有必要，本文在固定其他元素含量不变的情况下，单一调整 Al 元素或 Ti 元素含量，分析其对合金组织及性能的影响。

1550℃条件下浇铸不同 Al 质量分数分别为

5%、6%、7%、8%的合金低倍及高倍组织如图4所示，从图4中可以看出，Al含量不同的合金铸态组织差异非常明显。图4（a）~（d）为合金低倍组织，可以看出K416B合金晶界呈现弯曲状，当Al含量较低时，在晶界处分布着大量共晶和条状MC碳化物，共晶相形貌多为蜂窝状，如图4（a）（b）所示。而当Al含量提高到7.0%时，合金的晶界位置同样分布大量共晶和MC碳化物，但共晶形貌发生了变化，由蜂窝状转变为粗大的块状γ/γ′共晶，此外合金中开始析出大尺寸的富钨α-W相，如图4（c）所示。继续提高Al含量到8%时，合金中析出大量大尺寸的富钨α-W相，MC碳化物数量明显减少，合金中的共晶相均为块状γ/γ′共晶，且在板状共晶位置存在β-NiAl相（图4（d）中共晶相位置孔洞为硫酸铜腐蚀液腐蚀掉的β-NiAl相）。图4（e）~（h）为不同Al含量对γ′析出相形貌的影响，当Al含量为5%时，γ′相平均尺寸为0.48μm，当Al含量提高到6%及7%时，γ′相尺寸并没有发生较大改变，分别为0.49μm和0.60μm，但当Al含量提高到8%时，γ′相尺寸陡增至1.46μm。利用Image Pro软件对不同Al含量组织中共晶相及富钨α-W相进行统计后发现，共晶相及富钨α-W相的面积分数都随着Al含量的提高而升高，如图5所示。

图4 不同Al含量合金组织形貌图

（a）~（d）合金低倍组织；（e）~（h）合金高倍组织

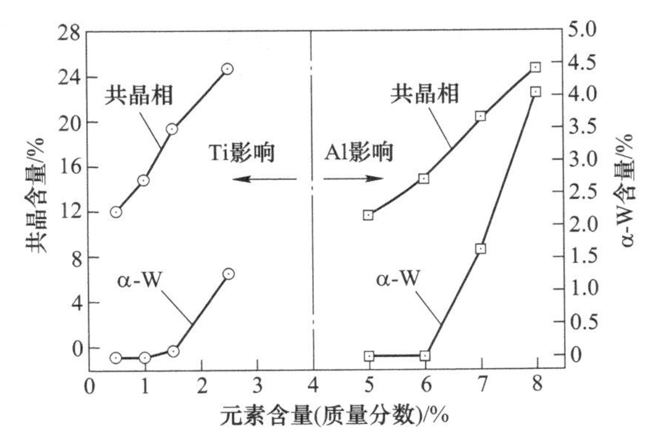

图5 不同Al、Ti含量下合金共晶相含量及富钨α-W相含量

表3为不同Al含量合金的力学性能，从表中可以看出，随着Al含量的增加，合金的持久性能呈现先升高后降低的趋势，Al含量8%时合金持久性能很差，当合金中的Al含量为6%时，合金的持久寿命较为优异。Al含量为7%的合金抗拉强度略有提高，而8%Al含量的合金屈服强度和抗拉强度均明显降低。8%Al含量合金性能大幅度下降的原因可能与硬脆NiAl相和富钨α-W相的析出有关。

表3 不同Al含量合金持久寿命和室温拉伸性能

合金	室温拉伸性能		持久寿命/h（975℃/235MPa）
	抗拉强度/MPa	屈服强度/MPa	
5%	1087	935	28.1
6%	990	903	53.5
7%	1027	826	39.1
8%	943	762	9.8

采用相同工艺浇铸得到不同 Ti 质量分数分别为 0.5%、1.0%、1.5%、2.5%的合金低倍及高倍组织如图 6 所示，从图 6 中可以看出，0.5%Ti 和 1.0% Ti 含量合金的组织形貌差异不大，晶界呈弯曲状，在晶界处分布着大量的共晶和条状的 MC 碳化物，共晶形貌多为蜂窝状，如图 6（a）（b）所示。当 Ti 含量提高到 1.5%时，共晶含量明显提高，形貌上存在一定量的块状 γ/γ′共晶，且合金中还有少量的 M_6C 相析出，镶嵌在共晶中。继续提高 Ti 含量到 2.5%时，合金的晶界平直且分布有大量的共晶组织，在共晶池周围分布有大量大尺寸的富钨相（花瓣状的 α-W 相以及块状的 M_6C 相），合金中 MC 碳化物数量减少。对不同 Ti 含量合金组织中共晶相与富钨 α-W 相进行统计后发现，Ti 元素对合金共晶相面积分数影响较大，但由于 Ti 含量整体较少，因此对富钨 α-W 相面积分数影响较小，只有当 Ti 含量提高到 2.5%时，合金中富钨 α-W 相面积分数增加得较为明显，如图 5 所示。

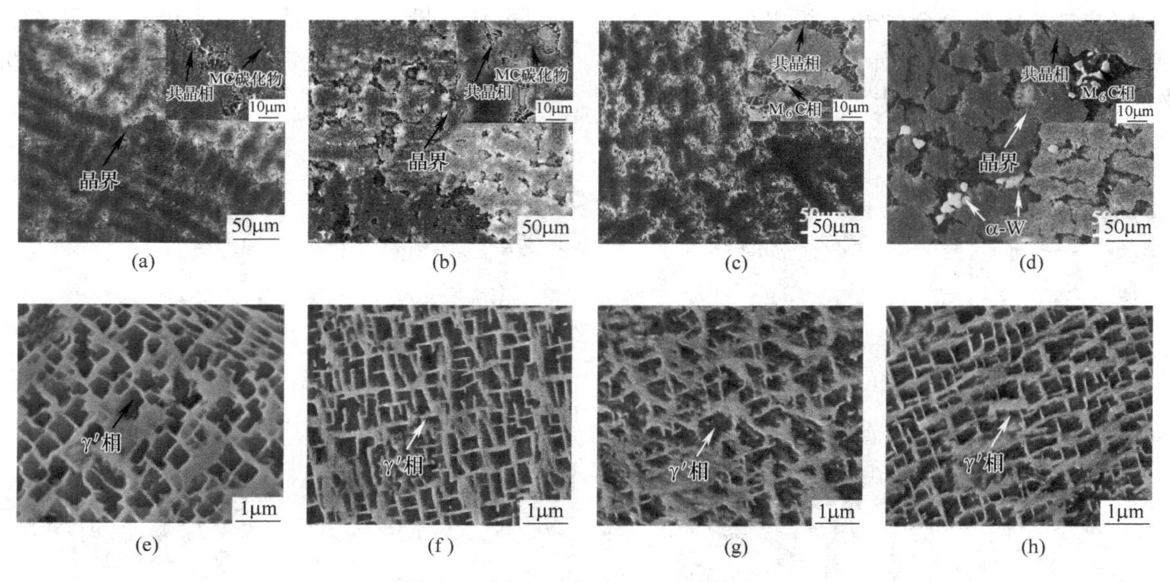

图 6　不同 Ti 含量合金组织形貌图
(a)~(d) 合金低倍组织；(e)~(h) 合金高倍组织

表 4 为不同 Ti 含量合金力学性能，从表中可以看出，0.5Ti 和 1.0Ti 的合金持久寿命差别不大，但当合金中的 Ti 含量增加到 1.5%时，合金的持久性能开始显著下降。不同 Ti 含量的合金屈服强度差异不大，但合金的抗拉强度随着 Ti 含量的增加而增大。

表 4　不同 Ti 含量合金持久寿命和室温拉伸性能

合金	室温拉伸性能		持久寿命/h (975℃/235MPa)
	抗拉强度 /MPa	屈服强度 /MPa	
0.5%	997	886	61.8
1.0%	1028	875	57.3
1.5%	1071	909	35.5
2.5%	1100	872	29.4

重点针对影响合金宏观偏析的元素 Al、Ti、W 进行了调控，重新浇铸了 K416B 合金锭，分析合金锭上部及下部成分，其 W 元素上下端质量分数分别为 15.6%、15.9%，Al 元素上下端质量分数分别为 5.97%、5.93%，上下端组织中基本不存在富钨 α-W 相，可见 W、Al 元素的宏观偏析已经得到了显著抑制。进一步测试不同炉次合金 975℃/235MPa 下的持久性能也表明合金可以获得优异的持久寿命，达到国外同类合金的水平，如图 7 所示。

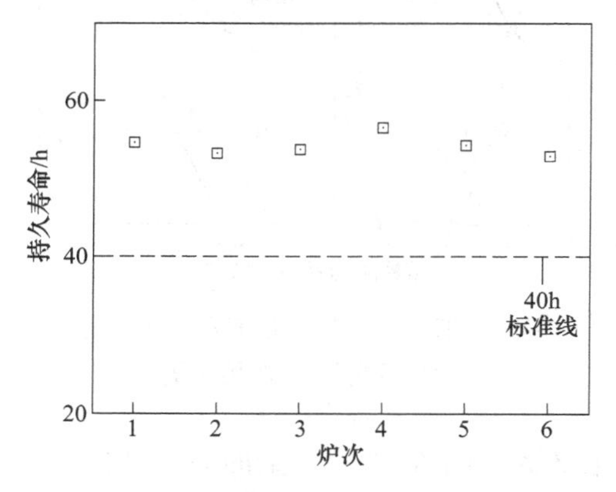

图 7　不同熔铸炉次 K416B 合金
在 975℃/235MPa 条件下持久性能

3 结论

（1）K416B 合金铸锭中的富钨 α-W 相在熔体中析出，在重力作用下，发生沉降，在铸锭底端富集，凝固结束后 α-W 相主要呈现球状和树枝状形貌，造成铸锭上下端 W 元素宏观偏析严重。

（2）Thermo-Calc 计算结果表明当 Al、Ti、W 含量达到一定值后合金中就会析出富钨 α-W 相，且 α-W 相析出温度及峰值含量随着 Al、Ti、W 元素含量增加而升高。

（3）通过对合金元素 Al、Ti、W 调控，合金锭中 W、Al 元素宏观偏析得到抑制，凝固过程中没有析出富钨 α-W 相，且合金性能达到国外同类合金的水平。

参考文献

[1] Reed R C. The superalloys：fundamentals and applications [M]. Cambridge University Press，2006.

[2] Gessinger G H，Bonmford M J. Powder Metallurgy of Superalloys [J] . International Materials Reviews，1974 (19)：51~76.

[3] 阳大云，张炫，金涛，等．钴、钨和钛对镍基单晶高温合金持久性能的影响 [J]. 稀有金属材料工程，2015，34 (8)：4.

[4] John P P，Ker S. Nickel-chromium-tantalum alloys，US，1971.

[5] Waters W J，Freche J C. Nickel-base alloy with improved strength at 200 to 2200F [J]. MET Eng Quart，1970，10 (2)：55.

[6] 孙晓峰，于金江，孟杰，等. 一种含铪高钨镍基等轴晶合金及其应用：中国，CN102433467 B [P]. 2012.

[7] 谢君，于金江，孙晓峰，等. 高钨 K416B 铸造镍基合金高温蠕变期间碳化物演化行为 [J]. 金属学报，2015，51 (4)：458~464.

[8] 孙跃军，康俊国，宫声凯 . Al、Ti、Ta 对镍基单晶高温合金组织和性能的影响 [J]. 特种铸造及有色合金，2008，186 (9)：660~662，651.

[9] Xu Y L，Zhang L，Li J，et al. Relationship between Ti/Al ratio and Creep properties in nickel-based superalloy [J]. Materials Science and Engineering A，2012，544 (6)：48~53.

CaO-Y_2O_3 陶瓷体系与高温合金熔体界面反应机理研究

范世钢*，盛乃成，林晨宇，侯桂臣，李金国，周亦胄，孙晓峰

（中国科学院金属研究所师昌绪先进材料创新中心，辽宁 沈阳，110016）

摘　要：研究了高温合金熔体与 CaO、Y_2O_3、CaO-Y_2O_3 等典型体系的碱土、稀土氧化物体系陶瓷的界面反应，结果表明：CaO 与熔体界面发生 $33CaO+14[Al]+21[S]=21CaS+12CaO\cdot 7Al_2O_3$ 的反应，其中 $12CaO\cdot 7Al_2O_3$ 液态相起到反应介质的作用；Y_2O_3 与熔体界面反应为 $3Y_2O_3+2[Al]=2[Y]+Y_4Al_2O_9$ 或 $4Y_2O_3+5[Al]=[Y]+Y_3Al_5O_{12}$，CaO-$Y_2O_3$ 与熔体界面存在如下反应：$CaO\text{-}Y_2O_3+[Al]+[S]\rightarrow CaS+[Y]+CaYAlO_x+CaAlO_y$。

关键词：高温合金；氧化钙；稀土氧化物；界面反应；脱硫

镍基高温合金是航空发动机热端部件的最重要材料，在先进的涡轮发动机中，其用量已占50%以上[1,2]。随着航空工业的不断发展，对涡轮叶片材料的性能提出了更高的要求。在高温合金承温能力已接近理论上限的背景下，提升熔体纯净度、精确控制微量有益元素含量是最大程度发挥合金性能的重要手段。

硫元素是公认的高温合金有害元素之一。国内外相关学者发现硫对于合金的抗氧化性能、合金表面氧化膜和热障涂层的黏附性影响十分显著。Smialek[3,4]首次提出了临界硫含量的概念，即当高温合金中的硫低于 1×10^{-6}时，合金的抗氧化性能会带来极大的提升。Dae Won Yun[5]发现当 GTD-111 合金中硫低于 1×10^{-6}时，合金的氧化性能明显优于硫含量高于 1×10^{-6}的合金，氧化失重仅为其他试样的 1/3 到 1/2。Smialek[6]利用 PWA1484 合金研究硫含量对于涂层寿命的影响，发现硫低于 1×10^{-6}时，合金表面的 MCrAlY 涂层会对合金起到很好的保护作用，合金在 1100℃ 循环氧化寿命高达 1000~1500h。此外，硫极易以低熔点化合物或夹杂物的形式偏聚在合金的晶界、相界等位置，弱化了晶界、相界强度，降低了合金的力学性能。基于此，严格控制铸造高温合金中的硫含量，能够极大改善合金的抗氧化及力学性能，提升高温合金在高温下的服役性能。

硫含量低于 1×10^{-6}的超低硫高温合金制备是国际高温合金发展的重要趋势。当前，美国主流的二代单晶高温合金 Rene N5、CMSX-4 以及三代单晶高温合金 ReneN6、CMSX-4 Plus 等均要求母合金及铸件中硫元素含量低于 1×10^{-6}[7~10]，CMSX-4 · SLS 母合金标准甚至要求硫含量低于 0.4×10^{-6}[11]，是目前公开报道中硫含量控制的最高要求。美国 Cannon-Muskegon 公司采用其研发的超低硫制备工艺所制备的 50% 新料+50% 返回料 CMSX-4 合金中硫含量也能达到 1×10^{-6} 以下[12]。法国第一代单晶高温合金 AM1 在设计之初就要求严格控制合金中硫的含量来发展低成本、高性能单晶合金[13]。当前，受限于 Ni/Cr 等原材料水平、装备能力及冶炼工艺水平，我国铸造高温合金母合金中硫含量通常高于 2×10^{-6}，铸件硫含量更是达到 5×10^{-6} 以上。与国外先进水平相比，我国高温合金的超纯净熔炼技术水平还有相当的差距，成为我国高温合金的整体性能水平仍然同国外同类合金存在差距的核心因素。因此，亟需开发具有原创性的超低硫高温合金制备工艺，实现高温合金中硫元素超低含量控制（$<0.4\times10^{-6}$）。

碱土和稀土氧化物同样具有优异的脱硫效果，但需要熔体中第三活性元素的参与才能实现。在 Degawa 等人[12]的研究中，某些氧化物在 1500℃ 时形成的自由能的绝对值（负值）为：

$$Y_2O_3 > CaO \geqslant HfO_2 > ZrO_2 > Al_2O_3 > MgO > La_2O_3 > CeO_2 > TiO_2 > SiO_2 > Cr_2O_3$$

因此，稀土氧化物坩埚被应用于熔炼高温合金和高熵合金等合金材料[14]。Li[15]研究发现，使

* 作者：范世钢，助理研究员，联系电话：15942323107，E-mail：sgfan@imr.ac.cn

用 Y_2O_3 坩埚，未添加 Y 的合金熔体 S 含量可由 28×10^{-6}降低到 $6\times10^{-6}\sim7\times10^{-6}$，当添加 0.8% Y 时，合金 S 含量可进一步降低 $2\times10^{-6}\sim3\times10^{-6}$。尽管稳定性较 Y_2O_3 低，CaO 相对于 Y_2O_3 具有更佳的脱硫效果，作为熔炼过程有效脱 S 的坩埚材料被广泛应用。Wang[16]发现了 CaO 坩埚的脱硫机理是坩埚内壁形成 $m\text{CaO}\cdot n\text{Al}_2\text{O}_3$ 渣，起到脱硫作用。Niu[17]、Xie[18]和 Kishimoto[19]等发现了在熔体中不添加 Al 或 Ti 时，高温合金与 CaO 坩埚之间不发生脱硫反应。但是对于具有优异脱硫能力的碱土、稀土氧化物组合（CaO、Y_2O_3、La_2O_3、CeO_2、MgO 等）后的脱硫机制仍然缺乏深入研究。

本文以典型高活性 K417G 合金为研究对象，系统研究高温合金与 CaO、Y_2O_3、CaO-Y_2O_3 等典型体系的碱土、稀土氧化物体系陶瓷的界面反应开展系统研究，提升对高温合金熔体纯净度控制的认识水平。

1 实验材料及方法

1.1 实验材料

本文研究陶瓷体系包括纯 CaO、纯 Y_2O_3 及 CaO-Y_2O_3 混合体系。其中，CaO、Y_2O_3 的含量成分见表 1。CaO-Y_2O_3 混合体系为 CaO、Y_2O_3 粉体以质量比 1：1 的比例混合。分别将以上三种混合均匀，利用压机和钢模具中以 300MPa 压力保压 5min，保证压制成条状（8mm×10mm×100mm）。将压制后样条在高温烧结炉内 1600℃保温 1h 并随炉冷却制成致密陶瓷棒。

表 1 CaO、Y_2O_3 粉末成分

（质量分数，%）

成分	CaO	MgO	Y_2O_3	Fe_2O_3	挥发物
CaO	98	0.5	—	0.015	1.2
Y_2O_3	<0.0008	—	6×10^{-9}	<0.0005	—

本文研究熔体-耐材界面反应的合金体系为 K417G 合金，其典型成分如表 2 所示。K417G 是典型的高 Al、Ti 等轴铸造高温合金，其 Al+Ti 含量高达 10%，其碳含量也达到 0.2%的水平，这种成分构成使得 K417G 合金熔体具有很高的化学反应活性。因此，本文选取 K417G 作为合金熔体材料。

表 2 实验用合金化学成分

（质量分数，%）

合金	C	Cr	Mo	Co	Al	Ti	Fe	Si	Mn	Ni
K417G	0.13~0.22	8.5~9.5	2.5~3.5	9~11	4.8~5.7	4.1~4.7	≤1	≤0.5	≤0.5	余量

1.2 实验方法

以往观测合金熔体与陶瓷界面反应的方法通常分为座滴法和浸取法。座滴法指将小金属块放置于陶瓷基板，在高温炉中加热至合金熔化，观察合金与陶瓷接触面的反应，也可测表面和界面张力及润湿角，此方法简便快捷。但熔体存在降温凝固过程，无法断定高温下的反应产物。浸取法指利用陶瓷基板在合金熔体中浸泡，保温一定时间后立即取出冷却，可观测高温下的反应产物，并且不会造成材料的浪费。本实验全部采取浸取法观察 CaO 陶瓷与高温合金熔体的界面脱硫反应，即通过夹具固定陶瓷试样，利用镍丝将夹具与测温偶连接固定，测温偶测温后拔出，测温偶以下部分的陶瓷试样接触熔体保温一定时间拔出。

本实验利用 ZG-0.01 型 10KG 真空感应熔炼炉进行，依次将合金锭或原料加入，在 1500℃及高真空（10^{-2}Pa）下熔炼，待全部化清后，加入 2×10^{-4}的硫，升至 1550℃，精炼 3min，降温至 1500℃，将陶瓷试样插入合金熔体中，保持 15min 后直接取出空冷降至室温，进行进一步表征。

1.3 表征方法

将浸取实验后的试棒分成两部分，取接触熔体与未接触熔体两部分，将其热镶，利用扫描电子显微镜观察界面结构与元素分布情况，利用 X 射线衍射仪观测反应前后 CaO 表面的物相变化。

扫描电子显微镜（SEM）型号为 FEI Thermoscientific Apreo 2C 场发射电子显微镜和 Zeiss Gemini300 场发射电子显微镜，装有背散射镜头（BSD）和能谱（EDS），X 射线衍射仪型号为 D/Max-2500PC-X 射线衍射仪。

2 实验结果及分析

2.1 CaO 体系界面反应研究

图 1 展示了 CaO 反应前的形貌及成分分布，如图 1 所示，CaO 陶瓷棒内部致密，无明显孔隙存在，说明原料 CaO 粉烧结效果良好，因此可以

保证 CaO 陶瓷棒与熔体反应发生在陶瓷外层界面处而不会发生熔体宏观浸入陶瓷棒内部。根据 EDS 分析可知，CaO 陶瓷棒内层主要组成为 CaO，反应前陶瓷棒内部无 Al、Ni、S 元素存在。

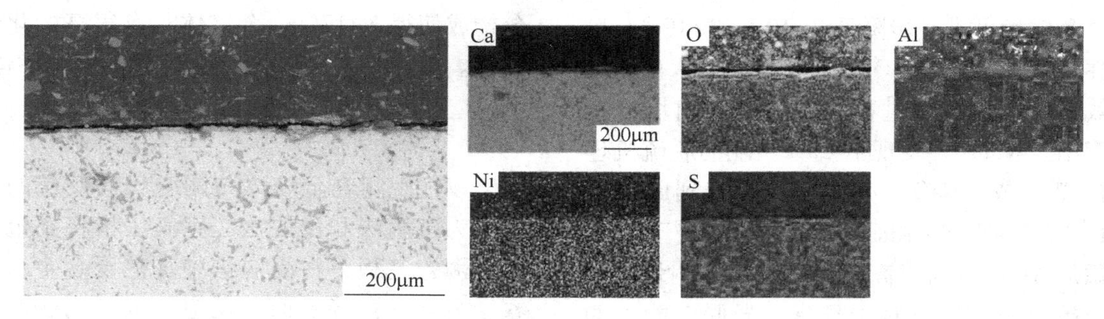

图 1　CaO 反应前 SEM-EDS 图

图 2 展示了 CaO 陶瓷棒与 K417G 熔体反应后，CaO 棒表面的 SEM-EDS 分析结果。如图 2（a）所示，CaO 陶瓷-K417G 熔体界面反应层宏观呈现三层分布，最外层为熔体残留物，成分上表现为富 Ni 区；最内层为未反应的 CaO 陶瓷层，成分上表现为富 Ca 区；中间层为界面反应层，成分上表现为 Ca、Al、S 共存区。在进一步放大反应层和 CaO 陶瓷层区域，如图 2（b）所示，可以

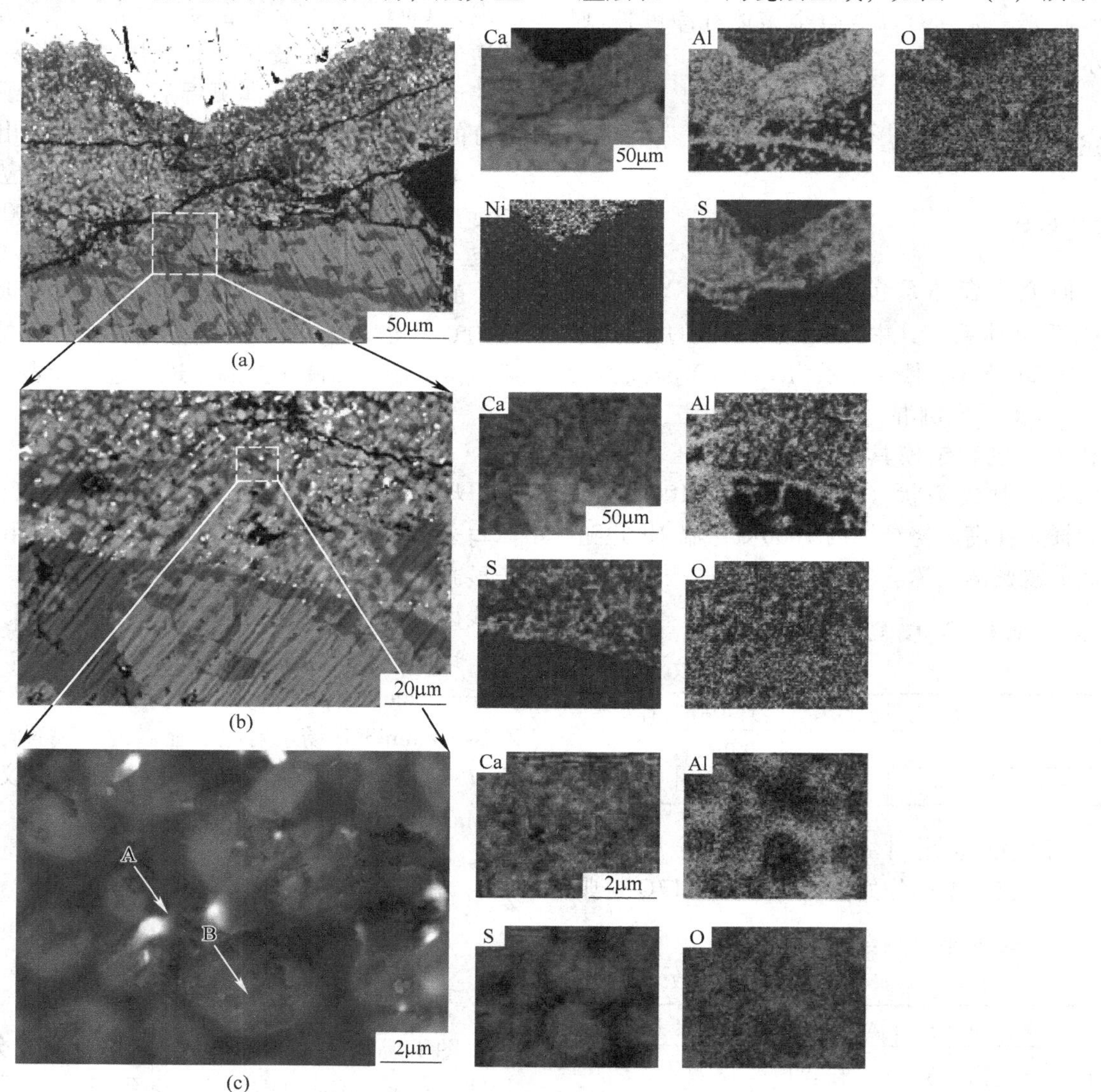

图 2　CaO 反应后 SEM-EDS 图

看出反应层中 Al 与 S 呈现明显的互相嵌布的存在形式，同时整个区域中都含有 Ca，推测反应产物为 CaS 和 Al、Ca 复合氧化物，同时可以明显观察到 Al、Ca 复合氧化物侵入未反应 CaO 层的现象；进一步放大反应层，如图 2（c）所示，可以明显看出面扫结果中 Al、S 的互相嵌布的存在形式，根据表 3 中对比不同衬度区域的打点分析结果可知，浅色区域主要富 Ca、S，推测为 CaS 相，呈现球形形貌；深色区域主要富 Ca、Al，推测为 Ca、Al 复合氧化物相，其存在形貌为球形 CaS 相间的骨架状。

表 3　反应后 CaO-熔体界面处反应层 EDS 点扫分析结果

元素	位置 A		位置 B	
	质量分数/%	原子分数/%	质量分数/%	原子分数/%
O	21.95	41.34	8.43	17.14
Al	12.18	13.61	3.19	3.85
S	12.44	11.69	35.85	36.39
Ca	23.48	17.66	52.34	42.50
Ti	1.07	0.67	0.19	0.13
Cr	3.27	1.90	—	—
Co	3.52	1.80	—	—
Ni	22.09	11.34	—	—
总量	100.00	100.00	100.00	100.00

对反应前后 CaO 陶瓷表面进行 XRD 物相分析，如图 3 所示，可以看出反应前为均一的 CaO 相，结果与图 1 分析一致；反应后产物除 CaO 相，出现大量的 CaS 相和 $12CaO \cdot 3Al_2O_3$ 相，以及少量的 $3CaO \cdot Al_2O_3$ 相，结果与图 2 中关于反应层中成分分析的结果一致。

以上分析说明 CaO 具备脱除 K417G 合金熔体中 S 元素的作用，脱硫反应产物为 CaS 和 Ca、Al 复合氧化物。据此可推测 CaO 与 K417G 熔体反应方式可能如式（1）~式（3）所示。

$$33CaO + 14[Al] + 21[S] = 21CaS + 12CaO \cdot 7Al_2O_3 \quad (1)$$

$$6CaO + 2[Al] + 3[S] = 3CaS + 3CaO \cdot Al_2O_3 \quad (2)$$

$$4CaO + 2[Al] + 3[S] = 3CaS + CaO \cdot Al_2O_3 \quad (3)$$

根据热力学计算，在 1500℃ 的 K417G 熔体中，以上各反应的吉布斯自由能分别是 −8919.29kJ/mol、−1276.31kJ/mol、−1265.025kJ/mol，因此界面反应主要以式（1）的方式进行。同时结合图 4 中 $CaO-Al_2O_3$ 相图可知，$12CaO \cdot 7Al_2O_3$ 相熔点为二元体系中最低，其在 1500℃ 条件下为液态，除热力学吉布斯自由能最优外，该相生成后对内溶解 CaO 相并输送到与合金熔体接触的外层，进行脱硫反应生成 CaS 相。CaS 相熔点更高，在整个界面反应过程中保持固相，因此 $12CaO \cdot 7Al_2O_3$ 相客观上起到了脱硫反应介质的作用，保证了脱硫反应的持续进行。

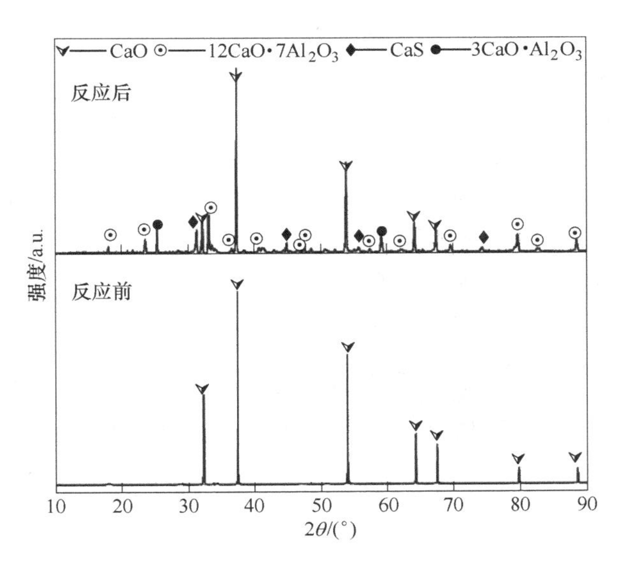

图 3　反应前后 CaO-熔体界面 XRD 图

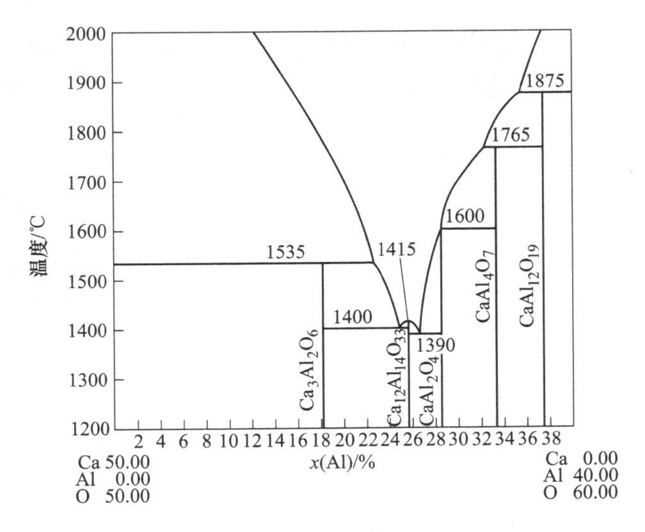

图 4　$CaO-Al_2O_3$ 体系相图

2.2　Y_2O_3 体系界面反应研究

图 5 展示了 Y_2O_3 反应前的形貌及成分分布，如图 5 所示，Y_2O_3 陶瓷棒内部致密，无明显孔隙存在，可以保证 Y_2O_3 陶瓷棒与熔体反应发生在陶瓷

外层界面处而不会发生熔体宏观浸入陶瓷棒内部。根据 EDS 分析可知，Y_2O_3 陶瓷棒内层主要组成为 Y_2O_3，反应前陶瓷棒内部无 Al、Ni、S 元素存在。

图 6 展示了反应后 Y_2O_3-熔体界面的形貌及成分分析，如图 6（a）所示，反应界面富含 Y、Al 元素，界面形貌平整与反应前无明显变化。进一步放大反应区如图 6（b）所示，根据表 4 中所示打点结果可知，反应后内部为 Y_2O_3 区（表 4 中 E 点），界面处存在 Al_2O_3 区（表 4 中 A 点）以及 Al、Y 复合氧化物区（表 4 中 B、C、D 点）。反应层及陶瓷内部均不存在富 S 相。进一步分析反应前后 Y_2O_3-熔体界面产物物相如图 7 所示，反应前陶瓷为均一 Y_2O_3 相，结果与图 5 结果一致，反应后除 Y_2O_3 相外，出现 $Y_4Al_2O_9$、$Y_3Al_5O_{12}$ 相，说明 Y_2O_3 陶瓷与 K417G 合金的界面反应按照式（4）、式（5）的方式进行。

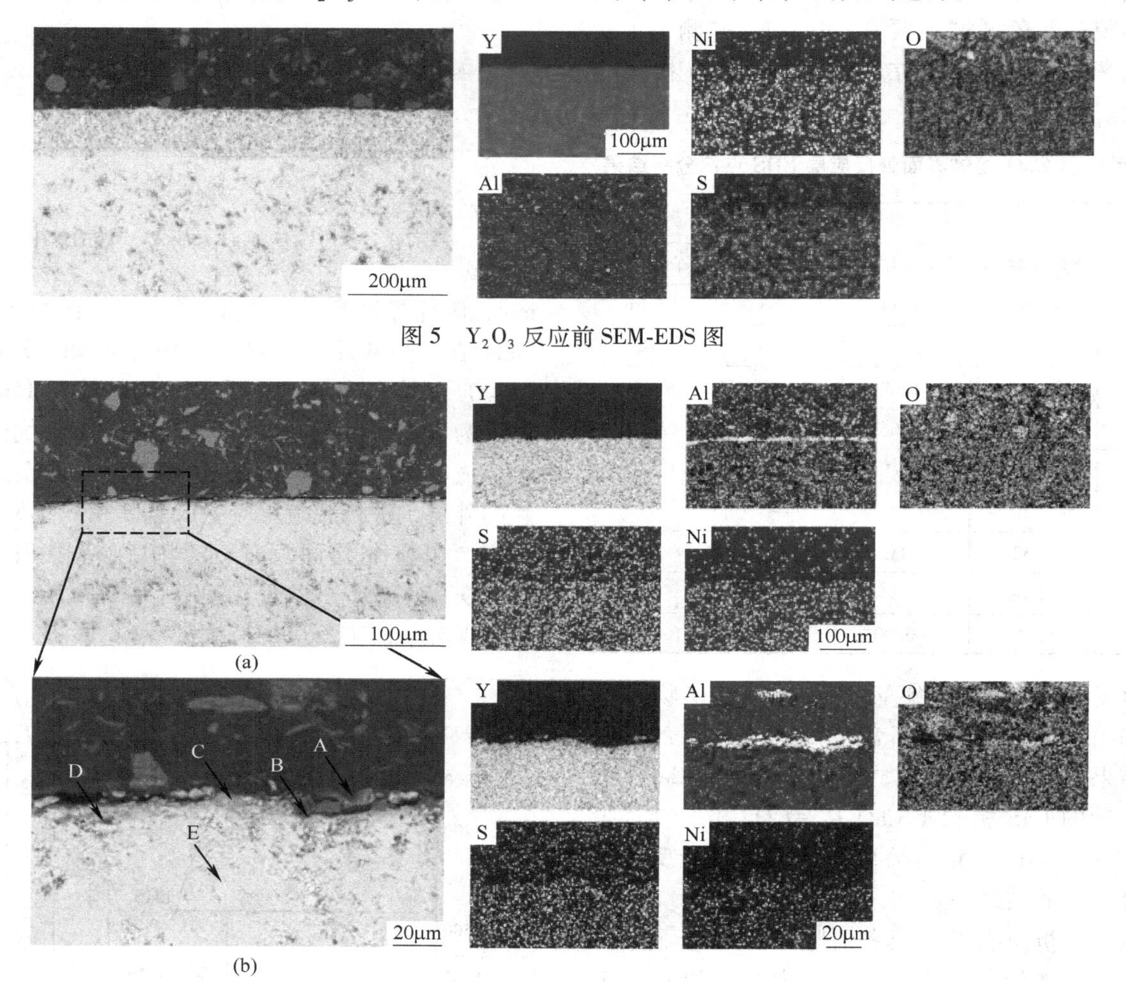

图 5　Y_2O_3 反应前 SEM-EDS 图

图 6　反应后 Y_2O_3-熔体界面 SEM-EDS 图

表 4　反应后 Y_2O_3-熔体界面处反应层 EDS 点扫分析结果

元素	位置 A		位置 B		位置 C		位置 D		位置 E	
	质量分数/%	原子分数/%	质量分数/%	原子分数/%	质量分数/%	原子分数/%	质量分数/%	原子分数/%	质量分数/%	原子分数/%
O	36. 49	49. 36	23. 38	58. 51	57. 82	30. 18	26. 62	57. 35	56. 17	19. 85
Al	62. 88	50. 44	10. 69	24. 50	0. 12	21. 32	15. 24	19. 47	15. 23	0. 07
S	0. 06	0. 04	0. 07	0. 00	0. 11	0. 00	0. 30	0. 33	0. 08	0. 08
Ni	0. 11	0. 04	0. 47	0. 20	0. 00	0. 39	2. 12	1. 24	0. 31	0. 00
Y	0. 45	0. 11	65. 40	16. 78	41. 95	48. 11	55. 72	21. 61	28. 21	80. 01
总量	100. 00	100. 00	100. 00	100. 00	100. 00	100. 00	100. 00	100. 00	100. 00	100. 00

$$3Y_2O_3 + 2[Al] = 2[Y] + Y_4Al_2O_9 \quad (4)$$

$$4Y_2O_3 + 5[Al] = [Y] + Y_3Al_5O_{12} \quad (5)$$

因此，Y_2O_3 与 K417G 合金熔体发生界面反应的结果必然导致合金中 Y 元素的释放。同时，根据图 8 中 Y_2O_3-Al_2O_3 二元相图可知，$Y_4Al_2O_9$、$Y_3Al_5O_{12}$在反应过程中以固态形式存在，界面反应层中 Al_2O_3 也以固态反应的形式存在，因此整个反应层在反应过程中为固态。

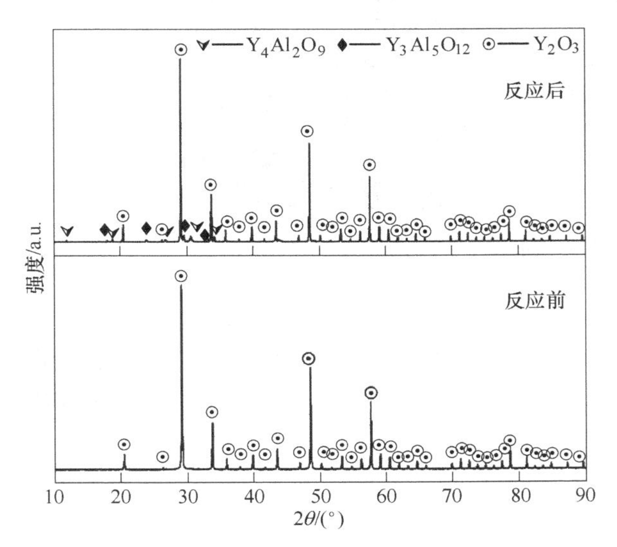

图 7　反应前后 Y_2O_3-熔体界面 XRD 图

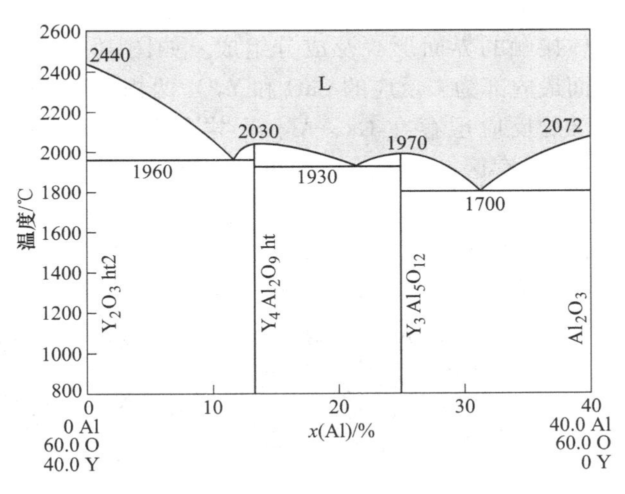

图 8　Y_2O_3-Al_2O_3 体系相图

2.3　CaO-Y_2O_3 体系界面反应研究

图 9 展示了 CaO-Y_2O_3 复合陶瓷棒反应前的形貌及成分分布，如图 9（a）（b）所示，CaO-Y_2O_3 陶瓷棒内部致密，无明显孔隙存在，可以保证 CaO-Y_2O_3 陶瓷棒与熔体反应发生在陶瓷外层界面处而不会发生熔体宏观浸入陶瓷棒内部。根据 EDS 分析可知，CaO-Y_2O_3 陶瓷棒内层主要组成为 CaO、Y_2O_3 两相，两相呈嵌布形式存在，反应前陶瓷棒内部无 Al、Ni、S 元素存在。

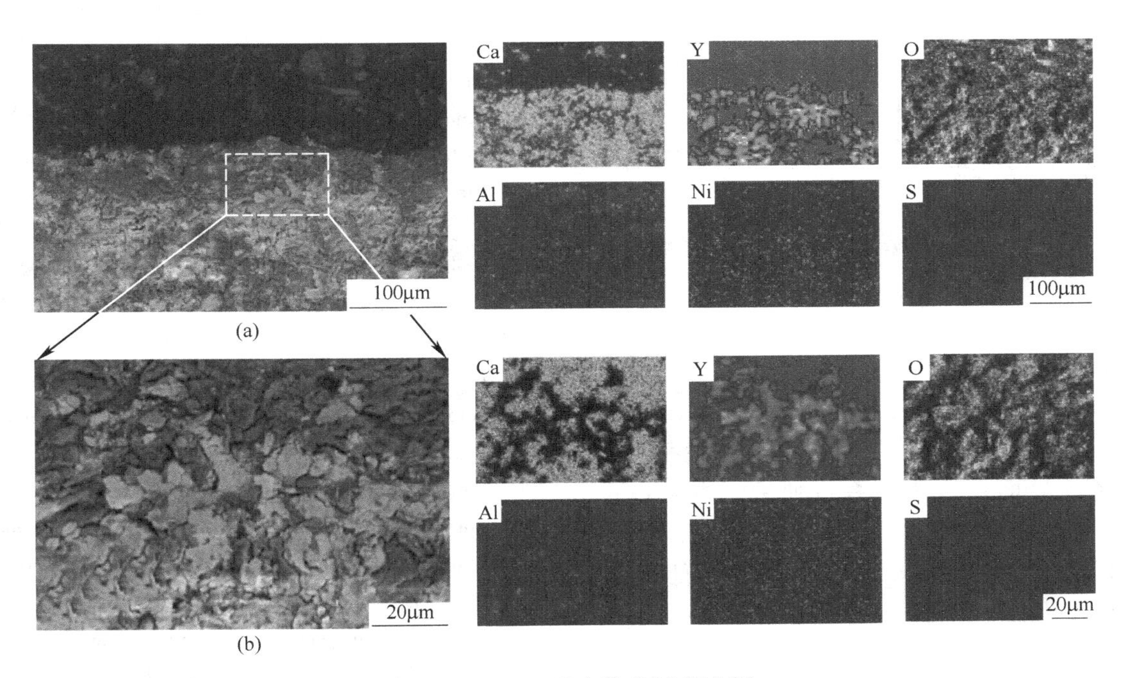

图 9　CaO-Y_2O_3 反应前 SEM-EDS 图

图 10 展示了反应后的 $CaO-Y_2O_3$ 复合陶瓷与熔体接触的界面形貌及成分组成。如图 10 所示，界面最内部为未反应的 CaO 和 Y_2O_3 两相分布，而外部的反应层存在 Ca、Al、Y 共存区及 Ca、Y、S、Al 共存区。对于反应前后 $CaO-Y_2O_3$ 复合陶瓷界面进行物相分析可知，反应前，$CaO-Y_2O_3$ 复合陶瓷组成为 CaO、Y_2O_3 两相，结果与图 9 中分析一致，反应后界面中除 CaO、Y_2O_3 两相之外，存在 CaS 相及 $CaYAlO_4$、$Ca_4Al_6O_{12}$ 等复合氧化物存在，如图 11 所示。根据前两节结果分析可知，$CaO-Y_2O_3$ 复合陶瓷由于 CaO、Y_2O_3 两相的存在，在与 K417G 反应过程中兼具脱硫和增稀土的能力，其反应按照式（6）进行。

$$CaO\text{-}Y_2O_3 + [Al] + [S] \longrightarrow CaS + [Y] + CaYAlO_x + CaAlO_y \quad (6)$$

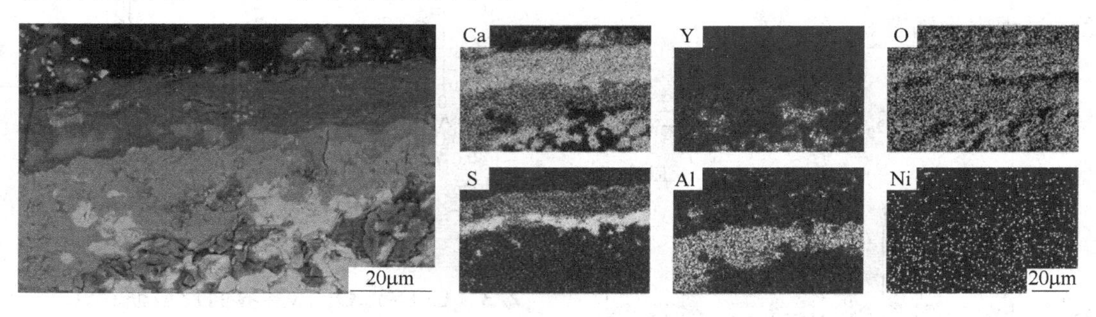

图 10 反应后 $CaO-Y_2O_3$ 与熔体界面 SEM-EDS 图

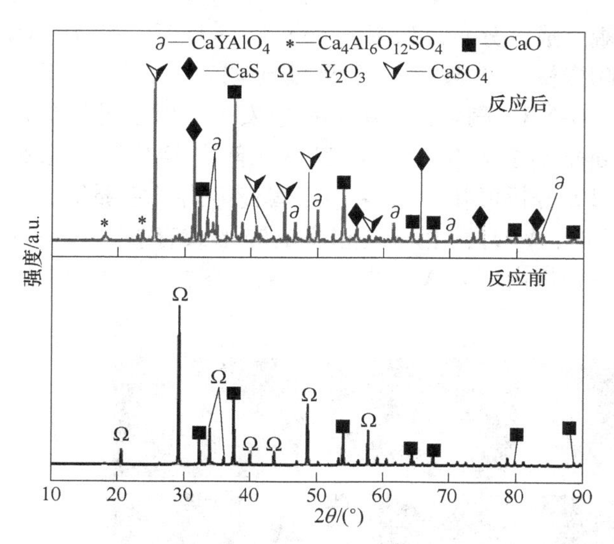

图 11 反应前后 $CaO-Y_2O_3$ 与熔体界面 XRD 图

3 结论

本文针对高活性高温合金 K417G 合金与不同陶瓷体系的界面反应进行系统研究，得到以下结论：

（1）CaO 体系陶瓷与 K417G 熔体界面反应按照 $33CaO+14[Al]+21[S]=21CaS+12CaO\cdot7Al_2O_3$ 的方式进行；

（2）Y_2O_3 体系陶瓷与 K417G 熔体界面反应按照 $3Y_2O_3+2[Al]=2[Y]+Y_4Al_2O_9$ 和 $4Y_2O_3+5[Al]=[Y]+Y_3Al_5O_{12}$ 的方式进行；

（3）$CaO-Y_2O_3$ 体系陶瓷与 K417G 熔体界面反应按照 $CaO-Y_2O_3+[Al]+[S]\rightarrow CaS+[Y]+CaYAlO_x+CaAlO_y$ 的方式进行。

参考文献

[1] Reed R C. The Superalloys: Fundamentals and Applications [M]. UK: Cambridge University Press, 2006.

[2] 郭建亭 . 高温合金材料学［M］. 北京：科学出版社，2008.

[3] Smialek J L, Jayne D T, Schaeffer J C, et al. Effects of hydrogen annealing, sulfur segregation and diffusion on the cyclic oxidation resistance of superalloys: a review [J]. Thin Solid Films, 1994, 253 (1): 285~292.

[4] Smialek J. Origins of a Low-Sulfur Superalloy Al_2O_3 Scale Adhesion Map [Z]. Crystals, 2021, 11 (1): 60.

[5] Yun D W, Seo S M, Jeong H W, et al. The cyclic oxidation behaviour of Ni-based superalloy GTD-111 with sulphur impurities at 1100℃ [J]. Corrosion Science, 2015, 90: 392~401.

[6] Smialek J L. Improved Oxidation Life of Segmented Plasma Sprayed 8YSZ Thermal Barrier Coatings [J]. Journal of Thermal Spray Technology, 2004, 13 (1): 66~75.

[7] Chen S, Sheng N, Fan S, et al. Effect of Sulfur on Microstructures and Solidification Characteristics of a Nickel-Base Single Crystal Superalloy [J]. Metals and Materials International, 2022, 28 (12): 2962~2971.

[8] Smialek J L. The Effect of Hydrogen Annealing on the

Impurity Content of Alumina-Forming Alloys [J]. Oxidation of Metals, 2001, 55 (1): 75~86.

[9] Wang Q, Liu Y, Li G, et al. Predicting transfer behavior of oxygen and sulfur in electroslag remelting process [J]. Applied Thermal Engineering, 2018, 129: 378~88.

[10] Duan S C, Shi X, Wang F, et al. Investigation of desulfurization of Inconel 718 superalloys by ESR type slags with different TiO_2 content [J]. Journal of Materials Research and Technology, 2019, 8 (3): 2508~2516.

[11] Materials Science International Team M. Al-Ca-Mg-O Phase System Bibliography Report · Collection of Relevant References: Datasheet from MSI Eureka in SpringerMaterials (https://materials.springer.com/msi/literature/docs/sm_msi_l_60_019748_060) [Z] //EFFENBERG G. MSI Materials Science International Services GmbH.

[12] Degawa T, Ototani T. Refining of High Purity Ni-base Superalloy Using Calcia Refractory [J]. Tetsu-to-Hagane, 1987, 73 (14): 1691~1697.

[13] Li J P, Zhang H R, Gao M, et al. Mechanism of yttrium in deep desulfurization of NiCoCrAlY alloy during vacuum induction melting process [J]. Rare Metals, 2018, 41 (1): 218~225.

[14] Leyland S P, Edmonds I M, Irwin S, et al. Internal symposium on Superalloys [C] // TMS. Pennsylvania, USA, 2016.

[15] Li J, Zhang H, Gao M, et al. Effect of vacuum level on the interfacial reactions between K417 superalloy and Y_2O_3 crucibles [J]. Vacuum, 2020, 182.

[16] Wang M M, Yang Y H, Wang D H, et al. Deep Deoxidation and Desulfurization of Cast Superalloy K417G [J]. Rare Metal Materials and Engineering, 2018, 47 (12): 3730~3734.

[17] Niu J P, Yang K N, Sun X F, et al. Denitrogenation and desulphurization in VIM for Ni-base superalloy refining [J]. Rare Metal Materials and Engineering, 2003, 32 (1): 63~66.

[18] Xie K, Chen B, Zhang M, et al. Desulfurization Mechanism of K4169 Superalloy Using CaO Crucible in Vacuum Induction Melting Process; proceedings of the High Performance Structural Materials, Singapore [C]. Springer Singapore, 2018.

[19] Kishimoto Y, Utada S, Iguchi T, et al. Desulfurization Model Using Solid CaO in Molten Ni-Base Superalloys Containing Al [J]. Metallurgical and Materials Transactions B, 2019, 51 (1): 293~305.

铸造高温合金返回料真空连铸集成净化处理研究

李尚平*，骆合力，郝志博，侯杰，韩少丽，刘天宇，杜梦

（北京钢研高纳科技股份有限公司，北京，100081）

摘　要：铸造高温合金返回料夹杂物和有害气体元素含量高，无法回收利用导致大量囤积，经真空连铸集成净化处理，返回料添加比例为80%以上的高 Hf 含量 DZ4125 和高 Al、Ti 含量 JG4246A 两种典型铸造高温合金连铸棒纯净度达到了新料水平，其中 O、N、S 总含量小于 15×10^{-6}，大样电解夹杂物含量小于 1mg/10kg，对真空连铸集成净化处理后的 JG4246A 返回料母合金进行持久、拉伸、疲劳等性能测试，均达到了新料母合金水平。实验验证和分析认为，返回料重熔过程中，熔体中的夹杂物在静力和底吹氩作用下，上浮至熔体顶部，被熔体表面外加的熔渣和坩埚壁捕获，从而远离坩埚底部的连铸充型区，通过真空连铸底铸出钢工艺技术，使净化后熔体在水冷结晶器中连续铸造成型，全面排除已经上浮的夹杂物，从而实现返回料母合金的洁净化成型。较之于传统的多联冶炼工艺，真空连铸工艺成本更低，并适于工业化生产，是实现我国铸造高温合金返回料的高洁净化、低成本回收利用的有效技术途径。

关键词：真空连铸；铸造高温合金；返回料；净化处理；夹杂物

高温合金铸件制备过程中因浇道、冒口和废件的存在，使得大部分新投入母合金形成返回料，造成型号批产及研制成本高，战略性资源浪费严重，开发高可靠、短流程、低成本、适于工业化应用的铸造高温合金返回料净化处理共性技术对于高温合金铸件技术降本至关重要。

铸造高温合金返回料不能循环利用的关键问题是夹杂物和有害气体元素含量高，在铸造过程中，坩埚和型壳面层材料的剥蚀、型芯和型壳材料与熔体反应、铸件表面的高温氧化与粘砂、冒口缩孔对空气和粉尘的表面吸附等因素，使返回料中的夹杂物和有害气体元素含量明显高于新料母合金，严重影响合金的韧性和疲劳寿命，给合金的可靠服役带来很大风险，造成铸造高温合金返回料积压[1~6]。

国外较早地开展了铸造高温合金返回料处理技术研发和再利用工作，建立了较为完善的回收、管理和冶金净化处理体系，返回料同级使用率较高，如 Rolls-Royce 公司对含 Hf 的 MAR-M-002 合金实现了 100% 返回料应用；美国 AiResearch Casting 公司采用 EAF+VIM 工艺回收利用废旧高温合金叶片，其中 PWA1455 合金件回收率为 93% 等[7,8]。此外，国外还开展了 CaO 坩埚熔炼、电子束熔炼等技术研究。但是，国外对返回料预处理工艺、辅材、熔炼净化工艺等具体技术方面严格保密。

针对铸造高温合金返回料循环利用迫切技术需求以及其关键问题特点，钢研高纳自主研制真空连铸集成净化处理技术（vacuum horizontal continuous casting，VHCC），遴选典型高 Hf 含量 DZ4125 合金（该合金是我国用量最大的定向铸造高温合金，用于复杂涡轮叶片的制备，成品率低，返回料形成量大）和高 Al、Ti 含量 JG4246A 合金（该合金已得到批量应用，铸件均为复杂薄壁件，制备难度大，材料利用率和成品率低，导致形成大量返回料）开展铸造高温合金返回料净化处理研究。

1　实验材料及方法

实验用 DZ4125 和 JG4246A 合金返回料为铸件厂家提供的浇注时产生的浇冒口、浇道和废件等，两种合金成分如表 1 所示。按照 80% 以上返回料添加比例，在自主研制的炉容量为 800kg 真空水平连铸集成装备上进行净化处理和母合金棒料制备，集成装备中底吹氩装置采的高纯氩气，纯度

* 作者：李尚平，E-mail：lsp505@sina.com

为99.999%，O含量小于1.5×10^{-6}，N含量小于4×10^{-6}。

表1 DZ4125和JG4246A合金主要化学成分

（质量分数,%）

合金	C	Cr	Co	Al	Ti	Hf	Ta	Mo	W	Y
DZ4125	0.1	8.9	10	5.2	1	1.5	3.8	2	7	—
JG4246A	0.1	7.8	—	8.2	1	0.5	—	4	2	0.01

返回料母合金和常规工艺生产的新料母合金锭洁净度水平分析：返回料母合金和新料母合金线切割并车光成直径为5mm的圆棒，分析检测试样O、N气体元素含量。返回料母合金和新料母合金棒料车光成直径130mm，高度125mm的柱锭，在配制的电解腐蚀液中，通过大样电解法对母合金锭进行阳极电解萃取。

采用JSM-6480LV和JSM7800F SEM、能谱仪等，对返回料表面和返回料重熔后合金液顶部取样试样内部进行观察分析；合金液顶部取样试样机加工切割，机械抛光后，然后观察组织形貌。重熔返回料母合金，采用与新料相同浇铸工艺，浇铸力学性能试棒，试棒加工成标准力学性能试样，进行拉伸、持久和疲劳性能测试。

2 实验结果及分析

2.1 实验结果

图1所示为DZ4125叶片内表面（如图1（a）所示）和JG4246A调节片外表面（如图1（b）所示）夹杂物形貌，从图1（a）中可以看出叶片内部存在大量白色HfO_2夹杂（如图中黑色箭头所示），较多呈片状，部分呈针状，少量呈小块状，经20组扫描电镜照片统计，叶片内表面白色HfO_2夹杂所占面积分数为72.2%；在片状白色HfO_2夹杂上存在浅灰色SiO_2夹杂（如图中白色箭头所示），呈斑片状随机分布，经统计浅灰色SiO_2夹杂占内表面面积分数为10.2%。图1（b）所示为JG4246A调节片外表面，可见外表面随机分布大量黑色Al_2O_3夹杂，部分呈片状（如图中白色箭头所示），部分呈颗粒状随机分布于基体上，经统计所占面积分数约为25.1%；部分Al_2O_3夹杂上还分布着富Ti、Hf和Mo的灰白色氧化夹杂（如图中黑色箭头），经统计所占面积分数约为16.5%；在基体表面随机分布少量白色点状HfO_2夹杂，数量少，约占面积分数为1.8%。除与型壳反应后生成的夹杂物外，返回料中往往还会残留一些Si、Zr和Al基型壳材料，以及熔炼过程中在线生成和外来引入的富Mg等氧化物。

返回料添加比例为80%以上的情况下，对两种典型铸造高温合金进行真空连铸集成净化处理和高洁净制备，对比评估返回料母合金连铸棒和新料母合金模铸棒洁净度（其中模铸大样电解试样取棒料中间偏下部位，连铸棒料取中间部位，分别代表母合金洁净度均值），结果如表2所示，返回料添加比例80%以上DZ4125合金经真空连铸

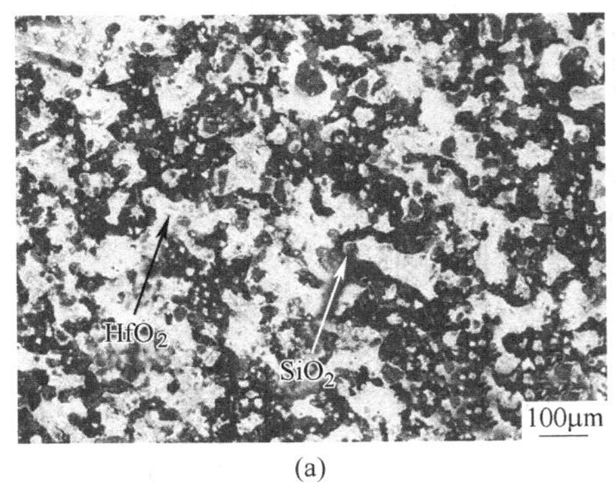

(a)

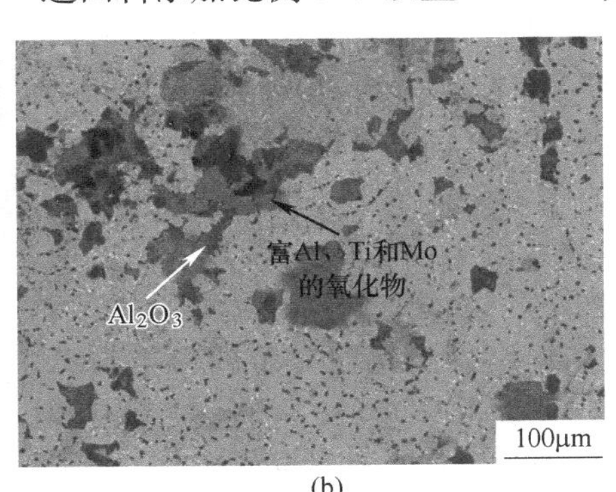

(b)

图1 DZ4125和JG4246A返回料中夹杂物形貌

（a）DZ4125叶片内表面；（b）JG4246A调节片外表面

集成净化处理后，母合金洁净度与模铸新料相当，其中O含量低于新料母合金，可达2×10^{-6}，大样电解夹杂物含量优于新料模铸母合金，可达0.65mg/10kg；返回料添加比例100%JG4246A合金经真空连铸集成净化处理后，母合金洁净度与新料母合金相当，其中O含量降至1×10^{-6}，大样电解夹杂物含量可达0.36mg/10kg。两种铸造高温合金返回料经真空连铸集成净化处理后O、N、S

总含量不高于15×10⁻⁶，大样电解夹杂物含量小于1mg/10kg，说明真空连铸集成净化技术在返回料处理过程中具有较大优势。

表 2　DZ4125 和 JG4246A 新料与返回料母合金洁净度对比

合金牌号	制备工艺	返回料添加比例	O 含量	N 含量	夹杂物含量/mg·10kg^{-1}
DZ4125	真空模铸	全新料	6×10^{-6}	4×10^{-6}	1.19
	真空连铸	100%	2×10^{-6}	8×10^{-6}	0.96
		80%	4×10^{-6}	5×10^{-6}	0.65
JG4246A	真空模铸	全新料	6×10^{-6}	5×10^{-6}	0.92
	真空连铸	100%	1×10^{-6}	4×10^{-6}	0.46
		80%	3×10^{-6}	5×10^{-6}	0.36

为了降低浇铸工艺对试棒性能的影响，采用与新料试棒相同工艺进行浇铸，对比研究相同工艺新料母合金和返回料母合金试棒组织特点（以JG4246A合金为例），新料试棒和返回料试棒内枝晶组织、$\gamma+\gamma'$共晶相、枝晶干γ'相和碳化物基本一致[9]。对JG4246A返回料母合金力学试棒进行室高温拉伸、高温持久和高温疲劳等性能测试，其结果如图2~图4所示。

图2所示为JG4246A返回料母合金与新料母合金室高温拉伸性能（中值）对比，图3所示为不同温度下JG4246A返回料母合金与新料母合金持久性能（中值）对比，图4所示为JG4246A返回料母合金与新料母合金疲劳寿命（中值）对比，从中可以看出经真空连铸集成技术净化处理后的JG4246A返回料母合金达到新料水平。其中800℃/490MPa和1100℃/60MPa持久寿命高达243h和120h，850℃/461MPa和850℃/229MPa高周疲劳寿命分别是新料母合金的4倍和9倍。浇铸工艺相同情况下，虽然可能对合金试棒性能产生一定影响，但洁净度的提高也是试棒性能提升的影响因素之一，验证了真空水平连铸技术在铸造高温合金返回料净化处理时具有良好优势。

2.2　实验分析

分析认为，返回料重熔过程中，熔体中的夹杂物在静力和底吹氩作用下，上浮至熔体顶部，被熔体表面外加的熔渣和坩埚壁捕获，从而远离坩埚底部的连铸充型区，再通过真空连铸底铸出钢工艺技术，全面排除已经上浮的夹杂物，在水冷结晶器中连续铸造成型，从而实现返回料母合

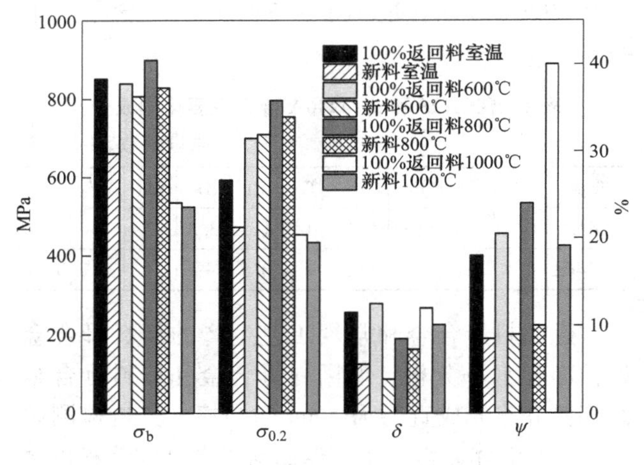

图 2　新料与返回料拉伸性能

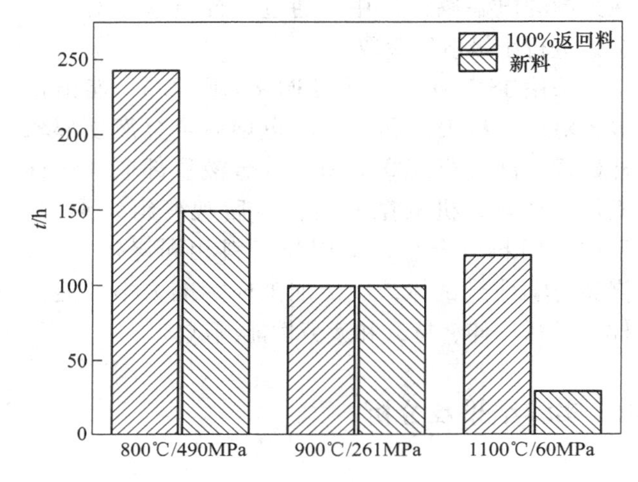

图 3　新料与返回料持久性能

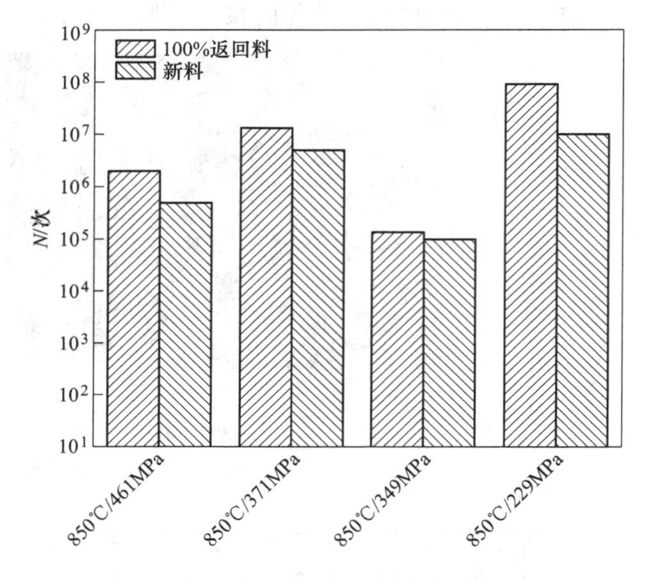

图 4　新料与返回料疲劳寿命

金的洁净化成型，其设备示意图如图 5 所示。

为了验证真空水平连铸对 DZ4125 和 JG4246A 返回料母合金夹杂物去除原理，对合金液顶端附近取样进行分析检测，其检测结果如图 6 所示，从图 6 中可以看出在 DZ4125 合金液顶部存在大量 HfO_2 和 Al_2O_3 夹杂物，在 JG4246A 合金液顶部存在大量 Al_2O_3 夹杂物。由此可以推断出真空连铸设备进行高纯熔炼过程时，合金液静力和底吹氩的作用，使大量夹杂物上浮至熔体顶部，在熔渣和坩埚的黏附作用下，实现了夹杂物的捕获，进而完成熔体的进一步净化，也验证了真空连铸底铸出钢技术对铸造高温合金返回料的净化处理具有一定的优势。同时在连铸过程中，熔池液面缓慢下降，由于表面张力的作用，从合金液中裸露出的炉壁作为黏附夹杂新的位置，实现熔池的进一步净化。底吹氩过程中，采用高纯氩气，气泡 O、N 含量低，气泡上升过程中尺寸增加会进一步降低内部 O、N 密度，促进熔体内 O、N 向气泡内进一步扩散，达到深度净化熔体的目的。

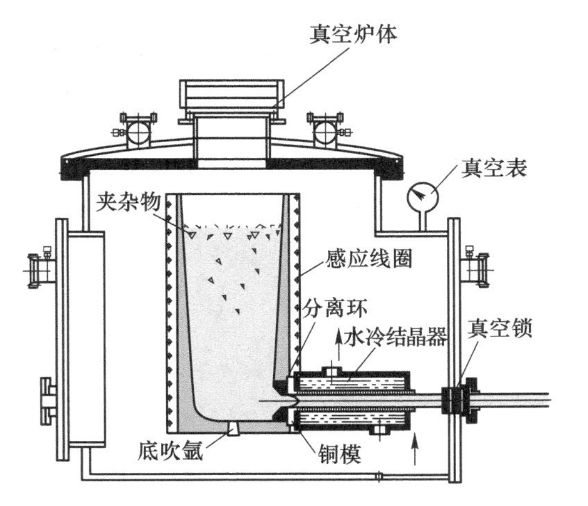

图 5 真空连铸集成装备示意图

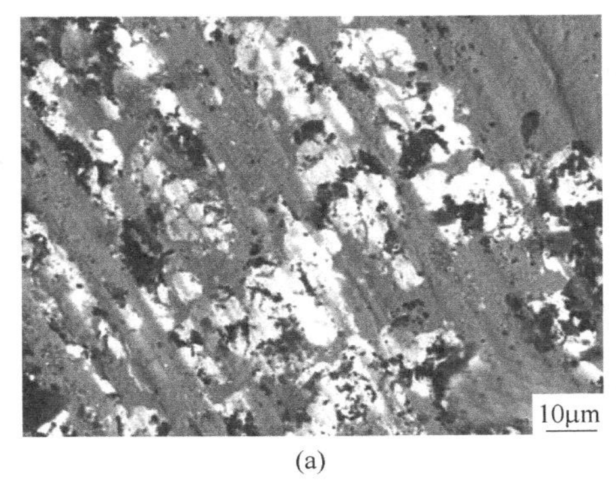

(a)

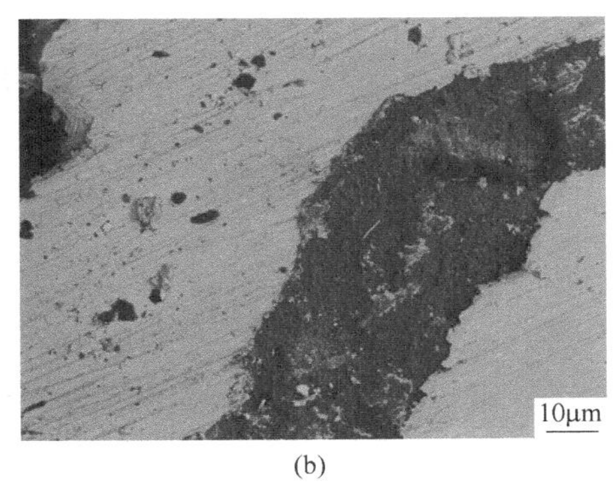

(b)

图 6 DZ4125 和 JG4246A 返回料真空水平连铸合金液顶部夹杂形貌
(a) DZ4125；(b) JG4246A

真空连铸集成净化处理技术是一项针对高温合金返回料夹杂物和有害气体元素含量高而不能利用自主开发的共性技术，以集成化、短流程、低成本、单联工艺特点实现铸造高温合金返回料高纯熔炼和高洁净制备。较之于传统的多联冶炼工艺，真空连铸工艺成本更低，并适于工业化生产，是实现我国铸造高温合金返回料的高洁净化、低成本回收利用的有效技术途径。

3 结论

(1) DZ4125 和 JG4246A 返回料经真空连铸集成工艺净化处理后母合金洁净度达到新料水平，O、N、S 总含量不高于 15×10^{-6}，大样电解夹杂物含量小于 1mg/10kg；

(2) JG4246A 返回料经真空连铸集成工艺净化处理后母合金力学性能达到新料水平；

(3) 真空连铸是一项适合铸造高温合金返回料净化处理技术，具有短流程、低成本、高洁净特点。

参考文献

[1] Bai P, Zhang H R, Li Y M, et al. Effect of Y_2O_3 crucible on purification of Ni_3Al-based superalloy Scraps [J]. Rare Metal Materials and Engineering, 2019, 48 (2): 406~410.

[2] Hu D Y, Wang T, Ma Q H, et al. Effect of inclusions on low cycle fatigue lifetime in a powder metallurgy nickel-based superalloy FGH96 [J]. International Journal of Fatigue, 2019, 118: 237~248.

[3] 解方良，骆合力，李尚平，等．精密铸造用 DZ125 合金返回料净化处理研究［J］．特种铸造及有色合金，2017，37（8）：875.

[4] 王定刚，肖程波，宋尽霞，等．返回料循环使用次数对 K465 合金热疲劳性能的影响［J］．兵器材料科学与工程，2015，38（4）：89~93.

[5] 解方良，骆合力，李尚平，等．DZ125 合金返回料夹杂物分析［J］．铸造技术，2017，38（9）：2196.

[6] 谭政，佟健，宁礼奎，等．纯净化制备对 DZ125L 合金组织和力学性能的影响［J］．稀有金属材料与工程，2019，48（8）：2694~2700.

[7] Drapier J M. Precision casting of turbine blades and vanes［C］// High Temperature Alloys for Gas Turbines，Liège，1982.

[8] Woulds M J，Director T. Recycling of engine sevuced superalloy［C］// Proceedings of Superalloys，Pennsylvania，1980.

[9] 郝志博，骆合力，李尚平，等．真空水平连铸净化处理 JG4246A 返回料组织与性能［J］．稀有金属，2023（已录用）.

定向凝固 K447A 高温合金热处理制度和 γ′相关联性研究

马祎炜[1]，姚志浩[1*]，盖其东[2]，胡聘聘[2]，董建新[1]

（1. 北京科技大学材料科学与工程学院，北京，100083；
2. 中国航发北京航空材料研究院先进高温结构材料重点实验室，北京，100095）

摘　要：对 K447A 铸造高温合金定向凝固试棒进行 12 种不同制度的热处理，之后进行组织观察并分析热处理制度与 γ′相之间的规律，研究热处理制度与 γ′相之间的关系。研究发现固溶处理主要影响一次 γ′相，固溶处理温度越低，一次 γ′相回溶越少；低温时效主要影响三次 γ′相，低温时效温度越低，三次 γ′相数量越多，尺寸越小；固溶处理、高温时效和低温时效温度越高，二次 γ′相平均尺寸越大，γ′相尺寸范围越宽。

关键词：K447A 合金；热处理；γ′相；尺寸分布；组织形貌

K447A 镍基铸造高温合金的组织主要包括 γ 基体、γ′相、γ/γ′共晶相、MC 型碳化物和 $M_{23}C_6$ 型碳化物[1]，可用于小型燃气涡轮发动机叶片、涡轮盘和导向器等关键热端部件的制备[2]。K447A 合金与国外 Mar-M247 合金的元素成分接近，在两种合金的热处理制度与组织关系方面，国内外已有一些研究[2~7]，但一般只单独研究了固溶处理或时效处理对组织的影响，并没有系统性研究过不同固溶处理、高温时效和低温时效制度对 γ′相组织的影响。高温合金的 γ′相组织与性能关系密切相关，通过研究热处理制度与 γ′相之间的关系，掌握不同热处理制度对组织的调控规律，确定合理的热处理制度，达到预期的组织性能状态，以满足材料的使用需求具有十分重要的意义，故而本文开展了不同固溶处理、高温时效和低温时效制度对 K447A 合金 γ′相的影响规律研究。

1　实验材料及方法

1.1　实验材料

实验材料为 K447A 合金，该合金是镍基沉淀强化型铸造高温合金，其化学成分见表 1。

用热力学计算软件 JMatPro 对 K447A 合金相图计算，可知该合金的液相线温度为 1381 ℃，固相线温度为 1316℃，γ′相析出温度为 1205℃。

表 1　实验用 K447A 铸造高温合金化学成分表

（质量分数，%）

C	Cr	W	Co	Mo	Al	Hf	Ti	Zr	Ta	B	Ni
0.15	8.4	10.0	10.0	0.65	5.5	1.4	1.05	0.055	3.0	0.015	余量

1.2　实验方法

使用定向凝固工艺制备 K447A 合金铸态试棒，之后统一经过 1200℃/180MPa，4h 热等静压（HIP）后，进行 12 种不同制度的热处理，热处理制度由固溶处理+高温时效+低温时效组合而成。为方便表示，分别对三种固溶处理制度、两种高温时效制度和两种低温时效制度进行编号，序号按温度从高到低的顺序排列，具体见表 2。12 种完整热处理制度的编号为 HT1 ~ HT12，具体见表 3。

表 2　热处理制度设计及其编号

热处理制度		编号
固溶处理	1185℃/2h+1230℃/2h，空冷	GR1
	1210℃/2h，空冷	GR2
	1185℃/2h，空冷	GR3
高温时效	1080℃/4h，空冷	GW1
	1038℃/2h，空冷	GW2
低温时效	870℃/20h，空冷	DW1
	750℃/8h，空冷	DW2

* 作者：姚志浩，教授，博士生导师，联系电话：13671347055，E-mail：zhihaoyao@ustb.edu.cn

表 3 试棒热处理制度

制度	HT1	HT2	HT3	HT4	HT5	HT6	HT7	HT8	HT9	HT10	HT11	HT12
固溶处理	GR1	GR2	GR2	GR3	GR1	GR1	GR2	GR2	GR3	GR3	GR3	GR1
高温时效	GW2	GW2	GW1	GW1	GW1	GW2	GW2	GW1	GW2	GW1	GW2	GW1
低温时效	DW1	DW2	DW1	DW2	DW1	DW2	DW1	DW2	DW2	DW1	DW1	DW2

热处理完成后，使用扫描电镜观察合金组织 γ′相，并进行定量统计，计算的 γ′相尺寸均为其等效直径，计算方法为先统计每个 γ′相的面积，然后求出对应的等效直径作为每个 γ′相的尺寸，每个热处理条件统计 100~300 个 γ′相。

2 实验结果

热处理后的 γ′相组织可分为一次 γ′相（铸态凝固时析出，大块不规则状）、二次 γ′相（固溶处理冷却时以及高温时效时析出，立方状）和三次 γ′相（高温时效冷却时以及低温时效时析出，小球状），三种类型的 γ′相特征如图 1 所示。

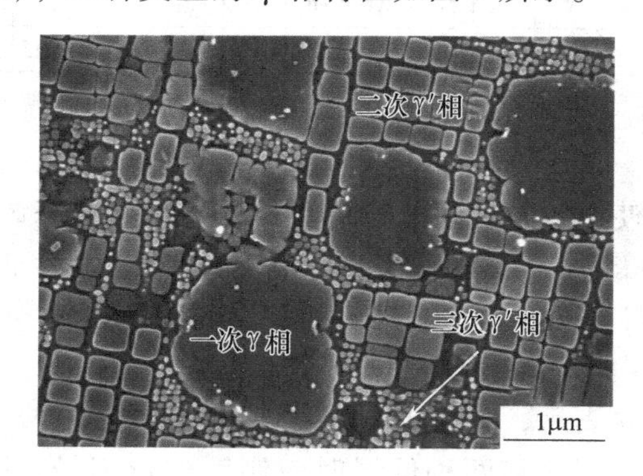

图 1 K447A 合金热处理后的 γ′相特征

2.1 不同热处理制度的 γ′相统计

统计不同热处理制度试样枝晶干区域的 γ′相面积分数，结果如图 2 所示，横坐标 1~12 对应 HT1~HT12。由于小球状三次 γ′相不易统计，统计结果实际为一次 γ′相和二次 γ′相的面积分数总和。12 种热处理制度下组织的面积分数所在区间为 0.51~0.75。

不同热处理制度试样的枝晶干 γ′相形貌如图 3 所示，二次 γ′相均为立方状，固溶处理主要影响一次 γ′相，GR3 制度的固溶温度最低，热处理后枝晶干仍存在许多一次 γ′相，低温时效主要影响三次 γ′相，DW2 制度的低温时效温度最低，热处理组织中的三次 γ′相数量明显更多，尺寸更小。

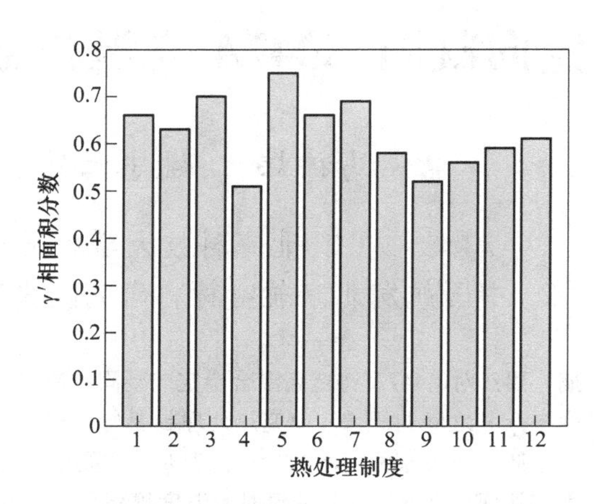

图 2 不同热处理制度枝晶干 γ′相面积分数

为反映二次 γ′相尺寸的分布情况和离散程度，对二次 γ′相尺寸进行高斯分布拟合，以期望值 μ 作为二次 γ′相平均尺寸，以 2σ（或 w）值描述二次 γ′相尺寸分布的范围大小，如图 4 所示，横坐标 1~12 对应 HT1~HT12。二次 γ′相平均尺寸越大，其分布范围则越宽，说明了二次 γ′相尺寸分布符合 Gauss 曲线的分布，也验证了 Gauss 拟合的合理性。热处理制度对 γ′相尺寸的影响较大，12 种热处理制度下组织的枝晶干二次 γ′相平均尺寸所在区间为 155~424nm，尺寸分布范围所在区间为 81~210nm。

2.2 不同固溶处理制度对 γ′相的影响

其他条件相同时，对比不同固溶处理对枝晶干 γ′相的影响，如图 5 所示。

总体来看，固溶温度越高，γ′相面积分数（一次 γ′相+二次 γ′相）越高，二次 γ′相平均尺寸越大、尺寸范围越宽。

2.3 不同高温时效对 γ′相的影响

其他条件相同时，对比不同高温时效对枝晶干 γ′相的影响，如图 6 所示。

总体来看，高温时效温度越高，γ′相面积分数（一次 γ′相+二次 γ′相）越低，二次 γ′相平均尺寸越大、尺寸范围越宽。

2.4 不同低温时效对 γ′相的影响

其他条件相同时，对比不同低温时效对枝晶干 γ′相的影响，如图 7 所示。

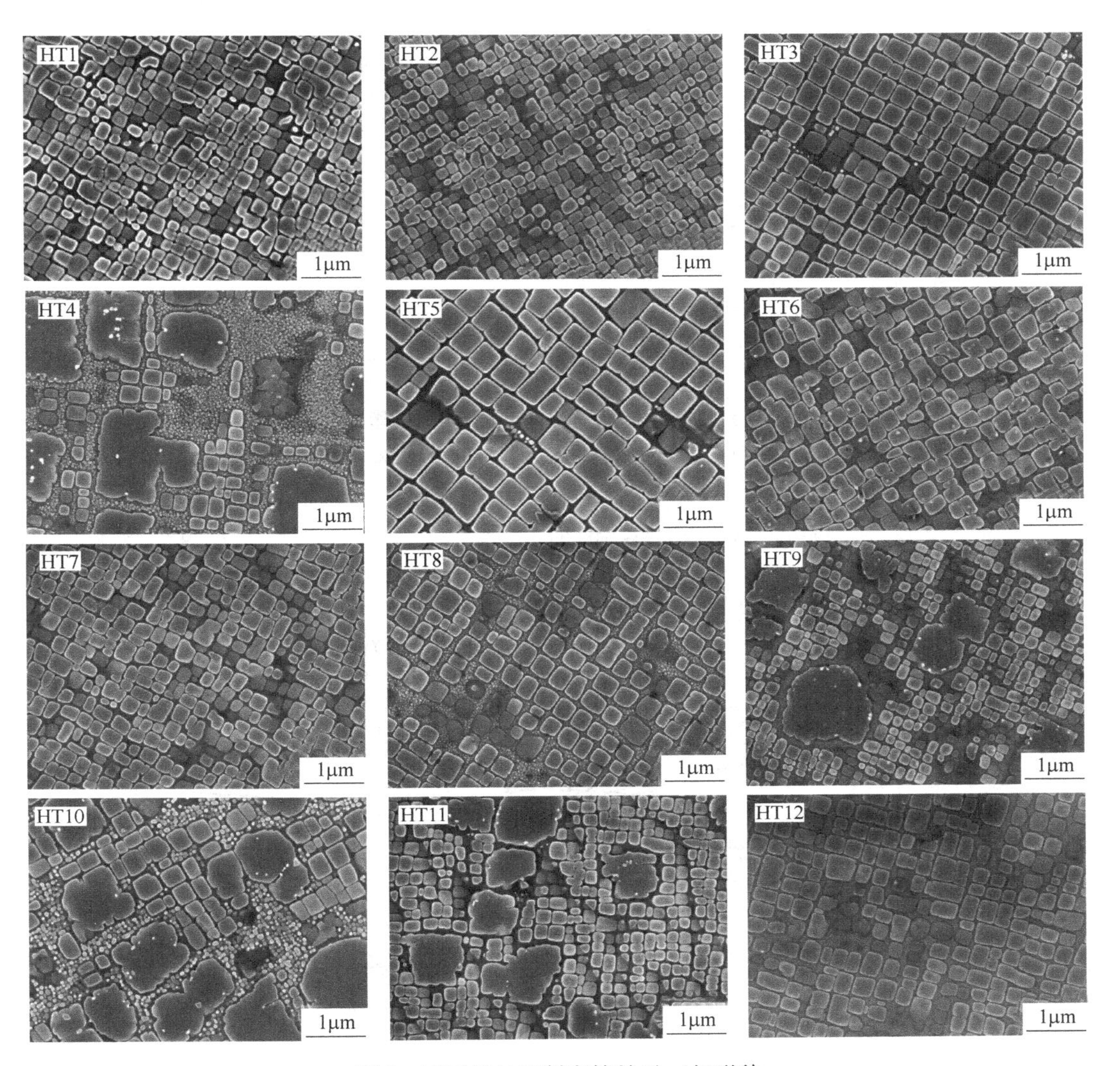

图 3　不同热处理制度枝晶干 γ′相形貌

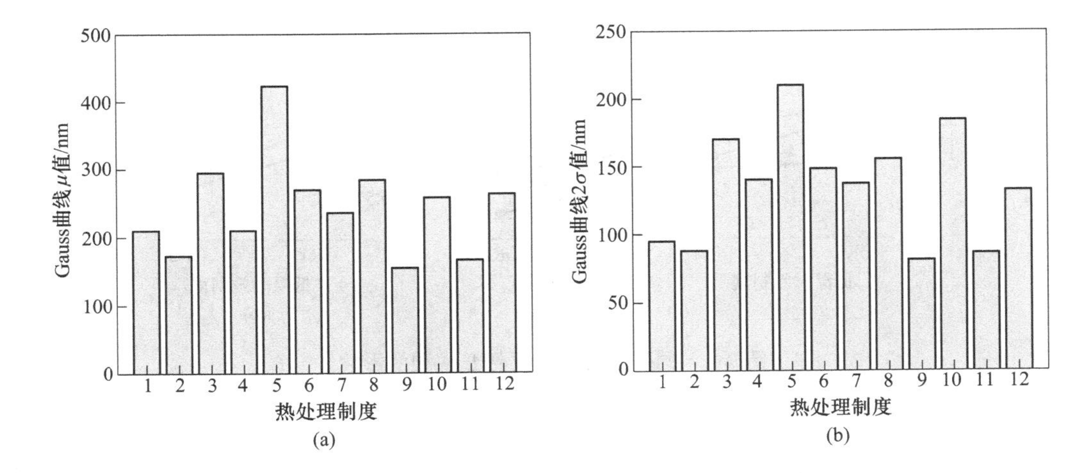

图 4　不同热处理制度枝晶干 γ′相尺寸 Gauss 拟合

(a) 二次 γ′相平均尺寸；(b) 二次 γ′相尺寸分布范围

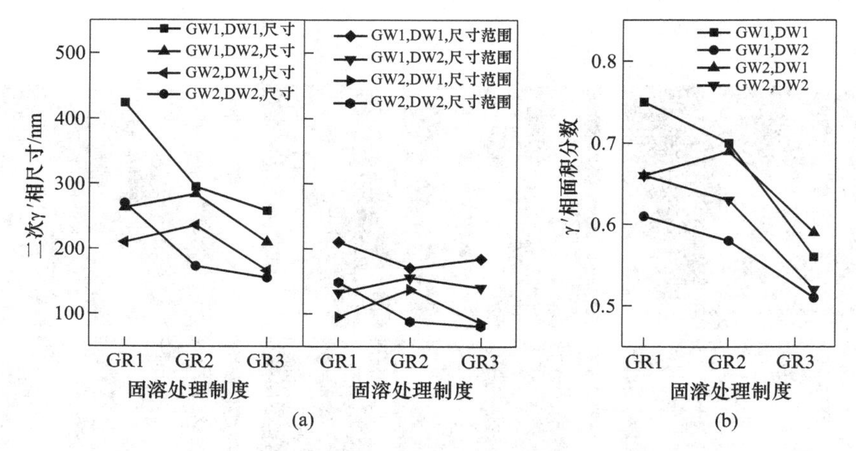

图 5　不同固溶处理对枝晶干 γ′相的影响

（a）二次 γ′相尺寸，（b）γ′相面积分数

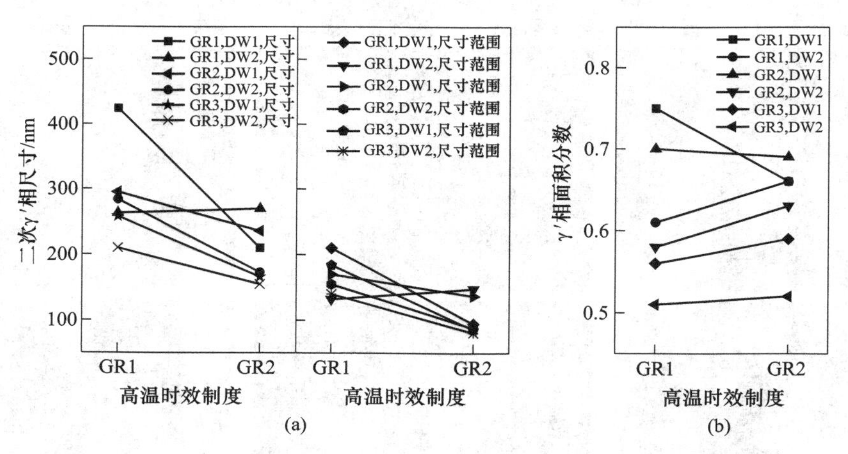

图 6　不同高温时效对枝晶干 γ′相的影响

（a）二次 γ′相尺寸，（b）γ′相面积分数

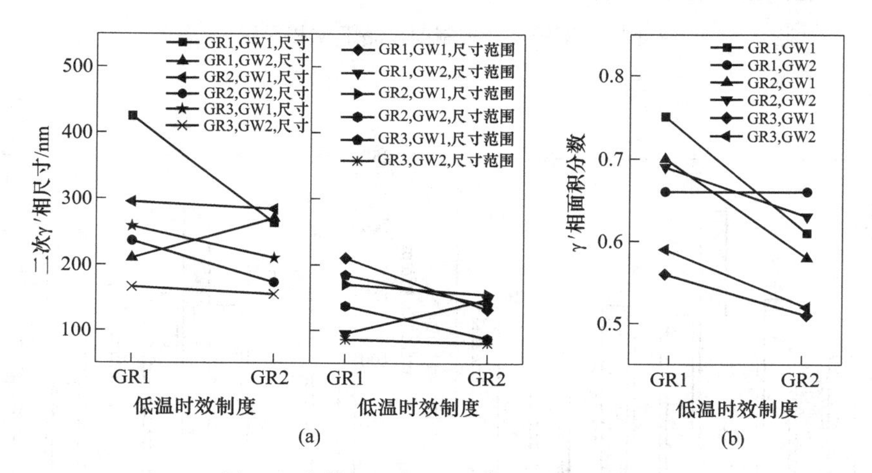

图 7　不同低温时效对枝晶干 γ′相的影响

（a）二次 γ′相尺寸，（b）γ′相面积分数

总体来看，低温时效温度越高，γ′相面积分数（一次 γ′相+二次 γ′相）越高，二次 γ′相平均尺寸越大、尺寸范围越宽。

3 结论

（1）12 种热处理制度下组织的面积分数所在区间为 0.51～0.75，枝晶干二次 γ′相均为立方状，平均尺寸所在区间为 155～424nm，尺寸分布范围所在区间为 81～210nm。

（2）固溶处理主要影响一次 γ′相，亚固溶（1185℃/2h，空冷）的固溶温度最低，热处理后枝晶干仍存在许多一次 γ′相；低温时效主要影响三次 γ′相，低温时效（750℃/8h，空冷）的温度最低，处理后的组织中三次 γ′相数量明显更多、尺寸更小。

（3）固溶温度越高，γ′相面积分数越高，二次 γ′相平均尺寸越大、尺寸范围越宽；高温时效温度越高，γ′相面积分数越低，二次 γ′相平均尺寸越大、尺寸范围越宽；低温时效温度越高，γ′相面积分数越高，二次 γ′相平均尺寸越大、尺寸范围越宽。

参考文献

[1] 李爱兰，汤鑫，曹腊梅，等．热等静压温度对 K447A 高温合金显微组织及性能的影响［J］．航空材料学报，2012，32（2）：13～19.

[2] 李爱兰，汤鑫，曹腊梅，等．固溶温度对 K447A 合金显微组织及性能的影响［J］．钢铁研究学报，2011，23（S2）：423～426.

[3] 谷怀鹏，李相辉，盖其东，等．K447A 合金的热处理组织和拉伸性能研究［J］．铸造，2014，63（8）：824～827.

[4] 吴文津，李相辉，李雪辰，等．固溶处理对 K447A 高温合金碳化物组织的影响［J］．金属热处理，2022，47（6）：89～92.

[5] Bor H Y，Wei C N，Jeng R R，et al. Elucidating the effects of solution and double ageing treatment on the mechanical properties and toughness of MAR-M247 superalloy at high temperature［J］. Materials chemistry and physics，2008，109（2～3）：334～341.

[6] Lee H T，Lee S W. The morphology and formation of gamma prime in nickel-base superalloy［J］. Journal of materials science letters，1990，9：516～517.

[7] Wolff I M. Precipitation accompanying overheating in nickel-base superalloy［J］. Materials Performance；（United States），1992，29（1）：55～62.

透平叶片用DZ411合金持久与疲劳性能及失效特征研究

陈阳[1]，姚志浩[1*]，董建新[1]，张涛[2]，刘伟[2]，束国刚[2]

（1. 北京科技大学高温材料及应用研究室，北京，100083；
2. 中国联合重型燃气轮机技术有限公司，北京，100016）

摘　要：研究了DZ411合金的不同温度与应力下的持久和高周疲劳性能。结果表明：DZ411合金在高温下γ′相退化程度差异明显，最严重的退化为一次γ′相定向筏化，二次γ′相完全回溶，并通过LM参数法预测了不同温度下持久极限强度；MD模拟表明温度、应力、晶粒尺寸影响多晶模型的蠕变行为，快速蠕变阶段受位错变化及晶界迁移的影响。DZ411合金疲劳载荷下微观组织保持较好的稳定性，本实验范围内合金在750℃达到最高的疲劳极限；MD模拟表明两相模型中γ相内裂纹相对于γ′相内裂纹更易扩展，并讨论了微观结构演变对裂纹扩展的影响。

关键词：DZ411合金；微观组织；高温持久；疲劳性能；分子动力学模拟

工业燃气轮机服役寿命长，工作环境恶劣，其中燃机透平叶片长期处于高温、腐蚀和复杂应力下工作，对叶片用合金材料的耐久性、抗腐蚀性较之航空发动机叶片要求更高[1,2]。目前，国外先进燃机透平1、2级动叶一般采用定向凝固高温合金，GE的DS GTD111合金及三菱的DS MGA1400合金用于燃机动叶已服役多年，其承温能力、组织稳定性及耐腐蚀性能均处于先进水平[3]。为实现燃气轮机热端部件自主化，国内研制了燃机透平叶片材料DZ411合金[4]，其标准热处理方式及热处理态组织已有报道，但缺少长时力学行为的研究[5]。研究人员发现，燃机叶片的失效多因于长期服役γ′相的粗化、晶界碳化物的膜状分布以及TCP相的析出[6]。因此，本文通过高温长时持久、疲劳实验研究合金的组织演变规律和断裂机制，并预测合金的持久极限强度与疲劳寿命。采用分子动力学模拟从微观角度分析失效过程，为后续合金在透平叶片上的应用提供理论支撑及必要的实验数据。

1　试验材料及方法

试验用DZ411合金的成分（质量分数,%）为：0.16 C，13.7 Cr，9.5 Co，4.0 W，1.6 Mo，2.9 Ta，2.9 Al，5.0 Ti，余量为Ni。DZ411合金热处理制度为1220℃/ 2h/ AC+1120℃/ 2h/ AC+850℃/ 24h/ AC（AC表示空冷）。分别制备标准持久与疲劳试样，进行高温（750~900℃）不同应力条件下的持久试验及不同温度（室温、750℃、900℃）$R=-1$与0.1条件下的疲劳试验，将断裂的试样切割取样后，经过机械磨光、抛光、侵蚀后，借助光镜、扫描电镜进行裂纹特征、组织演变规律分析。通过分子动力学（MD）模拟方法，构建多晶高温合金简化模型，分别分析低应力蠕变与疲劳载荷对微观组织结构造成的损伤及裂纹扩展趋势。

2　试验结果及分析

2.1　持久组织特征及分析

图1为DZ411合金持久断裂后典型断口形貌和组织特征。可以看出，断口整体粗糙，呈韧性断裂特征，由一定数量的蠕变孔洞和韧窝组成，且断口表面的断裂的碳化物较多。纵剖面二次裂纹萌生，在750℃时在断口附近晶界与碳化物周围

* 作者：姚志浩，教授，博士生导师，联系电话：13671347055，E-mail：zhihaoyao@ustb.edu.cn

扩展，主要呈沿晶扩展。在900℃时主要以析出相的二次裂纹联结形式扩展，在距离断口较远处仍然存在，且一般垂直于持久应力方向。因此，随着温度增加，二次裂纹扩展由沿晶向穿晶的形式转变，长期高温下析出相与基体的结合性降低易于裂纹的萌生。由纵截面的γ′相形貌变化可以看出，750℃低应力下γ′相两侧界面呈波浪状，部分距离较近的γ′相发生联结，基体中仍有少部分二次γ′相。850℃高应力仍保持立方状，但在低应力下已经出筏化现象。在900℃应力条件下γ′相已发生严重的“N”型筏化，且细小的球形二次γ′相全部回溶，γ基体通道增宽。

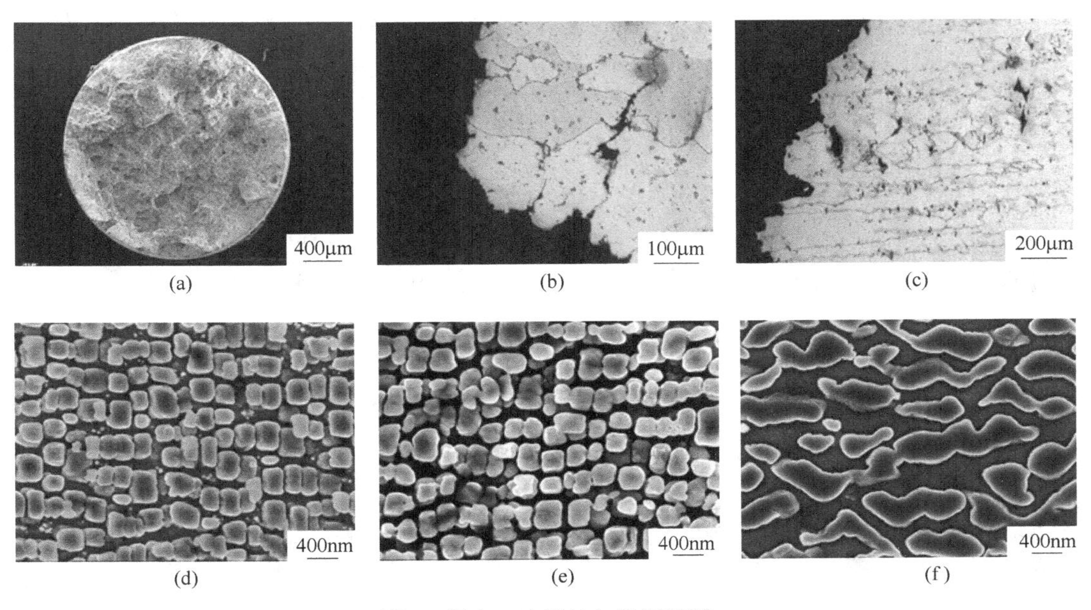

图1 持久二次裂纹与组织特征

(a) 断口；(b) 750℃ 纵截面；(c) 900℃ 纵截面；(d) 750℃ γ′相；(e) 850℃ γ′相；(f) 900℃ γ′相

针对不同温度与应力下γ′相组织发生的变化，通过图2的γ′相长度、γ基体通道宽度的定量分析，其中γ′相长度表示垂直于施加应力方向γ′相长度，可以得出，图中DZ411合金在850℃的应力下出现明显的转折点。在750℃，DZ411合金的微观组织维持了很好的组织稳定性，然而当持久温度提高到850℃水平，低应力下立方状γ′相发生筏化，高应力保持原貌，但细小的球形γ′相已经全部回溶，在900℃时，立方状γ′相全部筏化，同时伴随基体通道变宽。

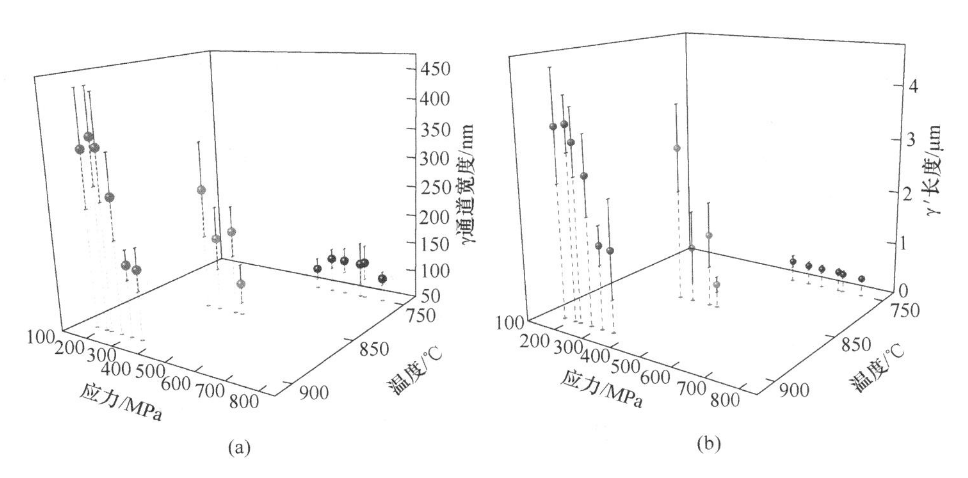

图2 不同持久条件下γ与γ′相各参数对比

(a) γ基体通道宽度；(b) γ′相长度

2.2 疲劳组织特征及分析

图3为DZ411合金断口的典型形貌特征。从图中可知，不同条件下的断口均呈现单一裂纹的形式萌生，但裂纹源的位置、断口高度差因温度和应力不同而存在差异。源区周围存在平滑的解理面，也存在河流花样。断口的高倍观察到二次裂纹及长条碳化物较多，断口枝晶形貌明显，由于枝晶干与枝晶间元素含量存在差异，元素的偏析也对断裂起着重要作用。疲劳断裂的二次裂纹并未沿着晶界扩展，存在三种形式：（1）在相聚较近的碳化物处，形成联结的二次裂纹；（2）沿枝晶间扩展的平直裂纹；（3）受疲劳载荷影响的择优取向裂纹，一般与主裂纹呈45°左右。

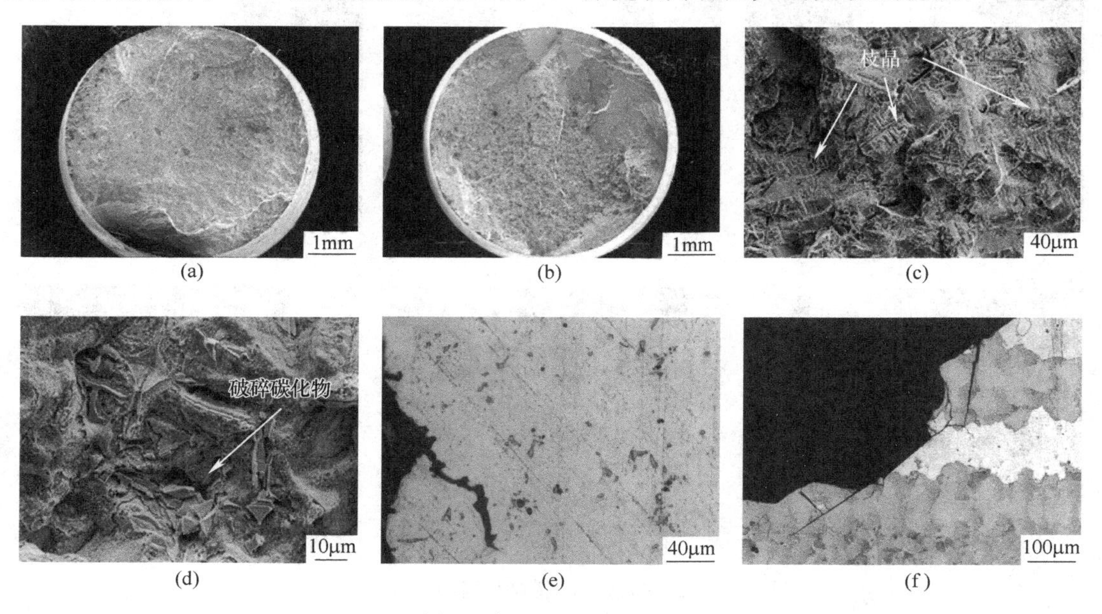

图3 高周疲劳断裂特征

（a）（b）断口全貌；（c）（d）高倍断口特征；（e）（f）二次裂纹

2.3 持久强度与疲劳寿命预测

持久强度是合金在一定温度下，在指定时间下引发合金断裂的应力。目前燃机热端部件所用的材料都需要经过持久强度的测试，且以10^5h作为其持久强度极限标准。考虑到合金在低应力或长时间的持久蠕变数据常常会偏离等温线法的预测直线，通过等温线法拟合的数据代入LM参数法[7]对合金的持久强度进行外推，DZ411合金的LM曲线拟合后$R^2=0.98$，持久强度预测结果见表1。

表1 DZ411合金持久极限强度

条件	直线外推法	LM参数外推法
750℃，10^5h	509.2MPa	394.7MPa
850℃，10^5h	217.4MPa	154.6MPa
900℃，10^5h	123.3MPa	104.7MPa

对DZ411合金的和10^7周次高周疲劳寿命进行预测见表2。利用Basquin方程，绘制了DZ411合金不同温度、应力幅下的S-N曲线，如图4所示。删去了个别异常断裂试样，●表示内部断裂，■表示自由表面断裂，▲表示亚表面断裂，→表示试样达到10^7周次时没有失效。从断裂形式看，室温下主要以表面断裂为主，750℃时以亚表面断裂为主，900℃主要以内部缺陷为断裂的源头。DZ411合金在750℃疲劳载荷时表现出的高周疲劳性能更好，这很大程度上得益于γ′相优异的高温性能。合金的高温与室温疲劳寿命曲线存在相交。低温下的高周疲劳试验，合金抵抗塑性变形的能力差且承受的疲劳载荷更大，在缺陷处容易产生应力集中，裂纹扩展能力强，因此高周疲劳时同等应力下高温的疲劳性能大于低温疲劳性能。

表2 不同高周疲劳条件下10^7周次的疲劳强度

试验条件	RT，$R=0.1$	750℃，$R=0.1$	RT，$R=-1$	750℃，$R=-1$	900℃，$R=-1$
σ_{max}/MPa	523.7	600	298.7	392.7	290.5

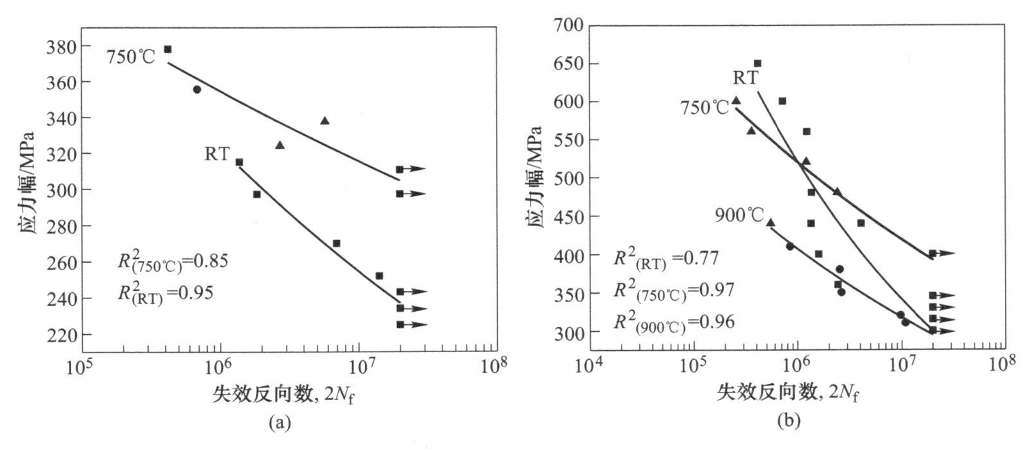

图4　疲劳寿命预测曲线

（a）S-N 曲线 $R=0.1$；（b）S-N 曲线 $R=-1$

3　简化模型 MD 模拟

3.1　多晶持久蠕变模拟

分别研究了不同持久蠕变应力、温度对纳米级晶粒尺寸蠕变行为的影响，获得的应变-时间曲线如图5所示。大部分曲线经历了初始与稳态两个阶段，个别曲线出现了加速蠕变阶段。晶粒尺寸在7.01nm时，1000K下蠕变曲线，仅在2GPa时出现加速蠕变阶段。在外界条件相同时，晶粒尺寸越小，越容易呈现完整的蠕变三个阶段。在同一蠕变应力下，1200K表现出加速蠕变阶段。从蠕变曲线可以看出，提高温度与应力可以加速蠕变过程，快速达到加速蠕变阶段，从而缩短合金的蠕变寿命。除此之外，晶粒尺寸也会对蠕变曲线造成影响。出现此现象的原因可以通过以下三点解释：温度增加使原子热振动更加剧烈，因此原子容易离开其原本的位置，施加应力后会加速原子的扩散；同时，应力易使多晶模型的空位

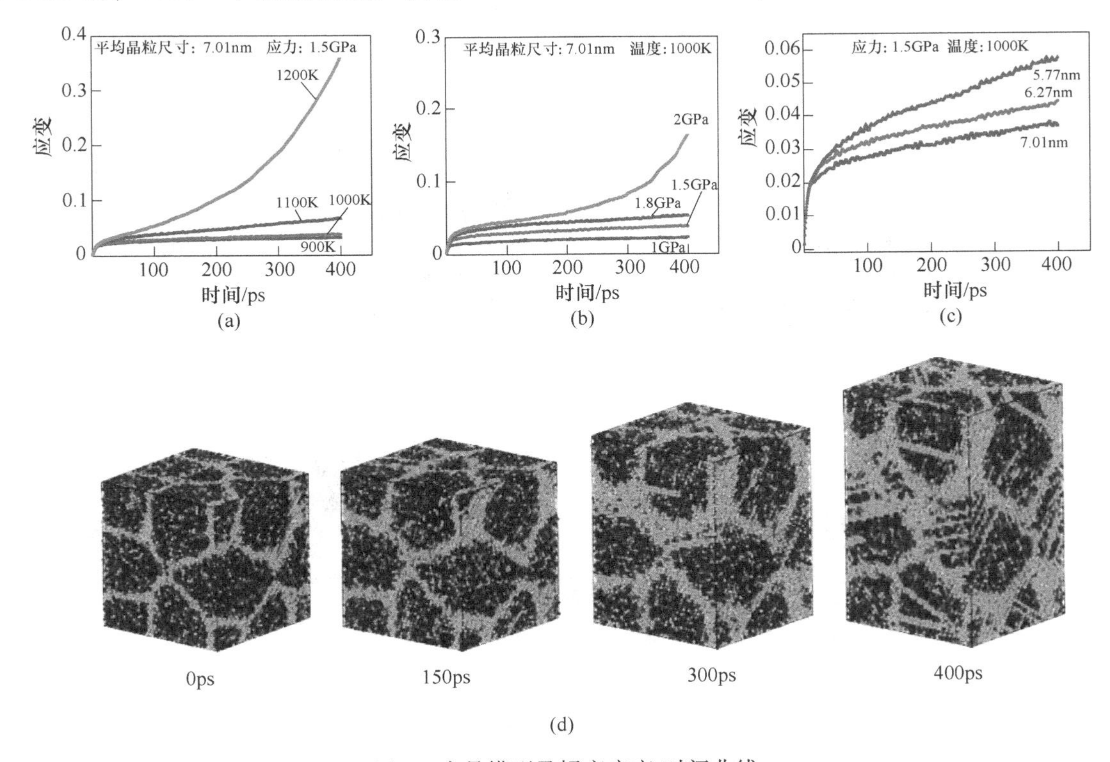

图5　多晶模型及蠕变应变-时间曲线

（a）温度影响；（b）应力影响；（c）晶粒尺寸影响；（d）1200K 多晶持久蠕变随时间变化

数量增加，晶粒内出现空位浓度梯度，空位会迅速沿着易扩散的方向运动，例如，晶界和位错附近的无序原子处，且应力越高扩散越快；晶界在恒定应力下的蠕动起到关键作用，晶界本就是无序原子构成，晶粒尺寸越小，晶界原子所占百分比就越大，因此极易变形和滑动。

通过中心对称参数（CSP）分析方法研究原子结构变化，晶粒内部颜色较深，晶界及损伤程度大处较浅。在1200K时，多晶模型的蠕变曲线在20ps进入稳态蠕变阶段，200ps进入快速蠕变阶段，微观结构演变图（图5（d））可以看出进入快速蠕变阶段，模型沿施加应力方向被明显拉长，非晶结构向内部扩展，晶粒产生较大的损伤，部分小晶粒完全消失，部分晶界由于增粗发生了迁移，晶粒内部出现互相平行的层错现象，说明位错密度在加速蠕变阶段快速增长。

3.2 两相疲劳模拟

图6给出了常温下γ相与γ′相内裂纹在循环加载过程中扩展情况及微观结构演变，为了观察两相内结构变化，仅将乱序原子与HCP结构原子保留，灰色区域为孔隙区域，同时位错也通过DXA手段提取出来。γ相与γ′相内预制的裂纹表现出不同的扩展形式，在第8个周期Ni中的预制裂纹前端出现团簇的无序原子，说明此处应力集中明显，引导裂纹向前扩展，裂纹尖端锐化。由于拉压载荷存在，尖端无法迅速扩展反而在压应变下被原子重新填充。在第12个周期，γ相内出现大量的层错与位错，造成了内部的硬化，正应变下裂纹前端出现小孔隙，但由于两者之间有层错存在，裂纹只能通过右上角与右下角分裂成2个微裂纹向前扩展，而在压应变下细微的裂纹被填充，与此同时，高应变导致γ′相由表面开始产生位错并向界面运动，由于Ni中的塑性变形严重，裂纹尖端的应力集中被层错缓解，因此只能缓慢向前扩展。γ′相内的裂纹在第12周期内才开始扩展，而γ相已严重塑性变形，位错剪切进入

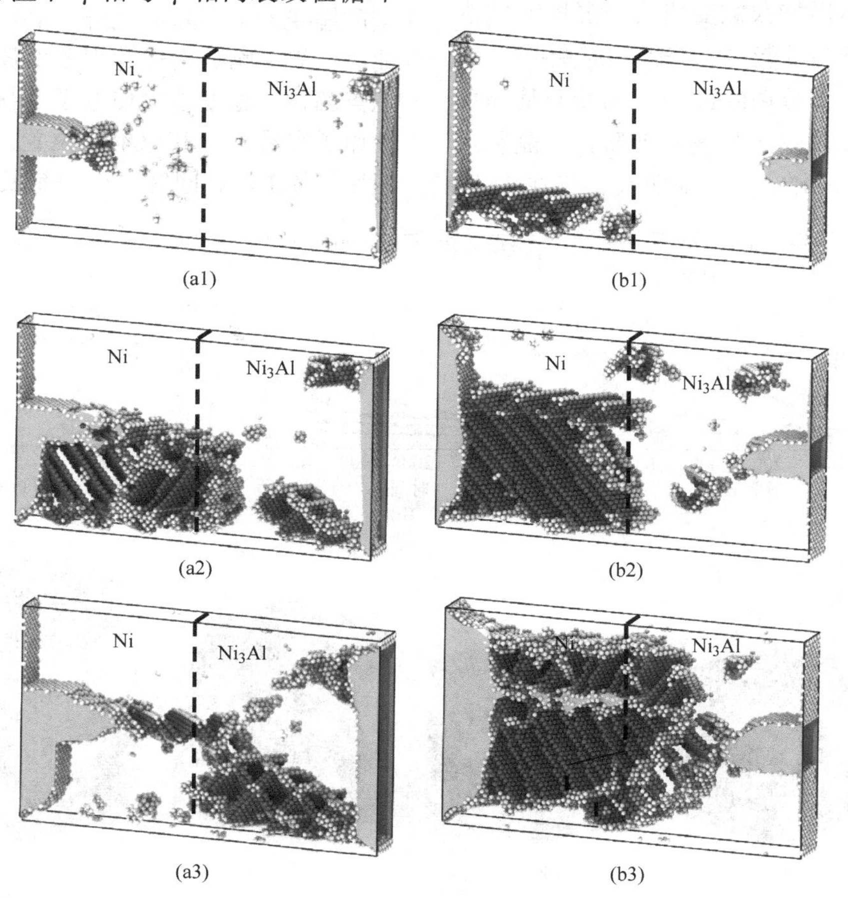

图6 两相模型裂纹扩展情况

Ni中裂纹：（a1）Cycle 8，$\varepsilon=0.088$；（a2）Cycle 12，$\varepsilon=0.128$；（a3）Cycle 20，$\varepsilon=0.198$；

Ni_3Al中裂纹：（b1）Cycle 8，$\varepsilon=0.074$；（b2）Cycle 12，$\varepsilon=0.121$；（b3）Cycle 20，$\varepsilon=0.209$

γ′相并在内部滑移，随着应变的增加，γ 相内由于固定的压杆位错长时间的停留，逐渐形成微孔并相互联结成为一条新裂纹。而在 γ′相内，反复的拉压造成裂纹尖端应力集中重新分布，最大应力脱离裂纹尖端偏向左下 45°方向，裂纹无法垂直于应力方向而选择局部最大应力方向扩展，这一现象与实验观察到的特定取向裂纹扩展近似。但由于过程中没有其他间隙等引导，直到最后一个周期 γ′相的裂纹长度依旧没有明显的增长。因此呈现出在两相内分别引入裂纹进行循环载荷后，在疲劳载荷后期均在 γ 相内出现明显的裂纹扩展。

4 结论

（1）DZ411 合金在 750℃持久条件下保持很好的组织稳定性，在 850℃低应力与 900℃持久条件下发生筏化。随温度增加，断裂以穿晶和微孔聚集型断裂为主。DZ411 合金的高周疲劳断裂均呈现单一裂纹源，随温度升高，源区由表面逐渐转移至亚表面及内部疏松处。二次裂纹主要沿块状碳化物、共晶与晶界延伸，部分裂纹传播具有择优取向。

（2）采用 LM 参数法预测 DZ411 合金 750℃、850℃和 900℃下 10^5h 的持久强度分别为 394.7MPa、154.6MPa 和 104.7MPa。利用 Basquin 方程预测了不同条件下 10^7周次的疲劳极限，与室温及 900℃实验结果对比发现，750℃时合金达到更高的疲劳极限。

（3）MD 持久蠕变模拟结果表明温度、应力、晶粒尺寸影响多晶模型的持久蠕变行为，蠕变曲线的快速变形阶段受位错变化及晶界迁移的影响。MD 疲劳模拟结果表明，两相模型中 γ 相内裂纹相对于 γ′相内裂纹更易扩展，且裂纹尖端附近的位错引导层错的扩展会短暂阻碍裂纹的快速扩展。

参考文献

[1] 蒋洪德．重型燃气轮机现状与发展趋势［J］．中国电机工程学报，2014，34（29）：5096～5102.

[2] 杨功显．重型燃气轮机热端部件材料发展现状及趋势［J］．航空动力，2019（2）：70～73.

[3] 李辉，楼琅洪，史学军，等．DZ411（DSM11）合金 γ′粗化与持久性能［C］// 中国金属学会高温材料分会，北京，2007.

[4] 唐文书．蠕变损伤 DZ411 合金恢复热处理组织演化［J］．航空材料学报，2019，39（1）：70～78.

[5] Kelekanjeri V, Sondhi S K, Vishwanath T, et al. Coarsening kinetics of the bimodal distribution in DS GTD111TM superalloy［J］. WIT Transactions on Engineering Sciences, 2011, 72: 251～262.

[6] Wilson A S. Formation and effect of topologically close-packed phases in nickel-base superalloys［J］. Materials Science and Technology, 2017, 33（9）: 1108～1118.

[7] Ghatak A, Robi P S. Modification of Larson-Miller parameter technique for predicting creep life of materials［J］. Transactions of the Indian Institute of Metals, 2016, 69（2）: 579～583.

粉末高温合金

热处理对 FGH96 合金拉伸、蠕变和裂纹扩展性能的影响

刘健[1,2*]，王旭青[1,2]，曾维虎[1,2]，王晓峰[1,2]，周晓明[1,2]，王文莹[1,2]

（1. 中国航发北京航空材料研究院高温材料研究所，北京，100095；
2. 中国航发北京航空材料研究院先进高温结构材料重点实验室，北京，100095）

摘　要：盘锻件的热处理是制备高性能、高可靠性的粉末镍基高温合金涡轮盘的关键工艺。本研究通过可控的热处理过程，获得了具有不同固溶后冷却速率的 FGH96 合金，并开展了拉伸、蠕变及裂纹扩展测试，以系统地建立热处理方法与合金性能的关系，明确满足盘件服役性能要求的材料的热处理边界条件。所建立的关系可用于指导先进航空发动机粉末高温合金涡轮盘的“形状-性能”协同制造。

关键词：涡轮盘；粉末高温合金；热处理；冷却速率；力学性能

镍基高温合金具有优异的高温强度、抗腐蚀性能和抗蠕变等性能，因此大量在航空发动机的热端使用。为了获得更高的强度储备，航空发动机中的镍基高温合金转动件通常由铸-锻工艺或粉末冶金工艺制备而成。由于粉末冶金路线制备的粉末高温合金涡轮盘（简称粉末盘）具有更均匀的微观组织、更加均匀的成分分布，因此相较于铸-锻工艺制备的变形高温合金盘件具有更好的长时持久性能。此外，由于把元素偏析限制在了极小的尺度，粉末冶金工艺更适用于制备成分复杂、合金程度更高的高性能、高承温能力镍基高温合金。因此粉末盘被视为先进航空发动机的标志性零部件[1]。

航空发动机技术的不断发展对包括粉末盘在内的关键限寿件的全寿命周期成本提出了更高的要求，因此对于粉末盘的制造工艺也提出了更高的要求。在粉末盘的制备过程中，固溶热处理不单很大程度上决定了盘件中微观组织分布（晶粒和 γ′强化相的形貌、尺寸分布），还影响盘件中的残余应力分布等特性，因此被界定为粉末盘制造过程中的关键工艺。在固溶热处理过程中加热温度、保温时间和保温后冷却过程中的冷却速率是最为关键的几个参数。加热温度和保温时间主要决定材料中晶粒尺寸的大小[2]，而保温后的冷却过程决定了 γ′ 强化相的析出过程及其形貌、尺寸和分布情况[3~5]。

对于大尺寸、具有复杂形状的粉末盘锻件，固溶热处理后的冷却过程中盘件不同位置的实际冷却速率会有较大的差异，从而使得不同位置材料的性能也有较明显的差异。因此，如何控制该冷却过程，使得盘件所有位置都获得满意的性能，是极为重要的。为了支撑这一技术的开发，需要系统地掌握不同工艺带来的材料组织特征以及相应的材料性能的变化规律，从而进行针对性工艺设计和开发。

因此我们研究了具有不同固溶冷却速率的 FGH96 粉末镍基高温合金的力学性能规律，针对盘件不同位置对材料性能需求的不同，设计特殊的热处理过程，达到“形状-性能”协同制造提供了基础支撑。

1　实验

本研究采用锻态的 FGH96 粉末镍基高温合金，具体成分详见表 1。在开展固溶热处理前，材料经历了母合金熔炼、氩气雾化制粉、热等静压和等温锻造等工序。为了保证材料组织的一致性（初始晶粒度），从所制备的锻件上的等同区域切取锻态材料的试棒或者试块。使用程控气冷热处理炉进行冷速可控的固溶热处理（固溶温度 1150°C，保温 2h）。使用文献［6］中的方法，在 5~250℃/min 的冷却速率区间内制备了冷速不同的

＊作者：刘健，博士，联系电话：18810346578，E-mail：jianliu_mse@163. com

FGH96 合金试棒。此外还使用保温筒的方式制备了冷却速率约为 50℃/min、130℃/min 和 235℃/min 的试块，用于加工裂纹扩展用的紧凑拉伸（CT）试样。所有材料在固溶热处理后还进行了 760℃下的时效热处理。

表 1　所用 FGH96 合金的化学成分

（质量分数,%）

B	C	Cr	Co	W	Mo	Nb	Al	Ti	Ni
0.01~0.02	0.04~0.06	15~16.5	12.0~14.0	3.0~4.0	3.0~4.0	0.6~0.8	1.5~2.3	3.5~4.0	余

热处理后，将试棒分别加工成标准拉伸和蠕变试样进行测试。拉伸测试在 400℃和 650℃进行，屈服前为应变控制拉伸速率为 0.005/min，屈服后切换成横梁位移控制。蠕变测试在 704℃进行，采用 690MPa 恒定应力载荷，测试过程中记录材料的

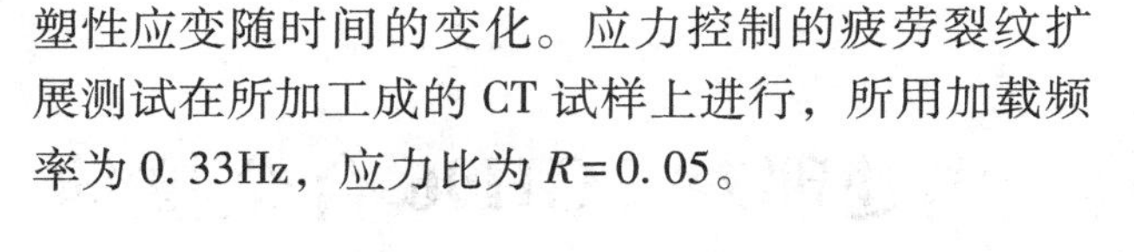
塑性应变随时间的变化。应力控制的疲劳裂纹扩展测试在所加工成的 CT 试样上进行，所用加载频率为 0.33Hz，应力比为 $R=0.05$。

2　结果与讨论

2.1　对拉伸性能的影响

图 1 为固溶热处理后不同冷却速率的 FGH96 合金在 400℃和 650℃的拉伸性能，纵坐标以最大拉伸强度值进行归一化处理。由图 1 可见，固溶后的冷却速率对 FGH96 合金的屈服强度和抗拉强度均有影响，并且呈现出冷却速率越高，强度越高的特征。根据 γ/γ′镍基高温合金的强化机理可知，这是由于更高冷却速率带来的细小 γ′强化相对位错具有更强的阻碍运动[7]。

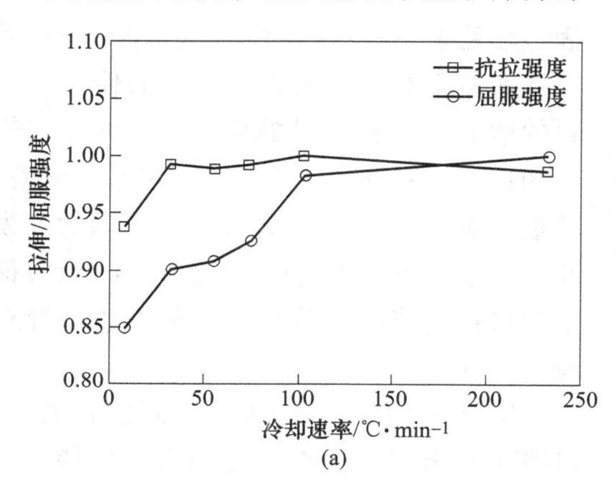

(a)

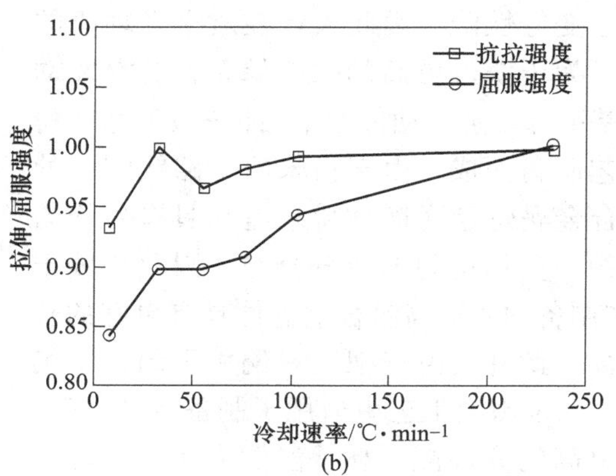

(b)

图 1　不同冷却速率的 FGH96 合金的拉伸性能

（纵坐标以最大拉伸强度值进行归一化处理）

（a）400℃拉伸；（b）650℃拉伸

对比同测试温度下屈服强度和抗拉强度的变化趋势可以看出，冷却速率对于材料屈服强度的影响更为明显。尤其是当冷却速率介于约 10℃/min 和 100℃/min 之间时，冷速和屈服强度呈现出很强的相关性。当冷却速率高于约 100℃/min 时，材料的屈服强度变化程度较小。对于材料的抗拉强度，仅当冷却速率很低时（例如低于 10℃/min），才会呈现出明显的下降。此外，对比两个测试温度可以发现，固溶后的冷却速率对 400℃屈服强度的影响程度略高于对 650℃屈服强度的影响。

图 2 为不同冷却速率的 FGH96 合金 400℃拉伸试样的典型断口扫描电镜照片。由图 2 可见，整体上为韧窝主导的韧性断裂。但是随着冷却速率的增加，断口表面呈现出更多的局部解理断裂特征，这也与拉伸测试结果中断裂伸长率的变化趋势类似。产生该现象的原因应当是，在 400℃时镍基高温合金中开动的滑移系相对较少，因此对于变形抗力更大的材料（冷却速率更高时），在拉伸过程中来不及发生充分的塑性变形，从而在局部变形较小、应力聚集区域发生脆性的解理断裂。

同样的规律在 650℃的拉伸性能中也有显现。对于冷却速率相同的材料，650℃拉伸试样的断口上具有更多韧性断裂的韧窝特征，同时脆性的解理断裂特征明显较少（典型对比见图 3）。这是由于在更高温度下开动了更多的滑移系，从而材料表现出更好的塑性。

图 2　不同冷却速率的 FGH96 合金的 400℃拉伸断口的典型照片
（a）冷速 = 75℃/min；（b）冷速 = 55℃/min；（c）冷速 = 32℃/min；（d）冷速 = 8℃/min

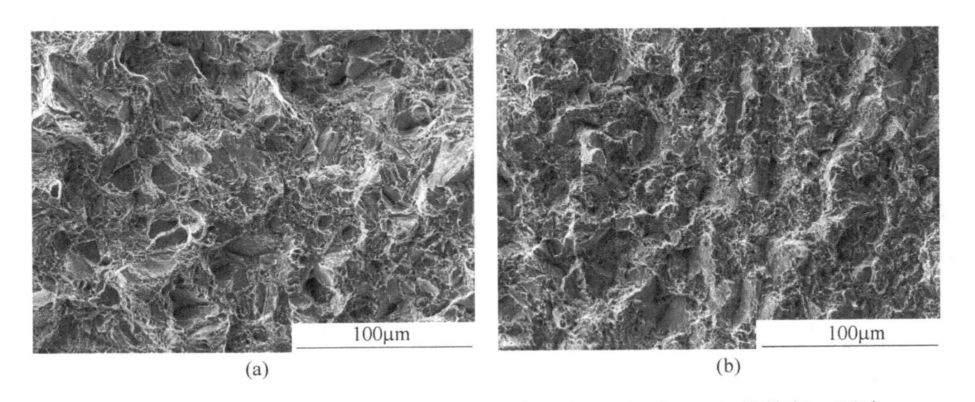

图 3　冷却速率约为 75℃/min 的 FGH96 合金在 400℃和 650℃拉伸断口照片
（a）400℃；（b）650℃

2.2　对蠕变性能的影响

图 4 为固溶热处理后不同冷却速率的 FGH96 合金在 704℃ 690MPa 下的蠕变性能，其中纵坐标分别以最大塑性应变量和最长变形时间进行归一化处理。由图 4 可以清晰地看出材料的蠕变性能与冷却速率强相关，呈现出冷却速率越高，蠕变抗性越好的特征，与材料的拉伸性能随冷却速率变化的规律一致。这同样是因为更加细小的 γ′强化相减缓了位错的运动速率，从而提高了材料的蠕变抗性[7]。

此外，从图 4 中可以看出 68h 塑性应变与材料的冷却速率呈现出了很好的幂函数关系，而达到 0.2%塑性应变所需的时间与材料的冷却速率呈现出了很好的对数关系。使用所拟合的函数关系，可以根据盘件不同位置对蠕变性能的要求进行针对性的工艺设计，通过保证局部位置的冷却速率，从而获得满意的蠕变性能。

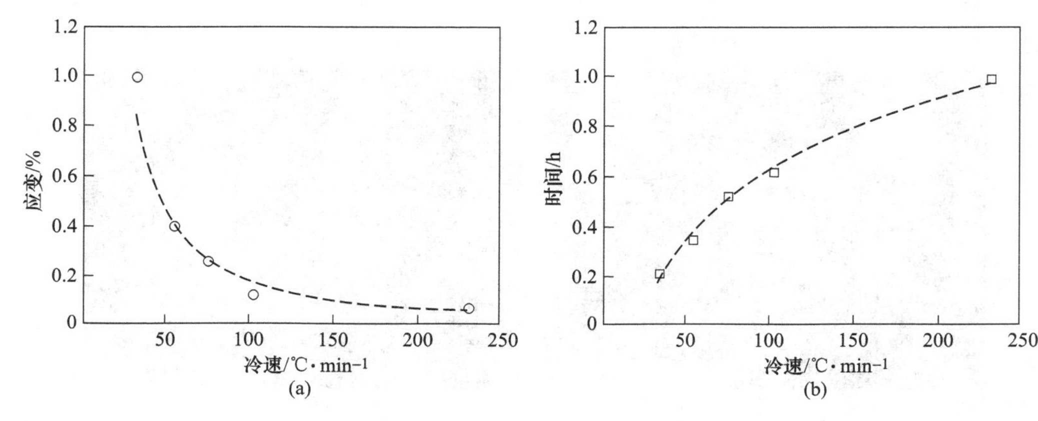

图 4 不同冷却速率的 FGH96 合金的蠕变性能（704℃/690MPa）
（纵坐标分别以最大塑性应变量和最长变形时间进行归一化处理）
（a）68h 塑性应变；（b）0.2%塑性应变所用时间

2.3 对裂纹扩展性能的影响

图 5 为具有不同固溶冷却速率材料在 650℃的疲劳裂纹扩展曲线。由图 5 可见，三种不同冷却速率的 FGH96 合金中的疲劳裂纹扩展速率非常相似，对断裂试样的扫描电镜断口分析表明，三个组织中疲劳裂纹扩展断口特征一致，均较为平坦，局部可见疲劳条带（见图 5 中插图），因此可以判断均为穿晶疲劳机理。类似的结果在 LSHR[8]、RR1000[9] 等粉末镍基高温合金中同样观察到。该结果说明粉末镍基高温合金中穿晶疲劳控制的裂纹扩展速率在一定程度上对材料组织和强度变化不敏感，这和疲劳扩展的微观机理有关。需要说明的是，虽然本文中呈现的穿晶疲劳裂纹扩展速率对于材料的冷却速率不敏感，但是在恒定载荷或保载疲劳载荷下的沿晶裂纹扩展速率则对组织非常敏感[8,9]。对于同一种合金，固溶冷却速率不同的材料在相同的 ΔK 下，裂纹扩展速率差异可达 1~3 个数量级。

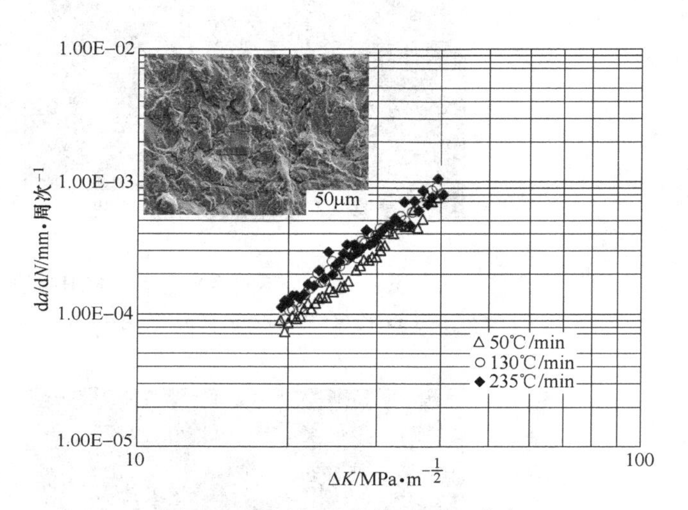

图 5 不同冷却速率的 FGH96 合金
在 650℃的疲劳裂纹扩展曲线
（0.33Hz，R=0.05），插图为典型断口的扫描电镜照片

3 结论

本文研究了 FGH96 合金固溶热处理后冷却速率对材料拉伸、蠕变及裂纹扩展性能的影响规律。系统的测试表明，冷却速率增加使得材料的拉伸强度和蠕变抗性显著增加，0.33Hz 疲劳载荷下穿晶疲劳裂纹扩展速率基本不变。通过该研究可以获得 FGH96 合金固溶后冷却速率与力学性能之间的函数关系，从而为高性能、高可靠性的涡轮盘组织性能调控及“形状-性能”协同制造提供了基础。

参考文献

[1] 张国庆，张义文，郑亮，等．航空发动机用粉末高温合金及制备技术研究进展［J］．金属学报，2019，55（9）：1133~1144.

[2] 杨杰，邹金文，王晓峰，等．热处理对 FGH96 合金异常晶粒长大的影响［J］．材料工程，2014（8）：1~7.

[3] Ding H H，He G A，Wang X，et al. Effect of cooling rate on microstructure and tensile properties of powder metallurgy Ni-based superalloy［J］. Transactions of Nonferrous Metals Society of China，2018，28（3）：451~460.

[4] Wlodek S，Kelly M，Alden D. The Structure of René 88 DT［C］// Superalloys 1996：Proceedings of the Eighth International Symposium on Superalloys. Pittsburgh，The Minerals，Metals and Materials Society，1996：129~136.

[5] 吴凯，刘国权，胡本芙，等．固溶冷却速度和前处理对新型镍基粉末高温合金组织与显微硬度的影响[J]．稀有金属材料与工程，2012，41（4）：685~691.

[6] 刘湘斌，段波，于苏洋，等．冷却速率对FGH96粉末高温合金微观组织的影响［J］．热加工工艺，2022，51（22）：4.

[7] Reed R C . The Superalloys Fundamentals and Applications［M］. Cambridge University Press，2006.

[8] Telesman J，Gabb T P，Garg A，et al. Effect of Microstructure on Time Dependent Fatigue Crack Growth Behavior In a P/M Turbine Disk Alloy［C］// Superalloys 2008. Pittsburgh，USA，2008.

[9] Li H Y，Sun J F，Hardy M C，et al. Effects of microstructure on high temperature dwell fatigue crack growth in a coarse grain PM nickel based superalloy［J］. Acta Materialia，2015，90：355~369.

粉末高温合金 γ′相对蠕变-疲劳影响研究

彭子超[1*]，丁凯[2]，彭文雅[3]，王旭青[1]，罗学军[1]，邹金文[1]

（1. 中国航发北京航空材料研究院先进高温结构材料重点实验室，北京，100095；
2. 中国航发南方工业有限公司，湖南 株洲，412002；
3. 中国航发湖南动力机械研究所，湖南 株洲，412002）

摘　要： 系统研究了具有不同 γ′相特征的 FGH96 合金的蠕变-疲劳行为，建立了 γ′相特征与疲劳及蠕变-疲劳性能之间的关联关系。结果表明，位错运动的临界剪切应力大小对合金的疲劳寿命及蠕变-疲劳寿命的具有重要影响。蠕变-疲劳的断口整体特征与疲劳断口的整体特征基本一致，分为典型的三个区域，且断口上存在明显的疲劳弧线和放射棱线。但是在断裂源区，蠕变-疲劳断口呈现典型的沿晶断裂特征，该特征与蠕变断口相似。相比于疲劳试验后合金，蠕变-疲劳试验后合金中出现了更大的应变变形，主要是合金在保载过程中由大量位错滑移而导致的，这也是最终导致蠕变-疲劳失效加速的重要原因。

关键词： 粉末高温合金；γ′相；蠕变-疲劳；位错滑移

疲劳是镍基粉末高温合金最重要的性能之一，会限制涡轮盘服役寿命[1]。在保载条件下，疲劳失效过程会显著加速，服役寿命降低，裂纹扩展速率增大[2~7]。Tong[8]研究了两种镍基高温合金的蠕变-疲劳交互行为，建立了与保载时间相关的裂纹扩展模型。结果表明，氧化是导致蠕变-疲劳失效的主要原因。Totmeier[9]研究了 Inconel 617 合金的蠕变-疲劳-环境相互作用，发现保载时间对服役寿命造成了严重损害。Billot[10]研究了保载时间对 Udimet720 合金 700℃下保载疲劳的影响，并证明在疲劳加载期引入保载时间会增加循环应变速率，降低循环次数，当保载时间超过 50s 时，保载疲劳行为表现为蠕变变形。Li[11]研究了微观结构对 RR1000 合金保载疲劳的影响，当温度低于 700℃时，裂纹扩展机制主要是低周疲劳（LCF）模式。然而，当温度超过 750℃时，裂纹扩展机制转变为蠕变模式。晶界孔洞形核和连接引起的蠕变变形和蠕变损伤可以加速裂纹的扩展速率，且裂纹扩展速率对三次 γ′相的分布很敏感。

γ′相是粉末粉末高温合金中最重要的强化相，对合金性能具有重要影响，γ′相对蠕变性能的影响研究较多[12~14]。本文作者[15~17]系统研究了 γ′相对粉末高温合金蠕变性能的影响，建立了 γ′相形态与蠕变性能关联关系。然而，γ′相对粉末高温合金疲劳和蠕变-疲劳的影响研究较少。

本文系统研究了 γ′相对 FGH96 合金疲劳和蠕变-疲劳性能的影响，揭示不同载荷下的蠕变-疲劳行为，分析合金在疲劳和蠕变-疲劳过程中应变积累、位错运动和断裂机制的演变规律。

1　试验材料和方法

本文所用 FGH96 合金的成分（质量分数,%）为：Co 12.9，Cr 15.7，Mo 4，W 4，Al 2.1，Ti 3.7，Nb 0.7，C 0.05，B 0.03，Zr 0.05 和 Ni。采用可控冷却热处理模拟炉精确控制合金在固溶冷却过程中的冷却速率，制备出具有不同 γ′相特征的合金试样。

将合金试样加工成标准疲劳试样，并开展蠕变-疲劳交互试验，试验条件为：650℃、最大应力分别为 1200MPa、1150MPa 和 1100MPa，加载方式如图 1 所示。同时，将不同状态合金在 650℃，最大应力为 1200MPa，应力比 $R=0.05$，频率 $H=0.33$Hz 条件下进行疲劳试验，以对比分析蠕变-疲劳机理。

采用 Hitachi S-4800 型扫描电子显微镜

* 作者：彭子超，研究员，联系电话：010-62498272，E-mail：pengzichaonba@126.com

（scanning electron microscopy，简称 SEM）对疲劳试验前合金的 γ′相组织及试验后断口进行分析，采用电子背散射衍射（electron backscattered diffraction，简称 EBSD）对试验前合金的晶粒组织及试验后合金的局域取向差分布等进行分析，采用 FEI Tecnai G2 F20 场发射透射电子显微镜（transmission electron microscopy，简称 TEM）对疲劳试验后 FGH96 合金内部的位错形态进行研究。

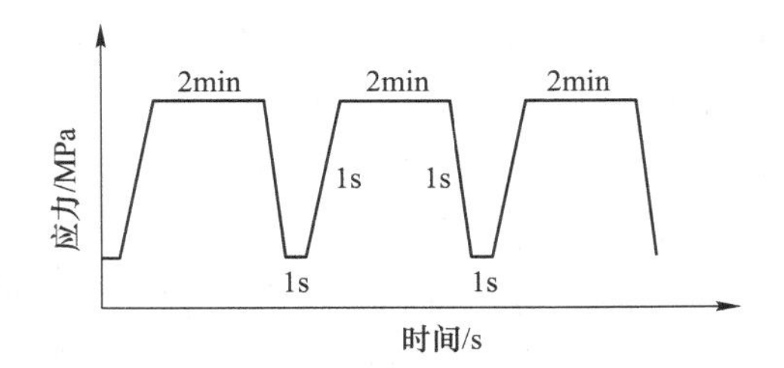

图 1 蠕变-疲劳交互作用加载方式

2 试验结果

2.1 显微组织

图 2 是不同状态 FGH96 合金的晶粒取向图。

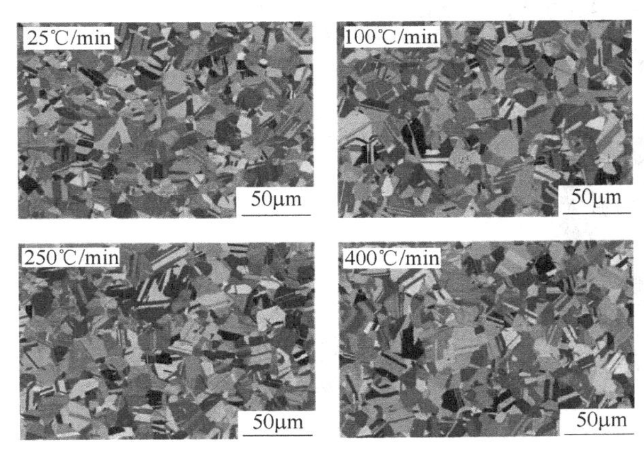

图 2 不同状态 FGH96 合金的晶粒取向图

从图中可以看出不同冷速处理得到的 FGH96 合金的晶粒组织状态没有明显差别。采用 EBSD 对不同状态的合金的晶粒尺寸进行了精确统计，四种状态 FGH96 合金的平均晶粒尺寸均为 11μm 左右。

不同状态 FGH96 合金中的 γ′相组织如图 3 所示。由于采用过固溶热处理，在固溶过程中，晶界 γ′相全部回溶到基体中，在较快冷速的冷却过程中不会再次形成大尺寸的晶界 γ′相，因此合金中的 γ′相以大量的二次 γ′相和少量的三次 γ′相为主。由图可知，当冷却速率为 25℃/min 和 100℃/min 时，可以明显区分出二次 γ′相和三次 γ′相；但是当冷却速率达到 250℃/min 以上时，合金中可见的 γ′相尺寸均匀，无法分辨出二次 γ′相和三次 γ′相。采用物理化学相分析对 γ′相尺寸进行统计分析，得到不同状态 FGH96 合金 γ′相的平均尺寸随着冷速增大分别为 88. 8nm、68. 7nm、49. 7nm 和 46. 3nm。

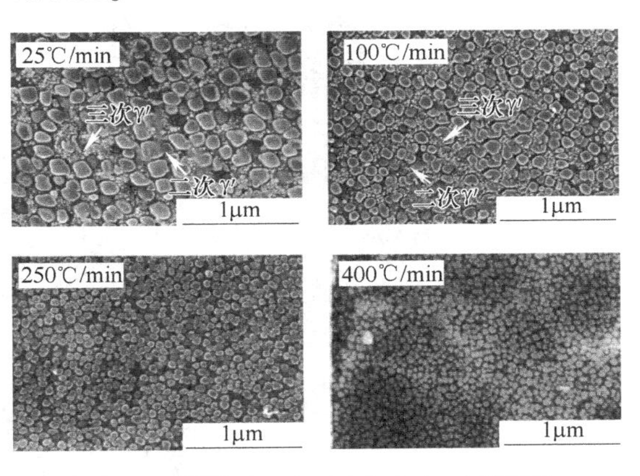

图 3 不同状态 FGH96 合金中 γ′相形貌

2.2 疲劳试验结果

图 4 是蠕变-疲劳交互试验及疲劳试验结果。从蠕变-疲劳试验结果来看，随着 γ′相平均尺寸的减小，蠕变-疲劳寿命逐渐提高，这种变化趋势不

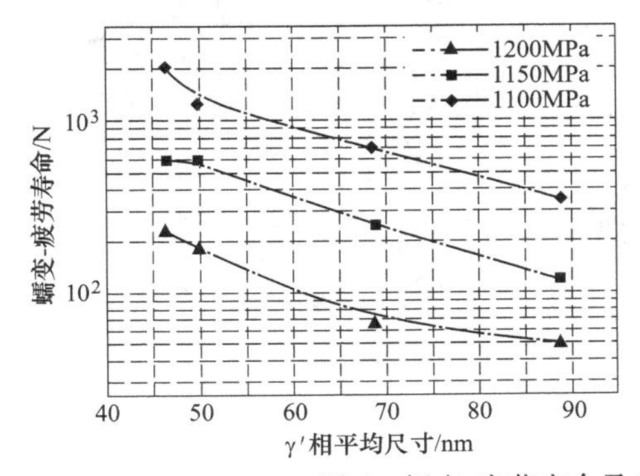

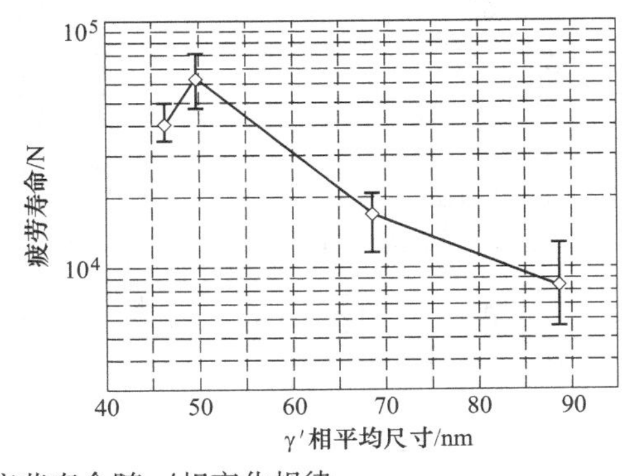

图 4 蠕变-疲劳寿命及疲劳寿命随 γ′相变化规律

会因为最大加载应力的改变而发生改变。同时，随着加载应力的提高，蠕变-疲劳寿命逐件减小，且不同状态的 FGH96 合金之间的蠕变-疲劳寿命差异在逐件减小。从疲劳试验结果来看，随着 γ′相平均尺寸的减小，平均疲劳寿命逐渐提高，但是当 γ′相平均尺寸减小到 46. 3nm 时，疲劳寿命呈现突然下降变化。通过对比疲劳寿命和蠕变-疲劳寿命，可以发现两者的变化规律有些差异，且两者的寿命值最大相差 100 倍。

3 讨论

3.1 疲劳断口分析

图 5 是具有不同 γ′相特征的 FGH96 合金的疲劳断口。由图 5 可知，四种状态合金的疲劳断口宏观上并未见明显差异，均是由典型的三个区域组成，即裂纹萌生区（或疲劳源区）、裂纹扩展区和瞬断区。但是，当冷速较小时，其疲劳源区较为平整；当冷却速率达到 250℃/min 时，疲劳源区的断口形貌转变为典型的沿晶断裂特征。

图 6 是 FGH96 合金蠕变疲劳交互作用断口的典型特征。蠕变-疲劳断口的整体特征与疲劳断口相似，其断口形貌也可以分为三个典型区域，即疲劳源区、裂纹扩展区及瞬断区，断口源区上可以发现放射棱线，扩展区中存在明显的疲劳弧线。但是对蠕变-疲劳断口进一步放大分析后，发现其源区均呈现典型的沿晶断裂特征，且该沿晶断裂特征分布在断口的整个源区上，该特征与蠕变断口相似。蠕变-疲劳断口的扩展区中存在明显的疲劳弧线，且断口呈现出典型的穿沿晶混合断裂特征，即断口既存在解理面、韧窝等穿晶断裂特征，又存在沿晶断裂特征。

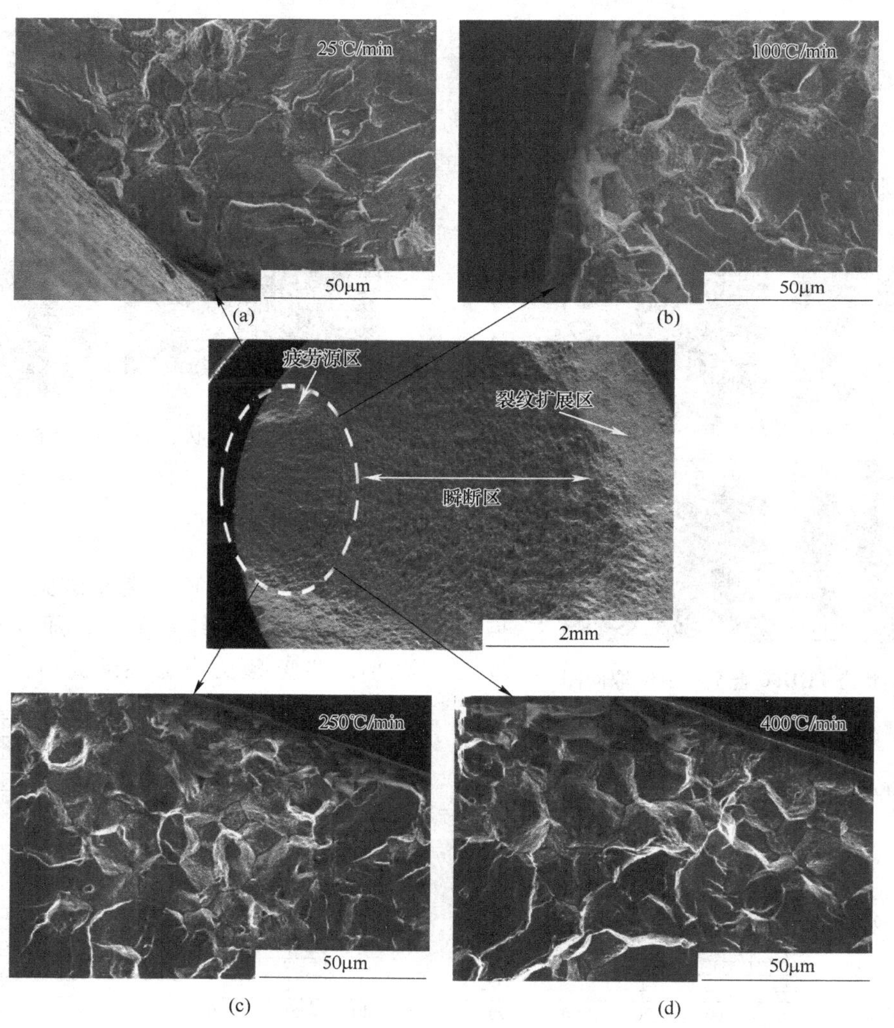

图 5 不同状态 FGH96 合金疲劳断口

（a）25℃/min；（b）100℃/min；（c）250℃/min；（d）400℃/min

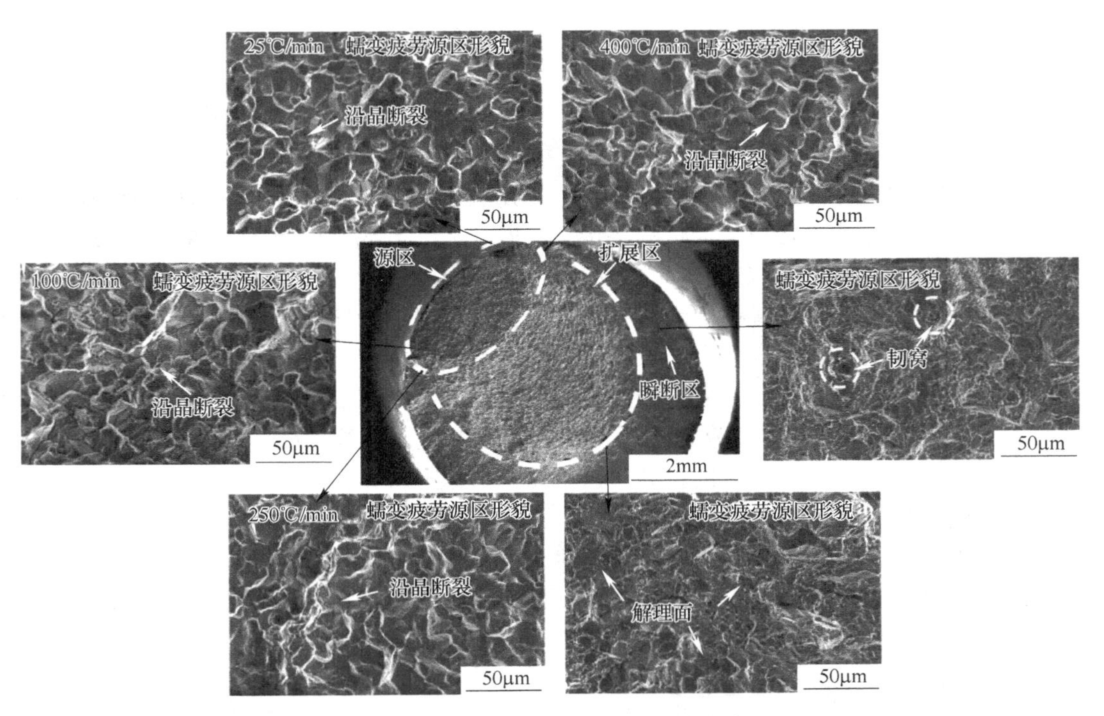

图 6 不同状态 FGH96 合金蠕变-疲劳断口

3.2 疲劳机制研究

图 7 是不同状态的 FGH96 合金在加载应力为 1200MPa 时的疲劳试验后和蠕变-疲劳试验后的合金局域取向差图（KAM 图）。由图 7 可知，对于不同状态的 FGH96 合金，当其在 1200MPa 应力条件下进行低循环疲劳试验时，合金内部的应变水平较低，只有当冷速为 25℃/min 时，合金在疲劳过程中出现较小程度的应变累积，随着冷却速率的增大，合金在疲劳过程中的应变累积逐渐减小，说明纯粹的疲劳过程中，材料的塑性变形不明显。

图 7 常规疲劳与蠕变疲劳交互作用后合金的 KAM 图

(a) 25℃/min- LCF；(b) 25℃/min-LCDF；(c) 100℃/min- LCF；(d) 100℃/min- LCDF；(e) 250℃/min- LCF；(f) 250℃/min -LCDF；(g) 400℃/min-LCF；(h) 400℃/min-LCDF

对于镍基粉末高温合金，随着冷却速率的增大，γ′相尺寸逐渐减小，其对合金的强化效果逐渐增强，抵抗塑性变形的能力在逐渐提高，这一点在蠕变试验结果中得到了验证[17]。在蠕变-疲劳试验中，也可以发现随着冷速的增大，合金在蠕变-疲劳过程中的应变量在逐渐减小。但是，相比于常规的疲劳试验，蠕变-疲劳试验由于在 1200MPa 应力条件下，具有较长的（2min）保载时间，因此会造成更大的塑性变形。这也证明了蠕变疲劳交互作用的机制的蠕变变形后的疲劳开裂。

采用TEM对疲劳试验和蠕变-疲劳试验后的合金进行分析，分析结果如图8所示。相同状态的FGH96合金，在相同的加载应力条件下进行试验时，经过蠕变-疲劳后，合金内部形成了大量的层错和位错，且层错均限制在晶粒内部或者孪晶内部，说明合金在保载过程中，由于位错滑移导致了较大的塑性变形。而常规疲劳试验后的合金内部虽然也形成了少量的层错，但是层错的密度明显要少于蠕变-疲劳。同时，对于疲劳和蠕变-疲劳试验后的TEM分析，均可以发现，随着冷却速率的提高，强化相尺寸减小，强化效果增强，合金抵抗塑性变形的能力提高，合金内部形成的层错更少。

对于FGH96合金的蠕变-疲劳试验，当合金处于蠕变阶段，合金内部会通过位错滑移的方式进行塑性变形，大量的位错会钉扎在晶界和孪晶界，当位错通过钉扎障碍的时间大于蠕变时长时，晶界两侧就会产生较大的应力集中，并在晶界处形成孔洞，最终导致微裂纹的萌生，萌生后的裂纹在氧化的促进作用下，会随着应力的循环快速扩展，从而造成此时材料的蠕变疲劳寿命远远低于常规疲劳寿命。

随着合金中的γ′相合金的强化效果的增强，合金在保载过程中的塑性变形减小，且位错运动减弱，从而使位错在晶界和孪晶界处的累积变缓，从而提高了蠕变-疲劳寿命。

综上所述，蠕变-疲劳是介于蠕变和疲劳之间的一种失效形式，材料局部萌生疲劳裂纹是疲劳损伤的发展，材料内部沿晶断裂是蠕变损伤的体现，这两类损伤相互促进，相互发展就形成了蠕变-疲劳的损伤机制。

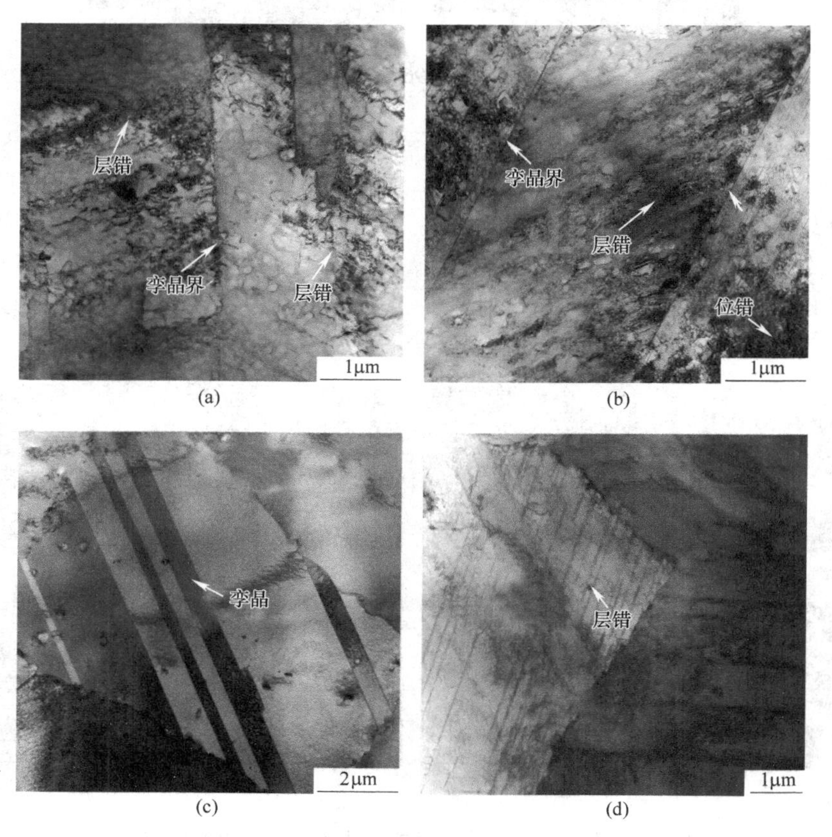

图8　常规疲劳与蠕变疲劳交互作用后合金的TEM分析

（a）25℃/min疲劳；（b）25℃/min蠕变疲劳；（c）400℃/min疲劳；（d）400℃/min蠕变疲劳

4　结论

（1）随着γ′相的细化，FGH96合金的强化效果增强，从而导致其蠕变-疲劳寿命逐渐提高，但其疲劳寿命先增大后减小。当加载应力为1200MPa，保载时间为2min时，疲劳寿命约为蠕变-疲劳寿命的100倍。

（2）蠕变-疲劳断口特征兼具了蠕变和疲劳的断口特征，断口中既存在疲劳弧线及放射棱线等疲劳断口特征，又存在沿晶断裂源区。

（3）保载时间的引入会导致合金内部发生更大的塑性变形，并在晶界处形成大量孔洞等缺陷，从而促进晶界位置的氧化，加速疲劳失效。

参考文献

[1] Jiang R, Bull D J, Proprentner D, et al. Effects of oxygen-related damage on dwell-fatigue crack propagation in a PM Ni-based superalloys: From 2D to 3D assessment [J]. Int. J. Fatigue, 2017, 99: 175~186.

[2] Jiang R, Proprentner D, Callisti M, et al. Role of oxygen in enhanced fatigue cracking in a PM Ni-based superalloys: Stress assisted grain boundary oxidation or dynamic embrittlment? [J]. Corros. Sci., 2018, 139: 141~154.

[3] Pang H T, Reed P A S. Microstructure effects on high temperature fatigue crack initiation and short crack growth in turbine disc nickel-base superalloys Udimet 720Li [J]. Mater. Sci. Eng. A, 2007, 448: 67~79.

[4] Telesman J, Gabb T P, Garg A, et al. Effect of microstructure on time dependent fatigue crack growth behavior in a PM turbine disk alloy [C] // Superalloyss 2008: 807~816.

[5] Jiang R, Reed P A S. Oxygen-assisted fatigue crack propagation in turbine disc superalloyss [J]. Mater. Sci. Tech., 2016, 32: 401~406.

[6] Hu D Y, Ma Q H, Wang R Q. Creep-fatigue behavior of turbine disc of superalloys GH720Li at 650℃ and probabilistic creep-fatigue modeling [J]. Mater. Sci. Eng. A, 2016, 670: 17~25.

[7] Yu H C, Li Y, Huang X. Low cycle fatigue behavior and life evaluation of a PM Nickel base superalloys under different dwell conditions [J]. Procedia. Eng., 2010, 2: 2103~2110.

[8] Tong J, Dalby S, Byrne J, et al. Creep, fatigue and oxidation in crack growth in advanced nickel base superalloys [J]. Int. J. Fatigue, 2001, 23: 897~902.

[9] Totmeier T C, Tian H. Creep-fatigue-environment interactions in Inconel617 [J]. Mater. Sci. Eng. A, 2007, 468~470: 81~87.

[10] Billot T, Villechaise P, Jouiad M, et al. Creep-fatigue behavior at high temperature of a Udimet720 nickel-base superalloys [J]. Int. J. Fatigue, 2010, 32: 824~829.

[11] Li H Y, Sun J F, Hardy M C, et al. Effects of microstructure on high temperature dwell fatigue crack growth in a coarse grain PM nickel based superalloys [J]. Acta. Mater., 2015, 90: 355~369.

[12] Jackson M P, Reed R C. Heat treatment of Udimet720Li: the effect of microstructure on properties [J]. Mater. Sci. Eng. A, 1999, 259: 85~97.

[13] Li M Z, Minh-son Pham, Peng Z C. Creep deformation mechanisms and CPFEmodeling of a nickel-base superalloys [J]. Mater. Sci. Eng, A, 2018, 718: 147~156.

[14] Feng Y F, Zhou X M, Zou J W. Effect of cooling rate during quenching on the microstructure and creep property of nickel-based superalloysFGH96 [J]. Int. J. Min. Met. Mater., 2019, 26: 493~499.

[15] Peng Z C, Tian G F, Jiang J, Mechanistic behavior and modeling of creep in powder metallurgy FGH96 nickel superalloys [J]. Mater. Sci. Eng. A, 2016, 676: 441~449.

[16] Peng Z C, Zou J W, Wang X Q. Microstructural characterisation of dislocation movement during creep in powder metallurgy FGH96superalloys [J]. Mater. Today. Commun., 2020, 25: 101361.

[17] Peng Z C, Zou J W, Yang J, et al. Influence of γ′ precipitate on deformation and fracture behavior during creep in a PM nickel-based superalloys [J]. Prog. Nat. Sci-Mater., 2021, 31: 289~295.

温度和应力对粉末高温合金蠕变孪生行为的影响

白佳铭[1,2,3]，张义文[1,2*]

（1. 钢铁研究总院高温材料研究所，北京，100081；
2. 北京钢研高纳科技股份有限公司，北京，100081；
3. 东北大学材料科学与工程学院，辽宁 沈阳，100819）

摘　要：研究了 Ni 基粉末高温合金 FGH4098 在不同蠕变条件下的微孪生行为，并分析了微孪晶形成和增厚的原因。结果表明，微孪晶的密度和厚度与温度、应力、时间直接相关，因为温度和应力介导的扩散加速这一过程的动力学。Cr、Co、Mo 的铃木偏聚意味着微孪晶位置的 $L1_2$ 结构被破坏，“伪”复杂层错（CSF）剪切将以较低的能量连续剪切 γ′相使微孪晶增厚。

关键词：粉末高温合金；微孪晶；蠕变；铃木偏聚

对于高温合金，尤其是粉末高温合金，已有大量研究发现微孪生是蠕变过程中的主要变形机制[1~5]，利用微孪晶进行强化还是抑制微孪晶生长成为一个具有争议性的问题。然而目前对于 $L1_2$ 型沉淀强化 Ni 基合金的微孪晶形成机制及演变规律没有统一的理论。本文主要从微孪晶的形成机制和元素偏聚的角度，阐明了以微孪生为主导变形的合金在蠕变过程中形成变形微孪晶的外因（温度和应力）和内因（化学成分），为粉末高温合金进一步的变形机理研究和合金开发提供理论支撑。

1　试验材料及方法

FGH4098 合金的化学成分为（质量分数,%）为：Cr 13，Co 21，W 2，Mo 4，Al 3.5，Ti 3.5，Nb 1，B+Zr 0.06~0.1，Ta 2.4，Ni 余量。试验粉末高温合金 FGH4098 通过等离子旋转电极法（RPEP）+热等静压（HIP）的工艺压制成型。将 HIP 后的锭坯进行过固溶处理+二级时效处理，得到 300nm+50nm 双峰尺寸分布的 γ′强化相，其质量分数约为 50%。蠕变试样加工和试验操作参照国标 GB/T 2039—2012 执行，蠕变实验分别在 650℃/980MPa、750℃/550MPa、750℃/600MPa 和 800℃/400MPa 的条件下进行。透射电子显微镜（TEM）观察的样品利用线切割在与应力轴倾斜 45°方向切取，目的为尽可能观察到变形织构晶粒。通过传统的机械减薄至 50μm 后，冲剪成 ϕ3mm 的圆片，随后在 10%高氯酸+90%乙醇溶液中进行最终电解减薄，操作参数为−30℃/80mA。型号为 FEI Tecnai F20 的 TEM 主要用来进行 $\boldsymbol{g}$ 矢量操作观察变形组织的亚结构，傅里叶空间经磁转角逆时针 90°校正；型号为 FEI Talos F200X 和型号为 FEI Themis Z 的球差校正 TEM 用于辅助观察、高分辨（HR）成像及原子级别 EDS 分析。

2　试验结果及分析

2.1　FGH4098 合金在不同条件下的蠕变行为

蠕变温度区间为 650℃至 800℃之间，覆盖了粉末高温合金涡轮盘目前和未来目标的工作温度。蠕变施加应力经过探索和筛选，保证蠕变曲线的形状并尽可能得到长的第二阶段和合适的断裂寿命。图 1 示出不同条件下 FGH4098 合金的蠕变塑性应变与时间的关系图。从图 1 中可以看出，每个蠕变试样在相同的时间内达到的蠕变塑性应变是不同的，这与施加的应力和温度密切相关。在 650℃/980MPa 的低温高应力条件下，合金变形量最低，而观察相同温度 750℃下不同应力的蠕变曲

* 作者：张义文，正高级工程师，联系电话：010-62186736，E-mail：yiwen64@cisri.cn

线可以发现，应力增加 50MPa 后塑性变形量急剧增加。例如 750℃/600MPa 下在 150h 就达到了 1% 的塑性应变，而 750℃/550MPa 则需要约 400h。而 800℃ 下更低应力的蠕变曲线，与 750℃/550MPa 蠕变相比塑性变形量更快。这表明该合金在 650～800℃ 温度范围内对蠕变的应力和温度具有很强的敏感性，这必定与各条件下的变形机制直接相关。

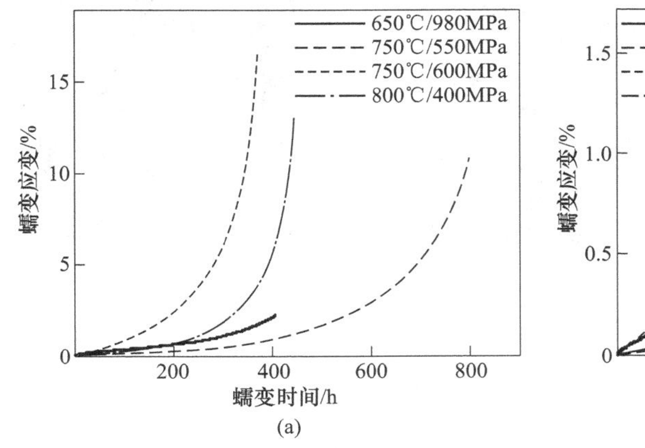

(a)

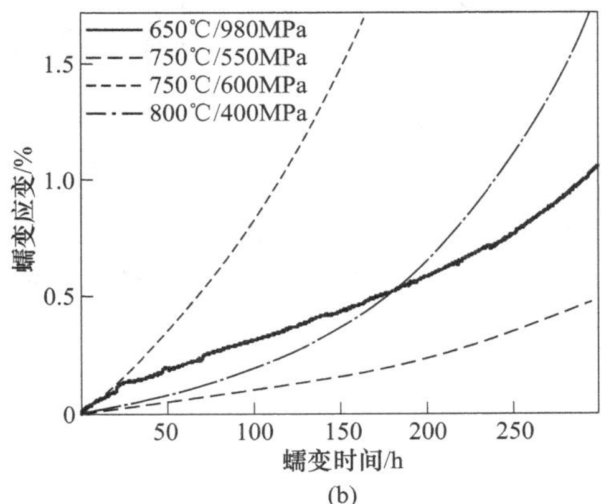

(b)

图 1 四种不同条件下 FGH4098 合金的蠕变应变-时间曲线

（a）整体图；（b）局部放大

2.2 不同蠕变条件下合金微孪生行为

为了尽可能忽略时间对变形机制的影响，选用断裂时间相似的 650℃/980MPa、750℃/600MPa 和 800℃/400MPa 蠕变后的试样，利用传统 TEM 和 HRTEM 对位错亚结构进行观察。图 2 所示为 650℃/980MPa 蠕变后<110>带轴附近的变形组织。从图 2（a）中可以看出，FGH4098 合金在该条件下蠕变后产生高密度贯穿整个晶粒的扩展层错，经衍射操作判断为微孪晶（MT），图 2（b）是对应的孪晶衍射暗场像。图 2（c）的 HRTEM 图像进一步证实这些沿［$1\bar{1}2$］方向剪切的层错发生在密排面（$\bar{1}\bar{1}1$）面上，是具有约 15 个原子层厚度的微孪晶。经过大范围、多晶粒的观察，微孪生是在不同取向晶粒中普遍存在的变形机制，并且很少观察到其他形式的变形。因此，微孪生是该合金在低温高应力条件下蠕变的主要变形方式，微孪晶的形核、扩展、增厚对蠕变应变的增加起到关键作用。

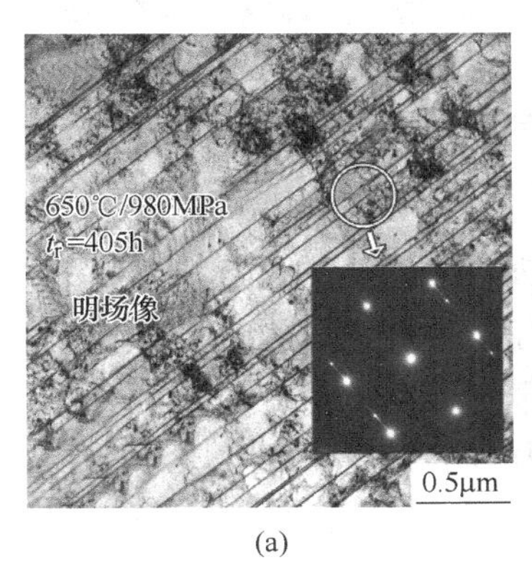

(a)

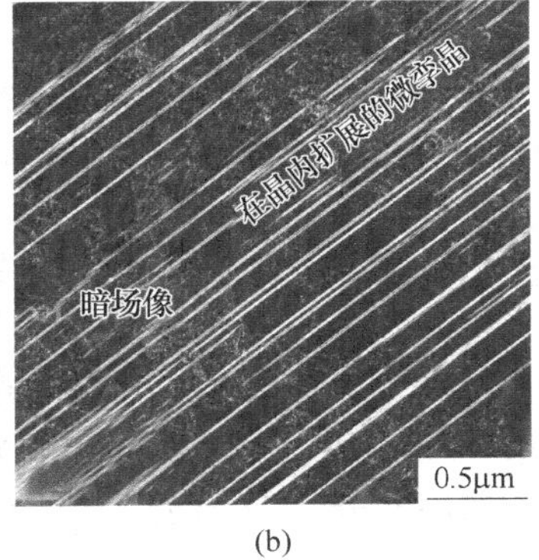

(b)

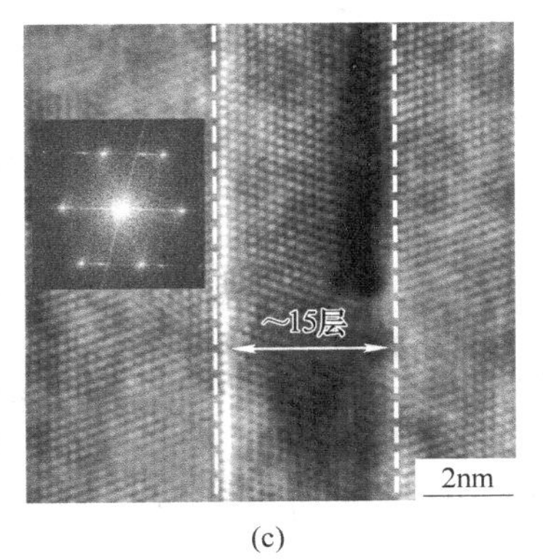

(c)

图 2 650℃/980MPa 蠕变断裂后变形组织特征

（a）TEM-BF 图像；（b）TEM-DF 图像；（c）微孪晶的 HRTEM 图像

图 3 为 750℃/600MPa 蠕变后<110>带轴附近的变形组织。与 650℃/980MPa 下的变形结构相比，变形微孪晶密度稍有降低，但厚度急剧增加。大多微孪晶的厚度约为 170 个原子层厚度，极少数厚度可达 20～50nm。在 750℃/600MPa 蠕变断裂后，FGH4098 的蠕变塑性应变量达到了 15%以上。由此可见，以连续的增厚形式扩展的微孪生机制可以使得合金在蠕变后获得极高的蠕变应变

量。由于在该条件下以微孪晶增厚的变形更加容易发生，因此 750℃/600MPa 下合金的蠕变速率要明显高于 650℃/980MPa 条件下（如图 1（b）所示）。

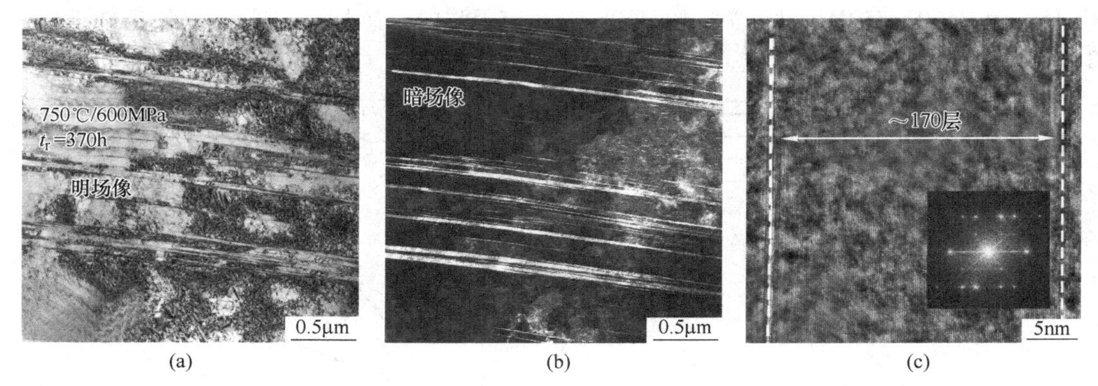

图 3　750℃/600MPa 蠕变断裂后变形组织特征
（a）TEM-BF 图像；（b）TEM-DF 图像；（c）微孪晶的 HRTEM 图像

图 4 为 800℃/400MPa 蠕变后<110>带轴附近的变形组织。由于温度的升高和应力的进一步降低，单个基体全位错的攀移代替微孪生成为主要机制，扩展微孪晶的密度进一步下降。但不同取向晶粒中仍能观察到一些增厚的扩展微孪晶，大多厚度在 50 个原子层左右，极少数厚度也可达到 10~20nm。值得注意的是，在 800℃/400MPa 后的样品中观测到大量还没有形成扩展层错的孤立层错（I-SSF），这表明微孪晶的开动与蠕变施加的应力直接相关，而微孪晶的增厚与温度直接相关。

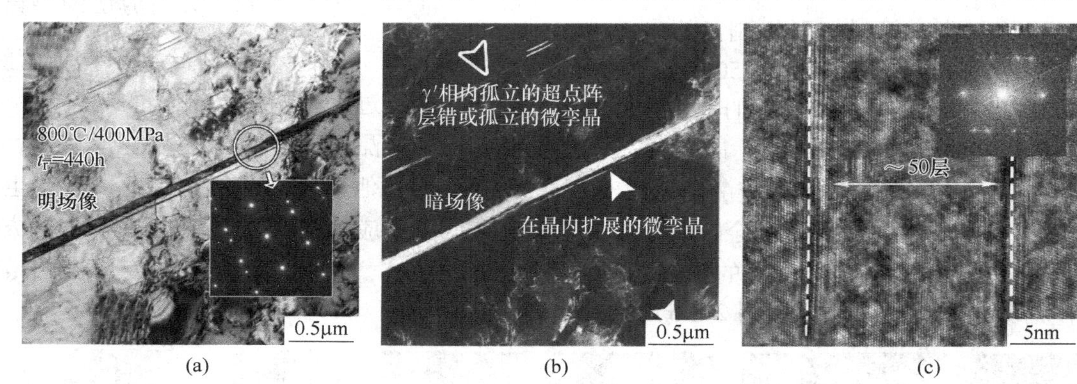

图 4　800℃/400MPa 蠕变断裂后变形组织特征
（a）TEM-BF 图像；（b）TEM-DF 图像；（c）微孪晶的 HRTEM 图像

2.3　微孪晶附近的铃木偏聚

在所有条件下的微孪晶附近均发现了元素的偏聚现象，该现象被称为铃木效应。图 5 给出了 800℃/400MPa 变形组织中较厚的微孪晶附近的 Super-X EDS 元素分布图。结果表明，Cr、Co、Mo 在微孪晶上出现明显的富集，同时还伴随 Al、Ti、Ni、Ta 等 γ′相元素的贫化，并且在微孪晶界面处 Co 的含量更高。如图 6 对原子级别 EDS 的进一步的分析发现，原本沿（$\bar{1}$11）面有序排列的 Ni 和 Al 的占位，在微孪晶处变得异常混乱，Ni 和 Al 交替的互补排列占位消失。这意味着 γ′相内微孪晶失去了 $L1_2$ 有序排列，成为“伪”孪晶。Cr、Co 在其中的无序偏聚是导致其无序化的根本原因[6]。

如图 7 为一个先导 a/6<112>Shockley 位错正在剪切 γ′相（位错类型由高分辨图像分析得出，这里没有展示），因此在 γ′相中会产生一层复杂层错（CSF）。Super-X EDS 检测了 CSF 剪切附近的元素分布，在 CSF 剪切起始位置（尾随位错附近）的 γ/γ′相界面处发现了较高浓度的 Cr、Co、Mo 的偏聚。此外，CSF 上也能观察到富含 Co、Cr、Mo 的铃木偏聚。

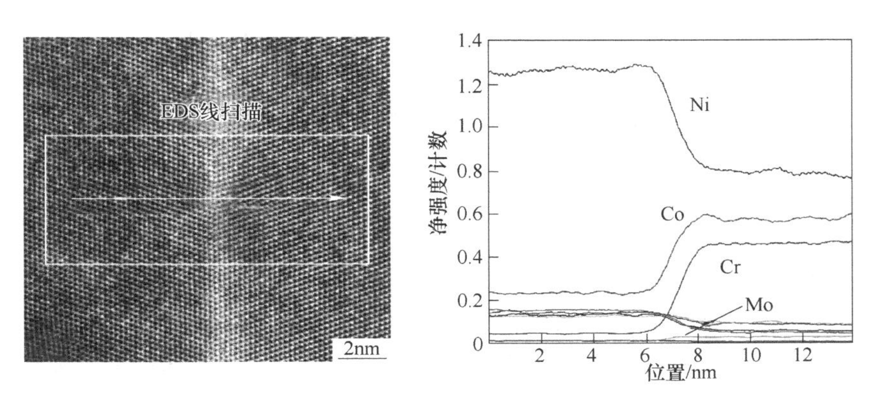

图 5　γ′相内微孪晶附近原子级别 EDS 线扫描分析

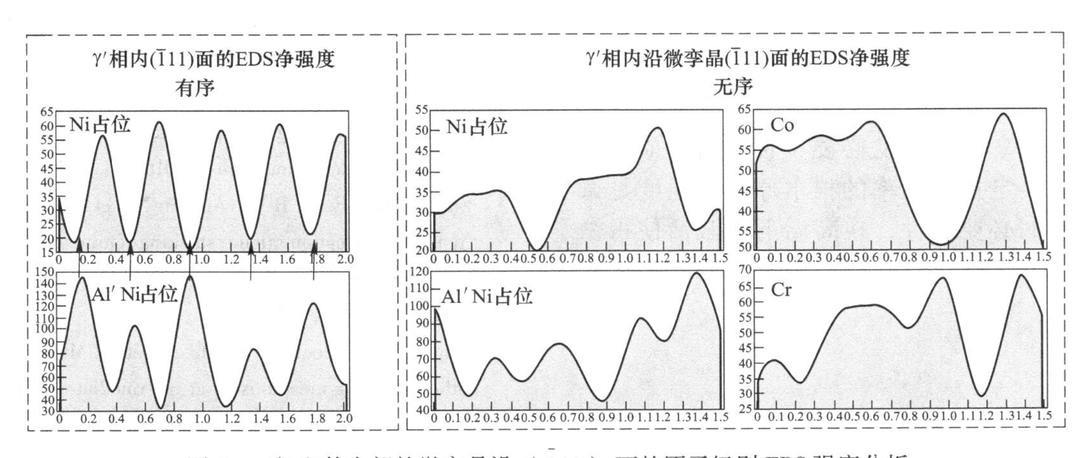

图 6　γ′相和其内部的微孪晶沿（$\bar{1}11$）面的原子级别 EDS 强度分析

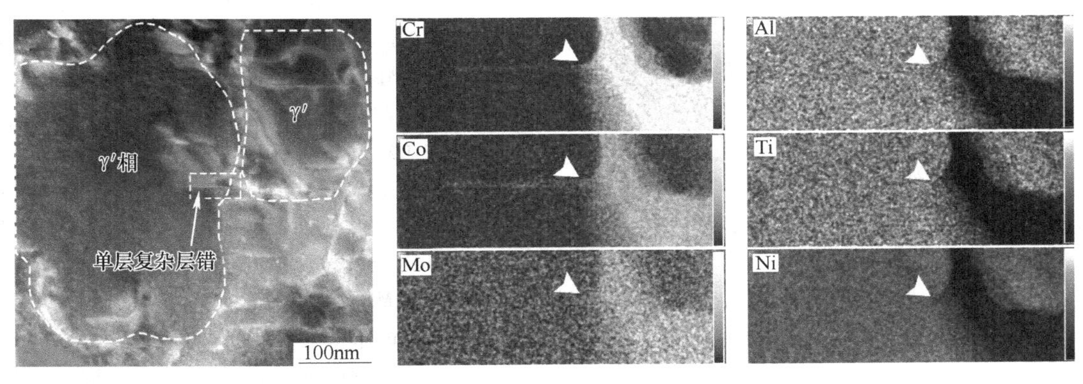

图 7　γ/γ′相界面附近的 CSF 周围的元素偏聚

2.4　一般性讨论

实际上，以 a/6<112>Shockley 不全位错剪切增厚形成微孪晶已经在大量报道中证实[7~10]，然而 CSF 剪切需要的较大能量，因为 CSFE>APBE>SESFE/SISFE。本课题组前期的工作已经证明，室温下就可以形成扩展层错并已经增厚形成了微孪晶[11]。Zhang[12]的研究也证实室温变形微孪晶处存在富含 Cr、Co 的铃木偏聚。铃木偏聚是为了降低层错自由能的自发短程扩散过程[13]，因此微孪晶的开动需要较高的应力而不需要热激活。Cr、Co 等元素在微孪晶处形成的铃木偏聚造成 γ′相内的孪晶 $L1_2$ 结构被破坏，使其无序化[6]。γ′相内无序的 FCC 结构进一步被 a/6<112>Shockley 位错剪切将不会产生高能 Al-Al 错排键，造成“伪” CSF 剪切。因此微孪晶的增厚机制受到 Cr、Co、Mo 等

γ元素扩散速率的影响。在低温高应力下，由于施加应力极高，CSF剪切足以开动。此时，以应力介导的剪切行为占主导地位，孪晶附近的Cr、Co的偏聚动力学较慢，此时微孪晶厚度较薄。当温度提高并降低应力后，由于CSF剪切启动需要较大的应力，由于多晶粉末高温合金变形的不均匀性，一旦某处CSF剪切开动，温度介导的扩散将导致层错富含Cr、Co的铃木偏聚和尾随位错处的柯氏气团很快形成，进一步加快了微孪晶增厚的动力学。由于偏聚使得剪切应力降低，某些已经开动的扩展层错将不断增厚，造成变形的不均匀（孤立层错密度增加），这些原因造成了高温低应力时微孪晶密度较低，但厚度较厚。

以上讨论结果说明，蠕变施加的应力水平是扩展层错和微孪生开动的必要条件，而与应力相比，温度是决定扩散速率的根本原因，温度是微孪晶的增厚的必要条件，在高温下热激活使得微孪晶增厚行为活跃，合金可以在断裂前获得较高的蠕变应变。

3 结论

（1）粉末高温合金在蠕变过程中微孪晶的开动与施加的应力相关，微孪晶的厚度与温度相关。温度和应力共同决定微孪晶的形成和增厚动力学，低温高应力下有利于形成高密度较薄的微孪晶，而高温低应力时更倾向于形成低密度较厚的微孪晶。

（2）高密度较薄的变形微孪晶通常具有较低的蠕变速率，一旦微孪晶增厚，蠕变速率将迅速增加。

（3）Cr、Co、Mo的铃木偏聚弱化了$L1_2$有序结构中Al-Al高能错排键，“伪”复杂层错剪切以较低的能量连续剪切γ′相使微孪晶增厚。

参考文献

[1] Karthikeyan S, Unocic R R, Sarosi P M, et al. Modeling microtwinning during creep in Ni-based superalloys [J]. Scripta Materialia, 2006, 54 (6): 1157~1162.

[2] Viswanathan G B, Sarosi P M, Henry M F, et al. Investigation of creep deformation mechanisms at intermediate temperatures in René88DT [J]. Acta Materialia, 2005, 53 (10): 3041~3057.

[3] Viswanathan G B, Sarosi P M, Whitis D H, et al. Deformation mechanisms at intermediate creep temperatures in the Ni-base superalloy René88DT [J]. Materials Science and Engineering: A, 2005, 400: 489~495.

[4] Unocic R R, Sarosi P M, Viswanathan G B, et al. The Creep Deformation Mechanisms of Nickel Base Superalloy René104 [J]. Microscopy and Microanalysis, 2005, 11 (S02): 1874~1875.

[5] Dong K, Yuan C, Gao S, et al. Creep properties of a powder metallurgy disk superalloy at 700℃ [J]. Journal of Materials Research, 2017, 32 (3): 624~633.

[6] Smith T M, Esser B D, Antolin N, et al. Phase transformation strengthening of high-temperature superalloys [J]. Nature Communications, 2016, 7: 13434.

[7] Smith T M, Esser B D, Antolin N, et al. Segregation and η phase formation along stacking faults during creep at intermediate temperatures in a Ni-based superalloy [J]. Acta Materialia, 2015, 100: 19~31.

[8] Kovarik L, Unocic R R, Li J, et al. Microtwinning and other shearing mechanisms at intermediate temperatures in Ni-based superalloys [J]. Progress in Materials Science, 2009, 54 (6): 839~873.

[9] Bai J M, Zhang H P, Liu J T, et al. Temperature dependence of tensile deformation mechanisms in a powder metallurgy Ni-Co-Cr based superalloy with Ta addition [J]. Materials Science and Engineering: A, 2022, 856, 143965.

[10] Bai J M, Zhang H P, Li X Y, et al. Evolution of Creep Rupture Mechanism in Advanced Powder Metallurgy Superalloys with Tantalum Addition [J]. Journal of Alloys and Compounds, 2022, 925, 166713.

[11] Bai J M, Zhang H P, Liu J T, et al. Investigation of room temperature strengthening mechanism on PM Ni-base superalloys with tantalum addition [J]. Materials Characterization, 2022, 191, 112089.

[12] Zhang H, Pei Y, Gong X, et al. Deformation nanotwins in a single-crystal Ni-based superalloy at room temperature and low strain rate [J]. Materials Characterization, 2022, 187, 111865.

[13] Suzuki H. Segregation of Solute Atoms to Stacking Faults [J]. Journal of the Physical Society of Japan, 1962, 17 (2): 322~325.

Ta/W比对一种新型粉末高温合金组织和力学性能的影响

李晓鲲[1,2*]，贾建[1,2]，刘建涛[1,2]，张义文[1,2]

（1. 北京钢研高纳科技股份有限公司，北京，100081；
2. 钢铁研究总院高温材料研究所，北京，100081）

摘　要：提高Ta、W元素的含量是新型镍基粉末高温合金设计和研究的趋势。为了系统的研究Ta、W元素交互作用对粉末高温合金组织和性能的影响，设计了一种高（W+Ta）的粉末高温合金，在保持（W+Ta）的总量（7.5%，质量分数）和其他元素含量相同的情况下，合金的Ta/W比从4.0/3.5逐步下降到3.0/4.5。结果表明，Ta/W比的变化对合金的晶粒组织基本没有影响，对γ′相的分布和含量影响不大，但强烈影响二次γ′相的形貌和尺寸。随Ta/W比的下降，二次γ′相的尺寸逐渐增大，形貌由近方形转变为不规则形状，甚至产生分裂趋势；Ta/W比对性能的影响以750℃为界趋势相反，750℃以下低Ta/W比合金性能较好，750℃以上高Ta/W比合金性能较好。

关键词：粉末高温合金；Ta/W比；显微组织；拉伸性能；蠕变性能

随着航空发动机的不断发展，对涡轮盘等热端部件的工作温度和力学性能要求越来越高[1]。为了提高使用温度和高温性能，现代高温合金的化学成分和相组成越来越复杂[2]。与传统高温合金相比，粉末冶金镍基高温合金能有效地减少宏观偏析，提高合金的合金化程度，提高合金的力学性能[3]。因此，镍基粉末高温合金越来越引起人们的重视[4,5]。目前，国内已开展了新型粉末高温合金的研究，其特点是（W+Ta）总量达到10%（质量分数，下同），在815 ℃拥有优异的组织稳定性和力学性能[6]。近年来，国外也针对新型粉末高温合金开展了大量的研究工作，其共同特点是提高了W、Ta的含量[7~13]。由此可见，提高W、Ta等难熔元素的含量是新型粉末高温合金设计和研究的趋势。

关于Ta、W在粉末高温合金中作用的研究，已有的工作大部分集中在单一元素对合金的影响上。但有研究发现，在定向凝固高温合金中，两元素的协同作用也会强烈影响合金的组织：Yamagata等[14]指出随Ta/W比的升高，γ′相尺寸增大，形貌从方形变为球形；Borouni等[15]发现，随Ta/W比的升高，γ′相含量和尺寸减小；Mostafaei等[16]发现，随Ta/W比升高，γ′相的原子有序度升高，在Ta/W比>0.5后，Ta原子会取代γ′相的中的W。以上研究表明，Ta/W比变化对定向凝固高温合金显微组织的影响与单一元素的作用是有差别的，比如：文献［15］中Ta/W比升高使γ′相含量和尺寸减小，这与单晶高温合金中单独增加Ta的作用相反。因此，粉末高温合金中Ta/W比变化对组织的影响与单一元素含量变化时的情况也可能有所不同，系统地研究Ta/W比对镍基粉末高温合金组织的影响是十分必要的。

为此，我们设计出了一种高（W+Ta）的镍基粉末高温合金，调整了合金的Ta/W比，保持（W+Ta）的总量及其他合金元素含量相同，以此来研究Ta和W的协同作用，并以此为新型镍基粉末高温合金的成分设计和元素调整提供一定的思路和理论依据。

1　实验材料和方法

实验选用了一种高（W+Ta）的粉末高温合金，在保持合金（W+Ta）总量和其他元素含量相同的情况下，采用4.0/3.5、3.5/4.0、3.0/4.5三种不同的Ta/W比。合金采用等离子旋转电极（PREP）法制备合金粉末，粉末粒度为50~150μm，热等静

*作者：李晓鲲，博士研究生，联系电话：15265605103，E-mail：lxk.kk.123@163.com

压（HIP）成型，热处理制度为过固溶处理+一级时效。合金的成分如表 1 所示。

表 1　合金的成分　　（质量分数,%）

C	Co	Cr	Mo	W+Ta	Al	Ti	Nb	Hf	B	Zr	Ni
0.06	18.0	10.0	2.5	7.5	3.6	3.4	1.5	0.30	0.04	0.05	余量

为了研究合金的显微组织，利用 Olympus GX71 型光学显微镜观察合金金相组织，利用 JSM-7800F 型场发射扫描电镜观察并分析合金中的析出相。金相观察试样采用机械抛光后化学腐蚀制备，腐蚀剂为：20g $CuCl_2$ + 100mL HCl + 100mL CH_3CH_2OH，腐蚀时间 15s。观察 γ′相的试样采用电解抛光+电解腐蚀制备，抛光剂为：20%（体积分数，下同）H_2SO_4+80% CH_3OH，电压 20V，时间 5~10s，腐蚀剂为：30mL H_3PO_4+3g CrO_3+2mL H_2SO_4，电压 5V，时间 2s。同时，进行拉伸和蠕变力学性能测试。拉伸性能测试所选用的实验温度为室温、650℃、750℃和 815℃。蠕变性能测试所选用的实验温度为 650℃、700℃、750℃和 815℃。

2　实验结果

2.1　Ta/W 比对显微组织的影响

前期工作已经发现[17]，不同 Ta/W 比合金的晶粒形貌并无明显差别，其等效粒径均为 60~70μm。Ta/W 比对粉末高温合金的晶粒组织影响不大。图 1 为不同 Ta/W 比合金中 γ′相形貌。随着 Ta/W 比的降低，γ′相形貌发生较大变化。测量并计算了不同 Ta/W 比合金中 γ′相的含量和尺寸，结果如图 2 所示，图中直方图对应左轴频率分布，点线图对应右轴累积频率。由图 2 可知，不同 Ta/W 比合金中的 γ′相含量差别不大，分别为 56.7%、57.2%、57.1%，但尺寸及尺寸分布有较大差异。随着 Ta/W 比的下降，γ′相的平均尺寸从 195nm 增加到 280nm，大尺寸的 γ′相（>200nm）明显增多。从 γ′相形貌上可以看出，随着 Ta/W 比的下降，γ′相由近方形向不规则的形状改变，甚至有分裂的趋势。

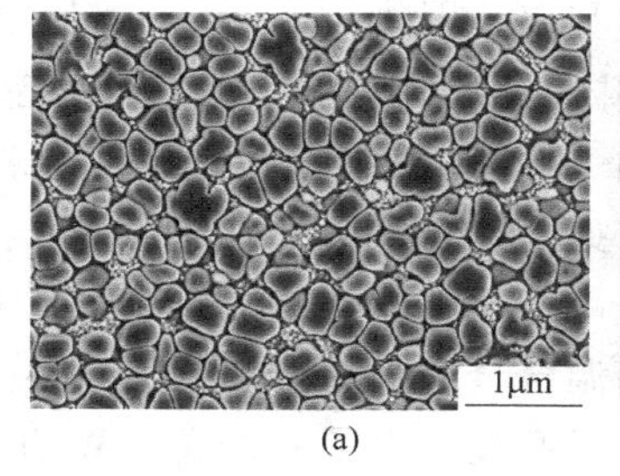

(a)

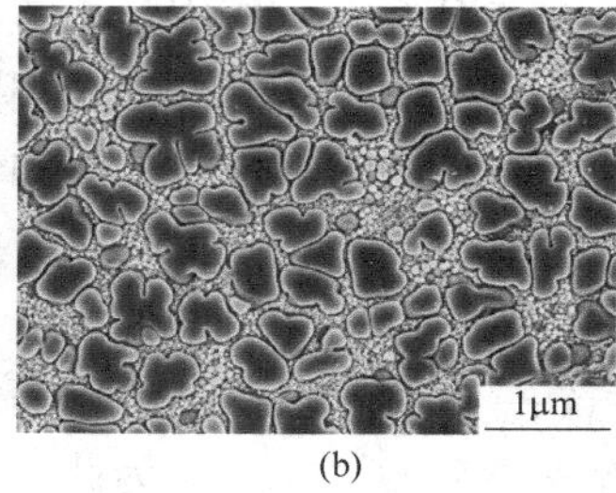

(b)

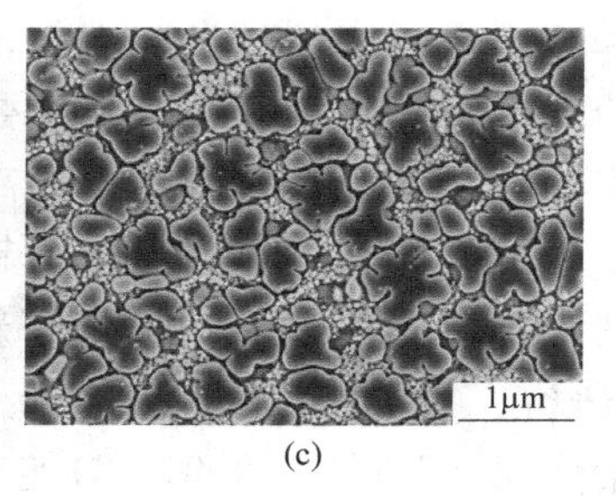

(c)

图 1　不同 Ta/W 比合金的 γ′相形貌[17]

（a）Ta/W=4.0/3.5；（b）Ta/W=3.5/4.0；（c）Ta/W=3.0/4.5

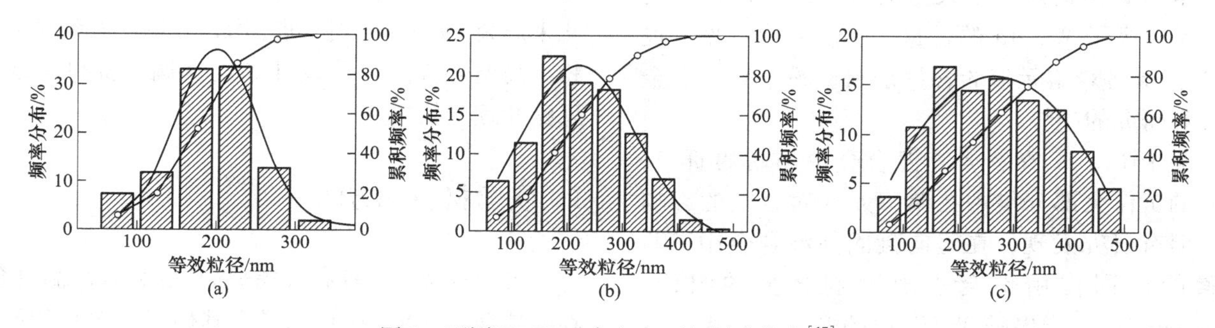

图 2　不同 Ta/W 比合金中 γ′相尺寸分布[17]

（a）Ta/W=4.0/3.5；（b）Ta/W=3.5/4.0；（c）Ta/W=3.0/4.5

2.2　Ta/W 比对拉伸性能的影响

测试了不同 Ta/W 比合金的室温拉伸、650℃拉伸、750℃拉伸和 815℃拉伸性能，结果如图 3 所示。从图 3 中可以看出，750℃以下，低 Ta/W 比合金屈服强度较高，750℃以上，高 Ta/W 比合金屈服强度较高。Ta/W 比对拉伸性能的影响以 750℃为界趋势相反。

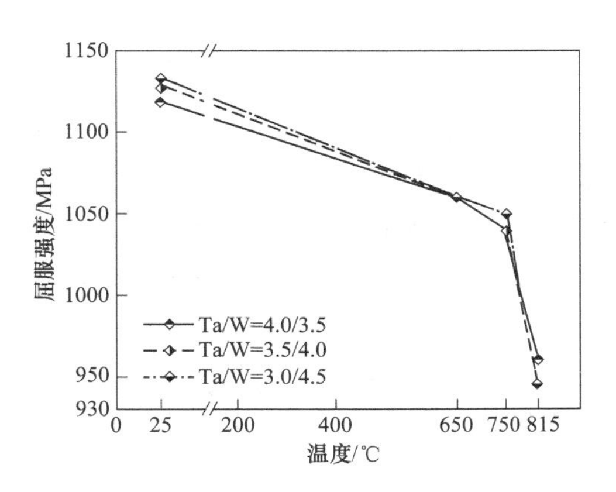

图 3　不同 Ta/W 比合金各温度下的屈服强度

2.3　Ta/W 比对蠕变性能的影响

图 4 为不同 Ta/W 比合金 650℃/1035MPa 和 815℃/490MPa 蠕变曲线。从图 4 中可以看出，在低温蠕变条件时（650℃/1035MPa），低 Ta/W 比合金稳态蠕变速率低于高 Ta/W 比合金；在高温蠕变条件时（815℃/490MPa），低 Ta/W 比合金稳态蠕变速率高于高 Ta/W 比合金。利用不同 Ta/W 比合金 650℃、700℃、750℃和 815℃的蠕变断裂寿命数据绘制了 LMP 曲线，如图 5 所示。从图 5 中可以看出，低于 750℃，低 Ta/W 比合金蠕变性能较好；750℃时，不同 Ta/W 比合金蠕变性能接近；高于 750℃，高 Ta/W 比合金蠕变性能较好。815℃/1000h 蠕变的情况下，高 Ta/W 比合金比低 Ta/W 比合金蠕变强度高 33MPa。以 750℃为界，Ta/W 比对蠕变性能的影响趋势相反，这与 Ta/W 比对拉伸性能的影响规律相同。

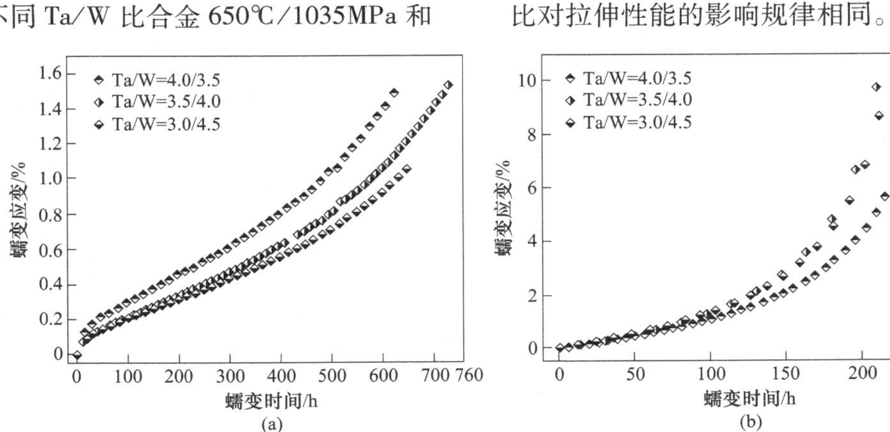

图 4　不同 Ta/W 比合金 650℃和 815℃蠕变曲线

（a）650℃/1035MPa 蠕变；（b）815℃/490MPa 蠕变

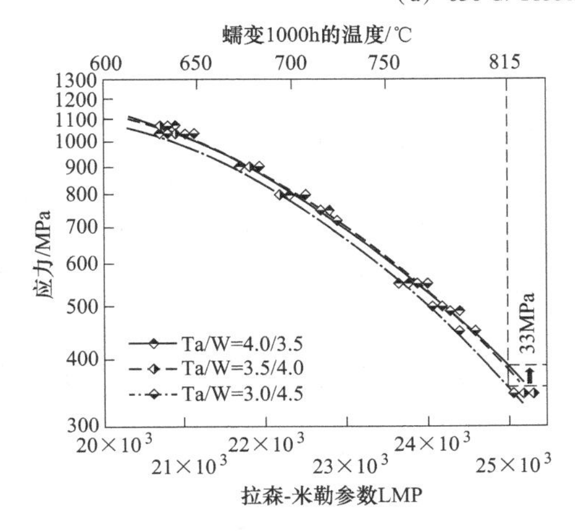

图 5　不同 Ta/W 比合金应力与 LMP 的关系

3　讨论

3.1　Ta/W 比对 γ′相形貌的影响

随着 Ta/W 比的下降，合金中二次 γ′相的含量几乎不变，但尺寸和形貌变化较大：尺寸逐渐增大，形貌逐渐失稳，由近似立方状变为不规则形状，并有分裂趋势。二次 γ′相形貌的变化与其能量有关，二次 γ′相的总能量 E_{total} 可由下列等式表示[18]：

$$E_{total} = E_e + E_s + E_i \tag{1}$$

式中，E_e 为 γ′/γ 两相错配所引起的弹性应变能；E_s 为 γ′相的表面能；E_i 是 γ′相的弹性相互作用能。研究表明[19]，弹性相互作用能 E_i 是 γ′相分裂的驱动力，分裂后的 γ′相颗粒间的弹性相互作用能可以克服分裂导致的表面能增加，使系统总能量降低，γ′相形态的稳定性取决于弹性交互作用能相对于表面能量值的大小。E_i 来自 γ′/γ 两相的错配，与错配度的绝对值成正比，因此二次 γ′相的稳定性可以通过引入参数 F 来描述[18]：

$$F = \frac{\delta}{\sigma} \tag{2}$$

式中，δ 为晶格错配度；σ 为比表面能。所研究的合金中 W、Ta 总量一定，Ta/W 变化不大，我们认为少量的 W 和 Ta 含量变化对比表面能 σ 影响不大，因此可以认为 γ'/γ 间的晶格错配度 δ 值越大，F 值越大，二次 γ' 相越不稳定，分裂的临界尺寸越小。

文献［19~20］指出，γ' 相长大到某一临界尺寸时发生分裂，并推导出 γ' 相由立方状分裂成八重小立方状的临界尺寸表达式：

$$D_c = 50r_0 \tag{3}$$

式中，$r_0 = \sigma/E_1$ 为材料的特征长度，E_1 为材料常数，且 $E_1 = -0.5\beta^2\Delta\delta^2/[c_{11}(2c_{11}-\Delta)]$；$\beta = c_{11} + 2c_{12}$；$\Delta = c_{11} - c_{12} - 2c_{44}$；$\beta$ 为 γ' 相的体积模量；Δ 为 γ' 相的各项异形因子；c_{11}、c_{12} 和 c_{44} 为 γ' 相不同晶向的弹性常数。如前所述，我们认为合金中少量 Ta/W 比的变化对比表面能 σ 和其他参数影响不大，因此由式（3）可以得出 D_c 与 δ 的关系式[19,20]：

$$D_c = 50K/\delta^2 \tag{4}$$

式中，$K = -\sigma c_{11}(2c_{11}-\Delta)/0.5\beta^2\Delta$。由关系式（4）可以得出，$\gamma'/\gamma$ 间的错配度 δ 值越大，二次 γ' 相分裂的临界尺寸 D_c 越小。经过测定，随着 Ta/W 比的下降，合金 γ'/γ 间的晶格错配度 δ 逐渐增大，这导致低 Ta/W 比合金二次 γ' 相分裂的临界尺寸 D_c 减小。同时，低 Ta/W 比合金中二次 γ' 相的尺寸又较大。在这两种因素共同作用下，低 Ta/W 比合金中二次 γ' 相产生分裂的趋势很大。因此在图 5 中可以观察到低 Ta/W 比合金中有相当数量的二次 γ' 相开始分裂。另外，由于 Ta/W 比降低并不影响 γ' 相的含量，因此低 Ta/W 比合金中较大尺寸的二次 γ' 相会使 γ' 相间通道宽度增大，这进一步的促进了低 Ta/W 比合金中二次 γ' 相生长为不规则的形状。

3.2　Ta/W 比对合金蠕变性能的影响

添加 W 和 Ta 可以降低稳态蠕变速率，提高合金的承温能力和持久强度。Ta 通过降低合金的层错能，增大了位错运动的阻力，降低了合金稳态蠕变速率。同时，γ' 相的含量和形貌也对合金的蠕变性能有较大影响，在一定范围内，γ' 相的含量越高，γ' 相的尺寸越大，γ' 相间距越小，合金蠕变性能越好。在低温蠕变时，低 Ta/W 比合金较高 Ta/W 比合金 γ' 相尺寸大，形状不规则，对位错运动的阻力较大，因此低温蠕变时低 Ta/W 比合金性能较好；高温蠕变时，由于温度较高，γ' 相强化效果减弱，高 Ta/W 比合金较低 Ta/W 比合金 Ta 含量高，层错能低，增大了对位错运动的阻力，因此高温蠕变时高 Ta/W 比合金性能较好。

文献［21］研究指出，稳态蠕变速率可由下式计算：

$$\dot{\varepsilon} = A_1 f(1-f)\left(\frac{1}{f^{1/3}}-1\right)\frac{DGb}{RT}\left(\frac{\lambda}{b}\right)^2\left(\frac{\Gamma}{Gb}\right)^3 \cdot \left(\frac{\sigma-\sigma_p}{G}\right)^5 + A_2\frac{DGb}{RT}\left(\frac{b}{d}\right)^2\left(\frac{\sigma}{G}\right)^2 \tag{5}$$

式中，A_1、A_2 为拟合参数；f 为 γ' 相的体积分数；D 为晶格扩散系数；G 为合金的剪切模量，$\boldsymbol{b}$ 为伯氏矢量；λ 为 γ' 相间距；Γ 为 γ 基体的层错能；d 为晶粒尺寸；σ 为蠕变应力；σ_p 为背应力；T 为蠕变试验温度；R 为气体常数。算式（5）中 A_1、A_2 和背应力 σ_p 都是需要拟合的参数，根据文献［21］，A_1、A_2 是对大部分合金都适用的固定值，可直接采用文献中的数据，但不同合金背应力 σ_p 的值不固定，需单独拟合求出。利用（750~815℃）/550MPa 蠕变数据，可拟合求出不同 Ta/W 比合金背应力 σ_p，分别为：544.07MPa、544.49MPa、544.81MPa。式（5）中其他参数均可根据文献［21］中提供的方法分别求出。

利用式（5），结合不同 Ta/W 比合金 γ' 相和晶粒组织统计数据，我们可以算出不同温度/应力下合金的稳态蠕变速率，其结果如图 6 所示。低于 750℃，低 Ta/W 比合金稳态蠕变速率较低，蠕变性能较好；750℃时，不同 Ta/W 比合金稳态蠕变速率相近；高于 750℃时，高 Ta/W 比合金稳态蠕变速率较低，蠕变性能较好。以 750℃为界，Ta/W 比对合金稳态蠕变速率的影响趋势相反，这与我们的实验结果和本小节的分析是相符的。

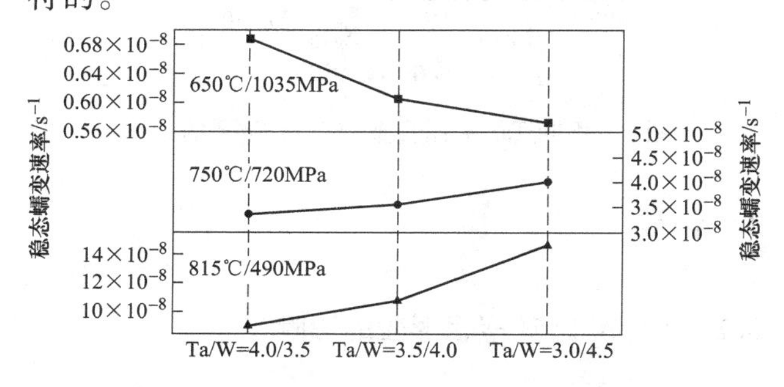

图 6　不同 Ta/W 比合金计算出的稳态蠕变速率

4 结论

（1）Ta/W 比的变化对合金的晶粒组织基本没有影响，对 γ′相的分布和含量影响不大，但强烈影响二次 γ′相的形貌和尺寸。随 Ta/W 比的下降，二次 γ′相的尺寸逐渐增大，形貌由近方形转变为不规则形状，甚至产生分裂趋势。

（2）Ta/W 比对合金力学性能的影响以 750℃ 为界趋势相反，750℃ 以下低 Ta/W 比合金力学性能较好，750℃ 以上高 Ta/W 比合金性能较好。

参考文献

[1] Reed R C. The superalloys: fundamentals and applications [M]. Cambridge: Cambridge University Press, 2006: 1~5.

[2] Bakradze M M, Ovsepyan S V, Buiakina A A, et al. Development of Ni-Base Superalloy with Operating Temperature up to 800℃ for Gas Turbine Disks [J]. Inorganic Materials: Applied Research, 2018, 9 (6): 1044~1050.

[3] 张义文，刘建涛．粉末高温合金研究进展［J］．中国材料进展，2013，32（1）：1~10.

[4] Pollock T M, Tin S. Nickel-based superalloys for advanced turbine engines: chemistry, microstructure and properties [J]. Journal of Propulsion and Power, 2006, 22 (2): 361~374.

[5] Peng Z, Zou J, Yang J, et al. Influence of γ′ precipitate on deformation and fracture during creep in PM nickel-based superalloy [J]. Progress in Natural Science: Materials International, 2021, 31 (2): 303~309.

[6] 张义文，贾建，刘建涛，等．新一代粉末高温合金的成分设计及研究进展［C］//第十四届中国高温合金年会论文集，北京：冶金工业版社，2019：607~610.

[7] 张义文，刘建涛，贾建，等．欧美第四代粉末高温合金研究进展［J］．粉末冶金工业，2022，32（1）：1~14.

[8] Powell A, Bain K, Wessman A, et al. Advanced supersolvus nickel powder disk alloy DOE: chemistry, properties, phase formations and thermal stability [C]// Superalloys 2016, Seven Springs, 2016: 189~197.

[9] Mourer D P, Bain K R. Nickel-base alloy, processing, therefor, and components formed thereof [P]. United States Pat 8613810. 2013.

[10] Smith T M, Gabb T P, Wertz K N, et al. Enhancing the creep strength of next- generation disk superalloys via local phase transformation strengthening [C] // Superalloys 2020. Seven Springs, 2020: 726~736.

[11] Hardy M C, Stone H J, Neumeier S, et al. Nickel alloy [P]. United States Pat 10138534. 2018.

[12] Reed R, Crudden D, Raeisinia B, et al. Nickel based alloy composition [P]. United States Pat 10309229. 2019.

[13] 张义文．俄罗斯粉末高温合金研究进展［J］．粉末冶金工业，2018，28（6）：1~9.

[14] Yamagata T, Harada H, Nakazawa S, et al. Effect of Ta/W ratio in γ′ phase on creep strength of Nickel-base single crystal superalloys [J]. Transactions of the Iron and Steel Institute of Japan, 1986, 26 (7): 638~641.

[15] Borouni A, Kermanpur A. Effect of Ta/W Ratio on microstructural features and segregation patterns of the single crystal PWA1483 Ni-based superalloy [J]. Journal of Materials Engineering and Performance, 2020, 29 (11): 7567~7586.

[16] Mostafaei M, Abbasi S M. On the correlation between Ta/W ratio and γ′-Ni_3(Al, Ta) lattice ordering [J]. Physica B: Condensed Matter, 2018, 545: 305~311.

[17] 李晓鲲，张义文，贾建，等．Ta/W 比对一种粉末高温合金相组成和形貌的影响［J］．材料热处理学报，2023，44（1），66~76.

[18] Doi M, Miyazaki T, Wakatsuki T. The effect of elastic interaction energy on the morphology of γ′ precipitates in nickel-based alloys [J]. Materials Science and Engineering, 1984, 67 (2): 247~253.

[19] 张义文．微量元素 Hf 在粉末高温合金中的作用［M］．北京：冶金工业出版社，2014：72~73.

[20] Khachaturyan A G, Semenovskaya S V, Morris Jr J W. Theoretical analysis of strain-induced shape changes in cubic precipitates during coarsening [J]. Acta Metallurgica, 1988, 36 (6): 1563~1572.

[21] Kim Y K, Kim D, Kim H K, et al. An intermediate temperature creep model for Ni-based superalloys [J]. International Journal of Plasticity, 2016, 79: 153~175.

Hf 和 Ta 对镍基粉末高温合金的协同作用

张浩鹏[1,2*]，张义文[1,2]

（1. 钢铁研究总院高温材料研究所，北京，100081；
2. 北京钢研高纳科技股份有限公司，北京，100081）

摘　要： 研究了 Hf 和 Ta 对镍基粉末高温合金拉伸及蠕变性能的影响。结果表明，Hf 对拉伸强度无明显影响，但显著提高了 700℃及以上的拉伸塑性。Ta 显著提高合金在各温度下的拉伸强度，但对拉伸塑性不利。Hf 和 Ta 的协同作用使得合金在保持较好塑性的基础上强度得到了显著提高，因此 0.5Hf+2.4Ta 合金展现出了最佳的蠕变性能，显著提高了蠕变断裂时间、降低了最小蠕变速率、提高了合金的承温能力和持久强度。这种协同作用与 Hf 和 Ta 协同影响显微组织形貌和层错能有关，Hf 和 Ta 抑制了原始粉末颗粒边界，提高了 γ′相的体积分数，增大了 γ′相的平均直径，增大了 γ′相和 γ 相的晶格错配度，降低了合金的层错能。

关键词： 镍基粉末高温合金；Hf；Ta；协同作用

向合金中同时添加适量的难熔元素 Hf 和 Ta，已经成为新一代镍基粉末高温合金成分设计的趋势之一[1~3]。但以往的研究只关注了 Hf 或 Ta 对组织和力学性能的单独影响，对其协同作用少有研究。针对这一问题，本文系统地研究了 Hf 和 Ta 在拉伸及蠕变过程中的协同作用，观察了不同 Hf 和 Ta 含量合金的显微组织与层错结构特征，总结了 Hf 和 Ta 影响拉伸及蠕变性能的规律，分析了 Hf 和 Ta 协同影响拉伸及蠕变性能的机理，为新一代镍基粉末高温合金的成分设计提供了一定的理论依据。

1　试验材料及方法

9 种试验用镍基粉末高温合金的 Hf 和 Ta 含量依次变化（合金 1：0Hf+0Ta，合金 2：0.25Hf+0Ta，合金 3：0.5Hf+0Ta，合金 4：0Hf+1.2Ta，合金 5：0.25Hf+1.2Ta，合金 6：0.5Hf+1.2Ta，合金 7：0Hf+2.4Ta，合金 8：0.25Hf+2.4Ta，合金 9：0.5Hf+2.4Ta，质量分数,%），其他元素含量相同：Cr 16，Co 13，W 4，Al 2.2，Ti 3.8，Nb 0.8，C 0.05，B 0.01，Zr 0.04。采用等离子旋转电极法（PREP）制粉，经筛分与去除夹杂物后得到粉末粒度范围为 50~150μm 的合金粉末，热等静压（HIP）制度为 1200℃/120MPa/4h，热处理（HT）制度为 1180℃/2h+600℃盐浴/30min+空冷（AC）的过固溶处理和 760℃/16h+AC 的时效处理。拉伸试验温度为 650℃、700℃和 750℃，蠕变试验条件为 650℃/970MPa、700℃/770MPa 和 750℃/580MPa，拉伸及蠕变试验委托钢研纳克检测技术股份有限公司进行。

经磨制和机械抛光后的试样在 20g $CuCl_2$ + 100mL HCl + 100mL CH_3CH_2OH 溶液中腐蚀 15s 以进行光学观察，在 20% H_2SO_4+80% CH_3OH 溶液中电解抛光 20V/10s 以观察碳化物，在 30mL H_3PO_4+3g CrO_3+2mL H_2SO_4 溶液中电腐蚀解 5V/2s 以观察 γ′相。TEM 试样在-25℃/80mA 下采用 10% $HClO_4$+90% C_2H_5OH 溶液电解双喷制备。显微组织表征使用 Olympus GX71 光学显微镜（OM），JEOL JSM-7200F 场发射扫描电子显微镜（FE-SEM）和配备 Bruker SuperX 能谱仪（EDS）的 FEI Talos F200X 透射电子显微镜（TEM）。X 射线衍射（XRD）使用配备 Co 阴极（λ = 0.1789nm）的 Bruker D8 Advance 仪器。纳米压痕试验使用 Agilent G200 仪器。热力学计算采用 JMatPro 12 软件。

* 作者：张浩鹏，博士研究生，联系电话，18813123010，E-mail：haopeng94@163.com

2 试验结果及分析

2.1 不同 Hf 和 Ta 含量合金的显微组织

图 1 展示出了不同 Hf 和 Ta 含量合金的显微组织。可以看到，随着 Hf 和 Ta 的添加，原始粉末颗粒边界（PPB）被显著抑制，较大块的 MC 型碳化物增多，碳化物由沿 PPB 分布转变为较均匀分布。图 1（d）中高角环形暗场（HAADF）下的能谱面扫图显示，Hf 和 Ta 均主要进入 γ′相，较少进入 γ 基体。这使得 γ′相的形貌发生了明显变化，对 γ′相的形貌进行测量和统计，如表 1 所示，可以看到，Hf 和 Ta 提高了 γ′相的体积分数（f），增大了 γ′相的平均直径（d），增大了 γ′相的平均间距（λ）。

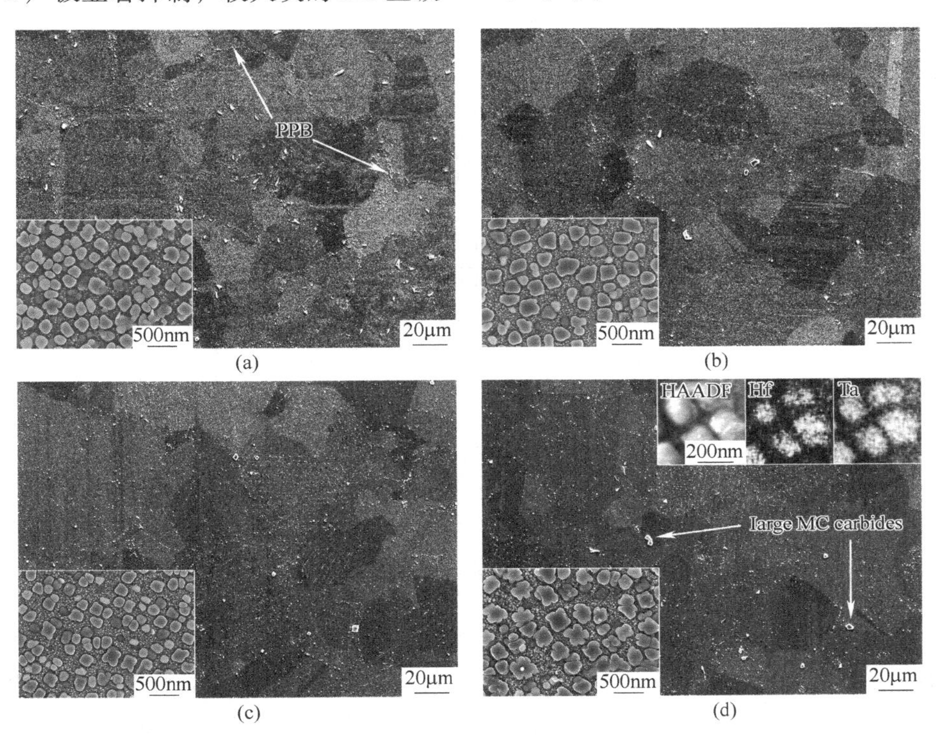

图 1 不同 Hf 和 Ta 含量合金的显微组织

（a）0Hf+0Ta；（b）0.5Hf+0Ta；（c）0Hf+2.4Ta；（d）0.5Hf+2.4Ta

表 1 Hf 和 Ta 对 γ′相形貌的影响

合金	f/%	d/nm	λ/nm
0Hf+0Ta	39.5	112	50
0.5Hf+0Ta	41.5	165	52
0Hf+2.4Ta	44.3	167	56
0.5Hf+2.4Ta	44.8	176	59

另外，利用 XRD 对不同 Hf 和 Ta 含量合金的 γ′相和 γ 相的晶格常数以及晶格错配度进行了测算[4]。晶格错配度的计算公式如下：

$$\delta = \frac{2(a_{\gamma'} - a_{\gamma})}{a_{\gamma'} + a_{\gamma}}$$

式中，δ 为 γ′相与 γ 相的晶格错配度；$a_{\gamma'}$ 为 γ′相的晶格常数；a_{γ} 为 γ 相的晶格常数。测算值如表 2 所示，可以看到，Hf 和 Ta 增大了 γ′相和 γ 相的晶格常数，但是 γ′相晶格常数增大的幅度更大，因此晶格错配度增加。

表 2 Hf 和 Ta 对 γ′相和 γ 相的晶格常数以及晶格错配度的影响

合金	$a_{\gamma'}$/nm	a_{γ}/nm	δ/%
0Hf+0Ta	0.35920	0.35903	0.049
0.5Hf+0Ta	0.35938	0.35907	0.087
0Hf+2.4Ta	0.35999	0.35954	0.129
0.5Hf+2.4Ta	0.36028	0.35979	0.138

2.2 不同 Hf 和 Ta 含量合金的力学性能

图 2 以等高线图的方式给出了在不同温度下不同 Hf 和 Ta 含量合金的拉伸性能和蠕变性能，等高线图中的横坐标为 Hf 含量，纵坐标为 Ta 含量，高

度值分别代表抗拉强度、拉伸断后伸长率、蠕变断裂时间和最小蠕变速率。可以看出，在各温度下，Ta 均显著提高了抗拉强度，而 Hf 则对抗拉强度无明显影响。Ta 均显著降低了断后伸长率，而 Hf 显著提高了 700℃及 750℃的断后伸长率。Hf 和 Ta 均显著提高了蠕变断裂时间、降低了最小蠕变速率。

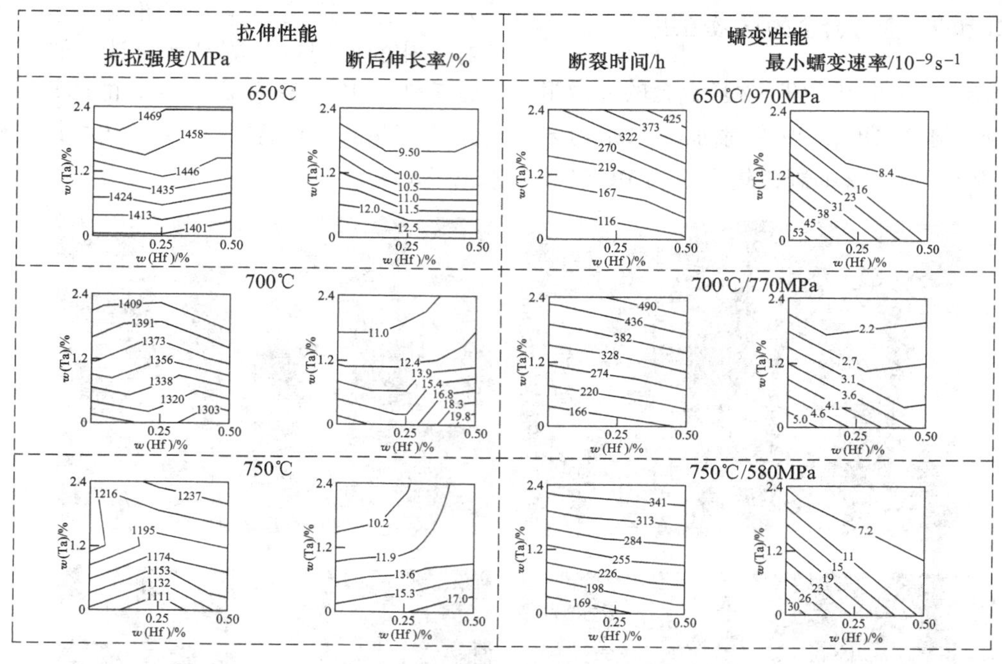

图 2　不同 Hf 和 Ta 含量合金的拉伸性能和蠕变性能

2.3　Hf 和 Ta 的协同作用

2.3.1　Hf 和 Ta 协同影响拉伸性能

首先分析 Hf 和 Ta 影响拉伸塑性的原因。利用纳米压痕测出了不同 Hf 和 Ta 含量合金的晶内硬度，如表 3 所示，可以看出，Hf 显著降低了晶内硬度，而 Ta 显著提高了晶内硬度。因此，Hf 起到了软化晶粒的作用，有利于晶粒的变形，而 Ta 起到了硬化晶粒的作用，不利于晶粒变形。而且，在前期研究中，已详细表征了拉伸后的晶粒取向变化，证明了 Hf 确实可以显著提高变形晶粒的面积分数，降低未变形晶粒的面积分数，而 Ta 则显著降低变形晶粒的面积分数，提高未变形晶粒的面积分数[5]。因此，Hf 会提升拉伸塑性，而 Ta 会降低拉伸塑性。

表 3　Hf 和 Ta 对晶内硬度的影响

合金	晶内硬度/GPa
0Hf+0Ta	7.84
0.5Hf+0Ta	7.78
0Hf+2.4Ta	7.94
0.5Hf+2.4Ta	7.82

然后分析 Ta 影响拉伸强度的原因。对 0.5Hf+0Ta 合金和 0Hf+2.4Ta 合金拉伸试样的位错结构进行 TEM 观察，如图 3 所示，均发现了大量贯穿 γ′相和 γ 基体的扩展层错，而且在选区电子衍射（SAED）谱中均显示出清晰的孪晶斑点，因此主要变形机制均为变形微孪晶剪切。但是可以发现，相比于 0.5Hf+0Ta 合金，0Hf+2.4Ta 合金变形微孪晶的密度明显更高。

变形微孪晶的密度与合金的层错能（SFE）密切相关。因此，对不同 Hf 和 Ta 含量合金的层错能进行了计算，如图 4 所示，可以看出，在各温度下添加 Ta 都显著降低了合金的层错能，这使得 γ 基体中的 a/2<101>全位错更容易分解为 a/6<112>Shockley 部分位错，连续剪切 γ′相和 γ 基体的｛111｝滑移面[6]，并通过原子重排形成变形微孪晶[7]。所以，Ta 通过显著降低合金的层错能，大幅提高了变形微孪晶的密度，有效地阻碍了位错的进一步运动，提高了合金在各温度下的拉伸强度[8]。

2.3.2　Hf 和 Ta 协同影响蠕变性能

蠕变断裂是蠕变过程中损伤累积超过限度后的最终结果，合金对于蠕变损伤的承受限度，即蠕变损伤容限性，可以用蠕变损伤容限因子 λ 来描述[9]：

$$\lambda = \frac{\varepsilon_r}{\dot{\varepsilon}_{min} \cdot t_r}$$

式中，ε_r为蠕变应变；$\dot{\varepsilon}_{min}$为最小蠕变速率；t_r为蠕变断裂时间；λ 值越大代表合金的蠕变损伤容限性越强。对不同 Hf 和 Ta 含量合金在不同蠕变条件下的 λ 值进行了计算，如表 4 所示，可以看出，在各温度下，Hf 和 Ta 的添加都提高了 λ 值，即 Hf 和 Ta 提高了合金的蠕变损伤容限性。特别是由于 Hf 显著提高了合金的高温塑性，添加 Hf 的合金在高温下的蠕变应变较大，因此具有很高的损伤容限性，所以在 750℃/580MPa 下，0. 5Hf+0Ta 合金的 λ 值比其他 Hf 和 Ta 含量合金的 λ 值明显更高。但需要注意的是，并不能仅以 λ 值的高低来评价蠕变性能的好坏。

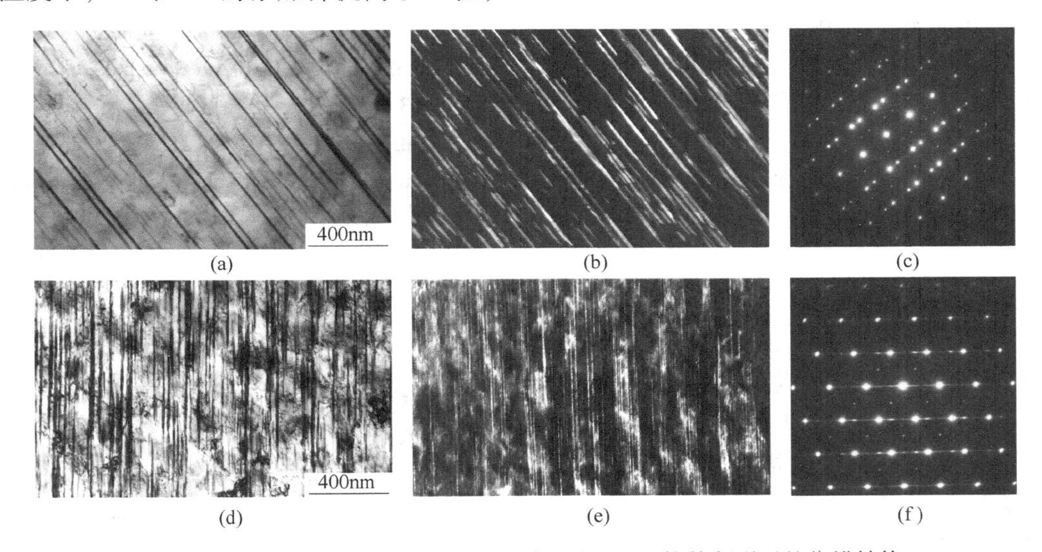

图 3　0. 5Hf+0Ta 合金和 0Hf+2. 4Ta 合金在 650℃拉伸断裂后的位错结构

（a）0. 5Hf+0Ta 合金的明场 TEM 像；（b）0. 5Hf+0Ta 合金的暗场 TEM 像；（c）0. 5Hf+0Ta 合金的 SAED 谱；（d）0Hf+2. 4Ta 合金的明场 TEM 像；（e）0Hf+2. 4Ta 合金的暗场 TEM 像；（f）0Hf+2. 4Ta 合金的 SAED 谱

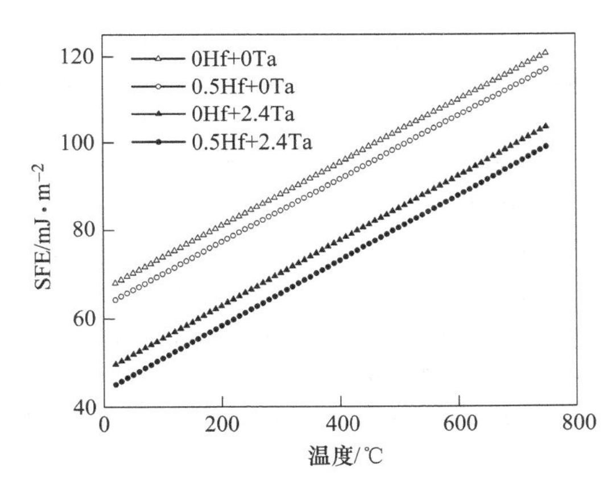

图 4　不同 Hf 和 Ta 含量合金的层错能

表 4　Hf 和 Ta 对蠕变损伤容限因子 λ 的影响

合金	λ 值		
	650℃/970MPa	700℃/770MPa	750℃/580MPa
0Hf+0Ta	1. 59	11. 99	5. 02
0. 5Hf+0Ta	3. 07	16. 24	21. 29
0Hf+2. 4Ta	3. 04	15. 30	6. 10
0. 5Hf+2. 4Ta	15. 09	21. 03	8. 47

接下来，利用 Larson-Miller 曲线来比较不同 Hf 和 Ta 含量合金的蠕变性能，如图 5 所示，其中 Larson-Miller 参数 LMP =（T+273. 15）×（$\lg t_r$+20），T 为温度（℃），t_r为蠕变断裂时间（h）。可以看到，Hf 和 Ta 均提升了合金的承温能力（一定应力下一定蠕变断裂时间所对应的温度）和持久强度

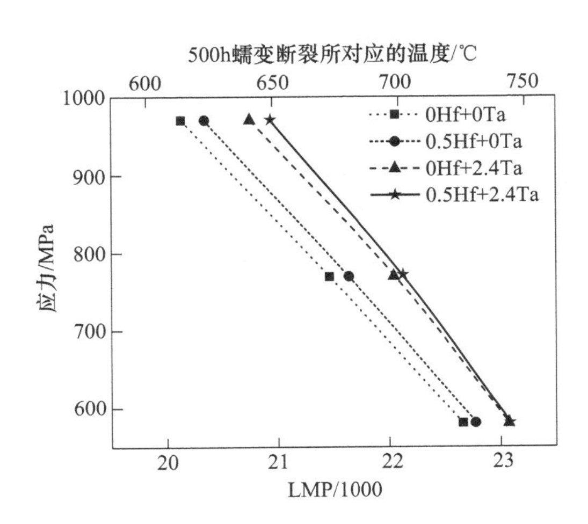

图 5　不同 Hf 和 Ta 含量合金的 Larson-Miller 曲线

（一定温度下一定蠕变断裂时间所对应的应力），0. 5Hf+2. 4Ta 合金的承温能力和持久强度均为最高。因此，综合来看 0. 5Hf+2. 4Ta 合金的蠕变性能最好。

γ′相的形貌对蠕变性能有着至关重要的作用。合金的蠕变强度主要来源于 γ/γ′相共格界面的强化作用，添加 Hf 和 Ta 提高了 γ′相的体积分数和平均直径，有效地阻碍了位错切过 γ′相[10]。而且，添加 Hf 和 Ta 提高了 γ′相和 γ 相的晶格错配度，较大的晶格错配度可以产生更加致密的 γ/γ′相界面位错网，更有效地阻碍 γ 通道中位错的滑移[11]。所以，Hf 和 Ta 通过协同影响 γ′相的形貌，显著提升了合金的蠕变性能。

3 结论

（1）Hf 和 Ta 的添加抑制了原始粉末颗粒边界，提高了 γ′相的体积分数，增大了 γ′相的平均直径，增大了 γ′相和 γ 相的晶格错配度，降低了合金的层错能。

（2）Hf 对拉伸强度无明显影响，但可以提升高温塑性，Ta 可以提高拉伸强度，但却降低拉伸塑性。Hf 和 Ta 均可以延长蠕变断裂时间、降低最小蠕变速率、提高蠕变损伤容限性、提高合金的承温能力和持久强度。

（3）当 Hf 和 Ta 共同添加时，可以充分发挥各自的优势，避免各自的劣势，展现出协同作用，使合金在保持较好塑性的基础上强度得到显著提高。这种协同作用使得 0. 5Hf+2. 4Ta 合金在蠕变中展现出最佳的综合性能。

参考文献

[1] Powell A, Bain K, Wessman A, et al. Advanced supersolvus nickel powder disk alloy doe: chemistry, properties, phase formations and thermal stability [C]// Superalloys 2016: Proceedings of the 13th International Symposium of Superalloys, Seven Springs, USA, 2016.

[2] Smith T M, Zarkevich N A, Egan A J, et al. Utilizing local phase transformation strengthening for nickel-base superalloys [J]. Communications Materials, 2021, 2 (106): 1~9.

[3] Antonov S. Design of modern high Nb-content γ-γ′ Ni-base superalloys [D] // Illinois: the Illinois Institute of Technology, 2017.

[4] Zhang H P, Bai J M, Li X K, et al. Effect of hafnium and tantalum on the microstructure of PM Ni-based superalloys [J]. Journal of Materials Science, 2022, 57: 6803~6818.

[5] Zhang H P, Bai J M, Li X K, et al. Effect of Hf and Ta on the tensile properties of PM Ni-based superalloys [J]. Journal of Alloys and Compounds, 2023, 932: 167653.

[6] Unocic R R, Zhou N, Kovarik L, et al. Dislocation decorrelation and relationship to deformation microtwins during creep of a γ′ precipitate strengthened Ni-based superalloy [J]. Acta Materialia, 2011, 59 (19): 7325~7339.

[7] Kolbe M. The high temperature decrease of the critical resolved shear stress in nickel-base superalloys [J]. Materials Science and Engineering A, 2001, 319: 383~387.

[8] Tian C G, Han G M, Cui C Y, et al. Effects of Co content on tensile properties and deformation behaviors of Ni-based disk superalloys at different temperatures [J]. Materials and Design, 2015, 88: 123~131.

[9] Ashby M F, Dyson B F. Creep damage mechanics and micromechanisms [C] // Proceedings of the 6th International Conference on Fracture, New Delhi, India, 1984.

[10] Daoud H M, Manzoni A M, Wanderka N, et al. High-Temperature Tensile Strength of $Al_{10}Co_{25}Cr_8Fe_{15}Ni_{36}Ti_6$ Compositionally Complex Alloy (High-Entropy Alloy) [J]. JOM: The Journal of The Minerals, Metals & Materials Society (TMS), 2015, 67 (10): 2271~2277.

[11] Nathal M V. Effect of initial gamma prime size on the elevated temperature creep properties of single crystal nickel base superalloys [J]. Metallurgical Transactions A, 1987, 18 (11): 1961~1970.

新一代盘用粉末高温合金的蠕变性能研究

李新宇[1,2,3*]，张义文[1,2]

（1. 东北大学材料科学与工程学院，辽宁 沈阳，100819；
2. 钢铁研究总院高温材料研究所，北京，100081；
3. 北京钢研高纳科技股份有限公司，北京，100081）

摘　要：研究了一种新一代盘用粉末高温合金的蠕变性能。通过和FGH4098合金对比研究，新合金具有更好蠕变性能，在630MPa应力下1000h发生蠕变断裂，新合金的可承受温度提高18℃；在750℃下1000h时，新合金的持久强度提高了51MPa。通过断口附近的TEM分析可知新合金的主要蠕变机制为位错攀移和孤立层错剪切，这是其具有更高变形抗力的原因。通过断口形貌分析解释了新合金的断裂源区的蠕变断裂模式为沿晶断裂，其扩展区为穿晶断裂和网络状浅韧窝主导。

关键词：粉末高温合金；蠕变；层错；孪晶；断裂

盘用粉末高温合金是航空发动机热端部件的关键材料，为满足先进航空发动机的发展需求，要求合金具有更高的承温能力和抗高温蠕变性能。近年来新一代的粉末高温合金受到了广泛关注，如ME501合金[1]、RRHT系合金[2]和TSNA-1合金[3]，其蠕变性能相比现有的LSHR、RR1000和René104等合金体现出了明显的优势。难熔元素的加入是提高合金高温性能的关键，Hf、Ta和W的加入在合金中已经非常常见，值得注意的是新一代合金中这些难熔元素的含量增加，降低了基体的层错能，提高了合金强度和承温能力，大大提高了合金的高温蠕变性能[1~3]。本文介绍了一种新一代的高W、Ta含量的盘用粉末高温合金，通过和现有的FGH4098合金进行对比研究，分析了815℃/410MPa条件下的蠕变性能。

1　实验材料和方法

实验用的两种合金的名义化学成分如表1所示，余量为Ni。可见最明显的特点是FGH4108合金增加了0.5%的Hf元素和将Ta含量从2.4%Ta提高到了4.8%，W含量也进行了提升并降低了Co和Cr。采用等离子旋转电极法制备合金粉末（−100μm），再经过热等静压成型（1180℃）、挤压（1100℃）和等温锻造（1120℃）获得实验坯料。热处理采用固溶处理（1180℃×2h）+两级时效（870℃×4h+760℃×4h）。对比实验的蠕变条件设置为815℃/410MPa。试样尺寸如图1所示。用JSM-7800F场发射扫描电子显微镜观察了显微组织和断裂表面。用Olympus DSX1000体视镜观察了宏观断口。对断口附近8~10mm截面处取样，用透射电子显微镜FEI Tecnai G2 F20观察了蠕变变形结构。

表1　合金的名义化学成分　（质量分数,%）

合金	C	Co	Cr	Mo	W	Al	Ti	Nb	Ta	Hf	B+Zr
FGH4108	0.05	18.0	12.0	2.5~3.5	2.5~3.5	2.0~3.5	2.0~3.5	1.1~1.8	4.8	0.5	0.06~0.1
FGH4098	0.05	21.0	13.0	4.0	2.0	3.5	3.5	1.0	2.4	—	0.06~0.1

*作者：李新宇，博士研究生，E-mail：lxycalors@163.com

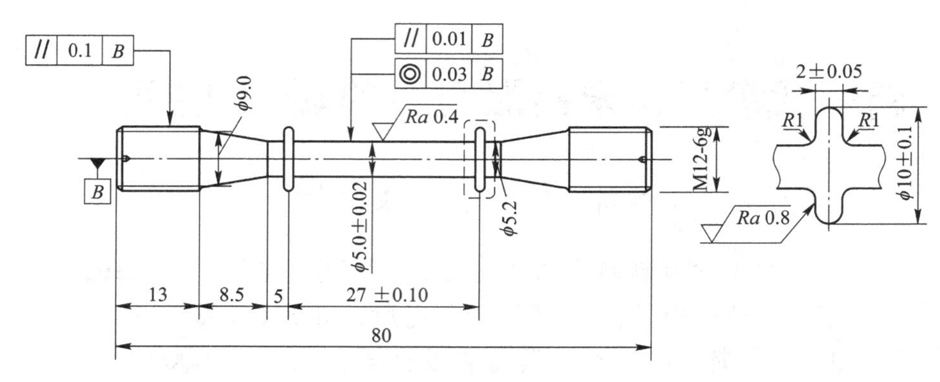

图 1 蠕变试样的尺寸

2 实验结果与分析

2.1 显微组织

之前的研究工作显示两种合金具有相似的晶粒尺寸，为 30~40μm[4,5]。图 2 显示了热处理后合金的显微组织形貌。可见两种合金的二次 γ′相主要为近块状。三次 γ′相均为近球形。对 γ′相的等效粒径和体积分数进行了统计，如表 2 所示，FGH4108 合金的二次 γ′相等效粒径为 241nm，三次 γ′相等效粒径为 49nm，总体积分数为 55.4%。和 FGH4098 合金相比，FGH4108 合金二次 γ′相等效粒径尺寸和 γ′相体积分数相近，三次 γ′相较大。

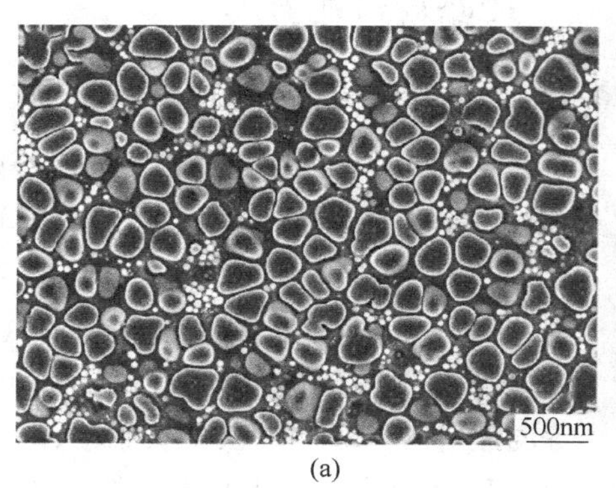

(a)

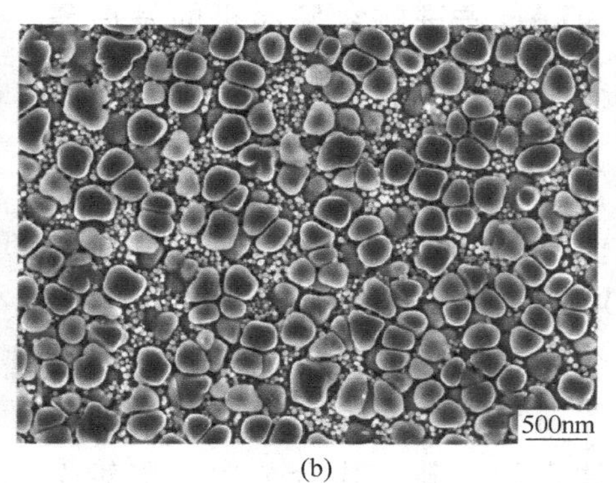

(b)

图 2 FGH4108 合金（a）和 FGH4098 合金（b）热处理后的显微组织

表 2 合金中 γ′相的等效粒径和体积分数

合金	二次 γ′相等效粒径/nm	三次 γ′相等效粒径/nm	γ′相体积分数/%
FGH4108	241	49	55.4
FGH4098	252	23	53.0

2.2 拉伸强度和蠕变性能

通过对比 FGH4108 合金和 FGH4098 合金的拉伸强度和持久性能，如图 3（a）所示，FGH4108 合金具有不低于 FGH4098 合金的拉伸强度。在实验温度范围内的屈服强度相近，并且高温抗拉强度表现相当，而在中低温和室温条件下 FGH4198 合金具有更高的抗拉强度。图 3（b）通过 Larson-Miller 参数（LMP）反映了两种合金的持久性能。通过 LMP-应力曲线外推可知，在 630MPa 应力下服役至 1000h 发生蠕变断裂，新合金比 FGH4098 合金的承受温度可提高 18℃；在 750℃ 下服役 1000h 时，新合金的持久强度可比 FGH4098 提高 51MPa。可见不论是承温能力还是持久强度新合金都有着明显的优势。图 4 表明在 815℃/410MPa 条件下的蠕变实验表明 FGH4108 合金在蠕变断裂寿命和蠕变速率方面具有明显的性能优势。通过分析蠕变曲线可以看到 FGH4108 合金的蠕变断裂寿命高了两倍左右，蠕变第二阶段占总蠕变寿命的 25.8%，对比合金 FGH4098 的蠕变第二阶段占比仅为 13.6%，可见两种合金的第二阶段都比较短，大部分应变累积发生在蠕变第三阶段。通过以上比对分析可知，与被人熟知的 FGH4098 合金相比 FGH4108 合金具有更好的强度和蠕变性能匹配。

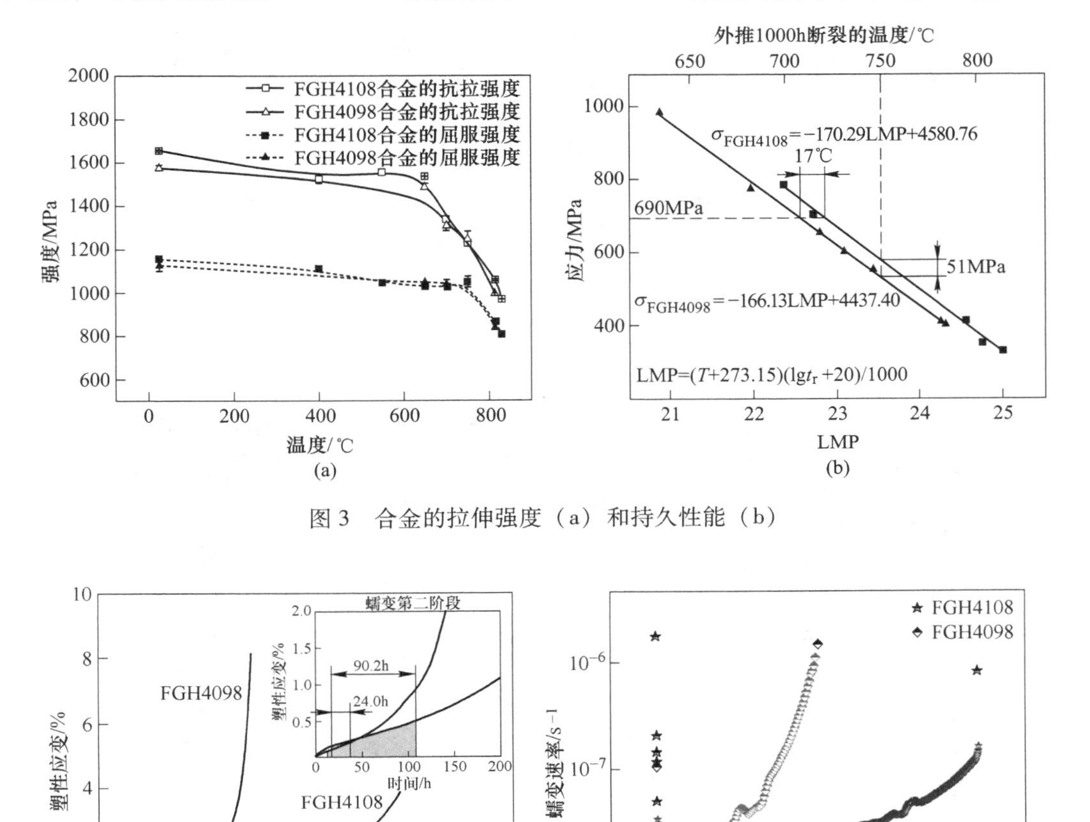

图 3　合金的拉伸强度（a）和持久性能（b）

图 4　在 815℃/410MPa 条件下两种合金的蠕变断裂曲线（a）和蠕变速率曲线（b）

2.3　蠕变亚结构特征

图 5（a）和图 5（b）显示了两种合金的位错组态和层错形貌。发现两种合金的 γ 通道上出现了大量攀移位错，这通常出现在高温蠕变过程中。蠕变过程中在温度和应力的共同作用下，基体中的位错被激发，一些位错在高温热激活作用下摆脱 γ′相钉扎作用发生了攀移，运动到 γ/γ′界面的位错则被界面阻挡。在 FGH4108 合金中发现大量层错被限制在 γ′颗粒内部，这种层错通常被认为是孤立层错（ISF）[6]。另外还有少部分 γ 内的层错发生扩展形成了扩展层错（ESF），图 5（c）清楚地表明了 γ′内的层错穿越了 γ/γ′界面，这与 Smith 等人[7]观察到的有所不同，他们在 760℃/552MPa 条件下蠕变应变 0.5%的 ME3 合金中也发现了孤立层错，但从 γ′颗粒延伸到 γ 基体的剪切被鉴定为微孪晶。蠕变过程中位错密度增加，位错的相互作用增强，并且由于横截面积的减少导致有效加载应力增加，从而影响了这些 γ/γ′界面的位错分解[8,9]。基体中的 a/2<110>全位错在 γ/γ′界面分解形成部分位错和剪切二次 γ′颗粒的层错。由于 γ′颗粒经受剪切后会产生反相畴界（APB），而较高的 APB 能会使得不全位错切割 γ′颗粒比完全位错更加困难[8,10]，因此 FGH4108 合金中产生的较多的孤立层错反映出其更好的抵抗变形的能力。和 FGH4108 合金相比，比较明显的区别是，FGH4098 合金中扩展层错更多。另外，在 FGH4108 合金中微孪晶并不常见，大多为较厚的微孪晶（16～30nm），如图 5（d）所示，这些微孪晶仅在部分晶粒中被发现，这是由于孪生行为的产生与晶粒取向有关[11]。不同的是，在 FGH4098 合金中发现了大量的微孪晶，如图 6 所

示，厚度在 13.3~36.4nm 范围。

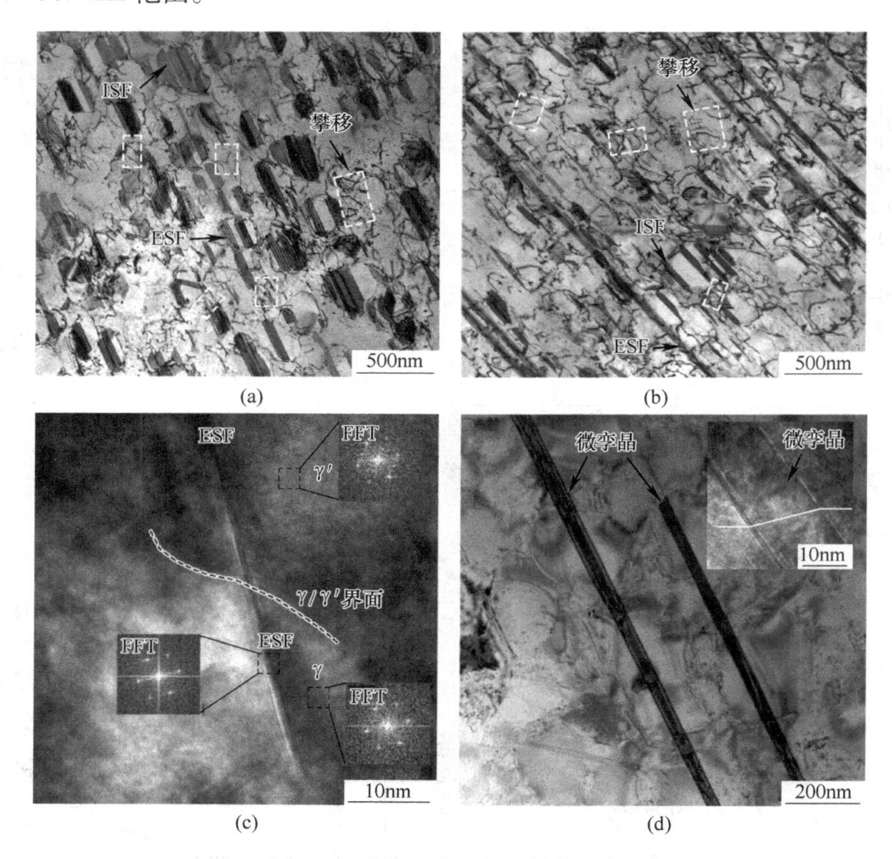

(a)　(b)　(c)　(d)

图 5　两种合金中的蠕变结构观察

(a) FGH4108 合金的位错和层错形貌；(b) FGH4098 合金的位错和层错形貌；
(c) FGH4108 合金中的扩展层错；(d) FGH4108 合金中的微孪晶

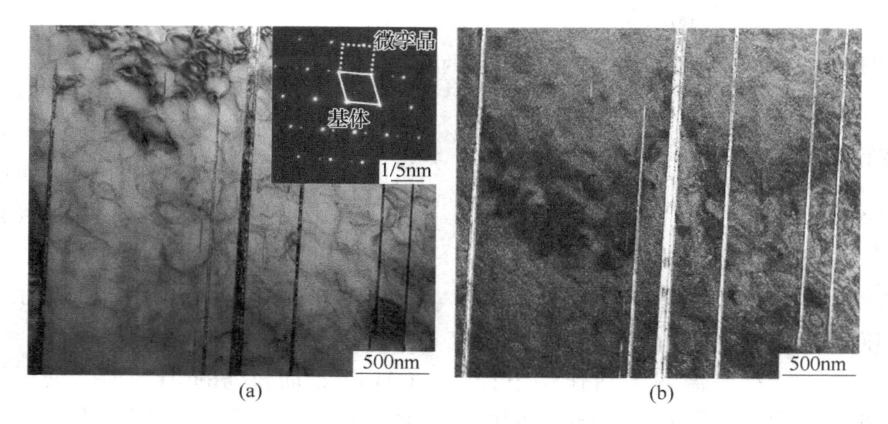

(a)　(b)

图 6　FGH4098 合金的微孪晶形貌的明场像和暗场像

(a) 明场像；(b) 暗场像

实验结果表明，两种合金在 815℃/410MPa 条件下形成了不同的层错和微孪晶，这必然和两种合金不同的层错能有关。研究表明层错能对于基体中的完全位错的分解具有重要影响，层错能越低基体中的 a/2<110>位错更容易在 γ/γ′界面分解形成部分位错和切割 γ′相的层错[12]。通过 JmatPro 计算获得了 FGH4108 合金和 FGH4098 合金在 815℃ 时的层错能，分别为 108.6mJ/m^2 和 93.9mJ/m^2。可见 FGH4098 合金的层错能较低，这就意味着该合金在蠕变过程中更容易形成层错，随着变形的进行层错发生扩展并形成了微孪晶，这与实验现象相符合。较多的孤立层错和更少的微孪晶形成从蠕变亚结构方面解释了 FGH4108 合金抗蠕变变形能力较好的现象。因此，形成较多孤立层错，间接导致了扩展层错和微孪晶的形成受到了抑制，有助于提升合金的蠕变抗性。根据上述实验结果和分析可知，FGH4108 合金的主要变形机制为位错攀移和孤立层错剪切，而 FGH4098 合金则为位错攀移、扩展层错剪切和微孪晶剪切共同主导。

2.4 蠕变断裂模式

为了解两种合金在 815℃/410MPa 条件下的断裂模式，进行宏观和微观断口观察。断口的断裂源区和扩展区是合金蠕变断裂的主要区域，如图 7（a）和（d）所示，由于源区的蠕变断裂时间长，因而氧化程度更深。两种合金的源区都观察到了冰糖状的沿晶裂纹和晶界楔形裂纹，如图 7（b）和（e）所示，因此源区的断裂模式均为典型的沿晶断裂。但观察裂纹扩展区形貌发现了较大的不同，如图 7（c）和（f）所示，FGH4108 合金的蠕变裂纹扩展区以穿晶裂纹和网络状的浅韧窝为主，而在 FGH4098 合金中不仅发现了大量的穿晶裂纹，还有沿晶裂纹和楔形裂纹，另外还存在较多的晶内滑移线痕迹。因此，这两种合金蠕变断裂扩展区具有不同的断裂模式。

蠕变温度升高时，晶界强度和晶内强度都会显著降低，但晶界下降速度更快，当超过等强温度后，蠕变断口表现为沿晶断裂特征。两种合金在 815℃ 蠕变温度下产生了典型的沿晶断裂，说明实验温度超过了合金的等强温度。高温条件下，应力超过了晶界结合力，容易在三叉晶界处产生楔形裂纹源，然后沿着晶界扩展[13]。可见两种合金蠕变裂纹源区均符合这种断裂机制。当裂纹到达扩展区，FGH4108 合金中主要被穿晶断裂和网络状浅韧窝主导断裂，而 FGH4098 合金则为穿晶断裂、沿晶断裂、楔形裂纹扩展和晶内滑移共同主导的混合断裂模式。

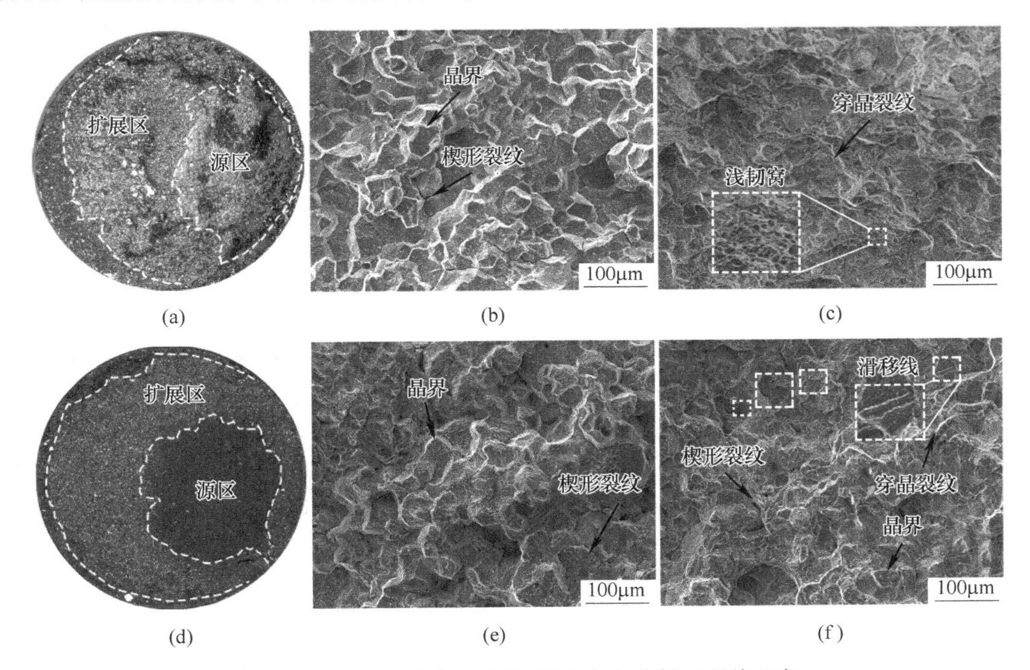

图 7 FGH4108 合金和 FGH4098 合金的断口形貌观察

（a）FGH4108 合金的断口形貌；（b）FGH4108 合金的断裂源区形貌；（c）FGH4108 合金的扩展区形貌；（d）FGH4098 合金的断口形貌；（e）FGH4098 合金的断裂源区形貌；（f）FGH4098 合金的扩展区形貌

3 结论

（1）新合金 FGH4108 合金具有不低于现有的 FGH4098 合金的拉伸强度，并具有更优异的持久强度和承温能力。由 LM 曲线外推可知，在 630MPa 应力下服役至 1000h 发生蠕变断裂，新合金的可承受温度提高 18℃；在 750℃ 下服役 1000h 时，新合金的持久强度提高了 51MPa。在 815℃/410MPa 条件下蠕变时，FGH4108 合金的总蠕变寿命比 FGH4098 合金高了两倍左右，蠕变第二阶段持续时间更长，最小蠕变速率更低。

（2）在 815℃/410MPa 蠕变条件下，FGH4108 合金具有更好的抗蠕变变形的能力，其主要变形机制为位错攀移和孤立层错剪切，而 FGH4098 合金则为位错攀移、扩展层错剪切和微孪晶剪切共同主导。

（3）两种合金在 815℃/410MPa 蠕变条件下，裂纹源区断裂模式皆为沿晶断裂主导，当裂纹继续扩展时，FGH4108 合金中主要断裂模式为穿晶断裂和网络状浅韧窝；而 FGH4098 合金则由穿晶断裂、沿晶断裂、楔形裂纹扩展和晶内滑移共同主导的混合断裂模式主导。

参考文献

[1] Smith T M, Determination of orientation and alloying effects on creep response and deformation mechanisms in single crystals of Ni-base disk superalloys [C] // Proceedings of the 13th International Symposium on Superalloys, TMS (The Minerals, Metals & Materials Society), Hardy (Ed.), 2016.

[2] Antonov S, Huo J, Feng Q, et al. Comparison of Thermodynamic Predictions and Experimental Observations on B Additions in Powder-Processed Ni-Based Superalloys Containing Elevated Concentrations of Nb [J]. Metallurgical and Materials Transactions A, 2018 (49): 729~739.

[3] Smith T M, Zarkevich N A, Egan A J, et al. Utilizing local phase transformation strengthening for nickel-base superalloys [J]. Communications Materials, 2021, 2 (1): 106.

[4] Li X Y, Zhang H P, Bai J M, et al. The evolution of γ′ precipitates and hardness response of a novel PM Ni-based superalloy during thermal exposure [J]. Journal of Alloys and Compounds, 2023: 168757.

[5] Bai J M, Xing P Y, Zhang H P, et al. Effect of tantalum on the microstructure stability of PM Ni-base superalloys [J]. Materials Characterization, 2021, 179: 111326.

[6] Cui L, Yu J, Liu J, et al. Microstructural evolutions and fracture behaviors of a newly developed nickel-base superalloy during creep deformation [J]. Journal of Alloys and Compounds, 2018, 746: 335~349.

[7] Smith T M, Esser B D, Antolin N, et al. Segregation and η phase formation along stacking faults during creep at intermediate temperatures in a Ni-based superalloy [J]. Acta Materialia, 2015, 100: 19~31.

[8] Yuan Y, Gu Y F, Cui C Y, et al. Creep mechanisms of U720Li disc superalloy at intermediate temperature [J]. Materials Science and Engineering: A, 2011, 528 (15): 5106~5111.

[9] Sun F, Gu Y F, Yan J B, et al. Dislocation motion in a NI-Fe-based superalloy during creep-rupture beyond 700 C [J]. Materials Letters, 2015, 159: 241~244.

[10] Kozar R W, Suzuki A, Milligan W W, et al. Strengthening mechanisms in polycrystalline multimodal nickel-base superalloys [J]. Metallurgical and materials transactions A, 2009, 40: 1588~1603.

[11] Han W Z, Zhang Z F, Wu S D, et al. Combined effects of crystallographic orientation, stacking fault energy and grain size on deformation twinning in fcc crystals [J]. Philosophical Magazine, 2008, 88 (24): 3011~3029.

[12] Unocic R R, Kovarik L, Shen C, et al. Deformation mechanisms in Ni-base disk superalloys at higher temperatures [J]. Superalloys, 2008, 8 (377): 315.

[13] He D G, Lin Y C, Yin L X. Creep Characteristics and Fracture Mechanisms of a Ni-Based Superalloy with δ Phases at Intermediate Temperatures [J]. Advanced Engineering Materials, 2020, 22 (8): 2000144.

粉末高温合金新的蠕变强化机制

张义文[1,2*]，白佳铭[1,2,3]，张浩鹏[1,2]，李新宇[1,2,3]，李晓鲲[1,2]

（1. 北京钢研高纳科技股份有限公司，北京，100081；
2. 钢铁研究总院高温材料研究所，北京，100081；
3. 东北大学材料科学与工程学院，辽宁 沈阳，110819）

摘　要：在粉末高温合金蠕变过程中观察到在超点阵层错和微孪晶界处存在微区相变现象，并发现该现象对合金的蠕变性能起着一定的强化作用，称为微区相变强化。主要概括性地总结了粉末高温合金中超点阵层错中的偏聚和微区相变的最新试验结果，以及微区相变的动力学过程、对蠕变性能的影响和存在的普遍性。提出了未来粉末高温合金通过原子水平控制进行成分设计和优化的方向以及微区相变今后需要进一步开展研究工作的建议。

关键词：粉末高温合金；面缺陷；偏聚；蠕变；微区相变强化

目前航空发动机的主体材料仍然是高温合金，其中粉末高温合金主要用于高性能航空发动机的涡轮盘等热端部件。蠕变变形是盘件使用性能的重要考核指标。在复杂载荷和温度场的环境下高温合金的蠕变速率控制因素很复杂，一般认为低于700℃时主要蠕变机制包括γ通道中的位错滑移以及γ′相的反相边界（APB）剪切或位错环等非热变形模式；在700℃以上γ′剪切变形机制变得普遍，在700℃和800℃之间在γ′相中形成超点阵内禀层错（SISF）和超点阵外禀层错（SESF），这些层错与APB一起可以形成更复杂的剪切模式，如微孪晶和层错带[1~4]。在815℃的蠕变过程中，在较低的外加应力下，这些层错模式发生的频率要低得多，主要变形机制是位错攀移绕过[5]。

经过近二十年的研究，美国俄亥俄州立大学的Mills团队在一些镍基高温合金中观察到了一种新的现象，即以层错和微孪晶为主的蠕变变形受到偏聚以及由偏聚导致的相变的控制。他们于2016年首次报道了这种相变可以强化，发现了一种新的高温相变强化机制[6]。基于这种相变局限于层错和微孪晶界，于2019年又将这种相变明确为微区相变（local phase transformation，LPT）的概念和微区相变强化机制[2]。这种新的观点无疑改变了人们在合金设计中对缺陷的理解和利用，但这并不是一个全新的想法。早在1952年铃木（Suzuki）就提出FCC结构基体中的层错可以看作是一个双原子层HCP结构相，预测了由于化学相互作用溶质原子向层错的平衡偏聚，即层错偏聚（铃木偏聚或铃木效应）[7]。然而，由于当时试验测量的局限性，只有间接证据（如层错的宽度和位错网络扩展节点的大小）被用来证明层错偏聚的存在。直到最近十几年，借助于高空间分辨率成像和原子尺度的能谱技术，才对某些层错的确切原子结构进行了直接表征，并对层错偏聚进行了量化[8]。

Mills团队的试验证明了在高温合金中合金元素沿着层错和微孪晶界存在偏聚。2012年Vorontsov等人[9]报道了在单晶高温合金CMSX-4的γ′相中重原子向超点阵层错偏聚。随后，在2015年Viswanathan等人[10]和Smith等人[11]首次直接观察到了在粉末高温合金René104的γ′相中合金元素沿SISF偏聚和在粉末高温合金ME501的γ′相中合金元素沿SESF偏聚。在2017年Smith等人[12]提供了在高温合金的γ′相中合金元素向微孪晶界偏聚的试验证据。

本文针对粉末高温合金总结了在蠕变条件下γ′相中超点阵层错和微孪晶界等晶格面缺陷偏聚引起的微区相变的试验结果、形成热力学和动力

*作者：张义文，正高级工程师，联系电话：010-62186736，E-mail：yiwen64@cisri.cn

学、对蠕变性能的影响以及存在的普遍性。希望通过了解和认识微区相变强化机制，为粉末高温合金的成分设计提供一种新的思路。

1 偏聚和微区相变的表征技术

偏聚和微区相变的研究是基于高分辨率的球差校正扫描透射电子显微镜（AC-STEM）的高角度环形暗场成像技术（HAADF）实现的，通过 *Z*（原子序数）衬度和原子尺度的能量色散谱（EDS）确定偏聚倾向、偏聚原子排列的有序性和微区的成分。此外，原子探针层析（APT，也称 3DAP）技术也被用于偏聚成分的定量分析。这两种技术都有各自的优缺点，比如：通过原子尺度的 EDS 更容易阐明原子占位，HAADF 像可以给出不同原子序数的原子在各晶面的排列和占位情况；APT 能够捕获精确的偏聚信息和评估溶质的均匀性，同时 APT 也是对利用 STEM 进行三维成分研究的有力补充[13]。

2 层错偏聚与微区相变

Viswanathan 等人[10]在 2015 年首次直接观察到了在 René104 合金中沿 SISF 的合金元素偏聚，分析表明在 677℃/724MPa 拉伸蠕变试验条件下在 γ′相中元素 Cr、Co、Mo 沿 SISF 偏聚。随后发现在 760℃/552MPa 压缩蠕变试验条件下在 René104 合金的 γ′相中 Cr、Co、Mo、Nb 等元素沿 SESF 同样发生了偏聚[6]。经研究证实，这些元素在层错上偏聚促使相变发生，由 γ′相转变成具有 HCP 结构的无序相（由 γ′相转变成具有 HCP 结构的相称为层错相（SFP））。与 René104 合金相比，W 含量超过 2 倍的 LSHR 合金（见表 1[1,2,4,15,16]），在 760℃/552MPa 拉伸蠕变试验条件下观察到 Co、W、Cr 等元素沿 SISF 发生偏聚，没有形成无序的 HCP 层错相，而是使 γ′相中的层错转变成具有 $D0_{19}$晶体结构的 Co_3W 型 ε 有序层错相（国外文献［2，3］中称 χ 相）；同时观察到 Co、W、Nb、Ti 等元素沿 SESF 发生偏聚，使 γ′相中的层错转变成具有 $D0_{24}$晶体结构的 Ni_3Ti 型 η 有序层错相[2]。对于 Nb 含量略有不同的 RRHT3 和 RRHT5 两种合金，在 750℃/600MPa 拉伸蠕变试验条件下，在略低 Nb 含量的 RRHT3 合金中元素 Co、Nb、Cr、Mo 沿 SISF 偏聚，形成有序的 ε 相，在略高 Nb 含量的 RRHT5 合金中元素 Co、Nb、Mo 沿 SESF 偏聚，形成有序的 η 相[14,17]。在高 Ta 含量的 ME501 合金中，在 760℃/552MPa 压缩蠕变试验条件下元素 Cr、Co、Mo、W 沿 SISF 偏聚，形成有序的 ε 相；Co、Ta、Nb、Ti 等元素沿 SESF 偏聚，形成有序的 η 相[1,6,11,18]，SESF 比 SISF 更普遍[11]；对于高 Ta 高 W 含量的 TSNA1 合金，在 760℃/552MPa 拉伸蠕变试验条件下 Co、Cr、Ta、Mo、W 等元素沿 SISF 偏聚，形成有序的 ε 相；Co、Ti、Nb、Ta 等元素沿 SESF 偏聚，形成有序的 η 相[3,8,13,15]。

表 1　粉末高温合金的成分　　（质量分数，%）

合金	C	Co	Cr	Mo	W	Ta	Al	Ti	Nb	Hf	B	Zr
TSNA1	0.05	19.0	10.9	2.6	4.2	4.8	2.9	3.0	1.4	0.37	0.025	0.048
ME501	0.05	18.0	12.0	2.9	3.0	4.8	3.0	3.0	1.5	0.4	0.03	0.05
RRHT5*		18.1	14.0	1.5	0.8	1.0	8.0	—	5.5	—	0.14	—
RRHT3*	0.25	18.3	14.0	1.5	0.8	1.0	9.8	—	4.6	0.12	0.17	—
LSHR	0.045	20.4	12.5	2.7	4.3	1.5	3.5	3.5	1.5	—	0.03	0.05
René104	0.05	21.0	13.0	3.7	2.1	2.4	3.4	3.8	0.8	—	0.02	0.05

注：* 表示摩尔分数。

合金成分对溶质与晶体缺陷的相互作用起着重要作用，不同合金之间化学成分微小的变化将导致层错偏聚存在显著差异[2,19]。一般地，Cr、Mo、W 等元素促进 SISF 中 ε 相形成，而 Ta、Nb、Hf、Ti 等元素促进 SESF 中 η 相形成。由此看出，TSNA1 合金具有较高含量的 ε 相和 η 相，避免了无序 HCP 层错相的形成，从而抑制了微孪晶的形成[4]。原子分辨率的 HAADF 像显示出，SISF 呈现出“Z 字形”有序衬度，类似于在许多钴基高温合金中发现的晶体结构为 $D0_{19}$的 ε 块体相，SESF 表现为“网格状”有序衬度，类似于在 IN718Plus 合金中发现的晶体结构为 $D0_{24}$的富 Nb 的 η 块体相[3]。此外，用原子尺度的EDS对超点阵层错偏聚的量化进行了表征[6,12]，利用第一性原理对超点阵层错偏聚及HAADF像开展了大量的模拟研究[1,2,6,11,13,14,15,18]。图1显示了TSNA1合金中SISF的HAADF像及分析结果，证实TSNA1合金中的层错为SISF，形成富含Co、Cr、Ta、Mo、W、Nb等元素的有序相 ε[3,8]。一般地，在(500～850℃)/(400～600MPa)蠕变条件下，偏聚是活跃的。表2总结了在几种粉末高温合金中观察到的SISF和SESF偏聚情况[1~3,5,6,8,10~15,17~19]。

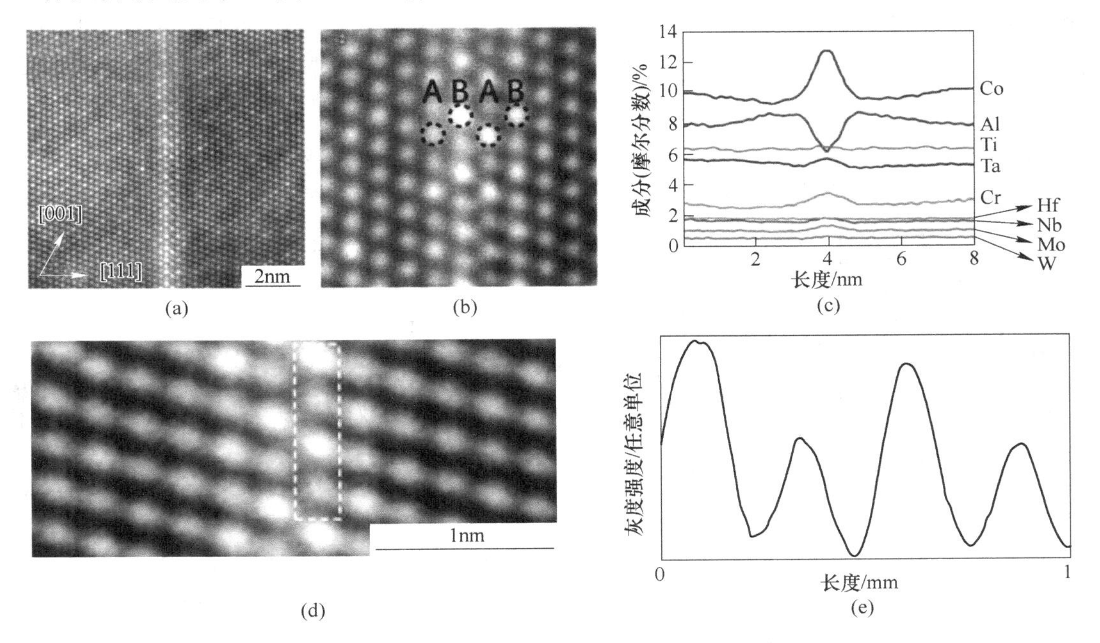

图1 TSNA1合金中SISF的HAADF像及分析结果

(a)(d) TSNA1合金中SISF的HAADF像；(b) SISF中原子堆垛顺序；(c) 垂直于SISF面的EDS线扫描；(e) 沿SISF面向下的原子列衬度的平均强度（图(d)中白色虚线框中的亮点）

表2 粉末高温合金 γ' 相中溶质在层错处的偏聚行为

合金	蠕变试验条件	层错类型	偏聚元素	层错相及组成
TSNA1	拉伸蠕变760℃/552MPa	SISF	Co,Cr,Ta,Mo,Nb,W	有序相 ε[Co_3(Cr,Ta,Mo,Nb,W)]
TSNA1	拉伸蠕变760℃/552MPa	SESF	Co,Ti,Nb,Ta,W,Mo,Cr	有序相 η[Co_3(Ti,Nb,Ta,W,Mo,Cr)]
ME501单晶	压缩蠕变760℃/552MPa	SISF	Cr,Co,Mo,W	有序相 ε[Co_3(Cr,Mo,W)]
ME501单晶	压缩蠕变760℃/552MPa	SESF	Co,Ta,Nb,Ti,W,Mo	有序相 η[Co_3(Ta,Nb,Ti,W,Mo)]
ME501单晶	压缩蠕变760℃/(414～552)MPa	SESF	Co,Ta,Nb,Ti	有序相 η[Co_3(Ta,Nb,Ti)]
RRHT5	拉伸蠕变750℃/600MPa	SISF	Co,Nb,Cr,Mo	有序相 ε[Co_3(Nb,Cr,Mo)]
RRHT5	拉伸蠕变750℃/600MPa	SESF	Co,Nb,Mo	有序相 η[Co_3(Nb,Mo)]
RRHT3	拉伸蠕变750℃/600MPa	SISF	Co,Nb,Cr,Mo	有序相 ε[Co_3(Nb,Cr,Mo)]
RRHT3	拉伸蠕变750℃/600MPa	SESF	Co,Cr	无序相[HCP结构]
LSHR	拉伸蠕变760℃/552MPa	SISF	Co,W,Cr,Mo,Nb	有序相 ε[Co_3(W,Cr,Mo,Nb)]
LSHR	拉伸蠕变760℃/552MPa	SESF	Co,W,Nb,Ti,Mo,Ta,Cr	有序相 η[Co_3(W,Nb,Ti,Mo,Ta,Cr)]
LSHR	拉伸蠕变760℃/552MPa	SESF	W	无序相[HCP结构]
René104	拉伸蠕变677℃/724MPa	SISF	Cr,Co,Mo	
René104单晶	压缩蠕变760℃/(414～552)MPa	SISF	Cr,Co,Mo	无序相[HCP结构]
René104单晶	压缩蠕变760℃/414MPa	SESF	Cr,Co,Mo	无序相[HCP结构]
René104单晶	压缩蠕变760℃/552MPa	SESF	Cr,Co,Mo,W,Nb	无序相[HCP结构]
René104	拉伸蠕变760℃/552MPa	SISF	Co,Cr	无序相[HCP结构]
René104	拉伸蠕变760℃/552MPa	SESF	Co,Cr	无序相[HCP结构]

3　微孪晶界偏聚与微区相变

Egan 等人[14]于 2020 年发现微区相变不仅发生在层错处，也可以发生在孪晶界处。Kovarik 等人[20]于 2009 年首次报道了在 René104 合金微孪晶界处的衬度增加，周期性强度表现出一定的变化，这表明微孪晶界处重元素占据 γ′相的 Al 亚点阵位置。之后，在 RRHT5、RRHT3、LSHR 等合金 γ′相的微孪晶界处发现了元素偏聚和相变现象，只有在 RRHT5 合金中存在有序相 ε，而在 RRHT3 合金中为无序相[2,4,14]。TSNA1 合金具有较高的 Ta、Nb 和 Ti 含量，在蠕变过程中，通过沿 SESF 形成有序的 η 相抑制微孪晶的形成，微孪晶的含量较低[15]。Egan 等人[4]于 2022 年给出了在孪晶界处具有微区相变的有序偏聚的第一个原子分辨率面扫描以及微孪晶界附近的成分变化，如图 2 所示，证明 Co、Nb 在微孪晶界发生了偏聚。表 3 汇总了几种粉末高温合金 γ′相中溶质在微孪晶处的偏聚情况[2,4,12,14]。

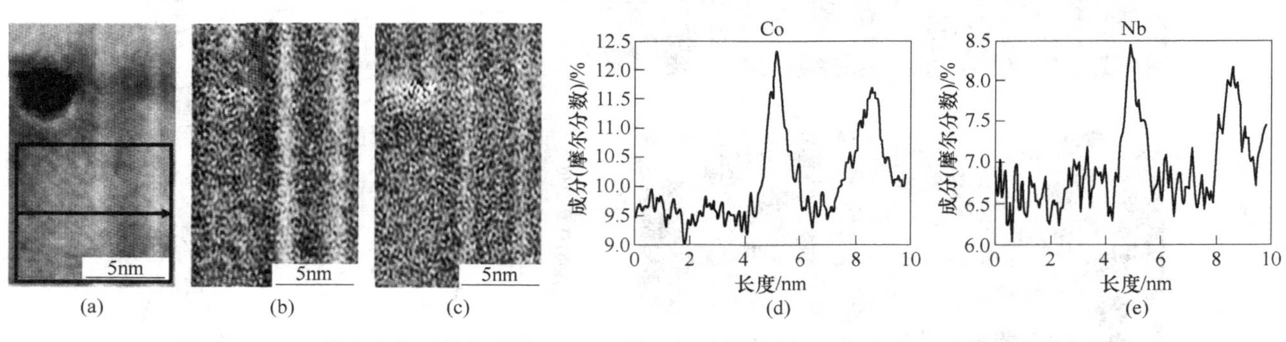

图 2　RRHT5 合金中典型微孪晶的 HAADF 像、原子分辨率 EDS 面扫描以及相应的线扫描

（a）微孪晶的 HAADF 像；（b）Co 元素面扫描；（c）Nb 元素面扫描；（d）Co 元素线扫描；（e）Nb 元素线扫描

表 3　粉末高温合金 γ′相中溶质在微孪晶处的偏聚行为

合金	蠕变试验条件	偏聚位置	偏聚元素	偏聚相及组成
RRHT5	拉伸蠕变 750℃/600MPa	微孪晶界	Co，Nb	有序相 ε[Co_3Nb]
RRHT5	压缩蠕变 750℃/600MPa	微孪晶界	Co，Nb，W，Ta，Mo，Cr	有序相 ε[Co_3(Nb，W，Ta，Mo，Cr)]
RRHT3	拉伸蠕变 750℃/600MPa	微孪晶界	Co，Nb	无序相
RRHT3	压缩蠕变 750℃/600MPa	微孪晶界	Co，Nb	
LSHR	拉伸蠕变 760℃/552MPa	微孪晶	Co，Cr，Mo	
LSHR	拉伸蠕变 760℃/552MPa	微孪晶界	W，Co，Cr，Mo	
René104 单晶	压缩蠕变 760℃/414MPa	微孪晶界	Co，Cr，Mo	
René104 单晶	压缩蠕变 760℃/414MPa	微孪晶	Co，Cr	

4　微区相变热力学和动力学

微区相变背后的基本思想是将层错视为单独的“相”而不是缺陷，这是铃木在 1952 年首次提出的，他认为溶质原子向层错的平衡偏聚是由于化学相互作用的结果，偏聚降低层错能[7]。当层错相是亚稳态时，在层错处发生微区相变，系统的总自由能最小化。位错剪切产生的层错具有不同于本体相的独特局部晶体结构，原子扩散稳定了层错相。同时，由于层错是由变形产生的，它带有不可逆的塑性应变，因此层错处的堆垛顺序不会转回承载层错的基体相[8]。微区相变是由力和热激活介导的扩散过程。微区相变的概念、热力学和动力学过程是通用的，也适用于其他面缺陷。试验和计算结果表明，Co 倾向于占据 Ni_3Al 中 Ni 的亚点阵位置，而 Nb、Ti、Ta、Hf、Cr、Mo、W 等倾向于占据 Al 的亚点阵位置，在 γ′相的

层错中存在 Cr 和 Co 的共偏聚现象[20,21]。

5 微区相变对蠕变性能的影响

在粉末高温合金中微区相变既有硬化作用又有软化作用。原子级厚度的有序层错相（ε 相和 η 相）都导致微区相变硬化，无序相导致微区相变软化，ε 相和 η 相同时存在强化效果更佳[8,13]。Smith 等人[6]于 2016 年首次揭示了沿层错偏聚和相变可以改善蠕变性能。Feng 等人[8]试图用 Al 对 η 相形成元素（Ti，Nb，Ta，Hf）的摩尔比来预测层错中的微区相变所引起的蠕变性能的优劣，但并不是很成功。这种沿 SESF 的 η 相形成了一种低能量结构，阻碍了 γ′相的进一步切变，可以抑制微孪晶的形成和增厚[2,6]。SISF 通常与孤立层错（γ′相内的层错）形成相关[13]，沿 SISF 形成的 ε 相可以抑制 γ′析出相中的层错运动[3]，从而产生明显较慢的蠕变应变速率[2]。比如：René104 合金的蠕变变形以微孪晶为主，在其微孪晶界、SISF 和 SESF 处发生微区相变，形成具有 HCP 结构的无序相，产生软化效应；ME501 合金在蠕变过程中在小应变水平上没有发现微孪晶，相反，观察到了主要在 SESF 处发生微区相变，形成具有 $D0_{24}$ 晶体结构的有序相 η[6]；TSNA1 合金的蠕变变形以 γ′相中的超点阵层错为主，在 SISF 和 SESF 处发生微区相变，形成具有 $D0_{19}$ 晶体结构的有序相 ε 和具有 $D0_{24}$ 晶体结构的有序相 η，产生强化效应[4]。由试验数据及分析结果可以得出，TSNA1 合金的蠕变性能最好，René104 合金最差，合金 RRHT3 与 René104 合金相当，蠕变性能从劣到优排序为 RRHT3 ≈ René104 < LSHR < RRHT5 < ME501 < TSNA1[8]。微孪晶界偏聚和微孪晶界微区相变的强化与层错微区相变强化类同。

6 微区相变的普遍性

只要缺陷具有独特的结构和存在独特的溶质-缺陷相互作用，就可能会发生相变行为。除了我们在这篇论文中展示的例子，即粉末高温合金 γ′相中层错偏聚和微孪晶界偏聚以及由此引起的微区相变，其实，微区相变在镍基和钴基铸造高温合金、铝合金、镁合金、形状记忆合金、钛合金、铜合金、微合金钢、纳米晶材料中也存在[1,2,8,12,13,19,21]。微区相变不仅局限于蠕变变形，在力-化学-温度-时间的耦合下任何变形都可能发生微区相变，比如，在高温和低应变速率拉伸试验条件下[4,13]。

7 结语与展望

通过以上概括性地介绍和总结粉末高温合金中超点阵层错偏聚、微孪晶偏聚以及微区相变现象，我们可以得出：合金设计时要同时考虑 ε 相和 η 相的微区相变强化机制，基于 Nb 和 Ta 是沿 SISF 和 SESF，而 W 和 Mo 是沿 SISF，有希望发生有序相变的合金元素，应聚焦 Nb、Ta、Mo 和 W 等 4 种合金元素。具体建议是高 Ta、高 W、中等 Nb、低 Ti，这样对微区相变强化是有利的。这在原子尺度上为未来的合金成分设计提供了证据，即未来粉末高温合金可以通过原子水平控制进行成分设计和优化。未来需要对偏聚的定量表征开展深入研究，需要有针对性的对微区相变强化进行试验和分析，切实有效地证明微区相变强化的贡献。

参考文献

[1] Smith T M, Esser B D, Good B, et al. Segregation and phase transformations along superlattice intrinsic stacking faults in Ni-based superalloys [J]. Metallurgical and Materials Transactions A, 2018, 49: 4186~4198.

[2] Smith T M, Good B S, Gabb T P, et al. Effect of stacking fault segregation and local phase transformations on creep strength in Ni - base superalloys [J]. Acta Materialia, 2019, 172: 55~65.

[3] Smith T M, Gabb T P, Wertz K N, et al. Enhancing the creep strength of next generation disk superalloys via local phase transformation strengthening [C] // Superalloys 2020, Seven Springs, 2020: 726~736.

[4] Egan A J, Xue F, Rao Y, et al. Local phase transformation strengthening at microtwin boundaries in nickel-based superalloys [J]. Acta Materialia, 2022, 238: 118206.

[5] Smith T M, Unocic R R, Deutchman H, et al. Creep deformation mechanism mapping in nickel base disk superalloys [J]. Materials at High Temperatures, 2016, 33 (4~5): 372~383.

[6] Smith T M, Esser B D, Antolin N, et al. Phase transformation strengthening of high temperature superalloys [J]. Nature Communications, 2016, 7: 1~7.

[7] Suzuki H. Chemical Interaction of Solute Atoms with Dislocations [J]. Science reports of the Research Institutes, Tohoku University. 1952, 4: 455~463.

[8] Feng L, Kannan S B, Egan A, et al. Localized phase transformation at stacking faults and mechanism-based alloy design [J]. Acta Materialia, 2022, 240: 118287.

[9] Vorontsov V A, Kovarik L, Mills M J, et al. High resolution electron microscopy of dislocation ribbons in a CMSX-4 superalloy single crystal [J]. Acta Materialia, 2012, 60: 4866~4878.

[10] Viswanathan G B, Shi R, Genc A, et al. Segregation at stacking faults within the γ' phase of two Ni-base superalloys following intermediate temperature creep [J]. Scripta Materialia, 2015, 94: 5~8.

[11] Smith T M, Esser B D, Antolin N, et al. Segregation and η phase formation along stacking faults during creep at intermediate temperatures in a Ni-based superalloy [J]. Acta Materialia, 2015, 100: 19~31.

[12] Smith T M, Rao Y, Wang Y, et al. Diffusion processes during creep at intermediate temperatures in a Ni-based superalloy [J]. Acta Materialia, 2017, 141: 261~272.

[13] Feng L S, Egan A, Mills M J, et al. Dynamic localized phase transformation at stacking faults during creep deformation and new criterion for superalloy design [J]. MRS Communications, 2022, 12: 991~1001.

[14] Egan A J, Rao Y, Viswanathan G B, et al. Effect of Nb alloying addition on local phase transformation at microtwin boundaries in nickel-based superalloys [C]. Superalloys 2020, Seven Springs, 2020: 640~650.

[15] Smith T M, Zarkevich N A, Egan A J, et al. Utilizing local phase transformation strengthening for nickel-base superalloys [J]. Communications Materials, 2021, 2 (106): 1~9.

[16] 张义文，刘建涛，贾建，等. 欧美第四代粉末高温合金研究进展 [J]. 粉末冶金工业，2022，32 (1)：1~14.

[17] Lilensten L, Antonov S, Gault B, et al. Enhanced creep performance in a polycrystalline superalloy driven by atomic-scale phase transformation along planar faults [J]. Acta Materialia, 2021, 202: 232~242.

[18] Rao Y, Smith T M, Mills M J, et al. Segregation of alloying elements to planar faults in γ'-Ni_3Al [J]. Acta Materialia, 2018, 148: 173~184.

[19] Kontis P. Interactions of solutes with crystal defects-A new dynamic design parameter for advanced alloys [J]. Scripta Materialia, 2021, 194: 113626.

[20] Kovarik L, Unocic R R, Li J, ea al. Microtwinning and other shearing mechanisms at intermediate temperatures in Ni-based superalloys [J]. Progress in Materials Science, 2009, 54: 839~873.

[21] Feng L S, Rao Y, Ghazisaeidi M, et al. Quantitative prediction of Suzuki segregation at stacking faults of the γ' phase in Ni-base superalloys [J]. Acta Materialia, 2020, 200: 223~235.

高 W 高 Ta 新型粉末高温合金的力学性能和组织稳定性

张义文[1,2*]，李晓鲲[1,2]，贾建[1,2]，钟治勇[3]，
白佳铭[1,2,4]，张浩鹏[1,2]，刘建涛[1,2]

（1. 北京钢研高纳科技股份有限公司，北京，100081；
2. 钢铁研究总院高温材料研究所，北京，100081；
3. 北京航空航天大学材料科学与工程学院，北京，100191；
4. 东北大学材料科学与工程学院，辽宁 沈阳，110819）

摘　要： 以自主研发的 GNPM 系高 W 高 Ta 新型粉末高温为对象，研究了合金的组织稳定性、拉伸性能、蠕变性能，揭示了高 W 高 Ta 的强化效应。结果表明，Ta+W 总量越高，合金的力学性能越好；GNPM 系粉末高温合金的力学性能远优于第三代粉末高温合金 FGH4098，同时，高温热暴露后没有发现 TCP 相析出，即 GNPM 系粉末高温合金具有优异的组织稳定性。

关键词： 粉末高温合金；高 W 高 Ta；拉伸性能；蠕变性能；组织稳定性

随着航空发动机的不断发展，对涡轮盘等热端部件的工作温度和力学性能要求越来越高，新一代粉末高温合金的研制越来越引起重视。目前，国内已开展了新型粉末高温合金的研究，其特点是（W+Ta）总量达到 10%（质量分数，下同），在 815℃具有优异的组织稳定性和力学性能[1]。我们团队自 2016 年，基于 W、Ta 协同作用和 γ'相的高温强化作用，陆续设计了一系列高 W 高 Ta、高 γ'相含量的粉末高温合金（GNPM 系）。近年来，国外针对新型粉末高温合金也开展了大量的研究工作，其共同特点是提高了 W、Ta 的含量[2]，例如：美国研制的 ME501 合金中（W+Ta）总量为 7.8%[3,4]，TSNA1 合金中（W+Ta）的总量高达 9.5%[5]；英国研制的一系列高 Co 高 Ta 合金和高 Ta 低成本合金中，（W+Ta）的总量最高达到 8.3%[2,6,7]；俄罗斯研制的 NGK-6 合金中（W+Ta）的总量不少于 5%[8]。由此可见，提高 W、Ta 等难熔元素的含量是新型粉末高温合金设计和研究的趋势。

本文通过研究 GNPM 系合金的显微组织、拉伸性能、蠕变性能和组织稳定性，以揭示高 W 高 Ta 的强化效应，为第四代粉末高温合金的成分设计提供借鉴。

1　试验材料和方法

试验材料为 9 种高 W 高 Ta 新型粉末高温合金，命名为 GNPM11-16、GNPM01、GNPM02、GNPM03，统称为 GNPM 系合金。其成分特点为：W+Ta = 7.5%、10%（质量分数，下同），γ'相含量 = 55% ~ 70%（质量分数，下同）。具体为：GNPM11-13 合金中 W+Ta = 7.5%，Ta/W 比不同，γ'相含量为 55%；GNPM14-16 合金中 W+Ta = 7.5%，Ta/W 比不同，γ'相含量为 60%；GNPM01 合金中 W+Ta = 10%，γ'相含量为 60%；GNPM02 合金中 W+Ta = 10%，γ'相含量为 65%；GNPM03 合金中 W+Ta = 10%，γ'相含量为 70%。GNPM 系合金成分设计思路如图 1 所示，设计成分见表 1。采用等离子旋转电极法（PREP）制备合金粉末，粉末粒度为 50~150μm，经热等静压（HIP）成形后的锭坯进行热处理，热处理制度为过固溶处理+一级时效。热处理后的合金试样在 750℃、815℃和 850℃进行 3000h 长时热暴露试验，以考察合金的组织稳定性。

为了研究合金的显微组织、组织稳定性，利用 Olympus GX71 型光学显微镜观察合金金相

*作者：张义文，正高级工程师，联系电话：010-62186736，E-mail：yiwen64@cisri.cn

组织，利用 JSM-7800F 型场发射扫描电镜观察并分析合金中的析出相。金相试样采用机械抛光后化学腐蚀制备，腐蚀剂为：20g $CuCl_2$ + 100mL HCl+100mL CH_3CH_2OH，腐蚀时间 15s。观察 γ′相的试样采用电解抛光+电解腐蚀制备，抛光剂为：20%（体积分数）H_2SO_4+80%（体积分数）CH_3OH，电压 20V，时间 5~10s，腐蚀剂为：30mL H_3PO_4+3g CrO_3+2mL H_2SO_4，电压 5V，时间 2s。同时，进行拉伸和蠕变力学性能测试。拉伸性能测试所选用的试验温度为室温、650℃、750℃和 815℃。蠕变性能测试所选用的试验温度为 650℃、700℃、750℃和 815℃。

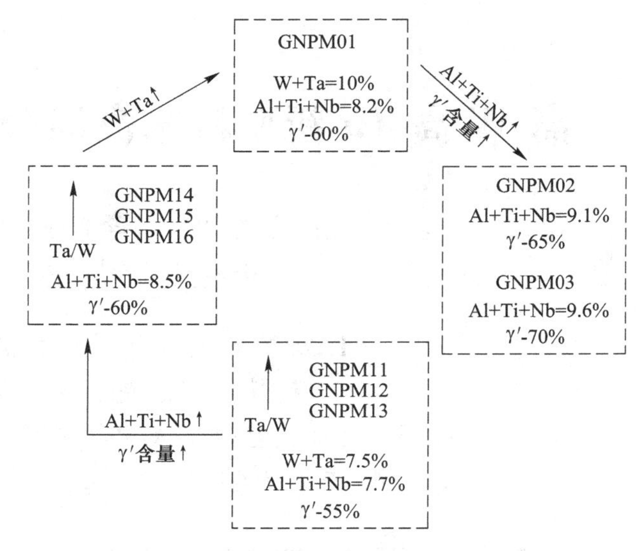

图 1 GNPM 系合金成分设计思路

表 1 GNPM 系合金的设计成分 （质量分数,%）

合金	C	Co	Cr	Mo	W	Ta	Al	Ti	Nb	Hf	B	Zr	Ta/W
GNPM11	0.06	18.0	10.0	2.5	3.5	4.0	3.2	3.0	1.5	0.3	0.04	0.05	1.14
GNPM12	0.06	18.0	10.0	2.5	4.0	3.5	3.2	3.0	1.5	0.3	0.04	0.05	0.88
GNPM13	0.06	18.0	10.0	2.5	4.5	3.0	3.2	3.0	1.5	0.3	0.04	0.05	0.67
GNPM14	0.06	18.0	10.0	2.5	3.5	4.0	3.6	3.4	1.5	0.3	0.04	0.05	1.14
GNPM15	0.06	18.0	10.0	2.5	4.0	3.5	3.6	3.4	1.5	0.3	0.04	0.05	0.88
GNPM16	0.06	18.0	10.0	2.5	4.5	3.0	3.6	3.4	1.5	0.3	0.04	0.05	0.67
GNPM01	0.06	16.0	10.0	2.5	5.0	5.0	3.2	3.0	2.0	0.3	0.03	0.03	1
GNPM02	0.06	16.0	8.0	2.5	5.0	5.0	3.7	3.4	2.0	0.3	0.03	0.03	1
GNPM03	0.06	16.0	7.0	2.5	5.0	5.0	4.0	3.6	2.0	0.3	0.03	0.03	1

2 试验结果

2.1 显微组织

显微组织观察结果表明，GNPM 系 9 种合金的晶粒形貌和晶粒尺寸并无明显差别，其晶粒等效粒径均为 60~70μm，表明 Ta、W 含量对合金的晶粒组织影响不大。图 2 为 GNPM 系合金的 γ′相组织。从图中可以看出，不同合金 γ′相形貌差别较大，GNPM01 合金二次 γ′相尺寸较大，形状接近方形；GNPM02 合金二次 γ′相形状变得不规则；GNPM03 合金二次 γ′相形貌在 GNPM 系合金中最不规则，有分裂趋势。GNPM11-13 合金和 GNPM14-16 合金的 γ′相形貌演变有一定规律，随 Ta/W 比的降低，γ′相形状越来越不规则。

为了更加直观地描述高 Ta 高 W 对 γ′相的影响，我们对 9 种合金的 γ′相含量、等效粒径、γ′相间距进行了统计和计算。9 种合金 γ′相形貌参数的统计结果总结于图 3。从图中可以看出，9 种合金中 γ′相的含量与设计值基本相符，并且 W+Ta 总量相同的合金（GNPM11-13/ GNPM14-16）γ′相的含量相差不大，这说明 Ta、W 含量对 γ′相的含量影响不大。GNPM11-13 合金和 GNPM14-16 合金二次 γ′相尺寸变化规律相同，即随着 Ta/W 比的降低，二次 γ′相尺寸逐渐增大；GNPM14-16 合金二次 γ′相间距小于 GNPM11-13 合金。GNPM01、GNPM02 和 GNPM03 合金二次 γ′相间距逐渐减小，二次 γ′相尺寸逐渐增大，GNPM03 合金二次 γ′相尺寸最大。

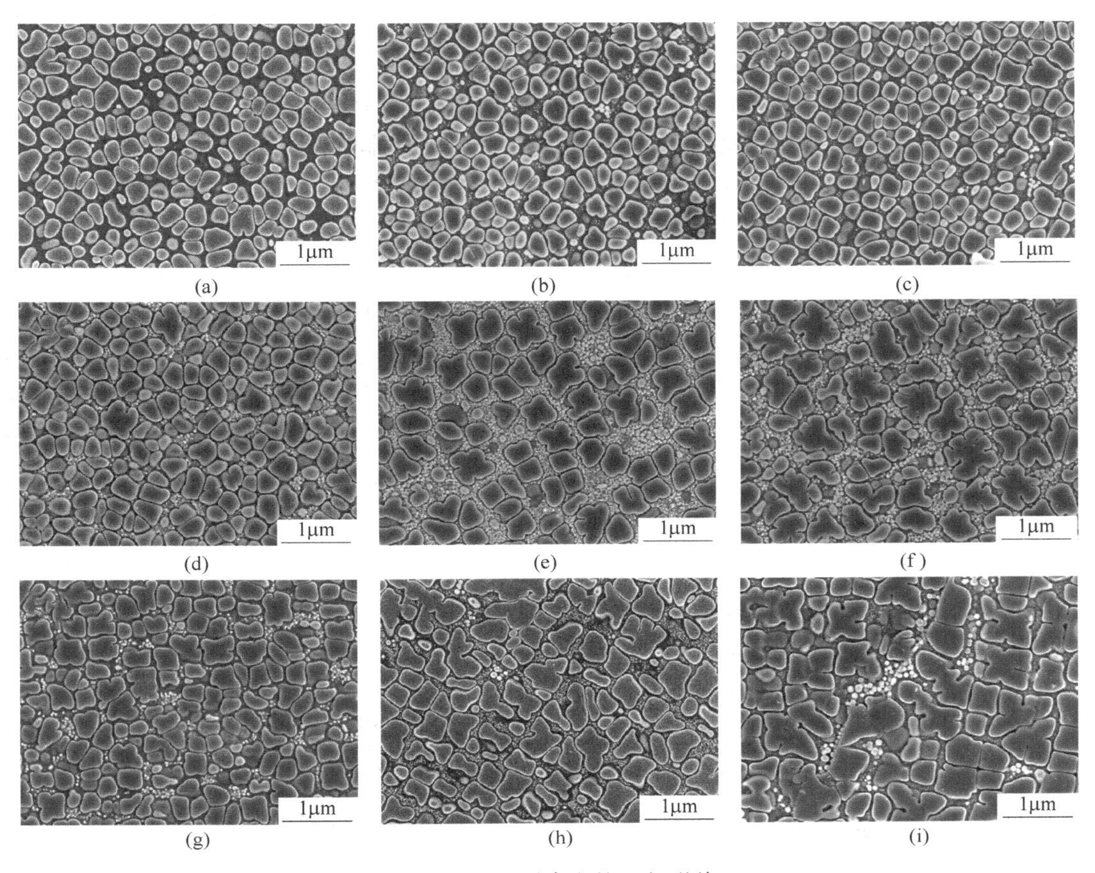

图 2 GNPM 系合金的 γ′相形貌

(a)~(c) GNPM11-13；(d)~(f) GNPM14-16；(g) GNPM01；(h) GNPM02；(i) GNPM03

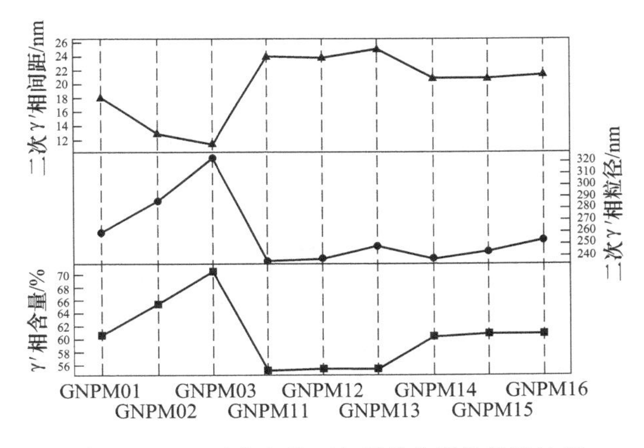

图 3 GNPM 系合金的 γ′相形貌参数的统计结果

2.2 力学性能

选取第三代粉末高温合金 FGH4098 作为对照，GNPM 系合金的室温、650℃、750℃和 815℃下的拉伸性能结果如图 4 所示。从图中可以看出，W+Ta 总量相同的合金（GNPM11-13/GNPM14-16）的屈服强度差别不大，GNPM14-16 合金略高于 GNPM11-13 合金；GNPM01 合金的屈服强度在所有测试温度中均远高于其余合金，但 GNPM02、GNPM03 合金的屈服强度并不突出，与 GNPM14-16 合金的屈服强度相当。值得注意的是 GNPM 系合金的高温屈服强度均高于 FGH4098 合金。

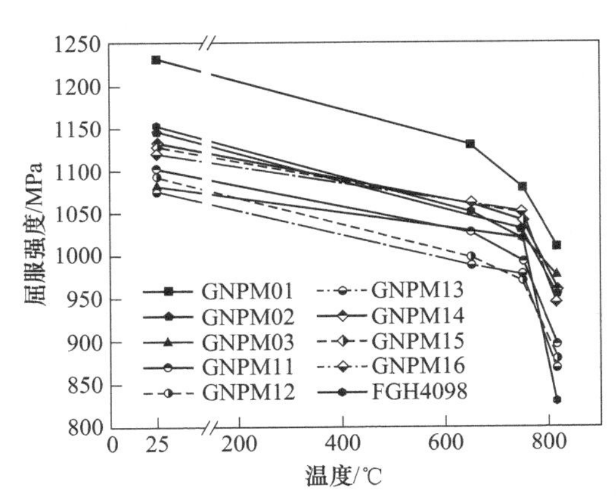

图 4 GNPM 系合金不同温度下的屈服强度

经过拉伸性能测试后发现，GNPM02、GNPM03 合金的性能并不能达到 GNPM01 合金的水平，性能远低于预期，因此，在后文中不再描述 GNPM02、GNPM03 合金，着重讨论 GNPM11-16、GNPM01 这 7 种高 W 高 Ta 合金。

图 5 为 GNPM 系合金 815℃蠕变曲线和蠕变速率曲线。由于不同合金蠕变应力不同，从图 5 中并不能直接分析合金稳态蠕变速率的差异，因此将相关数据总结于表 2。由表 2 数据可知，在蠕变条件相同时（GNPM11-GNPM13/GNPM14-GNPM16），高 Ta/W 比合金（GNPM11/GNPM14）815℃稳态蠕变速率低于低 Ta/W 比合金（GNPM13/GNPM16）；GNPM01 合金在选用应力最大（500MPa）的情况下，其 815℃稳态蠕变速率却远低于 GNPM14-16 合金（应力 490MPa），与 GNPM11-13 合金（应力 400MPa）的稳态蠕变速率相近，显示出 GNPM01 合金优异的高温蠕变性能。利用不同合金 650℃、700℃、750℃和 815℃的蠕变断裂寿命数据绘制了拉森-米勒参数（LMP）曲线，如图 6 所示。从图中可以看出，GNPM11-16 合金蠕变性能接近，GNPM14-16 合金略好于 GNPM11-13 合金，GNPM01 合金的高温蠕变性能最好，所有 7 种 GNPM 系合金的蠕变性能均优于 FGH4098 合金。815℃/1000h 蠕变试验条件下，GNPM01 合金蠕变断裂强度比 FGH4098 合金高 84MPa。

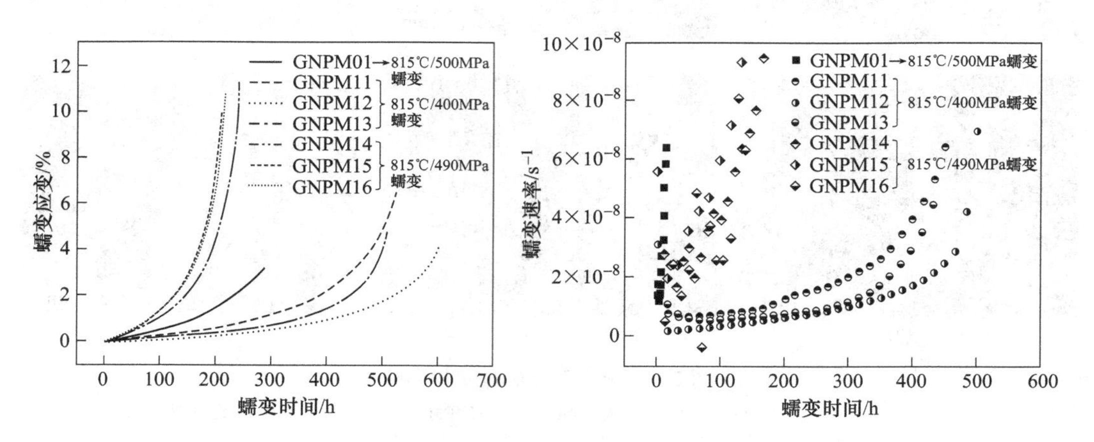

图 5 GNPM 系合金 815℃蠕变曲线和蠕变速率曲线

表 2 GNPM 系合金 815℃稳态蠕变速率

合金	蠕变应力/MPa	稳态蠕变速率/s^{-1}
GNPM11	400	0.52×10^{-8}
GNPM12	400	0.60×10^{-8}
GNPM13	400	0.65×10^{-8}
GNPM14	490	2.58×10^{-8}
GNPM15	490	2.72×10^{-8}
GNPM16	490	3.06×10^{-8}
GNPM01	500	1.08×10^{-8}

2.3 组织稳定性

对热处理后的 GNPM 系合金试样在 750℃、815℃和 850℃进行的 3000h 长时热暴露试验后的试样做了组织分析，结果表明，GNPM 系合金在 750℃/3000h、815℃/3000h 以及 GNPM01 合金在 850℃/1000h、GNPM11-16 合金在 850℃/3000h 长时热暴露后，均未发现 TCP 相析出。

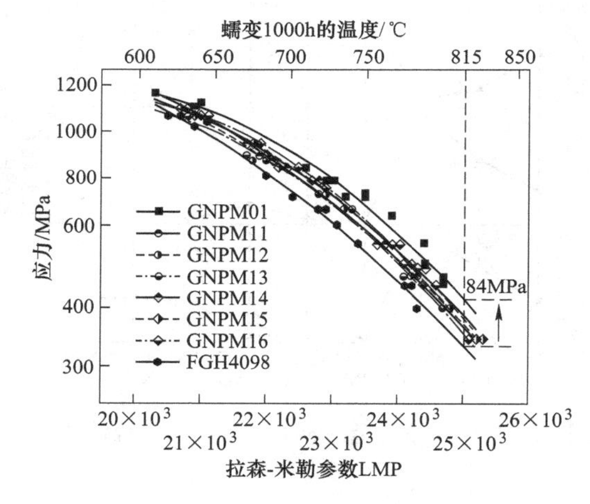

图 6 GNPM 系合金应力与 LMP 的关系

3 讨论

3.1 Ta、W 对合金蠕变性能的影响

高 Ta 高 W 的 GNPM 系合金具有良好的拉伸

强度和优异的抗蠕变性能主要归因于 W、Ta 强化了基体和γ′相。添加 W 和 Ta 可以降低稳态蠕变速率，提高合金的承温能力和持久强度。W 和 Ta 通过降低合金的层错能，增大了位错运动的阻力，降低了稳态蠕变速率。同时，γ′相的含量和形貌也对合金的蠕变性能有较大影响，在一定范围内，γ′相的含量越高，合金蠕变性能越好。对于 Ta+W 含量相同的 GNPM11-16 合金来说，GNPM14-16 合金的γ′相含量高于 GNPM11-13 合金，因此 GNPM14-16 合金的稳态蠕变速率小于 GNPM11-13 合金；GNPM01 与 GNPM14-16 合金相比，虽然γ′相体积分数相同，但 GNPM01 合金的 Ta+W 含量是 GNPM 系合金中最高的，其层错能较小，因此，GNPM01 合金的稳态蠕变速率小于 GNPM14-16 合金。综上所述，GNPM01 合金在 GNPM 系合金中蠕变性能最好。

文献［9］研究指出，稳态蠕变速率可由下式计算：

$$\dot{\varepsilon} = A_1 f(1-f)\left(\frac{1}{f^{1/3}}-1\right)\frac{DG\boldsymbol{b}}{RT}\left(\frac{\lambda}{\boldsymbol{b}}\right)^2\left(\frac{\Gamma}{G\boldsymbol{b}}\right)^3 \cdot \left(\frac{\sigma-\sigma_p}{G}\right)^5 + A_2\frac{DG\boldsymbol{b}}{RT}\left(\frac{\boldsymbol{b}}{d}\right)^2\left(\frac{\sigma}{G}\right)^2 \quad (1)$$

式中，A_1、A_2 为拟合参数；f 为γ′相的体积分数；D 为晶格扩散系数；G 为合金的剪切模量；$\boldsymbol{b}$ 为伯氏矢量；λ 为γ′相间距；Γ 为γ基体的层错能；d 为晶粒尺寸；σ 为蠕变应力；σ_p 为背应力；T 为蠕变试验温度；R 为气体常数。由于 GNPM 系合金之间成分相差不大，我们假设 GNPM 系合金的晶格扩散系数、剪切模量、伯氏矢量、背应力等参数相同；同时 GNPM 系合金的晶粒尺寸和晶界析出相几乎没有差别，可以不考虑晶界对蠕变速率的影响，因此式（1）中的第二项可以去除。综合考虑以上两点，GNPM 系合金间稳态蠕变速率的比值可由下式计算：

$$\frac{\dot{\varepsilon}_1}{\dot{\varepsilon}_2} = \frac{f_1(1-f_1)(f_1^{-\frac{1}{3}}-1)\lambda_1^2\Gamma_1^3}{f_2(1-f_2)(f_2^{-\frac{1}{3}}-1)\lambda_2^2\Gamma_2^3} \quad (2)$$

式中，下标 1 和 2 分别代表不同的 GNPM 系合金。

采用 JMatPro 热力学软件计算 GNPM 系合金 815℃的层错能，得到 GNPM01、GNPM11-16 合金 815℃层错能（mJ/m^2）分别为：120.8、136.1、137.8、136.6、123.1、125.3、122.2。如将 GNPM01 合金 815℃的稳态蠕变速率设为 1，则使用 GNPM 系合金γ′相的统计数据（如图 3 所示），利用式（2）可以计算出其他 GNPM 系合金的稳态蠕变速率与 GNPM01 合金的比值，结果如图 7 所示。可以看到，GNPM11-13 合金在 815℃的稳态蠕变速率最大，GNPM14-16 合金的稳态蠕变速率小于 GNPM11-13 合金，GNPM01 合金 815℃的稳态蠕变速率最低。这与我们的试验数据是相符的。

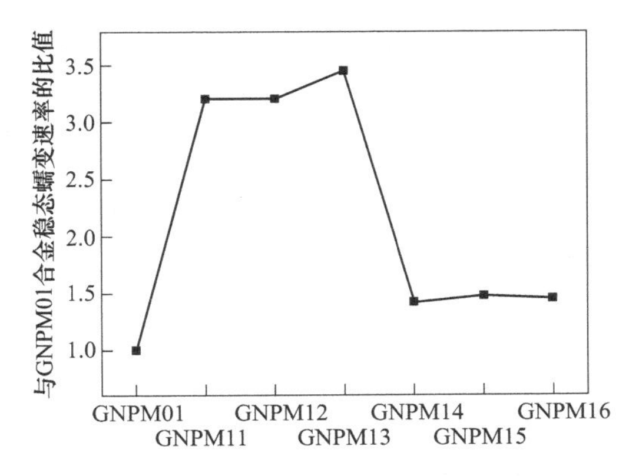

图 7 GNPM 系合金 815℃稳态蠕变速率与 GNPM01 合金的比值

3.2 Ta、W 对组织稳定性的影响

高温合金在高温服役过程中如果形成 TCP 相，会严重影响合金性能，因此高温组织稳定性尤为重要。GNPM 系合金中虽然 W、Ta 含量高，但 Ta 大部分进入γ′相，W 也有 50%进入γ′相，基体中 W、Ta 并不高；同时设计合金时相应的降低了基体中 Cr、Mo 的含量，减少了析出 TCP 的风险。高温合金高温组织稳定性可以用平均电子空位数（$\overline{N}_v$）判断，当$\overline{N}_v$大于 2.45~2.50 时，合金趋于形成σ相或其他 TCP 相[10]。采用文献［10］的计算方法，计算得出 GNPM01、GNPM11-16 合金的电子空位数为 2.10~2.30，均小于 2.45，说明高 Ta 高 W 型 GNPM 系合金在长时热暴露过程中组织较稳定，不会析出 TCP 相。

4 结论

（1）Ta 和 W 主要影响粉末高温合金γ′相的形貌和尺寸，Ta+W 含量越高，γ′相尺寸越大、形貌越不规则；随 Ta/W 比的降低，γ′相尺寸增加，形貌越不规则。

（2）在γ′相含量不超过 60%条件下，Ta+W 含量越高，合金的力学性能越好；高 W 高 Ta 型 GNPM 系粉末高温合金的高温力学性能远优于第三代粉末高温合金 FGH4098。

(3) 在 815℃高温热暴露后没有发现 TCP 相析出，GNPM 系粉末高温合金具有优异的组织稳定性。

参考文献

[1] 张义文，贾建，刘建涛，等．新一代粉末高温合金的成分设计及研究进展［C］//第十四届中国高温合金年会论文集，北京：冶金工业出版社，2019：607~610.

[2] 张义文，刘建涛，贾建，等．欧美第四代粉末高温合金研究进展［J］．粉末冶金工业，2022，32（1）：1~14.

[3] Powell A，Bain K，Wessman A，et al. Advanced supersolvus nickel powder disk alloy DOE：chemistry，properties，phase formations and thermal stability［C］//Superalloys 2016，Seven Springs，2016：189~197.

[4] Mourer D P，Bain K R. Nickel-base alloy，processing，therefor，and components formed thereof［P］. United States Pat 8613810. 2013.

[5] Smith T M，Gabb T P，Wertz K N，et al. Enhancing the creep strength of next generation disk superalloys via local phase transformation strengthening［C］// Superalloys 2020. Seven Springs，2020：726~736.

[6] Hardy M C，Stone H J，Neumeier S，et al. Nickel alloy［P］. United States Pat 10138534. 2018.

[7] Reed R，Crudden D，Raeisinia B，et al. Nickel based alloy composition［P］. United States Pat 10309229. 2019.

[8] 张义文．俄罗斯粉末高温合金研究进展［J］．粉末冶金工业，2018，28（6）：1~9.

[9] Kim Y K，Kim D，Kim H K，et al. An intermediate temperature creep model for Ni-based superalloys［J］. International Journal of Plasticity，2016，79：153~175.

[10] Murphy H J，Sims C T，Beltran A M. PHACOMP revisited［J］. Journal of Metals，1968，20（11）：46~53.

挤压对新型粉末高温合金强塑性协同提升的机理与建模

温红宁，金俊松*，章一丁，杨贺阳，王新云

（华中科技大学材料成形与模具技术国家重点实验室，湖北 武汉，430074）

摘　要：高性能粉末高温合金的制备与加工对高推重比航空发动机涡轮盘的研发具有重要意义。采用传统的热等静压工艺进行成型粉末高温合金，不可避免地会形成原始颗粒边界缺陷，造成合金力学性能的恶化。针对上述问题，通过设计挤压工艺，调控粉末高温合金的γ′相和晶粒尺寸，实现了粉末高温合金力学性能的强塑性协同提升。通过微观组织表征和理论建模的方法，阐明了合金在挤压过程中的微观组织演化和强化机制，为热等静压态合金的挤压开坯提供了理论控制基础。

关键词：粉末高温合金；挤压；强塑性协同；强化机制

粉末高温合金因其在高温条件下优异的力学性能和高应力等苛刻服役状态下的组织稳定性，被广泛应用于航空发动机涡轮盘等热端零部件中[1~3]。热等静压是成型粉末高温合金的常用手段，然而通过该方法成形无法控制和细化晶粒尺寸，并不可避免地会形成原始颗粒边界等缺陷，影响了其服役性能。本文系统探讨了挤压开坯对一种新型三代粉末高温合金微观组织和力学性能的影响机制，为高性能粉末高温合金的工业生产应用提供实验和理论依据。

1　试验材料及方法

试验用材料为一种新型第三代粉末高温合金FGH4113A，其主要化学成分为（质量分数,%）：Co 19，Cr 13，Al 3.0，Ti 3.7，W 4.0，Mo 4.0，Nb 1.2，Ta 1.0，Hf 0.2，余量为Ni。本研究采用氩气雾化方式制备了该合金粉末，并在热等静压高温高压环境下实现材料的致密化，然后对热等静压态合金进行挤压开坯，得到细晶态合金。具体的工艺流程介绍和参数设置在之前的研究工作中报道[4]。在挤压棒材和热等静压态合金的心部取样，进行微观组织观察和力学性能测试。采用FEI Quanta™ 650FEG扫描电镜表征γ′相形貌，通过配套的EBSD来分析晶粒取向并统计晶粒尺寸。拉伸试样尺寸参照ASTM E21标准加工，并在AG-IC 100kN力学性能试验机上进行室温力学性能测试，并观察断口形貌。

2　结果与讨论

2.1　挤压对合金微观组织演变的影响

图1所示为热等静压态和挤压态FGH4113A合金晶粒尺寸和析出相形貌的对比。合金粉末在热等静压固结成型后晶粒尺寸较为粗大，平均晶粒尺寸为19.40μm。晶界处分布有较大尺寸的一次γ′相，并呈链状分布勾勒出原始颗粒边界（PPBs）。而在晶粒内部则分布有形状不规则的二次γ′相。热等静压态合金经高温挤压变形后，在动态再结晶的作用下，晶粒尺寸得到显著细化，平均晶粒尺寸由19.40μm细化至4.47μm。链状分布的一次γ′相在挤压较强的三向压应力作用下发生剪切破碎和局部溶解，以近球状均匀分布在晶界处，晶内的二次γ′相在挤压变形热的作用下溶解，并在变形后冷却的过程中重新析出，平均尺寸在40nm左右并呈球状。由以上结果可知，挤压可以显著细化热等静压态粉末高温合金的晶粒尺寸，并调控析出相的形貌和尺寸，为改善其力学性能提供良好的组织条件。

*作者：金俊松，教授，联系电话：18071130726，E-mail：jsjin@hust.edu.cn

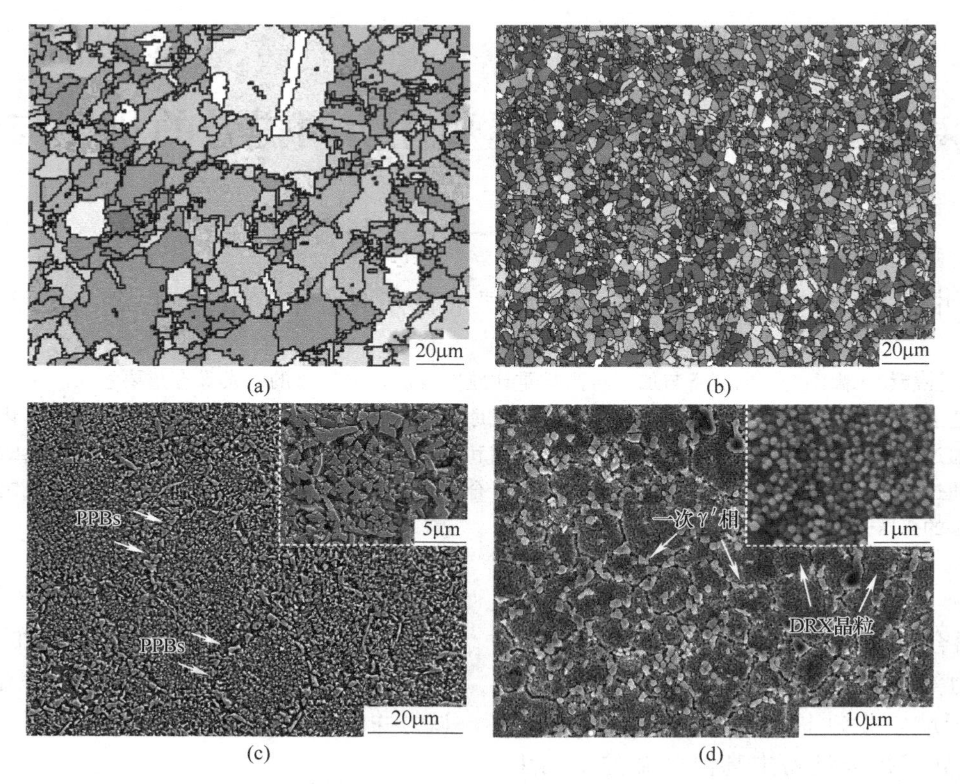

图 1　挤压对粉末高温合金晶粒和γ′析出相演化的影响

（a），（c）初始热等静压态合金；（b），（d）挤压态合金

2.2　挤压对合金力学性能的影响

图 2 对比了热等静压态和挤压态 FGH4113A 合金室温拉伸应力应变和加工硬化率曲线。经挤压变形后，FGH4113A 合金的屈服强度和伸长率分别为 1376MPa 和 26.5%，相对于热等静压态合金，强塑性均协同提升在 30% 以上。由图 2（b）所示，挤压态合金在应变 0.1 以后相对于热等静压态合金可以在保持塑性的同时具有更优异的硬化能力。图 3 表征了两种状态合金的室温拉伸断口，热等静压态合金的拉伸断口呈现出明显的“颗粒脱粘”断裂特征且断口处只能观察到较小的韧窝，表明是以沿晶断裂为主导的断裂模式。而挤压态合金断口的宏观形貌可以观察到明显的剪切唇，断裂表面可以观察到大量的韧窝，表现为韧性穿晶断裂为主导的断裂模式。这也与两种状态合金的伸长率数据是一致的。以上结果表明，热等静压态 FGH4113 合金经挤压变形细化的晶粒尺寸和γ′相可以有效提升合金的强度和塑性。

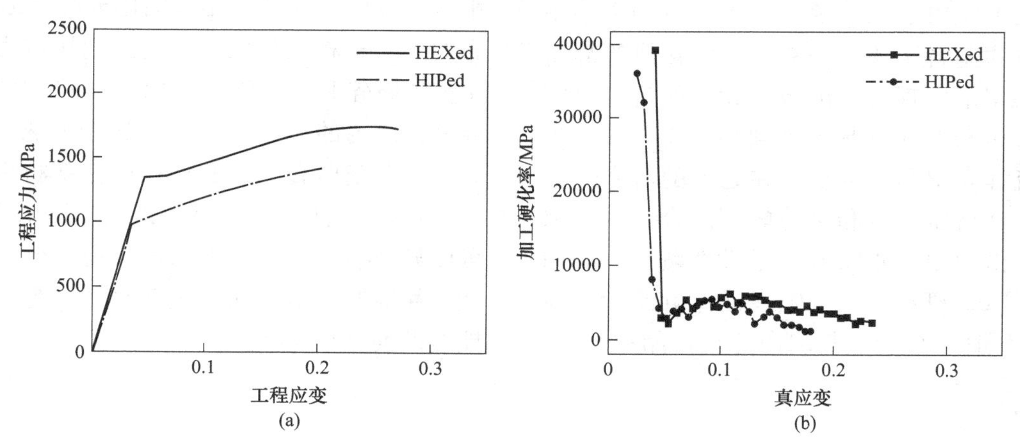

图 2　热等静压态（HIPed）与挤压态（HEXed）粉末高温合金的室温力学性能对比

（a）室温拉伸应力应变曲线；（b）加工硬化率曲线

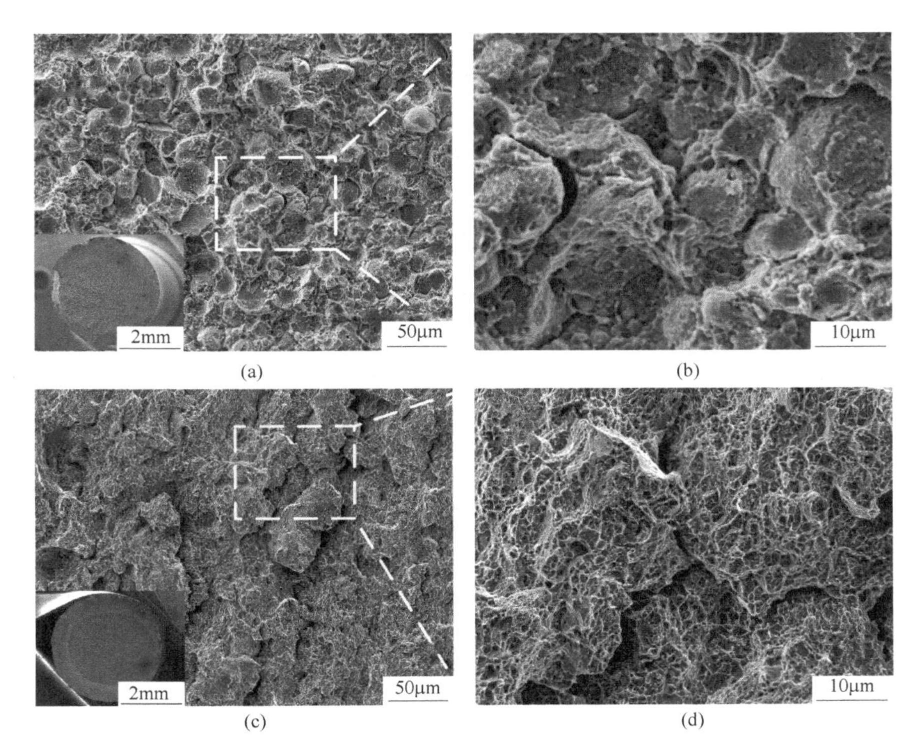

(a)　(b)

(c)　(d)

图 3　热等静压态与挤压态粉末高温合金室温拉伸断口形貌

(a)，(b) 热等静压态；(c)，(d) 挤压态

2.3　挤压对合金强化机制的影响与建模

根据上述结果可知，挤压可以通过调控粉末高温合金的晶粒尺寸和 γ′相可以显著提升强塑性。本小节通过定量评估不同状态合金各强化机制对屈服强度的贡献，以进一步解析挤压对粉末高温合金强化机制的影响。粉末高温合金的屈服强度主要受晶界强化、固溶强化、析出强化的影响，可由以下公式进行定量描述[4,5]：

$$\sigma_y = \sum_i \sigma_i = \sigma_{gb} + \sigma_{ss} + \sigma_{pre}$$

$$\begin{cases} \sigma_{gb} = k_{HP} d^{-1/2} \\ \sigma_{ss} = (1 - f_{\gamma'}) \left[\sum_i (\beta_i x_i^{1/2})^2 \right]^{1/2} \\ \sigma_{pre} = M(\tau_{weak}^2 + \tau_{strong}^2 + \tau_{orowan}^2)^{1/2} \\ \tau_{weak} = \dfrac{\gamma_{APB}}{2b} \left[\left(\dfrac{6\gamma_{APB} f r}{2\pi T} \right)^{1/2} - f \right] \quad (r < r_m) \\ \tau_{strong} = \sqrt{\dfrac{3}{2}} \left(\dfrac{Gb}{r} \right) \dfrac{f^{1/2}}{\pi^{2/3}} \left(\dfrac{2\pi \gamma_{APB} r}{Gb^2} - 1 \right)^{1/2} \\ \qquad (r_m \leqslant r \leqslant r_c) \\ r_m = \dfrac{Gb^2}{\gamma_{APB}} \end{cases} \tag{1}$$

不同强化机制对合金力学性能的贡献如图 4 所示。析出强化贡献在热等静压和挤压态合金的屈服强度占比中均超过 50%，是高温合金的主要强化方式，其次是晶界强化，固溶强化的贡献最小。与热等静压态合金相比，挤压态合金的晶界强化和析出强化强度分别提高了 182MPa 和 272MPa。综合上述分析，晶粒细化和细小均匀的析出相分布，是挤压改善热等静压态合金力学性能的本质。建立工艺-组织-性能之间的定量关系，有助于优化加工工艺参数，获取材料理想的强塑性平衡。

3　结论

(1) 热等静压态合金经挤压变形后，初始链状分布的一次 γ′相被破碎打散，二次 γ′相固溶基体后重新析出，由多模尺寸分布向较规则的球状转变。晶粒尺寸在挤压后得到明显细化，由 19.40μm 下降至 4.47μm。

(2) 挤压变形后，合金的强塑性实现协同提升，屈服强度和伸长率分别为 1376MPa 和 26.5%，相对于初始热等静压态提升 30% 以上。基于微观组织观察数据，建立了工艺-组织-性能之间的定量

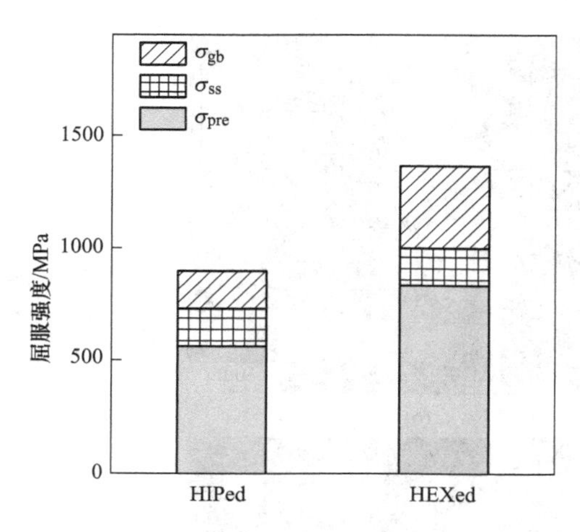

图 4　不同强化机制对热等静压态和挤压态合金力学性能的贡献

关系，阐明了晶界强化和析出强化的提升是挤压强化合金力学性能的本质。

参考文献

[1] Reed R C. The superalloys：Fundamentals and applications [M]. New York：Cambridge University Press，2006.

[2] 张义文，刘建涛，贾建，等．粉末高温合金研究进展 [J]．粉末冶金工业，2022，32（6）：150~156.

[3] 黄伯云，韦伟峰，李松林，等．现代粉末冶金材料与技术进展［J］．中国有色金属学报，2019，29（9）：1917~1933.

[4] Wen H N，Tang X F，Jin J S，et al. Effect of extrusion ratios on microstructure evolution and strengthening mechanisms of a novel P/M nickel-based superalloy [J]. Materials Science & Engineering A，2022，847：143356.

[5] Tan L M，Li Y P，Deng W K，et al. Tensile properties of three newly developed Ni-base powder metallurgy superalloys ［J］. Journal of Alloys and Compounds，2019，804：322~330.

FGH4113A粉末合金双性能盘的组织与力学性能

肖磊[1*]，程俊义[1,2]，龙安平[1,2]，熊江英[1,2]，马向东[1]，
杨金龙[1,2]，郭建政[1,2]，冯干江[1,2]

（1. 深圳市万泽中南研究院有限公司，广东 深圳，518035；
2. 中南大学粉末冶金国家重点实验室，湖南 长沙，410119）

摘　要：研究了一种新型镍基粉末高温合金FGH4113A双性能涡轮盘不同部位的显微组织和力学性能。结果表明：FGH4113A合金双性能盘的轮毂平均晶粒度ASTM11.7，γ′相呈双模分布；轮缘平均晶粒度ASTM6.6，γ′相呈单模分布；轮辐过渡区平均晶粒度ASTM9.0，γ′相介于两者之间，该区晶粒组织过渡平缓，全盘无异常晶粒长大发生。轮辐过渡区在盘件服役温度700℃条件下保持了极高的强度和优异的塑性。轮缘表现出极佳的蠕变性能，在800℃/330MPa条件下蠕变量0.2%寿命达500h以上。轮毂700℃/0～0.8%应变疲劳寿命最高，均值37831周次；轮缘和轮辐分别为31716周次和24535周次。轮缘粗晶组织的裂纹扩展速率最低，其断口呈穿晶断裂特征；轮辐呈沿晶+穿晶混合断裂特征；轮毂呈沿晶断裂特征。盘件组织稳定性较好，在760℃、815℃时效2020h后无TCP相析出，晶粒尺寸无明显变化，仍保持了较高的拉伸性能。

关键词：FGH4113A；镍基粉末高温合金；双性能涡轮盘；显微组织；力学性能

涡轮盘作为航空发动机的关键热端部件，其工作温度从轮毂到轮缘沿径向逐渐升高，受力逐渐降低。为适配其特殊的工况，研究者提出了双性能涡轮盘的概念，即盘件的轮毂部位通过细晶组织获得优异的拉伸强度和疲劳性能，轮缘部位通过粗晶组织获取优异的蠕变性能和抗裂纹扩展性能[1~7]。本文通过扫描电子显微镜（SEM）、光学显微镜（OM）、拉伸、蠕变、疲劳和裂纹扩展测试对自主研发的新一代镍基粉末高温合金FGH4113A大尺寸双性能涡轮盘锻件进行了组织与力学性能研究，为实现双性能涡轮盘的应用提供依据。

1　试验材料及方法

新型粉末高温合金FGH4113A（WZ-A3）为沉淀强化型镍基粉末冶金高温合金，γ′相固溶温度为1150～1160℃[8,9]。合金的名义化学成分见表1。盘件采用真空感应炉熔炼制备母合金，氩气雾化法制备粉末，通过热等静压+热挤压+等温锻造+双性能热处理的工艺路线制备了直径650mm，高度300mm的盘坯。在双性能盘坯上取样进行组织分析及拉伸、蠕变、疲劳、裂纹扩展及长期时效试验。

表1　镍基粉末高温合金FGH4113A的名义化学成分
（质量分数，%）

合金	Ni	Al	Co	Cr	Mo	Nb	Ta	Ti	W	Hf	Zr	B	C
FGH4113A（WZ-A3）	余量	3	19	13	4	1.2	1	3.7	4	0.2	微量		

2　试验结果及分析

2.1　双性能盘的梯度显微组织

盘件检测取样位置如图1所示，经双性能热处理，轮毂保持了锻态的细晶组织，平均晶粒度统计为ASTM 11.7级（约6μm），γ′相呈双模分布。轮缘经过固溶处理，一次γ′相完全溶解，平均晶粒度为ASTM 6.6级（约36μm），二次γ′相呈单模分布。轮辐过渡区为近固溶热处理状态，平均晶粒度为ASTM9.0级（约16μm），γ′相介于轮毂与轮缘之间，晶界仍保留部分形状不规则的

*作者：肖磊，男，博士，联系电话：0755-22091199-8020，E-mail：379380548@qq.com

一次γ′相。轮辐过渡区域晶粒组织过渡平缓。整个盘件未发现晶粒异常长大现象。通过热处理工艺控制盘件不同部位的晶粒尺寸和γ′相[10~13]，优化沉淀强化和细晶强化配置[14~18]，是盘件具有双性能特征并满足力学性能的保证。

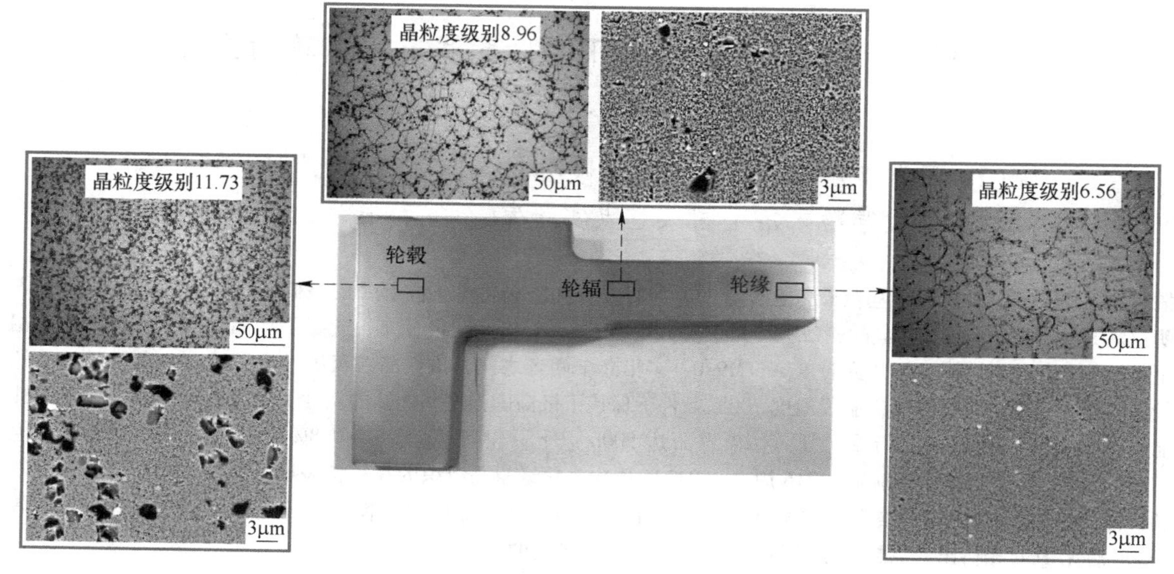

图1 盘件不同部位的显微组织

2.2 拉伸性能

在盘件的轮毂、轮辐、轮缘部位取样进行室温、700℃、800℃拉伸性能测试，不同部位的拉伸性能对比如图2所示。室温下三个区域的屈服强度均达到1150MPa以上，抗拉强度均达到1550MPa以上，轮毂略高，轮缘次之，轮辐略低于轮缘；伸长率均大于20%。轮缘无大尺寸γ′相，故沉淀强化贡献大于轮辐和轮毂[14~18]，但因晶粒尺寸最大，故晶界强化贡献小于轮辐和轮毂[14~18]。随着测试温度的提高，轮毂的强度和塑性有所下降，轮缘在800℃的屈服强度和抗拉强度均值分别为950MPa及1100MPa，且塑性仍保持在30%以上。强度下降的原因主要在于晶界强度和γ′相占比随温度升高而降低，导致强化效果弱化[14~18]。在高温下，晶粒尺寸越小，晶界占比越高，强度下降幅度越大。

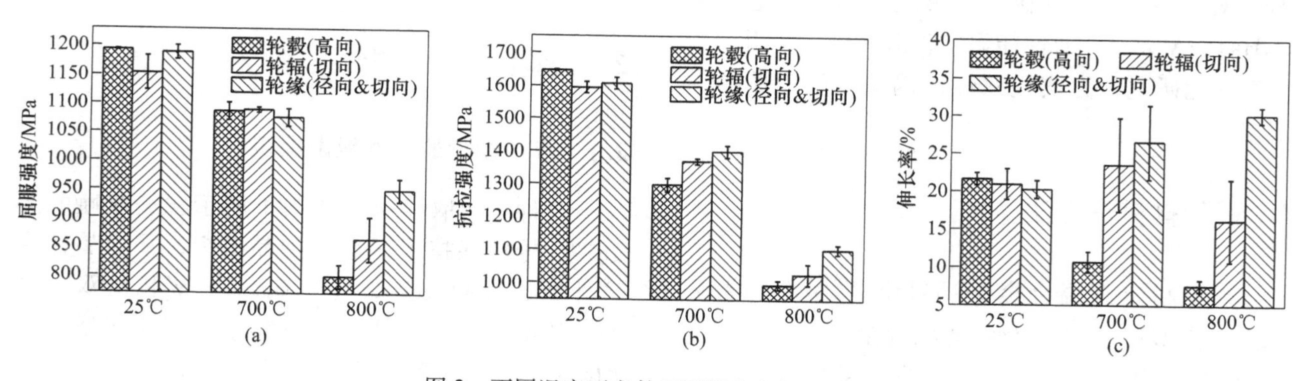

图2 不同温度下盘件不同部位的性能比较

(a) 屈服强度；(b) 抗拉强度；(c) 伸长率

2.3 蠕变性能

在盘件的轮辐和轮缘部位取样进行高温蠕变测试，如图3所示。750℃/480MPa条件下轮辐（切向）和轮缘（切向）的0.2%蠕变量时间均值分别为276h和404h；800℃/330MPa条件下分别为 112h 和 616h，比相同条件下的 ME3 合金高 2 倍左右[1]。轮毂的工作温度低于 550℃，不要求高温蠕变性能。稳态蠕变阶段是影响蠕变寿命的重要阶段，其受到堆垛层错能、γ′相形貌尺寸、γ′相颗粒间距以及晶粒尺寸的影响[19,20]。高温低应力蠕变的主要原因是晶内位错运动以及晶界滑移或晶界扩散[21]，细小弥散的 γ′相有利于阻碍晶内位错移动，可以提高蠕变抗力。晶界滑移在细晶组织会比粗晶组织中明显得多，蠕变过程中的位错运动和晶界滑移是相互独立进行的[19]。轮缘的高蠕变抗力主要贡献为过固溶温度诱发的晶粒长大以及晶内细小弥散 γ′相[22]。合理调整合金的晶粒尺寸及 γ′相形貌，是 FGH4113A 盘件轮缘高蠕变性能的主要原因。

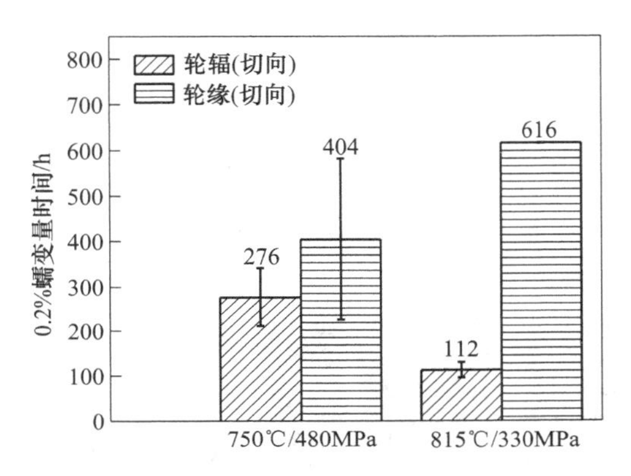

图 3 盘件不同部位的 700℃/480MPa 和 800℃/330MPa 蠕变性能比较

2.4 低周疲劳性能

在盘件的轮毂、轮辐、轮缘部位取样并进行 650℃/30～980MPa 应力控制疲劳和 700℃/0～0.8%应变控制疲劳测试，见表 2。盘件三个部位的应力疲劳寿命均超过 15 万周次。轮毂晶粒组织最细，因此其应变疲劳寿命最高，均值为 37831 周次；轮缘和轮辐分别为 31716 周次和 24535 周次。涡轮盘在工作条件下受到循环应力影响，抗疲劳性能是其重要的力学性能参数。疲劳裂纹萌生的主要机制是循环塑性应变和驻留滑移带的形成，其受到微观组织、变形机制、应力幅度和环境温度等内部和外部因素影响[23]。热等静压状态下的粉末高温合金受到大尺寸非金属夹杂物及 PPB 等缺陷的影响，疲劳裂纹源一般以夹杂型为主。文献［24～27］指出，挤压锻造等热变形破碎了合金中非金属夹杂物，导致夹杂物分散减小，使疲劳裂纹源的模式由夹杂型向平台型转变，合金的疲劳寿命也随之提高，且分散度降低。对不同部位的疲劳断口进行分析，如图 4 所示，发现轮缘粗晶组织和轮毂细晶组织疲劳样品分别以平台型裂纹源和夹杂型裂纹源为主。粉末高温合金平台型疲劳裂纹源易萌生在大晶粒、孪晶界及高施密特因子晶粒[28～31]，均匀程度好的晶粒组织会减小应力集中[31]。轮辐位于晶粒过渡区，故疲劳寿命略低。

表 2 盘件不同部位的低周疲劳寿命

取样位置	温度/℃	$\Delta\sigma$/MPa、$\Delta\varepsilon$/%	N_f/周次
轮毂	650	30～980MPa	>150000
	700	0%～0.8%	37831
轮辐过渡区	650	30～980MPa	>150000
	700	0%～0.8%	24535
轮缘	650	30～980MPa	>150000
	700	0%～0.8%	31716

(a)

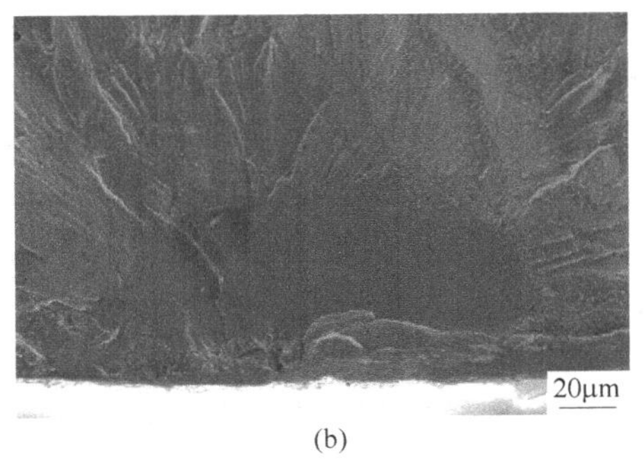

(b)

图 4 盘件不同部位的低周疲劳裂纹源
(a) 夹杂型；(b) 平台型

2.5　抗裂纹扩展性能

在盘件的轮毂、轮辐、轮缘部位取样，在室温下预制裂纹后，在700℃条件下进行载荷控制的疲劳裂纹扩展试验，得到不同部位的裂纹扩展 a-N 曲线和裂纹扩展速率曲线，如图5（a）（b）所示。细晶组织的裂纹容易在晶界和析出相处萌生，并沿晶界扩展连接[32]。对于粗晶组织，裂纹扩展模式主要为沿晶+穿晶混合模式[32]。由图5（a）可知亚固溶状态的轮毂部位裂纹扩展寿命仅为轮缘的33%。FGH4113A合金双性能盘件不同部位在700℃下的疲劳裂纹稳态扩展区断口形貌如图5（c）~（e）所示。图5（c）为轮毂试样，晶粒尺寸约4μm，断口呈细小颗粒的冰糖状，断裂模式呈沿晶断裂特征。图5（d）为轮辐试样，断口可见疲劳辉纹及解理平台，断裂模式为沿晶+穿晶混合断裂。图5（e）为轮缘试样，断口可见大量解理面，大晶粒内部较易发现疲劳辉纹，呈现穿晶断裂特征。性能测试及断口分析显示，FGH4113A的裂纹沿晶内扩展的速率远低于沿晶界扩展的速率，粗晶组织可获得较好的疲劳裂纹扩展抗力。

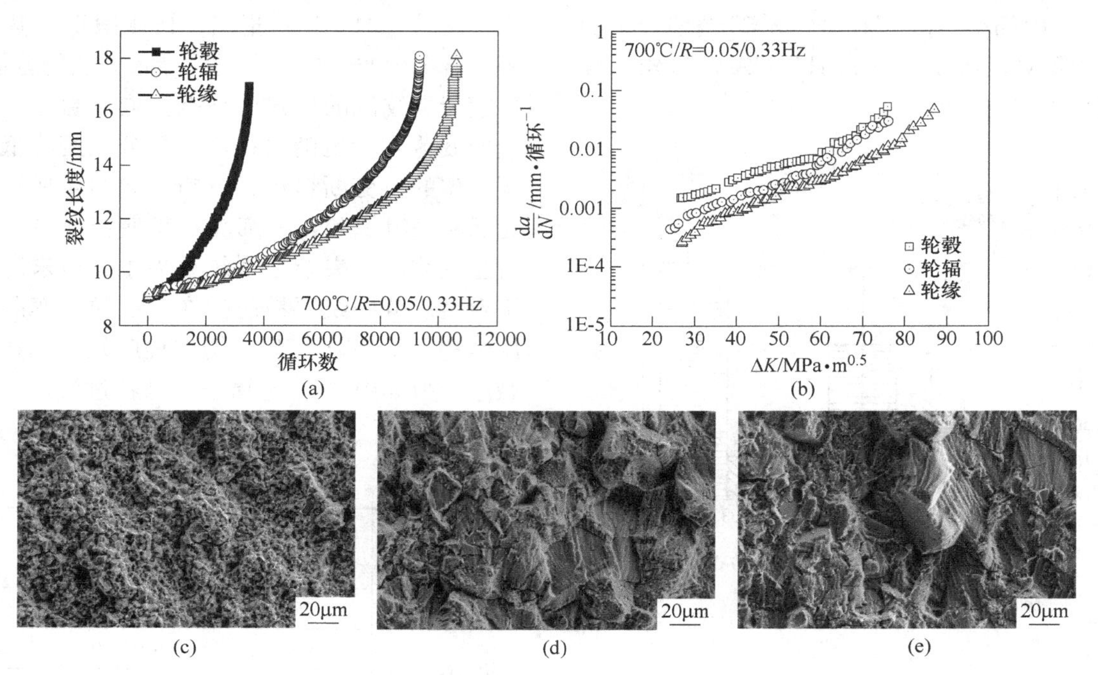

图5　盘件裂纹扩展性能及CT样断口形貌（ΔK=30MPa · m$^{1/2}$）
（a）a-N 曲线；（b）裂纹扩展速率；（c）轮毂；（d）轮辐；（e）轮缘

2.6　长期时效组织稳定性

涡轮盘需在高温长期服役条件下保持较高的稳定性。为探究FGH4113A合金的长期组织稳定性，对1185℃过固溶热处理状态合金（平均晶粒度ASTM8.0级）进行760℃/815℃长期时效试验，在100h和2020h取样进行显微组织的观察。长期时效后FGH4113A合金的晶粒度几乎没有发生变化，晶粒度保持在ASTM 7.5~8.0级之间。图6显示了长期时效后FGH4113A合金的γ′相形貌。760℃长期时效100h及2020h后，二次γ′相平均尺寸及形貌无明显变化，仍保持在140nm左右，形貌保持近立方状，与初始状态相似；815℃长期时效100h后，二次γ′相平均尺寸略微增大，2020h后增大至（197±4）nm。815℃长期时效后，三次γ′相尺寸亦有所增大，经以上两个温度长期时效均未发现TCP相。

图7展示了FGH4113A合金经过固溶热处理（1185℃+815℃/8h）和不同温度长期时效后的高温拉伸性能。由图可知，经过760℃和815℃时效440h和2020h后，合金的屈服强度和抗拉强度随时效时间的延长发生了小幅度下降，在815℃时效2020h后的760℃下的屈服强度和抗拉强度下降了约100MPa，在760℃时效2020h后的760℃下的屈服强度和抗拉强度仅下降了50~75MPa。

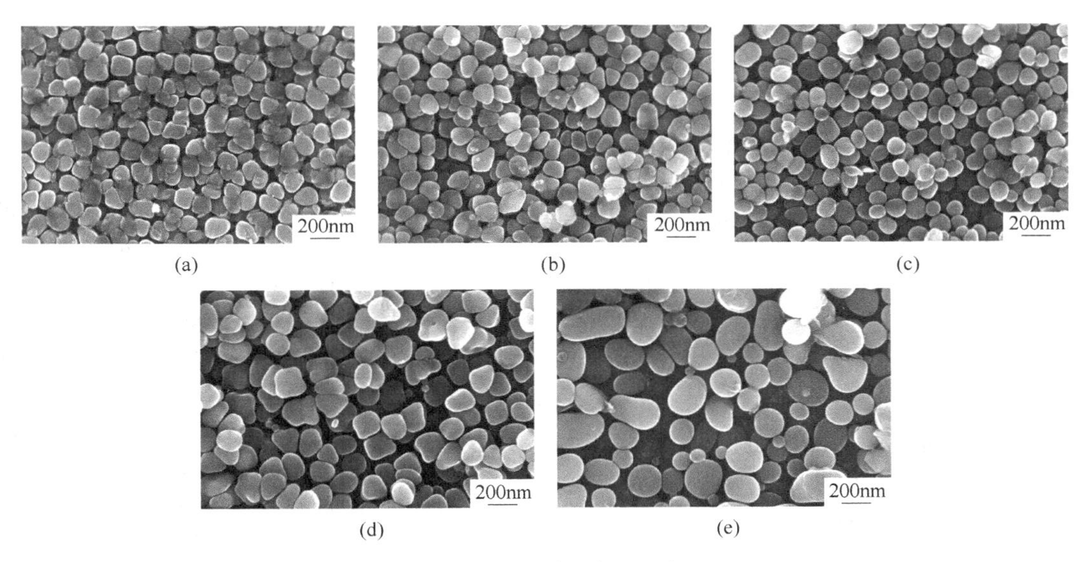

图 6　长期时效后合金 γ′相

（a）初始状态；（b）760℃/100h；（c）760℃/2020h；（d）815℃/100h；（e）815℃/2020h

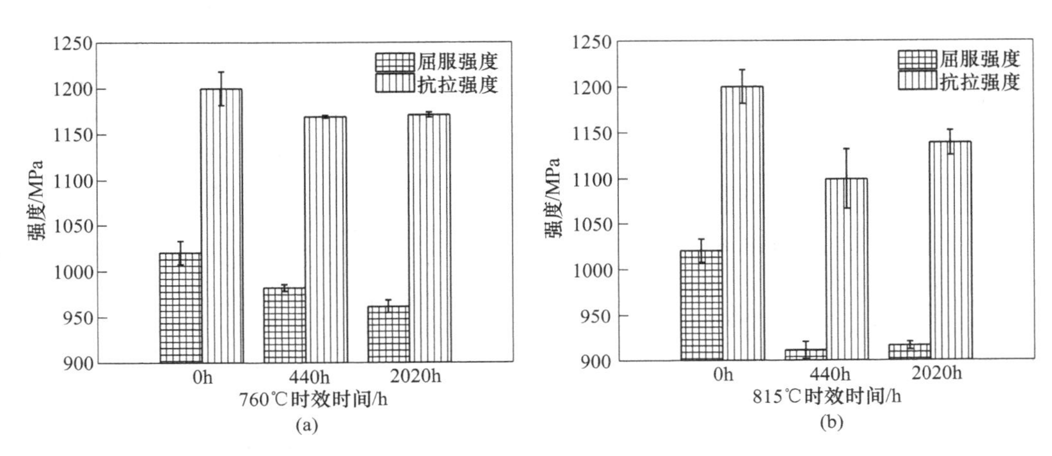

图 7　长期时效后合金的拉伸性能

（a）760℃；（b）815℃

3　结论

（1）FGH4113A 合金双性能盘件的轮毂平均晶粒度 ASTM11.7，γ′相呈双模分布；轮缘平均晶粒度 ASTM6.6，γ′相呈单模分布；轮辐过渡区平均晶粒度 ASTM9.0，γ′相介于两者之间，该区晶粒组织过渡平缓，盘件不同部位无异常晶粒长大发生。

（2）FGH4113A 合金双性能盘件各部位的室温屈服强度均值达到 1150MPa 以上，室温抗拉强度均值达到 1550MPa 以上，室温伸长率均值达到 20%以上。轮辐过渡区 700℃ 的屈服强度均值在 1050MPa 以上，抗拉强度均值在 1350MPa 以上，伸长率均值在 20%以上。轮缘在 800℃条件下，屈服强度均值仍在 900MPa 以上，抗拉强度均值 1050MPa 以上，伸长率均值 30%以上，保持了较高的强度和良好的塑性。

（3）FGH4113A 合金双性能盘轮缘高温蠕变性能高于轮辐。轮缘得益于粗晶组织以及较快的冷速，在 800℃/330MPa 条件下蠕变量 0.2%对应寿命达 500h 以上，优于 ME3。轮辐过渡区的 750℃/480MPa 条件下蠕变量 0.2%对应寿命均值达 276h。

（4）FGH4113A 合金双性能盘的轮毂 700℃/0~0.8%应变疲劳寿命最高，均值 37831 周次；轮缘和轮辐分别为 31716 周次和 24535 周次。

（5）FGH4113A 合金双性能盘的 700℃裂纹扩

展抗力为：轮缘>轮辐>轮毂。轮缘断口呈穿晶断裂特征；轮辐断口呈沿晶-穿晶混合断裂特征；轮毂断口呈沿晶断裂特征。

（6）FGH4113A 盘件合金经 760℃和 815℃长期时效后晶粒尺寸未见明显增大；二次 γ' 相在 815℃长期时效后缓慢长大；未发现 TCP 相析出；在 760℃、815℃长期时效 2020h 后，760℃下仍保持了较高的拉伸性能。

参考文献

[1] Gabb T P, Telesman J. Characterization of the Temperature Capabilities of Advanced Disk Alloy ME3 [R]. Cleveland, Ohio, United States: NASA Glenn Research Center Cleveland, 2002.

[2] Gayda J, Gabb T, Kantzos P, et al. Low Cost Heat Treatment Process for Production of Dual Microstructure Superalloy Disks [R]. Ohio, United States: NASA Glenn Research Center Cleveland, 2003.

[3] Gayda J, Gabb T P, Kantzos P T. Heat Treatment Devices and Method of Operation thereof to Produce Dual Microstructure Superalloy Disks [P]. US. Pat 6660110B1. 2003.

[4] Gayda J, Gabb T, Kantzos P. Mechanical Properties of a Superalloy Disk With a Dual Grain Structure [R]. Cleveland, Ohio, United States: NASA Glenn Research Center Cleveland, 2003.

[5] Gabb T P, Gayda J, Telesman J, et al. Thermal and Mechanical Property Characterization of the Advanced Disk Alloy LSHR [R]. Cleveland, Ohio: Glenn Research Center, 2005.

[6] Gabb T P, Mackay R A, Draper S L, et al. The Mechanical Properties of Candidate Superalloys for a Hybrid Turbine Disk [R]. Cleveland, Ohio: Glenn Research Center, 2013.

[7] 刘建涛，陶宇，张义文，等. FGH96 合金双性能盘的组织与力学性能 [J]. 材料热处理学报，2010，30（5）：71~74.

[8] 程俊义，朱立华，肖磊，等. 一种新型第三代镍基粉末高温合金的微观组织及其力学性能 [J]. 稀有金属材料与工程，2022，51（4）：1478~1487.

[9] 程俊义，朱立华，马向东，等. 一种新型镍基粉末高温合金的过固溶热处理研究 [J]. 稀有金属材料与工程，2022，51（10）：1~10.

[10] Sarosi P M, Wang B, Simmons J P, et al. Formation of Multimodal Size Distributions of γ' in a Nickel-base Superalloy during Interrupted Continuous Cooling [J]. Scripta Materialia, 2007, 57 (8): 767~770.

[11] Radis R, Schaffer M, Albu M, et al. Multimodal Size Distributions of γ' Precipitates during Continuous Cooling of UDIMET 720 Li [J]. Acta Materialia, 2009, 57 (19): 5739~5747.

[12] Singh A R P, Nag S, Hwang J Y, et al. Influence of Cooling Rate on the Development of Multiple Generations of γ' Precipitates in a Commercial Nickel Base Superalloy [J]. Materials Characterization, 2011, 62: 878~886.

[13] Singh A R P, Nag S, Chattopadhyay S, et al. Mechanisms Related to Different Generations of γ Precipitation during Continuous Cooling of a Nickel Base Superalloy [J]. Acta Materialia, 2013, 61: 280~293.

[14] Kozar R W, Suzuki A, Milligan W W, et al. Strengthening Mechanisms in Polycrystalline Multimodal Nickel-Base Superalloys [J]. Metallurgical & Materials Transactions A, 2009, 40 (7): 1588~1603.

[15] Collins D M, Stone H J. A Modelling Approach to Yield Strength Optimisation in a Nickel-base Superalloy [J]. International Journal of Plasticity, 2014, 54: 96~112.

[16] Galindo-Nava E I, Connor L D, Rae C. On the Prediction of the Yield Stress of Unimodal and Multimodal γ' Nickel-base Superalloys [J]. Acta Materialia, 2015, 98: 377~390.

[17] Goodfellow A J. Strengthening Mechanisms in Polycrystalline Nickel-based Superalloys [J]. Materials Science and Technology, 2018, 34 (15): 1793~1808.

[18] Goodfellow A J, Galindo-Nava E I, Schwalbe C, et al. The Role of Composition on the Extent of Individual Strengthening Mechanisms in Polycrystalline Ni-based Superalloys [J]. Materials & design, 2019, 173: 107760.

[19] Kim Y-K, Kim D, Kim H-K, et al. An Intermediate Temperature Creep Model for Ni-based Superalloys [J]. International Journal of Plasticity, 2016, 79: 153~175.

[20] Zhu Z, Basoalto. H, Warnken N, et al. A Model for the Creep Deformation Behaviour of Nickel-based Single Crystal Superalloys [J]. Acta Materialia, 2012, 60: 4888~4900.

[21] Coakley J, Dye D, Basoalto H. Creep and Creep Modelling of a Multimodal Nickel-base Superalloy [J]. Acta Materialia, 2011, 59: 854~863.

[22] Peng Z, Zou J, Wang Y, et al. Effects of Solution Temperatures on Creep Resistance in a Powder Metallurgy Nickel-based Superalloy [J]. Materials Today Communications, 2021, 28 (102573).

[23] Lukas P, Kunz L. Role of Persistent Slip Bands in Fatigue [J]. Philosophical Magazine, 2004, 84:

317~330.

[24] 杨金龙，马向东，李远，等．一种新型镍基粉末高温合金不同状态热变形行为［J］. 稀有金属材料与工程，2022，51（2）：652~660.

[25] 肖磊，何英杰，马向东，等．一种新型镍基粉末高温合金 WZ-A3 挤压工艺研究［J］. 稀有金属材料与工程，2022，51（6）：2216~2222.

[26] 马向东，何英杰，李远，等．一种新型镍基粉末高温合金等温热压缩过程中的超塑性变形行为研究［J］．稀有金属材料与工程，2022，51（9）：3308~3315.

[27] 肖磊，崔金艳，王冲，等．一种新型镍基粉末高温合金 WZ-A3 的热压缩变形行为［J］. 稀有金属材料与工程，2022，51（4）：1428~1435.

[28] Healy J C，Grabowski L，Beevers C J. Short-Fatigue-Crack Growth in a Nickel-base Superalloy at Room and Elevated Temperature［J］. International Journal of Fatigue，1991，13（2）：133~138.

[29] Oia M，Chandran K S R，Tryon R G. Orientation Imaging Microscopy of Fatigue Crack Formation in Waspaloy：Crystallographic Conditions for Crack Nucleation［J］. International Journal of Fatigue，2010，32：551~556.

[30] Chen Q，Kawagoishi N，Wang Q Y，et al. Small Crack Behavior and Fracture of Nickel-based Superalloy under Ultrasonic Fatigue［J］. International Journal of Fatigue，2005，27：1227~1232.

[31] Miao J，Pollock T M，Jones J W. Crystallographic Fatigue Crack Initiation in Nickel-based Superalloy Rene 88DT at Elevated Temperature［J］. Acta Materialia，2009，57：5964~5974.

[32] Deng G J，Tu S T，Zhang X C，et al. Grain Size Effect on the Small Fatigue Crack Initiation and Growth Mechanisms of Nickel-based Superalloy GH4169［J］. Engineering Fracture Mechanics，2015，134：433~450.

氧化物对合金氧含量检测有效性的影响与对策浅析

于连旭[1*]，王晓蓉[1]，高玉峰[2]，邓军[2]，马步洋[2]

（1. 南京国重新金属材料研究院有限公司，江苏 南京，211135；
2. 江苏美特林科特殊合金股份有限公司，江苏 南京，211135）

摘 要：使用氧氮分析仪研究了 Ni 粉末预掺杂氧化物后的氧含量检出有效性问题。研究表明，按照常规高温合金检测方法 HB5220. 49-200、YS/T539. 13-2009 操作，即使粉末中已经含有氧化物了，常规参数下，氧检出有效率并不高，这对增材制造服务的客户和产品来说就会造成隐患。氧化物的粒度对氧检测能力存在影响，且氧化铝、氧化镁的影响程度不同，加入碳粉和碳化钛粉末都可以使粉末存在氧化物的情况下氧含量检出率提高到 80%，有助于对于粉末纯净度做进一步评估。

关键词：氧化物；粒度；氧氮分析仪；氧含量；纯净度

对于燃气涡轮发动机热端部件，开发制造涡轮部件用优质镍基高温合金占据主要地位。合金化区间控制、最低的有害杂质含量（磷、硫、硅、其他有色金属）和残余气体（氧、氮）是保证由这些合金制造的零件高可靠性和寿命的重要条件。配料金属是氧进入合金中的主要根源，对某些配料金属，规范文件详细规定其内的氧气含量。在使用作为配料金属的返回料时，真实的氧含量不明确，氧含量甚至可能超出此合金牌号所允许的最大范围。非金属夹杂物和氧化膜会显著降低合金的力学性能和寿命，同时是产品使用过程引发裂纹的应力集中部位[1]。

当前复杂国际环境背景下，对于产业链的安全可靠性要求空前，我国高温合金的产业已经基本能够满足国内需求。同行们对高温合金氧含量的分析已经有大量系统的研究[2~6]。目前已经公开的标准包括（1）YS/T 539. 13—2009《镍基合金粉化学分析方法》[2]，其适用的测定范围 0. 005%～0. 2%；（2）HB 5220. 49—2008《高温合金化学分析方法 脉冲加热-红外、热导法测定氧氮含量》[3]，适用氧含量的范围是 0. 0003%～0. 050%。中科院金属所对氧含量的测试方法进行了更详细的研究：（1）“直投法”投样避免了包裹材料空白的影响[4]，可以应用于高温合金粉、钢铁粉、镍粉、铜粉等样品中氧、氮、氢联测。（2）国产石墨坩埚达到国际同类坩埚水平，可以满足高温合金中氧和氮的分析需求[5]。特别关注的是高温合金粉末中氧含量的测试[6,7]。但是在实际应用过程中，经常出现国内和国外进口高温合金材料的氧、氮、氢含量都在相当的水平，测试的数据值在（2～3）$\times10^{-6}$，但是用户在使用国内合金的过程中，却发现容易出现浮渣超标的情况。作者曾经对比研究了国内和国外同一个牌号的合金，委托国内第三方机构测试的氧、氮含量都很低，使用激光共聚焦显微镜在 100 倍下在 1580℃ 观察，国外合金极少有细颗粒物出现在视场中，而国产的合金却容易出现粒状颗粒物。显然，这类颗粒物的熔点高于 1580℃。测试的合金氧含量仅 10^{-6} 级别，却有未熔颗粒物，显然通过现有氧含量的测试手段似乎并不能全面反应材料的纯净度问题。

通过利用机械合金化方法，将具备极高热稳定性的氧化物粒子均匀弥散于 Ni、Fe、Cu 及 Al 基等合金基体中，作为稳定存在的高温强化相，氧化物弥散强化的 ODS 合金可为航空航天及民用领域 1000～1400℃ 超高温使用的最佳材料[8]。氧含量是行业内评价合金质量的重要指标，但是如果氧化物能够可控存在，又可能成为高温结构材料的重要强化因素。显然，氧含量及氧化物的控

* 作者：于连旭，副研究员，联系电话：13840487653，E-mail：13840487653@139. com
资助项目：江苏省重点研发计划项目（BE2020085）；南京市国际科技合作项目（202002048）

制能力，是行业内持续提升的重要方向。本文研究了当存在氧化物超过现有标准适用范围后的氧含量测试问题。

1 试验材料及方法

考虑到氧化物在块体金属内分布的不易标定和检测性。本文通过金属粉末制品掺杂定量氧化物制备标样来分析检测能力。试验材料包括纯镍粉、不同粒度三氧化二铝粉、氧化镁粉、碳粉和碳化钛粉。氧含量的分析仪器是美国力可公司氧氮分析仪（TC-500），质量的称量使用分析天平，精确到0.0001g。首先称取适量镍粉，测定镍粉的氧含量值。再称取适量氧化物粉，直接加入到已置于镍囊的镍粉中，掺入定量氧化物后，测试氧含量，分析结果与实际添加的氧含量进行比较，可以得出氧氮仪对于该种氧化物夹杂物的检出能力。镍粉掺杂定量氧化物后加入碳粉，进行氧含量测试分析，分析结果与实际添加量进行比较，可以得出氧氮仪对于加入碳粉后氧化物夹杂物的检出能力。

具体实施步骤如下：

（1）称取一定量的镍粉，通过氧氮仪测试若干样品镍粉中氧含量，镍粉中氧含量比较均匀，取平均值作为镍粉氧含量基体值，平均值记为 W_0。

（2）继续称取一定量的镍粉 m_0，向镍粉中分别添加不同粒度，不同含量的氧化铝粉 m_1，并将氧化物和镍粉通过搅拌混合均匀。

（3）通过氧氮仪测试混合样品的氧含量。

（4）通过计算可以计算出添加的三氧化二铝中的氧含量为：

$$W_{实际(Al_2O_3)} = m_1 \times [48/(48+27\times 2)] \times 100\%$$

在此基础上加上原有镍粉中的氧含量 W_{Ni}，得到样品中实际氧含量为 $W_{样品} = W_{实际(Al_2O_3)} + W_{Ni}$，而仪器测试出的氧含量为标记为 $W_{测试}$。

（5）通过比较 $W_{测试(Al_2O_3)}$ 和 $W_{实际(Al_2O_3)}$ 的偏差，可以得出氧氮仪对于该粒度的三氧化二铝中氧含量的检出比率。

检出率 $= (W_{测试}/W_{样品}) \times 100\%$。

（6）依照以上（1）~（5）步骤的方法把氧化铝换成氧化镁可以计算出氧氮仪不同粒度氧化镁的检出率。其中步骤（4）的公式更换为：$W_{实际(MgO)} = m_1 \times [16/(24+16)] \times 100\%$。

（7）调整氧氮仪测试功率，及分析时间，重复步骤（2）~（5）可以测试出不同功率及分析时间，氧氮仪对氧化物夹杂物的检出比例。

（8）向镍粉和氧化物的混合粉末中添加碳粉或者碳化钛粉，搅拌混合均匀，重复步骤（2）~（5），测试添加碳粉或者碳化钛粉后氧氮仪对氧含量检测能力的影响。测试碳粉或者碳化钛粉中的氧含量为 W_C 或 W_{TiC}，此时 $W_{样品} = W_{实际(Al_2O_3)} + W_{Ni} + W_C$ 或者 $W_{样品} = W_{实际(Al_2O_3)} + W_{Ni} + W_{TiC}$。

2 试验结果及分析

2.1 氧化铝

首先测试镍粉，以及称取3个镍粉样品，质量分别为0.2003g，0.2411g，0.2346g，放入镍囊中，使用氧氮仪测试三个样品的氧含量分别为0.2788%，0.2814%，0.2876%。通过计算得到镍粉中氧含量的平均值 W_0 为0.2826%。分别称取镍粉和不同粒度的氧化铝测试其氧含量，测试值以及根据公式计算的结果见表1。试验数据表明，氧氮仪在4500W功率，40s测试时间检测时，得到数据表明氧氮仪对于不同粒度的氧化铝粉末氧含量的检出率有差别，粒度为0~0.045mm的氧化铝氧含量检出率为58.77%和62.70%。远高于颗粒比较大的0~0.5mm的氧化铝颗粒的检出率。

表1 掺杂不同粒度氧化铝时镍粉的氧数据

样品号	镍粉/g	氧化铝规格数量		$W_{样品}$/%	$W_{测试}$/%	检出率/%
		粒度/mm	质量/g			
A1	0.3301	0~0.045	0.0059	1.1040	0.6488	58.77
A2	0.2655	0~0.045	0.0076	1.5843	0.9933	62.70
A3	0.2675	0~0.5	0.0101	1.9845	0.6523	32.87
A4	0.3012	0~0.5	0.0143	2.4027	0.7344	30.57

2.2 氧化镁

试验数据表明氧氮仪选取的测试功率为4500W，测试时间为40s也不能测试出氧化镁夹渣物的全氧，见表2，对于粒度小于0.045mm的氧化镁细粉的氧含量检出能力较好，可以到80%以上，但是对于大颗粒的氧化镁仍然表现出比较低的检出率，也只有25.18%和36.87%。

表2 掺杂不同粒度氧化镁时镍粉的氧检测数据

样品号	镍粉/g	氧化镁规格数量		$W_{样品}$/%	$W_{测试}$/%	检出率/%
		粒度/mm	质量/g			
M1	0.3301	0~0.045	0.004	0.7581	0.6658	87.82
M2	0.2655	0~0.045	0.0154	2.4601	2.0363	82.77
M3	0.2675	0~0.5	0.0048	0.9827	0.3623	36.87
M4	0.3012	0~0.5	0.0143	2.0828	0.5244	25.18

2.3 氧氮仪参数

氧氮仪选取的测试功率为5100W，测试时间为200s基本上可以测试出氧化铝的全氧，可以到90%左右，见表3，说明提高氧氮仪激发功率和分析时间对于提高测试细颗粒的氧化铝粉末的氧含量中的全氧有促进作用。

表3 改变检测参数后，掺氧化铝镍粉的氧检测数据

样品号	镍粉/g	氧化铝规格数量		$W_{样品}$/%	$W_{测试}$/%	检出率/%
		粒度/mm	质量/g			
P1	0.3301	0~0.045	0.0065	1.1859	1.1088	93.50
P2	0.2655	0~0.045	0.0088	1.7833	1.5983	89.63

2.4 碳粉

本实验氧氮仪选取的测试功率为4700W，测试时间为40s。称取一定数量的镍粉和氧化铝粉，再加入一定量的碳粉，充分搅拌均匀，在测试其氧含量。从表4可以看出，加入一定比例的高纯碳粉后，可以同等工作条件下，氧氮仪对氧化铝的检出率有所提高，可以从60%左右提高到85%以上。高纯碳粉的加入有利于促进样品中氧和碳反应形成CO，提高设备的检出能力。

表4 掺杂碳粉后掺氧化铝时的氧检测数据

样品号	镍粉/g	氧化铝规格数量		碳粉	$W_{样品}$/%	$W_{测试}$/%	检出率/%
		粒度/mm	质量/g				
C1	0.3433	0~0.045	—	0.0144	—	0.3811	—
C2	0.3001	0~0.045	0.0126	0.0125	2.19	1.8633	85.10
C3	0.2648	0~0.045	0.0102	0.0239	1.97	1.7223	87.25

2.5 碳化钛粉

测试功率为4700W，测试时间为40s。称取一定数量的镍粉和氧化铝粉，再加入一定量的碳化钛粉，充分搅拌均匀，比较添加碳化钛粉和不添加碳化钛粉氧氮仪对氧化铝的氧的检出能力的差别。从表5可以看出，加入一定比例的碳化钛粉后，在同等工作条件下，氧氮仪对氧化铝的检出

表5 掺杂碳化钛粉后掺氧化铝时的氧检测数据

样品号	镍粉/g	氧化铝规格数量		碳化钛粉	$W_{样品}$/%	$W_{测试}$/%	检出率/%
		粒度/mm	质量/g				
TC1	0.2678	0~0.045	—	0.0202	—	0.5668	—
TC2	0.3023	0~0.045	0.0126	0.0125	2.36	1.9633	83.33
TC3	0.2633	0~0.045	0.0102	0.0239	2.16	1.7922	82.92

率有所提高，可以从 60%左右提高到 80%以上。碳化钛的加入有利于促进样品中氧和碳反应形成 CO，提高设备的检出能力，相比高纯碳粉，碳化钛促进作用偏小一些。

3 结论

（1）当金属粉末存在氧化物掺杂时，直接测试氧含量并不能反应全氧数据。氧化物颗粒越大，测得的氧含量有效性越低。

（2）加入助溶剂 C 和 TiC，都有助于提高氧检测有效性，C 的效果更好。

（3）当提高设备检测功率，并延长检测时间后，对检测有效率的提高同样有帮助。

（4）从研究的初步工作看，掺氧化物的确对氧含量检测有较大影响，在评价冶金纯净度时，对于危害性更高的量大且尺度大的氧化物的检测值得关注。

参考文献

[1] Каблов Е Н. Инновационные разработки ФГУП《ВИАМ》ГНЦ РФ по реализации《Стратегических направлений развития материалов и технологий их переработки на период до 2030 года》[J]. Авиационные материалы и технологии, 2015 (1): 3~33.

[2] 北京有色金属研究总院，钢铁研究总院．YS/T 539. 13—2009 镍基合金粉化学分析方法［S］. 北京：中国标准出版社，2010.

[3] 中国航空工业第一集团公司北京航空材料研究院．HB 5220. 49—2008 高温合金化学分析方法 脉冲加热-红外、热导法测定氧氮含量［S］. 北京：中国航空综合技术研究所，2008.

[4] 侯桂臣，张琳．“直投法”应用于金属粉末样品中氧氮氢分析［J］. 冶金分析，2019，39（6）：7~13.

[5] 谢君，朱瑛才．坩埚对高温合金中氧氮及氢分析结果的影响［J］. 冶金分析，2018，38（10）：7~15.

[6] 霍霞，杨金龙．一种测定镍基高温合金粉末中氧含量的方法：中国，114199641 A［P］. 2022.

[7] 郑亮，张国庆．一种高温合金粉末的氧存在形式的高效测定方法：中国，112986522A［P］. 2021.

[8] 柳光祖，田耘．ODS 高温合金［J］. 材料科学与工程学报，2000（z1）：4.

新型合金与前沿技术

选区激光熔化 GH4099 合金的高温力学性能分析

李森莉[1,2]，常凯[1,2]，谭毅[1,2]，李鹏廷[1,2*]

（1. 大连理工大学材料科学与工程学院，辽宁 大连，116024；
2. 大连理工大学辽宁省载能束冶金与先进材料制备重点实验室，辽宁 大连，116024）

摘　要：由于增材制造技术高的经济效益和高的成形自由度，航空飞行器中的高温复杂部件也逐渐开始实现近净成形。为了进一步提高选区激光熔化 GH4099 合金的高温力学性能，通常采用热处理调控获得优异的组织及力学性能。研究了不同热处理状态下，选区激光熔化 GH4099 合金的高温力学性能，并分析了造成其力学性能差异的原因。结果表明：在固溶 1140℃ 固溶 2h 空冷再进行 900℃ 时效 5h 空冷处理条件下，表现出最优异的高温力学性能，在 900℃ 条件下测得其屈服强度为 517MPa。

关键词：GH4099 合金；高温力学性能；热处理；选区激光熔化

GH4099 合金广泛应用在航空飞行器中的一些高温承力焊接结构件，例如燃烧室结构件。随着航空航天技术的发展需求，对成形的要求变高，增材制造技术也开始被应用于制备 GH4099 合金的复杂结构件，但由于增材制造技术会给成形件带来大量的残余应力及微观组织的不均匀性，通常采用合适的热处理将其消除以提升工件的服役性能，同时合适的热处理工艺可以调控强化相的析出，进一步改进增材制造 GH4099 的组织和性能。本文对比了 4 种热处理状态下的选区激光熔化（SLM）GH4099 合金在 900℃ 下的高温拉伸性能，并对其显微组织进行了对比分析。

1　试验材料及方法

实验所采用的原料为等离子旋转电极制备的粒径为 15~45μm 的 GH4099 合金粉末，其化学成分（质量分数,%）为：Cr 18.81，W 6.10，Mo 4.19，Co 6.56，Al 2.07，Ti 1.28，C 0.04，Ni 为基体成分。通过天津 LiM 激光科技有限公司生产的 LiM-X260A 的选区激光熔化（SLM）设备实现近净成形。采用选定的成形工艺参数进行试样制备。层与层之间的激光扫描路径方向偏转 67°，该角度被证明有效减少应力集中[1]。成形试样分别切割为 20mm×20mm×5mm 的试样块，随后放置马弗炉进行热处理，后用于微观组织观测。4 种热处理的工艺见表 1，在 1110℃ 和 1140℃ 分别固溶处理 1h 和 2h 后进行空冷，随后在两组固溶处理的试样中再各取一个在 900℃ 下进行 5h 的时效处理后空冷，其中 AC 代表空冷。试样经过机械打磨和抛光后，采用 10g $CuSO_4$+3mL H_2SO_4+50mL HCl +50mL H_2O 混合溶液腐蚀观察晶界。使用蔡司 Axioscope 5 金相显微镜观察其金相组织。纳米级析出相形貌在 JEOL JEM-55OOF 透射电子显微镜下捕获。在变形速率为 1mm/min 的 WDW 万能试验机上进行 900℃ 的高温拉伸实验，测得试样的屈服强度、抗拉强度、伸长率和断面收缩率。

表 1　SLM GH4099 合金的热处理机制

固溶处理	时效处理
1140℃×2h/AC	900℃×5h/AC
1110℃×1h/AC	900℃×5h/AC
1140℃×2h/AC	—
1110℃×1h/AC	—

2　试验结果及分析

2.1　不同热处理条件下 SLM GH4099 合金的高温力学性能

图 1 示出不同热处理条件下 SLM GH4099 合金的

*作者：李鹏廷（1986—），副教授，博士，联系电话：18642638692，E-mail：ptli@dlut.edu.cn

高温（900℃）拉伸力学性能，图 1（a）为抗拉强度和屈服强度，图 1（b）示出的是对应的伸长率和断面收缩率。可以看出，在热处理条件为 1140℃×2h/AC+900℃×5h/AC 时表现出最高的高温屈服强度和抗拉强度。两组仅进行固溶处理的结果均表现出较为优异的抗拉和屈服强度。而在固溶处理条件为 1110℃处理 1h 空冷后进行 900℃×5h/AC 时效处理的条件下其屈服强度和抗拉强度都较低，伸长率最高。以上热处理方式获得的 GH4099 合金均高于轧制试样热处理态下 443MPa 的高温抗拉强度[2]。

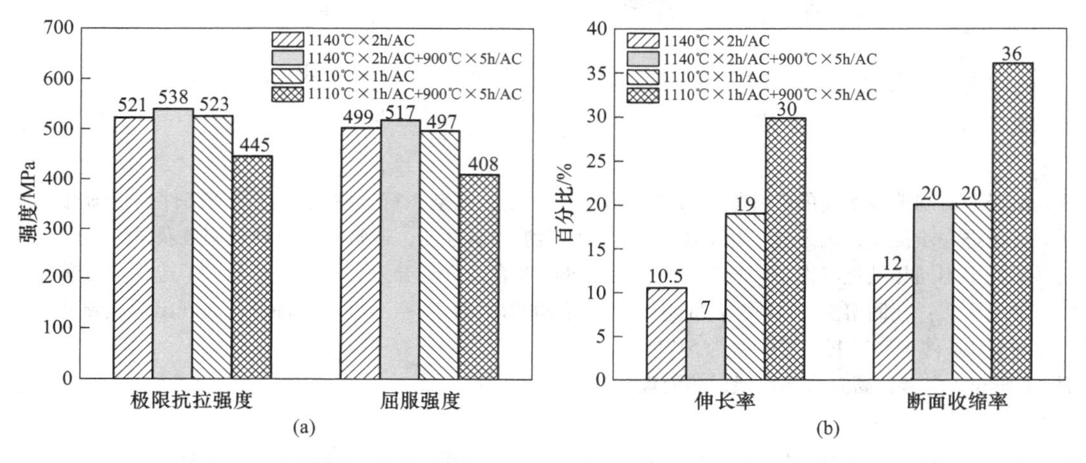

图 1　不同热处理条件下的 SLM GH4099 的高温（900℃）力学性能

2.2　不同热处理对组织的影响

图 2（a）和（c）所示的是在 1110℃固溶 1h 后不进行时效和进行时效处理的 SLM GH4099 的组织。由于没有达到其再结晶的温度和时间，其均维持了增材制造出现的柱状晶粒组织特点。且在进行 900℃时效处理 5h 之后，碳化物再进一步向晶界处聚集，其对化学腐蚀的反应更加明显，在金相图 2（c）中表现出更清晰的晶界纹理。而在 1140℃固溶处理 2h 的热处理条件下，能明显观察到晶粒由柱状晶变成了等轴晶，在晶粒内部也出现一些孪晶亚结构，如图 2（d）和（b）所示，孪晶边界会和位错相互作用从有助于强度的提高[3]。图 2（d）所示为其晶界上存在更多的碳化物聚集，在晶界上的分布也更加均匀，这与固溶温度提高和时间延长有关，同时其晶粒也为四种热处理状态中最为细小的。

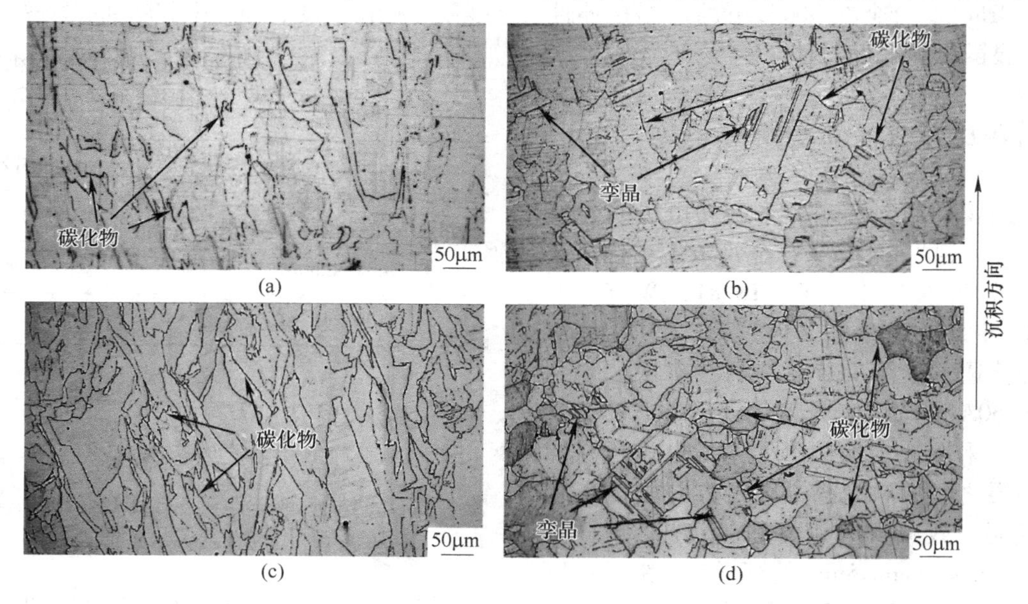

图 2　不同热处理条件下的金相组织

（a）1110℃×1h/AC（S1）；（b）1140℃×2h/AC（S2）；

（c）1110℃×1h/AC+900℃×5h/AC（S1-A）；（d）1140℃×2h/AC+900℃×5h/AC（S2-A）

其中热处理条件为 1140℃×2h/AC+900℃×5h/AC 时表现出优异的高温力学性能，其主要归因于共格析出的γ′相。图 3 所示为该种热处理状态下的透射结果，从图中可见，存在大量的γ′析出相，弥散均匀地分布在基体中。通过 Image-Pro Plus 6.0 软件对其进行统计，获得总体积分数占比为 19.9%，与理论计算值 20%极其接近（通过 JMatpro 软件计算获得），可被认为是获得最优的第二相强化效果。共格析出的强化相能在提高材料屈服强度的同时保持所需的延展性[4]，在该种热处理条件下其第二相沉淀能以纳米颗粒的形式存在，故其能在高温（900℃）的条件下具有良好的热稳定性。

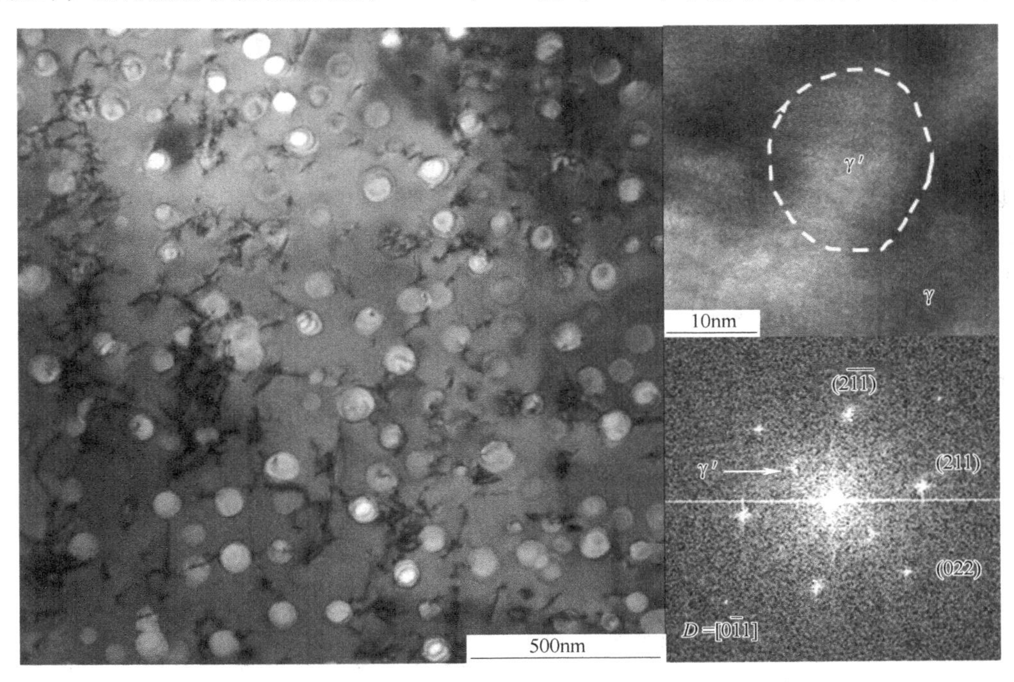

图 3　1140℃×2h/AC+900℃×5h/AC 热处理条件下γ′相形貌

3　结论

（1）固溶条件为 1110℃处理 1h 时，组织没有发生明显的再结晶，增材制造获得的柱状晶被保留，时效处理的过程没有改变其晶粒的形貌。

（2）热处理后 SLM GH4099 合金的优异高温屈服强度归因于在 1140℃固溶 2h 获得的孪晶组织以及 900℃时效处理 5h 后获得共格γ′相的析出强化。

参考文献

[1] Harrison N J, Todd I, Mumtaz K. Reduction of micro-cracking in nickel superalloys processed by Selective Laser Melting: A fundamental alloy design approach [J]. Acta Materialia, 2015 (94): 59~68.

[2]《中国航空材料手册》编辑委员会. 中国航空材料手册 [M]. 2 版. 北京：中国标准出版社，2001.

[3] Li J C, Wang K G. Theoretical prediction for mechanical properties in nanotwinned and hierarchically nanotwinned metals with different twin orders [J]. Materials Today Communications, 2020 (23): 100887.

[4] Lv J, Yu H, Fang W, et al. Manipulation of precipitation and mechanical properties of precipitation-strengthened medium-entropy alloy [J]. Scripta Materialia, 2023 (222): 115057.

新型低密度 Nb-Ti 合金旋压成形及抗氧化涂层技术研究

胡国林*，姚草根，吕宏军，何开民，孙彦波，李圣刚

（航天材料及工艺研究所，北京，100076）

摘　要：针对新型低密度 Nb-Ti 合金塑性成形和抗氧化性能需求，开展了旋压工艺性能和 Si-Cr-Ti 系抗氧化涂层研究，重点分析了合金的极限变薄率和所制备涂层抗氧化性能和微观组织在氧化前后的变化。结果表明：该铌钛合金具有优异的室温工艺性能和高温性能，可满足航天航空发动机部件对材料性能的使用要求。1200℃下涂层寿命大于 10h，涂层抗热震性能良好；涂层与基体之间形成一层扩散层，保证了涂层的结合强度；在高温大气环境下，涂层表面生成一种隔绝氧气填补涂层表面空隙的玻璃质 SiO_2 层，因而具有良好的抗氧化性能。

关键词：Nb-Ti 铌钛合金；旋压；抗氧化；涂层

目前为满足高性能航空航天飞行器高温部件重要材料的减重需求，我国研制出一种具有密度小、强度高、韧性好、易焊接等优点的新型 B. C. C 结构铌钛固溶体合金。该合金具有比镍基高温合金更高的熔点，良好的室温塑性和中高温强度，其密度约为 $6.9g/cm^3$，与密度为 $8.9g/cm^3$ 铌铪（钨）合金部件相比，铌钛合金部件的质量可减少 22%，利用其较高比强度，可以减小部件壁厚，则部件质量减少更多[1]。一般高温合金的最高使用温度约 1100℃[2]，铌铪（钨）合金的最高使用温度在 1300℃及以上，铌铪（钨）合金密度大，不适合新型航天发动机型号减重需求，对于需在 1100～1300℃范围内作为结构材料的高负荷或长期工作的部件来说，由于 Nb-Ti 合金的高强度、高韧性及低密度等优异性能，能够较好地满足这些部件在此温度区间需要。此外，针对某些 1100℃以下使用温区且对质量要求极其苛刻的构件，Nb-Ti 合金也是替代高温合金的一个较好选择。与其他铌合金一样，该新型铌钛合金较弱的抗氧化性能是工程化应用的瓶颈[3,4]，对于高负荷部件或需要在高温下长期工作的部件来说，需要增加防护涂层来提高其材料抗氧化性。本文针对新型航天发动机喷管热端部件等需求，开展了新型低密度铌钛合金旋压成型和高温抗氧化涂层技术研究。

1　试验材料及方法

1.1　试验材料

采用真空自耗电弧熔炼法制备铌钛合金，通过配料调整合金初始成分和配比，然后经过真空自耗电弧炉两次熔炼得到合金铸锭，并进行均匀化退火，经挤压、热轧成板材。

其化学成分见表 1。

表 1　铌钛合金化学成分　（质量分数，%）

元素	Ti	Al	Cr	V	W	Mo	Hf	Nb
含量	20. 76	2. 49	3. 01	5. 27	2. 58	0. 61	2. 62	余量

1.2　试验方法

将铌钛合金板材加工成拉伸试样和金相试样，使用 olympus PMG3 光学金相显微镜进行组织观察和分析，在 CMT5105 电子万能试验机和超高温力学性能试验机上依据 GB/T 228 测试室温、高温拉伸性能。

将铌钛合金板材加工成 420mm×420mm 的试块，在数控精密旋压设备上对铌钛合金材料进行了旋压工艺性能试验。

将铌钛合金板材加工成小试条（5mm×100mm），在小试条表面渗制高温抗氧化涂层，该涂层的制

* 作者：胡国林，研究员，联系电话：010-68383421，E-mail：28692332@qq. com

备方法为料浆烧结法，具体工艺是采用喷枪将Si-Cr-Ti合金粉、有机黏结剂、稀释剂制成的料浆喷到试条表面，将其放入真空烧结炉中在一定温度下渗制涂层。涂层抗热震性能试验采用电流直接通电加热方式，并用红外测温仪测量试条温度。试片在静态空气中10s升温到1200℃，保温1h，降温10s，在两个试验温度之间交变循环10次，观察记录涂层出现缺陷时循环的次数。对氧化前后的试样采用扫描电镜、能谱仪（EDS）等进行了涂层表面形貌、涂层相及元素分布分析。氧化前的试条线切割后对其截面进行分析，重点观察了涂层厚度、涂层各区形貌及相分布等。

2 试验结果与分析

2.1 铌钛合金的显微组织及性能

2.1.1 合金的密度和显微组织

采用排水法测试铌钛合金密度，测试结果见表2。由表2可见，合金的密度为6.9g/cm^{3}左右，与密度较高的高温合金部件相比，铌钛基合金部件的质量可有效减少，同时利用其较高比强度，可以减小部件壁厚，则部件质量减少会更多。

表2 铌钛合金密度 (g/cm^3)

试样	1	2	3
密度	6.94	6.93	6.92

图1是退火态板材的金相组织。从图1可以看到，合金的微观组织是完全再结晶等轴晶组织，晶粒尺寸约50μm，同时图中显示部分晶粒内部出现了滑移线，说明该合金有可能具有较好的塑性变形能力。

图1 室温再结晶态组织

2.1.2 合金的力学性能

表3为铌钛合金板材的室温力学性能。由表3可知，该材料室温时具有良好的塑性，适于通过旋压等塑性加工的方法成型零件。表4为铌钛合金板材高温力学性能。由表4可知，该新材料具有很好的高温性能，可适用在此温度范围内工作的发动机。

表3 铌钛合金板材室温力学性能

R_m/MPa	$R_{p0.2}$/MPa	A/%	E_t/GPa	弯曲/(°)
1011	954	20.1	108	180

表4 铌钛合金板材高温力学性能

温度/℃	R_m/MPa	$R_{p0.2}$/MPa	A/%
1100	230	232	40.4
1200	156	155	49.1
1300	110	111	51.1

2.2 旋压工艺性能试验

本试验所采用的材料为420mm×420mm铌钛合金圆板坯，材料厚度为3mm左右，合金圆板坯及旋压芯模见图2。

(a)

(b)

图2 可旋性试验板材及芯模

（a）板材；（b）芯模

本试验是数控精密旋压机上完成的，采用变直径曲线芯模，通过调整旋轮直径、主轴转速和旋轮进给速度等旋压工艺参数进行喷管延伸段可旋性试验。旋轮与芯模之间的间隙见表5。

表5 可旋性试验用间隙值

点序	1	2	3	4	5	6	7	8	9	10
距零件最大直径处距离/mm	80	100	118	131	142	152	167	173	178	180
间隙理论计算值/mm	2.01	1.93	1.80	1.72	1.64	1.53	1.42	1.36	1.25	1.18

图3为喷管样件可旋性试验结果，可见经过不同间隙可旋性试验，旋压出表面光滑、无起皱、鼓包、型面贴胎度好的直径为ϕ400mm的喷管样件，获得了较好的实际间隙计算值，见表6。此时铌钛合金试件断在点序8～9之间，测量试件断裂前壁厚为1.49mm，计算得出断裂前偏离率为-14.6%左右，试件的变薄率为50%左右，此时试件型面贴胎度最好。这表明新研制的铌钛合金室温成型性能良好，在较好地控制壁厚的负偏离率（-15%）条件下，铌钛合金退火板材的极限变薄率为50%左右，能满足发动机喷管延伸段使用要求。

表6 可旋性试验实际间隙

点序	1	2	3	4	5	6	7	8	9	10
间隙理论计算值/mm	1.95	1.80	1.71	1.63	1.55	1.32	1.21	1.15	1.14	1.07
实际壁厚/mm	2.23	2.11	2.02	1.84	1.76	1.63	1.56	1.51	—	—

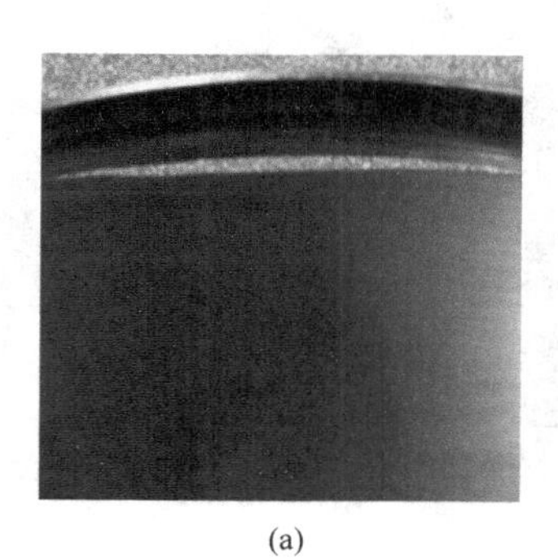

(a)

(b)

图3 可旋性试验结果
(a) 开裂；(b) 喷管样件

2.3 涂层制备及性能

2.3.1 涂层抗热震性能试验

对涂层进行了高温抗热震试验，采用低电压大电流直接通电加热，红外探头测温。将带有涂层的试样经室温升至1200℃并保温1h，再冷至室温，并循环10次后，涂层完好无损。试验前后的照片见图4。

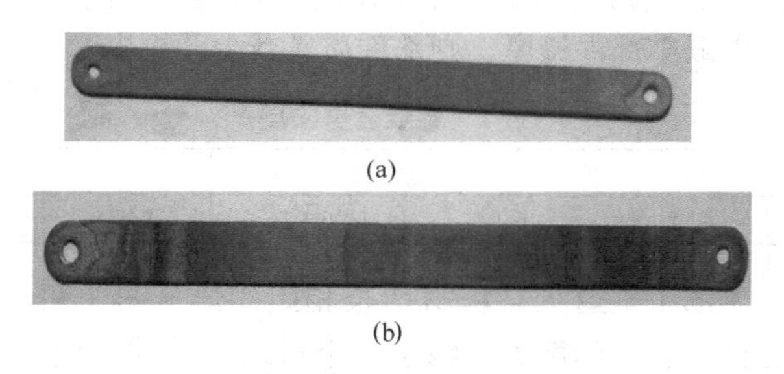

(a)

(b)

图4 铌钛合金+硅化物抗氧化涂层经室温～1200℃保温1h并循环10次（共计10h）热震前后试片
(a) 热震试验前；(b) 热震试验后

2.3.2 涂层的微观分析

2.3.2.1 氧化试验前涂层分析

图5所示为铌钛合金表面硅化物抗氧化涂层表面分析结果。由图5（a）可知，涂层表面较疏松，表面区域涂层呈熔融层状结构，每层都由许多不规则块状组成。EDS分析结果见表7，表层熔融层状结构和不规则块状内均包含Si、Ti、Cr、Nb几种元素，料粉配比中添加的硅粉也在表层体现了出来。图5（b）XRD分析显示，涂层表面主要为（Nb,Ti,Cr)Si_2复合硅化物。

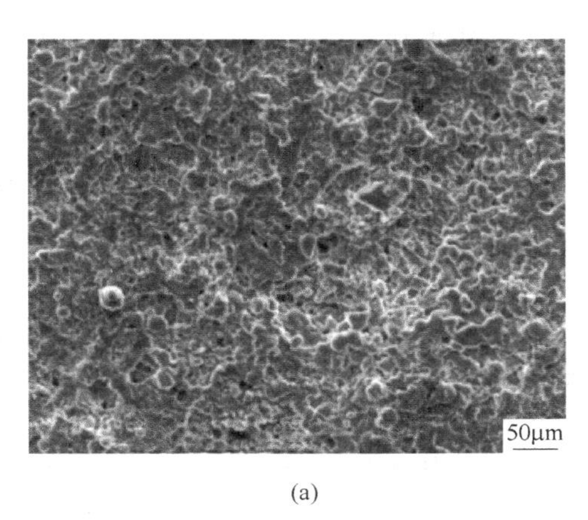

(a)

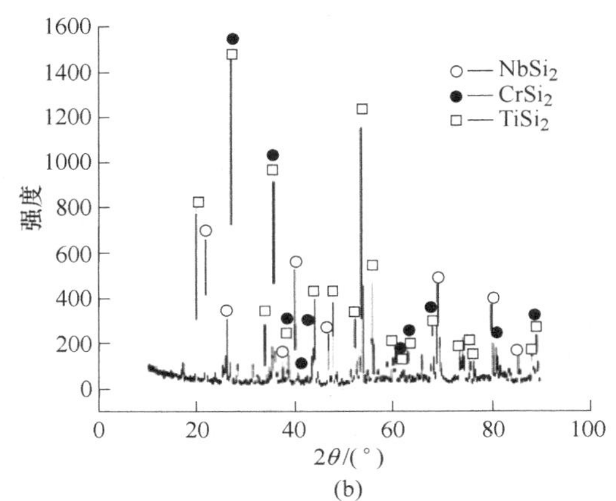

(b)

图5　涂层表面形貌和能谱
(a) SEM；(b) XRD

表7　涂层表面能谱分析　（质量分数,%）

Si K	Ti K	Cr K	Nb L
38.90	27.48	12.38	21.23

图6、表8分别为铌钛合金表面硅化物抗氧化涂层截面分析结果。由图6 SEM可见涂层由扩散层、中间层和外层三部分构成，涂层与基材扩散形成了扩散层，约10μm。表8中EDS结果显示，从外向内，Nb和Ti元素含量逐渐增加，Si元素含量不断降低，Cr元素在中间层含量最高。扩散层主要包含Si、Ti和Nb元素，表明扩散层是Si元素与基体元素互扩散而形成，主要成分为（Nb,Ti)$_5$Si$_3$，涂层非常致密，扩散层的存在有效提高了涂层和基体的结合强度。中间层比较致密，是涂层的主体，主要成分为（Nb,Cr)Si$_2$，涂层外层较疏松，主要成分为（Nb,Ti,Cr)Si$_2$，Si含量比较高。

图6　涂层截面形貌

表8　涂层截面能谱分析　（质量分数,%）

Si K	Ti K	Cr K	Nb L
26.69	37.32	1.29	34.71
45.31	25.82	12.78	23.09
46.16	20.49	11.44	21.92

由以上分析可知，铌钛合金上制备的硅化物抗氧化涂层，主要形成物是硅化铌，其机理是纯硅和渗硅层之间的热力学活性度不同所驱动，活性Si离子在化学势能梯度的驱使下扩散至金属基体表面并与金属原子发生反应，然后Si离子不断被金属基体吸收，并逐步扩散到基体中形成具有一定厚度且致密的渗硅层（Nb,Cr)Si$_2$，随着（Nb,Cr)Si$_2$层的不断增厚，活性Si离子的扩散速度减慢，在反应的最后阶段，供应到（Nb,Cr)Si$_2$层和基体界面处的活性硅不足以与基体反应生成二硅化物，从而形成了（Nb,Ti)$_5$Si$_3$过渡薄层（扩散层）。硅化铌在高温下形成二氧化硅和氧化铌，其中氧化铌是非挥发性氧化物，会进入二氧化硅玻璃中使其改性。硅化铌涂层中的富Cr、Ti的合金化区，可使硅化铌改性，提高铌基材抗氧化能力，减少穿透硅化铌涂层微裂纹的生成，降低铌基材氧化速度。

2.3.2.2　氧化10h后表面形貌分析

图7和表9为铌钛合金硅化物涂层是在1200℃经氧化试验10h后表面SEM和EDS。由SEM可见，涂层表面变动疏松多孔，氧化生成的氧化层呈蜂巢状结构，EDS分析表明，表层主要为Si和Nb的氧化物层，主要生成了SiO_2，其中氧

化严重的形成了蜂巢状结构的下凹部分。根据 SiO_2 结晶的特点分析，SiO_2 重结晶形成了较大的蜂巢状结构，此时表面氧化层均匀而致密，氧化过程生成的 SiO_2，其良好流动性不仅隔绝氧气进入涂层和基材，阻止氧进一步侵入涂层主体，也能填补涂层表面空隙，对铌钛合金起到很好的抗氧化作用[5~6]。

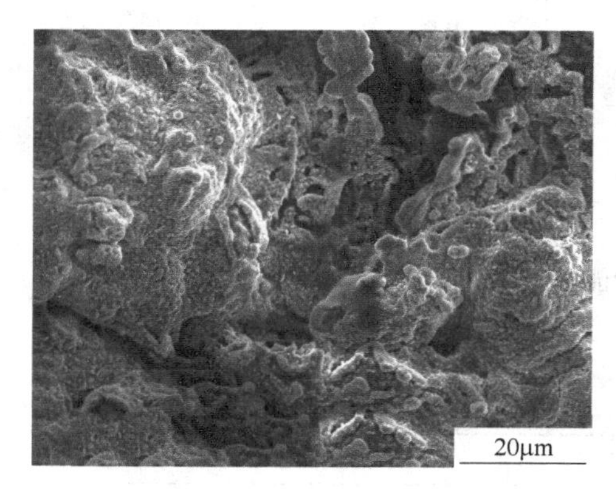

图 7　涂层氧化后表面形貌

表 9　涂层氧化后表面能谱　（质量分数,%）

O K	Si K	Ti K	Cr K	Nb L
44. 70	14. 56	24. 93	5. 63	10. 19

3　结论

（1）该新型低密度铌钛合金具有良好室温塑性和高温性能，可满足 1100～1300℃ 范围内作为结构材料工作的发动机部件。

（2）该铌钛合金具有良好的旋压性能，控制壁厚的负偏离率在-15%范围内，合金板材获得的最大极限变薄率为 50%左右，能满足发动机喷管延伸段使用要求。

（3）研制出了新型铌钛合金硅化物抗氧化涂层，其静态耐高温性能达到 1200℃ 寿命大于 10h。

（4）硅化物涂层均匀致密，与合金基体冶金结合；涂层主体成分硅化铌，高温下生成二氧化硅玻璃质保护膜，阻止涂层及基体的氧化；涂层中的富 Cr、Ti 的合金化区，可减少穿透硅化铌涂层微裂纹的生成，使硅化铌改性，提高铌基材抗氧化能力，从而使涂层具有良好的抗氧化性能。

参考文献

[1] Jackson M R. Tungsten and Refractory Metals-1994 [C]//New Jersey: Metals Powder Industries Federation, 1995: 657.

[2] 周永军，王瑞丹．镍基超合金的发展和研究现状 [J]．沈阳航空工业学院学报，2006，2，23（1）：35～37.

[3] 郑欣，白润，蔡晓梅，等．新型铌合金研究进展 [J]．中国材料进展，2014，33（Z1）：586～594.

[4] 孙佳，王玉，付前刚．铌合金高温热防护及其抗氧化硅化物涂层［J］．中国材料进展，2018；37（10）：817～825.

[5] 曲士昱，王荣明，韩雅芳．Nb-Si 系金属间化合物的研究进展［J］．材料导报，2002，16（4）：31～34.

[6] 何开民，贾中华，吕宏军，等．铌合金 $MoSi_2$ 抗氧化涂层制备及组织性能分析［J］．宇航材料工，2007，6：50～53.

选区激光熔化 Inconel 738 合金析出相行为及力学性能调控

许佳玉[1,2*]，丁雨田[1,2]，王浩[1,2]，雪生兵[1,2]

（1. 兰州理工大学省部共建有色金属先进加工与再利用国家重点实验室，
甘肃 兰州，730050；2. 兰州理工大学材料科学与工程学院，甘肃 兰州，730050）

摘　要：采用扫描电镜观察了退火态选区激光熔化（Selective laser melting，SLM）成形 Inconel 738 合金在不同温度下固溶和时效处理后的析出相演化。研究了不同温度下固溶和时效处理对 Inconel 738 合金的析出相演化行为及其对力学性能的影响。结果表明，合金经过 1170℃固溶时，发生不完全固溶，形成粗大（300nm）和细小球形（100nm）的两种 γ′相；$M_{23}C_6$ 碳化物回溶于基体，晶界碳化物形状转变为规则的方形 MC 碳化物。时效温度介于 650~850℃之间，随着时效温度增加，球状 γ′相的析出更为充分；晶界碳化物 650℃时无明显变化，750℃以上时 MC 周围 $M_{23}C_6$ 开始析出，时效温度越高 $M_{23}C_6$ 析出越多。当时效温度为 750℃时，合金硬度最高（493HV）比铸态（410HV）高 16.8%。

关键词：选区激光熔化；Inconel 738 合金；析出相；力学性能

Inconel 738 是一种被广泛应用于制造燃气轮机涡轮叶片、导向叶片、阀件等热端部件的沉淀强化型镍基铸造高温合金[1]。晶粒尺寸、γ′相体积分数、碳化物分布等是影响合金力学性能的主要因素[2]。选区激光熔化（selective laser melting，SLM）技术是一种使用高能量激光照射铺覆的金属粉末，通过层层的铺粉、熔化、凝固，最终叠加成形金属零部件的技术[3]。SLM 成形过程是一个快速熔化凝固的过程，由于冷却速度极快，γ′相未充分析出，材料处于亚稳态[4]，力学性能具有进一步优化的空间。对 SLM 成形 Inconel 738 合金进行适当的后处理，调节晶粒尺寸，析出相形貌、尺寸、体积分数、分布等，从而进一步优化合金力学性能。

本文通过对退火态 SLM 成形 Inconel 738 合金进行不同温度下的固溶+时效处理，对合金的析出相进行调控，研究 SLM 成形 Inconel 738 合金热处理过程中的析出相演化行为及其对力学性能的影响。

1　实验材料及方法

粉末材料物性参数、成分、SLM 成形设备及参数与本课题组之前的文献报道相同[5]，最终成形试样尺寸为 65mm×25mm×25mm。使用线切割将沉积态试样沿平行于沉积方向切成 5mm×5mm×2mm 薄片。固溶、时效实验在前期优化所得（800℃×24h/AC）退火制度下的退火态试样中进行[5]。设计三组固溶实验，固溶温度分别为 1000℃、1170℃和 1220℃，随炉升温，升温速率为 5℃/min，保温 2h，空冷至室温 20℃。在 1170℃的固溶基础上进行时效处理，时效温度分别为 650℃、750℃、850℃和 950℃，随炉升温，升温速率为 5℃/min，保温 24h，空冷至室温 20℃。

试样进行机械抛光后，用体积分数 10%高氯酸酒精溶液进行电解腐蚀用于 γ′相观察，腐蚀时间为 20~30s；用王水（盐酸 HCl 和浓硝酸 HNO_3，体积比为 3 : 1）腐蚀用于碳化物观察，腐蚀时间为 20~30s。使用 Quanta 450FEG 场发射扫描电镜（SEM）和能谱（EDS）分析试样 γ′相、碳化物形貌及成分。用 VH1102/12020 维氏硬度计测量 10 个随机点的硬度，取平均值。

2　实验结果

2.1　不同固溶+时效处理下 γ′相演变

如图 1 所示，不同温度固溶处理后，γ′相的尺

* 作者：许佳玉，女，博士生，E-mail：xujiayulut@126.com

寸和形貌均发生明显变化，使用 Nano Measurer 1.2 软件统计析出相平均尺寸。当固溶温度为 1000℃时，该温度远低于 γ′相初始溶解温度（1170℃）[6]，γ′相形貌呈球形，平均尺寸为 264nm（图 1（a））。当固溶温度为 1170℃和 1220℃时，两种固溶温度下都形成粗大方形（300～500nm）和细小均匀球形（100~200nm）的 γ′相混合组织。方形 γ′相能有效阻碍位错运动并发生韧性断裂，有利于提高合金高温屈服强度[7]，而在基体通道中析出的细小二次 γ′相，进一步阻碍位错运动，有利于获得良好的综合力学性能。1170℃和 1220℃在析出相初始溶解温度附近，但保温时间较短，固溶过程中大部分 γ′相回溶于基体，为不完全固溶。在保温过程中，由于温度较高，界面能减少，形成 γ′相的元素扩散较快，有利于 γ′相的合并和熟化长大，形成粗大的方形 γ′相[7]。固溶冷却过程中，由于冷却速率较大，基体通道较宽，形成 γ′相的元素向 γ/γ′相界面扩散，在基体通道中形成细小的球形 γ′相。1170℃固溶后，SLM 成形 Inconel 738 合金中粗大 γ′相的尺寸约为 300nm，具有较好的正方度，细小球形 γ′相的尺寸约为 100nm（图 1（b））。1220℃固溶后，SLM 成形 Inconel 738 合金中粗大方形 γ′相的尺寸约为 415nm，而细小的球形 γ′相尺寸约为 45nm（图 1（c））。相对比，1220℃固溶后，SLM 成形 Inconel 738 合金中两种 γ′相尺寸相差较大，主要是由于该温度下 γ′相形成元素回溶更加充分，冷却过程中有更多的 γ′相形成元素参与形核，因此球形 γ′相尺寸较小，从而造成两种 γ′相的尺寸相差较大。因此，当固溶温度为 1170℃时，γ′相的形貌及尺寸搭配较好。

(a)

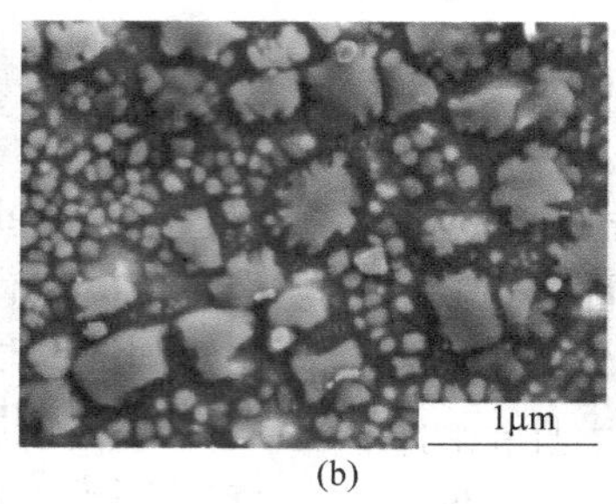

(b)

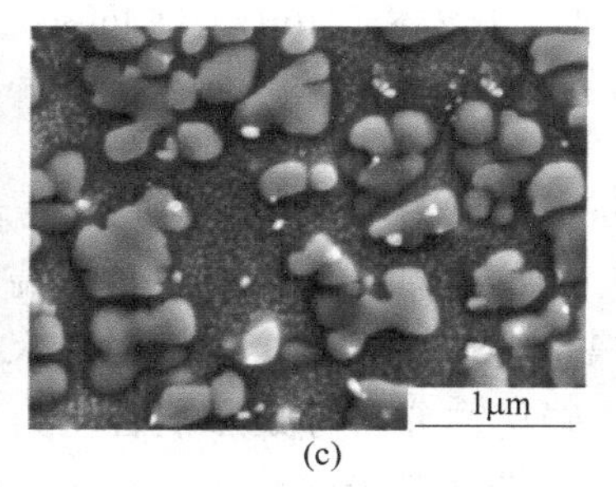

(c)

图 1　固溶试样 γ′相形貌
（a）1000℃；（b）1170℃；（c）1220℃

在 1170℃固溶处理后进行不同温度的时效处理，试样的 γ′相形貌如图 2 所示。通过 650~950℃下的时效处理，合金试样均保留了粗大方形和细小球形的两种 γ′相组织。随着时效温度的增加，球形 γ′相的析出较固溶处理的 γ′相析出更为充分，且尺寸逐渐增大。方形 γ′相随着温度的增加，尺寸增加，形貌逐渐趋于球形。时效温度为 650℃时，方形和球形 γ′相的尺寸相比于固溶态没有发生明显的变化，方形 γ′相的尺寸约为 300nm，细小球形 γ′相的尺寸约为 100nm（图 2（a））。相比于 650℃，时效温度为 750℃、850℃时，方形 γ′相尺寸略有增加，大小更加均匀（图 2（b）和（c））。同时，球形 γ′相的尺寸增加，析出更加充分。当时效温度为 950℃时，两种 γ′相均发生明显地粗化。方形 γ′相边缘形貌钝化且尺寸增加至 0.8μm 左右（图 2（d）），这是由于方形 γ′相受界面能影响，相比于方形，球形具有更小的界面能，因此 γ′相棱角钝化，向球形演变[8]。同时，由于基体中 γ′相完全析出，通过扩散长大作用，γ′相出现合并长大的趋势，因而两种 γ′相均增大。因此，当时效温度低于 850℃时，γ′相的形貌和尺寸较为稳定。

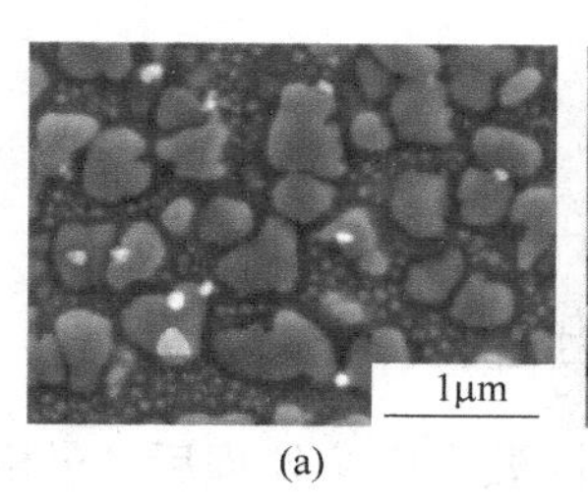

(a)

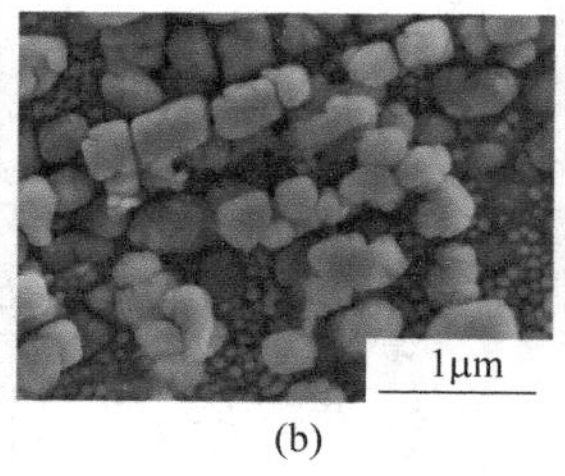

(b)

(c)

(d)

图 2　时效处理试样 γ′相形貌
（a）650℃；（b）750℃；（c）850℃；（d）950℃

2.2 不同固溶+时效处理下碳化物演变

由前期研究结果可知[5]，800℃退火后，MC碳化物在晶粒内均匀弥散分布，$M_{23}C_6$碳化物在晶界析出长大，尺寸达到360nm，晶界碳化物呈链状分布。MC碳化物为富含Ti、Ta和Nb碳化物，$M_{23}C_6$碳化物为富含Cr碳化物，$M_{23}C_6$碳化物熔点为1050℃左右[4]。随固溶温度升高，$M_{23}C_6$碳化物溶解，MC碳化物长大，晶界碳化物由连续状向断续状再向点状转变（图3）。对1170℃固溶试样晶界点1处碳化物进行EDS检测（图3（b）），结果见表1。由表中碳化物成分分析可知，点1方形碳化物为富Ti、Ta、Nb的MC碳化物。1170℃固溶温度高于$M_{23}C_6$碳化物的熔点，因而$M_{23}C_6$碳化物回溶，MC碳化物尺寸增至764nm。1220℃固溶后，晶界MC碳化物聚集长大，尺寸达到900nm。胞状晶组织仍然存在，且胞状晶边缘析出点状MC碳化物（图3（c））。受界面能影响，晶界处MC碳化物由规则的方形向球形转变。

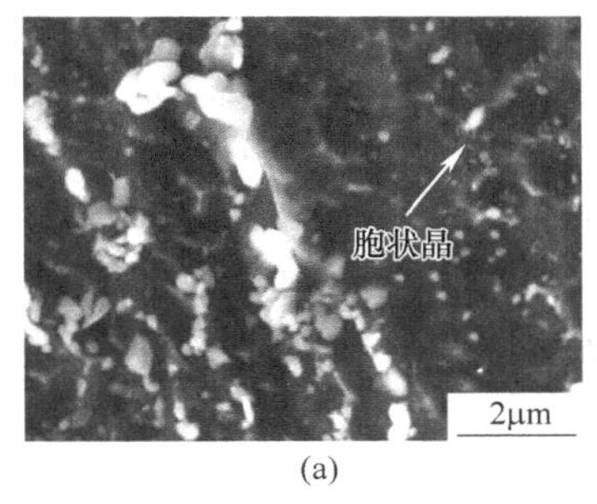

(a)

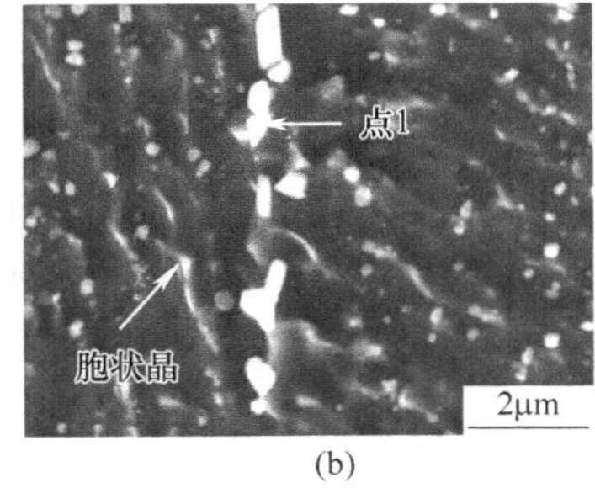

(b)

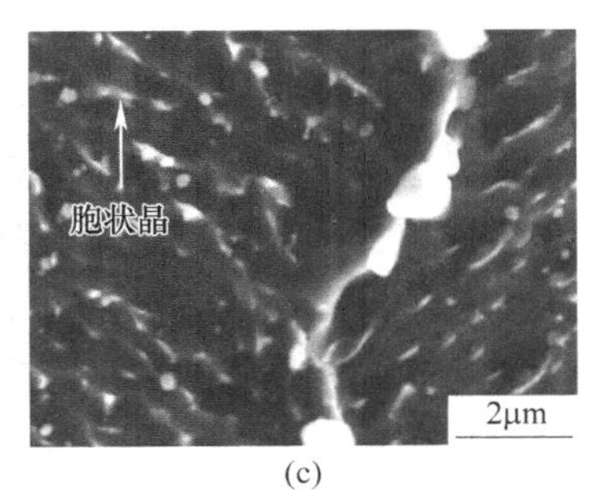

(c)

图3 固溶处理试样碳化物形貌
（a）1000℃；（b）1170℃；（c）1220℃

表1 1170℃固溶处理试样晶界碳化物成分
（质量分数,%）

元素	C	Cr	Ti	Ta	Nb	Al	Ni
1170℃固溶	11.45	0.94	33.54	31.25	16.44	0.07	1.69

由图4可以看出，随着时效温度的升高，晶界碳化物由断续状向连续状转变且数量逐渐增加。$M_{23}C_6$碳化物在镍基合金中的溶解温度约为1050℃，存在温度范围为760~1100℃，在900℃左右析出量最大，粗大不规则的$M_{23}C_6$碳化物对性能有不利的影响[9]。650℃时效时，温度在$M_{23}C_6$碳化物析出温度以下，晶界处碳化物无明显变化，晶界处方形MC碳化物保持固溶后断续状分布，长度保持在700nm左右（图4（a））。相比于650℃，时效温度为750℃的合金试样晶界处MC碳化物周围析出少量的均匀点状不规则碳化物（图4（b））。由图4（c）和（d）可以看出，时效温度为850℃、950℃时，晶界碳化物转变为连续分布。对850℃时效试样晶界处点1（图4（c））进行EDS分析，结果见表2。相对于基体，Cr元素质量分数为27.2%，相对基体中15.88%出现明显富集，晶界处析出的粗大不规则的碳化物为$M_{23}C_6$相。此时温度达到$M_{23}C_6$碳化物的最大析出温度，过饱和基体中Cr、C、Ti等元素扩散析出，晶界不仅有析出长大的MC碳化物，而且还有粗大不规则的$M_{23}C_6$碳化物，$M_{23}C_6$碳化物的尺寸约为2μm。950℃时效时析出$M_{23}C_6$相最多，呈连续状分布在晶界上。因此，当时效温度介于650~850℃之间时，随着时效温度增加，$M_{23}C_6$析出越多。

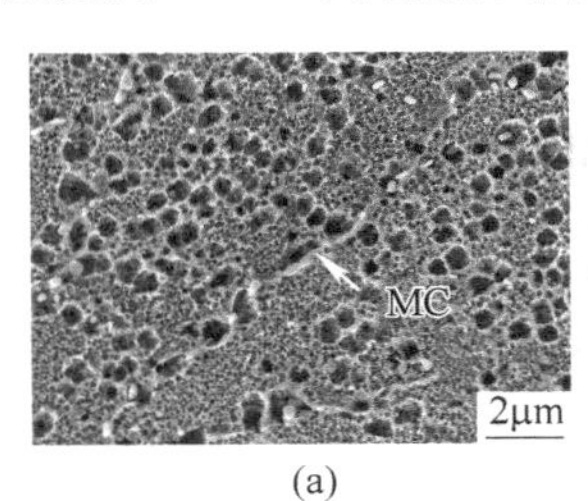

(a)

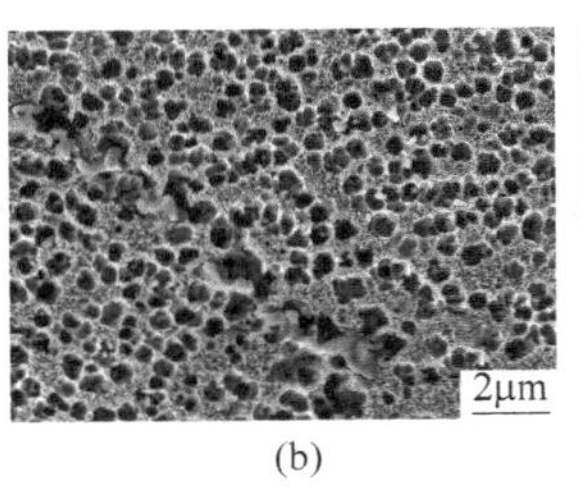

(b)

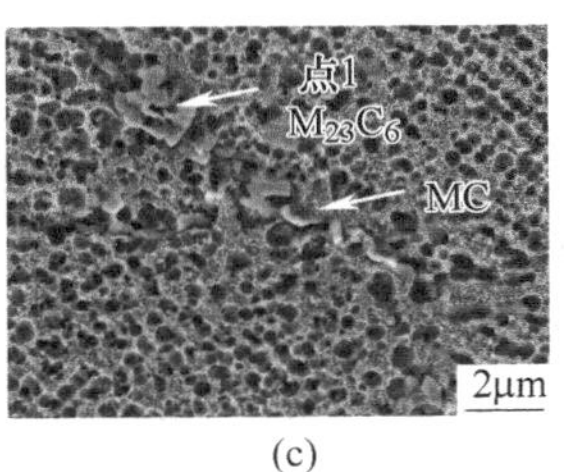

(c)

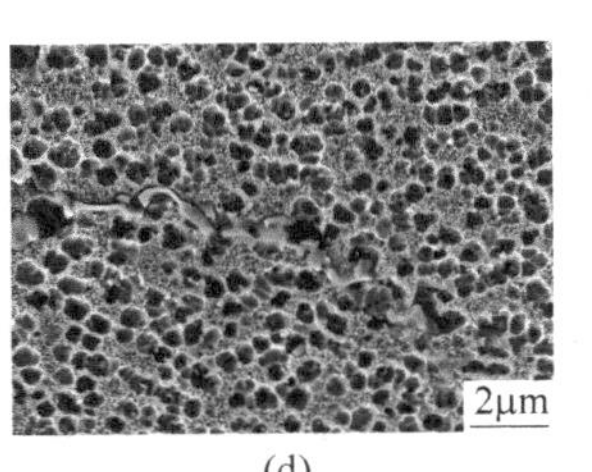

(d)

图4 时效处理试样碳化物形貌
（a）650℃；（b）750℃；（c）850℃；（d）950℃

表 2　850℃时效处理试样晶界碳化物成分

（质量分数,%）

元素	C	Cr	Ti	Ta	Nb	Al	Ni
850℃时效	5.94	27.2	0.35	0.21	0.08	0.29	7.62

2.3　时效处理试样的硬度

图 5 不同温度下时效处理试样的硬度，由于时效试样晶粒尺寸变化不大，因而忽略晶粒尺寸变化对合金硬度的影响。时效温度为 750℃时，球形 γ′相析出长大，硬度由 650℃时 457HV 上升 493HV，这是由于晶界处 MC 周围析出均匀点状的 $M_{23}C_6$ 相，增加了晶界强度。时效温度为 850℃时，与 750℃时相比，晶界处析出粗大的 $M_{23}C_6$，$M_{23}C_6$ 为脆性相，碳化物/基体界面强度弱，抗外力性能更差[10]。粗大 $M_{23}C_6$ 且晶界碳化物呈连续状，导致合金硬度下降至 470HV。时效温度高于 950℃时，温度较高保温时间较长，有利于 γ′相粗化，方形 γ′相尺寸增加至 0.8μm 左右，球形 γ′相尺寸增加至 200～300nm。γ′相棱角钝化变得圆润，使 γ′和 γ 界面的共格性丧失。位错源易在非共格的界面上产生[11]，导致硬度下降。

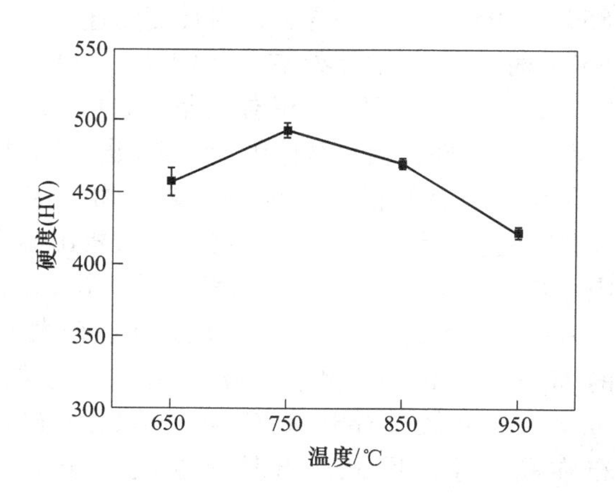

图 5　不同温度下时效处理试样的硬度

3　结论

（1）合金经过 1170℃固溶时，发生不完全固溶，形成粗大（300nm）和细小球形（100nm）两种 γ′相。时效温度介于 650～850℃之间，随着时效温度增加，球状 γ′相的析出更为充分。

（2）固溶温度高于 1170℃时，由于高于 $M_{23}C_6$ 的熔点，$M_{23}C_6$ 溶解回基体，晶界碳化物数量逐渐减少，碳化物形状转变为规则的方形 MC；时效过程中，750℃时效处理试样中 MC 周围 $M_{23}C_6$ 开始析出，随着时效温度增加，$M_{23}C_6$ 析出越多。

（3）当时效温度为 750℃时，合金硬度（493HV）比铸态（410HV）高 16.8%。

参考文献

[1] Rickenbacher L, Etter T, Hövel S, et al. High temperature material properties of IN738LC processed by selective laser melting (SLM) technology [J]. Rapid Prototyping Journal, 2013, 19 (4): 1355～2546.

[2] Yoon K E, Isheim D, Noebe R D, et al. Nanoscale studies of the chemistry of a René N6 superalloy [J]. Interface Science, 2001, 9: 249～255.

[3] Yang Q, Lu Z L, Huang F X, et al. Research on status and development trend of laser additive manufacturing [J]. Aeronautical Manufacturing Technology, 2016, 12: 26～31.

[4] Messé O, Muñoz-Moreno R, Illston T, et al. Metastable carbides and their impact on recrystallisation in IN738LC processed by selective laser melting [J]. Additive Manufacturing, 2018, 22: 394～404.

[5] 丁雨田，王浩，许佳玉，等．去应力退火 SLM 成形 Inconel 738 合金组织和性能演变［J］. 稀有金属材料与工程，2020，49（12）：4311～4320.

[6] 许佳玉，丁雨田，胡勇，等．选区激光熔化成形 Inconel 738 合金裂纹形成机理及各向异性［J］. 稀有金属材料与工程，2020，49（8）：2791～2799.

[7] 雷四雄，杨伟，郑行，等．精铸工艺对 K438 合金组织及高温力学性能的影响［J］. 特种铸造及有色合金，2019，39（3）：306～309.

[8] 周同金，马秀萍，田水，等．固溶冷却速率对 IN738LC 合金组织及性能的影响［J］. 金属热处理，2015，40（11）：153～156.

[9] 尹懿，张丽玲，李水涛，等．K438 高温合金补焊接头热处理裂纹研究［J］. 热加工工艺，2017（7）：243～245.

[10] 李林翰，董建新，张麦仓，等．GH4738 合金涡轮盘锻造过程的集成式模拟及应用［J］. 金属学报，2014，50（7）：821～831.

[11] 陈雨来，罗照银，李静媛．固溶温度对 S32760 双相不锈钢组织与耐点蚀性能的影响［J］. 金属学报，2015，51（9）：1085～1091.

新型耐温1100℃燃烧室用高温合金研究

沈宇[1,2*]，鞠泉[1,2]，张亚玮[1,2]，胥国华[1,2]，张勇路[1,2]

（1. 北京钢研高纳科技股份有限公司，北京，100081；
2. 钢铁研究总院高温所，北京，100081）

摘　要：现有燃烧室用高温合金近30年来使用温度没有明显提高，为实现新材料突破，开展了同时提高1100℃高温抗氧化和高温强度的合金化研究。研究结果表明：W和Mo共同强化与单独W强化相比，高温强度相当，持久寿命提升；少量的Ta和Hf的添加使合金高温强度和持久寿命明显提升。微量Hf可以促进合金表面完整含Al氧化膜形成。通过合金化设计，综合实现了1100℃下优异的抗氧化性能和高温强度兼具的目标。新型高温合金的抗氧化性能和高温强度均优于现有的GH3230合金。

关键词：新型燃烧室合金；1100℃；高温合金；高温强度；抗氧化性能

随着航空航天发动机的快速发展，燃烧室作为不可或缺的高温部件，对提高材料的使用温度有着无尽的需求。航空航天发动机燃烧室工作温度可达1100℃以上，而现用耐温能力最高的燃烧室用材料GH3230合金长时使用温度达1000℃，在1100℃以上使用时性能衰减严重。因此，急需寻找和开发耐温1100℃燃烧室用新型高温合金。

现燃烧室用固溶强化合金主要依靠Cr提供抗氧化性能，凭借C、Cr、W、Mo等元素形成碳化物强化和固溶强化保证高温强度。在该类合金成分设计体系下进一步提高使用温度不可避免会遇到两个问题：首先，超过1000℃温度条件下，合金的氧化物膜为含Cr氧化物，将会转化成挥发性CrO_3，使抗氧化性能衰减明显[1]；其次，进一步添加W、Mo强化元素，将超过基体固溶能力，无法形成有效强化。因此现有燃烧室用高温合金的发展遇到瓶颈，近30年来其使用温度没有明显提高。

本文提出了一种新的同时提高高温抗氧化和高温强度的合金化设计思路，可实现合金在1100℃下兼具优异的抗氧化性能和高温强度的目标。一方面，利用Al和Cr的相互作用形成致密Al_2O_3代替Cr_2O_3。Al的氧化物在1100℃以上具有优异的稳定性，常用来代替Cr来提高合金在1000℃以上的抗氧化性能。合金氧化物类型与合金中Cr、Al含量相关，当Cr和Al的质量比小于4优先生成Al_2O_3氧化膜[2]。因此可以通过调控合适Cr、Al含量来获得完整Al_2O_3氧化膜，同时Al含量不宜过高，过高Al含量对合金加工成型性能和焊接性能不利。另一方面，Al的添加降低了合金抗氧化性能对Cr的需求，由此可通过降低Cr含量释放基体固溶空间，为提高处于同一族元素的W、Mo的固溶强化提供可能。此外，由于燃烧室部件结构复杂，需要合金具备一定成型性能，所以新合金也需要保证一定的室温塑性。

先前研究已经确定了在1100℃氧化100h形成完整连续Al_2O_3膜的最佳Cr/Al值[3]。本文在此基础上进一步研究了固溶元素W和Mo、基体元素Co、微量元素Ta和Hf的高温强化效果，探究在Ni-Cr18-Al3.5合金体系下合金的高温强度极限。此外，还研究揭示了Ta和Hf元素对合金在高温条件下抗氧化性能的影响规律和机理。研究结果与现有合金CH3230和国外最新Haynes 233合金的性能进行了对比分析。

1　试验材料与方法

试验合金选择Ni-Cr18-Al3.5（质量比）合金体系，采用真空感应冶炼+电渣重熔工艺制备了不同成分的ϕ120mm电渣锭，试验合金成分见表1。

*作者：沈宇，工程师，E-mail：shenyu_ustb@163.com

首先在1200℃进行了20h的均匀化处理。随后合金铸锭经过开坯锻造成40mm厚的坯料，然后再热轧成3mm厚度的板材，最终冷轧制备成1.5mm板材。成品板材热处理：1260℃×1h，AC。

合金板材取样分别进行显微组织、力学性能、抗氧化性能测试和分析，其中采用光镜、扫描电镜和电子探针研究分析了试验合金板材的固溶组织和析出相特征；测试了试验合金板材的室温、高温（1100℃）和持久性能（现用合金测试条件：1000℃/40MPa），并与现用GH3230性能对比；采用高温热处理炉开展了板材在1100℃的抗氧化性能测试，记录了氧化前后试样质量变化，统计了增重和截面氧化深度等数据，借助扫描电镜和电子探针分析了氧化层组成和截面元素分布，利用多晶X射线衍射仪（XRD）分析了合金表面氧化产物的物相组成。

表1　试验合金的化学成分　（质量分数，%）

合金	Co	W	Mo	Hf	Ta	Cr	Al	C	Y	Ni
1号	20	20	—	—	—	18	3.5	0.1	0.02	余量
2号	20	18	2	—	—	18	3.5	0.1	0.02	余量
3号	20	20	—	0.4	—	18	3.2	0.1	0.02	余量
4号	20	20	—	—	0.5	18	3.2	0.1	0.02	余量
5号	20	20	—	0.4	0.5	18	3.2	0.1	0.02	余量
6号	30	20	—	—	—	18	3.5	0.1	0.02	余量
7号	40	20	—	—	—	18	3.5	0.1	0.02	余量
8号	50	20	—	—	—	18	3.5	0.1	0.02	余量
9号	40	20	—	0.4	—	18	3.2	0.1	0.02	余量
10号	40	20	—	—	0.5	18	3.2	0.1	0.02	余量
11号	40	20	—	0.4	0.5	18	3.2	0.1	0.02	余量
12号-Haynes 233	19	—	7.5	0.4	0.5	19	3.3	0.1	0.02	余量

2　试验结果

2.1　合金板材显微组织

图1为试验合金固溶处理后组织，试验合金板材组织中有大量颗粒状或块状的析出相存在。表2统计了相应不同成分合金在固溶处理后的晶粒度和析出相分数。可以看出，1号和5号合金的Co、W和Mo的固溶强化元素总含量一致，晶粒尺寸相近（37~40μm），析出相分数相差不大（5.7%~6.7%），表明微量Ta和Hf的添加对合金析出相分数和晶粒尺寸影响较小。当Co含量逐渐增加至30%、40%、50%时，析出相数量最大增加至9.8%，且析出相主要在晶界分布，阻碍晶粒生长，导致相应的晶粒尺寸减小。Haynes 233合金的固溶热处理制度参考其标准固溶处理制度，晶粒尺寸相比其他试验合金较大，析出相数量较少，仅为0.9%，远小于其他试验合金。

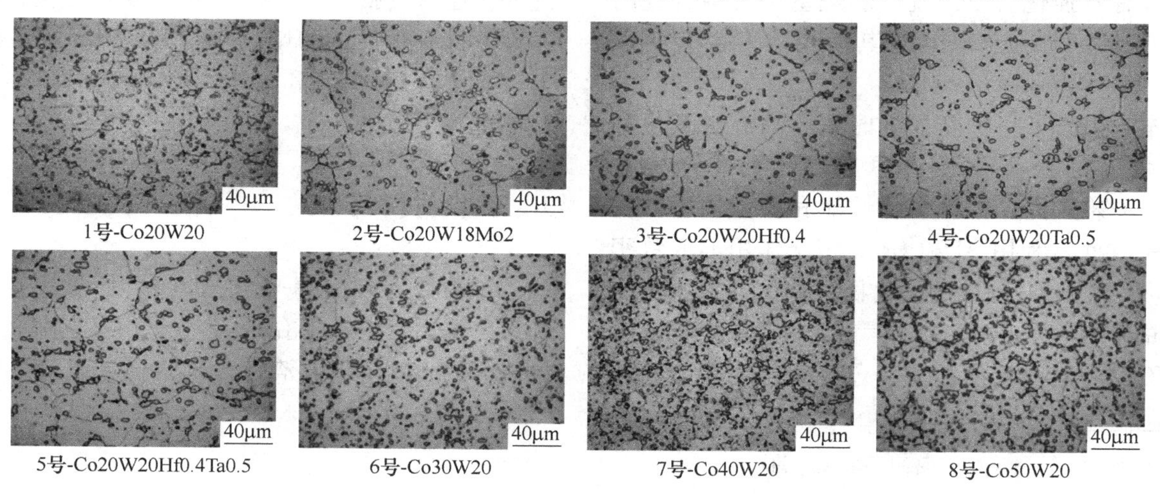

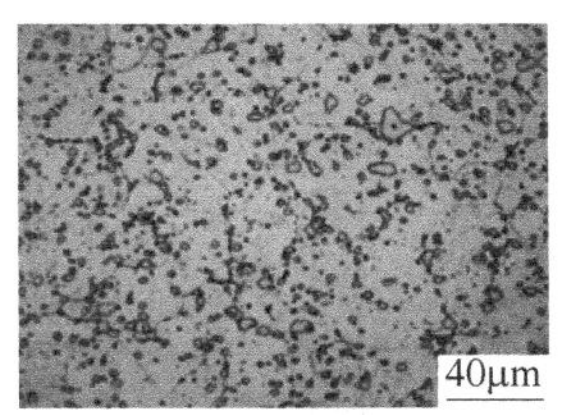

9号-Co40W20Hf0.4

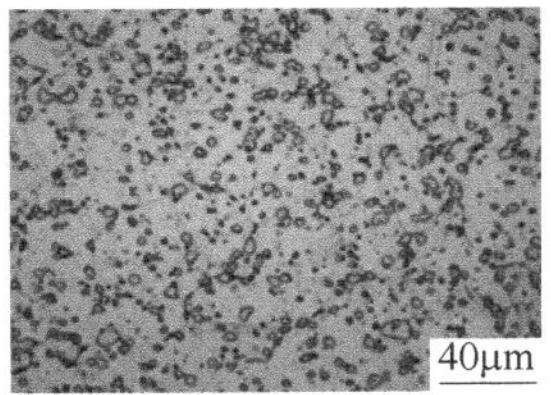

10号-Co40W20Ta0.5

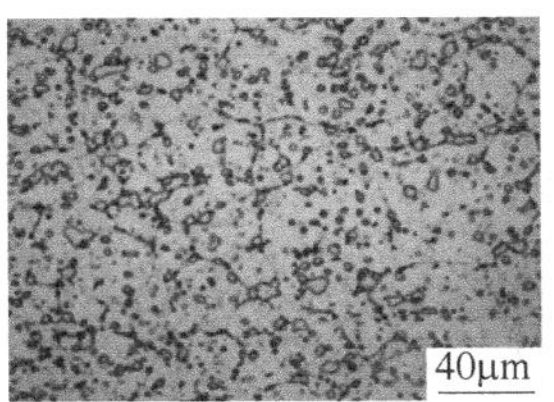

11号-Co40W20Hf0.4Ta0.5

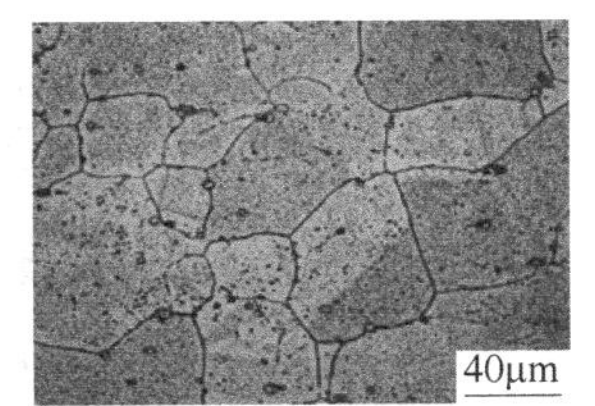

Haynes 233

图 1 试验合金的固溶金相组织

为进一步分析析出相类型和元素组成，利用电子探针对析出相进行了元素分布分析，以 1 号合金为例，结果如图 2 所示，可判断存在有两种类型的析出相，分别为富 C 和 W 的 M6C 相和只富 W 的 μ 相，且两种析出相的析出数量分数相当，在外观形貌上难以区分。

表 2 试验合金经固溶处理后的晶粒尺寸和析出相分数

合金	热处理状态	晶粒尺寸/μm	析出相分数/%
1 号	1260℃×1h，AC	39	6.7
2 号	1260℃×1h，AC	41	6.5
3 号	1260℃×1h，AC	42	5.7
4 号	1260℃×1h，AC	42	5.8
5 号	1260℃×1h，AC	42	6.0
6 号	1260℃×1h，AC	37	8.2
7 号	1260℃×1h，AC	35	9.9
8 号	1260℃×1h，AC	36	9.6
9 号	1260℃×1h，AC	36	9.5
10 号	1260℃×1h，AC	36	9.6
11 号	1260℃×1h，AC	36	9.5
12 号-Haynes 233	1150℃×1h，AC	49	0.9

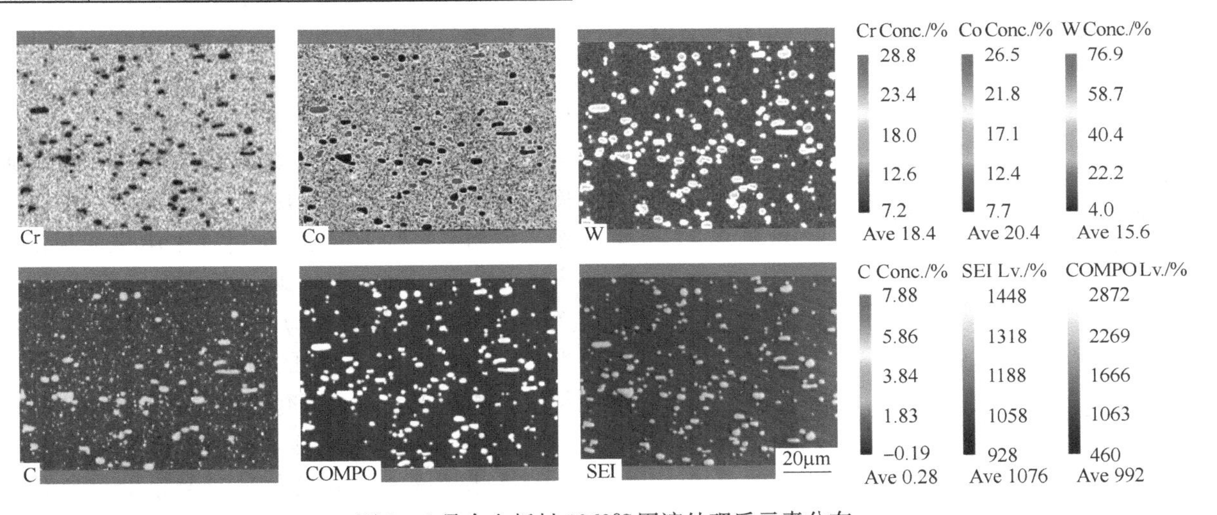

图 2 1 号合金板材 1260℃固溶处理后元素分布

2.2 合金板材力学性能

图 3 为试验合金的高温和室温力学性能，由 3（a）可以看出，试验合金在目标温度 1100℃的抗拉强度均高于 GH3230 和 Haynes 233 合金，其中含 Ta 和 Hf 或者 Co 含量高的 5 号、8 号、9 号、10 号和 11 号合金的抗拉强度超过 80MPa。试验合金在 1000℃/40MPa 典型条件下的持久寿命如图 3（b）所示，可见除 7 号外的试验合金的高温持久寿命均优于 GH3230 和 Haynes 233 合金。20%W（1 号合金）和 18%W+2%Mo（2 号合金）的强化效果相同，但后者的持久寿命更高。微量 Ta 的添加对合金性能影响较小，微量 Hf 的添加显著提高合金的持久寿命（3 号相比 1 号，9 号相比 7 号），同时添加 Ta 和 Hf 的合金高温强度和持久性能最优（5 号和 11 号），超过了 80h，显著高于其他合金。

由于固溶元素添加量太高，析出相尤其 μ 相的存在对室温塑性不利，试验合金的室温塑性较低（见图 3（a）），其中 Co 含量 20%的合金的室温伸长率低于 30%，而 Co 含量 40%的合金的室温伸长率与 GH3230 合金相当。此外，含 Ta 合金的室温伸长率要略高于不含 Ta 的合金。

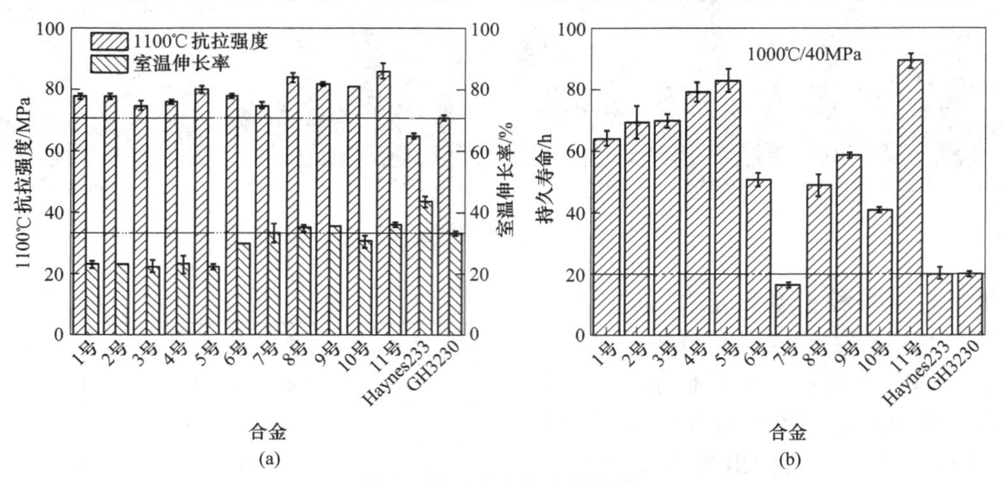

图 3　试验合金的力学性能

（a）1100℃的高温强度和室温伸长率；（b）1000℃/40MPa 持久性能

2.3　合金板材抗氧化性能

试验合金板材在 1100℃下的高温抗氧化性能被研究了，对不同成分试验合金进行了 1100℃氧化 100h 的高温氧化试验，根据合金氧化增重计算得到合金氧化速率如图 4 所示，可以看出，6 号、7 号、8 号和 10 号合金的氧化速率高于 GH3230 合金，而其他合金的氧化速率则均低于 GH3230 合金，与 Haynes 233 合金相差不大。此外，含 Hf 合金的抗氧化速率明显低于对应相同成分的不含 Hf 合金，表明 Hf 降低了合金在 1100℃下的氧化速率。

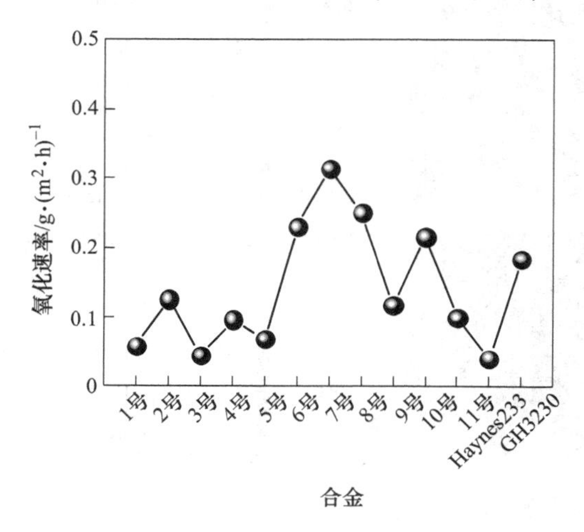

图 4　试验合金在 1100℃氧化 100h 的氧化速率

为进一步分析 Hf 元素添加对 Al_2O_3 氧化膜形成的促进作用机理，分析了含 Hf 试验合金在 1100℃氧化 100h 后的截面元素分布，结果如图 5 所示，可以看出三种合金表面均形成了完整致密连续的 Al_2O_3 氧化层，Hf 元素在氧化层中富集分布，表明微量的 Hf 在氧化过程中向表面扩散，在表面 Al_2O_3 氧化层中富集，直接参与了 Al 的氧化反应，起到 Al 和 O 反应的催化剂的作用，从而促进了完整连续 Al_2O_3 层的形成。此外，三种合金氧化层内侧均未发生内氧化，也未出现 Cr 和 Al 元素的贫化区，析出相未发生回溶，保证了氧化层下方的基体强度。不同成分试验合金的抗氧化性能研究表明 Hf 元素的添加可以促进完整连续 Al_2O_3 氧化层的形成，从而提高合金的高温抗氧化性能。

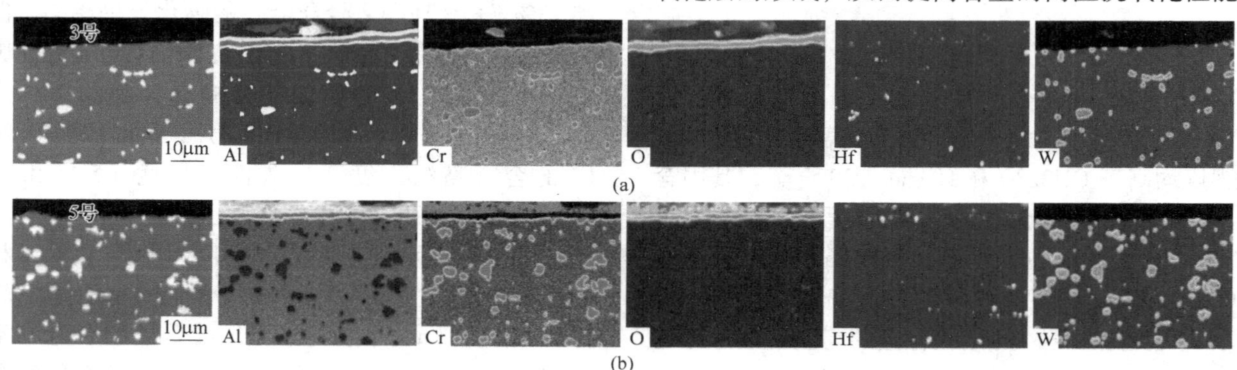

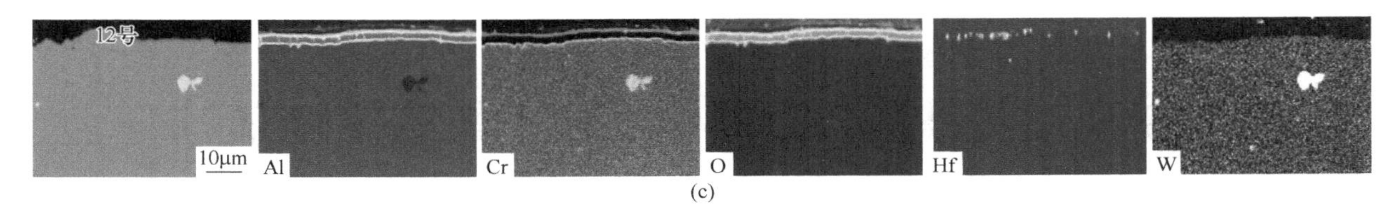

(c)

图5　含Hf试验合金在1100℃氧化100h后的截面元素分布
（a）3号合金；（b）5号合金；（c）12号-Haynes 233合金

3　分析与讨论

图3中1号和2号合金的性能结果表明18%W+2%Mo的强化效果和单纯的20%W的强化效果相近，但持久寿命得到了显著提升。这种性能的差异主要与合金组织状态相关，高含量的W、Mo的添加超过基体的固溶极限，导致富W、Mo的M_6C和μ相的析出，而析出的W、Mo无法起到固溶强化的作用。2号合金的析出相含量略低于1号合金，在固溶强化效果上两合金几乎一致，而2号合金的析出相大多分布在晶内，晶粒尺寸稍高于1号合金，因此持久寿命稍高于1号合金。此外，图3的结果表明5号合金的高温强度和持久寿命要远优于Haynes 233合金，而5号合金和12号（Haynes 233）合金的化学成分唯一明显差异是5号合金采用20%的W实现固溶强化，Haynes 233合金采用7.5%的Mo实现固溶强化。这表明20% W对提高合金高温力学性能的效果远优于7.5% Mo，但不足之处是室温塑性明显降低。

微量Ta和Hf的添加虽然没有引起试验合金析出相分数和晶粒尺寸的明显变化，但合金的高温强度仍有一定程度提升。这主要是因为Ta和Hf具有降低合金堆垛层错能的效果[4]。且微量的Ta和Hf还可以改善晶界状态、细化晶界[4]，因此含Hf的合金持久性能较好，尤其是同时添加Ta和Hf的1号和5号合金的持久寿命显著高于其他合金。此外，值得注意的Ta的添加使得合金室温塑性略有改善，但由于添加量较少，改善效果有限。

4　结论

（1）试验合金由于高的固溶元素含量，基体中析出富C、W的M_6C相和富W的μ相，且两种析出相的析出分数相当。Co含量增加会促进析出相的数量增加，抑制晶粒长大。微量Ta和Hf的添加对合金析出相分数和晶粒尺寸影响较小。

（2）试验合金的高温强度和持久性能均优于GH3230和Haynes 233合金。含18%W+2%Mo合金和含20%W合金的强化效果相同，但持久寿命更高。微量Ta的添加对合金性能影响较小，微量Hf的添加显著提高合金的持久寿命，同时添加Ta和Hf的合金高温强度和持久性能最优，显著高于其他合金。

（3）Hf元素的添加可以促进完整连续Al_2O_3氧化层的形成，从而提高合金的高温抗氧化性能。

参考文献

［1］王玲，向军淮，张洪华，等.3种不同Cr含量Co-20Re-Cr合金在1000和1100℃的高温氧化行为［J］.中国腐蚀与防护学报［J］，2019，39（1）：83~88.

［2］谈萍，陈金妹，汤慧萍，等.Fe-Al系合金抗高温硫化腐蚀性能研究进展［J］.稀有金属材料与工程，2012，41（2）：817~820.

［3］Shen Yu，Ju Quan，Xu Guohua，et al. Improved oxidation resistance and excellent strength of nickel-based superalloy at 1100℃ by determining critical Cr-Al value［J］. Materials Letters，2022，328（1）：133226.

［4］Zhang H P，Bai J M，Li X K，et al. Effect of Hf and Ta on the tensile properties of PM Ni-based superalloys［J］. Journal of Alloys and Compounds，2023，935（15）：167653.

新型钴基高温合金的应变速率敏感性研究

杨静，王磊*，刘杨，宋秀，刘诗梦

（东北大学材料科学与工程学院材料各向异性与织构教育部重点实验室，辽宁 沈阳，110819）

摘　要：研究了两种新型钴基高温合金（0C、5C 合金）铸态及时效态不同应变速率下的力学性能及应变速率敏感性。结果表明，新型高温合金时效后 γ′相粗化，由球形向方形转变。时效态合金经热处理后组织更加均匀，其力学性能相较于铸态合金更加稳定。相同应变速率下，0C 合金的断裂延伸率优于 5C 合金，这是由于 5C 合金中硬而脆的 MC 型碳化物容易产生应力集中。当应变速率为 $10^2 s^{-1}$ 时，铸态及时效态 0C 与 5C 合金的力学性能均十分优异。应变速率较快时，位错缠结来不及释放，流动应力升高，合金强度提高；合金内温度效应增强，塑性变形更加容易。

关键词：新型钴基高温合金；应变速率敏感性；变形行为

新型钴基高温合金具有与镍基高温合金相似的 γ′相强化方式而引起了科研工作者的广泛关注。作为航空发动机用材，由于其高温高速的服役特点，考察其动态载荷下的力学行为至关重要。因此，本文研究应变速率对铸态和时效态两种新型钴基高温合金拉伸变形行为的影响，探讨合金拉伸性能的应变速率敏感性，为新型钴基高温合金服役安全提供基础数据。

1　试验材料及方法

本文试验材料为新型钴基 0C 合金（碳含量 0%）和 5C 合金（碳含量 0.51%），两种合金均采用双真空熔炼浇注成铸锭。合金成分如表 1 所示。

表 1　新型钴基高温合金的化学成分

（质量分数,%）

合金	Al	W	Ni	B	Ti	Ta	Cr	Zr	Mo	C	Co
0C	3.9	14.67	23.84	0.015	1.87	5.61	6.51	0.12	0.29	0	余量
5C	3.84	16.12	23.84	0.012	1.87	5.62	6.51	0.12	0.29	0.95	余量

为进一步消除铸造过程中凝固速率不同引起的枝晶偏析及结构不均匀，对 0C 和 5C 铸造合金进行固溶时效处理，固溶处理温度为 1200℃、时长 4h。经固溶处理之后，需再对试样进行时效热处理以形成稳定的 γ/γ′两相组织。时效制度为 950℃下保温 100h。将试样经研磨、机械抛光、化学腐蚀后用 JSM-7001F 热场发射扫描电子显微镜（SEM）对 γ′相的形貌、尺寸等进行观察。分别对铸态和时效态 0C 和 5C 合金在室温下进行拉伸试验，应变速率分别为 10^{-5}、10^{-3}、10^{-2}、10^{-1}、$10^2 s^{-1}$。应变速率在 $10^{-5} \sim 10^{-1} s^{-1}$ 范围内时，采用 MTS 810（material test system）材料试验机进行拉伸试验；当应变速率为 $10^2 s^{-1}$时，采用 Zwick HTM 5020 高速试验机进行试验。对于拉伸断口，采用线切割的方法切取试样断口。在切割过程中要注意保持断口原貌，避免污染，用生料带缠绕断口，防止断口的氧化和破坏。采用 JSM-6510A SEM 观察断口形貌。

2　试验结果及分析

2.1　铸态及时效态试样中 γ′相形貌

图 1 是铸态及时效态新型钴基高温合金的显微组织。可以看出，0C 及 5C 合金中 γ′相体积分数均较高。铸态合金中 γ′相呈球形，排列致密，经过标准热处理后 γ′相尺寸增大并且发生明显的方化。γ′相之所以呈现出两种不同的形态，其原因在于 γ/γ′界面能以及由两相错配度变化所引起

* 作者：王磊，教授，联系电话：024-83681685，E-mail：wanglei@mail.neu.edu.cn

的共格应变能的共同作用。铸态时，由于凝固速率较快且元素扩散不充分，γ/γ′两相错配度较低接近于0，γ′相尺寸较小，界面能为主要控制因素，为尽可能地减小单位体积内的表面积而降低系统总能量，γ′相呈球形析出。在标准热处理过程中，随着球形颗粒的长大，两相错配度增大，共格应变能成为主要控制因素，当γ′相尺寸超过临界尺寸时，γ′相产生由球形向方形的转变。

图1 新型钴基高温合金中γ′相形貌
（a）铸态0C合金；（b）铸态5C合金；（c）时效0C合金；（d）时效5C合金

2.2 应变速率对新型钴基高温合金拉伸性能的影响

2.2.1 不同应变速率下新型钴基高温合金应力-应变曲线

图2示出不同应变速率下新型钴基高温合金应力-应变曲线。可以看出，不同应变速率下，铸态合金的应力-应变曲线变化更加明显，对应变速率更为敏感。时效态合金由于经标准热处理后，合金元素的凝固偏析减少，枝晶的晶间相和共晶消除，组织更加均匀，因此在不同应变速率下，相较于铸态合金，时效态合金的应力-应变曲线相对稳定。在不同应变速率下，新型钴基高温合金均产生了弹性变形阶段以及塑性变形阶段。在应力-应变曲线的弹性变形阶段，由于弹性模量为非组织敏感性因素，其大小主要取决于材料本身，与晶格类型及原子间距有关[1]，因此随应变速率的变化，铸态及时效态合金的弹性模量均无明显改变。

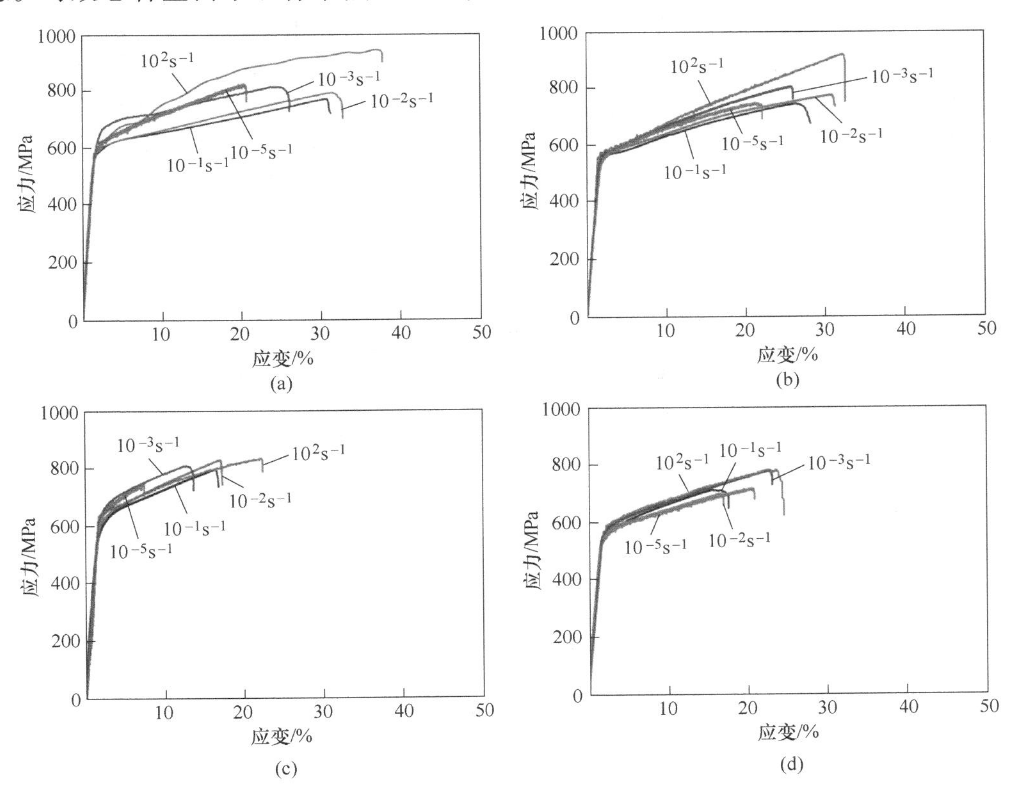

图2 不同应变速率下新型钴基高温合金应力-应变曲线
（a）铸态0C合金；（b）时效态0C合金；（c）铸态5C合金；（d）时效态5C合金

2.2.2 新型钴基高温合金力学性能随应变速率的变化

图 3（a）示出的是不同应变速率下，铸态及时效态 0C 与 5C 合金的屈服强度随应变速率变化曲线。屈服强度在不同应变速率下变化幅度不大，最大变化幅度不超过 10%，时效态合金由于组织更加均匀在不同应变速率下的屈服强度变化趋势更平缓。当应变速率处于 10^{-1} ~ $10^{2}s^{-1}$ 范围内时，铸态及时效态 0C 与 5C 合金的屈服强度均有小幅度的上升。较高的应变速率下，合金内可开动的滑移系增多，塑性变形能力明显提高，同时合金内位错密度也有增加，晶体内位错缠结导致位错运动受阻。通常情况下，位错缠结通过位错偶极子的分解或者刃型位错的攀移来释放[2,3]，这些都需要一定的时间，但是由于加载速度过快，位错缠结来不及释放，因此流变应力提高，宏观上表现为合金屈服强度提高。

图 3（b）示出的是不同应变速率下，铸态及时效态 0C 与 5C 合金的抗拉强度随应变速率变化曲线。当应变速率处于 10^{-5} ~ $10^{-1}s^{-1}$ 的范围内时，抗拉强度随应变速率变化幅度不大，变化幅度最大不超过 10%。当应变速率为 $10^{2}s^{-1}$ 时，四组试样的抗拉强度均呈上升趋势，其中 0C 合金的抗拉强度上升更为明显。这主要是因为当应变速率超过 $10^{-1}s^{-1}$ 时，拉伸载荷由静态转为动态，动态加载下，应变速率明显提高，这时试样内能够开动更多的滑移系，合金内位错密度也有所增大，位错缠结严重，由于加载速度快，位错运动受阻来不及释放，流变应力增加，宏观上表现为材料抗拉强度提高。由于 5C 合金中由于硬而脆的 MC 型碳化物的存在，其抗拉强度上升幅度低于 0C 合金。

图 3（c）示出的是不同应变速率下，铸态及时效态 0C 与 5C 合金的断裂伸长率随应变速率变化曲线。可以看出，当应变速率为 10^{-5} ~ $10^{-1}s^{-1}$ 范围内时，时效态 0C 合金及时效态 5C 合金断裂伸长率基本不受应变速率影响。这主要是因为经时效处理后，合金元素的凝固偏析减少，枝晶的晶间相和共晶消除，组织更加均匀，其断裂伸长率随应变速率的变化不明显。当应变速率为 10^{-1} ~ $10^{2}s^{-1}$ 时，合金的断裂伸长率均呈上升趋势。这主要是由于当应变速率增加到一定程度时，合金中多出位错启动，大量的滑移系同时开动，并且由于塑性变形过程中产生的热量带来的温度效应使塑性变形更加容易进行。应变速率升高，温度效应也随之加大。当温度效应对塑性的有利影响超过位错缠结对塑性的不利影响时，宏观上表现为，随应变速率的提高，材料断裂伸长率明显上升。5C 合金中添加了 0.5% 的碳元素，合金中存在硬而脆的碳化物。外力加载下，容易产生应力集中。当受到外力作用时，碳化物顶端首先产生应力集中，当外加应力达到一定程度时就会使碳化物开裂，或在碳化物与基体间产生裂纹，裂纹快速扩展，进而发生断裂。受此影响，在相同的应变速率下，相同状态的 0C 合金断裂伸长率均优于 5C 合金。

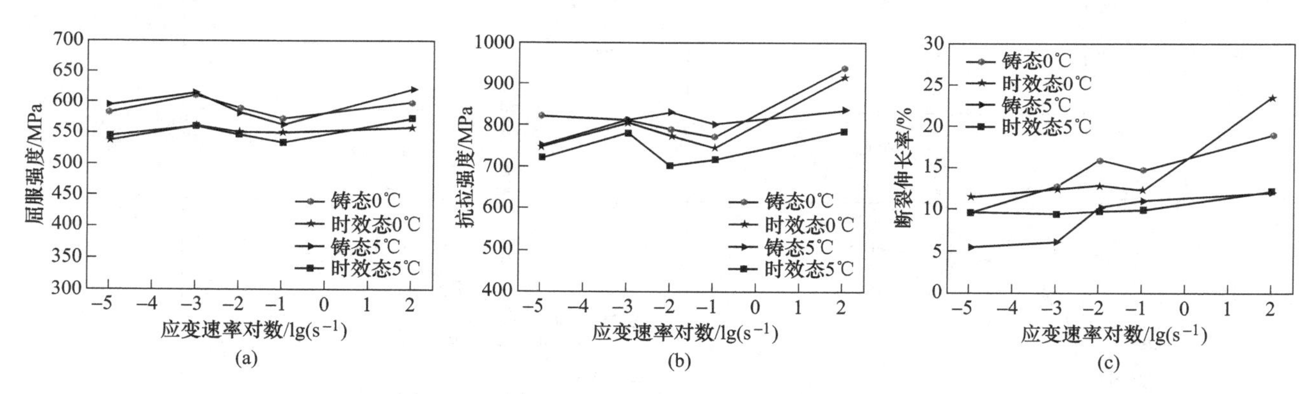

图 3 不同应变速率下新型钴基高温合金力学性能

（a）屈服强度；（b）抗拉强度；（c）断裂伸长率

2.3 应变速率对新型钴基高温合金变形行为的影响

图 4（1）示出的是铸态 0C 合金不同应变速率下的断口形貌。铸态 0C 合金断口存在少量二次裂纹，微观断口呈折线形台阶状。当应变速率为 $10^{2}s^{-1}$ 时，试样塑性提升，塑性变形能力加强，相较于其他应变速率下的断口形貌，试样断面收缩明显。

图 4（2）示出的是时效态 0C 合金在不同应变速率下断口形貌。时效态 0C 合金断口与铸态 0C 合金相比变化不大，断口呈台阶状并存在少量二次裂纹。当应变速率为 $10^2 s^{-1}$ 时，试样塑性变形能力增强，相比其他应变速率下的断口其断面明显收缩，微观断口呈台阶状且韧窝明显。

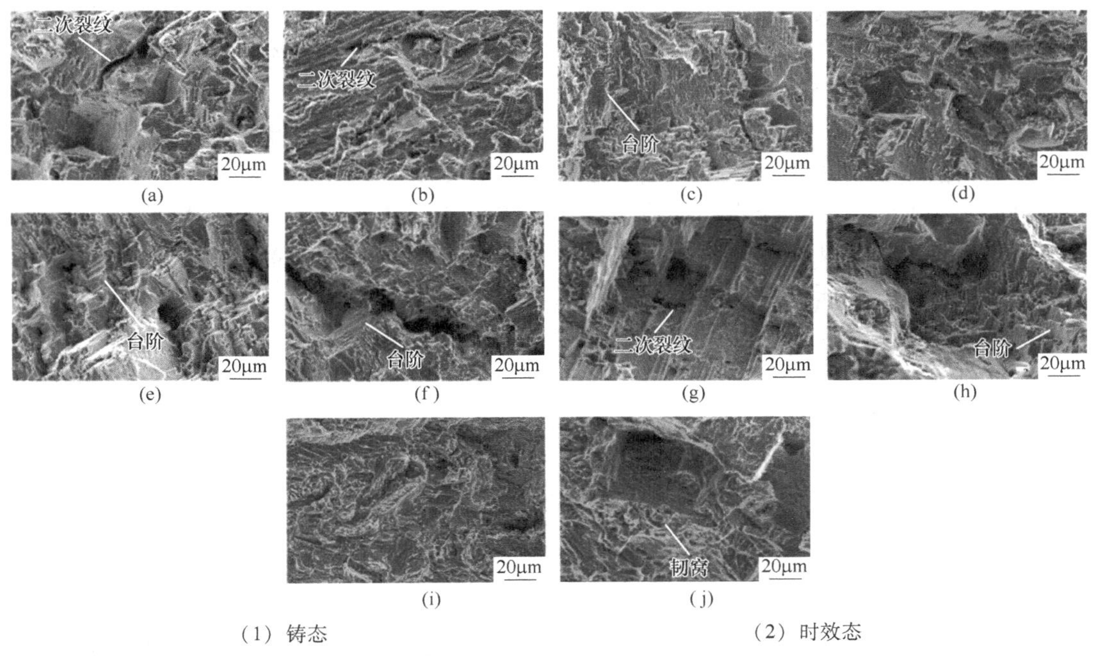

(a) (b) (c) (d) (e) (f) (g) (h) (i) (j)

（1）铸态 （2）时效态

图 4 不同应变速率下 0C 合金拉伸断口形貌图

（a）（c）应变速率为 $10^{-5}s^{-1}$；（b）（d）应变速率为 $10^{-3}s^{-1}$；

（e）（g）应变速率为 $10^{-3}s^{-1}$；（f）（h）应变速率为 $10^{-1}s^{-1}$；（i）（j）应变速率为 $10^{2}s^{-1}$

图 5（1）示出的是铸态 5C 合金在不同应变速率下断口形貌。铸态 5C 合金断口处二次裂纹较多。并且能够在断口处观察到碳化物破碎脱落现象以及沿碳化物开裂的二次裂纹。MC 型碳化物是

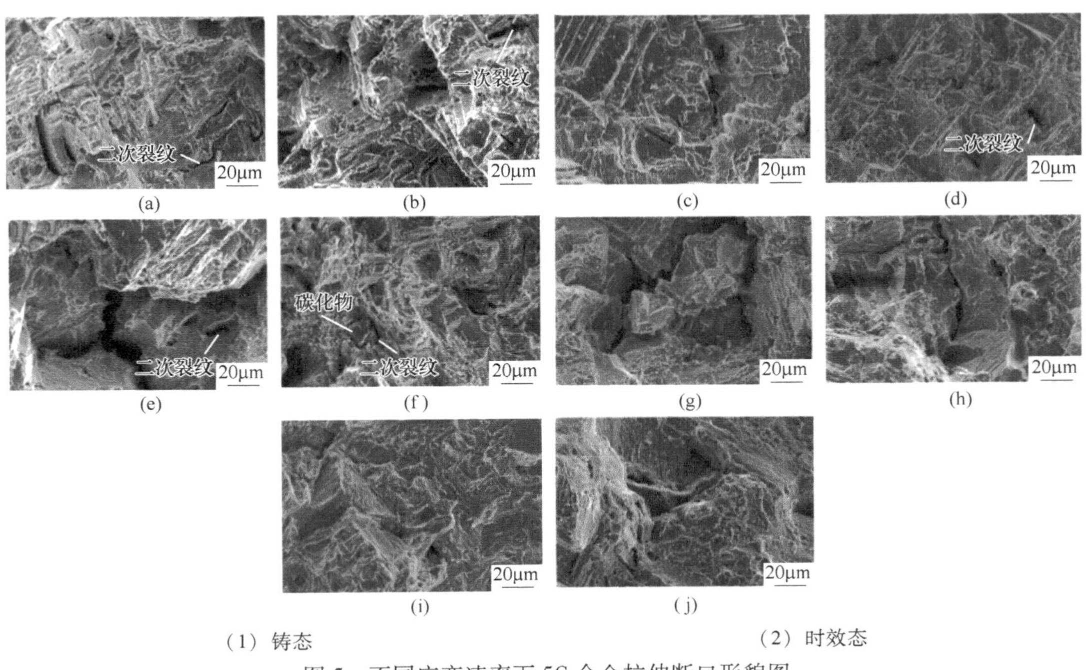

(a) (b) (c) (d) (e) (f) (g) (h) (i) (j)

（1）铸态 （2）时效态

图 5 不同应变速率下 5C 合金拉伸断口形貌图

（a）（c）应变速率为 $10^{-5}s^{-1}$；（b）（d）应变速率为 $10^{-3}s^{-1}$；

（e）（g）应变速率为 $10^{-3}s^{-1}$；（f）（h）应变速率为 $10^{-1}s^{-1}$；（i）（j）应变速率为 $10^{2}s^{-1}$

拉伸过程中产生微裂纹的核心，是拉伸变形过程中的薄弱环节。因此在相同状态，相同应变速率下，0C 合金的伸长率优于 5C 合金。所以对于新型钴基高温合金，0.5%碳元素的添加不利于合金断裂伸长率的提升。由于其伸长率低于 0C 合金，因此当应变速率为 10^2s^{-1}时，相比较于 0C 合金，宏观断口也无明显断面收缩。

图 5（2）示出的是时效态 5C 合金不同应变速率下的断口形貌。时效态 5C 合金在不同应变速率下力学性能较稳定，其断口形貌随应变速率的改变变化也较小。断口处存在少量二次裂纹。由于碳化物的存在，其伸长率低于 0C 合金，因此当应变速率为 10^2s^{-1}时，相比较于 0C 合金，其宏观断口也无明显的断面收缩现象。

3 结论

（1）铸态时，0C 合金及 5C 合金中 γ′相均呈球形，经标准热处理后 γ′相向方形转变。

（2）时效态合金经热处理后合金元素的凝固偏析减少，枝晶的晶间相和共晶消除，组织更加均匀，在不同应变速率下，力学性能相较铸态合金更加稳定。相同状态相同应变速率下，0C 合金的断裂伸长率优于 5C 合金，这是由于 5C 合金中硬而脆的 MC 型碳化物容易产生应力集中，因而在 5C 合金断口处可观察到碳化物破碎以及沿碳化物开裂的二次裂纹。

（3）当应变速率为 10^2s^{-1}时，铸态及时效态 0C 与 5C 合金的力学性能均十分优异。应变速率较快时，位错缠结来不及释放，流动应力升高，合金强度提高；合金内温度效应增强，塑性变形更加容易。

参考文献

[1] 束德林．金属力学性能［M］．北京：机械工业出版社，1987：10~45.

[2] 董丹阳，刘杨，王磊，等．应变速率对 DP780 钢激光焊接接头动态变形行为的影响［J］．金属学报，2013，49（12）：1493~1500.

[3] 刘杨，王磊，何思斯，等．长期时效对 GH4169 合金动态拉伸变形行为的影响［J］．金属学报，2012，48（1）：49~55.

Al对一种增材制造镍基高温合金组织及性能的影响

宋巍*，朱煜，梁静静，李金国

（中国科学院金属研究所，辽宁 沈阳，110016）

摘 要：研究了Al含量对一种增材制造镍基高温合金组织和性能的影响，并分析了Al对组织演变和拉伸行为的作用机制。结果表明：随着Al含量（质量分数）的增多（2%→6%），其大量的偏析在枝晶间，有利于枝晶的生长，并促进较大尺寸、较高立方度γ′相的析出。同时Al元素偏析促进形成低熔点相并在打印过程中反复重熔，导致合金裂纹种类均以液化裂纹为主。此外，通过热力学计算合金的Scheil凝固区间发现Al对凝固开裂无明显促进作用。室温拉伸变形时，随着Al含量的增高，合金强度不断增加，但塑性下降，断裂机制也相应地由塑性较好的穿晶断裂转变为沿晶断裂。合金性能的提升归因于立方度更高的γ′相可以有效地阻碍位错运动，同时室温下无法提供裂纹快速扩展所需的能量和时间，此时裂纹对力学性能的影响较小。

关键词：Al含量；增材制造；组织演变；室温拉伸；镍基高温合金

镍基高温合金因其优异的高温综合力学性能及良好的组织稳定性，广泛应用在石油管道、高性能航空发动机等热端部件中，然而随着部件（如涡轮叶片等）结构的复杂化、轻量化，传统制备工艺（如铸造、粉末冶金）难以制备精细的结构。最近兴起的激光增材制造技术是一种集激光、材料学等于一体的近终成形技术，在制备复杂结构的零件上具有天然的优势。然而由于镍基高温合金添加了大量的Al、Ti、Ta等元素来形成独有的强化相γ′相提升性能。这使得合金化程度提高，同时也在枝晶间偏析产生低熔点的γ/γ′共晶相，导致增材制造过程中形成热裂纹（凝固裂纹和液化裂纹）等缺陷。研究表明$w(Ti+Al)>6\%$时[1]，合金裂纹敏感性显著增加。因此，研究Al对裂纹形成的作用机制具有重要意义。此外，Al是高温合金中强化相γ′（Ni_3Al）的主要形成元素，对相的形貌、尺寸以及体积分数有着显著的影响，进而直接影响增材制造高温合金的性能。本文通过对含有2%低Al含量、5%和6%开裂边界Al含量的三种合金进行组织演变分析，阐述Al对裂纹形成的作用机制，并分析室温下的拉伸行为及其变形机制，以期为增材制造镍基高温合金的成分-组织-性能设计提供实验参考。

1 实验材料及方法

将Al含量不同的样品命名为2Al、5Al以及6Al合金，选用氩气雾化法制备的粒径为45～180μm的粉末作为激光沉积材料，实测化学成分（质量分数,%）见表1。采用中国科学院金属研究自主搭建的CO_2型，高精度同轴送粉激光成形设备进行沉积实验。实验以GH3536镍基高温合金为基板，基板表面经SiC砂纸打磨去除氧化痕迹即可。激光金属沉积参数为：送粉速率11.5g/min，输出功率1700～2000W，光斑直径2mm，扫描速度1100mm/min。沉积过程为沿基材表面X或Y方向进行激光连续沉积，随后层间旋转90°沿Y或X方向沉积，依次类推沿Z轴正方向堆积。沉积样品的尺寸为16mm×16mm×50mm，沿垂直于构建方向切割并经过打磨及抛光后制成金相样品，腐蚀剂溶液为50g氯化铜+100mL盐酸+100mL酒精。将合金样品分别在光学显微镜（OM）和Inspect F50场发射扫描电镜（FESEM）下观察样品的显微组织和裂纹形貌，采用能谱仪（EDS）和电子探针（EPMA）分析枝晶干（DC）和枝晶间（IR），裂纹附近的元素分布。从沉积态试样中机加制备尺寸M6ϕ3的拉伸试样，随后采用岛津AG-25KNE型万能材料试验机进行室温拉伸实验，拉伸实验的拉伸速率均为$1.67\times10^{-3}s^{-1}$。此外，采用TECNAI G20型透射电子显微镜观察拉伸样品中的变形组织以及位错组态。在距离断口5mm以外垂直于轴向切取透射样品，厚度约为650μm，随后

*作者：宋巍，博士研究生，E-mail：wsong20b@imr.ac.cn

机械研磨到 50μm 以下。采用 Struers 公司的 Tenupol-5 电解双喷减薄仪制取透射样品。双喷工艺参数为：双喷液为 10% 的高氯酸+90% 酒精溶液（体积分数），温度-25℃，电压恒定为 21V。

表 1 不同 Al 含量增材制造合金粉末的实测成分

（质量分数，%）

合金	Cr	Co	W	Mo	Al	C	Ni
2Al	7.95	7.93	7.98	2.01	1.91	0.07	余量
5Al	7.91	7.97	7.98	2.02	4.90	0.08	余量
6Al	7.98	7.99	7.99	2.01	5.87	0.08	余量

2 实验结果及分析

2.1 不同 Al 含量下合金的组织演变行为

2.1.1 Al 含量对沉积态组织的影响

图 1 显示了不同 Al 含量合金沿构建方向的沉积态组织。可以看到，所有成分的试样组织均以沿沉积方向生长的柱状晶（如图 1（a)(d) 和（g)）为主，柱晶内部具有定向生长的树枝晶（如图 1（b)(e) 和（h)），枝晶的生长方向均受到热流的影响，即易沿着平行于负温度梯度的<001>择优方向外延生长。虽然激光沉积具有较高的冷却速率（$10^3 \sim 10^5$K），可以抑制枝晶的生长，但是随着 Al 含量的增加，枝晶臂变得越来越发达，即 Al 元素在增材制造过程中加重枝晶间偏析。利用 EPMA 对枝晶干和枝晶间区域进行了打点定量分析，更加直观地说明枝晶间的元素偏析。结果如图 2 所示，偏析比定义为：

$$K = C_{DC}/C_{IR} \tag{1}$$

式中，C_{DC}为枝晶干元素含量；C_{IR}为枝晶间元素含量。因此，$K<1$ 则元素枝晶间偏析，由图 2 可以看到，三种合金 Al、Mo 等元素的 K 值均小于 1，并且随着 Al 含量的增加显著减小，即枝晶间偏析加重。

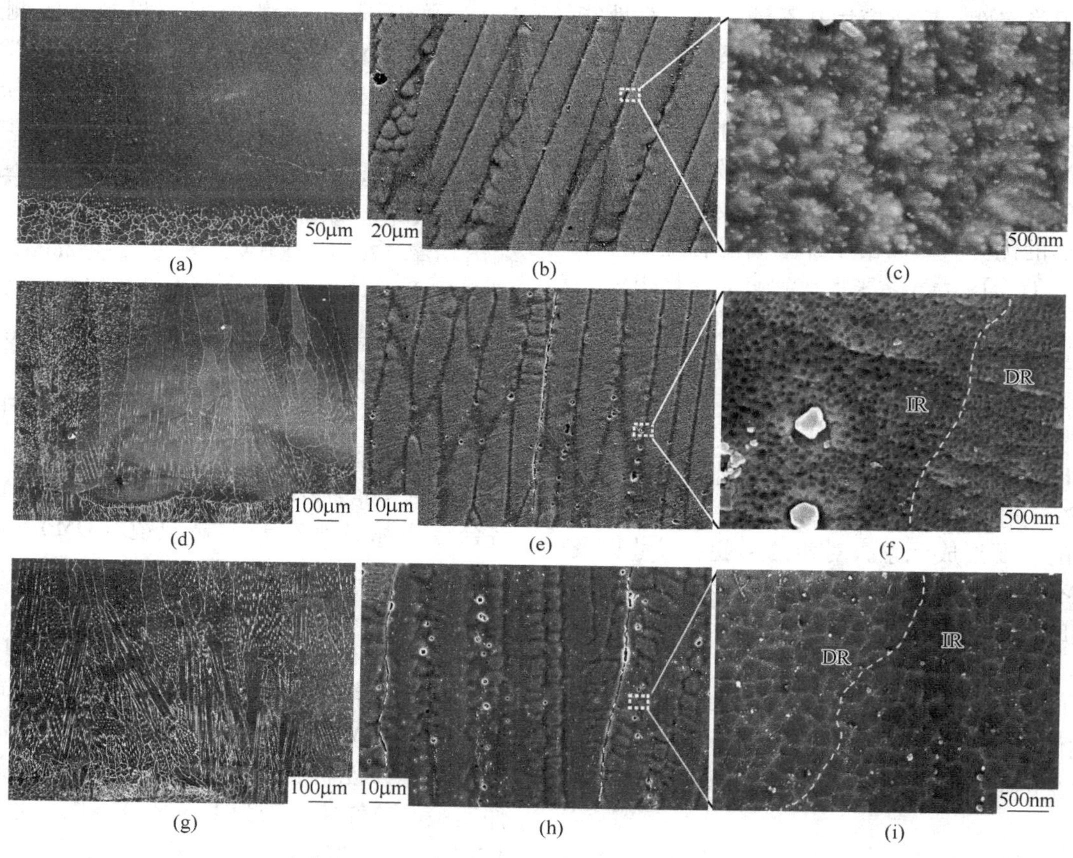

图 1 不同 Al 含量合金的沉积态组织微观形貌

(a)~(c) 2Al；(d)~(f) 5Al；(g)~(i) 6Al

图 1（c)(f) 和（i）分别展示了三种合金的 γ′相分布。可以看出，2Al 合金由于 Al 含量太低，γ′相数量稀少，形貌并不明显，以细小的球形析出；5Al 和 6Al 合金的 γ′相数量逐渐增多，形貌由

不规则的方形转变为较好的立方形。经过 Thermal-Calc（TCNI10 数据库）计算得到的三种合金平衡态 γ′相体积分数为 15.5%、30.5% 以及 49.5%，也证实了 Al 对于 γ′相的形成至关重要。此外，对 5Al 和 6Al 合金 DC 和 IR 的 γ′相尺寸进行统计，结果分别为 60.63nm/84.67nm，108.62nm/136.75nm，可以看到 γ′相尺寸也随着 Al 含量的增加显著变大。这里 γ′相数量、形貌以及尺寸的变化主要归因于：（1）由于熔池中高的温度梯度和凝固速度，元素扩散受到抑制，只有 Al 含量较高才能出现显著的偏析（如图 2 所示）。这也就导致枝晶间 γ 固溶体的过饱和度大于枝晶干处，提供了成分条件并增加了 γ′相的形核驱动力，且枝晶间由于元素偏析，冷却速率较小，γ′相的长大时间较长，同时增材制造的固有热处理本身也会使得 γ′相粗化长大，形成数量较多，较大尺寸的 γ′相。（2）随着 Al 含量的增加，γ 固溶体的过饱和度不断增加，Al 原子可以替代更多的 Ni 原子，随之产生的晶格畸变也就更加显著，在固有热处理的过程中不断释放调控形貌，获得更加立方的 γ′相[2]。综上所述，Al 元素易偏聚在枝晶间，有利于枝晶生长，并促进较大尺寸、较好立方度 γ′相的析出。

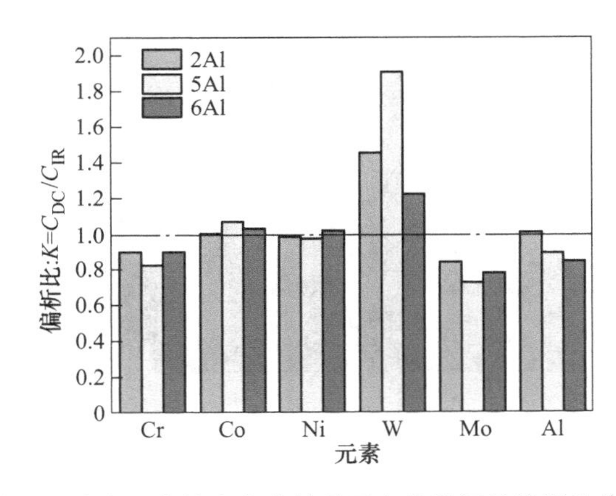

图 2　不同 Al 含量合金中枝晶干和枝晶间的偏析比分布

2.1.2　Al 含量对裂纹的影响及其形成机制

增材制造高温合金获得良好成形性的关键因素就是控制并消除裂纹，其中最为常见的裂纹为热裂纹（凝固裂纹和液化裂纹），其形成与合金化程度、Al、Ti 等元素偏析有着紧密的关联。图 3 可以看出，开裂程度随着 Al 含量的增加而增加，2Al 合金几乎没有裂纹，而 6Al 合金最多，三种合金裂纹面积百分比分别为 0%、0.14% 及 1.3%。对裂纹仔细观察并进行元素分布分析（如图 4 所示），结果发现，裂纹处富集了 Al 元素，即 5Al 和 6Al 合金中裂纹均以 Al 元素偏析形成的液化裂纹为主。这种裂纹多出现在合金中下部的热影响区，一般与 Al、Ti 等形成的低熔点相有很大关系。

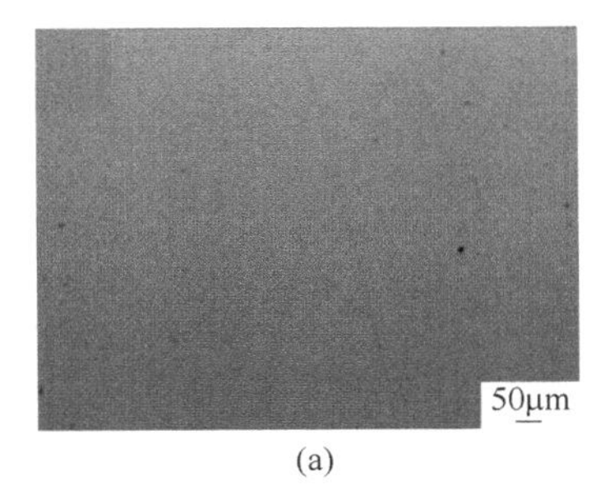

(a)

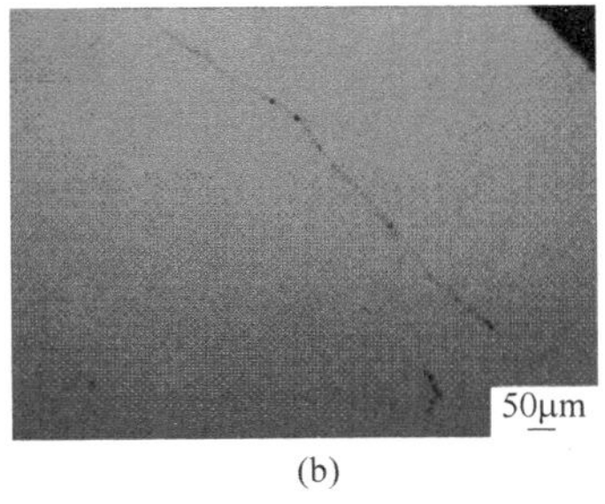

(b)

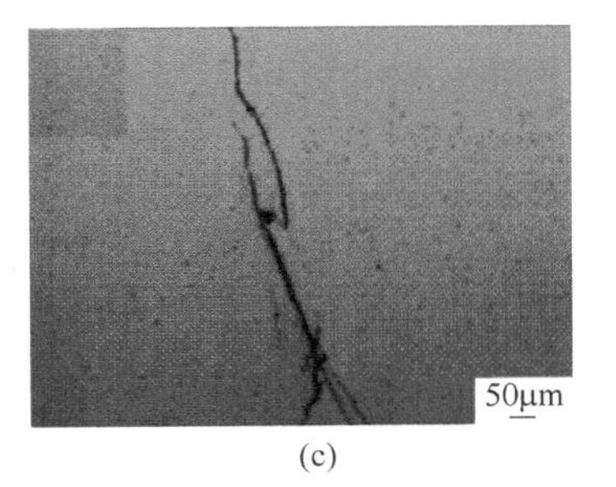

(c)

图 3　不同 Al 含量合金的沉积态金相组织
（a）2Al；（b）5Al；（c）6Al

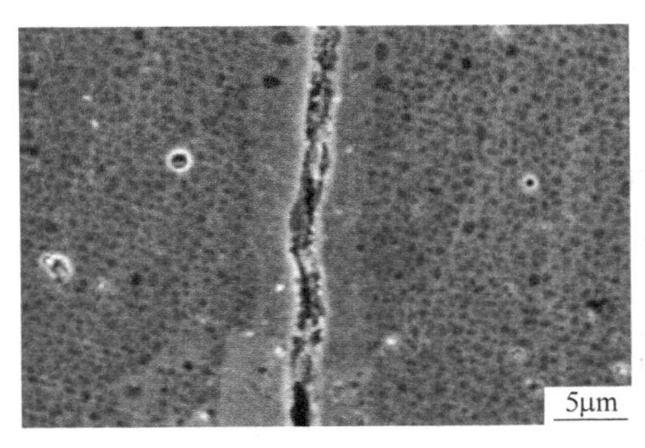

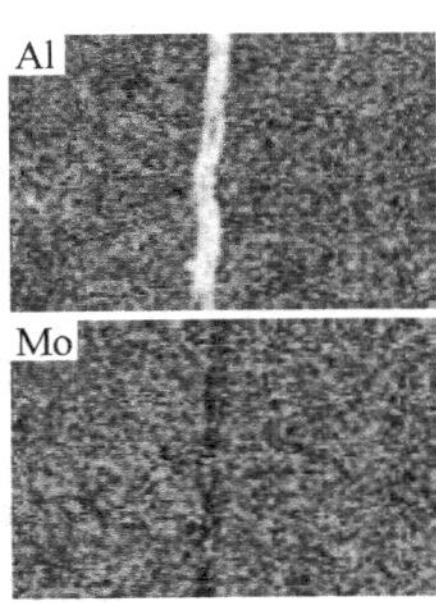

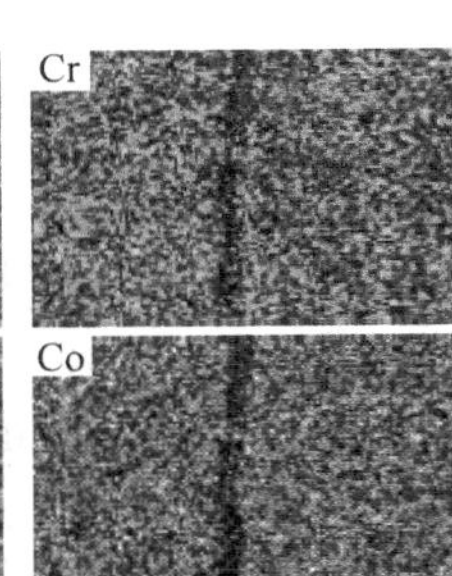

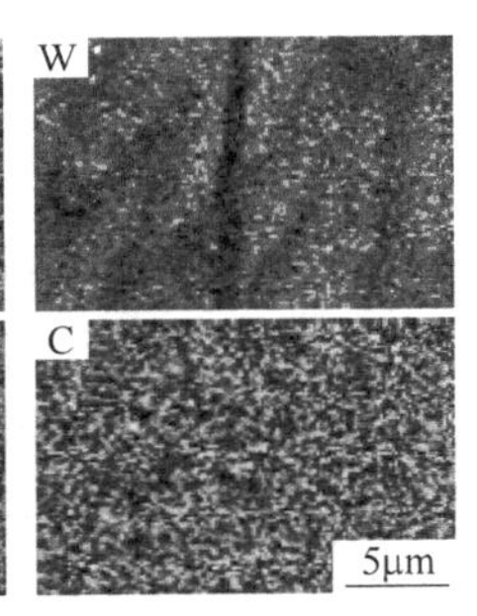

(a)

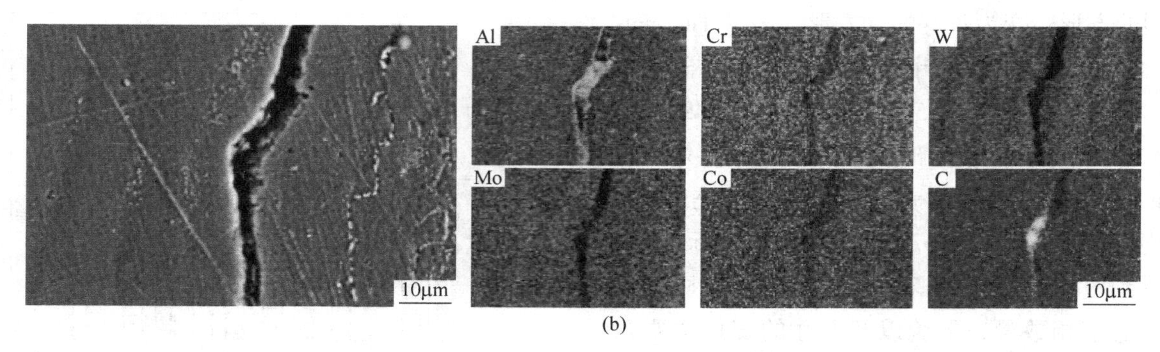

图 4　5Al 和 6Al 合金中的液化裂纹形貌及其附近元素分布
(a) 5Al; (b) 6Al

在固有热循环的作用下，低熔点相被重新熔化，导致不连续液膜的形成，随着激光熔覆过程的继续，温度逐渐降低，在热胀冷缩的作用下，热影响区中的热应力逐渐转变为拉应力拉扯液膜，在其作用下被撕裂。因此，要保证合金打印性，必须降低 Al、Ti 等元素的含量，进行工艺匹配优化。

此外，利用 Reed[3] 等人提出的 Scheil 凝固区间进行定量的分析，进一步说明合金中未观察到明显的凝固裂纹。图 5 给出了通过 Thermal-Calc 计算得到的 Scheil 凝固区间，分别为 159.69K、81.12K 及 116.73K，根据文献报道，打印性非常好的 IN718 合金 Scheil 凝固区间为 265K[3]，因此三种合金存在凝固裂纹的概率很低。当然，Scheil 理论并不全面，因为大尺寸的碳化物也会阻碍凝固后期液体补缩，形成裂纹，但本实验的三种合金碳含量均较低（见表 1），碳化物尺寸为 100~200nm，不利于形成凝固裂纹。综上所述，高 Al 含量易偏析形成低熔点相，导致液膜的形成与撕裂，形成液化裂纹，但对凝固开裂无明显作用。

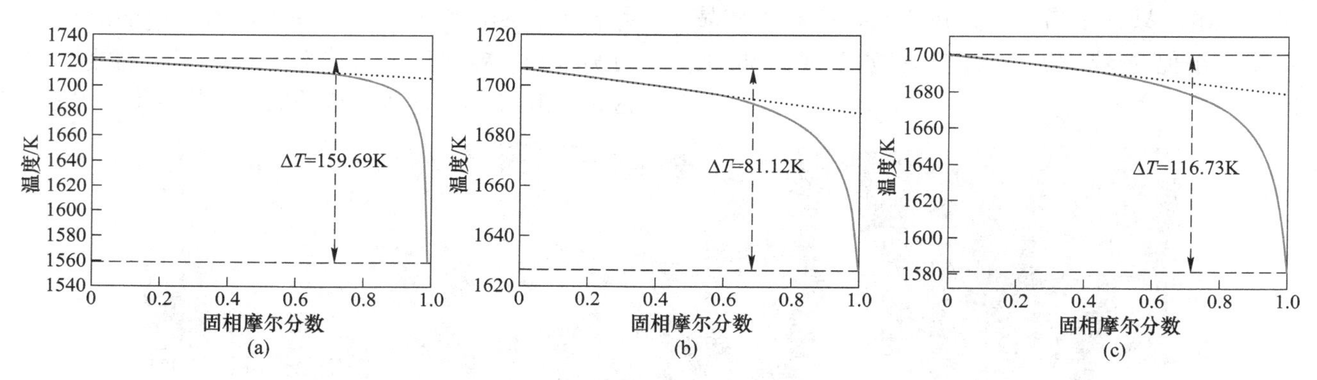

图 5　不同 Al 含量合金的 Scheil 凝固区间计算
(a) 2Al; (b) 5Al; (c) 6Al

2.2　Al 含量对合金拉伸性能的影响

如图 6 所示为 5Al 和 6Al 合金的室温拉伸断口形貌及应力-应变曲线，可以看到，随着 Al 含量的增高，合金的断裂方式由塑性较好的微孔聚集型转变为混合断裂（微孔聚集型+解理断裂），同时对应着合金的强度不断增加，最大抗拉强度分别为 936MPa、1059MPa，但塑性下降，断后伸长率分别为 32.55%、19.53%。图 7 为两种合金断口纵剖面组织，可以清晰的看到 5Al 和 6Al 合金分别为穿晶和沿晶断裂，进一步证实了合金塑性变差，断裂机制发生转变，并且可以看到断口附近的 γ′ 相并未发生明显粗化，形态变化不大。结合组织对合金的变形机制分析如下。

众所周知，高温合金由共格的 γ 和 γ′ 两组成。晶格错配度δ通常被定义为：

$$\delta = 2(a_{\gamma'} - a_{\gamma})/(a_{\gamma'} + a_{\gamma}) \tag{2}$$

式中，$a_{\gamma'}$ 和 a_{γ} 分别是 γ 相和 γ′ 相的晶格常数。合金的晶格错配度可进一步使用 γ 相和 γ′ 相的晶格常数公式计算[4]：

$$a_{\gamma} = a_{\text{Ni}} + \sum V_i C_i \qquad (3)$$

$$a_{\gamma'} = a_{\text{Ni}_3\text{Al}} + \sum V_i' C_i' \qquad (4)$$

式中，a_{Ni} 和 $a_{\text{Ni}_3\text{Al}}$ 分别为固溶体纯 Ni 和析出相 Ni_3Al 的晶格常数；C_i 和 C_i' 分别表示元素 i 在 γ 相和 γ′相的原子百分数；V_i 和 V_i' 分别是合金元素 i 在纯 Ni 和 Ni_3Al 相中的 Vegard 系数。综合以上公式可知，随着 Al 含量的增加，晶格错配度 δ 的绝对值越来越大，γ/γ′两相界面上的错配应力在增加，使得 γ′相变得立方度更高。位错以在基体通道内塞积形成高位错密度的滑移带或单根的切入 γ′相为主要运动方式，而较大尺寸的方形 γ′相可以有效的阻碍位错的运动[5]（如图 8 所示）使得室温下随着 Al 含量的增加，合金性能提升。虽然 6Al 合金具有较高含量的裂纹，但由于室温无法提供裂纹快速扩展所需的能量，并且短时的流变应力加载下也无法提供扩展所需要的时间，因此对力学性能的影响不大。

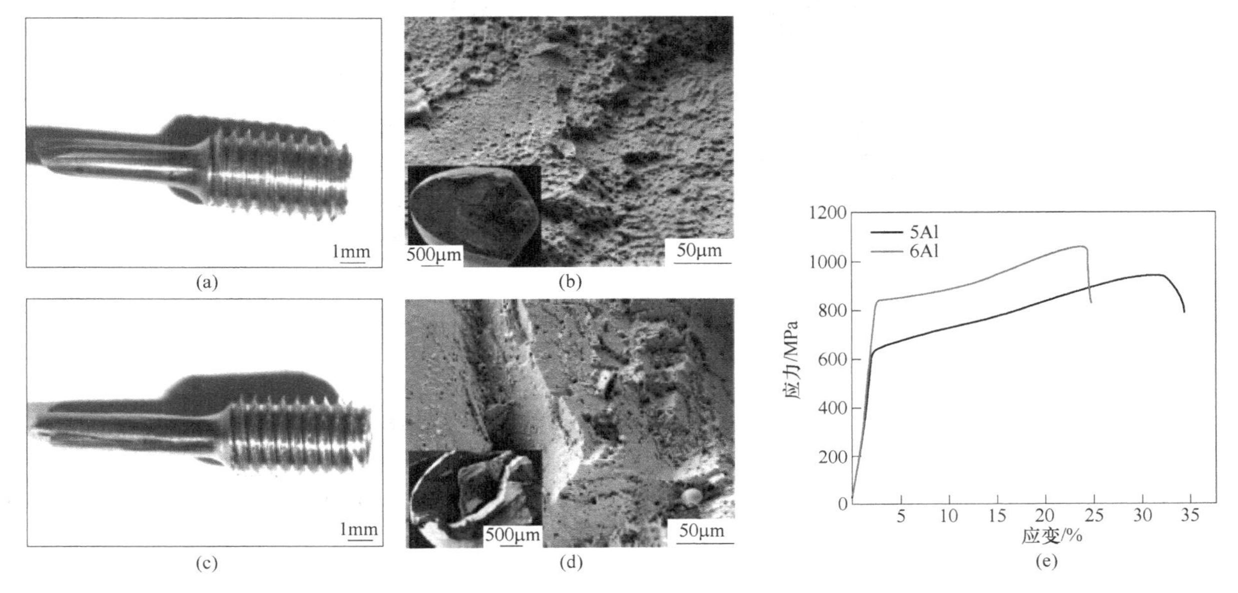

图 6　5Al 和 6Al 合金的室温拉伸断口形貌及应力-应变曲线

（a），（b）5Al；（c），（d）6Al；（e）拉伸曲线

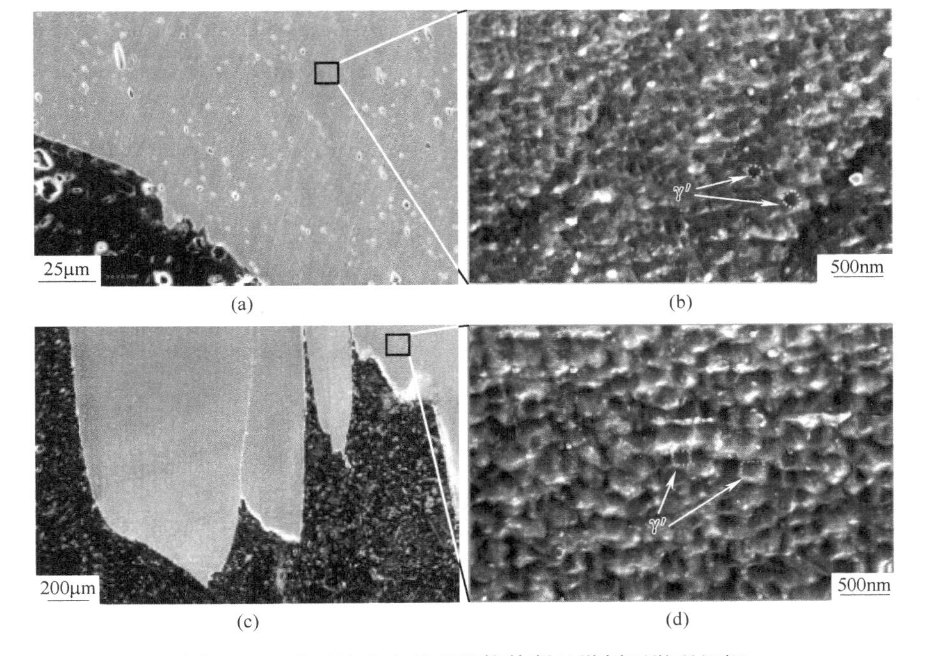

图 7　5Al 和 6Al 合金的室温拉伸断口纵剖面微观组织

（a），（b）5Al；（c），（d）6Al

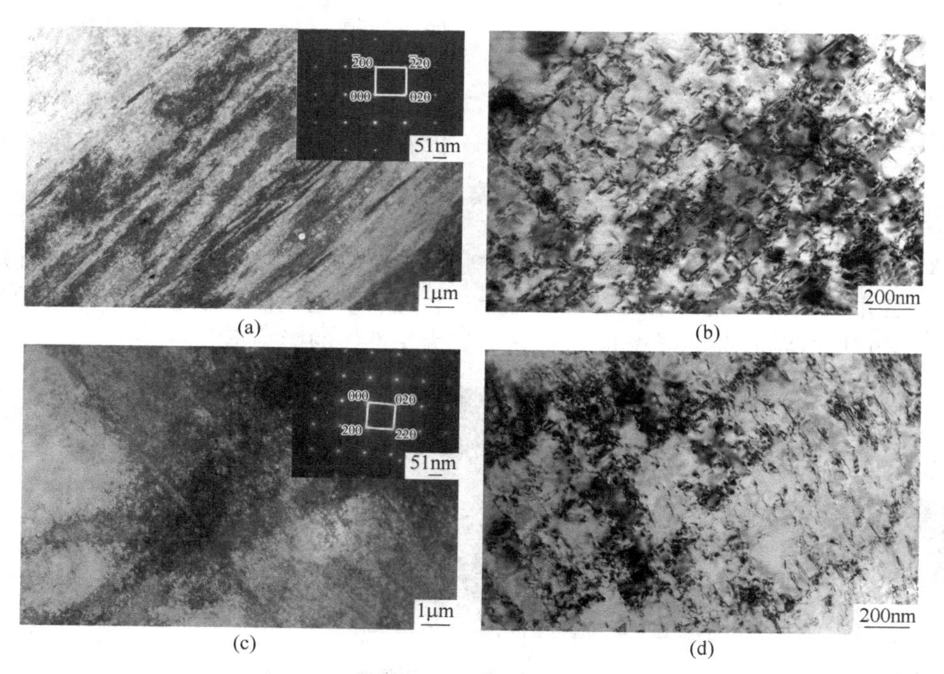

(a)　(b)　(c)　(d)

图 8　5Al 和 6Al 合金室温拉伸后的微观组织与位错组态
(a)，(b) 5Al；(c)，(d) 6Al

3　结论

(1) Al 元素偏析在枝晶间，有利于枝晶的生长并促进较大尺寸、较好立方度 γ′相的析出。

(2) Al 元素促进低熔点相的形成，其在热循环的作用下重新熔化形成液膜，并在拉应力的作用下沿晶界液化开裂，但对凝固裂纹的形成无明显促进作用。

(3) 室温下随着 Al 含量的增加，γ′相立方度更高，有效地阻碍位错运动，提升合金性能，且室温下无法提供裂纹快速扩展所需的能量和时间，此时裂纹对力学性能的影响并不明显。

参考文献

[1] 傅戈雁，刘义伦，石世宏．激光熔覆层开裂行为的影响因素及控制方法［J］．光学技术，2000 (1)：84~89.

[2] Zhu Z, Basoalto H, Warnken N, A model for the creep deformation behaviour of nickel-based single crystal superalloys [J]. Acta Mater., 2012 (60): 4888 ~ 4900.

[3] Tang Y T, Panwisawas C, Ghoussoub J N, et al. Alloys-By-Design: Application to New Superalloys for Additive Manufacturing [J]. Acta Mater., 2020 (202): 417 ~ 436.

[4] Caron P, Superalloys 2000. TMS, Warrendale, PA. 2000. 737~746.

[5] Tan X P, Liu J L, Song X P, et al. Measurements of γ/γ′ Lattice Misfit and γ′ Volume Fraction for a Ru-containing Nickel-based Single Crystal Superalloy [J]. J Mater Sci Technol, 2011 (27): 899~905.